U0389169

# 荒漠草原放牧优化管理研究

运向军　吴艳玲　吕世杰
王　珍　孙世贤　卫智军　等著

科学出版社
北　京

## 内 容 简 介

本书以内蒙古高原上呈地带性分布的具有独特性的荒漠草原生态系统为主要研究对象，全面论述了不同放牧管理方式对荒漠草原生态系统的影响。深入研究了自由放牧、划区轮牧、禁牧休牧及季节性放牧下，荒漠草原植物种群及群落功能结构、土壤生态化学计量等变化规律，同时对家畜舍饲管理等进行了试验研究。通过上述研究，提出了气候变化条件下的荒漠草原放牧优化管理模式和途径，为荒漠草原草地利用管理与可持续发展提供了参考依据。

本书可供草业科学、草地生态学、放牧管理学、畜牧科学等有关学科的科研、教学和相关业务管理人员阅读与参考。

---

**图书在版编目（CIP）数据**

荒漠草原放牧优化管理研究/运向军等著. —北京：科学出版社，2021.1

ISBN 978-7-03-046655-6

Ⅰ. ①荒…　Ⅱ. ①运…　Ⅲ. ①蒙古高原-草原生态-研究②蒙古高原-草原-放牧管理-研究　Ⅳ. ①S812

中国版本图书馆 CIP 数据核字（2015）第 302569 号

---

责任编辑：韩学哲　陈　倩/责任校对：郑金红
责任印制：吴兆东/封面设计：刘新新

科 学 出 版 社 出版
北京东黄城根北街 16 号
邮政编码：100717
http://www.sciencep.com

北京虎彩文化传播有限公司 印刷
科学出版社发行　各地新华书店经销
*
2021 年 1 月第　一　版　开本：720×1000　B5
2021 年 1 月第一次印刷　印张：31 1/2
字数：635 000

**定价：268.00 元**
（如有印装质量问题，我社负责调换）

# 著 者 名 单

（以姓氏笔画为序）

卫智军（内蒙古农业大学）

王　珍（中国农业科学院草原研究所）

吕世杰（内蒙古农业大学）

刘红梅（内蒙古自治区林业科学研究院）

刘桂香（中国农业科学院草原研究所）

齐瑞俊（内蒙古自治区土地调查规划院）

闫瑞瑞（中国农业科学院农业资源与农业区划研究所）

孙世贤（中国农业科学院草原研究所）

运向军（中国农业科学院草原研究所）

李　靖（内蒙古农业大学）

杨　静（内蒙古农业大学）

杨　霞（内蒙古农业大学）

吴艳玲（内蒙古师范大学）

郭利彪（中国农业科学院草原研究所）

褚文彬（内蒙古凉城县农牧业局）

# 资助项目

**国家重点基础研究发展计划（973计划）项目：**

天然草原生产力的调控机制与途径（2014CB138806）

**中国农业科学院科技创新工程团队：**

草原非生物灾害防灾减灾团队（CAAS-ASTIP-IGR2015-04）

**国家自然科学基金项目：**

荒漠草原放牧强度季节调控下植被稳定性研究（31460126）

**国家国际科技合作专项项目：**

欧亚温带草原东缘生态样带建立及合作研究（2013DFR30760）

**内蒙古自治区自然科学博士基金项目：**

纬度梯度下温带草原东缘生态样带温度与放牧生态互作效应（2014BS0329）

**国家重点研发计划政府间国际科技创新合作重点专项项目：**

中蒙退化草原生态恢复关键技术合作研究（2016YFE0116400）

**内蒙古自治区自然科学博士基金项目：**

短花针茅荒漠草原土壤有机碳对放牧强度季节调控的响应（2014BS0326）

# 前　言

这本草原科学专著《荒漠草原放牧优化管理研究》是以内蒙古高原广泛分布的"荒漠草原生态系统"（desert steppe ecosystem）为试验研究对象，历经师生多年现场试验、潜心研究，在总结草原定位试验研究的第一手数据、记录、资料和论文的坚实基础上，所论著的亚洲中部草原区独特的荒漠草原生态系统植被组成、基本特点和群落类型，不同放牧制度对草原植被群落、土壤理化性质的影响，以及放牧季节调控对植被群落、群落空间异质性的影响及禁牧休牧研究的草原科学专著，这在亚洲中部草原区特有的荒漠草原定位试验研究工作进程中起着关键性的奠基作用。

内蒙古的荒漠草原东起苏尼特地区，西至乌拉特地区（41°N～45°N，107°E～114°E），与蒙古国偏西部和东南地区的荒漠草原带南北紧密相连，呈地带性分布规律，二者虽然具有南北差异，各有特色，但实为一体，共同构成了亚洲中部草原区域内蒙古高原地带性分布的荒漠草原亚带。苏联博士 A. A. 尤纳托夫在对蒙古国进行 10 余年植物学调查研究工作基础上，于其著作中指出："由于向南方移动的蒙古草原强烈地受亚洲中部荒漠进展的影响，在戈壁的北部边界出现一宽带的草原，这种草原在结构和外貌上极其特殊，可以把这种草原叫作'荒漠草原'"。A. A. 尤纳托夫对于"荒漠草原"的新发现，使得在亚洲中部草原区增加了一个草原植被亚型，并为草原区向更干旱的荒漠区的植被地带性过渡提供了干旱气候区植被地带性分布规律的群落学基础。但是，A. A. 尤纳托夫在发现并将其命名为"荒漠草原"之后，对于这个独特的草原生态系统的深入的试验研究则相对较少。

为了能在揭示荒漠草原生态系统"独特性"的基础上，维护生态系统健康，合理利用草地资源，促进草地畜牧业的可持续发展，本研究团队在荒漠草原亚带先后设置草原定位实验站进行定位试验研究工作。1999 年至今，苏尼特右旗教学科研基地（亚带东部地区）主要观测短花针茅荒漠草原群落（Form. *Stipa breviflora*），主要研究内容是不同放牧制度和禁牧休牧条件下，主要植物种群和群落的动态规律、生长发育及繁殖与光合特点，植物补偿性生长机理，群落和土壤的空间异质特征，土壤理化性质变化，以及家畜牧食行为和生产性能试验研究等。通过积累多年的试验资料、课题总结和学术论文等，在阶段性总结的基础上，所取得的原创性研究成果，主要积累于以下的试验研究课题内容中：①植物种群特性与动态；②植被的群落学特征与群落类型及其地理分布规律；③自由放牧对植被的影响；④不同放牧制度对植被和土壤氮素的影响；⑤轮牧对植物群落和土壤理化性质的影响；⑥放牧强度季节调控对植被与土壤的影响；⑦植被与土壤对禁牧休牧的响应；⑧休牧期舍饲研究等一系列试验研究成果。这些科研成果对于亚洲中部蒙古高原广泛分布的独特的荒漠草原生态系统而言，初步揭示了它的某些独特性，将有助于了解荒漠草原生态系统组成、结构、功能和动态规律与植被基本特点，合理利用草地资源，维护草原生态健康状况，以及加强放牧家畜的草地利用管理和饲养管理与草地畜牧业的可持续发展。上述试验研究成果在荒漠草原生态系统研究的科学领域内具有重要意义。

《荒漠草原放牧优化管理研究》各章撰写人员为：前言、第一章，卫智军、运向军、孙世贤；第二章、第三章、第四章，吕世杰、运向军；第五章第一节、第五节、第六节和第七章、第八章，吴艳玲；第五章第二节～第四节、第六章，孙世贤；第九章，运向军、王珍。涉及的项目主持人、野外和室内工作人员还有：杨静、杨霞、闫瑞瑞、刘红梅、刘桂香、齐瑞俊、郭利彪、李靖、褚文彬等。

《荒漠草原放牧优化管理研究》的出版，是集体劳动与智慧的结晶，作者衷心地感谢所有为《荒漠草原放牧优化管理研究》做出奉献的同志们！由于作者学术水平有限，书中必然还有不少的不足之处，期待相关专家和读者给予指正。

作　者

2015年12月于呼和浩特

# 目　　录

# 第一章　荒漠草原概况

早于二十世纪五十年代，苏联科学博士 A. A. 尤纳托夫（A. A. Юнатов）在其所著的 *Основные черты растителъного покрова Монголъской Народной Республики*（《蒙古人民共和国植被的基本特点》李继侗译，1959）一书中首次提出，向南方移动的蒙古草原强烈地受亚洲中部荒漠进展的影响，这种影响使得在戈壁的北部边界出现一宽带的草原，这种草原在结构和外貌上极其特殊，我们有充分的理由把这种草原叫作“荒漠草原”。A. A. 尤纳托夫，在考察研究蒙古高原植被基本特点工作的基础上，第一次在亚洲中部草原带中，正式划分并新增加一个独具特殊性的草原植被亚型——荒漠草原。

中国荒漠草原的水平地带分布虽以内蒙古高原和鄂尔多斯高原为主体部分，但在我国西部新疆地区，也有局部较小面积的水平带状分布。荒漠草原带可分为中温型和暖温型植被类型。中温型荒漠草原亚带是中温型草原带中最干旱的一个亚带，主要分布在内蒙古高原的中部偏西地区，是草原带向荒漠带的草原化荒漠亚带过渡的草原亚带。暖温型荒漠草原亚带是分布在暖温型草原带最西部的一个亚带，呈东北—西南的狭长地带性分布，阴山山脉的分水岭为其北界，向南向西延伸至宁夏、甘肃东部一些地区。在区内本亚带分布在鄂尔多斯的中西部、乌拉山南坡及库布齐沙地的中段，往南为强烈剥蚀的砂砾质高平原，以贺兰山的分水岭为其西界。

荒漠草原植被带集中连片地分布在内蒙古高原的中部偏西地区，主体位于阴山山脉以北的层状高平原上，东起苏尼特，西至乌拉特地区，西北与蒙古国广阔的荒漠草原连成一体，西南经黄河阻隔与鄂尔多斯高原中、西部的温暖型荒漠遥遥相望，从而构成内蒙古区域内的荒漠草原植被，面积为 841.99 万 $hm^2$，占草原总面积的 10.68%。包括的行政区域有苏尼特左旗、苏尼特右旗、四子王旗、达尔罕茂明安联合旗（简称达茂旗）、杭锦旗、乌拉特前旗、乌拉特中旗、乌拉特后旗、鄂托克旗、鄂托克前旗、达拉特旗和准格尔旗。

温带荒漠草原类是以旱生多年生丛生小禾草和旱生小半灌木为建群种的草地，该草地类型分布区内包括高原、山地、沙地 3 个地貌单元。以乌兰察布高原和鄂尔多斯高原为主体，占该草地类总面积的 80.85%。山地包括横亘本区南缘，由狼山、乌拉山、大青山等若干东西走向的断裂山地组成的阴山山脉，以及坐落在阿拉善高原东南边缘呈南北走向的贺兰山地，占该类型草地总面积的 7.46%。沙地占 11.96%，主要指鄂尔多斯的毛乌素沙地西北边缘，其他地区也有一些零星分布的沙地。

荒漠草原草地类型划分为3个草地亚类，16个草地组，49个草地型。在植物区系组成中，戈壁蒙古荒漠草原种和亚洲中部荒漠草原种占主导地位。植被主要特点是在群落中含有一类主导植物，主要以数种旱生丛生禾草为固有的建群种，具有一种相邻植被带的植物渗透作用与群落越带现象，一、二年生植物组成的“夏雨型”层片，旱生的灌木、小半灌木层片的发达，以及荒漠植物的侵入，充分体现了该草地类特有的过渡性特点。荒漠草原生态系统的自然环境严酷，受生境条件的制约，该草地类结构简单、层次分明，旱生丛生禾草和小半灌木成为主要层片，多年生杂类草数量少，发育差，生物成分种类较贫乏，故系统的食物链比其他草原生态系统略微简单，系统的稳定性较差。由于生境的严酷，食物来源不充足，以及不良的掩蔽条件，因此野生动物种类较贫乏，尤其是大型的哺乳动物更加稀少。该草地类由于长期不合理的放牧利用，退化现象比较明显。

## 第一节　荒漠草原的自然条件

### 一、地　形

内蒙古自治区地形条件十分复杂，主要由高平原、山地、丘陵和平原等地貌单元构成。就地势整体而言，由东部的大兴安岭、中部的阴山山脉和西部的贺兰山，形成一条自东向西的弧形山脉，成为自然区域的一条天然分界线，截然地将自治区切割成南、北两大部分，在其北侧是自东向西绵延广袤的内蒙古高原；而在其南侧是自东向西，由山前断陷作用而形成的嫩江西岸平原、西辽河平原、土默川平原和河套平原；在黄河以南为上升的鄂尔多斯高原。整体大地貌自北向南或从东向西，呈现出高平原、山地与平原镶嵌排列的南北层状和东西带状分布的特点，既呈现出大地构造的形迹，又影响着水热条件在空间上的再分配，从而导致不同地区自然条件的差异和自然资源的特点。

荒漠草原自东向西分布在锡林郭勒高平原西部、乌兰察布高平原、阴山-贺兰山山地、鄂尔多斯高原、巴彦淖尔高原等地貌单元地区。锡林郭勒高平原地势南高北低、中间低，四周向中央倾斜，海拔为1000～1300m。地貌类型以波状高原为主体，并由丘陵、冲积平原、内陆盆地、熔岩台地、沙地及边缘山地所组成。北部是内陆水系的冲积平原，中部广泛分布着熔岩台地，南部是浑善达克沙地，主要发育在湖相沉积物和第四纪冲积物之上，西部是丘陵、边缘山地，而荒漠草原就分布在西部的丘陵山地之上。阴山山地自西向东由大青山、乌拉山和狼山组成，南北宽50～100km，海拔为1500～2000m，最高峰在巴彦淖尔市乌拉特后旗的呼和巴什格附近，海拔约为2364m。主要由古太古代变质岩系及不同时期的花岗岩组成，多呈块状剥蚀中低山、山间盆地与丘陵。乌兰察布高平原位于阴山与中蒙边境的低山丘陵之间，东与锡林郭勒高平原衔接，西与巴彦淖尔高原相连。地势南高北低，海拔由1500m降至900m左右；该地区广阔平坦，主要由古近纪砂岩、砂砾岩和泥岩等组成。高平原大约有5级高度不等的台面，最高一级海拔达1500m，最低一级约950m，台面由于受南北向河流切割，形成了许多南北向或北东向的台间洼地、河谷和古湖盆，呈现出洼地和高平原镶嵌分布的特点。

鄂尔多斯高原三面濒临黄河，南与晋陕黄土高原相连。内部差异较小，从南、北缓缓向中部隆起，在40°N附近形成"脊梁"，并向东微微倾斜，即东部为黄土丘陵区，东南部为黄河支流谷地，北部为黄河冲积平原，西部桌子山一带地势较高峻。海拔一般在1450～1550m，桌子山的主峰，高达2149m，为鄂尔多斯的最高点。鄂尔多斯高原是一个构造隆起剥蚀的地貌区，由于长期干燥剥蚀，地面除广泛露出白垩纪砂岩外，第四纪风化残积，湖积物、风积物分布广泛。本区大致以110°E的达拉特旗—东胜—阿勒腾席热镇一线为界，西部属于内陆河流域，干燥剥蚀占优势，沙丘广泛分布。东部以外流区流水侵蚀占优势，又加之底层疏松，现代侵蚀作用强烈。巴彦淖尔高原位于狼山以北，贺兰山以西。海拔在1000～1500m，地势大体是一个向北倾斜的高平原，南部在1300m以上，中部约1200m，北部降至900～1000m，近中蒙边界，海拔又上升至1100～1200m。

## 二、气　候

气候因素是直接影响植被发生发展的能量和物质条件。其中热量的差别与干湿程度的不同所形成的水、热组合条件是影响植被分布的主要因素。因此植被的地带分异大体上和气候带的分布相吻合。

荒漠草原主体所处的内蒙古气候夏季温热而短促，冬季寒冷而漫长；干旱，雨雪稀少；春冬季风大，空气干燥，属典型的大陆性干旱气候。其中荒漠草原气候条件的总体特点是：年降水量平均在150～250mm，多集中在夏季，多春旱；湿润度在0.15～0.30；年均温2～5℃，7月均温19～22℃，1月均温–18～–15℃，≥10℃积温2200～2500℃。

降水条件对于干旱气候地区而言，是至关重要的生态因子之一。荒漠草原降水条件的突出特点是：①降水量偏低且自东南向西北递减。乌兰察布、河套平原及其以西地区为250mm左右；巴彦淖尔—阿拉善高平原为100mm左右；再偏西可不足50mm。仅以年均降水量而言，50mm等降雨线以东为典型草原亚带；150mm等降雨线以东为荒漠草原亚带；100mm等降雨线以东为草原化荒漠亚带；降水量50～100mm是极干旱的典型荒漠。②春冬季少雨雪，降水集中于夏季。通常，在

6～8 月的降水量占全年的 60%～75%，大部分地区的降水量一般为 150～200mm，形成水热同季的特点，有利于草原植物生长发育。③降水变率大，保证率低。降水量的年际变化很大，且表现为从东向西逐渐加大，一般为 2～6 倍。月份和季节降水量的年际变化可达十几倍甚至几十倍。因此，对于天然牧草和农作物的生长发育与生产量的保证率很低。④降水量少，蒸发量大。本区自东向西年降水量逐渐减少，而年蒸发量逐渐增大。乌兰察布高平原、巴彦淖尔北部和鄂尔多斯高原西部地区，年蒸发量为 2400～3400mm。年内蒸发量的最大值，大多出现在春季（5～6 月）。

荒漠草原区的绝对湿度与同纬度的东北平原及华北平原地区相比是较低的。它也和降水量的分布一样，是从东南向西北逐步减少的。而且全年最高值出现在夏季，最低值出现在冬季。另外，蒸发量大大超过降水量，是干旱、半干旱地区自然条件的一项重要特征。总体来说，全区的年蒸发量相当于年降水量的 3～5 倍，荒漠区可达 15～20 倍。全区的蒸发量也是由东向西随温度的增高、湿度的减低、云量的减少、日照的增强而递增的。

综上而言，本区的水热分布突出了两个特点，一个是水、热的空间分布不平衡；另一个是同一地区内，降水多集中在最热的季节，使水、热在时间上集中在一起。热量分布的趋同是从东北向西南逐渐升高，而水量却由东北往西南逐渐减少，因而使热量最丰富的地区水分很少，而热量不高的地区水分却很多，形成截然不同的水、热组合条件。例如，锡林郭勒盟—镶黄旗南部—四子王旗南部—包头—东胜—乌兰镇一线以南以东，湿润度为 0.3～0.6，属半干旱区；从苏尼特左旗北部—二连浩特—乌拉特后旗—贺兰山一线以东，湿润度为 0.13～0.3，属干旱区，也是荒漠草原存在的主要地区。气温自东向西递升，东端的大兴安岭中山区年平均气温为−3～5℃，是本区甚至全国最冷的地区之一。由此向东南、向西气温有所升高，大兴安岭东麓地区为 0～3℃，大兴安岭南段为−3～−1℃。西辽河平原为 5℃以上，锡林郭勒高原为 0～2℃，阴山山地为 2℃左右，乌兰察布高原为 3～4℃，巴彦淖尔高原为 8～9℃，鄂尔多斯高原为 5～7℃。

多风也是本区气候的重要特点，冬春季节在蒙古高压控制下，大风尤为频繁。全年内风向的变化主要取决于冬夏季风的变换。冬季盛行西北风，夏季多偏南风和东南风。大部分地区年平均风速在 4m/s 以上。在干旱、半干旱地区，风力是塑造自然景观的重要动力因素。沙漠、沙地及黄土地貌的形成都是和风力作用密切相关的。由于风蚀和风积作用，地面基质处于不稳定的状态，因此沙地与黄土侵蚀处往往形成了特殊的植物群落变型，如沙地上常见的各种沙蒿，黄土基质上的百里香群落，以及砂砾质上的冷蒿群落、白莲蒿群落等。强大的风暴是破坏植被、危害农业的自然灾害，这在内蒙古西部的干旱区内是比较常见的。因此风在植物群落的组成和演替上也往往打上明显的烙印。

## 三、土　壤

荒漠草原亚带区域内，呈地带性广泛分布的荒漠草原植被的土壤，自东向西依次为棕钙土和淡棕钙土，但在该区域南部暖温性荒漠草原群落，还有淡栗钙土出现。荒漠草原亚带的主体土壤为棕钙土，通常可划分为棕钙土、淡棕钙土、草甸棕钙土和盐化棕钙土 4 个亚类。荒漠草原占据着广阔的荒漠地区，其土类单调，每一土类所占的面积很大，地表粗糙，土层薄，有机质含量很低。

棕钙土是草原向荒漠过渡的一类地带性草原土壤，广泛分布于内蒙古高原中西部和鄂尔多斯高原西部地区。棕钙土带位于栗钙土带西侧，北界与整个蒙古高原的棕钙土带连接，南界与灰钙土带相连。在棕钙土带的地域内，发育并分布着亚洲中部草原区独特的荒漠草原植被。形成棕钙土的生物气候条件具有草原和荒漠化的过渡性特点，在土壤形状上也表现出草原、荒漠两种成土过程的特征，方面具有腐殖质积累和碳酸钙淀积的过程，另一方面又有表土砾质化、砂质化和假结皮的出现。棕钙土的腐殖质积累比栗钙土微弱，染色也较淡，厚度也小，腐殖质含量为 1.0%～1.8%，总贮量为 30～60t/hm$^2$。在腐殖质层内，有机质含量很不均匀，往往出现颜色差异明显的两个或几个亚层，土壤结构多呈粉末状和块状。

棕钙土带地表普遍存在砾质化和表面浅层沙化状况，表土层（A 层）腐殖质积累过程比栗钙土弱，但仍有 20～30cm 的腐殖质层，其腐殖质含量在 1.0%～1.8%。棕钙土碳酸钙和易溶性盐的淋溶强度减弱，且以碳酸钙形式为主的淀积部位较高，故钙积层（B 层）一般出现在 20～30cm 深处，其厚度为 20～30cm，碳酸钙平均含量为 10%～40%。而钙积层在土体中出现的深度、厚度、碳酸钙含量和聚积状态在棕钙土带从东向西呈现有规律的变化，即越往西钙积层的层位越高，厚度越薄，碳酸钙含量越低，且多呈斑块状分布。棕钙土特别是淡棕钙土普遍达到弱盐化程度，含盐量均在 0.3%～1.0%，土体的碱化层一般是块状紧实的结构，呈棕红色或棕褐色，含代换性钠 3～5mg 当量/100g 土重，淡棕钙土的碱化现象具有明显的地带性。棕钙土的机械组成较轻而粗，普遍存在不同程度的砾石和粗沙，故土壤质地多以砂砾石、沙质和砂壤质为主。

灰钙土属暖温型草原带中的荒漠草原亚带，在荒漠草原区的分布范围很小，只限于鄂尔多斯高原的西南角，往南、往西则连续分布到宁夏和甘肃的黄土丘陵地区，形成灰钙土带。这一土类是在我国黄土高原区域暖温型荒漠草原中形成的，成土母质也多是黄土性物质。灰钙土的剖面分化不明显，腐殖质层呈棕黄带灰色，有机质含量较低，一般在 0.5%～0.9%，但腐殖质下渗较深，为 30～70cm，过渡不明显，结构性较差，C/N 变动较大，为 6～16。腐殖质层的这些特点均不同于棕钙土和黑垆土。钙积层多呈假菌丝状和斑点状聚集，少数呈层状分布。全剖面

pH 在 9.0 以上并随深度加深而升高。本区的灰钙土尚有淡灰钙土和草甸灰钙土的亚类分化。与灰钙土相适应的植被主要是由短花针茅建群的荒漠草原群落。

## 第二节 荒漠草原植被组成成分

### 一、植物区系地理成分

内蒙古高原上的荒漠草原北界与蒙古国南部的荒漠草原和戈壁荒漠区毗邻，西与阿拉善荒漠相连，故彼此在植物区系地理成分上是较一致的。同时其东侧连接着典型草原带，南与黄土高原草原区接壤。

#### （一）世界分布种

狗尾草（*Setaria viridis*）、藜（*Chenopodium album*）等。

#### （二）泛北极成分

冷蒿（*Artemisia frigida*）、小画眉草（*Eragrostis minor*）等。

#### （三）古北极成分

青兰（*Dracocephalum ruyschiana*）等。

#### （四）东古北极成分

阿尔泰狗娃花（*Heteropappus altaicus*）、地蔷薇（*Chamaerhodos erecta*）等。

#### （五）古地中海成分

小果白刺（*Nitraria sibirica*）、骆驼蓬（*Peganum harmala*）、红砂（*Reaumuria soongarica*）、芨芨草（*Achnatherum splendens*）等。

#### （六）黑海-哈萨克斯坦-蒙古成分

糙隐子草（*Cleistogenes squarrosa*）、沙生冰草（*Agropyron desertorum*）、细叶鸢尾（*Iris tenuifolia*）等。

#### （七）哈萨克斯坦-蒙古成分

星毛委陵菜（*Potentilla acaulis*）、银灰旋花（*Convolvulus ammannii*）、燥原荠（*Ptilotricum canescens*）等。

### （八）亚洲中部成分

亚洲中部区系成分分布在亚洲中部的干旱与半干旱地区，包括戈壁荒漠区、蒙古高原、黄土高原和松辽平原的草原区。在本区域草原区中占有主要地位的针茅属（*Stipa*）植物共 11 种，其中有 5 种属于亚洲中部成分。短花针茅（*Stipa breviflora*）和沙生针茅（*Stipa glareosa*）在荒漠草原群落中均起着建群作用。碱韭（*Allium polyrhizum*）多混生于荒漠草原群落中，并可建群形成弱碱化群落。狭叶锦鸡儿（*Caragana stenophylla*）亦是亚洲中部草原的特征种，常赋予荒漠草原群落灌丛化的特征。冠芒草（*Enneapogon borealis*）和栉叶蒿（*Neopallasia pectinata*）为荒漠草原群落较广泛生长的一年生植物。

### （九）达乌里-蒙古成分

乳白黄耆（*Astragalus galactites*）、小叶锦鸡儿（*Caragana microphylla*）、蒙古韭（*Allium mongolicum*）、瓦松（*Orostachys fimbriatus*）、北芸香（*Haplophyllum dauricum*）、达乌里芯芭（*Cymbaria dahurica*）等。

### （十）蒙古与戈壁-蒙古成分

蒙古与戈壁-蒙古成分属亚洲中部植物区系的组成部分，以荒漠草原、典型草原及荒漠植物为主。典型的蒙古成分有石生针茅（*Stipa klemenzii*）、戈壁针茅（*Stipa gobica*），并且二者是荒漠草原的建群植物。女蒿（*Hippolytia trifida*）、沙芦草（*Agropyron mongolicum*）、大苞鸢尾（*Iris bungei*）、矮锦鸡儿（*Caragana pygmaea*）多分布在荒漠草原。无芒隐子草（*Cleistogenes songorica*）、蒙古韭（*Allium mongolicum*）、刺叶柄棘豆（*Oxytropis aciphylla*）、蓍状亚菊（*Ajania achilloides*）、冬青叶兔唇花（*Lagochilus ilicifolius*）、拐轴鸦葱（*Scorzonera divaricata*）、荒漠石头花（*Gypsophila desertorum*）、鳞萼棘豆（*Oxytropis squammulosa*）等为戈壁-蒙古成分，大多是荒漠草原的伴生成分或特征植物。

## 二、植物区系成分组成

由于荒漠草原亚带处于典型草原亚带与其西侧的荒漠带（具体是草原化荒漠亚带）之间，因此，在植物区系成分上有来自东、西两侧植物区系成分的影响和渗透。但是，强旱生的一些特有的植物种类及其独特的群落类型构成了荒漠草原独特的植物区系成分。下面以分布最广、所占面积最大的石生针茅荒漠草原群落为例，具体列出荒漠草原地带的主要植物种类。

### （一）多年生丛生禾草、根茎禾草层片

石生针茅（*Stipa klemenzii*）、戈壁针茅（*Stipa gobica*）、沙生针茅（*Stipa glareosa*）、短花针茅（*Stipa breviflora*）、无芒隐子草（*Cleistogenes songorica*）、糙隐子草（*Cleistogenes squarrosa*）、克氏针茅（*Stipa krylovii*）、白草（*Pennisetum centrasiaticum*）、羊草（*Leymus chinensis*）、赖草（*Leymus secalinus*）等。

### （二）多年生旱生杂类草层片

薄叶燥原荠（*Ptilotricum tenuifolium*）、阿尔泰狗娃花（*Heteropappus altaicus*）、拐轴鸦葱（*Scorzonera divaricata*）、冬青叶兔唇花（*Lagochilus ilicifolius*）、北芸香（*Haplophyllum dauricum*）、达乌里芯芭（*Cymbaria dahurica*）、戈壁天门冬（*Asparagus gobicus*）、茵陈蒿（*Artemisia capillaris*）、细叶鸢尾（*Iris tenuifolia*）、糙叶黄耆（*Astragalus scaberrimus*）、乳白黄耆（*Astragalus galactites*）、乳浆大戟（*Euphorbia esula*）、青兰（*Dracocephalum ruyschiana*）、荒漠石头花（*Gypsophila desertorum*）、银灰旋花（*Convolvulus ammannii*）、地梢瓜（*Cynanchum thesioides*）、大苞鸢尾（*Iris bungei*）、鳍蓟（*Olgaea leucophylla*）、驴欺口（*Echinops latifolius*）、沙茴香（*Ferula bungeana*）、骆驼蓬（*Peganum harmala*）、草麻黄（*Ephedra sinica*）、牻牛儿苗（*Erodium stephanianum*）、燥原荠（*Ptilotricum canescens*）等。

### （三）莎草、鳞茎植物层片

寸草苔（*Carex duriuscula*）、碱韭（*Allium polyrhizum*）、蒙古韭（*Allium mongolicum*）、矮韭（*Allium anisopodium*）、细叶韭（*Allium tenuissimum*）等。

### （四）旱生小半灌木层片

刺叶柄棘豆（*Oxytropis aciphylla*）、蓍状亚菊（*Ajania achilloides*）、木地肤（*Kochia prostrata*）、达乌里胡枝子（*Lespedeza davurica*）、冷蒿（*Artemisia frigida*）、珍珠猪毛菜（*Salsola passerina*）等。

### （五）旱生小灌木层片

狭叶锦鸡儿（*Caragana stenophylla*）、矮锦鸡儿（*Caragana pygmaea*）、小叶锦鸡儿（*Caragana microphylla*）、中间锦鸡儿（*Caragana intermedia*）等。

### （六）一、二年生植物层片

栉叶蒿（*Neopallasia pectinata*）、冠芒草（*Enneapogon borealis*）、虎尾草（*Chloris virgata*）、锋芒草（*Tragus racemosus*）、三芒草（*Aristida adscensionis*）、小画眉草

(*Eragrostis minor*)、刺沙蓬(*Salsola ruthenica*)、尖头叶藜(*Chenopodium acuminatum*)、猪毛菜(*Salsola collina*)、雾冰藜(*Bassia dasyphlla*)、蒺藜(*Tribulus terrestris*)、地锦(*Euphorbia humifusa*)、猪毛蒿(*Artemisia scoparia*)、狗尾草(*Setaria viridis*)、藜(*Chenopodium album*)等。

## 第三节 荒漠草原植被主要特点

在亚洲中部内陆盆地范围内，分布着一种特殊的草原植被类型——荒漠草原(desert steppe)。该草原植被具有特殊的主导植物种类组成和独特的群落结构与功能，并且按一定规律广泛分布于与之相适应的区域，成为亚洲中部草原区内一个特殊的植被带——荒漠草原亚带。在内蒙古高原中部，阴山山脉以北的层状高平原地区，东起苏尼特，西至乌拉特，这一狭长地带广泛分布着中温型草原带最干旱的荒漠草原亚带。它位于东侧的典型草原亚带与西侧的荒漠带（草原化荒漠亚带）之间，显然，荒漠草原亚带是草原带向西部荒漠带的一个过渡地带。内蒙古高原中部偏西地区分布的荒漠草原植被具有下列主要特点。

### 一、含有一组独特的主导植物种类组成

组成荒漠草原群落的独特主导植物，主要是以多种强旱生多年生丛生小禾草作为主要的建群种，即石生针茅(*Stipa klemenzii*)、短花针茅(*Stipa breviflora*)、戈壁针茅(*Stipa gobica*)、沙生针茅(*Stipa glareosa*)、无芒隐子草(*Cleistogenes songorica*)、糙隐子草(*Cleistogenes squarrosa*)等。葱属的碱韭(*Allium polyrhizum*)也是主要建群种之一。旱生小半灌木女蒿(*Hippolytia trifida*)和蓍状亚菊(*Ajania achilloides*)是群落特有的优势植物。旱生杂类草有冬青叶兔唇花(*Lagochilus ilicifolius*)、荒漠石头花(*Gypsophila desertorum*)、拐轴鸦葱(*Scorzonera divaricata*)、戈壁天门冬(*Asparagus gobicus*)、燥原荠(*Ptilotricum canescens*)、骆驼蓬(*Peganum harmala*)和刺叶柄棘豆(*Oxytropis aciphylla*)等，均为荒漠草原的特征种。

### 二、几种锦鸡儿属植物构成群落的特有旱生小灌木层片

在内蒙古高原荒漠草原亚带区域内，自东向西的荒漠草原群落中，依次出现小叶锦鸡儿(*Caragana microphylla*)、中间锦鸡儿(*Caragana intermedia*)、狭叶锦鸡儿(*Caragana stenophylla*)、矮锦鸡儿(*Caragana pygmaea*)和藏锦鸡儿(*Caragana tibetica*)等。除超旱生的藏锦鸡儿是从西部荒漠带渗入的越带群落中

的成分外，其他 4 种锦鸡儿属植物均分别与强旱生多年生丛生小禾草建群的荒漠草原群落结合，形成这些群落上层十分稳定的旱生小灌木层片。

## 三、一、二年生植物组成的“夏雨型”层片是一个重要特征

群落中常见的一、二年生植物有小画眉草（*Eragrostis minor*）、三芒草（*Aristida adscensionis*）、虎尾草（*Chloris virgata*）、锋芒草（*Tragus racemosus*）、栉叶蒿（*Neopallasia pectinata*）、猪毛蒿（*Artemisia scoparia*）、灰绿藜（*Chenopodium glaucum*）、蒙古虫实（*Corispermum mongolicum*）和猪毛菜（*Salsola collina*）等。这些一、二年生植物属群落中的“中生植物”，通常在温度高和降水量偏多的夏季里，很快萌发且快速生长发育；若遇当年春季干旱或夏季降水期推迟，群落中的一、二年生植物层片成为季节性的优势层片，占据着群落的大部分空间。由于该层片对降水时间的依存性和植物的生育期较短，因此属于荒漠草原群落中特有的不稳定层片。

## 四、芨芨草盐化草甸群落散布于荒漠草原亚带区域内

在内蒙古高原荒漠草原亚带区域内，在局部的湖盆盐湿低地和干河谷这类隐域性生境上，主要由于土壤盐渍化和水分状况的改善，在低洼轻盐渍化的草甸化棕钙土上，发育着植株高大丛生的芨芨草（*Achnatherum splendens*）形成的盐化草甸群落。盐化草甸群落，散布在广布的低矮而稀疏的荒漠草原亚带中，成为荒漠草原植被中一种特有的自然景观。

## 五、出现相邻植被带（亚带）植物种的渗透与群落越带现象

由于内蒙古高原荒漠草原亚带处于典型草原亚带与荒漠带之间，是草原带向更干旱的荒漠带过渡的一个地带性植被类型。因此，相邻植物群落的一些种类成分必然渗透到荒漠草原植被的部分群落中，甚至由于荒漠草原亚带区域内的隐域性小生境与相邻植被带的生境相近，因此相邻植被带的个别群落可出现在荒漠草原亚带的局部地段上，这是一种植物群落的越带现象。例如，荒漠草原亚带的东侧因与典型草原亚带相邻，在短花针茅群落中，混生有少量的克氏针茅（*Stipa krylovii*）和冰草（*Agropyron cristatum*）等。在亚带西、北部边缘地区的砾质盐化棕钙土上，出现红砂+珍珠猪毛菜群落（Ass. *Reaumuria soongarica*+*Salsola passerina*）；在沙质棕钙土上是藏锦鸡儿（*Caragana tibetica*）建群的群落；在湖盆外缘覆沙地上是小果白刺（*Nitraria sibirica*）群落；在低洼盐土上生长着细枝盐爪爪（*Kalidium gracile*）群落。这些群落均属在荒漠草原亚带范围内出现的越

带的荒漠植物群落或群落片段。

## 六、植被低矮稀疏、种类组成比较贫乏、结构简单

荒漠草原各类植物群落分布在生态条件严酷的干旱气候地区，发育出一类强旱生性的丛生小禾草（以多种小型针茅为主）建群植物，以及另一类强旱生杂类草和小半灌木植物为群落的固有伴生植物，它们均属低矮型植物。群落种的饱和度平均为 10 种/m$^2$ 左右，草群高度为 10～20cm（不超过 30cm），总盖度为 15%～25%（不超过 30%）。通常，群落内部只有两个亚层或仅为一层，结构比较简单。

## 七、群落植物生物量地下部分多高于地上部分

群落植物的地下部分大多为发达而水平分布的浅根系，但其生物量往往高于地上部分。强旱生多年生丛生小禾草（针茅属、隐子草属）是荒漠草原群落的建群植物，具有发达的须根系，构成了群落地下部分的主体。再者，由于干燥的地带性土壤——棕钙土，一般在表土层 20～30cm 以下具有发达而紧实的“钙积层”，其厚度一般为 15～30cm，具短型须根系的丛生小禾草和具细短直根系的杂类草的根系难以穿过钙积层，只有少量的旱生小灌木（锦鸡儿属）和旱生小半灌木的强大根系有可能穿过钙积层的细小缝隙而有限地生长（表 1-1）。

**表 1-1　石生针茅荒漠草原群落根量和粗细根比例**

| 土层深度（cm） | 总根量（g） | 占合计总根量的比例（%） | 粗根量（g） | 占总根量的比例（%） | 细根量（g） | 占总根量的比例（%） |
|---|---|---|---|---|---|---|
| 0～5 | 0.887 | 17.82 | 0.567 | 63.92 | 0.320 | 36.08 |
| 5～10 | 1.127 | 22.64 | 0.560 | 49.69 | 0.567 | 50.31 |
| 10～15 | 1.266 | 25.44 | 0.548 | 43.29 | 0.718 | 56.71 |
| 15～20 | 0.810 | 16.27 | 0.193 | 23.83 | 0.617 | 76.17 |
| 20～25 | 0.528 | 10.61 | 0.094 | 17.80 | 0.434 | 82.20 |
| 25～30 | 0.359 | 7.21 | 0.084 | 23.40 | 0.275 | 76.60 |
| 合计 | 4.977 | 100 | 2.046 | 41.11 | 2.931 | 58.89 |

资料来源：《内蒙古植被》（中国科学院内蒙古宁夏综合考察队，1985）

## 八、饲用植物营养物质含量较高

荒漠草原饲用植物营养物质含量较高，特别是粗蛋白和粗灰分的含量均高于

其他草原亚带的饲用植物（表1-2）。这个地区是细毛羊和半细毛羊的良好养羊业基地。但进入冬季枯草期时，需要补充一定量的饲料，特别是蛋白饲料。

**表1-2 荒漠草原饲用植物营养物质含量季节变化（%）**

| 季节 | 粗蛋白 | 粗脂肪 | 无氮浸出物 | 粗纤维 | 粗灰分 | 磷 | 钙 |
|---|---|---|---|---|---|---|---|
| 春 | 15.75 | 3.15 | 34.41 | 26.10 | 9.57 | 0.31 | 0.66 |
| 夏 | 14.38 | 5.81 | 26.83 | 30.8 | 8.92 | 0.32 | 1.01 |
| 秋 | 7.01 | 4.56 | 35.44 | 30.54 | 10.07 | 0.24 | 1.79 |
| 冬 | 2.26 | 3.96 | 40.33 | 35.85 | — | 0.33 | 1.79 |

资料来源：伊克乌素荒漠草原定位实验站资料，1959～1961年

## 九、群落地上生物量偏低且波动性较大

荒漠草原亚带主要由于降水量较少，以及土壤自然肥力偏低，植被低矮、稀疏，因此群落地上生物量较低。同时，因降水量的年际差异，各群落地上生物量的年度波动十分明显。但是，在群落地上生物量的组成中，旱生小禾草类植物相对较为稳定，而一些蒿类植物和杂类草及一、二年生植物的地上生物量年度差异较大（表1-3）。另外，1959～1985年连续27年对石生针茅荒漠草原群落（Form. *Stipa klemenzii*）地上生物量的定位观测结果表明，群落地上生物量具有明显的季节波动和年度波动，而且年度波动与降水量的波动是一致的，年度的波动系数最高可达5.8（即最低值为59.2kg/hm$^2$，最高值为345.0kg/hm$^2$）。

**表1-3 荒漠草原植物群落地上生物量和降水量的年度波动**

| 年份 | 1 | | 2 | | 3 | | 4 | | 年降水量（mm） |
|---|---|---|---|---|---|---|---|---|---|
| | 地上生物量（kg/hm$^2$） | 3年比较（1959年为100%）（%） | 地上生物量（kg/hm$^2$） | 3年比较（1959年为100%）（%） | 地上生物量（kg/hm$^2$） | 3年比较（1959年为100%）（%） | 地上生物量（kg/hm$^2$） | 3年比较（1959年为100%）（%） | |
| 1959 | 252.4 | 100.0 | 259.8 | 100.0 | 392.4 | 100.0 | 810.9 | 100.0 | 300.6 |
| 1960 | 168.2 | 66.6 | 153.1 | 58.9 | 187.8 | 47.9 | 548.6 | 67.7 | 146.6 |
| 1961 | 63.6 | 25.2 | 98.1 | 37.8 | 115.3 | 29.4 | 524.1 | 64.6 | 189.9 |
| 3年平均 | 161.4 | | 170.3 | | 231.8 | | 627.9 | | 212.4 |

资料来源：伊克乌素荒漠草原定位实验站资料，1959～1961年

注：1.石生针茅+无芒隐子草群落（分布在缓坡平原沙质栗钙土上）；2.狭叶锦鸡儿-石生针茅+无芒隐子草群落（分布在波状平原沙质棕钙土上）；3.红砂+珍珠猪毛菜-石生针茅+无芒隐子草群落（分布在荒漠草原亚带北缘坡地及坡向平地砂砾质盐化棕钙土上）；4.芨芨草轻度盐化草甸群落（分布在低湿盐化草甸棕钙土上）

## 十、氮素在系统内各“库”之间周转速率慢

荒漠草原生态系统氮素在系统内各“库”（土、草、畜）间的流通量小，转化速率低，周转速率慢，土壤氮常处于负平衡状态。对短花针茅荒漠草原群落的试验研究表明，在 0～40cm 土层中，氮贮量可达 809.9g/m$^2$，而氮的矿化速率只有 0.44%，土壤和植物间的氮流通量在 4～10 月的 7 个月内，只有 3.5g/m$^2$。在草和畜间的氮流通量为 0.8g/m$^2$，畜和土间的氮流通量为 0.3g/m$^2$，草和土间的氮流通量为0.2g/m$^2$。最终，羊毛产品从这一氮流通系统中支出氮 7.7kg，可折算为 0.3kg/只。因此，提高氮在系统内的转化速率，将是提高荒漠草原生态系统生产效率的重要环节。

## 十一、群落具有不同水热组合的生态演替系列

荒漠草原是旱生性最强的草原植被类型，但随着水热条件的不同组合及地理因素的变化，仍可表现出相应的群落生态演替系列。

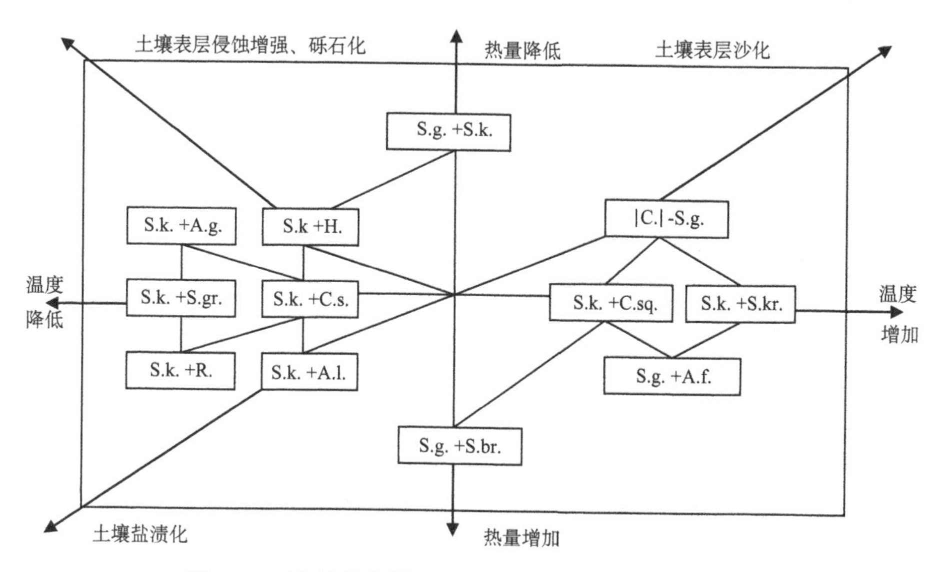


图 1-1　石生针茅草原主要群落类型之间的生态关系图示

S.g.=*Stipa gobica*；S.k.=*Stipa klemenzii*；S.gr.=*Stipa glareosa*；S.br.=*Stipa bleviflora*；S.kr.=*Stipa krylovii*；C.s.=*Cleistogenes songorica*；A.f.=*Artemisia frigida*；A. g.=*Allium mongolicum*；C.sq.=*Claistogenes squarrosa*；H.=*Hippolytia trifida*；A. l.=*Allium polyrhizum*；R.=*Reaumuria soongarica*；C.=*Caragana micropylla*，*C. pygmaea*；引自：《内蒙古植被》（中国科学院内蒙古宁夏综合考察队，1985）

以石生针茅荒漠草原为例，石生针茅草原是内蒙古高原荒漠草原亚带分布最广、面积最大的标志性群落，由于气候和土壤条件的变化，加之又处于草原带与荒漠带地域之间的过渡地带，必将在其亚带内产生多种群落类型及其不同的群落变体。更为甚者，因其与周边的其他草原植被和荒漠植被相毗邻，势必出现一些能起缓冲作用的过渡性植物群落类型（图 1-1）。

### 十二、生态系统的生态稳定性较差、生态风险增大

具有生态过渡带性质的荒漠草原生态系统，其生态稳定性较差，故外界干扰作用（自然环境恶化、人为破坏）所导致的生态风险程度升高。近些年来，生态过渡带（ecotone）或称“生态边界系统”、“生态交错区”和“生态脆弱带”已成为国际生态学研究的热点之一。通常，处于生态过渡带（生态边界系统、生态交错区）的生态系统，较之于区域内部的生态系统来说，更容易受外来干扰而发生变动，甚至发生逆行演替。因为，在生态系统内部原本有反馈机制进行调节，从而能保持系统的相对稳定；而在系统的边缘地区，其反馈机制作用变弱，故处于过渡带的系统极易受到伤害，甚至消失。一般说来，在干旱和半干旱区，生态系统主要对降水的缺少和人为破坏作用具有十分显著的反应。

## 第四节　荒漠草原主要群落类型

内蒙古高原荒漠草原亚带处在典型草原亚带与荒漠带（草原化荒漠亚带）之间，因此在植被和植物区系组成上除本亚带固有的群落类型与植物组成成分外，也有来自东、西两侧少量植物种群的渗透和侵入。所以应当将荒漠草原亚带作为一个完全有别于其他草原类型而独立的草原植被类型，群落中起主导作用的植物区系成分是戈壁蒙古荒漠草原种和亚洲中部荒漠草原种。其中针茅属羽针组小型针茅植物石生针茅、戈壁针茅、沙生针茅和须芒组的短花针茅与其他植物如无芒隐子草、碱韭、蒙古韭等都是主要建群种及优势植物。群落组成中旱生小半灌木层片的女蒿（*Hippolytia trifida*）和蓍状亚菊（*Ajania achilloides*）也是荒漠草原特有的优势植物。还有一些常见的旱生杂类草和小半灌木，如冬青叶兔唇花、荒漠石头花、拐轴鸦葱、戈壁天门冬（*Asparagus gobicus*）、骆驼蓬、燥原荠、乳浆大戟（*Euphorbia esula*）和刺叶柄棘豆等也都是荒漠草原的特征种。此外，有少数的锦鸡儿属小灌木，如狭叶锦鸡儿、矮锦鸡儿和中间锦鸡儿（*Caragana intermedia*），且多与沙质土壤相连，形成灌丛化荒漠草原群落。

## 一、石生针茅荒漠草原

### （一）生态地理分布

石生针茅荒漠草原是亚洲中部荒漠草原地带的一类小型丛生禾草草原，在我国主要分布在阴山山脉以北的乌兰察布层状高平原和鄂尔多斯高原中西部地区，再往西在极干旱的荒漠区山地（贺兰山、祁连山、东天山、阿尔泰山、柴达木盆地等）也有出现。

石生针茅荒漠草原是最耐旱的针茅草原之一，它的分布与温带干旱的大陆性气候存在极为密切的联系。在它的分布区域内年降水量平均低于 250mm（130～245mm），湿润度在 0.11～0.26，≥10℃积温为 2000～3100℃，植物发育期长达 180～240 天。春夏两季，尤其是 4～6 月经常出现持续的干旱，严重地制约着植物的生长和群落初级生产力的稳定性。

石生针茅荒漠草原发育在暗棕钙土和棕钙土上，土体腐殖质层浅薄，一般在 20～30cm，在其下面普遍有一层坚实的钙积层（B 层），土壤干燥且肥力较低（腐殖质含量为 1.0%～1.8%）。春季干旱期土壤含水量低于 8%，表土层薄且多沙质，由于风蚀作用而覆盖有一层粗沙和碎石砾，地表十分粗糙。

石生针茅荒漠草原的垂直分布与海拔的相关性表现为自北向南、自东向西逐渐升高的趋势。在乌兰察布高平原的北部、东部，它广泛分布在 950～1000m 的层状高平原上，向南向西随着丘陵山地地势的上升和湿度的下降，石生针茅荒漠草原大多出现在海拔 1300～1600m 的山麓坡脚和丘间谷地。

### （二）种类组成

与其他针茅草原植被相比，石生针茅荒漠草原具有自己独特的种类组成。首先，因受干旱气候的长期作用，石生针茅荒漠草原的植物种类十分贫乏。通常在 $1m^2$ 地面上群落种饱和度仅为 10～12 种，但其种类组成相对比较稳定，一般群落种数无明显的变化。在群系分布区的中心区域，群落的种数稳定性偏高，但绝对值偏低；而在分布区的外缘，其种数波动性偏大，且绝对值普遍有所升高。通常分布区域的东界较西界为高，即分布在偏东的群落总种数约为 46 种（以石生针茅+糙隐子草+克氏针茅群落为例），偏西的群落总种数则只有 26 种（以石生针茅+亚菊草原、石生针茅+女蒿草原为例）。

据调查记载统计，组成石生针茅荒漠草原的高等植物共计 74 种，分别属于 27 科 52 属，其中含种属较多的科依次为禾本科（7 属 13 种，占总种数的 17.6%）、豆科（6 属 10 种，占 13.5%）、菊科（5 属 9 种，占 12.2%）、百合科（3 属 5 种，占 6.8%）和藜科（4 属 4 种，占 5.4%）；其次是蒺藜科、十字花科、鸢尾科，各含3种，莎草科、唇形科、大戟科、伞形科和柽柳科各含2种；其他的14科为石竹科、景天科、蔷薇科、亚麻科、芸香科、远志科、瑞香科、萝藦科、旋花科、马鞭草科、玄参科、车前科、报春花科和麻黄科，均仅有1种。低等植物在石生针茅荒漠草原群落中极少，偶尔在一些砾石性生境下生长有少量的叶状地衣（*Parmelia vagans*）。

## （三）群落类型

根据群落中共建种生活型的一致性和种类组成的差异性，可将石生针茅荒漠草原群系分为7个群丛组：①石生针茅+无芒隐子草草原，②石生针茅+碱韭草原，③石生针茅+女蒿草原，④石生针茅+蓍状亚菊草原，⑤石生针茅+冷蒿草原，⑥矮锦鸡儿-石生针茅草原，⑦石生针茅-红砂草原。

石生针茅+小禾草草原在荒漠草原有着最广泛的分布，如果说石生针茅草原是荒漠草原的优势群系的话，那么石生针茅+小禾草草原则为石生针茅草原的主体。它的主要特点是，在建群种石生针茅的背景上均匀地分布着两种旱生的低矮疏丛小禾草，即无芒隐子草和糙隐子草。由无芒隐子草占优势的草原群系，具有更强的抗旱能力，集中成片地分布在该群系分布地区的北部和西北部，成为荒漠草原的标志群系。而由糙隐子草占优势的草原群系主要分布在分布区的东北部和南部，其分布面积远远少于无芒隐子草占优势的石生针茅+小禾草草原。但是，在石生针茅群系分布地区的中心部位，两种隐子草同时出现在同一群落中，如在偏西偏北地区以无芒隐子草个体数量较多，而在偏东偏南地区则以糙隐子草稍多。

石生针茅+糙隐子草草原是一个生态地理幅度十分广泛的群落类型，也是荒漠草原具有标志性的草原群落之一。在与其他草原群系交错的边缘地带，往往可形成与交汇的草原群落保持着一定联系的生态地理变体，如含短花针茅的石生针茅+糙隐子草群落、含克氏针茅的石生针茅+糙隐子草群落、含沙生针茅的石生针茅+糙隐子草群落等。就生态条件而言，上述这些生态地理变体的形成，与有关群落分布地区内水热组成的分异密切相关，同时亦反映了石生针茅荒漠草原与周边相邻草原群系之间在种类组成上相互渗透的关系。

### 1. 石生针茅+无芒隐子草群落

石生针茅+无芒隐子草群落（Ass. *Stipa klemenzii*+*Cleistogenes songorica*）分布在乌兰察布高原西北部达茂旗北部的丘陵地区低平原上，地势平坦但稍有波状起伏。土壤为轻壤质棕钙土，地表砾砂质不甚显著。

石生针茅+无芒隐子草群落中以石生针茅的数量为最多，起着绝对的优势作用；其次为无芒隐子草和猪毛蒿，起着共建作用。群落中一些强旱生的轴根型植物成为群落的主要伴生种，有冬青叶兔唇花、达乌里芯芭、北芸香、荒漠石头花、拐轴鸦葱和银灰旋花等。一年生植物在夏季和初秋时期成为此时的季节景观层片，如冠芒草、小画眉草、锋芒草和刺沙蓬等，其生长发育速度很快，然而在群落中的群落学作用较小。旱生小灌木和小半灌木层片基本上不复存在，只偶有零星生长的矮锦鸡儿，但一般不起作用。因此，群落的垂直结构十分简单，整个群落可视为单一低矮的草本层，其群落高度不超过30cm。若遇到夏季不降水的干旱年份，不仅多年生草本植物生长发育不良，甚至难以生长，而且一年生植物也不出现，整个群落处于更加低矮稀疏和没有生气的状态。

**2. 矮锦鸡儿-石生针茅+无芒隐子草群落**

矮锦鸡儿-石生针茅+无芒隐子草群落（Ass. *Caragana pygmaea-Stipa klemenzii+Cleistogenes songorica*）广泛分布在波状起伏丘陵的缓坡地和梁间平坦地段上，占有最大面积的地域。因风蚀和地表径流作用，在薄层的棕钙土壤表面常保存稀疏的小石砾或在锦鸡儿灌丛基部或周围堆积相对高度为5～10cm的小沙堆，在地表常出现一些稍有倾斜微地形的径流线（小沟）。在这些呈斑块状的稍低凹地上，多生长喜湿的寸草苔，而小沙堆附近则多为一年生植物所占据，在覆沙的地块上，锦鸡儿灌丛多生长良好，这可能与土壤水分稍有改善有相关性。

**3. 石生针茅-红砂+珍珠猪毛菜群落**

石生针茅-红砂+珍珠猪毛菜群落（Ass. *Stipa klemenzii-Reaumuria soongarica+Salsola passerina*）分布于丘陵缓坡及坡间平地上，在缓坡上部常有石砾质地表出现。土壤是具有一定盐化程度的棕钙土，故表土含有盐分而显干燥。因此，群落不仅低矮而稀疏，而且在空间上主要表现为小斑块状的镶嵌结构。建群种石生针茅和一些旱生性杂类草、一年生植物等小型植物，只分散在这些“小斑块”之间的空隙中。“小斑块”植物由几种适应盐分且耐旱的强旱生小灌木和半灌木组成，如红砂、珍珠猪毛菜、短叶假木贼（*Anabasis brevifolia*）、松叶猪毛菜（*Salsola laricifolia*）和木蓼（*Atraphaxis frutescens*）等。旱生小灌木狭叶锦鸡儿和矮锦鸡儿植物个体数量极少，主要是由于表土层浅（0～20cm）且含盐量偏高，不适于喜沙的锦鸡儿灌丛生长；加之锦鸡儿属植物具发达的直根系，难以穿透坚实而深厚的钙积层（甚至是石膏层）。于是，一些适应土壤盐分并具发达而短型直根系的强旱生小灌木和半灌木（红砂、珍珠猪毛菜、短叶假木贼）却能良好生长，而成为群落的优势成分。显然，这些强旱生植物应是从周边荒漠带（草原化荒漠亚带）入侵的少数植物。

群落组成中，仍以旱生多年生草本植物为主体，除建群种石生针茅外，还有无芒隐子草、碱韭和一些旱生杂类草，如阿尔泰狗娃花、银灰旋花（*Convolvulus ammannii*）、拐轴鸦葱（*Scorzonera divaricata*）、葡根骆驼蓬（*Peganum nigellastrum*）

等。一年生植物有栉叶蒿（*Neopallasia pectinata*）、冠芒草（*Enneapogon borealis*）、三芒草（*Aristida adscensionis*）、小画眉草（*Eragrostis minor*）和刺沙蓬（*Salsola ruthenica*）等。

## 二、短花针茅荒漠草原

### （一）生态地理分布

短花针茅（*Stipa breviflora*）广泛分布在亚洲中部草原亚区荒漠草原带的偏暖气候区域，同时也生长在荒漠区的一些山地。短花针茅为禾本科针茅属须芒组的一种多年生密丛植物，亚洲中部荒漠草原种。株丛高 30～40cm，芒长 5～8cm，全芒被短柔毛。在内蒙古高原上，短花针茅 4 月上旬开始萌动返青，5 月下旬至 6 月中旬抽穗开花进入生长盛期，6 月下旬至 7 月上旬颖果成熟脱落，生殖枝开始枯黄进入果后营养期。之后，株丛再次分蘖长出部分营养枝，直至 9 月下旬株丛逐渐枯黄而进入相对休眠期。短花针茅株丛干枯残枝的保存率较高，有利于家畜冬春放牧利用。

短花针茅草原分布区属偏暖的干旱气候，年降水量为 267～350mm，年均温在 3.6℃以上（达茂旗气象局）。该群系在我国境内的主要分布区是从黄土高原丘陵区西北部起，往东向北越过阴山山地到达内蒙古高原中部的南端边缘地区。在这个地区范围内，西起乌梁素海以东的大佘太，向东经达茂旗、四子王旗，止于镶黄旗、化德县等地。东西横贯于内蒙古高原中部荒漠草原带的南部边缘，形成一条连续分布在淡栗钙土、暗棕钙土上的以短花针茅建群的荒漠草原的分布区域。这是从典型草原带向荒漠草原带过渡而首先出现的荒漠草原群落，再往西北即可见到更干旱的石生针茅荒漠草原群落。

### （二）种类组成

据中国科学院内蒙古宁夏综合考察队（简称中科院蒙宁综合考察队）在其考察区内考察的结果，组成短花针茅群落的高等植物有 51 种。其中以禾本科植物占优势，菊科、藜科次之，百合科、蔷薇科和十字花科的一些植物也有一定的数量。而构成群落建群种和优势种的植物大多为针茅属、隐子草属、蒿属和锦鸡儿属的植物。再者，对短花针茅草原的植物成分作水分生态类型分析，旱生植物处于主导地位，为群落总种数的 84.3%，其中草原种占 56.9%，荒漠草原种占 25.5%，荒漠种占 1.9%（表 1-4）。

**表 1-4　短花针茅群落生物学类群与生态学类群综合分析表**

| 生物学类群 | | | 生态学类群 | | | | | | | 合计 |
|---|---|---|---|---|---|---|---|---|---|---|
| | | | 超旱生植物 | | 旱生植物 | | | 中生植物 | | |
| | | | 荒漠旱生 | 草原旱生 | 草原广旱生 | 草原中旱生 | 荒漠草原旱生 | 草甸旱中生 | 草甸中生 | |
| 多年生草类 | 禾草苔草 | 丛生禾草 | | 1 | 2 | | 4 | | | 7 |
| | | 根茎禾草 | | | | 1 | | | | 1 |
| | | 根茎苔草 | | 2 | | | | | | 2 |
| | 杂类草 | 豆科 | | 2 | | 2 | | | | 4 |
| | | 百合科 | | 1 | | | 2 | 2 | | 5 |
| | | 其他 | | 8 | 1 | 2 | 3 | | | 14 |
| 半灌木 | | 菊科 | | 1 | | | 2 | | | 3 |
| | | 豆科 | | 1 | | | | | | 1 |
| | | 其他 | | | | | 1 | | | 1 |
| 灌木 | | 豆科 | 1 | 3 | | | | | | 4 |
| 一、二年生植物 | | 蒿类 | | | | | 1 | 1 | | 2 |
| | | 藜类 | | 1 | | | | 1 | 1 | 3 |
| | | 其他 | | | | 1 | | | 3 | 4 |
| 低等植物 | | 地衣 | | | | | | | | （2） |
| | | 藻类 | | | | | | | | （2） |
| 总计 | | | 1 | 20 | 3 | 6 | 13 | 4 | 4 | 51（4） |

资料来源：《内蒙古植被》（中国科学院内蒙古宁夏综合考察队，1985）

短花针茅群系的植物种类成分如下。

建群种短花针茅在形成群落外貌和结构特征，以及建造群落环境中，均起着主导作用。亚建群（或优势）种主要有糙隐子草（*Cleistogenes squarrosa*）、无芒隐子草（*Cleistogenes songorica*）、克氏针茅（*Stipa krylovii*）和石生针茅（*Stipa klemenzii*）等。优势种有冷蒿（*Artemisia frigida*）、牛枝子（*Lespedeza potaninii*）、中间锦鸡儿（*Caragana intermedia*）、狭叶锦鸡儿（*Caragana stenophylla*）、矮锦鸡儿（*Caragana pygmaea*）和小叶锦鸡儿（*Caragana microphylla*）等。伴生种大多属多年生旱生杂类草和一、二年生植物，如阿尔泰狗娃花（*Heteropappus altaicus*）、北芸香（*Haplophyllum dauricum*）、冬青叶兔唇花（*Lagochilus ilicifolius*）、银灰旋花（*Convolvulus ammannii*）、糙叶黄耆（*Astragalus scaberrimus*）、达乌里芯芭（*Cymbaria dahurica*）、细叶韭（*Allium tenuissimum*）、细叶鸢尾（*Iris tenuifolia*）、栉叶蒿（*Neopallasia pectinata*）、猪毛蒿（*Artemisia scoparia*）、猪毛菜（*Salsola collina*）和小画眉草（*Eragrostis minor*）等。偶见种通常只在更加干旱的条件下才出现，如荒漠种刺叶柄棘豆（*Oxytropis aciphylla*）和葡根骆驼蓬（*Peganum *nigellastrum*）等。

## （三）主要群落类型及其生态演替规律

### 1. 主要群落类型

分布在内蒙古高原的短花针茅群系，常有4个群落。

（1）短花针茅+糙隐子草+无芒隐子草+冷蒿群落

短花针茅+糙隐子草+无芒隐子草+冷蒿群落（Ass. *Stipa breviflora*+*Cleistogenes squarrosa*+*C. songorica*+*Artemisia frigida*）占据着短花针茅草原分布区域的中心部位，是具有代表性的一个主要群落类型，大多分布在四子王旗和达茂旗南部波状丘陵地区[原内蒙古农牧学院（现内蒙古农业大学）哈雅教学牧场——荒漠草原生态系统定位试验研究站就属于这个类型]。

群落的建群种是短花针茅，亚建群种是糙隐子草和无芒隐子草，优势种是旱生小半灌木层片的冷蒿。其他常见的植物有沙生冰草、木地肤等。多年生杂类草的数量较多，有阿尔泰狗娃花、北芸香、达乌里芯芭、银灰旋花、冬青叶兔唇花、二裂委陵菜（*Potentilla bifurca*）、细叶韭（*Allium tenuissimum*）、戈壁天门冬和细叶鸢尾等。一年生植物层片较发达，尤其在雨水偏多的年份，作用更加明显，有猪毛蒿、猪毛菜和虫实等。

（2）中间锦鸡儿-短花针茅+无芒隐子草+冷蒿群落

中间锦鸡儿-短花针茅+无芒隐子草+冷蒿群落（Ass. *Caragana intermedia*-*Stipa breviflora*+*Cleistogenes songorica*+*Artemisia frigida*）分布在土壤基质更加粗糙多石砾的丘陵坡地上。由于耐旱的锦鸡儿灌木发育良好，在群落中形成上层优势植物，而构成景观明显的灌丛化草原。这个群落常与短花针茅+糙隐子草+无芒隐子草+冷蒿群落相间分布，且在短花针茅群系分布区内普遍存在。

常见的有小叶锦鸡儿、狭叶锦鸡儿和矮锦鸡儿，尤其是后两种常混生在群落中。它们的株丛矮小，一般高度为25～30cm，冠幅为20cm×30cm（或30cm×40cm），居于群落上层。由于风积作用，在锦鸡儿灌丛下有由细沙土、半腐解凋落物的堆积而形成的相对高度为10～20cm的小丘，在雨季以后，小丘及其周围生长着密集的一年生植物。在群落中还有少量的其他禾草，如克氏针茅、羊草和石生针茅。

（3）短花针茅+克氏针茅+糙隐子草+冷蒿群落

短花针茅+克氏针茅+糙隐子草+冷蒿群落（Ass. *Stipa breviflora*+*S. krylovii*+*Cleistogenes squarrosa*+*Artemisia frigida*）主要分布在短花针茅荒漠草原与克氏针茅典型草原之间的过渡地带，处于短花针茅草原分布范围的东界和南界边缘，故其群落基本特征具有荒漠草原向典型草原过渡的特点。因此，群落在种类组成上的亚建群种由草原典型旱生的克氏针茅和草原广旱生的糙隐子草所代替，而荒漠草原旱生种无芒隐子草则降为次要地位。除此之外，群落中出现了羊草，与此同时，还缺少地衣植物层片。上述这些植物种类成分和层片结构的变化，是该群落的最大特点，说明群落向典型旱生的干草原方向演变。

（4）短花针茅+石生针茅+无芒隐子草+冷蒿群落

短花针茅+石生针茅+无芒隐子草+冷蒿群落（Ass. *Stipa breviflora+S. klemenzii+Cleistogenes songorica+Artemisia frigida*）是短花针茅草原中旱生性最强的一种类型，大多集中分布在短花针茅草原分布区的北部边缘，处于短花针茅草原与石生针茅草原的过渡地带。因此。本群落具有向干旱性更强的石生针茅荒漠草原演变的特点。分布于百灵庙后山以北的短花针茅草原就属于本群落。由于该群落处在更干旱的生境，因此较多的石生针茅渗入并成为群落的亚建群种，同时旱生性更强的无芒隐子草几乎完全取代了同属植物糙隐子草在本群系中的作用。

群落的种类组成在短花针茅草原中最贫乏，种的饱和度一般在 6～8 种/$m^2$。旱生杂类草种数减少，且多为旱生荒漠草原种，一年生植物层片发达，地衣层片发育良好。群落垂直结构更加单调，无论高度还是覆盖度，在短花针茅草原中均是最低的。

**2. 生态演替规律**

短花针茅+糙隐子草+无芒隐子草+冷蒿群落，分布在短花针茅草原分布区的适中生境，是短花针茅草原的代表群落。随着生境水分状况的改善，偏旱生性较弱方向则为短花针茅+克氏针茅+糙隐子草+冷蒿群落，它是短花针茅荒漠草原向旱生的克氏针茅典型草原过渡的群落。如果生境条件更加干旱，则出现旱生性更强的短花针茅+石生针茅+无芒隐子草+冷蒿群落，它是短花针茅草原向更干旱的石生针茅草原过渡的类型。

短花针茅草原的各类群落还可向相邻的群系发展。例如，向湿润度增高的方向演化，在中温条件下为克氏针茅草原；而在暖温条件下，则为长芒草草原；若向更干旱的方向发展，则可演变为本地带范围内的石生针茅草原。

## 三、戈壁针茅荒漠草原

### （一）生态地理分布

戈壁针茅群落同样是一种以小型针茅为建群种的荒漠草原，在内蒙古高原荒漠草原亚带区域内，多出现在高平原的丘陵坡地顶部和区域内一些山地上。显然，戈壁针茅群落的形成与石质的粗骨性土壤基质有着紧密的联系。因此，戈壁针茅是亚洲中部山地草原蒙古种。

在内蒙古高原，戈壁针茅除作为建群种形成戈壁针茅群落分布在荒漠草原亚带的偏北地区外，还常出现在旱生小半灌木蒿类如冷蒿（*Artemisia frigida*）、山蒿（*Artemisia brachyloba*）、女蒿（*Hippolytia trifida*）和蓍状亚菊（*Ajania achilloides*）等群落中，这些群落较为适应山地的生态环境。此外，戈壁针茅还常出现在一些禾草群落中，如硬质早熟禾（*Poa sphondylodes*）、洽草（*Koeleria cristata*）、冰草（*Agropyron cristatum*）群落等。在禾草杂类草群落如蒙古羊茅（*Festuca dahurica* subsp. *mongolica*）、线叶菊（*Filifolium sibiricum*）群落中，戈壁针茅亦可成为这些群落的组成成分。

## （二）主要群落类型

### 1. 戈壁针茅+线叶菊群落

戈壁针茅+线叶菊群落（Ass. *Stipa gobica*+*Filifolium sibiricum*）主要分布在荒漠草原亚带的东部山地，群落组成和内部结构均比较复杂。分布在大青山山地的戈壁针茅+线叶菊群落，在群落中记载的种子植物有23种，平均10种/$m^2$左右。群落中常见植物大多是山地草原成分，少数是高平原侵入的典型草原植物，多年生丛生禾草在群落组成中的作用较大，其中以戈壁针茅占优势，伴生植物有大针茅（*Stipa grandis*）、多叶隐子草（*Cleistogenes polyphylla*）和糙隐子草（*Cleistogenes squarrosa*）。多年生轴根型杂类草种类较多，约12种，其中线叶菊（*Filifolium sibiricum*）与戈壁针茅同为群落的共建种，其他包括漏芦（*Stemmacantha uniflora*）、鳍蓟（*Olgaea leucophylla*）、苍术（*Atractylodes lancea*）、小红菊（*Dendranthema chanetii*）、多裂委陵菜（*Potentilla multifida*）、黄芩（*Scutellaria baicalensis*）、细叶石头花（*Gypsophila licentiana*）、远志（*Polygala tenuifolia*）、北芸香（*Haplophyllum dauricum*）和防风（*Saposhnikovia divaricata*）等。旱生小半灌木有白莲蒿（*Artemisia sacrorum*）和柔毛蒿（*Artemisia pubescens*）等。它们都是优势度较高的常见植物。

群落较低矮，一般草群高15～25（30）cm，盖度为15%～20%，其中戈壁针茅占群落总盖度的15%，线叶菊占3%。群落产草量不高，夏季每公顷约975kg（鲜重），其中多年生禾草占草群总产量的80%，群落产草量的季节和年度变化均较大。

### 2. 戈壁针茅+山蒿群落

戈壁针茅+山蒿群落（Ass. *Stipa gobica*+*Artemisia brachyloba*）只分布在阴山北麓石质丘陵阴坡上部。在这个地段上，主要由于地表剥蚀作用的增强和气候干燥度的升高，在丘陵顶部砾石性很强，加之地表干燥，植物生存条件更为严酷，从而形成强旱生的戈壁针茅和旱生半灌木蒿类植物相结合的群落。

据在荒漠草原亚带西部（百灵庙附近）的石质丘陵的调查，群落中记载种子植物15种，10种/$m^2$左右，群落种类组成中多为荒漠草原成分，而那些典型山地草原成分已完全消失。在旱生丛生禾草层片中，还有石生针茅（*Stipa klemenzii*）和无芒隐子草（*Cleistogenes songorica*）；旱生小半灌木层片中局部有蒙古莸（*Caryopteris mongholica*）；常见的旱生杂类草有达乌里芯芭（*Cymbaria dahurica*）、北芸香（*Haplophyllum dauricum*）、阿尔泰狗娃花（*Heteropappus altaicus*）、星毛委陵菜（*Potentilla acaulis*）和大苞鸢尾（*Iris bungei*）等。

该群落的草群高度平均为10cm左右，总盖度为15%，产草量约975kg/$hm^2$，其中禾草占80%～85%，小半灌木蒿类占15%～20%，杂类草较少。

### 3. 戈壁针茅+冷蒿群落

戈壁针茅+冷蒿群落（Ass. *Stipa gobica*+*Artemisia frigida*）主要分布在小地形部位比较平缓的丘陵坡地，地表砾石性略低而土层稍厚的地段上。据在荒漠草原西部（白云鄂博以北）石质丘陵地区的调查，旱生丛生禾草层片中除建群种戈壁针茅外，还有糙隐子草（*Cleistogenes squarrosa*）和冰草（*Agropyron cristatum*）；小半灌木层片中还有少量的女蒿；旱生杂类草成分有白花点地梅（*Androsace incana*）、达乌里秦艽（*Gentiana dahurica*）、北芸香、驴欺口（*Echinops latifolius*）、燥原荠（*Ptilotricum canescens*）、细叶鸢尾（*Iris tenuifolia*）。

草群平均高度为10cm，在2$m^2$上有种子植物11种。群落总盖度为15%。此外，地衣植物比较发达，常见的有叶状地衣（*Parmelia vagans*）和另一种褐色壳状地衣。

### 4. 戈壁针茅+女蒿群落

戈壁针茅+女蒿群落（Ass. *Stipa gobica*+*Hippolytia trifida*）主要占据着山地砾石性更强的凸起小地形部位，致使抗侵蚀耐干旱能力更强的女蒿替代了冷蒿而成为戈壁针茅群落的共建种。所以，戈壁针茅+女蒿群落与戈壁针茅+冷蒿群落经常出现在同一生态系列上。

群落的伴生成分相应地也发生更替，除小点地梅（*Androsace gmelinii*）和燥原荠等石生植物为上述两个群落的共有成分外，在群落中还有戈壁针茅+冷蒿群落所没有的石竹科的灯心草蚤缀（*Arenaria juncea*）、兴安石竹（*Dianthus chinensis* var. *versicolor*）和草原石头花（*Gypsophila davurica*）。此外，还有莲座状植物瓦松（*Orostachys fimbriatus*），以及黑色壳状地衣等。因此，草群更加低矮、稀疏，平均高度为5cm左右，总盖度为7%～8%。

### 5. 戈壁针茅+蓍状亚菊群落

戈壁针茅+蓍状亚菊群落（Ass. *Stipa gobica*+*Ajania achilloides*）分布在荒漠草原亚带西部的山地上，在狼山西南段海拔1600m的西北麓石质山坡地段可见戈壁针茅+蓍状亚菊群落。该群落可视为戈壁针茅+女蒿群落的西部山地变型。

群落中记载有18种种子植物，每平方米平均8～9种。群落中伴生种有沙芦草（*Agropyron mongolicum*）和无芒隐子草，刺叶柄棘豆（*Oxytropis aciphylla*）是群落的重要优势成分。杂类草成分中数量较多的有乳白黄耆（*Astragalus galactites*）和车前（*Plantago asiatica*）。其他一些种也较稳定出现，但个体数量很少，有单叶黄耆（*Astragalus efoliolatus*）、阿尔泰狗娃花、砂蓝刺头（*Echinops gmelinii*）、沙茴香（*Ferula bungeana*）、戈壁天门冬（*Asparagus gobicus*）、细枝补血草（*Limonium tenellum*）、细叶鸢尾和砂韭（*Allium bidentatum*）等。常见的一、二年生成分有栉叶蒿、猪毛蒿和猪毛菜等。群落平均高度在10cm左右，总盖度为10%～12%。

由于戈壁针茅+蓍状亚菊群落分布在荒漠草原亚带最西端，因此常与草原化荒漠植被的某些群落同处在一个生态序列当中，这就充分反映了这类群落是戈壁针茅草原中旱生化程度最高的一个群落类型。

## 四、沙生针茅荒漠草原

沙生针茅荒漠草原也是内蒙古高原荒漠草原亚带西部分布的又一个常见的小型丛生禾草草原。该群落分布区域的北界和东界与石生针茅草原大体一致，但其西界和南界则较石生针茅草原更加广泛。

沙生针茅荒漠草原主要分布在内蒙古高原西部（东阿拉善-西鄂尔多斯高原也有分布）的砂砾质棕钙土地带，海拔1100～1300m是沙生针茅荒漠草原分布的主体。

沙生针茅对于更干旱的气候具有更强的耐旱性，通常能在干燥的沙质、砂砾质棕钙土上形成高平原较大面积的荒漠草原群落，还常以共建种或亚优势种出现在其他群落中。沙生针茅群落的植物种类组成以旱生丛生禾草层片为主，其中除沙生针茅建群种外，稳定的亚优势成分有石生针茅和无芒隐子草。小半灌木层片比较发达，常见的有女蒿、蓍状亚菊、冷蒿（*Artemisia frigida*）和内蒙古旱蒿（*A. xerophytica*）等。杂类草的种类及数量不太多，常见的有北芸香（*Haplophyllum dauricum*）、戈壁天门冬（*Asparagus gobicus*）、鸦葱（*Scorzonera austriaca*）、冬青叶兔唇花（*Lagochilus ilicifolius*）、薄叶燥原荠（*Ptilotricum tenuifolium*）、乳白黄耆（*Astragalus galactites*）和大苞鸢尾（*Iris bungei*）等。一、二年生植物只有为数不多的猪毛蒿（*Artemisia scoparia*）。群落具有不同程度的灌丛化特点，旱生小灌木层片中主要是锦鸡儿属的几个旱生种，有中间锦鸡儿（*Caragana intermedia*）、矮锦鸡儿和狭叶锦鸡儿。

沙生针茅群落垂直结构的层次十分明显，上层的灌木层高度为40～60cm，盖度为10%～15%；下层的草本层高度一般为15～30cm，盖度为10%左右。草群产量为150～300kg/hm$^2$，其中小半灌木占12%～15%，灌木占15%～18%。

## 第五节　荒漠草原放牧与草地管理

放牧是草地利用的主要方式之一，简单、经济，尤其对于内蒙古荒漠草原来说，由于其草层低矮，放牧几乎是该类型草地的唯一利用方式。放牧对草地植被及土壤的影响主要取决于放牧强度、放牧制度、放牧季节等。放牧方式是制约草地生产的一个非常关键的因素，因为不合理的放牧方式会使草地植物种类组成与群落结构发生变化，导致产草量和草品质降低，从而间接影响家畜的生产性能。因此，为了获得持续、最大的产量，适宜的放牧强度和放牧方式是必不可少的。

伴随着气候、环境变化和国家对中国北方绿色生态安全屏障的重视，在保障农牧民生产生活不受影响的条件下，放牧与草地管理的研究形成了自由放牧、划区轮牧、禁牧休牧、围封舍饲、载畜率和季节性放牧等诸多视角，作者在相关研究的基础上探讨了草地的可持续利用和草地可恢复能力的草地生态问题。

### 一、放牧强度

20世纪以来，草地载畜率成为人们关注的热点。不论何种类型的放牧草地，要使其维持原有的生产能力，实现草原生态系统的可持续利用和发展，就必须规定草原放牧利用的适当强度，即适宜的载畜率。草原放牧利用的适当强度是指在维护家畜的生产性能和保持自然资源（土壤、植被和水分）不被破坏的前提下，草地上可允许的最大载畜量。国外许多草地工作者对载畜率与草地植被、土壤及动物生产等的关系进行了很多专项研究。草地上家畜的数量是制约草地发展和草地生产力的重要因子，高强度放牧不仅造成植被的逆行演替，而且使土壤理化性状遭到破坏，家畜个体生产力下降。在草地管理中，家畜的体重增长是一个非常重要的预测最适载畜率的指标，最适载畜率会随着年度、生境类型和放牧家畜种类的不同而变化，家畜体重增长与其有着极其密切的关系。研究放牧家畜单位个体增重和单位草地面积增产之间的关系，揭示二者之间的相关性，对草地管理者提出适宜经济的最适载畜率具有现实的指导意义（图1-2）。草地的载畜率只是从直观上给出了一个量化了的放牧强度单位，它还不能准确地反映放牧动物对草地的实际利用状况。在实际的草地放牧管理中，我们需要把草地的载畜率同实际的草地利用率结合起来。草地的利用率是衡量草地利用状况的一个基本的指标，科学家在北美洲等发达国家的研究指出，一般情况下，草地利用率在50%左右即为最适利用状况，既能满足草地放牧动物的正常生长，又不至于破坏草地生态系统，有利于系统稳定和持续发展。而就荒漠草原生态系统而言，草地利用率控制在40%～50%较为适宜。在草地管理过程中，适宜的载畜率会使草地生态系统在特定的利用率条件下维持稳定、可持续发展。

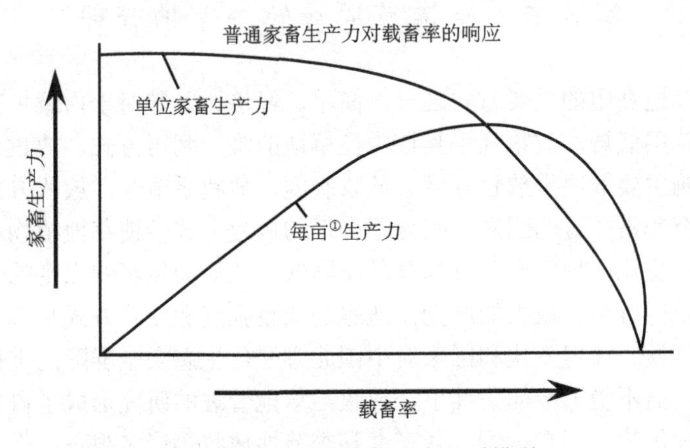


图 1-2　载畜率与家畜生产关系模型

卫智军等（1995）在进行荒漠草原研究时发现，适度、轻度放牧有利于提高绵羊个体生产力，轻度放牧时绵羊活重一直保持最高，且更有利于绵羊增重；研究还发现绵羊单位面积增重随着载畜率的增大呈二次曲线增加，对比家畜的单位个体增重和单位草地面积增重，得出短花针茅草原绵羊放牧的适宜载畜率为 2.2 只/（$hm^2$·半年）。韩国栋等（2001a）对短花针茅草原上草地植物净生产量的研究显示，不同载畜率下的草群，都表现出不同程度的补偿性生长，即适宜的放牧促进了植物的生长，提高了草地群落的生产力。王忠武（2009）在内蒙古短花针茅荒漠草原上进行了不同载畜率对草原放牧生态系统稳定性的研究，研究结果表明随着载畜率的增加，草地净生产力，群落盖度、密度，以及优势植物种的产量、盖度和高度都会明显降低，载畜率对土壤的养分状况没有产生显著的影响，对比不同载畜率下放牧绵羊增重的关系得出，内蒙古短花针茅荒漠草原的适宜载畜率范围为 0.91～1.14 羊单位/（$hm^2$·半年），平均为 1.02 羊单位/（$hm^2$·半年），同时得出了在轻度到中度载畜率[0.91～1.82 羊单位/（$hm^2$·半年）]放牧条件下，植被、土壤、家畜指标处于最优状况，且系统的抵抗力和恢复力在其阈值范围内起作用，有利于草原放牧生态系统稳定性的维持。

① 1 亩≈0.067$hm^2$

## 二、划区轮牧

划区轮牧也叫有计划放牧，就是按照一定的放牧方案，在放牧地内严格控制家畜的采食时间和采食范围进行草地利用的一种方式。草地划区轮牧制度最早起源于西欧。1760年法国出版的《农学家—农民的词典》中，首次对划区轮牧一词进行了阐述，之后英国、荷兰等国家陆续有研究报道。1931年德国形成以划区轮牧为基础的霍亨汉姆（Hohenham）放牧法，1952年法国草地学家沃依辛（Vision）进一步提出更为集约的日粮放牧。20世纪50年代以后，在轮牧的基础上加以完善的特殊放牧制度（specialized grazing system）成为研究的热点（陈佐忠等，2000）。我国对划区轮牧的研究开始得比较晚。1959年任继周对划区轮牧理论与方法做了系统全面的阐述，并先后以牦牛、藏绵羊进行了一些划区轮牧试验，取得了大量的研究资料。80年代以来，由于草畜矛盾的逐渐突出及草地的日益退化，国内对草地划区轮牧的研究渐渐增多，徐任翔等（1982）、陈自胜等（1983）对电围栏放牧进行了研究，发现围栏放牧能够保护草场、提高畜产品产量，草原围栏是合理而有计划地利用草原的重要手段之一。

荒漠草原有关划区轮牧的研究较多，且比较深入和系统。原内蒙古农牧学院在国内最先开展荒漠草原划区轮牧研究，并取得了一些重要的科研成果。起初对划区轮牧的研究主要集中在草地种群及群落方面。李勤奋等（1993）研究表明划区轮牧的利用方式充分利用了牧草的生物学特性，降低了家畜的选择性采食行为与践踏对草地的干扰强度，协调了草地植物群落的生态学特性，使草地在利用中得到有效恢复。韩国栋（1993）、韩国栋等（1990）对短花针茅荒漠草原进行了研究，详细论述了划区轮牧和季节连续放牧对草场牧草生长数量与质量、草场土坡肥力变化及种群生长状况、家畜牧食行为等方面的影响，肯定了划区轮牧的优越性。刘艳（2004）对内蒙古短花针茅荒漠草原在不同放牧制度下植物净初级生长量和家畜采食率的研究探讨了划区轮牧制度和自由放牧制度下草地植物的补偿性生长，表明不同放牧制度的草群净初级生长量与对照区的差异不显著，表现为等补偿性生长；主要植物种群的净初级生长量在不同放牧处理区存在着差异，从而表现出不同的补偿性生长趋势；草群和主要植物种群的采食率在自由放牧区高于划区轮牧区。卫智军等（1995，2000a，2000b，2003a，2005）在内蒙古苏尼特右旗短花针茅荒漠草原进行了划区轮牧研究，认为划区轮牧优于自由放牧，且较自由放牧有利于维持草地植物群落稳定。徐海红（2010）的研究表明家畜采食量随地上生物量的季节动态而变化，划区轮牧可保持较高的家畜采食量。闫瑞瑞等（2010）研究表明划区轮牧和禁牧提高了土壤有机质、土壤氮素、土壤全钾和土壤速效钾含量，划区轮牧区土壤表层磷含量最高。随着人们对草地认识的更加深入，一些科学家开始关注草地的碳汇功能。一些学者对不同放牧制度下草地土壤的空间异质性进行了研究，刘红梅（2011）研究表明在划区轮牧区，土壤碱解氮含量和土壤全氮含量空间分布都比较均匀，呈片状分布；自由放牧区土壤碱解氮整体呈破碎斑块分布。

随着社会的发展、科学技术进步与研究技术手段的提高，人们在划区轮牧方面的研究也更加深入，同时也产生了更多的科学问题，都需要我们承前启后继续投入人力、物力开展研究，进而为荒漠草原可持续利用提供理论上的支撑。

## 三、季节性放牧利用

春季禁牧有利于保护草地生物多样性，提高草地物种丰富度，使植物正常生长，增加草地地上生物量，增加草食动物采食速度、口食量、日采食量和反刍时间（马宏义，2008）。夏季放牧期间，放牧绵羊采食范围由牧草比例高的群落向牧草比例较低的群落转移，牧草资源较丰富时，放牧家畜牧草采食特征主要与食性有关，而与草地地上生物量关系不大。

我国牧区目前仍然采用全年放牧的方式，牧草的生长、发育和再生性受放牧时期的影响很大，但是放牧开始时间与放牧终止时间的界限不明显的现象普遍存在，因此放牧应考虑各方面的因素。草地载畜量过大是我国普遍存在的问题，植物再生能力在过度放牧条件下严重下降，从而使得草地植被矮化、生产力下降、生物多样性降低，优良牧草在群落中的比例显著下降，营养价值低的、有毒的牧草增加，特别是在牧草早春萌发返青的时候，幼苗需要通过光合作用积累有机物为以后的生殖生长提供足够的能量，这个时期放牧使得植物体内不能积累足够的光合产物，影响植物以后的生长发育。另外，早春放牧家畜“跑青”现象严重，返青牧草在早春产量低，不能满足放牧家畜的需要，不适当的放牧时期会破坏草地植被，而且会消耗家畜体内的能量。

由于不同季节草地生物量和抵抗干扰的能力不同，遵循草地的这种季节性差异规律，研究不同季节性调控利用模式，目前在荒漠草原主要有以下几个方面的研究结果。吴艳玲（2012）对不同季节放牧利用的研究表明，春季休牧+夏季适牧+秋季重牧的季节调控方式下，短花针茅、无芒隐子草和碱韭种群同向及异向性空间分布随机因素引起的空间变异较大，空间分布以结构因素起主导作用，并呈镶嵌的斑块状分布；春季休牧+夏季适牧+秋季重牧区植物物种数随机因素引起的空间变异较大，春季休牧+夏季重牧+秋季适牧区最大空间变异程度最大；重度放牧处理区群落总盖度同向性空间分布随机因素引起的空间变异最大，最大变异程度较大；各角度异向性分布以春季休牧+夏季适牧+秋季重牧区随机因素引起的空间变异最大，春季休牧+夏季适牧+秋季重牧区和重度放牧区最大空间变异程度较大，空间分布以镶嵌的斑块状分布为主。孙世贤（2014）研究表明全年重度放牧下短花针茅和碱韭的密度有降低的趋势，无芒隐子草和银灰旋花密度有所增加；春季休牧+夏季重牧+秋季适牧下短花针茅和碱韭的密度较春季休牧+夏季适牧+秋季重牧高；全年重度放牧下比较低矮的物种无芒隐子草和银灰旋花的盖度与密度较春季休牧+夏季重牧+秋季适牧高，而全年重度放牧处理下短花针茅和碱韭的盖度与密度较春季休牧+夏季重牧+秋季适牧处理低；短花针茅地上现存量在全年重度放牧下低于春季休牧+夏季重牧+秋季适牧处理，无芒隐子草地上现存量在全年重度放牧区高于春季休牧+夏季重牧+秋季适牧区；碱韭的地上现存量在重度放牧下较其他放牧处理低；放牧处理区银灰旋花地上现存量较对照区有所提高。

## 四、禁牧休牧

禁牧、休牧的概念比较混乱，人们对其含义的理解也不同，而我国以国家农业综合开发办公室和农业部（现农业农村部）颁布的政策为准，其定义禁牧为在一定区域内一年以上不予放牧利用；休牧为在一定区域内一年以下不予放牧利用，使草牧场得以休养生息，恢复植被。我国牧区大多数家畜全年依靠放牧，放牧开始与终止的时间无明显的界线，但放牧开始与终止时间对牧草的生长、发育和再生有一定的影响。尤其在早春季节，牧草刚刚萌发返青，幼苗受到啃食后其光合营养面积迅速减少，严重影响以后的生长发育，同时返青牧草若不能满足放牧家畜的需要，牲畜此时又因吃不到青草而不愿吃干草，逐食“跑青”严重，这样一方面消耗大量能量，造成牲畜“春乏”掉膘，甚至死亡；另一方面对草地的践踏破坏也最为严重。禁牧、休牧正是在这种情况下逐渐形成的一种新型的放牧方式。禁牧、休牧能够有效地解除放牧压，减少草地载畜量，使草地群落得以自然恢复，并且由于其成本投入较低，因此是当今退化草地恢复技术中非常适合我国国情的一个有效措施。

国内许多研究学者认为有必要对目前草原畜牧业的经营方式作重大改革，在每年的枯草期季末及牧草返青期对牲畜进行禁牧饲养，使草地得以休牧养息，在禁牧期内，对牲畜进行舍饲管理，减少牲畜运动消耗，并以冬储饲草、作物秸秆、种植地残茬等辅之以一定量的精料对畜群进行维持或育肥饲养，提高牲畜生产性能，使草地生态环境受到有效保护。在内蒙古短花针茅荒漠草原家庭牧场尺度上，内蒙古农业大学研究人员在禁牧休牧上进行了一系列深入系统的研究，并取得了一些重要的科研成果。赵海军（2006）从植物种群、群落、土壤和春季家畜营养均衡的饲草料供给模式等几个方面对禁牧、休牧放牧方式进行了研究，为探讨荒漠草原的合理利用方式及禁牧、休牧的适宜时间提供了基础数据。结果表明：休牧区较自由放牧区更有利于提高群落特征的各项指标，而其并不与休牧时间成正比，禁牧区较自由放牧区群落具有较高的稳定性且对环境具有较高适应性。适度休牧和全年禁牧有利于环境的稳定，休牧区之间的差异不显著。褚文彬等（2008）的研究表明禁牧和休牧可以提高草地产草量，土壤容重随着休牧时间增加而降低，绵羊单位个体增重与休牧时间成正比，休牧 40～50 天比较合理，因其利于牧草的返青，同时也减少了休牧期的成本投入，又有利于绵羊的后期单位个体增重。作者对不同休牧时间下草地植被特征、草群营养成分、土壤理化性状及休牧期家畜舍饲条件下营养均衡饲草料供给模式的研究表明，荒漠草原休牧 50 天比较合理。

国家和政府把草地禁牧、休牧作为草地合理利用的一项基本制度，这将会成为畜牧业生产方式的历史性变革，是逐步摆脱对天然草场的依赖和掠夺式利用，使多年来超载过牧的草场得以休养生息，实现草地永续利用和草原畜牧业可持续发展的一项重大举措。

## 五、家庭牧场舍饲技术研究

我国北方草原每年 4 月初至 6 月初是牧草返青和初期生长阶段，也是草原生态系统极其脆弱的时期，极易遭受外界因素的侵扰而被严重破坏。此时期往往也是北方传统草原畜牧业生产最艰难的时期，放牧家畜由于“跑青”，体力消耗较大，体外营养物质补充不足，因此严重掉膘，抵抗力明显下降，一旦遭遇自然灾害则损失惨重（道尔吉帕拉木，1996）。因此，在草原生态脆弱期采取舍饲圈养措施是解决因放牧造成生态破坏、牲畜掉膘减产问题的可行途径（贾玉山等，2002）。实施春季休牧，且在休牧期间对家畜进行舍饲圈养，是保护草地和提高牲畜生产力既科学又有效的途径（李青丰，2005）。但是由于家畜舍饲圈养需要投入较多的资金，因此寻求一个舍饲期间家畜掉膘少、舍饲成本又较低的饲养策略就显得十分必要。

作者在内蒙古农业大学“苏尼特右旗都呼木教学科研基地”进行了家畜舍饲圈养研究，该研究采用当地的粗饲料干玉米秸秆、玉米青贮、青干草和精饲料玉米粒进行不同组合家畜日粮的配制。根据当地饲料来源，考虑到舍饲期间牧民对舍饲成本的负担能力和当地补饲习惯，家畜日粮的配制以舍饲期间满足家畜营养物质和能量的维持需要即可，所以各组供给的饲料量均较低。研究表明饲料中青干草和玉米的蛋白质含量较高，消化能和总能以精料的最高，各配方组绵羊均能获得高于维持需要的能量，而只有一组能够获得高于维持需要的蛋白质。通过比较舍饲圈养模式下不同日粮配给模式组中家畜体重的变化，可知 0.5kg 秸秆+0.9kg 青贮+0.1kg 玉米、0.5kg 秸秆＋1.3kg 青贮和 0.5kg 秸秆+0.9kg 青贮日粮配给模式较合理。

## 六、家庭牧场草畜优化配置模式研究

草原自然条件严酷，生态环境脆弱，家庭牧场应依据所处草原区域的自然经济状况和草地的适应性管理特点，进行草地资源的优化配置和家畜优化管理，从而获取更高的经济效益，实现家庭牧场草地畜牧业的可持续经营。

荒漠草原区家庭牧场草地利用单元一般包括放牧利用区、草地休牧区和饲草料基地等。荒漠草原区一般处于年降水量 200mm 左右的自然气候区，几乎没有固定打草场，或只有在雨量充沛的年份，少部分条件较好的草地可作为临时割草地，所收获的饲草在稳定畜牧业中作用甚微，所以饲草料基地在草地利用单元中占有重要的地位，一般为 20hm$^2$ 左右，以满足舍饲和休牧期家畜对饲草的需求。荒漠草原区家庭牧场要注重对放牧期牲畜数量的调控，适度利用天然草地，一般以放牧与舍饲相结合，在牧草生长期对草地实行划区轮牧利用，冬春季节实行休牧。例如，在多年研究的基础上将苏尼特右旗示范户的草地资源配置如下：草场总面积为 613.33hm$^2$，其中，划区轮牧区 320.00hm$^2$，分为 8 个等面积的轮牧小区（RG1～RG8），每小区 40.00hm$^2$ 进行划区轮牧（夏秋季放牧，冬春季休牧），时间为 180 天；冬春放牧场 200.00hm$^2$，进行自由放牧（冬春季节的一段时间内进行舍饲）；休牧区 73.33hm$^2$；饲料基地 20hm$^2$。饲料基地饲草料品种配置主要选择糖分饲料（青贮玉米、草谷子、青莜麦和多年生禾本科牧草）、蛋白饲料（主要是紫花苜蓿等豆科牧草）及维生素饲料（饲用胡萝卜和马铃薯）等，种植面积配置比例为 7∶2∶1，经计算饲料基地所生产的饲草料从重量比上能够满足家畜生产所需要的能量和营养物质。

畜群优化管理要根据家庭牧场饲养习惯及家畜的适应性，坚持以市场对畜产品的需求和价格为导向，加快畜群周转，提高家畜出栏率，并通过调整畜种和畜群结构获取更大经济效益。锡林郭勒盟以养羊为主要经营方向，畜种结构调整应以当地良种肉羊品种为主。畜群公羊与适龄母羊的比例为 3%左右，同时畜群中不保留羯羊。畜群年龄结构以母畜产羔年龄 2～5 岁为最佳。基础母畜比例调整为 80%左右，后备母畜占基础母畜的 20%左右，即每年补充 20%基础母畜，同时淘汰 5 岁以上母畜。冬羔出售率为 80%，以提高出栏率，加快畜群周转。例如，苏尼特右旗示范户畜种以苏尼特肉羊为主，家畜总数为 878 只(换算为 666 羊单位)，其中成年羊为 454 只，2～5 岁适龄母羊为 440 只，种公羊为 14 只；羔羊为 424 只。适龄母羊占成年羊的比例为 96.9%，种公羊占适龄母羊的比例为 3.18%，羔羊占适龄母羊的比例为 96.36%。以上家庭牧场家畜优化配置结果，使得家庭牧场畜种结构更加符合荒漠草原的自然经济特点，也符合我国家畜区域发展规划，避免因牧户盲目养殖而造成损失。畜群结构的调整，使畜群的性别和年龄比例趋于合理，基础母畜的年轻化，增加了母畜的受胎率，可提高繁殖成活率，降低死亡率，对羔羊来讲“母壮儿肥”的生育与生长效果明显。家畜出栏率已调整为理论最高出栏率，加大了畜群周转，结合冬羔生产，形成了季节畜牧业生产，降低了草场的压力，可收到生态与经济双赢的效果。

# 第二章　自由放牧对草地植被的影响

自由放牧试验（CG）处理和对照（禁牧）试验（CK）处理开始于 1999 年，每年（1999～2012 年）5 月 1 日自由放牧开始。本章内容主要集中在 2010～2012 年，由于探讨的问题关注点不同，各部分内容的数据采集和分析方法不尽相同，因此将数据采集时间、采集方法及数据处理方法在各部分内容分开介绍。其中自由放牧试验处理全年载畜率为 1.25 只/$hm^2$。

## 第一节　主要植物种群及群落数量特征

国内外学者对于放牧对植物群落数量特征的影响进行了大量研究（Green，1989；任继周，1998；王仁忠和李建东，1995；Pielou，1996；王仁忠，1997a，1997b；白永飞等，1999a；陈利顶和傅伯杰，2000；安渊等，2001），普遍认为适当的放牧可以增加群落资源丰富度和复杂程度，能够维持草地植物群落结构的稳定，提高群落生产力（Baker，1989；李永宏，1993）。过度放牧导致草地生境恶化，群落种类成分发生变化，多样性降低，生产力下降（王德利和祝廷成，1996）。许多证据显示，适度放牧会维持那些受到人类活动威胁的物种的生存（Milchunas et al.，1990，1992；Collins，1987；Collins et al.，1998；Hart and Ashby，1998），从而增加当地的生物多样性；但如果过度放牧（去掉地上生物量的 90%左右），将会严重降低草原植物物种的多样性。Zhao 等（2005）报道，连续重度放牧导致植被盖度、高度、现存量和地下生物量的大量下降。Bisigato 和 Bertiller 等（1997）研究表明，重度放牧区比轻度放牧区易改变植物斑块结构。Austrheim 和 Eriksson（2001）对斯堪的纳维亚山脉植物多样性变化模式的研究表明：放牧是保持斯堪的纳维亚山脉生物多样性的关键过程。McIntyre 和 Lavorel（2001）研究表明，放牧改变了物种的组成、物种丰富度、垂直剖面、植物特征和草地许多其他的属性。Altesor 等（2005）报道，放牧区比禁牧区有更高的物种丰富度和物种多样性，而且放牧导致一些冷季丛生性禾草被暖季匍匐性禾草所取代。Proulx 和 Mazumder（1998）在综述了 30 篇文献的基础上，认为放牧对群落物种丰富度的影响与群落所处系统的贫瘠和富有程度有关，在生态系统较贫瘠的群落上，放牧减少植物丰富度；反之，放牧增加植物丰富度。

李永宏和汪诗平（1997）认为，放牧可以使丛生禾草的株丛变小，枝条数下降，但株丛密度增大；冷蒿、扁蓿豆和木地肤生长量随放牧强度的增加而减少，枝条生长型在放牧条件下变为匍匐型。卫智军等（2003a）研究典型草原不同放牧制度下群落动态变化规律的结果表明，自由放牧区一些退化植物、一年生植物、杂类草在草群中的高度、盖度、密度有所增加。韩国栋（1993）认为连续放牧制度不利于牧草的均匀利用，使草群营养与绵羊体重表现出较大的波动。康博文等（2006）在蒙古克氏针茅草原生物量围栏封育效应研究中发现，围栏禁牧较自由放牧提高了退化草原地上生物量及优势种克氏针茅的地上生物量比例和重要值（importance value，IV），促进了退化克氏针茅的正向恢复演替。由此可见，放牧能够影响植物种群和群落的数量特征，但影响过程和影响程度因草地类型、放牧条件及研究的关注点而存在差异。以短花针茅植物种群和群落为研究对象，采用自由放牧作为试验处理因素，对比分析主要植物种群及群落数量特征的变化程度和变化趋势，可从基本数量特征探讨植物种群和植物群落对自由放牧的耐受程度及响应规律。

## 一、主要植物种群数量特征

### （一）主要植物种群高度动态

短花针茅植物种群在2010～2012年的高度动态见表2-1。在2010年9月和10月，短花针茅高度在CK处理显著高于CG处理（$P<0.05$），8月CK处理显著低于CG处理（$P<0.05$），其他月份两处理间的短花针茅高度无显著差异（$P>0.05$）；2011年6～10月，短花针茅高度在CK处理和CG处理之间无显著差异（$P>0.05$）；2012年8月和10月，短花针茅高度在CK处理显著高于CG处理（$P<0.05$），7月CK处理显著低于CG处理（$P<0.05$），其他月份两处理间的短花针茅高度无显著差异（$P>0.05$）。因此，在不同年份不同月份间，短花针茅种群高度并未表现出明显的规律性。

**表2-1 短花针茅的高度动态** （单位：cm）

| 年份 | 处理区 | 月份 | | | | |
|---|---|---|---|---|---|---|
| | | 6 | 7 | 8 | 9 | 10 |
| 2010 | CK | 17.00±1.86a | 27.63±2.85a | 2.25±0.45b | 10.71±0.84a | 10.00±0.00a |
| | CG | 13.40±1.33a | 26.90±2.66a | 7.70±0.88a | 7.00±0.39b | 4.40±0.15b |
| 2011 | CK | 14.75±2.06a | 21.38±4.59a | 20.63±3.48a | 13.00±4.75a | 7.36±0.52a |
| | CG | 17.80±3.85a | 16.60±1.21a | 17.20±0.86a | 18.40±2.11a | 7.60±0.24a |
| 2012 | CK | 16.00±0.00a | 6.00±1.00b | 15.00±0.00a | 11.00±5.03a | 9.25±1.93a |
| | CG | 13.40±1.36a | 13.80±1.24a | 8.60±1.08b | 11.40±0.93a | 3.60±0.24b |

注：表中方差分析结果显著水平为$P<0.05$；同列不同字母表示不同处理间差异显著，本章余同

碱韭植物种群在2010～2012年的高度动态见表2-2。在2010年，除6月外，其他月份碱韭高度在CK处理显著高于CG处理（$P<0.05$），6月CK处理显著低于CG处理（$P<0.05$）；2011年，除6月外，其他月份碱韭高度在CK处理显著高于CG处理（$P<0.05$），6月CK处理与CG处理之间无显著差异（$P>0.05$）；2012年6～10月，碱韭高度均表现为CK处理显著高于CG处理（$P<0.05$）。因此，在不同年份不同月份间，碱韭植物种群高度表现出相对一致的变化规律；受自由放牧的影响，碱韭植物种群的高度整体上显著低于对照区。

**表2-2　碱韭的高度动态**　（单位：cm）

| 年份 | 处理区 | 月份 | | | | |
|---|---|---|---|---|---|---|
| | | 6 | 7 | 8 | 9 | 10 |
| 2010 | CK | 8.80±0.63b | 11.70±0.73a | 13.00±1.52a | 25.80±1.70a | 15.90±1.29a |
| | CG | 12.56±1.46a | 8.10±0.75b | 3.00±0.69b | 10.25±0.41b | 6.43±0.32b |
| 2011 | CK | 4.25±0.50a | 6.20±0.25a | 6.95±0.26a | 9.60±0.40a | 7.60±0.68a |
| | CG | 3.46±0.49a | 4.00±0.00b | 4.00±0.00b | 3.50±0.29b | 3.33±0.33b |
| 2012 | CK | 12.40±0.75a | 19.00±0.55a | 32.80±1.02a | 22.20±1.39a | 21.00±2.02a |
| | CG | 6.90±0.64b | 7.50±1.05b | 9.80±1.16b | 13.20±0.49b | 4.00±0.00b |

无芒隐子草植物种群在2010～2012年的高度动态见表2-3。在2010年9月，无芒隐子草高度在CK处理显著高于CG处理（$P<0.05$），其他月份两处理间的无芒隐子草高度无显著差异（$P>0.05$）；2011年7月和8月，无芒隐子草高度在CK处理显著低于CG处理（$P<0.05$），9月和10月无芒隐子草高度在CK处理显著高于CG处理（$P<0.05$），6月两处理之间无显著差异；2012年7月、8月和10月，无芒隐子草高度在CK处理显著高于CG处理（$P<0.05$），其他月份两处理间的无芒隐子草高度无显著差异（$P>0.05$）。因此，在不同年份不同月份间，无芒隐子草种群高度也并未表现出明显的规律性，这与短花针茅植物种群高度变化特点比较接近。

**表2-3　无芒隐子草的高度动态**　（单位：cm）

| 年份 | 处理区 | 月份 | | | | |
|---|---|---|---|---|---|---|
| | | 6 | 7 | 8 | 9 | 10 |
| 2010 | CK | 3.65±0.26a | 3.40±0.45a | 5.60±0.79a | 4.30±0.30a | 2.20±0.13a |
| | CG | 3.11±0.18a | 2.99±0.21a | 6.70±0.62a | 3.05±0.16b | 2.10±0.10a |
| 2011 | CK | 3.03±0.25a | 2.90±0.10b | 3.00±0.00b | 4.10±0.10a | 3.50±0.50a |
| | CG | 3.33±0.27a | 4.63±0.75a | 4.63±0.75a | 3.00±0.32b | 2.50±0.00b |
| 2012 | CK | 3.20±0.68a | 5.20±0.58a | 14.00±3.65a | 6.00±0.71a | 8.80±2.35a |
| | CG | 2.90±0.93a | 3.20±0.85b | 3.00±0.00b | 6.00±0.00a | 2.00±0.00b |

综合3个主要植物种群来看，建群种短花针茅和优势种无芒隐子草受自由放牧影响后，CK处理和CG处理间的种群高度变化并未表现出一致的规律性；说明自由放牧对禾本科的短花针茅和无芒隐子草高度影响不大，处理间的差异显著性只是受家畜采食践踏的随机性影响。优势种碱韭的高度变化呈现明显的规律性，即对照区大于自由放牧区，说明自由放牧导致碱韭植物种群高度明显下降；从而进一步说明放牧对不同植物种群高度的影响程度和影响过程存在差异。

## （二）主要植物种群盖度动态

植物种群盖度反映植物种群在群落内的生长情况，间接地反映出其在群落中的光合作用能力。在2010～2012年，短花针茅植物种群的盖度方差分析结果详见表2-4。在2010年6～10月，短花针茅盖度在CK处理显著小于CG处理（$P<0.05$）；2011年6～9月，短花针茅盖度在CK处理显著小于CG处理（$P<0.05$），10月短花针茅盖度在CK处理显著大于CG处理（$P<0.05$）；2012年7月，CK处理短花针茅盖度显著低于CG处理（$P<0.05$），其他月份两处理间的短花针茅盖度无显著差异（$P>0.05$）。在不同年份不同月份，短花针茅植物种群盖度尽管在方差分析结果中存在不同的差异显著性，但在总体上可以看出，短花针茅植物种群的盖度在CK处理小于CG处理，这主要是由于自由放牧区受家畜采食践踏影响，短花针茅植物种群株丛破碎化比较严重，盖度在自由放牧区较大。

**表2-4　短花针茅的盖度动态（%）**

| 年份 | 处理区 | 月份 | | | | |
|---|---|---|---|---|---|---|
| | | 6 | 7 | 8 | 9 | 10 |
| 2010 | CK | 0.70±0.13b | 1.45±0.24b | 1.53±0.23b | 1.53±0.18b | 1.20±0.00b |
| | CG | 4.90±0.76a | 5.48±0.58a | 4.62±0.58a | 6.85±0.93a | 7.28±0.94a |
| 2011 | CK | 2.60±0.66b | 1.63±0.23b | 1.26±0.24b | 1.18±0.46b | 15.00±3.59a |
| | CG | 5.92±1.79a | 12.40±3.74a | 7.90±2.42a | 8.40±1.80a | 8.40±1.03b |
| 2012 | CK | 1.50±0.00a | 0.80±0.70b | 0.20±0.00a | 2.33±1.33a | 0.73±0.17a |
| | CG | 3.40±0.24a | 4.60±1.12a | 3.80±0.98a | 6.60±1.25a | 3.30±0.20a |

在2010～2012年，碱韭植物种群的盖度方差分析结果详见表2-5。在2010年，6～10月碱韭盖度在CK处理显著大于CG处理（$P<0.05$）；2011年与2010年规律相似，即6～10月碱韭盖度在CK处理显著大于CG处理（$P<0.05$）；2012年8月和10月，碱韭盖度均表现为CK处理显著大于CG处理（$P<0.05$），其他月份碱韭盖度在两处理间无显著差异（$P>0.05$）。在不同年份不同月份间，碱韭植物种群盖度表现出相对一致的变化规律；受自由放牧的影响，碱韭植物种群的

盖度显著低于对照区，与其高度变化表现出较为一致的变化规律。

**表 2-5　碱韭的盖度动态（%）**

| 年份 | 处理区 | 月份 | | | | |
|---|---|---|---|---|---|---|
| | | 6 | 7 | 8 | 9 | 10 |
| 2010 | CK | 4.20±0.51a | 6.90±1.08a | 5.85±0.74a | 17.00±3.89a | 13.05±2.19a |
| | CG | 1.40±0.38b | 1.17±0.19b | 1.16±0.25b | 2.15±0.34b | 2.29±0.29b |
| 2011 | CK | 7.49±1.25a | 8.15±0.93a | 12.20±2.10a | 11.18±1.39a | 9.00±3.05a |
| | CG | 2.82±0.51b | 1.00±0.00b | 1.00±0.00b | 0.90±0.09b | 0.33±0.09b |
| 2012 | CK | 7.30±1.26a | 7.60±0.75a | 14.80±2.27a | 6.60±1.12a | 8.60±0.87a |
| | CG | 9.20±1.71a | 9.80±1.93a | 8.30±1.32b | 7.40±1.17a | 0.50±0.00b |

在 2010～2012 年，无芒隐子草植物种群的盖度方差分析结果详见表 2-6。在 2010 年 6～10 月，CK 和 CG 两处理间的无芒隐子草盖度无显著差异（$P>0.05$）；2011 年 7 月，无芒隐子草盖度在 CK 处理显著小于 CG 处理（$P<0.05$），其他月份 CK 和 CG 两处理之间无显著差异（$P>0.05$）；2012 年 7 月，无芒隐子草盖度在 CK 处理显著大于 CG 处理（$P<0.05$），其他月份两处理间的无芒隐子草盖度无显著差异（$P>0.05$）。在不同年份不同月份间，尽管个别月份无芒隐子草盖度显示出显著差异，但总体上，无芒隐子草盖度在 CK 和 CG 两处理间差别不大。

**表 2-6　无芒隐子草的盖度动态（%）**

| 年份 | 处理区 | 月份 | | | | |
|---|---|---|---|---|---|---|
| | | 6 | 7 | 8 | 9 | 10 |
| 2010 | CK | 1.24±0.23a | 1.74±0.51a | 2.37±0.67a | 2.92±0.56a | 3.00±0.69a |
| | CG | 2.29±0.64a | 2.10±0.56a | 1.85±0.41a | 3.33±0.44a | 2.05±0.43a |
| 2011 | CK | 2.01±0.21a | 2.01±0.37b | 3.12±0.38a | 4.42±1.07a | 4.50±0.50a |
| | CG | 2.16±0.40a | 3.50±0.65a | 3.50±0.65a | 3.42±1.36a | 2.75±1.25a |
| 2012 | CK | 1.48±0.49a | 5.00±0.55a | 4.40±1.12a | 5.60±1.03a | 3.60±0.51a |
| | CG | 0.76±0.19a | 0.90±0.24b | 0.50±0.20a | 1.75±1.25a | 0.90±0.31a |

综合 3 个主要植物种群盖度来看，建群种短花针茅和优势种碱韭受自由放牧影响后，CK 处理和 CG 处理间的盖度变化比较明显；其中短花针茅植物种群盖度总体表现出 CK 处理小于 CG 处理，而碱韭表现出 CK 处理大于 CG 处理。说明自由放牧对短花针茅和碱韭的盖度影响较大，二者的影响因素相同但结果不同，对于短花针茅是由家畜采食践踏导致其种群盖度增加，而碱韭是由家畜采食践踏

导致其种群盖度减少。优势种无芒隐子草盖度受自由放牧影响不大，说明无芒隐子草对家畜采食践踏的耐受能力较大。

### （三）主要植物种群密度动态

植物种群的密度反映了植物种群在群落中占有资源的能力和潜在的繁殖能力。在 2010～2012 年，短花针茅植物种群的密度方差分析结果详见表 2-7。在 2010 年 6～10 月，短花针茅密度在 CK 处理显著小于 CG 处理（$P<0.05$）；2011 年 7～9 月，短花针茅密度在 CK 处理显著小于 CG 处理（$P<0.05$），其他月份短花针茅密度在 CK 和 CG 两处理之间无显著差异（$P>0.05$）；2012 年 7～9 月，CK 处理短花针茅密度显著低于 CG 处理（$P<0.05$），其他月份两处理间的短花针茅密度无显著差异（$P>0.05$）。总体上可以看出，短花针茅植物种群的密度在 CK 处理小于 CG 处理，这主要是因为自由放牧区受家畜采食践踏影响，短花针茅植物种群株丛破碎化比较严重，使得其密度在自由放牧区较大，由此可知，放牧条件下植物种群的密度变化与盖度变化存在一定的关系。

**表 2-7　短花针茅的密度动态（%）**

| 年份 | 处理区 | 月份 | | | | |
|---|---|---|---|---|---|---|
| | | 6 | 7 | 8 | 9 | 10 |
| 2010 | CK | 1.78±0.28b | 2.63±0.60b | 2.25±0.45b | 2.00±0.38b | 2.00±0.00b |
| | CG | 7.10±0.86a | 5.90±0.69a | 7.70±0.88a | 6.70±0.68a | 7.80±1.04a |
| 2011 | CK | 2.40±0.51a | 1.38±0.18b | 1.38±0.26b | 2.00±0.32b | 10.15±1.26a |
| | CG | 3.20±0.70a | 6.80±1.77a | 6.80±1.77a | 8.20±2.15a | 6.20±1.28a |
| 2012 | CK | 2.00±0.00a | 1.50±0.50b | 1.00±0.00b | 2.00±0.00b | 3.50±0.65a |
| | CG | 4.80±0.73a | 5.20±0.97a | 5.20±1.16a | 8.00±1.95a | 6.40±1.17a |

碱韭植物种群的密度变化与盖度变化比较相近，其方差分析结果详见表 2-8。在 2010 年，6～10 月碱韭密度在 CK 处理显著大于 CG 处理（$P<0.05$）；2011 年与 2010 年规律相似，即 6～10 月碱韭密度在 CK 处理显著大于 CG 处理（$P<0.05$）；2012 年 7～9 月，碱韭密度均表现为 CK 处理显著小于 CG 处理（$P<0.05$），10 月 CK 处理显著大于 CG 处理（$P<0.05$），6 月碱韭密度在两处理间无显著性差异（$P>0.05$）。在不同年份不同月份间，碱韭植物种群密度表现出相对一致的变化规律；受自由放牧的影响，碱韭植物种群的密度整体上显著低于对照区，这与其盖度变化表现出较为一致的变化规律。

表 2-8　碱韭的密度动态（%）

| 年份 | 处理区 | 月份 | | | | |
|---|---|---|---|---|---|---|
| | | 6 | 7 | 8 | 9 | 10 |
| 2010 | CK | 13.30±1.45a | 15.20±1.88a | 13.00±1.52a | 16.30±1.41a | 14.70±1.35a |
| | CG | 3.67±0.65b | 2.30±0.40b | 3.00±0.69b | 3.00±0.50b | 2.43±0.20b |
| 2011 | CK | 11.25±1.74a | 14.10±1.64a | 17.70±1.47a | 14.60±2.11a | 11.60±1.44a |
| | CG | 6.70±0.56b | 3.00±0.00b | 3.00±0.00b | 2.00±0.41b | 1.00±0.00b |
| 2012 | CK | 11.80±1.98a | 8.40±1.21b | 10.20±1.71b | 8.40±1.57b | 11.60±1.40a |
| | CG | 15.80±3.12a | 19.40±3.47a | 31.80±3.54a | 29.80±1.93a | 2.50±0.50b |

在 2010～2012 年，无芒隐子草植物种群的密度方差分析结果详见表 2-9。在 2010 年 7～10 月，CK 和 CG 两处理间的无芒隐子草密度无显著差异（$P>0.05$），6 月表现出 CK 处理显著小于 CG 处理（$P<0.05$）；2011 年 7 月，无芒隐子草密度在 CK 处理显著小于 CG 处理（$P<0.05$），其他月份 CK 和 CG 两处理之间无显著差异（$P>0.05$）；2012 年 6～8 月及 10 月，无芒隐子草密度在 CK 处理显著大于 CG 处理（$P<0.05$），9 月两处理间的无芒隐子草密度无显著差异（$P>0.05$）。在不同年份不同月份间，尽管个别月份无芒隐子草密度显示出显著性差异，但因年份的不同，整体变化趋势存在差异。

表 2-9　无芒隐子草的密度动态（株/$m^2$）

| 年份 | 处理区 | 月份 | | | | |
|---|---|---|---|---|---|---|
| | | 6 | 7 | 8 | 9 | 10 |
| 2010 | CK | 5.00±0.56b | 6.20±1.05a | 5.60±0.79a | 5.40±0.60a | 4.90±0.90a |
| | CG | 13.11±2.01a | 6.20±0.81a | 6.70±0.62a | 7.10±0.71a | 4.50±0.43a |
| 2011 | CK | 4.70±0.72a | 3.90±0.57b | 7.50±0.81a | 8.00±1.05a | 12.00±2.00a |
| | CG | 5.40±0.87a | 7.75±0.75a | 7.75±0.75a | 6.20±1.39a | 5.00±1.00b |
| 2012 | CK | 6.20±0.73a | 13.80±2.75a | 10.20±1.07a | 13.80±3.44a | 12.00±1.38a |
| | CG | 3.00±0.71b | 3.60±1.08b | 1.50±0.50b | 4.00±1.00a | 3.67±1.20b |

综合 3 个主要植物种群密度来看，建群种短花针茅和优势种碱韭受自由放牧影响后，CK 处理和 CG 处理间的密度变化比较明显；其中短花针茅植物种群密度总体表现出 CK 处理小于 CG 处理，而碱韭表现出 CK 处理大于 CG 处理。这一变化规律与盖度变化极为接近，同样说明自由放牧对短花针茅和碱韭的密度影响较大，二者的影响因素相同但结果不同，对于短花针茅是由家畜采食践踏导致其种群密度增加，而碱韭是由家畜采食践踏导致其种群密度减少。优势种无芒隐

子草密度受自由放牧影响因年份不同而存在差异。

## （四）主要植物种群重要值动态

植物种群重要值（IV）的计算采用平均相对高度、相对盖度和相对密度法，计算式为重要值（IV）=（相对高度+相对密度+相对盖度）/3，其中相对高度等于某一植物种的高度与各植物种高度之和的比值乘以 100，相对密度等于某一植物种的个体数与全部植物种个体数的比值乘以 100，相对盖度等于某一植物种的盖度与各植物种分盖度之和的比值乘以 100。

对 2010～2012 年短花针茅植物种群重要值进行计算，其结果见表 2-10。由表 2-10 中数据可知，不管不同年份还是不同月份，CK 处理内短花针茅植物种群的重要值均低于 CG 处理，表明自由放牧导致短花针茅植物种群在群落中的地位和作用提升。由于短花针茅属于建群种，因此其在群落中地位和作用的提升有利于保证群落中结构与功能的稳定。但由于其重要值增加与自由放牧导致的株丛破碎化直接相关，因此其在群落中的实际地位和作用有待于进一步研究，同时也需要认识到只从重要值角度出发分析其在群落中的地位和作用存在片面性，需要综合考虑影响因素对其影响的过程和程度。

表 2-10　短花针茅的重要值动态

| 年份 | 处理区 | 月份 | | | | |
|---|---|---|---|---|---|---|
| | | 6 | 7 | 8 | 9 | 10 |
| 2010 | CK | 9.01 | 13.09 | 6.6 | 4.73 | 6.7 |
| | CG | 21.06 | 24.68 | 18.52 | 12.46 | 15.54 |
| 2011 | CK | 13.62 | 12.64 | 9.56 | 5.78 | 4.65 |
| | CG | 21.1 | 28.58 | 30.86 | 23.01 | 23.87 |
| 2012 | CK | 10.95 | 3.45 | 4.4 | 5 | 4.69 |
| | CG | 16.3 | 24.72 | 13.06 | 18.19 | 21.49 |

对 2010～2012 年碱韭植物种群重要值进行计算，其结果见表 2-11。由表 2-11 中数据可知，不同年份不同月份，CK 处理与 CG 处理间碱韭植物种群的重要值高低变化不定，表明自由放牧尽管能够导致碱韭高度、盖度、密度发生变化，这种变化可能是倾向性的，但由这 3 项指标计算的重要值倾向性变化没有表现出来。这说明碱韭在植物群落中的地位和作用不但受放牧家畜的影响，也可能受温度、降水等因素影响；在一定程度上，荒漠草原重要的限制性因子水分可能决定着碱韭在植物群落中的地位和作用。由此可见，放牧对植物种群某一或某些指标产生倾向性影响，并不代表着其对由此构成的复合指标也产生倾向性影响。

**表 2-11 碱韭的重要值动态**

| 年份 | 处理区 | 月份 | | | | |
|---|---|---|---|---|---|---|
| | | 6 | 7 | 8 | 9 | 10 |
| 2010 | CK | 10.84 | 6.66 | 5.53 | 7.49 | 7.87 |
| | CG | 14.4 | 16.96 | 11.63 | 24.56 | 28.39 |
| 2011 | CK | 19.05 | 18.65 | 22.88 | 20.41 | 20.51 |
| | CG | 9.64 | 4.6 | 6.31 | 3.63 | 3.87 |
| 2012 | CK | 25.65 | 18.9 | 28.49 | 13.4 | 21.69 |
| | CG | 30.15 | 41.84 | 31.29 | 26.28 | 7.51 |

对 2010～2012 年无芒隐子草植物种群重要值进行计算，其结果见表 2-12。由表 2-12 中数据可知，不同年份不同月份，CK 处理与 CG 处理内无芒隐子草植物种群的重要值高低变化不定，表明自由放牧尽管能够导致无芒隐子草高度、盖度、密度发生变化，这种变化可能是倾向性的，但由这 3 项指标计算的重要值倾向性变化没有表现出来，这与碱韭的表现规律和特点比较一致。由于自由放牧对无芒隐子草高度、盖度和密度影响的倾向性变化不明显，因此在一定程度上反映了其对自由放牧家畜的耐受性强；但由此计算的重要值反映的是其在群落中的地位和作用，因此从重要值来判断无芒隐子草对放牧家畜的耐受性并不可取，同样需要结合其他指标或其他影响因子进行综合考虑。

**表 2-12 无芒隐子草的重要值动态**

| 年份 | 处理区 | 月份 | | | | |
|---|---|---|---|---|---|---|
| | | 6 | 7 | 8 | 9 | 10 |
| 2010 | CK | 11.45 | 8.2 | 7.42 | 7.03 | 5.85 |
| | CG | 4.8 | 4.71 | 5.18 | 4.69 | 6.51 |
| 2011 | CK | 6.86 | 5.38 | 7.14 | 8.71 | 12.7 |
| | CG | 7.83 | 10.9 | 14.52 | 7.68 | 8.86 |
| 2012 | CK | 7.3 | 14.23 | 13.44 | 11.33 | 12.19 |
| | CG | 4.83 | 7.4 | 2.83 | 6.58 | 8.09 |

### （五）主要植物种群地上现存量动态

建群种短花针茅植物种群地上现存量动态的方差分析结果见表 2-13。在 2010 年，只有 7 月 CK 处理内的短花针茅地上现存量显著低于 CG 处理（$P<0.05$），其他月份两处理间均无显著性差异（$P>0.05$）；2011 年，只有 9 月 CK 处理内的短花针茅地上现存量显著低于 CG 处理（$P<0.05$），其他月份两处理间均无显著性差异（$P>0.05$）；2012 年，各个月份两处理间短花针茅地上现存量均无显著性差异（$P>0.05$）。由此可知，短花针茅植物种群受放牧影响后，其高度、盖度、密度和重要值受到倾向性影响，其生物量差异并未始终达到统计学的显著性水平；这说明放牧对这些指标的影响程度不同，各指标的变化情况比较复杂。

**表 2-13　短花针茅的地上现存量动态**　（单位：g）

| 年份 | 处理区 | 月份 | | | | |
|---|---|---|---|---|---|---|
| | | 6 | 7 | 8 | 9 | 10 |
| 2010 | CK | 6.82±2.22a | 1.71±0.86b | 10.03±3.12a | 3.31±0.89a | 9.83±3.25a |
| | CG | 4.20±0.86a | 9.25±1.05a | 6.38±1.16a | 7.41±0.62a | 4.88±0.94a |
| 2011 | CK | 9.82±3.89a | 4.65±1.54a | 3.57±1.92a | 2.06±0.00b | 4.20±3.85a |
| | CG | 9.07±3.13a | 9.42±1.85a | 9.76±1.73a | 17.69±2.63a | 15.11±4.07a |
| 2012 | CK | 6.89±3.03a | 12.36±4.52a | 17.00±10.12a | 21.30±6.95a | 11.95±8.88a |
| | CG | 6.21±1.47a | 11.62±3.43a | 16.17±4.25a | 20.12±3.11a | 9.58±1.94a |

优势种碱韭植物种群地上现存量动态的方差分析结果见表 2-14。在 2010 年，6 月、8 月和 9 月 CK 处理内的碱韭地上现存量显著高于 CG 处理（$P<0.05$），其他月份两处理间均无显著性差异（$P>0.05$）；2011 年，各个月份碱韭地上现存量在 CK 处理均显著高于 CG 处理（$P<0.05$）；2012 年，各个月份碱韭地上现存量在 CK 处理也均显著高于 CG 处理（$P<0.05$）。由此可知，碱韭植物种群受放牧影响后，其地上现存量也发生倾向性变化，这种倾向性的结果是自由放牧处理区的碱韭地上现存量下降。

**表 2-14　碱韭的地上现存量动态**　（单位：$g/m^2$）

| 年份 | 处理区 | 月份 | | | | |
|---|---|---|---|---|---|---|
| | | 6 | 7 | 8 | 9 | 10 |
| 2010 | CK | 16.91±2.49a | 5.34±2.01a | 11.03±0.80a | 49.17±0.95a | 1.79±0.72a |
| | CG | 6.09±0.81b | 3.68±0.91a | 1.63±0.68b | 12.43±9.90b | 1.51±1.07a |
| 2011 | CK | 27.52±1.95a | 25.29±2.44a | 23.05±3.87a | 34.03±3.91a | 31.48±3.42a |
| | CG | 4.78±1.20b | 3.00±0.76b | 2.18±0.41b | 3.04±0.64b | 2.99±1.40b |
| 2012 | CK | 37.48±6.23a | 35.66±7.36a | 92.21±5.29a | 85.22±10.47a | 36.27±8.56a |
| | CG | 6.43±2.61b | 7.10±1.56b | 19.59±3.53b | 11.51±1.58b | 0.53±0.00b |

优势种无芒隐子草植物种群地上现存量动态的方差分析结果见表 2-15。在 2010 年，各个月份除 10 月份外，两处理间无芒隐子草地上现存量均无显著性差

异（$P>0.05$）；2011 年，只有 9 月 CK 处理内的无芒隐子草地上现存量显著高于 CG 处理（$P<0.05$），其他各个月份无芒隐子草地上现存量在 CK 处理与 CG 处理间均无显著性差异（$P>0.05$）；2012 年，只有 8 月和 9 月 CK 处理内的无芒隐子草地上现存量显著高于 CG 处理（$P<0.05$），其他各个月份无芒隐子草地上现存量在 CK 处理与 CG 处理间均无显著性差异（$P>0.05$）。总体来看，无芒隐子草植物种群受放牧影响后，其地上现存量并没有发生倾向性变化，表明无芒隐子草地上现存量受自由放牧影响不大。

**表 2-15　无芒隐子草的地上现存量动态**　（单位：g）

| 年份 | 处理区 | 月份 | | | | |
|---|---|---|---|---|---|---|
| | | 6 | 7 | 8 | 9 | 10 |
| 2010 | CK | 0.96±0.25a | 11.31±2.61a | 6.56±2.71a | 5.27±1.89a | 74.53±9.69a |
| | CG | 1.58±0.56a | 6.56±2.44a | 3.62±0.67a | 7.60±0.75a | 13.85±1.96b |
| 2011 | CK | 1.07±0.57a | 1.49±0.41a | 3.18±0.57a | 4.44±1.10a | 7.05±4.69a |
| | CG | 1.33±0.49a | 0.88±0.24a | 0.42±0.16a | 2.50±1.45b | 7.33±2.69a |
| 2012 | CK | 1.27±0.34a | 3.16±0.56a | 10.15±2.01a | 10.73±3.56a | 5.70±2.04a |
| | CG | 1.52±0.50a | 1.01±0.24a | 0.53±0.27b | 0.88±0.18b | 0.63±0.35a |

综合建群种短花针茅、优势种碱韭和无芒隐子草地上现存量的方差分析结果来看，碱韭植物种群地上现存量受自由放牧影响最大，发生倾向性变化，即 CK 处理内的碱韭地上现存量总体上高于 CG 处理；而短花针茅和无芒隐子草受自由放牧影响较小，其地上现存量变化不大，说明禾本科的短花针茅和无芒隐子草对自由放牧的耐受能力强于碱韭植物种群。

## 二、群落数量特征

### （一）群落高度动态

草原植物群落高度反映了群落植物种群整体水平的株高情况，在一定程度上反映了群落净初级生产力和群落植物种群整体的生长情况。对 2010～2012 年荒漠草原植物群落高度进行方差分析，结果见表 2-16。在 2010 年 6～8 月，植物群落高度在 CK 和 CG 两处理间无显著差异（$P>0.05$），9 月和 10 月群落高度表现出 CK 处理显著高于 CG 处理（$P<0.05$）；2011 年群落高度生长季的变化规律与 2010 年相似；2012 年，6 月植物群落高度在 CK 和 CG 两处理间无显著差异（$P>0.05$），其他月份群落高度均表现出 CK 处理显著高于 CG 处理（$P<0.05$）。总体来看，3 年间尽管各月份之间的群落高度差异没有完全达到统计学的显著性水平，但存在

CG 处理群落高度小于 CK 处理的倾向性变化，在一定程度上反映了自由放牧可导致群落高度下降。

**表 2-16　群落高度动态**　（单位：cm）

| 年份 | 处理区 | 月份 | | | | |
|---|---|---|---|---|---|---|
| | | 6 | 7 | 8 | 9 | 10 |
| 2010 | CK | 6.36±0.25a | 7.93±0.59a | 5.64±0.47a | 9.07±0.44a | 6.31±0.33a |
| | CG | 5.75±0.39a | 6.03±0.35a | 5.49±0.22a | 4.89±0.14b | 3.80±0.10b |
| 2011 | CK | 4.76±0.39a | 7.38±0.55a | 7.72±0.71a | 10.17±1.44a | 8.82±0.74a |
| | CG | 4.17±0.49a | 7.04±0.05a | 7.12±0.58a | 4.99±0.39b | 4.79±0.21b |
| 2012 | CK | 7.47±0.41a | 10.45±0.49a | 18.63±1.50a | 13.61±0.67a | 13.08±0.68a |
| | CG | 6.69±1.01a | 5.99±0.53b | 5.71±0.69b | 7.81±0.32b | 2.86±0.20b |

## （二）群落盖度动态

群落盖度反映植被的茂密程度和植物进行光合作用面积的大小。有时盖度也称为优势度，常以百分数表示。对荒漠草原群落盖度的方差分析结果见表 2-17。2010 年 6 月，CK 处理和 CG 处理群落盖度无显著差异（$P>0.05$），7～10 月 CK 处理的群落盖度显著高于 CG 处理（$P<0.05$）；2011 年，只有 8 月 CK 处理的群落盖度显著高于 CG 处理（$P<0.05$），其他月份 CK 处理和 CG 处理群落盖度无显著差异（$P>0.05$）；2012 年，只有 6 月 CK 处理和 CG 处理群落盖度无显著差异（$P>0.05$），其他月份 CK 处理的群落盖度显著高于 CG 处理（$P<0.05$）。总体来看，CK 处理群落盖度大于 CG 处理，表明受自由放牧影响，植物群落盖度呈下降的变化趋势。

**表 2-17　群落盖度动态（%）**

| 年份 | 处理区 | 月份 | | | | |
|---|---|---|---|---|---|---|
| | | 6 | 7 | 8 | 9 | 10 |
| 2010 | CK | 12.67±0.56a | 18.67±0.94a | 22.62±1.85a | 34.14±2.84a | 24.51±2.05a |
| | CG | 11.08±0.69a | 12.92±0.82b | 12.19±0.71b | 24.07±1.07b | 20.75±1.34b |
| 2011 | CK | 18.48±1.59a | 20.65±1.32a | 23.97±1.94a | 24.98±0.90a | 20.58±2.59a |
| | CG | 16.95±1.53a | 18.70±4.26a | 13.48±1.70b | 23.50±1.77a | 15.70±1.08a |
| 2012 | CK | 13.80±0.45a | 25.72±0.90a | 30.60±1.45a | 30.30±1.87a | 22.10±1.36a |
| | CG | 16.78±2.06a | 16.06±1.80b | 14.20±1.03b | 16.52±0.66b | 5.80±0.56b |

## （三）群落密度动态

对荒漠草原群落密度的方差分析结果见表 2-18。2010 年 10 月，CK 处理和 CG 处理群落密度无显著差异（$P>0.05$），6～9 月 CK 处理的群落密度显著高于 CG 处理（$P<0.05$）；2011 年，7～9 月 CK 处理的群落密度显著高于 CG 处理（$P<0.05$），其他月份 CK 处理和 CG 处理群落密度无显著差异（$P>0.05$）；2012 年，8 月、9 月 CK 处理和 CG 处理群落密度无显著差异（$P>0.05$），其他月份 CK 处理的群落密度显著高于 CG 处理（$P<0.05$）。总体来看，CK 处理群落密度大于 CG 处理，表明受自由放牧影响，植物群落密度呈下降的变化趋势。

**表 2-18　群落密度动态**　（单位：株/$m^2$）

| 年份 | 处理区 | 月份 | | | | |
|---|---|---|---|---|---|---|
| | | 6 | 7 | 8 | 9 | 10 |
| 2010 | CK | 344.60±30.58a | 283.40±41.29a | 245.90±32.17a | 133.80±15.13a | 65.65±7.09a |
| | CG | 69.50±6.20b | 54.30±4.03b | 64.60±5.78b | 91.60±6.33b | 59.80±5.05a |
| 2011 | CK | 71.85±8.23a | 88.30±8.73a | 108.70±5.47a | 122.20±9.47a | 69.80±8.89a |
| | CG | 78.00±3.28a | 49.40±11.54b | 45.20±11.73b | 94.00±18.17b | 75.70±2.10a |
| 2012 | CK | 64.80±12.85a | 67.40±6.28a | 55.40±4.85a | 72.20±7.99a | 62.00±4.11a |
| | CG | 41.90±5.16b | 35.00±3.81b | 62.20±11.59a | 84.20±33.00a | 30.00±6.47b |

## （四）群落地上现存量动态

对荒漠草原群落地上现存量的方差分析结果见表 2-19。2010 年，各个月份 CK 处理群落地上现存量显著高于 CG 处理（$P<0.05$）；2011 年，6～8 月和 10 月 CK 处理的群落地上现存量显著高于 CG 处理（$P<0.05$），9 月 CK 处理和 CG 处理群落地上现存量无显著差异（$P>0.05$）；2012 年，各个月份 CK 处理的群落地上现存量显著高于 CG 处理（$P<0.05$）。总体来看，CK 处理群落地上现存量大于 CG 处理，表明受自由放牧影响，植物群落地上现存量呈下降的变化趋势。

**表 2-19　群落地上现存量动态**　（单位：g）

| 年份 | 处理区 | 月份 | | | | |
|---|---|---|---|---|---|---|
| | | 6 | 7 | 8 | 9 | 10 |
| 2010 | CK | 38.66±3.45a | 46.07±5.47a | 38.96±8.12a | 65.34±0.57a | 90.63±9.60a |
| | CG | 13.04±1.49b | 27.64±2.39b | 12.32±1.17b | 28.17±3.64b | 21.18±1.97b |
| 2011 | CK | 53.64±3.38a | 68.11±2.22a | 82.52±2.19a | 71.22±8.33a | 94.15±12.78a |
| | CG | 18.26±2.27b | 15.84±1.41b | 13.37±1.82b | 33.23±3.55a | 34.84±7.60b |
| 2012 | CK | 50.48±8.04a | 56.47±9.31a | 143.21±10.33a | 155.07±13.51a | 108.88±25.05a |
| | CG | 15.91±2.36b | 21.71±3.62b | 40.40±3.67b | 35.65±2.10b | 13.33±2.57b |

### （五）群落的α多样性

荒漠草原群落α多样性分析结果见表2-20。马加莱夫（Margalef）（丰富度）指数、香农-维纳（Shannon-Wiener）（多样性）指数、辛普森（Simpson）（多样性）指数和Pielou（均匀度）指数均呈现出CK处理小于CG处理。说明尽管群落高度、盖度、密度和地上现存量表现出CK处理大于CG处理，但群落多样性的表现却反之。原因可能是尽管自由放牧导致群落高度、盖度、密度和地上现存量下降，但其存在放牧干扰，为一年生的植物种群提供了更多的生存机会，因此其多样性较高。

表2-20　群落的α多样性

| 处理区 | CK | CG |
|---|---|---|
| Margalef丰富度指数 | 3.990 | 4.542 |
| 香农-维纳多样性指数 | 2.576 | 2.800 |
| 辛普森多样性指数 | 0.893 | 0.922 |
| Pielou均匀度指数 | 0.875 | 0.893 |

## 三、种群地上现存量与群落地上现存量的关系

对CK处理和CG处理内主要植物种群（建群种短花针茅、优势种无芒隐子草和碱韭)地上现存量进行汇总,分析其占群落地上现存量的比例,结果见表2-21。2010年，CK处理主要植物种群地上现存量占群落地上现存量的比例最高值出现在10月，为95.06%，最低值出现在7月，为39.85%；CG处理主要植物种群地上现存量占群落地上现存量的比例最高值出现在9月，为97.41%，最低值也出现在7月，为70.51%；两处理间的最大绝对差值出现在7月，为30.66%，最小绝对差值出现在10月，为0.50%。

2011年，CK处理主要植物种群地上现存量占群落地上现存量的比例最高值出现在6月，为71.61%，最低值出现在8月，为36.11%；CG处理主要植物种群地上现存量占群落地上现存量的比例最高值出现在8月，为92.45%，最低值出现在9月，为69.91%；两处理间的最大绝对差值出现在8月，为56.34%，最小绝对差值出现在6月，为11.52%。

2012年，CK处理主要植物种群地上现存量占群落地上现存量的比例最高值出现在7月，为90.63%，最低值出现在10月，为49.52%；CG处理主要植物种群地上现存量占群落地上现存量的比例最高值出现在9月，为91.19%，最低值也

出现在 10 月，为 80.57%；两处理间的最大绝对差值出现在 10 月，为 31.05%，最小绝对差值出现在 7 月，为 0.25%。

**表 2-21　主要植物种群地上现存量与群落地上现存量比值变化（%）**

| 年份 | 处理区 | 月份 | | | | |
|---|---|---|---|---|---|---|
| | | 6 | 7 | 8 | 9 | 10 |
| 2010 | CK | 63.86 | 39.85 | 70.89 | 88.38 | 95.06 |
| | CG | 91.03 | 70.51 | 94.40 | 97.41 | 95.56 |
| 2011 | CK | 71.61 | 46.15 | 36.11 | 56.91 | 45.39 |
| | CG | 83.13 | 83.96 | 92.45 | 69.91 | 72.99 |
| 2012 | CK | 90.41 | 90.63 | 83.35 | 75.61 | 49.52 |
| | CG | 89.00 | 90.88 | 89.83 | 91.19 | 80.57 |

综合来看，荒漠草原主要植物种群地上现存量占群落地上现存量的比例较大，CK 处理变动范围为 36.11%～95.06%，CG 处理变动范围为 69.91%～97.41%；同时可以看到，CG 处理主要植物种群地上现存量占群落地上现存量的比例总体上大于 CK 处理。这说明受自由放牧影响，短花针茅荒漠草原主要植物种群地上现存量占群落地上现存量的比例变化范围在减小，这意味着受自由放牧影响，主要植物种群对群落的调控作用增强，但相应的阈值变动范围减小。

## 第二节　空间数据取样及主要植物种群空间分布

探索植物群落空间异质性的性质，分析植物群落空间异质性的原因和潜在的生态学效应，有助于从空间透视的角度，更清楚地揭示植物群落格局与生态学过程背后的机制。因此，20 世纪 90 年代以来，在生态学和林学研究中，空间异质性成为一个备受关注且极具潜力的理论问题（王政权，1999；王政权等，2000）。

异质性可根据两个组分来定义，即所研究的系统属性及其复杂性或变异性，这种观点强调空间结构特征的可观察性及其可定量分析性，以及空间尺度依赖性（韩有志，2001）。邬建国（2000）在讨论空间异质性与斑块性时指出，空间异质性是某种生态学变量在空间上的不均匀性及复杂程度，是空间斑块性和空间梯度的综合反映。斑块性强调斑块的种类组成特性及其空间分布与配置的关系，而空间梯度则指沿某一方向景观特征有规律变化的空间特征。国内学者从种群和群落的角度对马尾松、野生甘草、泡泡刺灌丛、小叶锦鸡儿群落等进行了空间异质性分析（陈美高，2005；沈海亮等，2007；刘冰和赵文智，2007；蒋德明等，2009），国外研究者对这方面的研究较多，例如，探索植物群落斑块特征（如斑块大小、质量、密度、高度、生物量等）对动物选择性采食的影响（Hjalten et al.，1993；Wilmshurst et al.，1995；Searle et al.，2005）。

种群空间分布的研究对于了解植物种群在群落中的地位和作用，掌握物种间相互作用规律和群落与环境的相互关系具有十分重要的意义（于传宗等，2008）。因此，国内外很多学者都关注植物种群或植物群落空间分布的研究（Johnson，1991；Illius et al.，1992；沈海亮等，2007；蒋德明等，2009），但国外的研究多为植物种群空间异质性或斑块性与动物选择性采食行为之间的关系（Clarke et al.，1995；Dumont et al.，2000；Hassall et al.，2002），国内研究多集中在了解某一植物种群或群落的空间分布特征方面（陈美高，2005；战伟庆，2006；沈海亮等，2007；蒙荣等，2009）。近年来，不同放牧压（刘忠宽，2004；慕宗杰，2009；胡尔查，2009；吴艳玲等，2012a，2012b）、放牧强度（张铜会等，2003；许清涛等，2007；盛海彦等，2009）、放牧制度（晁增国等，2008；刘红梅等，2011）对草原植物种群或群落空间分布的影响成为国内草地生态研究者的关注焦点。

近些年，种群空间分布研究主要集中在异质性方面，且多为单种群研究（刘红梅等，2011；希吉日塔娜等，2013a）；种间关系研究则集中在种间亲和或竞争强度方面（刘红梅，2011），缺乏对空间分布数量消长规律的探讨。因此同时探讨短花针茅、无芒隐子草和碱韭的空间分布关系，不仅可从空间异质性方面分析其空间分布特点（Alemi et al.，1988；Levin，1992；Li and Reynolds，1995），还可以从结构因素和随机因素方面揭示其空间分布的决定因子（Bekele and Hudnall，2003），定性地阐释三者之间空间分布数量消长的表现形式和对应关系。

## 一、物种数空间变化特点及其与取样方法的关系

采用样带法和样地法两种取样方法，以短花针茅荒漠草原植物群落物种数为研究对象，利用地统计学软件 GS+计算结构比和分形维数，探讨短花针茅荒漠草原物种数的一维和二维空间变化特征，并对两种取样方法下的短花针茅荒漠草原植物群落物种数空间特征进行比对，分析不同取样方法对短花针茅荒漠草原植物群落物种数空间变化特点的影响，揭示最佳取样方法。其中 2011 年两种取样方法如下。

1）样带法：在短花针茅荒漠草原随机一点由西向东间隔 10m 取样，样方面积为 1m×1m，样方数和样带长度如表 2-22 所示，样带长度和样方数均以等差数列方式增长，样带长度以 $a_n=a_1+(n-1)\times500$ 方式增加（其中 $a_1=500$，$n=1$，2，3，4，5，6），样方数以 $b_n=b_1+(n-1)\times50$ 方式增加（其中 $b_1=51$，$n=1$，2，3，4，5，6）。

表 2-22　取样方法

| 样带法 | | 样地法 | |
|---|---|---|---|
| 样带长度（m） | 样方数 | 样地面积（$m^2$） | 样方数 |
| 500 | 51 | 3 600 | 49 |
| 1 000 | 101 | 4 900 | 64 |
| 1 500 | 151 | 6 400 | 81 |
| 2 000 | 201 | 8 100 | 100 |
| 2 500 | 251 | 10 000 | 121 |
| 3 000 | 301 | — | — |

2）样地法：随机选择一点，然后按机械取样法每隔 10m 取样，样方面积为 1m×1m，样方数和样地面积见表 2-22，样地面积以 $a_n=a_1\times q^2$ 方式增加（其中 $a_1=100$，$q=6$，7，8，9，10），样方数以 $b_n=q^2$ 方式增加（其中 $q=7$，8，9，10，11）。

不管是样带法还是样地法，均对样方内的物种数进行统计。

## （一）种数变化

### 1. 不同样带长度物种数变化

不同样带长度样方内物种数的变化见表 2-23，当样带长度为 500m 时，样方内平均物种数最大，为 11.57（$P<0.05$）；当样带长度增加到 1000m 时，样方内平均物种数为 10.35，其显著小于样带长度为 500m 时样方内平均物种数（$P<0.05$）；当样带长度继续增大时，样方内平均物种数尽管显著小于样带长度为 1000m 时的物种数（$P<0.05$），但随着样带长度的继续增加，样方内平均物种数已不再发生显著性变化。这表明当样带长度为 1500m、样方数为 151 个时，样方内平均物种数已趋于稳定，即短花针茅荒漠草原物种数集中在 9～10 种/m。

表 2-23　不同样带长度物种数变化

| 统计参数 | 样带长度（m） | | | | | |
|---|---|---|---|---|---|---|
| | 500 | 1000 | 1500 | 2000 | 2500 | 3000 |
| 平均值（种） | 11.57a | 10.35b | 9.29c | 9.23c | 9.46c | 9.57c |
| 标准差 | 1.95 | 2.68 | 2.83 | 2.63 | 2.59 | 2.56 |
| 标准误 | 0.27 | 0.27 | 0.23 | 0.19 | 0.16 | 0.15 |
| 变异系数（%） | 16.87 | 25.88 | 30.41 | 28.45 | 27.43 | 26.77 |
| 最大值（种） | 17 | 17 | 17 | 17 | 17 | 17 |
| 最小值（种） | 7 | 5 | 4 | 4 | 4 | 4 |
| 极差（种） | 10 | 12 | 13 | 13 | 13 | 13 |

标准差表示的是样方间物种数与平均物种数的差异程度，由表 2-23 可知，在 500～1500m，样方间物种数与平均物种数的差异程度在逐渐增大，在 1500～3000m，样方间物种数与平均物种数的差异程度在逐渐减小；表明在 1500m 样带长度内，样方间的物种数存在较为明显的变化。标准误随着样带长度的增加逐渐减小，说明越长的样带长度测定的物种数越接近平均物种数。变异系数的变化趋势与标准差相似，表明样带长度单位均值上的物种数变化也呈现出先增大后减小的变化趋势，且在 1500m 样带长度内，样方间的物种数变化最为强烈。

### 2. 不同样地面积物种数变化

不同样地面积样方内物种数变化见表 2-24。尽管取样面积在不断增大，但样方内平均物种数始终在 11～12 种/$m^2$。标准差、标准误和变异系数均大体上呈现出随样地面积的增大而减小的变化趋势。这表明，随着样地面积的增大，样方内物种数越来越与平均物种数接近。

表 2-24　不同样地面积物种数变化

| 统计参数 | 样地面积（$m^2$） | | | | |
|---|---|---|---|---|---|
| | 3 600 | 4 900 | 6 400 | 8 100 | 10 000 |
| 平均值（种） | 11.80a | 11.77a | 11.77a | 11.85a | 11.96a |
| 标准差 | 2.06 | 2.01 | 1.90 | 1.99 | 1.86 |
| 标准误 | 0.29 | 0.25 | 0.21 | 0.20 | 0.17 |
| 变异系数 | 17.48 | 17.05 | 16.17 | 16.77 | 15.58 |
| 最大值（种） | 15 | 15 | 15 | 17 | 17 |
| 最小值（种） | 6 | 6 | 6 | 6 | 6 |
| 极差（种） | 9 | 9 | 9 | 11 | 11 |

## （二）结构比变化

### 1. 不同样带长度物种数空间变化的结构比

结构比反映的是结构因素影响的空间变异占最大空间变异的比例，最大空间变异由结构因素影响的空间变异和随机因素影响的空间变异共同决定，因此，结构比也可以反映随机因素影响的空间变异占最大空间变异的比例。

表 2-25 为不同样带长度物种数空间变化的结构比。从表 2-25 中可以看到，随着样带长度的增加，结构比大体呈现出减小的变化趋势。在 500～1500m，随着样带长度的增加，物种数空间变化的结构比存在波动；当样带长度大于 1500m 时，物种数空间变化的结构比逐渐减小。这表明，在 500～1500m，随机因素引

起的物种数空间变异占最大空间变异的比例波动较大，导致结构比波动较大；而在样带长度大于 1500m 时，随机因素引起的物种数空间变异占最大空间变异的比例逐渐增大，结构比逐渐减小。表明在短距离内，短花针茅荒漠草原物种数分布主要以结构因素起决定作用；而在样带长度较大时，随机因素对物种数分布的影响逐渐增强。

**表 2-25 不同样带长度物种数空间变化的结构比**

| 统计参数 | 样带长度（m） | | | | | |
|---|---|---|---|---|---|---|
| | 500 | 1000 | 1500 | 2000 | 2500 | 3000 |
| 结构比 | 0.936 | 0.839 | 0.878 | 0.771 | 0.749 | 0.682 |

### 2. 不同样地面积物种数空间变化的结构比

不同样地面积物种数空间变化的结构比在小样地范围内（3600m$^2$）较低（表 2-26），表明在进行空间异质性分析时，样地面积较小可能会导致随机取样时随机因素在总变异中的比例加大。当取样面积在 4900～10 000m$^2$ 时，物种数空间变化的结构比在 0.915～0.948 波动，波动幅度为 0.033。这说明当取样面积大于 4900m$^2$ 时，物种数空间变化的结构比会维持在一个相对稳定的区间内。也进一步说明，在对短花针茅荒漠草原进行物种数空间变化分析时，取样面积达到 4900m$^2$ 时已经能够代表短花针茅荒漠草原物种数空间变化情况。

**表 2-26 不同样地面积物种数空间变化的结构比**

| 统计参数 | 样地面积（m$^2$） | | | | |
|---|---|---|---|---|---|
| | 3 600 | 4 900 | 6 400 | 8 100 | 10 000 |
| 结构比 | 0.715 | 0.934 | 0.915 | 0.948 | 0.936 |

## （三）分形维数变化

### 1. 不同样带长度物种数空间变化的分形维数

不同样带长度物种数空间变化的分形维数计算结果见表 2-27。在样带长度为 500～1500m 时，分形维数会急剧降低；在样带长度为 1500～3000m 时，物种数空间变化的分形维数大体上随样带长度变长而增大。表明样带长度不同，分形维数结果会有差异。这种差异反映的是短花针茅荒漠草原物种数空间变化的强烈程度，以及自相关变量空间分布格局的复杂程度；分形维数高，意味着物种数空间分布格局简单，空间依赖性强，空间结构性好；分形维数低，意味着空间分布格局相对复杂，随机因素引起的异质性占有较大的比重。因此，在样带长度为500～1500m时，物种数空间变化格局越来越复杂，空间依赖性越来越小，空间结构性越来越差；在1500～3000m样带长度时，物种数空间变化格局由复杂向简单化方向发展，空间依赖性逐渐增强，随机因素引起的异质性逐渐减弱。

表 2-27 不同样带长度物种数空间变化的分形维数

| 统计参数 | 样带长度（m） | | | | | |
|---|---|---|---|---|---|---|
| | 500 | 1000 | 1500 | 2000 | 2500 | 3000 |
| 分形维数 | 1.938 | 1.771 | 1.770 | 1.791 | 1.792 | 1.830 |

**2. 不同样地面积物种数空间变化的分形维数**

不同样地面积物种数空间变化的分形维数在3600～4900m$^2$时迅速增大，在4900～10 000m$^2$时始终处于增加状态，但增加幅度比较小（表2-28）。表明样地面积小，随机因素对物种数空间变化的影响较大，随着样地面积的逐渐增大，结构因素对荒漠草原物种数的影响越来越大。

表 2-28 不同样地面积物种数空间变化的分形维数

| 统计参数 | 样地面积（m$^2$） | | | | |
|---|---|---|---|---|---|
| | 3 600 | 4 900 | 6 400 | 8 100 | 10 000 |
| 分形维数 | 1.781 | 1.899 | 1.929 | 1.951 | 1.980 |

## （四）取样方法探讨

不管是样带法取样还是样地法取样，在进行荒漠草原物种数空间变化分析时，均能够在不同程度上反映荒漠草原物种数空间变化特点。但由于受样带长度和样地面积的影响，荒漠草原物种数空间变化会有很大的差异，研究者在试验设计的时候就应该考虑到这种差异，否则会影响研究者对研究对象的认识。

当样带长度偏小，物种数空间异质性分布的参数——结构比及分形维数计算结果会偏大，致使物种数空间分布受结构因素影响占最大空间变异的比例加大，导致研究者直观地认为物种数空间分布过程中结构因素占有重要地位，从而对研究荒漠草原物种数空间分布规律产生不利的影响；样带长度过长，会导致结构比偏小，使得研究者直观地认为物种数空间分布过程中随机因素影响较大。

当样地面积偏小，物种数空间异质性分布的参数——结构比及分形维数计算结果会偏小，致使物种数空间分布受结构因素影响占最大空间变异的比例缩小，导致研究者错误地认为物种数空间分布过程中随机因素占有重要地位，从而对研究荒漠草原物种数空间分布也产生不利的影响；当样地面积过大，结构比及分形维数计算结果会偏大。因此，无论是样带法还是样地法，取样距离或者取样面积均不宜过小，样带法的取样距离或者样地法的取样面积过小，可能会产生不同的结论。

从上述分析结果看，采用样带法取样，当样方间距为 10m 时，样带长度在 1500～2000m 比较适宜；当采用样地法，样方间距为 10m 时，样地面积在 6400～8100$m^2$ 比较适宜。从分析结果中也可以看到，样带法取样计算的结构比和分形维数呈线性变化比较明显，而样地法取样计算的结构比和分形维数在样地面积大于某一数值时，其会呈现波动或小幅度增加状态。原因是样带法取样只能得到一个方向上荒漠草原物种数的空间分布特征，而样地法取样会在两个方向上同时获得荒漠草原物种数空间分布信息。因此，就取样方法而言，样地法取样能够更全面地反映荒漠草原物种数空间分布特点。

由于空间异质性研究需要对空间尺度进行限定，当研究尺度存在变化时，荒漠草原物种数空间分布的特点也会发生相应的变化，对空间异质性的分析结果也就产生差异。所以当进行空间异质性分析时，小尺度小到什么程度，大尺度大到什么程度，研究者应该根据自己的研究目的和研究内容，以及人力、物力和财力等综合考虑决定。因此，先确定研究尺度，再研究变量空间变化特点会达到事半功倍的效果。

## 二、主要植物种群空间分布变化

### （一）取样方法

于 2012 年 8 月，在 CK 和 CG 处理区进行网格化处理，然后间隔取样，样方大小为 1m×1m，共取 60 个样方。由于 CG 处理区较大，故在 CG 处理区内选取代表性样地，样地面积与 CK 处理区相同，进行网格化处理后间隔取样，样方大小为 1m×1m，也取 60 个样方，样方间最短直线距离为 $20\sqrt{2}$ m。取样方法如图 2-1 所示。

### （二）分析方法

对主要植物种群试验数据进行地统计分析，并运用克里金（Kriging）插值法进行空间插值，绘制主要植物种群分布格局图。半方差函数的定义为

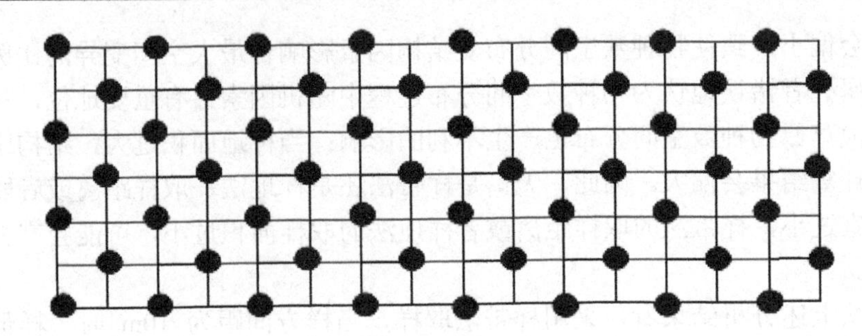

图 2-1 取样示意图

$$r(h)=\frac{1}{2N(h)}\sum_{x_i=1}^{N}[Z(x_i)-Z(x_i+h)]^2 \tag{2-1}$$

式中，$r(h)$为主要植物种群的半方差函数；$h$ 为 2 个主要植物种群样方间的分离距离；$Z(x_i)$和 $Z(x_i+h)$分别为随机变量主要植物种群（$Z$）在空间位置 $x_i$ 和 $x_i+h$ 上的取值；$N(h)$为在样方间分离距离为 $h$ 时的样方对的总数。$r(h)$是取样距离 $h$ 的函数，以 $r(h)$为纵轴、$h$ 为横轴绘制出的 $r(h)$随 $h$ 增加的变化曲线，即为主要植物种群的半方差函数图。

半方差函数图的理论解释为：当 $h$=0 时，$r(h)$=0；但在实际样本半方差函数计算过程中，其近似平滑曲线并不通过原点，而是具有一个正的截距 $C_0$，地统计学上将其定义为块金值（nugget variance），它远小于抽样上存在的差异的误差，即随机部分的空间异质性，具有空间相关性分变量。块金值 $C_0$ 较大表明较小尺度上的某种过程不可忽视。在半方差函数图中，其半方差先随 $h$ 增加而增大，当到一定程度时，半方差便维持在一定水平，没有明显的增加，此时的 $r(h)$称为阈值（基台值）$C_0+C$。它是区域化变量最大变异，$C_0+C$ 越大，表示总的空间异质性程度越高。半方差函数图中的参数 $a$ 是指当半方差 $r(h)$随样方距离 $h$ 的增加而不再有明显的增加时，此时与 $r(h)$相对应的空间距离 $h$。它给出了主要植物种群的随机变量在空间上自相关的尺度（图 2-2）。

为了定量化研究主要植物种群各性状的空间自相关及进行空间插值，采用最适理论模型对半方差进行最优拟合。最适理论模型有线性模型（linear model）、指数模型（exponential model）、高斯模型（Gaussian model）和球状模型（spherical model）。

在半方差函数的基础上，引入分形理论中的是分形维数来研究空间尺度与主要植物种群的关系，寻找其自相似性规律。该参数是对主要植物种群分布结构复杂程度进行比较的最佳方法。其公式为

$$D=(4-m)/2 \tag{2-2}$$

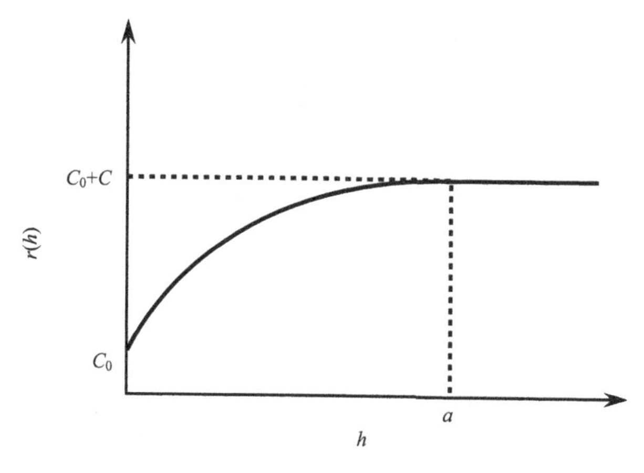


图 2-2　半方差曲线特征参数图

式中，$D$ 为分形维数；$m$ 为双对数半方差图的斜率。$m=\frac{\lg[r(2h)]-\lg[r(h)]}{\lg(2h)-\lg(h)}$，当 $D$=2 时，$m$=0，双对数半方差图呈水平直线状，在统计学意义上表示所有间隔样点间的差异性都相同，即主要植物种群在各样方内分布特征相同，是同质的。$D$ 越小于 2，$m$ 越大，双对数半方差图中的直线越陡，表明不同尺度间隔的差异性越显著，主要植物种群分布的空间异质性越强。所以，$D$ 的大小可以衡量主要植物种群空间异质性（结构复杂性）的程度，其随变程的变化可进一步反映空间异质性随空间尺度变化的特征。

### （三）植物种群空间分布描述性分析

箱式图用于多组数据整体水平和变异程度的直观分析比较。每组数据均可呈现其最小值、上四分位数、中位数、下四分位数、最大值信息，同时箱体代表的统计学意义为样本中所有数值由小到大排列后第 25%的数字至第 75%的数字的区间（或者反映一组数据中 50%数据的聚集程度）。对不同放牧区 60 个样方内主要植物种群进行描述性统计，绘制的箱式图结果见图 2-3。

建群种短花针茅在 CK 处理区的样方间重要值变动范围为 1.64～20.44，变动幅度为 18.80；在 CG 处理区的样方间重要值变动范围为 1.75～55.93，变动幅度为 54.18。可以看到，自由放牧使得样方间短花针茅植物种群重要值变化较大。同样，碱韭在样方间的重要值受自由放牧的影响，空间分布变动幅度表现为 CK 处理区小于 CG 处理区；但在 CK 处理区，其样方间重要值最小值达到 25.34。无芒隐子草在样方间的重要值变动幅度表现出 CG 处理区小于 CK 处理区，说明自由放牧导致放牧区内无芒隐子草重要值空间差异减小。

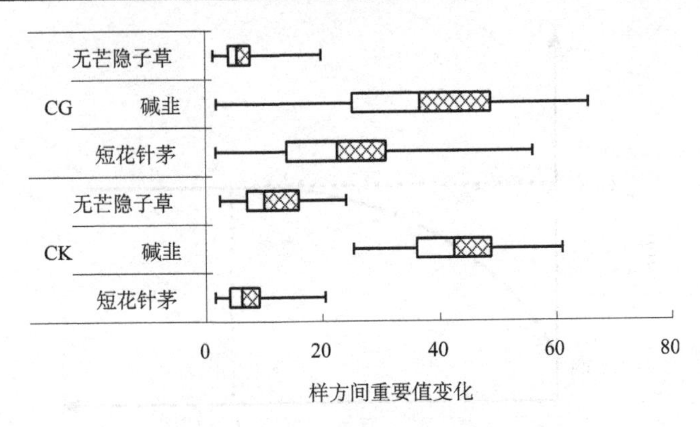


图 2-3　主要植物种群样方间的重要值变化

从主要植物种群第 25%的重要值和第 75%的重要值可以看到，这两个重要值数据组成箱式图的箱体，箱体中间的短线代表中位数，箱体的长短反映植物种群样方间重要值 50%的聚集程度。短花针茅植物种群的中位数按照 CK 处理区、CG 处理区的顺序增大，聚集程度变小，且按照此顺序逐渐接近箱体中间位置。碱韭的中位数在 CG 处理区小于 CK 处理区，CG 处理区样方间碱韭的重要值聚集程度较 CK 区小。无芒隐子草样方间重要值中位数在 CG 处理区小于 CK 处理区，聚集程度反之。总体来看，CG 处理区主要植物种群样方间重要值在空间上差异较大，CK 处理区差异较小。

## （四）植物种群空间分布变异

变异系数的统计学意义是反映一组数据相对于均值的离散程度。对不同放牧制度下主要植物种群重要值的变异系数进行计算，结果见表 2-29。短花针茅植物种群在 CK 处理区和 CG 处理区的平均重要值分别为 6.67 和 22.78，且两者之间存在显著性差异；说明受自由放牧影响，短花针茅植物种群重要值增大，这是因为放牧家畜践踏行为和牧食行为能够使丛生禾草短花针茅株丛发生破碎化，因此，重要值变化从另一角度也反映了 CG 处理区短花针茅植物种群较 CK 处理区自然

表 2-29　不同植物种群重要值的空间分布变异

| 处理区 | 植物种群 | 平均值 | 标准差 | 变异系数（%） | 平均变异系数（%） |
|---|---|---|---|---|---|
| CK | 短花针茅 | 6.67c | 3.33 | 49.94 | 40.09 |
| | 碱韭 | 42.78a | 8.99 | 21.01 | |
| | 无芒隐子草 | 11.38b | 5.61 | 49.33 | |
| CG | 短花针茅 | 22.78b | 12.64 | 55.49 | 53.53 |
| | 碱韭 | 34.48a | 17.21 | 49.90 | |
| | 无芒隐子草 | 6.19c | 3.42 | 55.19 | |

状态株丛破碎化情况严重。碱韭植物种群在 CK 处理区和 CG 处理区的平均重要值分别为 42.78 和 34.48，方差分析结果显示它们之间存在显著性差异；表明自由放牧能够有效控制碱韭植物种群在群落中的地位和作用。无芒隐子草在 CK 处理区和 CG 处理区的平均重要值分别为 11.38 和 6.19，两者之间也表现出显著性差异。

短花针茅植物种群样方间重要值在禁牧条件下的变异系数为 49.94%，在自由放牧条件下为 55.49%，表明自由放牧使短花针茅植物种群在空间分布上有更为强烈的变化。碱韭植物种群样方间重要值在 CK 处理区和 CG 处理区的变异系数分别为 21.01%和 49.90%，说明自由放牧较 CK 处理碱韭重要值的变化强烈。无芒隐子草样方间重要值在 CK 处理区和 CG 处理区的变异系数分别为 49.33%和 55.19%，这在一定程度上显示出自由放牧较禁牧更能够使无芒隐子草空间分布发生大的变异。

3 个主要植物种群在不同放牧制度下的平均变异表现为 CG 处理区大于 CK 处理区，其平均变异系数分别为 53.53%和 40.09%。这说明自由放牧能够使短花针茅荒漠草原主要植物种群在空间分布上发生较大的变异，对 3 个主要植物种群整体而言，主要种群的空间分布变异程度在禁牧时较自由放牧小。

### （五）不同影响因素对植物种群空间分布的影响

地统计学将空间变量的变异情况分为两种，一种是随机因素引起的变量在空间分布上的差异，另一种是结构因素引起的变量在空间分布上的差异。对于结构因素，是指由土壤母质、地形、气候、利用方式等引起的变异；对于随机因素，主要指家畜的选择性践踏、游走、采食等牧食行为和因此而导致的植物种群有性繁殖等引起的变异。

对不同放牧制度下主要植物种群进行各向同性的变异函数分析，结果见表 2-30。短花针茅植物种群重要值空间变化的最适变异函数模型分别为线性模型和球状模型，对应的处理区分别为 CK 处理区和 CG 处理区。碱韭在 CK 处理区和

**表 2-30　不同影响因素对植物种群重要值空间变异的影响**

| 处理区 | 植物种群 | 模型 | 块金值 | 基台值 | 结构比 |
|---|---|---|---|---|---|
| CK | 短花针茅 | 线性 | 10.70 | 12.69 | 0.157 |
| | 碱韭 | 指数 | 32.70 | 84.70 | 0.614 |
| | 无芒隐子草 | 指数 | 2.88 | 29.44 | 0.902 |
| CG | 短花针茅 | 球状 | 11.00 | 160.70 | 0.932 |
| | 碱韭 | 高斯 | 141.40 | 310.00 | 0.544 |
| | 无芒隐子草 | 指数 | 1.69 | 11.72 | 0.856 |

CG 处理区的最适变异函数模型分别为指数模型和高斯模型。无芒隐子草在 CK 处理区和 CG 处理区的最适变异函数模型均为指数模型。

$C_0$是半方差函数的一个参数，称为块金值，代表的意义是随机因素影响的植物种群样方间重要值空间变异程度。短花针茅植物种群在 CK 处理区和 CG 处理区随机因素影响的空间变异分别为 10.70 和 11.00，说明禁牧和自由放牧对短花针茅植物种群空间变异的随机影响相差不大。碱韭在 CK 处理区和 CG 处理区随机因素影响的空间变异分别为 32.70 和 141.40，表明自由放牧的随机因素对碱韭空间异质性分布的影响较大。无芒隐子草在 CK 处理区和 CG 处理区随机因素影响的空间变异分别为 2.88 和 1.69，这说明自由放牧对无芒隐子草空间分布影响的随机因素值得重视。对 3 个主要植物种群而言，不同植物种群因放牧制度的不同表现出受随机因素的影响程度不同，但可以看到，在自由放牧区，随机因素对 3 个主要植物种群的影响程度不同，碱韭空间分布受随机因素的影响程度最大。

基台值减去块金值即为结构方差，其反映的是结构因素引起植物种群空间分布差异的大小。短花针茅植物种群在 CK 处理区和 CG 处理区结构方差分别为 1.99 和 149.70，这说明自由放牧区的结构因素对短花针茅空间分布的影响远大于禁牧区。碱韭的结构方差在 CK 处理区和 CG 处理区分别为 52.00 和 168.60，其结构方差在两个处理区间的大小差异与短花针茅植物种群相一致。无芒隐子草在 CK 处理区和 CG 处理区的结构方差分别为 26.56 和 10.03，说明受自由放牧影响，CG 处理区结构因素对无芒隐子草空间分布的影响变小。基台值反映的是随机因素和结构因素对植物种群空间分布的总的影响程度，因此基台值也称最大空间变异程度。不同植物种群重要值在不同处理区表现的最大空间分布变化与其受结构因素影响所表现出的规律相一致。这说明 3 个主要植物种群最大空间变异程度主要受结构因素影响。

结构比是结构因素影响的空间变异占最大空间变异的比值，反映主要植物种群空间分布复杂程度。短花针茅植物种群在 CK 处理区和 CG 处理区的结构比分别为 0.157 和 0.932，说明对照区短花针茅空间分布较为复杂多变，而 CG 处理区内短花针茅空间分布较为简单。碱韭结构比在 CK 处理区和 CG 处理区分别为 0.614 和 0.544，说明自由放牧导致碱韭空间分布趋于复杂化。无芒隐子草结构比在 CK 处理区和 CG 处理区分别为 0.902 和 0.856，相对短花针茅和碱韭植物种群而言，无芒隐子草在两个处理区内的空间变化复杂程度均比较低，CK 处理区无芒隐子草空间分布异质性较弱，而 CG 处理区较强。

### （六）主要植物种群空间分布分析方法比较

采用箱式图、变异分析、地统计分析和分形理论从不同角度对植物种群空间分布特点进行探讨，可以发现由于不同分析方法对植物种群空间分布信息的处理方式不同，其所反映的空间分布特点也存在很大的差异。以短花针茅植物种群为例，其在箱式图上反映的信息如下：按照 CK 处理和 CG 处理的顺序，短花针茅空间分布的变化幅度在增大。变异分析结果显示，短花针茅植物种群空间分布相对于均值的离散程度以自由放牧较大，禁牧较小，说明 CG 处理区空间分布样方间重要值的差异较大，禁牧区较小。而以样方数据为基础，探讨短花针茅植物种群空间分布形成过程和空间分布格局的不均匀性及其复杂性，分析结果显示，短花针茅植物种群在 CK 处理区较为复杂，均匀性较差，而自由放牧使其空间分布简单化、均一化，这一研究结果与刘红梅等（2011）的研究结果不同，这可能与取样方法、样方间隔距离等因素有关。在探寻变量空间分布特点时，应该根据研究目的选取相应的研究方法，当需要全面了解植物种群空间分布特点和变化规律时，将这几种方法配合使用有助于全面掌握植物种群空间分布信息。

## 三、建群种与优势种的空间分布关系

### （一）取样方法

在 2011 年 8 月，于禁牧区和自由放牧区内代表性地段选择一代表性样地，样地大小为 90m×90m，按机械取样方法进行网格取样，每 10m 设置 1 个 1m×1m 的样方（样方间隔 9m），样方数为 100 个，即取样面积为 8100m$^2$，调查每一样方内建群种短花针茅和优势种无芒隐子草、碱韭的株丛数。由于 3 个植物种群均属丛生植物，调查时按大丛（基部丛径≥10cm）、中丛（基部丛径为 5～10cm）、小丛（基部丛径≤5cm）统计，然后平均按 1 中丛=3 小丛、1 大丛=2 中丛将大丛和中丛折算为小丛数，记为各植物种群株丛密度。

### （二）数据的预处理

在进行地统计分析时，需要将变量转化为正态分布，因此在对照（CK）区内，无芒隐子草密度经过 sqrt(*X*)开方转化，短花针茅和碱韭经过 lg(*X*，2)对数转化；在自由放牧区内，无芒隐子草密度经过 sqrt(*X*)开方转化，短花针茅和碱韭经过 lg(*X*，2)对数转化。

### （三）建群种及优势种空间分布的基本数量特征

短花针茅荒漠草原建群种和优势种的方差分析及描述性统计分析结果见表 2-31，首先，自由放牧对建群种短花针茅密度产生显著性影响，由表 2-31 中分析结果可以看到，自由放牧区短花针茅的密度显著大于禁牧区，自由放牧条件下优势种碱韭的密度显著小于对照区，但无芒隐子草受自由放牧影响不大。表明受自由放牧家畜选择性采食等牧食行为影响，短花针茅密度有显著增加的变化趋势，碱韭密度有显著下降的变化趋势，而无芒隐子草密度的变化不大。

**表 2-31　建群种及优势种空间分布的基本数量特征**

| 植物种群 | 处理区 | 密度（株/$m^2$） | 标准差 | 偏差系数（%） | 标准误 | 最大值（株/$m^2$） | 最小值（株/$m^2$） | 极差（株/$m^2$） |
|---|---|---|---|---|---|---|---|---|
| 短花针茅 | CK | 2.16b | 1.13 | 52.50 | 0.11 | 5.00 | 0.00 | 5.00 |
| | CG | 5.18a | 2.47 | 47.70 | 0.25 | 12.00 | 0.00 | 12.00 |
| 碱韭 | CK | 16.41a | 7.70 | 46.96 | 0.77 | 42.00 | 0.00 | 42.00 |
| | CG | 7.96b | 9.13 | 114.70 | 0.91 | 56.00 | 0.00 | 56.00 |
| 无芒隐子草 | CK | 6.76a | 4.54 | 67.21 | 0.45 | 24.00 | 0.00 | 24.00 |
| | CG | 5.83a | 3.14 | 53.81 | 0.31 | 17.00 | 0.00 | 17.00 |

其次，通过极值（最大值、最小值）、标准偏差、偏差系数、标准误差和极差可以看到，短花针茅植物种群在对照条件下尽管空间分布密度仅为 5 株/$m^2$，但其偏差系数较自由放牧区大，说明短花针茅空间分布均匀程度较低；说明虽然自由放牧区短花针茅空间分布密度变化范围增大，但其空间分布的均匀程度也在增加。同样，优势种碱韭的空间分布密度尽管在对照区较大，但其密度波动范围较自由放牧区小，均匀程度较自由放牧区大；无芒隐子草空间分布密度在对照区和自由放牧区尽管不存在显著性差异，但其空间分布变异程度在对照区大于自由放牧区，且放牧导致的这种差异以无芒隐子草大于短花针茅，二者均小于碱韭。

## （四）建群种与优势种的空间分布函数关系

将对照区和自由放牧区短花针茅、无芒隐子草及碱韭进行半方差函数分析，结果见表 2-32。对照区短花针茅空间分布半方差函数最适模型为线性模型，自由放牧区短花针茅空间分布半方差函数最适模型为指数模型。根据模型特点，线性模型不论无芒隐子草和碱韭分隔距离如何，其半方差值为恒定的；指数模型空间区域化变量先会随着无芒隐子草和碱韭分隔距离的增加而增加，最终维持在某一特定水平（图 2-4）。

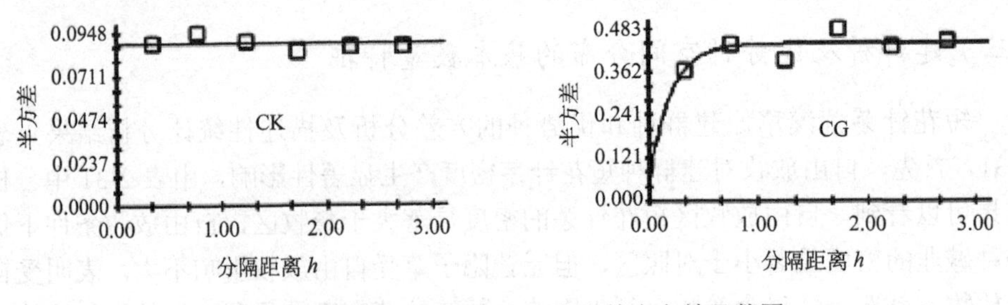


图 2-4　建群种与优势种空间分布的半方差函数图

在对照区内，短花针茅与无芒隐子草和碱韭的空间分布受随机因素影响的线性函数参数为0.089，自由放牧区内为0.056；单从随机性影响因素大小考虑，对照区内短花针茅空间分布的随机性大于自由放牧区。结合基台值和结构比来看，由块金值和结构方差所决定的最大空间变异在对照区小于自由放牧区，对照区短花针茅空间分布完全是随机的，其几乎不受结构因素影响，而自由放牧区短花针茅空间分布主要受结构因素影响（结构比为0.873）。

范围参数 $a_0$ 表示空间变量在空间位置的依赖性，反映了空间变量在某一位置的扩散性，由于本研究探究的为短花针茅空间分布密度与无芒隐子草和碱韭的关系，因此其反映的是短花针茅空间分布密度相对无芒隐子草和碱韭密度的依赖性。对于线性模型，范围参数和相关尺度在数值上是相等的，指数模型中范围参数为相关尺度的1/3。因此，在对照区内，短花针茅空间分布密度与2.722范围内的碱韭（实际值为6.60株/$m^2$）和无芒隐子草（实际值为7.41株/$m^2$）存在依赖性，而自由放牧区其相关尺度为0.612（接近或小于1株/$m^2$），所以自由放牧区内短花针茅空间分布失去了对无芒隐子草和碱韭的依赖性。

**表2-32　建群种与优势种空间分布的半方差函数参数**

| 处理区 | 模型 $r(h)$ | 块金值 $C_0$ | 基台值 $C_0+C$ | 结构比 $C/(C_0+C)$ | 范围参数 $a_0$ | 残差平方和 RSS | 决定系数 $R^2$ | 相关尺度 |
|---|---|---|---|---|---|---|---|---|
| CK | 线性 | 0.089 | 0.089 | 0.000 | 2.722 | $6.101\times10^{-5}$ | 0.349 | 2.722 |
| CG | 指数 | 0.056 | 0.442 | 0.873 | 0.204 | $3.909\times10^{-3}$ | 0.537 | 0.612 |

## （五）建群种与优势种空间分布的分形维数

分形维数图（图2-5）实际是对分隔距离和对应的半方差函数值进行对数转化绘制的双对数图。其统计学意义为表征没有特征尺度的自相似结构、数值大小与空间分布格局、空间依赖性、空间结构性等。在图2-5中可以看到，自由放牧区短花针茅空间分布在无芒隐子草和碱韭决定的二维空间内，其分形维数小于对照区，分形维数值分别为1.955和1.987。由于自由放牧区和对照区分形维数均比较接近于2，说明短花针茅空间分布相对无芒隐子草和碱韭密度所形成的空间分布格局比较简单，短花针茅空间分布对无芒隐子草和碱韭空间分布的依赖性比较强，而短花针茅、无芒隐子草、碱韭空间分布形成的空间格局及其相互依赖性主要受结构因素控制，即短花针茅荒漠草原形成的短花针茅+无芒隐子草+碱韭群落类型所表现的景观特征主要由草原的土壤理化性质和种群的固有属性等因素决定。

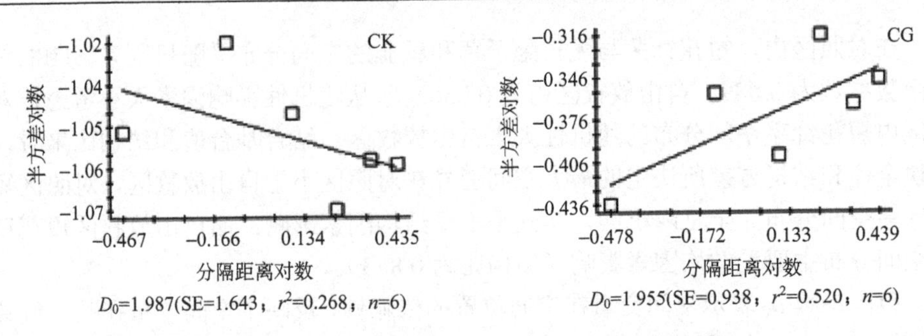


图 2-5　建群种与优势种空间分布的分形维数图

自由放牧区分形维数小于对照区，说明对照区短花针茅、无芒隐子草和碱韭的空间分布关系受结构因素影响较强，短花针茅空间分布对无芒隐子草和碱韭空间分布的依赖程度较大，但形成的空间分布格局相对简单。自由放牧区相对于对照区存在放牧家畜的影响，放牧家畜的选择性采食及其游走、践踏等随机性牧食行为导致短花针茅空间分布的随机性增强，短花针茅空间分布对无芒隐子草和碱韭空间分布的依赖程度有所下降，所形成的空间格局趋于复杂化。因此，自由放牧区相对对照区由随机因素引起的短花针茅建群种空间分布依赖无芒隐子草和碱韭的某种变化过程值得探讨。第一，随机因素包括两个方面，一方面是建群种和优势种株丛空间分布及其以母株为中心的分布状态是随机的，另一方面是家畜在不同区域的选择性采食和践踏程度也是随机的，且家畜随机影响导致 3 个植物种群空间分布的随机性增强；第二，植物种群与家畜之间是一个协同进化过程，一方面家畜为了补充体内营养并保证自身发育不断地对 3 个植物种群进行干扰，另一方面植物种群为保证其在群落中的地位和作用在适应这种干扰，这导致 3 个植物种群在适应这一干扰过程中表现的种间关系发生变化，且这种变化与放牧家畜的随机干扰直接相关。

## （六）建群种与优势种的空间分布趋势

将建群种短花针茅、优势种无芒隐子草和碱韭空间分布关系在 GS+ 9.0 软件中采用克里格插值绘制成三维立体图，随着无芒隐子草的增加，短花针茅分布密度呈先增加后减少的变化特点，说明当无芒隐子草处于中等分布密度的情况下，短花针茅分布密度最大；当在碱韭密度增加的情况下，短花针茅的密度呈现下降的变化趋势。将建群种和优势种 3 个植物种群空间分布密度同时分析，可以看到，短花针茅空间分布密度最大值主要集中在无芒隐子草中密度水平而碱韭处于低密度情况下，最小值集中在无芒隐子草中密度水平而碱韭处于高密度情况下，由此可见，短花针茅在对照区内，其空间分布密度受碱韭的影响大于无芒隐子草，无芒隐子草和碱韭共同作用决定短花针茅的空间分布特点，三者之间的相互消长关系决定了短花针茅荒漠草原植物群落的景观特征。

在自由放牧区内，随着无芒隐子草密度的增加，短花针茅空间分布密度也在增加；随着碱韭密度的增加，短花针茅空间分布密度在逐渐降低。同样将建群种和优势种3个植物种群空间分布密度同时分析，可以看到，短花针茅空间分布密度较大的区域主要集中在碱韭低密度而无芒隐子草处于中密度或高密度情况下；短花针茅空间分布的低密度区主要集中在碱韭分布的高密度区，受无芒隐子草空间分布密度影响不大；值得注意的是在短花针茅、无芒隐子草和碱韭的中密度区域，短花针茅空间分布形成的斑块化特征明显，且存在低密度、中密度、高密度斑块镶嵌分布形式，表明在此密度分布范围内，其空间分布关系受到放牧家畜选择性采食及游走、践踏等随机性牧食行为影响，空间分布的伴生关系比较复杂。

结合对照区、自由放牧区建群种和优势种空间分布图可以看到，短花针茅植物种群与碱韭植物种群空间分布主要呈此消彼长的变化形式，即短花针茅和碱韭的种间关系主要表现为竞争关系；而短花针茅与无芒隐子草在低密度和中密度范围内，主要表现为亲和关系，二者表现为短花针茅密度大小依赖于无芒隐子草密度的大小；当在中密度和高密度范围内，短花针茅与无芒隐子草主要表现为竞争关系。不管是否存在放牧影响，短花针茅和碱韭的竞争关系没有改变，但竞争强度在自由放牧区小于对照区（短花针茅和碱韭在自由放牧区内空间分布形成的低分布区小于对照区）；而短花针茅和无芒隐子草受自由放牧的影响，其种间关系主要呈现的是亲和关系，即短花针茅密度大小依赖于无芒隐子草密度的大小。这说明3个问题，一是植物种群种间关系存在密度效应，其所呈现的种间关系与分布密度有关；二是植物种群种间关系在受到外界干扰的情况下，其密度效应可以消失，两个物种可通过双方面（也可能是单方面）促进作用来抵抗干扰的影响（短花针茅和无芒隐子草），竞争关系的植物种对可通过降低竞争强度来抵抗外界环境的干扰（短花针茅和碱韭）；三是植物种间关系因植物种对或干扰条件不同，可以有多种表现形式。

### （七）建群种与优势种空间分布的探讨

自由放牧导致短花针茅空间分布密度大于对照区，主要是受家畜选择性采食的牧食行为影响，其导致了短花针茅植物种群株丛破碎化，从而使短花针茅密度增大，这一点已经得到很多研究者的认同（卫智军等，2003b；闫瑞瑞，2008；刘红梅，2011；吴艳玲，2012）。碱韭的密度下降主要是因为受家畜的采食影响，本研究结果显示放牧抑制了碱韭植物种群在群落中的竞争强度，基于竞争理论可知，其竞争强度下降会导致其生态位宽度下降，从而导致其在资源竞争中的竞争能力下降（Alley，1982），进一步可能影响其有性繁殖和无性繁殖能力，这需要进一步的深入研究。

短花针茅荒漠草原建群种和优势种之间的空间分布关系因放牧与否而表现不同，在禁牧区内，短花针茅植物种群与碱韭主要呈现负相关关系，且碱韭植物种群密度处于绝对优势（16.41 株/$m^2$），导致禁牧区内碱韭植物种群利用资源能力最强，而短花针茅较弱，在相互竞争中短花针茅处于不利地位，这会使群落发生逆向演替；而在自由放牧区内，家畜放牧干扰使得碱韭的绝对优势地位下降，短花针茅植物种群在群落中的地位和作用明显提高，其种间关系发生逆转，有利于短花针茅荒漠草原植物群落稳定并进行顺行演替。因此，适当的放牧干扰能够促使草地恢复和保护草原可持续利用。这一研究结果与方楷等（2012）的研究结果一致。

对照区内短花针茅空间分布的半方差函数和分形维数结果不一致，半方差函数分析结果显示，其空间分布完全是由随机因素引起的，结构因素几乎没有影响；而分形维数分析结果显示，其空间分布主要由结构因素决定，随机因素的影响很小。这主要是因为半方差函数分析需要先选择最适模型模拟，模型与纵轴的截距定义为块金值，即随机因素影响程度，且存在空间研究尺度效应；而分形维数首先不存在研究尺度效应，其只是表征空间自相关结构，通过数值大小可判断影响因素的决定作用。因此二者在研究决定性因素上存在差异，突出重点不同，半方差函数主要研究不同尺度上的空间结构，分形维数分析的是没有尺度的空间结构。

依据通过克里格插值绘制的建群种和优势种空间分布关系图，可以定性地判断短花针茅分布特点与无芒隐子草或碱韭的空间分布关系，也可以探讨短花针茅植物种群受无芒隐子草和碱韭共同影响的空间分布特点及表现形式（Hao et al., 2007）。然而尽管采用地统计学方法可同时研究短花针茅对优势种无芒隐子草和碱韭的单变量或双变量空间分布形式，但无法判断无芒隐子草和碱韭之间的空间分布关系，因此采用地统计学方法定性判断 3 个植物种群的空间分布关系，需要至少以其中两个种群分别为区域化变量进行分析。

## 第三节　主要植物种群生态位变化及群落种间关系

随着生态位理论的不断完善和发展，生态位研究已成为近代生态学理论的一个主要内容（李军玲等，2003；苏鹏飞等，2012），其在理解群落结构功能、群落内物种种间关系、生物多样性、群落动态演替和种群进化等方面具有重要的作用（张金屯，2011）。为此，在以放牧利用为主的草地生态系统，研究者对植物种群生态位的研究更加关注放牧家畜影响下的植物种群生态位宽度和生态位重叠程度响应特点，且集中在放牧压（王仁忠，1997a；董全民等，2007；刘贵河等，2013）和放牧制度（刘红梅，2011）两方面，以便探寻不同放牧压或不同放牧制度对草地植物种群的影响程度及其响应规律。

然而，植物种群生态位变化与其所处空间的资源状态密不可分，且同种间竞争紧密联系在一起（Silvertown，1983；Abrams，1987；汪殿蓓等，2005）。因此，当前生态位概念是指该种在群落中利用资源的能力，这种能力不但体现在该种个体在群落中的分布范围和生物量的占有上，也体现在资源有限时对环境的耐受性上（张金屯，2011）。所以，放牧草地植物种群生态位研究缺少与资源状态相结合的探讨，同时由于种间竞争关系存在不对称性（Weiner，1990；Connolly and Wayne，1996；Freckleton and Watkinson，2001），国内外缺乏以生态位理论分析为基础的种间竞争关系阐释，以生态位理论分析放牧草地植物种群生态位变化能够丰富这方面的研究内容。

以放牧利用为主的短花针茅荒漠草原地处亚洲中部草原区向荒漠区的过渡地带，由于其旱生生境及地域过渡性，显示出生态学上的独特性和脆弱性（卫智军等，2013）；建群种为短花针茅（*Stipa breviflora*），优势种为无芒隐子草（*Cleistogenes songorica*）和碱韭（*Allium polyrhizum*），3个种群地上现存量可达群落现存量的60%～80%，其数量消长、时空变化及结构的位移均会引起群落的巨大波动，构成了短花针茅+无芒隐子草+碱韭群落类型。通过研究3个种群生态位宽度和生态位重叠程度空间变化规律，结合种间关联度分析，可以阐释短花针茅荒漠草原群落空间结构变化及波动情况，同时明确3个种群的生态位变化及其与种间关联的关系。

对种间关系的探讨多为研究方法的应用与改进（锡林塔娜，2009），对草原或草地植物群落种间关系的研究较多（李政海和鲍雅静，2000；王正文和祝廷成，2003；李军玲等，2004；王琳和张金屯，2004；邢韶华等，2007），对短花针茅荒漠草原植物种间关系的研究也有学者进行尝试，例如，锡林塔娜（2009）、王凤兰等（2009）和刘红梅（2011）分别从不同放牧率对种间关系的影响、短花针茅植物群落种间关系特点和不同放牧制度对种间关系影响的角度进行探讨，得到了相应的研究结果，采用的研究方法主要有2×2列联表法、皮尔逊（Pearson）相关分析法和斯皮尔曼（Spearman）秩相关分析法。

## 一、建群种和优势种生态位变化

### （一）取样方法

#### 1. 样带法取样

在CK处理区和CG处理区选择一个90m×90m的代表性样地，分别以CK处理区或CG处理区样地西侧为初始样带，以西侧和南侧交汇处为初始样点，每条样带共设10个1m×1m的样方，每两个样方间隔9m，2012年8月按种调查不同植物种群的株丛数。每两条样带同样间隔9m，共设10条样带。

**2. 样地法取样**

将两区初始样带定为初始样地面积，以后依次增加一条样带，与初始样带及增加的样带合并成为新的样地面积。因此，第一条样带面积为90m$^2$，紧邻第一条样带的第二条样带与第一条样带同时作为新的样地空间范围，其面积为900m$^2$，以此类推。

样带法和样地法空间范围取样详见表2-33。

**表2-33　样带法和样地法取样方法**

| 编号 | 样带法 | | 样地法 | |
|---|---|---|---|---|
| | 样带长度（m） | 样方数 | 样地面积（m$^2$） | 样方数 |
| 1 | 90 | 10 | 90 | 10 |
| 2 | 90 | 10 | 900 | 20 |
| 3 | 90 | 10 | 1800 | 30 |
| 4 | 90 | 10 | 2700 | 40 |
| 5 | 90 | 10 | 3600 | 50 |
| 6 | 90 | 10 | 4500 | 60 |
| 7 | 90 | 10 | 5400 | 70 |
| 8 | 90 | 10 | 6300 | 80 |
| 9 | 90 | 10 | 7200 | 90 |
| 10 | 90 | 10 | 8100 | 100 |

## （二）植物种群在不同样带的生态位宽度变化

将CK、CG处理内不同样带上建群种和优势种计算所得生态位宽度绘制成图，结果见图2-6。由图2-6可以看到，CK处理内碱韭的生态位宽度在不同样带上的差异最小，而短花针茅和无芒隐子草的生态位宽度在不同样带上的差异大于碱韭，这表明碱韭生态位宽度在CK处理内受不同样带资源差异影响较小，碱韭对空间资源差异的耐受性较强，其生态位宽度可以维持在相对稳定的水平上。在CG处理内，短花针茅植物种群受资源差异和放牧家畜同时影响，其生态位宽度在各个样带上相对稳定，无芒隐子草生态位宽度在样带间的波动情况大于短花针茅，但小于碱韭。

综合来看，短花针茅、无芒隐子草和碱韭生态位宽度均受植物种群所处资源状态的空间差异影响；但当存在放牧家畜干扰的时候，短花针茅、无芒隐子草和碱韭生态位宽度波动幅度发生变化，因此，建群种和优势种受生物与非生物因素同时影响，生态位宽度可能相同，也可能不同。

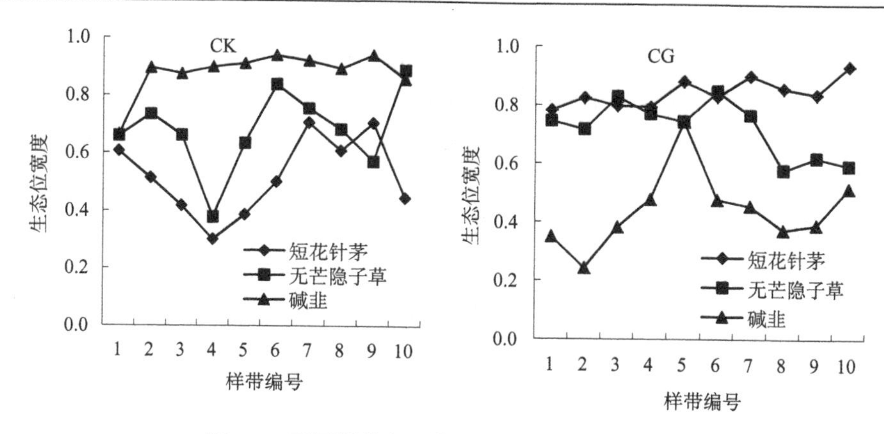


图 2-6 不同样带主要植物种群生态位宽度变化

尽管不同样带生态位宽度指数波动较大，且受放牧影响发生较大变化，但关联度分析结果显示，其存在明显的关联性（表 2-34）。在 CK 条件下，短花针茅与无芒隐子草的相互关联程度相等，均为 0.4587；短花针茅与碱韭的关联度大于碱韭与短花针茅的关联度，分别为 0.4529 和 0.4296；无芒隐子草与碱韭的关联度大于碱韭与无芒隐子草的关联度，分别为 0.5697 和 0.5485。在 CG 条件下，短花针茅与无芒隐子草的关联度小于无芒隐子草与短花针茅的关联度，分别为 0.6532 和 0.6570，说明受自由放牧影响，短花针茅与无芒隐子草之间生态位宽度变化由对称的转为非对称的，其种间关系表现也由对称性转为非对称性；短花针茅与碱韭的关联度不但也表现出不对称性，而且这种不对称性发生了逆转，这表明短花针茅和碱韭的生态位宽度变化表现明显相反且变动幅度较大；无芒隐子草与碱韭的关联度和碱韭与无芒隐子草的关联度由不对称转为对称，且关联程度增加。因此，3 个植物种群 3 对 6 个关联度受放牧影响均已发生变化。同时可以看到，CG 条件下种间生态位关联度均大于 CK 条件下，表明自由放牧导致种间关联度增加。

**表 2-34 不同样带主要植物种群生态位宽度关联情况**

| 放牧处理 | 植物种群 | 植物种群 | | |
|---|---|---|---|---|
| | | 短花针茅 | 无芒隐子草 | 碱韭 |
| CK | 短花针茅 | 1.0000 | 0.4587 | 0.4529 |
| | 无芒隐子草 | 0.4587 | 1.0000 | 0.5697 |
| | 碱韭 | 0.4296 | 0.5485 | 1.0000 |
| CG | 短花针茅 | 1.0000 | 0.6532 | 0.5862 |
| | 无芒隐子草 | 0.6570 | 1.0000 | 0.5901 |
| | 碱韭 | 0.5904 | 0.5901 | 1.0000 |

短花针茅、无芒隐子草和碱韭在 CK 条件下的生态位总宽度大小顺序为短花针茅＜无芒隐子草＜碱韭（图 2-7）；在 CG 条件下，短花针茅、无芒隐子草和碱韭生态位总宽度大小顺序为短花针茅＞无芒隐子草＞碱韭。这反映出建群种和优势种在不同试验处理区具有不同的资源占有能力，受放牧家畜的影响，建群种短花针茅生态位总宽度增加，而碱韭的生态位总宽度明显下降，表明放牧可使短花针茅植物种群泛化种特征表现明显，而碱韭则由于生态位宽度变窄趋于特化种；无芒隐子草生态位总宽度变化不大，说明无芒隐子草对放牧家畜这一生物因素影响的耐受性比较强。

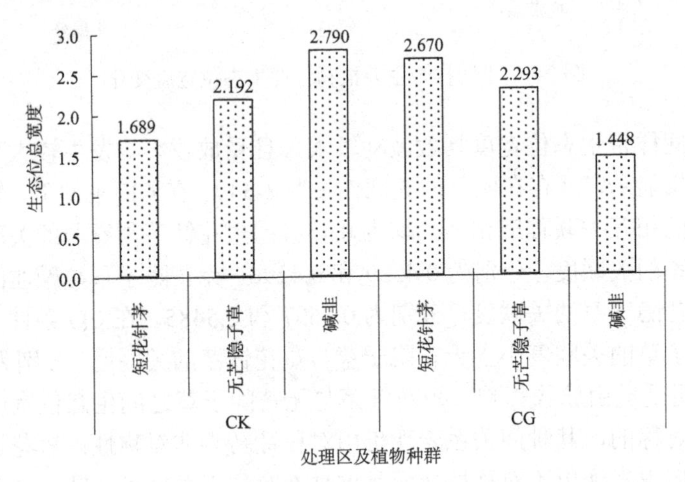


图 2-7　主要植物种群生态位总宽度对放牧的响应

## （三）植物种群在不同样地范围的生态位宽度变化

由图 2-8 可知，在 CK 处理区内，建群种和优势种生态位宽度随样地范围的增大变化趋势不同，短花针茅略呈横向的“S”形变化趋势，无芒隐子草呈弱的下降的变化趋势，碱韭呈对数曲线的变化趋势；但在样地面积大于 6300m$^2$ 后，建群种和优势种生态位宽度趋于稳定，此时的样方数为 80 个，表明如果要获得 CK 处理内建群种和优势种比较真实的生态位宽度，其资源状态样点数应该大于等于 80 个。在 CG 处理内，从 3 个植物种群生态位宽度随样地范围增大的变化程度看，在样地面积大于 6300m$^2$ 后，植物种群的生态位宽度也呈基本稳定状态。因此，短花针茅荒漠草原无论放牧与否，其生态位宽度取样的样点数应该为 80 个或以上。

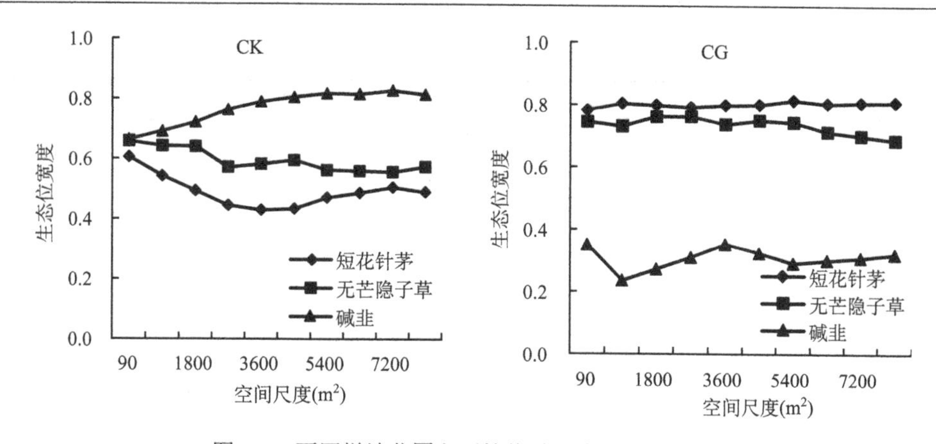


图 2-8　不同样地范围主要植物种群生态位宽度变化

对比 CK 和 CG 处理可以看到，受放牧家畜的影响（样地面积大于等于 $6300m^2$），建群种和优势种生态位宽度的变化规律不一致。在 CK 处理区内，3 个植物种群生态位宽度表现为短花针茅＜无芒隐子草＜碱韭，而 CG 处理区内短花针茅＞无芒隐子草＞碱韭，这一结果与图 2-7 中的结果一致。这说明，采用多样带计算生态位总宽度与采用大样地多样点计算生态位宽度所表现的趋势是一致的。相比于 CK 处理，CG 处理由于存在放牧家畜干扰，建群种和优势种的生态位宽度发生变化，这一变化与植物种群对生物、非生物环境影响的耐受性有关，短花针茅和碱韭植物种群对外界环境的耐受性较小，适应外界环境变化主要依靠大幅度调节生态位宽度来实现（变化范围分别为 0.429～0.813 和 0.235～0.828），而无芒隐子草对外界环境的耐受性较大，其主要依靠维持稳定的生态位宽度来抵御外界环境的影响。

尽管不同样地范围内主要植物种群生态位宽度指数变化趋势存在差异，但它们之间存在明显的关联性（表 2-35）。在 CK 条件下，短花针茅与无芒隐子草的关联度大于无芒隐子草与短花针茅的关联度，分别为 0.6466 和 0.5561；短花针茅和碱韭相互之间的关联度相等，均为 0.5157；无芒隐子草与碱韭的关联度小于碱韭与无芒隐子草的关联度，分别为 0.4428 和 0.5362。在 CG 条件下，短花针茅与无芒隐子草的关联度大于无芒隐子草与短花针茅的关联度，分别为 0.7135 和 0.7079，表明自由放牧没有改变种对间相互依赖的不对称性，但关联程度明显增大，其种间关系表现得更为密切；短花针茅和碱韭相互之间的关联度相等，均为 0.5475，这显示出自由放牧促进了短花针茅和碱韭的亲和性，导致其关联程度增大；无芒隐子草与碱韭的关联度小于碱韭与无芒隐子草的关联度，分别为 0.4954 和 0.5019，说明自由放牧使得无芒隐子草与碱韭关联程度增大，而碱韭与无芒隐子草的关联程度减小，所以自由放牧对其相对依赖性的影响存在差别。

**表 2-35　不同样地范围主要植物种群生态位宽度关联情况**

| 放牧处理 | 植物种群 | 植物种群 | | |
|---|---|---|---|---|
| | | 短花针茅 | 无芒隐子草 | 碱韭 |
| CK | 短花针茅 | 1.0000 | 0.6466 | 0.5157 |
| | 无芒隐子草 | 0.5561 | 1.0000 | 0.4428 |
| | 碱韭 | 0.5157 | 0.5362 | 1.0000 |
| CG | 短花针茅 | 1.0000 | 0.7135 | 0.5475 |
| | 无芒隐子草 | 0.7079 | 1.0000 | 0.4954 |
| | 碱韭 | 0.5475 | 0.5019 | 1.0000 |

## (四)植物种群在不同样带的生态位重叠程度

不同样带上短花针茅植物种群与无芒隐子草和碱韭的生态位重叠情况见图 2-9，在 CK 条件下，短花针茅与无芒隐子草和碱韭的生态位重叠指数随样带的变化趋势与短花针茅植物种群的生态位宽度表现基本一致，而 CG 处理内短花针茅与无芒隐子草和碱韭的生态位重叠指数随样带的变化不同于短花针茅植物种群生态位宽度变化。这说明在 CK 条件下，建群种短花针茅植物种群与优势种无芒隐子草和碱韭的生态位重叠情况主要由短花针茅植物种群的资源利用情况决定；当存在放牧家畜干扰时，建群种与两优势种的生态位重叠情况除受短花针茅植物种群的资源利用情况影响外，家畜的选择性采食和践踏等牧食行为也会对其生态位重叠情况产生明显影响。

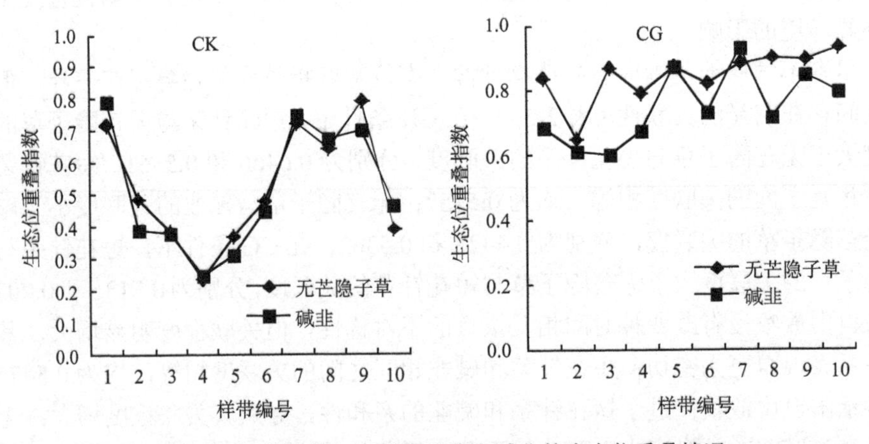


图 2-9　短花针茅与无芒隐子草和碱韭的生态位重叠情况

结合短花针茅与无芒隐子草和碱韭生态位宽度的关联度（表 2-34）可知，其种间相对关联程度影响着其生态位重叠程度，即 CK 条件下短花针茅与无芒隐子草和碱韭的关联程度接近，其生态位重叠程度也比较接近；CG 条件下短花针茅与无芒隐子草的关联度大于其与碱韭的关联度，它们之间的生态位重叠程度表现亦是如此。因此，短花针茅植物种群生态位宽度变化趋势影响着其与优势种生态位重叠程度的变化趋势，关联程度的大小影响着生态位重叠程度。

不同样带上无芒隐子草与短花针茅和碱韭的生态位重叠情况见图 2-10，在 CK 处理内，无芒隐子草与短花针茅和碱韭的生态位重叠指数与无芒隐子草生态位宽度变化趋势基本一致，且无芒隐子草与其他两植物种群生态位重叠指数基本相同。在 CG 处理内，无芒隐子草与短花针茅和碱韭的生态位重叠情况不完全由无芒隐子草生态位宽度决定，放牧家畜的影响使得无芒隐子草与其他两植物种群的生态位重叠情况变得错综复杂。根据关联度分析（表 2-34）结果可知，无芒隐子草与其他两植物种群的关联程度影响着其生态位重叠程度。因此无芒隐子草与其他植物种群的生态位重叠程度变化同样受其本身的生态位宽度和它们之间关联程度的影响。

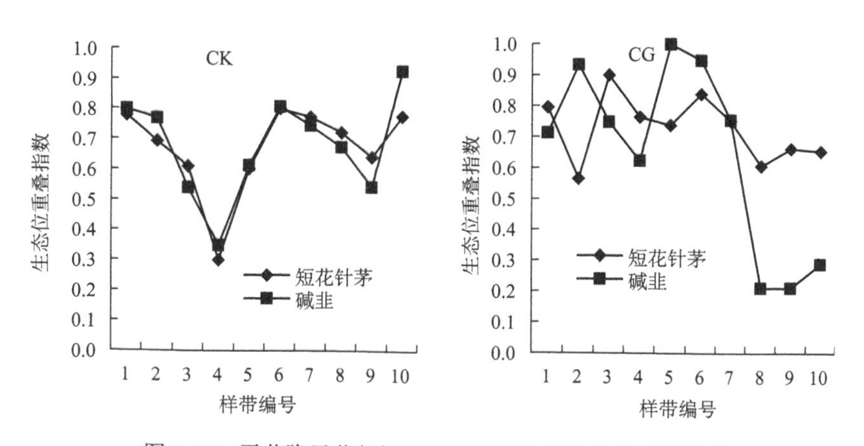


图 2-10　无芒隐子草与短花针茅和碱韭的生态位重叠情况

不同样带上碱韭与短花针茅和无芒隐子草之间生态位重叠情况无论是在 CK 处理区内还是在 CG 处理区内均比较复杂（图 2-11）；且 CK 处理区内碱韭与短花针茅和无芒隐子草的重叠指数总体上高于 CG 处理。根据关联度分析（表 2-34）结果可知，CK 区的碱韭与短花针茅和无芒隐子草的关联度小于 CG 区，这表明其种间关联程度与生态位重叠程度存在负相关。

综合图 2-9～图 2-11 和表 2-34 来看，3 个植物种群种对之间的重叠程度存在差异，由植物种群占有资源能力不同导致了生态位宽度不同，进而影响其生态位重叠程度发生变化，同时植物种群间的相互关联性差异也对其生态位重叠程度产生影响。

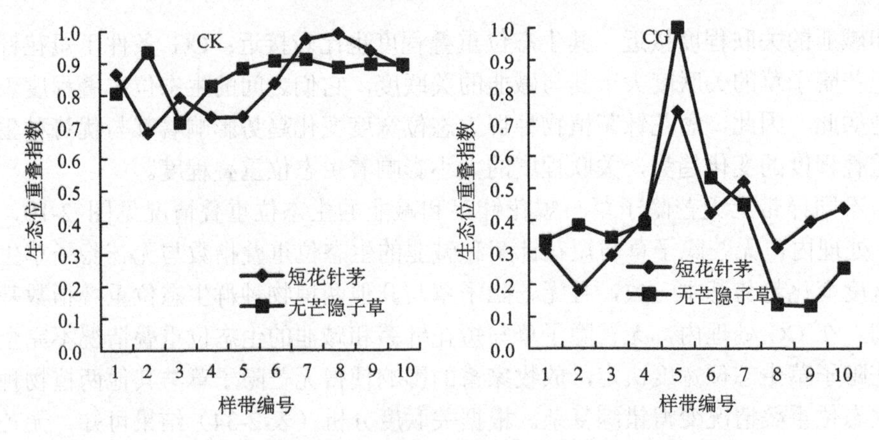


图 2-11　碱韭与短花针茅和无芒隐子草的生态位重叠情况

## （五）植物种群在不同样地范围的生态位重叠程度

在 CK 处理区内，短花针茅植物种群与无芒隐子草和碱韭的生态位重叠程度随着样地范围的增加呈现先降低后增加并趋于稳定的变化趋势（图 2-12）；在 CG 处理区内，短花针茅与无芒隐子草和碱韭的生态位重叠程度基本维持在某一相对稳定的水平。

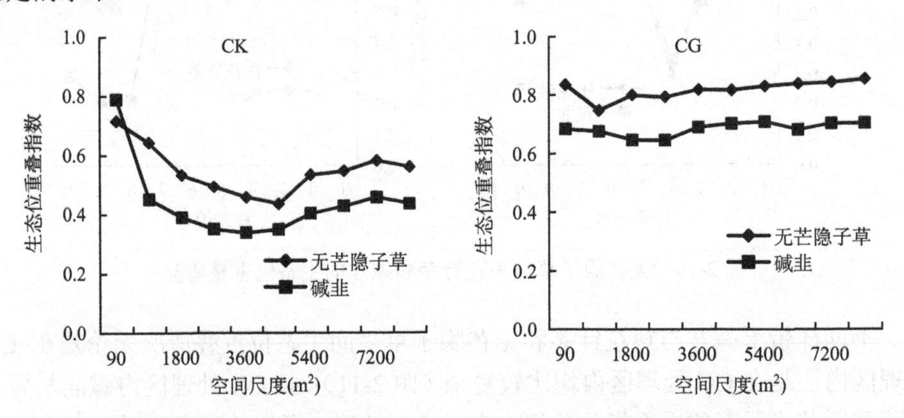


图 2-12　短花针茅与无芒隐子草和碱韭的生态位重叠情况

在 CK 处理区和 CG 处理区内，短花针茅与无芒隐子草的生态位重叠程度总体上均大于短花针茅与碱韭的生态位重叠程度，说明在短花针茅荒漠草原区，无论放牧与否，短花针茅与碱韭的种间竞争强度大于短花针茅与无芒隐子草的种间竞争强度，这与种间关联度分析结果（表 2-35）相一致。

在 CK 处理区内（图 2-13），无芒隐子草与短花针茅和碱韭的生态位重叠程度随样地面积的增大呈现先减小后稳定的变化趋势。在 CG 处理区内，无芒隐子草与短花针茅之间的生态位重叠程度基本稳定在 0.7～0.8，略呈下降的变化趋势；而无芒隐子草与碱韭的生态位重叠程度波动情况比较复杂，这一复杂程度与无芒隐子草生态位宽度变化密不可分。

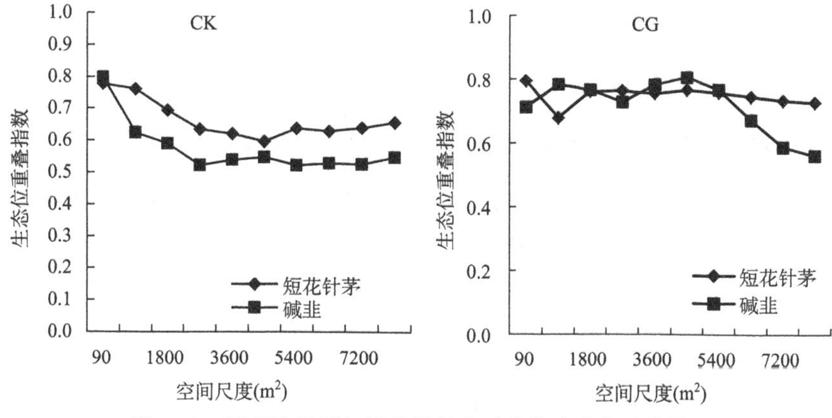


图 2-13　无芒隐子草与短花针茅和碱韭的生态位重叠情况

综合表 2-35 的分析结果来看，受放牧家畜影响后，无芒隐子草与短花针茅和碱韭的关联程度增加，生态位重叠程度总体也呈增加的变化趋势，说明无芒隐子草与短花针茅植物种群一样，通过减少与其他植物种群的竞争关系并增加与其他植物种群的生态位重叠程度来抵御放牧家畜的干扰。

在 CK 处理区内，碱韭与短花针茅和无芒隐子草之间的生态位重叠程度随着样地面积的增加呈现先减小后增加并逐渐趋于稳定的变化趋势，且碱韭与短花针茅植物种群之间的生态位重叠程度整体上小于碱韭与无芒隐子草的生态位重叠程度（图 2-14），说明 CK 处理区内碱韭与短花针茅植物种群之间的竞争强度强于碱韭与无芒隐子草之间的竞争强度；CG 处理区亦是如此。

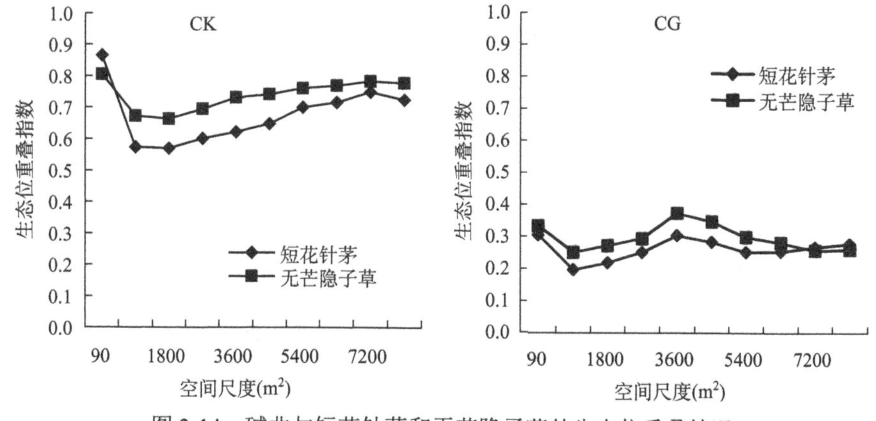


图 2-14　碱韭与短花针茅和无芒隐子草的生态位重叠情况

综合图 2-12～图 2-14 和表 2-35 可以看到，植物种群生态位重叠程度随着样地面积的增大变化规律各不相同，但当样地面积≥6300m$^2$以后，3 个植物种群间生态位重叠程度趋于稳定。生态位重叠程度不但与植物种群生态位宽度有关，与种间关联度也存在直接关系。

## （六）生态位及其相关问题分析

### 1. 植物种群生态位宽度与其生态适应性和分布幅度

植物种群生态位宽度揭示了其对资源的利用能力，表征了其生态适应性和分布幅度（奚为民，1993；李登武等，2006），本研究对短花针茅荒漠草原建群种和优势种的生态位宽度进行了分析，结果证实了 3 个植物种群具有较强的生态适应性，因而其资源利用能力强，生存机会多，分布范围广。植物种群生态位宽度在反映种群生态适应性时，除了体现在资源利用能力和分布范围上，还体现在生态位调控能力上，生态位宽度可能相同，也可能不同（张金屯，2011），本研究结果支持这一观点。

### 2. 生态位重叠程度与种对间的竞争强度及亲和关系

植物种群生态位变化与其所处空间的资源状态密不可分，且与种间竞争紧密联系在一起（Silvertown，1983；Abrams，1987；汪殿蓓等，2005）。许多研究表明，种群间生态位重叠程度较大，种群间的竞争作用比较强烈，反之种群间竞争作用比较小，原因是当空间资源状态有限时，生态位重叠程度大的植物种群因资源限制而发生竞争作用，竞争作用的结果是导致生态位分离，种间生态位重叠程度变小（Hardin，1960；张金屯，2011）。本研究结果显示，不同植物种群由于本身的植物学特征和生物学特性差异，受家畜放牧影响，种群生态位重叠程度增加，并不增加种间的竞争作用，而是种群间通过增加生态位重叠程度来保证物种存活和相对稳定的生物量来抵御放牧的影响。因此，单一地从生态位重叠程度大小来判断种间竞争强度需要谨慎考虑，国外越来越多的研究证明，种群间不但存在竞争关系（Silvertown，1983；Abrams，1987），也存在亲和关系（Gross，2008；Martorell and Freckleton，2014），且在一定程度上可以相互转化（Zavala and Parra，2005；Martorell and Freckleton，2014），因此我们认为放牧导致无芒隐子草和短花针茅与其他植物种群间生态位重叠程度变大，是由于亲和关系增强，各种群共同抵御外界环境干扰的一种响应；碱韭与其他两种植物种群生态位重叠程度下降是由于放牧干扰导致其亲和作用下降，抵御外界环境干扰的能力下降。

### 3. 生态位重叠的不对称性与种间关系的不对称性

种间竞争关系存在不对称性，这已经得到国外研究者的证实（Weiner，1990；Connolly and Wayne，1996；Freckleton and Watkinson，2001）。通过本研究的种群生态位重叠情况可以看到，生态位重叠程度在种对间存在差异，植物种群竞争能力也相应地存在差别；由于生态位重叠程度可解释为种间竞争作用或反映亲和作用大小，因此，生态位重叠反映的种群间亲和关系也存在不对称性，且这种不对称性的表现是由种群本身占有资源的能力决定的，种对间植物种群占有资源能力存在差异会导致其竞争能力或亲和能力产生不对称性，这一研究结果与希吉日塔娜等（2013b）的研究结果相一致，它们的关系可用图 2-15 表示。

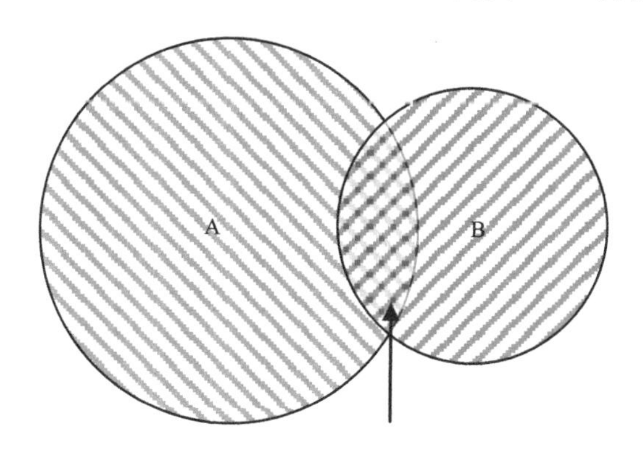


图 2-15　植物种群 Levins 生态位重叠图示

图中圆形区域面积大小代表植物种群占有资源能力的大小，种群 A 与种群 B 的生态位重叠指数等于重叠区域面积与种群 A 或种群 B 生态位宽度的比值

### 4. 资源异质和外界干扰对种群生态位及群落特征的影响

由于生态位与其所处空间的资源状态密不可分（汪殿蓓等，2005），因此，讨论植物群落种群间生态位变化情况，应该考虑空间资源异质性影响，空间取样范围和取样的样点数都应该考虑在内。所以在研究生态位宽度的时候，应该首先分析种群生态位宽度和重叠程度随取样范围或样点数的变化规律，并在其相对稳定状态分析其变化特点和规律，以便使分析结果能够代表草地植物种群生态位真实情况，而不是局部资源空间的种群生态位表现。同时，3 个植物种群数量消长、时空变化及结构的位移均会引起群落的巨大波动（卫智军等，2013），短花针茅荒漠草原在不同季节、不同年度受不同干扰因素、干扰强度影响均会表现出不同的群落水平结构，总体上，2012 年 8 月 CK 处理区植物种群数量大小顺序为碱韭＞无芒隐子草＞短花针茅，CG 处理区反之；受草地土壤养分资源异质性和其他植

物群落数量消长变化影响，3 个植物种群水平结构的数量变化存在差异，形成短花针茅荒漠草原特有的群落类型和景观特征。

## 二、植物种群作用和种间关系

### （一）取样方法

于 2012 年 8 月在 3 个处理区内对小区进行网格化处理，然后间隔取样，样方大小为 1m×1m，共取 60 个样方（图 2-16）（样方间横纵间隔距离可能相同，也可能不同），对样方内植物种群分种测定其密度和盖度，计算重要值。

| | × | | × | | × | | × | | × | | × | | × | | × | | × | |
|---|---|---|---|---|---|---|---|---|---|---|---|---|---|---|---|---|---|---|
| × | | × | | × | | × | | × | | × | | × | | × | | × | | × |
| | × | | × | | × | | × | | × | | × | | × | | × | | × | |
| × | | × | | × | | × | | × | | × | | × | | × | | × | | × |
| | × | | × | | × | | × | | × | | × | | × | | × | | × | |
| × | | × | | × | | × | | × | | × | | × | | × | | × | | × |

图 2-16　取样样方分布图

### （二）数据分析方法

采用相对盖度和相对密度计算某一植物种群在各个样方内的重要值，然后对各样方间重要值进行平均，得到植物种群在处理区内的重要值。再以出现频率大于 10%的植物种群在各个样方内的重要值数据，采用 2×2 列联表（王正文和祝廷成，2003）和灰色关联（唐启义和冯明光，2007）方法分析植物种群种间关系。

重要值计算公式如下：

$$样方内植物种群重要值（\%）=(相对密度+相对盖度)/2\times100 \tag{2-3}$$

$$处理区内植物种群重要值（\%）=\sum_{n=1}^{60}\left(\frac{相对密度+相对盖度}{2}\right)/s\times100\quad(s=60) \tag{2-4}$$

式中，$s$ 代表样方数。

### （三）植物种群的重要值变化

出现频率大于 10%的植物种群共有 13 种，其在群落中的重要值见表 2-36。建群种短花针茅（*Stipa breviflora*）的重要值在常年禁牧的 CK 处理区为 6.67，在自由放牧的 CG 处理区为 21.55。表明自由放牧导致短花针茅植物种群重要值快速增大，是 CK 处理区的 3.23 倍；导致这一现象的主要原因是放牧家畜的选择性采食行为和在采食过程中的游走践踏行为。优势种碱韭（*Allium polyrhizum*）的重要值在 CK 处理区较大，为 43.27；说明自由放牧能够削弱碱韭在植物群落中的地位和作用，而禁牧导致其在植物群落中的地位上升，作用增加。优势种无芒隐子草（*Cleistogenes songorica*）的重要值在 CG 处理区较小，为 6.19；在 CK 处理区较大，为 11.11；相对于 CK 处理区而言，自由放牧削弱了无芒隐子草在植物群落中的地位和作用。因此可以看出，放牧会使建群种短花针茅重要值增大，使碱韭和无芒隐子草的重要值减小。

**表 2-36　不同放牧制度下植物种群重要值**

| 种群编号 | 植物种群 | 植物学名 | 放牧处理 | | | |
|---|---|---|---|---|---|---|
| | | | CK | | CG | |
| | | | 重要值 | 排位 | 重要值 | 排位 |
| 1 | 短花针茅 | *Stipa breviflora* | 6.67 | 5 | 21.55 | 2 |
| 2 | 碱韭 | *Allium polyrhizum* | 43.27 | 1 | 33.95 | 1 |
| 3 | 无芒隐子草 | *Cleistogenes songorica* | 11.11 | 2 | 6.19 | 6 |
| 4 | 银灰旋花 | *Convolvulus ammannii* | 4.36 | 9 | 10.63 | 3 |
| 5 | 寸草苔 | *Carex duriuscula* | 9.54 | 3 | 3.57 | 11 |
| 6 | 乳白黄耆 | *Astragalus galactites* | 2.39 | 11 | 5 | 8 |
| 7 | 蒺藜 | *Tribulus terrestris* | 1.06 | 13 | 2.03 | 13 |
| 8 | 锦鸡儿 | *Caragana sinica* | 3.13 | 10 | 4.41 | 10 |
| 9 | 蒙古韭 | *Allium mongolicum* | 2.29 | 12 | 3.51 | 12 |
| 10 | 木地肤 | *Kochia prostrata* | 4.83 | 8 | 5.03 | 7 |
| 11 | 细叶韭 | *Allium tenuissimum* | 5.03 | 7 | 4.68 | 9 |
| 12 | 栉叶蒿 | *Neopallasia pectinata* | 8.71 | 4 | 6.28 | 5 |
| 13 | 猪毛菜 | *Salsola collina* | 5.66 | 6 | 6.92 | 4 |

在禁牧的 CK 处理区内，植物种群碱韭的重要值排在第一位，无芒隐子草的重要值排在第二位，而建群种短花针茅的重要值排在第五位。在自由放牧的 CG 处理区内，优势种碱韭的重要值排位与 CK 处理区相同，而建群种短花针茅的重要值排在第二位，无芒隐子草的重要值排位下降到第六位。另外值得注意的是，禁牧条件下寸草苔（*Carex duriuscula*）与栉叶蒿（*Neopallasia pectinata*）在群落中的地位较高，作用较大；自由放牧条件下，银灰旋花（*Convolvulus ammannii*）在群落中的地位和作用不容忽视。其他植物种群在不同处理区的变化及在同一处理区的排位见表 2-36。

## （四）种间联结分析

采用列联表对植物种群种间关系进行分析的结果见图 2-17。对建群种和优势种 3 个植物种群而言，不同放牧处理使其种间联结程度存在很大差异。建群种短花针茅和优势种碱韭的种间联结性在 CK 处理区表现为显著的正联结（$0.01<P\leqslant 0.05$），在 CG 处理区表现为弱的正联结（$0.05<P\leqslant 0.5$）。建群种短花针茅和优势种无芒隐子草在 CK 处理区与 CG 处理区均没有显示出联结性。两个优势种群碱韭和无芒隐子草在 CK 处理区表现出极显著的正联结性（$P\leqslant 0.01$），在 CG 处理区没有显示出联结性（$P>0.5$）。这表明，在不同放牧处理下，常年采用一种放牧方法，会导致植物种群种间联结性的改变，这种改变方式可以分为 3 种情况，第一种是放牧处理的改变导致种间联结性消失或显现（如 CK 处理区碱韭与无芒隐子草）；第二种是放牧处理的改变导致种间联结关系减弱或增强（如 CK 处理区和 CG 处理区的短花针茅与碱韭）；第三种是放牧处理的改变导致种间联结关系的方向发生逆转（如 CK 处理区和 CG 处理区的碱韭与细叶韭）。其他植物种群种间联结性见图 2-17。

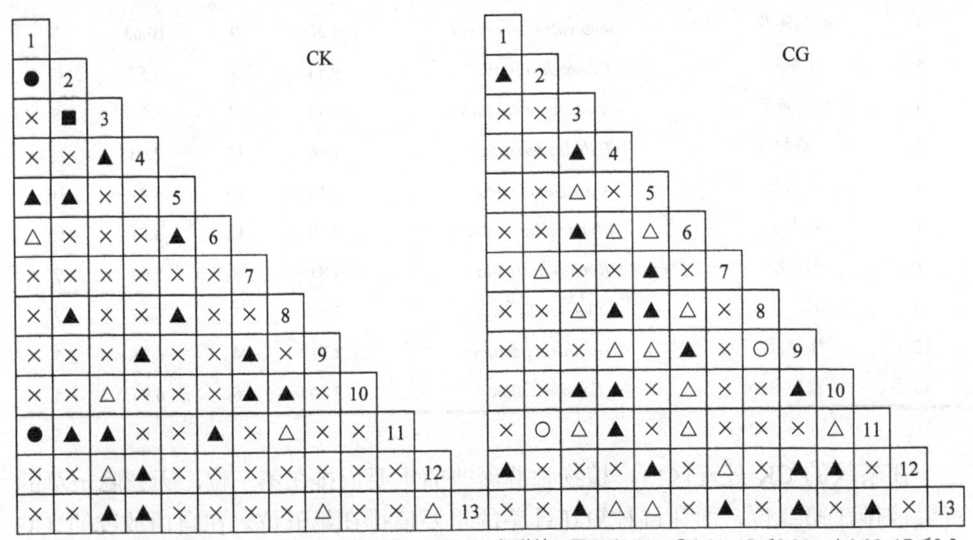


正联结：■$P\leqslant 0.01$，●$0.01<P\leqslant 0.05$，▲$0.05<P\leqslant 0.5$；负联结：□$P\leqslant 0.01$，○$0.01<P\leqslant 0.05$，△$0.05<P\leqslant 0.5$；无联结：×

图 2-17　种间联结性半矩阵图

将半矩阵图内极显著联结的物种对、显著联结的物种对、无联结的物种对进行统计，结果见表 2-37。极显著正联结物种对在禁牧的 CK 处理区存在 1 对；显著正联结的物种对只存在于禁牧的 CK 处理区，种对数为 2 对；弱的正联结种对数以自由放牧的 CG 处理区较多，为 19 对，CK 处理区为 16 对。极显著负联结物种对在不同放牧处理下没有显现；显著负联结的物种对只存在于自由放牧的 CG 处理区，种对数为 2 对；弱的负联结种对数以自由放牧的 CG 处理区较多，为 15 对，CK 处理区为 6 对。无联结种对数在 CK 处理区为 53 对；在 CG 处理区为 42 对。

**表 2-37　不同放牧制度下物种联结种对数**

| 处理区 | 正联结 | | | 负联结 | | | 无联结 |
|---|---|---|---|---|---|---|---|
| | *P*≤0.01 | 0.01＜*P*≤0.05 | 0.05＜*P*≤0.5 | *P*≤0.01 | 0.01＜*P*≤0.05 | 0.05＜*P*≤0.5 | |
| CK | 1 | 2 | 16 | 0 | 0 | 6 | 53 |
| CG | 0 | 0 | 19 | 0 | 2 | 15 | 42 |

由表 2-37 中数据可以看到，植物群落物种正联结强度表现为 CK＞CG，负联结种对数的多少表现为 CK＜CG，无联结种对数 CK＞CG。这说明，自由放牧能够使植物群落物种正联结强度减弱，同时自由放牧又增加了物种间负联结种对数。总体来看，CK 处理区植物种群种间联结性主要以正联结显现；CG 处理区种间联结性主要以负联结显现，发生种间联结的物种数增多。

## （五）种间关联度分析

对不同放牧处理下 13 个植物种群进行灰色关联分析，分辨系数$\rho$取值 0.3，关联度结果分别见表 2-38 和表 2-39。在禁牧（CK）条件下，如果以短花针茅植物种群为母序列，其他植物种群为子序列，则得到各植物种群与短花针茅植物种群的关联系数分别为：0.9055、0.8994、0.8447、0.8879、0.8623、0.8073、0.8598、0.8131、0.8375、0.8615、0.8937、0.8907，根据关联度得到的关联序为：*G*（1,2）＞*G*（1,3）＞*G*（1,12）＞*G*（1,13）＞*G*（1,5）＞*G*（1,6）＞*G*（1,11）＞*G*（1,8）＞*G*（1,4）＞*G*（1,10）＞*G*（1,9）＞*G*（1,7）。可以看到，优势种碱韭与短花针茅的关联度最大，关联系数为 0.9055，关联序排位为第一位；优势种无芒隐子草与短花针茅的关联度次之，关联系数为 0.8994，关联序排位为第二位。

同样，如果以碱韭植物种群为母序列，其他植物种群为子序列，则建群种短花针茅与碱韭的关联系数为 0.9029，关联序排位为第三位；优势种无芒隐子草与碱韭的关联系数为 0.9173，关联序排位为第二位。以无芒隐子草为母序列，其他植物种群为子序列，则建群种短花针茅与无芒隐子草的关联系数为 0.8994，关联序排位为第四位；优势种碱韭与无芒隐子草的关联系数为 0.9196，关联序排位为第一位。其他植物种群种间关联系数详见表 2-38。

通过上述分析结果可知，碱韭与短花针茅的关联系数和短花针茅与碱韭的关联系数并不相等，表明碱韭与短花针茅的关联度和短花针茅与碱韭的关联度存在差别，从关联系数上看，碱韭与短花针茅的关联系数大于短花针茅与碱韭的关联系数,表明碱韭对短花针茅植物种群的亲和程度大于短花针茅对碱韭的亲和程度。将此结果与表 2-38 结果联合分析可知，在荒漠草原植物群落中，有短花针茅植物种群的存在，就会有碱韭植物种群存在，反之也成立，只不过有短花针茅植物种群就有碱韭植物种群的可能性大于有碱韭就有短花针茅的可能性。

同样，对于短花针茅和无芒隐子草而言，无论选谁作为母序列，其关联系数相同，说明无芒隐子草对短花针茅植物种群的亲和程度等于短花针茅对无芒隐子草的亲和程度。无芒隐子草与碱韭的关联系数小于碱韭与无芒隐子草的关联系数，表明无芒隐子草对碱韭的亲和程度小于碱韭对无芒隐子草的亲和程度。其他植物种群间的关联度分析方法与此相同。

自由放牧条件下（表 2-39），碱韭与短花针茅的关联系数为 0.8777，关联序排位为第三位；无芒隐子草与短花针茅的关联系数为 0.8900，关联序排位为第一位。短花针茅与碱韭的关联系数为 0.8784，关联序排位为第一位；无芒隐子草与碱韭的关联系数为 0.8740，关联序排位为第三位。短花针茅与无芒隐子草的关联系数为 0.8907，关联序排位为第一位；碱韭与无芒隐子草的关联系数为 0.8741，关联序排位为第四位。

**表 2-38　CK 处理区种间关联度**

| 物种编号 | 1 | 2 | 3 | 4 | 5 | 6 | 7 | 8 | 9 | 10 | 11 | 12 | 13 |
|---|---|---|---|---|---|---|---|---|---|---|---|---|---|
| 1 | 1.0000 | 0.9055 | 0.8994 | 0.8447 | 0.8879 | 0.8623 | 0.8073 | 0.8598 | 0.8131 | 0.8375 | 0.8615 | 0.8937 | 0.8907 |
| 2 | 0.9029 | 1.0000 | 0.9173 | 0.8549 | 0.8955 | 0.8815 | 0.7929 | 0.8725 | 0.8042 | 0.8504 | 0.8516 | 0.9233 | 0.8983 |
| 3 | 0.8994 | 0.9196 | 1.0000 | 0.8695 | 0.9078 | 0.8792 | 0.8073 | 0.8421 | 0.8167 | 0.8427 | 0.8467 | 0.9025 | 0.8940 |
| 4 | 0.8493 | 0.8628 | 0.8734 | 1.0000 | 0.8501 | 0.8505 | 0.8213 | 0.8324 | 0.8533 | 0.8460 | 0.8298 | 0.8672 | 0.8595 |
| 5 | 0.8898 | 0.9000 | 0.9094 | 0.8480 | 1.0000 | 0.8681 | 0.8180 | 0.8536 | 0.8178 | 0.8721 | 0.8374 | 0.8917 | 0.8790 |
| 6 | 0.8601 | 0.8826 | 0.8772 | 0.8437 | 0.8637 | 1.0000 | 0.7972 | 0.8317 | 0.8203 | 0.8474 | 0.8649 | 0.8797 | 0.8591 |
| 7 | 0.8125 | 0.8033 | 0.8126 | 0.8213 | 0.8203 | 0.8051 | 1.0000 | 0.8109 | 0.8765 | 0.8332 | 0.8179 | 0.8060 | 0.8082 |
| 8 | 0.8518 | 0.8685 | 0.8332 | 0.8188 | 0.8428 | 0.8254 | 0.7972 | 1.0000 | 0.8225 | 0.8308 | 0.8169 | 0.8536 | 0.8429 |
| 9 | 0.8182 | 0.8141 | 0.8217 | 0.8533 | 0.8202 | 0.8274 | 0.8765 | 0.8345 | 1.0000 | 0.8346 | 0.8350 | 0.8227 | 0.8136 |
| 10 | 0.8424 | 0.8588 | 0.8475 | 0.8460 | 0.8740 | 0.8542 | 0.8332 | 0.8439 | 0.8346 | 1.0000 | 0.8434 | 0.8606 | 0.8488 |
| 11 | 0.8656 | 0.8598 | 0.8513 | 0.8298 | 0.8396 | 0.8711 | 0.8179 | 0.8304 | 0.8350 | 0.8434 | 1.0000 | 0.8554 | 0.8406 |
| 12 | 0.8917 | 0.9239 | 0.9006 | 0.8607 | 0.8877 | 0.8795 | 0.7973 | 0.8591 | 0.8148 | 0.8536 | 0.8482 | 1.0000 | 0.8927 |
| 13 | 0.8942 | 0.9044 | 0.8975 | 0.8595 | 0.8809 | 0.8657 | 0.8082 | 0.8558 | 0.8136 | 0.8488 | 0.8406 | 0.8982 | 1.0000 |

**表 2-39 CG 处理区种间关联度**

| 物种编号 | 1 | 2 | 3 | 4 | 5 | 6 | 7 | 8 | 9 | 10 | 11 | 12 | 13 |
|---|---|---|---|---|---|---|---|---|---|---|---|---|---|
| 1 | 1.0000 | 0.8777 | 0.8900 | 0.8623 | 0.8326 | 0.8626 | 0.8120 | 0.8778 | 0.8189 | 0.8018 | 0.8115 | 0.8369 | 0.8485 |
| 2 | 0.8784 | 1.0000 | 0.8740 | 0.8475 | 0.8431 | 0.8347 | 0.8160 | 0.8493 | 0.8086 | 0.8017 | 0.8148 | 0.8278 | 0.8774 |
| 3 | 0.8907 | 0.8741 | 1.0000 | 0.8758 | 0.8110 | 0.8784 | 0.8157 | 0.8555 | 0.8140 | 0.8119 | 0.8259 | 0.8133 | 0.8628 |
| 4 | 0.8661 | 0.8508 | 0.8784 | 1.0000 | 0.8468 | 0.8404 | 0.8300 | 0.8600 | 0.8024 | 0.8199 | 0.8397 | 0.8139 | 0.8468 |
| 5 | 0.8178 | 0.8281 | 0.7937 | 0.8295 | 1.0000 | 0.7901 | 0.8444 | 0.8192 | 0.7958 | 0.8049 | 0.8298 | 0.8090 | 0.8083 |
| 6 | 0.8634 | 0.8347 | 0.8783 | 0.8370 | 0.8064 | 1.0000 | 0.8253 | 0.8354 | 0.8307 | 0.8128 | 0.8113 | 0.8275 | 0.8334 |
| 7 | 0.8164 | 0.8195 | 0.8189 | 0.8300 | 0.8569 | 0.8282 | 1.0000 | 0.8276 | 0.8729 | 0.8732 | 0.8557 | 0.8413 | 0.8320 |
| 8 | 0.8812 | 0.8526 | 0.8584 | 0.8600 | 0.8368 | 0.8387 | 0.8276 | 1.0000 | 0.8069 | 0.8235 | 0.8231 | 0.8401 | 0.8460 |
| 9 | 0.8198 | 0.8086 | 0.8139 | 0.7987 | 0.8100 | 0.8307 | 0.8712 | 0.8033 | 1.0000 | 0.8781 | 0.8250 | 0.8520 | 0.8218 |
| 10 | 0.8066 | 0.8055 | 0.8153 | 0.8199 | 0.8207 | 0.8162 | 0.8732 | 0.8235 | 0.8799 | 1.0000 | 0.8206 | 0.8461 | 0.8125 |
| 11 | 0.8162 | 0.8186 | 0.8292 | 0.8397 | 0.8453 | 0.8149 | 0.8557 | 0.8231 | 0.8277 | 0.8206 | 1.0000 | 0.8194 | 0.8296 |
| 12 | 0.8412 | 0.8314 | 0.8169 | 0.8139 | 0.8263 | 0.8310 | 0.8413 | 0.8401 | 0.8546 | 0.8461 | 0.8194 | 1.0000 | 0.8257 |
| 13 | 0.8466 | 0.8751 | 0.8601 | 0.8407 | 0.8212 | 0.8306 | 0.8266 | 0.8400 | 0.8190 | 0.8062 | 0.8234 | 0.8193 | 1.0000 |

自由放牧条件下，碱韭对短花针茅的亲和程度小于短花针茅对碱韭的亲和程度，无芒隐子草对短花针茅的亲和程度小于短花针茅对无芒隐子草的亲和程度，无芒隐子草对碱韭的亲和程度与碱韭对无芒隐子草的亲和程度比较接近。

综上所述，碱韭与短花针茅的关联系数在不同放牧植物下按照 CK 和 CG 的顺序呈下降趋势；短花针茅与碱韭的关联系数与其表现规律相似。表明自由放牧导致碱韭、短花针茅种间相互关联度下降。无芒隐子草与短花针茅的关联系数表现为 CG 处理区小于 CK 处理区，说明，自由放牧能够使无芒隐子草与短花针茅的关联程度下降。短花针茅与无芒隐子草的关联系数表现为 CK 处理区大于 CG 处理区。无芒隐子草、碱韭的种间相互关联系数受自由放牧的影响，表现出下降趋势，说明自由放牧能削弱两物种间相互关联程度。物种间在关联序排位上，自由放牧保持种间关联序稳定的能力较弱。

3 个主要植物种群在两种处理条件下均具有种间关联系数相互接近的时候，如禁牧条件下，无芒隐子草对短花针茅植物种群的亲和程度等于短花针茅对无芒隐子草的亲和程度；自由放牧条件下，无芒隐子草对碱韭的亲和程度与碱韭对无芒隐子草的亲和程度比较接近。表明物种间相对亲和性会因放牧处理的改变而改变。

如果考虑物种种间关系的相互性，共有 169 个关联系数，除去 13 个物种本身的关联系数（对角线上的关联系数，其值为 1），还剩余 156 个关联系数。相对于 CK 区而言，自由放牧区较 CK 区关联系数增加的有 53 个，关联系数减小的为 103 个。

### （六）植物种群种间关系分析方法及其特点

在种间关系分析方法中，有研究者（牛莉芹等，2005；刘丽艳和张峰，2006）认为，采用 Spearman 秩相关分析种间关系效果会更好，但这只是相对于 2×2 列联表和 Pearson 相关分析比较而言。作者首次将灰色关联分析引入荒漠草原植物种群种间关系探讨中，认为灰色关联分析与 2×2 列联表分析方法着眼的角度不同，二者配合使用能够更好地解释植物群落复杂的种间关系。

短花针茅荒漠草原，不管放牧制度如何，其种间关系都表现松散，这与王凤兰等（2009）的研究结果相一致。但不同放牧处理下，自由放牧较禁牧能够增加种群间弱的负联结性。通过灰色关联分析得知，种间关系在两物种间是不对等的，原因是两物种的生态位宽度和生态位重叠可能不同，导致其表现出的相对亲和性不同。不同放牧制度对植物种群种间关系的影响，实际是对其在生境条件下的物种生态适应性和相互重叠的生态位所致（张金屯和焦蓉，2003；张金屯，2011）。

# 第三章　放牧制度对草原植被及土壤氮素的影响

放牧制度试验于 1999 年开始，每年（1999～2010 年）5 月 1 日轮牧开始，遇到干旱年份，初始放牧时间向后推移。本试验研究于 2006～2010 年进行。试验选择在孙少清（划区轮牧）和陶德斯琴（自由放牧）两牧户进行对比研究。分别设划区轮牧（RG）、自由放牧（CG）和对照（CK）3 个试验处理，两种放牧制度分别在两个家庭牧场上进行。划区轮牧草地面积为 536hm$^2$，分为夏秋场和冬春场，夏秋场面积为 320hm$^2$，又分为 8 个等面积的轮牧小区进行划区轮牧，每个轮牧小区面积为 40hm$^2$，每个小区放牧 7 天，夏秋场放牧时间为 180 天；冬春场面积为 216hm$^2$，放牧时间为 185 天，冬春季节自由放牧。划区轮牧区放牧 863 只羊，折合 666 羊单位。自由放牧区草场面积为 438hm$^2$，其中夏秋场 338hm$^2$，冬春场 100hm$^2$，但季节牧场在利用时间上界定不明显，均实行自由放牧，放牧 640 只羊，折合 549 羊单位。划区轮牧与自由放牧全年载畜率基本一致，分别为 1.24 只/hm$^2$、1.25 只/hm$^2$。另外，设一个 100m×100m 的围栏封育小区（不放牧）作为对照区（CK）。

## 第一节　主要植物种群数量特征

放牧对植被的影响是放牧生态学研究的重要领域，放牧对植物影响的研究主要集中在放牧对个体、种群、群落及土壤的影响方面。关于放牧对草地植被与家畜的影响一些学者曾从不同方面进行过研究（李永宏和汪诗平，1999；汪诗平等，1999a；陈佐忠等，2000；卫智军等，2000a），放牧家畜通过大量直接和间接作用影响植物种群动态。放牧对植物种群的影响最终都将反映在植物的构件和种群结构上，放牧对种群结构的影响是多途径的。在种群的结构方面，种群的密度特性、种群大小和植株的年龄结构对反映刈牧抗性、竞争能力与种群动态及稳定性都有重要意义（Davies，1988）。放牧制度又是影响植物种群生长，进而对群落结构和生态系统功能产生影响的关键。

### 一、高　　度

对照区短花针茅高度（除 6 月）显著高于划区轮牧区和自由放牧区（$P<0.05$）；自由放牧区在 6～8 月显著高于划区轮牧区（$P<0.05$），而在随后的两个月内两个

放牧处理之间无显著差异（$P>0.05$）。无芒隐子草高度除了在 6 月、7 月，在其余放牧季节对照区显著高于划区轮牧区和自由放牧区（$P<0.05$）；无芒隐子草高度在划区轮牧区与自由放牧区之间无显著差异（$P>0.05$）。划区轮牧区碱韭高度（除 6 月）显著高于自由放牧区（$P<0.05$）。各处理短花针茅、无芒隐子草和碱韭种群高度的动态高峰均出现在 9 月，主要是由于 6 月、7 月降水很少，一直到 7 月下旬都持续高温和干旱，8 月之前群落外貌呈褐黄色，8 月的降水使牧草再生，因此高度高峰期推迟（图 3-1）。

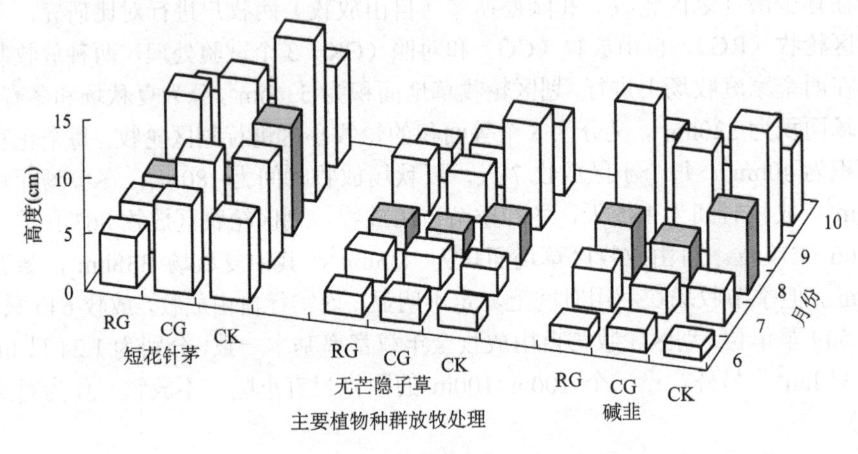


图 3-1　不同放牧制度主要植物种群高度

## 二、盖　　度

自由放牧区短花针茅盖度在 8 月、9 月显著高于划区轮牧区（$P<0.05$），其余时间两放牧处理无显著差异（$P>0.05$）。划区轮牧区和对照区无芒隐子草盖度显著高于自由放牧区（$P<0.05$）。碱韭盖度在整个放牧季节，均表现出划区轮牧区显著高于自由放牧区和对照区（$P<0.05$）。各处理短花针茅和碱韭种群盖度的动态高峰均出现在 9 月，无芒隐子草划区轮牧区种群盖度的动态高峰出现在 10 月。原因主要是降水推迟（图 3-2）。

## 三、密　　度

自由放牧区短花针茅密度显著高于划区轮牧区和对照区（$P<0.05$）。无芒隐子草密度在对照区显著高于划区轮牧区和自由放牧区（$P<0.05$），划区轮牧区与自由放牧区之间无显著差异（$P>0.05$）。碱韭密度在三处理间存在显著差异（$P<0.05$），表现为划区轮牧区＞对照区＞自由放牧区，这种差异可能与不同植物的

生物生态学特性和放牧利用方式有关。轮牧和禁牧对无芒隐子草密度、碱韭密度的增加有促进作用；与禁牧相比，轮牧条件下无芒隐子草的密度有下降的趋势（图3-3）。

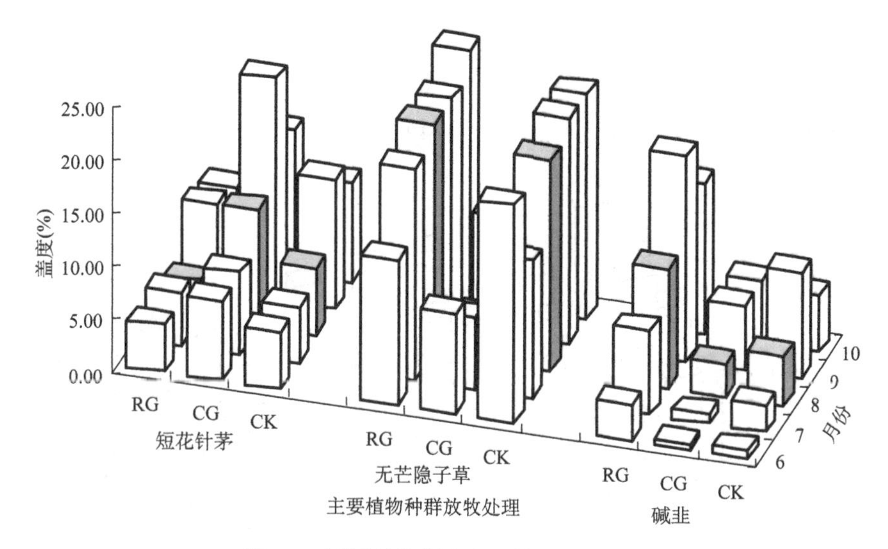


图3-2　不同放牧制度主要植物种群盖度

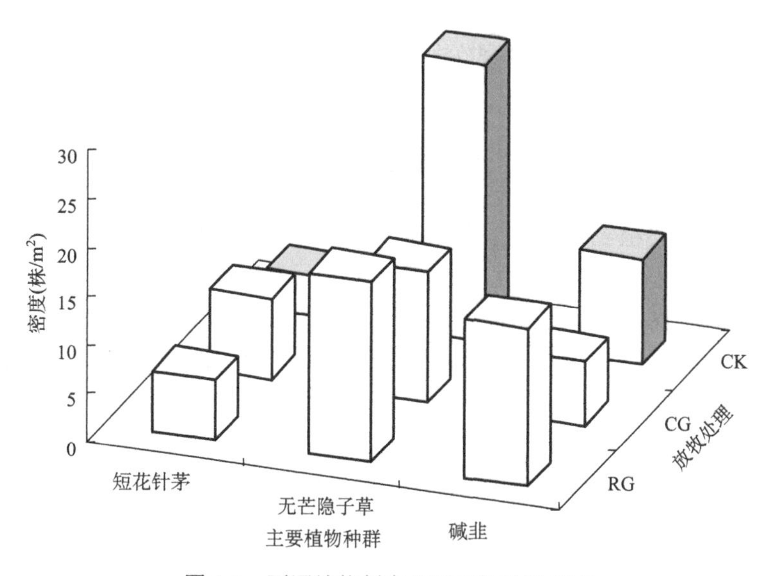


图3-3　不同放牧制度主要植物种群密度

## 四、重　要　值

在整个放牧季节，自由放牧区短花针茅重要值高于划区轮牧区，随着放牧时间的延续，短花针茅在对照区和划区轮牧区的重要值呈下降趋势，在自由放牧区总体呈上升趋势。划区轮牧区无芒隐子草重要值高于自由放牧区。划区轮牧区碱韭重要值高于自由放牧区和对照区（图 3-4）。

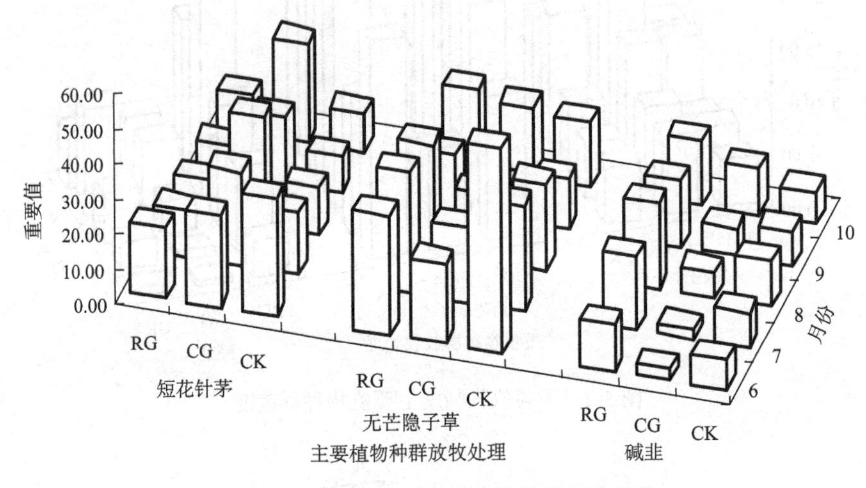


图 3-4　不同放牧制度主要植物种群重要值

## 五、地上现存量

不同处理主要植物种群短花针茅、无芒隐子草和碱韭地上现存量动态见图 3-5，自由放牧区短花针茅地上现存量在 6 月、8 月显著高于划区轮牧区（$P<0.05$），其余几个月两放牧处理间无显著差异（$P>0.05$）。无芒隐子草地上现存量在 6 月、7 月三处理无显著差异（$P>0.05$），随后的几个月内对照区均显著高于划区轮牧区与自由放牧区（$P<0.05$），在整个生长季节都表现为划区轮牧区高于自由放牧区，说明在放牧期间无芒隐子草更多地被家畜采食而导致地上现存量大大下降。划区轮牧区碱韭地上现存量在 7～9 月均显著高于自由放牧区（$P<0.05$），10 月划区轮牧区与自由放牧区无显著差异（$P>0.05$）。各处理短花针茅地上现存量动态高峰出现的时间不同；无芒隐子草地上现存量动态高峰均出现在 9 月；碱韭划区轮牧区与对照区地上现存量动态高峰出现在 9 月，而自由放牧区出现在 10 月。

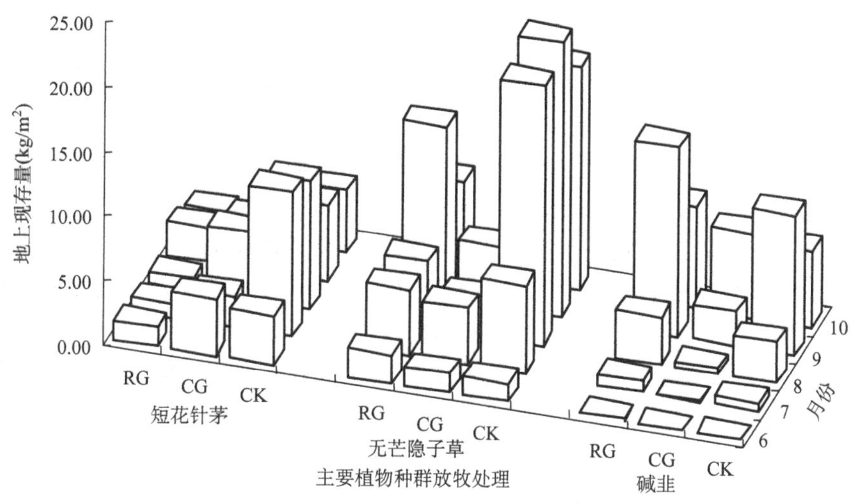


图 3-5　不同放牧制度主要植物种群地上现存量动态

## 六、相对现存量

优势种相对现存量受植物生长发育节律影响，同时也受家畜采食控制，采食程度较重的种类在群落中的比例降低，而其他植物的比例相对增加。短花针茅在整个放牧季节划区轮牧区和对照区的相对现存量逐渐降低，自由放牧区呈降低—增加—降低折线变化，划区轮牧区短花针茅因生长早期个别小区重度采食，整个放牧季节的相对现存量低于自由放牧区和对照区。整个放牧季节划区轮牧区无芒隐子草相对现存量高于自由放牧区。碱韭相对现存量在 6～9 月一直呈现为划区轮牧区＞对照区＞自由放牧区，而且在各处理中均呈现逐渐上升趋势，到 10 月划区轮牧区和对照区略有下降，自由放牧区最高（图 3-6）。

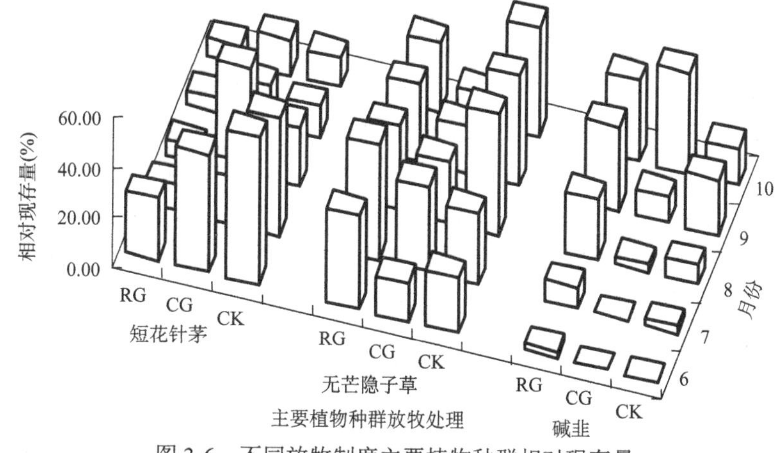


图 3-6　不同放牧制度主要植物种群相对现存量

## 第二节　主要植物种群地上现存量及能量分配

植物生物量、热值和能量及其相互之间关系的研究，是评价生态系统能量固定、转化和利用的基础（Guo et al.，2001）。放牧可改变牧草各器官之间固有的物质与能量分配模式。放牧干扰必然引起种群及群落的能量固定能力、能量在地上与地下器官中分配的变化。在草原群落能量生态学中，目前主要涉及了天然草原群落和种群的能量固定与分配规律的研究（杨福囤等，1987；胡自治等，1988；郭继勋和王若丹，2000；包国章等，2001；于顺利和蒋高明，2003）。关于放牧对植物种群生殖的影响，国外有许多研究和报道（Lee and Bazzaz，1980；Stuth，1991；Callaway and Delucia，1994）。Lee 和 Bazzaz（1980）研究了枯枝落叶与种群竞争对一年生植物成长及生殖分配的影响，Callaway 和 Delucia（1994）对植物种群生物量生殖分配作了深入的报道。国内这方面的研究较少，起步也较晚。较早进行系统研究的是苏智先等（1994）和钟章成（1995），他们曾对 3 种草本植物种群的生殖分配进行了研究。近年来，放牧影响下植物种群生殖分配规律的研究报道逐渐增多（王仁忠，1997a；王仁忠等，1999），关于羊草种群生物量、能量分配的研究已有相关报道（祖元刚，1990；王仁忠等，1999）。

短花针茅荒漠草原是亚洲中部特有的一种草原类型，地处草原向荒漠过渡的生态交错带，气候日趋干旱，加之不合理的放牧活动导致植被生物量减少，群落稀疏矮化，优良牧草衰减，劣质草种增生，草原退化加剧。因此本节以短花针茅荒漠草原为研究对象，结合草地畜牧业生产实践，研究放牧制度下荒漠草原主要植物生物量、热值及能量分配，为探讨荒漠植物生态适应对策和遏制荒漠草原退化乃至今后整个荒漠草原生态系统管理实践提供理论依据。

2007 年 8 月在每个处理设 3 次重复，每次重复取 10 株植物，每株植物按样方大小为 25cm×25cm，并将样方切成 25cm×25cm×30cm 的土柱取样，用塑料袋带回实验室，用水浸泡、冲洗干净。将每株植物按营养枝、生殖枝、分蘖节以上茎基部 2cm（下面简称分蘖节）和根分开测量；为了便于鉴别，将植物各构件分别装在纸袋中，在恒温箱 65℃烘 48h，称取干重。计算各构件生物量占种群总生物量的比例。用植物粉碎机粉碎，过 40 目分样筛，用美国 Parr6300 量热仪测定生长季牧草营养枝、生殖枝、分蘖节和根的热值，然后根据热值计算出能量值；依次计算总能量和各构件的能量分配比率。

### 一、生物量分配

由表 3-1 可知，短花针茅营养枝生物量表现为对照区最高，为 11.08g/m$^2$，自由放牧区最低，为 4.09g/m$^2$，方差分析表明，对照区与划区轮牧区、划区轮牧区与自由放牧区之间均无显著差异（$P$>0.05）；生殖枝生物量在划区轮牧区与对照区无显著差异（$P$>0.05）；分蘖节生物量在划区轮牧区与对照区显著低于自由放牧区（$P$<0.05）；根生物量在两放牧处理间无显著差异（$P$>0.05），但显著高于对照区（$P$<0.05）；短花针茅总生物量在自由放牧区显著高于对照区（$P$<0.05），两放牧处理间无显著差异（$P$>0.05）；根冠比表现为自由放牧区显著高于划区轮牧区与对照区（$P$<0.05）。

**表 3-1　不同放牧制度主要植物生物量分配**　（单位：g/m$^2$）

| 主要植物 | 构件 | RG | CG | CK |
|---|---|---|---|---|
| 短花针茅 *Stipa breviflora* | 营养枝 | 6.34±1.25ba | 4.09±1.74b | 11.08±9.82a |
| | 生殖枝 | 1.31±0.89a | 0.00±0.00b | 1.30±1.90a |
| | 分蘖节 | 21.78±9.39b | 32.94±12.97a | 12.41±9.71b |
| | 根 | 5.67±1.97a | 7.10±2.14a | 3.53±1.91b |
| | 总生物量 | 35.10±12.56ba | 44.14±13.60a | 28.32±19.93b |
| | 根/冠 | 0.73±0.18b | 2.00±0.89a | 0.30±0.08b |
| 无芒隐子草 *Cleistogenes songorica* | 营养枝 | 4.61±0.61b | 2.93±1.19c | 7.63±1.83a |
| | 生殖枝 | 0.05±0.16b | 0.00±0.00b | 1.22±1.27a |
| | 分蘖节 | 13.96±2.77b | 29.61±11.82a | 9.90±4.06b |
| | 根 | 5.91±1.58b | 9.38±6.07a | 3.61±1.21b |
| | 总生物量 | 24.53±4.63b | 41.92±18.03a | 22.35±6.80b |
| | 根/冠 | 1.26±0.25b | 3.27±1.70a | 0.41±0.12b |
| 碱韭 *Allium polyrhizum* | 营养枝 | 4.89±0.71ba | 3.37±1.13b | 6.48±4.91a |
| | 生殖枝 | 1.71±0.50ba | 1.04±0.58b | 2.12±1.57a |
| | 分蘖节 | 28.02±3.95a | 18.82±8.80b | 16.16±9.05b |
| | 根 | 23.58±3.65a | 19.20±5.93a | 12.14±7.73b |
| | 总生物量 | 58.20±7.18a | 42.42±14.00b | 36.89±22.24b |
| | 根/冠 | 3.62±0.62b | 4.60±1.19a | 1.56±0.69c |

注：同一行内字母不同者差异显著（$P$<0.05）

无芒隐子草营养枝生物量在三处理间存在显著差异（$P$<0.05），呈现出对照区>划区轮牧区>自由放牧区；生殖枝生物量在对照区显著高于划区轮牧区（$P$<0.05）；无芒隐子草分蘖节、根冠比与短花针茅一样为划区轮牧区与对照区显著低于自由放牧区（$P$<0.05）；根和总生物量在自由放牧区显著高于划区轮牧区与对照区（$P$<0.05）。

碱韭营养枝和生殖枝生物量呈现相同的趋势，均表现为对照区最高，划区轮牧区次之，自由放牧区最低，对照区与划区轮牧区，划区轮牧区与自由放牧区之间均无显著差异（$P>0.05$）；分蘖节和总生物量在划区轮牧区显著高于自由放牧区与对照区（$P<0.05$），碱韭的根生物量在两放牧处理间无显著差异（$P>0.05$），但显著高于对照区（$P<0.05$）；根冠比在三处理间存在显著差异（$P<0.05$），呈现出自由放牧区＞划区轮牧区＞对照区。

该年降水极少，雨量不能满足草地的正常返青及生长发育，所以放牧只会制约植物的生长，致使生物量显著下降，不会刺激其出现补偿性的生长。而且降水和放牧是限制短花针茅与无芒隐子草生殖生长的重要因素，在自由放牧区干旱加上家畜连续啃食，致使短花针茅和无芒隐子草未能出现生殖构件。

## 二、生物量分配比例

植物通过调节生物量在地上地下不同器官的分配，表现出不同的适应策略。从图 3-7 中也可以看出，3 种植物生物量所占比例在不同处理间侧重于分蘖节和根的分配，其次是营养枝和生殖枝。短花针茅不同构件之间的生物量所占比例在划区轮牧区和对照区总体格局是分蘖节＞营养枝＞根＞生殖枝；在自由放牧区的分配格局是分蘖节＞根＞营养枝＞生殖枝。无芒隐子草在两放牧处理呈现出分蘖节＞根＞营养枝＞生殖枝；在对照区的分配格局是分蘖节＞营养枝＞根＞生殖枝。碱韭在划区轮牧区和对照区总体格局是分蘖节＞根＞营养枝＞生殖枝；在自由放牧区的分配格局是根＞分蘖节＞营养枝＞生殖枝。

单因子方差分析表明，短花针茅、无芒隐子草营养枝、分蘖节在不同处理间存在显著差异（$P<0.05$），营养枝呈现出对照区＞划区轮牧区＞自由放牧区，分蘖节呈现出自由放牧区＞划区轮牧区＞对照区的趋势，说明自由放牧区分蘖节生物量分配比例增加，非同化器官和同化器官生物量分配比例下降；生殖枝在对照区显著高于划区轮牧区和自由放牧区（$P<0.05$）；根在两放牧处理的分配比例显著高于对照区（$P<0.05$）。碱韭营养枝和生殖枝呈现出对照区显著高于划区轮牧区及自由放牧区（$P<0.05$），两放牧处理间无显著差异（$P>0.05$）；分蘖节在不同处理间无显著差异（$P>0.05$）；而根在不同处理间存在显著差异（$P<0.05$），且自由放牧区＞划区轮牧区＞对照区。

相关分析表明，短花针茅、碱韭根和营养枝生物量分配比例间有显著的拮抗关系，达极显著负相关关系（$P<0.01$），相关系数分别为 $R^2=-0.858\ 64$、$R^2=-0.637\ 15$；无芒隐子草分蘖节和营养枝生物量分配比例间有显著的拮抗关系，达极显著负相关关系（$R^2=-0.936\ 46$，$P<0.01$），3 种植物营养枝和生殖枝、生殖枝和根、生殖枝和分蘖节、根和分蘖节（其他构件相互）之间生物量分配比例相关性均不显著。

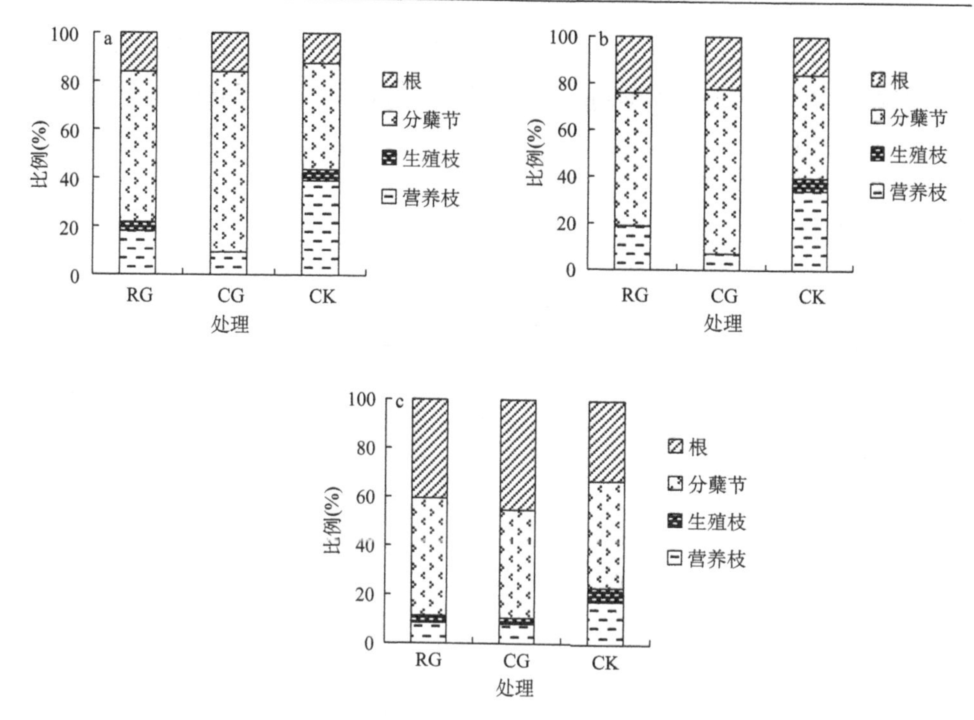


图 3-7　不同放牧制度主要植物生物量分配比例

a. 短花针茅；b. 无芒隐子草；c. 碱韭

## 三、热　　值

热值是植物生长状况的一个有效指标（鲍雅静等，2006a），各种环境因子对植物生长的影响，可以从热值的变化上反映出来，但很多研究也表明热值是植物相对稳定的一个性质，同种植物的热值会随植物部位的不同及光强、日照时数、养分含量、季节和土壤类型而发生变化（Golley，1961；Bliss，1962；Hadley and Bliss，1964；Rochow，1969）。当然这种变异幅度不足以掩盖植物的种间差异（任海和彭少麟，1999）。

短花针茅、无芒隐子草和碱韭不同构件的热值分析结果表明（图 3-8），群落中的植物热值受到一定的影响，同一植物相同构件的热值在不同放牧处理下变化模式也不同，短花针茅营养枝、生殖枝和分蘖节热值为对照区＞划区轮牧区＞自由放牧区，根的热值为划区轮牧区＞自由放牧区＞对照区。短花针茅植株整株热值表现为划区轮牧区最高，为 16.6628kJ/g；自由放牧区最低，为 13.8641kJ/g，划区轮牧较自由放牧提高 20.19%。无芒隐子草生殖枝和根呈现出划区轮牧区＞对照区＞自由放牧区，营养枝为划区轮牧区＞自由放牧区＞对照区，分蘖节为对照区

>划区轮牧区>自由放牧区。无芒隐子草植株整株热值与短花针茅相似，表现为划区轮牧区最高，为16.5870kJ/g；自由放牧区最低，为14.2824kJ/g，划区轮牧是自由放牧的1.16倍。碱韭分蘖节和根表现为对照区>划区轮牧区>自由放牧区。碱韭的植株整株热值表现为对照区>划区轮牧区>自由放牧区，划区轮牧是自由放牧的1.19倍。

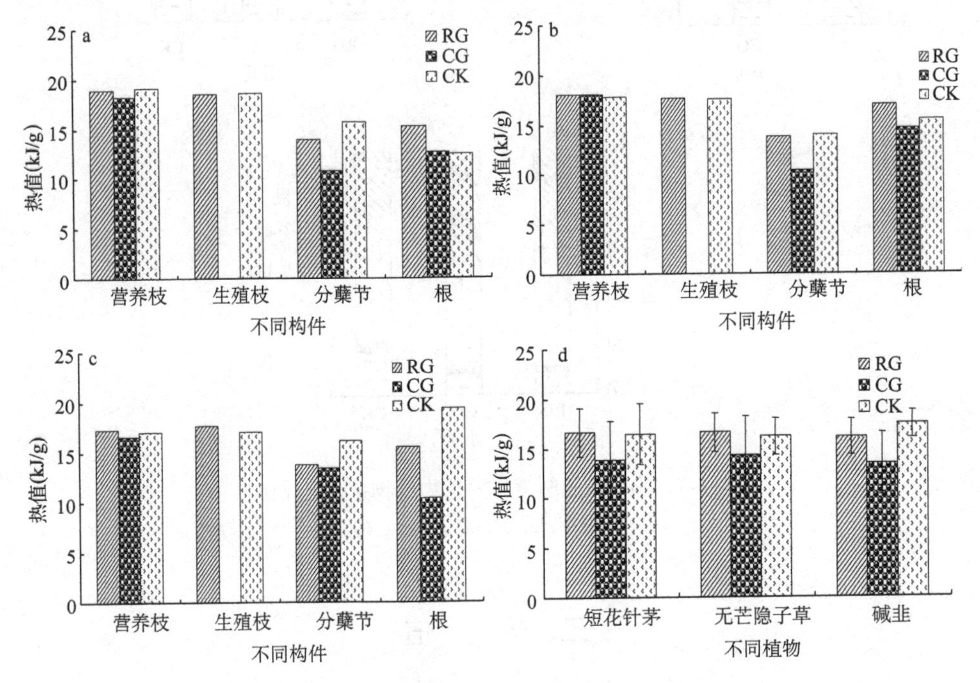


图3-8 不同放牧制度主要植物构件热值

a. 短花针茅；b. 无芒隐子草；c. 碱韭；d. 植物整株

## 四、能量现存量分配

种群能量现存量是指特定时间内种群各部分所蓄有的总能量，它是由种群各组分的干物质生物量和对应干重热值相乘而得。植物构件不同热值也不相同，进而导致种群能量现存量分配与生物量分配存在一定的差异。由表3-2可知，短花针茅分蘖节能量现存量表现为自由放牧区最高，划区轮牧区与对照区、自由放牧区均无显著差异（$P>0.05$）；短花针茅总能量现存量在三处理间无显著差异（$P>0.05$）；根冠比表现为自由放牧区最高，划区轮牧区次之，对照区最低，且三处理间存在显著差异（$P<0.05$）。无芒隐子草根和总能量现存量表现为自由放牧区最高，划区轮牧区与对照区、自由放牧区均无显著差异（$P>0.05$）。碱韭分蘖节、根和总能量现存量呈现出划区轮牧区显著高于自由放牧区与对照区（$P<0.05$）；根冠比在划区轮牧区与自由放牧区显著高于对照区（$P<0.05$），两放牧处理间无显著差异（$P>0.05$）。

**表 3-2　不同放牧制度主要植物构件能量现存量分配**　（单位：$kJ/m^2$）

| 主要植物 | 构件 | RG | CG | CK |
|---|---|---|---|---|
| 短花针茅 | 营养枝 | 120.19±23.70ba | 74.67±31.71b | 211.42±187.29a |
| | 生殖枝 | 24.31±16.48a | — | 24.14±35.10a |
| | 分蘖节 | 303.24±130.81ba | 355.12±139.85a | 194.32±152.05b |
| | 根 | 86.45±30.11a | 89.14±26.80a | 43.91±23.80b |
| | 总能量现存量 | 534.19±183.95a | 518.93±148.34a | 473.79±337.62a |
| | 根/冠 | 0.59±0.14b | 1.38±0.61a | 0.20±0.05c |
| 无芒隐子草 | 营养枝 | 83.26±10.96b | 52.81±21.45c | 135.31±32.45a |
| | 生殖枝 | 0.93±2.79b | — | 21.34±22.35a |
| | 分蘖节 | 191.41±38.01b | 304.08±121.35a | 137.44±56.37b |
| | 根 | 99.98±26.66ba | 136.45±88.29a | 55.44±18.64b |
| | 总能量现存量 | 375.57±70.26ba | 493.35±215.32a | 349.53±103.44b |
| | 根/冠 | 1.18±0.24b | 2.64±1.38a | 0.36±0.11c |
| 碱韭 | 营养枝 | 84.50±12.32ba | 55.79±18.77b | 110.09±83.47a |
| | 生殖枝 | 30.06±8.85ba | 17.75±9.82b | 36.04±26.74a |
| | 分蘖节 | 383.98±54.16a | 251.12±117.45b | 260.31±145.82b |
| | 根 | 366.32±56.72a | 198.92±61.44b | 234.92±149.69b |
| | 总能量现存量 | 864.86±106.07a | 523.57±174.46b | 641.36±387.74b |
| | 根/冠 | 3.24±0.55a | 2.86±0.74a | 1.77±0.79b |

注：同一行内字母不同者差异显著（$P<0.05$）

无芒隐子草能量现存量在对照区分配比例为分蘖节＞营养枝＞根＞生殖枝，与生物量分配比例格局相同。碱韭在不同处理中总体格局是分蘖节＞根＞营养枝＞生殖枝的趋势。相关分析表明，短花针茅和碱韭分蘖节与营养枝能量分配比例间有显著的拮抗关系，达极显著负相关关系，相关系数分别为 $R^2$=−0.827 63 和 $R^2$=−0.563 14。无芒隐子草营养枝除了与分蘖节，还与根能量分配比例间有显著的拮抗关系，达极显著负相关关系（$P<0.01$），相关系数分别为 $R^2$=−0.917 45 和 $R^2$=−0.738 58。

## 五、生物量及能值对放牧制度的响应及研究结果比对

不同放牧制度下荒漠草原 3 种植物生物量在不同处理间侧重于分蘖节和根的

分配，其次是营养枝和生殖枝的分配，这可能是由于在荒漠草原干旱条件下只有根部能储存足够营养来保证株丛的营养枝和生殖枝的生长，以减轻因家畜采食和异常的气候条件给种群生长带来的不利影响。本研究还表明自由放牧区分蘖节生物量分配比例增加，非同化器官和同化器官生物量分配比例下降。禁牧和划区轮牧较自由放牧有利于植物的地上部分生长，且有利于植物的有性繁殖；自由放牧区短花针茅和无芒隐子草有性生殖严重受阻。这与张景光等（2005）研究所得一年生植物将更多的资源和能量用于营养生长，以抵御不利生长环境的结论相一致。放牧促使根系向土壤上层集中，呈现出3种主要植物根的生物量和能量分配比例在划区轮牧区与自由放牧区高于禁牧对照区。

根冠比是植物同化产物在地上与地下的分配比例，它可以用来度量植物的可利用比例。研究表明根冠比的能量现存量在划区轮牧区与自由放牧区高于禁牧对照区，而且短花针茅和无芒隐子草在自由放牧区的根冠比较划区轮牧区有增加的趋势，这与王静等（2005）、刘长利等（2006）、何玉惠等（2009）的研究结果相吻合，原因可能是放牧使地上部分不能获得充分生长的机会，使得生物量分配更多地流向地下器官，地上器官生物量分配明显变少，根冠比增大。另外，在自由放牧下，种群的根冠比增加，动物可采食部分的比例降低，损失的能量比例也在减少，这也是2种植物回避采食的生态对策。

对于同一株植物而言，构件不同热值也不相同。这与鲍雅静和李政海（2003）的研究结果一致。3 种植物不同构件及植株整体热值均表现为划区轮牧区高于自由放牧区，可见连续放牧时家畜不断践踏连续采食，消耗掉一部分含能物质，破坏草地植被，使草地可利用价值和更新能力下降，进而使植物构件及植株整体热值水平也随之下降。

拮抗作用又称“对抗作用”，指一种物质的作用被另一种物质所阻抑的现象。本研究中营养枝与生殖枝的生物量和能量分配没有显著的拮抗关系，可能由于在荒漠草原植物种群中，生殖生长的生物量及能量分配比例较小，与营养生长之间没有形成明显的拮抗关系；营养枝与分蘖节生物量和能量分配比例间呈显著的拮抗关系。这与王仁忠和祖元刚（2001）等研究所得生长季羊草种群根茎、营养枝与生殖枝及其构件的生物量和能量分配没有显著的拮抗关系，但营养枝与根茎生物量和能量分配比例间呈显著的拮抗关系相吻合。

## 第三节　主要植物种群空间分布

研究不同尺度上生态学系统的异质性，不仅有助于认识生态系统的等级结构，还有助于认识哪一个尺度上的空间异质性控制某一生态过程（Levin，1992）。近年来，陆地植物群落及其资源的异质性研究已成为生态异质性研究的重要领域，了解不同尺度上的干扰如何作用于生态异质性具有重要生态学意义（Kelly and Burke，1997；Shiyom et al.，2001），它可以确定人类活动或自然事件对生态格局的影响范围，并对受损生态系统恢复和重建给予指导（Legendre，1993）。很多专家和学者在不同方向从不同角度对植物群落空间异质性进行了研究（陈玉福等，2000；沈海亮等，2007；刘冰和赵文智，2007；刘冰等，2008；蒋德明等，2009）。

内蒙古高原荒漠草原是我国北方草原的重要组成部分，是我国重要的畜牧业生产基地。由于其地处草原与荒漠两大陆地生态系统交错带（《内蒙古草地资源》编委会，1990；中华人民共和国农业部畜牧兽医司和全国畜牧兽医总站，1996），无论是它的地理分布规律及其过渡性，还是它具有的特殊的种类组成、群落类型及结构和功能，既显示出它在生态学上的独特性，也显示出该生态系统的脆弱性（赛胜宝和李德新，1994）。长期以来，由于家畜数量的增加和不合理的放牧制度等影响，草地退化严重，草地生态环境日趋恶化，系统的平衡与稳定受到干扰和破坏，进而使草地的服务功能明显下降。随着生态学研究尺度的不断扩大，空间因子对生态学现象抽样调查结果的影响愈发明显，空间异质性也逐渐被认为是生态因子的一个具有重要生物生态学意义的特性（Platt and Harrison，1985）。

无芒隐子草（*Cleistogenes songorica*）和碱韭（*Allium polyrhizum*）是构成荒漠草原植物群落的优势种，其与建群种短花针茅3个种群的数量消长、时空变化及结构的位移均会引起群落的巨大波动，构成了短花针茅+无芒隐子草+碱韭群落类型（刘红梅等，2011）。因此在认识建群种短花针茅空间分布的同时，掌握优势种碱韭和无芒隐子草的空间分布特点，可探讨其空间异质特征及其受放牧制度的影响程度。

## 一、建群种短花针茅的空间分布

### （一）不同放牧制度下短花针茅密度的描述性统计

根据由野外实测样本的经典统计学分析所得的密度属性统计特征值可见，在不考虑空间位置及取样间距的情况下，不同放牧制度下短花针茅密度的各项统计指标均有较大的变动，存在异质性现象（表3-3）。从均值变化来看，对照区＜划区轮牧区＜自由放牧区（$P$＜0.05）。从变异系数看，对照区短花针茅的变异系数最大（69.18%）；划区轮牧区的变异系数次之，为59.13%；自由放牧区的变异系数最小，为47.93%。从最大值与最小值之间的相差幅度看，对照区最大值与最小值之间相差7，划区轮牧区最大值与最小值之间相差9，自由放牧区最大值与最小值之间相差16。表明受不同放牧制度的影响，对照区、划区轮牧区和自由放牧区的短花针茅密度存在空间异质性。

表 3-3　短花针茅密度的描述性统计

| 处理 | 平均值 | 标准误差 | 标准差 | 变异系数（%） | 方差 | 峰度 | 偏度 | 最小值 | 最大值 |
|---|---|---|---|---|---|---|---|---|---|
| CK | 2.05c | 0.19 | 1.42 | 69.18 | 2.01 | 4.69 | 1.89 | 1 | 8 |
| RG | 3.18b | 0.20 | 1.88 | 59.13 | 3.54 | 1.02 | 0.96 | 1 | 10 |
| CG | 5.87a | 0.28 | 2.81 | 47.93 | 7.91 | 1.41 | 0.77 | 1 | 17 |

注：不同字母表示不同处理间差异显著（$P<0.05$）

## （二）短花针茅空间格局的变异函数

对不同放牧制度下各样点处短花针茅密度进行各向同性的变异函数分析，结果显示，不同放牧制度下短花针茅的变异函数值均呈现出理论模型的变化趋势，在小的分隔距离内，有较低的变异函数值，随着分隔距离的加大，变异函数值也增大，并逐渐趋于平稳。

对照区短花针茅的变异函数值呈现指数理论模型的变化趋势；划区轮牧区短花针茅的变异函数值也呈现出指数理论模型的变化趋势，而自由放牧区短花针茅的变异函数值则呈现出球状理论模型的变化趋势（表 3-4）。符合指数模型变化趋势的指标，其空间自相关范围是模型参数 $a_0$ 的 3 倍（Goovaerts，1999）；而符合球状模型的指标，其空间自相关范围是模型参数 $a_0$。由此可以看出，划区轮牧区短花针茅密度的自相关范围最大，为 2.25m；而自由放牧区短花针茅密度的自相关范围次之，为 1.5m；对照区短花针茅密度的自相关范围最小，仅为 0.9m。

表 3-4　短花针茅空间格局的变异函数分析

| 处理 | 模型 $r(h)$ | 块金值 $C_0$ | 基台值 $C_0+C$ | 结构比 $C/(C_0+C)$ | 范围参数 $a_0$ | 残差平方和 RSS | 决定系数 $R^2$ | 相关尺度 |
|---|---|---|---|---|---|---|---|---|
| CK | 指数 | 0.126 | 2.139 | 0.941 | 0.30 | 0.0357 | 0.019 | 0.90 |
| RG | 指数 | 0.710 | 4.570 | 0.845 | 0.75 | 0.0057 | 0.987 | 2.25 |
| CG | 球状 | 0.010 | 8.141 | 0.999 | 1.50 | 0.196 | 0.457 | 1.50 |

不同放牧制度下短花针茅密度分布半方差图中，按照对照区、划区轮牧区、自由放牧区的顺序，块金值 $C_0$ 依次为 0.126、0.710、0.010。划区轮牧区短花针茅密度较大的块金值表明其在较小尺度上的某种过程不可忽视，受随机因素的影响较大；而自由放牧区短花针茅密度较小的块金值表明其在较小尺度范围内的分布受随机因素的影响较小，受结构因素影响较大。基台值 $C_0+C$ 表示变量在研究系统中最大的变异程度，按照对照区、划区轮牧区、自由放牧区的顺序，$C_0+C$ 依次

为2.139、4.570、8.141，表明短花针茅密度分布的空间异质性最大变异程度为对照区<划区轮牧区<自由放牧区。

从空间结构方差 $C$ 与总变异方差 $C_0+C$ 的比值（结构比）来看，结构因素在短花针茅密度空间异质性形成中占有较大比重（表3-4），不同放牧制度下短花针茅密度空间异质性按照对照区、划区轮牧区、自由放牧区的顺序，其结构比依次为0.941、0.845、0.999，均大于75%，表明不管是哪种放牧制度都表现出很强的空间自相关性，且结构因素导致的空间变异所占的比例都比较大。

## （三）短花针茅空间格局的分形维数分析

在变异函数分析的基础上，进行各向同性的分形维数计算（图3-9），结果表明，不同放牧制度下短花针茅密度空间格局的分形维数相近，按对照区、划区轮牧区、自由放牧区的顺序依次为1.975、1.936、1.992，都接近于2，决定了短花针茅的半方差曲线较为平缓。这个较大的 $D$ 值，一是说明短花针茅空间分布变异主要发生在较小的尺度上，即样点相邻点间的短花针茅株数差异很大，对照区样点最大株数为8株，最小为1株；划区轮牧区样点最大株数为10株，最小为1株；自由放牧区样点最大株数为17株，最小为1株；这导致小尺度上产生较大的变异。二是表明短花针茅在变程 $a_0$ 范围内，其分布格局的形成受到较为单一过程的控制，形成密度较大的斑块与密度较小的斑块相间分布的格局，这与试验地利用方式和土壤质地及土壤理化性质的空间异质性有很大关系。三是表明短花针茅在不同利用方式下不同尺度间空间分布的异质性不大。

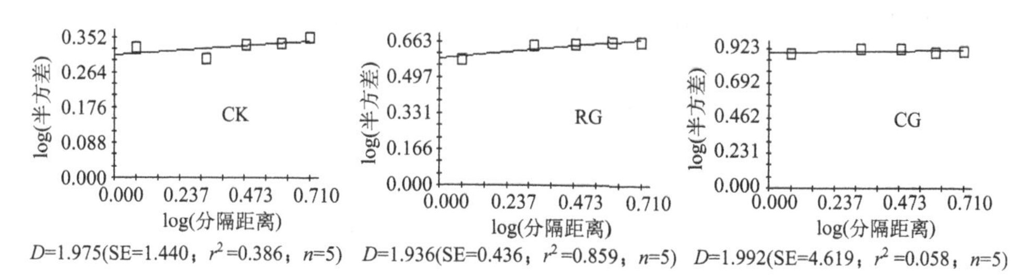


图3-9　短花针茅的分形维数分析

## （四）短花针茅空间分布格局的平面图

运用克里格插值法对短花针茅空间分布进行插值。从结果中得出，对照区短花针茅的分布较为不均匀，形成了一处大的条带和几块零星的斑块。划区轮牧区短花针茅的分布极为不均匀，在整个空间范围内，存在4处密度较大的斑块。在自由放牧区，存在2处密度较大的斑块。表明短花针茅密度在没有外界干扰的条件下，其分布以条带状为主，而划区轮牧导致短花针茅密度在空间分布上斑块化明显，自由放牧导致短花针茅密度在空间分布上斑块性下降。这主要是由于短花针茅属于丛生型禾草，在没有外界干扰或干扰较小情况下，其分布主要与土壤理化性质、母株群分布、地表径流和主导风向有关。而在划区轮牧区，放牧压根据草地承载能力计算，不会导致过牧现象，放牧家畜周期性地对丛生短花针茅进行采食践踏，导致株丛破碎化，使得短花针茅主要以母株为基础向周围扩散，所以斑块化明显。而在自由放牧区，尽管也有采食践踏导致的株丛破碎化，但家畜的选择性采食会对短花针茅部分株丛造成严重影响，甚至使部分株丛消失，从而使斑块性降低。

### （五）短花针茅空间分布格局的立体图

运用克里格插值法对短花针茅空间分布进行插值。起伏剧烈程度反映短花针茅密度的空间分布异质性大小，峰值的尖锐程度反映密度分布的小范围变化梯度。对照区短花针茅的空间分布图比较平坦，分布峰呈现带状，且突出的峰比较尖；划区轮牧区，短花针茅分布图起伏强烈，并且峰值也比较尖；自由放牧区，短花针茅分布图起伏介于对照区和划区轮牧区之间，但峰值变化比较平缓。

## 二、优势种碱韭的空间分布

### （一）不同放牧制度下碱韭密度的描述性统计

由野外实测样本的经典统计学分析所得的密度属性统计特征值可见，在不考虑空间位置及取样间距的情况下，不同放牧制度下碱韭密度的各项统计指标均有较大的变动，存在异质性现象（表 3-5）。从均值变化来看，对照区＞划区轮牧区＞自由放牧区（$P$＜0.05）。从变异系数看，自由放牧区碱韭的变异系数最大（98.34%）；划区轮牧区的变异系数次之，为 33.59%；对照区的变异系数最小，为 30.57%。从最大值与最小值之间的相差幅度看，对照区最大值与最小值之间相差 15，划区轮牧区最大值与最小值之间相差 14，自由放牧区最大值与最小值之间相差 18，因此碱韭密度在不同放牧制度下存在空间异质性。

**表 3-5　碱韭密度的描述性统计**

| 处理 | 平均值 | 标准误差 | 标准差 | 变异系数（%） | 方差 | 峰度 | 偏度 | 最小值 | 最大值 |
|---|---|---|---|---|---|---|---|---|---|
| CK | 10.18a | 0.31 | 3.11 | 30.57 | 9.68 | −0.11 | −0.46 | 1 | 16 |
| RG | 8.69b | 0.29 | 2.92 | 33.59 | 8.52 | −0.41 | 0.03 | 2 | 16 |
| CG | 5.28c | 0.52 | 5.19 | 98.34 | 26.93 | −0.61 | 0.79 | 0 | 18 |

注：不同字母表示不同处理间差异显著（$P$＜0.05）

## （二）碱韭空间格局的变异函数

对不同放牧制度下各样点处碱韭密度进行各向同性的变异函数分析，结果显示，不同放牧制度下碱韭的变异函数值均呈现出理论模型的变化趋势，在小的分隔距离内，有较低的变异函数值，随着分隔距离的加大，变异函数值也增大，并逐渐趋于平稳。

对照区碱韭的变异函数值呈现球状理论模型的变化趋势；划区轮牧区碱韭的变异函数值呈现出指数理论模型的变化趋势，自由放牧区碱韭的变异函数值也呈现出指数理论模型的变化趋势（表 3-6）。符合球状模型的指标，其空间自相关范围是模型参数 $a_0$；而符合指数模型变化趋势的指标，其空间自相关范围是模型参数 $a_0$ 的 3 倍（Goovaerts，1999）。

**表 3-6　碱韭空间格局的变异函数分析**

| 处理 | 模型 $r(h)$ | 块金值 $C_0$ | 基台值 $C_0+C$ | 结构比 $C/(C_0+C)$ | 范围参数 $a_0$ | 残差平方和 RSS | 决定系数 $R^2$ | 相关尺度 |
|---|---|---|---|---|---|---|---|---|
| CK | 球状 | 0.01 | 8.182 | 0.999 | 1.37 | 1.010 | 0.028 | 1.37 |
| RG | 指数 | 0.01 | 7.675 | 0.999 | 0.54 | 0.274 | 0.620 | 1.62 |
| CG | 指数 | 14.92 | 35.170 | 0.576 | 4.23 | 2.760 | 0.951 | 12.69 |

不同放牧制度下碱韭密度分布半方差图中，按照对照区、划区轮牧区、自由放牧区的顺序，块金值 $C_0$ 依次为 0.01、0.01、14.92。自由放牧区碱韭密度较大的块金值表明其在较小尺度上的某种过程不可忽视，受随机因素的影响较大；而对照区和划区轮牧区碱韭密度较小的块金值表明其在较小尺度范围内的分布，受随机因素的影响较小，受结构因素影响较大。基台值 $C_0+C$ 表示变量在研究系统中最大的变异程度，按照对照区、划区轮牧区、自由放牧区的顺序，$C_0+C$ 依次为 8.182、7.675、35.170，表明碱韭密度分布的空间异质性最大变异程度为划区轮牧区＜对照区＜自由放牧区。

从空间结构方差 $C$ 与总变异方差 $C_0+C$ 的比值（结构比）来看，结构因素在碱韭密度空间异质性形成中占有较大比重（表 3-6），不同放牧制度下碱韭密度空间异质性按照对照区、划区轮牧区、自由放牧区的顺序，其结构比依次为 0.999、0.999、0.576；对照区和划区轮牧区均大于 75%，表明其表现出很强的空间自相关性，且结构因素导致的空间变异所占的比例都比较大；而在自由放牧区，结构比在 25%～75%，表明其空间自相关性中等，且结构因素引起的空间异质性略强于随机因素。

### （三）碱韭空间格局的分形维数分析

在变异函数分析的基础上，进行各向同性的分形维数计算，结果表明（图 3-10），不同放牧制度下碱韭密度空间格局的分形维数相近，按对照区、划区轮牧区、自由放牧区的顺序依次为 1.993、1.955、1.868，都接近于 2，决定了碱韭的半方差曲线较为平缓。这个较大的 $D$ 值，一是说明碱韭空间分布变异主要发生在较小的尺度上，即相邻样点间的碱韭株数差异很大，对照区样点最大株数为 16 株，最小 1 株；划区轮牧区样点最大株数为 16 株，最小 2 株；自由放牧区样点最大株数为 18 株，最小没有；这导致小尺度上产生较大的变异。二是表明碱韭在变程 $a_0$ 范围内，其分布格局的形成受到较为单一过程的控制，形成密度较大的斑块与密度较小的斑块相间分布的格局，这与试验地利用方式和土壤质地及土壤理化性质的空间异质性有很大关系。三是表明碱韭在不同利用方式下不同尺度间空间分布的异质性不大。但相对来讲，对照区和划区轮牧区碱韭在不同尺度间空间分布的异质性变化接近，而自由放牧区碱韭在不同尺度间空间分布的异质性变化较对照区和划区轮牧区大。

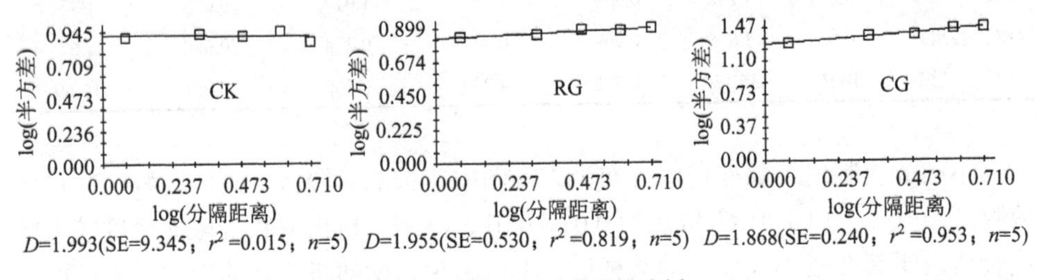


图 3-10　碱韭的分形维数分析

### （四）碱韭空间分布格局的平面图

运用克里格插值法对碱韭空间分布进行插值，由结果得出，对照区碱韭的分布较为不均匀，形成了几处大的斑块，并且大的斑块之间相互连接。划区轮牧区碱韭的分布也较为不均匀，在整个空间范围内，存在大的斑块分布，且存在与大斑块相连接的小斑块，这可能是受放牧影响所致。在自由放牧区，存在 2 处密度较大的斑块。表明碱韭密度在没有外界干扰的条件下，其分布以条带状为主，而划区轮牧导致碱韭密度在空间分布上斑块化明显，自由放牧导致碱韭密度在空间分布上斑块性下降。这主要是由于碱韭属于丛生型禾草，在没有外界干扰或干扰较小情况下，其分布主要与土壤理化性质、母株群分布、地表径流和主导风向有关。在划区轮牧区，放牧压根据草地承载能力计算，不会导致过牧现象，放牧家畜周期性地对丛生碱韭进行采食践踏，导致株丛破碎化，使得碱韭主要以母株为基础向周围扩散，所以斑块化明显。而在自由放牧区，尽管也有采食践踏导致的株丛破碎化，但家畜的选择性采食会对碱韭部分株丛造成严重影响，甚至使部分株丛消失，从而使斑块性降低。

### （五）碱韭空间分布格局的立体图

运用克里格插值法对碱韭空间分布进行插值，起伏剧烈程度反映碱韭密度的空间分布异质性大小，峰值的尖锐程度反映密度分布的小范围变化梯度。对照区碱韭的空间分布图比较平坦，分布峰呈现带状，且突出的峰比较尖；划区轮牧区，碱韭分布图起伏强烈，并且峰值也比较尖；自由放牧区，碱韭分布图起伏介于对照区和划区轮牧区之间，但峰值变化比较平缓。

## 三、优势种无芒隐子草的空间分布

### （一）不同放牧制度下无芒隐子草密度的描述性统计

无芒隐子草在 100m×100m 样地范围内的方差比较分析和描述性统计分析结果见表 3-7，无芒隐子草密度在 RG 区最大，为 9.05 株/m$^2$；CG 区最低，为 2.57 株/m$^2$；CK 区介于 RG 区和 CG 区之间。结合变异系数看，CK 区无芒隐子草的变异系数最大（72.32%）；CG 区的变异系数次之，为 58.60%；RG 区的变异系数最小，为 44.43%。表明，划区轮牧对无芒隐子草植物种群密度增加有利，而自由放牧削弱了其分布密度；受不同放牧制度的影响，空间样点分布单位均值变异程度为 RG 区<CG 区<CK 区。因此，不同试验处理区内无芒隐子草密度均值差异和变异系数变化表明其空间分布存在异质性。描述性统计结果显示，各试验处理区无芒隐子草空间分布变异程度为 CK 区>RG 区>CG 区，方差值分别为 24.97、16.17、2.27；空间分布密度变动幅度（最大值与最小值之差）分别为 21 株/m$^2$、18 株/m$^2$、7 株/m$^2$。

**表 3-7　无芒隐子草密度的描述性统计**

| 处理 | 密度均值（株/m$^2$） | 标准误差 | 标准差 | 变异系数（%） | 方差 | 最小值（株/m$^2$） | 最大值（株/m$^2$） |
|---|---|---|---|---|---|---|---|
| CK | 6.91b | 0.4997 | 4.9972 | 72.32 | 24.97 | 0 | 21 |
| RG | 9.05a | 0.4021 | 4.0211 | 44.43 | 16.17 | 2 | 20 |
| CG | 2.57c | 0.1505 | 1.5059 | 58.60 | 2.27 | 0 | 7 |

注：不同字母表示不同处理间差异显著（$P<0.05$）

## （二）无芒隐子草空间格局的变异函数

对 CG 区、RG 区及 CK 区各样点处无芒隐子草空间分布密度进行各向同性的半方差函数分析，结果显示，不同放牧制度下无芒隐子草的半方差函数值分别呈现出指数模型和高斯模型的最适理论模型变化特点（表 3-8），随着空间取样分隔距离的增加，半方差函数值在逐渐增大，当达到某一特定分隔距离时，函数值逐渐趋于稳定（图 3-11）。空间自相关表示空间变量对空间位置的依赖性，反映了空间变量在某一位置的扩散性，由于本研究空间变量为无芒隐子草密度，因此其反映的是无芒隐子草空间分布密度的相对依赖性。

**表 3-8　无芒隐子草空间格局的变异函数分析**

| 处理 | 模型 $r(h)$ | 块金值 $C_0$ | 基台值 $C_0+C$ | 结构比 $C/(C_0+C)$ | 范围参数 $a_0$ | 残差平方和 RSS | 决定系数 $R^2$ | 相关尺度 |
|---|---|---|---|---|---|---|---|---|
| CK | 指数 | 2.910 | 27.580 | 0.894 | 1.75 | 0.127 | 0.998 | 5.25 |
| RG | 指数 | 6.410 | 19.940 | 0.679 | 2.70 | 0.642 | 0.977 | 8.10 |
| CG | 高斯 | 0.146 | 2.204 | 0.934 | 0.65 | 0.002 | 0.685 | 1.13 |

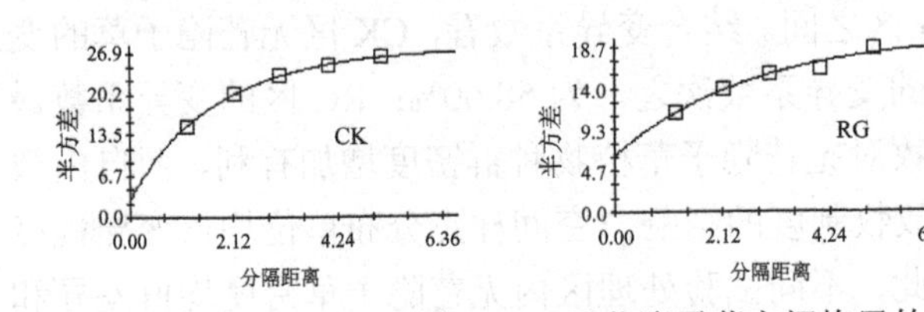


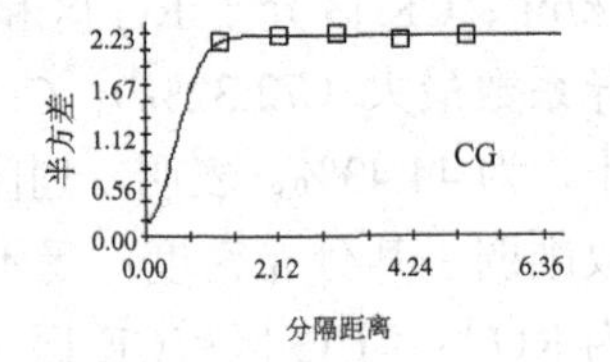


图 3-11　无芒隐子草空间格局的变异函数

不同放牧制度下无芒隐子草密度分布半方差函数曲线图中（图 3-11），代表随机因素影响的模型参数块金值($C_0$)按 CK 区、RG 区、CG 区的顺序分别为 2.910、6.410、0.146。RG 区无芒隐子草密度较大的块金值表明其受随机因素的影响较大，在较小尺度上的空间分布过程不可忽视；而 CG 区无芒隐子草密度在较小尺度范围内受随机因素的影响较小，受结构因素影响较大。基台值按照 CK 区、RG 区、CG 区的顺序依次为 27.580、19.940、2.204，表明放牧导致无芒隐子草的最大空间变异程度减小，且自由放牧影响明显大于划区轮牧影响。

从结构比 $C/(C_0+C)$来看，在无芒隐子草密度空间异质性形成中结构因素占有较大比重（表 3-8），无芒隐子草密度在不同放牧制度下空间异质性按照 CK 区、RG 区、CG 区的顺序，其结构比为 0.894、0.679、0.934，对照区和自由放牧区结构比均大于 75%，而划区轮牧区结构比位于 25%～75%，表明 CK 区和 CG 区空间自相关性均表现强烈，且结构因素导致的空间变异所占的比例较大；而 RG 区空间自相关处于中等强度，结构因素和随机因素引起的空间变异均起着重要作用。

### （三）无芒隐子草空间格局的分形维数分析

无芒隐子草密度空间分布的分形维数见图 3-12，按 CK 区、RG 区、CG 区的顺序依次为 1.809、1.840、1.992，即 CG 区>RG 区>CK 区。CG 区分形维数 $D$ 值较大，说明在较小的尺度上，无芒隐子草空间分布变异主要发生在相邻样点间，尽管变动幅度为 7 株，但波动强烈，导致小尺度上无芒隐子草的变异较大；无芒隐子草密度在变程 $a_0$ 范围内，密度分布斑块化明显，这与土壤养分异质性和试验地利用方式有很大关系。CK 区与 CG 区无芒隐子草空间分布情况差别较大，RG 区介于 CK 区和 CG 区之间。

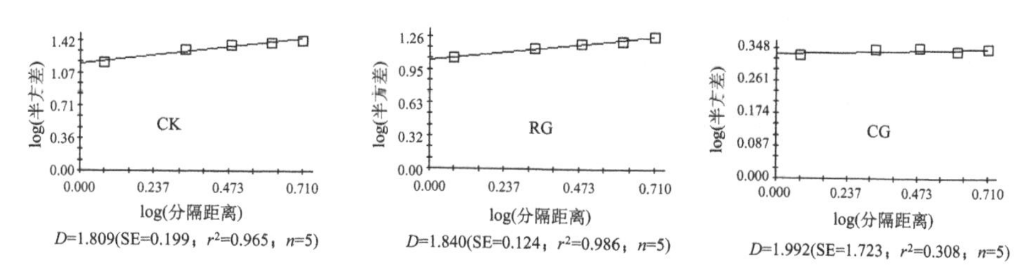


图 3-12　无芒隐子草的分形维数分析

### （四）无芒隐子草空间分布格局的平面图

对不同放牧制度下无芒隐子草空间分布进行插值（克里格插值法），结果得出，CK 区无芒隐子草形成了两处大斑块分布，并以大斑块向四周递减分布。RG 区无芒隐子草在整个取样空间范围内，存在一处密度较大的斑块分布，同时在下方边界处存在一个分布密集的小斑块，大小斑块间连通性较好，同样以形成的大斑块为分布源，沿斑块周边向外递减分布。在 CG 区，自由放牧导致无芒隐子草密度分布呈现为两类斑块，一类是密度较大的斑块，另一类是密度较小的斑块，两类斑块镶嵌排列，其空间分布状态表现为网状结构。这说明在 CK 区和 RG 区内，无芒隐子草分布主要与土壤理化性质、地表径流、主导风向及母株分布群等因素有关；而在 CG 区，放牧家畜具备较大的选择性采食和游走空间，选择性采食和践踏等牧食行为，对无芒隐子草部分株丛造成严重影响，甚至使部分株丛消失，导致 CG 区内无芒隐子草的空间分布呈现网状。

### （五）无芒隐子草空间分布格局的立体图

对不同放牧制度下无芒隐子草空间分布采用克里格插值法，通过立体图峰谷之间的过渡情况及其凸凹情况可定性地判断无芒隐子草植物种群空间分布特点。

在 CK 区和 RG 区内，无芒隐子草植物种群的空间分布图比较平坦，峰谷之间变化平缓；CG 区内无芒隐子草分布起伏强烈，并且峰值也比较尖。因此，CK 区和 RG 区无芒隐子草的空间分布异质性相对 CG 区较小。

## 第四节　群落生物量

随着社会发展，人口骤增，人类对草地资源无控制的索取使草原生态系统平衡受到破坏，物质能量长期入不敷出，导致草原在世界范围内大面积退化。据报道，目前全世界每分钟就有 $10hm^2$ 土地变为沙漠，地球上已经沙化及受其影响的地区达 $3843km^2$，沙化每年给人类带来的损失高达 260 亿美元。我国的草原也正以每年 133.3 万 $hm^2$ 的速度向枯竭迈进，其中绝大部分是因沙化造成的。草原沙化已成为一个全球性的生态问题，为世界各国所关注（杨发林，1993）。短花针茅荒漠草原是内蒙古草原的重要组成部分，然而，多年来由于利用强度过高，管理粗放，草原逐年退化，在退化草原上，优良牧草数量减少，质量下降，生境不断恶化，生态系统向恶性循环发展（陈敏和宝音陶格涛，1997）。优良牧草得不到休养生息的机会，导致优良牧草（禾本科牧草和豆科牧草）的地上部分和地下部分生长发育受到严重抑制，牧草的绝对生长速率越来越低，其高度、盖度、生物量、生长速率都呈下降趋势；而牲畜不喜食的杂类草和不可食的毒害草，其地上部分和地下部分均发育良好，高度、盖度、生物量、生长速率都呈上升趋势，加速了草地的退化（沈景林等，1999）。我国多年来草地利用率都超过 80%，加上过分践踏，牧草来不及恢复生长，导致草地产量下降，家畜因牧草不足而个体变小，生产性能降低，而人们为了得到更多的畜产品，不断增加牲畜数量，加剧草地的利用，结果使草地和家畜两败俱伤，形成草地退化—过度放牧—草地更退化的恶性循环（张自和，1995）。鉴于以上情况，寻求良好的放牧制度已迫在眉睫。

短花针茅荒漠草原具典型的大陆性气候，生境条件最为严酷，生态系统极其脆弱（卫智军等，2003a）。所以优良的放牧制度的选择就显得非常重要，因此本试验就划区轮牧的适用性和优越性进行评价，我们采用了牧草地上现存量、地下生物量等一系列重要指标进行研究。关于这些指标前人也进行过一定研究，在国内，原内蒙古农牧学院的李德新（1990）在 20 世纪八九十年代从降水量和温度的角度对短花针茅草原的生物量进行了研究。中国农业科学院草原研究所的李存焕和王红霞（1991）在同期研究了刈割对短花针茅荒漠草原根系的影响。中国科学院的孙立安对地下生物量的研究方法、计算方法、地下生物量的时空变化及时空变化的原因进行了研究，并适度研究了放牧对草地地下生物量的影响。中国农业科学院草原研究所的李育中和李博（1991）在不同草原地域从降水积累、积温和土壤水分方面对地上、地下的生物量进行了研究，并分析了它们之间的相关性。

由于短花针茅荒漠草原是比较特殊的类型，因此国外的研究比较少。

## 一、牧草地上现存量

从表 3-9 可以看出，自由放牧区总的地上现存量为 475.84g/m$^2$，显著高于轮牧区（255.22g/m$^2$）和对照区（267.08g/m$^2$）（$P$<0.05），轮牧区和对照区之间没有显著差异（$P$>0.05）。轮牧区的主要多年生植物，如短花针茅、无芒隐子草和碱韭，还有所占比例比较大的银灰旋花，它们占总地上现存量的 93%，自由放牧区为 17.61%，对照区为 92.20%。自由放牧区在自由放牧的情况下主要植物群落退化，建群种、优势种基本被一年生杂类草（如猪毛菜、狗尾草、猫尾草、沙蓬、画眉草等）代替，占了地上总现存量的 80.44%，而轮牧区和对照区分别为 5.98% 和 5.35%。其他植物包括细叶韭、木地肤、狭叶锦鸡儿、阿尔泰狗娃花、戈壁天门冬、兔唇花等，分别占到了轮牧区植物群落的 1.00%、自由放牧区的 1.96%和对照区的 2.45%。

**表 3-9 各类牧草地上现存量及所占百分比**

| 牧草 | RG | | CG | | CK | |
|---|---|---|---|---|---|---|
| | 地上现存量（g/m$^2$） | 百分比（%） | 地上现存量（g/m$^2$） | 百分比（%） | 地上现存量（g/m$^2$） | 百分比（%） |
| 多年生 | 237.39 | 93.00 | 83.78 | 17.61 | 246.25 | 92.20 |
| 一年生 | 15.27 | 5.98 | 382.75 | 80.44 | 14.28 | 5.35 |
| 其他植物 | 2.56 | 1.00 | 9.31 | 1.96 | 6.55 | 2.45 |
| 总量 | 255.22b | | 475.84a | | 267.08b | |

注：不同字母表示不同处理间差异显著（$P$<0.05）

从牧草地上现存量方差分析结果看（表 3-10），至于多年生牧草，轮牧区和对照区都显著高于自由放牧区（$P$<0.05），而一年生牧草在自由放牧区显著高于轮牧区和对照区（$P$<0.05），多年生和一年生草类在轮牧区及对照区没有显著差别（$P$>0.05），其他植物在 3 种处理之间没有显著差别（$P$>0.05）。

**表 3-10 各类牧草地上现存量方差分析** （单位：g/m$^2$）

| 牧草 | 多年生 | 一年生 | 其他植物 |
|---|---|---|---|
| RG | 237.39a | 15.27b | 2.56a |
| CG | 83.78b | 382.75a | 9.31a |
| CK | 246.25a | 14.28b | 6.55a |

注：不同字母表示不同处理间差异显著（$P$<0.05）

7 月 15～21 日降有零星小雨，使得自由放牧区地上现存量在 7 月中旬至 8 月中旬出现上升趋势（图 3-13），这是因为自由放牧区以一年生的杂类草为主，群落结构不稳定，对临时性的降水比较敏感，所以地上现存量上升趋势比较明显。而在轮牧区和对照区以多年生牧草为主，植物群落比较稳定，对临时性的降水不太敏感，所以轮牧区和对照区的地上现存量基本没有波动，曲线也比较平滑，说明轮牧制度在保护建群种及优势种牧草生物多样性方面能起到很好的作用。

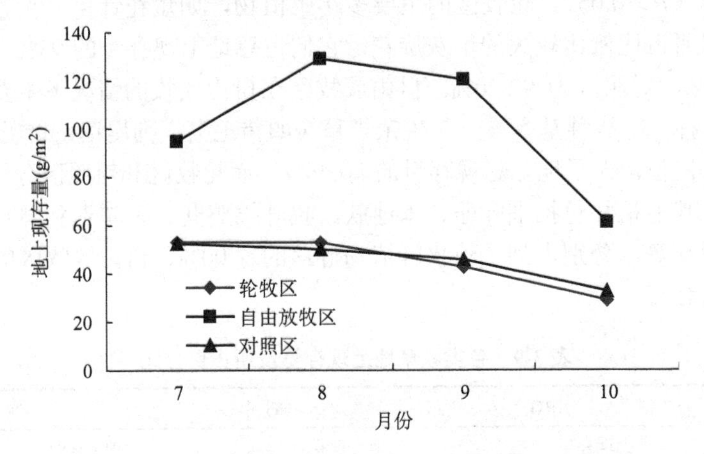


图 3-13　牧草月度地上现存量动态

从月份来看，7～10 月，地上现存量整体呈下降趋势（图 3-13），其中自由放牧区在 8 月达到最大值，以后逐渐下降，有一定的波动；而轮牧区和对照区基本没有波动，植物地上现存量曲线比较相似。总体而言，由于短花针茅荒漠草原地处干旱地区，受降水量的限制多年生牧草生长缓慢，地上现存量基本于 7 月达到最大，以后逐渐降低。

## 二、牧草草层结构分析

由表 3-11 可知，在轮牧区、自由放牧区和对照区这 3 个区，0～8cm 的生物量分别为 32.58g/m$^2$、67.49g/m$^2$ 和 39.21g/m$^2$，分别占总生物量的 91%、94%和 96%。从这些数字上可以看出，轮牧区和对照区 0～8cm 的生物量相差不是很大，而自由放牧区和对照区、轮牧区 0～8cm 的生物量相差比较大。同时，自由放牧区和对照区植物群落高度低于轮牧区，但是总生物量是比较高的。出现这些情况的原因分析如下：自由放牧区的放牧没有系统的安排，牧草被频繁采食，使得植物没有休养生息的机会，原来的优势种短花针茅、碱韭等逐渐消退。据卫智军等（2000a）的研究，在自由放牧区的碱韭重要值一直较低，说明适口性好的碱韭在被牲畜首先选择和自由采食情况下很难恢复，生活力明显下降。原群落的建群种和优势种逐渐被一年生杂类草替代。在轮牧区 0～8cm 的生物量相比较而言低于自由放牧区和对照区，这是由于受到牲畜的适度干扰，植物群落的密度不是很大，植株之间的生长干扰也不是很大，植物群落相对比较高，生物量上移，这就说明了适度干扰对草地的恢复是有好处的。对照区就面临着这样的问题，由于没有干扰，植物群落密度相对比较大，植物之间的干扰也比较大，因此 0～8cm 所占的生物量比例也比较大，植物群落高度也相应地比较低。在试验中还出现了植株上部生物量高于下部生物量的现象，这是因为像细叶韭一类的植物在 9 月有部分结实，所以出现了这种情况。

**表 3-11 牧草草层结构分析表**

| 处理 | 0～2cm | | 0～8cm | | 2～24cm | |
|---|---|---|---|---|---|---|
| | 生物量（$g/m^2$） | 百分比（%） | 生物量（$g/m^2$） | 百分比（%） | 生物量（$g/m^2$） | 百分比（%） |
| RG | 18 | 50.60 | 32.58 | 91 | 17.59 | 49.40 |
| CG | 35 | 48.51 | 67.49 | 94 | 37.14 | 51.49 |
| CK | 21.7 | 53.24 | 39.21 | 96 | 19.06 | 47.76 |

草层结构可以反映牧草的利用情况（图 3-14）。牧草利用的程度一般用消耗的重量百分率表示。在牧草利用率方面，通常以利用率为 46%～55%最适当。0～2cm 这一层的生物量，在轮牧区和自由放牧区占了总生物量的 50.60%和 48.51%。理论上，轮牧区和自由放牧区放牧留茬高度在 2cm 时的利用率都是合理的。但是轮牧区在该层的生物量比例较自由放牧区高，因为在轮牧区多年生牧草植物（如

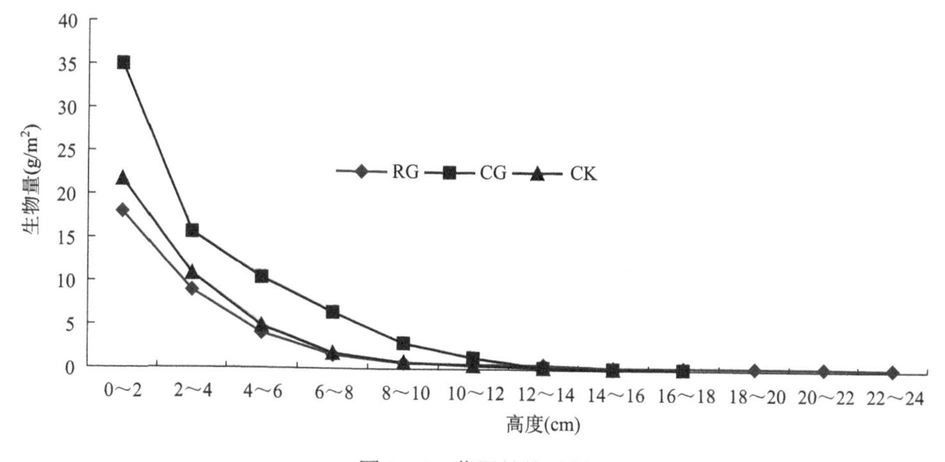


图 3-14 草层结构分析

短花针茅、碱韭、无芒隐子草）群落占主要地位，底层生物量所占比例较大，而自由放牧区一年生植物（如沙蓬、猪毛菜）居多，这些植物上部枝较下部多，所以0～2cm这一层占的比例较少。

## 三、牧草地下生物量测定的分析

不同放牧制度对短花针茅草原地下生物量有明显影响。从方差分析结果看（表3-12），0～5cm地下生物量在轮牧区显著高于对照区（$P<0.05$），自由放牧区与轮牧区、对照区之间没有显著差异（$P>0.05$）；5～10cm地下生物量在三者之间都有显著差异（$P<0.05$），而且以对照区最高，轮牧区次之，自由放牧区最低；10～20cm和20～30cm的地下生物量以对照区最高，且和轮牧区、自由放牧区都有显著差异（$P<0.05$），而轮牧区在数值上高于自由放牧区，但二者之间没有显著差异（$P>0.05$）；从30～100cm，三者之间都没有显著差异（$P>0.05$）。以上分析结果表明，对牧草生长起很大作用的根系集中在0～30cm深度，其中，轮牧区、自由放牧区、对照区0～30cm生物量占总量的比例分别为79%、76%、74%。

**表3-12　牧草地下生物量方差分析**　（单位：g/m²）

| 处理 | 0～5cm | 5～10cm | 10～20cm | 20～30cm | 30～40cm | 40～50cm | 50～60cm | 60～70cm | 70～80cm | 80～90cm | 90～100cm |
|---|---|---|---|---|---|---|---|---|---|---|---|
| RG | 26.50a | 9.80b | 8.92b | 4.75b | 6.19a | 3.52a | 1.78a | 0.85a | 0.42a | 0.24a | 0.17a |
| CG | 20.4ab | 7.44c | 7.88b | 4.21b | 6.66a | 4.00a | 1.05a | 0.50a | 0.26a | 0.16a | 0.11a |
| CK | 11.7b | 13.8a | 14.0a | 7.66a | 8.50a | 5.30a | 1.60a | 0.90a | 0.28a | 0.18a | 0.22a |

注：不同字母表示不同处理间差异显著（$P<0.05$）

从图3-15中可以看出，进行放牧的草地，根系有向地面靠近的趋势，所以表层土壤所含的地下生物量较大。同时，安渊等（2002）的研究也得出了类似的结果，草地的地下生物量随着草地退化程度的加剧而降低，0～10cm地下生物量占总地下生物量的比例随着草地退化程度的加剧而增加，根系有向表面聚集的趋势。随着土层厚度的增加，生物量逐渐减少，但在20～40cm地下生物量出现了明显的波动，10～20cm这一层地下生物量有所增加，原因是在20～30cm处出现了大约10cm厚的钙积层，阻碍根系向下生长，根系于钙积层表面产生分枝。在20～30cm这一层地下生物量分布减少，越过这一层到了30～40cm这一层，由于土壤比较疏松，地下生物量出现了上升趋势，所以曲线就在20～40cm处出现了波动。40cm以下，曲线变得比较平缓，植物根系也显著减少。

从总地下生物量来说，轮牧区、自由放牧区和对照区分别为63.14g、52.67g和64.14g，轮牧区和对照区比自由放牧区的地下生物量要高，而轮牧区和对照区则基本没有差别。从以上信息分析，自由放牧区所显示的地下生物量信息越来越偏离对照区，轮牧区和对照区比较接近，说明自由放牧在该地区是一种不合适的放牧制度，同时也说明草地划区轮牧制度有一定的优越性，对于该地区来说是一种可行、实用的放牧体系。

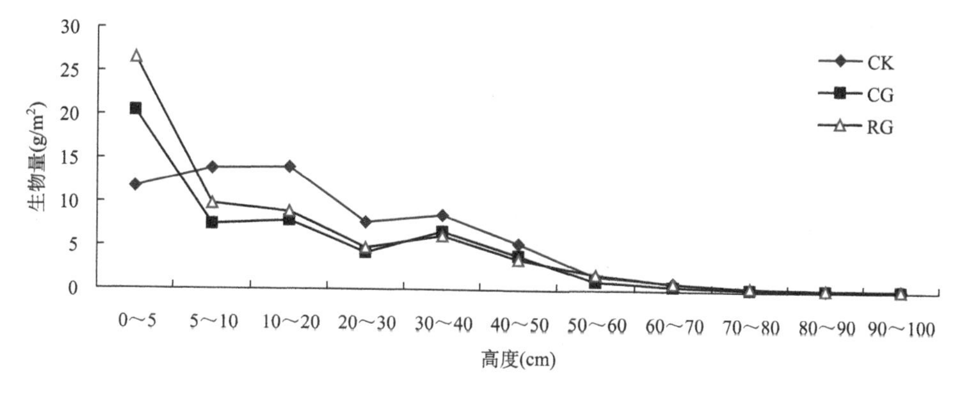


图 3-15　地下生物量分析

## 四、草地生物量变化机制初探

放牧制度规定了家畜对放牧草地的利用时间和空间，是对家畜利用草地系统的整体安排，所以划区轮牧和自由放牧这两种放牧方式由于时空组合的不同，对草地生物群落结构和功能的影响也是有差异的。

自由放牧制度的特点是家畜长时间在草地上随意采食牧草，尤其是在春季，正是牧草返青的季节，羊的采食范围没有系统的安排，家畜采食过程当中进行选择性采食，适口性好的刚返青的牧草容易被吃掉，牧草没有足够的时间生长，导致植物群落地上现存量减少，地下积累的生物量下降，植物群落的高度下降，建群种和优势种越来越少，取而代之的是一年生的杂类草，久而久之会产生草地植被的逆行演替，其结果就是草地的退化。

划区轮牧合理地安排了放牧的时空，实现了对草地的均匀利用，同时各个小区的优良牧草都得到了休养生息的机会，牧草可以有较长的时间生长，从而提高牧草的现存量，同时也能增加地下生物量，一年生杂类草的生长被抑制，导致其大量减少。说明划区轮牧能够改良草地，防止退化。据李德新（1990）的研究，对短花针茅草原生态系统的干扰，有利于维持生态系统的相对稳定性。

在没有家畜采食干扰的对照区，由于植物种群密度比较大，植物个体相互之间的竞争比较大，因此地上现存量与轮牧区的相差不大（但可能有一些生物因素的影响，如蝗虫）；植物群落高度从数值上看低于轮牧区，同时存在这么一种现象，根系有向土壤深处扎的迹象。

在牧草利用率方面，通常以利用率为 46%～55%最适当。虽然在理论上轮牧区和对照区留茬 2cm 的利用率都是合理的，但在短花针茅荒漠草原由于各个种群高度不同，各种植物适口性不同，真正各个种都做到留茬 2cm 非常困难，因此这一方面的研究还有待进一步深入。

## 第五节　群落多样性

植物群落多样性一般是指植物群落在组成、结构、功能和动态方面所表现出的丰富多彩的差异，或指群落组成和动态的多样化（阎传海，1998；谢应忠，1999；杨力军和李希来，2000；尚占环等，2004）。群落多样性是生物多样性的一个重要组成部分，是生态系统能量和物质的主要提供者，也是生态系统维持及全球变化调控的主要作用者。因此，研究植物群落的结构、功能及动态对认识与保护一个地区的生物多样性具有重要意义。

α 多样性就是物种多样性。物种多样性是指物种种类与数量的丰富程度（王伯荪和彭少麟，1997；邱波等，2004），是一个区域或一个生态系统可测定的生物学特征（王献溥和刘玉凯，1994）。β 多样性可以定义为沿着环境梯度物种的替代程度，或物种周转速率、物种替代速率和生物变化速率等。β 多样性指数用以测度群落的物种多样性沿着环境梯度的变化速率或群落间的多样性，包括不同群落间物种组成的差异。不同群落或环境梯度上不同点之间共有种越少，β 多样性就越高。β 多样性的测定值可以用来比较不同地段的生境多样性（Pielou，1975；Magurran，1988；马克平，1993；马克平和刘玉明，1994；白永飞等，2000）。

天然草地放牧利用会引起草地物理环境变化，使草地植物生长发育受到干扰，群落多样性因此而变化。放牧对草原群落的影响取决于放牧强度和放牧制度，其中放牧强度对群落的影响远比放牧制度来得快速明显，但在放牧管理中放牧制度是改良草地、提高草地生产力的重要措施。所以，研究放牧制度对群落植物多样性的影响对维持天然草地群落的稳定具有重要意义。关于草原群落植物多样性及其与放牧间的关系，国外很早就有大量的研究（Grimes，1973；Huston，1979），然而我国学者主要是对在不同放牧梯度上植物多样性的变化过程进行了详细研究，认为中度干扰下草原群落植物具有最高的多样性，高强度放牧造成群落多样性减少、物种丰富度降低。

群落 α 多样性指数计算采用以下公式。物种丰富度指数采用 Margalef 丰富度指数：$R=(S-1)/\ln N$。多样性指数采用香农-维纳多样性指数：$H=-\sum P_i \ln(P_i)$。优势度指数采用辛普森优势度指数：$C=1-\sum(P_i)^2$。均匀度指数采用 Pielou 均匀度指数：$E=-\sum P_i\ln(P_i)/\ln(S)$。其中 $S$ 为群落物种数目；$N$ 为个体总数（本研究采用重要值代替物种个体总数）；$P_i=\mathrm{IV}/\sum\mathrm{IV}$（IV 为重要值）。

β 多样性指数采用惠特克（Whittaker）指数（$\beta_{\mathrm{W}}$）公式：$\beta_{\mathrm{W}}=S/\mathrm{ma}-1$。式中，$S$ 为所研究系统中记录的物种总数；ma 为各样方或样本的平均物种数。Cody 指数（$\beta_{\mathrm{C}}$）：$\beta_{\mathrm{C}}=[g_{(H)}+l_{(H)}]/2$。式中，$g_{(H)}$为沿生态梯度 $H$ 增加的物种数目；$l_{(\mathrm{H})}$为沿生境梯度 $H$ 失去的物种数目，即在上一个梯度中存在而在下一个梯度中没有的物种数目。

群落相似性系数采用改进的 Morisita-Horn 指数：$C_{\mathrm{MH}}=2\sum(\mathrm{an}_i\cdot\mathrm{bn}_i)/(\mathrm{da}+\mathrm{db})$ aN · bN。式中，aN、bN 分别为样地 A、样地 B 的物种数目；$\mathrm{an}_i$和 $\mathrm{bn}_i$为 A 样地和 B 样地中第 $i$ 种的个体数目；$\mathrm{da}=\sum\mathrm{an}_i^2/\mathrm{aN}^2$，$\mathrm{db}=\sum\mathrm{bn}_i^2/\mathrm{bN}^2$。

## 一、群落 α 多样性指数

不同放牧制度群落物种多样性指数分析（图 3-16）表明，2004 年 8 月 26 日，轮牧区 4 种多样性指数均低于自由放牧区。Margalef 自由放牧区的物种丰富度高于轮牧区和对照区。其他 3 种轮牧区与对照区植物个体数在各种间的分配均匀度较低，群落多样性较低。2005 年 8 月 30 日 Margalef 轮牧区的物种丰富度高于自由放牧区和对照区，香农-维纳、辛普森和 Pielou 指数均低于自由放牧区；两年度内对照区和轮牧区种类数量变化程度均低于自由放牧区，群落结构在一定程度上是相对复杂和稳定的，种群之间的等级差异相近，群落多样性相近。可见，轮牧区保持了植物群落建群种和优势种的优势地位，尽管从多样性指数上看轮牧区较低，但可以认为轮牧区群落环境是相对稳定的。

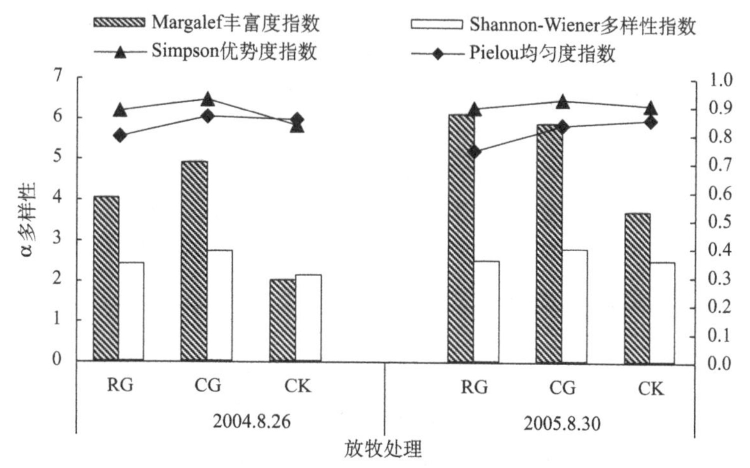


图 3-16　不同放牧制度群落 α 多样性

柱形图的数值对应左侧纵轴，折线的数值对应右侧纵轴

从两年度间分析，经过两年的试验，在适度牧压下，对照区、轮牧区和自由放牧区的植物种类丰富度与多样性较前一年均有较大幅度增加，其中尤以对照区和轮牧区增加幅度较大；优势度指数除对照区有所增加外，轮牧区和自由放牧区基本不变；轮牧区和自由放牧区均匀度均略有下降。这主要是因为，群落中物种的丰富度和多样性程度越大，物种对生境的分割程度越高，因而导致群落中物种均匀度的降低。

## 二、群落β多样性指数

β多样性可以定义为沿着环境梯度的变化物种替代的程度，就一个群落来说，β多样性是群落环境异质性的表征（马克平和刘玉明，1994）。试验结果表明，$\beta_W$所反映的群落内部物种替代程度与取样尺度有关（表 3-13）。小样方包含的微生境类型相对单一，单位样方平均物种数少，不同取样面积单位间的物种周转率高。群落β多样性指数随取样面积增加而降低（图 3-17），即样方内生境异质性增加，而样方间异质性程度降低，物种的替代程度也随之降低。α 多样性低的群落，β多样性不一定就低。反之，α多样性较高的群落，β多样性未必就一定高。因为$\beta_W$是群落的物种丰富度与样方平均物种数的比值，它独立于α多样性。

表 3-13　不同放牧制度各放牧区群落β多样性指数（$\beta_W$）

| 面积（$m^2$） | RG1 | RG2 | RG3 | RG4 | RG5 | RG6 | RG7 | RG8 | CG | CK | RG |
|---|---|---|---|---|---|---|---|---|---|---|---|
| 1/64 | 829.11 | 992.22 | 692.16 | 871.5 | 863.28 | 748.48 | 576.95 | 417.25 | 871 | 839 | 748.87 |
| 1/32 | 717.04 | 534.79 | 392.89 | 683.08 | 432.92 | 670.33 | 459.12 | 379.92 | 670.83 | 547.07 | 533.76 |
| 1/16 | 408.95 | 378.27 | 357.55 | 499.36 | 283.56 | 503.25 | 402.7 | 326.09 | 439.69 | 465.81 | 394.96 |
| 1/8 | 278.32 | 233.29 | 217.65 | 289.47 | 248.21 | 315.08 | 274.23 | 230.91 | 320.37 | 351.41 | 260.9 |
| 1/4 | 186.82 | 136.22 | 122.37 | 166.3 | 160.88 | 199.77 | 243.87 | 180.35 | 225.45 | 212.09 | 174.57 |
| 1/2 | 130.1 | 93.023 | 86.228 | 115.6 | 126.97 | 138.97 | 158.91 | 142.01 | 157.25 | 140.09 | 123.98 |
| 1 | 77.867 | 72.309 | 78.574 | 65.432 | 98.754 | 85.113 | 119.95 | 97.349 | 116.62 | 82.261 | 86.919 |
| 2 | 53.255 | 48.501 | 59.788 | 41.678 | 55.432 | 49.964 | 73.473 | 65.839 | 67.397 | 49.544 | 55.991 |
| 4 | 33.749 | 35.102 | 35.31 | 25.919 | 32.886 | 31.652 | 46.06 | 37.79 | 40.574 | 32.304 | 34.808 |
| 8 | 19.59 | 23.106 | 22.244 | 15.856 | 19.599 | 19.676 | 25.806 | 23.666 | 23.645 | 20.343 | 21.193 |
| 16 | 10.667 | 12.667 | 13 | 10.333 | 11 | 11.333 | 15.333 | 15 | 14.333 | 10.667 | 12.417 |

Cody 指数（$\beta_C$）在$\beta_W$的基础上，通过对新增加和失去的物种数目进行比较，使我们更能直观地获得有关的物种更替信息（白永飞等，2000）。计算结果表明，随取样尺度的增加，各放牧区内 Cody 指数由低到高，再由高到低，表现出一种折线变化的趋势。在取样面积小时，自由放牧区的 Cody 指数高于轮牧区和对照

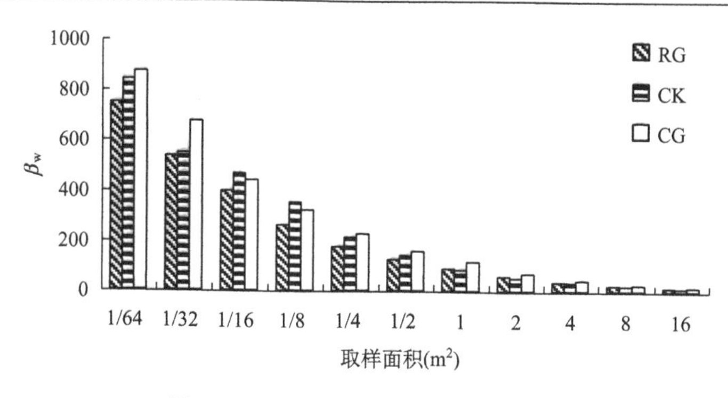


图 3-17　不同放牧制度群落 β 多样性

区；随着取样面积的增大，轮牧区的 Cody 指数开始高于自由放牧区（表 3-14），说明在小尺度范围内，自由放牧区的环境与资源空间分布的异质性较高，在不同尺度上所形成的斑块等级结构复杂，但随着取样尺度的增加，环境与资源空间分布的异质性程度逐渐降低，而环境与资源要素对群落内植物分布的限制性却逐渐增强，群落生境的分化变得简单，环境与资源斑块变大，群落中丰富的多年生杂草逐渐被季节性生长的一年生植物取代，当取样面积达到一定尺度时，轮牧区的 Cody 指数开始高于自由放牧区。因为取样面积是生物多样性测度的关键，取样面积的不同及取样代表的不同往往会造成研究结果的差异（张凤山和李晓晏，1984；刘灿然等，1997），当群落结构比较复杂时，常常需要较大的取样面积，而对于相对简单的群落结构，其取样面积也相对较小（Dale，1999）。由于 $\beta_w$ 和 $\beta_c$ 只是对物种是否存在进行测度，因此 β 多样性指数在反映群落内物种沿环境梯度的变化趋势上仍有一定的局限性（白永飞等，2000；邱波等，2004）。另外，生境梯度的变化也并非是均匀的，加之抽样调查的误差等都会在一定程度上对 β 多样性的测度结果产生一定的影响（高贤明等，1998；邱波等，2004），所以荒漠草原植物群落的 β 多样性还有待于进一步的研究。

**表 3-14　样方大小对 Cody 指数（$\beta_c$）的影响**

| 项目 | Cody 指数（$\beta_c$） | | |
|---|---|---|---|
| | RG | CG | CK |
| 1/64m² | 1.02cd | 1.33bc | 1.00a |
| 1/32m² | 0.96d | 1.33bc | 1.17a |
| 1/16m² | 1.19bcd | 1.00c | 1.50a |
| 1/8m² | 1.02cd | 1.83abc | 2.00a |
| 1/4m² | 1.19bcd | 1.67abc | 1.50a |
| 1/2m² | 1.50abc | 2.33a | 1.33a |

续表

| 项目 | Cody 指数（$\beta_c$） | | |
|---|---|---|---|
| | RG | CG | CK |
| $1m^2$ | 1.58ab | 2.17ab | 1.33a |
| $2m^2$ | 1.83a | 2.50a | 0.83a |
| $4m^2$ | 1.54ab | 1.67abc | 1.00a |
| $8m^2$ | 1.54ab | 1.00c | 1.83a |
| $16m^2$ | 1.43abcd | 1.17c | 1.17a |
| $F$ 值 | 3.31 | 3.2 | 0.6 |
| Pr＞$F$ | 0.0014 | 0.013 | 0.7949 |
| 变异系数（CV） | 32.93 | 31.15 | 59.9 |
| $R^2$ | 0.4639 | 0.6449 | 0.264 |

注：不同字母表示不同处理间差异显著（$P<0.05$）

## 三、群落相似性系数

改进的 Morisita-Horn 指数是定量测定群落 β 多样性的效果最好的指数，它受物种丰富度和样方大小的影响。

在本试验中将 3 个处理看作 3 个小群落，由表 3-15 可以看出，2004 年 8 月 26 日轮牧区与自由放牧区的相似性系数为 0.81，轮牧区与对照区的相似性系数为 0.78，自由放牧区与对照区的相似性系数为 0.54；到了 2005 年 8 月 30 日，即经过一年的放牧制度试验后，除轮牧区与自由放牧区的相似性系数降低外，轮牧区与对照区、自由放牧区与对照区的相似性系数均有所增加。

**表 3-15　两年度三处理间群落相似性系数**

| 处理 | 2004.8.26（年.月.日） | 2005.8.30（年.月.日） |
|---|---|---|
| RG—CG | 0.81 | 0.71 |
| RG—CK | 0.78 | 0.82 |
| CG—CK | 0.54 | 0.57 |

## 四、群落多样性的综合分析

经过两年的试验，在适度牧压下，对照区、轮牧区和自由放牧区的植物种类丰富度与多样性较前一年均有较大幅度增加，其中尤以对照区和轮牧区增加幅度较大；优势度指数除对照区有所增加外，轮牧区和自由放牧区基本不变；轮牧区和自由放牧区均匀度均略有下降。

对照区和轮牧区种类数量变化程度低于自由放牧区，群落结构在一定程度上是相对复杂和稳定的，种群之间的等级差异相近，群落多样性相近。轮牧区保持了植物群落建群种和优势种的优势地位，尽管从多样性指数上看轮牧区较低，但可以认为轮牧区群落环境是相对稳定的。

β 多样性独立于 α 多样性。$\beta_w$ 所反映的群落内部物种替代程度与取样尺度有关，群落 β 多样性指数随取样面积增加而降低。各放牧区内随取样尺度的增加，Cody 指数由低到高，再由高到低，表现出一种折线变化的趋势。在取样面积小时，自由放牧区的 Cody 指数高于轮牧区和对照区。

从群落相似性系数可以看出，2004 年轮牧区与自由放牧区的相似性系数最高；其次为轮牧区与对照区；自由放牧区与对照区差异最大。到了 2005 年，即经过一年的放牧制度试验后，除轮牧区与自由放牧区的相似性系数降低外，轮牧区与对照区、自由放牧区与对照区的相似性系数均有所增加。

## 第六节 植物种群种间关系

国外对种间关系的探讨多为研究方法的应用与改进（李政海和鲍雅静，2000；王正文和祝廷成，2003；锡林塔娜，2009），在应用上，种间关系研究集中在资源竞争关系（李军玲等，2004）和物种相互促进关系（王琳和张金屯，2004；邢韶华等，2007）上，相互促进关系的研究又从直接促进（邢韶华等，2007）和间接促进（唐启义和冯明光，2007；王凤兰等，2009；刘红梅等，2011）角度进行探讨。最近有研究认为，植物间的促进作用在群落物种组成和多样性的维持及生态系统功能的发挥中可能起到更大的作用（王琳和张金屯，2004；邢韶华等，2007）。国内对草原或草地植物群落种间关系的研究较多（张金屯，1995a；张金屯和焦蓉，2003；牛莉芹等，2005；刘丽艳和张峰，2006），对短花针茅荒漠草原植物种间关系的研究也有学者进行尝试，锡林塔娜（2009）、王凤兰等（2009）和刘红梅等（2011）分别从不同放牧率对种间关系影响、短花针茅植物群落种间关系特点和不同放牧制度对种间关系影响的角度进行探讨，得到了相应的研究结果，采用的研究方法主要有 2×2 列联表法、Pearson 相关分析法和 Spearman 秩相关分析法等。本节采用 Pearson 相关、Spearman 秩相关和灰色关联分析对种间关系进行探讨。

### 一、植物种群对照表

短花针茅荒漠草原主要植物种群名称编号对照表如表 3-16 所示，在对照区、轮牧区和自由放牧区，存在 14 种主要植物种群。其中短花针茅属于荒漠草原的建群种，无芒隐子草、糙隐子草和碱韭属于优势种，其他植物种群数量因不同年份降水时间和降水量等条件变化而消长。

**表 3-16　荒漠草原主要植物种群名称编号对照表**

| 编号 | 中文名 | 拉丁名 | 对照（CK） | 轮牧（RG） | 自由放牧（CG） |
|---|---|---|---|---|---|
| 1 | 短花针茅 | *Stipa breviflora* | √ | √ | √ |
| 2 | 碱韭 | *Allium polyrhizum* | √ | √ | √ |
| 3 | 无芒隐子草 | *Cleistogenes songorica* | √ | √ | √ |
| 4 | 糙隐子草 | *Cleistogenes squarrosa* | √ | √ | √ |
| 5 | 银灰旋花 | *Convolvulus ammannii* | √ | √ | √ |
| 6 | 裸芸香 | *Psilopeganum sinense* | √ | √ | √ |
| 7 | 冠芒草 | *Enneapogon borealis* | √ | √ | √ |
| 8 | 狗尾草 | *Setaria viridis* | √ | √ | √ |
| 9 | 栉叶蒿 | *Neopallasia pectinata* | √ | √ | √ |
| 10 | 猪毛菜 | *Salsola collina* | √ | √ | √ |
| 11 | 灰绿藜 | *Chenopodium glaucum* | √ | √ | √ |
| 12 | 细叶韭 | *Allium tenuissimum* | √ | √ | √ |
| 13 | 木地肤 | *Kochia prostrata* | √ | √ | √ |
| 14 | 寸草苔 | *Carex duriuscula* | √ | √ | √ |

注：“√”表示该处理区内存在该物种

## 二、Pearson 秩相关分析

对原始数据先进行秩化，然后进行 Pearson 相关分析，结果见图 3-18。在对照区中，表现为极显著（$P \leqslant 0.01$，下同）正相关的植物种群种对数为 13 对，显著（$0.01 < P \leqslant 0.05$，下同）正相关的植物种群种对数为 8 对，存在弱（$0.05 < P \leqslant 0.50$，下同）正相关的植物种群种对数有 18 对；表现为极显著负相关的植物种群种对数为 3 对，表现为显著负相关的植物种群种对数为 5 对，表现出弱负相关的植物种群种对数为 18 对；不存在相关性（$0.50 < P \leqslant 1.0$，下同）的植物种群种对数为 26 对。

在轮牧区，表现出极显著正相关的植物种群种对数为 15 对；显著正相关植物种群的种对数为 4 对；存在弱正相关性的植物种群种对数为 12 对。相反，存在极显著负相关的植物种群种对数为 16 对；显著负相关植物种群的种对数为 4 对；存在弱负相关性的植物种群种对数为 21 对。不存在相关性的植物种群种对数为 19 对。

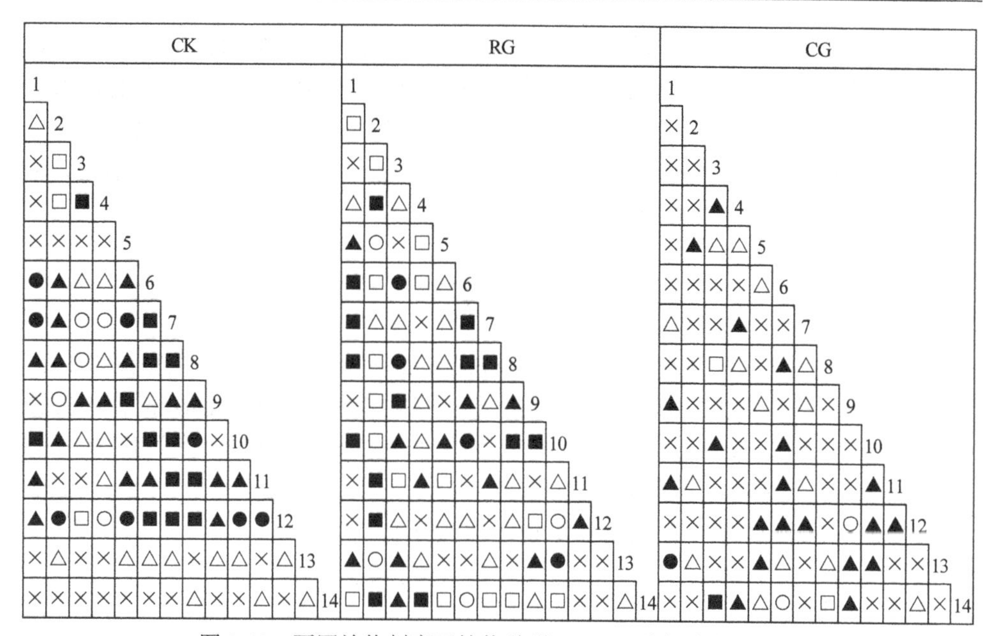


图 3-18 不同放牧制度下植物种群 Pearson 秩相关半矩阵图

正联结：■$P\leqslant0.01$，●$0.01<P\leqslant0.05$，▲$0.05<P\leqslant0.5$；负联结：□$P\leqslant0.01$，○$0.01<P\leqslant0.05$，△$0.05<P\leqslant0.5$；无关联：×$0.5<P\leqslant1$

在自由放牧区，表现出极显著正相关的植物种群种对数为 1 对；显著正相关植物种群的种对数为 1 对；存在弱正相关性的植物种群种对数为 20 对。相反，存在极显著负相关的植物种群种对数为 2 对；显著负相关植物种群的种对数为 2 对；存在弱负相关性的植物种群种对数为 15 对。不存在相关性的植物种群种对数为 50 对。对照区、轮牧区和自由放牧区各相关组所包含的植物种群详见图 3-18。

从整体来看，极显著正相关植物种群种对数从大到小的顺序依次为轮牧区（15 对）＞对照区（13 对）＞自由放牧区（1 对），显著正相关植物种群种对数从大到小的顺序依次为对照区（8 对）＞轮牧区（4 对）＞自由放牧区（1 对），弱正相关植物种群种对数从大到小的顺序依次为自由放牧区（20 对）＞对照区（14 对）＞轮牧区（12 对）；极显著负相关植物种群种对数从大到小的顺序依次为轮牧区（16 对）＞对照区（3 对）＞自由放牧区（2 对），显著负相关植物种群种对数从大到小的顺序依次为对照区（5 对）＞轮牧区（4 对）＞自由放牧区（2 对），弱负相关植物种群种对数从大到小的顺序依次为轮牧区（21 对）＞对照区（18 对）＞自由放牧区（15 对）；不相关植物种群种对数从大到小的顺序依次为自由放牧区（50 对）＞对照区（26 对）＞轮牧区（19 对）。

从整体来看，轮牧区的种间关联最为复杂，对照区的次之，自由放牧区的种间关联最弱，表明轮牧有利于物种间关联性的增强，以及植物群落结构的稳定，而自由放牧使种间关联性下降，植物群落结构比较单一，各物种之间相互孤立。对于单一植物种群，轮牧有利于加强建群种短花针茅（种 1）在群落中的作用，有利于其他植物种群与短花针茅之间建立相互依赖关系，表现相同现象的植物种群还有优势种群碱韭（种 2），一年生植物种群裸芸香（种 6）、狗尾草（种 8）和猪毛菜（种 10），多年生植物种群寸草苔（种 14）。

## 三、Spearman 秩相关分析

对原始数据先进行秩化，然后进行 Spearman 秩相关分析，结果见图 3-19。无论是显著、极显著的正相关还是显著、极显著的负相关都与 Pearson 秩相关分析结果一致；而弱的正相关和负相关则存在差别。表明在统计学显著水平 $P \leqslant 0.05$ 时，Spearman 秩相关分析和 Pearson 秩相关分析对本研究的结果是一样的，但如果考虑弱相关则需要看哪一种分析方法更接近实际研究情况。

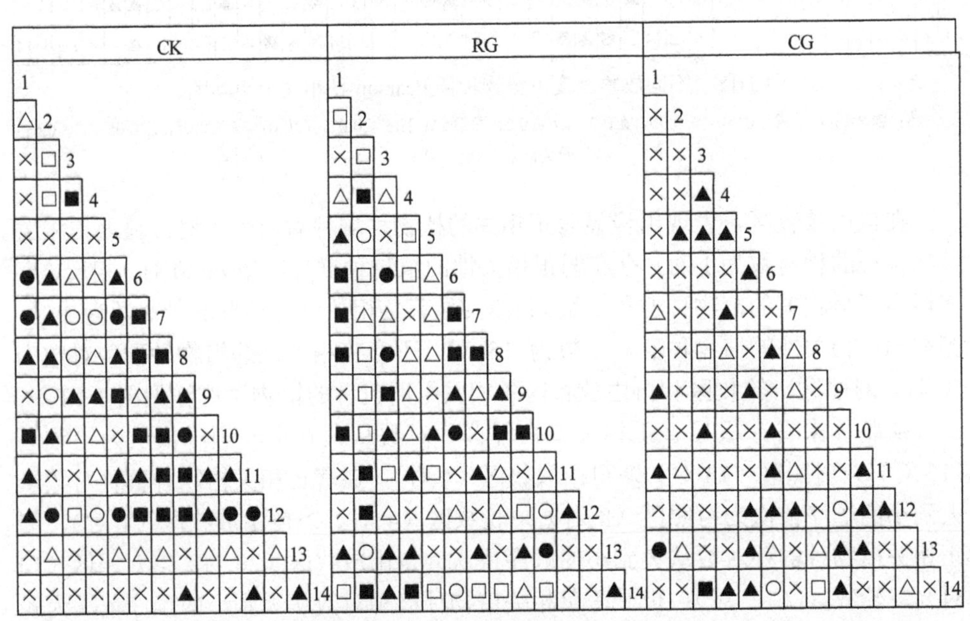

图 3-19　不同放牧制度下植物种群 Spearman 秩相关半矩阵图

正联结：■$P \leqslant 0.01$，●$0.01 < P \leqslant 0.05$，▲$0.05 < P \leqslant 0.5$；负联结：□$P \leqslant 0.01$，○$0.01 < P \leqslant 0.05$，△$0.05 < P \leqslant 0.5$；无关联：×$0.5 < P \leqslant 1$

如图 3-19 所示，在对照区，存在弱正相关的植物种群种对数为 21 对，存在弱负相关的植物种群种对数为 15 对，不存在相关性的植物种群种对数为 26 对；同 Pearson 秩相关分析相比，弱正相关的植物种群种对数增加 3 对，而弱负相关的植物种群种对数相应地减少 3 对。在轮牧区，存在弱正相关的植物种群种对数为 15 对，存在弱负相关的植物种群种对数为 18 对，不存在相关性的植物种群种对数为 19 对；同 Pearson 秩相关分析相比，弱正相关的植物种群种对数增加 3 对，而弱负相关的植物种群种对数相应地减少 3 对。在自由放牧区，存在弱正相关的植物种群种对数为 25 对，存在弱负相关的植物种群种对数为 10 对，不存在相关性的植物种群种对数为 50 对；同 Pearson 秩相关分析相比，弱正相关的植物种群种对数增加 5 对，而弱负相关的植物种群种对数相应地减少 5 对。由此可以看出，Spearman 秩相关分析和 Pearson 秩相关分析对本研究弱相关的判别存在差别。

由于无论是显著、极显著的正相关还是显著、极显著的负相关，Spearman 秩相关分析都与 Pearson 秩相关分析结果一致，将显著水平为 $P\leqslant 0.05$ 的植物种群绘制成种间关联星座图，结果与图 3-18 相同。

## 四、灰色关联分析

将原始数据进行标准化，然后进行关联度分析，得到的关联矩阵见表 3-17。在对照区，以建群种短花针茅为母序列，以其他植物种群为子序列，则短花针茅与其他植物种群的关联度依次为 0.5705（猪毛菜）、0.5153（冠芒草）、0.5071（细叶韭）、0.4962（银灰旋花）、0.4629（裸芸香）、0.4618（狗尾草）、0.4527（灰绿藜）、0.4145（碱韭）、0.4078（栉叶蒿）、0.4070（无芒隐子草）、0.3962（糙隐子草）、0.3834（寸草苔）、0.3706（木地肤）。以优势种碱韭为母序列，以其他植物种群为子序列，则碱韭与其他植物种群的关联度依次为 0.4628（细叶韭）、0.4580（猪毛菜）、0.4552（冠芒草）、0.4005（寸草苔）、0.3976（木地肤）、0.3955（狗尾草）、0.3730（短花针茅）、0.3713（银灰旋花）、0.3686（灰绿藜）、0.3608（裸芸香）、0.2954（栉叶蒿）、0.2547（糙隐子草）、0.2461（无芒隐子草）。以优势种无芒隐子草为母序列，以其他植物种群为子序列，则无芒隐子草与其他植物种群的关联度依次为 0.7399（糙隐子草）、0.5114（栉叶蒿）、0.4887（寸草苔）、0.4663（木地肤）、0.4074（银灰旋花）、0.3968（短花针茅）、0.3926（裸芸香）、0.3747（猪毛菜）、0.3736（灰绿藜）、0.3407（冠芒草）、0.3361（狗尾草）、0.3314（细叶韭）、0.2797（碱韭）。可以看到，以不同植物种群为母序列，其他植物种群为子序列，母序列植物种群与子序列植物种群的种间关联度存在差别，表明不同植物种群间的关联程度不同，即种间关系不同；即使是同一物种对，作为母序列的植物种群不同，其种间关联度也不同，如短花针茅和碱韭，以短花针茅为母序列，二者之间的关联度为 0.4145，而以碱韭为母序列，二者之间的关联度为 0.3730。表明植物种群短花针茅依赖碱韭的程度要强于植物种群碱韭依赖短花针茅的程度。

表 3-17 对照区的种间关联度分析

| 关联矩阵 | 短花针茅 | 碱韭 | 无芒隐子草 | 糙隐子草 | 银灰旋花 | 裸芸香 | 冠芒草 | 狗尾草 | 栉叶蒿 | 猪毛菜 | 灰绿藜 | 细叶韭 | 木地肤 | 寸草苔 |
|---|---|---|---|---|---|---|---|---|---|---|---|---|---|---|
| 短花针茅 | 1.0000 | 0.4145 | 0.4070 | 0.3926 | 0.4962 | 0.4629 | 0.5153 | 0.4618 | 0.4078 | 0.5705 | 0.4527 | 0.5071 | 0.3706 | 0.3834 |
| 碱韭 | 0.3730 | 1.0000 | 0.2461 | 0.2547 | 0.3713 | 0.3608 | 0.4552 | 0.3955 | 0.2954 | 0.4580 | 0.3686 | 0.4628 | 0.3976 | 0.4005 |
| 无芒隐子草 | 0.3968 | 0.2797 | 1.0000 | 0.7399 | 0.4074 | 0.3926 | 0.3407 | 0.3361 | 0.5114 | 0.3747 | 0.3736 | 0.3314 | 0.4663 | 0.4887 |
| 糙隐子草 | 0.3808 | 0.2876 | 0.7389 | 1.0000 | 0.4298 | 0.3946 | 0.3757 | 0.3554 | 0.5308 | 0.3923 | 0.3883 | 0.3344 | 0.4391 | 0.4628 |
| 银灰旋花 | 0.4653 | 0.3823 | 0.3843 | 0.4076 | 1.0000 | 0.4232 | 0.4827 | 0.4770 | 0.4512 | 0.4126 | 0.4345 | 0.4280 | 0.3861 | 0.3800 |
| 裸芸香 | 0.4277 | 0.3755 | 0.3711 | 0.3747 | 0.4242 | 1.0000 | 0.4141 | 0.4275 | 0.3665 | 0.4334 | 0.3762 | 0.4527 | 0.3701 | 0.4016 |
| 冠芒草 | 0.4900 | 0.4754 | 0.3244 | 0.3611 | 0.4902 | 0.4211 | 1.0000 | 0.5602 | 0.4378 | 0.4994 | 0.5098 | 0.5441 | 0.4035 | 0.4121 |
| 狗尾草 | 0.4466 | 0.4268 | 0.3319 | 0.3524 | 0.4945 | 0.4488 | 0.5719 | 1.0000 | 0.4424 | 0.4799 | 0.5732 | 0.6224 | 0.4109 | 0.3876 |
| 栉叶蒿 | 0.3955 | 0.3281 | 0.5099 | 0.5307 | 0.4779 | 0.3876 | 0.4532 | 0.4455 | 1.0000 | 0.4323 | 0.4814 | 0.4297 | 0.4747 | 0.5491 |
| 猪毛菜 | 0.5518 | 0.4836 | 0.3652 | 0.3852 | 0.4276 | 0.4485 | 0.5073 | 0.4750 | 0.4248 | 1.0000 | 0.4523 | 0.4597 | 0.4483 | 0.4319 |
| 灰绿藜 | 0.4460 | 0.4108 | 0.3771 | 0.3934 | 0.4630 | 0.4063 | 0.5312 | 0.5807 | 0.4863 | 0.4666 | 1.0000 | 0.5772 | 0.5204 | 0.4821 |
| 细叶韭 | 0.4311 | 0.4264 | 0.2673 | 0.2662 | 0.3793 | 0.3951 | 0.4885 | 0.5596 | 0.3588 | 0.3916 | 0.4991 | 1.0000 | 0.3519 | 0.3375 |
| 木地肤 | 0.3441 | 0.4179 | 0.4511 | 0.4248 | 0.3962 | 0.3787 | 0.4063 | 0.4009 | 0.4625 | 0.4436 | 0.5041 | 0.4075 | 1.0000 | 0.6244 |
| 寸草苔 | 0.3834 | 0.4450 | 0.4991 | 0.4754 | 0.4179 | 0.4357 | 0.4396 | 0.4036 | 0.5597 | 0.4512 | 0.4886 | 0.4238 | 0.6432 | 1.0000 |

**表 3-18　轮牧区的种间关联度分析**

| 关联矩阵 | 短花针茅 | 碱韭 | 无芒隐子草 | 糙隐子草 | 银灰旋花 | 裸芸香 | 冠芒草 | 狗尾草 | 栉叶蒿 | 猪毛菜 | 灰绿藜 | 细叶韭 | 木地肤 | 寸草苔 |
|---|---|---|---|---|---|---|---|---|---|---|---|---|---|---|
| 短花针茅 | 1.0000 | 0.4278 | 0.4339 | 0.4612 | 0.4982 | 0.5885 | 0.5814 | 0.6045 | 0.4646 | 0.5234 | 0.4897 | 0.4923 | 0.5286 | 0.4274 |
| 碱韭 | 0.4871 | 1.0000 | 0.4504 | 0.5418 | 0.4959 | 0.4752 | 0.4821 | 0.4729 | 0.4797 | 0.4515 | 0.5425 | 0.5436 | 0.5298 | 0.5230 |
| 无芒隐子草 | 0.4513 | 0.4086 | 1.0000 | 0.4542 | 0.4727 | 0.4854 | 0.4212 | 0.5274 | 0.4951 | 0.4853 | 0.4412 | 0.4596 | 0.5154 | 0.4844 |
| 糙隐子草 | 0.5071 | 0.5284 | 0.4831 | 1.0000 | 0.4555 | 0.4863 | 0.4579 | 0.5144 | 0.4882 | 0.4955 | 0.5353 | 0.4851 | 0.5089 | 0.5313 |
| 银灰旋花 | 0.5105 | 0.4469 | 0.4673 | 0.4189 | 1.0000 | 0.5227 | 0.4643 | 0.5245 | 0.4881 | 0.5042 | 0.4998 | 0.4912 | 0.5354 | 0.4567 |
| 裸芸香 | 0.5906 | 0.4169 | 0.4703 | 0.4420 | 0.5134 | 1.0000 | 0.5764 | 0.6883 | 0.4939 | 0.5060 | 0.5066 | 0.4936 | 0.5922 | 0.4767 |
| 冠芒草 | 0.5923 | 0.4351 | 0.4153 | 0.4218 | 0.4643 | 0.5861 | 1.0000 | 0.6096 | 0.4525 | 0.4849 | 0.5065 | 0.4595 | 0.4925 | 0.4615 |
| 狗尾草 | 0.6601 | 0.4729 | 0.5687 | 0.5276 | 0.5706 | 0.7352 | 0.6577 | 1.0000 | 0.5451 | 0.5727 | 0.5768 | 0.5555 | 0.6649 | 0.5354 |
| 栉叶蒿 | 0.4912 | 0.4479 | 0.5058 | 0.4693 | 0.5040 | 0.5185 | 0.4679 | 0.5125 | 1.0000 | 0.5625 | 0.4924 | 0.4437 | 0.5794 | 0.4765 |
| 猪毛菜 | 0.4985 | 0.3680 | 0.4445 | 0.4264 | 0.4675 | 0.4780 | 0.4485 | 0.4849 | 0.5102 | 1.0000 | 0.4156 | 0.4024 | 0.4915 | 0.3851 |
| 灰绿藜 | 0.5142 | 0.5062 | 0.4484 | 0.5134 | 0.5114 | 0.5282 | 0.5190 | 0.5432 | 0.4890 | 0.4659 | 1.0000 | 0.5081 | 0.5557 | 0.5276 |
| 细叶韭 | 0.5265 | 0.5184 | 0.4770 | 0.4731 | 0.5138 | 0.5250 | 0.4822 | 0.5316 | 0.4514 | 0.4621 | 0.5188 | 1.0000 | 0.5605 | 0.5283 |
| 木地肤 | 0.5664 | 0.5080 | 0.5361 | 0.4999 | 0.5614 | 0.6221 | 0.5182 | 0.6483 | 0.5893 | 0.5549 | 0.5685 | 0.5632 | 1.0000 | 0.4966 |
| 寸草苔 | 0.4756 | 0.5119 | 0.5166 | 0.5337 | 0.4920 | 0.5217 | 0.4972 | 0.5247 | 0.4976 | 0.4597 | 0.5490 | 0.5416 | 0.5085 | 1.0000 |

在轮牧区（表 3-18），以建群种短花针茅为母序列，以其他植物种群为子序列，则短花针茅与其他植物种群的关联度依次为 0.6045（狗尾草）、0.5885（裸芸香）、0.5814（冠芒草）、0.5286（木地肤）、0.5234（猪毛菜）、0.4982（银灰旋花）、0.4923（细叶韭）、0.4897（灰绿藜）、0.4646（栉叶蒿）、0.4612（糙隐子草）、0.4339（无芒隐子草）、0.4278（碱韭）、0.4274（寸草苔）。以优势种碱韭为母序列，以其他植物种群为子序列，则碱韭与其他植物种群的关联度依次为 0.5436（细叶韭）、0.5425（灰绿藜）、0.5418（糙隐子草）、0.5298（木地肤）、0.5230（寸草苔）、0.4959（银灰旋花）、0.4871（短花针茅）、0.4821（冠芒草）、0.4797（栉叶蒿）、0.4752（裸芸香）、0.4729（狗尾草）、0.4515（猪毛菜）、0.4504（无芒隐子草）。以优势种无芒隐子草为母序列，以其他植物种群为子序列，则无芒隐子草与其他植物种群的关联度依次为 0.5274（狗尾草）、0.5154（木地肤）、0.4951（栉叶蒿）、0.4854（裸芸香）、0.4853（猪毛菜）、0.4844（寸草苔）、0.4727（银灰旋花）、0.4596（细叶韭）、0.4542（糙隐子草）、0.4513（短花针茅）、0.4412（灰绿藜）、0.4212（冠芒草）、0.4086（碱韭）。可以看到，与对照区一样，以不同植物种群为母序列，其他植物种群为子序列，母序列植物种群与子序列植物种群的种间关联度存在差别，表明不同植物种群间的关联程度不同，即种间关系不同；即使是同一物种对，作为母序列的植物种群不同，其种间关联度也不同。与对照区相比，轮牧区的种间关联系数较大，表明轮牧有利于物的种间关联程度加强，能够使草地植物群落结构和功能更加稳定。

在自由放牧区（表 3-19），以建群种短花针茅为母序列，以其他植物种群为子序列，则短花针茅与其他植物种群的关联度依次为 0.5420（灰绿藜）、0.4967（狗尾草）、0.4955（栉叶蒿）、0.4743（木地肤）、0.4712（裸芸香）、0.4681（银灰旋花）、0.4186（猪毛菜）、0.4010（糙隐子草）、0.3947（寸草苔）、0.3840（冠芒草）、0.3771（无芒隐子草）、0.3662（碱韭）、0.3347（细叶韭）。以优势种碱韭为母序列，以其他植物种群为子序列，则碱韭与其他植物种群的关联度依次为 0.3653（栉叶蒿）、0.3548（短花针茅）、0.3457（细叶韭）、0.3396（无芒隐子草）、0.3262（银灰旋花）、0.3262（狗尾草）、0.3132（猪毛菜）、0.3035（寸草苔）、0.3023（灰绿藜）、0.3013（裸芸香）、0.2759（糙隐子草）、0.2531（木地肤）、0.2510（冠芒草）。以优势种无芒隐子草为母序列，以其他植物种群为子序列，则无芒隐子草与其他植物种群的关联度依次为 0.4936（寸草苔）、0.4649（糙隐子草）、0.4522（冠芒草）、0.4252（栉叶蒿）、0.4148（短花针茅）、0.4078（猪毛菜）、0.3951（细叶韭）、0.3884（碱韭）、0.3843（银灰旋花）、0.3702（木地肤）、0.3575（灰绿藜）、0.3322（狗尾草）、0.3250（裸芸香）。可以看到，与对照区和轮牧区一样，以不同植物种群为母序列，其他植物种群为子序列，母序列植物种群与子序列植物种群的种间关联度存在差别，表明不同植物种群间的关联程度不同，即种间关系不

表 3-19　自由放牧区的种间关联度分析

| 关联矩阵 | 短花针茅 | 碱韭 | 无芒隐子草 | 糙隐子草 | 银灰旋花 | 裸芸香 | 冠芒草 | 狗尾草 | 栉叶蒿 | 猪毛菜 | 灰绿藜 | 细叶韭 | 木地肤 | 寸草苔 |
|---|---|---|---|---|---|---|---|---|---|---|---|---|---|---|
| 短花针茅 | 1.0000 | 0.3662 | 0.3771 | 0.4010 | 0.4681 | 0.4712 | 0.3840 | 0.4967 | 0.4955 | 0.4186 | 0.5420 | 0.3347 | 0.4743 | 0.3947 |
| 碱韭 | 0.3548 | 1.0000 | 0.3396 | 0.2759 | 0.3262 | 0.3013 | 0.2510 | 0.3262 | 0.3653 | 0.3132 | 0.3023 | 0.3457 | 0.2531 | 0.3035 |
| 无芒隐子草 | 0.4148 | 0.3884 | 1.0000 | 0.4649 | 0.3843 | 0.3250 | 0.4522 | 0.3322 | 0.4252 | 0.4078 | 0.3575 | 0.3951 | 0.3702 | 0.4936 |
| 糙隐子草 | 0.4188 | 0.3065 | 0.4453 | 1.0000 | 0.4038 | 0.3662 | 0.4234 | 0.3750 | 0.3968 | 0.3504 | 0.4526 | 0.3519 | 0.4737 | 0.6167 |
| 银灰旋花 | 0.5049 | 0.3829 | 0.3901 | 0.4318 | 1.0000 | 0.5140 | 0.3998 | 0.5141 | 0.4846 | 0.4003 | 0.4486 | 0.4552 | 0.3871 | 0.4565 |
| 裸芸香 | 0.5101 | 0.3577 | 0.3303 | 0.3910 | 0.5140 | 1.0000 | 0.3763 | 0.5336 | 0.4199 | 0.4773 | 0.5318 | 0.4589 | 0.3190 | 0.3237 |
| 冠芒草 | 0.3798 | 0.2592 | 0.4110 | 0.4018 | 0.3512 | 0.3273 | 1.0000 | 0.3141 | 0.3453 | 0.3945 | 0.3960 | 0.4138 | 0.3907 | 0.3903 |
| 狗尾草 | 0.5109 | 0.3566 | 0.3124 | 0.3731 | 0.4865 | 0.5086 | 0.3324 | 1.0000 | 0.4118 | 0.3818 | 0.3894 | 0.4002 | 0.3990 | 0.3354 |
| 栉叶蒿 | 0.5274 | 0.4106 | 0.4217 | 0.4130 | 0.4757 | 0.4105 | 0.3776 | 0.4316 | 1.0000 | 0.3272 | 0.3453 | 0.3399 | 0.3973 | 0.4102 |
| 猪毛菜 | 0.4277 | 0.3347 | 0.3769 | 0.3419 | 0.3638 | 0.4420 | 0.4085 | 0.3750 | 0.3024 | 1.0000 | 0.4635 | 0.4210 | 0.3846 | 0.3088 |
| 灰绿藜 | 0.5384 | 0.3113 | 0.3141 | 0.4338 | 0.3998 | 0.4871 | 0.3970 | 0.3693 | 0.3071 | 0.4497 | 1.0000 | 0.3555 | 0.4003 | 0.4042 |
| 细叶韭 | 0.3501 | 0.3712 | 0.3755 | 0.3499 | 0.4281 | 0.4267 | 0.4337 | 0.4000 | 0.3240 | 0.4274 | 0.3762 | 1.0000 | 0.3459 | 0.3021 |
| 木地肤 | 0.4628 | 0.2547 | 0.3234 | 0.4481 | 0.3254 | 0.2656 | 0.3838 | 0.3735 | 0.3492 | 0.3641 | 0.3927 | 0.3208 | 1.0000 | 0.4280 |
| 寸草苔 | 0.4150 | 0.3375 | 0.4745 | 0.6178 | 0.4317 | 0.3000 | 0.4111 | 0.3389 | 0.3957 | 0.3192 | 0.4261 | 0.3055 | 0.4536 | 1.0000 |

同；即使是同一物种对，作为母序列的植物种群不同，其种间关联度也不同。与对照区相比，自由放牧区的种间关联系数较小，表明自由放牧区物种间的种间关联程度较对照区弱，应该引起重视；相对轮牧区来看，自由放牧区的种间关联很弱。

从整体来看，物种间的关联程度为轮牧区＞对照区＞自由放牧区。各植物种群在不同放牧条件下，其种间关联度存在差别，并且以同一物种为母序列，其关联序列也不同，例如，在对照区、轮牧区和自由放牧区，各植物种群与短花针茅关联系数由大到小的顺序是不同的。这表明，不同的放牧制度对种间关联程度的影响不同，并且不同放牧制度可能导致物种间的关联重新建立，使得各植物种群种间关系适应新环境，并维持这种群落结构和功能的相对稳定，如果这种关联关系不利于群落结构和功能的相对稳定，就有可能导致草地植物群落的退化或演替。

## 五、种间关系分析方法比较

研究种间关系的方法主要有卡方检验、Pearson 秩相关、Spearman 秩相关等，不同的统计方法从不同侧面分析种间关系的强弱，卡方检验主要从物种对应出现的情况做出统计判别，而 Pearson 秩相关、Spearman 秩相关根据数组对应变化的趋势对种间关系进行统计判别。利用关联度分析物种间的种间关系比较少见，但目前，关联度分析应用十分广泛，几乎渗透到社会和自然科学各个领域，如农业、教育、卫生、政法、环保、军事、地理、地质、石油、水文、气象、生物等。本研究表明，Pearson 秩相关、Spearman 秩相关能够研究物种间的正关联、负关联、弱关联和无关联，并对不同放牧制度下种间关联系数进行比较以区别种间关联的大小，但需要在统计学中一定的显著水平上进行讨论。而关联度分析不需要显著水平的限定，其除了可以比较不同放牧制度下种间关联系数以区别种间关联度的大小外，还可以很明确地给出某一物种的关联系列，但由于其 $0<r<1$，只能看到关联程度的大小，无法判别物种间究竟是正关联还是负关联。除此之外，灰色系统理论的关联度分析与数理统计学的相关分析还存在以下不同。第一，它们的理论基础不同。关联度分析基于灰色系统的灰色过程，而相关分析则基于概率论的随机过程。第二，分析方法不同。关联度分析是进行因素间时间序列的比较，而相关分析是因素间数组的比较。第三，数据量要求不同。关联度分析不要求有太多数据，而相关分析则需有足够的数据量。第四，研究重点不同。关联度分析主要研究动态过程，而相关分析则以静态研究为主。

### 六、种间关系的表现及其与放牧强度的关系

种间关系表现的是物种彼此之间趋同或趋异、生态位分化的结果，是物种长期演化、自然选择的一种对策，是群落对环境适应的一种表现。不同放牧制度下，利用物种的密度数据对物种的种间关系进行研究，可以分析对照区、轮牧区、自由放牧区中物种之间的相互依赖、相互分离关系。本研究结果表明，不同放牧制度下种间关系存在明显差异，同一物种因放牧制度不同导致其与其他物种之间的关系也明显不同。这可能是因为在不同放牧制度下，首先影响的是单一物种与其他物种之间的关系，因为放牧制度不同，会导致放牧压和放牧频率都存在时间及空间的差异，同时家畜又有选择性采食的习惯，导致部分物种受到限制，部分物种没有受到影响或影响很小，导致无论是在哪一种放牧制度下，会形成两个明显负相关的植物种群群组，群组内呈现显著的正相关。在后续的研究中，应该对不同群组内的代表性物种进行深入研究，特别是对物种的繁殖生态学应进行深入研究。在不同的放牧制度下，与其他植物种群关系复杂的植物种群也不同。例如，在对照区，种 7、种 8、种 12 与其他植物种群关系复杂；而在轮牧区，种 1、种 2、种 14 等与其他植物种群关系复杂，在自由放牧区，很难找到与其他植物种群关系复杂的植物种。从这一点来看，对照区只有种 12（细叶韭）为多年生植物，而轮牧区种 1（短花针茅）、种 2（碱韭）、种 14（寸草苔）都为多年生植物种群，且短花针茅为建群种，碱韭为优势种，表明轮牧区较对照区和自由放牧区更有利于草地生态系统的稳定。但是，在轮牧区以短花针茅为核心的植物种群群组和以碱韭为核心的植物种群群组之间负相关关系非常明显，而轮牧对这两大植物群组的组内、组间关系的影响过程与机理应该引起重视，并应该进一步研究。

## 第七节　土壤氮素的空间异质性

土壤的空间异质性研究主要是以地统计学为基础（Cambardella et al.，1994），自 1983 年以来，一些国外学者将地统计学引入土壤空间异质性研究当中，将空间上的复杂变异定量化，此时空间异质性成为土壤研究的重要内容之一。国外对地统计方法的使用比较早，主要针对农田土壤理化性质的空间变异特征进行研究（雷志栋等，1985；Iqbal et al.，2005）。我国自 20 世纪 80 年代开始将地统计方法引入土壤科学研究中（龚元石等，1998；谢永华等，1998；胡克林等，1999，2001；郑纪勇等，2004）。早期土壤变异性研究的方法是依据成土因子将土壤划分为内部相对均一的分类或制图单元，把土壤的连续变异转化为土壤单元间的差异。现代研究的先进技术手段和不断发展的计算机数据处理分析功能给土壤空间异质性研

究加入新鲜血液，使其在理论和方法上逐渐走向完善阶段，国内外已经取得了许多关于不同地区、不同海拔或是不同土壤类型的理化性质方面的空间异质性研究成果。

在土壤养分研究方面，Schlesinger 等（1996）认为地理信息系统和地统计相结合的方法能够有效地解释土壤养分的空间分布格局对生态过程及功能的影响，影响土壤性质空间变异的因素主要包括成土母质（Wild，1971）、地形（Bhatti et al.，1991）和人类干扰活动（Scott et al.，1994）等因素。但在气候条件一致的特定区域内，生态系统经过长期自身演替和人为干扰后，由母质差异等引起的空间变异将逐渐减小，而人类干扰活动对土壤性质则有着深远的影响（Grieve，2001；贾晓红等，2006；司建华等，2009）。王其兵等（1998）、熊小刚和韩兴国（2005）、左小安等（2009）等对内蒙古不同地区不同群落下土壤有机碳与氮素进行了研究，刘文全（2005）对四川盆地中部地区土壤磷素进行过探讨，张璞进等（2009）、黄雪菊（2005）、曾宏达（2006）和张子峰（2007）侧重于考虑土壤养分整体性空间分布特征，王庆成（2004）对土壤养分与植物根系之间的关系进行了深入研究。目前土壤养分空间异质性研究主要停留在土壤养分空间分布特征和决定因素上，对放牧条件下土壤养分空间异质性的研究较少。因此，探寻放牧条件下土壤氮素空间分布将会丰富土壤养分空间异质性研究内容。

## 一、土壤氮素含量的描述性统计

在不考虑空间位置及取样间距的情况下，不同放牧制度下土壤碱解氮含量和全氮含量的各项统计指标均有较大的差异，存在异质性现象（表 3-20）。土壤表层碱解氮含量（CK-1、RG-1、CG-1）变化从均值看，在对照区和自由放牧区没有差异，轮牧区显著小于对照区和自由放牧区（$P<0.05$）。从变异系数看，自由放牧区土壤碱解氮含量的变异系数最大（20.71%）；对照区和轮牧区的变异系数

**表 3-20 土壤氮素含量的描述性统计**

| 处理 | 平均值 | 标准差 | 变异系数（%） | 方差 | 峰度 | 偏度 | 最小值 | 最大值 |
|---|---|---|---|---|---|---|---|---|
| CK-1 | 117.23mg/kg a | 21.25 | 18.12 | 451.44 | 0.92 | 1.15 | 78.70mg/kg | 182.68mg/kg |
| RG-1 | 79.90mg/kg b | 15.02 | 18.79 | 225.46 | 5.99 | 1.59 | 53.37mg/kg | 154.62mg/kg |
| CG-1 | 113.32mg/kg a | 23.47 | 20.71 | 550.89 | 1.85 | 1.19 | 72.80mg/kg | 195.22mg/kg |
| CK-2 | 2.33g/kg a | 0.22 | 9.44 | 0.05 | 0.04 | 0.09 | 1.77g/kg | 2.94g/kg |
| RG-2 | 2.30g/kg a | 0.25 | 10.87 | 0.06 | 1.08 | 0.98 | 1.80g/kg | 3.04g/kg |
| CG-2 | 2.27g/kg a | 0.52 | 22.91 | 0.27 | 5.45 | 1.89 | 1.57g/kg | 4.85g/kg |

注：不同字母表示不同处理间差异显著（$P<0.05$）

接近，分别为 18.12%和 18.79%。从最大值与最小值之间的相差幅度看，对照区最大值与最小值之间相差 103.98mg/kg，轮牧区最大值与最小值之间相差 101.25mg/kg，自由放牧区最大值与最小值之间相差 122.42mg/kg。

从土壤全氮含量（CK-2、RG-2、CG-2）均值变化看，不同试验区土壤全氮含量不存在显著性差异（$P>0.05$）。从变异系数看，自由放牧区表层土壤全氮含量变异系数最大，为22.91%；对照区表层土壤全氮含量变异系数最小，仅为9.44%；轮牧区的土壤全氮含量变异系数居于两者之间。从最大值与最小值的变动幅度来看，对照区最大值与最小值之间相差 1.17g/kg，轮牧区最大值与最小值之间相差 1.24g/kg，自由放牧区最大值与最小值之间相差 3.28g/kg。

因此，受不同放牧制度影响，表层土壤碱解氮含量产生显著性差异，土壤全氮含量没有发生显著性变化。样点间土壤碱解氮含量差异在对照区和轮牧区相近，而自由放牧区样点间的差异大于对照区和轮牧区。土壤全氮含量在样点间的差异按对照区、轮牧区和自由放牧区的顺序递增。这表明，受不同放牧制度的影响，表层土壤碱解氮含量和全氮含量存在空间分布差异，即存在空间异质性分布特征。经 SAS 对不同放牧条件下的土壤表层碱解氮含量和全氮含量进行正态性检验，结果表明每一组样点数据均符合正态分布，可以直接利用 GS+对原始数据进行空间异质性分析。

## 二、空间格局的变异函数

对不同放牧制度下各样点处土壤碱解氮含量和土壤全氮含量进行各向同性的变异函数分析，不同放牧制度下土壤碱解氮含量的变异函数值均呈现出理论模型的变化趋势，对照区和轮牧区土壤碱解氮含量的变异函数值均呈现指数理论模型的变化趋势，而自由放牧区土壤碱解氮含量的变异函数值则呈现出球状理论模型的变化趋势。土壤全氮含量在对照区的变异函数呈球状模型变化趋势，在轮牧区和自由放牧区呈指数模型变化趋势。在研究区域内，不同放牧制度下土壤表层碱解氮含量和土壤全氮含量在空间上均具有明显的差别，随着两点间距离的增大，这种差别也在加大。

不同放牧制度下土壤表层碱解氮含量和土壤全氮含量变异函数的理论模型及有关空间异质性的参数如表 3-21 所示。土壤表层碱解氮含量半方差函数在对照区、轮牧区、自由放牧区的块金值 $C_0$ 依次为 4.00、22.30、1.00。轮牧区土壤碱解氮含量较大的块金值表明其在较小尺度上受随机因素的影响较大；而自由放牧区土壤碱解氮含量较小的块金值表明其在较小尺度范围内的分布受随机因素的影响较小。基台值 $C_0+C$ 表示土壤碱解氮含量在研究系统中最大的变异程度，对照区、轮牧区、自由放牧区的基台值 $C_0+C$ 依次为 398.80、237.50、513.40，表明土壤碱解氮含量分布的空间异质性最大变异程度为轮牧区＜对照区＜自由放牧区。从空间结构方差 $C$ 与总变异方差 $C_0+C$ 的比值——结构比来看，结构因素是土壤碱解氮空间异质性的主要影响因素（表 3-21），对照区、轮牧区、自由放牧区的结构比依次为 0.990、0.906、0.998，均大于 75%，表明不管是哪种放牧制度都表现出很强的空间自相关性，且结构原因导致的空间变异所占的比例较大。不同放牧制度下块金值与基台值之比 $C_0/(C_0+C)$ 表明，土壤碱解氮含量由随机因素引起的空间异质性占总空间异质性的比例均小于 10%，而且都主要表现在 10m 以下的小尺度上。

**表 3-21　土壤氮素含量空间格局的变异函数分析**

| 处理 | 模型 $r(h)$ | 块金值 $C_0$ | 基台值 $C_0+C$ | 结构比 $C/(C_0+C)$ | 范围参数 $a_0$ | 残差平方和 RSS | 决定系数 $R^2$ | 相关尺度 |
|---|---|---|---|---|---|---|---|---|
| CK-1 | 指数 | 4.0000 | 398.8000 | 0.990 | 2.88 | 6801.0000 | 0.507 | 8.64 |
| RG-1 | 指数 | 22.3000 | 237.5000 | 0.906 | 3.21 | 227.0000 | 0.938 | 9.63 |
| CG-1 | 球状 | 1.0000 | 513.4000 | 0.998 | 1.71 | 7487.0000 | 0.292 | 1.71 |
| CK-2 | 球状 | 0.0001 | 0.0483 | 0.998 | 1.47 | 0.0001 | 0.101 | 1.47 |
| RG-2 | 指数 | 0.0171 | 0.0738 | 0.768 | 1.04 | 0.0000 | 0.929 | 3.12 |
| CG-2 | 指数 | 0.0853 | 0.3436 | 0.752 | 1.01 | 0.0016 | 0.738 | 3.03 |

土壤全氮含量在对照区、轮牧区、自由放牧区的块金值 $C_0$ 依次为 0.0001、0.0171、0.0853。表明在较小尺度上，自由放牧区土壤全氮含量空间分布受随机因素影响最大，其次为轮牧区，对照区受随机因素影响最小。基台值 $C_0+C$ 表示土壤全氮含量在研究系统中最大的变异程度，由表 3-21 可知，土壤全氮含量分布的空间异质性最大变异程度为自由放牧区＞轮牧区＞对照区。从空间结构方差 $C$ 与总变异方差 $C_0+C$ 的比值——结构比来看，结构因素是土壤全氮空间异质性的主要影响因素，对照区、轮牧区、自由放区的结构比依次为 0.998、0.768、0.752，均大于 75%，表明土壤全氮含量分布状况不管在哪种放牧制度下都表现出很强的空间自相关性，结构原因导致的空间变异所占的比例较大。不同放牧制度下块金值与基台值之比 $C_0/(C_0+C)$ 表明，土壤全氮含量由随机因素引起的空间异质性占总空间异质性的比例均小于 25%，而且都主要表现在 10m 以下的小尺度上。

总体来看，结构因素是导致土壤碱解氮含量和土壤全氮含量空间分布的决定性因素，但受放牧制度、家畜采食与践踏、粪尿的随机排放及植物种群年度间或季节间消长变化的影响，土壤氮素含量空间分布在各个试验区中产生了差异，这种差异不但反映在块金值上，也反映在结构比上。表 3-21 表明，长期轮牧使得土壤碱解氮含量和土壤全氮含量空间分布受随机因素影响大，长期自由放牧使土壤全氮含量空间分布受随机因素影响大，长期处于围封状态的对照区土壤碱解氮含量和土壤全氮含量空间分布几乎不受随机因素影响。

## 三、分形维数分析

在变异函数分析的基础上，进行各向同性的分形维数计算（图 3-20），结果表明，不同放牧制度下土壤碱解氮含量空间格局的分形维数（*D* 值）不同，对照区、轮牧区、自由放牧区依次为 1.888、1.883、1.991，都接近于 2，决定了土壤碱解氮含量的半方差曲线较为平缓。这个较大的 *D* 值，一是说明土壤碱解氮含量空间分布变异主要发生在较小的尺度上，即相邻样点间的土壤碱解氮含量差异很大，这导致小尺度上产生较大的变异。二是表明土壤碱解氮含量在变程 $a_0$ 范围内，其分布格局的形成受到较为单一过程的控制，形成土壤碱解氮含量较大的斑块与土壤碱解氮含量较小的斑块相间分布的格局。三是表明土壤碱解氮含量在不同利用方式下不同尺度间空间分布的异质性不大，单是从 *D* 值的大小来看，土壤碱解氮含量空间异质性为自由放牧区＞对照区＞轮牧区。

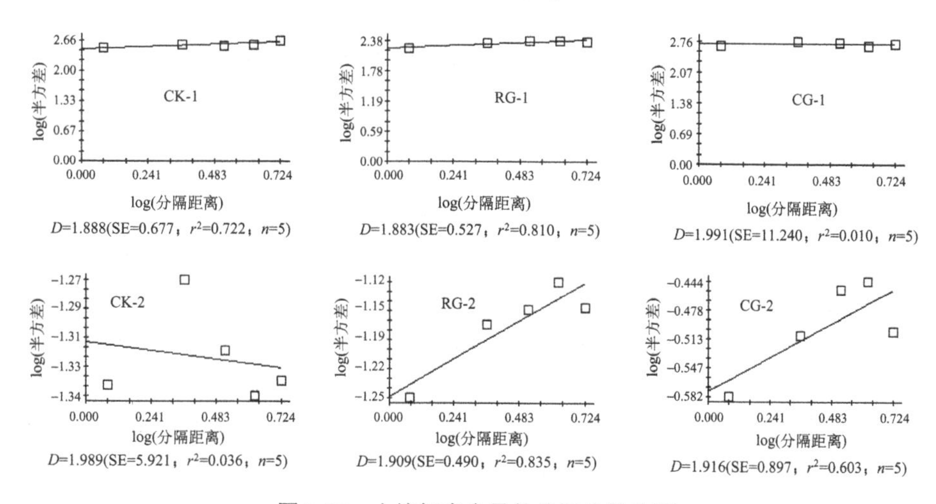


图 3-20　土壤氮素含量的分形维数分析

土壤全氮含量空间格局的分形维数（*D* 值）在对照区、轮牧区、自由放牧区依次为 1.989、1.909、1.916，也都接近于 2，从空间异质性角度来说，*D* 值越接近于 2，*m*（双对数半方差图的斜率）值越小，直线越陡，不同样地间差异越显著，格局的空间异质性越强。由此表明，土壤全氮含量在对照区的空间异质性最大，在轮牧区的空间异质性最小，而自由放牧区的空间异质性居于两者之间。

因此，分形维数能够很好地反映土壤氮素含量空间异质性大小，多年轮牧能够减小土壤氮素空间分布的异质性，自由放牧导致表层土壤碱解氮含量空间差异较大。

## 四、土壤氮素含量空间分布格局的平面图

运用克里格插值法对土壤碱解氮含量空间分布进行插值，并绘制土壤碱解氮含量和土壤全氮含量分布平面图。结果得出，对照区土壤碱解氮含量的分布形成了一处大的条带和零星的几块斑块，整体性较好。轮牧区土壤碱解氮含量的分布较为均匀，整体上呈现片状分布。在自由放牧区，存在 3 处土壤碱解氮含量较高的大斑块，整体呈破碎斑块分布。这主要与自由放牧下家畜的选择性采食、践踏等因素有关。

土壤全氮含量在对照区斑块化明显，这主要是因为对照区植物种群盖度大，没有家畜的影响，使得草原黄鼠在此区活动频繁，鼠洞较多，导致土壤全氮含量分布呈现斑块化。轮牧区和自由放牧区土壤全氮含量空间分布均呈现片状。总体来看，在轮牧区，土壤碱解氮含量和土壤全氮含量空间分布都比较均匀，而对照区和自由放牧区则没有这种分布特征。

## 五、土壤氮素空间异质性研究需注意的问题

土壤氮素含量空间格局的形成与土壤本身的结构和质地密切相关，同时与降水的影响和地表径流有关，以致沿易形成地表径流的低地等呈明显的条带状分布。同时，对于不同放牧制度，家畜采食践踏程度不同，家畜粪尿散落的集中程度也不同，导致土壤氮素含量空间异质性变化不但受土壤本身性质和水分分布的影响，也受放牧家畜的影响。因此，在进行土壤氮素含量空间异质性分析时，应该将地形因素、土壤本身理化性质和放牧制度等进行综合考虑，以便分析土壤氮素含量空间异质性现状的决定因素。

变异函数是揭示变异现象中较为简单有效的数量方法，Cambardella 等（1994）研究认为，$C/(C_0+C)$值＞75%、75%～25%、＜25%分别表明变量的空间自相关性较强、中等、较弱。因此，由表 3-21 可以看出，无论是对照区、轮牧区还是自由放牧区，土壤氮素含量分布都存在较强的空间自相关性。同时也可以看出，无论是对照区、轮牧区还是自由放区，结构因素引起的变异要远大于随机因素引起的变异。但这种结构性变异究竟是土壤资源本身异质性造成的，是不同地形特点下水分条件引起的，还是不同放牧制度引起的，有待于进一步研究。

# 第四章　轮牧时间对植物群落及土壤理化性质的影响

轮牧时间放牧试验于 1999 年开始，每年（1999～2010 年）5 月 1 日轮牧开始，遇到干旱年份，初始放牧时间向后推移。试验选择在孙少清（划区轮牧）牧户设划区轮牧（RG）和对照（CK）两个试验处理，划区轮牧草地面积为 536$hm^2$，分为夏秋场和冬春场，夏秋场面积为 320$hm^2$，又分为 8 个等面积的轮牧小区进行划区轮牧（RG1 区、RG2 区为早期放牧小区，RG3～RG6 区为中期放牧小区，RG7 区、RG8 区为晚期放牧小区），每个轮牧小区面积为 40$hm^2$，8 个轮牧小区的放牧顺序为 RG1 区、RG2 区、RG3 区……RG8 区，每个小区放牧 7 天，夏秋场放牧时间为 180 天；冬春场面积为 216$hm^2$，放牧时间为 185 天，冬春季节自由放牧。划区轮牧区放牧 863 只羊，折合 666 羊单位。划区轮牧全年载畜率为 1.24 只/$hm^2$。另外，设一个 100m×100m 的围栏封育小区（不放牧）作为对照（CK）区。

## 第一节　主要植物种群植物学特性

植物学性状的表现直接体现出一个种群植株的优劣。植株的株高、叶长、叶宽和草丛结构直接关系到植株的产草量及品质；植株的花序数、花序长、每序小花数、结实率等又与植株的种子产量有很大关系；根系入土深浅直接关系到植株抗旱、抗寒能力的强弱，入土越深，抗旱、抗寒能力越强（王桂花等，2004）。冠幅的大小不仅反映植物种群单株株体的大小情况，也反映其占有空间的能力和光合作用面积的大小，进而反映植物种群在群落中的空间竞争能力；根幅的大小反映植物种群占有土壤资源的能力，进而反映植物种群在土层中的资源获取能力；基部面积指植物种群株体靠近地面的面积，某种植物所有株体基部面积的总和常被称为基盖度。

本节主要从植物学性状指标冠幅、基部面积、根幅、根幅/冠幅（根冠比，指空间比）、叶片数、生殖枝数和根系数研究荒漠草原建群种与优势种（主要植物种群）受放牧时间影响的程度，考察不同轮牧时间主要植物种群的响应情况。根冠比意义重大，当根系的吸收能力大于地上部分的消耗能力时，植物就会加强地上部分的生长；当地上部分的蒸腾作用大于根系的吸收作用时，地上部分的生长会受到限制（甚至凋零萎蔫），根系部分就会加强生长；这样周期性地调节，促进植物不停生长。在使用花盆等容器栽培植物的时候，因为栽培介质的容量有限，根系很难像在自然界中那样可以无限扩展，根冠比很难达到平衡状态，导致种在花盆中的植物萎蔫。根冠比低的植物，往往叶片比较小，茎秆细小；根冠比合理的植物，叶片大，茎秆粗壮；根冠比大的植物，植株矮壮，多花多果，抗逆性强。因此，本节基于冠幅、基部面积、根幅等指标，探讨了不同植物种群占有地上空间和土层空间的能力差异。

## 一、主要植物种群冠幅变化

主要植物种群冠幅变化见表 4-1，短花针茅植物种群冠幅的长和宽在各小区内无显著差异（$P>0.05$），CK 区冠幅面积显著高于 RG8 区（$P<0.05$），其余小区之间无显著差异（$P>0.05$）。在不同放牧时间下，短花针茅植物种群冠幅长和宽差异不明显，但中期放牧区内冠幅面积较大。

**表 4-1　主要植物种群冠幅变化**

| 植物种群 | 处理区 | 冠幅 | | 冠幅面积（$cm^2$） |
|---|---|---|---|---|
| | | 长（cm） | 宽（cm） | |
| 短花针茅 | RG1 | 24.00±4.58a | 18.67±4.98a | 390.90±152.38ab |
| | RG2 | 24.67±3.18a | 16.00±1.73a | 329.30±56.27ab |
| | RG3 | 28.33±0.67a | 23.00±2.52a | 519.00±43.18ab |
| | RG4 | 20.67±7.17a | 18.67±6.67a | 378.80±251.12ab |
| | RG5 | 21.33±6.98a | 19.33±6.44a | 395.30±244.47ab |
| | RG6 | 25.67±4.33a | 19.00±1.73a | 403.20±91.05ab |
| | RG7 | 25.00±4.16a | 22.00±4.93a | 465.80±175.68ab |
| | RG8 | 20.67±0.88a | 16.67±1.45a | 274.90±27.80b |
| | CK | 31.67±7.22a | 21.00±9.17a | 636.20±359.10a |
| 碱韭 | RG1 | 13.33±0.88ab | 10.00±1.15ab | 108.20±17.60ab |
| | RG2 | 9.67±3.28ab | 9.00±3.61ab | 87.01±57.56ab |
| | RG3 | 6.67±1.45b | 5.33±0.88b | 30.35±10.93b |
| | RG4 | 16.00±2.52a | 12.67±2.73a | 172.00±63.735a |
| | RG5 | 10.00±0.58ab | 7.67±0.67ab | 61.56±6.04ab |
| | RG6 | 6.67±1.45b | 4.67±0.67b | 26.30±6.87b |
| | RG7 | 6.67±1.67b | 5.67±1.67b | 34.22±18.32b |
| | RG8 | 11.67±3.28ab | 5.33±0.33b | 61.82±26.02ab |
| | CK | 15.00±4.36a | 8.67±2.03ab | 125.93±57.36ab |
| 无芒隐子草 | RG1 | 11.33±2.33ab | 10.00±2.08ab | 96.82±40.09ab |
| | RG2 | 10.33±3.33ab | 7.33±2.85ab | 76.21±50.23ab |
| | RG3 | 16.00±2.08ab | 13.00±0.58ab | 167.53±27.48ab |
| | RG4 | 18.33±0.33a | 15.67±1.45a | 228.05±23.12a |

续表

| 植物种群 | 处理区 | 冠幅 | | 冠幅面积（cm²） |
|---|---|---|---|---|
| | | 长（cm） | 宽（cm） | |
| 无芒隐子草 | RG5 | 6.67±1.20b | 5.33±1.33b | 30.75±13.03b |
| | RG6 | 18.67±0.33a | 9.33±4.37ab | 162.11±53.88ab |
| | RG7 | 10.67±0.67ab | 7.67±1.67ab | 68.10±17.86ab |
| | RG8 | 10.67±5.36ab | 9.33±4.91ab | 119.85±97.50ab |
| | CK | 14.00±2.08ab | 10.67±2.19ab | 125.86±40.17ab |

注：不同字母表示不同处理间差异显著（$P<0.05$）

碱韭植物种群长和宽在不同小区间存在差异，碱韭冠幅的长度在RG4和CK区显著大于RG3、RG6和RG7区（$P<0.05$），其余小区之间无显著差异（$P>0.05$）。碱韭冠幅的宽度在RG4区显著大于RG3、RG6、RG7和RG8区（$P<0.05$），其余小区之间无显著差异（$P>0.05$）。碱韭的冠幅面积在RG4区显著大于RG3、RG6和RG7区（$P<0.05$），其余小区之间无显著差异（$P>0.05$）。在不同轮牧时间下，碱韭植物种群冠幅长、宽和冠幅面积大体表现为早期放牧区＞中期放牧区＞晚期放牧区（RG4区除外）。

无芒隐子草植物种群冠幅长和宽在不同小区间存在差异，无芒隐子草冠幅长度在RG4和RG6区显著大于RG5区（$P<0.05$），其余小区之间无显著差异（$P>0.05$）。无芒隐子草冠幅的宽度在RG4区显著大于RG5区（$P<0.05$），其余小区之间无显著差异（$P>0.05$）。无芒隐子草的冠幅面积在RG4区显著大于RG5区（$P<0.05$），其余小区之间无显著差异（$P>0.05$）。在不同轮牧时间下，中期放牧区无芒隐子草冠幅长、宽和冠幅面积大体高于早期放牧区与晚期放牧区（RG5区除外），而早期放牧区和晚期放牧区无芒隐子草冠幅长、宽及冠幅面积差别不明显。

综合3个主要植物种群来看，在不同放牧时间下，短花针茅植物种群冠幅长和宽差异不明显，但中期放牧区内冠幅面积较大；碱韭植物种群冠幅长、宽和冠幅面积大体表现为早期放牧区＞中期放牧区＞晚期放牧区；中期放牧区无芒隐子草冠幅长、宽和冠幅面积大体高于早期放牧区及晚期放牧区。说明中期放牧有利于短花针茅和无芒隐子草植物种群的冠幅面积增大，碱韭冠幅面积随着放牧时间的推后而减小，因此整体来看，中期放牧有利于主要植物种群冠幅面积的增大。

## 二、主要植物种群基部变化

主要植物种群基部变化见表4-2，短花针茅植物种群基部的长度在不同小区间无显著性差异（$P>0.05$），基部宽度在不同小区间无显著性差异（$P>0.05$），基部面积也表现为不同小区间无显著性差异（$P>0.05$）。在不同放牧时间下，早期放牧区和中期放牧区短花针茅植物种群基部长度、宽度与基部面积差别不大，但其整体上高于晚期放牧区。

表 4-2　主要植物种群基部变化

| 植物种群 | 处理区 | 基部 | | 基部面积（$cm^2$） |
|---|---|---|---|---|
| | | 长（cm） | 宽（cm） | |
| 短花针茅 | RG1 | 5.67±0.67a | 4.00±0.58a | 18.91±4.78a |
| | RG2 | 7.67±0.67a | 6.33±0.33a | 38.86±5.69a |
| | RG3 | 7.00±0.58a | 5.33±0.33a | 30.16±4.35a |
| | RG4 | 6.00±0.58a | 5.33±0.67a | 25.78±5.14a |
| | RG5 | 7.33±0.88a | 5.00±0.58a | 30.68±7.18a |
| | RG6 | 6.33±0.33a | 5.33±0.33a | 26.89±3.14a |
| | RG7 | 6.00±0.58a | 4.33±0.67a | 21.52±4.67a |
| | RG8 | 6.33±1.20a | 4.00±1.53a | 23.62±10.89a |
| | CK | 5.33±0.67a | 4.33±0.67a | 19.04±4.71a |
| 碱韭 | RG1 | 10.00±0.58a | 7.67±0.88a | 61.95±8.90a |
| | RG2 | 5.00±1.00c | 4.33±0.67b | 18.19±5.56b |
| | RG3 | 5.33±0.88bc | 4.00±0.58b | 17.93±5.48b |
| | RG4 | 7.00±0.58bc | 5.33±0.33ab | 30.03±3.14b |
| | RG5 | 8.33±0.67ab | 5.33±1.33ab | 37.88±9.80b |
| | RG6 | 5.33±0.88bc | 3.33±0.67b | 15.57±4.82b |
| | RG7 | 5.00±1.53c | 4.00±1.53b | 19.56±12.37b |
| | RG8 | 6.33±0.88bc | 4.67±1.20b | 25.45±9.58b |
| | CK | 5.00±1.15c | 3.33±0.33b | 14.46±4.91b |
| 无芒隐子草 | RG1 | 7.33±0.67ab | 5.33±0.88ab | 32.32±7.09ab |
| | RG2 | 4.67±0.88bc | 3.00±0.58bc | 12.37±4.25bc |
| | RG3 | 7.33±0.33ab | 5.00±0.58abc | 30.03±3.14abc |
| | RG4 | 7.67±0.33a | 6.33±0.33a | 38.60±3.17a |
| | RG5 | 5.33±1.45abc | 4.00±1.53abc | 20.54±12.01abc |
| | RG6 | 7.00±0.58ab | 4.33±0.88abc | 25.78±5.14abc |
| | RG7 | 6.67±1.45ab | 3.33±1.20bc | 22.38±9.71abc |
| | RG8 | 3.67±0.88c | 3.00±1.00c | 9.95±4.97c |
| | CK | 6.00±0.58abc | 3.67±0.67abc | 18.91±4.78abc |

注：不同字母表示不同处理间差异显著（$P<0.05$）

碱韭植物种群基部长度在 RG1 和 RG5 区无显著性差异（$P>0.05$），RG1 区显著大于除 RG5 区以外的小区（$P<0.05$），RG5 区显著大于 RG2、RG7 和 CK

区（$P<0.05$），其余小区之间无显著差异（$P>0.05$）。碱韭植物种群基部宽度在RG1区显著大于RG2、RG3、RG6、RG7、RG8和CK区（$P<0.05$），其余小区之间无显著差异（$P>0.05$）。碱韭植物种群基部面积在RG1区显著大于其余小区（$P<0.05$），余下的各小区之间无显著差异（$P>0.05$）。在不同轮牧时间下，碱韭基部长度、宽度和基部面积大体表现为早期放牧区＞中期放牧区＞晚期放牧区。说明放牧时间早能够导致碱韭植物种群基部变大。

无芒隐子草植物种群基部长度在RG1、RG3、RG4、RG5、RG6、RG7和CK区之间无显著差异（$P>0.05$），RG4区显著大于RG2和RG8区（$P<0.05$），RG1、RG3、RG6和RG7区显著大于RG8区（$P<0.05$），其余小区之间无显著差异（$P>0.05$）。无芒隐子草基部的宽度在RG1、RG3、RG4、RG5、RG6和CK区之间无显著差异（$P>0.05$），RG4区显著大于RG2、RG7和RG8区（$P<0.05$），其余小区之间无显著差异（$P>0.05$）。无芒隐子草基部面积在RG1、RG3、RG4、RG5、RG6、RG7和CK区之间无显著差异（$P>0.05$），RG4区显著大于RG2和RG8区（$P<0.05$），RG1区显著大于RG8区（$P<0.05$），其余小区之间无显著差异（$P>0.05$）。在不同轮牧时间下，无芒隐子草基部长度、宽度和基部面积大体表现为早期放牧区＞中期放牧区＞晚期放牧区。表明早放牧使得无芒隐子草植物种群基部变大。

结合3个主要植物种群来看，在不同轮牧时间下，早期放牧区和中期放牧区短花针茅植物种群基部长度、宽度与基部面积整体上高于晚期放牧区；碱韭基部长度、宽度和基部面积大体表现为早期放牧区＞中期放牧区＞晚期放牧区；无芒隐子草基部长度、宽度和基部面积大体表现为早期放牧区＞中期放牧区＞晚期放牧区；说明晚期放牧区内主要植物种群基部面积会因放牧时间的推后而变小，但根据试验过程来看，植物种群基部的扩大是由于家畜采食后，植物种群为维持自身的生长发育促进了分蘖，同时又由于家畜在采食过程中主要植物种群植株破碎化程度较大，双方面的原因使得主要植物种群基部在早期放牧的小区内表现较大。为维护草地生态系统的稳定，建议采用中期放牧。

## 三、主要植物种群根幅变化

主要植物种群根幅的变化情况见表4-3，短花针茅植物种群根幅长度在RG1区显著大于RG2、RG3、RG4、RG5、RG8和CK区（$P<0.05$），RG7区显著大于RG3、RG4、RG5和CK区（$P<0.05$），RG8区显著大于RG5和CK区（$P<0.05$），其余小区之间无显著差异（$P>0.05$）。短花针茅植物种群根幅宽度在RG1和RG7区之间无显著差异（$P>0.05$），RG7区显著大于CK区（$P<0.05$），其余小区之间无显著差异（$P>0.05$）。短花针茅植物种群根幅面积在RG1区显著大于

RG3、RG4、RG5 和 CK 区（$P<0.05$），其余小区之间无显著差异（$P>0.05$）。在不同轮牧时间下，早期放牧区和晚期放牧区内短花针茅植物种群根幅长度、宽度及根幅面积差别不大，但这两个轮牧时间的根幅长度、宽度和根幅面积整体上大于中期放牧区。

**表 4-3　主要植物种群根幅变化**

| 植物种群 | 处理区 | 根幅 | | 根幅面积（$cm^2$） |
|---|---|---|---|---|
| | | 长（cm） | 宽（cm） | |
| 短花针茅 | RG1 | 28.67±3.76a | 23.33±4.37a | 555.40±169.00a |
| | RG2 | 17.33±2.85bcd | 12.00±5.00bc | 193.00±102.24ab |
| | RG3 | 14.33±0.67cd | 10.00±1.00bc | 116.50±8.51b |
| | RG4 | 12.33±3.38cd | 10.67±3.28bc | 121.20±67.21b |
| | RG5 | 11.33±1.86d | 10.33±1.86bc | 97.50±34.00b |
| | RG6 | 19.33±2.60abc | 17.67±2.03bc | 277.00±67.21ab |
| | RG7 | 25.33±4.33ab | 22.33±4.48ab | 475.90±177.51ab |
| | RG8 | 20.67±4.41bc | 13.67±5.93bc | 273.30±152.60ab |
| | CK | 9.33±2.85e | 8.33±3.33c | 76.20±50.23b |
| 碱韭 | RG1 | 41.00±7.02a | 33.00±4.04a | 1122.70±298.51a |
| | RG2 | 10.67±1.86c | 8.00±2.65cd | 76.30±30.18b |
| | RG3 | 7.00±1.15c | 4.67±0.88cd | 28.10±7.90b |
| | RG4 | 13.00±2.52c | 11.67±2.19bc | 128.10±49.60b |
| | RG5 | 9.67±0.88c | 8.33±0.67cd | 64.50±10.41b |
| | RG6 | 6.00±1.15c | 4.67±0.88cd | 23.90±8.33b |
| | RG7 | 8.00±2.65c | 6.33±2.40cd | 50.30±31.82b |
| | RG8 | 28.67±4.91b | 18.67±3.84b | 467.50±152.80b |
| | CK | 6.33±2.03c | 3.00±0.58d | 19.80±9.88b |
| 无芒隐子草 | RG1 | 11.67±1.86abcd | 8.00±2.52ab | 82.36±32.24ab |
| | RG2 | 7.33±1.20cd | 5.33±0.88ab | 33.10±9.91ab |
| | RG3 | 14.33±1.76abc | 6.67±0.88ab | 88.25±17.74ab |
| | RG4 | 15.33±1.86ab | 13.67±2.19a | 171.46±48.93a |
| | RG5 | 7.33±2.85cd | 5.67±2.67ab | 45.07±33.99ab |
| | RG6 | 16.67±1.33a | 8.33±4.37ab | 133.65±55.08ab |
| | RG7 | 8.33±1.45bcd | 7.33±1.45ab | 51.49±18.50ab |
| | RG8 | 9.00±4.51bcd | 7.67±4.67ab | 87.53±76.44ab |
| | CK | 6.67±0.33d | 4.00±0.58b | 22.64±3.61b |

注：不同字母表示不同处理间差异显著（$P<0.05$）

碱韭植物种群的根幅长度以 RG1 区最大（$P<0.05$），为 41.00cm，RG8 区次之，其他小区之间无显著差异（$P>0.05$），但均显著小于 RG8 区（$P<0.05$）。碱韭植物种群的根幅宽度同样以 RG1 区最大（$P<0.05$），为 33.00cm，RG8 区显著大于 RG2、RG3、RG5、RG6、RG7 和 CK 区（$P<0.05$），RG4 区显著大于 CK 区（$P<0.05$），其余小区之间无显著差异（$P>0.05$）。在不同轮牧时间下，碱韭植物种群根幅长度、宽度和根幅面积大体表现为早期放牧区＞晚期放牧区＞中期放牧区。

无芒隐子草植物种群的根幅长度在 RG6 区显著大于 RG2、RG5、RG7、RG8 和 CK 区（$P<0.05$），RG4 区显著大于 RG2、RG5 和 CK 区（$P<0.05$），RG3 区显著大于 CK 区（$P<0.05$），其余小区之间无显著差异（$P>0.05$）。无芒隐子草植物种群的根幅宽度在 RG4 区显著大于 CK 区（$P<0.05$），其余小区之间无显著差异（$P>0.05$）。无芒隐子草植物种群的根幅面积在 RG4 区显著大于 CK 区（$P<0.05$），其余小区之间无显著差异（$P>0.05$）。在不同轮牧时间下，早期放牧区和晚期放牧区内无芒隐子草植物种群根幅长度、宽度与根幅面积差别不大，但二者整体上小于中期放牧区。

从 3 个主要植物种群整体来看，在不同轮牧时间下，早期放牧区和晚期放牧区内短花针茅植物种群根幅长度、宽度与根幅面积整体上大于中期放牧区；碱韭植物种群根幅长度、宽度和根幅面积大体表现为早期放牧区＞晚期放牧区＞中期放牧区；早期放牧区和晚期放牧区内无芒隐子草植物种群根幅长度、宽度与根幅面积整体上小于中期放牧区；因此不同轮牧时间对不同植物种群根幅的影响差异较大。

## 四、主要植物种群根冠比及体积变化

主要植物种群根冠比及体积变化见表 4-4，RG1 区短花针茅植物种群冠幅面积/基部面积为 20.67，根幅面积/基部面积为 29.37，其他小区的相关比值详见表 4-4。在不同轮牧时间下，早期放牧区内短花针茅植物种群的冠幅面积小于根幅面积；在中期放牧区，短花针茅植物种群的冠幅面积是根幅面积的 1.46～4.46 倍；在晚期放牧区内，短花针茅植物种群的冠幅面积和根幅面积相差不大。株高与根深的比值大体表现为晚期放牧区＞早期放牧区＞中期放牧区；地上体积与地下体积比和株高与根深的比值表现恰好相反，大体表现为晚期放牧区＜早期放牧区＜中期放牧区。

碱韭植物种群在不同轮牧时间下，早期放牧区和晚期放牧区大体表现为根幅面积大于冠幅面积，中期放牧区根幅面积和冠幅面积相差不大。株高与根深的比值表现为早期放牧区和晚期放牧区接近，但其整体上略低于中期放牧区。

**表 4-4　主要植物种群根冠比及体积变化**

| 植物种群 | 处理区 | 面积比（冠幅：基部：根幅） | 株高（cm） | 根深（cm） | 株高/根深 | 地上体积（$cm^3$） | 地下体积（$cm^3$） | 体积比 |
|---|---|---|---|---|---|---|---|---|
| 短花针茅 | RG1 | 20.67：1：29.37 | 32.00±7.81abc | 37.33±3.38a | 0.857 | 576.00±2393.06a | 884.00±3409.47a | 0.652 |
| | RG2 | 8.47：1：4.97 | 39.33±3.38abc | 36.00±0.58a | 1.093 | 617.00±376.58a | 373.00±1413.00ab | 1.654 |
| | RG3 | 17.21：1：3.86 | 35.00±1.00abc | 40.33±3.38a | 0.868 | 788.00±795.88a | 277.00±339.25ab | 2.845 |
| | RG4 | 14.69：1：4.70 | 26.33±3.53c | 39.00±2.65a | 0.675 | 417.00±2360.71a | 251.00±969.57ab | 1.661 |
| | RG5 | 12.88：1：3.18 | 30.33±4.06bc | 40.33±2.33a | 0.752 | 470.00±1876.54a | 242.00±674.52ab | 1.942 |
| | RG6 | 14.99：1：10.30 | 30.67±9.39bc | 37.00±0.58a | 0.829 | 580.00±2308.01a | 484.00±1134.01ab | 1.198 |
| | RG7 | 21.64：1：22.11 | 43.67±4.63abc | 40.67±1.45a | 1.074 | 791.00±1975.31a | 786.00±2340.29ab | 1.006 |
| | RG8 | 11.64：1：11.57 | 49.33±3.84ab | 40.33±1.86a | 1.223 | 603.00±508.66a | 530.00±3087.96ab | 1.138 |
| | CK | 33.41：1：4.00 | 51.33±8.37a | 40.67±1.76a | 1.262 | 148.00±9672.52a | 175.00±903.41b | 0.846 |
| 碱韭 | RG1 | 1.75：1：18.12 | 7.33±1.86a | 17.67±0.33a | 0.415 | 650.50±251.60a | 856.00±2276.79a | 0.76 |
| | RG2 | 4.78：1：4.19 | 9.33±0.88a | 19.00±1.00a | 0.491 | 489.20±300.28a | 874.00±341.96b | 0.56 |
| | RG3 | 1.69：1：1.57 | 8.00±2.08a | 19.33±1.20a | 0.414 | 222.10±110.97a | 435.00±110.88b | 0.511 |
| | RG4 | 5.73：1：4.27 | 10.67±1.86a | 20.33±1.45a | 0.525 | 1024.30±429.13a | 147.00±441.17ab | 6.968 |
| | RG5 | 1.63：1：1.70 | 10.00±75.01a | 19.00±104.43a | 0.526 | 487.50±75.01a | 935.00±104.43b | 0.521 |
| | RG6 | 1.69：1：1.54 | 9.00±1.15a | 18.67±0.33a | 0.482 | 188.90±65.62a | 365.00±125.45b | 0.518 |
| | RG7 | 1.75：1：2.57 | 10.00±0.58a | 19.00±1.15a | 0.526 | 249.20±131.88a | 640.00±392.77b | 0.389 |
| | RG8 | 2.43：1：18.37 | 8.33±1.86a | 21.67±0.67a | 0.384 | 318.90±107.43a | 436.00±1431.81a | 0.731 |
| | CK | 8.71：1：1.37 | 13.33±2.85a | 20.33±1.45a | 0.656 | 901.20±496.87a | 363.00±182.23b | 2.483 |
| 无芒隐子草 | RG1 | 3.00：1：2.55 | 5.67±0.88ab | 24.00±1.15a | 0.236 | 371.30±174.98a | 1335.30±447.87ab | 0.278 |
| | RG2 | 6.16：1：2.68 | 2.23±0.23c | 24.67±0.88a | 0.09 | 77.70±37.85b | 551.40±165.59b | 0.141 |
| | RG3 | 5.58：1：2.94 | 2.13±0.28c | 23.33±0.67a | 0.091 | 196.00±49.45ab | 1318.20±240.63ab | 0.149 |
| | RG4 | 5.91：1：4.44 | 2.27±0.52c | 25.67±0.67a | 0.088 | 275.20±70.82ab | 2471.80±413.82a | 0.111 |
| | RG5 | 1.50：1：2.19 | 2.87±0.67bc | 25.33±1.45a | 0.113 | 89.20±61.13b | 769.30±510.09b | 0.116 |
| | RG6 | 6.29：1：5.18 | 2.77±0.15bc | 20.33±0.33b | 0.136 | 225.20±54.13ab | 1481.30±515.97ab | 0.152 |
| | RG7 | 3.04：1：2.30 | 5.67±1.76ab | 26.00±0.58a | 0.218 | 199.60±9.59ab | 926.70±341.37ab | 0.215 |
| | RG8 | 12.05：1：8.80 | 6.67±2.73a | 20.00±1.53b | 0.334 | 228.40±112.23ab | 916.60±761.70ab | 0.249 |
| | CK | 6.66：1：1.20 | 4.53±1.23abc | 25.67±0.33a | 0.176 | 338.10±187.26ab | 533.80±97.19b | 0.633 |

注：不同字母表示不同处理间差异显著（$P<0.05$）

无芒隐子草植物种群在不同轮牧时间下，冠幅面积和根幅面积大体表现为晚期放牧区＞中期放牧区＞早期放牧区，株高和根深的比值大体表现为晚期放牧区＞早期放牧区＞中期放牧区，地上体积和地下体积比值的表现与株高和根深的比值相同。

## 五、主要植物种群叶片数、生殖枝数和根系数变化

主要植物种群叶片数、生殖枝数和根系数在不同小区内的变化见表 4-5，短花针茅植物种群叶片数在各个小区之间均无显著差异（$P>0.05$）；根系数和生殖枝数在各小区间也均无显著差异（$P>0.05$）。碱韭叶片数在 RG1 区显著大于 RG3、RG6 和 RG7 区（$P<0.05$），其余小区间无显著差异（$P>0.05$）。碱韭根系数在 RG1 区显著大于 RG3、RG6 和 RG7 区（$P<0.05$），其余小区间无显著差异（$P>0.05$）。碱韭的生殖枝数在 CK 区显著大于其余小区（$P<0.05$），除 CK 区外，其余小区间无显著差异（$P>0.05$）。无芒隐子草叶片数在 RG4 区显著大于 RG1、RG5 和 RG7 区（$P<0.05$），CK 区显著大于 RG5 区（$P<0.05$），其余小区间无显著差异（$P>0.05$）。无芒隐子草根系数在 RG4 区显著大于 RG1、RG2、RG5、RG7、

**表 4-5　主要植物种群叶片数、生殖枝数和根系数**

| 植物种群 | 处理区 | 叶片数 | 根系数 | 生殖枝数 |
|---|---|---|---|---|
| 短花针茅 | RG1 | 57.33±8.69a | 52.67±11.22a | 15.00±3.51a |
| | RG2 | 45.33±7.22a | 73.00±7.23a | 11.67±2.67a |
| | RG3 | 45.67±13.67a | 68.67±6.89a | 12.00±2.31a |
| | RG4 | 28.33±9.06a | 45.33±16.05a | 13.67±7.86a |
| | RG5 | 36.00±7.37a | 43.67±9.02a | 5.00±1.73a |
| | RG6 | 32.33±12.13a | 53.67±11.10a | 6.00±2.52a |
| | RG7 | 48.00±17.62a | 63.33±23.40a | 12.67±4.10a |
| | RG8 | 64.67±22.51a | 59.33±20.63a | 12.33±2.03a |
| | CK | 53.00±19.43a | 64.00±19.86a | 23.67±16.91a |
| 碱韭 | RG1 | 77.67±12.98a | 333.00±79.65a | 4.00±4.00bc |
| | RG2 | 47.67±12.25ab | 220.67±74.14ab | 3.00±1.73bc |
| | RG3 | 28.67±2.03b | 121.33±13.69b | 3.00±1.00bc |
| | RG4 | 54.00±6.11ab | 290.33±91.60ab | 1.67±0.88c |
| | RG5 | 41.67±3.93ab | 164.67±18.84ab | 1.67±1.20c |
| | RG6 | 31.33±6.64b | 118.67±23.99b | 2.67±2.67c |
| | RG7 | 38.33±12.98b | 137.00±35.59b | 0.67±0.33c |
| | RG8 | 55.33±22.92ab | 248.00±85.85ab | 2.67±0.88c |
| | CK | 56.67±14.77ab | 241.33±57.82ab | 13.00±2.52a |

续表

| 植物种群 | 处理区 | 叶片数（株） | 根系数（株） | 生殖枝数（株） |
|---|---|---|---|---|
| 无芒隐子草 | RG1 | 20.67±1.86bc | 22.67±3.18b | 2.67±1.45a |
| | RG2 | 22.33±2.60abc | 26.33±5.24b | — |
| | RG3 | 26.33±1.76abc | 45.00±10.50ab | — |
| | RG4 | 41.00±5.86a | 70.33±10.93a | 0.33±0.33b |
| | RG5 | 11.00±5.51c | 23.33±5.78b | 1.33±1.33ab |
| | RG6 | 26.67±11.22abc | 47.00±19.30ab | 0.33±0.33b |
| | RG7 | 18.00±2.52bc | 23.00±3.06b | 1.00±0.00ab |
| | RG8 | 26.00±6.81abc | 35.00±11.14b | 0.33±0.33b |
| | CK | 31.00±2.08ab | 41.00±4.16b | 2.67±0.33a |

注：不同字母表示不同处理间差异显著（$P<0.05$）

RG8 和 CK 区（$P<0.05$），其余小区间无显著差异（$P>0.05$）。无芒隐子草生殖枝数在 RG1 和 CK 区显著大于 RG4、RG6 和 RG8 区（$P<0.05$），RG2 和 RG3 区无芒隐子草没有发现生殖枝，其余小区之间无显著差异（$P>0.05$）。

在不同轮牧时间下，短花针茅植物种群叶片数整体上表现为晚期放牧区＞早期放牧区＞中期放牧区；碱韭植物种群叶片数整体上表现为早期放牧区＞晚期放牧区＞中期放牧区；无芒隐子草植物种群叶片数整体上表现为中期放牧区大于早期放牧区和晚期放牧区。碱韭植物种群根系数整体上表现为早期放牧区＞晚期放牧区＞中期放牧区；无芒隐子草根系数整体上表现为中期放牧区＞晚期放牧区＞早期放牧区。短花针茅植物种群生殖枝数在早期放牧区和晚期放牧区差别不大，二者整体上大于中期放牧区；碱韭和无芒隐子草生殖枝数在不同轮牧时间下差别不明显。

## 第二节 植物种群数量特征

放牧活动作为引起草原植物群落变化的主要因素之一，对群落不同结构层次的影响是多方面的。放牧对植被影响的研究主要集中在放牧对个体、种群、群落的影响方面。McIntyre 和 Lavorel（2001）等研究表明，放牧改变了物种组分、植物特征和草地许多其他的属性。Bisigato 和 Bertiller（1997）与 Bertiller 等（2002）等研究表明，重度放牧区由于植物种群低的丰富度和低的植物盖度，比轻度放牧区易改变植物斑块结构。Noy-Meir 等（1989）研究了地中海草原植物对放牧和保护的响应。Pavlù 等（2003）报道，不同的放牧制度可改变草原植物结构和植物组分。杨静等（2001）对短花针茅荒漠草原划区轮牧与自由放牧条件下主要植物种群的繁殖特性进行了比较分析，结果表明，划区轮牧与自由放牧相比有利于短花针茅生殖枝的形成，且能够产生较多的种子，划区轮牧有利于主要植物种群实生苗的存活。李勤奋等（2002）通过划区轮牧与连续放牧两种制度对荒漠草原植物群落影响的比较研究发现，轮牧制度对草群影响较小，优良牧草在草群中的重量比与重要值高于连续放牧制度；牧草现存量在轮牧制度下的草场均高于连续放牧制度下的草场。朱桂林等（2002，2004）在短花针茅荒漠草原群落进行了不同放牧制度对短花针茅、无芒隐子草、碱韭 3 个主要植物种群地上生物量影响的比较研究，发现禁牧能够提高群落的种群地上生物量，轮牧较自由放牧相比有利于种群地上生物量的恢复和提高；其还在放牧制度对短花针茅荒漠草原群落植物生长的影响研究中认为轮牧区和禁牧区植物生长速度大于自由放牧区。卫智军等（2006）采用放牧形式研究典型草原不同放牧制度群落动态变化规律，结果表明，划区轮牧区月现存量、生长量、生产力都高于自由放牧区，划区轮牧区优势种的密度、高度、盖度及重要值均高于自由放牧区；另外其还在荒漠草原群落及主要植物种群特征对放牧制度响应的研究中发现，划区轮牧区群落及主要植物种群的高度、盖度、密度均较自由放牧区有不同程度的提高，划区轮牧区与自由放牧区相比，草地基况有明显好转，而自由放牧区一些退化植物、一年生植物、杂类草在草群中的高度、盖度、密度有所增加。

由此可见，植物种群数量特征的研究主要集中在放牧制度和放牧强度两方面，常年固定放牧时间对植物种群数量特征的影响还需深入研究。由于草地植物群落各植物种群的生育期并不一致，常年固定时间轮牧对各植物种群的影响也会产生差异。因此，本节将 8 个常年固定轮牧时间的植物种群数量特征进行对比分析，探讨不同轮牧时间（放牧时间）对草地植物种群和群落产生的影响及影响程度，以便揭示放牧时间的影响过程。

## 一、植物种群高度

各试验小区内植物种群的高度见表 4-6，8 月，第一轮放牧结束，各小区短花针茅高度的变化范围是 4.65～11.55cm，CK 区短花针茅最高，达到 11.55cm，RG5 区短花针茅最低，仅为 4.65cm。方差分析结果显示，RG4、CK 区显著高于 RG5、RG6 区（$P<0.05$），与其他各处理小区之间差异不显著（$P>0.05$）；RG1、RG2、RG3、RG7 和 RG8 区之间不存在显著性差异（$P>0.05$）。说明早放牧和晚放牧对短花针茅的高度影响不大。碱韭高度的变化范围为 12.10～19.41cm，RG6 区高于其他小区，达 19.41cm，RG1 区碱韭的高度最低，只有 12.10cm。RG3、RG5、RG6、RG7、RG8 区和 CK 区之间不存在显著性差异（$P>0.05$）；RG1、RG2、RG4 区显著低于 CK 区（$P<0.05$），RG1、RG2、RG4 区之间不存在显著性差异（$P>0.05$）。说明早放牧对碱韭的生长有一定影响，在植株高度上表现为抑制作用。

表 4-6　不同植物种群的高度

（单位：cm）

| 植物名称 | 8月 RG1 | RG2 | RG3 | RG4 | RG5 | RG6 | RG7 | RG8 | CK | 9月 RG1 | RG2 | RG3 | RG4 | RG5 | RG6 | RG7 | RG8 | CK | 10月 RG1 | RG2 | RG3 | RG4 | RG5 | RG6 | RG7 | RG8 | CK |
|---|---|---|---|---|---|---|---|---|---|---|---|---|---|---|---|---|---|---|---|---|---|---|---|---|---|---|---|
| 短花针茅 | 8.26ab | 7.83ab | 7.18ab | 11.06a | 4.65b | 5.45b | 8.72ab | 9.26ab | 11.55a | 6.30cd | 5.05cd | 9.39b | 9.60b | 3.85d | 5.60cd | 9.40b | 8.30b | 11.60a | 5.40b | 4.10b | 4.00b | 11.10a | 5.54b | 5.36b | 10.46a | 3.70b | 10.32a |
| 碱韭 | 12.10c | 14.58bc | 17.63ab | 13.58c | 17.02ab | 19.41a | 18.35a | 17.72ab | 18.03a | 13.30b | 9.75d | 17.70a | 10.00cd | 6.00e | 17.78a | 14.80b | 13.30b | 18.21a | 4.70e | 5.47e | 16.38a | 7.72d | 11.09c | 13.72b | 14.03b | 5.08e | 11.91c |
| 无芒隐子草 | 7.90a | 6.61ab | 4.07dc | 6.53ab | 5.51bc | 5.77abc | 6.70ab | 5.18bc | 2.82d | 5.35b | 6.15b | 7.12ab | 5.70b | 5.80b | 9.17a | 7.67ab | 6.85ab | 7.93ab | 2.00e | 1.21e | 9.30abc | 5.52cd | 5.52cd | 7.70bcd | 11.69a | 4.42de | 10.30ab |
| 糙隐子草 | 2.45b | 5.21ab | 2.41b | 3.12b | 6.15a | 4.45ab | 4.69ab | 4.65ab | 2.82b | 2.65c | 7.60ab | 9.91a | 0.00d | 0.00d | 7.89ab | 7.00b | 7.00b | 6.60b | 0.00a | 0.00a | 0.00a | 0.00a | 0.00a | 0.00a | 0.00a | 0.00a | 0.00a |
| 银灰旋花 | 4.62b | 4.33b | 3.64b | 4.79b | 4.94b | 3.99b | 4.16b | 1.86c | 6.65a | 3.00c | 2.75c | 3.95b | 4.00b | 1.68d | 4.23b | 2.67c | 4.10b | 6.95a | 3.61ab | 2.06cd | 3.01bc | 5.04a | 5.02a | 4.50a | 4.48a | 1.36d | 3.82ab |
| 栉叶蒿 | 2.39bc | 3.14b | 1.03c | 1.77c | 1.32c | 2.20bc | 7.58a | 3.40bc | 1.90c | 1.15d | 5.55a | 3.15c | 1.75d | 1.02d | 4.40b | 3.48bc | 2.00d | 2.12d | 2.83cd | 3.41abc | 2.80cd | 4.05ab | 4.11a | 3.00bcd | 2.74cd | 2.16d | 2.03d |
| 寸草苔 | 0.00c | 5.04b | 9.28a | 4.70b | 12.45a | 11.20a | 2.00bc | 9.19a | 0.00c | 0.00b | 8.30a | 9.23a | 3.20b | 11.70a | 7.61a | 2.30b | 9.80a | 2.10b | 0.60c | 3.05bc | 6.47a | 0.86c | 7.36a | 7.20a | 2.73bc | 4.40ab | 2.90bc |
| 点地梅 | 0.27a | 0.00a | 0.00a | 0.00a | 0.00a | 0.00a | 0.37a | 0.18a | 0.00a | 0.00c | 0.00c | 0.00c | 0.00c | 0.00c | 0.00c | 1.17a | 0.80b | 0.00c | 0.00a | 0.00a | 0.00a | 0.00a | 0.00a | 0.00a | 0.00a | 0.00a | 0.00a |
| 反枝苋 | 0.00a | 0.00a | 0.18a | 0.30a | 0.00a | 0.08a | 0.10a | 0.04a | 0.00a | 0.00a | 0.00a | 0.35a | 0.00a | 0.00a | 0.40a | 0.00a | 0.00a | 0.00a | 0.00a | 0.00a | 0.00a | 0.00a | 0.00a | 0.00a | 0.00a | 0.00a | 0.00a |
| 狗尾草 | 5.78bc | 7.07ab | 2.35de | 3.85dc | 0.62e | 4.09dc | 2.00de | 3.04de | 8.70a | 1.80bc | 7.30a | 3.33b | 2.30bc | 0.00c | 2.30bc | 0.65bc | 2.90bc | 2.50bc | 2.30bc | 4.00ab | 3.01abc | 3.50ab | 0.50c | 3.00abc | 0.60c | 1.50bc | 5.03a |
| 冠芒草 | 5.51bcd | 7.21b | 3.52d | 4.78cd | 3.54d | 6.93bc | 3.22d | 3.22d | 9.98a | 8.45c | 14.60a | 15.01a | 12.20b | 12.20b | 14.80a | 9.50c | 9.45c | 14.35ab | 8.90d | 11.00c | 15.91b | 11.44c | 11.13c | 9.03d | 9.17d | 7.29e | 18.95a |
| 狐尾草 | 0.00b | 0.00b | 0.00b | 0.79ab | 0.00b | 0.58ab | 0.00b | 0.00b | 1.80a | 0.20b | 0.00b | 2.26a | 0.00b | 0.00b | 0.68ab | 0.00b | 1.00ab | 0.60ab | 0.00b | 0.00b | 0.00b | 4.44a | 0.00b | 0.00b | 0.00b | 0.00b | 1.70b |
| 黄蓍 | 0.22a | 0.00a | 0.00a | 0.00a | 0.00a | 0.00a | 0.00a | 0.21a | 0.00a | 0.00b | 0.00b | 0.00b | 0.00b | 0.00b | 0.22ab | 0.00b | 0.50a | 0.00b | 0.00a | 0.00a | 0.00a | 0.00a | 0.00a | 0.00a | 0.00a | 0.15a | 0.00a |
| 灰绿藜 | 0.93cd | 0.00d | 0.79cd | 1.09cd | 2.39b | 2.25b | 1.44bc | 1.05cd | 4.07a | 1.20c | 2.30bc | 2.08bc | 6.00ab | 8.70a | 4.10bc | 4.34bc | 2.80bc | 3.10bc | 0.00b | 0.00b | 1.62ab | 4.40a | 2.65ab | 2.60ab | 1.80ab | 0.15b | 2.35ab |
| 蒺藜 | 1.09ab | 1.54ab | 0.21b | 0.82b | 0.00b | 0.00b | 0.51b | 0.65b | 2.38a | 0.50ab | 0.00b | 0.00b | 0.10b | 0.00b | 0.00b | 0.65a | 0.15b | 0.00b | 0.00a | 0.00a | 0.00a | 0.00a | 0.00a | 0.00a | 0.00a | 0.00a | 0.00a |

续表

| 植物名称 | 8月 |  |  |  |  |  |  |  |  | 9月 |  |  |  |  |  |  |  |  | 10月 |  |  |  |  |  |  |  |  |
|---|---|---|---|---|---|---|---|---|---|---|---|---|---|---|---|---|---|---|---|---|---|---|---|---|---|---|---|
|  | RG1 | RG2 | RG3 | RG4 | RG5 | RG6 | RG7 | RG8 | CK | RG1 | RG2 | RG3 | RG4 | RG5 | RG6 | RG7 | RG8 | CK | RG1 | RG2 | RG3 | RG4 | RG5 | RG6 | RG7 | RG8 | CK |
| 锦鸡儿 | 0.00c | 0.00c | 0.00c | 0.00c | 4.26b | 7.18a | 0.00c | 0.00c | 7.70a | 0.00b | 0.00b | 0.00b | 0.00b | 3.80a | 2.40ab | 0.00b | 0.00b | 4.40a | 0.00b | 0.10b | 0.00b | 1.70b | 4.76a | 1.80b | 0.00b | 0.00b | 5.66a |
| 狼尾草 | 0.00a | 0.00a | 0.00a | 0.00a | 0.00a | 0.00a | 0.00a | 0.00a | 0.00a | 6.20bc | 10.55a | 3.42c | 4.30c | 4.10c | 3.10c | 3.62c | 4.89bc | 7.35b | 5.20b | 6.92ab | 2.11c | 6.43ab | 1.64c | 1.20c | 0.90c | 2.12c | 8.24a |
| 马齿苋 | 1.84a | 0.05c | 0.14c | 0.69b | 0.14c | 0.07c | 0.11c | 0.19c | 0.00c | 0.60b | 0.00b | 0.00b | 0.20b | 0.10b | 0.00b | 0.21b | 4.80a | 0.00b | 0.00a | 0.00a | 0.51a | 0.00a | 0.60a | 1.25a | 0.00a | 0.00a | 0.00a |
| 蒙古葱 | 0.00a | 1.21a | 0.00a | 0.00a | 0.00a | 0.90a | 0.00a | 0.00a | 0.00a | 0.00b | 1.80a | 0.00b | 0.00b | 0.00b | 0.00b | 0.00b | 0.60ab | 0.00b | 0.00b | 0.00b | 3.40a | 0.00b | 0.00b | 0.00b | 0.00b | 0.00b | 0.00b |
| 蒙古韭 | 0.00a | 0.00a | 0.00a | 0.00a | 0.00a | 0.00a | 0.50a | 0.00a | 0.00a | 0.00b | 0.00b | 4.63a | 0.00b | 0.00b | 0.00b | 0.00b | 0.00b | 0.00b | 1.00b | 2.96b | 0.50b | 9.44a | 3.50b | 0.85b | 0.00b | 0.42b | 8.00a |
| 木地肤 | 1.45c | 2.04c | 0.50c | 9.18ab | 4.85bc | 1.78c | 1.05c | 0.71c | 10.82a | 0.20c | 4.10ab | 0.00c | 4.70ab | 5.70a | 1.40bc | 0.00c | 1.00bc | 4.65ab | 4.16ab | 4.50ab | 4.92a | 3.76b | 4.09ab | 5.00a | 4.01ab | 1.67c | 4.66ab |
| 裸芸香 | 4.27b | 4.30b | 3.03c | 4.75b | 2.13cd | 4.34b | 1.98d | 1.89d | 8.80a | 5.65c | 10.20a | 6.27bc | 5.00c | 5.00c | 7.47b | 3.22d | 5.08c | 9.80a | 0.00b | 0.00b | 0.00b | 0.00b | 0.00b | 0.55b | 2.75a | 1.20b | 0.00b |
| 天门冬 | 1.81b | 0.76b | 0.63b | 0.00b | 0.00b | 2.48ab | 4.82a | 1.37b | 0.00b | 0.60b | 0.00b | 0.38b | 0.00b | 0.00b | 1.62b | 3.40a | 1.10b | 0.00b | 0.00a | 0.00a | 0.00a | 0.00a | 0.00a | 0.00a | 0.00a | 0.00a | 0.00a |
| 兔唇花 | 0.35a | 0.00a | 0.00a | 0.00a | 0.00a | 0.00a | 0.00a | 0.00a | 0.00a | 0.30a | 0.00a | 0.00a | 0.00a | 0.00a | 0.00a | 0.00a | 0.00a | 0.00a | 5.30d | 4.26d | 7.78c | 11.01ab | 10.92ab | 12.13a | 10.44ab | 4.74d | 9.46bc |
| 细叶韭 | 5.08c | 7.24bc | 7.98bc | 10.65ab | 5.08c | 9.07abc | 10.85ab | 7.90bc | 12.93a | 0.55c | 5.80b | 2.20bc | 2.60bc | 2.90bc | 1.75c | 10.80a | 11.50a | 2.50bc | 0.00b | 0.00b | 7.51a | 2.23b | 0.00b | 0.00b | 1.02b | 0.00b | 0.00b |
| 细叶苔 | 0.00b | 0.00b | 0.00b | 0.00b | 0.90b | 0.00b | 2.57a | 3.42a | 0.00b | 0.00d | 5.90b | 9.50a | 0.00d | 0.00d | 0.00d | 2.25c | 4.80b | [illegible].90cd | 0.00a | 0.00a | 0.00a | 0.00a | 0.00a | 1.95a | 0.00a | 0.00a | 0.00a |
| 猪毛菜 | 2.85cd | 4.08bc | 0.83e | 5.01b | 4.12bc | 1.54de | 1.20e | 1.02e | 8.02a | 3.00d | 7.10b | 1.66d | 6.40bc | 6.80bc | 2.50d | 3.58cd | 2.08d | 0.90a | 2.30cd | 3.50cd | 0.30d | 7.50b | 5.13bc | 1.72cd | 4.03c | 1.80cd | 12.69a |

注：不同字母表示不同处理间差异显著（$P<0.05$）

无芒隐子草的高度在各处理小区内的变动范围为 2.82～7.90cm，CK 区最矮，为 2.82cm，RG1 区最高，为 7.90cm。CK 区显著低于其他各小区（$P<0.05$），说明常年禁牧不利于无芒隐子草的生长；RG3、RG5、RG6、RG8 区之间差异不显著；RG8 区显著低于 RG1 区，主要是家畜从 RG8 区进入 RG1 区，无芒隐子草的适口性较好，家畜对其采食的原因。银灰旋花的高度在 CK 区表现最高，为 6.65cm，在 RG8 区最矮，仅为 1.86cm。CK 区银灰旋花的高度显著高于其他各小区（$P<0.05$），在 8 个轮牧小区内，RG8 区显著低于其他各轮牧小区（$P<0.05$），其他各轮牧小区之间不存在显著性差异（$P>0.05$）。栉叶蒿的高度在较晚放牧的 RG7 区显著高于其他各小区（$P<0.05$），RG8 区较矮是家畜采食的原因。

9 月，此时家畜进入 RG5 区采食。各轮牧小区短花针茅高度变化范围是 3.85～11.6cm，较 8 月数值偏低，CK 区短花针茅最高，为 11.6cm，RG5 区最低，为 3.85cm。短花针茅高度在 RG3、RG4、RG7、RG8 区显著高于除 CK 区外的其他各轮牧小区（$P<0.05$），RG3、RG4、RG7、RG8 区之间差异不显著（$P>0.05$），RG1、RG2、RG5、RG6 区之间差异不显著（$P>0.05$）。碱韭高度变化范围为 6.00～18.21cm，较 8 月数值偏低，RG5 区碱韭的高度最低，为 6.00cm，CK 区最高，为 18.21cm。RG3、RG6、CK 区显著高于其他各轮牧小区（$P<0.05$），RG5 区显著低于其他各轮牧小区（$P<0.05$），RG2、RG4 区显著低于 RG1、RG7 区和 RG8 区（$P<0.05$），RG1、RG7 区和 RG8 区之间差异不显著（$P>0.05$）。无芒隐子草高度变化范围为 5.35～9.17cm，RG1 区最低，为 5.35cm，RG6 区最高，为 9.17cm。RG1、RG2、RG3、RG4、RG5、RG7、RG8、CK 区之间不存在显著性差异（$P>0.05$）。银灰旋花高度的变化范围为 1.68～6.95cm，CK 区最高，为 6.95cm，RG5 区最低，为 1.68cm。RG3、RG4、RG6、RG8 区之间差异不显著（$P>0.05$），但显著高于 RG1、RG2、RG7 区（$P<0.05$）。栉叶蒿的高度变化范围为 1.02～5.55cm，RG5 区最低，为 1.02cm，RG2 区最高，为 5.55cm。

10 月，第二轮放牧结束，各轮牧小区短花针茅高度变动范围是 3.70～11.10cm，RG4 区最高，为 11.10cm，RG8 区最低，为 3.70cm。RG4、RG7、CK 区显著高于 RG1、RG2、RG3、RG5、RG6、RG8 区（$P<0.05$），RG1、RG2、RG3、RG5、RG6 区和 RG8 区之间差异不显著（$P>0.05$）。碱韭高度的变化范围为 4.7～16.38cm，RG1 区最低，为 4.70cm，RG3 区最高，为 16.38cm。RG3 区碱韭高度显著高于其他各轮牧小区（$P<0.05$），RG1、RG2 区和 RG8 区显著低于其他各轮牧小区（$P<0.05$），RG1、RG2 区和 RG8 区之间差异不显著（$P>0.05$）。无芒隐子草的高度变化范围为 1.21～11.69cm，RG2 区最低，为 1.21cm，RG7 区最高，为 11.69cm。RG4、RG5 区和 RG6 区之间差异不显著（$P>0.05$），但 RG4、RG5、RG6 区显著高于 RG1、RG2 区（$P<0.05$），RG3 区显著高于 RG1、RG2、RG8 区（$P<0.05$）。银灰旋花高度的变化范围是 1.36～5.04cm，RG8 区最低，为 1.36cm，

RG4 区最高，为 5.04cm。晚放牧的 RG7 区显著高于早放牧的 RG2 区（$P<0.05$）。栉叶蒿的高度在早放牧小区中的表现高于晚放牧的 RG7、RG8 区，CK 区的最低。

从上面的分析可知：8 月第一轮放牧结束时，早放牧和晚放牧对短花针茅、无芒隐子草、银灰旋花的影响不大，但早放牧对碱韭的生长发育有一定的抑制性。9 月，家畜进入 RG5 区采食，使该区许多牧草的高度低于其他小区牧草的高度。10 月，家畜结束两轮放牧，再次进入 RG1 区，牧草开始进入枯黄期。由于家畜刚刚经过 RG8 区，RG8 区许多牧草的高度处于较低的水平。但总体来看，不同放牧时间对短花针茅、无芒隐子草、碱韭、银灰旋花、栉叶蒿的高度有一定影响，常年晚放牧较早放牧有利于短花针茅、无芒隐子草等牧草的生长，而栉叶蒿高度在不同月份的表现不同。

## 二、植物种群盖度

8 月，经过第一轮放牧后，各轮牧小区内主要植物种群的盖度见表 4-7。短花针茅在 RG1、RG2 区的盖度显著大于其他各轮牧小区（$P<0.05$），CK、RG3 区显著低于 RG4、RG8 区（$P<0.05$），RG4、RG5、RG6、RG8 区之间不存在显著性差异（$P>0.05$）。碱韭在早期放牧小区（RG1、RG2 区）的描述样方内出现枯黄现象，导致 RG1、RG2 区盖度显著低于 RG3、RG5、RG6、RG7、RG8 区（$P<0.05$），RG7、RG8 区显著高于其他各轮牧小区（$P<0.05$）。无芒隐子草的盖度在 RG2、RG3、RG6 区的表现显著高于 RG7、RG8 区和 CK 区（$P<0.05$），RG2、RG3、RG6 区之间差异不显著（$P>0.05$），RG7 区与 RG8 区之间不存在显著性差异（$P>0.05$）。表明丛生禾草短花针茅和无芒隐子草的盖度在早放牧小区高于晚放牧小区，这主要是因为多年早期放牧践踏使大的株丛破碎，增加了单位面积上的投影面积，表现出盖度增大。银灰旋花在 CK 区的盖度显著高于其他各轮牧小区（除 RG1 区外），RG3、RG5、RG6、RG7、RG8 区不存在显著性差异（$P>0.05$）。栉叶蒿在 RG5 区的盖度显著高于其他各小区（$P<0.05$），RG1、RG2、RG3 区和 RG7 区之间不存在显著性的差异（$P>0.05$）。

9 月，家畜进入 RG5 区，短花针茅在 RG1、RG7 区的盖度显著高于其他各轮牧小区（$P<0.05$），RG8 区显著高于 RG2、RG3、RG4、RG5、RG6 区和 CK 区（$P<0.05$），且 RG2、RG3、RG4、RG5、RG6 区和 CK 区之间无显著性差异（$P>0.05$）。碱韭的盖度在 RG7、RG8 区显著高于其他各轮牧小区（$P<0.05$），RG6 区显著高于 RG1、RG4 区（$P<0.05$），RG2、RG3、RG5、RG6 区和 CK 区无显著性差异（$P>0.05$）。无芒隐子草在 RG1、RG7、RG8 区的盖度显著高于 RG3、RG6 区和 CK 区（$P<0.05$），RG2、RG3、RG4 区和 CK 区之间差异不显著（$P>0.05$）。银灰旋花在 RG7 区的盖度显著高于其他各小区（$P<0.05$），且 RG1、RG3、

表 4-7 不同植物种群的盖度（%）

| 植物名称 | 8月 | | | | | | | | | 9月 | | | | | | | | | 10月 | | | | | | | | |
|---|---|---|---|---|---|---|---|---|---|---|---|---|---|---|---|---|---|---|---|---|---|---|---|---|---|---|---|
| | RG1 | RG2 | RG3 | RG4 | RG5 | RG6 | RG7 | RG8 | CK | RG1 | RG2 | RG3 | RG4 | RG5 | RG6 | RG7 | RG8 | CK | RG1 | RG2 | RG3 | RG4 | RG5 | RG6 | RG7 | RG8 | CK |
| 银灰旋花 | 4.15ab | 0.43d | 1.90cd | 2.68bc | 0.82cd | 0.54d | 2.28bcd | 1.15cd | 4.63a | 1.06bc | 0.33c | 0.80bc | 0.89bc | 0.51bc | 0.98bc | 2.61a | 1.00bc | 1.49b | 0.61ab | 0.17bc | 0.21bc | 0.30bc | 0.08c | 0.27bc | 0.48abc | 0.35abc | 0.81a |
| 糙隐子草 | 0.25d | 1.38ab | 0.12d | 0.38cd | 1.63a | 0.94bc | 1.21ab | 0.95bc | 0.27d | 0.48bc | 2.30a | 0.43bc | 0.00c | 0.00c | 0.79bc | 1.28b | 2.90a | 1.17b | 0.00a | 0.00a | 0.00a | 0.00a | 0.00a | 0.00a | 0.00a | 0.00a | 0.00a |
| 寸草苔 | 0.00e | 0.22bcd | 0.40b | 0.14cde | 0.70a | 0.28bc | 0.00e | 0.06de | 0.00e | 0.00b | 0.22ab | 0.42a | 0.02b | 0.17ab | 0.26ab | 0.07b | 0.40a | 0.05b | 0.01d | 0.12bc | 0.20ab | 0.01d | 0.09cd | 0.05cd | 0.00d | 0.21a | 0.01d |
| 点地梅 | 0.01ab | 0.00b | 0.00b | 0.00b | 0.00b | 0.00b | 0.02a | 0.00b | 0.00b | 0.00b | 0.00b | 0.00b | 0.00b | 0.00b | 0.00b | 0.10a | 0.08a | 0.00b | 0.00a | 0.00a | 0.00a | 0.00a | 0.00a | 0.00a | 0.00a | 0.00a | 0.00a |
| 短花针茅 | 3.03a | 2.65a | 0.18c | 1.43b | 1.00bc | 0.75bc | 1.20bc | 1.45b | 0.30c | 4.60a | 0.87c | 0.77c | 0.64c | 0.12c | 0.34c | 5.30a | 2.11b | 0.13c | 1.60b | 0.66c | 0.00d | 1.26b | 0.24cd | 0.27cd | 2.25a | 0.41cd | 0.38cd |
| 反枝苋 | 0.00b | 0.00b | 0.03a | 0.01ab | 0.00b | 0.01ab | 0.00b | 0.00b | 0.00b | 0.00a | 0.00a | 0.03a | 0.00a | 0.00a | 0.02a | 0.00a | 0.00a | 0.00a | 0.00a | 0.00a | 0.00a | 0.00a | 0.00a | 0.00a | 0.00a | 0.00a | 0.00a |
| 狗尾草 | 1.77a | 0.50b | 0.06b | 0.17b | 0.03b | 0.00b | 0.20b | 0.34b | 1.86a | 0.12b | 0.43a | 0.10b | 0.18b | 0.00b | 0.18b | 0.08b | 0.17b | 0.15b | 0.23bc | 0.28b | 0.01d | 0.20bcd | 0.02d | 0.02d | 0.00d | 0.04cd | 0.58a |
| 冠芒草 | 10.80a | 8.43b | 0.67d | 0.42d | 0.46d | 2.59c | 3.96c | 3.96c | 7.82b | 7.10c | 15.40a | 4.01d | 0.31e | 0.31e | 7.48c | 6.26cd | 10.25b | 8.93bc | 5.84c | 20.00a | 3.29de | 1.51f | 1.70ef | 3.45d | 2.01def | 2.11def | 9.13b |
| 狐尾草 | 0.00b | 0.00b | 0.00b | 0.04ab | 0.00b | 0.01b | 0.00b | 0.00b | 0.06a | 0.02b | 0.00b | 0.09a | 0.00b | 0.00b | 0.02b | 0.00b | 0.03b | 0.02b | 0.00b | 0.00b | 0.00b | 0.03b | 0.00b | 0.00b | 0.00b | 0.00b | 0.07a |
| 黄蓍 | 0.01a | 0.00a | 0.00a | 0.00a | 0.00a | 0.00a | 0.00a | 0.05a | 0.00a | 0.00b | 0.00b | 0.00b | 0.00b | 0.00b | 0.02b | 0.00b | 0.07a | 0.00b | 0.00a | 0.00a | 0.00a | 0.00a | 0.00a | 0.00a | 0.00a | 0.02a | 0.00a |
| 灰绿藜 | 0.06b | 0.00b | 0.08b | 0.04b | 0.23ab | 0.27ab | 0.48a | 0.06b | 0.18ab | 0.05b | 0.05b | 0.09b | 0.13b | 0.18ab | 0.17ab | 0.28a | 0.19ab | 0.08b | 0.00b | 0.00b | 0.01b | 0.04a | 0.00b | 0.00b | 0.00b | 0.01b | 0.02ab |
| 蒺藜 | 0.05ab | 0.07ab | 0.02ab | 0.04ab | 0.00b | 0.00b | 0.07ab | 0.13a | 0.10ab | 0.03b | 0.00b | 0.00b | 0.02b | 0.00b | 0.00b | 0.13a | 0.07ab | 0.00b | 0.00a | 0.00a | 0.00a | 0.00a | 0.00a | 0.00a | 0.00a | 0.00a | 0.00a |
| 碱韭 | 1.36d | 3.34d | 9.90b | 1.59d | 7.08c | 6.80c | 14.88a | 13.45a | 3.40d | 0.96c | 3.75bc | 5.62bc | 0.65c | 3.40bc | 7.96b | 22.00a | 22.80a | 3.84bc | 0.28d | 0.65d | 9.77ab | 0.85d | 4.85c | 8.68b | 11.49a | 1.83d | 2.54cd |
| 锦鸡儿 | 0.00b | 0.00b | 0.00b | 0.00b | 0.59a | 0.59a | 0.00b | 0.00b | 0.45a | 0.00c | 0.00c | 0.00c | 0.00c | 0.22b | 0.06bc | 0.00c | 0.00c | 0.43a | 0.00b | 0.01b | 0.00b | 0.00b | 0.12a | 0.00b | 0.00b | 0.00b | 0.09ab |
| 狼尾草 | 0.00a | 0.00a | 0.00a | 0.00a | 0.00a | 0.00a | 0.00a | 0.00a | 0.00a | 1.50a | 0.95b | 0.08de | 0.20cde | 0.00e | 0.11de | 0.41cd | 0.55c | 1.06b | 0.77a | 0.54b | 0.00d | 0.23c | 0.05cd | 0.02cd | 0.02cd | 0.10cd | 0.60ab |
| 马齿苋 | 0.22a | 0.00b | 0.05b | 0.07b | 0.04b | 0.02b | 0.00b | 0.01b | 0.00b | 0.11b | 0.00b | 0.00b | 0.02b | 0.02b | 0.00b | 0.20b | 0.62a | 0.00b | 0.00a | 0.00a | 0.00a | 0.00a | 0.00a | 0.00a | 0.00a | 0.00a | 0.00a |

续表

| 植物名称 | 8月 | | | | | | | | | 9月 | | | | | | | | | 10月 | | | | | | | | |
|---|---|---|---|---|---|---|---|---|---|---|---|---|---|---|---|---|---|---|---|---|---|---|---|---|---|---|---|
| | RG1 | RG2 | RG3 | RG4 | RG5 | RG6 | RG7 | RG8 | CK | RG1 | RG2 | RG3 | RG4 | RG5 | RG6 | RG7 | RG8 | CK | RG1 | RG2 | RG3 | RG4 | RG5 | RG6 | RG7 | RG8 | CK |
| 蒙古葱 | 0.00a | 0.01a | 0.00a | 0.00a | 0.00a | 0.03a | 0.00a | 0.00a | 0.00a | 0.00a | 0.03a | 0.00a | 0.00a | 0.00a | 0.00a | 0.00a | 0.02a | 0.00a | 0.00b | 0.00b | 0.04a | 0.00b | 0.00b | 0.00b | 0.00b | 0.00b | 0.00b |
| 蒙古韭 | 0.00a | 0.00a | 0.00a | 0.00a | 0.00a | 0.00a | 0.01a | 0.00a | 0.00a | 0.00b | 0.00b | 0.64a | 0.00b | 0.00b | 0.00b | 0.00b | 0.00b | 0.00b | 0.04c | 0.37c | 0.01c | 2.23a | 0.30c | 0.02c | 0.00c | 0.06c | 1.23b |
| 木地肤 | 0.04b | 0.02b | 0.02b | 0.83ab | 0.72ab | 0.15b | 0.18b | 0.14b | 1.28a | 0.03b | 0.70b | 0.00b | 0.52b | 0.40b | 0.15b | 0.00b | 0.22b | 1.45a | 0.94b | 0.63bc | 0.60bc | 0.50bc | 0.15c | 0.26c | 0.12c | 0.15c | 3.59a |
| 裸芸香 | 5.49b | 2.59b | 0.85b | 0.71b | 0.24b | 0.69b | 0.98b | 1.04b | 11.41a | 5.05b | 3.55c | 1.22de | 0.41e | 0.41e | 1.00de | 1.55d | 1.80d | 6.20a | 0.00b | 0.00b | 0.00b | 0.00b | 0.00b | 0.00b | 0.01b | 0.08a | 0.00b |
| 天门冬 | 0.02b | 0.01b | 0.02b | 0.00b | 0.00b | 0.07b | 0.35a | 0.14ab | 0.00b | 0.04b | 0.00b | 0.02b | 0.00b | 0.00b | 0.06b | 0.33a | 0.14b | 0.00b | 0.00a | 0.00a | 0.00a | 0.00a | 0.00a | 0.00a | 0.00a | 0.00a | 0.00a |
| 兔唇花 | 0.03a | 0.00a | 0.00a | 0.00a | 0.00a | 0.00a | 0.00a | 0.00a | 0.00a | 0.03a | 0.00a | 0.00a | 0.00a | 0.00a | 0.00a | 0.00a | 0.00a | 0.00a | 7.10c | 3.28d | 7.93bc | 14.62a | 11.13ab | 8.34bc | 2.25d | 2.87d | 13.26a |
| 无芒隐子草 | 5.06ab | 6.03a | 6.17a | 0.00d | 0.00d | 6.09a | 3.99bc | 3.15c | 0.27d | 7.40a | 5.15abcd | 4.12bcd | 5.90abc | 6.40ab | 2.64d | 7.60a | 7.70a | 3.59cd | 0.00c | 0.01c | 0.00c | 0.00c | 0.00c | 0.01c | 0.16a | 0.11b | 0.00c |
| 细叶韭 | 0.06b | 0.25b | 0.39b | 0.16b | 0.17b | 0.14b | 1.36a | 0.36b | 0.29b | 0.02c | 0.20b | 0.54abc | 0.00c | 0.00c | 0.05c | 0.90a | 0.66ab | 0.09c | 0.00a | 0.00a | 0.01a | 0.00a | 0.00a | 0.00a | 0.00a | 0.00a | 0.00a |
| 细叶苔 | 0.00b | 0.00b | 0.00b | 0.00b | 0.05b | 0.00b | 0.00b | 0.17a | 0.00b | 0.00c | 0.46b | 1.17a | 0.00c | 0.00c | 0.00c | 0.06c | 0.61b | 0.03c | 0.00a | 0.00a | 0.00a | 0.00a | 0.00a | 0.00a | 0.00a | 0.00a | 0.00a |
| 栉叶蒿 | 0.80cd | 0.72cd | 0.56cde | 1.02bc | 2.01a | 1.46b | 0.42de | 0.16e | 0.25de | 0.88bcd | 1.23bcd | 0.85c | 9.10a | 2.40b | 1.30bcd | 2.02bc | 1.18bcd | 0.34d | 0.60cd | 0.76c | 0.08de | 3.71a | 1.55b | 0.24de | 0.03e | 0.17de | 0.02e |
| 猪毛菜 | 0.00b | 0.00b | 0.05b | 0.22b | 0.17b | 0.06b | 0.07b | 0.10b | 4.87a | 0.26b | 0.66b | 0.09b | 0.69b | 0.29b | 0.18b | 0.23b | 0.29b | 7.45a | 0.17b | 0.28b | 0.00b | 0.10b | 0.04b | 0.00b | 0.00b | 0.05b | 2.78a |

注：不同字母表示不同处理间差异显著（$P<0.05$）

RG4、RG5、RG6、RG8 区和 CK 区之间不存在显著性差异（$P>0.05$）。栉叶蒿的盖度在 RG4 区显著高于其他各小区，RG5 区显著高于 RG3 区和 CK 区（$P<0.05$），RG1、RG2、RG5、RG6、RG7、RG8 区之间不存在显著性差异（$P>0.05$）。

10 月，第二轮放牧结束，家畜再次进入 RG1 区，短花针茅盖度在 RG7 区显著高于其他各轮牧小区（$P<0.05$），RG1、RG4 区显著高于其他各轮牧小区（$P<0.05$）（除 RG7 区外），RG2 区显著高于 RG3 区（$P<0.05$），RG2、RG5、RG6、RG8 和 CK 区之间差异不显著（$P>0.05$）。碱韭的盖度在 RG3、RG6、RG7 区显著高于 RG1、RG2、RG4、RG5、RG8 区和 CK 区（$P<0.05$），RG5 区显著高于 RG1、RG2、RG4 区和 RG8 区，RG1、RG2、RG4 区和 RG8 区之间不存在显著性差异（$P>0.05$）。

从以上的分析可知：8 月，家畜结束第一轮放牧后开始进入 RG1 区，从生禾草短花针茅、无芒隐子草在早放牧小区的盖度高于晚放牧小区，这主要是因为早期放牧践踏使大的株丛发生破碎现象，增加了单位面积上牧草枝条的投影面积，盖度明显增大。在较旱的年份里，早期放牧对碱韭后期的盖度有较大的影响。银灰旋花盖度在早放牧小区及 CK 区高于晚放牧小区，栉叶蒿盖度在早、晚放牧小区差异不大。一年生植物数量特征变化受生长季内是否降水和降水量的多少影响，试验期间，8 月雨水较好，早放牧小区又经过较长的牧后休闲期，因此生长旺盛，有较大的盖度。9 月，各主要牧草种群盖度的变化在各轮牧小区和 CK 区内没有明显的规律。10 月，第二轮放牧结束后，不同放牧时间对主要植物种群的盖度影响不大。

## 三、植物种群密度

各主要植物种群在不同轮牧小区的密度见表 4-8，8 月，短花针茅在 RG1、RG2 区的密度显著高于其他各轮牧小区（$P<0.05$），其他各小区之间不存在显著差异（$P>0.05$）。碱韭在 RG5、RG7、RG8 区的密度显著高于其他各轮牧小区（$P<0.05$），这 3 个小区之间没有显著差异，RG2、RG3、RG6 区和 CK 区显著高于 RG1 区（$P<0.05$）。无芒隐子草在 RG2 区和 RG4 区的密度显著高于 RG5、RG7、RG8 区和 CK 区（$P<0.05$），CK 区无芒隐子草的密度最小，RG1、RG2、RG4 区之间无显著差异（$P>0.05$）。银灰旋花的密度在早期和晚期放牧间的差异不明显，在各轮牧小区之间的变化规律不明显，波动较大，除 RG1 区外，CK 区的银灰旋花密度显著高于其他小区（$P<0.05$）。栉叶蒿的密度以 RG1、RG4、RG5 区和 RG6 区较大，余下各轮牧区之间及其与 CK 区之间没有显著差异（$P>0.05$）。

**表 4-8　不同植物种群的密度**　　（单位：株/m$^2$）

| 植物名称 | 8月 | | | | | | | | | 9月 | | | | | | | | | 10月 | | | | | | | | |
|---|---|---|---|---|---|---|---|---|---|---|---|---|---|---|---|---|---|---|---|---|---|---|---|---|---|---|---|
| | RG1 | RG2 | RG3 | RG4 | RG5 | RG6 | RG7 | RG8 | CK | RG1 | RG2 | RG3 | RG4 | RG5 | RG6 | RG7 | RG8 | CK | RG1 | RG2 | RG3 | RG4 | RG5 | RG6 | RG7 | RG8 | CK |
| 短花针茅 | 13.80a | 6.20b | 1.20c | 3.30c | 1.10c | 1.60c | 3.60c | 3.70c | 1.00c | 12.60a | 3.70c | 2.3dce | 2.80dc | 1.10de | 0.70de | 8.30b | 4.30c | 0.50e | 10.20a | 3.90bc | 0.00f | 2.80cd | 1.20def | 0.80ef | 5.20b | 2.00de | 2.3cde |
| 碱韭 | 5.30d | 16.90c | 21.30bc | 4.70d | 32.00a | 24.50b | 35.20a | 38.60a | 15.70c | 3.50d | 12.60bc | 16.60bc | 2.70d | 18.30b | 18.90b | 40.50a | 39.60a | 11.30c | 0.00b | 0.10b | 0.00b | 0.10b | 1.90a | 0.50b | 0.00b | 0.00b | 1.70a |
| 无芒隐子草 | 20.6abc | 25.1a | 20.1bcd | 24.0ab | 18.2cd | 19.7bcd | 10.20e | 15.30d | 0.80f | 17.7abc | 18.3abc | 19.40a | 21.10a | 16.0abc | 19.0ab | 13.4bc | 12.20c | 5.70d | 21.20a | 16.50ab | 18.1ab | 23.50a | 22.50a | 19.90ab | 7.00c | 13.20bc | 23.10a |
| 糙隐子草 | 0.70c | 3.40ab | 1.20c | 1.80b | 5.10a | 4.10a | 4.00a | 2.90abc | 0.80c | 1.20ed | 13.00a | 3.00ed | 0.00e | 0.00e | 7.70b | 3.90cd | 6.70bc | 4.20cd | 0.00a | 0.00a | 0.00a | 0.00a | 0.00a | 0.00a | 0.00a | 0.00a | 0.00a |
| 银灰旋花 | 36.8ab | 6.40d | 20.5bcd | 32.2bc | 12.20cd | 8.80d | 20.3bcd | 11.10cd | 53.40a | 25.90a | 5.60b | 11.50b | 17.40ab | 9.40b | 8.60b | 26.50a | 8.70b | 26.70a | 13.20abc | 6.80c | 12.2abc | 17.80abc | 5.50c | 10.8bc | 21.50ab | 8.90c | 23.30a |
| 栉叶蒿 | 68.20b | 37.10c | 9.40c | 186.50a | 97.80b | 74.60b | 8.90c | 5.80c | 12.90c | 45.80c | 26.9dc | 25.10dc | 154.50a | 97.2b | 75.0b | 20.3dc | 11.80d | 11.20d | 0.00a | 0.00a | 0.00a | 0.00a | 0.00a | 0.10a | 0.00a | 0.00a | 0.00a |
| 寸草苔 | 0.00d | 5.70ab | 8.90a | 1.20cd | 8.50a | 3.90bc | 0.30d | 3.20bcd | 0.00d | 0.00c | 4.60ab | 6.40a | 0.60c | 4.40ab | 3.20bc | 0.50c | 2.10bc | 0.60c | 0.10d | 2.10cd | 5.60a | 0.40d | 4.50ab | 3.20bc | 0.40d | 3.60abc | 0.90d |
| 点地梅 | 0.20ab | 0.00b | 0.00b | 0.00b | 0.00b | 0.00b | 0.40a | 0.10ab | 0.00b | 0.00b | 0.00b | 0.00b | 0.00b | 0.00b | 0.00b | 1.10a | 0.80a | 0.00b | 0.00a | 0.00a | 0.00a | 0.00a | 0.00a | 0.00a | 0.00a | 0.00a | 0.00a |
| 反枝苋 | 0.00a | 0.00a | 0.30a | 0.10a | 0.00a | 0.10a | 0.20a | 0.10a | 0.00a | 0.00b | 0.00b | 0.20a | 0.00b | 0.00b | 0.10ab | 0.00b | 0.00b | 0.00b | 0.00a | 0.00a | 0.00a | 0.00a | 0.00a | 0.00a | 0.00a | 0.00a | 0.00a |
| 狗尾草 | 17.90a | 8.20b | 0.60c | 1.50c | 0.10c | 1.10c | 1.60c | 1.50c | 16.00a | 1.30b | 3.30a | 0.40b | 0.70b | 0.00b | 0.80b | 0.80b | 1.40b | 0.90b | 2.50ab | 3.90a | 0.60d | 0.90cd | 0.10d | 1.10bcd | 0.10d | 0.50d | 2.4abc |
| 冠芒草 | 191.50a | 141.50b | 14.70e | 7.00e | 9.10e | 56.70d | 85.3cd | 85.3cd | 123.2bc | 134.30a | 81.60c | 32.50e | 12.10e | 12.10e | 66.0cd | 65.7cd | 108.9b | 54.30d | 68.40b | 123.0a | 24.80c | 17.20c | 18.00c | 63.9b | 31.10c | 29.79c | 132.5a |
| 狐尾草 | 0.00b | 0.00b | 0.00b | 0.30ab | 0.00b | 0.10b | 0.00b | 0.00b | 0.50a | 0.10ab | 0.00b | 0.30a | 0.00b | 0.00b | 0.10ab | 0.00b | 0.10ab | 0.20ab | 0.00b | 0.00b | 0.00b | 0.90a | 0.00b | 0.00b | 0.00b | 0.00b | 0.70a |
| 黄耆 | 0.10ab | 0.00b | 0.00b | 0.00b | 0.00b | 0.00b | 0.00b | 0.20a | 0.00b | 0.00b | 0.00b | 0.00b | 0.00b | 0.00b | 0.10ab | 0.00b | 0.30a | 0.00b | 0.00a | 0.00a | 0.00a | 0.00a | 0.00a | 0.00a | 0.00a | 0.10a | 0.00a |
| 灰绿藜 | 1.80abc | 0.00c | 0.90b | 0.80b | 3.00ab | 2.80ab | 3.00ab | 2.80ab | 3.20a | 0.80b | 0.60b | 0.90b | 1.00b | 1.80ab | 1.20b | 3.20a | 2.40ab | 0.70b | 0.00b | 0.00b | 0.30ab | 0.90a | 0.40ab | 0.50ab | 0.50ab | 0.10b | 0.20b |
| 蒺藜 | 0.40bc | 0.30bc | 0.10c | 0.40bc | 0.00c | 0.00c | 0.60bc | 1.00b | 1.90a | 0.20b | 0.00b | 0.00b | 0.10b | 0.00b | 0.00b | 0.80a | 0.50ab | 0.00b | 2.40e | 7.50de | 21.30b | 2.40e | 18.00bc | 13.2cd | 33.00a | 23.30b | 12.2cd |

续表

| 植物名称 | 8月 | | | | | | | | | 9月 | | | | | | | | | 10月 | | | | | | | | |
|---|---|---|---|---|---|---|---|---|---|---|---|---|---|---|---|---|---|---|---|---|---|---|---|---|---|---|---|
| | RG1 | RG2 | RG3 | RG4 | RG5 | RG6 | RG7 | RG8 | CK | RG1 | RG2 | RG3 | RG4 | RG5 | RG6 | RG7 | RG8 | CK | RG1 | RG2 | RG3 | RG4 | RG5 | RG6 | RG7 | RG8 | CK |
| 锦鸡儿 | 0.00b | 0.00b | 0.00b | 0.00b | 2.30a | 3.70a | 0.00b | 0.00b | 3.10a | 0.00b | 0.00b | 0.00b | 0.00b | 2.20a | 1.00ab | 0.00b | 0.00b | 2.60a | 0.00a | 0.00a | 0.00a | 0.00a | 0.00a | 0.00a | 0.00a | 0.00a | 0.00a |
| 狼尾草 | 0.00a | 0.00a | 0.00a | 0.00a | 0.00a | 0.00a | 0.00a | 0.00a | 0.00a | 16.40a | 7.40b | 0.40e | 1.40de | 0.70e | 0.60e | 4.00cd | 4.60bcd | 6.70bc | 14.10a | 11.50a | 0.40b | 2.90b | 0.40b | 1.60b | 1.80b | 1.80b | 11.60a |
| 马齿苋 | 2.50a | 0.10bc | 0.90bc | 0.70bc | 0.30bc | 0.20bc | 0.50bc | 1.20b | 0.00c | 1.00b | 0.00b | 0.00b | 0.10b | 0.10b | 0.00b | 1.20b | 3.30a | 0.00b | 0.00a | 0.00a | 0.00a | 0.00a | 0.00a | 0.00a | 0.00a | 0.00a | 0.00a |
| 蒙古葱 | 0.00a | 0.10a | 0.00a | 0.00a | 0.00a | 0.20a | 0.00a | 0.00a | 0.00a | 0.00b | 0.20a | 0.00b | 0.00b | 0.00b | 0.00b | 0.00b | 0.10ab | 0.00b | 0.00a | 0.00a | 0.30a | 0.00a | 0.30a | 0.50a | 0.00a | 0.00a | 0.00a |
| 蒙古韭 | 0.00a | 0.00a | 0.00a | 0.00a | 0.00a | 0.00a | 0.10a | 0.00a | 0.00a | 0.00b | 0.00b | 10.60a | 0.00b | 0.00b | 0.00b | 0.00b | 0.00b | 0.00b | 0.00b | 0.00b | 10.50a | 0.00b | 0.00b | 0.00b | 0.00b | 0.00b | 0.00b |
| 木地肤 | 0.30b | 0.20b | 0.20b | 4.00a | 0.30b | 0.10b | 0.60b | 0.60b | 2.70ab | 0.10c | 1.8abc | 0.00c | 2.90a | 0.40c | 0.10c | 0.00c | 0.50bc | 2.30ab | 0.20c | 1.50a | 0.10c | 2.40a | 0.30c | 0.10c | 0.00c | 0.40bc | 1.40ab |
| 裸芸香 | 112.70a | 45.60b | 17.50c | 16.20c | 6.50c | 15.10c | 11.70c | 12.40c | 97.60a | 101.00a | 38.1c | 22.80d | 10.00d | 10.00d | 19.50d | 16.00d | 18.70d | 70.80b | 28.90b | 11.40c | 14.40c | 12.10c | 4.60c | 10.40c | 5.40c | 3.20c | 84.70a |
| 天门冬 | 0.10b | 0.10b | 0.20b | 0.00b | 0.00b | 0.40b | 1.40a | 0.90ab | 0.00b | 0.20b | 0.00b | 0.20b | 0.00b | 0.00b | 0.30b | 1.70a | 0.70b | 0.00b | 0.00b | 0.00b | 0.00b | 0.00b | 0.00b | 0.20b | 1.10a | 0.70ab | 0.00b |
| 兔唇花 | 1.10a | 0.00a | 0.00a | 0.00a | 0.00a | 0.00a | 0.00a | 0.00a | 0.00a | 0.20a | 0.00a | 0.00a | 0.00a | 0.00a | 0.00a | 0.00a | 0.00a | 0.00a | 0.00a | 0.00a | 0.00a | 0.00a | 0.00a | 0.00a | 0.00a | 0.00a | 0.00a |
| 细叶韭 | 1.10d | 4.2bcd | 4.90bcd | 2.40cd | 1.90d | 4.40bcd | 9.40a | 7.10ab | 5.80abc | 0.20c | 2.50b | 1.10bc | 0.50bc | 0.20c | 0.60bc | 8.00a | 6.40a | 1.10bc | 0.00b | 0.20b | 1.90b | 0.90b | 0.90b | 1.10b | 7.40a | 2.30b | 6.20a |
| 细叶苔 | 0.00b | 0.00b | 0.00b | 0.00b | 0.30b | 0.00b | 0.70b | 2.30a | 0.00b | 0.00c | 6.70a | 7.90a | 0.00c | 0.00c | 0.00c | 1.10c | 3.30b | 0.30c | 0.00b | 0.00b | 2.90a | 0.20b | 0.00b | 0.00b | 0.40b | 0.00b | 0.00b |
| 猪毛菜 | 2.80b | 1.30b | 0.50b | 3.80b | 1.50b | 0.50b | 1.00b | 1.00b | 32.4a | 3.00b | 1.50bc | 0.40c | 3.60b | 1.40bc | 0.30c | 2.00bc | 1.70bc | 20.5a | 30.4bc | 23.9cd | 13.7de | 76.50a | 37.6b | 39.8b | 10.8e | 7.60e | 5.20e |

注：不同字母表示不同处理间差异显著（$P<0.05$）

9 月短花针茅在 RG1、RG7 区的密度显著高于其他各轮牧小区（$P<0.05$），两个小区间存在显著性的差异（$P<0.05$），CK 区的密度最小。碱韭的密度在 RG7、RG8 区显著高于其他各轮牧小区和 CK 区（$P<0.05$），RG2、RG3、RG5、RG6 区显著高于 RG1、RG4 区（$P<0.05$），但 RG2、RG3、RG5、RG6 区无显著差异（$P>0.05$），CK 区碱韭的密度仅高于 RG1、RG4 区（$P<0.05$）。无芒隐子草在各个轮牧小区的密度显著高于 CK 区（$P<0.05$），RG3、RG4 区显著高于轮牧 RG7、RG8 区（$P<0.05$），其余各小区之间不存在显著差异（$P>0.05$）。银灰旋花在 RG1、RG7 区和 CK 区的密度显著高于 RG2、RG3、RG5、RG6 区和 RG8 区（$P<0.05$），而 RG2、RG3、RG5、RG6 区和 RG8 区之间差异不显著（$P>0.05$），RG4 区与各轮牧小区及 CK 区之间差异也不显著（$P>0.05$）。栉叶蒿在 RG4 区的密度最大，其次分别为 RG5 区和 RG6 区，RG1 区高于 RG8 区和 CK 区，RG2、RG3 区和 RG7 区之间没有显著差异（$P>0.05$），与 RG1、RG8 区和 CK 区之间也没有显著差异（$P>0.05$）。

10 月，短花针茅在 RG1 区的密度显著高于其他各轮牧小区和 CK 区（$P<0.05$），RG7 区仅次于 RG1 区，与 RG3、RG4、RG5、RG6、RG8 区和 CK 区之间存在显著差异（$P<0.05$），与轮牧 RG2 区之间没有显著差异（$P>0.05$）。碱韭在 RG5 区和 CK 区的密度显著高于其他各轮牧小区（$P<0.05$），余下各轮牧小区之间没有显著差异（$P>0.05$）。无芒隐子草的密度在 RG7、RG8 区较低，其他各轮牧小区及 CK 区之间没有显著差异（$P>0.05$），但略高于 RG7、RG8 区。银灰旋花在 CK 区的密度显著高于 RG2、RG5 区和 RG8 区（$P<0.05$），余下的各轮牧小区间差异不显著（$P>0.05$）。栉叶蒿在各轮牧小区间及其与 CK 区之间没有显著的差异（$P>0.05$）。

综合 8～10 月不同主要植物种群的密度得知，第一轮放牧结束，短花针茅和无芒隐子草的密度在早期放牧的小区高于晚期放牧的小区，碱韭却受到早期放牧的严重影响，在早期放牧区内密度明显降低，银灰旋花变化规律不明显，栉叶蒿在中期放牧小区内的密度较高；CK 区银灰旋花的密度整体上高于轮牧小区，其他主要植物种群的密度都处于较低水平。9 月轮牧进行到 RG5 区，短花针茅的密度在早放牧小区与晚放牧小区之间差别不明显，可能是放牧家畜采食行为的影响，碱韭、无芒隐子草、银灰旋花和栉叶蒿的密度与 8 月的表现规律相似；CK 区银灰旋花的密度仍然较高，其他植物种群的密度仍处于较低水平。10 月短花针茅和无芒隐子草表现出早放牧小区的密度高于晚放牧小区，碱韭和栉叶蒿的密度都接近于零。可见，早期放牧家畜的践踏和采食作用使丛生禾草密度增加，适口性好的牧草密度下降。

## 四、植物种群重要值

8 月短花针茅的重要值（表 4-9）在 RG1、RG4 区排第五位，在 RG2、RG7 区排第六位，在 RG8 区排第四位，在 RG5 区排第八位，在 RG6 区排第十二位，在 CK 区排第九位。碱韭重要值在 RG3、RG5、RG6、RG7 区和 RG8 区排第一位，在 RG2 区排第一位，在 RG1 区排第六位，第 RG4 区排第四位，在 CK 区排第四位。无芒隐子草在 RG1、RG5、RG6、RG7、RG8 区排第三位，在 RG2 区排第四位，在 RG3 区排第二位，在 RG4 区排第一位，在 CK 区排在第十三位。由于进入了雨季，一年生杂类草开始大量生长，冠芒草、裸芸香、栉叶蒿、银灰旋花等重要值的排序在各轮牧小区都比较靠前，在 RG1、RG2 区冠芒草排在了第一位，在 RG4、RG5 区栉叶蒿排在了第二位。群落中出现 28 种植物，虽然这些植物中大部分种群的重要值不高，但对于群落结构的稳定和牧草可食性的提高起到了必不可少的作用。碱韭的生物量主要与降水量有关，其在雨季迅速生长；而不同轮牧小区短花针茅和无芒隐子草的重要值差别不明显，但 CK 区短花针茅和无芒隐子草的重要值较轮牧小区的低。

9 月无芒隐子草、碱韭、冠芒草、栉叶蒿、银灰旋花的重要值仍然排在前列，但数值相对 8 月变动较大，短花针茅的重要值排序降低，但数值变化幅度不大，裸芸香的重要值在部分小区大幅度增加，应该是雨后水分充沛的缘故。本月家畜进入 RG5 区放牧，适口性良好的碱韭的重要值在 RG1 区出现本月最低值，其他植物重要值受放牧影响表现不明显，这说明 8 月、9 月是碱韭生长旺盛时期，家畜以喜食的碱韭为主要采食对象。在 CK 区重要值排名前 10 位的牧草分别为冠芒草、裸芸香、猪毛菜、碱韭、无芒隐子草、银灰旋花、狼尾草、糙隐子草、木地肤和栉叶蒿。

10 月无芒隐子草、冠芒草、栉叶蒿重要值仍然排在前列，碱韭的重要值除在因地理分布差异造成的个别小区仍然较高外，在其他小区大幅度下降，这说明在本月碱韭的生物量和放牧关系不大，降水后其能够迅速生长，生物量达到最大，一段时间的干旱后其枝叶顶端就开始枯黄，即使不放牧其重要值也会显著降低。在 CK 区重要值排在前 10 位的分别为冠芒草、兔唇花、木地肤、猪毛菜、碱韭、银灰旋花、狼尾草、无芒隐子草、蒙古韭和短花针茅。

从各轮牧小区的重要值来看，多年生牧草（短花针茅、碱韭、无芒隐子草）及一年生的冠芒草、裸芸香和栉叶蒿在各小区均占有绝对优势，其他一年生杂类草的重要值较小，在群落中的作用也较小，说明荒漠草原的草地植物群落组成发生变化，草地已经发生了一定程度的退化现象。各轮牧区虽然由多年生牧草占绝

表 4-9 不同植物种群在各小区内的重要值

| 植物名称 | 8月 | | | | | | | | | 9月 | | | | | | | | | 10月 | | | | | | | | |
|---|---|---|---|---|---|---|---|---|---|---|---|---|---|---|---|---|---|---|---|---|---|---|---|---|---|---|---|
| | RG1 | RG2 | RG3 | RG4 | RG5 | RG6 | RG7 | RG8 | CK | RG1 | RG2 | RG3 | RG4 | RG5 | RG6 | RG7 | RG8 | CK | RG1 | RG2 | RG3 | RG4 | RG5 | RG6 | RG7 | RG8 | CK |
| 短花针茅 | 8.0 | 5.2 | 4.3 | 6.8 | 3.6 | 3.3 | 7.3 | 6.3 | 3.6 | 10.2 | 2.8 | 4.5 | 5.6 | 2.5 | 1.9 | 8.2 | 4.6 | 1.7 | 8.6 | 3.8 | 0.0 | 5.9 | 3.0 | 2.7 | 9.7 | 5.2 | 3.5 |
| 碱韭 | 7.5 | 12.5 | 30.1 | 8.2 | 23.1 | 21.1 | 28.5 | 29.4 | 9.5 | 5.1 | 8.1 | 17.5 | 5.8 | 16.0 | 20.1 | 25.9 | 24.0 | 9.4 | 4.3 | 5.2 | 26.6 | 4.2 | 17.5 | 21.5 | 34.8 | 19.0 | 7.0 |
| 无芒隐子草 | 10.3 | 10.1 | 17.1 | 23.3 | 14.6 | 14.4 | 8.5 | 11.6 | 1.1 | 13.2 | 9.2 | 12.6 | 15.5 | 19.6 | 9.7 | 9.8 | 8.7 | 6.8 | 0.0 | 0.8 | 4.2 | 2.0 | 2.5 | 3.4 | 7.0 | 4.7 | 3.6 |
| 糙隐子草 | 1.5 | 4.5 | 1.7 | 2.0 | 5.9 | 3.7 | 3.8 | 3.6 | 1.1 | 2.3 | 6.2 | 4.2 | 0.0 | 0.0 | 5.0 | 4.0 | 5.0 | 3.9 | 0.0 | 0.0 | 0.0 | 0.0 | 0.0 | 0.0 | 0.0 | 0.0 | 0.0 |
| 银灰旋花 | 8.9 | 3.0 | 10.3 | 9.7 | 5.3 | 3.6 | 7.4 | 4.0 | 10.8 | 5.4 | 1.9 | 4.8 | 5.7 | 4.4 | 4.1 | 6.7 | 2.4 | 6.7 | 6.0 | 2.5 | 4.7 | 5.7 | 3.5 | 4.4 | 8.4 | 5.5 | 4.2 |
| 栉叶蒿 | 6.7 | 8.0 | 3.9 | 23.2 | 19.9 | 14.2 | 3.8 | 2.7 | 1.9 | 5.9 | 6.7 | 7.4 | 38.4 | 24.3 | 14.5 | 5.7 | 3.0 | 2.5 | 8.4 | 6.6 | 4.8 | 21.7 | 14.9 | 9.4 | 4.1 | 4.9 | 1.1 |
| 寸草苔 | 0.0 | 2.9 | 7.8 | 2.2 | 7.7 | 5.0 | 0.9 | 4.6 | 0.0 | 0.0 | 3.3 | 4.7 | 1.5 | 5.5 | 3.4 | 1.0 | 3.7 | 0.8 | 0.5 | 2.3 | 4.3 | 0.4 | 4.4 | 3.6 | 1.2 | 5.5 | 0.9 |
| 点地梅 | 0.2 | 0.0 | 0.0 | 0.0 | 0.0 | 0.0 | 0.1 | 0.1 | 0.0 | 0.0 | 0.0 | 0.0 | 0.0 | 0.0 | 0.0 | 0.7 | 0.4 | 0.0 | 0.0 | 0.0 | 0.0 | 0.0 | 0.0 | 0.0 | 0.0 | 0.0 | 0.0 |
| 反枝苋 | 0.0 | 0.0 | 0.2 | 0.1 | 0.0 | 0.1 | 0.0 | 0.0 | 0.0 | 0.0 | 0.0 | 0.2 | 0.0 | 0.0 | 0.2 | 0.0 | 0.0 | 0.0 | 0.0 | 0.0 | 0.0 | 0.0 | 0.0 | 0.0 | 0.0 | 0.0 | 0.0 |
| 狗尾草 | 5.8 | 4.4 | 1.5 | 1.9 | 0.3 | 1.6 | 1.3 | 2.0 | 5.5 | 1.4 | 3.0 | 1.2 | 1.4 | 0.0 | 1.2 | 0.4 | 1.2 | 1.1 | 2.5 | 3.3 | 1.4 | 1.6 | 0.3 | 1.5 | 0.3 | 1.5 | 2.2 |
| 冠芒草 | 26.8 | 31.1 | 6.8 | 3.3 | 3.7 | 15.0 | 19.5 | 20.3 | 20.8 | 25.5 | 30.3 | 17.4 | 7.5 | 7.5 | 25.4 | 17.6 | 24.6 | 21.1 | 28.9 | 49.7 | 17.6 | 9.3 | 12.4 | 21.6 | 15.5 | 24.1 | 27.5 |
| 狐尾草 | 0.0 | 0.0 | 0.0 | 0.4 | 0.0 | 0.2 | 0.0 | 0.0 | 0.6 | 0.2 | 0.0 | 0.9 | 0.0 | 0.0 | 0.3 | 0.0 | 0.4 | 0.3 | 0.0 | 0.0 | 0.0 | 1.7 | 0.0 | 0.0 | 0.0 | 0.0 | 0.6 |
| 黄耆 | 0.1 | 0.0 | 0.0 | 0.0 | 0.0 | 0.0 | 0.0 | 0.2 | 0.0 | 0.0 | 0.0 | 0.0 | 0.0 | 0.0 | 0.1 | 0.0 | 0.3 | 0.0 | 0.0 | 0.0 | 0.0 | 0.0 | 0.0 | 0.0 | 0.0 | 0.2 | 0.0 |
| 灰绿藜 | 0.6 | 0.0 | 0.8 | 0.6 | 1.8 | 1.6 | 1.6 | 1.0 | 1.6 | 0.9 | 0.8 | 0.9 | 2.9 | 3.9 | 1.8 | 2.3 | 1.4 | 1.2 | 0.0 | 0.0 | 0.7 | 1.7 | 1.2 | 1.2 | 0.9 | 0.2 | 0.7 |
| 蒺藜 | 0.6 | 0.7 | 0.2 | 0.4 | 0.0 | 0.0 | 0.4 | 0.6 | 0.9 | 0.4 | 0.0 | 0.0 | 0.1 | 0.0 | 0.0 | 0.4 | 0.2 | 0.0 | 0.0 | 0.0 | 0.0 | 0.0 | 0.0 | 0.0 | 0.0 | 0.0 | 0.0 |

续表

| 植物名称 | 8月 | | | | | | | | | 9月 | | | | | | | | | 10月 | | | | | | | | |
|---|---|---|---|---|---|---|---|---|---|---|---|---|---|---|---|---|---|---|---|---|---|---|---|---|---|---|---|
| | RG1 | RG2 | RG3 | RG4 | RG5 | RG6 | RG7 | RG8 | CK | RG1 | RG2 | RG3 | RG4 | RG5 | RG6 | RG7 | RG8 | CK | RG1 | RG2 | RG3 | RG4 | RG5 | RG6 | RG7 | RG8 | CK |
| 锦鸡儿 | 0.0 | 0.0 | 0.0 | 0.0 | 3.0 | 4.0 | 0.0 | 0.0 | 2.8 | 0.0 | 0.0 | 0.0 | 0.0 | 2.3 | 1.1 | 0.0 | 0.0 | 2.3 | 0.0 | 0.1 | 0.0 | 0.6 | 2.7 | 0.8 | 0.0 | 0.0 | 1.9 |
| 狼尾草 | 0.0 | 0.0 | 0.0 | 0.0 | 3.0 | 4.0 | 0.0 | 0.0 | 0.0 | 7.0 | 5.0 | 1.2 | 2.4 | 1.7 | 1.3 | 2.2 | 2.6 | 4.4 | 7.6 | 6.5 | 0.9 | 3.0 | 0.8 | 0.8 | 0.9 | 2.7 | 4.1 |
| 老冠草 | 0.2 | 0.0 | 0.0 | 0.0 | 0.0 | 0.0 | 0.0 | 0.0 | 0.0 | 0.0 | 0.0 | 0.0 | 0.0 | 0.0 | 0.0 | 0.0 | 0.0 | 0.0 | 0.0 | 0.0 | 0.0 | 0.0 | 0.0 | 0.0 | 0.0 | 0.0 | 0.0 |
| 马齿苋 | 1.3 | 0.0 | 0.4 | 0.4 | 0.2 | 0.1 | 0.1 | 0.3 | 0.0 | 0.6 | 0.0 | 0.0 | 0.1 | 0.1 | 0.0 | 0.4 | 2.4 | 0.0 | 0.0 | 0.0 | 0.3 | 0.0 | 0.3 | 0.6 | 0.0 | 0.0 | 0.0 |
| 蒙古葱 | 0.0 | 0.5 | 0.0 | 0.0 | 0.0 | 0.4 | 0.0 | 0.0 | 0.0 | 0.0 | 0.6 | 0.0 | 0.0 | 0.0 | 0.0 | 0.0 | 0.2 | 0.0 | 0.0 | 0.0 | 4.1 | 0.0 | 0.0 | 0.0 | 0.0 | 0.0 | 0.0 |
| 蒙古韭 | 0.0 | 0.0 | 0.0 | 0.0 | 0.0 | 0.0 | 0.2 | 0.0 | 0.0 | 0.0 | 0.0 | 4.6 | 0.0 | 0.0 | 0.0 | 0.0 | 0.0 | 0.0 | 0.8 | 2.4 | 0.2 | 6.5 | 2.0 | 0.4 | 0.0 | 0.7 | 3.6 |
| 木地肤 | 0.8 | 0.8 | 0.3 | 5.3 | 3.2 | 0.9 | 0.7 | 0.6 | 4.4 | 0.2 | 2.1 | 0.0 | 3.3 | 3.1 | 0.7 | 0.0 | 0.5 | 3.2 | 9.7 | 5.2 | 6.6 | 4.3 | 3.2 | 4.5 | 3.3 | 3.0 | 13.3 |
| 裸芸香 | 15.4 | 10.6 | 7.6 | 4.8 | 2.3 | 4.9 | 3.8 | 4.1 | 21.4 | 18.4 | 11.8 | 8.5 | 4.3 | 4.7 | 6.9 | 4.6 | 5.4 | 19.6 | 0.0 | 0.0 | 0.0 | 0.0 | 0.0 | 0.3 | 1.4 | 1.5 | 0.0 |
| 天门冬 | 0.9 | 0.3 | 0.4 | 0.0 | 0.0 | 1.1 | 2.6 | 0.9 | 0.0 | 0.4 | 0.0 | 0.2 | 0.0 | 0.0 | 0.7 | 1.7 | 0.5 | 0.0 | 0.0 | 0.0 | 0.0 | 0.0 | 0.0 | 0.0 | 0.0 | 0.0 | 0.0 |
| 兔唇花 | 0.3 | 0.0 | 0.0 | 0.0 | 0.0 | 0.0 | 0.0 | 0.0 | 0.0 | 0.2 | 0.0 | 0.0 | 0.0 | 0.0 | 0.0 | 0.0 | 0.0 | 0.0 | 20.5 | 9.0 | 19.7 | 27.5 | 29.1 | 21.7 | 10.1 | 19.4 | 17.6 |
| 细叶韭 | 2.6 | 3.6 | 6.0 | 4.6 | 2.7 | 4.1 | 7.5 | 5.1 | 4.4 | 0.4 | 2.2 | 1.7 | 1.2 | 1.1 | 0.8 | 5.8 | 5.0 | 1.1 | 0.0 | 0.0 | 3.7 | 0.8 | 0.0 | 0.0 | 0.5 | 0.0 | 0.0 |
| 细叶苔 | 0.0 | 0.0 | 0.0 | 0.0 | 0.5 | 0.0 | 1.2 | 2.1 | 0.0 | 0.0 | 3.1 | 6.3 | 0.0 | 0.0 | 0.0 | 1.0 | 2.4 | 0.4 | 0.0 | 0.0 | 0.0 | 0.0 | 0.0 | 0.8 | 0.0 | 0.0 | 0.0 |
| 猪毛菜 | 1.6 | 1.7 | 0.6 | 2.7 | 2.2 | 0.7 | 0.7 | 0.7 | 9.5 | 2.4 | 2.9 | 0.7 | 4.4 | 3.4 | 1.2 | 1.8 | 1.1 | 13.5 | 2.2 | 2.6 | 0.1 | 3.2 | 2.3 | 0.8 | 1.8 | 1.9 | 8.2 |

对优势，但是由于地理分布、季节变化、放牧利用等因素的综合影响，各种植物的重要值数值、排序变化较大，一年生的冠芒草、裸芸香和栉叶蒿在群落中体现出很大的作用。与CK区对比来看，放牧践踏抑制了一年生杂草的生长，减小了它们对多年生牧草的影响，在水热条件好的季节，一年生杂草在群落中的作用加大，导致多年生禾草的重要值发生变化，CK区由于常年禁牧，地上枯枝落叶较多，能够有效地滞留大风引起的沙尘及携带的草地植物种子，这种松软的土层有利于一年生杂草的生长，因此CK区重要值在8～10月排在前3位的都没有多年生植物种群，这也恰好说明了放牧践踏能够有效抑制一年生杂草的重要值比例。因此，一定的放牧利用对放牧小区的植物群落结构会造成一定影响，使多年生植物种群占主导地位，影响着草地植物群落，为天然草地植物群落的稳定和可持续利用创造了条件。

## 五、植物种群地上现存量

2006年8月，不同植物种群地上现存量及总地上现存量见表4-10，主要植物种群短花针茅的地上现存量在不同轮牧区尽管在数值上存在较大差别，但方差分析结果显示它们之间不存在显著性差异。无芒隐子草地上现存量在$P<0.05$的显著水平上，轮牧RG7区显著大于RG1、RG3、RG4和RG8区；在$P<0.01$的显著水平上，轮牧RG7区与RG1区之间存在极显著差异，即RG7>RG1。碱韭地上现存量在$P<0.05$的显著水平上，RG4区显著大于RG2、RG3和RG5区；在$P<0.01$显著水平上，在不同轮牧区及不同放牧制度间不存在极显著差异。其他植物种群地上现存量的方差分析结果详见表4-10。

总地上现存量无论是在显著水平$P<0.05$还是在$P<0.01$时，都以CK区最高，而RG1区和RG3区表现较低，其他放牧区的总地上现存量居于两者之间。

综合来看，除CK区外，主要植物种群地上现存量在各放牧区中都比较高，表明其对短花针茅草原净初级生产力及草地生态系统结构和功能的稳定都起着决定性作用。而在CK区，除主要植物种群外，冠芒草、裸芸香和猪毛菜的地上现存量特别大，这3种草的地上现存总量甚至要高于主要植物种群地上现存总量。这表明在没有扰动的对照区，不仅主要植物种群对草地地上现存量产生较大影响，一年生植物因不同月份、年份的降水时间分布，对草地地上现存量产生的影响也不容忽视。

在不同轮牧时间条件下，建群种短花针茅地上现存量按照早期、中期和晚期放牧的顺序逐渐增加，优势种无芒隐子草和碱韭也表现出同样的变化规律，CK区内的建群种和优势种地上现存量与中期放牧的均值比较接近。各植物种群地上现存总量按照早期、中期和晚期放牧的顺序增加，但远小于CK区地上现存量。

表 4-10 植物种群地上现存量的方差分析

| 植物名称 | RG1 | RG2 | RG3 | RG4 | RG5 | RG6 | RG7 | RG8 | CK |
|---|---|---|---|---|---|---|---|---|---|
| 短花针茅 | 2.38±0.70aA | 0.35±0.09aA | 0.11±0.00aA | — | 1.44±1.38aA | 2.97±1.08aA | 4.77±0.00aA | 4.27±1.34aA | 2.44±0.00aA |
| 无芒隐子草 | 2.69±1.35cB | 10.49±2.31abAB | 6.16±1.35bcAB | 5.48±1.47bcAB | 8.88±0.78abcAB | 9.75±3.24abcAB | 14.02±4.43aA | 4.45±1.21bcAB | 7.39±2.58abcAB |
| 碱韭 | 14.00±1.70abA | 10.12±1.78bA | 10.66±1.65bA | 22.20±4.26aA | 9.19±1.71bA | 13.36±1.04abA | 14.54±4.49abA | 14.69±1.87abA | 13.20±3.63abA |
| 糙隐子草 | — | 4.77±1.77aA | 4.08±1.87aA | 3.70±0.10aA | 3.26±0.29aA | — | 3.58±0.00aA | 1.89±0.00aA | 4.24±1.18aA |
| 银灰旋花 | 2.23±0.81aA | 1.99±0.45aA | 0.64±0.26aA | 0.75±0.27aA | 1.73±0.48aA | 1.73±0.49aA | 2.06±1.02aA | 0.36±0.16aA | 1.64±0.80aA |
| 细叶韭 | 0.07±0.04aA | 0.21±0.04aA | 0.01±0.00aA | 0.34±0.00aA | 0.32±0.08aA | 0.64±0.24aA | 0.62±0.10aA | 0.68±0.53aA | 0.53±0.11aA |
| 寸草苔 | 0.30±0.00dBC | 0.84±0.13bB | 0.43±0.14bcdBC | 0.18±0.02dC | 0.61±0.11bcdBC | 0.36±0.05bcdBC | 1.77±0.17aA | 0.32±0.00cdBC | 0.79±0.20bcBC |
| 栉叶蒿 | 0.07±0.03aA | 0.03±0.00aA | 0.10±0.07aA | — | 3.32±3.16aA | 9.26±2.92aA | 9.42±9.36aA | 0.12±0.06aA | 0.06±0.02aA |
| 木地肤 | 0.22±0.00aA | 1.52±0.00aA | 0.31±0.00aA | 0.71±0.05aA | 1.35±0.30aA | 5.13±3.00aA | 9.48±3.96aA | 2.35±1.18aA | 2.38±1.60aA |
| 乳白黄耆 | — | — | — | — | 0.06±0.00bB | — | — | 0.11±0.00aA | — |
| 天门冬 | 0.02±0.00aA | — | — | — | 0.43±0.00aA | — | 0.65±0.31aA | 0.37±0.20aA | — |
| 狭叶锦鸡儿 | 0.39±0.00aA | 0.11±0.06aA | — | 0.66±0.09aA | 0.38±0.00aA | 0.40±0.07aA | 0.89±0.57aA | — | 0.31±0.00aA |
| 狼尾草 | 1.02±0.50bAB | 2.61±0.00abAB | — | 0.65±0.00bB | — | 1.18±0.91bAB | 0.11±0.08bB | 5.28±0.85aA | 2.35±0.80abAB |
| 裸芸香 | 0.54±0.11bB | 0.70±0.52bB | 0.61±0.12bB | 2.50±2.28bB | 0.90±0.27bB | 0.21±0.05bB | 1.17±0.40bB | 0.39±0.24bB | 9.34±2.24aA |
| 兔唇花 | — | — | — | — | — | — | 0.52±0.00aA | 0.81±0.00aA | — |
| 蒙古葱 | — | 0.61±0.00aA | — | — | 0.32±0.00aA | 0.35±0.19aA | 1.74±0.42aA | 1.09±0.00aA | 0.27±0.00aA |
| 点地梅 | 0.05±0.00aA | — | 0.01±0.00aA | — | — | — | 0.89±0.00aA | — | 0.02±0.00aA |
| 野韭 | — | — | 2.01±1.77aA | 2.77±0.00aA | 11.74±0.00aA | — | — | — | — |
| 冠芒草 | 0.54±0.42bB | 0.36±0.12bB | 0.67±0.17bB | — | 0.87±0.36bB | 0.75±0.24bB | 0.75±0.21bB | 0.75±0.24bB | 9.14±2.93aA |
| 猪毛菜 | 0.15±0.12bA | 0.11±0.00bA | 0.10±0.03bA | 0.47±0.21bA | 0.94±0.75bA | 0.35±0.00bA | 0.22±0.11bA | 1.19±0.84bA | 14.55±4.85aA |
| 灰绿藜 | — | 0.07±0.00aA | — | — | — | 0.16±0.00aA | 0.24±0.03aA | 0.14±0.00aA | 0.27±0.14aA |
| 蒺藜 | 0.16±0.00aA | 0.61±0.00aA | — | — | — | — | 0.94±0.37aA | 0.42±0.00aA | 1.55±0.96aA |
| 地锦 | 0.08±0.00aA | — | 0.08±0.00aA | — | 0.07±0.00aA | — | — | — | — |
| 总量 | 22.25±1.66deD | 30.18±2.72cdeCD | 21.72±1.64eD | 33.39±2.36cdBCD | 30.28±3.17cdeCD | 37.98±5.66bcBC | 46.95±4.00bB | 29.02±1.47cdeCD | 61.34±5.91aA |

注：不同小写字母表示不同处理间差异显著（$P<0.05$），不同大写字母表示不同处理间差异极显著（$P<0.01$）

这说明，中期放牧不会导致建群种和优势种地上现存量明显高于或低于对照区，但受放牧家畜选择性采食影响，其总地上现存量会随着放牧时间发生明显变化，且总小于未放牧的 CK 处理。

不同植物种群占总地上现存量的比例如表 4-11 所示，在 10 个放牧区中，主要植物种群地上现存量占总地上现存量的比例（以 ZYZ 表示）在 CK 区表现最低，仅为 37.53%，而在余下的各小区中，其所占比例均超过 60%，特别是在 RG1、RG4 区和 RG8 区，其所占比例均超过 80%。其他植物种群地上现存量占总地上现存量的比例（以 QTZ 表示）与主要植物种群地上现存量表现规律相反。从 ZYZ/QTZ 的值来看，RG1 区的比值最大，为 6.01；CK 区的比值最小，仅为 0.60，其他放牧区 ZYZ/QTZ 的值居于两者之间。

主要植物种群地上现存量占总地上现存量的比例应该不是越大越好，因为草地植物群落的稳定及生态系统结构和功能的完整都需要生物多样性来保证，当主要植物种群地上现存量占总地上现存量的比例特别大的时候，表明草地植物群落的物种多样性已经受到严重影响，这对草地植物群落及草地生态系统都十分不利。反之，主要植物种群地上现存量占总地上现存量的比例特别小的时候，草地植物群落可能已经发生变化，其生态系统的结构和功能也相应地发生变化，而这一变化可能导致草原主要植物种群丧失应有的作用和意义。因此，合理的比例关系比较重要。

**表 4-11　不同植物种群占总地上现存量的比例**

| 试验处理 | 主要植物种群占比（以 ZYZ 表示）（%） | 其他植物种群占比（以 QTZ 表示）（%） | ZYZ/QTZ |
|---|---|---|---|
| RG1 | 85.74 | 14.26 | 6.01 |
| RG2 | 69.44 | 30.56 | 2.27 |
| RG3 | 77.95 | 22.05 | 3.54 |
| RG4 | 82.90 | 17.10 | 4.85 |
| RG5 | 64.45 | 35.55 | 1.81 |
| RG6 | 68.65 | 31.35 | 2.19 |
| RG7 | 70.99 | 29.01 | 2.45 |
| RG8 | 80.68 | 19.32 | 4.18 |
| CK | 37.53 | 62.47 | 0.60 |

## 第三节　植物群落多样性

关于放牧与草地群落植物多样性的关系，国外已有大量的研究（Grimes，1973；

Huston，1979）。这些研究都证明，中等程度的环境干扰或逆境（包括放牧强度）是群落高生物多样性的前提。李永宏（1993）对羊草草原和大针茅草原牧压梯度上植物多样性的研究表明：随着放牧强度增加，群落植物物种丰富度降低，但其均匀度和多样性在中度放牧的群落中最高，牧压梯度上草原群落的植物多样性变化取决于群落中种间的竞争排斥和放牧对不同植物生长的抑制或促进，而群落的层片结构表征着群落内生态位分化程度的高低，决定了群落的物种多样性。杨利民等（1999）经过对草地群落放牧干扰梯度β多样性的研究，认为只有在中等程度的放牧干扰水平下，草地物种的个体多度相对均衡、均匀度高、多样性高，在过度放牧压下，草地的多度低、均匀度低、多样性低，放牧干扰导致植物群落物种组成和种间关系的变化是物种多样性变化的主要根源。

## 一、群落α多样性

各小区植物群落α多样性可以从3个多样性指数来看（表4-12），Margalef丰富度指数（Ma）以轮牧RG2区最大，为5.20，轮牧RG5区最小，只有4.17，CK区仅次于轮牧RG2区，为5.19；香农-维纳多样性指数（$H'$）在轮牧RG6区表现最高，为2.39，在轮牧RG3区表现最低，为2.19，CK区为2.31；Pielou均匀度指数（Jp）只在轮牧RG6区表现较高，其他各轮牧区及CK区之间差别较小。其他小区的3个多样性指数详见表4-12。综合来看，多样性指数和均匀度指数的变化范围及变动幅度都比较小，说明放牧与否，以及早期放牧和晚期放牧相比不会影响草地植物群落组成的多样性及均匀度；但丰富度指数变化范围是4.17～5.20，变动幅度较大，为1.03，可见放牧能够影响草地植物群落的丰富度，也就是影响植物群落各物种生物体总量，但这种影响与放牧时间没有关系，与放牧与否有关。

**表4-12　草地植物群落多样性**

| 多样性指数 | RG1 | RG2 | RG3 | RG4 | RG5 | RG6 | RG7 | RG8 | CK |
|---|---|---|---|---|---|---|---|---|---|
| Margalef丰富度指数（Ma） | 4.55 | 5.20 | 4.89 | 4.98 | 4.17 | 5.03 | 5.01 | 4.82 | 5.19 |
| 香农-维纳多样性指数（$H'$） | 2.30 | 2.25 | 2.19 | 2.29 | 2.32 | 2.39 | 2.27 | 2.26 | 2.31 |
| Pielou均匀度指数（Jp） | 0.69 | 0.67 | 0.66 | 0.69 | 0.69 | 0.72 | 0.68 | 0.68 | 0.69 |

## 二、群落β多样性

β多样性可用于分析不同生境间的梯度变化，对于存在明显生态梯度的地区更为有效，它反映了沿环境梯度物种的替代程度，或物种周转速率（species turnover rate）、物种替代速率（species replacement rate）和生物变化速率（rate of biotic change）等，可以直观地反映不同群落间物种组成的差异（Whittaker，1972；卫智军等，2003b）。不同群落或环境梯度上不同点之间共有种越少，β 多样性就越高。

## （一）群落内 β 多样性

Whittaker 指数（$\beta_W$）能够直观地反映 β 多样性与物种丰富度之间的关系，以荒漠草原不同放牧处理为研究对象，分析群落的 β 多样性随取样面积的变化趋势，计算结果表明，群落内物种替代程度与取样面积大小密切相关（表 4-13），$\beta_W$ 随样方面积的增加而减小，这是因为在面积较小的样方内，微环境相对一致，单位样方内平均物种数较少，样方间物种替代速率较高。随着取样面积的增加，样方内微环境类型或资源异质性增加，样方间的异质性反而逐渐降低，物种的周转速率也随之降低，当样方面积大于 1m$^2$ 时，$\beta_W$ 随取样面积的变化差异不再显著，趋于稳定，$\beta_W$ 独立于 α 多样性。因此，α 多样性较高的群落，β 多样性不一定就高。表 4-13 显示，各小区的 Whittaker 指数都随着取样面积的增加而减小，在取样面积为 1m$^2$ 时，对放牧处理的 $\beta_W$ 进行比较，其结果为 RG3＞CK＞RG6＞RG8＞RG5＞RG2＞RG4＞RG1＞RG7。表明 Whittaker 指数受放牧时间早晚的影响不大。

**表 4-13　样方大小对各群落 β 多样性的影响（Whittaker 指数）**

| 样方面积（m$^2$） | RG1 | RG2 | RG3 | RG4 | RG5 | RG6 | RG7 | RG8 | CK |
|---|---|---|---|---|---|---|---|---|---|
| 1/64 | 11.00 | 9.05 | 8.75 | 6.80 | 12.80 | 8.75 | 10.10 | 8.30 | 11.00 |
| 1/32 | 6.80 | 5.32 | 6.50 | 5.30 | 8.00 | 5.90 | 4.87 | 6.43 | 5.00 |
| 1/16 | 5.90 | 4.42 | 5.30 | 5.84 | 4.66 | 5.09 | 5.05 | 4.50 | 5.00 |
| 1/8 | 3.13 | 3.44 | 3.82 | 4.04 | 3.74 | 3.82 | 3.44 | 3.90 | 3.50 |
| 1/4 | 3.05 | 3.31 | 3.91 | 3.07 | 3.03 | 3.13 | 2.42 | 3.07 | 3.50 |
| 1/2 | 1.80 | 2.24 | 2.80 | 2.29 | 2.11 | 2.78 | 1.88 | 2.11 | 2.27 |
| 1 | 1.71 | 1.79 | 2.44 | 1.74 | 1.80 | 2.09 | 1.47 | 1.82 | 2.27 |
| 2 | 1.33 | 1.33 | 2.13 | 1.75 | 1.35 | 1.50 | 1.27 | 1.33 | 1.57 |
| 4 | 1.44 | 1.22 | 1.82 | 1.43 | 1.17 | 1.29 | 1.02 | 1.13 | 1.25 |
| 8 | 1.05 | 1.01 | 1.44 | 1.34 | 0.98 | 1.03 | 0.81 | 0.96 | 1.00 |
| 16 | 0.81 | 0.69 | 1.00 | 1.00 | 0.85 | 0.83 | 0.62 | 0.74 | 0.64 |

## （二）群落间 β 多样性

几个处理群落的差异性不仅体现在群落组成成分的变化上，还体现在不同群落间共有种的作用上。共有种作用的不同，同样导致了群落结构和功能的差异。

用经过 Wolda 改进的 Morisita-Horn 指数计算不同放牧处理间的相似性系数（表 4-14），结果表明，RG1 区与 RG2、RG8 区，RG2 区与 RG8 区相似性系数较大，分别为 0.93、0.93、0.91。RG5 区与 CK 区的相似性系数最小，为 0.35。RG5 区与 RG8、RG1、RG7、RG2、RG6 区的相似性系数较小，分别为 0.38、0.43、0.44、0.47、0.47。其他各轮牧小区之间的相似性系数均大于 0.5。可见 Morisita-Horn 指数能够直观地反映出荒漠草原植物种群在不同处理中生态功能的差异。

**表 4-14　用改进的 Morisita-Horn 指数计算的相邻群落间的相似性系数**

| 处理 | RG1 | RG2 | RG3 | RG4 | RG5 | RG6 | RG7 | RG8 | CK |
|---|---|---|---|---|---|---|---|---|---|
| RG1 | 1.00 | | | | | | | | |
| RG2 | 0.93 | 1.00 | | | | | | | |
| RG3 | 0.81 | 0.78 | 1.00 | | | | | | |
| RG4 | 0.76 | 0.74 | 0.80 | 1.00 | | | | | |
| RG5 | 0.43 | 0.47 | 0.55 | 0.86 | 1.00 | | | | |
| RG6 | 0.57 | 0.67 | 0.68 | 0.66 | 0.47 | 1.00 | | | |
| RG7 | 0.73 | 0.74 | 0.67 | 0.68 | 0.44 | 0.83 | 1.00 | | |
| RG8 | 0.93 | 0.91 | 0.73 | 0.71 | 0.38 | 0.74 | 0.88 | 1.00 | |
| CK | 0.44 | 0.64 | 0.78 | 0.63 | 0.35 | 0.67 | 0.44 | 0.56 | 1.00 |

## 第四节　植物群落地上现存量及牧草养分含量

关于放牧对草地生物量的影响是草原生态系统研究的重要内容。草地利用的强度对草地植物有着十分重要的影响。不同放牧率下，群落生物量的反映最直接，也最明显。王艳芬和汪诗平（1999a）认为随着放牧率的增大，牧草地上现存量呈线性下降。安渊等（2001）发现重牧利用下大针茅草原的草群现存量明显低于其他放牧强度的群落现存量。放牧利用不但影响植物地上生物量，对地下生物量也有不同程度的影响。天然草原地下生物量主要受降水和地温影响（Clark and Paul，1970）。1988 年陈佐忠等曾对羊草和大针茅草原地下生物量及其分布进行研究。王艳芬和汪诗平（1999a）曾对冷蒿小禾草草原不同放牧率对地下生物量的影响进行过研究。Svejcar 和 Christiansen（1987）报道，重牧下高加索白羊草草地根系总量比轻牧低 36.5%，根长较轻牧少 39%。

草地利用强度具有促进牧草生长和抑制牧草生长的双重机制，故牧草被牲畜采食后便显出一定的补偿性生长，而生长的效应优劣与牧草群落类型、放牧强度、放牧史、放牧时间、牧草的耐牧性、牧草营养物质贮藏状况、牧草的发育阶段及牧草的生境均有关（卫智军等，2003b；彭祺等，2004；刘兴波，2007）。草地在不断放牧利用下，草群种类将发生如下变化。第一，草群中高大类牧草将逐渐减少或消失，并为下繁类牧草的生长发育提供了有利条件；第二，种子繁殖类的牧草数量减少或消失；第三，适口性好的牧草数量明显减少，适口性差的牧草数量反而增加；第四，牧草草群中出现莲座状植物、匍匐植物及根叶植物（孙平等，2005），家畜不易采食；第五，灌木出现在草群，并呈增加趋势。适当地利用草地，可以很好地促进草地牧草的生长，同时能够提高草地生产力，达到改良草地质量的作用（苏德，2008；董全民等，2012）。因此，天然草地牧草的营养价值与放牧周期和放牧率之间关系密切（刘颖等，2002）。

## 一、植物群落地上现存量动态

9 个处理植物群落地上现存量动态见图 4-1，9 个处理地上现存量的动态都呈现单峰曲线的变化规律。方差分析结果显示：6 月、7 月，9 个处理地上现存量无显著差异（$P>0.05$），原因是尽管返青期早已经过了，但没有降水，致使草地植物地上现存量很少。在随后的 8 月，9 个处理的地上现存量都开始上升，CK 区的地上现存量最高，RG7 区地上现存量显著大于其他各轮牧小区（$P<0.05$），RG4、RG6 区显著高于 RG1 区和 RG3 区的地上现存量（$P<0.05$），RG6、RG7 区地上现存量相对 RG1 区和 RG3 区差异显著（$P<0.05$），其余各小区的地上现存量差异不显著（$P>0.05$）。9 月各处理的地上现存量达到最大值，CK 区的地上现存量明显高于轮牧的各个小区（$P<0.05$），RG5 区显著高于其他各轮牧小区（$P<0.05$），RG3 区显著低于余下的各轮牧小区（$P<0.05$）。其他各轮牧小区之间差异不显著（$P>0.05$）。10 月，CK 区的地上现存量也处于最高位置，RG4 区显著高于其他各

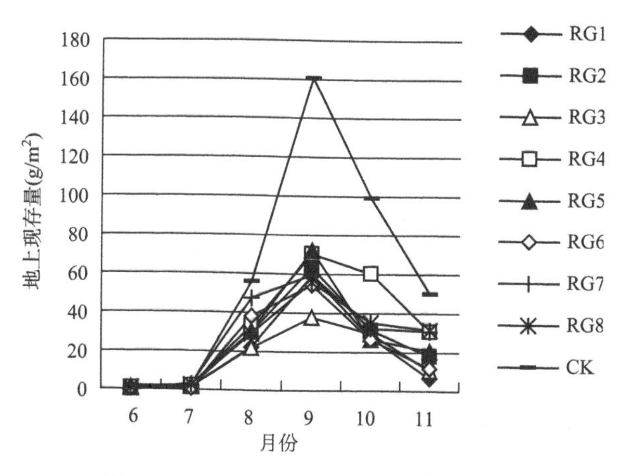


图 4-1　不同小区地上现存量的动态曲线

轮牧小区，余下的各轮牧小区之间差异不显著。11 月，CK 区的地上现存量仍然最高（$P<0.05$），RG1 区显著低于其余的各轮牧小区（$P<0.05$），RG3、RG6 区之间差异性不显著（$P>0.05$），RG2、RG5、RG7、RG8 区之间差异不显著（$P>0.05$），RG2、RG5、RG7、RG8 区显著高于 RG3、RG6 区（$P<0.05$）。

## 二、植物群落地下生物量动态

不同放牧时间对短花针茅草原地下生物量的影响不同（图 4-2），可以看出，CK 区的地下生物量总体上低于轮牧的各小区。表层土壤所含的地下生物量较大，随着土层深度的增加地下生物量总体呈下降趋势。但在 20～40cm 地下生物量出现了明显的波动，原因是荒漠草原的试验地在 20～30cm 处出现了大约 10cm 厚的钙积层，阻碍根系的生长。越过这一钙积层土壤比较疏松，在 30～40cm 这一层，地下生物量出现了回升趋势，所以地下生物量曲线就在 20～40cm 处出现了波动。40cm 以下，地下生物量曲线变得比较平缓，也逐渐减少。

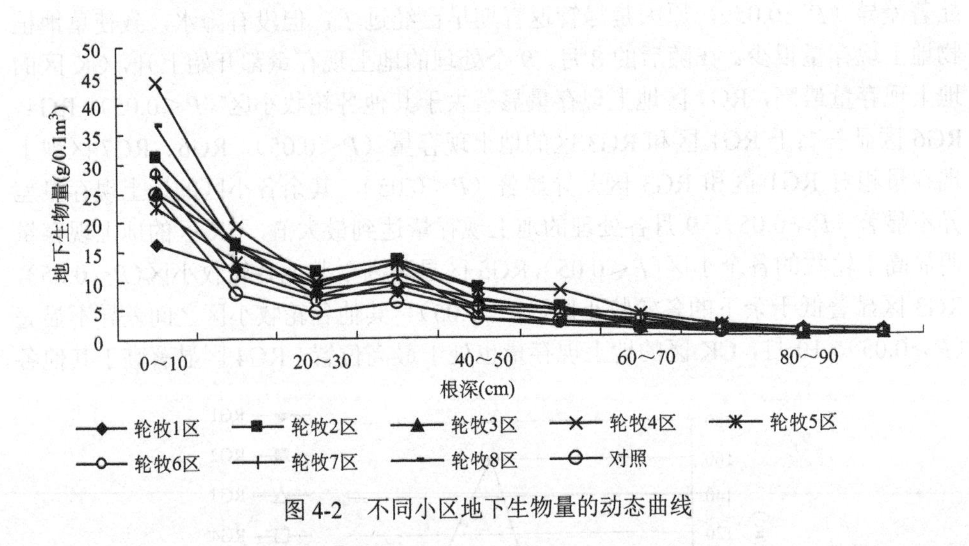


图 4-2　不同小区地下生物量的动态曲线

不同放牧区地下生物量见表 4-15，无论是在 $P<0.05$ 还是在 $P<0.01$ 时，0～10cm 层地下现存量在 RG4 区表现最高，达到 44.02g，RG1 区表现最低，仅为 16.13g，两者相差 27.89g，其他放牧区地下现存量居于两者之间。在 10～20cm 层，在 $P<0.05$ 时，RG4 区显著高于 RG1、RG5、RG6、RG7、RG8 和 CK 区，其与 RG2、RG3 区之间不存在显著性差异；在 $P<0.01$ 时，RG4 区与 RG1、RG5、RG3、RG6 和 CK 区之间存在极显著差异。在 20～30cm 层，在 $P<0.05$ 时，RG2 区显著高于 RG1、RG3、RG6 和 CK 区，与余下的各小区之间不存在显著差异；在

$P$<0.01 时，RG2 区极显著高于 RG1 和 CK 区，与余下的各小区之间不存在极显著差异。其他根层地下现存量的方差分析结果详见表 4-15。

**表 4-15　不同轮牧小区各层地下生物量**

| 根层（cm） | RG1 | RG2 | RG3 | RG4 | RG5 | RG6 | RG7 | RG8 | CK |
|---|---|---|---|---|---|---|---|---|---|
| 0～10 | 16.13±0.92fF | 31.32±0.39cC | 25.15±0.85deDE | 44.02±1.38aA | 22.75±1.27eE | 28.35±0.95cdCD | 28.00±1.33cdCD | 36.63±0.56bB | 24.95±1.12deDE |
| 10～20 | 11.79±1.44cBCD | 16.14±0.33abAB | 16.12±1.37abAB | 19.01±0.88aA | 13.02±1.16bcBC | 10.51±1.04cdCDE | 15.65±1.49bAB | 15.22±0.57bAB | 7.59±0.30eE |
| 20～30 | 7.88±1.48defBCD | 13.42±1.31aA | 9.65±0.63bcdABCD | 12.74±1.85abcAB | 13.15±1.24abA | 9.33±0.87cdeABCD | 10.86±1.46abcdABC | 12.62±0.25abcAB | 6.06±0.19fD |
| 30～40 | 10.27±0.33bcdABCD | 14.39±1.02aA | 11.68±1.07abcABC | 12.90±0.81abAB | 11.84±1.90abcABC | 9.36±0.51cdBCD | 10.24±1.64bcdABCD | 12.59±0.79abcAB | 7.38±0.06dD |
| 40～50 | 4.93±0.06bcdBCD | 8.54±0.27aA | 6.81±0.35abAB | 8.37±0.85aA | 6.22±1.14bABC | 4.94±0.18bcdBCD | 5.46±1.12bcBCD | 3.21±0.68dD | 3.28±0.37dD |
| 50～60 | 2.42±0.18bB | 5.07±0.83bAB | 4.47±1.85bAB | 7.95±0.64aA | 4.84±0.82bAB | 3.88±1.01bB | 4.73±1.32bAB | 2.01±0.36bB | 2.64±0.33bB |
| 60～70 | 1.89±0.18abA | 2.06±0.49abA | 1.46±0.68abA | 3.77±0.88aA | 2.25±0.40abA | 3.02±0.93abA | 3.39±1.41abA | 1.28±0.37bA | 1.39±0.13bA |
| 70～80 | 1.76±0.17aA | 1.52±0.32aA | 1.18±0.76aA | 1.85±1.23aA | 1.18±0.28aA | 1.02±0.37aA | 0.90±0.12aA | 0.94±0.39aA | 0.72±0.10aA |
| 80～90 | 1.31±0.12aA | 0.55±0.10bB | 0.27±0.07bB | 0.44±0.21bB | 0.75±0.14bAB | 0.51±0.20bB | 0.46±0.26bB | 0.76±0.16bAB | 0.70±0.07bAB |
| 90～100 | 0.91±0.17aA | 0.32±0.24bA | 0.28±0.05bA | 0.44±0.25abA | 0.38±0.08abA | 0.44±0.27abA | 0.40±0.09abA | 0.16±0.11bA | 0.26±0.09bA |
| 总量 | 59.29±1.19eE | 93.33±1.54bB | 77.07±3.54cdCD | 111.49±3.21aA | 76.38±3.90dCD | 71.36±4.11dD | 80.09±3.47cdCD | 85.42±1.43bcBC | 54.97±1.04eE |

注：方差分析结果的多重比较中，不同小写字母代表不同处理间差异显著（$P$<0.05），不同大写字母代表不同处理间差异极显著（$P$<0.01）

对各个试验区中总地下现存量的分析结果显示，无论是在 $P$<0.05 时还是在 $P$<0.01 时，RG4 区地下现存量在各个试验区中最高；RG1 区和 CK 区之间不存在显著差别，但其相对于其他各试验区都处于最低水平。

综合来看，0～30cm 层地下现存量占总地下现存量的比重较大，对地上生物量的形成及整个植物的生长发育起着重要的作用。同时也可以看出，30～40cm 层地下现存量有升高趋势。总地下现存量方差分析结果表明，早期放牧的 RG1 区和没有扰动的对照区总地下现存量较低。这说明，无论是扰动过小的对照区还是早期利用的RG1区，对总地下现存量的累积都是不利的。

在早期、中期和晚期轮牧的条件下总地下现存量分别为76.31g/m$^3$、84.08g/m$^3$和82.76g/m$^3$（相关小区的均值），这说明，中期放牧可能对地下现存量的累积比较有利，而早期放牧会导致地下现存量明显降低。因此，从地下现存量累积程度看，常年固定的早期轮牧不利于草地植物群落地下现存量的累积，从而影响植物种群地上部分生长，导致草地植物群落发生变化。同时可以看到，常年禁牧的CK区，地下现存量整体上低于各个轮牧小区，当然也低于由轮牧小区计算得到的早中晚时期的均值，这表明放牧能够促进植物群落地下生物量的累积，累积程度受放牧时间影响比较大。

总地下现存量与各层地下现存量的相关系数见表4-16，在 $P$<0.05 时，0～10cm层和40～50cm层的相关性表现显著，相关系数分别为0.7589和0.7472；在 $P$<0.01 时，10～20cm、20～30cm、30～40cm和50～60cm层的相关性表现极显著，相关系数分别为0.8913、0.8363、0.8270和0.8078；在60～100cm的各层中，相关性不显著。综合来看，0～60cm层地下现存量与总地下现存量存在显著的正相关性；60～80cm层地下现存量与总地下现存量之间存在弱的正相关性，但不显著；在80～100cm层，地下现存量与总地下现存量之间存在弱的负相关性，但这种弱的负相关也未达到统计学的显著性水平。

**表4-16　总地下现存量与各层地下现存量的相关分析**

| 根层（cm） | 总地下现存量与各层地下现存量的相关系数 | 显著性（$P$>$F$） |
|---|---|---|
| 0～10 | 0.7589 | 0.0109 |
| 10～20 | 0.8913 | 0.0005 |
| 20～30 | 0.8363 | 0.0026 |
| 30～40 | 0.8270 | 0.0032 |
| 40～50 | 0.7472 | 0.0130 |
| 50～60 | 0.8078 | 0.0047 |
| 60～70 | 0.5482 | 0.1008 |
| 70～80 | 0.5653 | 0.0886 |
| 80～90 | −0.4077 | 0.2422 |
| 90～100 | −0.1088 | 0.7649 |

钙积层上地下现存量占总地下现存量的比例（以GCS表示）在RG1区表现最低（表4-17），仅有60.38%，而RG8区最高，达到75.47%，RG2～RG7区钙积层上地下现存量占总地下现存量的比例在64.04%～68.06%，对照区和自由放牧区钙积层上地下现存量占总地下现存量的比例均在70%以上。这表明不管是

不同轮牧区还是不同放牧制度，钙积层上地下现存量占总地下现存量的比例都是处于绝对优势的，这也进一步表明，地下现存量主要集中在0～30cm层，其对地上植物种群的生长及地上净初级生产力的影响都是不容忽视的。钙积层下地下现存量占总地下现存量的比例（以GCX表示）与钙积层上地下现存量所占比例的变化正好相反。GCS/GCX的值在RG8区最高，在RG1区最低，其他试验区的比值居于两者之间。

钙积层上的地下现存量（即0～30cm层）显示，其所占总地下现存量的比例都能超过60%，表明0～30cm层地下现存量对于地下现存量的影响比较重要。其与地上现存量一样，只有具有合理的比例关系才能保证短花针茅荒漠草原生态系统的健康与稳定。钙积层上地下现存量可以看作土壤浅层地下现存量，其比例减少，表明短花针茅荒漠草原植物种群结构或者单位面积的植株数发生了变化，这对于短花针茅荒漠草原生态系统的健康与稳定会十分不利；同样，如果土壤浅层地下现存量占的比例过大，表明短花针茅荒漠草原植物种群的组成发生了变化，其对短花针茅荒漠草原生态系统的健康与稳定也会产生不利的影响。例如，表4-17中CK区和RG8区，其土壤浅层地下现存量占的比例较大，相对于其他试验区而言，一年生植物种群所占的比例加大，特别是RG8区表现尤为明显。因此，浅层土壤地下现存量与深层土壤地下现存量的比例也应保持在合理的范围内。

**表4-17　钙积层上下地下现存量的比例关系**

| 试验处理 | 钙积层上占比（以GCS表示）（%） | 钙积层下占比（以GCX表示）（%） | GCS/GCX |
|---|---|---|---|
| RG1 | 60.38 | 39.62 | 1.52 |
| RG2 | 65.22 | 34.78 | 1.88 |
| RG3 | 66.07 | 33.93 | 1.95 |
| RG4 | 67.96 | 32.04 | 2.12 |
| RG5 | 64.04 | 35.96 | 1.78 |
| RG6 | 67.53 | 32.47 | 2.08 |
| RG7 | 68.06 | 31.94 | 2.13 |
| RG8 | 75.47 | 24.53 | 3.08 |
| CK | 72.43 | 27.57 | 2.63 |

地上地下现存量的比例关系详见表4-18，由表4-18可以看出，CK区地上现存量高于地下现存量，其比例关系超过100%；而其他各轮牧小区内，地上地下现存量的比例最高也没有超过60%。

表 4-18　地上地下现存量的比例关系

| 指标 | RG1 | RG2 | RG3 | RG4 | RG5 | RG6 | RG7 | RG8 | CK |
|---|---|---|---|---|---|---|---|---|---|
| 地上现存量（$g/m^2$） | 22.25 | 30.18 | 21.72 | 33.39 | 30.28 | 37.98 | 46.95 | 29.02 | 61.34 |
| 地下现存量（$g/m^2$） | 59.3 | 93.33 | 77.07 | 111.49 | 76.39 | 71.36 | 80.09 | 85.42 | 54.97 |
| 地上/地下（%） | 37.52 | 32.34 | 28.18 | 29.95 | 39.64 | 53.22 | 58.62 | 33.97 | 111.59 |

## 三、草地植物的养分分析

草地植物养分分析结果如表 4-19 所示，早期放牧的草地植物群落吸附水含量大于晚期放牧，其与对照小区接近，其中 RG5 区草地植物吸附水含量最高，达到 8.10%。粗蛋白的含量在各个轮牧区及 CK 区之间没有明显的变化规律，RG8 区表现最高，达到 9.95%，RG7 区表现最低，但也达到 9.06%，这可能与放牧家畜刚离开 RG7 区，使草地可食牧草的娇嫩枝叶被采食有关，RG8 区刚开始放牧，草地中可被采食的食植物少，细枝嫩叶没有被破坏掉。粗脂肪含量在各轮牧小区之间没有明显的差异，但 CK 区的表现最低，只有 2.73%，表明放牧利用后，草地植物进行补偿性生长，鲜嫩组织增多，导致粗脂肪的含量表现较高。粗纤维的含量在 CK 区表现最低，在各轮牧小区的表现与粗脂肪相近。粗灰分的含量在早期放牧较低，晚期放牧利用的较高，CK 区高于所有轮牧小区，达到 13.54%。无氮浸出物的含量在各小区的变化规律与粗蛋白含量的表现相似。钙的含量以 RG7 区最高，其次为 CK 区，其他小区钙的含量在 1%左右。磷的含量在早期放牧的小区较高，在晚期放牧的小区较低，CK 区含量与早期放牧利用的小区接近。其他小区草地植物群落各营养物质的含量详见表 4-19。

表 4-19　草地植物的养分分析（%）

| 处理 | 吸附水 | 粗蛋白 | 粗脂肪 | 粗纤维 | 粗灰分 | 无氮浸出物 | 钙 | 磷 |
|---|---|---|---|---|---|---|---|---|
| RG1 | 7.87 | 9.80 | 4.09 | 22.93 | 8.28 | 10.59 | 1.14 | 0.33 |
| RG2 | 7.17 | 9.41 | 3.19 | 22.39 | 11.95 | 10.82 | 0.91 | 0.30 |
| RG3 | 7.49 | 9.66 | 4.08 | 22.00 | 11.73 | 10.99 | 1.05 | 0.38 |
| RG4 | 7.66 | 9.67 | 3.99 | 21.28 | 10.87 | 10.69 | 1.14 | 0.47 |
| RG5 | 8.10 | 9.94 | 3.88 | 21.78 | 11.46 | 11.03 | 1.07 | 0.35 |
| RG6 | 6.77 | 9.61 | 3.74 | 25.17 | 11.41 | 11.34 | 1.18 | 0.22 |
| RG7 | 6.79 | 9.06 | 3.96 | 21.70 | 13.32 | 10.97 | 3.13 | 0.26 |
| RG8 | 6.83 | 9.95 | 3.57 | 24.33 | 10.24 | 10.98 | 0.99 | 0.21 |
| CK | 7.16 | 9.92 | 2.73 | 19.38 | 13.54 | 10.55 | 2.02 | 0.33 |

# 第五节　植物群落空间变化特征

空间异质性（heterogeneity）与许多生态学现象密切相连，是生态系统的基本属性之一，存在于生态系统的不同组织层次上，对生态系统的功能和过程有着重要的影响，同时也是生态学家最感兴趣的问题之一（Risser，1984；Turner，1987；Hook et al.，1991；Gross et al.，1995；Schlesinger et al.，1996；Kelly and Burke，1997；Shiyomi，1998）。它同干扰、格局与过程构成现代生态学的基本理论框架。早在 18 世纪和 19 世纪，地植物学家和生态学家在区域及景观水平上对空间异质性做过定性叙述（Mclntosh，1991）。在生态学文献中，人们很少给空间异质性下一个明确的定义（Turner and Gardner，1991）。Li 和 Reynolds（1995）认为，异质性可根据两个组分来定义，即所研究的系统属性（the system property of interest）及其复杂性或变异性（complexity or variability）。这种观点强调空间结构特征的可观察性及可定量分析性，以及空间尺度依赖性。并指出，如果仅考虑所测定系统属性的复杂性或变异性而不涉及其功能作用时，其可称为结构异质性。如果所测定系统属性的复杂性或变异性和生态学过程有关，其可称为功能异质性。张化永等（2002）认为，空间异质性是生态学过程和格局在空间分布上的不均性及其复杂性，是空间斑块性（patchiness）和空间梯度的综合反映。

目前国内外对于植被空间异质性的研究比较多（Kotliar and Wiens，1990；de Vries and Daleboudt，1994；Wilmshurst et al.，1995；陈鹏等，2003；de Knegt et al.，2007；余博等，2009；蒋德明等，2009），国外对植物群落空间异质性的研究主要集中在植物群落空间异质性对动物采食的影响方面（Illius and Gordon，1990；Hjalten et al.，1993；de Vries and Daleboudt，1994；Wilmshurst and Fryxell，1995；Kotliar，1996；Belovsky，1997；Searle et al.，2005）。例如，de Knegt 等（2007）在对空间斑块的研究中得出，在放牧条件下，斑块的密度决定了大型食草动物的运动模式及觅食效率；Chapman 等（2007）研究了植被空间格局分布对动物牧食行为的影响；Dumont 等（2000）研究了放牧梯度下植物物种的空间分布特征等。因此，动物采食行为的研究都集中于动物对斑块化食物资源的响应，探索斑块分布及变化特征对动物选择性采食的影响方面。放牧动物对斑块性质或质量的反应比较明显，高营养和高生物量是动物优先选择采食的主要条件，在营养选择上，放牧绵羊通常优先采食豆科植物比例较高的斑块，而且采食时间也相对较长（Bazely，1990）；Illius 等（1992）研究表明，放牧前斑块植物群落牧草高度差异（7.6cm 与 11.8cm）导致了绵羊口食量与采食量分别为 49.1%与 68.3%的变异。斑块植物密度表明了斑块的结构属性，也直接表征了斑块生物量大小或潜力，直接决定家畜采食牧草的容量密度。在研究植物群落对动物采食影响过程中，一般将斑块种群密度和高度作为互作因素加以考虑，以便阐明牧草高度与密度对家畜采食的影响。Ungar 和 Noy-Meir（1988）研究发现，在各种草地处理斑块（低矮-较密，较高-较密，低矮-较疏，较高-较疏）上，家畜的采食率与口食率存在显著性差异，较高-较密和低矮-较密斑块的采食率与口食率较大。此外，放牧家畜通过对生境物理特征和食物分布及其他特征的认知与记忆，能够减少觅食时间，提高采食效率（Johnson，1991；Benhamon，1994；Hester et al.，1999；Chapman et al.，2007）。Dumont 等（2002）的研究表明，当喜食牧草斑块分布形式呈聚集分布时，有利于家畜的采食。Hassall 等（2002）研究发现，高质量食物聚集分布时，动物对其采食时间减少。

我国对空间异质性的研究起步较晚，对空间格局的研究还没有形成完整的理论体系，但在短期内的研究相对较多。祖元刚等（1997）采用分形分维方法对植被空间异质性进行了研究，得出植被空间异质性在放牧条件下存在尺度性和层次性的理论。汪诗平等（1999a）对绵羊的采食行为与草场空间异质性的关系进行了研究，结果表明，在牧草充足的情况下，放牧绵羊多选择大针茅、寸草苔和星毛委陵菜较少的地方采食，采食时间与冷蒿地上现存量呈高度正相关。辛晓平等（2002）对放牧和刈割条件下草山草坡群落空间异质性进行了分析，认为刈割条件下空间异质性及空间自相关性比放牧条件下复杂。陈玉福和董鸣（2003）对生态学系统的空间异质性进行了综述。顾磊等（2005）对生态学空间异质性研究进展进行了总结。余博等（2009）和蒋德明等（2009）分别对植被指数和小叶锦鸡儿群落进行了空间异质性分析。刘振国和李镇清（2004）研究认为，天然放牧地中，放牧强度和草地鼠类活动两种外界干扰导致了草地斑块的形成。张卫国等（2003）研究了不同放牧强度干扰下高寒草甸草原群落中斑块的形成机制及其性状、格局的变化，结果表明，在轻度、中度和重度 3 个草地退化梯度下，草地微斑块的种类和数量表现为先随退化程度增加而上升，达到中度退化后又转化为随退化程度增加而下降的趋势。与此同时，斑块总面积和个体面积则表现为随退化程度增加而上升的趋势。斑块植被的组成、盖度、高度和地上生物量等性状指标总的变化趋势是随退化程度的加剧而下降，但不同类型的斑块在下降时段、下降幅度和格局上存在较大差异。斑块的多样性指数、均匀度指数与放牧强度呈正相关，而破碎度和优势度则与放牧强度呈负相关。王明君（2008）在研究中指出，随放牧强度的增大（减弱），草地空间异质性变小（增强），同时，虽然草地存在空间异质性，但并不能影响到放牧强度对草地植被现存量所产生的效果，而且这种效果是起主导作用的；从另外一个角度来讲，草地的空间异质性是草地的基本属性，同时受外界环境条件的影响，如放牧梯度就是一个重要的影响因素，放牧梯度导致了草地空间异质性在不同放牧梯度内进一步的差异。乌云娜等（2011）研究报道，植物群落在不同放牧强度下物种结构主要表现出密集型种群和疏散型种群两大类型。

## 一、物种数的空间变化

### （一）物种数在样点间的变化

对各小区物种数在样点间的变化进行箱式图绘制，结果见图 4-3。不同小区物种数在样点间的变化较大，从样点间物种数的最小值来看，RG2 区内物种数的最小值最小；RG1、RG7 和 CK 区内的最小值大于 RG2 区；RG4 和 RG6 区内样点间的最小值比较接近，但大于 RG1、RG7 和 CK 区；RG3 和 RG8 区最小值大于 RG4 和 RG6 区；RG5 区最小值大于 RG3 和 RG8 区。同理我们也可以看到物种数最大值在各小区的变化情况，详见图 4-3。

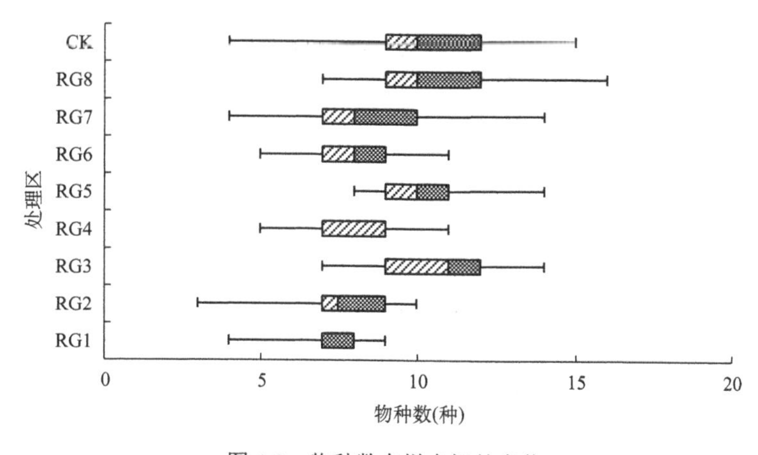


图 4-3　物种数在样点间的变化

最小值和最大值之间的距离大小代表样点间数据的极差大小，从图 4-3 中可以看到，RG2、RG7、RG8 和 CK 区的极差较大，其反映的是样本数据间的离散型情况，因此这几个小区内样点间物种数差异较大，离散程度较大；RG1、RG3、RG4、RG5 和 RG6 区样点间的数据离散程度较小。箱体代表靠近中位数 50%样本数据的变化情况，其反映的是靠近中位数 50%样本数据的集中性，从图 4-3 中可以看到，靠近中位数 50%样本数据在 RG3、RG7、RG8 和 CK 区的箱体较长，数据的集中性较差，而其他小区箱体较短，数据的集中性较好。

在这里我们可以看到，RG1 区比较特殊，其样本数据在整个样本容量范围内离散性较小，且靠近中位数 50%样本数据的集中性很好，但这 50%的数据均在中位数和上四分位数之间，说明 RG1 区内样点间极值数据出现较少，且离中位数、上四分位数较近。RG4 区样本数据在整个样本容量范围内，离散性较大，且靠近中位数 50%样本数据的集中性较差，但这 50%的数据均集中在下四分位数和中位数之间，说明 RG4 区内样点间数据值分布不均匀，且主要集中在下四分位数和中位数之间。在不同轮牧时间下，晚期放牧样点间物种数差异较大，中期放牧次之，早期放牧物种数在样点间差异较小。

## （二）物种数空间分布变异

对各小区内物种数进行变异分析，结果见表 4-20。在不同轮牧时间下，物种数在单位均值上的离散性（变异系数）表现为晚期放牧区＞中期放牧区＞早期放牧区；方差在变异分析中常被称为变异，其表示样点间整个样本数据偏离均值的情况，其表现为晚期放牧区大于早期放牧区和中期放牧区，早期放牧区和中期放牧区之间差别不大。

**表 4-20　物种数空间分布变异**

| 指标 | RG1 | RG2 | RG3 | RG4 | RG5 | RG6 | RG7 | RG8 | CK |
|---|---|---|---|---|---|---|---|---|---|
| 平均值 | 7.42 | 7.57 | 10.46 | 8.43 | 10.13 | 7.77 | 8.43 | 10.63 | 10.47 |
| 标准差 | 1.18 | 1.42 | 1.63 | 1.47 | 1.79 | 1.36 | 1.84 | 2.00 | 2.14 |
| 标准误 | 0.15 | 0.18 | 0.21 | 0.19 | 0.23 | 0.18 | 0.24 | 0.26 | 0.28 |
| 方差 | 1.40 | 2.01 | 2.66 | 2.15 | 3.20 | 1.84 | 3.40 | 4.00 | 4.59 |
| 变异系数（%） | 15.95 | 18.75 | 15.58 | 17.38 | 17.66 | 17.48 | 21.87 | 18.81 | 20.47 |

## （三）物种数半方差函数分析

在 9 个小区内，对其物种数空间分布进行半方差函数分析，结果见表 4-21。在半方差函数最适模型上可以分为 2 种，RG1、RG6、RG8 和 CK 区的最适半方差函数模型为球状模型，RG2、RG3、RG4、RG5 和 RG7 区的最适半方差函数模型为指数模型。球状和指数最适模型的函数曲线均呈现出在小的分隔距离内有较低的半方差函数值，随着分隔距离的增大，半方差函数值也增大，并逐渐趋于平稳；而线性模型不管分隔距离如何，其半方差函数值均处于同一水平。

**表 4-21　不同影响因素对物种数空间分布的影响**

| 处理 | 模型 $r(h)$ | 块金值 $C_0$ | 基台值 $C_0+C$ | 结构比 $C/(C_0+C)$ | 范围参数 $a_0$ | 相关尺度 |
|---|---|---|---|---|---|---|
| RG1 | 球状 | 0.105 | 1.502 | 0.930 | 2.31 | 2.31 |
| RG2 | 指数 | 0.147 | 2.055 | 0.928 | 1.20 | 3.60 |
| RG3 | 指数 | 0.075 | 2.541 | 0.970 | 0.62 | 1.86 |

续表

| 处理 | 模型 $r(h)$ | 块金值 $C_0$ | 基台值 $C_0+C$ | 结构比 $C/(C_0+C)$ | 范围参数 $a_0$ | 相关尺度 |
|---|---|---|---|---|---|---|
| RG4 | 指数 | 0.280 | 1.915 | 0.854 | 1.44 | 4.32 |
| RG5 | 指数 | 0.350 | 3.706 | 0.906 | 0.97 | 2.91 |
| RG6 | 球状 | 0.001 | 1.733 | 0.999 | 2.39 | 2.39 |
| RG7 | 指数 | 0.500 | 3.738 | 0.866 | 1.94 | 5.82 |
| RG8 | 球状 | 0.280 | 4.280 | 0.935 | 2.58 | 2.58 |
| CK | 球状 | 0.120 | 4.962 | 0.976 | 1.93 | 1.93 |

随机因素引起的物种数空间变异在RG7区最大，为0.500；RG5区次之，为0.350；RG6区最小，为0.001；其余小区随机因素引起的空间变异介于RG5和RG6区之间。最大空间变异程度在CK区最大，为4.962；RG8区次之，为4.280；RG1区最小，为1.502；其余小区最大空间变异情况介于RG1和RG8区之间。结构比最大的小区为RG6区，为0.999；CK区次之，为0.976；RG4区最小，为0.854；其余小区结构比介于CK和RG4区之间。空间自相关尺度在RG7区最大，为5.82；RG4区次之，为4.32；RG3区最小，为1.86；其余小区空间自相关尺度介于RG3和RG4区之间。由此可以看到，RG7区随机因素引起的空间变异较大，CK区最大空间变异程度表现最大，结构因素对物种数空间变异的决定性在RG6区最大，空间自相关尺度在RG7区最大。因此可知，由于小区内放牧时间和放牧制度的不同，半方差函数的参数值差别较大，物种数的空间变化差异较大。

在不同轮牧时间下，随机因素引起的空间变异表现为晚期放牧区＞中期放牧区＞早期放牧区；最大空间变异程度为晚期放牧区＞中期放牧区＞早期放牧区；结构比表现为早期放牧区和中期放牧区差别不大，但二者整体大于晚期放牧区；空间自相关尺度为早期放牧区和中期放牧区差别不大，但二者整体小于晚期放牧区。由此可以看到，物种数空间分布在晚期放牧区受随机因素影响较早期放牧区和中期放牧区强，早期放牧区和中期放牧区物种数空间分布受结构因素影响相对较大，且空间自相关尺度偏小。

### （四）物种数分形维数分析

不同小区物种数空间分布分形维数计算结果见表4-22，其中RG1区分形维数最大，为1.991；CK区次之，为1.988；RG7区最小，为1.860；其余小区分形维数介于RG7和CK区之间。在不同轮牧时间下，分形维数按照早期放牧区、中期放牧区和晚期放牧区的顺序分别为1.954、1.944和1.913。说明早期放牧区物种数空间分布的异质性较小，空间分布格局简单；而晚期放牧区物种数空间分布的异质性较大，空间分布格局相对复杂。

**表 4-22　物种数的分形维数**

| 处理 | RG1 | RG2 | RG3 | RG4 | RG5 | RG6 | RG7 | RG8 | CK |
|---|---|---|---|---|---|---|---|---|---|
| 分形维数 | 1.991 | 1.917 | 1.954 | 1.899 | 1.943 | 1.980 | 1.860 | 1.965 | 1.988 |

## 二、总密度的空间变化

### （一）总密度在样点间的变化

对各小区总密度在样点间的变化进行箱式图绘制，结果见图 4-4。不同小区总密度在样点间的变化较大，从样点间总密度的最小值来看，RG1 区和 RG7 区内的最小值比较小，且 RG1 区和 RG7 区内样点间的最小值比较接近；RG2、RG3 和 CK 区最小值接近，但大于 RG1 区和 RG7 区；RG4、RG5、RG6、RG8 区最小值大于 RG2、RG3 和 CK 区，且存在 RG5 区＞RG4 区＞RG6 区＞RG8 区。同理我们也可以看到总密度最大值在各小区的变化情况，详见图 4-4。

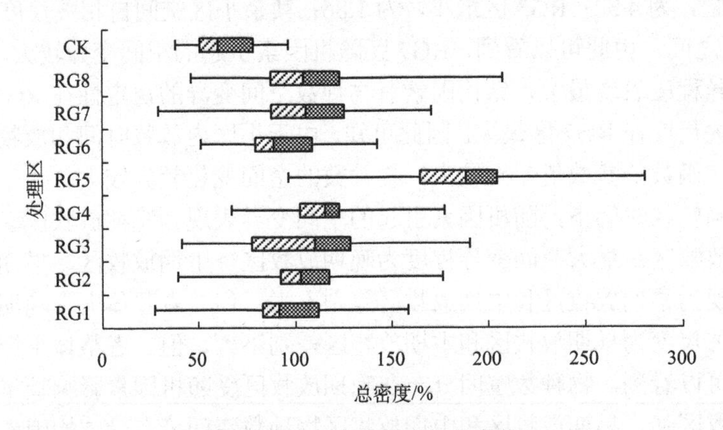


图 4-4　总密度在样点间的变化

最小值和最大值之间的距离大小代表样点间数据的极差大小，从图 4-4 中可以看到，RG1、RG2、RG3、RG4、RG5、RG7 和 RG8 区的极差较大，其反映的是样本数据间的离散型情况，因此这几个小区内样点间总密度差异较大，离散程度较大；RG6 和 CK 区样点间的数据离散程度较小。箱体代表靠近中位数 50%样本数据的变化情况，其反映的是靠近中位数 50%样本数据的集中性，从图 4-4 中可以看到，靠近中位数 50%样本数据在 RG4 区箱体较短，数据的集中性相对较好，其余小区箱体较长，数据的集中性较差，即总密度在样点间变化较大。

在这里我们可以看到，RG3 区比较特殊，其样本数据在整个样本容量范围内离散性较大，且靠近中位数 50%样本数据的集中性较差，数据的离散性也较大，说明 RG3 区内样点间总密度偏离平均密度情况较明显。RG4 区样本数据在整个样本容量范围内的表现与 RG3 区存在相同之处，即样本容量范围内数据离散性较大，但靠近中位数 50%样本数据的集中性较好。在不同轮牧时间下，晚期放牧样点间总密度差异较大，早期放牧次之，中期放牧总密度在样点间差异相对较小。

## （二）总密度空间分布变异

对各小区内总密度进行变异分析，结果见表 4-23。在不同轮牧时间下，总密度在单位均值上的离散性（变异系数）表现为晚期放牧区＞早期放牧区＞中期放牧区，说明中期放牧有利于小区内群落植株密度的稳定；方差在变异分析中常被称为变异，其表示样点间整个样本数据偏离均值的情况，其表现为晚期放牧区＞中期放牧区＞早期放牧区。说明随着放牧时间的后移，植物群落的密度变异呈增加的变化趋势。

**表 4-23　总密度空间分布变异**

| 指标 | RG1 | RG2 | RG3 | RG4 | RG5 | RG6 | RG7 | RG8 | CK |
|---|---|---|---|---|---|---|---|---|---|
| 平均值 | 94.18 | 102.60 | 106.98 | 112.42 | 186.85 | 93.10 | 106.47 | 107.18 | 64.20 |
| 标准差 | 24.84 | 29.12 | 33.46 | 20.55 | 35.07 | 22.37 | 31.21 | 32.09 | 16.70 |
| 标准误 | 3.21 | 3.76 | 4.32 | 2.65 | 4.53 | 2.89 | 4.03 | 4.14 | 2.16 |
| 方差 | 617.27 | 848.14 | 1119.85 | 422.15 | 1230.20 | 500.57 | 974.08 | 1029.78 | 278.81 |
| 变异系数（%） | 26.38 | 28.38 | 31.28 | 18.28 | 18.77 | 24.03 | 29.31 | 29.94 | 26.01 |

## （三）总密度半方差函数分析

在 9 个小区内，对其总密度空间分布进行半方差函数分析，结果见表 4-24。在半方差函数最适模型上可以分为 2 种，RG1、RG3、RG4、RG5、RG6 和 CK 区的最适半方差函数模型为球状模型，RG2、RG7 和 RG8 区的最适半方差函数模型为指数模型。这两种最适模型的函数曲线均呈现出在小的分隔距离内有较低的半方差函数值，随着分隔距离的增大，半方差函数值也增大，并逐渐趋于平稳。

**表 4-24　不同影响因素对总密度空间分布的影响**

| 处理 | 模型 | 块金值 | 基台值 | 结构比 | 范围参数 | 相关尺度 |
|---|---|---|---|---|---|---|
| | $r(h)$ | $C_0$ | $C_0+C$ | $C/(C_0+C)$ | $a_0$ | |
| RG1 | 球状 | 15.0 | 632.6 | 0.976 | 2.45 | 2.45 |
| RG2 | 指数 | 6.0 | 783.2 | 0.992 | 0.96 | 2.88 |

续表

| 处理 | 模型 $r(h)$ | 块金值 $C_0$ | 基台值 $C_0+C$ | 结构比 $C/(C_0+C)$ | 范围参数 $a_0$ | 相关尺度 |
|---|---|---|---|---|---|---|
| RG3 | 球状 | 1.0 | 1092.0 | 0.999 | 2.10 | 2.10 |
| RG4 | 球状 | 1.0 | 404.4 | 0.998 | 2.38 | 2.38 |
| RG5 | 球状 | 1.0 | 1209.0 | 0.999 | 1.97 | 1.97 |
| RG6 | 球状 | 1.0 | 469.4 | 0.998 | 1.70 | 1.70 |
| RG7 | 指数 | 8.0 | 918.0 | 0.991 | 0.53 | 1.59 |
| RG8 | 指数 | 76.0 | 1032.0 | 0.926 | 2.55 | 7.65 |
| CK | 球状 | 12.0 | 290.4 | 0.959 | 2.32 | 2.32 |

随机因素引起的总密度空间变异在 RG8 区最大，为 76.0；RG1 区次之，为 15.0；RG3、RG4、RG5 和 RG6 区最小，均为 1.0；其余小区随机因素引起的空间变异介于 RG1 区与 RG3、RG4、RG5 和 RG6 区之间。最大空间变异程度在 RG5 区最大，为 1209；RG3 区次之，为 1092；CK 区最小，为 290.4；其余小区最大空间变异介于 RG3 和 CK 区之间。结构比最大的小区为 RG3 和 RG5 区，均为 0.999；RG4 和 RG6 区次之，为 0.998；RG8 区最小，为 0.926；其余小区结构比介于 RG8 区与 RG4 区和 RG6 区之间。空间自相关尺度在 RG8 区最大，为 7.65；RG2 区次之，为 2.88；RG7 区最小，为 1.59；其余小区空间自相关尺度介于 RG2 和 RG7 区之间。由此可以看到，RG8 区随机因素引起的空间变异较大，RG5 区最大空间变异程度表现最大，结构因素对总密度空间变异的决定性在 RG8 区最小，空间自相关尺度在 RG8 区最大。因此可知，由于小区内放牧时间的不同，半方差函数的参数值差别较大，总密度的空间变化较大。

## （四）总密度分形维数分析

不同小区总密度空间分布分形维数计算结果见表 4-25，分形维数高于 CK 区的只有 RG6 和 RG3 区，其余轮牧小区均低于 CK 区。在各轮牧区中，RG6 区分形维数最大，为 1.995；RG3 区次之，为 1.994；RG2 区最小，为 1.925；其余小区分形维数介于 RG3 和 RG2 区之间。在不同轮牧时间下，分形维数按照早期放牧区、中期放牧区和晚期放牧区的顺序分别为 1.947、1.980 和 1.959。说明早期放牧区总密度空间分布的异质性较大，空间分布格局复杂；而中期放牧区总密度空间分布的异质性较小，空间分布格局相对简单。

表 4-25 物种数的分形维数

| 处理 | RG1 | RG2 | RG3 | RG4 | RG5 | RG6 | RG7 | RG8 | CK |
|---|---|---|---|---|---|---|---|---|---|
| 分形维数 | 1.969 | 1.925 | 1.994 | 1.974 | 1.958 | 1.995 | 1.974 | 1.944 | 1.992 |

## 三、总盖度的空间变化

### （一）总盖度在样点间的变化

对各小区总盖度在样点间的变化进行箱式图绘制，结果见图 4-5。不同小区总盖度在样点间的变化较大，从样点间总盖度的最小值来看，RG1 和 RG6 区内总盖度的最小值最小；RG3 和 RG7 区内的最小值大于 RG1 和 RG6 区，RG3 和 RG7 区内样点间的最小值比较接近；RG2、RG4 和 RG8 区最小值接近，且大于 RG3 和 RG7 区；RG5 和 CK 区最小值大于 RG2、RG4 和 RG8 区，且存在 CK 区远大于 RG5 区。同理我们也可以看到总盖度最大值在各小区的变化情况，详见图 4-5。

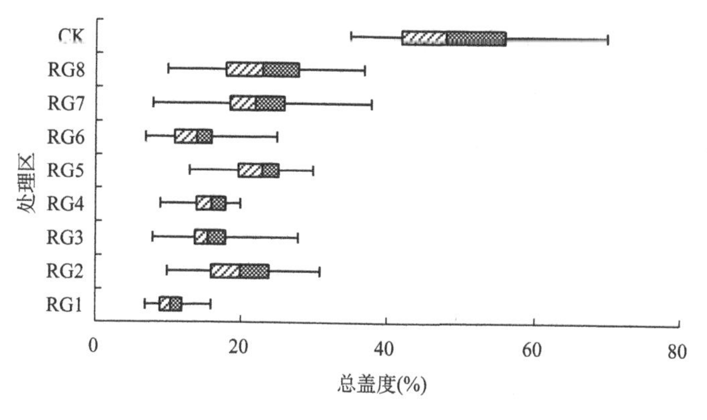


图 4-5　总盖度在样点间的变化

最小值和最大值之间的距离大小代表样点间数据的极差大小，从图 4-5 中可以看到，RG7、RG8 和 CK 区的极差较大，其反映的是样本数据间的离散型情况，因此这几个小区内样点间总盖度差异较大，离散程度较大；其余小区样点间的数据离散程度较小。箱体代表靠近中位数 50%样本数据的变化情况，其反映的是靠近中位数 50%样本数据的集中性，从图 4-5 中可以看到，靠近中位数 50%样本数据在 RG1、RG3 和 RG4 区箱体较短，数据的集中性相对较好，其余小区箱体较长，数据的集中性较差，即总盖度在样点间变化较大。

在这里我们可以看到，RG2 区比较特殊，其样本数据在整个样本容量范围内离散性较小，但靠近中位数 50%样本数据的集中性较差，数据的离散性也较大，说明 RG2 区内样点间总盖度在上下四分位数间变化较大。RG1 区样本数据在整个样本容量范围内集中性最好，即样本容量范围内数据离散性较小，且靠近中位数 50%样本数据的集中性也较好，具有同样表现的还有 RG2 区。

## （二）总盖度空间分布变异

对各小区内总盖度进行变异分析，结果见表4-26。在不同轮牧时间下，总盖度在单位均值上的离散性（变异系数）表现为晚期放牧区＞早期放牧区＞中期放牧区，说明中期放牧有利于小区内群落盖度的稳定；方差在变异分析中常被称为变异，其表示样点间整个样本数据偏离均值的情况，其表现为晚期放牧区＞早期放牧区＞中期放牧区。

**表4-26　总盖度空间分布变异**

| 指标 | RG1 | RG2 | RG3 | RG4 | RG5 | RG6 | RG7 | RG8 | CK |
|---|---|---|---|---|---|---|---|---|---|
| 平均值 | 10.47 | 20.00 | 16.22 | 15.53 | 22.38 | 13.97 | 22.20 | 22.90 | 49.53 |
| 标准差 | 2.28 | 5.00 | 4.06 | 2.81 | 4.43 | 3.75 | 6.80 | 7.01 | 8.96 |
| 标准误 | 0.29 | 0.65 | 0.52 | 0.36 | 0.57 | 0.48 | 0.88 | 0.91 | 1.16 |
| 方差 | 5.20 | 25.02 | 16.51 | 7.91 | 19.60 | 14.07 | 46.23 | 49.14 | 80.35 |
| 变异系数（%） | 21.79 | 25.01 | 25.06 | 18.11 | 19.78 | 26.85 | 30.63 | 30.61 | 18.10 |

## （三）总盖度半方差函数分析

在9个小区内，对其总盖度空间分布进行半方差函数分析，结果见表4-27。在半方差函数最适模型上可以分为3种，RG1、RG2、RG7和RG8区的最适半方差函数模型为球状模型，RG3、RG5、RG6和CK区的最适半方差函数模型为指数模型，RG4区为高斯模型。这3种最适模型的函数曲线均呈现出在小的分隔距离内有较低的半方差函数值，随着分隔距离的增大，半方差函数值也增大，并逐渐趋于平稳。

**表4-27　不同影响因素对总盖度空间分布的影响**

| 处理 | 模型 $r(h)$ | 块金值 $C_0$ | 基台值 $C_0+C$ | 结构比 $C/(C_0+C)$ | 范围参数 $a_0$ | 相关尺度 |
|---|---|---|---|---|---|---|
| RG1 | 球状 | 0.01 | 5.11 | 0.998 | 2.34 | 2.34 |
| RG2 | 球状 | 9.87 | 27.62 | 0.643 | 5.76 | 5.76 |
| RG3 | 指数 | 10.64 | 31.03 | 0.657 | 19.16 | 57.48 |
| RG4 | 高斯 | 0.92 | 8.38 | 0.890 | 1.43 | 2.48 |
| RG5 | 指数 | 10.50 | 28.70 | 0.634 | 4.96 | 14.88 |
| RG6 | 指数 | 0.01 | 12.94 | 0.999 | 0.37 | 1.11 |
| RG7 | 球状 | 21.79 | 46.39 | 0.530 | 8.60 | 8.60 |
| RG8 | 球状 | 19.15 | 46.88 | 0.592 | 5.28 | 5.28 |
| CK | 指数 | 3.70 | 78.33 | 0.953 | 0.85 | 2.55 |

随机因素引起的总盖度空间变异在 RG7 区最大，为 21.79；RG8 区次之，为 19.15；RG1 和 RG6 区最小，均为 0.01；其余小区随机因素引起的空间变异介于 RG8 与 RG1 和 RG6 区之间。最大空间变异程度在 CK 区最大，为 78.33；RG8 区次之，为 46.88；RG1 区最小，为 5.11；其余小区最大空间变异程度介于 RG1 和 RG8 区之间。结构比最大的小区为 RG6 区，为 0.999；RG1 区次之，为 0.998；RG7 区最小，为 0.530；其余小区结构比介于 RG1 与 RG7 区之间。空间自相关尺度在 RG3 区最大，为 57.48；RG5 区次之，为 14.88；RG6 区最小，为 1.11；其余小区空间自相关尺度介于 RG5 和 RG6 区之间。由此可以看到，RG7 区随机因素引起的空间变异较大，CK 区最大空间变异程度表现最大，结构因素对总盖度空间变异的决定性在 RG7 区最小，空间自相关尺度在 RG3 区最大。因此可知，由于小区内放牧时间和放牧制度的不同，半方差函数的参数值差别较大，总盖度的空间变化较大。

在不同轮牧时间下，随机因素引起的空间变异表现为晚期放牧区＞中期放牧区＞早期放牧区，最大空间变异程度为晚期放牧区＞中期放牧区＞早期放牧区，结构比表现为早期放牧区＞中期放牧区＞晚期放牧区，空间自相关尺度为中期放牧区＞晚期放牧区＞早期放牧区。由此可以看到，随着放牧时间的推后，总盖度空间分布在晚期放牧区受随机因素影响较早期放牧区和中期放牧区强，早期放牧区和中期放牧区总盖度空间分布受结构因素影响相对较大，但中期放牧区空间自相关尺度较大。

### （四）总盖度分形维数分析

不同小区总盖度空间分布分形维数计算结果见表 4-28，其中 RG1 区分形维数最大，为 1.978；RG6 区次之，为 1.975；RG7 区最小，为 1.840；其余小区分形维数介于 RG6 和 RG7 区之间。在不同轮牧时间下，分形维数按照早期放牧区、中期放牧区和晚期放牧区的顺序分别为 1.912、1.915 和 1.857。说明晚期放牧区总盖度空间分布的异质性较大，空间分布格局复杂；而中、早期放牧区总盖度空间分布的异质性较小，空间分布格局相对简单。

**表 4-28　物种数的分形维数**

| 处理 | RG1 | RG2 | RG3 | RG4 | RG5 | RG6 | RG7 | RG8 | CK |
|---|---|---|---|---|---|---|---|---|---|
| 分形维数 | 1.978 | 1.845 | 1.900 | 1.936 | 1.850 | 1.975 | 1.840 | 1.873 | 1.941 |

## 第六节　土壤的物理性状

放牧家畜通过采食、践踏影响草地土壤的物理结构，如紧实度、渗透率（Dakhah and Gifford，1980）。许志信和赵萌莉（2001）指出，放牧家畜对土壤的影响可分为直接和间接两方面。直接影响主要是畜蹄践踏土壤，并对土壤产生一系列潜在的有害影响，如紧实土壤、穿透和分裂土壤表面，从而使水分渗入减少，加速土壤侵蚀。间接影响是由于家畜采食植物，植被数量减少而影响到土壤的特性和结构，如有机质含量、孔隙度等。许多试验证明，随放牧强度增加，土壤表层容重与硬度增大，渗透性降低，土壤质地变粗，表层含水量下降。贾树海等（1996）认为土壤的容重对草地的退化具有敏感性，可以作为草地退化的数量指标。张蕴薇等（2002）认为，随着放牧强度的增加，土壤孔隙度和水分渗透率降低，而土壤容重则呈增加趋势。土壤表层（0～10cm）的物理特性对放牧制度的反应比较敏感。贾树海等（1999）报道，相同放牧强度（20 羊/$hm^2$）不同放牧时期（春牧 5 月 22 日～6 月 1 日，夏牧 7 月 15～25 日，秋牧 9 月 3 日～13 日）对土壤容重的影响表现为夏季放牧对于土壤的压实作用最轻，秋季最重，春季居中。放牧家畜的长期践踏也会影响土壤结构体和微团体，使土壤颗粒间有机胶结物减少，结构松散，稳定性变差，进而在风蚀作用下使表层土壤粗粒化（陈佐忠等，2000）。

对土壤水分和容重的取样及测定方法分别如下所示，土壤水分测定：用容积为 100$cm^3$ 的土壤环刀于各放牧处理分别随机取 0～10cm、10～20cm、20～30cm、30～40cm 深度的土样，并装入小铝盒，带回室内立即称重，再将土样放至 105℃烘箱烘至恒重，计算土壤含水量，重复 3 次。

$$水分（\%）=(m_1-m_2)/(m_1-m_0) \tag{4-1}$$

式中，$m_0$ 为烘干空铝盒质量（g）；$m_1$ 为烘干前铝盒及土样质量（g）；$m_2$ 为烘干后铝盒及土样质量（g）。

土壤容重测定：用容积为 100$cm^3$ 的土壤环刀于各放牧处理分别随机取 0～10cm、10～20cm、20～30cm、30～40cm 深度的土样，并装入小铝盒，带回室内立即称重，再将土样放至 105℃烘箱烘至恒重，测定土壤容重，重复 3 次。

### 一、土壤水分含量

不同轮牧小区土壤水分含量变化如表 4-29 所示，同一小区不同土壤层次间土壤水分含量变化可分为 4 类，第一类，表层土壤水分含量较低，底层土壤水分含量较高，这样的小区有 RG1、RG5、RG6 和 RG7 区；第二类，表层和底层土壤水分含量都较低，中间土层土壤水分含量较高，这样的小区只有 RG2 区；第三类，表层土壤水分含量较高，底层土壤水分含量较低，这样的小区分别为 RG3 区和 RG8 区；第四类，各土层间土壤水分含量没有明显的差异，RG4 区和 CK 区的表现就是如此。各小区间土壤水分含量随土层深度的变化存在多样性，主要是各小区间的土壤结构、土壤理化性质不同所致，样点选择也会对分析结果产生影响，各小区土壤层次间土壤水分含量的方差分析详见表 4-29。同一土壤层次不同小区间的土壤水分含量也存在显著的差异，0～10cm 土层，RG7、RG8 区显著高于 RG1、RG2、RG5 和 RG6 区（$P<0.05$），其余各轮牧小区及 CK 区之间没有显著差异（$P>0.05$），RG8 区土壤含水量最高，为 5.36%，RG6 区土壤含水量最低，为 2.72%。10～20cm 土层，RG3 区显著高于其他各轮牧小区（$P<0.05$），为 7.80%，RG1、RG4、RG6、RG7、RG8 区不存在显著性差异（$P>0.05$），RG5 区土壤含水量最低，为 3.31%，CK 区的土壤含水量与轮牧 RG5 区没有显著性差异（$P>0.05$）。20～30cm 土层，RG7 区显著高于其他各轮牧小区（$P<0.05$），为 8.93%，RG1、RG2、RG4 和 RG8 区之间差异不显著（$P>0.05$），RG3 区土壤含水量最低，为 3.14%，与 RG5、RG6、RG8 和 CK 区不存在显著性差异（$P>0.05$）。30～40cm 土层，RG7 区土壤含水量最高，为 9.37%，与其他各轮牧小区存在显著性差异（$P<0.05$），RG6 区显著高于 RG1、RG2、RG3、RG4、RG8 和 CK 区（$P<0.05$），RG1、RG4、RG5 和 CK 区之间没有显著差异（$P>0.05$）。表明放牧能够对表层土壤（0～10cm）含水量产生影响，即晚放牧小区土壤表层含水量较高，但对更深层土壤含水量的影响没有明显的规律性。

**表 4-29　不同小区土壤水分含量（%）**

| 分析对象 | 土壤层次（cm） | RG1 | RG2 | RG3 | RG4 | RG5 | RG6 | RG7 | RG8 | CK |
|---|---|---|---|---|---|---|---|---|---|---|
| 同一小区不同土壤层次间 | 0～10 | 3.74c | 3.95ab | 4.44b | 4.63a | 3.53b | 2.72b | 5.17b | 5.36a | 4.33a |
| | 10～20 | 4.75ab | 4.50a | 7.80a | 4.63a | 3.31b | 4.86a | 6.05b | 4.82ab | 4.13a |
| | 20～30 | 4.96a | 4.59a | 3.14d | 4.40a | 3.86ab | 3.81ab | 8.93a | 4.17ab | 3.83a |
| | 30～40 | 4.36b | 3.31b | 3.78c | 3.99a | 4.52a | 5.05a | 9.37a | 3.34b | 4.47a |
| 同一土壤层次不同小区间 | 0～10 | 3.74bc | 3.95bc | 4.44abc | 4.63ab | 3.53cd | 2.72d | 5.17a | 5.36a | 4.33abc |
| | 10～20 | 4.75bcd | 4.50cd | 7.80a | 4.63bcd | 3.31d | 4.86bc | 6.05b | 4.82bcd | 4.13d |
| | 20～30 | 4.96b | 4.59bc | 3.14d | 4.40bc | 3.86cd | 3.81cd | 8.93a | 4.17bcd | 3.83cd |
| | 30～40 | 4.36c | 3.31e | 3.78de | 3.99cd | 4.52bc | 5.05b | 9.37a | 3.34e | 4.47c |

注：不同字母表示不同处理间差异显著（$P<0.05$）

## 二、土壤容重变化

土壤容重是土壤紧实度的指标之一，它与土壤的孔隙度和渗透率密切相关。

容重的大小主要受到土壤有机质含量、土壤质地及放牧家畜践踏程度的影响。除RG5、RG8区外，其他各轮牧小区不同土壤层次间土壤容量无显著性差异。RG5区0～10cm土壤容重显著低于10～20cm土壤的容重，其他层次间无显著性差异；RG8区30～40cm土壤容重显著高于其他土壤层次的容重，其他层次间没有显著性差异。总体看来，同一小区不同土壤层次间土壤容重差别不大。对于整个小区而言，RG5、RG6和RG7区的土壤容重较高，RG8区土壤容重最低（30～40cm除外），CK区的土壤容重与余下的小区相差不大，介于上述两者之间（图4-6）。

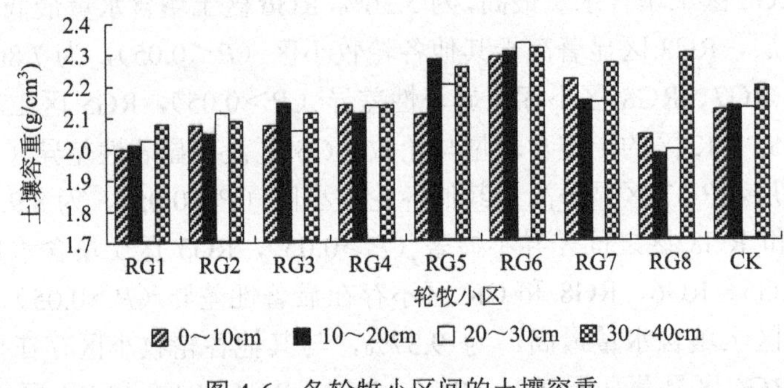


图4-6 各轮牧小区间的土壤容重

同一土壤层次不同小区间土壤容重（表4-30）的方差分析结果表明：0～10cm土壤容重在RG6区显著高于其他各轮牧小区和CK区，RG4、RG7区显著高于RG1区，RG1、RG2、RG3、RG5、RG8和CK区之间不存在显著性差异，RG1区土壤容重最低，为1.99g/cm$^3$。10～20cm土壤容重在RG5、RG6区显著高于RG1、RG2、RG8、CK区，其余各小区间都不存在显著性差异，RG8区土壤容重最低，为1.97g/cm$^3$，RG6区最高，为2.30g/cm$^3$。20～30cm土壤容重在RG6区表现最大，为2.33g/cm$^3$，RG8区最小，为1.99g/cm$^3$，RG1、RG2、RG3、RG4、RG8区之间不存在显著性差异，RG5、RG6、RG7和CK区间无显著性差异。30～40cm土壤容重在RG1、RG2、RG3区之间不存在显著性差异，且显著低于RG5、RG6、RG7和RG8区，CK区的土壤容重与其他各区之间没有显著差异。总体看来，不同轮牧时间对荒漠草原土壤容重的影响不大，没有一定的规律性。

**表4-30 不同小区土壤容重** （单位：g/cm$^3$）

| 分析对象 | 土壤层次（cm） | RG1 | RG2 | RG3 | RG4 | RG5 | RG6 | RG7 | RG8 | CK |
|---|---|---|---|---|---|---|---|---|---|---|
| 同一小区不同土壤层次间 | 0～10 | 1.99a | 2.07a | 2.07a | 2.13a | 2.10b | 2.28a | 2.21a | 2.03b | 2.06a |
| | 10～20 | 2.01a | 2.04a | 2.14a | 2.10a | 2.28a | 2.30a | 2.14a | 1.97b | 2.07a |
| | 20～30 | 2.02a | 2.11a | 2.05a | 2.13a | 2.19ab | 2.33a | 2.14a | 1.99b | 2.14a |
| | 30～40 | 2.07a | 2.08a | 2.11a | 2.13a | 2.25ab | 2.31a | 2.26a | 2.29a | 2.19a |

续表

| 分析对象 | 土壤层次（cm） | RG1 | RG2 | RG3 | RG4 | RG5 | RG6 | RG7 | RG8 | CK |
|---|---|---|---|---|---|---|---|---|---|---|
| 同一土壤层次不同小区间 | 0～10 | 1.99c | 2.07bc | 2.07bc | 2.13b | 2.10bc | 2.28a | 2.21b | 2.03bc | 2.06bc |
| | 10～20 | 2.01b | 2.04b | 2.14ab | 2.10ab | 2.28a | 2.30a | 2.14ab | 1.97b | 2.07b |
| | 20～30 | 2.02d | 2.11cd | 2.05cd | 2.13bcd | 2.19ab | 2.33a | 2.14ab | 1.99d | 2.14ab |
| | 30～40 | 2.07b | 2.08b | 2.11b | 2.13ab | 2.25a | 2.31a | 2.26a | 2.29a | 2.19ab |

注：不同字母表示不同处理间差异显著（$P<0.05$）

## 第七节　土壤的化学性状及有机质含量

放牧利用条件下土壤化学性状也会发生一定变化（贾树海等，1999；戎郁萍等，2001；张金霞等，2001；包翔等，2002；红梅等，2002）。研究表明重度放牧还会造成土壤肥力降低，土壤微生物数量和种类降低，从而影响土壤碳氮循环（张金霞等，2001）。关于不同放牧制度对草地土壤影响的比较研究还较少，有些学者认为高强度低频率放牧制对草地的破坏同连续放牧是一样的（Blackbutn，1984）。但是 Gifford 和 Hawkins（1978）认为同适度连续放牧相比，休闲轮牧制的土壤渗透率低得多。长期放牧会导致草地土壤硬度和紧实度增加，持水量下降，有机质和养分向土壤的输入减少（Gifford and Hawkins，1978），李香真（2001）在连续自由放牧 19 年后的羊草草原的研究表明，草地土壤 0～60cm 的碳磷贮量分别损失了 24.1%和 4.9%，0～100cm 碳磷贮量分别损失 23%和 1%。磷的损失形式主要是有机磷。放牧使土壤中铁磷占全磷的比例明显下降，钙磷占全磷的比例稍有提高。

关于放牧对土壤有机质影响的报道不尽相同，有一些报道认为放牧增加了土壤有机质（Dormaar et al.，1984；Derner et al.，1997；Reeder and Schuman，2000）。这是因为放牧使凋谢物积累减少，动物的践踏使凋谢物破碎并与土壤充分接触，这有助于凋谢物的分解，也有助于碳和其他养分元素转移到土壤中，导致土壤表层有机质有增加的趋势。也有较少的研究认为放牧减少了土壤有机质（Bauer et al.，1987；Desjardins et al.，1994；Koutika et al.，1999）。还有一些研究认为，放牧对土壤有机质没有影响（Milchunas and Lauenroth，1993；王艳芬等，1998；Keller and Goldstein，1998）。Milchunas 和 Lauenroth（1993）对比了世界 236 个样点的放牧和禁牧资料，发现地下生物量、有机碳、有机氮的变化与放牧强度间没有统一的变化规律，有时呈正相关，有时呈负相关。总体来说，重度放牧对土壤生态系统的负面影响是长期的；而适度的放牧干扰有利于草地土壤系统营养物质的循环、腐殖质的形成和碳的截存，也有利于土壤生物活性的提高，从而有利于系统生态功能的恢复（Reeder and Schuman，2000）。

各放牧区的土壤养分取样及测定方法如下，各放牧处理分别随机取 0～10cm、10～20cm、20～30cm、30～40cm 深度的土样，重复 3 次，其中各重复以土钻分别取 10 个样点，所取土样混合均匀后，用四分法取土 1kg 左右，带回实验室进行化学性质分析。有机质含量——重铬酸钾容量法，土壤碱解氮——碱解扩散法，土壤全氮量——半微量开氏法，土壤速效磷——$NaHCO_3$ 法，土壤全磷量——$HClO_4$-$H_2SO_4$ 法，土壤速效钾——$NH_4OAc$ 浸提、火焰光度法，土壤全钾量——NaOH-熔融、火焰光度法。

## 一、土壤全氮和碱解氮变化

各个小区不同土层土壤全氮含量存在差异（表 4-31），大体分为 3 种变化规律，RG1、RG2、RG3、RG6 区随着土壤层次的加深，土壤全氮含量呈减少趋势，为第一种；RG4、RG5、RG7 和 CK 区随着土壤层次的加深，土壤全氮含量呈增加趋势，为第二种；第三种就是 RG8 区表现出的规律：随着土壤层次的加深，土壤全氮含量先减少后增加。各个小区不同土层土壤碱解氮含量的变化可以分为两种，一种是随着土壤层次的加深，土壤碱解氮含量呈现下降趋势，这样的小区分别为 RG1、RG2、RG3、RG5、RG6、RG7、RG8 和 CK 区；另一种是随着土壤深度的变化碱解氮含量处于稳定状态，这样的小区只有 RG4 区，各小区不同土层间的土壤氮肥差异详见表 4-31。所以，不同放牧时间对各小区不同土层间碱解氮含量没有显著的影响，但早期放牧利用能够使土壤全氮含量随着土层加深而减少，晚期放牧使土壤全氮含量随着土层加深而增加，接近 CK 区的变化规律。

**表 4-31　各小区不同土层间的土壤氮肥差异**

| 土壤养分 | 土壤层次（cm） | RG1 | RG2 | RG3 | RG4 | RG5 | RG6 | RG7 | RG8 | CK |
|---|---|---|---|---|---|---|---|---|---|---|
| 全氮（g/kg） | 0～10 | 0.92a | 0.94a | 1.03a | 0.99b | 0.88b | 1.01a | 0.87b | 1.07a | 0.97bc |
| | 10～20 | 0.90a | 0.78c | 0.99b | 1.07a | 1.00a | 0.89b | 0.80c | 0.90c | 0.94c |
| | 20～30 | 0.92a | 0.85b | 1.00b | 1.08a | 0.97a | 0.82c | 0.95a | 0.92c | 0.98b |
| | 30～40 | 0.64b | 0.64d | 0.83c | 1.09a | 0.99a | 0.86b | 0.90b | 0.95b | 1.12a |
| 碱解氮（mg/kg） | 0～10 | 53.60a | 55.12a | 52.08a | 63.48a | 67.92a | 68.36a | 71.68a | 74.14a | 67.20a |
| | 10～20 | 48.83b | 37.54b | 43.40b | 55.34a | 55.55a | 47.04b | 49.95b | 53.76b | 58.69b |
| | 20～30cm | 31.25c | 39.06b | 37.44b | 58.59a | 34.94b | 49.28b | 48.38b | 54.66b | 58.91b |
| | 30～40cm | 32.88c | 25.39c | 39.71b | 56.64a | 34.94b | 26.88c | 31.36c | 47.71c | 48.16c |

注：不同字母表示不同处理间差异显著（$P<0.05$）

同一土层不同小区间土壤全氮的差异如表 4-32 所示，在 0～10cm 土层，RG8 区土壤全氮含量显著高于其他各小区（RG3 区除外），RG6 区仅次于 RG3 区，RG4

区和 CK 区与 RG2、RG3 区之间没有显著差异，但显著高于 RG1、RG5 和 RG7 区。其他土层不同小区间的方差分析结果见表 4-32，同一土层不同小区全氮含量在轮牧小区与 CK 区之间没有明显的变化规律。

**表 4-32　同一土层不同小区间土壤全氮的差异**　（单位：g/kg）

| 放牧小区 | 土壤层次 | | | |
|---|---|---|---|---|
| | 0～10cm | 10～20cm | 20～30cm | 30～40cm |
| RG1 | 0.92de | 0.90c | 0.92e | 0.64g |
| RG2 | 0.94cd | 0.78d | 0.85f | 0.64g |
| RG3 | 1.03ab | 0.99b | 1.00b | 0.83f |
| RG4 | 0.99bc | 1.07a | 1.08a | 1.09a |
| RG5 | 0.88e | 1.00b | 0.97c | 0.99b |
| RG6 | 1.01b | 0.89c | 0.82g | 0.86e |
| RG7 | 0.87e | 0.80d | 0.95d | 0.90d |
| RG8 | 1.07a | 0.90c | 0.92e | 0.95c |
| CK | 0.97bc | 0.94bc | 0.98b | 1.12a |

注：不同字母表示不同处理间差异显著（$P<0.05$）

## 二、土壤全磷和速效磷变化

各小区土壤层次间全磷含量不同，表现出的变化趋势也不相同（表 4-33），总体上可以分为 3 类，RG1 区和 RG8 区为第一类，随着土壤层次的加深，土壤全磷含量呈减少趋势；RG2、RG7 和 CK 区为第二类，土壤全磷含量的变化趋势与前一类刚好相反；余下的各小区为第三类，土壤全磷含量随土壤深度的变

**表 4-33　各小区不同土层间的土壤磷肥差异**

| 土壤养分 | 土壤层次(cm) | RG1 | RG2 | RG3 | RG4 | RG5 | RG6 | RG7 | RG8 | CK |
|---|---|---|---|---|---|---|---|---|---|---|
| 全磷(g/kg) | 0～10 | 0.18a | 0.14b | 0.16a | 0.21a | 0.25a | 0.20a | 0.22d | 0.28a | 0.16b |
| | 10～20 | 0.13c | 0.19a | 0.17a | 0.19a | 0.20a | 0.20a | 0.24c | 0.22b | 0.19ab |
| | 20～30 | 0.17ab | 0.19a | 0.21a | 0.21a | 0.25a | 0.13b | 0.26b | 0.21b | 0.18ab |
| | 30～40 | 0.15b | 0.18a | 0.22a | 0.21a | 0.24a | 0.21a | 0.29a | 0.17c | 0.22a |
| 速效磷(mg/kg) | 0～10 | 8.41a | 6.47a | 6.15a | 7.11a | 7.60a | 7.29a | 7.60a | 7.37a | 7.21a |
| | 10～20 | 7.04b | 5.82b | 4.85c | 6.15b | 5.34b | 5.34bc | 5.99c | 7.04a | 6.96a |
| | 20～30 | 5.42d | 6.56a | 5.66b | 6.55b | 5.42b | 5.02c | 6.23c | 5.26b | 5.51b |
| | 30～40 | 6.07c | 5.33c | 5.99ab | 7.19a | 5.26b | 5.91b | 6.97b | 6.55ab | 7.85a |

注：不同字母表示不同处理间差异显著（$P<0.05$）

化没有表现出明显的变化。由此看出，放牧时间和放牧利用可能会对土壤全磷含量产生影响，但在这几个轮牧小区及 CK 区内，土壤全磷含量没有表现出较为明显的变化趋势。各小区土壤层次间速效磷含量除 RG4 区和 CK 区外变化规律大体相同，即随着土壤层次的加深土壤速效磷的含量减少，或者在 30～40cm 层出现小幅回升，RG4 区和 CK 区的土壤速效磷含量在 0～10cm 与 30～40cm 较高，在剩下的中间两层土壤中较少。这可能是受土壤钙积层和植物群落根系的影响。

在同一土层不同小区间，土壤全磷的含量在早期放牧和晚期放牧表现出明显的差异（表 4-34），即早期放牧的小区各土层全磷的含量大体低于或显著低于晚期放牧利用的小区，CK 区表层土壤全磷含量与 RG1 区相似，其他土层全磷含量大都较 RG1 区稍高，RG1 区与 RG2 区相似，同一土层间土壤全磷的差异详见表 4-34。表明放牧时间能够明显影响不同小区同一土层全磷的含量，早期放牧利用使土壤全磷含量减少，晚期放牧利用能够有效地增加土壤全磷含量，对草地植物对磷肥的吸收利用影响很大。

**表 4-34 同一土层不同小区间土壤全磷的差异** （单位：g/kg）

| 放牧小区 | 土壤层次 | | | |
|---|---|---|---|---|
| | 0～10cm | 10～20cm | 20～30cm | 30～40cm |
| RG1 | 0.18cd | 0.13e | 0.17c | 0.15e |
| RG2 | 0.14d | 0.19cd | 0.19bc | 0.18d |
| RG3 | 0.16cd | 0.17d | 0.21b | 0.22c |
| RG4 | 0.21bc | 0.19cd | 0.21b | 0.21c |
| RG5 | 0.25ab | 0.20bc | 0.25a | 0.24b |
| RG6 | 0.20bcd | 0.20bc | 0.13d | 0.21c |
| RG7 | 0.22bc | 0.24a | 0.26a | 0.29a |
| RG8 | 0.28a | 0.22ab | 0.21b | 0.17e |
| CK | 0.16cd | 0.19cd | 0.18bc | 0.22c |

注：不同字母表示不同处理间差异显著（$P<0.05$）

## 三、土壤全钾和速效钾变化

各小区不同土层间土壤全钾的含量大体上分为 2 种变化趋势，一种是各轮牧小区随着土层的加深，土壤中的全钾含量都呈现下降趋势；另一种就是 CK 区表现出的变化趋势，随着土壤层次的加深，土壤全钾含量呈增加趋势。这可能与放牧与否有关。土壤速效钾的含量在各小区间也有 2 种变化趋势，轮牧 RG1～RG5 区随着土壤层次的加深，土壤速效钾含量在接近地表的 3 层土壤中呈现下降的变化规律，在最底层出现小幅度的回升，为第一种；余下的各小区为第二种，随着土壤层次的加深，土壤速效钾含量逐渐减少。表明早期放牧与晚期放牧对草地速效钾含量的影响不同，早期放牧使草地速效钾含量出现先减少后增加的变化趋势；而晚期放牧的小区与 CK 区土壤速效钾含量的变化规律一样，随着土壤层次的加深土壤速效钾含量逐渐减少，各小区不同土层间的土壤钾肥差异详见表 4-35。

**表 4-35　各小区不同土层间的土壤钾肥差异**

| 土壤养分 | 土壤层次（cm） | RG1 | RG2 | RG3 | RG4 | RG5 | RG6 | RG7 | RG8 | CK |
|---|---|---|---|---|---|---|---|---|---|---|
| 全钾（g/kg） | 0～10 | 28.30a | 27.88b | 28.22a | 26.57a | 26.60a | 26.08a | 25.22a | 26.44a | 23.95b |
| | 10～20 | 26.23b | 28.97a | 26.96ab | 25.30b | 24.97b | 24.73b | 25.21a | 26.57a | 22.75c |
| | 20～30 | 25.22c | 26.96c | 27.60ab | 25.50b | 25.03b | 27.02a | 25.26a | 23.94b | 23.36bc |
| | 30～40 | 25.33c | 27.35bc | 26.36b | 25.09b | 24.55b | 24.12b | 24.48b | 22.47b | 25.00a |
| 速效钾（mg/kg） | 0～10 | 236.47a | 261.37a | 231.83a | 249.96a | 276.36a | 262.71a | 259.81a | 284.87a | 264.40a |
| | 10～20 | 132.77b | 173.71b | 99.27c | 137.14b | 136.92b | 101.38b | 122.98b | 134.81b | 109.83b |
| | 20～30 | 101.40d | 106.94d | 91.48d | 105.76c | 83.00c | 93.90c | 96.40c | 106.00c | 107.10c |
| | 30～40 | 113.65c | 147.69c | 107.94b | 111.12c | 87.33c | 62.54d | 73.83d | 93.17d | 96.24d |

注：不同字母表示不同处理间差异显著（$P<0.05$）

同一土层间土壤全钾的差异比较明显（表 4-36），早放牧小区的土壤全钾含量在各个土层中的表现整体高于晚放牧的小区。表明放牧时间对草地全钾含量的影响比较明显，这可能是因为早期放牧严重影响草地植物的生长发育，导致草地植物对土壤钾肥的吸收减少，长期积累的结果导致土壤全钾含量表现较高；而晚放牧利用小区的草地植物生长受影响程度小，能够很好地利用土壤中的钾肥，较 CK 区草地植物低矮，最终表现在同一土层不同小区土壤全钾含量的差异上。

**表 4-36　同一土层不同小区间土壤全钾的差异**　（单位：g/kg）

| 放牧小区 | 土壤层次 | | | |
|---|---|---|---|---|
| | 0～10cm | 10～20cm | 20～30cm | 30～40cm |
| RG1 | 28.30a | 26.23b | 25.22bc | 25.33bc |
| RG2 | 27.88a | 28.97a | 26.96a | 27.35a |
| RG3 | 28.22a | 26.96b | 27.60a | 26.36ab |
| RG4 | 26.57b | 25.30c | 25.50b | 25.09cd |
| RG5 | 26.60b | 24.97c | 25.03bc | 24.55cd |
| RG6 | 26.08bc | 24.73c | 27.02a | 24.12d |
| RG7 | 25.22c | 25.21c | 25.26bc | 24.48cd |
| RG8 | 26.44b | 26.57b | 23.94c | 22.47e |
| CK | 23.95d | 22.75d | 23.36cd | 25.00cd |

注：不同字母表示不同处理间差异显著（$P<0.05$）

## 四、土壤有机质含量变化

从同一小区不同土壤层次间观察（表 4-37），早放牧的小区土壤有机质含量在 0～10cm 层低于 10～20cm 层，而晚放牧小区和 CK 区土壤有机质含量在 0～10cm 层和 10～20cm 层没有显著的差异。产生这一结果的主要原因是家畜对表层土的践踏和采食的影响，早放牧小区，草地植物由于家畜采食和地上生物量较少，表层土壤有机质含量得不到补充和积累；晚放牧的小区及 CK 区草地植物地上生物量较多，尽管家畜采食，但仍然能够有效地对表层土壤有机质进行补充或者积累，使得各小区因放牧时间不同土壤有机质含量产生明显的差异。同一层次不同小区间，0～10cm 土层土壤有机质含量在 RG2、RG4、RG6 区显著高于 RG1、RG3、RG7 和 CK 区（$P<0.05$），RG2、RG4、RG5、RG6、RG8 区不存在显著性差异（$P>0.05$）；RG4 区有机质含量最高，为 24.64g/kg，RG3 区有机质含量最低，为 15.57g/kg。10～20cm 土层土壤有机质含量在 RG1、RG2 区显著高于其他各轮牧小区和 CK 区（$P<0.05$），RG5、RG6、RG8 和 CK 区差异不显著（$P>0.05$），RG3、RG7 区差异不显著（$P>0.05$）；RG3 区有机质含量最低，为 17.92g/kg，RG2 区有机质含量最高，为 26.54g/kg。20～30cm 土层土壤有机质含量在 RG1、RG4 区显著高于 RG2、RG5、RG6、RG8 和 CK 区（$P<0.05$），RG1、RG3、RG4、RG7 区差异性不显著（$P>0.05$）；RG2 区有机质含量最低，为 18.08g/kg，RG1 区有机质含量最高，为 24.41g/kg。30～40cm 土层土壤有机质含量在 RG4 区显著高于 RG2、RG3、RG6、RG7、RG8 和 CK 区（$P<0.05$），为 26.21g/kg，RG1、RG4、RG5 区之间差异性不显著（$P>0.05$），RG2、RG3、RG8 和 CK 区之间差异不显著（$P>0.05$）；CK 区有机质含量最低，为 18.71g/kg。由上面的分析可知不同放牧利用时间对同一层次不同小区间土壤有机质含量有一定的影响，但影响结果没有表现出一定的规律。

表 4-37　不同小区土壤有机质含量　　（单位：g/kg）

| 分析对象 | 土壤层次（cm） | RG1 | RG2 | RG3 | RG4 | RG5 | RG6 | RG7 | RG8 | CK |
|---|---|---|---|---|---|---|---|---|---|---|
| 同一小区不同土壤层次间 | 0～10 | 20.07c | 24.36b | 15.57d | 24.64a | 23.46a | 24.40a | 18.74b | 23.58a | 22.78a |
| | 10～20 | 25.47a | 26.54a | 17.92c | 20.80a | 23.32a | 23.15b | 18.48b | 23.88a | 22.83a |
| | 20～30 | 24.41b | 18.08d | 23.33a | 24.16a | 22.53a | 19.86c | 23.55a | 22.53a | 20.95ab |
| | 30～40 | 25.57a | 18.77c | 21.18b | 26.21a | 24.38a | 22.74b | 23.56a | 19.89b | 18.71b |
| 同一层次不同小区间 | 0～10 | 20.07bc | 24.36a | 15.57d | 24.64a | 23.46ab | 24.40a | 18.74cd | 23.58ab | 22.78b |
| | 10～20 | 25.47a | 26.54a | 17.92d | 20.80c | 23.32b | 23.15b | 18.48d | 23.88b | 22.83b |
| | 20～30 | 24.41a | 18.08d | 23.33ab | 24.16a | 22.53b | 19.86c | 23.55ab | 22.53b | 20.95c |
| | 30～40 | 25.57ab | 18.77e | 21.18de | 26.21a | 24.38abc | 22.74cd | 23.56bcd | 19.89e | 18.71e |

注：不同字母表示不同处理间差异显著（$P<0.05$）

# 第五章　放牧强度季节调控对主要植物种群及群落的影响

近年来生态学家越来越关注放牧对草地植被的影响，其已成为草地生态学的热点问题。放牧作为影响草地植被的重要因素，对草地植被不同层次都存在着多方面的影响。许多研究表明，从物种个体、群落到景观尺度上，物种组成、丰富度、植物形态特征等变化，显著影响着植被种类、物种组成和功能（Augustine and McNaughton，1998），使草地在时空尺度上产生异质性，最终引起物种组成、生态系统特性等多方面的变化（Dancll ct al.，2003）。

放牧强度对草地群落有重要的影响，控制放牧活动能改变植被的组成。Zhao等（2005）报道，草地主要植物种盖度、高度在草地持续的重度放牧和家畜的践踏下逐渐下降。卫智军等（2003c）在内蒙古荒漠草原的研究得出，优势植物种的密度、高度和盖度在持续放牧下显著降低。植物对放牧的响应取决于促进与抑制间的净效果，与草地的状况和草地管理措施有着密切的关系（Noy-Meir，1993）。一般研究表明，放牧对草地植被的影响既有抑制作用，也有促进作用，放牧通过家畜采食牧草改善了植物未被采食部分的水分、养分和光照条件，使得单位面积的光合速率增强（Belsky，1986），在群体水平上表现为植物生产的周转率加快（Risser，1993）。王玉辉等（2002）对羊草草原群落的研究表明，过度放牧使得羊草草原的盖度和生物量有所降低，并且在过度放牧下羊草群落的结构趋向于简单化，羊草逐渐被盐生植物所取代，群落逐渐向旱生化和盐生化方向演替。张伟华等（2000）的研究表明，植物群落高度、地表盖度随着放牧压的增加而降低，特别是优质牧草在群落中逐渐退化，但是合理放牧能够促进草地植被的生长，是由于家畜的唾液中有刺激植物生长的物质。刘颖等（2002）在羊草草原进行的放牧试验表明，草地植被高度随着放牧强度的增加逐渐降低。王德利等（2003）研究了不同放牧强度下，黑麦草-三叶草人工草地生物量的季节动态，得出草地生物量在生长季内出现两个生长高峰，并且随着放牧强度的增加生物量峰值降低。蒙旭辉等（2009）通过对不同放牧强度下内蒙古呼伦贝尔温带草甸草原群落物种重要值、群落多样性及生产力的研究，得出群落的多样性在中等放牧条件下较高；随着放牧强度的增加伴生种成为次优势种，如二裂委陵菜（*Potentilla bifurca*）；在持续过度放牧下，二裂委陵菜和宽叶薹草（*Carex siderosticta*）逐渐代替羊草（*Leymus chinensis*），草场退化。霍光伟等（2010）通过对克氏针茅草原植物群落特征进行调查，得出放牧强度不同导致物种丰富度不同，中度放牧阶段物种丰富度最高，并且随着放牧强度的增大群落生物量降低。闫凯等（2011）对不同利用方式下牧场群落数量特征和群落组成等进行了研究，发现群落高度、盖度、密度和地上生物量在 6 月与 8 月以划区轮牧区最高，4 月均以打草场最高。符义坤等（1990）研究指出载畜率的变化对当年草地植被组成无太大的影响，但是降低了可食牧草的产量。安渊等（2002）研究了大针茅（*Stipa grandis*）种群结构在不同放牧率下的变化趋势，随着放牧强度的增加，大针茅株丛分蘖密度逐渐增加，但是放牧强度超过一定范围，单丛分蘖密度又开始下降；轻度放牧能够刺激成年和老年株丛的分蘖。

## 第一节　主要植物种群特征

### 一、高　　度

年度、月份及放牧处理对主要植物种群高度的三因素方差分析见表 5-1，从表 5-1 中看出短花针茅、无芒隐子草、碱韭和银灰旋花在年度与月份之间均达到极显著水平（$P<0.001$），碱韭和银灰旋花在处理之间也达到极显著水平（$P<0.01$），无芒隐子草在处理之间达到显著水平（$P<0.05$）。年度和月份的交互作用在 4 种植物中都达到极显著水平（$P<0.001$），年度和处理之间的交互作用在 4 种植物中都达到显著水平，月份和处理的交互作用在短花针茅、碱韭和银灰旋花中达到显著水平，年度、月份和处理三者的交互作用在短花针茅、碱韭和银灰旋花中都达到极显著水平。

**表 5-1　年度、月份及放牧处理对主要植物种群高度的三因素方差分析**

| 因素 | 自由度（df） | 短花针茅 | 无芒隐子草 | 碱韭 | 银灰旋花 |
|---|---|---|---|---|---|
| 年（Y） | 3 | <0.001 | <0.001 | <0.001 | <0.001 |
| 月（M） | 6 | <0.001 | <0.001 | <0.001 | <0.001 |
| 处理（T） | 5 | 0.092 | 0.029 | <0.001 | 0.002 |
| 年×月（Y×M） | 7 | <0.001 | <0.001 | <0.001 | <0.001 |
| 年×处理（Y×T） | 15 | 0.003 | 0.03 | <0.001 | <0.001 |
| 月×处理（M×T） | 30 | <0.001 | 0.957 | <0.001 | 0.003 |
| 年×月×处理（Y×M×T） | 34 | <0.001 | 0.164 | <0.001 | 0.001 |

不同放牧处理下短花针茅的高度变化见表 5-2，2010 年 7 月，短花针茅高度在 SA1、SA2 处理显著高于 SA3 处理（$P<0.05$），其高度分别为 27.13cm、24.87cm

和 15.47cm；8 月各处理之间无显著差异（$P>0.05$）；9 月 SA2 处理显著高于 SA1、SA3、SA4 和 SA5 处理（$P<0.05$）；10 月 SA1 和 CK 处理显著高于其他处理（$P<0.05$）；11 月各处理之间无显著差异（$P>0.05$）。2011 年 6 月 SA1 处理显著高于 SA2 处理（$P<0.05$）；7 月 SA2 处理显著高于 SA3、SA4 和 SA5 处理（$P<0.05$）；8 月 SA4 处理显著高于 SA5 处理；9 月各处理之间无显著差异（$P>0.05$）；10 月 SA1、SA2、SA3、SA4 和 SA5 之间都无显著差异（$P>0.05$）。2012 年 8 月 SA1 处理显著高于其他处理，其值为 32.40cm，SA5 处理最低，为 12.13cm。2013 年 8 月 SA1、SA2 处理显著高于 SA3 处理，高度值分别为 17.60cm 和 13.70cm。

**表 5-2　放牧强度季节调控下短花针茅高度动态**　（单位：cm）

| 年份 | 月份 | SA1 | SA2 | SA3 | SA4 | SA5 | CK |
|---|---|---|---|---|---|---|---|
| 2010 | 7 | 27.13±3.47a | 24.87±2.77a | 15.47±1.62b | 22.29±2.58ab | 25.07±2.89a | 26.54±3.54a |
| | 8 | 12.87±1.84a | 12.33±1.82a | 9.07±0.92a | 11.29±2.14a | 10.43±1.27a | 14.5±2.66a |
| | 9 | 8.97±0.41b | 16.58±6.64a | 8.73±0.71b | 7.60±0.58b | 8.27±0.88b | 12.18±1.44ab |
| | 10 | 5.57±0.28b | 4.00±0.2c | 4.20±0.33c | 4.60±0.31c | 4.64±0.32c | 6.67±0.37a |
| | 11 | 4.04±0.23a | 3.13±0.23a | 3.18±0.3a | 3.20±0.22a | 3.85±0.22a | 4.11±0.77a |
| 2011 | 5 | 15.93±1.36ab | 17.07±0.70a | 14.87±0.41ab | 12.93±0.86bc | 14.93±1.32ab | 10.60±1.21c |
| | 6 | 44.20±2.19a | 28.27±4.81c | 38.00±0.9ab | 38.53±3.18ab | 41.64±2.54ab | 32.88±2.88bc |
| | 7 | 40.6±3.36ab | 49.07±2.15a | 38.80±2.96b | 35.60±2.76b | 37.43±4.2b | 37.30±3.31b |
| | 8 | 26.53±1.96ab | 27.73±2.45ab | 24.71±1.98ab | 30.13±2.57a | 20.36±1.55b | 22.13±3.72b |
| | 9 | 19.07±3.19a | 18.20±2.40a | 14.13±1.56a | 16.53±2.41a | 16.20±1.75a | 19.63±4.38a |
| | 10 | 7.90±0.51b | 8.77±1.08b | 8.08±0.86b | 9.40±1.27b | 7.23±0.24b | 14.50±1.51a |
| 2012 | 6 | 11.67±1.19a | 11.40±0.95a | 12.53±1.65a | 10.07±1.08a | 10.28±0.96a | 11.36±1.82a |
| | 7 | 11.40±0.93a | 11.07±1.03a | 11.46±0.91a | 8.47±0.89a | 10.79±1.01a | 11.44±1.72a |
| | 8 | 32.40±6.98a | 18.50±2.06b | 12.60±1.23b | 15.78±1.84b | 12.13±1.41b | 13.57±5.3b |
| | 9 | 15.23±1.65ab | 14.73±0.5ab | 13.17±0.81ab | 16.85±1.55a | 13.64±1.43ab | 12.64±1.34b |
| | 10 | 13.07±1.76a | 10.20±0.92ab | 11.57±0.89a | 11.87±1.09a | 13.00±1.06a | 7.00±0.86b |
| 2013 | 7 | 16.20±0.8a | 17.00±1.84a | 14.85±1.5a | 14.00±2.47ab | 11.90±1.47ab | 8.17±0.52b |
| | 8 | 17.60±1.73a | 13.70±1.48b | 6.80±0.86c | 11.20±1.21b | 12.10±0.89b | 10.50±0.56b |

注：SA1 代表春季零放牧（休牧）+夏季重度放牧+秋季适度放牧区；SA2 代表春季零放牧（休牧）+夏季适度放牧+秋季重度放牧区；SA3 代表放牧季皆为重度放牧区；SA4 代表春夏季重度放牧+秋季适度放牧区；SA5 代表放牧季皆为适度放牧区。不同字母表示不同处理间差异显著（$P<0.05$），本章余同

不同放牧处理下无芒隐子草的高度变化见表 5-3，2010 年 7 月、8 月无芒隐子草高度在各处理之间无显著差异（$P>0.05$）；10 月 CK 处理显著高于 SA2、SA3 处理，其值为 3.05cm。2011 年 5 月 SA1 和 SA2 处理显著高于 SA3、SA4、SA5

和 CK 处理；6 月、7 月、9 月各处理之间无显著差异（$P>0.05$）；8 月 SA1 处理显著高于 SA3 处理，其值为 3.27cm；10 月 SA1 处理显著高于 SA3、SA5 和 CK 处理（$P<0.05$）。2012 年 8 月 SA1 处理显著高于 SA4、SA5 和 CK 处理（$P<0.05$），其值为 10.75cm；9 月、10 月各处理之间无显著差异（$P>0.05$）。2013 年 7 月、8 月各放牧处理之间无显著差异（$P>0.05$）。

**表 5-3　放牧强度季节调控下无芒隐子草高度动态**　（单位：cm）

| 年份 | 月份 | SA1 | SA2 | SA3 | SA4 | SA5 | CK |
|---|---|---|---|---|---|---|---|
| 2010 | 7 | 2.71±0.35a | 2.57±0.21a | 2.30±0.35a | 2.9±0.29a | 2.27±0.15a | 2.63±0.16a |
| | 8 | 3.63±0.22a | 3.63±0.29a | 3.67±0.28a | 4.17±0.28a | 3.73±0.28a | 3.44±0.42a |
| | 9 | 3.33±0.21ab | 4.03±0.27a | 3.6±0.21ab | 3.64±0.23ab | 3.47±0.24ab | 2.85±0.42b |
| | 10 | 2.63±0.15ab | 2.53±0.13b | 2.40±0.13b | 2.67±0.22ab | 2.73±0.12ab | 3.05±0.24a |
| | 11 | 2.14±0.1ab | 2.00±00b | 2.00±00b | 1.93±0.07b | 1.87±0.09b | 2.39±0.26a |
| 2011 | 5 | 2.45±0.19a | 2.13±0.13a | 1.33±0.15b | 1.63±0.12b | 1.38±0.1b | 1.33±0.11b |
| | 6 | 3.08±0.2a | 3.43±0.35a | 3.23±0.18a | 3.16±0.18a | 5.07±2.11a | 2.69±0.16a |
| | 7 | 2.63±0.11a | 2.50±0.13a | 2.67±0.13a | 2.73±0.18a | 2.73±0.12a | 2.55±0.21a |
| | 8 | 3.27±0.12a | 3.00±0.17ab | 2.71±0.13b | 3.00±0.10ab | 3.13±0.13ab | 3.33±0.22a |
| | 9 | 3.27±0.15a | 3.20±0.14a | 3.1±0.18a | 3.00±0a | 3.00±0a | 3.25±0.31a |
| | 10 | 3.82±0.38a | 3.63±0.3ab | 2.96±0.18bc | 3.55±0.27ab | 2.73±0.12c | 2.94±0.19bc |
| 2012 | 6 | 2.60±0.32ab | 3.27±0.41a | 2.55±0.22ab | 2.60±0.16ab | 2.75±0.1ab | 2.30±0.15b |
| | 7 | 5.73±0.87a | 4.81±0.33a | 5.77±0.63a | 4.23±0.33a | 5.80±0.3a | 4.43±0.6a |
| | 8 | 10.75±1.89a | 8.80±0.9ab | 8.40±0.70ab | 7.63±0.84b | 6.80±0.33bc | 4.88±0.48c |
| | 9 | 8.88±2.08a | 7.80±0.68a | 8.33±1.17a | 8.17±0.83a | 7.53±0.27a | 6.91±2.01a |
| | 10 | 7.30±0.8a | 7.00±0.69a | 10.57±4.23a | 7.93±1.16a | 9.67±2.04a | 4.89±0.72a |
| 2013 | 7 | 5.40±0.4a | 5.44±0.58a | 6.69±0.49a | 5.29±0.47a | 5.70±0.26a | 2.89±0.48b |
| | 8 | 5.80±0.49a | 6.20±0.61a | 6.20±0.29a | 5.20±0.36a | 6.10±0.23a | 5.64±0.53a |

不同放牧处理下碱韭的高度变化见表 5-4，2010 年 10 月 SA1、SA2 处理显著高于 SA3 处理，其值为 7.67cm 和 8.20cm；8 月、9 月、11 月 SA1、SA2、SA3、SA4 和 SA5 处理之间无显著差异（$P>0.05$）。2011 年 5 月、8 月和 10 月 SA1、SA2、SA3、SA4 和 SA5 处理之间无显著差异（$P>0.05$）；6 月 SA1 处理显著低于 SA2 和 CK 处理（$P<0.05$）。2012 年 8 月 SA1、SA2 处理显著高于 SA3、SA4、SA5 和 CK 处理（$P<0.05$）；9 月 SA1 处理显著高于其他处理（$P<0.05$）。2013 年 8 月 SA1 处理显著高于其他处理（$P<0.05$）。

**表 5-4　放牧强度季节调控下碱韭高度动态**　（单位：cm）

| 年份 | 月份 | SA1 | SA2 | SA3 | SA4 | SA5 | CK |
|---|---|---|---|---|---|---|---|
| 2010 | 7 | 8.63±0.91ab | 11.00±1.83ab | 7.77±0.63b | 10.2±1.07ab | 11.83±1.48a | 11.94±1.23a |
| | 8 | 4.40±0.28b | 4.93±0.46b | 5.23±0.26b | 4.63±0.25b | 4.67±0.16b | 6.44±0.46a |
| | 9 | 12.33±0.78a | 12.00±0.95a | 11.27±0.64a | 12.13±1.01a | 11.00±0.51a | 11.67±1.04a |
| | 10 | 7.67±0.41ab | 8.20±0.31ab | 6.77±0.31c | 7.53±0.39bc | 7.53±0.26bc | 8.75±0.64a |
| | 11 | 3.97±0.16b | 4.13±0.13b | 3.80±0.14b | 3.87±0.13b | 4.27±0.15b | 5.38±0.30a |
| 2011 | 5 | 6.27±0.37a | 6.6±0.41a | 6.14±0.27a | 6±0.24a | 5.67±0.36a | 6.5±0.99a |
| | 6 | 6.37±0.5b | 7.87±0.34a | 7.27±0.39ab | 7.45±0.33ab | 7.27±0.31ab | 8.40±0.62a |
| | 7 | 3.64±0.22b | 3.97±0.24b | 3.27±0.12c | 3.43±0.21bc | 3.71±0.22b | 4.79±0.29a |
| | 8 | 4.13±0.17b | 3.53±0.24b | 3.71±0.19b | 4.07±0.23b | 3.73±0.15b | 5.80±1.08a |
| | 9 | 5.90±0.18a | 5.43±0.33ab | 5.83±0.2a | 4.87±0.36b | 5.47±0.17ab | 5.5±0.19ab |
| | 10 | 5.79±0.26b | 4.81±0.36b | 4.63±0.39b | 5.03±0.42b | 4.63±0.33b | 7.71±0.98a |
| 2012 | 6 | 3.82±0.36a | 5.30±0.37a | 4.13±0.38a | 4.07±0.31a | 4.95±1.73a | 2.90±0.28a |
| | 7 | 15.53±2.23a | 13.67±1.27ab | 16.15±0.76a | 10.40±1.25bc | 13.40±1.28ab | 9.17±0.65c |
| | 8 | 23.2±3.89a | 27.2±3.14a | 16.15±2.39b | 15.78±1.71b | 15.30±1.11b | 9.88±1.23b |
| | 9 | 23.08±1.94a | 18.27±1.15b | 15.33±1.36bc | 14.54±1.91bc | 14.33±0.7bc | 12.92±1.5c |
| | 10 | 12.36±1.32bc | 16.30±1.18a | 13.57±0.73ab | 9.80±0.95c | 11.70±1.23bc | 9.73±1.41c |
| 2013 | 7 | 8.26±1.27a | 8.50±1.55a | 7.33±0.76a | 6.50±0.4a | 6.71±0.68a | 6.22±0.4a |
| | 8 | 11.8±0.58a | 6.10±0.67b | 7.40±0.31b | 6.89±0.92b | 6.11±0.26b | 6.67±0.67b |

不同放牧处理下银灰旋花的高度变化见表 5-5，2010 年 7 月 SA3、SA4、SA5 和 CK 处理显著高于 SA2 处理（$P<0.05$）；8 月 SA4、SA5 处理显著高于 SA2 处理（$P<0.05$），其他处理之间无显著差异（$P>0.05$）；9 月 SA5 处理显著高于 SA3 处理（$P<0.05$）；10 月 SA3、SA4 和 SA5 处理显著低于 CK 处理（$P<0.05$）；11 月 CK 处理显著高于其他放牧处理（$P<0.05$）。2011 年 10 月 SA1 处理显著高于 SA3 处理（$P<0.05$）；6～9 月各放牧处理之间无显著差异，但是 SA1 处理均表现比 SA3 处理高。2012 年 6 月 CK 处理显著低于其他处理（$P<0.05$），其他处理之间无显著差异（$P>0.05$）。2013 年 8 月 SA1 处理显著高于 SA3 处理（$P<0.05$）。

**表 5-5　放牧强度季节调控下银灰旋花高度动态**　（单位：cm）

| 年份 | 月份 | SA1 | SA2 | SA3 | SA4 | SA5 | CK |
|---|---|---|---|---|---|---|---|
| 2010 | 7 | 3.30±0.27ab | 2.79±0.29b | 3.64±0.25a | 3.85±0.24a | 3.60±0.26a | 3.26±0.58a |
| | 8 | 4.13±0.37ab | 3.14±0.24b | 3.93±0.29ab | 4.71±0.37a | 4.33±0.39a | 4.10±0.36ab |
| | 9 | 3.00±0.42ab | 3.07±0.22ab | 2.29±0.13b | 2.50±0.21ab | 3.20±0.23a | 2.69±0.35ab |
| | 10 | 2.14±0.14ab | 2.08±0.08ab | 2.05±0.05b | 1.95±0.11b | 1.86±0.08b | 2.59±0.37a |
| | 11 | 1.25±0.25b | 1.14±0.14b | 1.00±0.00b | 1.00±0.00b | 1.31±0.13b | 2.11±0.39a |

续表

| 年份 | 月份 | SA1 | SA2 | SA3 | SA4 | SA5 | CK |
|---|---|---|---|---|---|---|---|
| 2011 | 5 | 2.36±0.24b | 2.29±0.14b | 2.36±0.18b | 3.23±0.34a | 2.73±0.19ab | 2.1±0.24b |
| | 6 | 5.1±0.22a | 5.00±0.28a | 4.96±0.14a | 4.92±0.27a | 4.43±0.16a | 4.88±0.64a |
| | 7 | 3.21±0.19a | 2.88±0.1a | 2.71±0.19a | 2.67±0.16a | 2.73±0.15a | 3.00±0.37a |
| | 8 | 3.00±0.27ab | 2.80±0.2ab | 2.61±0.15b | 2.8±0.11b | 3.00±0.13b | 3.44±0.37a |
| | 9 | 3.56±0.34b | 3.00±0.12b | 3.00±0.21b | 3.00±0.14b | 3.27±0.12b | 4.29±0.29a |
| | 10 | 4.43±0.57a | 3.70±0.42ab | 2.95±0.29b | 4.09±0.28ab | 3.71±0.3ab | 4.65±0.41a |
| 2012 | 6 | 4.23±0.37a | 4.29±0.49a | 4.32±0.24a | 4.36±0.36a | 4.19±0.48a | 3.04±0.32b |
| | 7 | 5.56±0.56ab | 5.62±0.35ab | 5.82±0.52ab | 4.67±0.54b | 6.87±0.54a | 5.50±0.54ab |
| | 8 | 6.50±0.50a | 5.6±0.48ab | 6.17±0.48a | 4.40±0.68bc | 5.8±0.25a | 3.14±0.26c |
| | 9 | 5.29±0.52a | 6.29±0.29a | 5.56±0.38a | 5.27±0.33a | 5.77±0.2a | 6.11±1.38a |
| | 10 | 4.50±0.68a | 4.22±0.36a | 5.00±0.29a | 4.10±0.39a | 4.00±0.27a | 4.13±0.58a |
| 2013 | 7 | 5.20±0.37a | 5.63±0.38a | 6.30±0.37a | 5.73±0.33a | 5.70±0.33a | 2.40±0.40b |
| | 8 | 7.00±1.00a | 5.22±0.22bc | 5.13±0.44c | 5.80±0.29bc | 6.20±0.2ab | 4.00±0d |

主要植物种群高度相关分析见表 5-6，从中看出短花针茅和无芒隐子草、碱韭的高度呈负相关关系，但是没达到显著水平（$P>0.05$），无芒隐子草与碱韭、银灰旋花的高度呈极显著正相关关系（$P<0.01$），碱韭和银灰旋花的高度呈极显著的正相关关系（$P<0.01$）。

**表 5-6 主要植物种群高度相关性分析**

| 植物名称 | 短花针茅 | 无芒隐子草 | 碱韭 | 银灰旋花 |
|---|---|---|---|---|
| 短花针茅 | 1 | −0.057 | −0.088 | 0.108 |
| 无芒隐子草 | | 1 | 0.750** | 0.712** |
| 碱韭 | | | 1 | 0.525** |
| 银灰旋花 | | | | 1 |

注：**代表差异达极显著水平（$P<0.01$）

通过 2010～2013 年的放牧试验，家畜对草地的持续干扰对草地主要植物种群高度的影响见表 5-7，主要植物种群高度均值为短花针茅＞碱韭＞无芒隐子草＞银灰旋花。从表 5-7 中可以看出 SA3 处理下短花针茅、无芒隐子草和银灰旋花高度的变异系数在各处理间最高；碱韭高度的变异系数在 SA1 和 SA2 处理下较高，为 65.75%和 66.80%。但是从处理之间可以看出 CK 处理高度的变异系数在各个处理区之间是最小的，说明放牧干扰能够增加主要植物种群高度的变异系数。

表 5-7 不同处理下主要植物种群高度的变异

| 植物名称 | 参数 | SA1 | SA2 | SA3 | SA4 | SA5 | CK |
|---|---|---|---|---|---|---|---|
| 短花针茅 | 均值（cm） | 18.35 | 17.03 | 14.57 | 15.57 | 15.22 | 15.32 |
| | 标准差 | 11.48 | 10.62 | 9.92 | 10.01 | 10.21 | 9.08 |
| | 变异系数（%） | 62.57 | 62.32 | 68.09 | 64.29 | 67.13 | 59.26 |
| 无芒隐子草 | 均值（cm） | 4.41 | 4.22 | 4.36 | 4.08 | 4.25 | 3.47 |
| | 标准差 | 2.44 | 2.03 | 2.65 | 2.01 | 2.25 | 1.37 |
| | 变异系数（%） | 55.29 | 48.04 | 60.69 | 49.23 | 52.93 | 39.58 |
| 碱韭 | 均值（cm） | 9.29 | 9.32 | 8.10 | 7.62 | 7.90 | 7.80 |
| | 标准差 | 6.11 | 6.23 | 4.42 | 3.75 | 3.91 | 2.71 |
| | 变异系数（%） | 65.75 | 66.80 | 54.55 | 49.14 | 49.46 | 34.78 |
| 银灰旋花 | 均值（cm） | 4.10 | 3.82 | 3.88 | 3.84 | 4.04 | 3.64 |
| | 标准差 | 1.52 | 1.47 | 1.59 | 1.32 | 1.54 | 1.15 |
| | 变异系数（%） | 37.13 | 38.50 | 41.03 | 34.48 | 38.03 | 31.71 |

主要植物种群高度在不同放牧季节处理下存在差异。2010～2013 年，短花针茅高度变化表现出一定的规律性，整体趋势为春季零放牧+夏季重度放牧+秋季轻度放牧高于春季重度放牧+夏季重度放牧+秋季重度放牧。短花针茅高度季节动态表现为 6～8 月高于其他月份，8 月以后短花针茅高度呈降低趋势。2010～2013 年无芒隐子草的高度在各处理下无太大变化，主要是因为无芒隐子草高度较低，在不同处理下家畜对无芒隐子草采食均较少，家畜的践踏对无芒隐子草的影响较低。从碱韭的高度变化可以看出，春季休牧的季节调控下碱韭的高度整体上高于其他放牧处理，说明春季休牧下碱韭的生长高度较高。从银灰旋花的变化趋势可以看出，春季休牧能够增加银灰旋花的高度。

## 二、盖　　度

主要植物种群盖度的三因素方差分析见表 5-8，年度、处理、年度和处理的交互作用对 4 种植物的盖度都有极显著影响（$P<0.001$），月份、年度及月份的交互作用对无芒隐子草的盖度均有显著影响（$P<0.05$），月份和处理的交互作用对碱韭及银灰旋花的盖度有极显著影响（$P<0.01$），年度、月份和处理三者的交互作用对碱韭的盖度有显著影响（$P<0.05$）。

不同放牧处理下短花针茅的盖度变化见表 5-9，2010 年 7 月短花针茅 SA1 处理显著高于其他处理（$P<0.05$），其他放牧处理之间无显著差异（$P>0.05$）；8 月 SA1 处理显著高于其他处理（$P<0.05$）；9 月 SA1 处理显著高于 SA3、SA5 和 CK 处理（$P<0.05$）；10 月 SA1 处理显著高于 SA3、SA4 和 SA5 处理；11 月 SA1

处理显著高于 SA3 和 CK 处理。2011 年 8～10 月 SA1 处理显著高于 SA3 处理（$P<0.05$）。2012 年 6 月 SA1 和 CK 处理显著高于其他处理，其他处理之间无显著差异；7 月 SA1 处理显著高于 CK 处理。

**表 5-8　年度、月份及放牧处理对主要植物种群盖度的三因素方差分析**

| 因素 | df | 短花针茅 | 无芒隐子草 | 碱韭 | 银灰旋花 |
|---|---|---|---|---|---|
| 年（Y） | 3 | <0.001 | <0.001 | <0.001 | <0.001 |
| 月（M） | 6 | <0.001 | 0.048 | <0.001 | <0.001 |
| 处理（T） | 5 | <0.001 | <0.001 | <0.001 | <0.001 |
| 年×月（Y×M） | 8 | <0.001 | 0.031 | <0.001 | <0.001 |
| 年×处理（Y×T） | 15 | <0.001 | <0.001 | <0.001 | <0.001 |
| 月×处理（M×T） | 30 | 0.913 | 0.288 | <0.001 | 0.003 |
| 年×月×处理（Y×M×T） | 39 | 0.028 | 0.142 | 0.01 | 0.08 |

**表 5-9　放牧强度季节调控下短花针茅盖度动态（%）**

| 年份 | 月份 | SA1 | SA2 | SA3 | SA4 | SA5 | CK |
|---|---|---|---|---|---|---|---|
| 2010 | 7 | 9.71±2.09a | 4.69±0.76b | 3.11±0.63b | 4.07±0.62b | 3.82±0.92b | 1.56±0.83c |
| | 8 | 6.94±0.96a | 4.15±0.56b | 3.55±0.51bc | 4.15±0.47b | 3.18±0.53bc | 1.86±0.61c |
| | 9 | 10.17±3.31a | 6.67±1.36ab | 3.27±0.62b | 5.25±0.82ab | 4.45±0.84b | 2.09±0.59b |
| | 10 | 7.12±1.62a | 4.15±0.73ab | 2.64±0.4b | 3.47±0.48b | 3.94±0.88b | 4.22±1.64ab |
| | 11 | 5.13±1.11a | 2.99±0.32ab | 1.54±0.29b | 3.17±0.47ab | 3.72±0.97ab | 2.24±0.79b |
| 2011 | 5 | 7.60±1.82a | 6.27±0.97ab | 4.33±0.67ab | 3.39±0.54b | 4.64±0.99ab | 3.10±1.74b |
| | 6 | 17.37±4.43a | 14.17±3.15ab | 9.53±1.72ab | 10.79±1.85ab | 9.14±2.32ab | 5.38±0.82b |
| | 7 | 5.60±1.02a | 5.07±0.78a | 4.25±0.83a | 3.83±0.57a | 4.68±0.91a | 5.72±1.07a |
| | 8 | 7.84±1.14a | 5.17±0.52ab | 3.82±0.55b | 5.09±0.85ab | 4.95±0.78ab | 6.03±1.85ab |
| | 9 | 7.60±1.32a | 5.21±0.55ab | 3.88±0.44b | 5.49±0.77ab | 5.64±1.22ab | 4.94±1.45ab |
| | 10 | 5.49±1.73a | 3.42±0.5ab | 1.9±0.27b | 3.81±0.64ab | 2.75±0.51ab | 2.43±0.53b |
| 2012 | 6 | 7.37±1.49a | 3.79±0.51b | 3.67±0.84b | 3.70±0.63b | 3.41±0.64b | 9.23±2.43a |
| | 7 | 5.37±1.00a | 3.77±0.61ab | 3.78±0.52ab | 3.93±0.82ab | 3.56±0.57ab | 1.73±0.21b |
| | 8 | 4.50±0.45ab | 5.25±0.58a | 4.03±0.95ab | 5.36±1.21a | 3.45±0.78ab | 2.07±0.95b |
| | 9 | 6.58±1.19a | 4.73±0.58a | 5.92±0.77a | 5.36±1.29a | 3.94±0.99a | 3.53±0.79a |
| | 10 | 8.96±2.21a | 6.4±0.99ab | 6.43±0.74ab | 4.97±0.7b | 4.39±0.95b | 2.59±0.42b |
| 2013 | 7 | 8.60±1.12ab | 10.40±0.93ab | 7.98±1.6ab | 11.80±1.61a | 7.20±1.11b | 2.33±0.28c |
| | 8 | 3.10±0.78c | 11.10±0.81a | 9.00±1.61ab | 9.70±2.32a | 5.45±1.02bc | 2.42±0.34c |

不同放牧处理下无芒隐子草的盖度变化见表 5-10，2011 年 5 月、6 月各处理之间均无显著差异；8 月、9 月 CK 处理显著高于其他处理（$P<0.05$），其他处理

之间无显著差异（$P>0.05$）；10 月 SA3 和 CK 处理显著高于 SA1 处理。2012 年 8 月 CK 处理显著高于其他处理（SA5 处理除外），其他处理之间无显著差异。

**表 5-10　放牧强度季节调控下无芒隐子草盖度动态（%）**

| 年份 | 月份 | SA1 | SA2 | SA3 | SA4 | SA5 | CK |
|---|---|---|---|---|---|---|---|
| 2010 | 7 | 2.08±0.53a | 2.49±0.49a | 2.93±0.71a | 2.53±0.6a | 2.80±0.6a | 3.02±0.5a |
| | 8 | 2.15±0.43a | 2.69±0.28a | 2.85±0.48a | 3.15±0.6a | 3.11±0.41a | 3.21±0.48a |
| | 9 | 2.56±0.42b | 3.91±0.9ab | 3.41±0.63ab | 2.98±0.75ab | 5.17±1.12a | 2.39±0.59b |
| | 10 | 2.67±0.45b | 3.85±0.63ab | 4.05±0.9ab | 4.56±1.11ab | 5.57±1.01a | 4.81±1.22ab |
| | 11 | 2.41±0.54b | 4.02±0.75ab | 2.87±0.7ab | 3.67±0.76ab | 4.53±0.86ab | 5.17±1.27a |
| 2011 | 5 | 2.08±0.41a | 3.63±0.65a | 3.46±0.83a | 2.90±0.39a | 2.62±0.24a | 3.83±0.79a |
| | 6 | 2.23±0.39a | 3.13±0.56a | 4.85±1.16a | 4.11±1.23a | 4.30±0.88a | 2.63±0.75a |
| | 7 | 1.61±0.27b | 2.67±0.33ab | 2.60±0.41ab | 2.7±0.5ab | 2.99±0.42ab | 3.65±0.78a |
| | 8 | 2.07±0.32b | 3.31±0.78b | 3.73±0.8b | 3.35±0.7b | 3.97±0.61b | 8.23±2.1a |
| | 9 | 1.79±0.3b | 3.09±0.55b | 2.76±0.46b | 3.28±0.82b | 3.65±0.45b | 7.05±1.44a |
| | 10 | 2.05±0.46b | 3.71±0.93ab | 4.47±0.82a | 2.9±0.4ab | 3.31±0.48ab | 4.94±0.64a |
| 2012 | 6 | 1.39±0.39a | 2.15±0.34a | 6.52±4.4a | 2.55±0.44a | 3.17±0.54a | 5.63±2.41a |
| | 7 | 2.08±0.3c | 3.56±0.62bc | 2.96±0.54c | 3.33±0.48bc | 6.17±1.56ab | 6.56±1.74a |
| | 8 | 3.88±0.72b | 3.80±0.59b | 3.72±0.68b | 3.88±1.28b | 7.40±1.12ab | 8.13±2.28a |
| | 9 | 6.46±2.64a | 3.18±0.62a | 4.34±1.05a | 3.80±1a | 4.62±0.66a | 5.04±2.29a |
| | 10 | 3.01±0.66b | 4.19±1.04ab | 2.93±0.59b | 3.67±0.88b | 6.55±1.34a | 3.67±0.98b |
| 2013 | 7 | 4.80±2.6bc | 5.22±1.09b | 3.20±0.53bc | 4.74±1.16bc | 9.10±1.28a | 1.46±0.28c |
| | 8 | 2.30±0.41c | 6.7±1.54ab | 4.85±0.88bc | 4.67±1.31bc | 8.70±1a | 1.75±0.29c |

不同放牧处理下碱韭的盖度变化见表 5-11，2010 年 7 月 SA3 处理盖度显著高于 SA5 和 CK 处理；8 月 SA3 处理盖度显著高于 SA1、SA4、SA5 和 CK 处理（$P<0.05$）；9 月 SA1 处理显著高于 SA2、SA4、SA5 和 CK 处理（$P<0.05$）；2010 年 7～11 月总体为 10 月盖度最高，这是因为 2010 年 10 月降水量较高，碱韭生长旺盛。其他年度之间的变化见表 5-11。

不同放牧处理下银灰旋花的盖度变化见表 5-12，2010 年 7 月 SA3 处理盖度显著高于 SA1 和 SA4 处理（$P<0.05$）；8 月 SA3 处理显著高于 SA1 处理（$P<0.05$）；11 月 SA3 处理显著高于 SA1、SA2、SA4、SA5 和 CK 处理（$P<0.05$）。2011 年 5 月 SA4 处理显著高于 SA1、SA2、SA5 和 CK 处理（$P<0.05$）。

表 5-11 放牧强度季节调控下碱韭盖度动态（%）

| 年份 | 月份 | SA1 | SA2 | SA3 | SA4 | SA5 | CK |
|---|---|---|---|---|---|---|---|
| 2010 | 7 | 6.57±1.03ab | 5.20±0.58ab | 7.45±0.94a | 5.23±0.68ab | 4.98±0.53b | 5.16±0.48b |
| | 8 | 4.19±0.62b | 4.77±0.44ab | 6.07±0.73a | 4.20±0.57b | 4.40±0.49b | 3.22±0.45b |
| | 9 | 16.77±3.11a | 9.15±1.3b | 12.13±2.33ab | 8.25±0.74b | 8.71±0.79b | 6.88±0.81b |
| | 10 | 20.37±3.55a | 17.10±2.45a | 19.63±3.69a | 13.33±1.79ab | 12.87±1.05ab | 7.13±0.84b |
| | 11 | 7.41±1.22a | 5.91±0.51a | 6.73±0.94a | 6.9±1.04a | 6.97±0.77a | 7.98±1.13a |
| 2011 | 5 | 8.00±1.1abc | 6.73±0.77bc | 6.67±0.71bc | 8.83±1.15ab | 5.10±0.47c | 11±2.98a |
| | 6 | 22.43±5.27a | 12.73±1.74b | 12.27±1.16b | 8.43±1.16b | 7.40±0.74b | 6.9±1.62b |
| | 7 | 4.45±0.73abc | 4.45±0.41abc | 5.50±0.72ab | 2.77±0.27c | 3.77±0.39bc | 6.37±1.69a |
| | 8 | 6.9±0.97b | 5.19±0.76b | 8.11±1.17b | 4.95±0.69b | 5.99±0.78b | 11.70±2.92a |
| | 9 | 6.81±0.96a | 6.07±0.7a | 7.63±1.17a | 5.75±0.94a | 6.49±0.66a | 6.58±1.16a |
| | 10 | 12.93±2.81a | 3.88±0.4b | 6.03±1.51b | 4.77±0.84b | 4.93±0.68b | 7.08±0.9b |
| 2012 | 6 | 5.75±1.51a | 4.53±0.43abc | 5.03±1.07ab | 2.63±0.38bc | 3.25±0.48abc | 2.10±0.66c |
| | 7 | 11.50±2.28a | 9.13±1.2ab | 8.08±1.27ab | 6.63±0.63b | 5.63±0.43b | 8.46±1.19ab |
| | 8 | 7.20±1.62a | 10.45±1.72a | 8.85±1.52a | 4.44±0.47a | 6.90±0.87a | 9.75±4.44a |
| | 9 | 10.32±2.75a | 7.27±1.08ab | 7.33±1.12ab | 3.63±0.72b | 4.55±0.57b | 3.88±0.82b |
| | 10 | 9.04±2.03a | 5.9±0.78ab | 6.63±1.57ab | 5.53±0.82ab | 4.10±1.01b | 2.41±0.81b |
| 2013 | 7 | 7.15±1.64a | 1.63±0.24a | 4.46±1.24a | 5.14±1.64a | 4.24±1.02a | 0.61±0.12a |
| | 8 | 21.30±5.4a | 1.87±0.39b | 5.15±1.41b | 5.22±1.56b | 5.28±2.58b | 1.01±0.19b |

表 5-12 放牧强度季节调控下银灰旋花盖度动态（%）

| 年份 | 月份 | SA1 | SA2 | SA3 | SA4 | SA5 | CK |
|---|---|---|---|---|---|---|---|
| 2010 | 7 | 0.52±0.12c | 1.26±0.3abc | 2.26±0.74a | 0.95±0.2bc | 1.99±0.26ab | 1.14±0.25ab |
| | 8 | 0.71±0.15b | 1.18±0.23ab | 1.66±0.43a | 1.63±0.26ab | 1.83±0.25a | 1.45±0.37ab |
| | 9 | 1.64±0.4b | 2.34±0.39ab | 2.12±0.54ab | 2.08±0.38ab | 3.51±0.58a | 1.61±0.27b |
| | 10 | 1.09±0.22a | 1.44±0.26a | 2.13±0.46a | 2.27±0.39a | 2.31±0.43a | 2.12±0.54a |
| | 11 | 0.53±0.23c | 0.67±0.2c | 2.85±0.44a | 0.69±0.09c | 0.86±0.15bc | 1.54±0.3b |
| 2011 | 5 | 0.24±0.12b | 0.32±0.16b | 1.32±0.48ab | 2.47±0.5a | 0.97±0.15b | 0.96±0.16b |
| | 6 | 1.72±0.57b | 3.66±0.97b | 4.26±1.37b | 4.5±0.78b | 8.90±1.56a | 5.81±2.75ab |
| | 7 | 0.88±0.15c | 1.72±0.4bc | 2.09±0.54abc | 2.02±0.35abc | 3.01±0.41a | 2.62±0.35ab |
| | 8 | 0.93±0.21b | 2.37±0.56ab | 1.14±0.25b | 1.61±0.27b | 2.07±0.35b | 3.68±1.05a |
| | 9 | 0.86±0.18a | 1.15±0.28a | 0.86±0.15a | 1.44±0.2a | 1.35±0.21a | 1.4±0.35a |
| | 10 | 0.61±0.11b | 1.37±0.37ab | 1.56±0.26ab | 1.53±0.3ab | 1.81±0.39ab | 2.28±0.71a |
| 2012 | 6 | 0.80±0.28b | 1.78±0.64ab | 2.38±0.98ab | 2.19±0.36ab | 2.85±0.47a | 1.02±0.22b |
| | 7 | 2.11±0.57a | 2.55±0.54a | 3.23±0.95a | 3.74±0.63a | 4.65±1.19a | 4.47±1.42a |
| | 8 | 1.50±0.51b | 2.51±0.57b | 3.88±0.79ab | 3.8±0.66ab | 3.6±0.42ab | 7.00±2.53a |

续表

| 年份 | 月份 | SA1 | SA2 | SA3 | SA4 | SA5 | CK |
|---|---|---|---|---|---|---|---|
| 2012 | 9 | 1.04±0.32a | 2.41±0.68a | 2.28±1.05a | 2.57±0.67a | 2.68±0.42a | 2.80±0.68a |
| | 10 | 0.71±0.17b | 2.61±1.18ab | 4.88±1.23a | 2.27±0.39ab | 5.38±1.65a | 4.00±1.44a |
| 2013 | 7 | 2.60±0.7ab | 3.88±0.98ab | 4.99±1.82a | 4.93±0.71a | 4.80±0.49a | 1.23±0.19b |
| | 8 | 2.25±0.75ab | 2.67±0.91ab | 2.88±0.91ab | 1.97±0.19ab | 3.13±0.38a | 0.65±0.1b |

主要植物种群盖度相关分析见表5-13，从中看出短花针茅和碱韭盖度呈显著正相关关系（$P<0.05$）；无芒隐子草和碱韭盖度表现出负相关关系，但是没达到显著水平；无芒隐子草和银灰旋花盖度呈极显著正相关关系（$P<0.01$）。

**表5-13　主要植物种群盖度相关性分析**

| 植物名称 | 短花针茅 | 无芒隐子草 | 碱韭 | 银灰旋花 |
|---|---|---|---|---|
| 短花针茅 | 1 | 0.001 | 0.211* | 0.128 |
| 无芒隐子草 | | 1 | −0.031 | 0.462** |
| 碱韭 | | | 1 | −0.024 |
| 银灰旋花 | | | | 1 |

注：*代表差异达显著水平（$P<0.05$）；**代表差异达极显著水平（$P<0.01$）

不同处理下主要植物种群盖度变异见表5-14，从中可以看出主要植物种群盖度平均值为碱韭＞短花针茅＞无芒隐子草＞银灰旋花。短花针茅盖度变异系数在SA5处理下最小，为33.91%；SA1处理下变异系数小于SA2、SA3和SA4处理，为40.94%。无芒隐子草盖度平均值在SA1处理最小，为2.65%，但是SA1处理变异系数最高，为47.17%；SA2和SA5处理的变异系数高于SA3和SA4处理；由此得出春季休牧或者轻度放牧处理下无芒隐子草盖度的变异系数高于春季重度放牧区。碱韭盖度平均值高于其他物种，为10.51%；在春季休牧的放牧组合方式SA1和SA2处理下碱韭盖度的变异系数高于SA3、SA4和SA5处理。银灰旋花盖度的变异系数在SA1、SA5和CK处理明显高于SA2、SA3和SA4处理。

**表5-14　不同处理下主要植物种群盖度的变异**

| 植物名称 | 参数 | SA1 | SA2 | SA3 | SA4 | SA5 | CK |
|---|---|---|---|---|---|---|---|
| 短花针茅 | 均值（%） | 7.50 | 5.97 | 4.59 | 5.41 | 4.57 | 3.53 |
| | 标准差 | 3.07 | 2.98 | 2.29 | 2.60 | 1.55 | 2.03 |
| | 变异系数（%） | 40.94 | 49.99 | 49.83 | 48.09 | 33.91 | 57.61 |
| 无芒隐子草 | 均值（%） | 2.65 | 3.63 | 3.69 | 3.49 | 4.87 | 4.51 |
| | 标准差 | 1.25 | 1.05 | 1.01 | 0.70 | 2.00 | 2.04 |
| | 变异系数（%） | 47.17 | 28.93 | 27.35 | 20.14 | 41.08 | 45.19 |

续表

| 植物名称 | 参数 | SA1 | SA2 | SA3 | SA4 | SA5 | CK |
|---|---|---|---|---|---|---|---|
| 碱韭 | 均值（%） | 10.51 | 6.78 | 7.99 | 5.92 | 5.86 | 6.01 |
| | 标准差 | 5.86 | 3.81 | 3.60 | 2.56 | 2.25 | 3.26 |
| | 变异系数（%） | 55.78 | 56.30 | 45.12 | 43.28 | 38.29 | 54.27 |
| 银灰旋花 | 均值（%） | 1.15 | 1.99 | 2.60 | 2.37 | 3.09 | 2.54 |
| | 标准差 | 0.67 | 0.95 | 1.23 | 1.16 | 1.93 | 1.79 |
| | 变异系数（%） | 57.85 | 47.83 | 47.21 | 49.10 | 62.51 | 70.38 |

## 三、密　度

年度、月份及放牧处理对主要植物种群密度的三因素方差分析见表5-15，从表5-15中可以看出年度、处理、年度和处理的交互作用对4种主要植物种群密度的影响极显著（$P$<0.01），短花针茅密度在月份间没达到显著水平（$P$>0.05），年度和月份之间的交互作用对无芒隐子草密度的影响达到显著水平（$P$<0.05），对其他植物密度的影响均达到极显著水平（$P$<0.01）。

**表5-15　年度、月份及放牧处理对主要植物种群密度的三因素方差分析**

| 因素 | df | 短花针茅 | 无芒隐子草 | 碱韭 | 银灰旋花 |
|---|---|---|---|---|---|
| 年（Y） | 3 | <0.001 | <0.001 | 0.001 | <0.001 |
| 月（M） | 6 | 0.308 | <0.001 | <0.001 | 0.039 |
| 处理（T） | 5 | <0.001 | <0.001 | <0.001 | <0.001 |
| 年×月（Y×M） | 8 | <0.001 | 0.034 | <0.001 | 0.001 |
| 年×处理（Y×T） | 15 | <0.001 | <0.001 | <0.001 | <0.001 |
| 月×处理（M×T） | 30 | 0.952 | 0.989 | 0.238 | 0.145 |
| 年×月×处理（Y×M×T） | 39 | 0.464 | 0.28 | 0.721 | 0.783 |

不同放牧处理下短花针茅的密度动态变化见表5-16，2010年7月SA1处理短花针茅密度显著高于SA3处理，其他处理之间无显著差异；8月SA1处理显著高于SA3、SA4、SA5和CK处理（$P$<0.05）；9月SA1、SA2处理显著高于SA3和CK处理（$P$<0.05）；10月SA1处理显著高于SA3、SA4处理（$P$<0.05）；11月SA1处理显著高于SA3处理（$P$<0.05）。2011年8月SA1处理显著高于SA3处理（$P$<0.05）；5～7月、9月、10月SA1、SA2、SA3、SA4、SA5处理之间均无显著差异（$P$>0.05）。2012年7～10月CK处理密度最低，分别为3.56株/$m^2$、2.14株/$m^2$、4株/$m^2$、4.18株/$m^2$。2013年7月SA1、SA2处理显著高于SA3处理（$P$<0.05）；8月各放牧处理显著高于CK处理（$P$<0.05）。

表 5-16　放牧强度季节调控下短花针茅密度动态　（单位：株/m²）

| 年份 | 月份 | SA1 | SA2 | SA3 | SA4 | SA5 | CK |
|---|---|---|---|---|---|---|---|
| 2010 | 7 | 6.80±1.00a | 5.40±0.77ab | 4.00±0.64b | 5.35±0.75ab | 4.73±0.73ab | 4.56±0.58ab |
| | 8 | 8.40±1.22a | 6.2±1.16ab | 5.2±0.69b | 5.14±0.78b | 5.07±0.96b | 4.50±1.2b |
| | 9 | 6.93±1.4a | 7.00±1.38a | 3.60±0.51b | 4.93±0.71ab | 5.07±0.77ab | 3.09±0.72b |
| | 10 | 5.80±0.84a | 3.87±0.51ab | 3.07±0.44b | 3.13±0.40b | 4.36±0.82ab | 5.56±1.89ab |
| | 11 | 6.00±1.12a | 4.13±0.52ab | 2.50±0.43b | 4.27±0.54ab | 4.92±1.17ab | 4.11±1.46ab |
| 2011 | 5 | 7.33±1.09a | 7.80±1.70a | 6.60±1.24ab | 3.79±0.55ab | 6.14±1.17ab | 2.60±0.87b |
| | 6 | 7.60±1.23a | 6.60±1.52ab | 5.93±1ab | 5.13±0.76ab | 6.29±1.20ab | 3.75±0.67b |
| | 7 | 7.80±1.08a | 6.20±1.20a | 6±1.22a | 4.67±0.57a | 6.00±1.15a | 5.60±1.38a |
| | 8 | 7.67±0.99a | 6.07±0.92ab | 4.71±0.67b | 5.07±0.56ab | 6.00±1.1ab | 4.13±1.14b |
| | 9 | 9.07±1.53a | 6.00±0.61a | 4.73±0.64a | 6.20±0.86a | 7.20±1.81a | 6.75±3.03a |
| | 10 | 4.67±0.61a | 4.00±0.72a | 4.62±0.79a | 4.60±0.59a | 5.08±0.95a | 4.20±1.58a |
| 2012 | 6 | 6.07±0.98a | 5.00±0.91a | 4.40±0.47a | 4.20±0.57a | 4.93±0.89a | 4.73±0.47a |
| | 7 | 6.73±1.30a | 5.27±0.83ab | 5.46±0.77ab | 4.33±0.58ab | 5.71±1.07ab | 3.56±0.75b |
| | 8 | 4.60±0.68ab | 3.30±0.42ab | 3.50±0.58ab | 4.22±0.66a | 3.75±0.8ab | 2.14±0.46b |
| | 9 | 7.84±0.76a | 5.87±0.62ab | 7.50±1.05a | 4.15±0.55b | 4.93±0.93ab | 4.00±1.1b |
| | 10 | 9.93±1.36a | 7.90±1.51ab | 9.29±1.04a | 7.13±0.99ab | 9.10±1.62a | 4.18±1.22b |
| 2013 | 7 | 13.60±2.11a | 15.90±1.65a | 9.69±2.44b | 11.33±1.34ab | 8.20±1.45bc | 4.00±0.52c |
| | 8 | 10.40±1.72a | 13.80±2.02a | 14.20±2.83a | 14.10±1.67a | 11.60±1.81a | 4.18±0.54b |

不同放牧处理下无芒隐子草的密度动态变化见表 5-17，2010 年 7 月各处理之间无显著差异（$P>0.05$）；8 月 CK 处理显著高于 SA1 处理（$P<0.05$）；9 月 SA1、SA3 和 SA4 处理显著低于 CK 处理（$P<0.05$）；11 月 SA5 和 CK 处理显著高于 SA1 处理（$P<0.05$）。2011 年各处理之间无芒隐子草的密度没有明显的变化规律，与 CK 处理相比各处理区密度有降低的趋势。2012 年 6～8 月 SA5 和 CK 处理显著高于 SA1 处理（$P<0.05$）；9 月和 10 月各处理区之间无显著差异（$P>0.05$）。2013 年 7 月、8 月 SA5 处理显著高于其他处理（$P<0.05$）。

表 5-17　放牧强度季节调控下无芒隐子草密度动态　（单位：株/m²）

| 年份 | 月份 | SA1 | SA2 | SA3 | SA4 | SA5 | CK |
|---|---|---|---|---|---|---|---|
| 2010 | 7 | 7.00±1.80a | 7.13±1.12a | 6.86±1.03a | 6.8±1.17a | 7.13±0.97a | 8.54±1.96a |
| | 8 | 5.40±0.6b | 8.00±1.09ab | 8.07±1.05ab | 7.87±1.09ab | 7.13±0.81ab | 10.12±1.33a |
| | 9 | 4.80±0.47c | 7.53±1.43abc | 5.87±0.47bc | 5.67±0.88bc | 8.07±0.98ab | 8.9±1.34a |
| | 10 | 4.47±0.68b | 5.53±0.87ab | 5.67±0.85ab | 7.08±1.14ab | 7.67±1.19a | 6.6±1.19ab |
| | 11 | 4.29±0.53b | 6.07±1.01ab | 5.33±0.95ab | 5.67±0.92ab | 8.00±1.06a | 8.22±1.36a |

续表

| 年份 | 月份 | SA1 | SA2 | SA3 | SA4 | SA5 | CK |
|---|---|---|---|---|---|---|---|
| 2011 | 5 | 5.00±0.6b | 7.50±1.12ab | 6.92±0.60ab | 8.07±1.48ab | 8.85±1.44ab | 11.33±3.28a |
| | 6 | 4.54±0.83a | 5.20±0.87a | 5.77±0.91a | 5.50±0.99a | 6.71±0.87a | 5.25±1.21a |
| | 7 | 6.47±1.01a | 8.13±1.04a | 8.53±0.99a | 9.07±1.62a | 9.67±1.51a | 9.73±2.56a |
| | 8 | 5.93±0.59b | 9.6±1.67ab | 8.86±1.46ab | 8.47±1.26ab | 10.47±1.02a | 12.33±2.37a |
| | 9 | 4.87±0.74b | 6.67±1.00b | 6.6±0.90b | 7.27±1.52b | 7.87±0.89b | 12.75±2.45a |
| | 10 | 5.09±0.94c | 6.5±0.86bc | 10.00±1.32ab | 8.10±1.49bc | 10.77±1.22ab | 14.56±3.28a |
| 2012 | 6 | 6.20±0.87b | 7.00±0.81b | 8.10±1.05ab | 8.50±1.69ab | 11.58±1.6a | 11.50±1.96a |
| | 7 | 5.46±0.45c | 7.85±1.18bc | 7.46±0.9bc | 10.53±1.49ab | 12.8±1.72a | 12.45±1.97a |
| | 8 | 9.50±2.84b | 9.10±1.38b | 8.40±1.16b | 10.38±2.98b | 16.4±1.54a | 20.63±2.49a |
| | 9 | 8.00±1.04a | 8.20±1.4a | 7.58±1.42a | 7.75±1.81a | 12.33±1.75a | 9.27±1.88a |
| | 10 | 7.50±1.33a | 8.89±1.89a | 9.50±1.19a | 10.00±1.48a | 13.80±3.37a | 10.33±2.69a |
| 2013 | 7 | 6.40±1.83b | 9.22±1.31b | 7.23±0.83b | 9.14±1.64b | 17.60±2.34a | 5.78±0.52b |
| | 8 | 8.40±1.21bc | 10.70±1.54b | 11.90±1.13b | 12.70±2.13b | 21.20±1.43a | 10.64±1.25b |

不同放牧处理下碱韭的密度动态变化见表 5-18，2010 年碱韭密度变化无显著规律，7 月各处理之间无显著差异；8 月 SA1、SA4 处理显著低于 SA3 处理（$P<0.05$）；9 月 SA4 处理密度显著低于 SA3 处理（$P<0.05$）；10 月和 11 月各放牧处理之间无显著差异。2012 年 6 月和 8 月 SA4 处理密度低于 SA1、SA2、SA3、SA5 处理；9 月 SA1 处理显著高于 SA4、SA5、CK 处理（$P<0.05$）；10 月 SA1 处理显著高于其他处理（SA4 处理除外）（$P<0.05$）。2013 年 7 月和 8 月 SA1 处理显著高于其他处理。

**表 5-18　放牧强度季节调控下碱韭密度动态**　　（单位：株/m$^2$）

| 年份 | 月份 | SA1 | SA2 | SA3 | SA4 | SA5 | CK |
|---|---|---|---|---|---|---|---|
| 2010 | 7 | 10.00±1.40a | 9.20±0.65a | 12.06±1.21a | 10.66±1.09a | 8.93±0.92a | 11.23±1.06a |
| | 8 | 8.47±1.10b | 9.93±0.78ab | 12.53±1.42a | 8.73±1.07b | 10.07±1.26ab | 10.67±1.08ab |
| | 9 | 14.33±1.97ab | 12.00±0.77ab | 26.93±11.50a | 10.27±0.97b | 11.20±1.04ab | 17.25±3.43ab |
| | 10 | 16.93±2.42ab | 15.87±1.51ab | 18.93±2.96a | 13.33±1.30ab | 14.4±1.43ab | 12.25±1.49b |
| | 11 | 11.33±1.9a | 8.68±0.88a | 10.67±1.39a | 9.27±1.15a | 10.47±0.98a | 12.58±1.31a |
| 2011 | 5 | 24.2±4.42a | 20.6±3.75a | 20.27±2.84a | 15.87±1.65a | 13.33±1.84a | 15.5±4.19a |
| | 6 | 20.07±3.83a | 15.53±1.4ab | 16.40±2.07ab | 11.87±1.44b | 13.8±1.54ab | 13.8±2.27ab |
| | 7 | 12±1.59ab | 11.2±0.89b | 16.6±2.48a | 9.33±1.17b | 11.93±1.59ab | 10.5±1.19b |
| | 8 | 12.67±1.78ab | 10.53±1.34b | 13.64±1.71ab | 11.53±1.42ab | 10.33±1.06b | 15.6±2.28a |
| | 9 | 17.73±2.48a | 12.53±1.52ab | 16.13±2.55ab | 9.93±1.32b | 12.07±1.23ab | 10.13±1.68b |
| | 10 | 16.46±2.68a | 8.54±0.81b | 16.47±3.14a | 11.20±1.36ab | 10.07±1.21ab | 12.58±1.69ab |

续表

| 年份 | 月份 | SA1 | SA2 | SA3 | SA4 | SA5 | CK |
|---|---|---|---|---|---|---|---|
| 2012 | 6 | 12.21±1.94ab | 13.13±1.14ab | 15.87±2.68a | 10.20±1.2b | 10.77±1.19ab | 5.20±1.26c |
|  | 7 | 17.33±3.71a | 13.13±1.61ab | 13.15±1.67ab | 13.07±1.16ab | 10.67±0.93b | 13.33±1.28ab |
|  | 8 | 10.20±0.8ab | 10.40±0.64ab | 12.20±1.95ab | 8.78±0.81b | 11.7±1.11ab | 15.13±4.02a |
|  | 9 | 16.69±3.82a | 12.27±1.32ab | 12.83±1.51ab | 10.23±1.45b | 9.67±1.12b | 8.92±1.31b |
|  | 10 | 15.64±2.76a | 8.7±0.86bc | 9.71±1.5bc | 12.00±0.95ab | 7.90±1.12bc | 5.73±1.19c |
| 2013 | 7 | 15.36±1.82a | 7.25±1.25b | 6.25±1.41b | 7.58±2.00b | 7.14±1.86b | 3.00±0.78b |
|  | 8 | 12.6±19.6a | 5.70±0.84b | 8.60±1.51b | 9.78±2.26b | 6.89±1.06b | 3.15±0.78b |

不同放牧处理下银灰旋花的密度动态变化见表5-19，2010年7月、8月、10月和11月SA3处理银灰旋花密度显著高于SA1处理（$P$＜0.05）；9月SA5处理显著高于SA1处理（$P$＜0.05）。2011年5月SA4处理显著高丁SA1和SA2处理（$P$＜0.05）；6月SA5处理显著高于SA1、SA2和SA3处理（$P$＜0.05）；7月SA5处理显著高于SA1和SA2处理（$P$＜0.05）；8月SA5处理显著高于SA1处理（$P$＜0.05），其他处理区之间无显著差异；10月SA4处理显著高于SA1处理

**表5-19　放牧强度季节调控下银灰旋花密度动态**　（单位：株/m$^2$）

| 年份 | 月份 | SA1 | SA2 | SA3 | SA4 | SA5 | CK |
|---|---|---|---|---|---|---|---|
| 2010 | 7 | 7.10±2.05b | 13.71±2.64ab | 21.64±6.41a | 16.15±3.30ab | 23.73±3.01a | 15.16±2.97ab |
|  | 8 | 5.92±1.46b | 11.64±2.08ab | 15.71±4.14a | 15.43±2.43a | 17.20±2.22a | 14.93±3.14a |
|  | 9 | 9.88±2.32b | 15.79±3.42ab | 17.14±4.59ab | 15.54±2.44ab | 27.07±3.88a | 19.78±3.62ab |
|  | 10 | 8.00±1.70b | 11.33±2.19ab | 22.55±5.72a | 23.18±4.14a | 20.93±3.52a | 18.64±4.16ab |
|  | 11 | 3.00±1.00c | 5.14±1.28c | 23.00±3.71a | 7.64±1.38bc | 6.92±1.13bc | 11.78±2.13b |
| 2011 | 5 | 5.71±1.64b | 8.92±2.22b | 15.86±5.99ab | 28.33±3.08a | 19.87±4.23ab | 15.20±2.15ab |
|  | 6 | 10.30±4.70b | 10.57±2.93b | 17.62±5.39b | 19.54±3.61ab | 31.86±4.72a | 19.50±4.26ab |
|  | 7 | 9.33±1.81c | 11.23±2.10bc | 21.14±5.83ab | 16.33±2.32abc | 27.53±4.30a | 24.90±3.63a |
|  | 8 | 9.38±1.49b | 17.90±3.2ab | 14.14±3.4ab | 15.27±1.97ab | 24.00±3.72a | 17.89±4.57ab |
|  | 9 | 9.33±1.78b | 12.17±2.39ab | 12.36±2.83ab | 17.60±3.19ab | 16.6±2.30ab | 20.86±4.75a |
|  | 10 | 7.00±1.29b | 11.40±3.02ab | 12.90±1.72ab | 15.45±2.26a | 14.57±2.63ab | 8.85±2.18ab |
| 2012 | 6 | 6.15±1.61b | 15.50±4.46ab | 21.91±6.85a | 22.00±3.53a | 22.96±3.98a | 8.75±2.23b |
|  | 7 | 8.56±2.15b | 9.00±1.37b | 37.18±11.74a | 25.53±3.29ab | 27.20±4.32a | 28.7±7.03a |
|  | 8 | 14.25±3.42c | 16.40±3.63c | 43.17±11.108a | 25.00±4.64abc | 36.00±4.24ab | 19.57±5.14bc |
|  | 9 | 11.14±4.38b | 12.79±3.02ab | 22.67±13.03ab | 19.45±3.54ab | 30.15±3.81a | 24.89±2.7ab |
|  | 10 | 11.25±2.63b | 14.33±3.59ab | 30.11±9.62a | 25.00±3.01ab | 26.88±4.22ab | 30.88±7.23a |
| 2013 | 7 | 20.40±6.64ab | 23.00±4.70ab | 37.70±11.05a | 34.60±3.50a | 33.70±2.79a | 13.30±1.94b |
|  | 8 | 23.00±4.00bc | 19.78±5.42bc | 43.88±10.12a | 33.80±3.50ab | 39.40±3.82ab | 15.26±2.86b |

($P$<0.05)。2012 年 6 月 SA1 和 CK 处理显著低于 SA3、SA4、SA5 处理($P$<0.05)；7 月 SA3、SA5 和 CK 处理显著高于 SA1 和 SA2 处理；8 月 SA3 处理显著高于 SA1 和 SA2 处理；9 月 SA5 处理显著高于 SA1 处理；10 月 SA3 处理和 CK 处理显著高于 SA1 处理。2013 年 8 月 SA3 处理显著高于 SA1、SA2 和 CK 处理。

主要植物种群的密度相关分析见表 5-20，从表 5-20 中看出短花针茅和银灰旋花的密度呈显著的正相关关系（$P$<0.05），无芒隐子草和银灰旋花的密度呈极显著的正相关关系（$P$<0.01），碱韭和银灰旋花密度之间呈负相关关系，但没达到显著水平（$P$>0.05）。

**表 5-20　主要植物种群密度相关分析**

| 植物名称 | 短花针茅 | 无芒隐子草 | 碱韭 | 银灰旋花 |
|---|---|---|---|---|
| 短花针茅 | 1 | 0.121 | 0.029 | 0.215* |
| 无芒隐子草 | | 1 | −0.176 | 0.508** |
| 碱韭 | | | 1 | −0.114 |
| 银灰旋花 | | | | 1 |

注：*代表差异达显著水平（$P$<0.05）；**代表差异达极显著水平（$P$<0.01）

不同处理下主要植物种群密度变异见表 5-21，从表 5-21 中可以看出短花针茅密度变异系数在 SA3 处理下最高，为 49.07%；对照区的变异系数最低，为 25.52%。无芒隐子草密度在 SA2 和 SA3 处理下变异系数较低，分别为 18.83%和 21.96%；SA5 处理下变异系数最高，为 37.11%。碱韭密度的变异系数在 CK 区最高，为 39.09%；其次是 SA3 处理，为 33.03%。碱韭密度平均值在 SA1 和 SA3 处理下较高，为 14.68%和 14.40%。银灰旋花密度变异系数在 SA3 和 SA1 处理下较高，为 42.56%和 49.90%。

**表 5-21　不同处理下主要植物种群密度的变异**

| 植物名称 | 参数 | SA1 | SA2 | SA3 | SA4 | SA5 | CK |
|---|---|---|---|---|---|---|---|
| 短花针茅 | 均值（株/m$^2$） | 7.62 | 6.68 | 5.83 | 5.65 | 6.06 | 4.20 |
| | 标准差 | 2.17 | 3.25 | 2.86 | 2.76 | 1.92 | 1.07 |
| | 变异系数（%） | 28.42 | 48.68 | 49.07 | 48.84 | 31.71 | 25.52 |
| 无芒隐子草 | 均值（株/m$^2$） | 6.07 | 7.71 | 7.70 | 8.25 | 11.00 | 10.50 |
| | 标准差 | 1.50 | 1.45 | 1.69 | 1.88 | 4.08 | 3.53 |
| | 变异系数（%） | 24.68 | 18.83 | 21.96 | 22.75 | 37.11 | 33.64 |
| 碱韭 | 均值（株/m$^2$） | 14.68 | 11.40 | 14.40 | 10.76 | 10.63 | 10.92 |
| | 标准差 | 3.93 | 3.53 | 4.76 | 1.98 | 2.10 | 4.27 |
| | 变异系数（%） | 26.81 | 30.94 | 33.03 | 18.39 | 19.76 | 39.09 |
| 银灰旋花 | 均值（株/m$^2$） | 9.98 | 13.37 | 23.93 | 20.88 | 24.81 | 18.27 |
| | 标准差 | 4.98 | 4.25 | 10.18 | 6.97 | 8.09 | 6.20 |
| | 变异系数（%） | 49.90 | 31.78 | 42.56 | 33.36 | 32.61 | 33.94 |

## 四、重 要 值

年度、月份及放牧处理对主要植物种群重要值的三因素方差分析见表 5-22，从表 5-22 中可以看出年度、月份、处理及年度和月份的交互作用对 4 种主要植物种群重要值的影响均达到极显著水平（$P$<0.001），年度和处理的交互作用对短花针茅与碱韭重要值的影响达到极显著水平（$P$<0.01），对无芒隐子草重要值的影响达到显著水平（$P$<0.05）。

**表 5-22 年度、月份及放牧处理对主要植物种群重要值的三因素方差分析**

| 因素 | df | 短花针茅 | 无芒隐子草 | 碱韭 | 银灰旋花 |
|---|---|---|---|---|---|
| 年（Y） | 3 | <0.001 | <0.001 | <0.001 | <0.001 |
| 月（M） | 6 | <0.001 | <0.001 | <0.001 | <0.001 |
| 处理（T） | 5 | <0.001 | <0.001 | <0.001 | <0.001 |
| 年×月（Y×M） | 8 | <0.001 | <0.001 | <0.001 | <0.001 |
| 年×处理（Y×T） | 15 | 0.001 | 0.016 | <0.001 | 0.311 |
| 月×处理（M×T） | 30 | 0.228 | 0.974 | 0.13 | 0.147 |
| 年×月×处理（Y×M×T） | 39 | 0.609 | 0.916 | 0.968 | 0.008 |

不同放牧处理下短花针茅重要值动态变化见表 5-23，2010 年 7 月、8 月和 11 月 SA3 处理短花针茅重要值显著低于 SA1 处理，其他处理之间无显著差异；9 月 SA2 处理显著高于 SA3、SA4、SA5 和 CK 处理。2011 年 5 月 SA1 和 SA2 处理显著高于 CK 处理；6 月 SA1 处理显著高于 SA2 处理；7 月、9 月和 10 月各处理之间无显著差异；8 月 SA1 处理显著高于 CK 处理。2012 年 6 月、9 月和 10 月各处理之间无显著差异；7 月 SA1 处理显著高于 CK 处理，其他处理之间无显著差异；8 月 SA4 处理显著高于 SA2 处理。

**表 5-23 放牧强度季节调控下短花针茅重要值动态**

| 年份 | 月份 | SA1 | SA2 | SA3 | SA4 | SA5 | CK |
|---|---|---|---|---|---|---|---|
| 2010 | 7 | 30.18±3.48a | 24.58±2.98ab | 16.53±1.72b | 24.32±2.16ab | 22.41±3.05ab | 20.45±2.16ab |
| | 8 | 26.05±2.69a | 20.35±1.94ab | 16.69±1.74b | 21.28±2.18ab | 17.51±2.27b | 19.1±3.23ab |
| | 9 | 17.36±2.79ab | 21.21±4.16a | 12.02±1.18b | 13.8±1.29b | 13.4±1.96b | 12.62±1.65b |
| | 10 | 13.48±1.67ab | 9.15±1.02b | 9.35±0.9b | 9.78±0.88ab | 10.07±1.17ab | 13.72±2.91a |
| | 11 | 21.76±2.81a | 14.62±1.31b | 13.23±1.95b | 15.37±1.45b | 15.39±2.38b | 11.23±2.29b |
| 2011 | 5 | 25.69±2.67a | 24.78±3.05a | 20.57±1.43ab | 20.26±2.24ab | 24.79±3.42a | 13.97±2.05b |
| | 6 | 30±2.82a | 21.41±1.14b | 24.47±1.33ab | 24.81±2.32ab | 24.97±2.51ab | 23.46±2.1ab |

续表

| 年份 | 月份 | SA1 | SA2 | SA3 | SA4 | SA5 | CK |
|---|---|---|---|---|---|---|---|
| 2011 | 7 | 30.29±2.1a | 29.94±1.82a | 27.43±1.58a | 27.35±1.78a | 27.39±2.45a | 29.34±2.67a |
| | 8 | 25.36±2.03a | 23.86±1.95ab | 22.49±0.98ab | 23.86±1.67ab | 22.07±2.49ab | 17.48±3.41b |
| | 9 | 23.36±2.31a | 19.08±1.77a | 17.4±1.1a | 20.06±2.11a | 19.09±2.35a | 18.39±3.93a |
| | 10 | 16.32±2.67a | 13.34±1.31a | 12.5±0.87a | 15.47±1.68a | 13.16±1.69a | 12.9±2.25a |
| 2012 | 6 | 31.65±3.41a | 23.86±1.95a | 25.51±2.28a | 30.18±2.85a | 27.28±3.76a | 32.46±3.5a |
| | 7 | 17.58±2.37a | 13.34±1.33ab | 16.19±1.77ab | 14.31±1.96ab | 15.26±2.2ab | 10.85±1.13b |
| | 8 | 14.62±2.32ab | 12.66±1.17b | 14.08±2.2ab | 20.42±3.38a | 10.33±1.1b | 8.24±1.08b |
| | 9 | 19.68±3.37a | 15.72±1.62a | 21.07±3.01a | 20.38±2.91a | 16.08±3.08a | 15.97±3.1a |
| | 10 | 24.28±3.44a | 17.32±1.88a | 24.89±3.5a | 19.71±2.09a | 19.73±2.68a | 16.28±2.97a |
| 2013 | 7 | 24.71±3.65a | 22.27±2.82a | 20.26±2.78ab | 21.58±2.22ab | 13.78±1.07b | 16.6±1.95ab |
| | 8 | 7.73±1.78d | 20.79±2.14ab | 23.73±2.63a | 20.64±2.67ab | 13.54±1.6dc | 16.23±1.77bc |

不同放牧处理下无芒隐子草重要值动态变化见表5-24，2010年7月、9月和11月各处理之间均无显著差异；8月SA4处理显著高于SA1处理；10月SA1、SA2处理显著低于CK处理，其他处理之间均无显著差异。2011年5～7月各处理之间无显著差异；8月SA1、SA2处理显著低于CK处理，10月SA3处理显著高于SA1、SA2处理。2012年7月SA1、SA2处理显著低于SA5和CK处理；10月SA5处理显著高于SA1、SA2和SA3处理。2013年7月和8月SA5处理显著高于SA1、SA2和SA4处理。

**表5-24 放牧强度季节调控下无芒隐子草重要值动态**

| 年份 | 月份 | SA1 | SA2 | SA3 | SA4 | SA5 | CK |
|---|---|---|---|---|---|---|---|
| 2010 | 7 | 8.14±1.04a | 9.36±1.24a | 9.95±1.93a | 11.19±2.07a | 10.45±1.76a | 10.43±1.68a |
| | 8 | 9.73±1.03b | 12.3±0.82ab | 12.74±1.56ab | 14.9±1.96a | 13.45±1.37ab | 17.14±2.23a |
| | 9 | 6.98±0.76a | 10.09±1.61a | 9.98±1.43a | 9.1±1.65a | 11.14±1.48a | 11.1±1.30a |
| | 10 | 7.32±1.01b | 8.43±0.96b | 11.62±1.95ab | 11.6±1.78ab | 12.28±1.9ab | 13.96±2.43a |
| | 11 | 11.36±1.31a | 15.05±1.53a | 16.49±2.32a | 15.84±2.59a | 17.72±2.51a | 17.11±2.76a |
| 2011 | 5 | 8.71±0.95a | 10.48±1.26a | 9.96±1.62a | 10.8±1.45a | 11.56±1.31a | 12.22±1.76a |
| | 6 | 4.78±0.83a | 5.5±0.61a | 7.79±1.28a | 7.18±1.37a | 8.08±1.4a | 7.18±1.39a |
| | 7 | 6.81±0.88a | 8.02±0.68a | 9.43±1.41a | 10.2±1.49a | 9.75±1.36a | 9.67±1.48a |
| | 8 | 6.64±0.78c | 8.1±0.76bc | 11.69±2.11ab | 9.97±1.5abc | 10.94±1.13abc | 13.37±2.22a |
| | 9 | 6.69±0.84b | 8.38±0.95b | 10.33±1.57b | 10.02±2.04b | 10.39±1.32b | 15.99±2.9a |
| | 10 | 9.09±1.49c | 10.91±1.25bc | 17.65±2.19a | 11.88±1.37bc | 12.56±1.32bc | 15.19±1.76ab |

续表

| 年份 | 月份 | SA1 | SA2 | SA3 | SA4 | SA5 | CK |
|---|---|---|---|---|---|---|---|
| 2012 | 6 | 12.03±2.7b | 12.49±1.25b | 15.31±2.98ab | 13.86±1.83b | 16.46±1.2ab | 21.28±3.69a |
| | 7 | 10.14±1.36c | 10.09±1.02c | 12.16±1.31bc | 13.87±1.36abc | 17.37±1.79a | 15.66±2.94ab |
| | 8 | 11.65±2.46b | 11.45±2.02b | 14.85±1.87b | 13.17±2.76b | 18.5±1.65ab | 22.7±3.09a |
| | 9 | 13.75±3.05a | 10.88±1.3a | 13.78±1.44a | 12.84±1.93a | 16.68±1.4a | 14.42±2.59a |
| | 10 | 12.28±1.52b | 13.65±2.74b | 14.79±1.7b | 15.79±2.24ab | 22.46±2.82a | 16.3±2.07ab |
| 2013 | 7 | 9.81±2.7b | 9.25±1.24b | 11.3±1.54ab | 9.67±1.62b | 15.44±1.6a | 10.88±0.8ab |
| | 8 | 5.84±0.54c | 11.52±1.62b | 13.19±1.52ab | 11.25±1.93b | 16.6±1.15a | 12.7±1.52ab |

不同放牧处理下碱韭重要值动态变化见表 5-25，2010 年 7 月、10 月和 11 月各处理之间无显著差异；8 月 SA3 处理显著高于 SA1 处理。2011 年 8 月 SA3 和 CK 处理显著高于 SA2 处理；9 月 SA3 处理显著高于 SA4 处理；10 月 SA1 处理显著高于 SA2、SA4 和 SA5 处理。2012 年 6 月 CK 处理显著低于其他处理（SA5 处理除外），其他处理之间无显著差异；8 月 SA3 处理高于 SA1、SA4 和 SA5 处理；9 月 SA1 处理显著高于 SA4 和 CK 处理。2013 年 7 月和 8 月 SA1 处理重要值显著高于其他处理。

**表 5-25　放牧强度季节调控下碱韭重要值动态**

| 年份 | 月份 | SA1 | SA2 | SA3 | SA4 | SA5 | CK |
|---|---|---|---|---|---|---|---|
| 2010 | 7 | 20.35±2.79a | 20.1±1.42a | 23.6±2.06a | 23.84±2.19a | 20.98±2.08a | 20.46±1.86a |
| | 8 | 15.9±2.01b | 19.02±1.51ab | 22.28±1.77a | 17.9±1.43ab | 18.48±1.5ab | 20.48±1.69ab |
| | 9 | 30.82±4.42a | 23.76±1.83ab | 30.29±2.59ab | 23.79±1.98ab | 22.27±1.36b | 28.86±1.55ab |
| | 10 | 30.92±3.14a | 29.25±2.07a | 33.64±2.44a | 28.51±2.97a | 27.86±2.29a | 25.25±3.00a |
| | 11 | 29.91±4.01a | 25.48±2.13a | 34.98±4.18a | 27.83±2.85a | 27.66±2.4a | 28.49±2.22a |
| 2011 | 5 | 26.37±2.9a | 21.66±1.27a | 21.68±2a | 28.04±1.98a | 22.31±2.27a | 28.6±1.81a |
| | 6 | 22.57±3.54a | 17.66±1.6a | 19.42±1.78a | 15.71±2.05a | 15.21±1.67a | 19.12±2.57a |
| | 7 | 14.96±2.01ab | 12.74±0.87ab | 16.19±1.36a | 11.4±1.26b | 12.18±1.27ab | 14.27±1.72ab |
| | 8 | 15.71±1.88ab | 11.75±0.88b | 19.15±1.96a | 14.59±1.86ab | 14.43±1.39ab | 18.04±2.4a |
| | 9 | 20.29±2.64ab | 15.64±1.49ab | 21.57±1.85a | 14.73±1.78b | 16.75±1.28ab | 15.49±2.04ab |
| | 10 | 28.36±2.93a | 13.92±0.51c | 22.57±3.4ab | 18.19±2.3bc | 16.52±1.55bc | 19.79±1.66bc |
| 2012 | 6 | 21.69±2.71a | 24.35±2.39a | 22.35±2.81a | 22.32±2.09a | 17.66±2.18ab | 12.83±2.54b |
| | 7 | 32.42±3.88a | 28.27±4.61a | 30.93±3.66a | 24.92±1.84a | 21.92±1.93a | 26.5±3.4a |
| | 8 | 20.14±3.87b | 23.17±1.69ab | 28.13±3.85a | 17.5±1.45b | 19.07±1.77b | 18.55±2.48b |
| | 9 | 28.77±5.05a | 23.75±2.88ab | 25.45±2.36ab | 18.88±2.51b | 19.46±2.21ab | 18.17±2.3b |
| | 10 | 29.65±5.04a | 19.99±1.82ab | 23.09±2.93ab | 21.81±1.93ab | 18.21±3.64b | 15.82±2b |
| 2013 | 7 | 28.54±2.76a | 5.47±0.91b | 12.89±2.64b | 9.83±2.22b | 8.21±1.45b | 7.35±1.06b |
| | 8 | 34.71±4.49a | 5.68±0.77c | 13.33±2.78b | 13.47±3.1b | 7.39±1.11bc | 9.1±1.29bc |

不同放牧处理下银灰旋花重要值动态变化见表5-26，2010年7月和8月SA1处理显著低于SA3、SA4、SA5和CK处理；9月SA5和CK处理显著高于SA1处理；10月和11月SA3处理显著高于SA1和SA2处理。2011年5～8月SA5处理显著高于SA1处理；10月SA4处理显著高于SA1处理。2012年6月SA5处理显著高于SA1和CK处理；7月和8月SA3处理显著高于SA1处理；10月SA3、SA5和CK处理显著高于SA1和SA2处理。

**表5-26 放牧强度季节调控下银灰旋花重要值动态**

| 年份 | 月份 | SA1 | SA2 | SA3 | SA4 | SA5 | CK |
|---|---|---|---|---|---|---|---|
| 2010 | 7 | 5.67±0.96b | 11.18±1.92ab | 14.65±3.54a | 12.89±2.25a | 17.61±1.85a | 14.82±3.86a |
| | 8 | 7.38±1.25b | 10.81±1.59ab | 14.15±3.07a | 16.12±1.98a | 16.91±1.69a | 14.36±1.98a |
| | 9 | 7.27±1.61b | 10.79±1.5ab | 12.81±2.99ab | 12.53±1.99ab | 16.24±1.85a | 15.83±2.56a |
| | 10 | 6.45±0.79c | 8.75±1.58bc | 16.77±3.99a | 16.05±2.13ab | 12.87±1.9abc | 12.99±2.61abc |
| | 11 | 4.79±1.25c | 6.71±1.2bc | 24.58±4.25a | 9.78±1.21bc | 7.95±0.89bc | 12.54±2.39b |
| 2011 | 5 | 4.43±0.88c | 6.2±1.59bc | 10±3.22bc | 19.26±1.68a | 12.92±1.84ab | 10.58±1.5bc |
| | 6 | 6.85±2.12b | 8.82±2.21b | 10.78±2.68b | 14.44±2.48ab | 19.96±2.86a | 18.74±2.65a |
| | 7 | 6.33±0.92c | 7.99±1.59bc | 12.19±2.71abc | 12.92±2.1ab | 15.58±2.2a | 13.66±1.85ab |
| | 8 | 6.48±0.85b | 8.66±1.43b | 8.49±1.71b | 9.89±1.51ab | 14.05±1.73a | 11.38±2.24ab |
| | 9 | 6.91±1.17a | 7.15±1.22a | 8.28±1.47a | 11.01±1.68a | 10.05±1.23a | 10.71±2.13a |
| | 10 | 7.19±0.89b | 9.12±1.9ab | 12.03±0.85ab | 13.5±1.3a | 12.13±1.82ab | 9±2.15ab |
| 2012 | 6 | 11.27±2.11c | 16.87±3.71abc | 19.12±4.13abc | 21.9±2.34ab | 22.18±2.87a | 12.93±1.96bc |
| | 7 | 12.47±2.43b | 9.89±0.98b | 21.29±4.7a | 21.91±1.81a | 21.81±2.51a | 21.1±3.47a |
| | 8 | 9.64±1.79c | 11.14±1.92c | 27.22±4.6a | 16.17±2.56bc | 20.58±1.89ab | 15.33±2.66bc |
| | 9 | 7.09±2.01a | 10.06±1.5cd | 11.78±4.23bcd | 15.92±2.85abc | 18.25±1.4ab | 20.6±2.29d |
| | 10 | 8.22±1.34c | 11.14±2.15bc | 21.66±4.48a | 18.37±1.87ab | 20.93±2.74a | 25.14±2.99a |
| 2013 | 7 | 10.65±2.23a | 10.83±2.33a | 19.85±4.79a | 18.7±2.13a | 14.72±1.38a | 13.71±1.66a |
| | 8 | 8.75±0.77a | 9.97±2.63a | 15.91±2.92a | 13.1±0.65a | 13.75±1.07a | 11.62±1.41a |

不同处理下主要植物种群重要值变异见表5-27，从中可以看出短花针茅和碱韭的重要值在SA1处理高于其他放牧处理，无芒隐子草和银灰旋花的重要值在SA3处理高于SA1及SA2处理，说明春季休牧方式下有利于短花针茅和碱韭重要值的增加，全年重度放牧处理有利于无芒隐子草和银灰旋花的生长。

**表 5-27　放牧强度季节调控下主要植物种群重要值变异**

| 植物名称 | 参数 | SA1 | SA2 | SA3 | SA4 | SA5 | CK |
|---|---|---|---|---|---|---|---|
| 短花针茅 | 均值 | 22.23 | 19.35 | 18.80 | 20.20 | 18.13 | 17.18 |
| | 标准差 | 6.67 | 5.37 | 5.33 | 5.06 | 5.59 | 6.22 |
| | 变异系数（%） | 30.02 | 27.74 | 28.37 | 25.07 | 30.84 | 36.18 |
| 无芒隐子草 | 均值 | 8.99 | 10.33 | 12.39 | 11.84 | 13.99 | 14.29 |
| | 标准差 | 2.53 | 2.28 | 2.68 | 2.39 | 3.81 | 3.92 |
| | 变异系数（%） | 28.15 | 22.08 | 21.59 | 20.20 | 27.23 | 27.45 |
| 碱韭 | 均值 | 25.12 | 18.98 | 23.42 | 19.63 | 18.14 | 19.29 |
| | 标准差 | 6.22 | 6.96 | 6.31 | 5.78 | 5.54 | 6.40 |
| | 变异系数（%） | 24.77 | 36.69 | 26.95 | 29.47 | 30.53 | 33.19 |
| 银灰旋花 | 均值 | 7.66 | 9.78 | 15.64 | 15.25 | 16.03 | 14.72 |
| | 标准差 | 2.17 | 2.37 | 5.56 | 3.70 | 4.11 | 4.21 |
| | 变异系数（%） | 28.29 | 24.20 | 35.53 | 24.25 | 25.62 | 28.60 |

## 五、地上现存量

不同放牧处理下短花针茅地上现存量动态变化见表 5-28，2010 年 7 月、9 月和 11 月各处理之间均无显著差异；8 月 SA1 处理显著高于 SA2 和 CK 处理；10 月 SA3 处理地上现存量最低，为 1.45g/m$^2$。2011 年 5 月、6 月、8 月和 11 月各处理之间均无显著差异；7 月 SA3 处理显著低于 SA5 处理；9 月 CK 处理显著高于其他处理。2012 年各处理区之间均没有太大变化，处理区之间均无显著差异。2013 年 7 月 CK 处理显著高于其他处理区，其他处理区之间无显著差异；8 月各处理区之间均无显著差异。

**表 5-28　短花针茅地上现存量动态**　　（单位：g/m$^2$）

| 年份 | 月份 | SA1 | SA2 | SA3 | SA4 | SA5 | CK |
|---|---|---|---|---|---|---|---|
| 2010 | 7 | 10.57±1.18a | 7.99±1.16a | 9.31±1.33a | 7.95±1.52a | 6.98±1.36a | 4.56±1.12a |
| | 8 | 7.9±1.47a | 4.21±0.81b | 5.21±1.07ab | 5.77±1.51ab | 5.06±0.97ab | 2.89±0.52b |
| | 9 | 7.18±1.46a | 5.25±1.35a | 7.74±2.06a | 6.13±0.82a | 5.37±1.71a | 5.11±1.4a |
| | 10 | 4.37±0.96ab | 3.02±0.75ab | 1.45±0.49b | 5.19±1.34a | 3.73±1.24ab | 3.76±0.84ab |
| | 11 | 3.33±0.9a | 2.09±0.93a | 1.53±0.43a | 3.2±0.88a | 6.28±4.14a | 3.54±0.87a |
| 2011 | 5 | 5.59±0.77a | 7.09±1.37a | 3.63±0.75a | 6.58±2.78a | 7.45±2.18a | 7.63±2.36a |
| | 6 | 22.87±5.51a | 14.83±1.43a | 10.54±1.93a | 14.48±4.45a | 14.68±4.73a | 17.26±5.19a |
| | 7 | 12.22±2.62ab | 13.31±2.31ab | 6.28±1.36b | 7.22±1.6ab | 15.46±4.78a | 14.29±3.2ab |

续表

| 年份 | 月份 | SA1 | SA2 | SA3 | SA4 | SA5 | CK |
|---|---|---|---|---|---|---|---|
| 2011 | 8 | 11.67±2.16a | 11.7±1.97a | 9.63±2.34a | 10.81±3.48a | 7.06±1.87a | 13.52±2.89a |
| | 9 | 5.62±0.94b | 6.05±1.03b | 2.33±0.43b | 4.41±1.45b | 5.02±1.06b | 13.6±2.81a |
| | 10 | 10.28±2.62ab | 7.28±4.27ab | 2.86±0.5b | 4.23±0.91ab | 6.59±1.68ab | 11.85±4.48a |
| | 11 | 15.7±6.93a | 6.91±1.62a | 3.12±0.69a | 13.74±4.19a | 5.14±1.31a | 4.6±1.16a |
| 2012 | 7 | 13.4±2.63a | 9.06±2.19a | 14.26±3.51a | 12.28±3.24a | 11.14±2.58a | 10.55±3.72a |
| | 8 | 23.06±2.59a | 20.23±2.05a | 15.17±2.15a | 16.09±3.48a | 16.98±2.33a | 22.53±6.01a |
| | 9 | 10.16±2.06a | 15.18±2.53a | 9.5±1.36a | 13.55±3.74a | 8.51±1.2a | 7.72±1.54a |
| | 10 | 24.55±5.63a | 13.19±1.6a | 15.49±2.46a | 26.42±5.1a | 24.08±7.34a | 18.84±4.87a |
| 2013 | 7 | 15.84±3.2b | 13.31±2.28b | 13.32±1.88b | 15.74±1.34b | 13.46±3.72b | 28.56±6.45a |
| | 8 | 22.21±2.24a | 18.49±1.76a | 24.78±4.51a | 17.38±2.54a | 27.45±5.33a | 28.85±8.02a |

不同放牧处理下无芒隐子草地上现存量动态变化见表 5-29，2010 年 7 月、8 月、10 月和 11 月各处理之间均无显著差异；9 月 SA5 处理显著高于 SA1 和 SA2 处理。2011 年 5 月、7 月和 9 月各处理之间均无显著差异；6 月 CK 处理显著高于 SA1、SA2、SA4 和 SA5 处理；10 月 CK 处理显著高于其他处理。2012 年 8～10 月各处理之间均无显著差异；7 月 CK 处理显著高于其他处理。

**表 5-29　无芒隐子草地上现存量动态**　（单位：g/m$^2$）

| 年份 | 月份 | SA1 | SA2 | SA3 | SA4 | SA5 | CK |
|---|---|---|---|---|---|---|---|
| 2010 | 7 | 9.85±2.41a | 18±3.62a | 11.32±2.43a | 15.35±3.48a | 13.68±2.59a | 12.36±2.48a |
| | 8 | 6.69±1.51a | 10.53±2.19a | 11.16±1.55a | 8.61±1.76a | 8.61±1.49a | 10.26±2.15a |
| | 9 | 4.34±1.76b | 5.56±1.19b | 11.64±2.19ab | 8.64±1.91ab | 15.55±3.85a | 10.11±1.76ab |
| | 10 | 5.39±1.82a | 5.11±1.52a | 5.5±1.04a | 6.39±1.73a | 6.84±1.61a | 6.25±1.65a |
| | 11 | 2.51±0.65a | 3.74±0.95a | 3.01±1.57a | 3.32±0.31a | 3.14±0.67a | 1.73±0.29a |
| 2011 | 5 | 4.02±1.27a | 6.63±0.76a | 8.33±2.99a | 8.39±2.23a | 4.93±1.43a | 4.76±1.28a |
| | 6 | 1.62±0.31b | 1.67±0.31b | 2.03±0.39ab | 1.72±0.15b | 1.4±0.3b | 2.8±0.55a |
| | 7 | 6.19±1.72a | 7.28±2.66a | 9.12±3.22a | 5.82±2.88a | 6.68±2.04a | 5.33±1.97a |
| | 8 | 6.14±1.35ab | 3.26±0.92b | 9.47±2.16a | 5.49±1.1ab | 6.61±1.34ab | 6.27±1.27ab |
| | 9 | 5.64±0.95a | 9.34±1.97a | 8.21±2.44a | 11.65±4.09a | 6.81±1.83a | 6.46±1.03a |
| | 10 | 1.56±0.56b | 5.33±1.46b | 11.62±2.9b | 4.66±1.63b | 6.03±1.96b | 25.15±5.81a |
| | 11 | 3.61±0.89b | 7.11±2.3ab | 5.16±1.16ab | 8.77±2.67ab | 3.34±1b | 10.05±1.97a |
| 2012 | 7 | 5.79±1.26b | 14.27±4.36b | 11.45±3.46b | 5.69±1.49b | 7.94±1.94b | 22.53±4.01a |
| | 8 | 5.58±1.06a | 7.12±1.56a | 4.68±1.11a | 4.68±1.37a | 6.29±1.54a | 7.18±1.5a |
| | 9 | 2.21±1.04a | 4.93±1.62a | 5.16±0.83a | 2.87±0.71a | 2.06±0.6a | 5.66±1.59a |
| | 10 | 6.85±3.38a | 4.02±0.71a | 5.14±1.09a | 4.66±1.24a | 2.85±0.64a | 6.39±1.31a |
| 2013 | 7 | 8.43±2.67a | 5.65±1.35a | 7.06±0.84a | 4.18±0.97a | 9.29±2.01a | 8.9±2.27a |
| | 8 | 9.02±2.48ab | 6.07±2.1ab | 6.92±2.13ab | 4.73±1.99b | 13.21±3.32a | 8.7±1.71ab |

不同放牧处理下碱韭地上现存量动态变化见表 5-30，2010 年 7 月和 10 月各处理之间无显著差异；8 月 SA1 处理显著高于 SA2、SA3 和 SA4 处理；9 月 SA2 处理显著高于 SA3 处理。2011 年 5～8 月、10 月和 11 月各处理之间无显著差异。2012 年 7 月和 8 月 SA1 处理显著高于 SA4 处理；9 月 SA1 处理显著高于其他处理；10 月各处理之间均无显著差异。

**表 5-30　碱韭地上现存量动态**　（单位：g/m²）

| 年份 | 月份 | SA1 | SA2 | SA3 | SA4 | SA5 | CK |
|---|---|---|---|---|---|---|---|
| 2010 | 7 | 10.58±1.11a | 9.71±1.09a | 10.15±1.19a | 9.25±0.83a | 11.4±1.31a | 6.28±0.74a |
| | 8 | 11.48±1.7a | 6.88±1.15b | 7.72±1.31b | 7.34±0.93b | 11.38±1.29a | 5.4±0.85b |
| | 9 | 19.49±2.59ab | 22.88±2.85a | 13.19±1.77b | 18.18±0.48ab | 17.91±1.59ab | 16.92±1.78ab |
| | 10 | 25.59±4.11a | 22.23±3.07a | 21.8±2.32a | 25.06±4.58a | 22.19±1.12a | 21.53±3.05a |
| | 11 | 15.77±2.36ab | 12.16±1.01ab | 10.51±1.64b | 17.1±2.94a | 16.23±1.57ab | 10.89±1.81ab |
| 2011 | 5 | 5.5±0.93a | 4.46±0.58a | 5.1±0.64a | 6.34±1.26a | 4.08±0.66a | 5.48±0.91a |
| | 6 | 6.11±1.3a | 9.34±1.44a | 5.77±0.85a | 8.41±1.22a | 8.21±0.83a | 7.45±1.3a |
| | 7 | 5.96±0.96a | 7.34±1.28a | 6.57±0.86a | 8.46±1.2a | 5.44±0.83a | 6.57±0.98a |
| | 8 | 8.93±1.41a | 9.64±1.53a | 7.87±0.89a | 8.12±1.68a | 7.2±1.21a | 9.44±2.78a |
| | 9 | 12.4±2.22ab | 9.33±1.3ab | 9.94±2.23ab | 9.1±1.72ab | 7.2±0.76b | 16.5±6.14a |
| | 10 | 4.72±1.3a | 3.85±1.24a | 2.02±0.38a | 2.27±0.62a | 2.89±0.81a | 3.32±0.91a |
| | 11 | 9.96±1.42a | 14.26±1.39a | 11.9±2.29a | 9.79±1.55a | 11.22±1a | 9.34±1.3a |
| 2012 | 7 | 35.00±7.3a | 24.2±7.14ab | 26.8±4.08ab | 13.63±2.04b | 19.18±3.48ab | 32.5±10.68ab |
| | 8 | 17.13±2.84a | 14.5±3.03ab | 14.74±3.23ab | 8.94±1.77b | 11.72±2.1ab | 7.07±0.95b |
| | 9 | 17.12±3.01a | 4.76±1.18b | 3.4±0.49b | 4.91±0.82b | 6.38±2.37b | 4.38±0.86b |
| | 10 | 6.1±1.55a | 5.58±1.41a | 3.86±0.97a | 3.89±0.93a | 4.29±0.82a | 3.22±0.97a |
| 2013 | 7 | 5.4±2.13a | 2.51±1.1a | 4.25±1.5a | 3.95±1.05a | 6.32±1.27a | 3.23±1.05a |
| | 8 | 4.19±1.35ab | 2.8±0.55ab | 1.85±0.7ab | 5.34±1.23a | 4.19±1.79ab | 1.49±0.69b |

不同放牧处理下银灰旋花地上现存量动态变化见表 5-31，2010 年 7 月 SA5 和 CK 处理显著高于 SA1 处理；8 月 SA3 处理显著高于 SA1、SA2 和 SA5 处理；11 月 SA4 处理显著高于 SA1、SA2、SA3 和 SA5 处理。2011 年 5 月、8～10 月各处理之间无显著差异；6 月 SA5 处理显著高于 SA3 处理；7 月 SA1 处理显著高于 SA3、SA4、SA5 和 CK 处理。2012 年 7 月、8 月和 10 月各处理之间无显著差异。2013 年 8 月 SA1 和 SA2 处理显著高于 SA3 处理，其他处理之间均无显著差异。

主要植物种群地上现存量相关分析见表 5-32，短花针茅和碱韭地上现存量表现出极显著的负相关（$P<0.01$），短花针茅和银灰旋花地上现存量表现出极显著

的正相关（$P<0.01$），无芒隐子草和银灰旋花地上现存量之间表现出显著的正相关（$P<0.05$）。

表 5-31 银灰旋花地上现存量动态 （单位：$g/m^2$）

| 年份 | 月份 | SA1 | SA2 | SA3 | SA4 | SA5 | CK |
|---|---|---|---|---|---|---|---|
| 2010 | 7 | 2.55±0.63b | 3.76±1.06ab | 3.9±1.29ab | 3.75±0.8ab | 6.24±1.26a | 2.56±0.65a |
| | 8 | 2.63±0.85b | 2.43±0.34b | 4.71±0.75a | 4.02±1.01ab | 2.11±0.35b | 1.9±0.45b |
| | 9 | 1.64±0.62b | 2.49±0.8b | 2.23±0.76b | 3.38±0.69ab | 2.1±0.51b | 5.24±1.27a |
| | 10 | 1.68±0.59ab | 0.96±0.23b | 2.56±0.71ab | 1.58±0.34ab | 2.02±0.7ab | 3.08±0.92a |
| | 11 | 0.83±0.27b | 0.5±0.21b | 0.94±0.33b | 2.39±0.43a | 0.91±0.33b | 1.54±0.4ab |
| 2011 | 5 | 1.07±0.24a | 1.66±0.49a | 2.37±0.64a | 2.41±0.56a | 2.02±0.5a | 2.54±0.48a |
| | 6 | 3.82±0.93ab | 2.79±0.84ab | 1.83±0.63b | 2.34±0.44ab | 4.75±1.17a | 3.18±0.95ab |
| | 7 | 14.15±3.28a | 8.64±2.32ab | 2.6±1.02c | 4.61±0.74bc | 4.75±1.48bc | 0.19±0.06c |
| | 8 | 4.47±1.16a | 4.72±1.33a | 6.88±1.35a | 3.53±0.8a | 3.34±1.35a | 3.8±0.98a |
| | 9 | 6.32±2.36a | 6.24±1.76a | 3.49±1.06a | 3.06±0.92a | 4.75±0.81a | 5.17±0.97a |
| | 10 | 2.99±0.96a | 2.81±1.38a | 2.84±1.17a | 3.38±0.65a | 1.64±0.24a | 4.16±1.01a |
| | 11 | 5.4±1.94bc | 8.69±1.68b | 3.6±0.89c | 6.24±1.1bc | 4.48±1.06bc | 13.96±3.13a |
| 2012 | 7 | 5.66±1.51a | 13.61±3.61a | 11.9±3.98a | 8.76±1.24a | 16.59±4.85a | 10.84±4.94a |
| | 8 | 9.49±2.05a | 7.12±1.9a | 8.85±2.21a | 9.01±2.14a | 8.52±2.58a | 9.01±1.48a |
| | 9 | 4.7±1.2ab | 2.53±1.06b | 3.15±0.81b | 4.91±0.94ab | 3.73±0.78ab | 6.88±1.97a |
| | 10 | 7.26±2.19a | 7.57±2.33a | 6.26±1.36a | 6.96±0.99a | 7.79±1.81a | 9.1±1.56a |
| 2013 | 7 | 12.64±3.48a | 5.03±1.62a | 9.23±3.04a | 10.66±2.1a | 6.41±1.17a | 11.86±1.86a |
| | 8 | 17.6±3.36a | 17.85±4.61a | 6.17±1.92b | 11.2±2.14ab | 14.21±4.09ab | 12.64±2.73ab |

表 5-32 主要植物种群地上现存量的相关分析

| 植物名称 | 短花针茅 | 无芒隐子草 | 碱韭 | 银灰旋花 |
|---|---|---|---|---|
| 短花针茅 | 1 | −0.073 | −0.320** | 0.580** |
| 无芒隐子草 | | 1 | 0.130 | 0.212* |
| 碱韭 | | | 1 | −0.075 |
| 银灰旋花 | | | | 1 |

注：*代表差异达显著水平（$P<0.05$）；**代表差异达极显著水平（$P<0.01$）

不同处理下主要植物种群地上现存量变异见表 5-33，从中看出 SA3 处理短花针茅地上现存量最低，为 8.68$g/m^2$，其他处理下短花针茅地上现存量均高于 SA3 处理；但是 SA3 处理下短花针茅地上现存量变异系数最高，为 71.74%。无芒隐子草地上现存量变异系数在SA3处理最低，为40.85%，CK处理下最高，为67.81%。碱韭地上现存量变异系数表现为 SA3 和 CK 处理较高，分别为 71.74%和 82.69%；

碱韭地上现存量在 SA1 和 SA2 处理下较其他处理高，分别为 12.30g/m$^2$ 和 10.36g/m$^2$。银灰旋花地上现存量在 SA3 处理下最低，为 4.64g/m$^2$，其变异系数也较低，为 64.22%；SA1 和 SA2 处理下银灰旋花地上现存量的变异系数较高，为 82.05%和 82.39%。

**表 5-33　不同处理下主要植物种群地上现存量的变异**

| 植物名称 | 参数 | SA1 | SA2 | SA3 | SA4 | SA5 | CK |
|---|---|---|---|---|---|---|---|
| 短花针茅 | 均值（g/m$^2$） | 12.58 | 9.96 | 8.68 | 10.62 | 10.58 | 12.20 |
| | 标准差 | 6.82 | 5.29 | 6.22 | 6.09 | 6.84 | 8.30 |
| | 变异系数（%） | 54.18 | 53.11 | 71.74 | 57.32 | 64.67 | 68.05 |
| 无芒隐子草 | 均值（g/m$^2$） | 5.30 | 6.98 | 7.61 | 6.42 | 6.96 | 8.94 |
| | 标准差 | 2.44 | 3.98 | 3.11 | 3.34 | 4.00 | 6.06 |
| | 变异系数（%） | 45.95 | 57.03 | 40.85 | 51.96 | 57.51 | 67.81 |
| 碱韭 | 均值（g/m$^2$） | 12.30 | 10.36 | 9.30 | 9.45 | 9.86 | 9.50 |
| | 标准差 | 8.25 | 6.86 | 6.67 | 5.76 | 5.74 | 7.86 |
| | 变异系数（%） | 67.05 | 66.20 | 71.74 | 60.99 | 58.25 | 82.69 |
| 银灰旋花 | 均值（g/m$^2$） | 5.83 | 5.52 | 4.64 | 5.12 | 5.35 | 6.18 |
| | 标准差 | 4.78 | 4.55 | 2.98 | 2.99 | 4.26 | 4.27 |
| | 变异系数（%） | 82.05 | 82.39 | 64.22 | 58.37 | 79.51 | 69.14 |

植物高度、盖度和密度等群落特征能够反映群落稳定性、光能利用效率及水土保持能力。草地是由多种植物构成的群落，放牧家畜对植物的喜好程度或偏食性的差异，导致植物高度的变化程度并不一致，从而导致草地植物高度变异，尤其是优势植物的高度（王德利等，2003）。生态系统中主要个体植物的地上现存量最终决定着草地生态系统总地上现存量，本试验对占群落总地上现存量 85%～90%的主要植物种群的群落特征进行了研究。结果表明短花针茅高度、盖度的变异系数均较高，其高度和盖度的均值也较高，短花针茅能够凭借高度和盖度的优势充分利用光照进行光合作用，但是其密度和地上现存量在群落中并不占优势；短花针茅在群落中具有较高的变异系数是因为短花针茅对环境中水、热的依赖度较高，只要水热条件充足短花针茅就能够迅速生长。分析发现碱韭在群落中的盖度最高，并且具有较高的密度，其通过这种生物学适应方式来提高对资源的利用率，从而增加其在群落中的地上现存量。银灰旋花高度、盖度都低于短花针茅、无芒隐子草和碱韭，但是其密度整体上是最高的，其通过增加自身的数量来从环境中吸收更多的营养物质，并且银灰旋花植株斜生，紧贴地表生长的这种形态特征使得植株茎秆能够吸收水分，并且有利于获取更多的光照。无芒隐子草地上现存量变异系数较高，这是因为无芒隐子草属于 C4 植物，对温度的要求较高，春

季温度低的时候生长缓慢，但当达到适宜生长的温度时植株迅速生长，有机物质大量积累，使得其地上现存量迅速增加。

本试验得出在全年重度放牧下短花针茅、无芒隐子草和银灰旋花高度的变异系数在各处理之间最高，但是短花针茅高度值在全年重度放牧下低于其他放牧处理。春季休牧+夏季重牧+秋季适牧处理下短花针茅盖度最大，高于春季休牧+夏季适牧+秋季重牧，说明秋季重度放牧对短花针茅的盖度影响较大；全年重度放牧区短花针茅的盖度较春季休牧+夏季重牧+秋季适牧区低，全年禁牧区短花针茅的盖度最低，说明重度放牧和禁牧降低了短花针茅的盖度，适度放牧下短花针茅的盖度有增加的趋势。碱韭盖度在春季休牧+夏季重牧+秋季适牧下高于春季休牧+夏季适牧+秋季重牧处理。银灰旋花表现为全年重度放牧区盖度和密度均高于春季休牧+夏季重牧+秋季休牧处理，说明重度放牧促进了银灰旋花的生长。王仁忠和李建东（1992）也有相似的研究结果，其对松嫩平原羊草草地影响的研究表明，随放牧强度的加大，优势种（羊草）的数量逐渐下降，糙隐子草的密度、盖度逐渐增加，在过度放牧阶段达到最大。全年重度放牧下短花针茅密度有降低的趋势，无芒隐子草和银灰旋花密度有所增加，并且短花针茅和碱韭密度的变异系数在全年重度放牧下较高。春季休牧+夏季重牧+秋季适牧下短花针茅和碱韭的密度均较春季休牧+夏季适牧+秋季重牧高，但是变异系数相反。本研究得出全年重度放牧下生长比较低矮的物种无芒隐子草和银灰旋花的盖度及密度较春季休牧+夏季重牧+秋季适牧高，而全年重度放牧处理下短花针茅和碱韭的盖度及密度较春季休牧+夏季重牧+秋季适牧处理低，这是因为植物被采食的程度改变了物种在群落中的竞争力，短花针茅和碱韭盖度的降低改变了群落中的植物对资源的竞争方式，植物的组成和空间结构在动物的采食下发生了变化，减低了植物对环境中光照的利用率，为生长低矮的植物银灰旋花和无芒隐子草创造了生长机会，这与 Grime（2001）的研究结果相似。李永宏（1993）也有类似这方面的研究，随着放牧强度的增加，冷蒿的高度逐渐下降，但是其地上现存量和密度却在增加，说明冷蒿为适牧植物，能够抵御一定的放牧干扰。家畜的选择性采食能够改变牧草的竞争力，一般来说，可使适口性好的牧草竞争力削弱，使适口性差的牧草种竞争力增强（Muller-Scharer，1991）。群落优势种的优势度在放牧条件下逐渐降低，表现为优势种的高度、盖度等的降低，从而使得一些耐牧性强的植物优势度增加，增加当地的生物多样性（Collins et al.，1998）；Tilman 等（1996）的试验结果也表明，不同植物对干扰（如干旱）的敏感性不同，干扰敏感种的地上现存量减少，通过竞争使其他物种的多度增加，补偿减少的地上现存量，这样，敏感种地上现存量的减少及其他种地上现存量的增加（由于补偿作用），就导致了单个物种水平上地上现存量的变异性增加，但通过均衡效应可使群落稳定性增加。

Mphinyane 等（2008）的研究表明，在半干旱灌木地上随着载畜率的增大，草地上质量较差的牧草的相对产量增加，优良牧草的产量降低。张伟华等（2000）也得出了这样的结论。Chong 等（1997）的研究表明，在绵羊放牧系统中随着载畜率的增大，绵羊喜欢采食物种的比例在降低。本研究表明短花针茅在全年重度放牧下地上现存量低于春季休牧+夏季重牧+秋季适牧处理，无芒隐子草地上现存量在全年重度放牧区高于春季休牧+夏季重牧+秋季适牧区，造成这种结果的原因是重度放牧刺激了无芒隐子草的生长，全年重度放牧处理下短花针茅的高度较其他处理区低，相关分析表明短花针茅高度与无芒隐子草高度呈负相关关系，说明短花针茅高度的降低削弱了其对无芒隐子草的抑制作用，促进了无芒隐子草的生长，使得其地上现存量有所增加。碱韭的地上现存量在重度放牧下较其他放牧处理低。放牧处理区银灰旋花地上现存量较对照区有所降低，各处理区之间规律不太明显，放牧给生长低矮的植物提供了良好的生长空间，这是因为家畜喜欢采食优良牧草，尤其喜欢采食处于群落上层的牧草，从而改变了群落的内部结构，通过对上层植物的采食使其高度降低，从而使得下层植物能够接受足够的光照，光合作用增强，加快有机物质的积累，从而提高地上现存量（郑伟等，2013）。

## 第二节　主要植物种群繁殖特性

### 一、营养枝高度

不同处理下主要植物种群营养枝高度见表 5-34，短花针茅的营养枝高度表现为在 6 个处理之间均无显著差异（$P>0.05$）；但是在 SA3 处理下短花针茅的营养枝高度最低，为 8.80cm，SA4 处理下营养枝高度有降低的趋势。碱韭的营养枝高度在 SA3 处理显著低于其他处理（$P<0.05$），为 5.70cm，SA2 处理下营养枝高度最高，为 12.60cm。无芒隐子草的营养枝高度总体上低于短花针茅和碱韭，SA1 和 SA5 处理下营养枝高度显著高于 SA3 处理（$P<0.05$），SA3 处理下营养枝高度为 3.60cm；SA2 和 SA4 处理之间无显著差异（$P>0.05$）。

**表 5-34　不同放牧强度对主要植物种群营养枝高度的影响**　（单位：cm）

| 处理 | 短花针茅 | 碱韭 | 无芒隐子草 |
|---|---|---|---|
| SA1 | 14.40±0.93a | 10.40±0.40ab | 5.30±0.41a |
| SA2 | 13.40±28.72a | 12.60±1.17a | 4.50±0.32ab |
| SA3 | 8.80±0.49a | 5.70±1.26c | 3.60±0.10b |
| SA4 | 12.00±1.30a | 9.60±1.40ab | 4.50±0.42ab |
| SA5 | 10.40±0.68a | 8.80±0.37b | 4.90±0.43a |
| CK | 11.28±1.14a | 11.06±0.82ab | 5.13±0.36a |

## 二、生殖枝高度

不同处理下主要植物种群生殖枝高度见表 5-35，从表 5-35 中看出短花针茅生殖枝高度在 SA2、SA5 和 CK 处理下显著高于 SA3 处理（$P<0.05$），SA3 处理下生殖枝高度最低，为 30.00cm，SA1 和 SA4 处理之间无显著差异（$P>0.05$）。碱韭生殖枝高度在 SA1、SA2 和 CK 处理显著高于 SA3、SA4 和 SA5 处理，SA1 处理下生殖枝高度最高，为 17.40cm。

**表 5-35 不同放牧强度对主要植物种群生殖枝高度的影响** （单位：cm）

| 处理 | 短花针茅 | 碱韭 | 无芒隐子草 |
|---|---|---|---|
| SA1 | 40.00±2.07ab | 17.40±0.40a | — |
| SA2 | 44.80±2.31a | 16.00±0.55a | — |
| SA3 | 30.00±6.79b | 11.40±0.60b | — |
| SA4 | 36.00±3.65ab | 12.80±1.16b | — |
| SA5 | 46.40±3.91a | 12.80±0.45b | — |
| CK | 45.37±3.16a | 15.46±0.38a | — |

## 三、营养枝数量

不同处理下主要植物种群营养枝数量见表 5-36，不同放牧强度下短花针茅、碱韭和无芒隐子草的营养枝数量无显著性差异（$P>0.05$）。SA1、SA4 处理下短花针茅的营养枝数量多于其他处理。碱韭营养枝数量在 SA2 和 SA3 处理较多。无芒隐子草营养枝数量在 SA2 处理下较多，为 47.00 株/$m^2$。

**表 5-36 不同放牧强度对主要植物种群营养枝数量的影响** （单位：株/$m^2$）

| 处理 | 短花针茅 | 碱韭 | 无芒隐子草 |
|---|---|---|---|
| SA1 | 66.20±15.40a | 38.00±5.06a | 33.40±4.87a |
| SA2 | 42.40±5.95a | 52.00±9.84a | 47.00±7.19a |
| SA3 | 45.20±4.14a | 47.60±8.50a | 27.83±10.56a |
| SA4 | 69.80±9.33a | 32.00±7.20a | 33.60±3.53a |
| SA5 | 41.60±2.73a | 39.40±3.60a | 38.00±7.22a |
| CK | 46.35±4.27a | 38.48±3.57a | 39.56±5.48a |

## 四、生殖枝数量

不同处理下主要植物种群生殖枝数量见表 5-37，短花针茅生殖枝数量在不同处理下无显著性差异（$P>0.05$），SA2、SA4 处理下有较多的生殖枝数量。碱韭的生殖枝数量在 SA1、SA2 和 CK 处理下显著多于 SA3、SA4 和 SA5 处理（$P<0.05$），SA3 处理下最少，为 4.20 株/m$^2$；SA1、SA2 和 CK 处理之间无显著性差异（$P>0.05$），SA3、SA4 和 SA5 处理之间也无显著性差异（$P>0.05$）。

**表 5-37　不同放牧强度对主要植物种群生殖枝数量的影响**　（单位：株/m$^2$）

| 处理 | 短花针茅 | 碱韭 | 无芒隐子草 |
| --- | --- | --- | --- |
| SA1 | 16.80±3.71a | 11.80±2.90a | — |
| SA2 | 18.80±3.15a | 12.00±1.79a | — |
| SA3 | 15.80±2.08a | 4.20±0.80b | — |
| SA4 | 18.40±3.67a | 4.40±1.66b | — |
| SA5 | 13.40±3.53a | 5.00±1.90b | — |
| CK | 17.60±3.25a | 8.40±1.27a | — |

## 五、营养枝数量与生殖枝数量的比例

方差分析表明，短花针茅营养枝数量与生殖枝数量的比例在各个处理之间无显著差异（$P>0.05$），从表 5-38 可以看出短花针茅的营养枝数量与生殖枝数量的比例随着放牧强度的增加有减少的趋势，这是植物对环境的适应性调节，通过增加生殖枝的枝条数量来提高短花针茅在群落中的比例。碱韭营养枝数量和生殖枝数量的比例在 SA5 处理显著高于 SA1 和 SA2 处理（$P<0.05$），碱韭在 SA5 处理下营养枝数量占株丛的比例较其他 4 个放牧处理高，在重度放牧下碱韭的营养枝与生殖枝数量的比例较高。

**表 5-38　不同放牧强度下主要植物种群营养枝数量与生殖枝数量的比例**

| 处理 | 短花针茅（营养枝数量/生殖枝数量） | 碱韭（营养枝数量/生殖枝数量） |
| --- | --- | --- |
| SA1 | 5.17±3.82a | 4.03±3.02b |
| SA2 | 2.65±1.83a | 4.63±1.87b |
| SA3 | 3.04±1.08a | 10.46±3.21ab |
| SA4 | 4.64±2.63a | 10.19±6.64ab |
| SA5 | 4.30±2.93a | 12.70±8.82a |
| CK | 4.58±2.15a | 6.59±2.36ab |

## 六、短花针茅分蘖节分布深度

从图 5-1 中可以看出短花针茅在 SA3 处理下分蘖节分布最浅，为 2.18cm，CK 处理分蘖节分布最深，为 2.47cm。

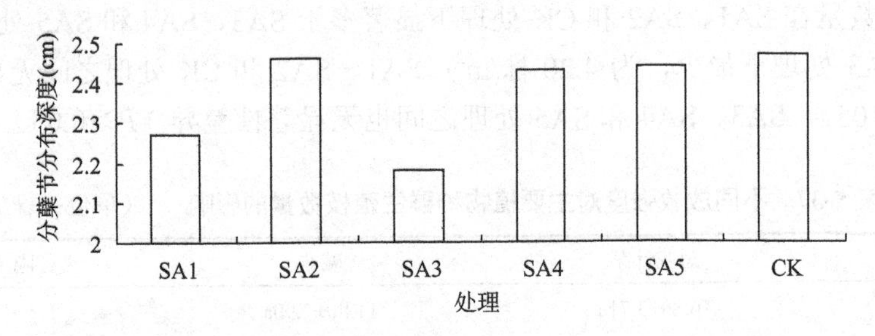


图 5-1 短花针茅分蘖节分布深度

除无芒隐子草生殖枝高度外，短花针茅、碱韭和无芒隐子草的营养枝与生殖枝高度在春季休牧+夏季重牧+秋季轻牧及春季休牧+夏季适牧+秋季重牧处理条件下整体上较其他处理区高，说明春季休牧+夏季重牧+秋季轻牧、春季休牧+夏季适牧+秋季重牧处理对群落高度影响较小。在全年重度放牧处理下短花针茅、碱韭和无芒隐子草的营养枝与生殖枝高度均最低。在春季休牧的处理下短花针茅和碱韭的营养枝数与生殖枝数整体上较其他处理高，说明春季休牧条件下植物能够保持很好的生长状态。春季休牧+夏季重牧+秋季轻牧处理下短花针茅营养枝数量高于春季休牧+夏季适牧+秋季重牧处理，生殖枝数却有相反的变化趋势。碱韭在春季休牧+夏季重牧+秋季轻牧处理下营养枝数和生殖枝数较春季休牧+夏季适牧+秋季重牧处理低。在全年重度放牧下短花针茅营养枝数量与生殖枝数量的比例较低，重度放牧增加了生殖枝的数量，这是短花针茅对重度放牧的适应性调节。碱韭与短花针茅有不同的变化趋势，表现为在重度放牧下营养枝数量增加，但是春季休牧、夏秋季放牧的处理下生殖枝数量增加现象尤为突出，说明春季休牧能够增加碱韭生殖生长的比例。这个结论有待进一步进行试验验证。短花针茅分蘖节分布深度表现为随着放牧强度的增加而变浅，这与牲畜对土壤的践踏有很大的关系。

# 第三节 主要植物种群生态位

生态位（niche）是现代生态学的重要理论之一，生态位研究在理解群落结构和功能、群落内物种间关系、生物多样性、群落动态演替及种群进化等方面有重要的作用，因此在植物群落研究中得到了广泛的应用。

张继义等（2003）从数学的角度把生态位理解为一种在群落中生存状态的总和。20 世纪 60 年代，生态位理论研究主要集中在动物种群在环境中对资源的利用方面（杜道林等，1997）。20 世纪 70 年代以后，科学家把研究目标转移到了植物种群方面，Abrams（1987）认为物种在群落中利用资源的状况反映了种群间的相互关系，种群间生态位的分化能使不同植物在不同资源水平上利用环境资源，降低种间竞争，使物种能够共存。1990 年我国学者对生态位理论有了更进一步的阐述，他们把物种所处的时间和空间加入了生态位的概念中（刘建国和马世骏，1990）。

随着人们对生态位的进一步认识，人们对生态位的理解也更加深刻。生态位理论由两个方面组成，即生态位宽度和生态位重叠。植物种群在外界环境的影响下以一定方式组合成植物群落，植物群落生态特性在不同的环境梯度上表现出一定的变化规律，如群落中物种组成变化、优势种的地位等（Whittaker，1967；Whittaker et al.，1973）。

## 一、生态位宽度指数

生态位是生态学研究中最活跃的领域之一，被广泛应用在生物多样性保护、群落演替等研究中。Levins 生态位宽度指数主要是依据植物种群 $i$ 在第 $j$ 个资源状态下的个体数占该种所有个体数的比例计算得来的。不同放牧处理下 8 个出现频率较高的植物种群的 Levins 生态位宽度指数见表 5-39。从表 5-39 中可以看出短花针茅、无芒隐子草和碱韭的 Levins 生态位宽度指数较高，在不同处理下 Levins 生态位宽度指数有所差别。短花针茅 Levins 生态位宽度指数为 SA4＞SA1＞SA2＞SA3＞SA5＞CK。无芒隐子草 Levins 生态位宽度指数在 SA3 处理下最小，为 0.69；SA1 和 SA5 处理下最大，均为 0.88。碱韭 Levins 生态位宽度指数在 SA5 处理下最大，为 0.87；CK 处理下最小，为 0.75。银灰旋花 Levins 生态位宽度指数在 SA4 处理下最高，为 0.81。一年生植物栉叶蒿的 Levins 生态位宽度指数也较高，SA3 和 CK 处理下较高，为 0.74 和 0.72。生态位总宽度为碱韭＞无芒隐子草＞短花针茅＞银灰旋花＞栉叶蒿＞茵陈蒿＞狭叶锦鸡儿＞猪毛菜。各植物种群的 Levins 生态位宽度指数详见表 5-39。

植物种群的 Smith 生态位宽度指数见表 5-40，从表 5-40 中看出短花针茅在 SA1 处理下 Smith 生态位宽度指数最大，为 1.36。无芒隐子草和碱韭的 Smith 生态位宽度指数在 CK 处理下最大，为 1.77 和 1.75。银灰旋花 Smith 生态位宽度指数在 SA5 和 CK 处理下较高，分别为 1.90 和 1.72。

表 5-39 植物种群的 Levins 生态位宽度指数

| 植物名称 | 短花针茅 | 无芒隐子草 | 狭叶锦鸡儿 | 碱韭 | 银灰旋花 | 茵陈蒿 | 猪毛菜 | 栉叶蒿 |
|---|---|---|---|---|---|---|---|---|
| SA1 | 0.81 | 0.88 | 0.38 | 0.78 | 0.45 | 0.19 | 0.19 | 0.65 |
| SA2 | 0.76 | 0.70 | 0.42 | 0.82 | 0.52 | 0.46 | 0.42 | 0.47 |
| SA3 | 0.74 | 0.69 | 0.10 | 0.78 | 0.53 | 0.19 | 0.07 | 0.74 |
| SA4 | 0.86 | 0.76 | 0.25 | 0.83 | 0.81 | 0.41 | 0.19 | 0.44 |
| SA5 | 0.65 | 0.88 | 0.24 | 0.87 | 0.71 | 0.34 | 0.17 | 0.49 |
| CK | 0.54 | 0.74 | 0.43 | 0.75 | 0.57 | 0.43 | 0.26 | 0.72 |
| 生态位总宽度 | 1.79 | 1.91 | 0.80 | 1.97 | 1.50 | 0.87 | 0.59 | 1.46 |

表 5-40 植物种群的 Smith 生态位宽度指数

| 植物名称 | 短花针茅 | 无芒隐子草 | 狭叶锦鸡儿 | 碱韭 | 银灰旋花 | 茵陈蒿 | 猪毛菜 | 栉叶蒿 |
|---|---|---|---|---|---|---|---|---|
| SA1 | 1.36 | 1.17 | 0.88 | 1.64 | 1.08 | 0.45 | 0.47 | 2.52 |
| SA2 | 0.88 | 1.15 | 0.79 | 1.22 | 1.28 | 0.69 | 1.60 | 2.42 |
| SA3 | 0.96 | 1.36 | 0.27 | 1.67 | 1.54 | 0.50 | 0.28 | 2.33 |
| SA4 | 0.88 | 1.22 | 0.63 | 1.49 | 1.65 | 0.63 | 0.35 | 2.49 |
| SA5 | 0.83 | 1.30 | 0.52 | 1.28 | 1.90 | 0.52 | 0.62 | 2.47 |
| CK | 0.85 | 1.77 | 0.72 | 1.75 | 1.72 | 0.77 | 1.04 | 1.54 |
| 生态位总宽度 | 2.39 | 3.29 | 1.63 | 3.72 | 3.81 | 1.48 | 2.11 | 5.68 |

## 二、生态位重叠指数

Levins 生态位重叠指数代表种 $i$ 的资源利用曲线与种 $k$ 的资源利用曲线的重叠程度。植物种群之间的 Levins 生态位重叠指数见表 5-41，短花针茅和无芒隐子草的 Levins 生态位重叠指数在各放牧处理下有所差异，变动范围为 0.438～0.745，CK 处理下最小，SA4 处理下最大。短花针茅和碱韭 Levins 生态位重叠指数变动范围为 0.522～0.862；CK 处理下最小，为 0.522；SA3 处理下最大，为 0.862。无芒隐子草和短花针茅的 Levins 生态位重叠指数在 SA5 处理下最大，为 0.781；SA3 和 CK 处理下最小，为 0.604。无芒隐子草和碱韭 Levins 生态位重叠指数在 SA5 处理下最大，为 0.961；SA3 处理下最小，为 0.659。碱韭和短花针茅 Levins 生态位重叠指数在 SA3 处理下最大，为 0.903；SA1 处理下最小，为 0.700。碱韭和无芒隐子草 Levins 生态位重叠指数在 SA2 处理下最大，为 0.984；SA3 处理下最小，为 0.742。

**表 5-41　不同放牧强度处理下各植物种群之间的 Levins 生态位重叠指数**

| 处理 | 物种 | 短花针茅 | 无芒隐子草 | 狭叶锦鸡儿 | 碱韭 | 银灰旋花 | 茵陈蒿 | 猪毛菜 | 栉叶蒿 |
|---|---|---|---|---|---|---|---|---|---|
| SA1 | 短花针茅 | | 0.712 | 0.672 | 0.724 | 0.533 | 0.423 | 0.406 | 0.859 |
| | 无芒隐子草 | 0.771 | | 0.92 | 0.944 | 1.052 | 1.259 | 1.074 | 0.845 |
| | 狭叶锦鸡儿 | 0.316 | 0.399 | | 0.305 | 0.534 | 0.865 | 0.943 | 0.191 |
| | 碱韭 | 0.7 | 0.842 | 0.626 | | 0.793 | 0.701 | 0.789 | 0.909 |
| | 银灰旋花 | 0.298 | 0.543 | 0.635 | 0.459 | | 1.096 | 0.93 | 0.369 |
| | 茵陈蒿 | 0.1 | 0.275 | 0.435 | 0.172 | 0.464 | | 0.4 | 0.068 |
| | 猪毛菜 | 0.096 | 0.235 | 0.474 | 0.193 | 0.394 | 0.4 | | 0.053 |
| | 栉叶蒿 | 0.688 | 0.625 | 0.326 | 0.754 | 0.529 | 0.23 | 0.179 | |
| SA2 | 短花针茅 | | 0.661 | 0.493 | 0.66 | 0.555 | 0.619 | 0.45 | 1.079 |
| | 无芒隐子草 | 0.614 | | 0.536 | 0.849 | 0.861 | 1.131 | 0.616 | 0.549 |
| | 狭叶锦鸡儿 | 0.272 | 0.318 | | 0.458 | 0.704 | 0.359 | 0.832 | 0.105 |
| | 碱韭 | 0.711 | 0.984 | 0.893 | | 1.008 | 1.095 | 0.874 | 0.576 |
| | 银灰旋花 | 0.38 | 0.634 | 0.873 | 0.641 | | 0.804 | 0.705 | 0.218 |
| | 茵陈蒿 | 0.38 | 0.747 | 0.4 | 0.624 | 0.722 | | 0.457 | 0.264 |
| | 猪毛菜 | 0.249 | 0.368 | 0.836 | 0.45 | 0.571 | 0.412 | | 0.096 |
| | 栉叶蒿 | 0.675 | 0.37 | 0.119 | 0.335 | 0.2 | 0.269 | 0.108 | |
| SA3 | 短花针茅 | | 0.649 | 0.808 | 0.862 | 0.798 | 0.703 | 0.673 | 0.851 |
| | 无芒隐子草 | 0.604 | | 0.883 | 0.659 | 0.73 | 0.838 | 0.917 | 0.655 |
| | 狭叶锦鸡儿 | 0.107 | 0.126 | | 0.06 | 0.125 | 0 | 1.176 | 0.078 |
| | 碱韭 | 0.903 | 0.742 | 0.475 | | 0.65 | 0.652 | 0.366 | 0.852 |
| | 银灰旋花 | 0.575 | 0.565 | 0.679 | 0.447 | | 0.834 | 0.808 | 0.652 |
| | 茵陈蒿 | 0.185 | 0.237 | 0 | 0.164 | 0.304 | | 0 | 0.173 |
| | 猪毛菜 | 0.061 | 0.089 | 0.8 | 0.031 | 0.101 | 0 | | 0.06 |
| | 栉叶蒿 | 0.847 | 0.701 | 0.586 | 0.809 | 0.901 | 0.655 | 0.668 | |
| SA4 | 短花针茅 | | 0.745 | 0.777 | 0.799 | 0.764 | 0.878 | 0.661 | 1.036 |
| | 无芒隐子草 | 0.663 | | 0.86 | 0.862 | 0.887 | 0.831 | 1.358 | 0.527 |
| | 狭叶锦鸡儿 | 0.224 | 0.278 | | 0.296 | 0.284 | 0.399 | 0.037 | 0.027 |
| | 碱韭 | 0.77 | 0.934 | 0.991 | | 0.96 | 0.919 | 0.913 | 0.485 |
| | 银灰旋花 | 0.724 | 0.944 | 0.935 | 0.944 | | 0.854 | 1.01 | 0.541 |
| | 茵陈蒿 | 0.416 | 0.442 | 0.657 | 0.451 | 0.427 | | 0.693 | 0.18 |
| | 猪毛菜 | 0.148 | 0.342 | 0.029 | 0.212 | 0.239 | 0.328 | | 0.105 |
| | 栉叶蒿 | 0.533 | 0.305 | 0.049 | 0.259 | 0.294 | 0.195 | 0.241 | |
| SA5 | 短花针茅 | | 0.573 | 0.636 | 0.541 | 0.581 | 0.415 | 0.276 | 0.913 |
| | 无芒隐子草 | 0.781 | | 0.982 | 0.961 | 1.002 | 1.092 | 1.291 | 0.612 |
| | 狭叶锦鸡儿 | 0.233 | 0.264 | | 0.312 | 0.332 | 0.416 | 0.388 | 0.08 |

续表

| 处理 | 物种 | 短花针茅 | 无芒隐子草 | 狭叶锦鸡儿 | 碱韭 | 银灰旋花 | 茵陈蒿 | 猪毛菜 | 栉叶蒿 |
|---|---|---|---|---|---|---|---|---|---|
| SA5 | 碱韭 | 0.727 | 0.949 | 1.144 | | 0.967 | 1.057 | 1.172 | 0.604 |
| | 银灰旋花 | 0.638 | 0.808 | 0.994 | 0.789 | | 0.959 | 0.798 | 0.382 |
| | 茵陈蒿 | 0.219 | 0.424 | 0.602 | 0.416 | 0.462 | | 1.058 | 0.111 |
| | 猪毛菜 | 0.074 | 0.253 | 0.283 | 0.232 | 0.194 | 0.533 | | 0.025 |
| | 栉叶蒿 | 0.683 | 0.337 | 0.163 | 0.336 | 0.26 | 0.158 | 0.07 | |
| CK | 短花针茅 | | 0.438 | 0.373 | 0.522 | 0.591 | 0.277 | 0.333 | 0.63 |
| | 无芒隐子草 | 0.604 | | 0.814 | 0.794 | 0.801 | 1.023 | 0.993 | 0.658 |
| | 狭叶锦鸡儿 | 0.301 | 0.477 | | 0.449 | 0.463 | 0.296 | 0.143 | 0.319 |
| | 碱韭 | 0.732 | 0.806 | 0.778 | | 0.776 | 0.765 | 0.799 | 0.889 |
| | 银灰旋花 | 0.622 | 0.611 | 0.602 | 0.582 | | 0.398 | 0.676 | 0.557 |
| | 茵陈蒿 | 0.22 | 0.587 | 0.29 | 0.432 | 0.3 | | 0.985 | 0.43 |
| | 猪毛菜 | 0.159 | 0.343 | 0.084 | 0.271 | 0.306 | 0.592 | | 0.354 |
| | 栉叶蒿 | 0.841 | 0.637 | 0.527 | 0.847 | 0.707 | 0.725 | 0.994 | |

生态位理论在植物群落研究中发挥着越来越重要的作用，通过植物种生态位宽度和生态位重叠指数的计算，能够更好地把物种种内和种间的竞争反映出来，有利于更加深入地理解种群在群落中的地位和作用（袁志忠和何丙辉，2004）。本研究表明短花针茅、无芒隐子草和碱韭的 Levins 生态位宽度指数较其他植物高，说明群落优势种的生态位宽度较伴生种和大多数一、二年生植物种高，并且在不同处理下短花针茅、无芒隐子草和碱韭的 Levins 生态位宽度指数与对照区相比分化程度有所不同，是因为不同的物种对放牧的响应不同，有些植物较耐牧，有些植物耐牧性较差，这与汪诗平（1998）对内蒙古典型草原群落的研究结果基本一致。建群种对群落的生境条件和物种组成起着决定性作用，对资源的利用能力较强（陈波和周兴民，1995）。随着放牧强度的增加，家畜的过度采食导致优势植物种的竞争力降低，从而导致生态位宽度增加。生态位越宽的物种，特化程度就越弱，该物种就更倾向于成为泛化种，对资源具有更强的竞争力，特别是在空间资源有限的情况下；相反，物种生态位越窄，其特化程度就越强，物种更倾向于成为特化种（骆东玲和陈林美，2003）。所以短花针茅、无芒隐子草和碱韭属于泛化种。

对生态位重叠指数的研究表明，禁牧区主要植物种群间的生态位重叠指数较放牧区低，这说明长期的群落物种自然竞争导致物种形成一种稳定机制，物种各自都占据了一定的生态位，生态位之间的重叠度较低。然而放牧释放了原来植物种所占据的时间和空间，使得原来的生态位移动，群落中空间资源相对增加，物种空间中存在剩余资源，物种之间为了争夺剩余资源导致生态位重叠指数增大。

短花针茅和碱韭的生态位重叠指数在春季重牧+夏季重牧+秋季重牧处理下最大，说明放牧使得短花针茅和碱韭对相同资源的竞争加剧；而短花针茅和无芒隐子草的生态位重叠指数在重度放牧区较小，说明短花针茅和无芒隐子草对环境资源需求的相似性较低，短花针茅和无芒隐子草对主要资源的需求不同。碱韭和无芒隐子草的生态位重叠指数在春季重牧+夏季重牧+秋季重牧处理下最小，说明碱韭和无芒隐子草对相同空间资源的需求存在着差异。植物种群之间的生态位重叠指数越大，表明两个植物种群越具有相似的资源利用方式。短花针茅和碱韭相似的资源利用导致它们之间存在较强的竞争关系。

## 第四节　放牧强度季节调控对种群空间分布格局的影响

空间格局（spatial pattern）是指在环境因子的综合作用下空间中种群的分布关系。目前生态学家对空间格局进行了大量的研究，植物在种群、群落和景观等尺度下均表现出一定的规律性（张金屯，2004）。若以尺度大小来划分，空间格局可分为个体的、种群的、群落的及全球范围内的格局（Kershaw and Looney，1985）。种群空间格局的影响因素较多，主要是物种的初始分布格局、光照、气候条件及物种生物学特征等综合作用的结果（Moeur，1993），既能够反映物种在干扰的影响下为了适应环境所作出的选择，也能反映物种在空间上的相互关系（孙伟中和赵士洞，1997；刘健和陈平留，1996）。种群的空间格局是由多方面的影响形成的一个稳定的种群组合，这种格局的形成是由种内和种间关系、干扰、环境因素的空间差异等因素综合作用的结果（Jeltseh et al.，1999；Wiegand and Moloney，2004）。因此可以说空间格局分析是揭示生态学发展过程的重要手段之一（Greig-Smith，1984；Liebhold and Gurevitch，2002）。

空间格局是植物在空间中排列的基本特征，对于种群空间格局的研究能够揭示种群发展的生态过程和它们与环境的相互影响及制约关系（阳含熙等，1985；Dale，1999）。目前植物种群空间格局研究的两个主要内容是判定种群的空间分布类型和空间关联性（张金屯，2004）。种群的空间分布类型和空间关联性的生态学意义是一致的，都是种群自身与环境生态关系在空间格局上的表现形式。按照种群中个体的聚集程度和方式植物种群的空间分布可划分为 3 种分布类型，即均匀分布（uniform distribution）、随机分布（random distribution）和聚集分布（aggregated distribution），这 3 种分布类型是种群特征和环境特征的反映（张金屯，2004）。随机分布是指植物种群个体之间互不影响，一个个体的存在不影响别的个体的分布，植物种群个体在群落中出现的概率是相等的；均匀分布（规则分布）是指植物种群的每一个个体在群落中等距离出现；聚集分布（集群分布）是指植物种群在群落中聚集在一起生长，形成好多大小不一的斑块，是成群分布的一种形式。

自然条件下，种群的空间分布格局很少有均匀分布的，大部分是聚集分布。种群的分布格局不仅受到环境因子的影响，同时种间和种内的相互关系也能影响种群的分布格局。种群的空间关联也有3种表现形式，即空间正关联、空间负关联和空间无关联。聚集分布和空间正关联体现了种群内部相互促进的生态关系，均匀分布和空间负关联体现了种群内部相互排斥的生态关系，随机分布和空间无关联表示种群内部物种之间无相互促进或排斥的作用（Philips and Macmahon，1981；Brisson and Reynolds，1994）。

植物种群的空间格局目前已成为生态学研究的热点问题之一，但是空间格局的分析大多在较大尺度上，宏观层面上种群格局的研究不能很好地揭示种群在微观尺度上的种间、种内关系；种群点格局分析法以点图为基础，能够分析小尺度下的种间关系和种群分布方式，进而揭示种群空间结构等方面的特征（张金屯和孟东平，2004；Gray and He，2009）。空间点格局分析，是把空间中的每一个植物看作空间中的一个点，通过计算点与点之间的距离来分析种群空间格局的数量特征；点格局分析的优点是能够获得较为全面的空间尺度信息，并且能够分析空间尺度与分布方式的对应关系，从而为空间格局分析提供便利（张金屯，1995a；程占红和张金屯，2002）。点格局分析的缺点是需要确定样方中所有个体的空间位置，比较费时，另外点格局分析中尺度较小，空间异质性对点格局的影响不明显，但是环境中土壤、地形等环境的差异能够影响空间的格局（张健等，2007；赵常明等，2004）。目前植物种群多尺度空间格局和物种间空间关联性的研究大量采用Ripley's *K* 函数（Salas et al.，2006；李明辉等，2005）。自 Watt 于 1947 年发表《植物群落的格局与过程》的开创性论文以来，关于植被格局的研究主要集中在格局与过程的关系方面，如今生态学家普遍认为空间结构影响着群落动态（Watt，1947；Purves and Law，2002）。目前对点格局已经有了很多研究，陈宝瑞等（2010）对不同干扰类型下羊草种群的空间格局进行了研究，发现在不同尺度的羊草草地种群的分布类型表现不一致，羊草种群在较小尺度上表现为聚集分布，在较大尺度上表现为均匀分布。张金瑞等（2013）研究了3种典型立地的荆条（*Vitex negundo*）及种间空间点格局，结果表明荆条空间分布格局整体为随机分布。赵成章等（2011）分析了阿尔泰针茅（*Stipa krylovii*）种群的小尺度点格局，结果表明不同退化程度草地中阿尔泰针茅在不同的尺度上分布方式有所不同，在未退化草地中阿尔泰针茅在0～64cm尺寸上为均匀分布，在64～100cm尺度上为随机分布；轻度退化和重度退化草地阿尔泰针茅种群在0～100cm尺度上均为随机分布。张金屯（2004）对华北落叶松林不同龄级立木的点格局进行了分析，结果表明不同龄级华北落叶松密度差异较大，高龄级的密度较大；华北落叶松不同龄级集群分布比较明显，集群特征随着龄级的增加有更明显的趋势。杨洪晓等（2006）通过研究油蒿（*Artemisia ordosica*）种群的点格局，发现空间尺度、植株形体大小等影响着油蒿种群的空间分布格局和空间关联性，油蒿种群的空间分布格局和空间关联性同空间尺度、植株形体大小及生境3种因素有密切联系；不同尺度上种群的空间排布方式是不同的，在小尺度上油蒿种群的排布更倾向于非随机排布，个体间具有较强的空间关联；当空间尺度大于临界值后，油蒿种群表现为随机分布，空间关联消失；幼小植株集群分布趋势较为明显，高大植株则表现出聚集强度降低的趋势，植株间的形体差异越大，植株间的负相关关系越强。种群空间格局的形成与生态过程存在着密切的联系，种群在空间中分布格局的形成机制可以通过种群空间格局的分析加以解释（Leps，1990；Wiegand et al.，2007）。在自然条件下，种群呈现聚集分布的原因可能是种群开花结实或者营养繁殖在其周围产生新个体，或者生境异质性引起种群聚集生长（Stoll and Prati，2001）。

## 一、短花针茅空间分布格局

短花针茅的点格局在不同放牧干扰下存在着差异（图5-2，图5-3），在CK处理中，0～250cm尺度上短花针茅存在着两种分布格局，即随机分布和集群分布。在0～25cm、70cm、110～250cm尺度上都是随机分布，在30～65cm、75～105cm尺度上是集群分布，聚集强度在35cm尺度上最大。SA1处理下在0～25cm是随机分布，30～250cm尺度上是集群分布，并且随着尺度的增加，聚集强度呈波浪式增加。SA2处理0～60cm、70cm尺度上是随机分布，65、75～250cm尺度上是集群分布，且聚集强度呈增加趋势。SA3处理下，随着尺度的增加，分布方式为

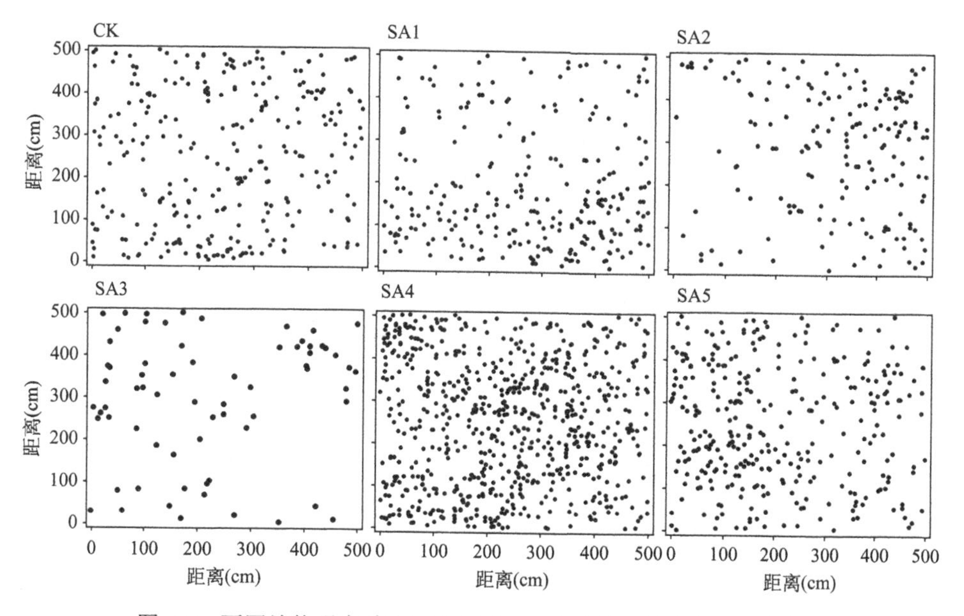


图5-2　不同放牧强度季节调控处理下短花针茅种群个体分布位点图

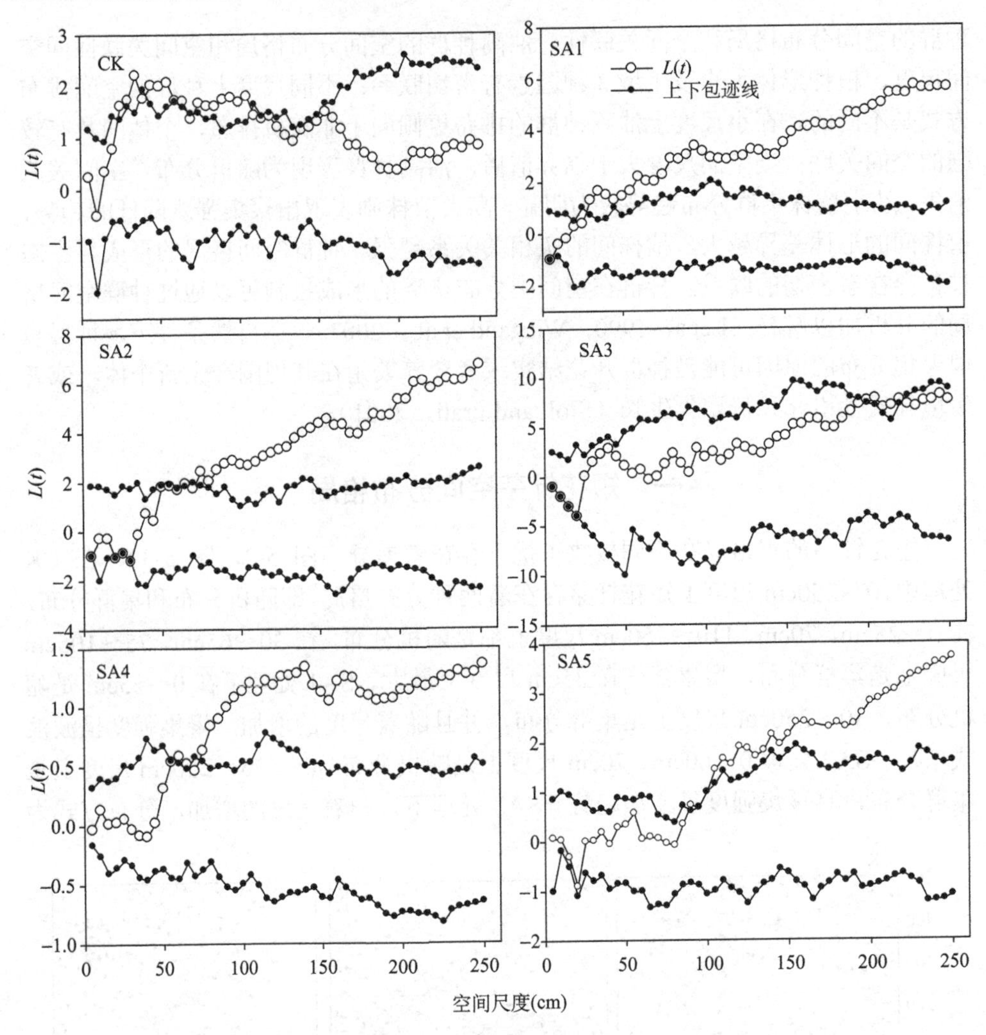


图 5-3　不同放牧强度季节调控处理下短花针茅点格局分析

随机分布—集群分布—随机分布，在 0～195cm 尺度上均为随机分布，200～220cm 尺度上为集群分布，225～250cm 为随机分布。SA4 处理下，短花针茅先为随机分布，然后变为集群分布，0～55cm、70cm 为随机分布，60～65cm、75～250cm 均为集群分布，聚集强度在 140cm 处达到一个小高峰，然后聚集强度稍微下降，然后再次增加，250cm 尺度上聚集强度最大。SA5 处理下，种群空间格局也是先为随机分布然后变为集群分布，在 0～85cm 尺度上为随机分布，在 90～250cm 尺度上均为集群分布。

短花针茅在不同放牧处理下点格局分布类型有所不同，在不同的尺度上种群的分布类型有所差别，表现为较小尺度上为随机分布，然后随着尺度的增加变为集群分布，但是在禁牧和全年重度放牧下种群的分布格局有所差别，种群分布格局为随机分布—集群分布—随机分布类型。全年重度放牧处理下短花针茅在 0～195cm 尺度上均表现为随机分布，随机分布的尺度较其他放牧处理大，全年重度放牧使得较大尺度上才出现集群分布现象，其他放牧处理在较小尺度上就表现为集群分布，物种分布就表现出了斑块性。物种在自然界分布的斑块性是一种很普遍的现象，根据景观格局的不同形成的斑块大小也不一致，但是它们互相镶嵌在一起，斑块在物种分布格局和生态过程中起着物质交换与能量流动载体的作用。造成这种现象的原因可能是物种在重度干扰下种群的板块破裂，逐渐向小型化发展。赵成章等（2011）对阿尔泰针茅种群格局的研究表明，阿尔泰针茅在群落中发挥作用的基本生态学单元是斑块，阿尔泰针茅种群向有利的方向发展还是衰退主要受到斑块破碎程度的影响。白永飞（2002）对针茅属植物的研究表明，针茅属植物的株丛在水平上的动态表现为枝条自疏现象和株丛的破碎；针茅属植物自疏表现为针茅属植物随着时间的增加中央枝条先衰老后死亡，然后随着死亡枝条的增加，株丛被分割成几个“岛”状的片段，使得株丛被分割成几个部分。通过对短花针茅点格局的分析可以得出，植被的空间竞争与家畜的过度采食及践踏导致种群分布从集群分布向随机分布过渡，草地禁牧使得植物种内为争夺各种资源而互相排斥，从而导致植物种群从集群分布逐渐向随机分布过渡；家畜的过度采食与践踏虽然能够减少种群为争夺资源而互相竞争，但是物理作用使得群落逐渐从大株丛向小株丛过渡。春季休牧+夏季重牧+秋季轻牧处理下 0～25cm 是随机分布，春季休牧+夏季适牧+秋季重牧处理在 0～60cm、70cm 尺度上是随机分布，春季重牧+夏季重牧+秋季轻牧处理下 0～55cm、70cm 为随机分布，全年轻牧处理下在 0～85cm 尺度上为随机分布，全年重牧处理下 0～195cm 尺度上均为随机分布。这说明随着放牧强度的增大或者是持续放牧的影响，随机分布尺度整体上在逐渐增大，物种在更大的尺度上才可能表现为集群分布。

## 二、无芒隐子草空间分布格局

无芒隐子草的空间点图及分布格局见图 5-4、图 5-5，从图 5-5 中可以看出无芒隐子草随着空间尺度的增加分布模式大部分表现为随机分布—均匀分布—随机分布—集群分布或者随机分布模式。CK 处理下无芒隐子草在 0～50cm 尺度上表现为均匀分布，55～135cm 尺度上表现为随机分布，140～225cm 尺度上为集群分布，且聚集强度随着尺度的增加而增加，说明无芒隐子草在较小尺度上为均匀分布，在中等尺度上为随机分布，在较大尺度上为集群分布。SA1 处理下 10～70cm 为均匀分布，0～5cm、75～235cm 为随机分布，240～250cm 为集群分布。SA2 处理下 0～10cm 为随机分布，15～40cm 为均匀分布，45～95cm 为随机分布，100～

250cm 为集群分布，聚集强度在 235cm 处达到最大。SA3 处理下 10～85cm 尺度上为均匀分布，0～5cm、90～250cm 尺度上均为随机分布。SA4 处理下，10～75cm 为均匀分布，0～5cm、80～185cm、195～205cm、215～225cm 均为随机分布，190cm 和 210cm 为集群分布。SA5 处理下，10～60cm 尺度上为均匀分布，65～115cm、135cm 为随机分布，120～130cm、140～250cm 为集群分布。

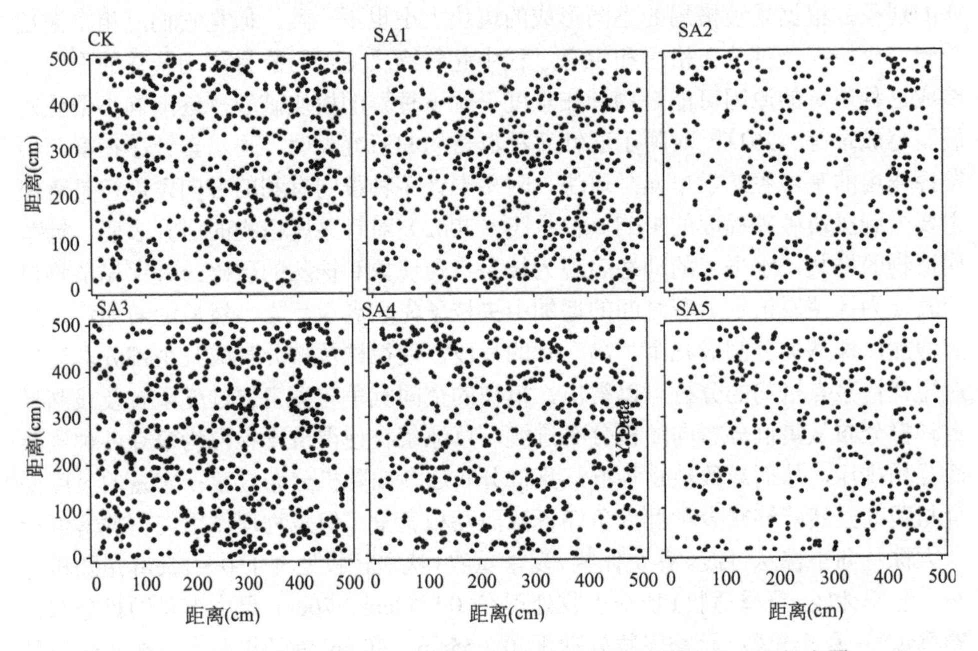


图 5-4　不同放牧强度季节调控处理下无芒隐子草种群个体分布位点图

无芒隐子草和短花针茅的格局分布有很大差别，无芒隐子草分布类型整体上表现为随机分布—均匀分布—随机分布—集群分布或者随机分布，全年重度放牧区均匀分布的尺度最大，其他处理区均匀分布的尺度都小于全年重度放牧处理。这是因为在小尺度上过度放牧下家畜对其他生长较高物种的采食，降低了其他物种对无芒隐子草的竞争，使得无芒隐子草大量生长，种内竞争增加，从而表现出随机分布的特征。王鑫厅等（2013）对羊草+大针茅草原不同恢复演替群落中糙隐子草种群的空间格局进行了研究，得出在严重退化的草地中无芒隐子草种群的关系为正相互作用，体现在格局分布上为嵌套双聚块结构；严重退化草地在恢复过程中，放牧对草地的影响消失，种群之间逐渐变成负相关关系，这种格局变化的关键是放牧胁迫，伴随着放牧胁迫的消失，正相互作用向负相互作用转化。Wang（2000）对羊草再生性的研究表明，家畜对羊草草地的过度采食及践踏，使羊草的克隆生长受到阻碍，进而导致羊草形成斑块的能力减弱。这些研究都说明了放牧

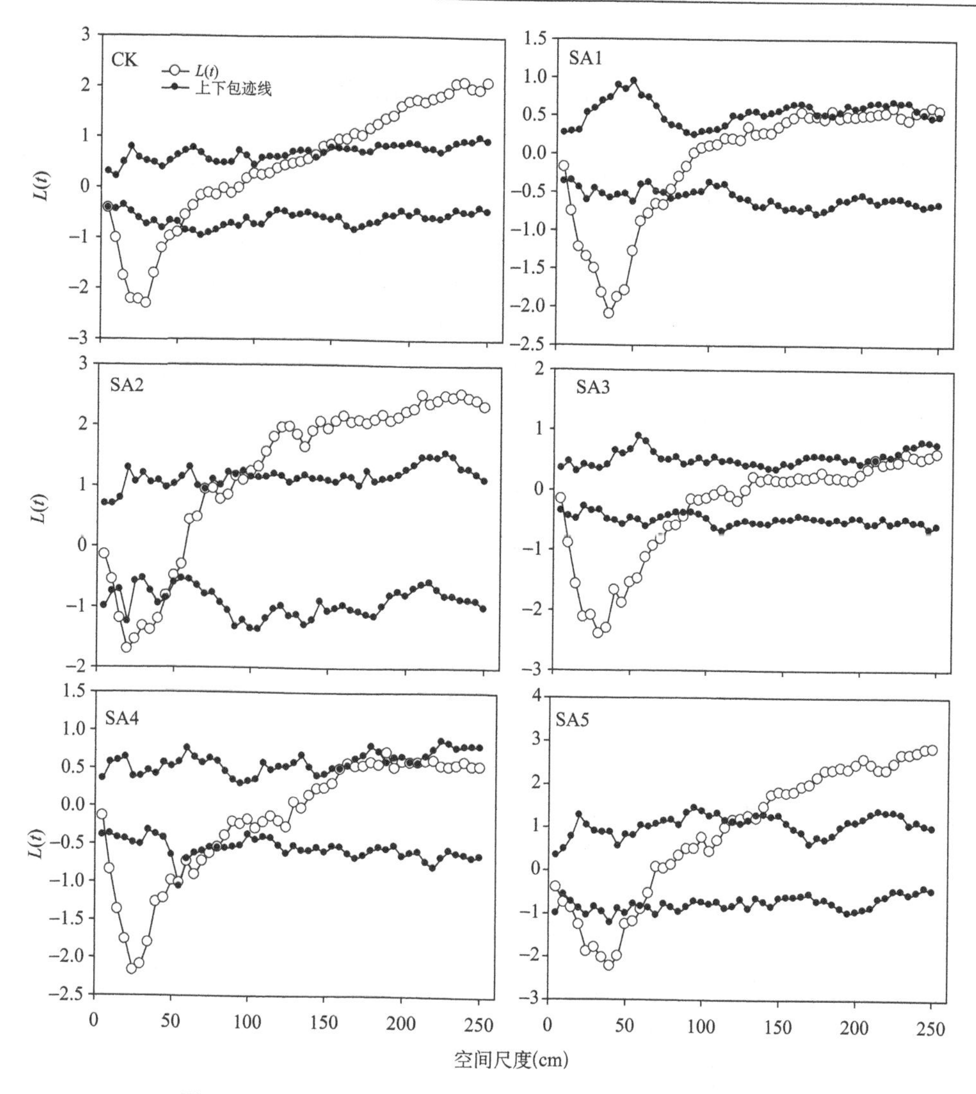


图 5-5　不同放牧强度季节调控处理下无芒隐子草点格局分析

通过影响群落物种的生长状况进而影响种群的生长格局。在点格局研究中，对研究尺度不存在明确的标准，但尺度转换规律是存在的（Levin，1992）。植物种群空间格局转化的转折点分析是尺度分析的目的之一（Peterson and Parker，1998）。本试验得出在不同的放牧处理下，从集群分布向随机分布与从随机分布向均匀分布的尺度转化的临界点是不同的，从图 5-5 中大致可以看出春季重牧+夏季重牧+秋季适牧和全年重度放牧处理下无芒隐子草在较大尺度上才表现为集群分布，尺度转化的临界点在放牧的影响下有增大的趋势。

## 三、碱韭空间分布格局

碱韭的空间点图及格局分布图见图 5-6、图 5-7，CK 处理下，0～170cm 尺度上表现为均匀分布，175～250cm 尺度上为随机分布。SA2 处理下，表现为随机分布—均匀分布—随机分布；0～35cm 尺度上为随机分布，40～100cm 为均匀分布，105～250cm 为随机分布。SA3 处理下，随着尺度的增大，表现为随机分布—均匀分布—随机分布—集群分布模式，0～15cm 分布方式为随机分布，20～45cm 为均匀分布，50～205cm 尺度上为随机分布，210～250cm 尺度上为集群分布。SA4 处理下，0～40cm 尺度上，碱韭分布方式为随机分布，45～115cm、140～155cm 尺度上表现为均匀分布，120～135cm、160～250cm 尺度上表现为随机分布。SA5 处理下，随着尺度的增加分布方式变得较为复杂，在均匀分布和随机分布之间来回变动，0～5cm 尺度上为随机分布，10～55cm 为均匀分布，60cm 为随机分布，65cm 为均匀分布，70～85cm 为随机分布，90～140cm 为均匀分布，145～250cm 为随机分布。

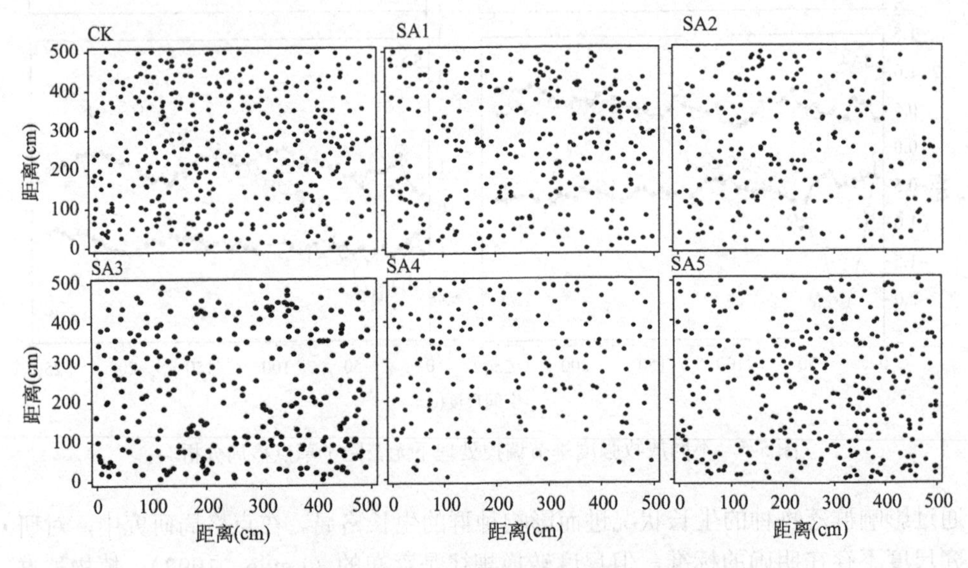


图 5-6　不同放牧强度季节调控处理下碱韭种群个体分布位点图

碱韭的点格局分析表明，碱韭的分布格局主要表现为随机分布—均匀分布—随机分布—随机分布或者集群分布。全年重度放牧下碱韭在较大尺度上表现为集群分布，而其他放牧处理下 250cm 尺度以内没有出现集群分布方式。短花针茅和无芒隐子草对碱韭的影响较小，碱韭种群向有利于自身的方向发展，导致在 210～250cm 尺度上为集群分布。这也是因为放牧降低了短花针茅和无芒隐子草对碱韭

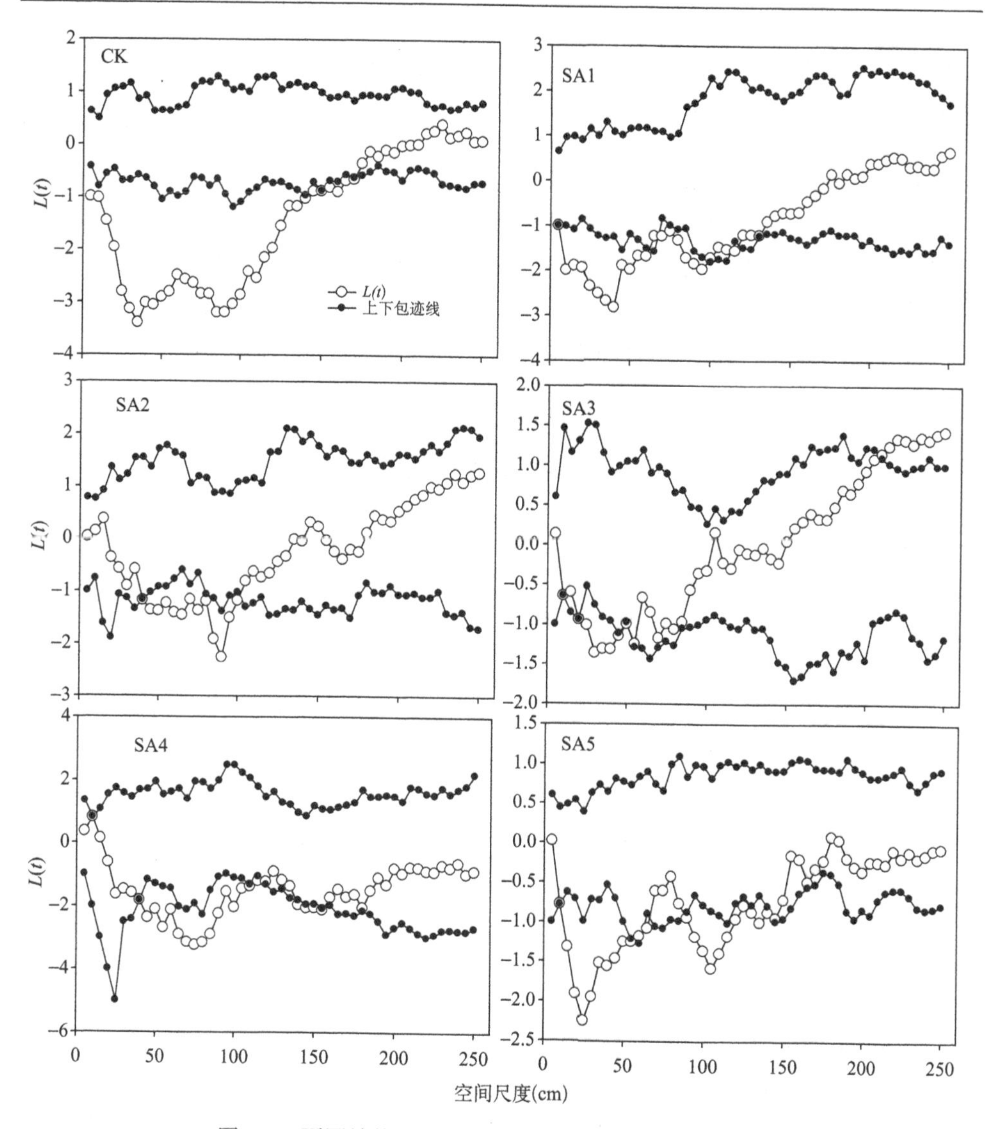


图 5-7　不同放牧强度季节调控处理下碱韭点格局分析

的抑制作用，导致碱韭向着集群分布方式发展。陈宝瑞等（2010）对不同干扰下羊草种群点格局分析表明，放牧增加了家畜对羊草的采食及践踏，阻断了羊草的克隆生长，从而减弱了羊草形成斑块化的能力，这与本研究的结果不一致。这可能是与草地类型和物种的生长繁殖方式有关，羊草主要是根茎繁殖，过度放牧导致物种的根茎繁殖减弱，从而减弱了斑块化的形成。在重度放牧下碱韭为了适应放牧干扰逐渐向集群分布方向发展，提高种群的稳定性以抵御过度的干扰。

通过对主要植物种群点格局分析可以发现放牧处理下短花针茅、无芒隐子草在较小尺度上就能表现出集群分布，而碱韭在 0～250cm 尺度范围内很少出现集群分布现象，集群分布能导致群落斑块化形成，所以短花针茅和无芒隐子草在小尺度上就有许多小斑块，而碱韭斑块一般较大。刘红梅（2011）对短花针茅草原主要植物种群 100m×100m 样方空间异质性的研究表明，短花针茅、无芒隐子草和碱韭表现为斑块镶嵌分布，本研究中随着尺度的增加（0～250cm）短花针茅和无芒隐子草种群从随机分布向集群分布转化，而碱韭则在 0～250cm 尺度上很少有集群分布现象，所以在 0～250cm 不可能形成斑块，但是从点格局分析图中可以看出随着尺度的增加碱韭有向集群分布方式发展的趋势。这也说明空间大尺度的格局是由小尺度格局逐渐积累所导致的结果。

## 四、主要植物种群关联性

主要植物种群关联性见图 5-8，从图 5-8 中可以看出短花针茅和无芒隐子草在不同放牧处理下关联性有一定差别，一般小尺度上表现为无关联或者负关联，在中等尺度上无关联或者正关联。短花针茅和碱韭在小尺度上为正关联或者无关联。无芒隐子草和碱韭在较小尺度上为负关联，较大尺度上无关联。短花针茅和无芒隐子草在 SA3 与 SA5 处理下 0～250cm 尺度内均无关联，短花针茅和碱韭、无芒隐子草和碱韭的关联性见图 5-8。

种群空间格局的形成是个很复杂的过程，是各种因素共同作用的一个复杂的相互影响过程（杨君珑等，2007）。格局的形成过程、种群所处的演替阶段、种群在群落中的数量及人为干扰是造成不同格局类型的重要因素。

点格局的空间关联分析结果是种群空间关系的表象，正负关联特征可能是物种间相互作用的结果，也可能是物种生境趋同或趋异的表现（王伯荪等，1989）。不同的植物种群及种群之间的生态学关系是小尺度上格局形成的主要原因（赵成章等，2010）。本研究表明试验区优势植物种短花针茅、无芒隐子草和碱韭在小尺度上基本上为无关联或负关联，随着尺度的增加主要植物种群之间无关联或正关联。短花针茅和碱韭在春季重牧+夏季重牧+秋季重牧处理下 0～250cm 尺度上均无关联性，春季休牧+夏季重牧+秋季适牧和春季休牧+夏季适牧+秋季重牧处理下短花针茅与碱韭随着尺度的增大表现为正关联，说明这两种放牧方式使草地植物种之间相互促进，种间排布在较大尺度上向斑块化方向发展；过度放牧释放了空间资源，植物种之间对资源的竞争减弱，导致种群随机分布。无芒隐子草和碱韭在较小尺度上表现为负关联，随着尺度的增大种间关联性消失，50～100cm 是负关联向正关联转化的临界点，在放牧的干扰下无芒隐子草和碱韭负关联的尺度有增大的趋势。

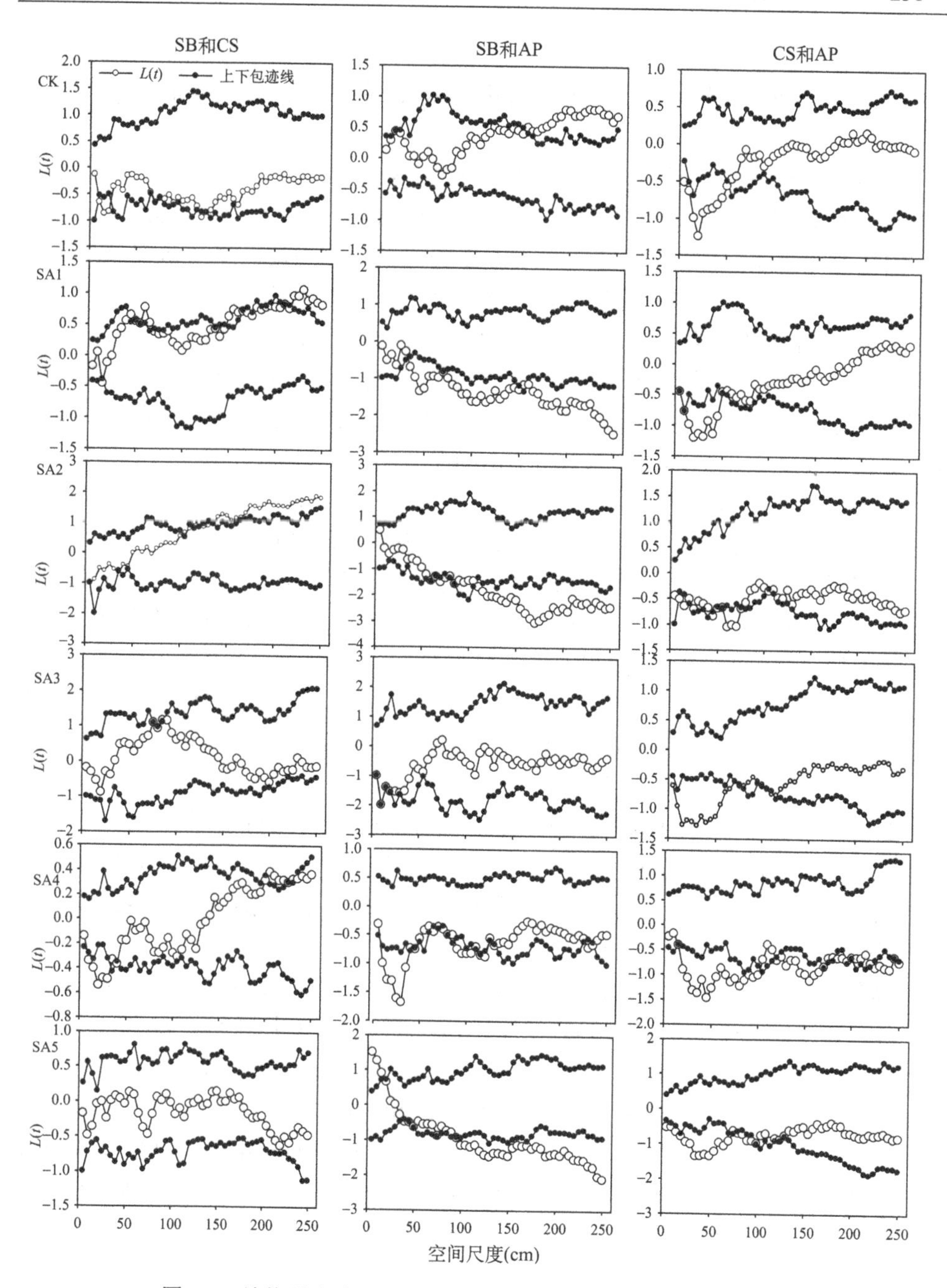


图 5-8　放牧强度季节调控处理下主要植物种群之间关联性研究

SB：短花针茅；CS：无芒隐子草；AP：碱韭

## 第五节 放牧强度季节调控对功能群及群落的影响

生物多样性研究一直是草地生态学研究的热点问题之一。生物多样性的研究目前已成为科学家研究的热点问题之一，人类的活动对生物多样性的影响，以及人类的干扰活动对生物多样性的影响方面的研究成为当前的重要研究领域之一（陈灵芝和钱迎倩，1997）。在生物多样性研究中，人们较多地关注遗传、物种、生态系统3个层次的多样性，通常把物种多样性作为生物多样性的预示值（马克平，1993）。科学家已经深刻地认识到，放牧系统的整体功能很大程度上由生物多样性来决定，并且生态系统的变化很大程度上是由生物多样性的变化引起的（Hooper et al.，2005；Cardinale et al.，2006）。

有关放牧强度对群落多样性的影响，主要有以下3种结论。第一种认为，群落的多样性随着放牧强度的增加而降低（王玉辉等，2002）；第二种认为，可食牧草的生物量随着放牧强度的增加而降低，但是当年放牧群落内物种的组成不受影响（杨志民和符义坤，1997）；第三种则认为，适度放牧不影响群落的多样性（程积民和杜峰，1999），“放牧优化假说”也证明了这一观点。“中度干扰理论”指出，草地群落多样性在不同放牧强度影响下有所不同，群落的多样性在中度放牧强度干扰下有所增加，并且群落的稳定性增加，生物量提高，有利于草地的可持续发展。过度放牧导致群落的结构、功能和种类在许多方面发生退化，群落发生逆向演替。在适度放牧干扰下，群落中的优势植物受到一定的抑制，种间竞争作用减弱，导致群落中优势种和放牧耐受种都能够很好地生长。物种在放牧的影响下生长都受到抑制，耐牧性较低的植物由于家畜的过度干扰而无法开花结实，因此导致物种消失，多样性降低。

研究者在放牧对生物多样性的影响方面已经进行了大量的研究（Cheplick and Quinn，1986；杨持和叶波，1994；杨利民等，1997）。在生物多样性研究的早期，人们主要研究在放牧的影响下群落内生物多样性的变化。研究过程中，食草动物只是被看作影响生物多样性的一个干扰因素，植物群落数量特征、种间关系等受到放牧强度的影响（王德利和王岭，2011）。Tilman 和 Downing（1994）、Tilman 等（1996）研究报道表明，草地的生物多样性在维持草地生产力和草地生态系统稳定性方面发挥着很大的作用。草地物种多样性在适度放牧下有所增加，长期禁牧的草地物种多样性逐渐降低，而且草地的演替进程也被改变（Grace，1999；Humphrey and Patterson，2000；Welch and Scott，1995）；王明君等（2010a）研究了放牧强度对羊草草甸草原群落多样性和生产力的影响，得出α多样性指数在轻度放牧区最大，但是随着放牧强度的增加表现为先增加后降低的趋势，合理放牧能够维持草地的健康状况，健康的草地能够维持草地较高的生物多样性和生产力。

韩大勇等（2011）研究了放牧干扰下群落的演替模式和植被组成，结果表明群落中耐践踏植物随着放牧强度的增加而增加，沼泽植物群落多度及物种丰富度在放牧强度的影响下有较大变化。Biondini 等（1998）研究表明高-矮草混合生长的草地在过度放牧情况下，地上生物量较少，并且物种多样性降低。徐广平等（2005）报道，随着放牧强度的增加群落的丰富度呈下降的趋势，在重度放牧下丰富度显著减少；多样性指数在中牧或重牧阶段达到最大值。刘发央等（2008）对灌丛化草地的多样性进行了研究，得出随着放牧强度的增加群落多样性有降低的趋势。更进一步的研究发现，仅考虑草食动物对草地多样性的影响对于揭示草食动物对放牧的影响具有一定局限性（王德利和王岭，2011）。放牧对草地的影响是一个很复杂的过程，许多因素的综合作用对草地产生影响，如食草动物种类、草地类型、气候和土壤等因素，研究表明食草动物的种类、多度、大小及气候条件等因素都对草地多样性有很大的影响。韩国栋等（2007）研究了短花针茅荒漠草原群落对不同载畜率的响应，结果表明植物多样性指数在不同载畜率水平下随着年度的增加有降低的趋势，草地生产力有相同的变化趋势。朱绍宏等（2006）研究结果表明放牧强度对不同季节牧场多样性的影响有所不同，物种多样性指数在夏季牧场有下降的趋势，在冬季牧场有增加的趋势，丰富度和均匀度有相同的变化趋势。草地的季节差异较大，一般夏季具有较高的生产力，草地能够提供足够的生物量供家畜采食，春季草地比较脆弱并且草产量较低，这个季节放牧对草地的影响较大，这种草地的季节性差异要求对草地在利用过程中采取季节调控措施。已有的试验都是集中于放牧制度、放牧强度对植物群落特征及多样性的影响，但是关于放牧强度季节调控（时间和空间的配置）对群落特征及多样性的研究还鲜有报道。

不同学者对植物功能群的定义有不同的看法，Root（1967）认为功能群是能够利用相同的环境资源，并且生态位显著重叠的一类植物。Keddy（1992）认为相似的物种是具有相似特征的一类植物，可以根据相似特征聚合。Szaro（1986）对植物功能群从两个方面进行了定义，一方面将利用相同资源的物种分为一组，另一方面是以物种对放牧干扰的反应为依据，将对放牧干扰具有相似反应的植物分为另一组。植物功能群（functional group）作为一个整体对环境影响和外界干扰做出相似反应，生态过程对植物功能群具有相似的影响（Kleyer，2002；Lavorel and Garnier，2002），植物功能群是研究植被随环境动态变化的基本单元（Woodward and Cramer，1996）。植物功能群作为桥梁把环境、植物个体和生态系统结构、过程与功能联系起来（Cornelissen et al.，2003），利用植物功能群进行相关研究已成为一种有效而便捷的手段。Tilman 等（1997）研究表明，植物多样性、功能群组成和功能群多样性影响草地生产力，草地功能群组成是影响生态系统过程的最主要因素。生态系统稳定性的维持主要受到功能相似而环境敏感性不同的物种的影响（Chapin et al.，1997）。Ives 等（1999）认为，不同的物种对环境波动的敏感性不同，种群多度的变异性依赖于环境波动的敏感性，多样性高的群落在环境波动的影响下波动性较低，进而使得群落的稳定性增加。

家畜的不均匀采食增加了生境的异质性，从而使得草地群落植物组分、结构和多样性格局发生变化，进而影响整个生态系统的结构和功能（杨利民和韩梅，2001；Mclntyers et al.，1999；Proulx and Mazumder，1998）。植物功能群多样性和组成在很大程度上影响群落生产力与结构。功能群多样性在降水、夏季干旱和放牧干扰下有所增加，同时在这些条件的影响下物种的共存能力有所提高（Lorenzo et al.，2012）。群落多样性、生产力及其稳定性在放牧的干扰下是不同步、不对称的，随着放牧强度的增加群落的稳定性在逐渐变差（杨殿林等，2006）。焦树英等（2006）对荒漠草原植物群落功能群生物量的研究表明，灌木、半灌木和多年生杂类草，以及多年生杂类草和多年生丛生禾草的相对生物量间呈显著负相关。群落优势功能群多年生杂类草随着放牧强度的增加逐渐被一、二年生杂草和多年生禾草所取代，并且随着放牧强度的增加功能群的多样性降低，不合理放牧导致群落稳定性降低（郑伟等，2010）。马建军等（2012）对草地植物功能群及多样性的研究表明，灌木、半灌木生物量在各利用模式下均较低，并且灌木、半灌木累计优势度在各利用模式下有显著差异。冯金虎等（1989）研究表明，过度放牧可导致禾本科牧草的比例降低，杂类草和莎草的比例升高，但是适度放牧能够改善草地物种组成，使优良牧草的比例有所提高。刘伟等（1999）也得出了同样的结论，即过度放牧促使优良牧草的数量减少，杂类草的比例升高。高伟等（2010）对羊草草原群落生物量及能量功能群进行了研究，发现放牧退化样地群落中能值和高能值植物功能群下降，低能值植物功能群优势度增加。白永飞和陈佐忠（2000）的研究发现植物功能群生物量在年度变化上补偿作用明显；多年生根茎禾草相对生物量下降的年份，多年生丛生禾草功能群的生物量增加，这种功能群生物量之间的补偿作用能够提高群落的稳定性。

## 一、放牧强度季节调控对功能群的影响

### （一）物种及功能群重要值

植物功能群作为群体对外界干扰和环境影响做出相似反应，主要生态过程对植物功能群有相似的影响（Kleyer，2002；Lavorel and Garnier，2002），是研究植被随环境动态变化的基本单元（Woodward and Cramer，1996）。利用功能群进行相关研究已成为一种有效而便捷的手段。本试验以生活型为依据把功能群划分为 4 类：①灌木、半灌木（SH）；②多年生禾草（PB）；③多年生杂类草（FB）；④一、二年生草本（AB）。多年生禾草重要值在各处理之间无显著性差异，多年生禾草的重要值在 SA2、SA3、SA4 和 SA5 较 CK 有较大的提高，SA1 与 CK 基本接近（表

5-42）。灌木、半灌木重要值在 SA2 显著高于其他放牧处理和对照。多年生杂类草重要值在 SA3 显著低于其他放牧处理和对照，其他放牧处理区和对照之间无显著性差异。一、二年生草本重要值在 CK 与其他放牧处理之间具有显著差异，SA3、SA5 处理显著高于 SA1 和 CK，SA2、SA3、SA4 和 SA5 之间无显著差异。

**表 5-42　放牧强度季节调控对功能群内植物重要值及组成的影响（2012 年）**

| 功能群类型 | 植物种类 | SA1 | SA2 | SA3 | SA4 | SA5 | CK |
|---|---|---|---|---|---|---|---|
| 多年生禾草 | 短花针茅（*Stipa breviflora*） | 9.27 | 12.92 | 10.07 | 16.14 | 9.28 | 6.75 |
| | 无芒隐子草（*Cleistogenes songorica*） | 18.28 | 14.37 | 22.15 | 14.92 | 21.53 | 20.99 |
| | 寸草苔（*Carex duriuscula*） | 7.37 | 27.19 | 8.84 | 7.02 | 6.74 | 3.19 |
| | 合计 | 26.22a | 32.52a | 32.18a | 33.53a | 32.44a | 26.85a |
| 灌木、半灌木 | 狭叶锦鸡儿（*Caragana stenophylla*） | 5.24 | 10.99 | 7.47 | 7.04 | 7.79 | 5.25 |
| | 戈壁天门冬（*Asparagus gobicus*） | — | 17.98 | — | — | — | — |
| | 木地肤（*Kochia prostrata*） | 7.34 | 9.68 | 3.97 | 8.29 | 10.63 | 7.07 |
| | 合计 | 5.41b | 10.34a | 3.58b | 7.13b | 7.85b | 6.45b |
| 多年生杂类草 | 碱韭（*Allium polyrhizum*） | 21.77 | 31.50 | 22.22 | 19.61 | 23.92 | 19.51 |
| | 银灰旋花（*Convolvulus ammannii*） | 19.22 | 16.78 | 15.89 | 20.94 | 16.39 | 25.01 |
| | 茵陈蒿（*Artemisia capillaris*） | 17.55 | 12.83 | 8.75 | 10.68 | 12.96 | 14.03 |
| | 阿尔泰狗娃花（*Heteropappus altaicus*） | 4.96 | 3.98 | 3.15 | 5.91 | 3.21 | 3.11 |
| | 乳白黄耆（*Astragalus galactites*） | 3.87 | 13.36 | 4.08 | 3.79 | 3.43 | 3.90 |
| | 细叶葱（*Allium tuberosum*） | 5.31 | 6.71 | 6.93 | 7.05 | 6.06 | 5.15 |
| 多年生杂类草 | 二刺叶兔唇花（*Lagochilus diacanthophyllus*） | — | 4.55 | — | — | — | — |
| | 冷蒿（*Artemisia frigida*） | 2.37 | 5.39 | — | 1.64 | 7.80 | 12.17 |
| | 细叶韭（*Allium tenuissimum*） | 14.89 | 15.40 | 13.88 | 10.42 | 8.68 | — |
| | 鸢尾（*Iris tectorum*） | — | 2.22 | — | — | — | — |
| | 拐轴鸦葱（*Scorzonera divaricata*） | 7.21 | 6.80 | — | 8.97 | — | — |
| | 蒙古韭（*Allium mongolicum*） | 3.40 | 2.54 | — | 3.54 | 3.63 | — |
| | 二裂委陵菜（*Potentilla bifurca*） | — | 6.16 | 2.34 | — | — | — |
| | 合计 | 64.21a | 65.67a | 49.42b | 67.24a | 63.70a | 66.02a |
| 一、二年生草本 | 栉叶蒿（*Neopallasia pectinata*） | 10.87 | 16.42 | 10.14 | 9.30 | 18.15 | — |
| | 猪毛菜（*Salsola collina*） | 4.10 | 8.79 | 9.43 | 6.18 | 7.97 | 4.04 |
| | 狗尾草（*Setaria viridis*） | — | 4.83 | 6.52 | 24.10 | 9.04 | — |
| | 画眉草（*Eragrostis pilosa*） | 17.67 | — | 4.82 | 17.67 | — | — |
| | 米果芹（*Cerrastium arvense*） | — | — | 2.87 | — | 1.55 | 1.55 |
| | 蒺藜（*Tribulus terrestris*） | — | — | — | — | 1.59 | 1.59 |
| | 合计 | 4.88b | 11.49ab | 14.70a | 13.93ab | 14.65a | 0.93c |

从功能群的物种组成上看，多年生禾草功能群中，放牧增加了短花针茅和寸草苔的重要值。灌木、半灌木功能群中狭叶锦鸡儿在SA2、SA3、SA4和SA5处理下的重要值高于对照和SA1；木地肤在SA3的重要值较对照区有明显的下降趋势，其他处理区都较对照区有所提高。多年生杂类草功能群中碱韭的重要值在各放牧处理区较对照区有所提高；银灰旋花的重要值在各放牧处理区较对照区下降。一、二年生草本功能群植物重要值在各放牧处理都不低于对照区。

## （二）功能群地上现存量

重复测量方差分析（表5-43）结果表明：放牧强度季节调控对灌木、半灌木和一、二年生草本地上现存量的总体影响均不显著，对多年生禾草地上现存量的影响是极显著的（$P<0.001$）。不同年份间，多年生禾草、多年生杂类草和一、二年生草本地上现存量都具极显著差异（$P<0.001$），灌木、半灌木地上现存量在$P=0.01$水平下差异极显著。放牧强度季节调控与年份间的交互作用对灌木、半灌木有极显著的影响（$P<0.01$），对多年生杂类草地上现存量具有极显著影响（$P<0.001$），而对其他2个功能群均无显著影响。

放牧强度季节调控下功能群地上现存量见表5-44，2010年多年生禾草地上现存量在各处理之间无显著差异（$P>0.05$）；灌木、半灌木在SA2显著高于CK，总体表现为放牧区高于对照区；多年生杂类草在SA1、SA3、SA4和SA5显著高于CK处理区（$P<0.05$）。一、二年生草本在CK显著高于其他处理区（$P<0.05$），其他处理之间无显著差异，春季休牧处理SA1和SA2高于SA3、SA4、SA5。从表5-44中可以看出多年生禾草和多年生杂类草的地上现存量高于灌木、半灌木与一、二年生草本。2011年多年生禾草和灌木、半灌木及多年生杂类草在各处理之间均无显著差异（$P>0.05$）；一、二年生草本在CK低于其他处理区，SA3和SA4处理区的地上现存量较高。2012年多年生禾草在各处理区之间无显著差异（$P>0.05$）；灌木、半灌木在SA3处理显著低于CK和SA1处理（$P<0.05$）；多年生杂类草在SA1、SA2和CK显著高于SA3和SA4处理（$P<0.05$）；一、二年生草本在SA3和SA4显著低于其他处理区（$P<0.05$）。2013年各处理之间均无显著差异（$P>0.05$）。

**表5-43 放牧强度季节调控、年份及其交互作用对地上现存量和不同功能群生产力的影响**

| 作用因素 | PB | SH | FB | AB | 地上现存量 |
|---|---|---|---|---|---|
| 年① | $7.70^{***}$ | $5.42^{**}$ | $110.641^{***}$ | $72.39^{***}$ | $69.95^{***}$ |
| 处理② | $4.41^{***}$ | 0.85ns | $4.57^{*}$ | 1.50ns | $4.12^{***}$ |
| 年×处理③ | 1.68ns | $2.52^{**}$ | $5.23^{***}$ | 1.41ns | $4.39^{***}$ |

注：ns表示无差异

①df=4；②df=2；③df=8；*$P<0.05$；**$P<0.01$；***$P<0.001$

**表 5-44　放牧强度季节调控下功能群地上现存量**　（单位：$g/m^2$）

| 年份 | 处理 | PB | SH | FB | AB |
|---|---|---|---|---|---|
| 2010 | SA1 | 13.58±2.02a | 3.79±1.42ab | 14.01±1.93a | 3.06±0.56b |
| | SA2 | 12.33±1.73a | 4.67±1.38a | 9.08±1.37ab | 2.78±0.82b |
| | SA3 | 12.73±1.92a | 2.3±0.71ab | 12.21±1.41a | 1.5±0.26b |
| | SA4 | 13.62±1.96a | 1.93±0.59ab | 13.1±1.73a | 1.26±0.21b |
| | SA5 | 13.62±1.66a | 2.01±1.18ab | 11.74±1.35a | 1.37±0.34b |
| | CK | 10.28±2.25a | 0.66±0.13b | 5.35±1.22b | 7.27±4.12a |
| 2011 | SA1 | 16.84±2.17a | 4.53±1.63a | 18.82±3.16a | 17.78±4.24ab |
| | SA2 | 13.16±1.75a | 3.46±1.02a | 16.45±1.61a | 11.15±2.72b |
| | SA3 | 16.48±1.71a | 1.44±0.43a | 15.25±1.84a | 22.61±5.89ab |
| | SA4 | 15.18±3.25a | 1.69±0.6a | 12.75±2.03a | 34.78±10.55a |
| | SA5 | 12.38±1.49a | 4.55±2.05a | 11.41±2.27a | 21.05±3.41ab |
| | CK | 18.23±2.47a | 2.12±0.59a | 19.9±6.82a | 10.09±2.01b |
| 2012 | SA1 | 17.87±2.51a | 10.02±2.18a | 50.96±5.42a | 6.36±5.68a |
| | SA2 | 23.36±3.99a | 7.77±2.35ab | 46.66±6.19a | 6.75±5.09a |
| | SA3 | 26.91±5.78a | 1.65±0.48b | 34.99±5.23b | 0.63±0.2b |
| | SA4 | 17.55±3.36a | 3.68±1.73ab | 22.63±2.26b | 0.42±0.12b |
| | SA5 | 18.34±2.87a | 2.94±1.84ab | 36.57±7.08ab | 1.67±1.19a |
| | CK | 23.93±4.96a | 9.99±3.57a | 51.15±10.75a | 0.97±0.49a |
| 2013 | SA1 | 23.82±2.42a | 6.64±1.83a | 19.25±3.85a | 13.25±3.74a |
| | SA2 | 19.6±2.1a | 4.08±1.68a | 10.35±2.24a | 19.92±4.24a |
| | SA3 | 20.88±2.07a | 2.74±1.08a | 18.44±5.56a | 13.54±4.35a |
| | SA4 | 19.69±1.23a | 1.22±0.59a | 18.19±2.76a | 15.16±1.49a |
| | SA5 | 22.61±3.78a | 2.32±0.47a | 14.68±1.56a | 19.77±4.16a |
| | CK | 22.04±2.48a | 4.06±2.6a | 18.36±3.69a | 18.35±6.4a |

功能群地上现存量之间的回归分析见图 5-9，从图 5-9 中可以看出多年生禾草和灌木、半灌木地上现存量呈正相关关系，但没达到显著水平（$F$=2.87，$P$<0.10）；多年生禾草和多年生杂类草地上现存量呈极显著正相关关系（$F$=12.05，$P$<0.0022）；多年生禾草和一、二年生草本地上现存量之间呈正相关关系（$F$=0.02，$P$<0.88）；灌木、半灌木与多年生杂类草地上现存量之间呈极显著的正相关关系（$F$=22.93，$P$<0.0001）；灌木、半灌木与一、二年生草本地上现存量之间呈负相关关系，但是没达到显著水平（$F$=−0.80，$P$=0.37）；多年生杂类草与一、二年生草本地上现存量之间呈负相关关系（$F$=−3.00，$P$=0.097）。

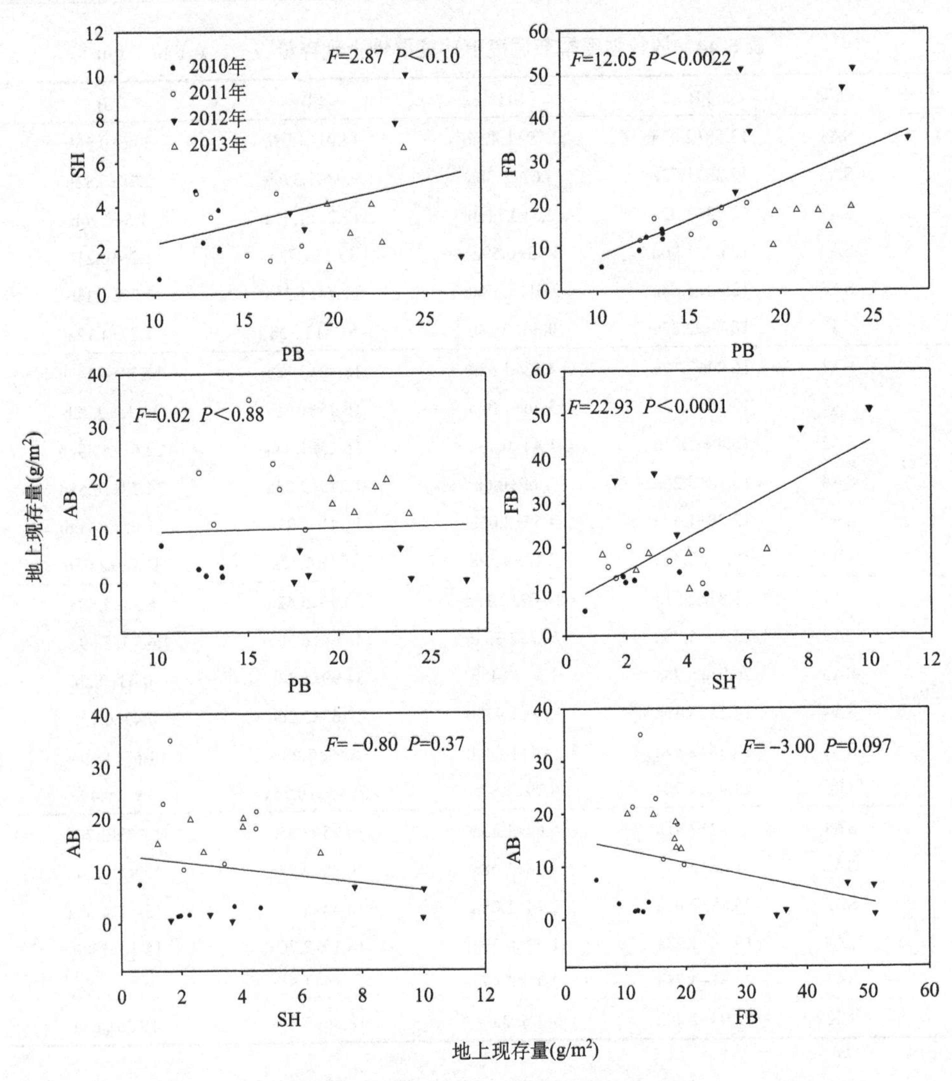


图 5-9 功能群地上现存量之间的关系

5～8 月降水量与功能群地上现存量的回归关系见图 5-10，5～8 月降水量与多年生禾草地上现存量呈极显著正相关关系（$F$=22.37，$P$＜0.0001）。5～8 月降水量与灌木、半灌木地上现存量呈显著的正相关关系（$F$=5.63，$P$＜0.05）。5～8 月降水量与多年生杂类草地上现存量呈极显著正相关关系（$F$=20.20，$P$＜0.001）。5～8 月降水量与一、二年生草本地上现存量呈负相关关系（$F$=−4.07，$P$=0.0559）。

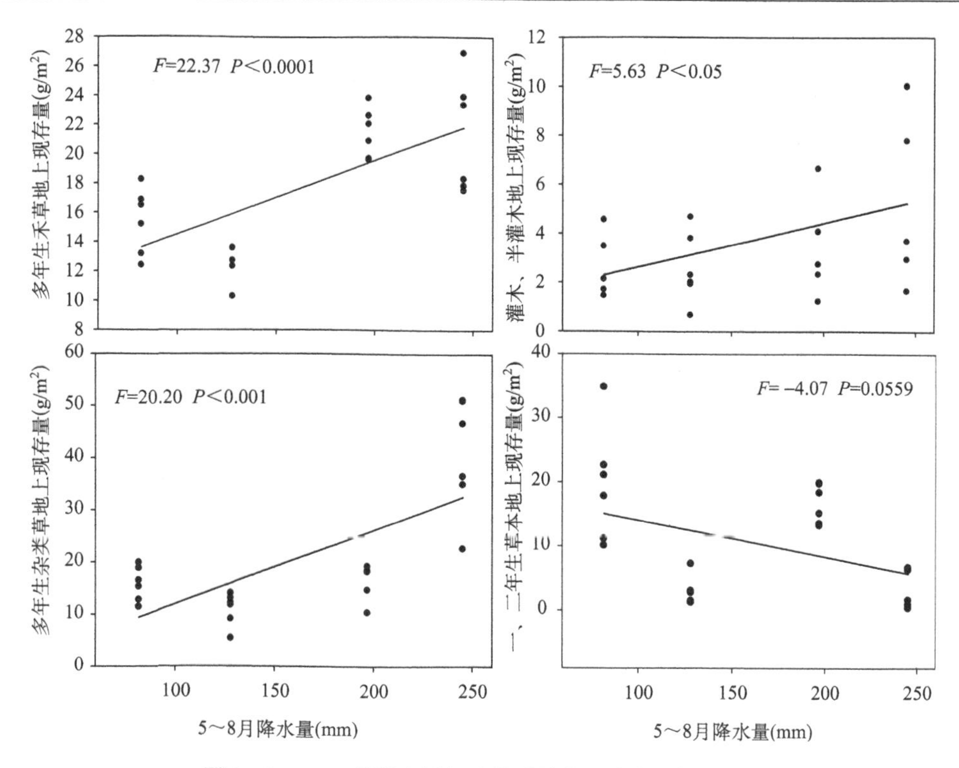


图 5-10　5～8 月降水量与功能群地上现存量之间的关系

## （三）功能群盖度

放牧强度季节调控下功能群盖度见表 5-45，2010 年多年生禾草盖度在 SA1 显著高于其他处理区（$P<0.05$）；灌木、半灌木盖度在 SA2 显著高于 SA4 和 CK（$P<0.05$）；多年生杂类草盖度在 SA3 显著高于 SA1、SA2、SA4 和 CK 处理（$P<0.05$）；一、二年生草本盖度在 SA1 显著高于 SA2、SA3 和 SA5（$P<0.05$）。2011 年多年生禾草盖度在 CK 显著高于 SA2、SA3、SA4 和 SA5（$P<0.05$）；多年生杂类草盖度在 CK 显著高于其他处理（$P<0.05$），SA3 高于 SA1 和 SA2；一、二年生草本盖度在 SA1 和 CK 显著高于 SA3 处理（$P<0.05$）。2012 年多年生禾草盖度在各处理之间无显著差异（$P>0.05$），SA3 盖度最低，为 7.76%；灌木、半灌木盖度在 SA1 和 CK 显著高于 SA3 和 SA4（$P<0.05$）；多年生杂类草盖度在 CK 显著高于 SA4（$P<0.05$）。2013 年多年生禾草盖度在 SA1 和 CK 显著低于其他处理（$P<0.05$），灌木、半灌木盖度在各处理之间无显著差异（$P>0.05$），多年生杂类草盖度在 SA1 处理显著高于其他处理（$P<0.05$），一、二年生草本盖度在 SA1 和 SA2 显著高于 SA3 和 CK（$P<0.05$）。从表 5-45 中看出多年生禾草和多年生杂类草的盖度较高，灌木、半灌木和一、二年生草本在群落中的盖度较低。

表 5-45　放牧强度季节调控下功能群盖度（%）

| 年份 | 处理 | PB | SH | FB | AB |
|---|---|---|---|---|---|
| 2010 | SA1 | 9.83±0.79a | 1.05±0.31abc | 5.22±0.7bc | 1.83±0.51a |
| | SA2 | 8.05±0.57b | 1.78±0.42a | 6.31±0.53bc | 0.87±0.29b |
| | SA3 | 6.75±0.6bc | 0.98±0.21abc | 8.43±0.67a | 0.73±0.23b |
| | SA4 | 7.4±0.52b | 0.82±0.33bc | 6.25±0.7bc | 0.99±0.18ab |
| | SA5 | 6.37±0.47bc | 1.43±0.35ab | 6.99±0.36ab | 0.79±0.22b |
| | CK | 5.01±0.57c | 0.25±0.06c | 4.73±0.64c | 0.96±0.23ab |
| 2011 | SA1 | 10.89±1.02ab | 1.21±0.39a | 8.51±1.02b | 5.27±0.96a |
| | SA2 | 9.45±1.14b | 1.45±0.33a | 8.17±1.24b | 4.07±0.36ab |
| | SA3 | 8.03±0.56b | 0.79±0.27a | 10.55±1.21b | 1.88±0.3b |
| | SA4 | 8.67±0.99b | 0.87±0.23a | 7.87±0.83b | 4.2±1.1ab |
| | SA5 | 8.77±0.84b | 1.55±0.46a | 8.79±1.01b | 3.42±0.69ab |
| | CK | 12.73±1.94a | 0.6±0.2a | 16.52±3.49a | 5.87±1.18a |
| 2012 | SA1 | 7.85±0.81a | 2.43±0.79a | 11.14±1.45ab | 0.42±0.07b |
| | SA2 | 9.06±0.75a | 1.16±0.26abc | 16.59±1.87ab | 0.43±0.09b |
| | SA3 | 7.76±0.84a | 1.00±0.4bc | 12.67±1.42ab | 0.24±0.07b |
| | SA4 | 8.3±1.52a | 0.48±0.05c | 8.46±0.98b | 1.98±0.45a |
| | SA5 | 10.25±0.83a | 1.58±0.26abc | 12.57±0.79ab | 0.34±0.07b |
| | CK | 10.04±2.66a | 2.67±0.9a | 19.32±7.28a | 0.44±0.17b |
| 2013 | SA1 | 5.42±0.92b | 1.35±1.15a | 22.94±5.45a | 5.3±2.55a |
| | SA2 | 18.31±1.33a | 1.6±0.45a | 8.04±0.78bc | 4.89±0.93a |
| | SA3 | 13.9±1.4a | 0.62±0.13a | 9.41±1.15b | 1.69±0.57bc |
| | SA4 | 14.46±2.91a | 0.6±0.4a | 7.83±1.55bc | 3.15±0.52abc |
| | SA5 | 14.21±0.63a | 2.41±0.64a | 9.7±2.83b | 3.95±0.73ab |
| | CK | 4.71±0.31b | 0.69±0.22a | 2.37±0.28c | 0.95±0.21c |

功能群盖度分析表明多年生禾草和多年生杂类草的盖度高于灌木、半灌木与一、二年生草本，说明多年生禾草和多年生杂类草在群落中资源利用上占有优势，能充分利用光照资源。通过分析发现多年生禾草盖度在全年重度放牧处理下较其他处理有所降低，而多年生杂类草盖度有所增加，这是因为重度放牧下家畜的过度采食导致多年生禾草在群落中有所退化。

## （四）功能群香农-维纳多样性指数

表 5-46 显示，2010 年，PB 和 SH 的香农-维纳多样性指数在各处理之间无显著差异（$P>0.05$）；FB 的香农-维纳多样性指数在 SA3 显著高于其他处理（SA1

除外）（$P<0.05$）；AB 的香农-维纳多样性指数在 SA1 和 SA2 显著高于其他处理（$P<0.05$）。2011 年，AB 的香农-维纳多样性指数在各处理之间无显著差异（$P>0.05$）；PB 的香农-维纳多样性指数在 SA1 显著高于其他处理（SA3 除外）（$P<0.05$）；FB 的香农-维纳多样性指数在 SA1 和 SA2 显著低于 CK 处理（$P<0.05$）。2012 年，多年生禾草香农-维纳多样性指数在 SA4 显著高于 SA1、SA2 和 CK，SA1 高于 SA2；放牧处理对灌木、半灌木的香农-维纳多样性指数影响较低；SA3 处理下多年生杂类草香农-维纳多样性指数显著低于其他处理（$P<0.05$），其他处理之间无显著差异（$P>0.05$），SA1 处理低于 SA2；一、二年生草本香农-维纳多样性指数在 CK 处理显著低于其他处理（$P<0.05$），其他处理之间无显著差异（$P>0.05$）。

**表 5-46　放牧强度季节调控下功能群香农-维纳多样性指数**

| 年份 | 群落及功能群 | 香农-维纳多样性指数 | | | | | |
|---|---|---|---|---|---|---|---|
| | | SA1 | SA2 | SA3 | SA4 | SA5 | CK |
| 2010 | PB | 0.58±0.03a | 0.55±0.03a | 0.57±0.02a | 0.65±0.03a | 0.62±0.04a | 0.65±0.06a |
| | SH | 0.27±0.03a | 0.30±0.03a | 0.27±0.03a | 0.30±0.05a | 0.29±0.02a | 0.22±0.02a |
| | FB | 1.12±0.04ab | 1.06±0.05b | 1.23±0.04a | 0.75±0.03c | 0.88±0.04c | 0.79±0.06c |
| | AB | 0.42±0.03a | 0.45±0.04a | 0.22±0.03b | 0.26±0.03b | 0.22±0.02b | 0.25±0.02b |
| 2011 | PB | 0.68±0.04a | 0.56±0.12b | 0.65±0.02ab | 0.57±0.01b | 0.55±0.04b | 0.55±0.09b |
| | SH | 0.23±0.03a | 0.22±0.03ab | 0.14±0.02b | 0.17±0.03ab | 0.20±0.02ab | 0.19±0.01ab |
| | FB | 0.59±0.05c | 0.72±0.07bc | 0.81±0.03ab | 0.75±0.04ab | 0.77±0.06ab | 0.91±0.06a |
| | AB | 0.22±0.06a | 0.28±0.04a | 0.17±0.05a | 0.31±0.07a | 0.18±0.01a | 0.22±0.03a |
| 2012 | PB | 0.44±0.04bc | 0.38±0.06c | 0.51±0.04abc | 0.60±0.05a | 0.57±0.04ab | 0.45±0.02bc |
| | SH | 0.25±0.05b | 0.41±0.12a | 0.20±0.02b | 0.24±0.06b | 0.25±0.03b | 0.18±0.02b |
| | FB | 1.10±0.04a | 1.15±0.08a | 0.91±0.04b | 1.18±0.04a | 1.23±0.09a | 1.13±0.03a |
| | AB | 0.25±0.06a | 0.32±0.06a | 0.31±0.05a | 0.36±0.05a | 0.43±0.04a | 0.06±0.00b |

放牧条件下，物种的重要值及功能群重要值有明显的变化趋势。放牧季节载畜率不同，家畜的选择性采食程度有一定的差异，最后导致物种的重要值发生变化。春季休牧+夏季重牧+秋季适牧处理下短花针茅的重要值有降低的趋势，但是无芒隐子草和银灰旋花重要值高于春季休牧+夏季适牧+秋季重牧处理，碱韭重要值低于春季休牧+夏季适牧+秋季重牧处理。当可利用牧草充足时，家畜的选择性采食表现得最强；当草地可利用牧草不足时，家畜可能只有轻微的选择性采食，优势种重要值的变化主要与家畜的选择性采食有关。从功能群角度分析，多年生杂类草重要值在春季、夏季和秋季都重度放牧下最低，然而，一、二年生草本的重要值在春季、夏季和秋季都重度放牧下最高，因为全年重度放牧降低了优势种

对草地资源的竞争，为一、二年生草本的生长创造了机会，这与马建军等（2012）、白永飞等（2002）的研究结果相同。竞争作用作为一种重要的驱动力，决定着群落的功能群组成（Holdaway and Sparrow，2006）。放牧能够降低物种之间的竞争压力，以及相似物种的竞争排斥作用，促进适应性较好的功能群物种数大量增加，并促使其他对新环境适应性较差的功能群物种数下降（Díaz et al.，2007）。

## 二、放牧强度季节调控对群落的影响

### （一）群落地上现存量

放牧强度季节调控下群落地上现存量变化见表 5-47，2010 年 7 月各处理区地上现存量之间均无显著差异（$P>0.05$），SA3 最低，为 31.72g/m$^2$；8 月 SA1 处理显著高于 SA3 处理（$P<0.05$），其值为 31.16g/m$^2$；9 月 SA2 显著高于 SA3 处理（$P<0.05$），其他处理之间均无显著差异（$P>0.05$）；10 月各处理之间均无显著差异（$P>0.05$）。2011 年 6 月 SA1 显著高于 SA3 和 SA4 处理（$P<0.05$）；7 月 SA3 显著低于 SA1、SA2 处理（$P<0.05$），SA1 处理最高，为 47.83g/m$^2$；8 月各处理之间均无显著差异（$P>0.05$）；9 月 SA1、SA2 显著高于其他放牧处理（$P<0.05$），其他处理之间无显著差异（$P>0.05$）；10 月 CK 显著高于其他处理（$P<0.05$），SA1 显著高于 SA3、SA4 处理。2012 年 7 月 CK、SA2 和 SA4 显著高于 SA3 处理（$P<0.05$）；8 月 CK 显著高于 SA4 和 SA5 处理（$P<0.05$）；9 月 SA1、SA2 显著高于 SA3、SA4 和 SA5 处理（$P<0.05$）；10 月 SA1 显著高于 SA2、SA3、SA4 和 SA5 处理（$P<0.05$）。2013 年 7 月 SA1 显著高于 SA3、SA4 和 SA5 处理（$P<0.05$），其值为 63.41g/m$^2$；8 月和 9 月各处理之间无显著差异（$P>0.05$）。

**表 5-47 放牧强度季节调控下地上现存量动态** （单位：g/m$^2$）

| 月份 | 处理 | 2010 年 | 2011 年 | 2012 年 | 2013 年 |
|---|---|---|---|---|---|
| 6 | SA1 | — | 43.86±5.09a | — | — |
| | SA2 | — | 37.25±2.5ab | — | — |
| | SA3 | — | 24.34±2.02b | — | — |
| | SA4 | — | 30.41±5.32b | — | — |
| | SA5 | — | 32.09±5.02ab | — | — |
| | CK | — | 34.66±4.3ab | — | — |
| 7 | SA1 | 33.22±3.6a | 47.83±2.93a | 32.82±3.4ab | 63.41±5.29a |
| | SA2 | 41.5±3.01a | 39.66±2.65ab | 36.86±3.5a | 52.4±5.28ab |
| | SA3 | 31.72±3.27a | 27.85±2.84c | 23.94±2.9b | 53.8±4.64b |
| | SA4 | 38.05±3.56a | 32.06±2.47bc | 37.53±6.47a | 48.66±4.55b |

续表

| 月份 | 处理 | 2010 年 | 2011 年 | 2012 年 | 2013 年 |
|---|---|---|---|---|---|
| 7 | SA5 | 42.02±2.94a | 36.59±3.73bc | 25.41±1.69ab | 48.84±3.75b |
| | CK | 36.27±3.65a | 34.48±3.19bc | 36.29±4.1a | 59.64±5.38a |
| 8 | SA1 | 31.16±1.45a | 51.99±5.71a | 77.38±6.48ab | 60.3±4.43a |
| | SA2 | 25.88±2.61ab | 42.04±2.76a | 78.63±7.44ab | 51.91±5.37a |
| | SA3 | 21.26±2.85b | 53.88±5.47a | 63.46±5.5abc | 53.67±3.74a |
| | SA4 | 27.32±2.75ab | 63.73±11.08a | 41.47±4.54c | 53.77±2.52a |
| | SA5 | 27.29±2.2ab | 48.48±6.12a | 57.51±8.03bc | 57.76±4.52a |
| | CK | 28.65±4.39ab | 49.8±6.96a | 82.46±13.09a | 61.08±6.74a |
| 9 | SA1 | 36.4±2.65ab | 66.36±7.26a | 58.64±4.43a | 82.08±5a |
| | SA2 | 47.22±3.88a | 62.63±8.64a | 59.12±4.99a | 74.33±9.15a |
| | SA3 | 31.36±2.15b | 35.91±3.38b | 47.7±2.65b | 67.83±10.22a |
| | SA4 | 44.95±2.96a | 40.67±6.86b | 45.82±2.8b | 63.35±9.26a |
| | SA5 | 40.95±3.45ab | 40.43±3.11b | 47.51±3.28b | 82.88±10.2a |
| | CK | 38.04±5.17ab | 53.68±4.79ab | 63.72±8.98a | 60.74±5.94a |
| 10 | SA1 | 38.43±4.33a | 39.12±3.18b | 42.45±5.69a | — |
| | SA2 | 31.21±3.5a | 28.79±5.15bcd | 28.13±3.42bc | — |
| | SA3 | 29.46±2.26a | 20.92±2.34cd | 23.69±2.01bc | — |
| | SA4 | 41.46±5.45a | 17.96±1.75d | 29.97±3.86bc | — |
| | SA5 | 42.58±5.61a | 29.29±3.31bc | 21.8±2.43c | — |
| | CK | 38.47±6.35a | 52.66±5.59a | 33.55±4.97ab | — |

### （二）群落多样性

放牧强度季节调控下群落 α 多样性见表 5-48，2010 年 Margalef 丰富度指数在 SA2 显著高于 CK，CK 丰富度指数最低，为 1.4；香农-维纳多样性指数在 SA2 显著高于 CK；辛普森多样性指数在 SA1 和 CK 显著低于 SA2 和 SA5 处理。2011 年 Margalef 丰富度指数、香农-维纳多样性指数和辛普森多样性指数在各处理之间均无显著差异（$P>0.05$）。2012 年 Margalef 丰富度指数在各处理之间无显著差异（$P>0.05$），但是 SA1、SA2 和 CK 高于 SA3、SA4、SA5；香农-维纳多样性指数在 SA1 和 SA2 显著高于 SA3 和 SA4；辛普森多样性指数在 SA2 显著高于 SA3。2013 年 Margalef 丰富度指数在 SA1 和 CK 显著高于 SA3、SA4 和 SA5。

表 5-48　放牧强度季节调控下群落 α 多样性

| 年份 | 处理 | Margalef 丰富度指数 | 香农-维纳多样性指数 | 辛普森多样性指数 |
|---|---|---|---|---|
| 2010 | SA1 | 1.62±0.11ab | 1.81±0.05ab | 0.8±0.01b |
| | SA2 | 1.7±0.07a | 1.92±0.04a | 0.83±0.01a |
| | SA3 | 1.6±0.08ab | 1.86±0.03ab | 0.82±0ab |
| | SA4 | 1.55±0.08ab | 1.83±0.05ab | 0.82±0.01ab |
| | SA5 | 1.67±0.09a | 1.91±0.05a | 0.83±0.01a |
| | CK | 1.4±0.05b | 1.77±0.04b | 0.8±0.01b |
| 2011 | SA1 | 1.67±0.14a | 1.88±0.08a | 0.81±0.02a |
| | SA2 | 1.7±0.14a | 1.95±0.1a | 0.82±0.02a |
| | SA3 | 1.61±0.07a | 1.9±0.04a | 0.83±0.01a |
| | SA4 | 1.72±0.11a | 1.89±0.05a | 0.81±0.01a |
| | SA5 | 1.59±0.11a | 1.86±0.08a | 0.81±0.02a |
| | CK | 1.85±0.14a | 2.03±0.06a | 0.85±0.01a |
| 2012 | SA1 | 1.77±0.14a | 1.95±0.03a | 0.83±0.01ab |
| | SA2 | 1.87±0.1a | 2.03±0.05a | 0.85±0.01a |
| | SA3 | 1.59±0.13a | 1.74±0.07b | 0.78±0.02b |
| | SA4 | 1.51±0.15a | 1.79±0.11b | 0.8±0.03ab |
| | SA5 | 1.59±0.06a | 1.91±0.03ab | 0.83±0.01ab |
| | CK | 1.82±0.14a | 1.93±0.08ab | 0.83±0.02ab |
| 2013 | SA1 | 1.68±0.17a | 1.95±0.04a | 0.81±0.02a |
| | SA2 | 1.56±0.08ab | 1.91±0.05a | 0.83±0.01a |
| | SA3 | 1.44±0.05b | 1.86±0.04a | 0.82±0.01a |
| | SA4 | 1.32±0.08b | 1.8±0.06a | 0.81±0.01a |
| | SA5 | 1.37±0.06b | 1.91±0.03a | 0.83±0.01a |
| | CK | 1.74±0.14a | 1.91±0.09a | 0.82±0.02a |

干扰通过调节生态系统的物种多样性，影响资源的转换进而影响生产力水平（MacArthur and Wilson，1967）。本研究表明，不同的放牧利用模式对草地生产力的影响有较大的差别，全年重度放牧整体上降低了群落的生产力，但群落的多样性有所提高，重度放牧抑制了优势种的竞争能力，为群落中长期处于弱势的物种提供了一定的生长空间，群落内物种的多样性出现一定程度的增加，但是长时间的重度放牧使牧草失去再生能力，以致在群落中消失，使草地植物群落中的物种多样性下降。“中度干扰假说”认为适度干扰能增加群落的多样性（Connel，1978）。春季休牧+夏季重牧+秋季适牧放牧模式与对照区地上现存量整体上差别不显著，但春季休牧+夏季重牧+秋季适牧整体上增加了群落的多样性。春季休牧+夏季重

度+秋季适牧生产力整体上高于春季休牧+夏季适牧+秋季重牧处理，说明全年载畜率不变的情况下，载畜率的季节调整对草地有较大的影响，秋季重度放牧对草地地上现存量与多样性的影响较大。放牧的时段长度不同、季节不同，对草地物种多样性的影响不同（袁建立等，2004）。春季一个季度的休牧使得草地的生产力和多样性都有所恢复，并且使草地牧草的储藏性养分能够很好地保存下来，为夏季牧草生长提供能量。春季休牧使得草地地上现存量较高，为夏季草地的放牧提供大量的牧草，提高了草地的干扰承受能力。夏季的重度放牧能降低优势种群的竞争能力，导致群落不同功能群植物都能占据一定的生态位，增加了群落的生物多样性。秋季轻牧可以使草地得到一个休养生息的机会，有利于储藏性养分的积累，利于牧草越冬和来年返青（李青丰等，2005）。

### （三）群落及功能群地上现存量变异系数

如图 5-11 所示，2010～2012 年群落地上现存量变异系数变化明显，2012 年群落地上现存量变异系数在 SA3 最高（41%），CK 变异系数逐年降低，2012 年 CK 变异系数为 17%。2010 年和 2011 年 PB 地上现存量变异系数波动较大，最大值和最小值在 2010 年分别为 74%和 32%，2011 年为 83%和 40%，PB 地上现存量变异系数在 2012 年波动较小；SA3 处理 PB 地上现存量变异系数随着放牧时间的延长逐渐增加；SA1 和 SA2 处理 PB 地上现存量变异系数在年度之间无明显变化。2010～2012 年各处理 SH 地上现存量变异系数整体上呈降低趋势。

2010 年 FB 地上现存量变异系数在各处理之间无太大变化。CK 地上现存量变异系数逐年降低。2012 年 SA3 地上现存量变异系数最高，为 69%；SA1 处理低于其他放牧处理。SA1 处理 AB 地上现存量变异系数逐年增大，2012 年 AB 地上现存量变异系数为 135%；SA3 处理逐年降低，2012 年为 86%。

从同一年份群落和功能群的角度来看，群落地上现存量变异系数要小于功能群地上现存量变异系数。2012 年，SA1 处理下 PB 和 FB 地上现存量变异系数低于其他放牧处理，分别为 45%和 37%；SA1 处理 AB 地上现存量变异系数高于其他处理；SA3 处理 FB 和群落地上现存量变异系数高于其他处理；SA1 地上现存量变异系数在 PB、SH 和 FB 均低于 SA2。

2012 年全年重度放牧处理下群落地上现存量变异系数最高，对照区最低，说明干扰的强度越大地上现存量的变异系数越高。春季休牧+夏季重牧+秋季轻牧处理地上现存量变异系数低于春季休牧+夏季适牧+秋季重牧，这也说明秋季重度放牧对草地的影响较大，秋季重度放牧能加快草地偏离原来状态。地上现存量较大、包含种类多的功能群，如多年生杂类草、多年生禾草地上现存量变异系数较小，说明其对放牧干扰具有较好的抵抗作用；而地上现存量较小、包含种类少的功能群，如灌木、半灌木和一、二年生草本变异系数较大，这与郑伟等（2010）的研究结果一致，一、二年生植物通常在遇到适宜条件时能凭借高的结种量迅速占领生境并繁衍后代（闫巧玲等，2005）。

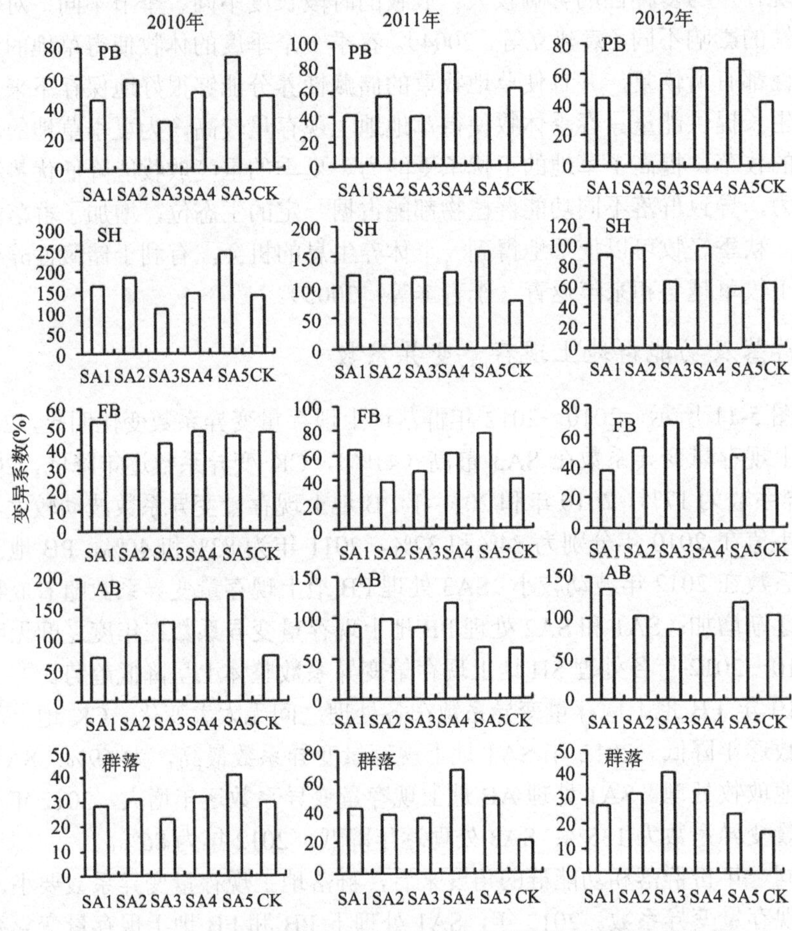


图 5-11 放牧强度季节调控下群落及功能群地上现存量变异系数

## 三、群落营养物质含量变化

### （一）粗蛋白含量

不同放牧处理区群落粗蛋白含量如图 5-12 所示，由图 5-12 可知，2010 年，各处理区 7 月、9 月和 10 月粗蛋白含量较高。原因可能是 7 月末 8 月初时有少量降水，之后各处理区一年生牧草大量生长，9 月初新鲜牧草相对比例较高，使得草群整体较鲜嫩，蛋白质含量较高。随着气温的下降，草群开始大量枯黄，蛋白质含量迅速下降，到试验结束时（11 月），蛋白质含量降到最低。2011 年，群落粗蛋白含量均表现为在试验开始时（5 月）最高，在试验结束时（10 月）最低。粗蛋白含量总体呈“下降—上升—下降”的趋势，在 8 月粗蛋白含量有所升高，原因可能是植物在生长旺季被牲畜大量采食后植株的补偿性生长使得植株幼嫩部分比例增大，因而蛋白含量较高。进一步分析可知，2010 年，群落粗蛋白含量整体以 SA1 区和 SA2 区较高，SA3 区较低。2011 年群落粗蛋白含量整体以 SA1 区和 SA5 区较高，SA2 区和 SA3 区较低。随试验年份延长，同一处理区同一月份粗蛋白含量有下降的趋势，除 2010 年降水稍高于 2011 年外，应与放牧行为及放牧强度也有一定的关系，也有可能是牲畜排回草场的尿氮不均匀造成的随机影响引起的。从年际上来看，SA1 区和 SA5 区较有利于群落粗蛋白含量的累积。

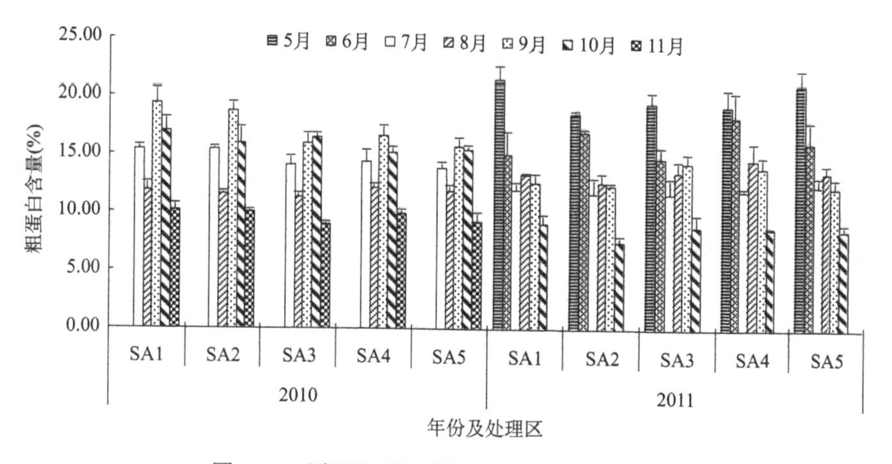


图 5-12　不同处理区群落粗蛋白含量动态变化

## （二）粗脂肪含量

群落粗脂肪含量变化如图 5-13 所示，2010 年群落粗脂肪含量在各处理区变化规律不同，但粗脂肪含量最高值均出现在 10 月，且含量显著高于其他处理区。原因可能是 2010 年出现大量的一年生植物猪毛菜，10 月猪毛菜已开花结籽，接近枯黄，粗脂肪含量较高。2011 年，各处理区粗脂肪含量呈现“先升高后降低”的趋势。除 SA1 区含量高峰值出现在 8 月外，其余处理区含量高峰值均出现在 9 月。从整体粗脂肪平均含量来看，在试验开始时（2010 年），粗脂肪含量在 SA1 区、SA2 区和 SA3 区较高，在 SA5 区含量较低，经过一年的放牧试验，到 2011 年，群落粗脂肪平均含量在 SA1 区、SA2 区和 SA5 区表现较高，在 SA3 区表现较低。说明 SA1 区放牧强度季节调控的方式较有利于群落粗脂肪含量的增加。重度放牧使得群落的粗脂肪含量降低。

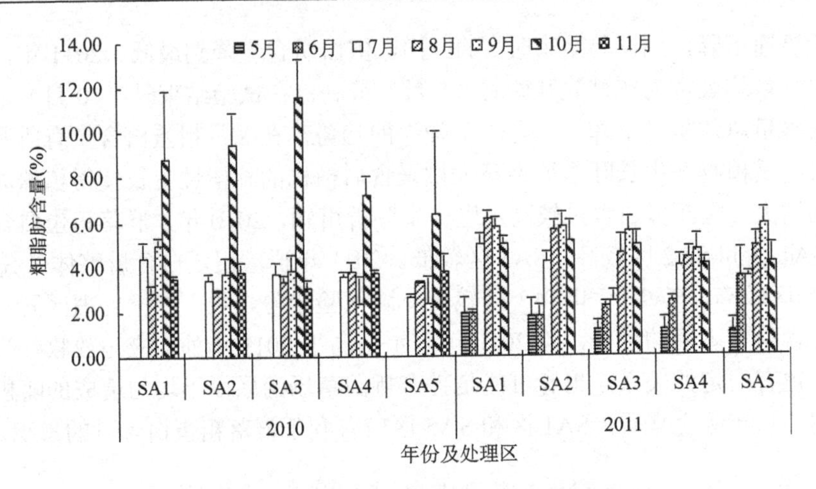


图 5-13 不同处理区群落粗脂肪含量动态变化

## （三）纤维含量

中性洗涤纤维（neutral detergent fiber，NDF）是对植物细胞壁或纤维成分的一种测量指标，主要包括纤维素、半纤维素和木质素等成分，即由不溶性的非淀粉多糖和木质素所组成，能够较准确地反映纤维的实际含量。其内部含有的高度不溶性糖蛋白——伸展蛋白被认为是饲粮纤维的成分。NDF 对维持牲畜瘤胃正常的发酵功能具有重要意义，但过高的 NDF 含量则会对干物质采食量产生负效应。酸性洗涤纤维（acid detergent fiber，ADF）是细胞壁中最难消化的部分，主要由木质素和纤维素组成。NDF 和 ADF 含量是衡量植物营养品质的重要指标。

中性洗涤纤维含量见图 5-14，整体来看，中性洗涤纤维含量随放牧时间延长呈上升趋势。2010 年，SA1 区和 SA2 区中性洗涤纤维含量整体呈下降趋势，其余 3 个处理区呈现“上升—下降”的趋势。试验初期纤维含量较高，最高可达 49.10%，原因可能是 7 月之前极少降水，加之牧草没有被利用，枯黄的牧草使得草群整体纤维化程度较高，纤维含量也较高。2011 年，各处理区整体呈现“上升—下降—上升”的趋势，到 10 月中性洗涤纤维含量最高，NDF 含量均超过 50%（SA1 区除外）。

酸性洗涤纤维含量如图 5-15 所示，2010 年，酸性洗涤纤维含量在各处理区以 7 月和 8 月较高，以 8 月 SA1 区的 36.02%为最高。之后，纤维含量有所下降，到 11 月，纤维含量又有所上升。原因是 7 月末 8 月初有少量降水，到 9 月，草群整体较鲜嫩，纤维含量较低，随放牧时间延长，植株开始枯黄、减少，草地上残留的部分大多为枯枝或茎秆，纤维含量较高。2011 年，各处理区酸性洗涤纤维含量大体表现为试验始期和末期较高，试验中期含量较低。在两年放牧试验结束期，

SA3 区 ADF 含量整体高于其他处理区，表明连续重度放牧可能导致牧草体内难以消化的纤维成分有所增多，大大降低了牧草的营养品质。

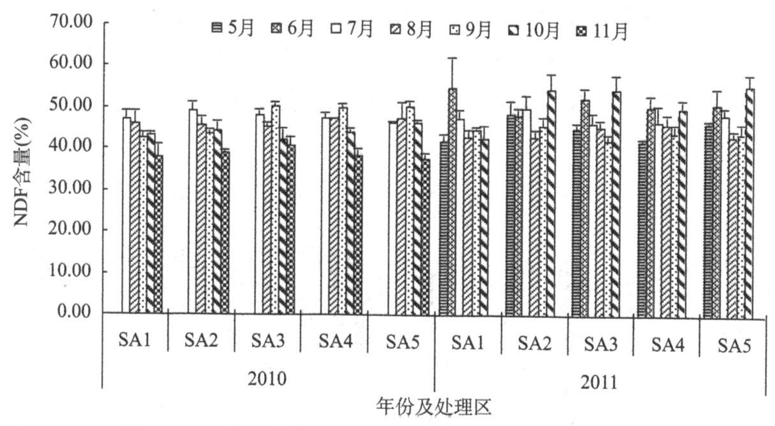


图 5-14　不同处理区群落中性洗涤纤维含量动态变化

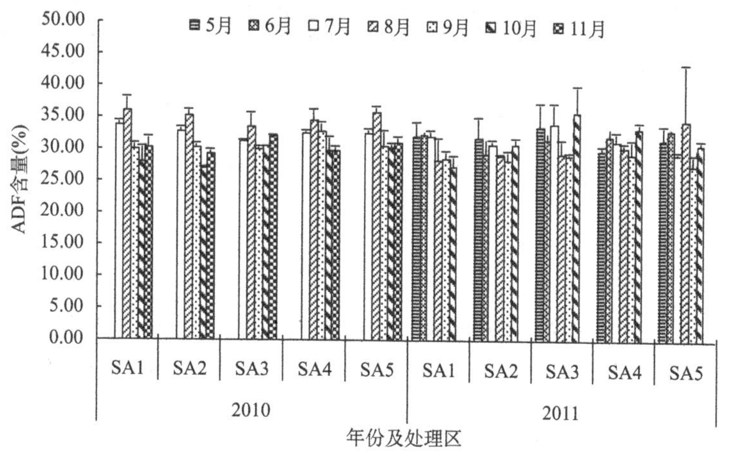


图 5-15　不同处理区群落酸性洗涤纤维含量动态变化

由以上结果可知，植物 NDF 和 ADF 含量总体变化趋势相似。即随着放牧时间的推移，牧草纤维含量增加，木质化程度提高。SA3 区 NDF 和 ADF 含量变化（增加）的速度较快，到达放牧末期含量相对较高，说明群落植物在生长、成熟及枯萎的过程中，在 SA3 区的放牧调控方式下植物细胞壁纤维素、半纤维素含量呈增加趋势，木质化程度加快，植株 NDF 和 ADF 含量整体增加，群落植物饲用品质下降最快。

## （四）有机质含量

草群有机质含量如图 5-16 所示，在两年的试验期间草群有机质含量没有呈现大幅度的变化，各处理区有机质含量差别较小。2010 年各处理区在试验开始时和结束时有机质含量稍高；2011 年各处理区在试验开始时和结束时有机质含量较低，且 2011 年草群含量整体稍高于 2010 年。就年度平均有机质含量而言，2010 年群落平均有机质含量在 SA1 区较高，SA3 区较低；2011 年，群落平均有机质含量在 SA1 区最高，在 SA3 区和 SA4 区较低。表明 SA1 区的季节调控方式有利于牧草有机质含量的积累，连续重度放牧导致牧草体内有机质大量流失。

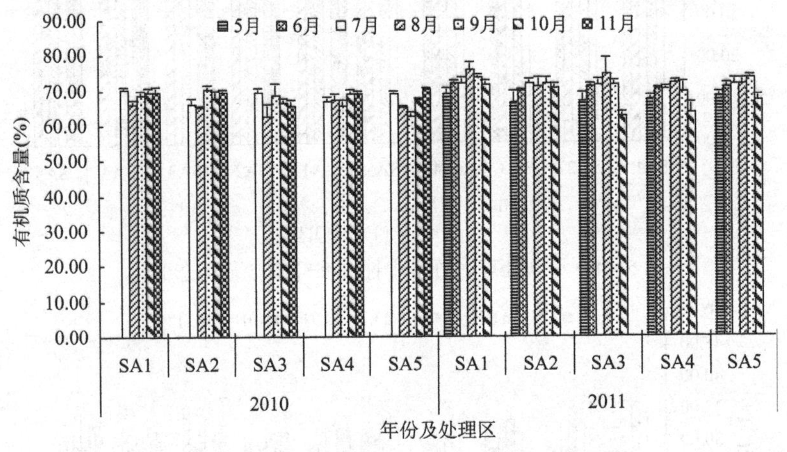


图 5-16　不同处理区群落有机质含量动态变化

## （五）粗灰分含量

粗灰分含量变化如图 5-17 所示，由图 5-17 可知，2010 年各处理区在试验期间粗灰分含量变化整体呈“上升—下降—上升”的趋势，SA1 区、SA2 区和 SA3

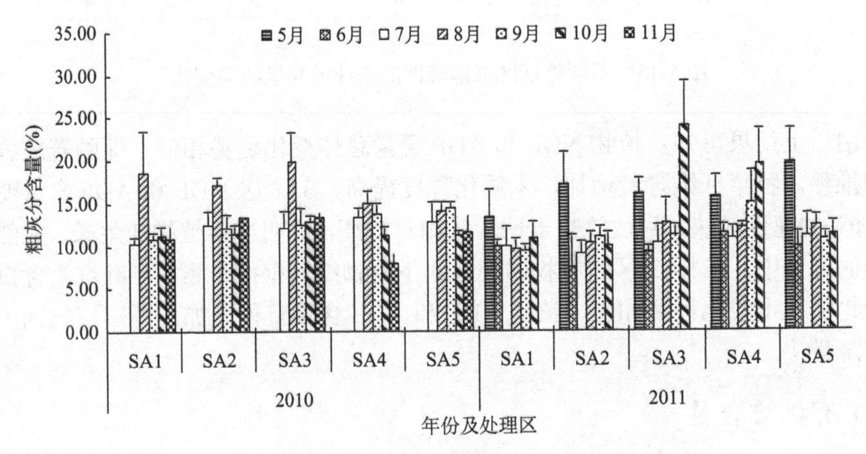


图 5-17　不同处理区群落粗灰分含量动态变化

区 8 月变化幅度较大，SA4 区 11 月含量迅速下降。2011 年各处理区粗灰分含量在试验开始和结束期稍高，后期粗灰分含量增加的原因可能是藜科植物增加和栉叶蒿种子趋于成熟。

## （六）钙含量

钙含量变化如图 5-18 所示，2010 年同一处理区不同月份钙含量随放牧期的延长呈现不同的变化，但最终在放牧结束时钙含量较高，这与 2010 年有较多的藜科植物猪毛菜有一定的关系。从小区的平均钙含量来看，SA2 区钙含量较高。2011 年各处理区钙含量变化波动性均较大。在试验初期，钙含量均较低，到 7 月，钙含量突然升高，可能与栉叶蒿的大量生长有关。8 月炎热的天气使得对水分要求十分严格的栉叶蒿数量大幅度降低，钙含量迅速下降。此后钙含量进一步上升，放牧结束时又有所下降。从钙含量均值看，仍然是 SA2 区钙含量较其他处理区高，说明 SA2 的季节调控方式对钙含量的积累起到一定的促进作用。

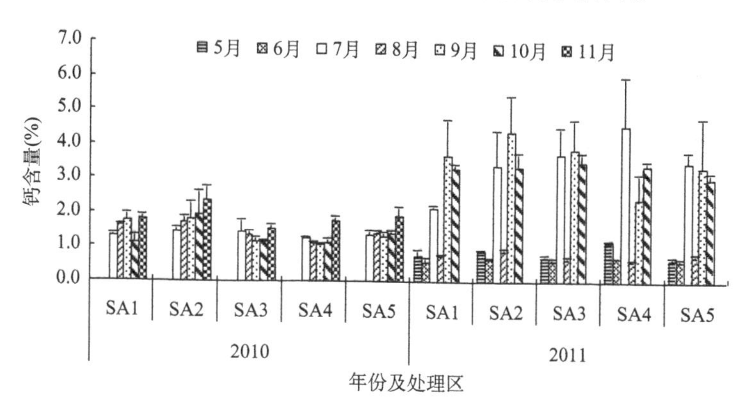


图 5-18　不同处理区群落钙含量动态变化

## （七）磷含量

草群磷含量变化如图 5-19 所示，2010 年，各处理区不同月份磷含量变化呈现“下降—上升—下降”的趋势，磷含量高峰值出现在 9 月和 10 月。原因是在 2010 年 7 月才开始放牧试验，放牧初期磷含量较高，随着家畜的采食，磷含量逐渐降低，但随后植株幼嫩部分比例增加，磷含量又开始上升，随放牧季节的延续，植株开始枯黄，磷含量降到最低，其变化趋势与粗蛋白含量变化趋势大体相同。对于同一月份的不同处理区，磷含量大体相同，说明试验初期，放牧处理对各处理区磷含量几乎不产生影响。2011 年，草群磷含量在试验开始和结束两个阶段较高，在试验中期较低。相同月份不同处理小区总体上以 SA5 区磷含量较高。表明

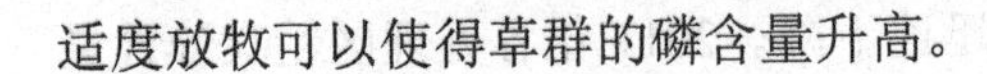
适度放牧可以使得草群的磷含量升高。

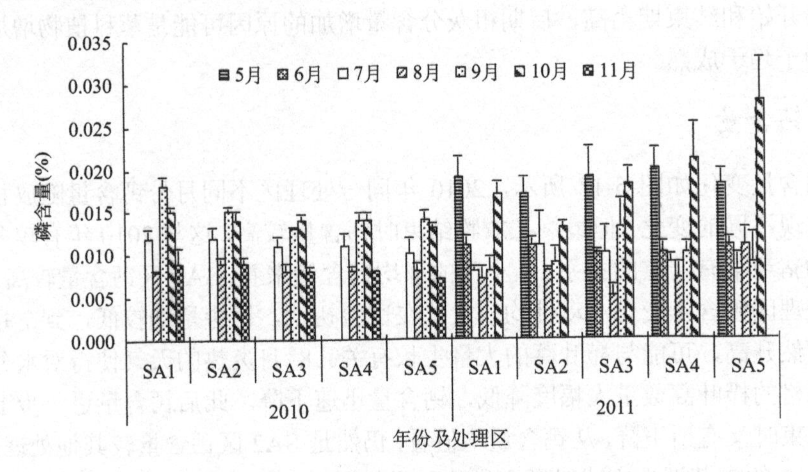


图 5-19　不同处理区群落磷含量动态变化

## （八）镁含量

镁是构成植物体内叶绿素的主要成分之一，与植物的光合作用有关，还能为蛋白质的合成提供场所，调节酶促反应，促进植物对二氧化碳的同化作用。若植物缺镁，则体内代谢作用受阻，对幼嫩植物的生长与发育影响较大。

草群镁含量变化如图 5-20 所示，2010 年，同一处理区不同月份，SA1 区、SA2 区和 SA5 区呈现“先上升后下降”的趋势；SA3 区镁含量呈波动性变化；SA4 区呈现“下降—上升—下降”的变化趋势。同一月份不同处理小区，磷含量总体

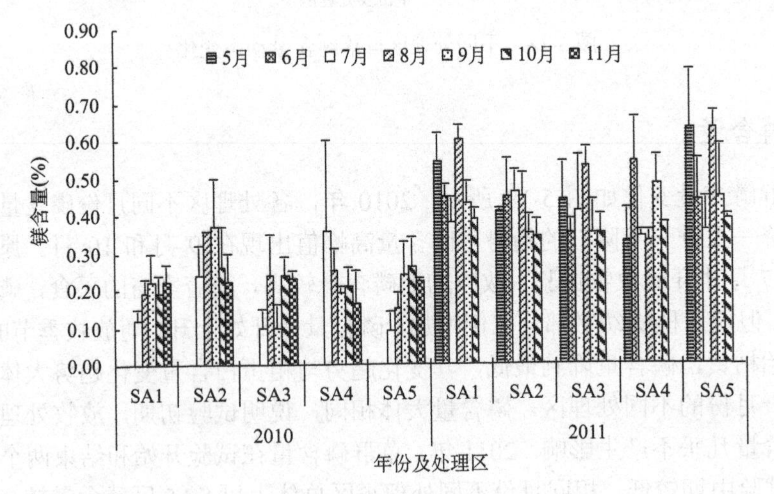


图 5-20　不同处理区群落镁含量动态变化

上以 SA2 区较高，表明试验当年的几个月，SA2 区的季节调控方式有利于草群镁含量的积累。2011 年，同一处理区不同月份间，SA1 区、SA3 区和 SA5 区呈现“下降—上升—下降”的变化趋势；SA2 区呈现“先上升后下降”的变化趋势；SA4 区没有呈现出明显的变化规律。同一月份不同处理区，草群镁含量总体上在 SA5 区较高，表明适度放牧较有利于镁含量的积累。

综合两年试验结果可知，植物群落镁含量整体上呈上升趋势，上升幅度以 SA1 区和 SA5 区较大，表明 SA1 区的季节调控方式和 SA5 区的适度放牧较有利于植物群落镁含量的积累。

## 第六节　不同处理区间及处理区与草地系统的关系

运用聚类分析、对应分析和最优序列分析对研究指标体系进行观测，能够明确生物群落的结构，了解植物个体、种群及群落间，以及与它们所处的生态系统环境间的相互关系。

### 一、群落特征下处理区的聚类分析

为了揭示不同处理区间植物群落数量特征及营养成分的相互关系，采用平均高度、总盖度、总密度、群落地上现存量、钙、磷、粗灰分、中性洗涤纤维、粗脂肪、酸性洗涤纤维、粗蛋白 11 项指标对 5 个处理区进行非加权配对平均法（unweighted pair-group method with arithmetic average，UPGMA）聚类分析（相似性指数用欧氏距离、聚类方法用类平均法）（图 5-21），结果显示，在距离 $T$=4 处可将 5 个处理分为 3 类，即 SA1 和 SA2 为一类，SA3 和 SA4 为一类，SA5 单独为一类。表明受不同放牧强度季节调控，群落特征在不同处理区间表现出不同的变化趋势，且已经表现出明显的差别。最先聚在一起的是 SA3 和 SA4 处理区，说明受到 5～8 月重牧影响后，SA3 和 SA4 处理区群落特征最为接近；其次是 SA1 和 SA2 处理区聚在一起，这表明两个处理区尽管在 7～10 月的适度放牧和重度放牧顺序存在差异，但这种差异对各处理区内群落特征影响不大；然后是 SA5 与 SA3 和 SA4 聚在一起，这意味着如果把处理区分为两类，SA1 和 SA2 先聚为一类，SA5 将与 SA3 和 SA4 处理区聚在一类，说明 SA5 处理区群落特征在某种程度上与 SA3 和 SA4 处理区更为接近，但这种接近程度只是总体上与 SA1 和 SA2 处理区相对而言。

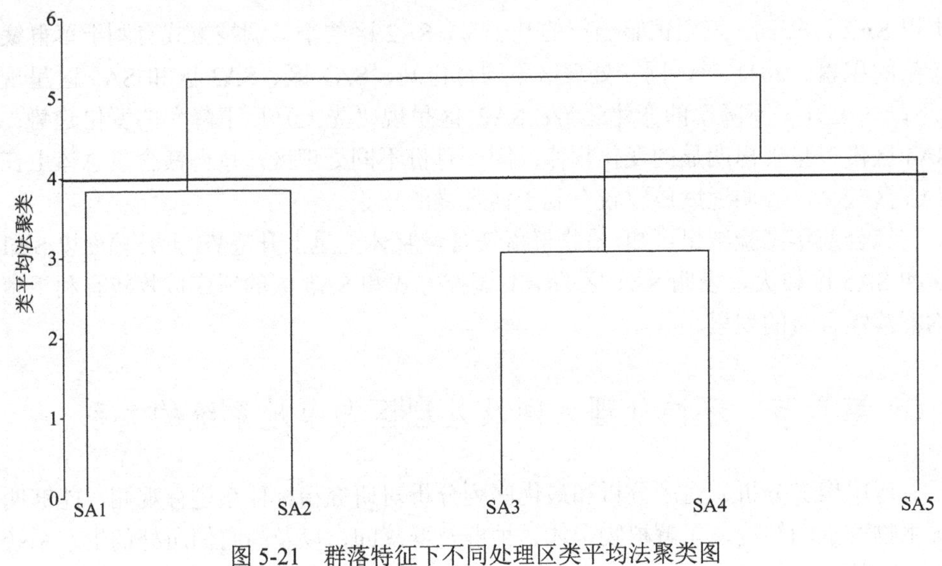


图 5-21 群落特征下不同处理区类平均法聚类图

## 二、群落特征下处理区的对应分析

表 5-49 为处理区主成分分析结果，其中 SA1 区在横纵坐标上的因子载荷分别为 0.0680 和 0.0552，在不同坐标上的局部贡献率分别为 0.0909 和 0.4879，依据坐标局部贡献率大小，可以认为 SA1 区的最适坐标轴为第二坐标（即纵坐标）轴，其他处理区主成分分析结果详见表 5-49。总之，最适坐标系数据显示，第一坐标（横坐标）中主要反映的是 SA2 区和 SA3 区的信息，第二坐标（纵坐标）中主要反映 SA1 区、SA4 区和 SA5 区的相关信息。

**表 5-49 群落特征下不同处理区的因子载荷及贡献率**

| 处理 | 因子载荷 | | 贡献率 | | 最适坐标轴 |
|---|---|---|---|---|---|
| | $F_1$ | $F_2$ | $F_1$ | $F_2$ | |
| SA1 | 0.0680 | 0.0552 | 0.0909 | 0.4879 | 2 |
| SA2 | −0.1721 | 0.0001 | 0.7095 | 0.0000 | 1 |
| SA3 | 0.0776 | −0.0023 | 0.1220 | 0.0009 | 1 |
| SA4 | 0.0585 | −0.0525 | 0.0771 | 0.5039 | 2 |
| SA5 | −0.0050 | 0.0065 | 0.0005 | 0.0074 | 2 |

同理，从表 5-50 中可以看出，平均高度在横纵坐标上的因子载荷分别为 0.0445 和 0.0677，在不同坐标上的局部贡献率分别为 0.0036 和 0.0671，依据坐标局部贡

献率大小，可以认为群落高度（平均高度）的最适坐标轴为第二坐标（即纵坐标）轴，其他指标主成分分析结果详见表 5-50。总体来看，第二坐标（纵坐标）中主要反映平均高度、总盖度、钙、磷、粗脂肪和 ADF 指标信息，第一坐标（横坐标）中主要反映余下的指标信息。

表 5-50　群落特征下不同处理区的因子载荷及指标贡献率

| 指标 | 因子载荷 | | 指标贡献率 | | 最适坐标轴 |
|---|---|---|---|---|---|
| | $F_1$ | $F_2$ | $F_1$ | $F_2$ | |
| 平均高度 | 0.0445 | 0.0677 | 0.0036 | 0.0671 | 2 |
| 总盖度 | −0.0015 | 0.0576 | 0.0000 | 0.2493 | 2 |
| 总密度 | −0.0935 | −0.0143 | 0.4371 | 0.0826 | 1 |
| 群落地上现存量 | 0.1618 | −0.0394 | 0.4047 | 0.1949 | 1 |
| 钙 | −0.054 | 0.1002 | 0.0006 | 0.0175 | 2 |
| 磷 | −0.0436 | 0.0628 | 0.0000 | 0.0001 | 2 |
| 粗灰分 | 0.0904 | −0.0247 | 0.0276 | 0.0168 | 1 |
| NDF | 0.0738 | 0.0166 | 0.0715 | 0.0293 | 1 |
| 粗脂肪 | 0.0161 | 0.1525 | 0.0004 | 0.2867 | 2 |
| ADF | 0.0533 | 0.0269 | 0.0255 | 0.053 | 2 |
| 粗蛋白 | 0.0847 | 0.0095 | 0.0289 | 0.0029 | 1 |

将群落特征指标和处理区主成分分析结果的因子载荷向量绘制在一起得到图 5-22。从图 5-22 中可以看到，处理区的分布位置与不同群落特征指标间存在一定的关系。在图 5-22 中可以将指标和处理区大致分为三部分，第一部分为 SA2

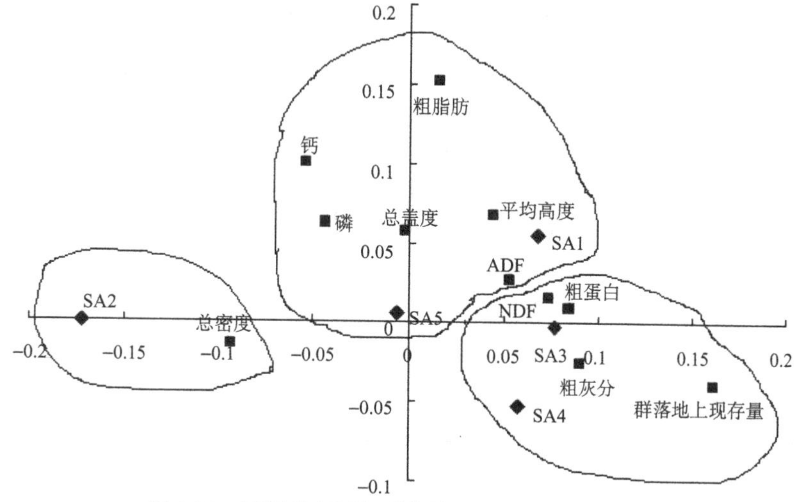


图 5-22　不同处理区与群落特征指标对应分析结果

处理区和总密度指标，第二部分是SA1、SA5处理区和粗脂肪、钙、磷、总盖度、平均高度及ADF，余下的处理区和群落特征指标为第三部分。群落特征指标与处理区距离越远，表明该指标在该处理区内的信息量越小，甚至无关紧要。

结合前面聚类分析可知，采用相同的指标进行聚类分析和对应分析，其处理区的聚类结果和对应分析结果可能会存在差异，原因为二者统计学原理不同，而且反映的信息也不同。就本研究内容而言，聚类分析主要是确定不同处理区之间的相近性,而对应分析主要表现的是不同处理区与不同群落特征指标间的对应性。

## 三、空间分布的最优序列分析

以表示空间变异比例大小的结构比和分形维数进行最优序列排序，将原始数据集整理之后得到的原始数据序列见表5-51。对其采用最优序列排序分析后其结果如表5-52所示。由表5-52可知，主要植物种群（碱韭除外）、物种数和总盖度的空间变化在SA5处理区与最优序列相似度（最优序列比较结果）最大，表明不同季节适度放牧能够保持主要植物种群、物种数和总盖度的原空间异质性，即其空间变化主要由结构因素引起，其放牧的随机因素等对主要植物种群、物种数和总盖度的空间变化影响较小。与最优序列相似度仅次于SA5区的为SA1区，表明春季零放牧+夏季重度放牧+秋季适度放牧的季节调控对主要植物种群、物种数和总盖度的空间异质性影响较小，主要植物种群、物种数和总盖度的空间变化主要影响因素为结构因素，不同放牧强度季节调控对主要植物种群、物种数和总盖度的空间变化影响较小。

**表5-51　空间分布的原始数据序列**

| 选取的指标 | | SA1 | SA2 | SA3 | SA4 | SA5 | 最优序列 |
|---|---|---|---|---|---|---|---|
| 结构比 | 短花针茅 | 1.0903 | 0.8708 | 1.2367 | 0.7331 | 1.0692 | 1.0000 |
| | 碱韭 | 1.1582 | 0.9073 | 0.6866 | 1.0885 | 1.1594 | 1.0000 |
| | 无芒隐子草 | 0.7107 | 0.8257 | 1.1683 | 1.1683 | 1.1271 | 1.0000 |
| | 物种数 | 1.1200 | 0.7247 | 0.8906 | 1.1765 | 1.0882 | 1.0000 |
| | 总盖度 | 1.1239 | 1.0597 | 0.6610 | 1.1239 | 1.0315 | 1.0000 |
| 分形维数 | 短花针茅 | 1.0196 | 0.9433 | 1.0395 | 0.9743 | 1.0232 | 1.0000 |
| | 碱韭 | 1.0395 | 0.9476 | 0.9914 | 1.0205 | 1.0010 | 1.0000 |
| | 无芒隐子草 | 0.9906 | 0.9536 | 1.0260 | 1.0207 | 1.0091 | 1.0000 |
| | 物种数 | 0.9936 | 0.9792 | 0.9941 | 1.0142 | 1.0189 | 1.0000 |
| | 总盖度 | 1.0080 | 0.9924 | 0.9671 | 1.0007 | 1.0318 | 1.0000 |

表 5-52　空间分布的最优序列排序结果

| 选取的指标 | | SA1 | SA2 | SA3 | SA4 | SA5 | 最优序列 |
|---|---|---|---|---|---|---|---|
| 结构比 | 短花针茅 | 0.6524 | 0.5674 | 0.4173 | 0.3884 | 0.7101 | 1.0000 |
| | 碱韭 | 0.5172 | 0.6464 | 0.3510 | 0.6569 | 0.5154 | 1.0000 |
| | 无芒隐子草 | 0.3694 | 0.4930 | 0.5018 | 0.5018 | 0.5714 | 1.0000 |
| | 物种数 | 0.5855 | 0.3811 | 0.6077 | 0.4899 | 0.6577 | 1.0000 |
| | 总盖度 | 0.5778 | 0.7396 | 0.3334 | 0.5778 | 0.8432 | 1.0000 |
| 分形维数 | 短花针茅 | 0.8965 | 0.7494 | 0.8108 | 0.8685 | 0.8794 | 1.0000 |
| | 碱韭 | 0.8110 | 0.7639 | 0.9519 | 0.8921 | 0.9944 | 1.0000 |
| | 无芒隐子草 | 0.9474 | 0.7851 | 0.8670 | 0.8911 | 0.9491 | 1.0000 |
| | 物种数 | 0.9637 | 0.8907 | 0.9665 | 0.9226 | 0.8999 | 1.0000 |
| | 总盖度 | 0.9551 | 0.9573 | 0.8374 | 0.9957 | 0.8421 | 1.0000 |
| 最优序列比较结果 | | 0.7276 | 0.6974 | 0.6645 | 0.7185 | 0.7863 | 1.0000 |

值得注意的是 SA3 区，其与最优序列的相似度最小，表明由于其常年处于重度放牧条件下，主要植物种群、物种数和总盖度的空间异质性受到放牧等随机因素的影响比较明显，因此主要植物种群、物种数和总盖度的空间变化强烈，具体表现为主要植物种群和总盖度的斑块性变化明显，物种数多少的空间变化起伏较大，因此主要植物种群、物种数和总盖度的空间分布应该着重考虑随机因素的影响，结构因素对主要植物种群、物种数和总盖度空间分布的主导作用已弱化。

结合试验实际情况和最优序列分析，SA1、SA5 处理区主要植物种群、物种数和总盖度的空间分布主要受结构因素影响，而持续重度放牧的 SA3 处理区主要植物种群、物种数和总盖度的空间分布受随机因素影响不可忽视，SA2、SA4 处理区主要植物种群、物种数和总盖度的空间分布究竟受哪一因素主导不明显。

# 第六章　放牧强度季节调控对草地生态化学计量学特征的影响

“stoichiometry”在化学中称为化学计量学，意为“测量元素的科学”，它来源于希腊的词根“stoicheion”和“metron”（其含义分别为“元素”和“测量”）。化学计量学强调化学成分与结构的关系，是主要研究化学反应过程物质之间的相互比例关系的科学（曾德慧和陈广生，2005）。化学反应中比值问题和物质能量转换是主要研究内容，并且强调了原子量和分子量在化学反应中的数值转换（Sherman and Kuselman，1999）。“生态化学计量学”（ecological stoichiometry）通常又称为“化学计量生态学”（stoichiometric ecology）（Makino et al.，2003）。生态化学计量学是研究环境影响过程与化学物质平衡问题的科学，结合了生态学和化学计量学的原理，强调活有机体碳（C）、氮（N）、磷（P）的关系（Elser et al.，1996）。

植物元素的生态化学计量特征是生物地球化学研究的重要内容，它在反映环境条件的同时，也能很好地体现植物的生长状态和内在特征，化学计量学的研究对于揭示植物的养分限制及其对环境的适应机制都有重要意义。生物界是由元素组成的，生物有机体的重要组成元素是 C、N 和 P，它们具有特殊的意义。碳水化合物在生物有机体中发挥着很大的作用，是有机体的主要组成成分之一。N 是陆地生态系统中极其重要的营养元素，是有机氮化合物的重要组分（Elser et al.，2001），同时也对动植物生长起到限制作用（Daufresne and Loreau，2001）。N 素是除 C、H、O 之外生物体内含量最丰富的元素，高等植物中 N 的含量占到植物干重的 1.2%～7.5%（Larcher，2002）。研究表明植物含 N 量与生长发育期、器官、植物种类和营养水平（土壤环境中 N 含量）等因素有关（Mattson，1980）；通常情况是，生育前期植物含氮量高于生育后期，繁殖器官要高于营养器官，幼嫩器官要高于衰老器官（廖红和严小龙，2003）。P 在生物体中所占的含量较低，占生物体干重的 0.1%～0.5%，是延续生命及繁殖生长的主要元素，有着非常重要的作用，所以 C 和 N 等营养元素的循环直接受 P 含量的影响（Sterner and Elser，2002）。

化学计量学主要包括 3 个原理，第一个原理是定比定律（law of definite proportions），即植物种的主要元素在组织中有确定的组成；第二个原理是倍比定律（law of multiple proportions），即化合物中的不同元素按照原子的整数倍结合；

第三个原理是质量守恒原理（principle of conservation of mass），即化学反应前后原子种类和数量保持一致（曾德慧和陈广生，2005）。动态平衡理论和生长速率理论是生态化学计量学中两个重要的理论。“动态平衡”（homeostasis）就是生物体的营养元素即使在外界环境不断变化的情况下也比较稳定，有机体与环境保持一种相对稳定的平衡状态。动态平衡理论是生态化学计量学存在的理论基础，在不同的环境条件下生物体的化学元素组成有一定变化，但是能够达到相对稳定的程度（曾德慧和陈广生，2005）。“生长速率理论”（growth rate hypothesis，GRH）是 Elser 和他的同事在研究湖泊生态系统时提出的，他们发现物种生长速率不同，其 N/P 具有明显差异；但进一步的研究发现，蛋白质百分含量在不同生物间差别较小，不同类群间 N/P 不同主要是 P 含量差异造成的（Elser et al.，1996；Sterner，1995；Frost and Elser，2002）。

1925 年，Lotka 在其专著《物理生物学的基础》（*Elements of Physical Biology*）中，系统地阐述了生物之间的相互关系，提出了自然界食物网中捕食者-猎物相互作用模型，把化学计量学应用到自然界食物链的营养流动中，这标志着生态化学计量学的产生（曾德慧和陈广生，2005；Elser et al.，2000b）。生物有机体的化学元素在机体内总是在发生着变化，但是海洋中有机体的元素组成与无机养分比值存在显著的一致性，大量的试验结果表明，海洋中浮游植物的元素比值（C∶N∶P 摩尔比）在养分不受限制时是一个恒定的值，等于 106∶16∶1（庾强，2009），即雷德菲尔德化学计量比（Redfield ratio）。后来研究证明海洋中浮游植物的 C∶N∶P 是不断变化的，但是 Redfield 假设的提出，加速了海洋生物地球化学的快速发展。到目前为止生态化学计量学的理论已经被人们普遍认同，2004 年 5 月美国生态学会“*Ecology*”（85 卷）和 2005 年“*Oikos*”（109 卷）杂志曾分别举办专题（special feature），专门介绍了“生态化学计量学”这一生态学热点问题，并刊出好多文章。生态化学计量学逐渐发展成为一个成熟而系统的学科，并在很多领域有了广泛的应用。研究表明环境对植物生长的养分供应可以通过植物叶片的 N/P 临界值来确定（Wassen et al.，1995），森林在长期缺乏灾难性干扰的情况下，常常会出现生产力的下降及腐殖质和新鲜凋落物中 N/P 的增加，说明森林生态系统随着时间的推移会受到 P 的限制（Wardle et al.，2004）。

生物为了保持较高速度的生长，体内必须具有较高的 rRNA 含量来满足有机物质的合成，因而具有相对较高的 P 元素含量（即具有较低的 C/P 和 N/P），这一理论为物种生存和进化过程中生态系统的养分动态研究提供了新的方法与思路，它能够把生物体功能、生活史进化、种群动态等生态系统过程同化学物质分配有机地结合起来（Sterner and Elser，2002）。

庾强（2005）研究表明，陆地生态系统因为受到各种因素的影响，比海洋生态和淡水生态系统复杂得多。另外，任书杰等（2007）在大范围上对植物叶片 N/P

计量特征进行了研究。丁小慧等（2012）对草地放牧和围封的研究表明在群落尺度上，放牧和围封草地植物叶片 C、N、P 的含量无太大变化；但是在种群尺度上，围封草地植物叶片 N 含量显著低于放牧草地；放牧草地植物 C/N 显著低于围封草地，植物残体分解速率较快，提高了生态系统养分循环速率。张文彦等（2010）对草地优势植物功能群氮磷化学计量学特征研究表明，温性草地植物的 N、P 含量低于高寒草地，但其 N/P 却高于高寒草地。

目前研究者对于放牧对草地生态系统的影响已做了大量的研究，一方面研究植物群落结构和生物量对放牧的响应（鲍雅静等，2006a），另一方面研究土壤和植物养分对放牧的响应（董晓玉等，2010），但是对于放牧对草地植物和土壤养分的影响一直没有定论。Frank（2008）对草地土壤 C 和 N 的研究表明，放牧可以增加土壤中的有机碳含量。而 Milchunas 和 Lauenroth（1993）认为放牧强度与土壤养分指标关系复杂，要考虑土壤和植被的初始状态及环境因素与放牧历史进行综合研究。Unkovich 等（1998）研究表明，放牧情况下植物叶片 N 含量降低，植物对土壤养分的吸收能力也有所降低。也有观点认为，植物去掉部分叶片之后，剩余叶片的 N 含量增加（Martens and Trumble，1987），进而降低了植物残体的 C/N，使得微生物固定作用减弱，矿化作用增强，进而增加了土壤的净矿化量，提高养分循环速率。

## 第一节　主要植物种群生态化学计量学特征动态

### 一、短花针茅

短花针茅生态化学计量学特征动态见图 6-1，从图 6-1 中可以看出短花针茅全氮含量在 5 月显著高于其他月份，为 2.68%；6 月全氮含量显著高于 7 月、8 月和 9 月（$P<0.05$）。全碳含量和全氮含量有相反的变化趋势，表现为 5～9 月逐渐增高，5 月显著低于其他月份（$P<0.05$），9 月全碳含量最高，为 45.57%。全磷含量在 5 月显著高于其他月份（$P<0.05$），其值为 0.42%。7 月 C/N 显著高于 5 月、6 月和 9 月，其值为 38.21；9 月显著高于 5 月和 6 月；5 月 C/N 最低，为 16.05。5 月 C/P 显著低于其他处理（$P<0.05$），为 102.76；8 月显著高于 6 月和 7 月（$P<0.05$）。6 月、8 月和 9 月 N/P 显著高于 5 月和 7 月（$P<0.05$）。

### 二、无芒隐子草

无芒隐子草生态化学计量学特征动态见图 6-2，从图 6-2 中可以看出 6 月无芒隐子草全氮含量显著高于其他月份（$P<0.05$），其值为 2.27%；8 月全氮含量显著

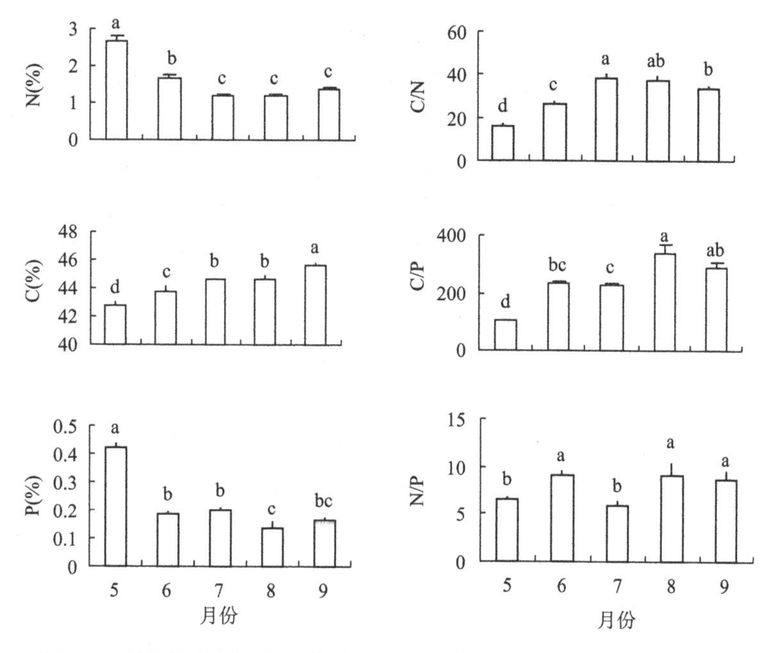


图 6-1　短花针茅不同物候期叶片 C、N、P 及 C/N、C/P、N/P 的动态

不同字母表示不同处理间差异显著（$P$<0.05），本章余同

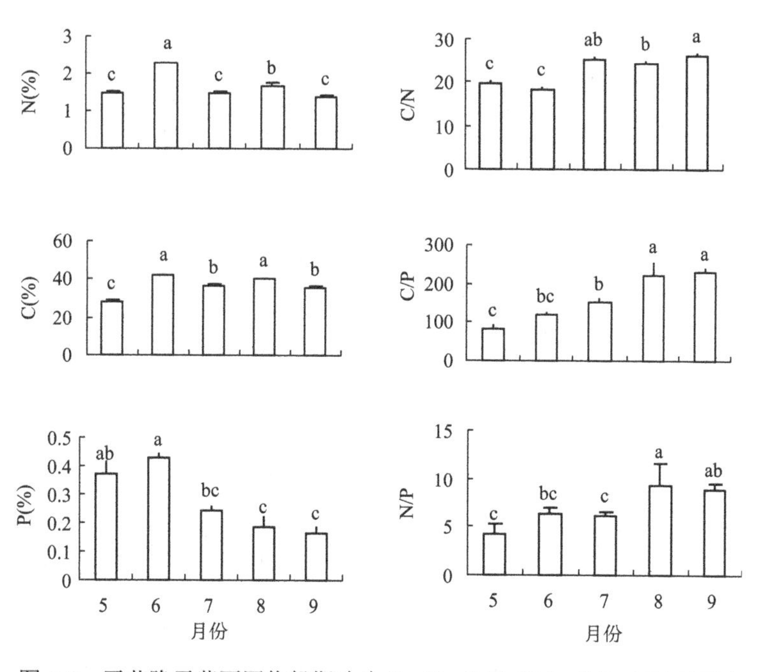


图 6-2　无芒隐子草不同物候期叶片 C、N、P 及 C/N、C/P、N/P 的动态

高于 5 月、7 月和 9 月。5 月全碳含量显著低于其他月份，其值为 28.46%；6 月和 8 月显著高于 7 月和 9 月。全磷含量在 6 月显著高于 7 月、8 月和 9 月（$P<0.05$），7 月、8 月和 9 月无显著差异（$P>0.05$），但有降低的趋势。5 月和 6 月无芒隐子草 C/N 显著低于其他月份（$P<0.05$），9 月显著高于 8 月，5～10 月 C/N 有增加的趋势。5～10 月 C/P 逐渐增加，5 月、6 月和 7 月 C/P 显著低于 8 月和 9 月，9 月最高，其值为 231.58。5～10 月 N/P 呈增加趋势，5 月显著低于 8 月和 9 月，其值为 4.23。

## 三、碱　　韭

碱韭生态化学计量学特征动态见图 6-3，5 月全氮含量显著高于其他月份（$P<0.05$），为 4.13%；7 月最低，为 2.47%。5 月全碳含量显著低于其他月份（$P<0.05$），为 39.61%；7 月和 9 月显著高于 6 月。5 月和 6 月全磷含量显著高于 7 月和 8 月，分别为 0.45%和 0.36%，5～9 月大致为降低趋势。7 月 C/N 显著高于其他月份（$P<0.05$），为 16.96；5 月 C/N 最低，为 9.59。5 月和 6 月 C/P 低于其他月份，分别为 92.88 和 113.12；8 月最高，为 186.47，表现为 5～8 月逐渐增加的趋势。5 月和 7 月 N/P 显著低于 8 月，分别为 9.66 和 9.30。

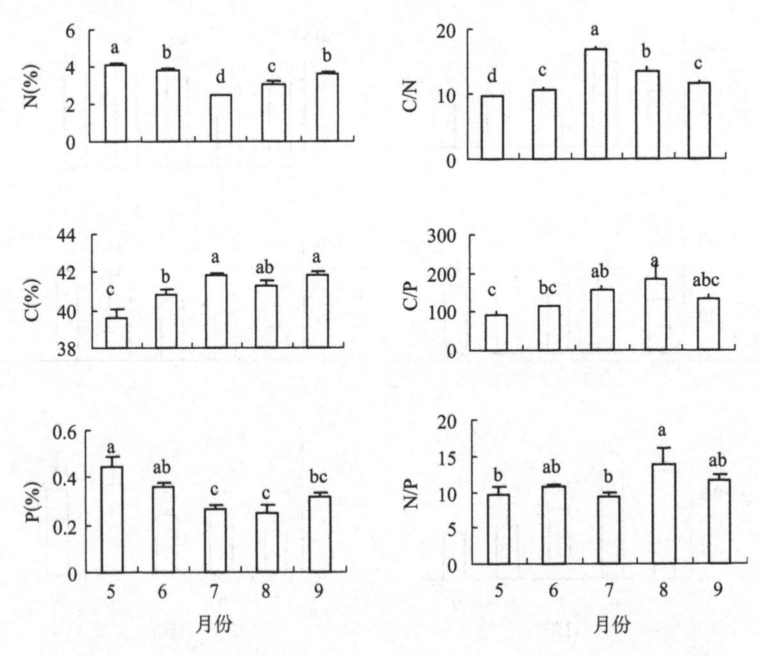


图 6-3　碱韭不同物候期叶片 C、N、P 及 C/N、C/P、N/P 的动态

## 四、银 灰 旋 花

银灰旋花生态化学计量学特征动态见图6-4，6月全氮含量显著高于其他月份（$P<0.05$），为2.86%，其他月份之间无显著差异（$P>0.05$）。9月全碳含量显著低于其他月份，为37.65%，其他各月份之间无显著差异（$P>0.05$）。6月、7月和8月全磷含量显著高于9月，分别为0.29%、0.28%和0.27%。6月C/N显著低于其他月份（$P<0.05$），为13.81；其他月份之间无显著差异（$P>0.05$）。6月和7月C/P显著低于9月。N/P各月份之间均无显著差异（$P>0.05$）。

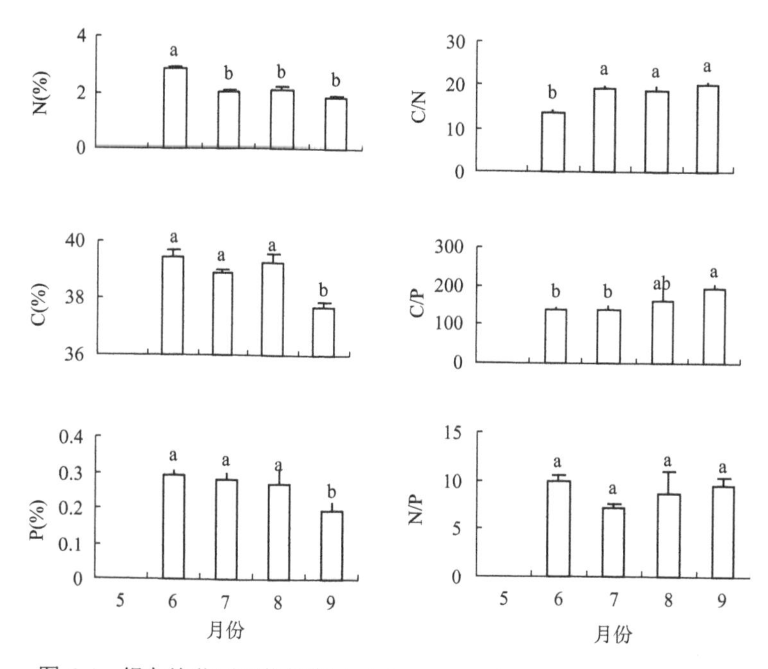


图6-4　银灰旋花不同物候期叶片C、N、P及C/N、C/P、N/P的动态

## 五、栉 叶 蒿

栉叶蒿生态化学计量学特征动态见图6-5，6月全氮含量显著高于其他月份（$P<0.05$），为2.72%；7月显著高于9月（$P<0.05$）。6月全碳含量显著低于其他月份，为38.52%，其他月份之间无显著差异（$P>0.05$）。7月全磷含量显著高于8月，值为0.27%。6月C/N显著低于其他月份（$P<0.05$），9月最高，为25.78。8月C/P显著高于6月和7月（$P<0.05$），6月和7月之间无显著差异，表现为6～8月逐渐增高。6月和8月N/P显著高于7月和9月，7月和9月之间无显著差异。

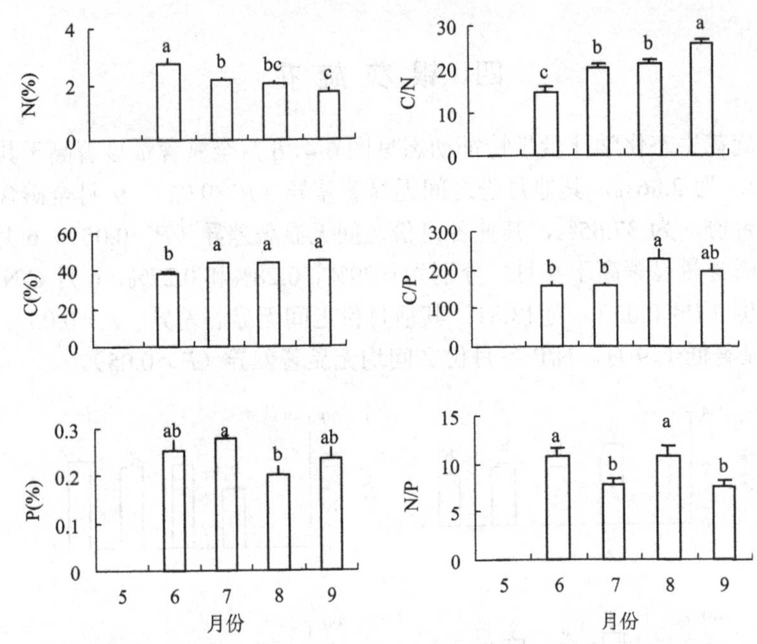


图 6-5 栉叶蒿不同物候期叶片 C、N、P 及 C/N、C/P、N/P 的动态

## 六、植物叶片 C、N、P 及其计量比的季节变异特征

主要植物种群的变异特征有所差异，表 6-1 中可以看出，短花针茅全氮的变异系数最大，为 36.51%。其余 4 种植物较为接近。无芒隐子草全碳的变异系数最高，为 14.09%，其他植物的变异系数均较低。全磷的变异系数也是以无芒隐子草最高，为 51.56%，全磷的变异系数均较全氮和全碳大。

表 6-1 主要植物种群不同月份 C、N、P 及 C/N、C/P、N/P 的变化

| 参数 | 植物名称 | 最高 | 最低 | 平均 | 极差 | 变异系数（%） | 变异系数均值（%） |
|---|---|---|---|---|---|---|---|
| N（%） | 碱韭 | 4.18 | 2.43 | 3.42 | 1.75 | 18.39 | 23.81 |
| | 银灰旋花 | 3.34 | 1.46 | 2.27 | 1.88 | 21.32 | |
| | 无芒隐子草 | 2.36 | 1.24 | 1.65 | 1.12 | 21.44 | |
| | 短花针茅 | 3.07 | 1.01 | 1.63 | 2.06 | 36.51 | |
| | 栉叶蒿 | 3.24 | 1.54 | 2.22 | 1.70 | 21.39 | |
| C（%） | 碱韭 | 42.52 | 37.96 | 41.08 | 4.56 | 2.58 | 6.17 |
| | 银灰旋花 | 42.11 | 34.16 | 38.85 | 7.95 | 5.01 | |
| | 无芒隐子草 | 43.37 | 25.54 | 36.69 | 17.83 | 14.09 | |
| | 短花针茅 | 45.95 | 41.49 | 44.26 | 4.46 | 2.53 | |
| | 栉叶蒿 | 46.02 | 35.44 | 42.62 | 10.58 | 6.63 | |

续表

| 参数 | 植物名称 | 最高 | 最低 | 平均 | 极差 | 变异系数（%） | 变异系数均值（%） |
|---|---|---|---|---|---|---|---|
| P（%） | 碱韭 | 0.55 | 0.13 | 0.33 | 0.42 | 28.66 | 36.88 |
| | 银灰旋花 | 0.52 | 0.15 | 0.27 | 0.37 | 30.00 | |
| | 无芒隐子草 | 0.70 | 0.12 | 0.28 | 0.58 | 51.56 | |
| | 短花针茅 | 0.47 | 0.10 | 0.22 | 0.37 | 47.80 | |
| | 栉叶蒿 | 0.47 | 0.16 | 0.25 | 0.31 | 26.39 | |
| C/N | 碱韭 | 17.25 | 9.10 | 12.49 | 8.15 | 21.98 | 21.58 |
| | 银灰旋花 | 23.36 | 11.96 | 17.70 | 11.40 | 17.68 | |
| | 无芒隐子草 | 27.02 | 17.66 | 22.72 | 9.36 | 14.85 | |
| | 短花针茅 | 43.89 | 13.50 | 30.28 | 30.39 | 29.92 | |
| | 栉叶蒿 | 28.20 | 11.70 | 20.10 | 16.50 | 23.49 | |
| C/P | 碱韭 | 312.62 | 70.60 | 137.25 | 242.02 | 34.80 | 33.97 |
| | 银灰旋花 | 259.89 | 76.95 | 154.04 | 182.94 | 27.94 | |
| | 无芒隐子草 | 306.91 | 49.39 | 161.62 | 257.52 | 43.38 | |
| | 短花针茅 | 446.72 | 91.10 | 237.67 | 355.62 | 37.43 | |
| | 栉叶蒿 | 283.97 | 88.08 | 179.05 | 195.89 | 26.29 | |
| N/P | 碱韭 | 13.93 | 7.36 | 11.01 | 6.57 | 27.37 | 27.85 |
| | 银灰旋花 | 13.91 | 5.72 | 8.74 | 8.19 | 24.30 | |
| | 无芒隐子草 | 13.19 | 2.73 | 6.94 | 10.46 | 37.19 | |
| | 短花针茅 | 13.16 | 5.07 | 7.86 | 8.09 | 25.62 | |
| | 栉叶蒿 | 13.58 | 5.38 | 9.13 | 8.20 | 24.77 | |

C/N 的变异系数以短花针茅最高，为 29.92%。C/P 和 N/P 的变异系数都以无芒隐子草最高，为 43.38%和 37.19%。从表 6-1 中可以看出全磷的平均变异系数最高，为 36.88%；其次是 C/P 和 N/P；全碳的平均变异系数最低，为 6.17%。

## 七、植物叶片 C、N、P 及其计量比的整体变异分析

植物叶片 C、N、P 及其计量比受不同月份和植物种类单因素及两因素的交互影响程度各不相同（表 6-2），植物叶片全 N 含量的变异受物种的影响最大，其离差平方和最大，为 53.75；月份及月份和物种的交互作用对植物全 N 含量的影响也达到极显著水平。物种对全 C 的变异影响也最大，其次是月份和物种的交互作用，最后为月份，均达到极显著水平。植物的全 P 在月份间的变异最大，其次为月份与物种的交互作用，最后为物种。C/N、N/P 的变异主要受物种的影响，其次为月份，最后为月份和物种的交互作用。月份对 C/P 的变异影响最大，其次为物种，最后为月份和物种的交互作用，均达到极显著水平。

**表 6-2　植物叶片 C、N、P 及 C/N、C/P、N/P 整体变异性来源分析**

| 参数 | 变异来源 | df | 离差平方和（MS） | 均方（SS） | *F* |
|---|---|---|---|---|---|
| N | 月份（M） | 4 | 15.944 | 3.98 | 110.50$^{**}$ |
| | 物种（S） | 4 | 53.75 | 13.43 | 372.58$^{**}$ |
| | 月份×物种（M×S） | 16 | 9.82 | 0.614 | 17.02$^{**}$ |
| C | 月份（M） | 4 | 82.21 | 20.55 | 8.49$^{**}$ |
| | 物种（S） | 4 | 801.33 | 200.33 | 82.79$^{**}$ |
| | 月份×物种（M×S） | 16 | 472.04 | 29.5 | 12.19$^{**}$ |
| P | 月份（M） | 4 | 0.49 | 0.124 | 29.89$^{**}$ |
| | 物种（S） | 4 | 0.16 | 0.04 | 9.51$^{**}$ |
| | 月份×物种（M×S） | 16 | 0.21 | 0.013 | 3.14$^{**}$ |
| C/N | 月份（M） | 4 | 1 411.13 | 352.78 | 85.02$^{**}$ |
| | 物种（S） | 4 | 4 338.19 | 1 084.54 | 261.38$^{**}$ |
| | 月份×物种（M×S） | 16 | 867.98 | 54.25 | 13.07$^{**}$ |
| C/P | 月份（M） | 4 | 178 502.85 | 44 625.71 | 29.28$^{**}$ |
| | 物种（S） | 4 | 154 240.39 | 38 560.1 | 25.30$^{**}$ |
| | 月份×物种（M×S） | 16 | 60 161.01 | 3 760.06 | 2.47$^{**}$ |
| N/P | 月份（M） | 4 | 167.61 | 41.9 | 9.89$^{**}$ |
| | 物种（S） | 4 | 228.67 | 57.16 | 13.50$^{**}$ |
| | 月份×物种（M×S） | 16 | 85.23 | 5.32 | 1.26$^{**}$ |

**表示极显著相关（$P<0.01$）；*表示显著相关（$P<0.05$）

## 八、物种化学计量学相关分析

相关性分析见表 6-3，从表 6-3 中看出全 C 和全 N 之间无显著差异，全 C 和 N/P、全 P 和 C/N 显著相关（$P<0.05$）；其他各指标之间均极显著相关（$P<0.01$）。

**表 6-3　C、N、P 及 C/N、C/P、N/P 的相关分析**

| 参数 | N | C | P | C/N | C/P | N/P |
|---|---|---|---|---|---|---|
| N | 1 | 0.029 | 0.564$^{**}$ | −0.867$^{**}$ | −0.546$^{**}$ | 0.414$^{**}$ |
| C | | 1 | −0.239$^{**}$ | 0.302$^{**}$ | 0.439$^{**}$ | 0.224$^{*}$ |
| P | | | 1 | −0.594$^{*}$ | −0.856$^{**}$ | −0.419$^{**}$ |
| C/N | | | | 1 | 0.689$^{**}$ | −0.313$^{**}$ |
| C/P | | | | | 1 | 0.421$^{**}$ |
| N/P | | | | | | 1 |

**表示极显著相关（$P<0.01$）；*表示显著相关（$P<0.05$）

## 九、植物含水量与 C、N、P 的化学计量学特征关系

植物含水量与 C、N、P 的化学计量学特征关系见图 6-6，从图 6-6 中可以看出，植物的含水量与全氮含量呈极显著的正相关关系（$R^2$=0.89，$P$<0.0001）；植物含水量与全碳含量呈负相关关系（$R^2$=0.0147，$P$<0.59）；物种全磷含量与植物含水量呈极显著的正相关关系（$R^2$=0.36，$P$<0.01）；植物的 C/N 与植物含水量呈极显著的负相关关系（$R^2$=0.68，$P$<0.0001）；植物的 C/P 与植物含水量呈极显著的负相关关系（$R^2$=0.36，$P$<0.01）；而 N/P 与植物含水量呈极显著正相关关系（$R^2$=0.40，$P$<0.005）。

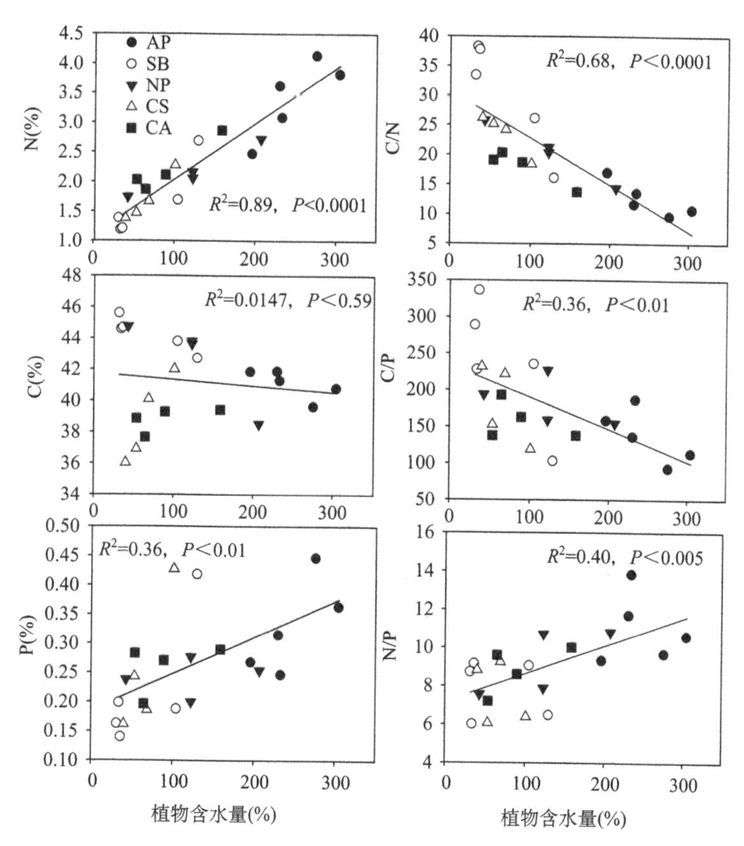


图 6-6　植物含水量与物种 C、N、P 的化学计量学关系

AP，碱韭；SB，短花针茅；NP，栉叶蒿；CS，无芒隐子草；CA，银灰旋花

草地生态系统中，C 是组成植物体的结构性物质，N 和 P 则为生物体的功能性物质。植物生长主要受 N 和 P 的限制，因此，有关植物 N、P 及其 N/P 对植物

生长的影响备受生态学家关注（银晓瑞等，2010；徐冰等，2010）。植物的 N/P 不仅被用来判断个体、种群、群落和生态系统的 N、P 养分限制格局，而且被用来判断环境对植物养分的供应状况（Hessen et al.，2004；Sterner et al.，1997）。研究表明，当植被的 N/P 小于 14 时，植物生长受到 N 素的限制作用较大；而大于 16 时，植被生产力受到 P 素的影响更大；介于 14～16，表明受到 N 素和 P 素的共同限制作用（银晓瑞等，2010）。本试验中 5 种主要植物不同月份间 N/P 均小于 14，说明荒漠草原植物主要受到 N 素的限制。优势植物种 C、N、P 化学计量学特征对群落演替方向具有一定的指示作用（银晓瑞等，2010）。在一定的土壤条件下（N 供应水平）植物 C/N 反映了植物 C 积累的能力和水平，因此，在植物不同生长期 C/N 可能表现不同。植物在不同的生育期碳的同化能力是不同的，随植物的生长到成熟，C 的同化能力由弱到强；从成熟到衰老碳的同化能力又变弱，所以植物的 C 积累速度由强到弱。植物在生长初期叶片 N 的积累速度较快，到后期则较慢，并且淋溶作用使得 N 的积累减少（吴统贵等，2010）。通过对荒漠草原 5 种主要植物种群的研究我们发现，植物的化学计量学特征不仅与植物种类有关系，而且与生长季节有很大关系。通过不同月份的采样调查我们也发现，植物叶片生长初期 C/N 较低，后期则较高。5 月短花针茅和碱韭全 N 和全 P 都较其他月份高，从 6 月开始全 N 和全 P 呈降低趋势，7 月主要植物种群的全 N 和全 P 都较低，7～9 月全 N 和全 P 波动不大。无芒隐子草 5 月全氮较低，6 月达到最高，这是因为无芒隐子草属于 C4 植物，返青较晚。这是因为在生长初期，叶片较小，但是叶片细胞分裂速度较快，所以需要大量核酸和蛋白质的支持，因此浓度较高；生长旺盛期，植物生长速度较快，但是植物对养分的吸收赶不上叶片生长的速度，所以叶片的 N、P 浓度逐渐降低；到生长高峰期之后叶片的生长速度放缓，叶片的 N、P 浓度又相对增加；到叶片开始衰老的时候叶片 N、P 开始出现回吸收，浓度又开始降低（吴统贵等，2010；刘超等，2012）。主要物种叶片 C/N 和 C/P 随生长季推移呈升高趋势，导致这种现象的原因是植物的快速生长稀释了 N、P 浓度。植物叶片 C/N 和 C/P 的变化趋势与叶片 N、P 的变化趋势相反，这也更加说明了植物的 N 和 P 对植物 C/N 和 C/P 的重要作用，这与张文彦等（2010）的报道一致。

He 等（2010）对中国北方草地 174 个地方 171 个植物种 429 份植物样本 N、P 含量的变异来源分析显示，环境因素引起的变异所占比例最高，为 29%；其次，不同物种对总变异的影响为 27%；两者共同作用引起的变异占 38%。与 He 等（2010）的研究相比本研究采集的样品在同一个地方，忽略了土壤的空间异质性，突出了植物种类对叶片 C、N 含量及 C/N、C/P、N/P 大小影响的地位，这更加说明了植物分化过程中形成了对养分吸收的特异性。不同采样时间检测到的植物叶片养分的不同，主要是因为植物生长发育的不同阶段对养分的需求不一样，还有环境条件特别是温度和降水对叶片的影响也较大。研究中发现植物 P 含量受采样时间的影响较大，物种的差异对 P 的影响低于采样时间。

李玉霖等（2010）针对我国北方荒漠及荒漠化地区 7～9 月采集的植物叶片 N 含量变异系数为 31.76%，植物叶片 P 含量变异系数为 50.57%，植物叶片 N/P 变异系数为 47.50%。本研究发现研究区主要植物种群 C、N、P 含量及其计量比在整个生长季节的变异中，植物叶片 P 含量的变异系数最大，其次为 C/P 和 N/P 的变异系数，接下来为植物叶片 N 含量及 C/N 的变异系数，植物叶片 C 含量的变异系数最小，这与李玉霖等（2010）的研究结果一致。无芒隐子草 C、P、C/P、N/P 的变异系数较其他植物高，这是因为无芒隐子草属于 C4 植物，其生长状况对温度和水分要求较高，在温度升高的条件下快速生长，温度降低时，生长速度很快就会降低。卫智军等（2013）研究表明无芒隐子草早春萌发后生长缓慢，进入拔节期后生长加快，生长后期（9 月）又形成一个生长高峰，这种生长方式是无芒隐子草变异系数高的一个原因。单个物种 C、N、P 及计量比的季节分析表明，植物 C、C/N 的季节变异范围较小，分别为 2.58%～14.09%、14.85%～29.92%，其余 4 项指标变异范围均较大，植物 P 的变异范围为 26.39%～51.56%，植物 N 的变异范围为 18.39%～36.51%，植物 N/P、C/P 的变异范围分别为 24.30%～37.19%、26.29%～43.38%，以上结果表明样品采集时间不同，植物的 C、N、P 及计量比会有很大差异。

研究表明植物含水量与 N、P 及 C/N、C/P、N/P 存在显著的相关关系，植物的全氮和全磷随着植物含水量的增加而增加，C/N、C/P 随着植物含水量的增加而减小，N/P 随着植物含水量的增加而增加。这说明水分对植物的 C、N、P 及化学计量比有很大的影响。

## 第二节　放牧强度季节调控下种群及群落生态化学计量学特征

主要植物种群生态化学计量学特征见图 6-7，从图 6-7 中看出短花针茅和栉叶蒿的全碳含量高于银灰旋花和无芒隐子草，从各处理来看短花针茅和栉叶蒿的全碳含量在 SA1、SA2、CK 处理高于 SA3、SA4 处理。银灰旋花和碱韭全氮含量高于无芒隐子草、短花针茅和栉叶蒿，银灰旋花和碱韭的全氮含量在 SA3 处理下较低，为 2.56%和 2.58%。碱韭、银灰旋花和无芒隐子草的全磷含量高于短花针茅和栉叶蒿，银灰旋花和无芒隐子草在 SA1 和 CK 处理下高于其他处理，短花针茅和栉叶蒿有相反的变化规律，SA1 和 CK 低于其他处理。C/N 大致表现为短花针茅和栉叶蒿高于碱韭、银灰旋花和无芒隐子草，短花针茅 C/N 在 SA1 和 CK 处理较其他处理高，为 23.49%和 23.35%；栉叶蒿 C/N 在 SA1、SA3 和 CK 处理下较高。从图 6-7 中可以看出物种的 C/N 在 SA3 和 CK 处理下较高，说明全年重度放牧和全年休牧提高了物种的 C/N。短花针茅和栉叶蒿 C/P 在各处理下均高于其他植物种，碱韭、银灰旋花和无芒隐子草 C/P 较低，且在各处理之间变化较小。无芒隐子草的 N/P 在不同处理下整体较其他物种低；银灰旋花和碱韭 N/P 在 CK 处理下最低，为 7.67%和 9.51%。

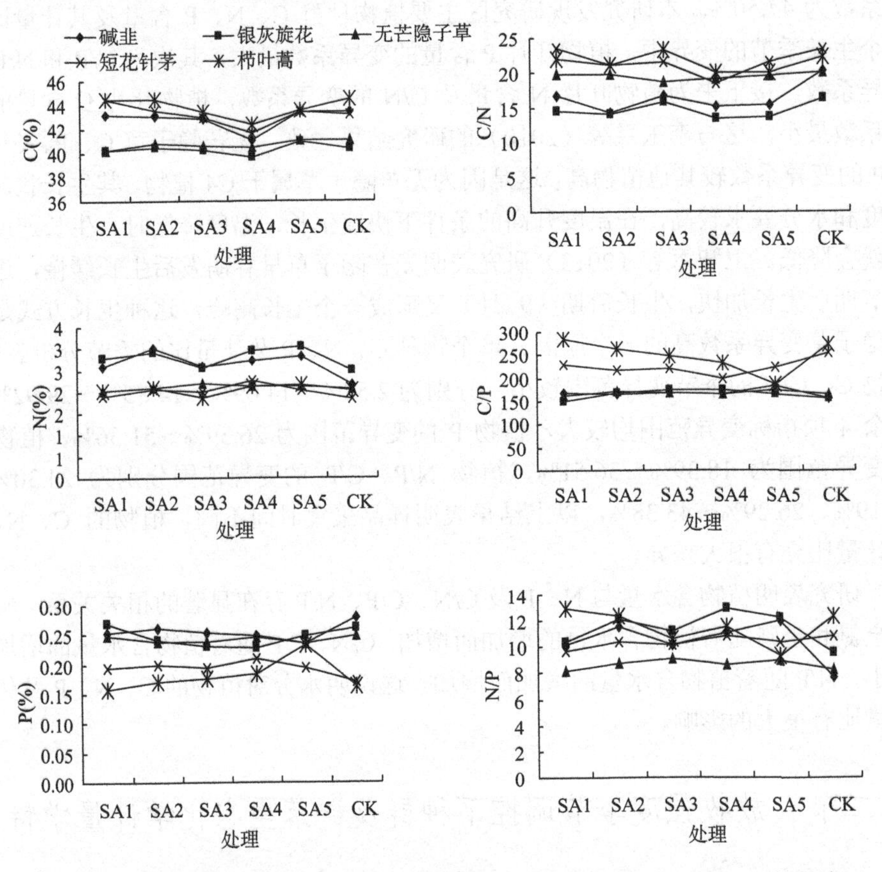


图 6-7 放牧强度季节调控对主要植物种群 C、N、P 及 C/N、C/P、N/P 的影响

不同处理下群落生态化学计量学特征见表 6-4，从表 6-4 中可以看出，5 月全氮、全碳和全磷在各处理之间均无显著差异（$P>0.05$），全氮在 SA1 处理最高，为 3.42%，全碳含量在 SA1 和 CK 较高，分别为 39.96%和 39.61%，全磷含量在 SA4 最高，为 0.34%；C/N、C/P 和 N/P 之间均无显著差异，C/N 在 SA2 处理下最高，为 12.97，C/P 在 SA5 处理下最高，为 128.22，N/P 在 SA4 处理下最低，为 9.14。6 月全氮含量在 SA3 最低，为 2.37%，全碳含量在 SA1 最高，为 41.66%，全磷含量在 SA3 最低，为 0.23%；C/N 在 SA1 和 SA3 处理下较高，分别为 18.04 和 17.58，C/P 在 SA1、SA3 和 SA4 处理下较高，分别为 172.55、175.91 和 173.7，

N/P 在 SA4 处理下最高，为 12.57。7 月全氮在 SA5 最高，为 1.97%，SA2 和 SA3 最低，均为 1.87%，全碳含量在 SA1 最高，为 41.79%，SA4 最低，为 40.81%；C/N 在 SA3 处理下最高，为 23.1，C/P 在 SA5 处理下最高，为 193.34，N/P 在 SA5 处理在最高，为 9.13。8 月 SA4 处理下全氮含量最高，为 2.34%，全碳含量在 SA1 最高，为 44.05%，全磷含量在 SA5 最高，为 0.24%；C/N 在 SA1 处理下最高，为 20.8，C/P 在 SA3 处理下最高，为 239.59，N/P 在 SA3 处理下最高，为 11.99。9 月全氮含量在 SA3 处理最高，为 2.29%，全碳含量在 SA1 处理下最高，为 42.74%，全磷含量在 SA3 处理下最高，为 0.26%；C/N 在 SA4 处理下最低，为 18.12，C/P 在 SA1 处理下最高，为 200.82，SA3 处理下最低，为 162.69，SA1 处理下 N/P 最高，为 9.44。

**表 6-4　放牧强度季节调控对群落 C、N、P 及 C/N、C/P、N/P 的影响**

| 月份 | 处理 | N（%） | C（%） | P（%） | C/N | C/P | N/P |
|---|---|---|---|---|---|---|---|
| 5 | SA1 | 3.42±0.2a | 39.96±0.94a | 0.33±0.02a | 11.74±0.56a | 124.21±11.94a | 10.58±0.83a |
| | SA2 | 2.97±0.05a | 38.46±1.97a | 0.31±0.02a | 12.97±0.73a | 126.88±12.58a | 9.78±0.8a |
| | SA3 | 3.11±0.17a | 38.86±1.41a | 0.32±0.03a | 12.57±0.62a | 126.36±19.31a | 10±1.16a |
| | SA4 | 3.07±0.24a | 38.96±0.8a | 0.34±0.02a | 12.83±1.03a | 117.15±9.53a | 9.14±0.26a |
| | SA5 | 3.38±0.2a | 39.59±0.59a | 0.31±0.02a | 11.83±0.92a | 128.22±8.73a | 10.88±0.61a |
| | CK | 3.25±0.16a | 39.61±0.54a | 0.32±0.02a | 12.18±0.75a | 123.78±11.27a | 10.15±0.76a |
| 6 | SA1 | 2.4±0.31a | 41.66±0.7a | 0.24±0.01a | 18.04±2.76a | 172.55±7.02a | 10.06±1.75a |
| | SA2 | 2.71±0.04a | 40.54±0.34a | 0.25±0.01a | 14.94±0.17a | 164.64±7.49a | 11.03±0.58a |
| | SA3 | 2.37±0.14a | 41.24±0.46a | 0.23±0a | 17.58±1.21a | 175.91±4.35a | 10.07±0.46a |
| | SA4 | 2.92±0.34a | 40.78±0.36a | 0.24±0.01a | 14.29±1.47a | 173.7±10.33a | 12.57±2.09a |
| | SA5 | 2.57±0.29a | 41.08±0.78a | 0.25±0.01a | 16.5±2.23a | 164.92±3.51a | 10.41±1.56a |
| | CK | 2.53±0.25a | 41.28±0.84a | 0.24±0.02a | 16.32±2.15a | 172.00±9.84a | 10.54±1.68a |
| 7 | SA1 | 1.92±0.09a | 41.79±0.91a | 0.22±0.01a | 21.89±1.57a | 190.9±8.66a | 8.76±0.28a |
| | SA2 | 1.87±0.21a | 41.67±0.73a | 0.24±0.04a | 23.02±3.37a | 178.51±26.2a | 7.85±1.01a |
| | SA3 | 1.87±0.22a | 41.6±0.83a | 0.23±0.03a | 23.1±3.45a | 185.42±25.74a | 8.07±0.51a |
| | SA4 | 1.91±0.06a | 40.81±0.44a | 0.23±0.01a | 21.42±0.52a | 180.44±9.26a | 8.44±0.53a |
| | SA5 | 1.97±0.12a | 41.42±1.11a | 0.22±0.02a | 21.19±1.66a | 193.34±22.1a | 9.13±0.79a |
| | CK | 1.94±0.11a | 41.56±1.15a | 0.22±0.02a | 21.42±1.75a | 188.91±25.89a | 8.81±0.75a |
| 8 | SA1 | 2.12±0.04a | 44.05±1.26a | 0.21±0.02ab | 20.8±0.44a | 217.1±23.36a | 10.42±1.01a |
| | SA2 | 2.03±0.12a | 41.28±1.58a | 0.21±0ab | 20.42±0.96a | 195.32±3.69ab | 9.61±0.47a |
| | SA3 | 2.16±0.16a | 43.33±2.56a | 0.18±0.01b | 20.19±1.33a | 239.59±4.27ab | 11.99±0.96a |
| | SA4 | 2.34±0.23a | 41.66±0.7a | 0.2±0.02ab | 18.15±1.91a | 209.39±23.43ab | 11.65±1.12a |
| | SA5 | 2.16±0.12a | 41.6±0.99a | 0.24±0.02a | 19.35±1.12a | 173.17±15.87b | 9.04±1.12a |
| | CK | 2.18±0.13a | 42.36±2.15a | 0.22±0.02a | 19.43±1.15a | 192.54±3.16ab | 9.91±0.53a |

续表

| 月份 | 处理 | N（%） | C（%） | P（%） | C/N | C/P | N/P |
|---|---|---|---|---|---|---|---|
| 9 | SA1 | 2.02±0.13a | 42.74±0.63a | 0.22±0.02a | 21.36±1.57a | 200.82±14.08a | 9.44±0.54a |
| | SA2 | 1.97±0.04a | 41.81±0.93a | 0.22±0.02a | 21.24±0.82a | 189.99±19.3a | 8.9±0.55a |
| | SA3 | 2.29±0.13a | 41.61±0.67a | 0.26±0.03a | 18.29±1.01a | 162.69±18.22a | 8.92±0.92a |
| | SA4 | 2.23±0.16a | 40.2±1.79a | 0.24±0.01a | 18.12±0.65a | 168.34±6.38a | 9.33±0.67a |
| | SA5 | 1.96±0.13a | 42.45±0.56a | 0.23±0.03a | 21.78±1.16a | 191.99±23.55a | 8.75±0.68a |
| | CK | 1.84±0.03a | 42.35±0.54a | 0.22±0.02a | 23.01±1.86a | 192.5±24.54a | 8.36±0.54a |

注：同一月份不同处理之间，不同字母表示差异显著（$P<0.05$）

不同月份之间群落生态化学计量学特征见图 6-8，5 月全氮含量显著高于其他月份（$P<0.05$），其值为 3.20%，7 月最低，为 1.91%。5 月群落全碳含量显著低于其他月份（$P<0.05$），其值为 39.24%，8 月高于其他月份，其值为 42.38%。5 月群落全磷含量显著高于其他月份（$P<0.05$），其值为 0.32%，8 月最低，为 0.21%。5 月群落 C/N 显著低于其他月份（$P<0.05$），为 12.35，7 月最高，为 22.01。5 月 C/P 显著低于其他月份（$P<0.05$），其值为 124.43，8 月最高，为 204.52。N/P 在 7 月和 9 月显著低于其他月份（$P<0.05$），其值为 8.51 和 8.95，5 月、6 月和 8 月之间无显著差异（$P>0.05$）。

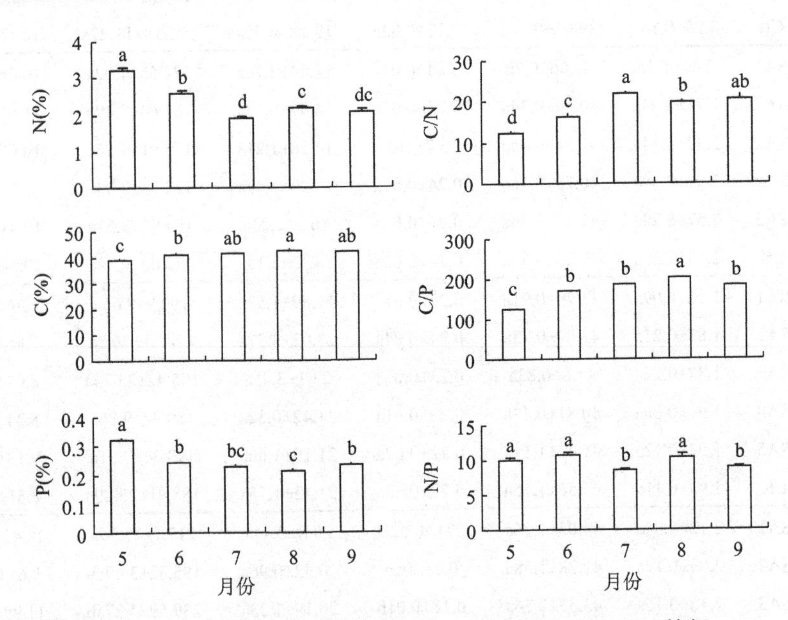


图 6-8 不同月份之间群落 C、N、P 及 C/N、C/P、N/P 特征

草地养分循环主要受畜体的采食、践踏及排泄物的影响。家畜采食对草地养分循环的影响主要有两种观点（Holland et al.，1992；Crawley，1983；Coley et al.，1985）。一种观点认为，家畜的采食加快了养分的循环速率（McNaughton，1976；Tilman，1982，1988），家畜通过采食养分含量高的植物来加速养分循环，这些植物在家畜的采食作用下具有更快的生长速率和养分吸收速率。另一种观点认为，养分循环速率在家畜的采食作用下而降低（Pastor and Naiman，1992），家畜主要采食养分含量高的植物，使得养分含量高的植物种减少，从而使养分含量低的植物种大量存在，导致凋落物品质低下，养分循环速度减慢。本研究表明，群落尺度上，放牧干扰对植物群落叶片 C、N 和 P 含量没有显著影响。丁小慧等（2012）研究了放牧和围封对草地 C、N、P 含量的影响，发现围封和放牧下群落的养分无显著差异，这是因为群落对放牧的响应存在弹性，群落作为一个整体在很长时间才能对放牧做出反应（Coffin et al.，1998；Milchunas et al.，1998）。种群尺度上，碱韭和银灰旋花全氮含量在春季重牧+夏季重牧+秋季重牧处理下较低，无芒隐子草 N/P 在春季重牧+夏季重牧+秋季重牧处理下最高，说明家畜的采食对不同植物的影响不一致。陈海军（2011）研究认为短花针茅和无芒隐子草种群地上部分 N/P 表现为随载畜率的增加而增加，冷蒿种群地上部分 N/P 随载畜率的增加而降低，与本研究结果有相似之处。放牧对植物种群叶片 N 含量有一定影响，短花针茅、碱韭和银灰旋花在放牧样地的 N 含量整体上高于禁牧样地，但是在春季休牧+夏季重牧+秋季休牧样地和春季重牧+夏季重牧+秋季重牧样地含氮量增加的量低于其他处理。这是因为放牧减少了地上部分衰老的组织，幼嫩的组织养分含量较高，促进了光合作用，提高了叶片中叶绿素的含量，N 元素是叶绿素的主要组成成分，所以导致放牧干扰下物种 N 含量高，这是植物补偿生长的一种表现（Martens and Trumble，1987；Bassman and Dickmann，1982；Belovsky，1986）。全年重度放牧下全 N 含量也较低，是因为过度放牧导致植物生长能力减弱。植物叶片 P 含量在各处理下没太大变化，这可能是因为植物 P 含量的变化与放牧没太大关系，因此在各处理下没表现出明显的规律。

## 第三节　土壤生态化学计量学特征

土壤生态化学计量学特征见表 6-5，0～10cm 土层全氮含量在 SA3 和 SA4 处理较低，均为 0.13%；全碳含量在 SA3 和 SA4 处理较低，为 1.08%和 1.05%；全磷含量在 SA4 处理下较低，为 0.03%；SA1、SA2、SA3、SA4、SA5 和 CK 的 C/N 分别为 9.3、8.76、8.11、8.39、10.77 和 7.86；C/P 在 SA3 和 CK 处理下较低，其值为 24.49 和 19.54，在 SA5 处理下较高，为 38.22；N/P 在 SA3 和 CK 处理下较低，为 3.00 和 2.49。10～20cm 土层 SA1 全氮含量显著高于 SA3、SA5 和 CK

（$P$<0.05），为0.15%；SA1全碳含量显著高于SA3和CK处理（$P$<0.05），为1.37%，其他处理之间无显著差异（$P$>0.05）；全磷含量在各处理之间无显著差异（$P$>0.05）；C/N在各个处理之间无显著差异，SA1、SA2、SA3、SA4、SA5和CK的值分别为9.28、8.41、8.9、8.85、8.87和8.44；SA1、SA2、SA3、SA4、SA5和CK的C/P分别为21.64、29.42、30.99、30.51、27.57和23.23；SA1、SA2、SA3、

**表6-5 放牧强度季节调控下土壤C、N、P及C/N、C/P、N/P特征**

| 土层深度（cm） | 处理 | N（%） | C（%） | P（%） | C/N | C/P | N/P |
|---|---|---|---|---|---|---|---|
| 0～10 | SA1 | 0.14±0.01a | 1.27±0.18ab | 0.04±0.01a | 9.3±1.12a | 31.61±3.14a | 3.56±0.68a |
| | SA2 | 0.15±0a | 1.29±0.15ab | 0.05±0.01a | 8.76±0.79a | 33.52±8.99a | 3.84±1.07a |
| | SA3 | 0.13±0.01a | 1.08±0.07ab | 0.05±0.01a | 8.11±0.12a | 24.49±5.72a | 3±0.67a |
| | SA4 | 0.13±0.01a | 1.05±0.1ab | 0.03±0a | 8.39±0.15a | 32.09±2.47a | 3.83±0.35a |
| | SA5 | 0.14±0.01a | 1.56±0.33a | 0.04±0.01a | 10.77±1.98a | 38.22±7.98a | 3.61±0.74a |
| | CK | 0.12±0a | 0.93±0b | 0.05±0a | 7.86±0.12a | 19.54±0.32a | 2.49±0.01a |
| | 均值 | 0.14 | 1.20 | 0.04 | 8.87 | 29.91 | 3.39 |
| 10～20 | SA1 | 0.15±0a | 1.37±0.08a | 0.2±0.15a | 9.28±0.48a | 21.64±10.13a | 2.42±1.22a |
| | SA2 | 0.14±0.01ab | 1.15±0.15ab | 0.04±0a | 8.41±0.86a | 29.42±3.91a | 3.51±0.43a |
| | SA3 | 0.11±0b | 0.97±0.12b | 0.03±0a | 8.9±0.81a | 30.99±1.82a | 3.5±0.11a |
| | SA4 | 0.13±0.01ab | 1.11±0.1ab | 0.04±0a | 8.85±0.35a | 30.51±4.75a | 3.42±0.42a |
| | SA5 | 0.11±0.02b | 1±0.16ab | 0.04±0a | 8.87±0.18a | 27.57±4.95a | 3.14±0.64a |
| | CK | 0.11±0b | 0.95±0b | 0.04±0a | 8.44±0a | 23.23±0.52a | 2.75±0.06a |
| | 均值 | 0.13 | 1.09 | 0.07 | 8.79 | 27.23 | 3.12 |
| 20～30 | SA1 | 0.12±0.01a | 1.21±0.1a | 0.04±0.01a | 9.89±1.23a | 34.31±6.6a | 3.66±0.9a |
| | SA2 | 0.11±0a | 1.06±0.13a | 0.04±0a | 9.43±1.31a | 26.91±1.98a | 2.92±0.3a |
| | SA3 | 0.12±0a | 1.04±0.09a | 0.03±0.01a | 8.98±0.73a | 34.75±7.97a | 3.78±0.58a |
| | SA4 | 0.12±0.01a | 1.16±0.03a | 0.04±0a | 10.08±0.94a | 30.92±3.44a | 3.08±0.27a |
| | SA5 | 0.1±0.02a | 0.94±0.26a | 0.03±0a | 9.34±0.57a | 35.74±8.59a | 3.75±0.73a |
| | CK | 0.12±0a | 0.99±0.01a | 0.04±0a | 8.29±0.1a | 23.11±0.22a | 2.79±0.01a |
| | 均值 | 0.12 | 1.07 | 0.04 | 9.34 | 30.96 | 3.33 |
| 30～40 | SA1 | 0.11±0.02b | 1.36±0.35a | 0.03±0b | 11.6±1.4a | 53.66±15.4a | 4.43±0.86a |
| | SA2 | 0.12±0b | 1.17±0.14a | 0.03±0ab | 9.64±0.97a | 36.56±6.89ab | 3.76±0.5a |
| | SA3 | 0.11±0.01b | 1.12±0.24a | 0.04±0a | 10.35±1.51a | 28.97±5.11b | 2.78±0.14a |
| | SA4 | 0.11±0b | 1.24±0.15a | 0.04±0a | 10.93±1.35a | 34.07±2.11ab | 3.18±0.31a |
| | SA5 | 0.18±0.03a | 1.37±0.14a | 0.04±0a | 8.49±2.1a | 31.58±0.27ab | 4.31±1.22a |
| | CK | 0.1±0.01b | 0.84±0.03a | 0.03±0ab | 9.09±1.44a | 25.1±2.1b | 2.83±0.24a |
| | 均值 | 0.12 | 1.18 | 0.04 | 10.02 | 34.99 | 3.55 |

注：同一土层深度不同处理之间，不同字母表示差异显著（$P$<0.05）

SA4、SA5 和 CK 的 N/P 分别为 2.42、3.51、3.5、3.42、3.14 和 2.75。20～30cm 全氮含量在 SA5 处理最低，为 0.1%；全碳含量在 SA1 处理较高，为 1.21%；全磷含量在各处理之间无太大差别；SA1、SA2、SA3、SA4、SA5 和 CK 的 C/N 分别为 9.89、9.43、8.98、10.08、9.34 和 8.29；C/P 在 CK 处理区最低，为 23.11；N/P 在 CK 处理下最低，为 2.79，SA3 处理下最高，为 3.78。30～40cm 土层 SA5 处理全氮含量显著高于其他处理，其值为 0.18%；全碳含量在 CK 处理下最低，为 0.84%；全磷含量在各处理之间无太大差异；C/N 在 SA1 处理下最高，为 11.60；SA1 的 C/P 显著高于 SA3 和 CK 处理，其值为 53.66；N/P 在 SA3 处理下最低，为 2.78，在 SA1 处理最高，为 4.43。研究区的土壤 C/N 在数值上分布在 7.86～11.60，C/P 在数值上分布在 19.54～53.66，N/P 在数值上分布在 2.42～4.43。

从表 6-6 中可以看出，土壤全碳、全氮、全磷含量及 C/N、C/P、N/P 之间有一定的相关性。土壤全氮与全碳、N/P 极显著正相关（$P<0.01$），全氮与 C/P 显著正相关（$P<0.05$）；土壤全碳与 C/N、C/P 极显著正相关（$P<0.01$）；土壤全磷与 C/P、N/P 极显著负相关（$P<0.01$）；土壤 C/N 与 C/P 极显著正相关（$P<0.01$）；土壤 C/P 与 N/P 极显著正相关（$P<0.01$）。

**表 6-6　土壤 C、N、P 及 C/N、C/P、N/P 相关性矩阵**（$n$=72）

| 参数 | N | C | P | C/N | C/P | N/P |
|---|---|---|---|---|---|---|
| N | 1 | 0.548** | 0.175 | −0.159 | 0.239* | 0.481** |
| C | | 1 | 0.165 | 0.714** | 0.571** | 0.211 |
| P | | | 1 | 0.024 | −0.395** | −0.455** |
| C/N | | | | 1 | 0.488** | −0.11 |
| C/P | | | | | 1 | 0.785** |
| N/P | | | | | | 1 |

**表示极显著相关（$P<0.01$）；*表示显著相关（$P<0.05$）

土壤微生物对氮、磷的利用和释放主要由 C/N 和 C/P 决定。C/N 值可以揭示碳和氮在土壤生物分解过程中转化作用之间的关系（Gundersen et al.，1998）。当土壤 C/N 在 5.6～11.3 时，土壤微生物量碳开始增加，土壤氮的矿化明显增加；当 C/N 在 15.3～20.6 时，土壤微生物量碳迅速增加，有机质腐解减弱，释放矿化氮；当 C/N 在 37.1～64.4 时，将难以满足微生物自身对 N 的需求。当土壤 C/N>30 时，硝酸盐淋溶风险低；当 C/N<30 时，硝酸盐淋溶风险高。本研究区的土壤 C/N 分布在 7.86～11.60，低于我国土壤 C/N 平均值（10∶1～12∶1），表明研究区土壤氮的矿化明显，硝酸盐淋溶风险高。研究区土壤的 C/P 分布在 19.54～53.66，低于我国平均值 105。当 C/P<200 时，将会出现土壤微生物体碳的短暂增加和有

机磷的净矿化；当 C/P＞300 时，微生物体碳大幅增加，微生物竞争土壤中的速效磷，出现有机磷的净固持现象（Daufresne and Loreau，2001），表明研究区土壤微生物体有机磷出现净矿化现象。研究区的土壤 N/P 分布在 2.42～4.43，低于我国平均值 8。

本试验结果表明，在 0～10cm 土层放牧使得土壤的 C、N 及 C/N 都较禁牧区有所增加，但是不同放牧处理对草地的影响程度有所不同，大致表现为全年重度放牧比其他放牧调控处理低。10～20cm 土层土壤 N、C 在全年重度放牧和对照处理下较低，C/N、C/P、N/P 在各处理下无显著差异。20～30cm 土壤 C、N、P 及计量比在不同放牧方式下均无显著变化。从各土层 C、N、P 及计量比平均值来看，土壤 0～10cm 全 N、全 C、C/N、C/P、N/P 的平均值均高于 10～20cm，土壤全 P 在 10～20cm 土层高于 0～10cm，说明全磷在 10～20cm 富集，20cm 以下土壤全磷又逐渐降低。这与荒漠草原特殊的土层构造有关，荒漠草原 20～30cm 有钙积层，钙积层的存在使得 P 在钙积层富集，导致了 P 含量的增加。

# 第七章　放牧强度季节调控对土壤理化性质的影响

放牧对土壤理化性质的影响在国内外已经有了大量的研究，研究普遍认为，随着放牧强度的增加，土壤质地变粗，硬度增大，通气性减弱（付华等，2002）。Taboada 和 Lavado（1988）研究表明家畜践踏通过改变土壤质地和紧实度，降低了土壤的容重和土壤持水能力。Greenwood 等（1997）研究表明，与未放牧地相比放牧对土壤的压实作用增加了 17%，这是因为放牧导致土壤大孔隙减少，并且发现 1.2mm 当量孔隙减少的程度最为严重。Altesor 等（2006）研究表明在放牧的影响下，土壤容重较不放牧有所降低，但是土壤含水量在放牧的影响下有增加的趋势。

土壤容重是土壤紧实度的指标之一，贾树海等（1996）研究认为，随着放牧强度的增加 0～10cm 土层容重有增加的趋势，其中放牧对 0～5cm 土层的影响最为明显。红梅等（2004）研究表明，随着放牧强度的增加土壤孔隙度降低，容重变大，低地和沙地的沙粒含量增加，黏粒含量降低。侯扶江和任继周（2003）研究了马鹿对冬季牧场践踏作用的影响，发现轻度放牧试验区土壤容重较小，马鹿明显增加了重度放牧地的容重，说明家畜的践踏对土壤紧实度的影响较为明显。王明君等（2010b）研究了放牧对草甸草原土壤的影响，结果表明，长时间放牧导致了土壤沙粒增加、容重增大、土壤呼吸速率降低。肖绪培等（2013）研究了宁夏荒漠草原，根据草地羊粪的累积量确定了 6 个放牧强度处理，研究结果表明，随着放牧强度的增加土壤容重无太大差异，土壤水分有增加的趋势。昭和斯图和王明玖（1993）对短花针茅草原土壤物理性质的研究表明，土壤容重在轻度放牧区较重度放牧区低，但是孔隙度在轻度放牧区较重度放牧区高；在重度放牧处理下土壤容重增加，土壤紧实度增加，渗水速率降低。卫智军等（2005）在短花针茅草原研究了放牧制度对草地土壤物理性质的影响，结果表明，自由放牧区土壤表层的容重高于划区轮牧区，但是划区轮牧区土壤孔隙度增加、机械组成优化；划区轮牧能够改善土壤表层的理化环境。张蕴薇等（2002）研究发现，随着放牧强度的增加，土壤水分渗透率呈下降的趋势，水分渗透率开始时较大，随着时间的推移渗透率逐渐下降；重度放牧区的土壤渗透率在各个阶段都低于其他放牧处理区，这说明重度放牧破坏了土壤结构，使得土壤变得紧实，渗透率下降，从而导致土壤的蓄水能力下降。王仁忠和李建东（1992）对松嫩羊草草原的研究表明，重度和过度放牧对土壤表层容重的影响较为明显，比轻度放牧强度下容重增加了 47.4%和 64.9%。石永红等（2007）研究了不同放牧强度和放牧制度对人工草地土壤理化性质的影响，结果表明中度连续放牧对 0～20cm 土层的影响较轻度放牧处理明显，中度连续放牧使得草地紧实度增加，含水量下降，土壤容重增加；放牧强度对土壤物理性质的影响随着土层的加深而减弱。

放牧通过直接和间接两种方式影响草地生态系统化学元素。植被中的化学元素通过家畜的采食从草地生态系统向别的生态系统转移。家畜通过践踏间接影响草地生态系统的化学元素，家畜践踏可以改变草地植被和土壤状况，如植被盖度、土壤容重等，这些变化能够影响养分的循环过程（Hofstede，1995）。家畜对草地植被具有选择性采食特性，这种选择性采食导致群落结构发生变化，从而导致群落养分循环的变化。

草地生态系统中，草地初级生产力主要受到草地生态系统中有效性氮素的影响（Vitousek and Howarth，1991），并且有效性氮素是决定系统中物种组成的关键因子（Tilman，1988）。目前关于放牧对草地的影响有 3 种不同的观点，一种观点认为放牧能够增加土壤中全氮含量（Frank et al.，1995）；还有一种观点认为放牧对草地土壤全氮没有太大影响（Romulo et al.，2001；Mitchell et al.，1994）；最后一种观点认为放牧能够降低土壤中全氮含量（戎郁萍等，2001）。Abbasi 和 Adams（2000）指出，长时间重度放牧能够降低土壤 N 的利用率，从而导致土壤 N 流失。随着放牧强度的增加，家畜在单位面积内排泄的粪便在增加，导致 N 的矿化作用增大，硝态氮和铵态氮含量增加（石永红等，2007），但是随着土层的加深而逐渐降低（Han et al.，2008）。Zeller 等（2000）研究发现，土壤矿化 N 在高强度的放牧下有所降低，而总氮无太大变化，土壤矿化 N 的降低导致土壤的肥力降低。

董全民等（2007）的研究表明，各土层预计值和有机碳均随着放牧强度的增加而呈现出“S”形变化趋势，在重度放牧强度下各土层 C/N 均最大。昭和斯图和王明玖（1993）发现，随着放牧强度的增加土壤有机质降低，从而导致重度放牧下供给植物养分的能力降低。Mitchell 等（1994）报道，随着载畜率的增加土壤 N 含量呈增加的趋势，白可喻等（2000）也得出了同样的结论。范国艳等（2010）以内蒙古贝加尔针茅草原为研究对象，分析了放牧对贝加尔针茅草地土壤理化性质的影响，结果表明土壤全氮、全磷及有机质随着载畜率的增加而降低。范春梅等（2006）研究了草地和柠条锦鸡儿（*Caragana korshinskii*）林地在土壤表层（0～10cm）物理与化学性质在不同放牧畜种及不同放牧强度下的响应，结果表明，随着载畜率的增加草地和柠条锦鸡儿林地有机质、全磷与全氮降低。Johnston 等（1971）对一个放牧 40 年的重度放牧草地的研究表明，重度放牧 40 年的草地全磷含量降低，速效磷增加，这是因为放牧使得草地地上、地下生物量归还受到影响。内蒙古半干旱沙化草地自由放牧与围封草地相比，土壤全磷下降 16.00%（Pei et al.，2008）。

# 第一节　土壤物理性质

## 一、土壤含水量

不同土层含水量的变化见表 7-1，从表 7-1 中看出同一土层各处理之间含水量无太大差异，2010 年 0～10cm、10～20cm 土层在 SA3、SA4 处理下土壤含水量高于其他处理，2011 年 0～10cm 和 10～20cm 各处理之间均无显著差异($P>0.05$)。

表 7-1　放牧强度季节调控下不同土层含水量变化（%）

| 处理 | 0～10cm | | | 10～20cm | | |
|---|---|---|---|---|---|---|
| | 2010 年 | 2011 年 | 2012 年 | 2010 年 | 2011 年 | 2012 年 |
| SA1 | 8.45±0.22a | 4.24±1.43a | — | 4.54±0.55b | 4.72±0.90a | — |
| SA2 | 8.56±0.58a | 3.12±0.33a | — | 5.45±1.63ab | 3.51±0.51a | — |
| SA3 | 9.00±1.09a | 3.84±0.77a | — | 7.33±2.15ab | 4.90±0.59a | — |
| SA4 | 10.75±0.92a | 3.84±0.46a | — | 9.47±0.92a | 4.45±0.63a | — |
| SA5 | 8.37±0.17a | 2.88±0.37a | — | 6.60±0.61ab | 3.25±0.29a | — |
| CK | 8.35±0.15a | 4.26±1.36a | — | 4.83±0.64b | 4.46±0.85a | — |

注：同一列不同字母表示差异显著（$P<0.05$），本章余同

## 二、土 壤 容 重

不同土层容重的变化见表 7-2，不同试验年份的结果不同。从 2 年平均数据来看，随着年份的增长，10～20cm 土层土壤容重有增大的趋势，但是变化并不显

表 7-2　放牧强度季节调控下不同土层容重变化　　（单位：$mg/m^3$）

| 处理 | 0～10cm | | | 10～20cm | | |
|---|---|---|---|---|---|---|
| | 2010 年 | 2011 年 | 2012 年 | 2010 年 | 2011 年 | 2012 年 |
| SA1 | 1.39±0.03a | 1.42±0.07a | — | 1.25±0.02a | 1.18±0.18a | — |
| SA2 | 1.52±0.02a | 1.47±0.09a | — | 1.29±0.03a | 1.45±0.02a | — |
| SA3 | 1.50±0.10a | 1.46±0.05a | — | 1.30±0.04a | 1.39±0.06a | — |
| SA4 | 1.46±0.05a | 1.45±0.05a | — | 1.30±0.07a | 1.41±0.07a | — |
| SA5 | 1.45±0.01a | 1.38±0.10a | — | 1.38±0.05a | 1.39±0.10a | — |
| CK | 1.35±0.02a | 1.36±0.10a | — | 1.34±0.03a | 1.24±0.16a | — |
| 均值 | 1.45 | 1.42 | | 1.31 | 1.34 | |

著。从容重的平均值可以看出表层的容重高于底层。0～10cm 土层 2010 年和 2011 年容重平均值分别为 1.45mg/m$^3$ 和 1.42mg/m$^3$，10～20cm 土层容重分别为 1.31mg/m$^3$ 和 1.34mg/m$^3$。

## 第二节　土壤化学性质

### 一、土　壤　氮

从表 7-3 中可以看出，不同土层之间全氮含量差异达到极显著水平（$P$<0.001），年度之间全氮含量无显著差异（$P$>0.05），0～10cm 土层各处理之间无显著差异（$P$>0.05），但可以看出随着放牧时间的延长，全氮含量有降低的趋势，SA3 处理下 3 年的全氮含量都较低。

**表 7-3　放牧强度季节调控下土壤全氮含量变化**　（单位：g/kg）

| 处理 | 0～10cm | | | 10～20cm | | |
|---|---|---|---|---|---|---|
| | 2010 年 | 2011 年 | 2012 年 | 2010 年 | 2011 年 | 2012 年 |
| SA1 | 1.59±0.17a | 1.43±0.01a | 1.37±0.14a | 1.4±0.08a | 1.29±0.08a | 1.48±0.03a |
| SA2 | 1.46±0.02a | 1.41±0.17a | 1.47±0.05a | 1.28±0.04ab | 1.15±0.08a | 1.36±0.09ab |
| SA3 | 1.39±0.03a | 1.34±0.18a | 1.32±0.08a | 1.33±0.05a | 1.37±0.28a | 1.09±0.05b |
| SA4 | 1.45±0.14a | 1.49±0.23a | 1.25±0.14a | 1.4±0.03a | 1.27±0.21a | 1.25±0.09ab |
| SA5 | 1.42±0.09a | 1.3±0.26a | 1.4±0.05a | 1.15±0.02b | 0.96±0.09a | 1.14±0.21ab |
| CK | 1.45±0.05a | 1.72±0.02a | 1.36±0.05a | 1.39±0.05a | 1.10±0.09a | 1.12±0.02b |
| 方差分析 | $P$ 值 | | | | | |
| 年（Y） | 0.079 | | | | | |
| 土层（S） | <0.001 | | | | | |
| 处理（T） | 0.134 | | | | | |
| Y×S | 0.356 | | | | | |
| Y×T | 0.53 | | | | | |
| S×T | 0.632 | | | | | |
| Y×S×T | 0.814 | | | | | |

土壤速效氮含量变化见表 7-4，从表 7-4 中看出年度之间土壤速效氮含量差异达到极显著水平（$P$<0.001），土层之间也达到极显著水平（$P$<0.01），年度和放牧处理的交互作用对土壤速效氮含量有显著影响（$P$<0.05），年度、土层和放牧处理的交互作用对土壤速效氮含量无显著影响（$P$>0.05）。土壤速效氮含量大体表现为土壤表层高于底层。

**表 7-4　放牧强度季节调控下土壤速效氮含量变化**　（单位：mg/kg）

| 处理 | 0～10cm | | | 10～20cm | | |
|---|---|---|---|---|---|---|
| | 2010 年 | 2011 年 | 2012 年 | 2010 年 | 2011 年 | 2012 年 |
| SA1 | 41.95±3.94c | 68.77±1.5b | 77.99±19.54a | 40.91±1.41b | 58.46±6.68a | 83.26±11.16a |
| SA2 | 44.68±1.14bc | 75.76±7.6ab | 72.02±1.42a | 40.21±0.93b | 68.36±12.02a | 85.52±2.63a |
| SA3 | 45.69±0.13bc | 77.89±2.78ab | 80.42±8.89a | 42.07±1.73b | 71.67±6.03a | 57.75±13.06b |
| SA4 | 60.25±3.19a | 90.66±7.63a | 76.95±3.86a | 55.3±3.34a | 69.3±5.68a | 68.44±3.84ab |
| SA5 | 52.61±4.2ab | 74.45±3.88ab | 75.81±6.31a | 49.18±3.07a | 63.66±7.89a | 72.83±6.07ab |
| CK | 55.63±1.36a | 76.56±2.57ab | 91.68±1.39a | 49.06±1.49a | 63.73±1.14a | 89.88±1.06a |
| 方差分析 | *P* 值 | | | | | |
| 年（Y） | ＜0.001 | | | | | |
| 土层（S） | 0.005 | | | | | |
| 处理（T） | 0.054 | | | | | |
| Y×S | 0.196 | | | | | |
| Y×T | 0.028 | | | | | |
| S×T | 0.504 | | | | | |
| Y×S×T | 0.69 | | | | | |

放牧强度季节调控对不同土层铵态氮、硝态氮含量的影响分别见图 7-1、图 7-2，0～10cm 土层铵态氮含量无显著差异，但是 SA1 高于其他处理；10～20cm 土层 SA3 显著高于其他处理和对照处理（$P<0.05$）；20～30cm 土层 SA1 处理显著高于 SA3 和 SA5 处理（$P<0.05$）；30～40cm 土层 SA4 显著高于 SA3 和 SA5 处理（$P<0.05$）。0～10cm 土层硝态氮含量在 SA1 和 CK 显著低于 SA4 处理区

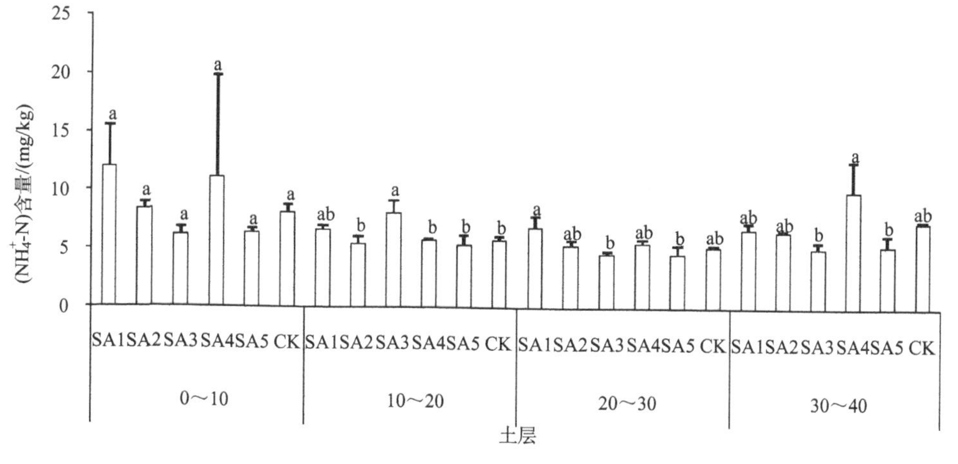


图 7-1　同一土层不同放牧强度季节调控下铵态氮含量变化

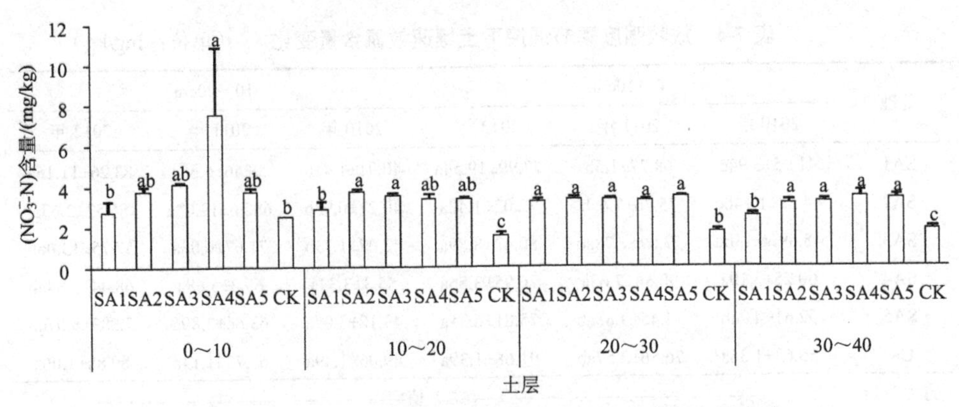


图 7-2　同一土层不同放牧强度季节调控下硝态氮含量变化

（$P$<0.05），SA2、SA3、SA4 和 SA5 处理之间无显著差异（$P$>0.05）；10～20cm 土层硝态氮含量在 SA2、SA3、SA4 和 SA5 处理之间无显著差异（$P$>0.05），但是 SA2、SA3 显著高于 SA1 和 CK 处理；20～30cm 土层硝态氮含量在 CK 处理显著低于其他处理（$P$<0.05），其他处理之间无显著差异（$P$>0.05）。

## 二、土　壤　磷

土壤全磷含量变化见表 7-5，土壤全磷对年度、土层和放牧处理的响应并不一致，年度之间土壤养分变化显著（$P$<0.05），从表 7-5 中看出随着放牧的进行

表 7-5　放牧强度季节调控下土壤全磷含量变化　　（单位：g/kg）

| 处理 | 0～10cm | | | 10～20cm | | |
|---|---|---|---|---|---|---|
| | 2010 年 | 2011 年 | 2012 年 | 2010 年 | 2011 年 | 2012 年 |
| SA1 | 0.37±0.02ab | 0.26±0.09a | 0.41±0.07a | 0.3±0.03ab | 0.28±0.08a | 0.38±0.05a |
| SA2 | 0.28±0.03b | 0.31±0.06a | 0.46±0.14a | 0.25±0b | 0.27±0.1a | 0.39±0.03a |
| SA3 | 0.27±0.01b | 0.34±0.02a | 0.49±0.11a | 0.29±0.02ab | 0.18±0.02a | 0.31±0.02a |
| SA4 | 0.4±0.03a | 0.45±0.09a | 0.57±0.99a | 0.34±0.01a | 0.31±0.07a | 0.37±0.02a |
| SA5 | 0.29±0.03bc | 0.32±0.04a | 0.42±0.07a | 0.31±0ab | 0.31±0.1a | 0.37±0.02a |
| CK | 0.3±0.04bc | 0.32±0.03a | 0.44±0.02a | 0.29±0.04ab | 0.2±0.04a | 0.4±0a |
| 方差分析 | $P$ 值 | | | | | |
| 年（Y） | 0.02 | | | | | |
| 土层（S） | 0.866 | | | | | |
| 处理（T） | 0.418 | | | | | |
| Y×S | 0.894 | | | | | |
| Y×T | 0.71 | | | | | |
| S×T | 0.26 | | | | | |
| Y×S×T | 0.339 | | | | | |

土壤全磷有增加的趋势，2012年0～10cm和10～20cm土层土壤全磷都高于2010年和2011年。2010年0～10cm土层SA4处理的全磷含量显著高于SA2、SA3、SA5和CK处理（$P$<0.05），其他年份均无显著差异（$P$>0.05）。

土壤速效磷在年度、土层、放牧处理及年度、土层、放牧处理的交互作用之间均没达到显著差异（$P$>0.05）（表7-6），2011年0～10cm土层SA4处理速效磷显著高于SA5处理（$P$<0.05），其值为5.02mg/kg；2010年和2012年各处理之间均无显著差异（$P$>0.05）。2010年10～20cm土层SA1处理显著高于SA2处理，其值为5.13mg/kg；2011年SA4处理显著高于SA5和CK处理（$P$<0.05）；2012年各处理之间无显著差异（$P$>0.05）。

**表7-6　放牧强度季节调控下土壤速效磷含量变化**　（单位：mg/kg）

| 处理 | 0～10cm | | | 10～20cm | | |
|---|---|---|---|---|---|---|
| | 2010年 | 2011年 | 2012年 | 2010年 | 2011年 | 2012年 |
| SA1 | 4.28±1.39a | 2.69±0.68ab | 4.11±2.62a | 5.13±1.49a | 2.62±0.61ab | 2.75±0.94a |
| SA2 | 4.79±0.94a | 2.45±0.79ab | 2.64±1.13a | 1.92±0.37b | 3.34±0.16ab | 2.97±1.05a |
| SA3 | 3.61±0.74a | 3.12±0.54ab | 4.21±0.96a | 3.33±0.25ab | 2.73±0.68ab | 3.2±0.72a |
| SA4 | 3.57±0.98a | 5.02±1.28a | 2.21±0.12a | 2.25±0.47ab | 4.39±0.41a | 1.77±0.64a |
| SA5 | 2.72±0.09a | 2.08±0.88b | 1.08±0.54a | 3.76±1.41ab | 2.38±0.82b | 1.32±0.81a |
| CK | 5.08±0.12a | 2.93±0.32ab | 3.95±0.22a | 4.26±0.29ab | 2.25±0.26b | 3.66±0.26a |
| 方差分析 | $P$值 | | | | | |
| 年（Y） | 0.205 | | | | | |
| 土层（S） | 0.617 | | | | | |
| 处理（T） | 0.06 | | | | | |
| Y×S | 0.716 | | | | | |
| Y×T | 0.08 | | | | | |
| S×T | 0.647 | | | | | |
| Y×S×T | 0.921 | | | | | |

## 三、土　壤　钾

土壤全钾含量见表7-7，年度、土层和放牧处理的多因素方差分析表明，年度、处理及年度和处理的交互作用对全钾含量的影响达到极显著水平（$P$<0.01），2012年0～10cm和10～20cm土层各处理全氮含量整体高于2010年和2011年。全钾含量在土层之间无显著差异（$P$>0.05）。

表 7-7 放牧强度季节调控下土壤全钾含量变化 （单位：g/kg）

| 处理 | 0～10cm | | | 10～20cm | | |
|---|---|---|---|---|---|---|
| | 2010 年 | 2011 年 | 2012 年 | 2010 年 | 2011 年 | 2012 年 |
| SA1 | 19.94±0.41ab | 15.1±0.73b | 26.47±1.3a | 19.2±1.2a | 14.5±1.37a | 26.43±1.34a |
| SA2 | 20.38±0.04ab | 16.8±1.31ab | 27.2±0.77a | 20.41±0.02a | 17.63±0.96a | 30.2±1.91a |
| SA3 | 18.41±1.07b | 15.92±0.7ab | 24.97±1.91a | 18.83±1.58a | 14.34±1.47a | 28.64±2.6a |
| SA4 | 19.57±0.79ab | 18.32±0.8a | 24.3±0.12a | 21.14±0.76a | 15.25±0.8a | 26.39±1.29a |
| SA5 | 19.98±0.41ab | 15.24±0.76b | 26.43±1.35a | 21.13±0.82a | 18.25±0.72a | 25.62±0.77a |
| CK | 20.44±0.05a | 15.95±0.31ab | 20.57±0.47b | 20.23±0.06a | 16.96±1.46a | 19.64±0.59b |
| 方差分析 | *P* 值 | | | | | |
| 年（Y） | ＜0.001 | | | | | |
| 土层（S） | 0.179 | | | | | |
| 处理（T） | ＜0.001 | | | | | |
| Y×S | 0.375 | | | | | |
| Y×T | ＜0.001 | | | | | |
| S×T | 0.685 | | | | | |
| Y×S×T | 0.1 | | | | | |

2010 年 0～10cm 土层全钾在 CK 处理显著高于 SA3 处理（$P<0.05$），其他处理之间无显著差异（$P>0.05$）；2011 年 SA4 处理显著高于 SA5 处理；2012 年各放牧处理之间均无显著差异（$P>0.05$）。10～20cm 土层各放牧处理之间均无显著差异（$P>0.05$）。

土壤速效钾含量见表 7-8，年度、土层和放牧处理的多因素方差分析表明，年度、土层及年度和土层的交互作用对速效钾的影响达到极显著水平（$P<0.01$）。从表 7-8 中看出 0～10cm 土层速效钾含量高于 10～20cm 土层。在 0～10cm 土层，2010 年和 2011 年土壤速效钾含量无显著差异（$P>0.05$），2012 年 SA3、SA4 处理显著高于 CK 处理（$P<0.05$）。10～20cm 土层 2010 年和 2012 年各处理之间均无显著差异（$P>0.05$）。

表 7-8 放牧强度季节调控下土壤速效钾含量变化 （单位：mg/kg）

| 处理 | 0～10cm | | | 10～20cm | | |
|---|---|---|---|---|---|---|
| | 2010 年 | 2011 年 | 2012 年 | 2010 年 | 2011 年 | 2012 年 |
| SA1 | 285.64±24.02a | 221.71±11.32a | 256.74±27.09ab | 284.99±58.01a | 116.46±9.51b | 140.05±17.24a |
| SA2 | 278.43±32.28a | 192.78±2.28a | 242.13±20.06ab | 274.54±11.43a | 134.82±11.26ab | 151.98±16.15a |
| SA3 | 286.35±6.9a | 253.25±37.07a | 300.5±23.00a | 289.09±19.48a | 166.41±21.18a | 133.41±25.87a |
| SA4 | 267.82±20.67a | 261.09±24.32a | 266.59±6.53a | 247.34±13.65a | 158.64±15.51ab | 132.07±4.77a |

续表

| 处理 | 0～10cm | | | 10～20cm | | |
|---|---|---|---|---|---|---|
| | 2010 年 | 2011 年 | 2012 年 | 2010 年 | 2011 年 | 2012 年 |
| SA5 | 246.74±26.03a | 212.63±20.5a | 238.19±40.46ab | 258.5±49.64a | 142.81±4.78ab | 140.02±20.07a |
| CK | 274.18±21.43a | 253±2.63a | 185.68±4.39b | 253.49±19.29a | 154.41±4.43ab | 145.45±4.5a |
| 方差分析 | *P* 值 | | | | | |
| 年（Y） | ＜0.001 | | | | | |
| 土层（S） | ＜0.001 | | | | | |
| 处理（T） | 0.187 | | | | | |
| Y×S | ＜0.001 | | | | | |
| Y×T | 0.486 | | | | | |
| S×T | 0.587 | | | | | |
| Y×S×T | 0.541 | | | | | |

## 四、土壤有机质

土壤有机质含量是土壤肥力高低的一个重要指标，有机质含量的多少直接影响着土壤氮素的供应。年度、土层和放牧处理的多因素方差分析表明，年度、土层及年度和处理的交互作用对土壤有机质有显著的影响（$P<0.05$）（表 7-9）。2011

**表 7-9　放牧强度季节调控下土壤有机质含量变化**　（单位：g/kg）

| 处理 | 0～10cm | | | 10～20cm | | |
|---|---|---|---|---|---|---|
| | 2010 年 | 2011 年 | 2012 年 | 2010 年 | 2011 年 | 2012 年 |
| SA1 | — | 26.44±1.1a | 22.17±3.17a | — | 23.45±0.8a | 23.86±1.46a |
| SA2 | — | 26.35±1.49a | 22.49±2.63a | — | 22.74±0.71a | 19.98±2.59ab |
| SA3 | — | 28.01±3.62a | 20.37±0.28a | — | 26.06±4a | 16.91±2.26b |
| SA4 | — | 30.13±0.69a | 21.95±1.89a | — | 28.96±2.21a | 19.3±1.78ab |
| SA5 | — | 25.95±1.68a | 21.19±1.65a | — | 22.61±0.81a | 17.46±2.85ab |
| CK | — | 27.98±0.28a | 16.06±0.18a | — | 24.95±0.32a | 16.48±0.2b |
| 方差分析 | *P* 值 | | | | | |
| 年（Y） | ＜0.001 | | | | | |
| 土层（S） | 0.018 | | | | | |
| 处理（T） | 0.233 | | | | | |
| Y×S | 0.359 | | | | | |
| Y×T | 0.009 | | | | | |
| S×T | 0.803 | | | | | |
| Y×S×T | 0.879 | | | | | |

年和 2012 年 0～10cm 土层土壤有机质在各处理下均无显著差异（$P>0.05$），2011 年有机质含量高于 2012 年。2012 年 10～20cm 土层 SA3 和 CK 显著低于 SA1 处理（$P<0.05$），其值为 16.91g/kg 和 16.48g/kg。从表 7-9 中还可以看出表层的有机质含量整体上高于底层。

## 五、土壤 pH

土壤 pH 是土壤酸碱度的强度指标，是土壤的基本性质和肥力的重要影响因素之一。不同土层土壤 pH 见图 7-3，从中看出不同土层土壤 pH 变化不大，同一土层中各处理之间无显著差异，但是全年重度放牧区 SA3 的 pH 较其他处理低，说明重度放牧下土壤 pH 有降低的趋势。

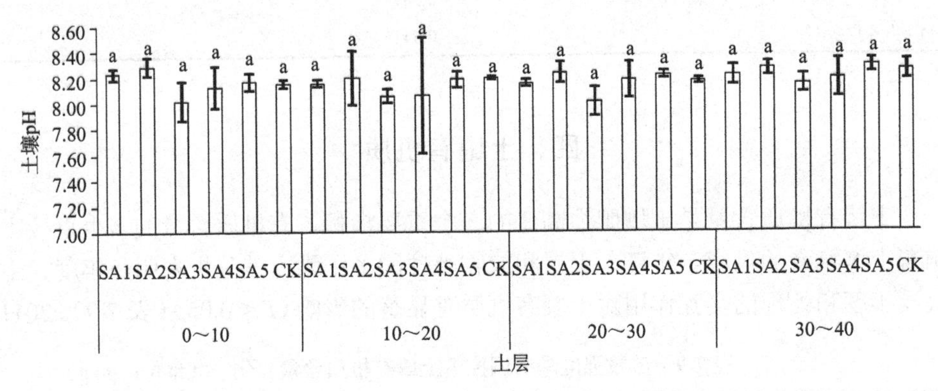


图 7-3　同一土层不同放牧强度季节调控下 pH 变化

## 六、土壤养分之间的相关性分析

从表 7-10 可以看出，速效磷与 $NH_4^+$-N、$NO_3^-$-N 具有极显著相关关系（$P<0.01$），速效钾和有机质具有极显著相关关系（$P<0.01$），全氮和有机质具有极显著相关关系（$P<0.01$），铵态氮和硝态氮之间具有极显著相关关系（$P<0.01$）。

**表 7-10　土壤养分的相关性矩阵**

| 变量 | 速效 P | 速效 K | 全 P | 全 K | 有机质 | 速效 N | 全 N | $NH_4^+$-N | $NO_3^-$-N |
|---|---|---|---|---|---|---|---|---|---|
| 速效 P | 1 | 0.139 | 0.136 | −0.11 | −0.017 | −0.051 | 0.037 | 0.345** | 0.33** |
| 速效 K | | 1 | 0.076 | 0.006 | 0.446** | 0.112 | 0.185 | 0.076 | −0.049 |
| 全 P | | | 1 | 0.022 | 0.091 | −0.002 | −0.054 | −0.001 | 0.051 |
| 全 K | | | | 1 | 0.032 | 0.087 | 0.001 | −0.004 | −0.049 |
| 有机质 | | | | | 1 | 0.139 | 0.42** | 0.101 | 0.121 |

续表

| 变量 | 速效P | 速效K | 全P | 全K | 有机质 | 速效N | 全N | $NH_4^+$-N | $NO_3^-$-N |
|---|---|---|---|---|---|---|---|---|---|
| 速效N | | | | | | 1 | −0.039 | −0.032 | −0.012 |
| 全N | | | | | | | 1 | −0.004 | 0.026 |
| $NH_4^+$-N | | | | | | | | 1 | 0.695** |
| $NO_3^-$-N | | | | | | | | | 1 |

**表示相关性达极显著水平（$P$<0.01）

放牧对草地生态系统的影响研究一直是放牧生态学和放牧管理关注的核心问题（张成霞和南志标，2010）。然而，由于草地类型、放牧历史、环境条件的不同，研究结果不同（高英志等，2004）。本研究中土壤容重在各放牧处理下无太大变化，短期内放牧对土壤容重的影响不明显，主要是土壤容重的增加具有累积效应，本研究中放牧年限相对较短，重度载畜率还没有对表层土壤的容重产生本质的破坏。已有研究表明放牧对草地物理性质的影响主要是通过家畜的采食、践踏作用导致土壤容重变大（Augustine and McNaughton，2006）。Witschi 和 Michalk（1979）研究表明随着载畜率的增大，容重表现出增加的趋势。王忠武（2009）研究了不同载畜率下土壤容重的变化，得出随着放牧时间的延续，土壤容重有增加的趋势。土壤容重在年度之间也无显著差异，土壤表层的容重高于底层，这估计是因为土壤表层和底层的质地存在一定的差异，放牧对土壤表层的影响要强于底层。土壤含水量是衡量土壤坚实度的重要指标，天然草地土壤含水量除与降水有密切的关系之外，还与放牧行为有直接的关系。放牧对草地含水量的影响主要是家畜的啃食和践踏导致草地土壤的紧实度增加，进而导致孔隙度减少，毛细管作用增强，从而导致土壤含水量的降低。造成不同结果的原因估计是 2010～2013 年试验区降水普遍超过以往同期降水，过多的降水抵消了放牧对草地土壤含水量的影响。

放牧家畜对土壤化学性质的影响主要是通过采食和粪便的排泄及畜产品在草地上的移除使得土壤的化学元素在草地上的循环发生改变，从而使草地上的化学元素收支失衡，进而导致草地土壤的肥力水平和整体特性发生改变。主要表现在以下几个方面。第一，草地的养分循环受到家畜采食的影响。植物的生长需要从草地上吸收水分和养分等必需的营养元素，草地上一部分水分和养分间接地经家畜的采食而被带走。第二，放牧家畜对草地的践踏，使得植物的结构发生变化甚至遭到破坏，并且放牧能对草地枯落物的分解产生影响，从而加速枯落物的分解，加快养分的循环（Hofstede，1995）。第三，草地土壤中养分的循环还受太阳辐射的影响，草地植物通过光合作用在草地上合成碳水化合物的时候，土壤中的一些养分会通过植物表面而散失到空气中，从而导致养分的损失。多因素方差分析表明土壤全氮在不同土层之间具有极显著差异，速效氮在不同年份和土层之间具有极显著差异，全氮和速效氮在不同处理下均无显著差异，但是全年重度放牧区全氮含量均较低，速效氮含量在全年重度放牧处理高于春季休牧+夏季重牧+秋季轻牧和春季休牧+夏季重牧+秋季重牧。植物为了满足自身生长的需求，需要不断地从土壤中吸收养分，进而导致了土壤全氮含量的降低（Schuman et al.，2002；Kooijman and Smith，2001），草地载畜率增加，导致单位面积上的家畜增加，动物通过采食牧草把草地中的氮素转移到动物体内。戎郁萍等（2001）的研究与本研究结果不一致，其研究表明高强度放牧通过家畜在草地上排泄粪尿逐渐增加土壤全氮含量。多因素方差分析表明速效氮在年度之间差异极显著，在土层之间差异也达到极显著水平，2010～2012 年速效氮含量整体呈升高趋势。裴海昆（2004）认为，草地速效氮含量随着放牧强度的增加逐渐增加，速效钾的含量则随着放牧强度的增加而减少，且均低于不放牧区域。这种不同的结果估计与放牧试验区域土壤本底条件及降水有很大关系，本试验所在区域为荒漠草原，荒漠草原土壤普遍缺氮，放牧加速了草地土壤氮的循环，另外一个很重要的因素就是年度降水，2010～2012 年 3 年降水普遍偏多，土壤含水量与土壤矿化度呈显著的正相关关系（杨小红等，2005），土壤的矿化作用增加了土壤速效氮的含量。

土壤磷主要来自于土壤母质，主要通过动物的粪便而循环。多因素方差分析表明土壤全磷含量在年度之间具有显著性差异，在土层和处理之间无显著差异。速效磷含量在年度、土层和处理之间均无显著差异。土壤全磷随着放牧时间的延长有增加的趋势，侯扶江和任继周（2003）的研究也证明了这一点，放牧践踏促进土壤磷的积累。土壤全钾在年度、处理和年度与处理的交互作用下均达到极显著差异，速效钾含量在年度和土层之间差异极显著。2010～2012 年土壤全钾和全磷含量有一样的变化规律，均呈现出增加的趋势。土壤钾在草地生态系统中的循环主要是在土壤、牧草、家畜中进行，家畜从牧草中摄入的钾 79%～90%通过家畜的尿液返回草地，剩下的 10%～30%通过家畜排泄粪便返还草地（蒋建生等，2002）。王忠武（2009）对短花针茅荒漠草原的研究表明，土壤全钾随着载畜率的增加而增加。这些研究都说明放牧增加了土壤中全钾和速效钾的含量，过度放牧对全钾的累积效应更加明显，在过度放牧下家畜的采食率较其他放牧处理高，从而加快了养分的循环。通过分析不同土层养分的变化可以发现，在放牧初期（2010 年），0～10cm 土层和 10～20cm 土层土壤速效钾含量无太大差异，但是随着放牧的进行，10～20cm 土层速效钾的含量下降速度比较明显，之所以导致这样的结果一方面是因为家畜的采食使得原来土壤表层和底层速效钾的动态平衡被打破，土壤表层逐渐缺少速效钾造成势差，导致下层的元素向表层移动；另一方面是因为 2010～2012 年草原降水普遍偏多，钾元素随着水分向地下更深层次移动。

土壤有机质对改善土壤物理性质和化学性质有很重要的影响，是农业生态系统可持续发展的重要指标（王炜等，1996）。多因素方差分析表明，有机质含量在年度、土层及年度和处理的交互作用之间都存在显著差异，土壤有机质含量在各放牧处理下较对照区有所增加。可能是因为放牧使得植物表层的根系量增加，从而使表层的有机质含量有所增加，全年重度放牧下地上现存量减少，从而使地下根系生物量也降低，进而导致地下有机质含量减少。李香真和陈佐忠（1998）研究表明，放牧使得表层根系增加，表层有机质在特定的时段内可以维持不变或者较高水平。王长庭等（2008）研究表明，放牧条件下，草原植被根系以0～10cm土层居多。

相关性分析得出有机质与速效钾、全氮极显著相关，这与王明君等（2010b）的研究结果相同。速效磷与铵态氮、硝态氮极显著相关，铵态氮与硝态氮之间也具有极显著相关关系。因此，草地生态系统内部的各养分是相互影响的，并不是孤立地发生作用。由于试验时间仅为3年，随机因素引起的土壤养分含量的变化较大，并且短期的放牧对草地土壤的影响较小，本试验初步得出的一些结论有待于进一步的研究来取得更加可靠的证据。

# 第八章　放牧强度季节调控对植物种群及群落空间异质性的影响

## 第一节　主要植物种群空间异质性

种群是生活在一定空间内的属于一个物种的个体的集合，它是通过种内关系组成的一个有机的统一群体，而非个体的简单叠加（丁岩钦，1994），由于生境条件变化程度及植物种群的个体在群落中的分布格局既是种群的重要特征之一，也是植物种群在群落中所处的空间结构可以定量化描述的基本特征，因此种群空间异质性一般用种群的空间分布格局来进行描述（常静，2006）。植物种群的空间分布格局是种群个体在空间内某一时刻的分布状态（黄志伟等，2001）。种群空间分布格局是植物种群生物学特性对环境条件长期适应和选择的结果（张文辉，1998；彭少麟，1996），它与物种的生物学特性、种间竞争及生境条件等密切相关（洪伟等，2001）。周国英等（2006）指出，由于植物与环境之间相互作用、相互影响，无论是群落的优势种还是伴生种，植物种群的分布格局都会随着环境的变化而发生变化。

在受到不同强度人为干扰的情况下，种群恢复进程不同，不同生物学特性的种群其空间分布格局也会产生差异（杨梅等，2007）。刘先华和韩苑鸿等（1998）认为放牧率对物种空间分布格局有明显的影响。随着放牧率的增大，羊草与大针茅空间分布的随机性减小，空间自相关尺度逐渐增大。而在退化过程中入侵的冷蒿和星毛委陵菜，其空间分布的随机性逐渐增大，空间自相关尺度亦呈增大趋势。在放牧率胁迫超过一定程度时，冷蒿空间分布的自相关程度开始下降，而星毛委陵菜的空间分布则表现出强烈的随机性（Schlesinger et al.，1996）。在不同放牧强度下，物种空间异质性随着放牧强度的增大而增加，拟合于幂函数规律曲线，种类结构发生明显改变，轻度放牧区羊草、中度放牧区藜和糙隐子草、重度放牧区猪毛菜和多根葱具有高的出现频度，群落物种数随着放牧强度的增大而减小（Schlesinger et al.，1990）。刘振国和李镇清（2004）研究了 4 种放牧强度下冷蒿种群在 0～100cm 尺度上的空间格局及其随尺度的变化规律，接着刘振国等（2005）又对糙隐子草（*Cleistogenes squarrosa*）空间格局进行分析，指出放牧影响糙隐子草的种群空间格局。在 0～100cm 尺度上，糙隐子草种群的空间格局在无牧条件下为均匀分布，在轻度放牧和中度放牧条件下为聚集分布。重度放牧条件下，糙隐子草种群的空间分布在 0～42cm 尺度上为聚集分布，而在 42～100cm 尺度上为均匀分布；不同强度的放牧活动产生的斑块均匀程度不同，相应地在这些空地斑块上拓殖成功的糙隐子草形成的小斑块之间的均匀程度也不同。辛晓平等（1999）在对松嫩平原碱化草地空间格局的影响研究中指出，随放牧强度增加，占优势的羊草（*Leymus chinensis*）的斑块化加剧，而斑块的边界在中度放牧时最不规则。

## 一、取样及分析方法

各处理区选取较具代表性的样地，样地面积 100m×100m。按机械取样法，以样地的一个角为原点，坐标定义为（0，0），按 10m 距离进行网格取样，则距原点最远处的点坐标为（10，10）。因此，样点数为 121 个，即样方数为 121。对选中的样方按顺序编号，对样方内的植物种群逐类进行调查。

对主要植物种群和群落盖度/物种数试验数据进行地统计分析，并运用克里格插值法进行空间插值，绘制主要植物种群和群落盖度/物种数分布格局图。为了定量化研究主要植物种群和群落盖度/物种数各性状的空间自相关及进行空间插值，应用地统计学 GS+软件对数据进行分析，通过已知点的半方差结果，软件会拟合出一个最适模型，最适理论模型有线性（linear）模型、指数（exponential）模型、高斯（Gaussian）模型和球状（spherical）模型。在球状模型中，半方差函数图所示的变程即为有效变程，高斯模型有效变程是半方差函数图所示变程的 $\sqrt{3}$ 倍，而指数模型的有效变程是半方差函数图所示变程的 3 倍。在半方差函数的基础上，引入分形理论中的分形维数来研究空间尺度与主要植物种群和群落盖度/物种数的关系，寻找其自相似性规律。该参数是对独立于尺度的共同特征的表征，是对主要植物种群和群落盖度/物种数分布结构复杂程度进行比较的最佳方法。变异函数值在各个方向上相同称为各向同性，各向同性是个相对的概念。若变异函数值在各个方向上不同则称为各向异性，各向异性则是个绝对的概念。通常，我们选取 0°、45°、90°及 135°作为坐标系中对应的 4 个方向，即东—西（0°）、东北—西南（45°）、南—北（90°）及西北—东南（135°）。

## 二、短花针茅空间异质性

### （一）不同放牧制度下短花针茅密度的描述性统计

不同放牧强度季节调控下对短花针茅密度的各项描述性统计分析见表 8-1，从均值的变化情况看，各处理区存在较大差别，SA2 区均值最高，显著高于其他各处理区（$P$<0.05），SA5 区均值最低，与 SA1 区和 SA3 区无显著

差异（$P>0.05$）。标准偏差表现为SA2区最高，SA3区和SA5区接近并较低，说明SA2区短花针茅密度值偏离均值的程度最大，SA3区和SA5区偏离程度较小。各处理区偏差系数较大，均在100以上，范围在106.30～158.95。从极值变化情况看，SA2区的变化幅度最大，达25；SA5区变化幅度最小，为9。因此，从均值及极值等统计分析结果的变化情况来看，各处理区短花针茅密度变化存在空间异质性。

**表8-1 不同放牧强度季节调控下短花针茅空间格局的描述性统计分析**

| 处理区 | 均值 | 标准偏差 | 偏差系数 | 标准误差 | 最大值 | 最小值 | 极差 |
| --- | --- | --- | --- | --- | --- | --- | --- |
| SA1 | 1.5868bc | 2.5221 | 158.95 | 0.2293 | 13 | 0 | 13 |
| SA2 | 4.8926a | 5.2006 | 106.30 | 0.4728 | 25 | 0 | 25 |
| SA3 | 1.6694bc | 1.9339 | 115.84 | 0.1758 | 11 | 0 | 11 |
| SA4 | 2.4050b | 3.5369 | 147.07 | 0.3215 | 18 | 0 | 18 |
| SA5 | 1.4793c | 1.8934 | 127.99 | 0.1721 | 9 | 0 | 9 |

注：不同字母表示不同处理间差异显著（$P<0.05$），本章余同。

## （二）同向性空间异质性

### 1. 半方差函数

不同放牧强度季节调控下短花针茅密度的同向性空间变异函数分析结果显示，各处理区短花针茅密度的变异函数值各自呈现出理论模型的变化趋势，其中，SA1区和SA5区属于指数模型，SA3区和SA4区属于球状模型，SA2区属于高斯模型。无论是哪个理论模型，各处理区均表现出短花针茅密度的变异函数值随分隔距离的加大而增加。分隔距离为0时的变异函数值即为块金值$C_0$，表示随机部分的空间变异。

由表8-2可知，SA2区随机因素引起的空间变异最大。当达到一定的分隔距离后变异函数值趋于一个平稳变化的常数。这个常数值便是基台值（$C_0$+$C$），表示系统中的最大变异。从表8-2可以看出，SA2区基台值最高，达49.400，表示SA2区短花针茅密度值存在最大变异；其次为SA4区，为13.450；SA3区和SA5区基台值较小，分别为3.630和3.910。变异函数达到基台值的分隔距离即为范围参数（$a_0$），也称变程，分隔距离超过$a_0$时，空间相关性消失。由此可知，SA2区的变程最大，为7.98；其次为SA4区，为4.89；SA1区、SA3区和SA5区依次为0.81、1.64和0.83。

**表 8-2 不同放牧强度季节调控下短花针茅空间格局同向性的空间变异函数**

| 处理 | 模型 $r(h)$ | 块金值 $C_0$ | 基台值 $C_0+C$ | 结构比 $C/(C_0+C)$ | 范围参数 $a_0$ | 残差平方和 RSS | 决定系数 $R^2$ | 相关尺度 |
|---|---|---|---|---|---|---|---|---|
| SA1 | 指数 | 0.82 | 6.793 | 0.879 | 0.81 | 0.187 | 0.886 | 2.43 |
| SA2 | 高斯 | 14.70 | 49.400 | 0.702 | 7.98 | 2.070 | 0.988 | 13.82 |
| SA3 | 球状 | 0.01 | 3.630 | 0.997 | 1.64 | 0.261 | 0.289 | 1.64 |
| SA4 | 球状 | 5.50 | 13.450 | 0.591 | 4.89 | 0.067 | 0.997 | 4.89 |
| SA5 | 指数 | 0.54 | 3.910 | 0.862 | 0.83 | 0.540 | 0.484 | 2.49 |

结构比 $C/(C_0+C)$表示自相关部分空间异质性占总空间异质性的程度（王政权和王庆成，2000），按自相关程度的分级标准（Gifford and Hawkins，1978），结构比 $C/(C_0+C)\geqslant75\%$，空间自相关性较强；$25\%<C/(C_0+C)<75\%$，空间自相关性中等；$C/(C_0+C)\leqslant25\%$，空间自相关性较弱，若结构比接近 0，则表示变量在整个尺度上具有恒定的变异。由表 8-2 可知，各处理区均具有中等及以上的空间自相关性。SA1 区、SA3 区和 SA5 区结构比均大于 75%，空间自相关性较强，其中 SA3 区结构比最大，达 99.7%，表明放牧季皆为重度放牧的处理方式使得短花针茅空间自相关性增加（图 8-1，表 8-2）。SA2 区和 SA4 区具有中等的空间自相关性，SA4 区空间自相关性最小，仅为 0.591。残差平方和表示随机误差产生的效应，SA2 区残差平方和最高，为 2.070，其他各区较小。决定系数的大小决定了相关性的密切程度，决定系数越接近 1，表示该相关模型参考价值越高；反之，则参考价值越低。各处理区中，SA4 区决定系数 $R^2$ 最高，为 0.997，表示 SA4 区的球状模型的参考价值相对最高。

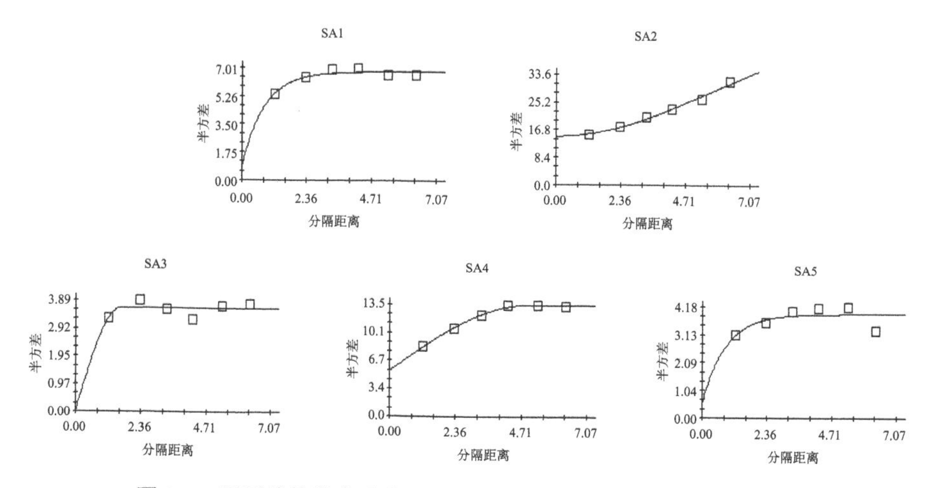


图 8-1 不同放牧强度季节调控下短花针茅同向性的半方差函数图

由以上分析可知，SA2 区短花针茅密度随机因素引起的空间变异最大，SA3 区和 SA5 区随机因素引起的空间变异较小；SA2 区和 SA4 区的最大变异程度较大，SA3 区和 SA5 区的最大变异程度较小；SA1 区、SA3 区和 SA5 区具有高空间自相关性，SA2 区和 SA4 区具有中等空间自相关性；相关尺度 SA2 区和 SA4 区较大，在 SA1 区和 SA3 区较小；SA2 区的高斯模型和 SA4 区的球状模型参考价值较高。

## 2. 分形维数

分形维数主要描述分形最主要的参量，反映了复杂形体占有空间的有效性，是复杂形体不规则的量度。分形维数的大小表示自相关变量空间分布格局的复杂程度，分形维数值高，代表空间分布格局简单，空间依赖性强，空间的结构性就好；分形维数值低则意味着空间分布格局复杂，随机因素引起的空间异质性占有较大的比重。

不同放牧强度季节调控下，各处理区短花针茅密度的分形维数值存在较大的变化（图 8-2），SA3 区分形维数值最大，为 1.977；SA2 区分形维数较低，为 1.794；SA1 区、SA4 区和 SA5 区居于前两者之间，分形维数分别为 1.939、1.853 和 1.946。分形维数大小排序为 SA3 区＞SA5 区＞SA1 区＞SA4 区＞SA2 区，表明 SA3 区空间异质性较弱，空间分布格局简单，空间结构性较好；SA2 区春季休牧+夏季适牧+秋季重牧的调控方式能够加强短花针茅的空间异质性，使其空间分布格局复杂化。由于 SA3 区长期处于重度放牧水平，植物多样性降低，植物分布格局简单化。

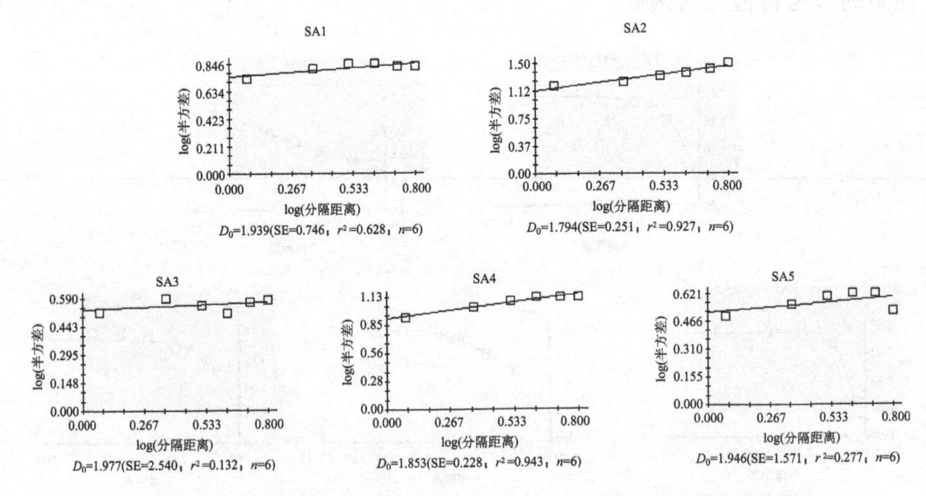


图 8-2　不同放牧强度季节调控下短花针茅同向性的分形维数图

### 3. 平面分布图

平面图，某种意义上即地图的一种，在小范围面积内可以不计地球曲面投影变形影响的描述性地图。在统计学意义上，运用克里格插值法对短花针茅密度的空间分布绘制了平面分布图（图 8-3）。克里格插值法，也称空间局部估计或空间局部插值，是地统计学方法之一，在统计学上是从变量相关性和变异性出发，在有限区域内对区域化变量的取值进行无偏、最优估计的一种方法。克里格插值的结果受变异函数模拟精度、采样点的分布及邻近采样点选取数的影响（Kay et al., 1999），因此，在进行试验设计与数据分析时应考虑以上因素对空间插值的影响，尽可能降低试验误差。

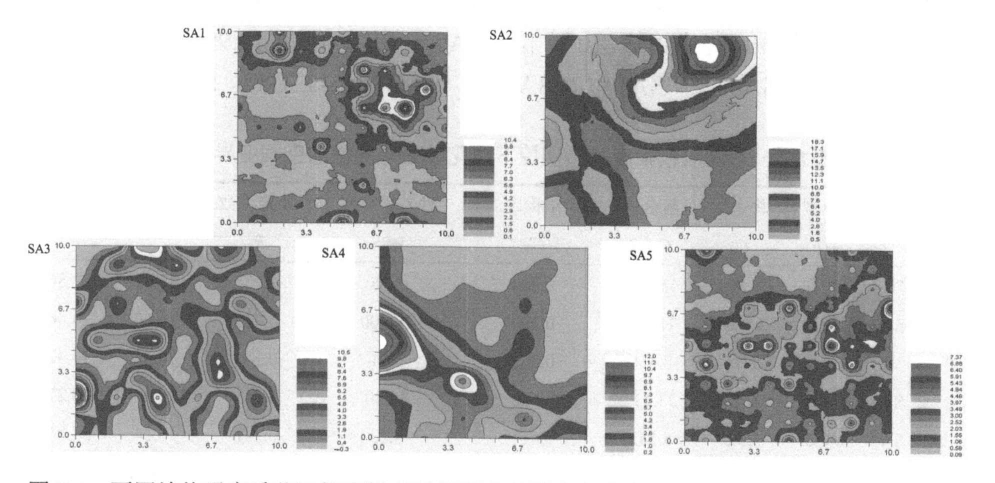


图 8-3 不同放牧强度季节调控下短花针茅同向性的空间分布平面图（彩图请扫封底二维码）

如图 8-3 所示，SA1 区、SA3 区和 SA5 区斑块化明显，短花针茅密度大小相间分布明显。SA2 区和 SA4 区呈大的斑块状，短花针茅以斑块中心为中心点向周围呈带状递减分布。SA1 区短花针茅密度变化范围为 0.1～10.4，以密度均值范围为 0.1～4.2 形成的斑块面积占绝大部分；SA2 区变化范围为 0.5～18.3，范围内斑块均包括在内；SA3 变化范围为 0～10.5，以 0～1.1 形成的斑块面积为主；SA4 变化范围为 0.2～12.0，以 0.2～6.5 范围斑块面积为主；SA5 区变化范围为 0.09～7.37，以 0.09～2.62 斑块面积为主。结合半方差分析的结果可知，SA1 区、SA3 区和 SA5 区形成的斑块数量较多，破碎化严重，其空间异质性主要受结构因素的影响，尤其是 SA3 区受结构因素影响最大，随机因素仅为 0.003，故 SA3 区短花针茅密度的空间分布格局简单化和规则化。SA2 区和 SA4 区斑块数量较少，结构比较小，而随机因素相对 SA1 区、SA3 区和 SA5 区较大，说明 SA2 区和 SA4 区的短花针茅密度空间分布格局主要受结构因素和随机因素共同作用。进一步说明

SA2区和SA4区的季节调控方式在其自己的结构基础上受到家畜选择性采食的影响，在平面图上显示出环形带状区域，斑块的连通性较差。

## （三）异向性空间异质性

### 1. 半方差函数

变异函数在各个方向上的变化都相同时称各向同性，若在各个方向上变化不同则称各向异性。各向同性是个相对的概念，而各向异性则是绝对的。表 8-3 为短花针茅密度在 4 个角度方位上的空间变异函数模型及参数值，可以看出，不同处理区短花针茅密度在不同方向上具有一定的各向异性结构特征。块金值 $C_0$ 在各处理区不同角度方位差别较大，总体看来，各处理区块金值均表现在 SA2 区最大，随角度增加呈减小的变化趋势。0°方位，SA2 区块金值达 14.990，块金值大小排序为 SA2 区＞SA4 区＞SA1 区＞SA3 区＞SA5 区；45°方位，SA2 区块金值为

表 8-3　不同放牧强度季节调控下短花针茅异向性的空间变异函数

| 角度 | 处理 | 模型 $r(h)$ | 块金值 $C_0$ | 基台值 $C_0+C$ | 结构比 $C/(C_0+C)$ | 残差平方和 RSS | 决定系数 $R^2$ | 小尺度 | 大尺度 |
|---|---|---|---|---|---|---|---|---|---|
| 0° | SA1 | 线性 | 5.801 | 15.045 | 0.614 | 8.88 | 0.255 | 32.92 | 73.86 |
|  | SA2 | 高斯 | 14.990 | 71.459 | 0.790 | 286.00 | 0.782 | 14.60 | 24.46 |
|  | SA3 | 线性 | 3.354 | 7.658 | 0.562 | 3.21 | 0.146 | 74.42 | 74.42 |
|  | SA4 | 线性 | 8.140 | 23.237 | 0.650 | 84.30 | 0.741 | 20.27 | 20.27 |
|  | SA5 | 线性 | 3.327 | 8.542 | 0.611 | 8.28 | 0.241 | 36.24 | 54.81 |
| 45° | SA1 | 线性 | 5.810 | 15.011 | 0.613 | 10.10 | 0.255 | 45.550 | 57.75 |
|  | SA2 | 高斯 | 14.890 | 67.459 | 0.779 | 330.00 | 0.783 | 15.00 | 21.91 |
|  | SA3 | 线性 | 3.280 | 7.584 | 0.568 | 2.87 | 0.146 | 37.38 | 79.11 |
|  | SA4 | 指数 | 7.270 | 24.207 | 0.700 | 33.400 | 0.773 | 21.60 | 49.68 |
|  | SA5 | 线性 | 3.321 | 7.948 | 0.582 | 8.58 | 0.241 | 39.43 | 39.44 |
| 90° | SA1 | 线性 | 5.222 | 12.876 | 0.594 | 12.20 | 0.255 | 22.88 | 22.88 |
|  | SA2 | 高斯 | 14.720 | 55.559 | 0.735 | 485.00 | 0.790 | 15.48 | 15.48 |
|  | SA3 | 线性 | 3.343 | 7.647 | 0.563 | 3.18 | 0.146 | 60.63 | 81.59 |
|  | SA4 | 线性 | 8.140 | 28.227 | 0.712 | 84.30 | 0.741 | 20.22 | 22.30 |
|  | SA5 | 线性 | 2.885 | 7.512 | 0.616 | 9.85 | 0.241 | 19.90 | 19.90 |
| 135° | SA1 | 线性 | 5.515 | 13.169 | 0.581 | 10.80 | 0.255 | 29.78 | 22.88 |
|  | SA2 | 高斯 | 14.720 | 55.559 | 0.735 | 485.00 | 0.790 | 15.48 | 15.48 |
|  | SA3 | 线性 | 2.895 | 7.199 | 0.598 | 4.75 | 0.146 | 24.01 | 24.01 |
|  | SA4 | 指数 | 0.010 | 16.947 | 0.999 | 123.00 | 0.837 | 7.84 | 7.84 |
|  | SA5 | 线性 | 3.409 | 8.036 | 0.576 | 8.12 | 0.241 | 28.89 | 79.84 |

14.890，块金值大小排序为 SA2 区>SA4 区>SA1 区>SA5 区>SA3 区；90°方位，SA2 区块金值为 14.720，大小排序为 SA2 区>SA4 区>SA1 区>SA3 区>SA5 区；135°方位，SA2 区块金值为 14.720，大小排序为 SA2 区>SA1 区>SA5 区>SA3 区>SA4 区。表明各向 SA2 区随机因素引起的空间变异最大，且以 0°方向最大。

基台值 $C_0+C$ 在各处理区均表现为 SA2 区和 SA4 区高于其他各处理区，SA3 区和 SA5 区表现较低。说明 SA2 区和 SA4 区的短花针茅密度存在较大的空间变异程度。SA2 区空间变异程度随角度的增加呈降低的趋势；SA4 区在 0°～90°方位随角度增加呈增加趋势，到 135°又有所下降；SA3 区与 SA5 区无明显变化规律。结构比 $C/(C_0+C)$除在 135°方向 SA4 区为 0.999，存在极强的空间相关性外，其他各处理区结构比值在 0.562～0.790，也存在空间相关性，但相关性弱于 135°方向的 SA4 区。结构比在各方向上无明显的变化规律。各处理区不同角度均呈现相应的理论模型，0°方向和 90°方向各处理区理论模型相同，均为 SA1 区、SA3 区、SA4 区和 SA5 区为线性模型，SA2 区为高斯模型；45°方向和 135°方向理论模型相同，均为 SA1 区、SA3 区和 SA5 区为线性模型，SA2 区为高斯模型，SA4 区为指数模型。其他参数详见表 8-3。不同角度方位半方差函数图见图 8-4～图 8-7。

由以上分析可知，不同放牧强度季节调控下，短花针茅密度在 0°方向和 45°方向均表现为 SA2 区随机因素引起的空间变异较大，SA3 区和 SA5 区随机因素引起的空间变异较小；SA2 区最大空间变异程度较大，SA3 区和 SA5 区最大空间变异程度较小；SA2 区存在强烈的空间自相关性，其他各处理区均存在中等的空间自相关性。各处理区理论模型中，SA2 区的高斯模型最具参考价值。90°与 0°和 45°方向不同的是各处理区均存在中等自相关性。135°方向 SA2 区随机因素引起的空间变异较大，SA3 区和 SA4 区随机因素引起的空间变异较小；SA2 区最大空

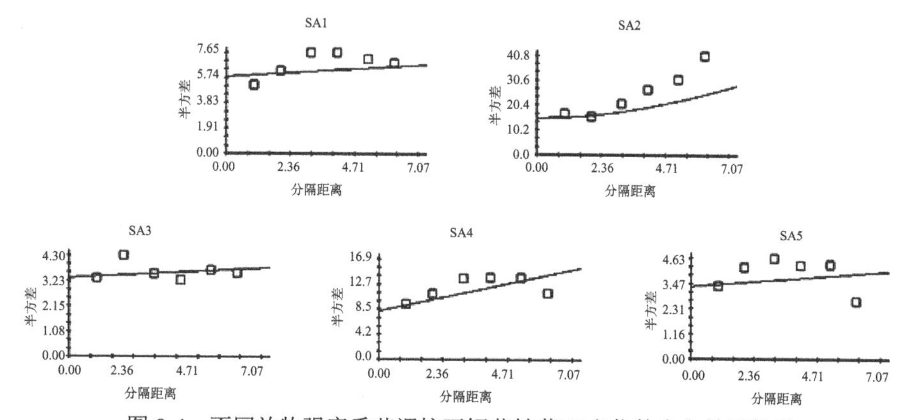

图 8-4 不同放牧强度季节调控下短花针茅 0°方位的半方差函数图

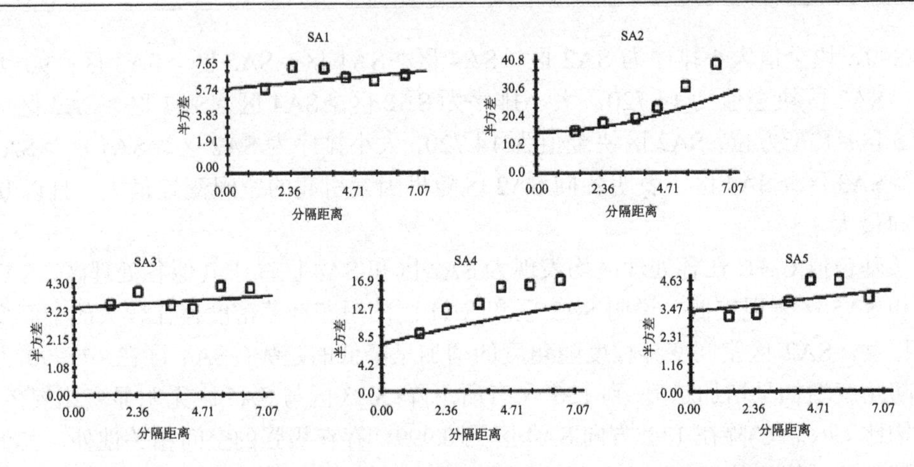


图 8-5 不同放牧强度季节调控下短花针茅 45°方位的半方差函数图

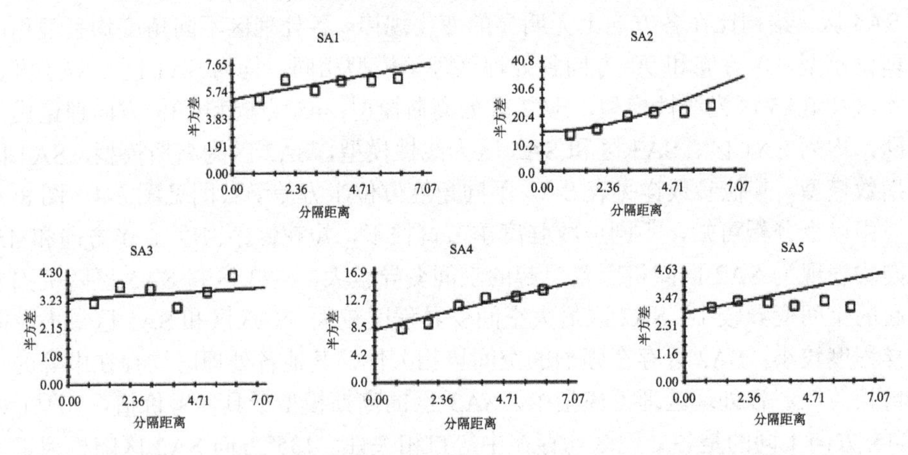


图 8-6 不同放牧强度季节调控下短花针茅 90°方位的半方差函数图

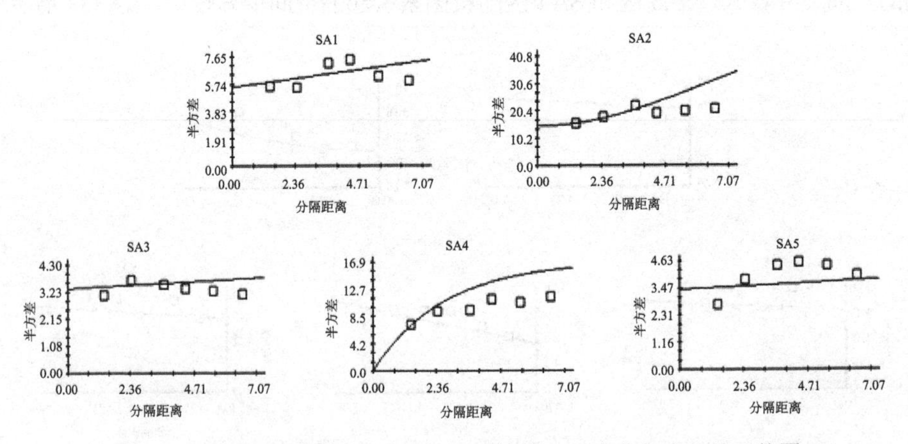


图 8-7 不同放牧强度季节调控下短花针茅 135°方位的半方差函数图

间变异程度较大，SA3 区和 SA5 区最大空间变异程度较小；SA4 区存在强烈的空间自相关性，其他各处理区存在中等自相关性；因此，SA3 区和 SA5 区这种传统单一强度的放牧方式降低了短花针茅密度的空间异质性，使得短花针茅密度在空间分布上相对均匀化，格局相对简单化，这与放牧行为是密不可分的。SA2 区的季节调控处理方式大大增加了短花针茅密度的空间异质性，使短花针茅密度在空间分布上要相对复杂得多。

从不同角度方向上的平均参数来看，0°方向随机因素引起的空间异质性最大，135°方向随机因素引起的空间异质性最小；0°方向最大变异程度最大，135°方向最大变异程度最小；135°方向上结构因素引起的空间异质性最大，90°方向上结构因素引起的空间异质性最小。

### 2. 分形维数

0°方位短花针茅分形维数如图 8-8 所示，SA3 区和 SA5 区分形维数接近且较大，分别为 1.996 和 1.990。SA2 区分形维数最小，为 1.758。其他各区依次为 SA1 区，1.909；SA4 区，1.916。由此可以看出，SA3 区和 SA5 区空间分布格局较简单，空间的依赖性强，结构性比较好。相反，SA2 区空间分布格局相对复杂，结构性较差。

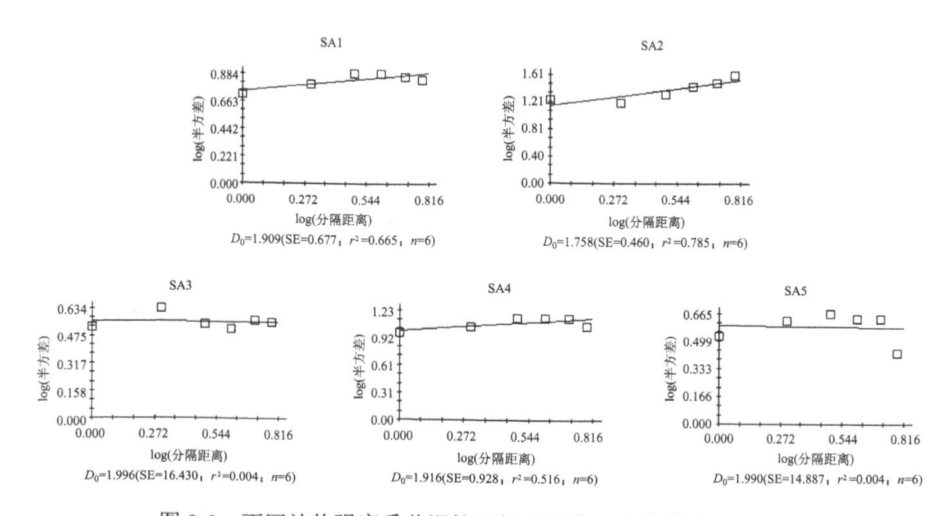


图 8-8 不同放牧强度季节调控下短花针茅 0°方位的分形维数图

上述结果表明单一的放牧强度不利于增加短花针茅密度的空间异质性，尤其是放牧季皆为重度放牧的处理下，植物因采食践踏而呈现破碎化结构，空间分布上趋于简单化和单一化。SA2 区的季节调控处理较利于短花针茅密度空间异质性的增强。这与短花针茅生长习性和放牧强度的合理组合密不可分。

45°方位上（图 8-9），SA1 区的分形维数最大，为 1.977，SA2 区和 SA4 区分形维数较小，分别为 1.712 和 1.793。表明 SA1 区相对其他处理区空间异质性最弱，空间分布格局简单，空间的依赖性强，结构性较好。SA2 区和 SA4 区空间异质性较强，空间分布格局复杂，空间的依赖性弱，结构性较差。结合变异函数分析可以看出，SA1 区的季节调控方式及随机因素导致短花针茅空间异质性减弱，相反，SA2 区和 SA4 区的季节调控方式加强了短花针茅密度的空间分布格局的复杂性。

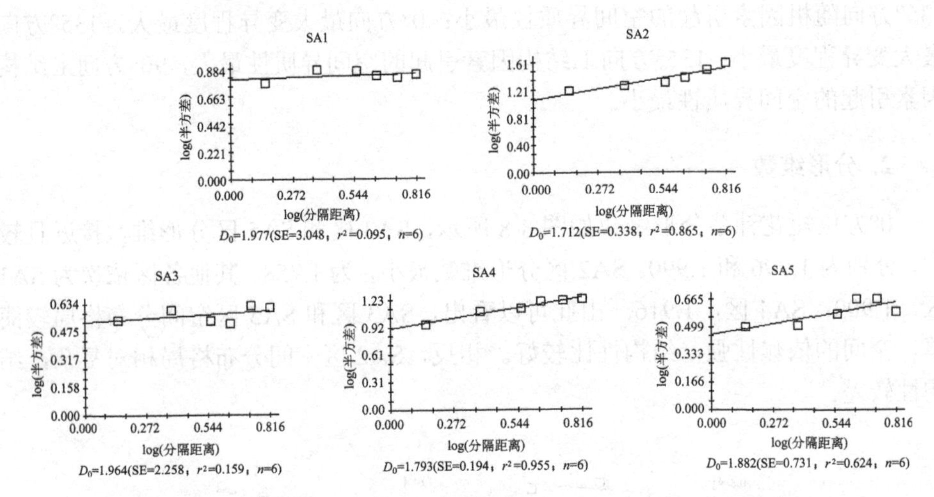


图 8-9　不同放牧强度季节调控下短花针茅 45°方位的分形维数图

针对 90°方位，如图 8-10 所示，短花针茅密度的分形维数变化范围为 1.839～1.996，分形维数最大值在 SA5 区；SA2 区和 SA4 区接近且较低，分别为 1.839

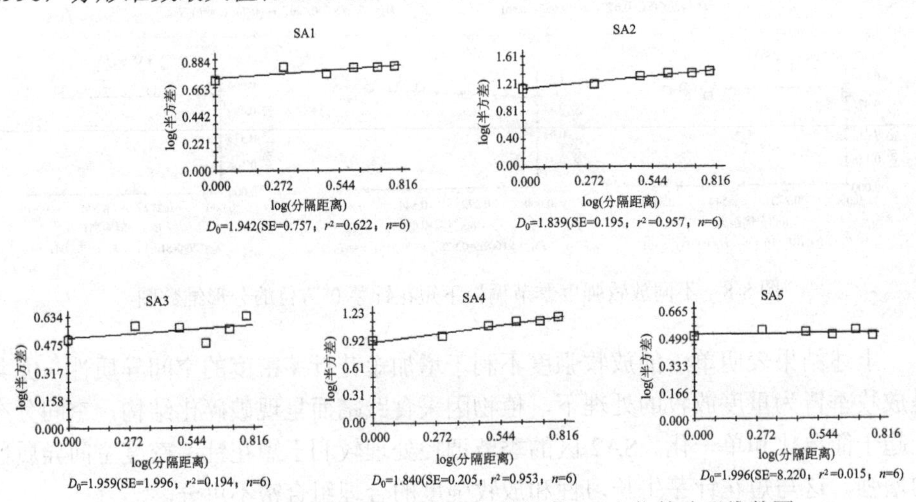


图 8-10　不同放牧强度季节调控下短花针茅 90°方位的分形维数图

和 1.840；SA1 区和 SA3 区分形维数接近并居于中等地位。90°方位短花针茅密度空间异质性强弱又发生了变化，SA5 区空间异质性较弱，空间分布格局简单，结构性较好。SA2 区和 SA4 区空间异质性较强，空间分布的格局复杂，结构性较差。

135°方位分形维数变化如图 8-11 所示，分形维数大小排序为 SA3 区＞SA1 区＞SA2 区＞SA5 区＞SA4 区，分形维数值分别为 1.994、1.946、1.912、1.864 和 1.855。表明 SA3 区空间异质性最弱，空间分布简单，结构性较好。SA4 区空间异质性最强，空间分布复杂，结构性较差。

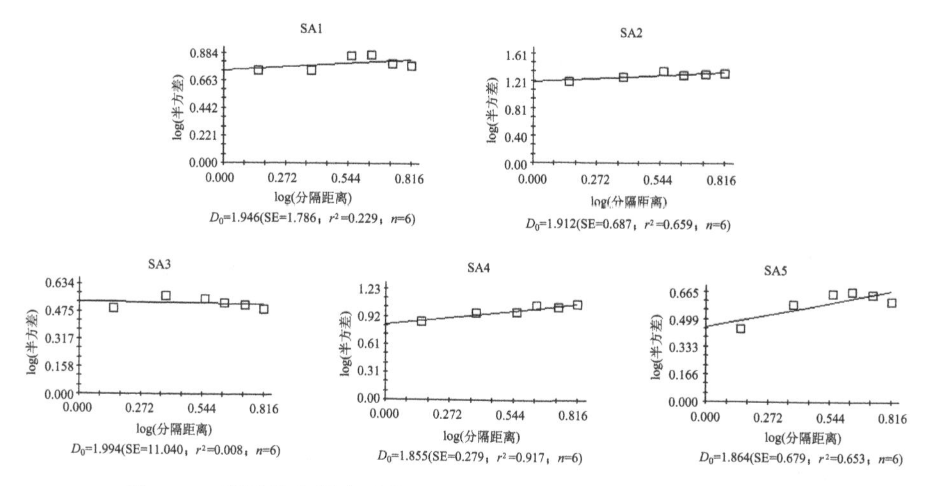


图 8-11　不同放牧强度季节调控下短花针茅 135°方位的分形维数图

综合来看，各处理区短花针茅空间异质性强弱因角度方位不同而不同。短花针茅生长方位和家畜的游走方式及选择性采食等因素导致了短花针茅密度表现出复杂的各向异性，结构比 $C/(C_0+C)$ 说明了这一点，各处理区在不同角度方位上结构比值均大于 0.5，但接近 1 的很少，说明在短期的放牧试验条件下，短花针茅密度空间异质性以结构因素为主导作用，但随机因素也占有一定的比例。

### 3. 平面分布图

由短花针茅 0°方位空间分布平面图（图 8-12）可以看出，各处理区斑块化明显，SA2 区斑块数量较少，形状较为规则，呈现出大的斑块状分布，空间相关范围较大，短花针茅以斑块中心为中心点向周围呈带状分布，结合半方差分析可知，其空间异质性受结构因素影响较大。其他处理区短花针茅密度分布较大的样点和分布较小的样点间交替变换明显，斑块数量较多，且多呈碎裂状分布。0°方位各处理区短花针茅分布变化范围分别如下。SA1 区 0.31～4.56，以 0.31～2.01 分布为主；SA2 区 0.5～17.8，以 0.5～13.2 分布为主；SA3 区 0.94～2.88，以 1.33～

2.49 分布为主；SA4 区 0.44～6.63，以 0.44～5.39 分布为主；SA5 区 0.25～3.69，以 0.48～2.31 区域分布为主。可见，SA3 区短花针茅空间分布较为均匀化，说明在 0°方位上，重度放牧降低了短花针茅分布的空间异质性。

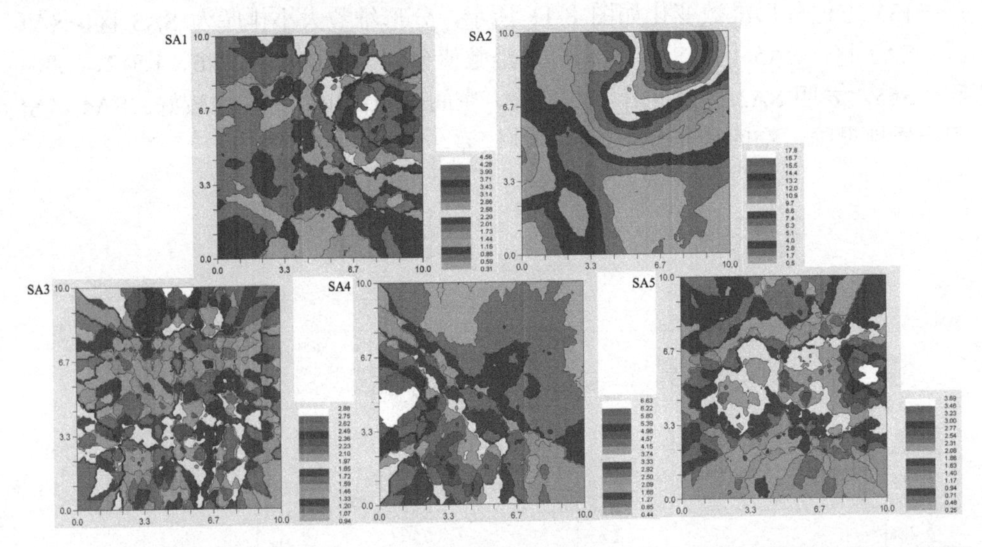


图 8-12　不同放牧强度季节调控下短花针茅 0°方位的空间分布平面图（彩图请扫封底二维码）

如图 8-13 所示，45°方位 SA2 区和 SA4 区呈现大的斑块化分布，短花针茅密度变化范围分别为 0.6～16.8 和 0.2～12.1，以 SA2 区斑块化最明显，斑块数量少而规则，短花针茅空间分布以结构性作用为主，各斑块间连通性较好，空间异质

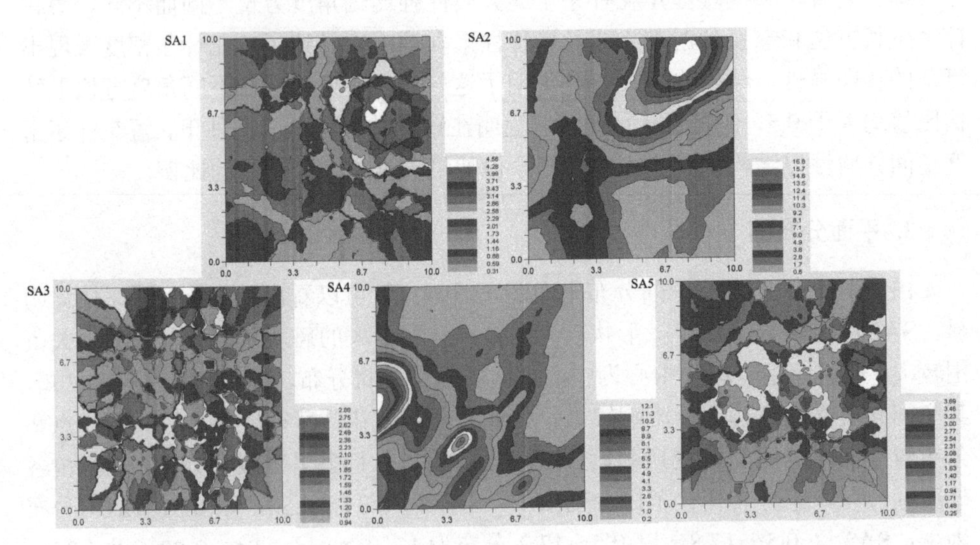


图 8-13　不同放牧强度季节调控下短花针茅 45°方位的空间分布平面图（彩图请扫封底二维码）

性较强。SA3 区和 SA5 区斑块呈碎裂状分布，短花针茅空间分布受结构因素和随机因素共同影响，短花针茅密度变化范围分别为 0.94～2.88 和 0.25～3.69。SA1 区斑块分布差异较小，短花针茅密度变化范围为 0.31～4.56，以 0.59～1.73 密度范围为主，斑块连通性较差，空间异质性较小。

90°方位短花针茅空间分布的平面图如图 8-14 所示，SA2 区斑块化分布较其他处理区明显，斑块间形成明显的廊道，短花针茅空间分布以斑块中心为基础向周围呈带状环形分布，各斑块间连通性较好。SA3 区斑块破碎化严重，短花针茅密度分布均匀化，分布范围以 1.33～1.72 为主，差异甚小，空间异质性较弱。SA4 区分形维数虽然与 SA2 区相近，两者也主要受结构因素影响，但 SA2 区最大空间变异程度要远大于 SA4 区，导致 SA2 区和 SA4 区空间分布平面图不同。SA5 区亦呈碎裂状斑块化分布，但碎裂程度小于 SA3 区，斑块分布差异较小，结构性较好，空间依赖性较强，空间异质性较差。

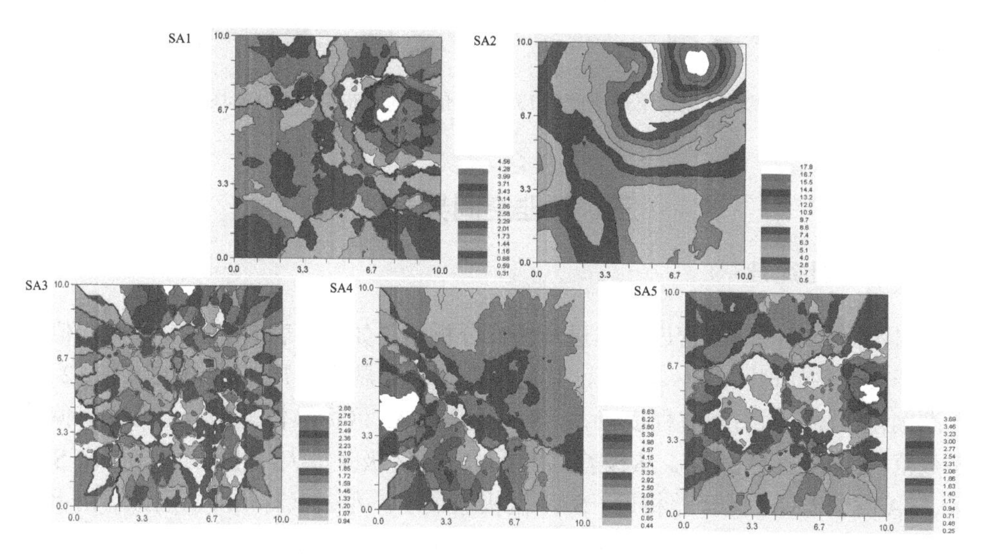


图 8-14　不同放牧强度季节调控下短花针茅 90°方位的空间分布平面图（彩图请扫封底二维码）

短花针茅 135°空间分布平面图如图 8-15 所示，SA2 区和 SA4 区依然呈现大的斑块状分布，以 SA4 区斑块化最明显，短花针茅密度大小相间分布，镶嵌性明显。其他处理区虽呈斑块化分布，但斑块连通性较差，破碎化严重，斑块相间分布混乱，密度分布范围较小，空间异质性小。

总的来看，各角度方位以放牧季皆为重度放牧的 SA3 区和放牧季皆为适度放牧的 SA5 区短花针茅空间分布的异质性较弱，斑块呈碎裂状分布严重，斑块间连通性较差，其异质性受随机因素及结构因素共同作用；以春季零放牧+夏季适牧+秋季重牧的 SA2 区和春夏季重牧+秋季适牧的 SA4 区短花针茅空间分布异质性较

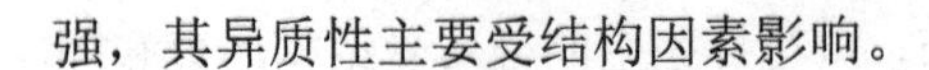
强，其异质性主要受结构因素影响。

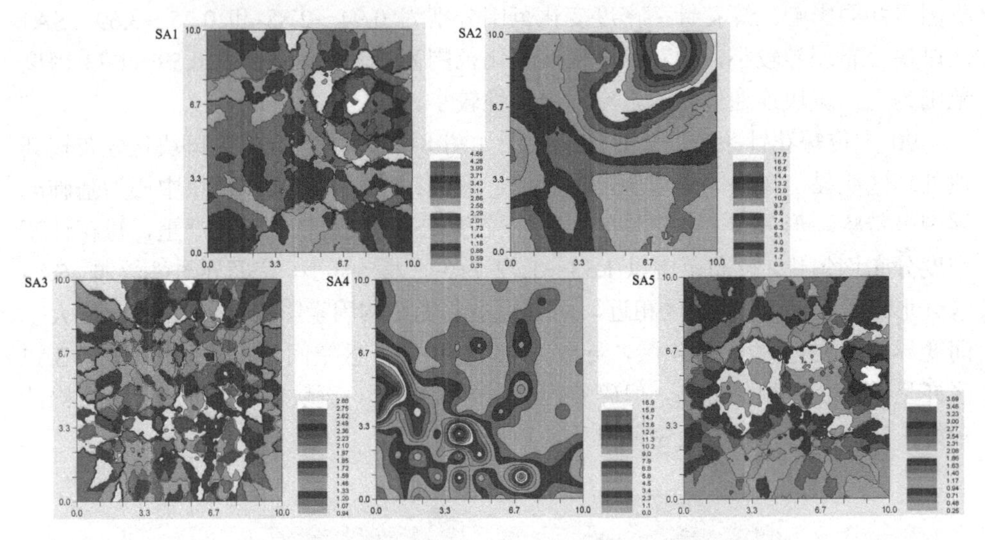


图 8-15　不同放牧强度季节调控下短花针茅 135°方位的空间分布平面图（彩图请扫封底二维码）

## 三、碱韭空间异质性

### （一）描述性统计

对不同处理区碱韭密度样本进行统计分析结果如下（表 8-4），SA2 区均值显著低于其他各处理区（$P$<0.05），其他各处理区无显著差异（$P$>0.05）。SA2 区标准偏差较高，偏离均值程度较大，SA1 区和 SA3 区标准偏差相近且较小。偏差系数范围为 36.86～69.67。从极差范围看，SA5 区极差最大，达 46（株/$m^2$）；SA2 区、SA3 区和 SA4 区极差相近；SA1 区极差最小，为 33（株/$m^2$）。因此，由上述描述性统计指标分析可知，放牧处理区存在空间异质性现象。

**表 8-4　不同放牧强度季节调控下碱韭空间格局的描述性统计分析**

| 处理区 | 均值（丛/$m^2$） | 标准偏差 | 偏差系数 | 标准误差 | 最大值（株/$m^2$） | 最小值（株/$m^2$） | 极差（株/$m^2$） |
|---|---|---|---|---|---|---|---|
| SA1 | 16.2893a | 6.0048 | 36.86 | 0.5459 | 37 | 4 | 33 |
| SA2 | 13.2149b | 9.2062 | 69.67 | 0.8369 | 39 | 0 | 39 |
| SA3 | 15.7603a | 6.7380 | 42.75 | 0.6125 | 39 | 0 | 39 |
| SA4 | 16.2314a | 7.3516 | 45.29 | 0.6683 | 39 | 1 | 38 |
| SA5 | 15.6281a | 8.4401 | 54.01 | 0.7673 | 46 | 0 | 46 |

## （二）同向性空间异质性

### 1. 半方差函数

对不同处理区内碱韭密度样本进行各向同性的变异函数分析，结果见表 8-5，随机因素引起的空间变异以 SA2 区和 SA3 区最为明显，SA1 区和 SA5 区随机因素引起的空间变异仅为 0.10，如图 8-16 所示，当分隔距离为 0 时，SA2 区和 SA3 区的变异函数值显著高于其他 3 个处理区，但各处理区最终的变化皆为随分隔距离的加大变异函数值增大，并逐渐趋于平稳。基台值反映了变量在系统中的最大变异程度，是变异函数值趋于平稳后的理论常数值。SA2 区的基台值最高，为 92.99，说明 SA2 区碱韭在系统中存在最大变异程度；相反，SA1 区碱韭在系统中的最大变异程度较小。各处理区碱韭变异函数值均呈指数的理论模型变化趋势，但从决定系数来看，除 SA1 区决定系数较小，模型拟合程度较差外，其余 4 个处理区拟合程度均较好。拟合程度较差的原因可能是试验误差，也可能是小于取样尺度的异质性存在，由相关尺度也可以看出，SA1 区相关尺度最小。

表 8-5　不同放牧强度季节调控下碱韭同向性的空间变异函数

| 处理 | 模型 $r(h)$ | 块金值 $C_0$ | 基台值 $C_0+C$ | 结构比 $C/(C_0+C)$ | 范围参数 $a_0$ | 残差平方和 RSS | 决定系数 $R^2$ | 相关尺度 |
|---|---|---|---|---|---|---|---|---|
| SA1 | 指数 | 0.10 | 33.01 | 0.997 | 0.047 | 7.620 | 0.375 | 0.141 |
| SA2 | 指数 | 20.40 | 92.99 | 0.781 | 3.550 | 18.800 | 0.983 | 10.65 |
| SA3 | 指数 | 23.00 | 56.28 | 0.591 | 7.070 | 6.440 | 0.958 | 21.21 |
| SA4 | 指数 | 3.40 | 53.83 | 0.937 | 0.810 | 11.500 | 0.893 | 2.43 |
| SA5 | 指数 | 0.10 | 64.67 | 0.998 | 1.000 | 19.700 | 0.935 | 3.00 |

结构比在各处理区中也存在不同的变化，由表 8-5 及图 8-16 可知，SA1 区和 SA5 区结构比较高，分别达到了 0.997 和 0.998；SA4 区仅位于 SA1 区和 SA5 区之后，结构比为 0.937；SA2 区和 SA3 区结构比较低，分别为 0.781 和 0.591；结构因素引起的空间异质性占总空间异质性的大小排序为 SA5 区＞SA1 区＞SA4 区＞SA2 区＞SA3 区。按空间自相关性程度分级标准划分，除 SA3 区具有中等空间自相关性外，其他 4 个处理区均具有强烈的空间自相关性。

各处理区空间自相关范围以 SA3 区最高，自相关尺度达 212.10m，由于 SA3 区具有中等的空间自相关性，其空间分布格局受结构因素和随机因素共同影响，空间自相关范围也较高。SA1 区空间自相关范围最小，自相关尺度仅为 1.41m。各处理区空间自相关尺度大小排序为 SA3 区＞SA2 区＞SA5 区＞SA4 区＞SA1 区。

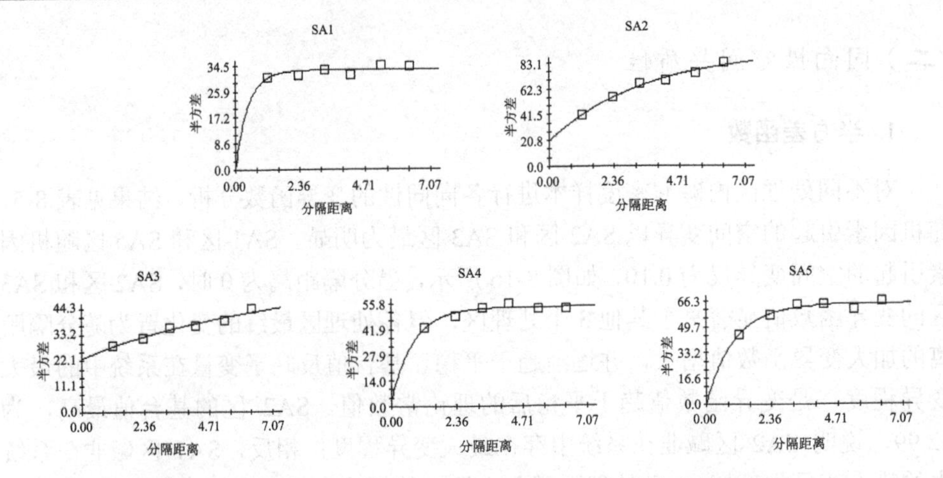


图 8-16　不同放牧强度季节调控下碱韭同向性的半方差函数图

## 2. 分形维数

对碱韭进行各向同性分形维数计算（图 8-17），结果表明，各处理区碱韭密度空间格局的分形维数存在较大变化，SA1 区和 SA4 区分形维数较大，为 1.968 和 1.932；SA2 区最小，为 1.794；SA3 区和 SA5 区分形维数相近，分别为 1.877 和 1.895。表明 SA1 区和 SA4 区碱韭空间异质性较弱，空间分布格局简单，空间依赖性强。SA2 区碱韭空间异质性较强，空间分布格局复杂，空间依赖性弱。SA3 区和 SA5 区碱韭空间异质性居于 SA1 区、SA4 区和 SA2 区之间。说明 SA1 区和 SA4 区的季节调控方式使得碱韭空间分布格局简单化，降低了碱韭分布的空间异质性。

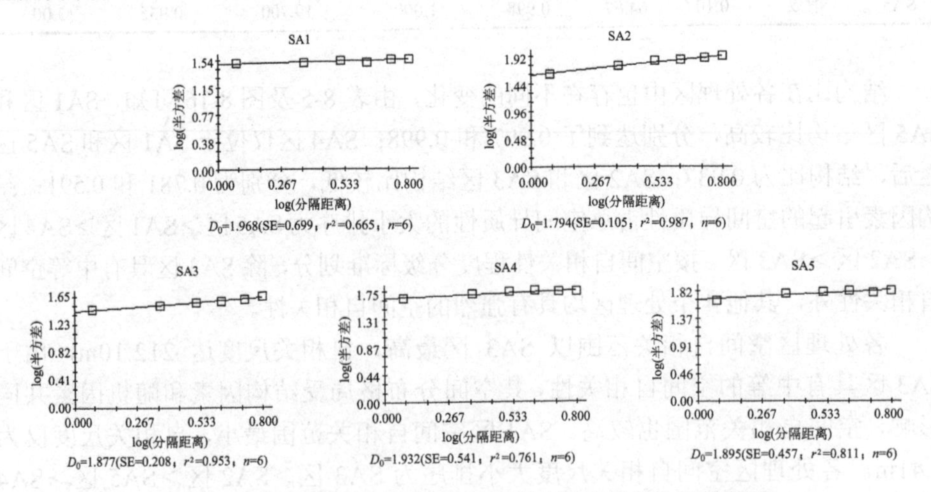


图 8-17　不同放牧强度季节调控下碱韭同向性的分形维数图

### 3. 平面分布图

运用克里格插值法对碱韭空间分布进行插值所绘制的平面图如图 8-18 所示，各处理区斑块数量及形状各不相同。SA1 区、SA4 区和 SA5 区的碱韭空间分布斑块呈碎块状分布，碱韭密度平均值差别较小，碱韭呈分散分布。结合半方差分析可知，导致其碱韭分布不均匀的主要原因为结构因素。其在小尺度范围内空间异质性较大。SA2 区斑块化分布也较为明显，碱韭分布呈带状聚集分布，密度平均值差别较大，以高密度分布为主，与 SA1 区、SA4 区和 SA5 区不同的是，SA2 区碱韭分布不均是以结构因素为主和一小部分随机因素导致的。SA3 区虽然也呈斑块状分布，但其呈现为大的斑块下的条带状分布，结合半方差分析可知，SA3 区自相关尺度较大，在小尺度范围内，其空间异质性较弱，样点间碱韭密度分布差异较小，但在样地范围内，碱韭密度分布差异较大，以条带状向样地周围延伸。

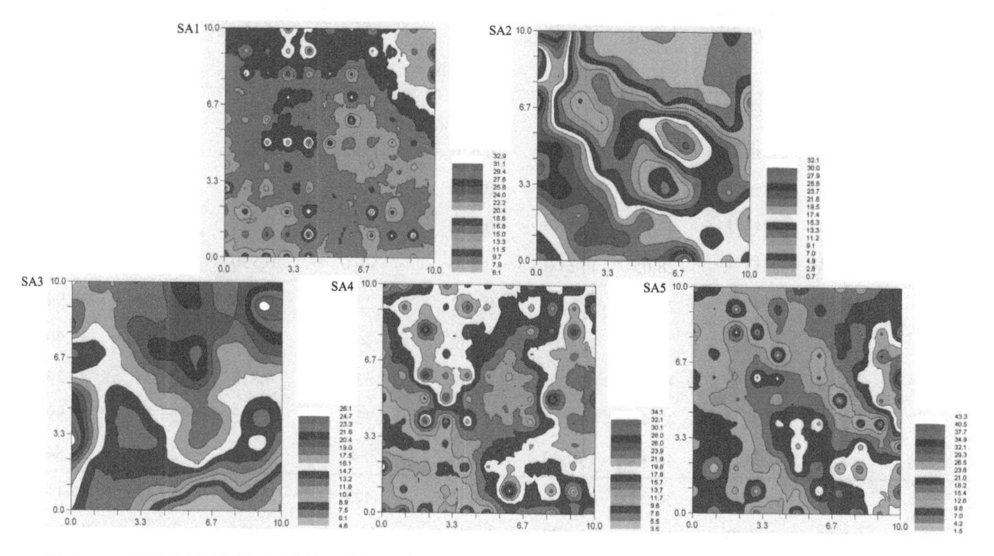


图 8-18　不同放牧强度季节调控下碱韭同向性的空间分布平面图（彩图请扫封底二维码）

综合来看，SA1 区、SA4 区和 SA5 区碱韭空间分布的异质性较弱，斑块化分布明显，碱韭呈分散分布。导致其空间分布分散的因素主要为结构因素。SA2 区和 SA3 区虽然空间异质性较强，但导致两者碱韭空间异质性的因素不同，SA2 区以结构因素为主，SA3 区结构因素和随机因素均占有较大的比例，SA2 区和 SA3 区的共同点是平面分布的斑块间连通性较好，斑块镶嵌较明显。

## （三）异向性空间异质性

### 1. 半方差函数

对碱韭空间异质性进行各向异性分析（表 8-6），结果表明，各处理区不同角度方位均呈现理论模型的变化，但都仅限于线性模型和指数模型。0°方位和 135°方位各处理区理论模型相同，表现为 SA1 区、SA3 区、SA4 区和 SA5 区为线性模型，SA2 区为指数模型；45°和 90°方位理论模型相同，表现为 SA1 区、SA4 区和 SA5 区为线性模型，SA2 区和 SA3 区为指数模型。从决定系数看，角度方位均表现为 SA2 区、SA3 区和 SA5 区模型拟合程度较好，均大于 0.50，其他模型拟合程度较差，可能与试验误差及小范围异质性有关。

**表 8-6　不同放牧强度季节调控下碱韭异向性的空间变异函数**

| 角度 | 处理 | 模型 $r(h)$ | 块金值 $C_0$ | 基台值 $C_0+C$ | 结构比 $C/(C_0+C)$ | 残差平方和 RSS | 决定系数 $R^2$ | 小尺度 | 大尺度 |
|---|---|---|---|---|---|---|---|---|---|
| 0° | SA1 | 线性 | 30.27 | 94.59 | 0.680 | 458 | 0.326 | 95.50 | 108.51 |
| | SA2 | 指数 | 25.70 | 135.38 | 0.810 | 1909 | 0.921 | 22.92 | 30.18 |
| | SA3 | 线性 | 25.03 | 85.13 | 0.706 | 337 | 0.807 | 14.77 | 25.95 |
| | SA4 | 线性 | 43.98 | 125.59 | 0.650 | 809 | 0.332 | 35.13 | 56.49 |
| | SA5 | 线性 | 28.05 | 112.00 | 0.750 | 5010 | 0.530 | 10.00 | 10.01 |
| 45° | SA1 | 线性 | 28.68 | 72.01 | 0.602 | 236 | 0.326 | 20.24 | 80.94 |
| | SA2 | 指数 | 29.50 | 135.18 | 0.782 | 761 | 0.914 | 18.33 | 35.40 |
| | SA3 | 指数 | 19.17 | 73.23 | 0.738 | 623 | 0.818 | 28.24 | 28.24 |
| | SA4 | 线性 | 43.45 | 111.70 | 0.611 | 735 | 0.332 | 26.71 | 46.99 |
| | SA5 | 线性 | 46.45 | 130.40 | 0.644 | 2843 | 0.530 | 23.84 | 23.84 |
| 90° | SA1 | 线性 | 30.25 | 85.54 | 0.646 | 459 | 0.326 | 87.11 | 87.11 |
| | SA2 | 指数 | 18.10 | 123.78 | 0.854 | 2364 | 0.925 | 18.00 | 18.00 |
| | SA3 | 指数 | 19.17 | 73.23 | 0.738 | 623 | 0.818 | 28.24 | 28.24 |
| | SA4 | 线性 | 42.94 | 104.53 | 0.589 | 836 | 0.332 | 29.60 | 29.60 |
| | SA5 | 线性 | 47.61 | 144.15 | 0.670 | 1853 | 0.530 | 15.86 | 48.64 |
| 135° | SA1 | 线性 | 16.67 | 60.00 | 0.722 | 1440 | 0.326 | 10.24 | 10.25 |
| | SA2 | 指数 | 18.10 | 123.78 | 0.854 | 2364 | 0.925 | 18.00 | 18.00 |
| | SA3 | 线性 | 25.56 | 85.91 | 0.702 | 363 | 0.807 | 15.59 | 27.58 |
| | SA4 | 线性 | 34.48 | 96.07 | 0.641 | 1300 | 0.332 | 14.26 | 14.27 |
| | SA5 | 线性 | 48.21 | 143.54 | 0.664 | 2817 | 0.530 | 30.01 | 32.42 |

0°方位碱韭半方差函数图如图 8-19 所示，各处理区块金值 $C_0$ 相差不是很大，SA4 区最大，为 43.98，SA2 区、SA3 区块金值接近且较小，分别为 25.70 和 25.03。说明 SA4 区随机因素引起的空间变异较大。基台值反映变量在系统中的最大变异，SA2 区、SA4 区和 SA5 区基台值较高，在研究系统中最大变异程度较大；SA1 区和 SA3 区基台值较小，在研究系统中的最大变异程度较小。各处理区结构比 $C/(C_0+C)$相差较小，范围为 0.650～0.810，以 SA4 区结构比值最小，SA2 区比值最大。按空间自相关性程度的分级标准划分，SA2 区和 SA5 区具有强烈的空间自相关性。

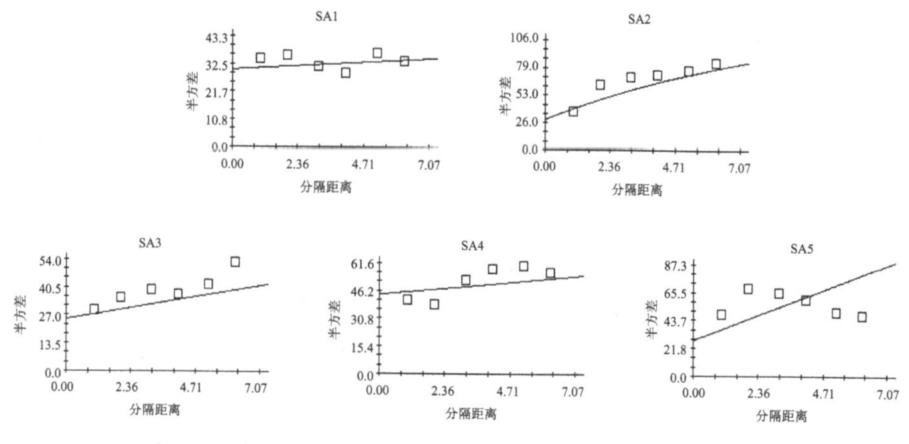


图 8-19　不同放牧强度季节调控下碱韭 0°方位的半方差函数图

45°方位上（图 8-20），SA4 区和 SA5 区随机因素引起的空间变异较大，块金值分别为 43.45 和 46.45；SA3 区随机因素引起的空间变异最小，块金值为 19.17。基台值在 SA2 区、SA4 区和 SA5 区均达到 100 以上，分别为 135.18、111.70 和 130.40；SA1 区和 SA3 区的基台值相近，都比较小，仅为 72.01 和 73.23。说明 SA2 区、SA4 区和 SA5 区的碱韭在系统中的最大变异程度较大，SA1 区和 SA3 区碱韭在研究系统中最大变异程度较小。结构比 $C/(C_0+C)$不仅反映了结构因素引起的空间异质性占总空间异质性的比例，也反映了随机因素占总空间异质性的大小。各处理区中，SA2 区结构比最大，为 0.782，相反，随机因素占总空间异质性的比例为 0.218；SA1 区结构比最小，为 0.602，相反，随机因素占 0.398。各处理区结构比排序表现为 SA2 区＞SA3 区＞SA5 区＞SA4 区＞SA1 区。按空间自相关性程度的分级标准划分，只有 SA2 区具有强烈的空间自相关性，其他各处理区均具有中等的空间自相关性。

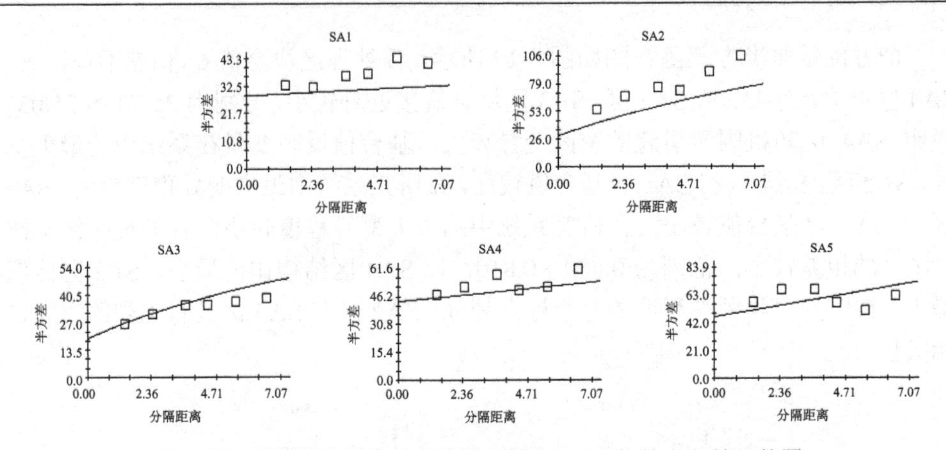


图 8-20　不同放牧强度季节调控下碱韭 45°方位的半方差函数图

碱韭 90°方位半方差函数如图 8-21 显示，当分隔距离为 0 时，SA1～SA5 区变异函数值即块金值分别为 30.25、18.10、19.17、42.94 和 47.61。可见 SA4 区和 SA5 区随机因素引起的空间变异较大，SA2 区和 SA3 区随机因素引起的空间变异较小。基台值 $C_0$+$C$ 反映变量在系统中的最大变异，SA5 区和 SA2 区基台值较高，分别为 144.15 和 123.78；SA3 区和 SA1 区基台值较小，分别为 73.23 和 85.54。表明 SA2 区和 SA5 区碱韭在研究系统中的最大变异程度较大，反之，SA1 区和 SA3 区碱韭在研究系统中的最大变异程度较小，SA4 区最大变异程度处于中等水平。结构比 $C/(C_0+C)$在各处理区反映各不相同，结构比排序为 SA2 区＞SA3 区＞SA5 区＞SA1 区＞SA4 区，故随机因素引起的空间异质性占总空间异质性的大小为 SA4 区＞SA1 区＞SA5 区＞SA3 区＞SA2 区。按空间自相关程度分级标准划分，SA2 区结构比为 0.854，该区存在强烈的空间自相关性；其他各处理区结构比均在 0.25～0.75，存在中等的空间自相关性。

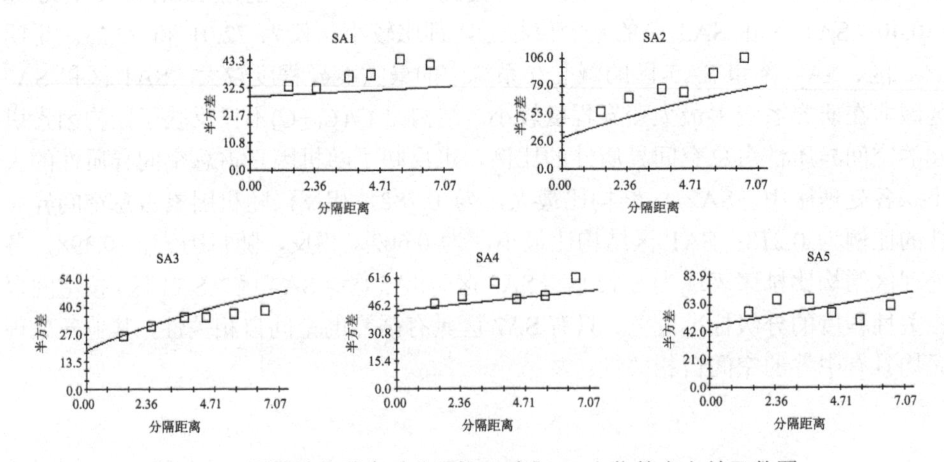


图 8-21　不同放牧强度季节调控下碱韭 90°方位的半方差函数图

135°方位各处理区块金值 $C_0$ 各不相同（图 8-22），SA1～SA5 区块金值依次增加，表明 SA1～SA5 区随机因素引起的空间变异逐渐增加。基台值在 SA2 区和 SA5 区表现较高，在 SA1 区表现最低，表明 SA2 区和 SA5 区碱韭在研究系统中最大变异程度较大，SA1 区碱韭在研究系统中最大变异程度较小。研究系统中最大变异程度 SA5 区＞SA2 区＞SA4 区＞SA3 区＞SA1 区。在各放牧处理区中，结构比最大的处理区为 SA2 区，SA4 区和 SA5 区结构比较小。结构比范围为 0.641～0.854，表明结构因素引起的空间异质性占总空间异质性的变异均较大，相反，随机因素引起的空间异质性占总空间异质性的变异较小。按空间自相关性程度分级标准划分，SA2 区存在强烈的空间自相关性，引起 SA2 区空间异质性的因素主要为结构因素；其他各处理区结构比均在 0.6～0.75，故存在中等的空间自相关性。

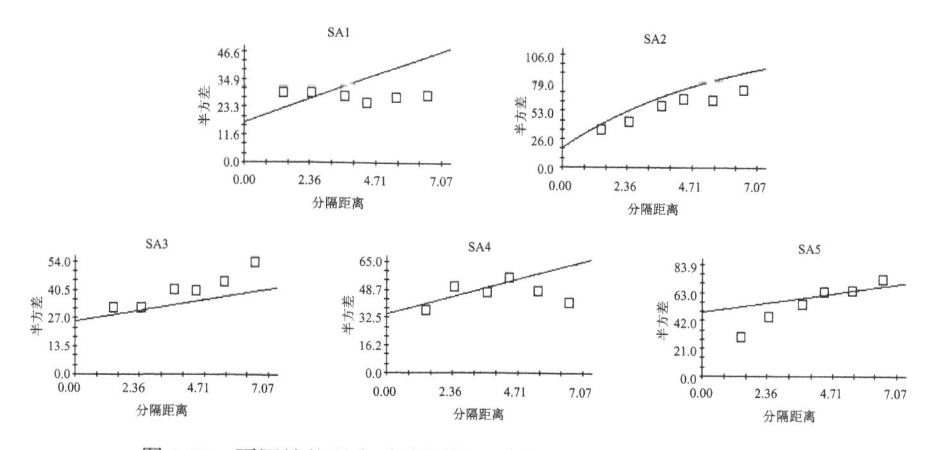


图 8-22　不同放牧强度季节调控下碱韭 135°方位的半方差函数图

## 2. 分形维数

在对碱韭空间分布变异函数分析的基础上，进一步分析碱韭的各向异性分形维数的变化，结果表明，各角度方位各处理区分形维数存在较大的变化（图 8-23～图 8-26）。

0°方位碱韭分形维数分析如图 8-23 所示，结果显示，SA1 区和 SA5 区分形维数较大，分别为 1.988 和 1.986；SA3 区和 SA4 区分形维数接近，分别为 1.869 和 1.878；SA2 区分形维数最小，为 1.794。因此，在不同放牧组合处理中，SA1 区和 SA5 区空间异质性较弱，空间分布格局较简单，空间依赖性较强，空间结构性较好；SA2 区空间异质性最大，空间分布格局较复杂，空间依赖性较弱，空间结构性较差。

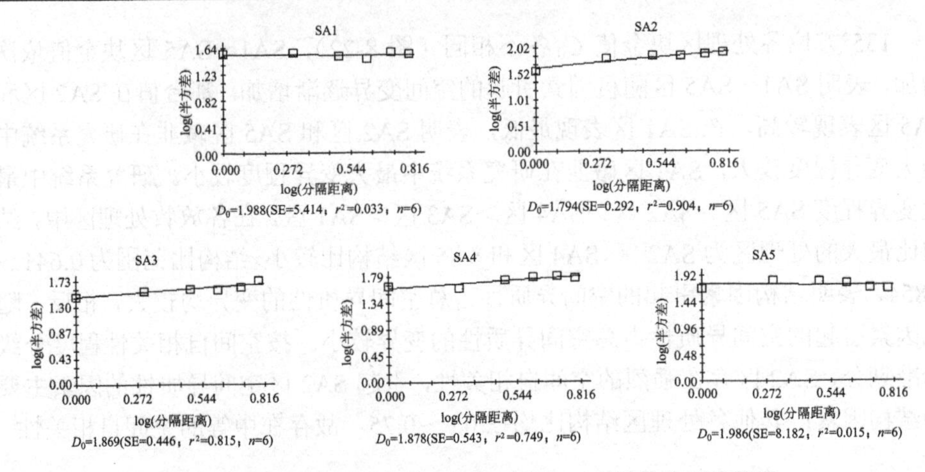


图 8-23　不同放牧强度季节调控下碱韭 0°方位的分形维数图

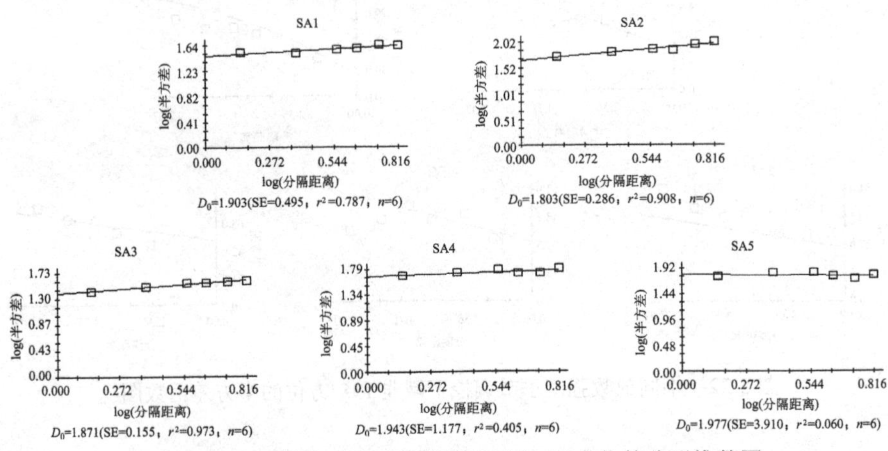


图 8-24　不同放牧强度季节调控下碱韭 45°方位的分形维数图

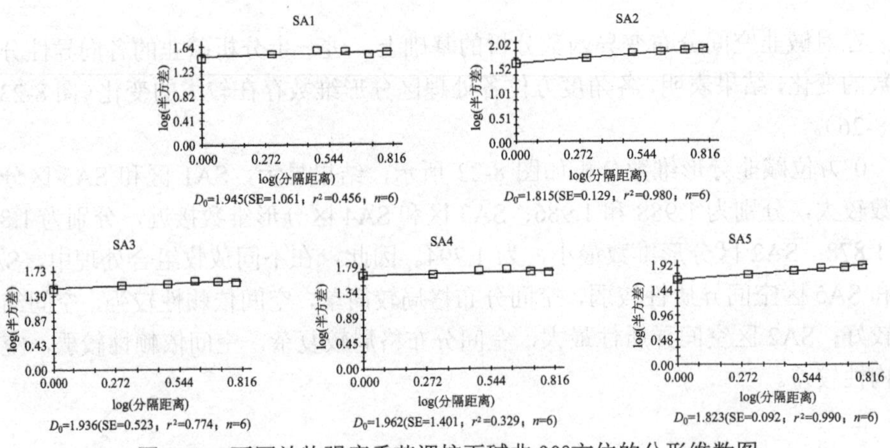


图 8-25　不同放牧强度季节调控下碱韭 90°方位的分形维数图

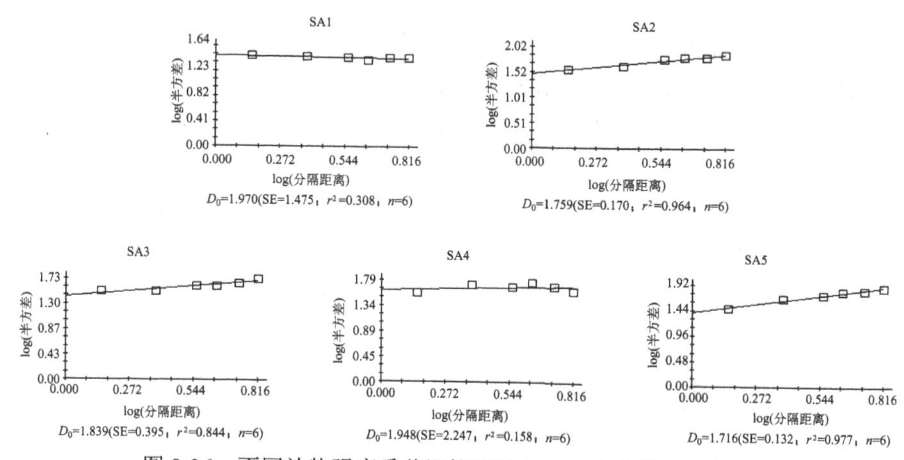


图 8-26　不同放牧强度季节调控下碱韭 135°方位的分形维数图

碱韭 45°方位分形维数在 SA5 区表现最大（图 8-24），为 1.977；在 SA2 区表现最小，为 1.803；其他各处理区分形维数处于两者之间。分形维数大小依次为 SA5 区＞SA4 区＞SA1 区＞SA3 区＞SA2 区。由此可知，碱韭空间异质性按上述顺序依次增大，即 SA5 区＜SA4 区＜SA1 区＜SA3 区＜SA2 区。

碱韭 90°方位分形维数如图 8-25 所示，SA1 区、SA3 区和 SA4 区分形维数较大，其中以 SA4 区最高，为 1.962；SA2 区和 SA5 区分形维数较小，以 SA2 区最小，为 1.815。表明 SA4 区空间异质性较弱，空间分布格局比较简单，空间依赖性强，空间结构性好；SA2 区空间异质性较强，空间分布格局比较复杂，空间依赖性弱，空间结构性较差。分形维数值由大到小依次为 SA4 区＞SA1 区＞SA3 区＞SA5 区＞SA2 区。

碱韭 135°方位分形维数（图 8-26）在 SA1 区表现最高，为 1.970；在 SA5 区表现最低，为 1.716。分形维数值由大到小依次为 SA1 区＞SA4 区＞SA3 区＞SA2 区＞SA5 区。对应地，SA1 区空间异质性较小，SA5 区空间异质性较大。

综合各角度分形维数值来看，各角度方位 SA2 区均具有较大的空间异质性，0°～45°方位 SA5 区具有较低的空间异质性。结合半方差分析可知，导致 SA2 区具有较高空间异质性的因素主要为结构因素。

### 3. 平面分布图

运用克里格插值法对碱韭空间分布进行插值，所得平面分布图如图 8-27～图 8-30 所示。0°方位（图 8-27），SA2 区碱韭的空间分布斑块化非常明显，形状规则，样点间碱韭的密度平均值差异较大，斑块间连通性较好。由半方差分析可知，导致 SA2 区碱韭空间分布差异的主要原因为结构因素，其在小的尺度范围内存在较强的空间自相关性，且自相关范围较小。SA1 区、SA3 区、SA4 区和 SA5 区也呈斑块化分布，但斑块破碎化严重。SA1 区碱韭以低密度分布为主，SA3 区和 SA4 区以高密度分布为主，SA5 区高低密度分布较为均衡。导致这些处理区碱韭空间分布不均的原因为结构因素和随机因素共同作用，使碱韭在各处理区分布区域化明显。

碱韭 45°方位空间分布图如图 8-28 所示，SA2 区和 SA3 区斑块化表现明显，斑块呈环形分布，且 SA2 区斑块化现象强于 SA3 区，样点之间碱韭密度平均值变化较大，斑块之间连通性较好。虽然 SA2 区和 SA3 区平面图相似，但结合半

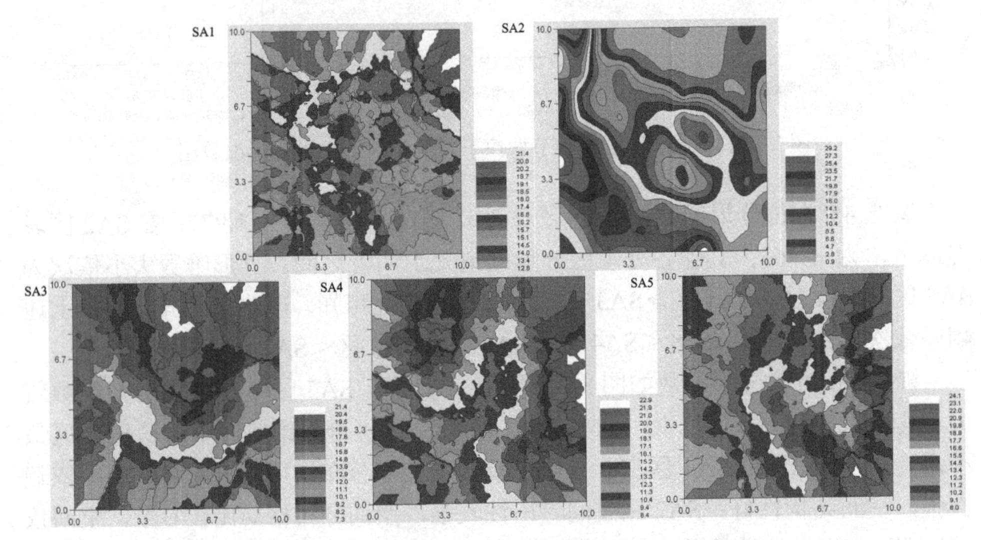


图 8-27　不同放牧强度季节调控下碱韭 0°方位的空间分布平面图（彩图请扫封底二维码）

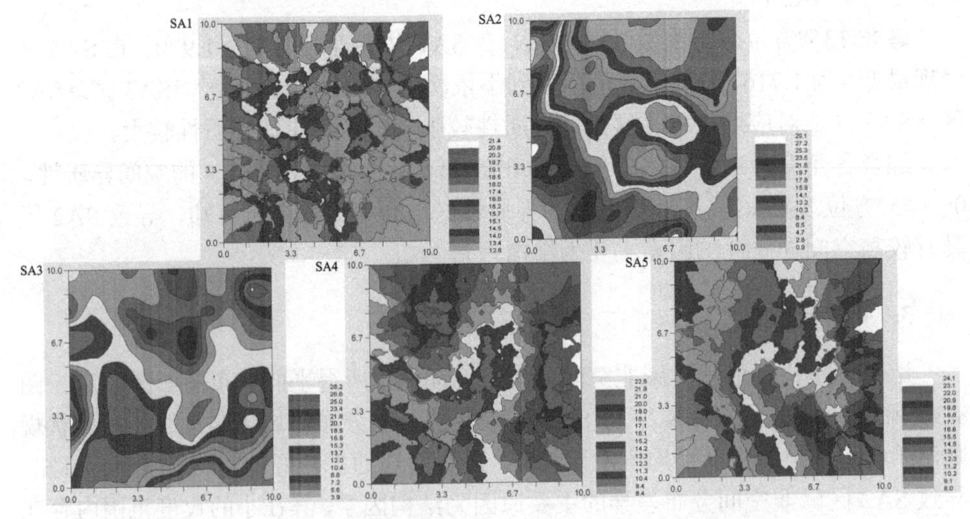


图 8-28　不同放牧强度季节调控下碱韭 45°方位的空间分布平面图（彩图请扫封底二维码）

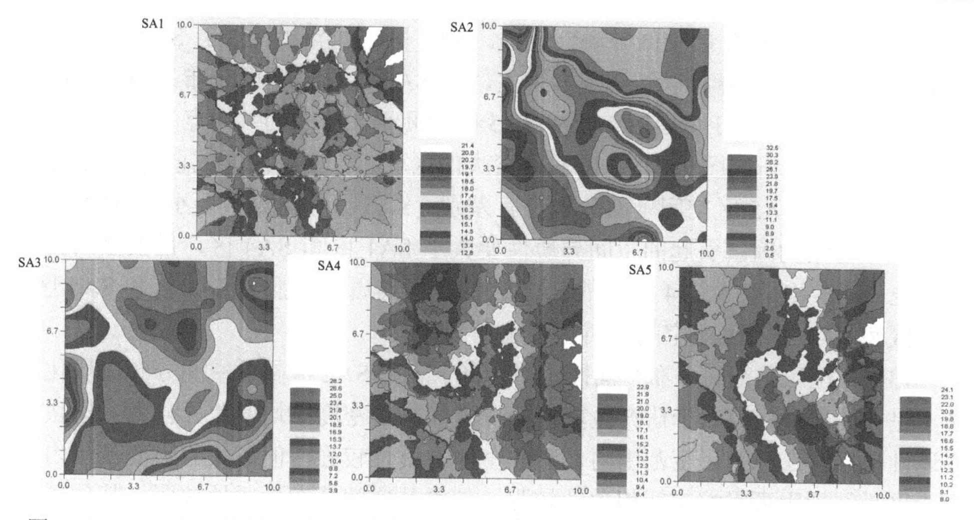


图 8-29　小同放牧强度季节调控下碱韭 90°方位的空间分布平面图（彩图请扫封底二维码）

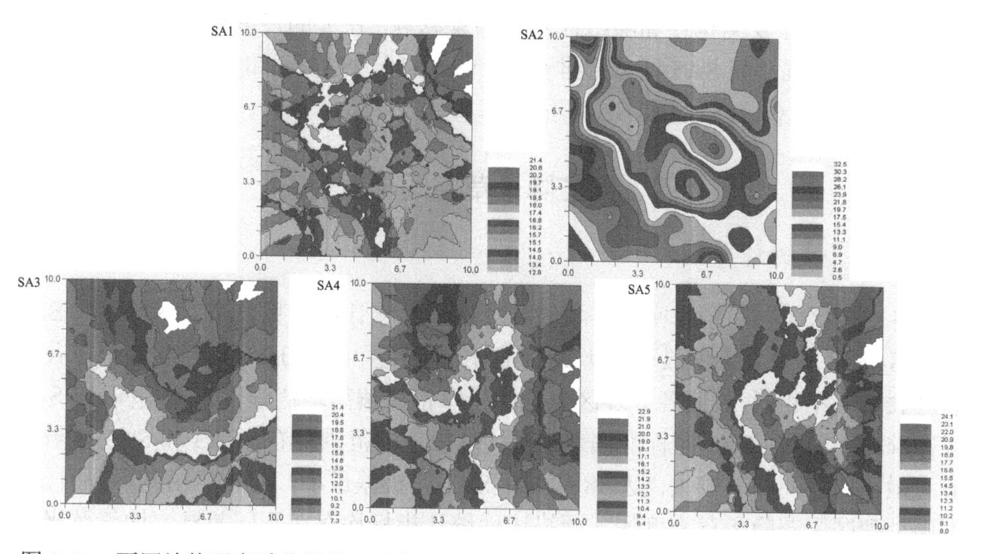


图 8-30　不同放牧强度季节调控下碱韭 135°方位的空间分布平面图（彩图请扫封底二维码）

方差分析可知，导致 SA2 区和 SA3 区碱韭空间分布不同的原因各不相同，SA2 区主要是结构因素，SA3 区则在结构因素基础上加上了部分随机因素的作用。SA1 区、SA4 区和 SA5 区碱韭平面分布破碎化严重，斑块大小差别较小，斑块连通性较差，高低密度集中性较强。表明 SA1 区、SA4 区和 SA5 区在小的尺度范围内空间结构性较好，分布格局简单，空间异质性较小。

90°方位碱韭空间分布与 45°方位空间分布相似，均为 SA2 区和 SA3 区为大的斑块状分布（图 8-29），并呈条带状向周围延伸，各斑块间连通性较好，斑块镶嵌明显，表明 SA2 区空间异质性较强，SA3 区空间异质性弱于 SA2 区的原因为 SA2 区碱韭空间分布以结构因素为主，而 SA3 区碱韭空间分布为结构性和随机因素共同作用。SA1 区、SA4 区和 SA5 区空间平面分布的共同点为各处理区斑块较小地分散于研究区域内，且碱韭密度大的区域和密度小的区域重叠相加。SA1 区、SA4 区和 SA5 区空间平面分布也有差别，SA5 区分形维数要小于 SA1 区和 SA4 区，其结构因素引起的空间异质性要大于 SA1 区和 SA4 区，最大空间变异程度也高于 SA1 区和 SA4 区，故 SA5 区的空间异质性要强于 SA1 区和 SA4 区，SA1 区和 SA4 区的碱韭空间异质性大小相当。

135°方位碱韭空间分布平面图（图 8-30）表明 SA2 区碱韭空间分布斑块化明显，呈大的斑块化分布于研究区域内，样点间碱韭密度平均值差异较大，斑块间连通性较好。在小的尺度范围内，碱韭空间异质性较强，但在大的尺度范围内，SA2 区受结构因素影响空间相关性较强，使得其空间分布异质性较弱。其他处理区碱韭呈小的斑块化分布，在小的尺度范围内，空间异质性较弱，但 SA1 区、SA3 区和 SA4 区由于受结构性和随机性双重因素影响，在大的尺度范围内，碱韭空间分布异质性较强；而 SA5 区分形维数小于 SA1 区、SA3 区和 SA4 区，其空间异质性大于 SA1 区、SA3 区和 SA4 区。

## 四、无芒隐子草空间异质性

### （一）描述性统计

各处理区无芒隐子草密度样本的各项描述性统计结果见表 8-7，SA3 区、SA4 区和 SA5 区的密度均值显著高于 SA1 区和 SA2 区（$P<0.05$）。标准偏差在各处理区表现各不相同，表明各处理区无芒隐子草密度偏离均值程度各不相同，以 SA3 区标准偏差最大，SA1 区标准偏差最小。从极差的范围来看，SA3 和 SA5 区最大值和最小值之间相差较大，达 38 和 39；SA1 区极差最小，为 25。由此可以看出，不同处理区无芒隐子草密度的各项描述性统计指标均存在不同差异。均值及极差变化表明各处理区无芒隐子草空间分布存在空间异质性。

**表 8-7　不同放牧强度季节调控下无芒隐子草空间格局的描述性统计分析**

| 处理区 | 均值 | 标准偏差 | 偏差系数 | 标准误差 | 最大值 | 最小值 | 极差 |
|---|---|---|---|---|---|---|---|
| SA1 | 10.9752b | 5.5490 | 50.56 | 0.5045 | 26 | 1 | 25 |
| SA2 | 11.1488b | 6.5570 | 58.81 | 0.5961 | 29 | 1 | 28 |
| SA3 | 15.5537a | 8.1158 | 52.18 | 0.7378 | 38 | 0 | 38 |
| SA4 | 15.3719a | 7.8837 | 51.29 | 0.7167 | 32 | 1 | 31 |
| SA5 | 15.1488a | 7.0612 | 46.61 | 0.6419 | 39 | 0 | 39 |

## （二）同向性空间异质性

### 1. 半方差函数

通过对各处理区无芒隐子草各向同性的空间变异函数分析可知（表 8-8），SA1 区和 SA2 区的块金值 $C_0$ 较高，其中以 SA2 区块金值最高，达 22.90，表明 SA2 区随机因素引起的空间变异最大。图 8-31 也说明了这一点，图 8-31 中横坐标为分隔距离，纵坐标为半函数方差值，当分隔距离为 0 时的半函数方差值即为块金值，由图 8-31 可以看出 SA1 区和 SA2 区的块金值要明显高于 SA3 区、SA4 区和 SA5 区。随着分隔距离的增大，变异函数值增加，但最终趋于平稳。各处理区的基台值 $C_0+C$ 在 SA2 区表现最高，说明在 SA2 区系统最大变异程度最大；SA1 区基台值最小，系统中最大变异程度最小。理论模型拟合中，SA1、SA3、SA4 和 SA5 区为指数模型，SA2 区为高斯模型。各理论模型的拟合程度均较高，均具有较高的参考价值。

**表 8-8　不同放牧强度季节调控下无芒隐子草同向性的空间变异函数**

| 处理 | 模型 $r(h)$ | 块金值 $C_0$ | 基台值 $C_0+C$ | 结构比 $C/(C_0+C)$ | 范围参数 $a_0$ | 残差平方和 RSS | 决定系数 $R^2$ | 相关尺度 |
|---|---|---|---|---|---|---|---|---|
| SA1 | 指数 | 14.56 | 35.27 | 0.587 | 2.64 | 2.22 | 0.975 | 7.92 |
| SA2 | 高斯 | 22.90 | 72.10 | 0.682 | 8.37 | 20.02 | 0.938 | 14.50 |
| SA3 | 指数 | 2.20 | 63.13 | 0.965 | 0.67 | 29.30 | 0.698 | 2.01 |
| SA4 | 指数 | 2.10 | 60.23 | 0.965 | 0.79 | 3.83 | 0.969 | 2.37 |
| SA5 | 指数 | 3.50 | 50.66 | 0.931 | 0.98 | 17.30 | 0.893 | 2.94 |

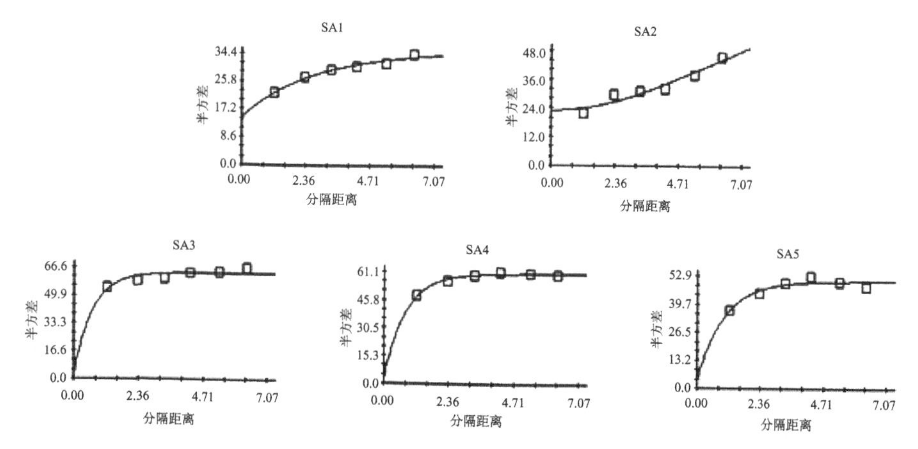


图 8-31　不同放牧强度季节调控下无芒隐子草同向性的半方差函数图

结构比 $C/(C_0+C)$ 反映结构因素引起的空间异质性占总空间异质性的程度。在 5 个试验处理中，SA3 区、SA4 区和 SA5 区的结构因素引起的空间异质性占总空间异质性的程度较大，分别达 0.965、0.965 和 0.931，相反，随机因素所占比例较小，分别为 0.035、0.035 和 0.069；SA1 区和 SA2 区结构因素占的比例较小，为 0.587 和 0.682，随机因素所占比例为 0.413 和 0.318。

按空间自相关性程度的分级标准划分，SA3 区、SA4 区和 SA5 区结构比均大于 0.75，具有强烈的空间自相关性；SA1 区和 SA2 区结构比在 0.25～0.75，具有中等的空间自相关性。无芒隐子草分布的空间自相关性大小排序为 SA3 区=SA4 区＞SA5 区＞SA2 区＞SA1 区。

范围参数 $a_0$ 也称变程，反映空间自相关范围的大小，由表 8-8 可知，变程最大的为 SA2 区；SA3 区、SA4 区和 SA5 区变程及自相关尺度相近且较小。不同放牧强度季节调控下，无芒隐子草分布的空间自相关尺度由大到小的排列顺序为 SA2 区＞SA1 区＞SA5 区＞SA4 区＞SA3 区。

**2. 分形维数**

在变异函数分析的基础上，对无芒隐子草各向同性的分形维数做出分析，如图 8-32 所示，各处理区无芒隐子草空间格局的分形维数由大到小的排序为 SA3 区＞SA4 区＞SA5 区＞SA1 区＞SA2 区，分形维数分别为 1.942、1.932、1.910、1.875 和 1.805。分形维数越大，相对的空间异质性越弱，空间分布格局越简单，空间依赖性越强，空间结构性越好。结果显示，SA2 区的空间异质性较强，空间分布格局复杂，但空间结构比较差，表明 SA2 区的季节调控方式提高了无芒隐子草空间分布的空间异质性，使空间分布格局复杂化。

**3. 平面分布图**

用克里格插值法分析植物空间分布格局的状态。由图 8-33 可知，SA3 区、SA4 区和 SA5 区无芒隐子草空间分布小斑块化明显，呈碎块状分布在研究区域内，SA3 区和 SA5 区以低密度分布为主。结合半方差分析可知，导致 SA3 区、SA4 区和 SA5 区无芒隐子草空间分布不均的主要原因是结构因素。在小的尺度范围内，其空间异质性较大，但在样地范围内，受结构因素影响，空间自相关性较强且自相关范围较小，导致其空间异质性较弱。SA1 区和 SA2 区斑块化更加明显，呈大的斑块状向研究区域扩散，SA2 区斑块大于 SA1 区斑块，斑块镶嵌明显，连通性好。由于 SA2 区分形维数小于 SA1 区分形维数，SA2 区自相关范围大于 SA1 区，故在小的尺度范围内 SA1 区空间异质性要大于 SA2 区空间异质性；但在大的尺度范围内，SA2 区的空间异质性要大于 SA1 区。

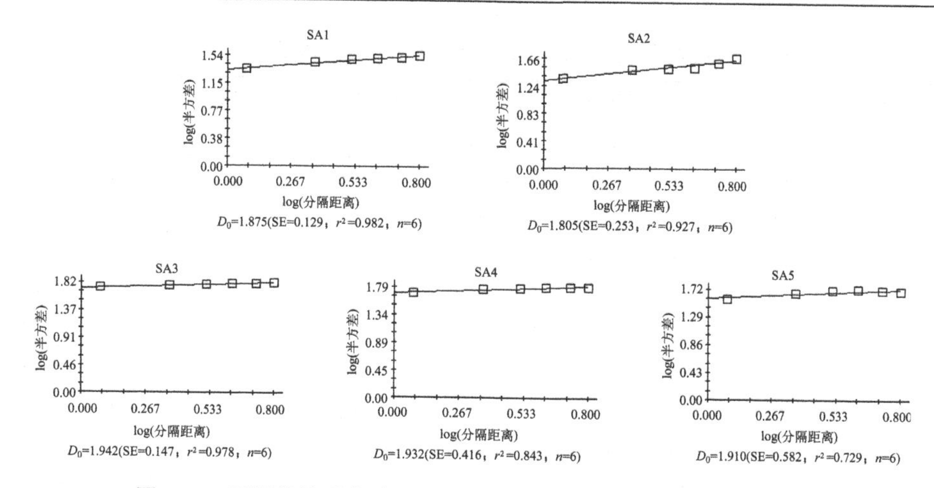


图 8-32　不同放牧强度季节调控下无芒隐子草同向性的分形维数图

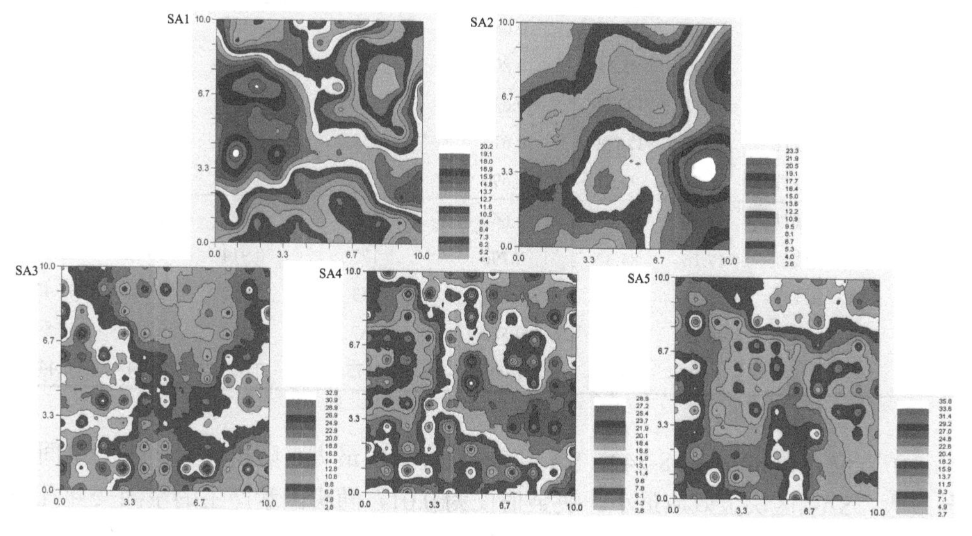


图 8-33　不同放牧强度季节调控下无芒隐子草同向性的空间分布平面图（彩图请扫封底二维码）

## （三）异向性空间异质性

### 1. 半方差函数

对各处理区无芒隐子草密度样本各向异性的变异函数做出分析，结果见表 8-9，各处理区各角度方位变异函数值均呈现出理论模型的变化趋势，理论模型分为 3 种：线性模型、指数模型和高斯模型。从决定系数来看，0°～90°方位除 SA5 区模型拟合程度较差外，其余各处理区理论模型拟合程度均较高，具有较高的参考价值。

**表 8-9　不同放牧强度季节调控下无芒隐子草异向性的空间变异函数**

| 角度 | 处理 | 模型 $r(h)$ | 块金值 $C_0$ | 基台值 $C_0+C$ | 结构比 $C/(C_0+C)$ | 残差平方和 RSS | 决定系数 $R^2$ | 小尺度 | 大尺度 |
|---|---|---|---|---|---|---|---|---|---|
| 0° | SA1 | 线性 | 21.13 | 63.69 | 0.668 | 103 | 0.825 | 16.26 | 24.80 |
| | SA2 | 线性 | 16.90 | 87.99 | 0.808 | 958 | 0.914 | 16.44 | 16.68 |
| | SA3 | 线性 | 49.28 | 122.91 | 0.599 | 422 | 0.552 | 23.25 | 23.25 |
| | SA4 | 指数 | 0.01 | 65.23 | 1.000 | 652 | 0.718 | 3.01 | 3.03 |
| | SA5 | 线性 | 37.78 | 110.02 | 0.657 | 1141 | 0.439 | 22.75 | 34.32 |
| 45° | SA1 | 线性 | 19.82 | 56.64 | 0.650 | 148 | 0.825 | 15.08 | 15.09 |
| | SA2 | 高斯 | 22.59 | 85.83 | 0.737 | 964 | 0.901 | 16.43 | 16.43 |
| | SA3 | 线性 | 52.53 | 146.43 | 0.641 | 363 | 0.552 | 39.90 | 41.54 |
| | SA4 | 线性 | 49.62 | 128.75 | 0.615 | 409 | 0.583 | 31.44 | 45.04 |
| | SA5 | 线性 | 38.97 | 110.58 | 0.648 | 594 | 0.439 | 16.53 | 59.01 |
| 90° | SA1 | 线性 | 17.35 | 54.17 | 0.680 | 215 | 0.825 | 11.89 | 11.90 |
| | SA2 | 线性 | 16.90 | 85.18 | 0.802 | 958 | 0.914 | 15.90 | 15.91 |
| | SA3 | 线性 | 52.43 | 143.70 | 0.635 | 328 | 0.552 | 33.12 | 45.58 |
| | SA4 | 线性 | 49.29 | 126.99 | 0.612 | 332 | 0.583 | 26.13 | 46.82 |
| | SA5 | 线性 | 28.78 | 92.91 | 0.690 | 1731 | 0.439 | 12.98 | 12.99 |
| 135° | SA1 | 线性 | 21.09 | 62.03 | 0.660 | 136 | 0.825 | 18.58 | 20.35 |
| | SA2 | 线性 | 17.16 | 84.32 | 0.796 | 177 | 0.914 | 10.52 | 23.04 |
| | SA3 | 线性 | 52.53 | 138.93 | 0.622 | 363 | 0.552 | 37.42 | 37.43 |
| | SA4 | 线性 | 46.73 | 111.95 | 0.583 | 487 | 0.583 | 22.84 | 22.84 |
| | SA5 | 指数 | 0.01 | 64.14 | 1.000 | 2175 | 0.609 | 6.44 | 6.44 |

0°方位（表 8-9，图 8-34），SA3 区的块金效应最大，随机因素产生的空间变异最大；SA4 区块金效应最小，块金值仅为 0.01，随机因素产生的空间变异几乎为 0；SA1 区和 SA2 区块金值较小，随机因素产生的空间变异较小。系统中最大变异程度的强弱表现在基台值上，5 个处理区中，以 SA3 区和 SA5 区基台值较高，系统中最大的变异程度较大；SA1 区和 SA4 区基台值较小，系统中最大变异程度较小。结构比反映结构因素引起的空间异质性占总空间异质性的大小，SA4 区结构比为 1.000，结构因素引起的空间异质性占总空间异质性的比例最大，随机因素引起的空间异质性几乎为 0；SA3 区结构比最小，为 0.599，结构因素引起的空间异质性占总空间异质性的比例较小；其他区的结构比位于中等水平，结构因素和随机因素各占有一定的比例。按空间自相关性程度标准划分，SA2 区和 SA4 区结构比大于 0.75，具有强烈的空间自相关性；其他各处理区结构比在 0.25～0.75，具有中等的空间自相关性。

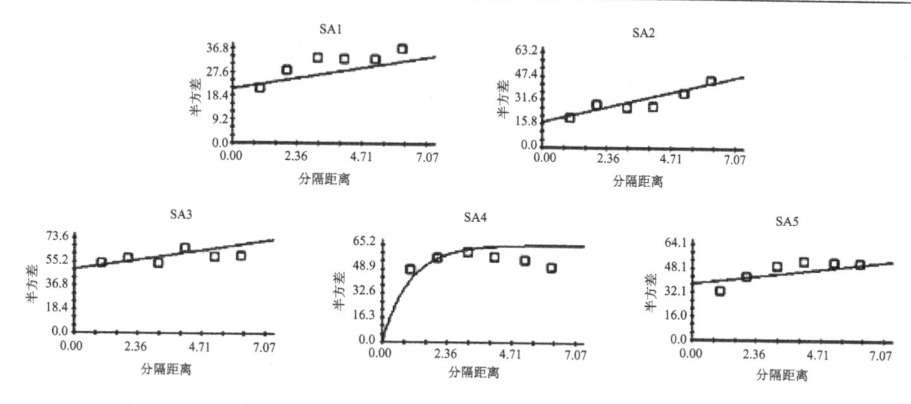


图 8-34 不同放牧强度季节调控下无芒隐子草 0°方位的半方差函数图

45°方位半方差函数图如图 8-35 所示，当分隔距离为 0 时，各处理区均具有较大的变异函数值，其中，SA3 区和 SA4 区块金值表现较大，SA1 区和 SA2 区块金值较小，表明 SA3 区和 SA4 区随机因素引起的空间变异较大，SA1 区和 SA2 区随机因素引起的空间变异较小。基台值 $C_0+C$ 在 SA3 区、SA4 区和 SA5 区表现较大，均在 100 以上；SA1 区基台值较小，为 56.64。表明 SA3 区、SA4 区和 SA5 区在研究系统中存在较大的最大变异程度，SA1 区在研究系统中的最大变异程度较小。结构比 $C/(C_0+C)$在各处理区差别较小，结构比范围为 0.615～0.737。按空间自相关性程度标准划分，各处理区均具有中等的空间自相关性。

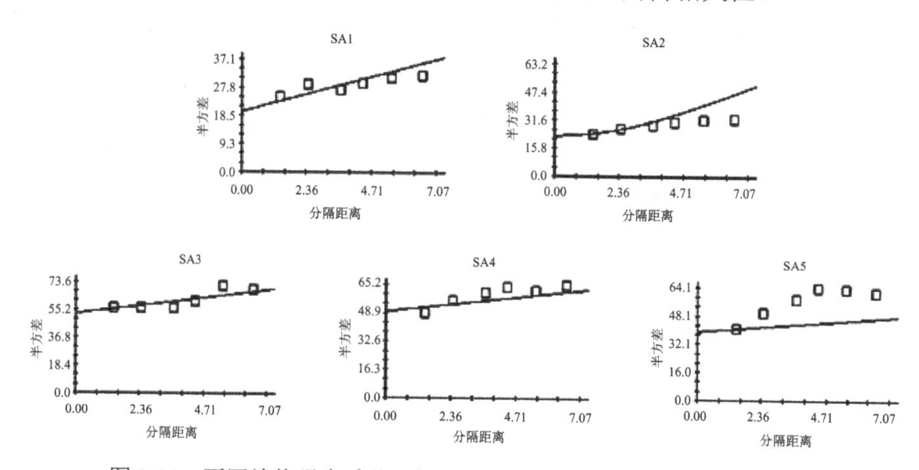


图 8-35 不同放牧强度季节调控下无芒隐子草 45°方位的半方差函数图

90°方位无芒隐子草的半方差函数图如图 8-36 所示，块金值 $C_0$ 在各处理区表现各不相同，SA3 区和 SA4 区块金值较大，SA1 区和 SA2 区块金值较小，表明 SA3 区和 SA4 区随机因素引起的空间变异较大，SA1 区和 SA2 区随机因素引起的空间变异较小。基台值 $C_0+C$ 在 SA3 区和 SA4 区表现较大，分别为 143.70 和

126.99；在 SA1 区表现最小，为 54.17。表明 SA3 区和 SA4 区在系统中最大变异程度较大，SA1 区在系统中最大变异程度较小。结构比 $C/(C_0+C)$由大到小的排列顺序为 SA2 区＞SA5 区＞SA1 区＞SA3 区＞SA4 区，比值分别为 0.802、0.690、0.680、0.635 和 0.612。表明结构因素引起的空间异质性程度依次减弱；相反，随机因素引起的空间异质性程度依次增加。按空间自相关性程度标准划分，SA2 区具有强烈的空间自相关性，其他各处理区具有中等的空间自相关性。

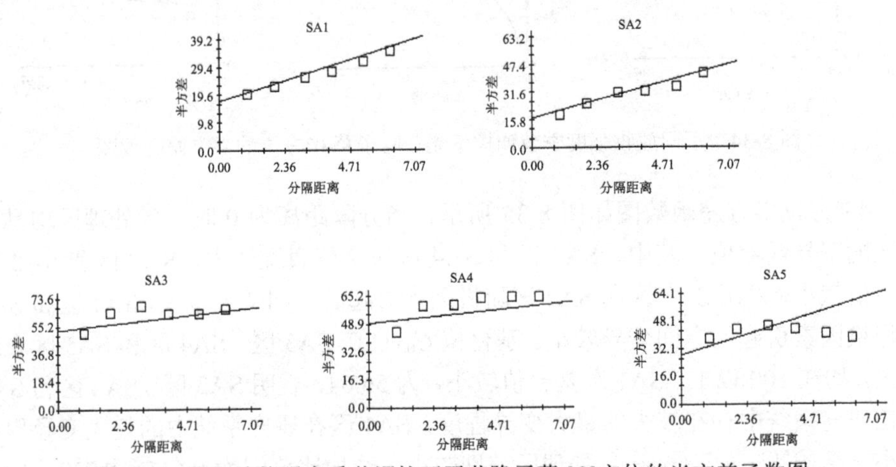


图 8-36 不同放牧强度季节调控下无芒隐子草 90°方位的半方差函数图

135°方位半方差函数图如图 8-37 所示，SA1～SA4 区变异函数值呈现的理论模型均为线性模型，块金值 $C_0$ 均大于 SA5 区，SA5 区变异函数值呈现指数的理论模型，其块金值仅为 0.01。SA1～SA4 区随机因素引起的空间变异程度各不相同，SA5 区随机因素引起的空间变异几乎为 0。基台值 $C_0+C$ 反映变量在系统中的最大变异程度，SA3 区和 SA4 区基台值较高，分别为 138.93 和 111.95，表明

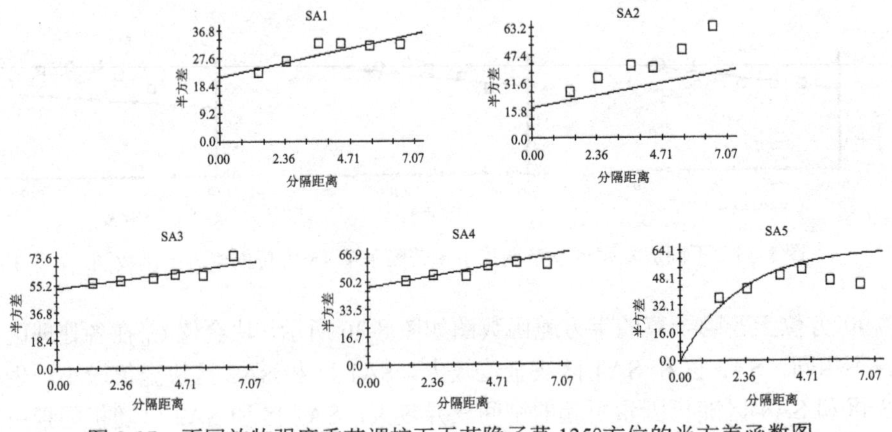


图 8-37 不同放牧强度季节调控下无芒隐子草 135°方位的半方差函数图

SA3 区和 SA4 区在研究系统中最大变异程度较大；SA1 区和 SA5 区基台值相近且较小，表明其在研究系统中最大变异程度较小。结构比 $C/(C_0+C)$在 SA5 区最高，达到 1.000，说明 SA5 区结构因素引起的空间异质性占总空间异质性的比例最大，而随机因素引起的空间异质性占总空间异质性的比例为 0，其他各区表现为结构因素和随机因素引起的空间异质性各占一部分比例。按空间自相关性分级标准划分，SA2 区和 SA5 区具有强烈的空间自相关性；SA1 区、SA3 区和 SA4 区具有中等的空间自相关性。空间自相关性程度由大到小的排列顺序为 SA5 区＞SA2 区＞SA1 区＞SA3 区＞SA4 区。

### 2. 分形维数

在对各处理区无芒隐子草不同角度方位变异函数的分析基础上，进一步对无芒隐子草的各向异性的分形维数做出计算，结果如图 8-38～图 8-41 所示。

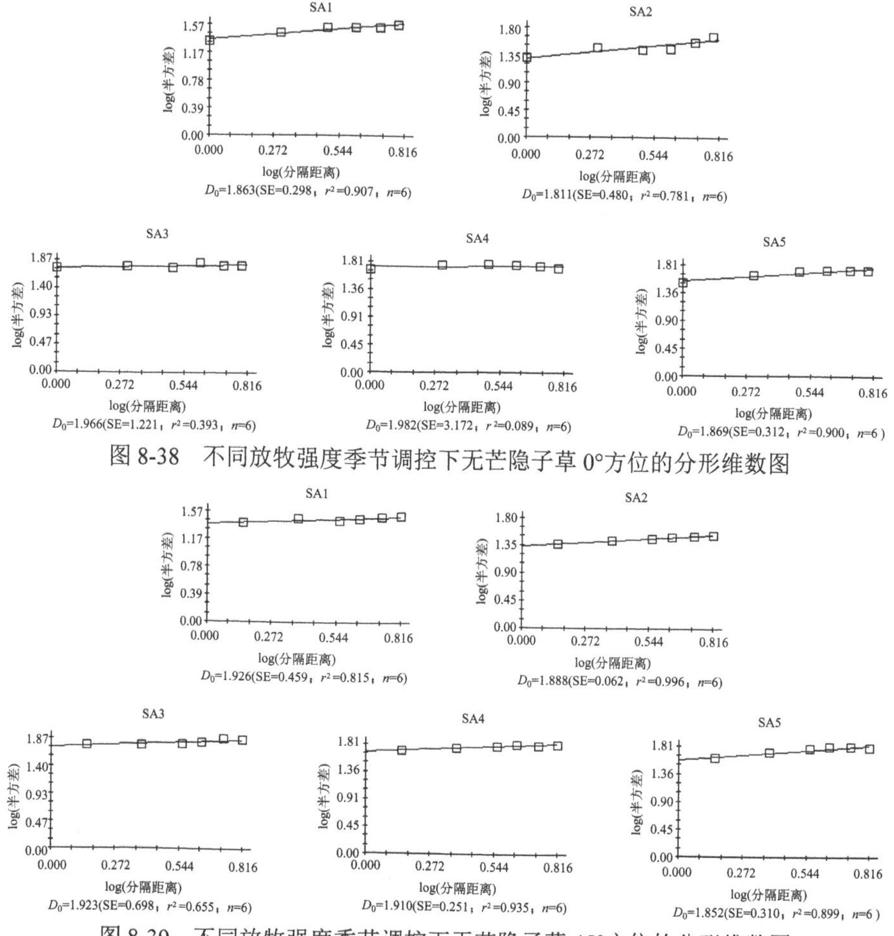


图 8-38　不同放牧强度季节调控下无芒隐子草 0°方位的分形维数图

图 8-39　不同放牧强度季节调控下无芒隐子草 45°方位的分形维数图

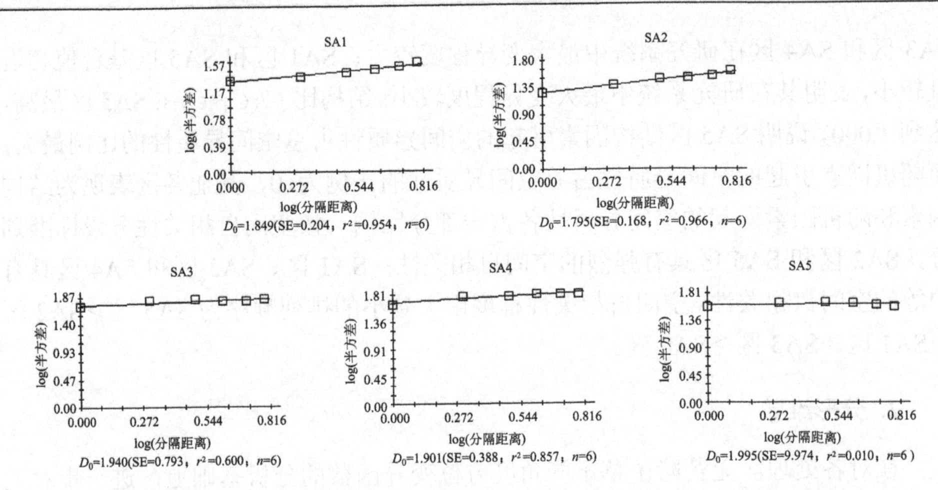


图 8-40　不同放牧强度季节调控下无芒隐子草 90°方位的分形维数图

0°方位分形维数如图 8-38 所示，分形维数大小排序为 SA4 区＞SA3 区＞SA5 区＞SA1 区＞SA2 区，分形维数值分别为 1.982、1.966、1.869、1.863 和 1.811。可以看出，SA4 区空间异质性较弱，空间分布格局比较简单，空间依赖性强，空间结构性好；SA2 区空间异质性较强，空间分布格局复杂，空间依赖性相对较弱，空间结构性较差。表明 SA4 区的季节调控方式降低了无芒隐子草空间分布的异质性，使得空间分布格局较简单。

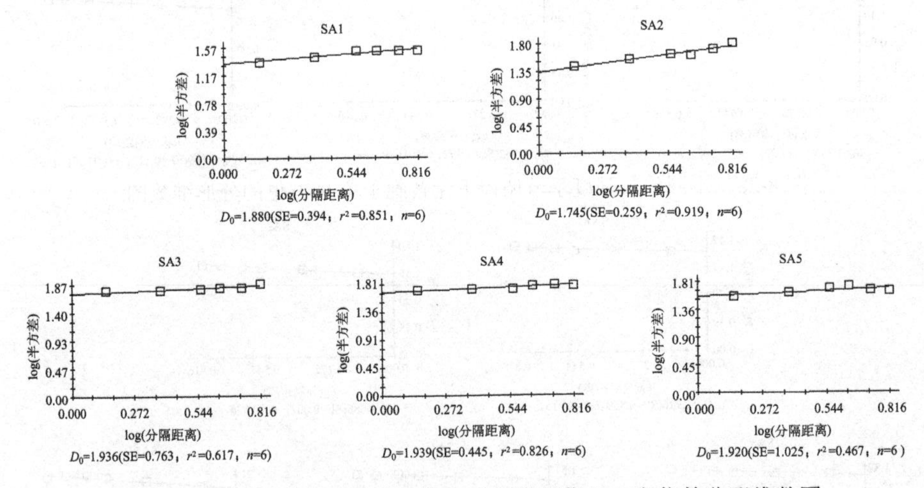


图 8-41　不同放牧强度季节调控下无芒隐子草 135°方位的分形维数图

45°方位，各处理区分形维数存在一定的变化（图 8-39），变化范围为 1.852～1.926。SA1 区的分形维数最大，为 1.926；SA3 区和 SA4 区分形维数接近，分别为 1.923 和 1.910；SA2 区和 SA5 区分形维数较小，分别为 1.888 和 1.852。说明

SA1 区空间异质性较弱；SA3 区和 SA4 区空间异质性处于中等水平；SA2 区和 SA5 区的空间异质性较大，空间分布格局复杂，空间结构性较差。

90°方位分形维数值在各处理区差别也较大（图 8-40），表现为 SA3 区、SA4 区和 SA5 区分形维数较大，以 SA5 区分形维数值最大，达 1.995；SA1 区和 SA2 区分形维数值较小，以 SA2 区分形维数值最小，为 1.795。分形维数大小排序为 SA5 区>SA3 区>SA4 区>SA1 区>SA2 区。故空间异质性大小排序为 SA2 区>SA1 区>SA4 区>SA3 区>SA5 区。

135°方位各处理区分形维数如图 8-41 所示，表现为 SA3 区、SA4 区和 SA5 区分形维数值较大，SA1 区和 SA2 区分形维数值较小。分形维数范围为 1.745～1.939，以 SA4 区分形维数最大，SA2 区分形维数最小。可见 SA4 区空间异质性较弱，空间分布格局简单；SA2 区空间异质性最强，空间分布格局最为复杂。

综合各角度分形维数值来看，各角度方位 SA2 区均具有较大的空间异质性，0°与 135°方位相同，均为 SA4 区具有较低的空间异质性。结合半方差分析可知，导致 SA2 区具有较高空间异质性的因素主要为结构因素。

### 3. 平面分布图

对各处理区无芒隐子草密度样本各向异性空间分布进行插值绘图，所得各角度平面图如图 8-42～图 8-45 所示。

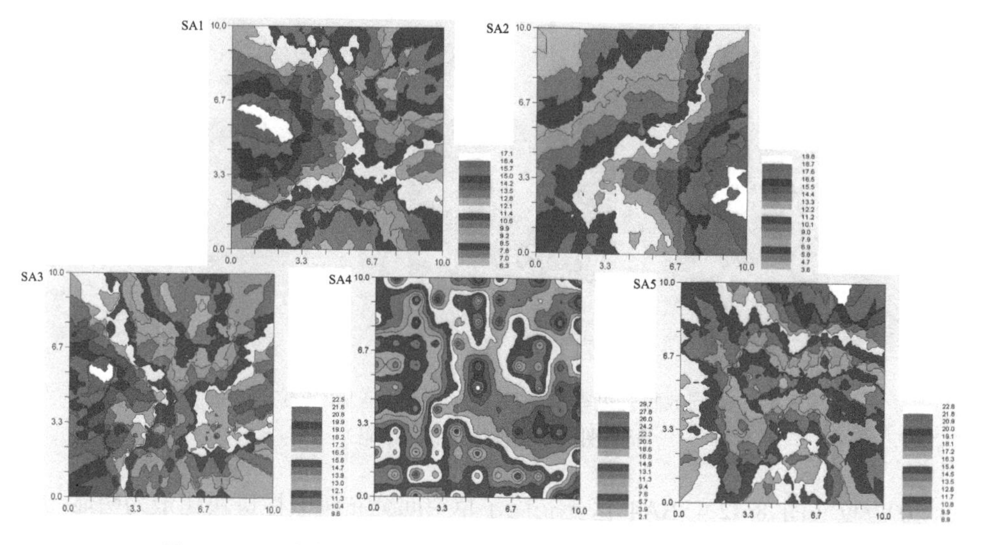


图 8-42　不同放牧强度季节调控下无芒隐子草 0°方位的空间分布平面图（彩图请扫封底二维码）

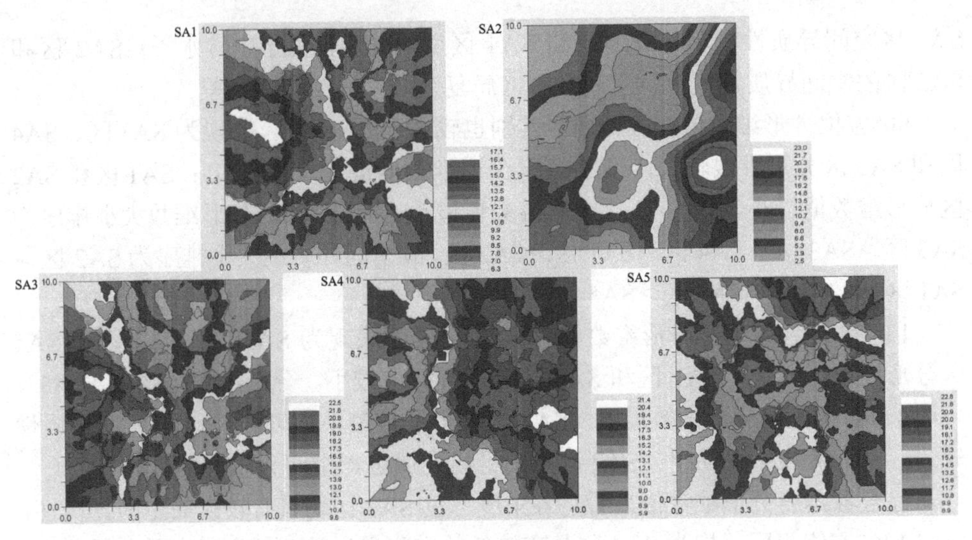


图 8-43　不同放牧强度季节调控下无芒隐子草 45°方位的空间分布平面图（彩图请扫封底二维码）

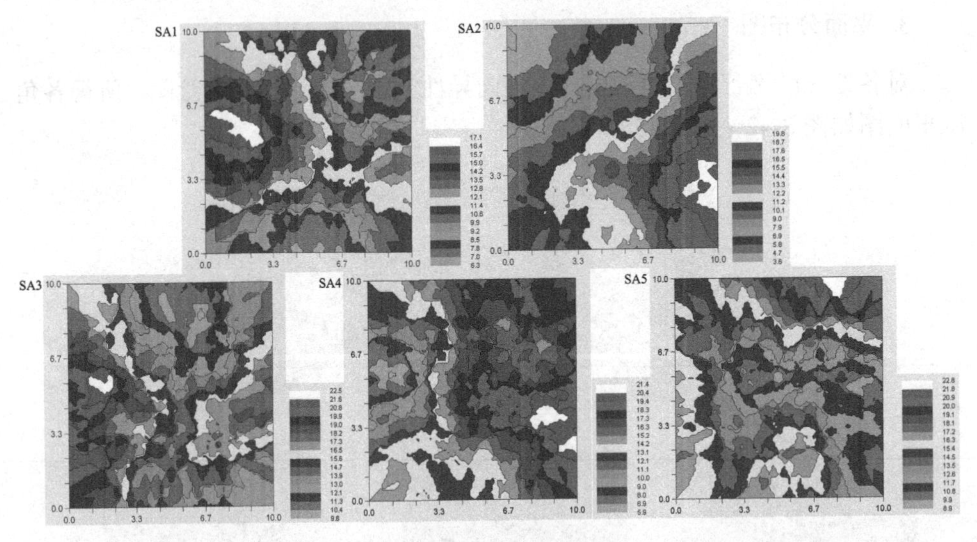


图 8-44　不同放牧强度季节调控下无芒隐子草 90°方位的空间分布平面图（彩图请扫封底二维码）

0°方位（图 8-42），SA4 区无芒隐子草空间分布镶嵌性斑块化最为明显，斑块形状规则，边缘圆滑，斑块间连通性较好。由半方差分析可知，导致 SA4 区无芒隐子草空间如此分布的原因全部是结构因素而非随机因素，在很小的尺度范围内，空间分布的异质性较强，但在大的尺度范围如样地范围内，由于自相关性极强，因此空间分布的异质性减弱。SA2 区的空间分布情况类似于 SA4 区，不同的是 SA2 区斑块形状呈不规则条带状分布，且导致空间分布方式的主要原因是结构因素，随机因素仅占一小部分。其他 3 个处理区斑块形状更为不规则，碎裂化严重，斑块重叠区域较大，导致其如此分布的原因是结构因素和随机因素各占一定的比例。综合分形维数分析结果来看，SA1 区、SA2 区和 SA5 区分形维数值较小，空间异质性较大；SA3 区和 SA4 区仅在小尺度范围内空间异质性较大，在大的空间范围内，其空间异质性较小。

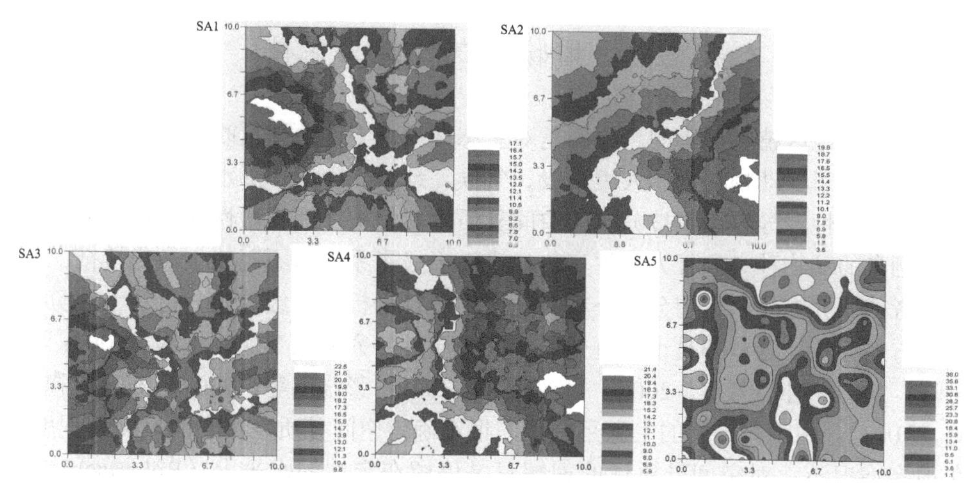


图 8-45　不同放牧强度季节调控下无芒隐子草 135°方位的空间分布平面图（彩图请扫封底二维码）

45°方位（图 8-43），SA2 区无芒隐子草斑块化空间分布较为明显，斑块较大且较为规则，斑块间形成明显的廊道，连通性较好，斑块镶嵌性明显，由半方差分析可知，导致无芒隐子草空间如此分布的原因主要为结构因素。SA1 区、SA3 区、SA4 区和 SA5 区斑块化分布状态相似，皆呈不规则破碎化斑块分布，斑块重叠区域较大。但几个处理区密度值分布范围不同，如 SA4 区以高密度分布为主，SA5 区以低密度分布为主。其分布特征由结构因素和随机因素共同导致。综合分形维数来看，SA2 区异质性较大，斑块较大；SA1 区和 SA3 区空间异质性较小。

90°方位平面分布图如图 8-44 所示，SA2 区无芒隐子草空间分布斑块化较其他处理区明显，斑块较大，无芒隐子草不同密度过渡区明显，且呈带状分布。导致其如此分布的原因主要还是结构因素，其自相关性较强，结构因素引起的空间变异较大。SA1 区平面分布近似于 SA2 区，不同的是 SA2 区的主导因素为结构因素和随机因素共同作用。SA3～SA5 区的平面分布与 SA1 区和 SA2 区差别较大，斑块呈破碎状分布。综合半方差分析及分形维数可知，SA2 区空间异质性较大，SA5 区的空间异质性较小。

135°方位平面分布图如图 8-45 所示，SA2 区和 SA5 区斑块化分布明显，尤以 SA5 区最为明显，且 SA5 区各斑块间形成明显的廊道，斑块间镶嵌性明显，密度值集中在 6.1～23.3。其他 3 个处理区无芒隐子草呈破碎化斑块分布。结合半方差分析可知，SA2 区和 SA5 区结构因素引起的空间异质性较大，在小的尺度范围内，SA5 区空间异质性较大，在大的尺度范围内，SA2 区空间异质性较大。在相同的小尺度范围，SA1 区空间异质性强于 SA3 区和 SA4 区。

## 第二节 植物群落空间异质性

植被是地区植物群落的总体，是对生态环境因素的总体反映。许多生物因子和非生物因子（动物啃食、人类采伐、气候、地貌、土壤、降水等）分布的不规则性及复杂性，导致了植被分布的空间异质性。植被空间异质性的变化又能导致在此栖息的动物种类和行为发生变化，进而形成了系统内不同的生活史特征。众多学者的研究方法从运用分维分析到采用地统计分析的等级方差分析、小波分析及半方差分析，这些都是十分有效的空间异质性研究方法（徐丽华等，2003；孙丹峰，2003；孙小芳等，2006；岳文泽等，2005；彭晓鹃等，2004；陈玉福和董鸣，2003）。由于在不同的生态系统中，很难确定空间异质性发生的尺度和程度，在很多情况下，对空间异质性的理解只是停留在定性的水平上（Robertson and Gross，1994），而对于空间异质性的定量描述单纯基于数据类型，不同的数据类型有不同的描述方法（Li and Reynolds，1995）。

目前国内外对于植被空间异质性的研究比较多（王岭，2010；de Knegt et al.，2007；Kotliar and Wiens，1990；彭健，1999；Annison，1993；Ungar and Noy-Meir，1988；Benhamon，1994；Johnson，1991；Coughenour，1991），国外对植物群落空间异质性的研究主要集中在植物群落空间异质性对动物采食影响方面（Illius et al.，1992；Kotliar and Wiens，1990；Bazely，1990）。我国对空间异质性的研究起步较晚，对空间格局的研究还没有形成完整的理论体系，但在短期内的研究相对较多。祖元刚等在 1997 年采用分形分维方法对植被空间异质性进行了研究，得出植被空间异质性在放牧条件下存在尺度性和层次性的理论；陈鹏等在 2003 年对天山的绿洲荒漠过渡带景观的植被与土壤特征要素进行了空间异质性分析，结果表明植被小尺度上变异的主要原因是小尺度人为干扰（过度放牧、开垦、樵采）造成地表裸露度增加。刘振国和李镇清（2004）研究认为，天然放牧地中，放牧强度和草地鼠类活动两种外界干扰导致了草地斑块的形成。张卫国等（2003）研究了不同放牧强度干扰下高寒草甸草原群落中斑块的形成机制及其性状、格局的变化，结果表明，在轻度、中度和重度 3 个草地退化梯度下，草地微斑块的种类和数量表现为先随退化程度增加而上升，达到中度退化后又转化为随退化程度增加而下降的趋势。与此同时，斑块总面积和个体面积则表现为随退化程度增加而上升的趋势。斑块盖度、高度和地上生物量等性状指标总的变化趋势是随退化程度的加剧而下降，但不同类型的斑块在下降时段、下降幅度和格局上存在较大差异。斑块的多样性指数、均匀度指数与放牧强度呈正相关，而破碎度和优势度与放牧强度则表现为负相关。王明君（2008）在研究中指出，随放牧强度的增大（减弱），草地空间异质性变小（增强），同时，虽然草地存在空间异质性，但并不能影响到放牧强度对草地植被现存量所产生的效果，而且这种效果是起主导作用的。从另外一个角度来讲，草地的空间异质性是草地的基本属性，同时受外界环境条件的影响，如放牧梯度就是一个重要的影响因素，放牧梯度导致了草地空间异质性在不同放牧梯度内进一步的差异。乌云娜等（2011）的研究报道，植物群落在不同放牧强度下，物种结构主要表现出密集型种群和疏散型种群两大类型。

## 一、物种数空间异质性

不同放牧强度季节调控下植物物种数分布变化见表 8-10，SA1 区物种数显著高于其他几个处理区（SA3 区除外）（$P<0.05$）。SA3 区、SA4 区与 SA2 区和 SA5 区物种数差异性显著（$P<0.05$）。SA1 区标准偏差高于其他几个处理区，说明 SA1 区物种数偏离均值的程度较大。结合试验设计，SA1 区、SA3 区和 SA4 区物种数值偏高的原因是 3 个处理区此时为重度放牧，家畜选择性采食严重，其他适口性并不是很好的植株得以迅速生长。从极差看，SA1 区极差最大，达 16 种，其他处理区极差有不同表现。从各处理区的均值、标准偏差及其他各项描述性统计分析的数值变化情况可以看出，不同放牧强度季节调控下植物群落物种数的空间分布存在空间异质性现象。

**表 8-10　不同放牧强度季节调控下物种数空间格局的描述性统计分析**

| 处理区 | 均值（种） | 标准偏差 | 偏差系数 | 标准误差 | 最大值（种） | 最小值（种） | 极差（种） |
|---|---|---|---|---|---|---|---|
| SA1 | 10.9504a | 2.2318 | 20.38 | 0.2029 | 16 | 0 | 16 |
| SA2 | 9.5785c | 1.7164 | 17.92 | 0.1560 | 16 | 6 | 10 |
| SA3 | 10.6694ab | 1.6950 | 15.89 | 0.1541 | 15 | 7 | 8 |
| SA4 | 10.3306b | 1.6802 | 16.26 | 0.1527 | 17 | 7 | 10 |
| SA5 | 9.8678c | 1.6225 | 16.44 | 0.1475 | 14 | 6 | 8 |

## 二、同向性空间异质性

### （一）半方差函数

对物种数空间分布进行各向同性变异函数分析（表 8-11、图 8-46），结果表明，各处理区物种数分布呈指数模型的理论变化趋势。SA2 区块金效应高于其他几个处理区，说明 SA2 区随机因素引起的空间变异较其他处理区大，块金效应大小表现为 SA2 区＞SA3 区＞SA1 区＞SA5 区＞SA4 区。对最大空间变异程度 $C_0+C$ 进行比较得知，SA1 区较其他处理区具有较大的最大空间变异程度，SA3 区、SA4 区和 SA5 区最大空间变异程度接近且较小。

**表 8-11　不同放牧强度季节调控下物种数同向性的空间变异函数**

| 处理 | 模型 $r(h)$ | 块金值 $C_0$ | 基台值 $C_0+C$ | 结构比 $C/(C_0+C)$ | 范围参数 $a_0$ | 残差平方和 RSS | 决定系数 $R^2$ | 相关尺度 |
|---|---|---|---|---|---|---|---|---|
| SA1 | 指数 | 0.230 | 4.816 | 0.952 | 0.76 | 0.2970 | 0.647 | 2.28 |
| SA2 | 指数 | 1.168 | 3.042 | 0.616 | 1.65 | 0.0169 | 0.969 | 4.95 |
| SA3 | 指数 | 0.671 | 2.757 | 0.757 | 0.90 | 0.1440 | 0.541 | 2.70 |
| SA4 | 指数 | 0.001 | 2.562 | 1.000 | 0.42 | 0.0598 | 0.198 | 1.26 |
| SA5 | 指数 | 0.200 | 2.653 | 0.925 | 0.53 | 0.0384 | 0.578 | 1.59 |

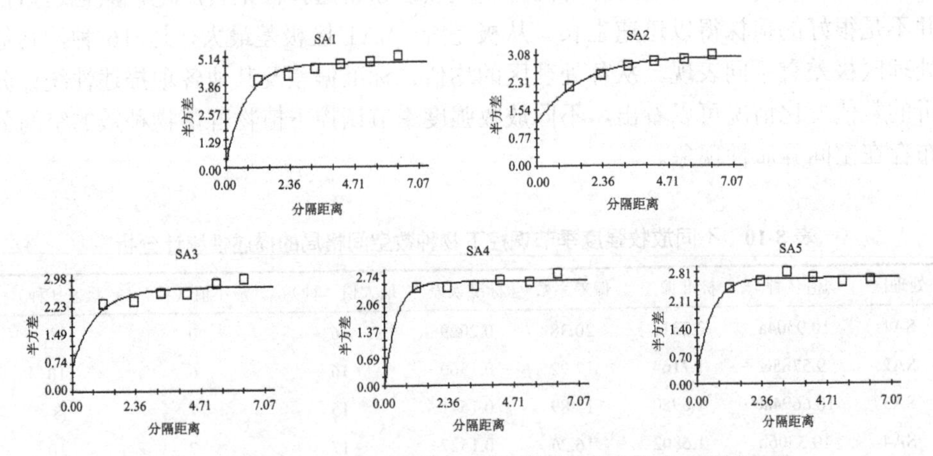


图 8-46　不同放牧强度季节调控下物种数同向性的半方差函数图

结构比 $C/(C_0+C)$反映结构因素引起的空间异质性占总空间异质性比例的大小，同时也反映了随机因素引起的空间异质性占总空间异质性比例的大小，两者互为对立关系。由表 8-11 可知，SA4 区结构因素所占比例最大，达 1.000，随机因素所占比例仅为0.000；SA1区和SA5区结构比也较高，分别为0.952和0.925，结构因素引起的空间异质性也较大；SA2区和SA3区结构比相对较小，分别为0.616和0.757。按空间自相关性标准划分，除SA2区具有中等的空间自相关性外，其他处理区结构比值均在0.75以上，均具有强烈的空间自相关性，在小的尺度范围内，其空间自相关性较强，空间异质性较大。

从变程和自相关尺度来看，SA2区变程最大，自相关尺度为49.50m；SA4区变程最小，自相关尺度为12.60m；自相关程度大小表现为SA2区＞SA3区＞SA1区＞SA5区＞SA4区。几个处理区的模型拟合中，SA2区拟合程度最好，决定系数达到0.969，除SA4区决定系数为0.198，拟合程度较差外，其他处理区拟合程度也较好。SA4区拟合程度较差的原因主要为其空间自相关范围较小，导致其具有小尺度空间异质性。

## （二）分形维数

在变异函数分析的基础上，对群落物种数空间分布的分形维数做出对比（图8-47）。SA1～SA5分形维数分别为1.929、1.901、1.930、1.969和1.978，表明各处理区物种数空间分布的异质性差别不大，以SA5区分形维数值最大，空间异质性相对较小；SA2区分形维数值最小，空间异质性相对较大。

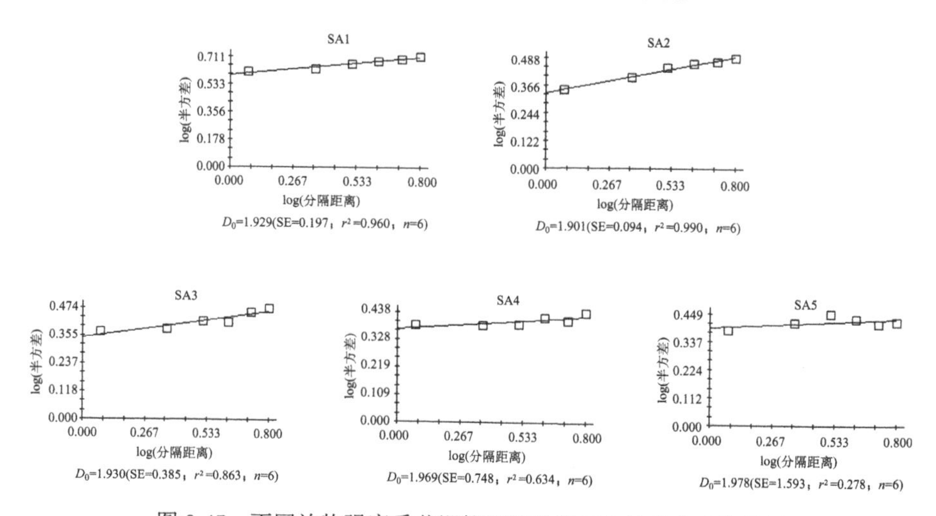


图8-47　不同放牧强度季节调控下物种数同向性的分形维数图

## （三）平面分布图

运用克里格插值法对群落物种数空间分布进行插值，所得平面图如图8-48所示，各处理区物种数空间分布呈斑块化且斑块明显。SA1区和SA2区斑块较大，呈片状斑块分布；SA3 区、SA4 区和 SA5 区斑块较小，以 SA4 区小斑块化最为明显，且其物种数密度大的区域和密度小的区域分布较为均匀。SA1 区研究区域内物种数较多，以物种数 10.2～13.7 分布为主；SA2 区和 SA4 区物种数较少，主要分布范围分别为 8.2～11.7 和 8.7～11.1；SA3 区和 SA5 区物种数分布较为均衡。结合半方差分析得知，SA2 区空间异质性相对较大，SA4 区由于结构因素比例最大，空间自相关性最强，自相关范围最小，在小范围内其空间异质性较强，但在大的空间范围内其空间异质性较小。

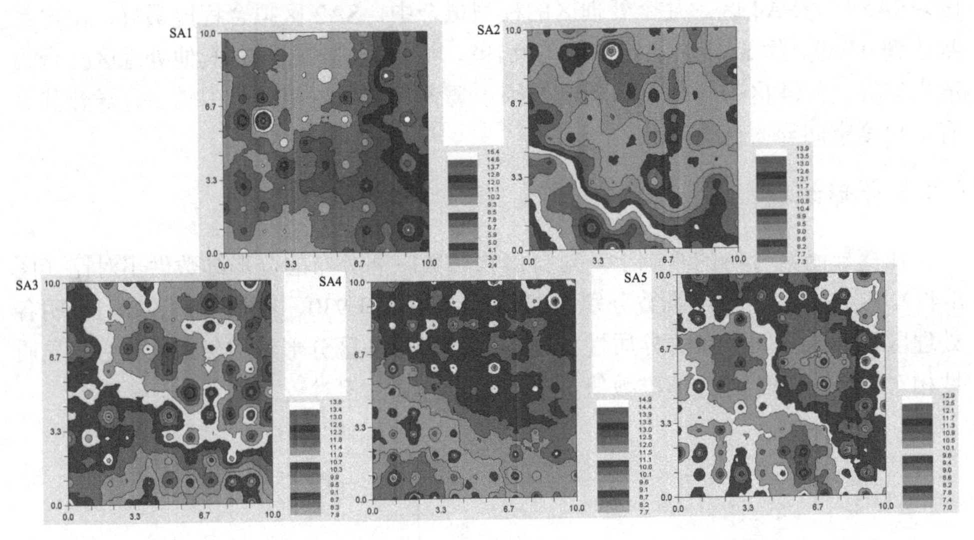


图 8-48　不同放牧强度季节调控下物种数同向性的空间分布平面图（彩图请扫封底二维码）

## 三、异向性空间异质性

### （一）半方差函数

对群落物种数空间分布做各向异性的变异函数分析（表 8-12，图 8-49～图 8-52），结果表明，不同角度方位不同处理区变化各不相同，但各处理区大体上呈现线性模型的理论变化趋势（135° SA2 区除外，为指数模型）。各处理区不同角度变异函数值变化规律大体相似。块金值 $C_0$ 除在 135° SA2 区为 0.001（最小）外，其他角度各处理区块金值差异较小，表明各角度方位随机因素引起的空间变异在各处理区差别不大。基台值 $C_0+C$ 在不同角度均表现为 SA1 区最高，且该区基台值随角度的增大而增加，表明 SA1 区系统中存在的最大变异程度随角度的增大而增强。最大变异程度较小的放牧处理区因角度的不同而不同。

表 8-12　不同放牧强度季节调控下物种数异向性的空间变异函数

| 角度 | 处理 | 模型 $r(h)$ | 块金值 $C_0$ | 基台值 $C_0+C$ | 结构比 $C/(C_0+C)$ | 残差平方和 RSS | 决定系数 $R^2$ | 小尺度 | 大尺度 |
|---|---|---|---|---|---|---|---|---|---|
| 0° | SA1 | 线性 | 2.550 | 8.920 | 0.714 | 13.71 | 0.471 | 11.89 | 11.90 |
| | SA2 | 线性 | 2.152 | 6.509 | 0.669 | 3.82 | 0.757 | 19.55 | 39.36 |
| | SA3 | 线性 | 2.065 | 6.032 | 0.658 | 1.47 | 0.567 | 20.42 | 33.94 |
| | SA4 | 线性 | 2.257 | 5.419 | 0.584 | 2.16 | 0.461 | 24.22 | 75.22 |
| | SA5 | 线性 | 2.457 | 5.507 | 0.554 | 1.94 | 0.278 | 65.80 | 108.19 |
| 45° | SA1 | 线性 | 3.710 | 10.080 | 0.632 | 6.37 | 0.471 | 27.85 | 27.85 |
| | SA2 | 线性 | 2.085 | 6.001 | 0.653 | 2.35 | 0.757 | 14.54 | 34.53 |
| | SA3 | 线性 | 2.090 | 6.151 | 0.660 | 1.64 | 0.567 | 22.84 | 35.37 |
| | SA4 | 线性 | 2.255 | 5.600 | 0.597 | 1.98 | 0.461 | 27.64 | 75.90 |
| | SA5 | 线性 | 2.381 | 5.431 | 0.562 | 1.86 | 0.278 | 40.78 | 71.90 |
| 90° | SA1 | 线性 | 3.659 | 10.937 | 0.665 | 4.08 | 0.471 | 20.24 | 42.08 |
| | SA2 | 线性 | 1.686 | 5.394 | 0.687 | 5.60 | 0.757 | 13.42 | 13.43 |
| | SA3 | 线性 | 1.595 | 5.032 | 0.683 | 3.14 | 0.567 | 12.61 | 12.62 |
| | SA4 | 线性 | 2.066 | 5.228 | 0.605 | 3.00 | 0.461 | 26.12 | 26.12 |
| | SA5 | 线性 | 2.447 | 5.497 | 0.555 | 1.97 | 0.278 | 79.70 | 79.70 |
| 135° | SA1 | 线性 | 3.717 | 11.518 | 0.677 | 6.35 | 0.471 | 32.93 | 35.90 |
| | SA2 | 指数 | 0.001 | 3.709 | 1.000 | 8.51 | 0.805 | 6.71 | 6.71 |
| | SA3 | 线性 | 1.764 | 5.201 | 0.661 | 2.41 | 0.567 | 15.09 | 15.10 |
| | SA4 | 线性 | 1.458 | 4.620 | 0.684 | 6.73 | 0.461 | 11.21 | 11.22 |
| | SA5 | 线性 | 2.087 | 5.137 | 0.594 | 2.98 | 0.278 | 22.83 | 22.83 |

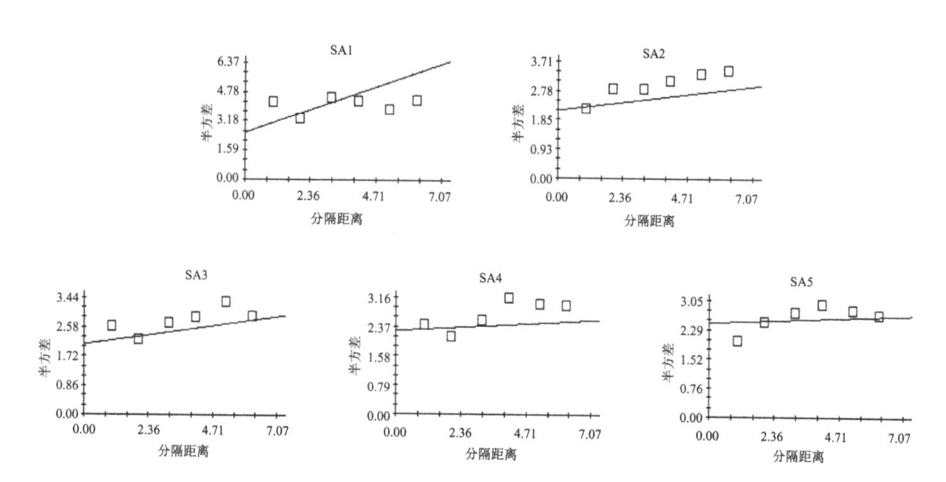


图 8-49　不同放牧强度季节调控下物种数 0°方位的半方差函数图

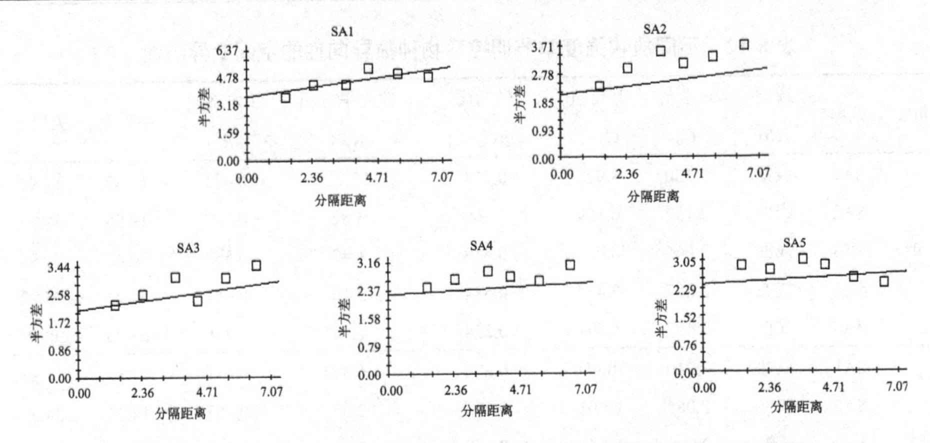


图 8-50　不同放牧强度季节调控下物种数 45°方位的半方差函数图

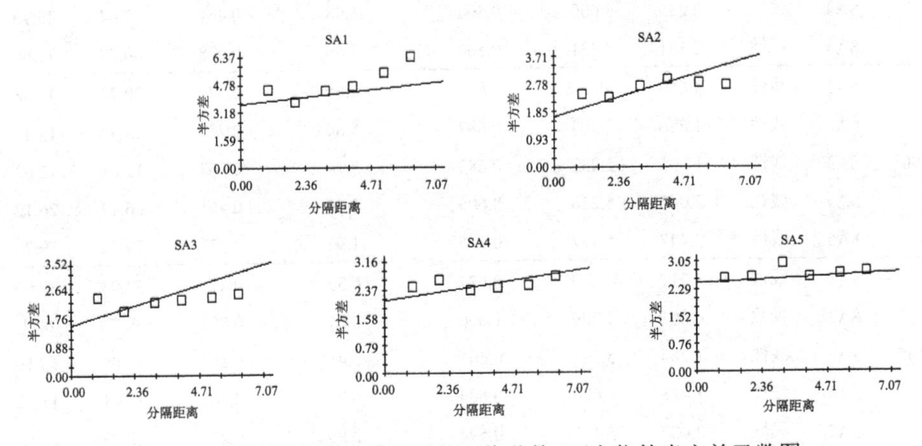


图 8-51　不同放牧强度季节调控下物种数 90°方位的半方差函数图

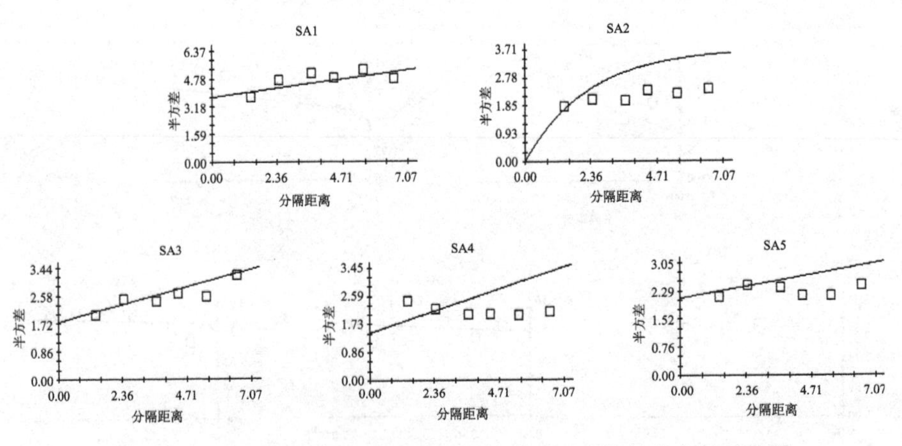


图 8-52　不同放牧强度季节调控下物种数 135°方位的半方差函数图

结构比 $C/(C_0+C)$与块金值变化规律相似，除 135° SA2 区结构比为 1.000 外，其他角度各处理区结构比范围为 0.554～0.714，最大值与最小值之间差别不大。按空间自相关性标准划分，135°的 SA2 区具有强烈的空间自相关性，其他各角度各处理区均具有中等的空间自相关性，引起物种数空间异质性的原因为随机因素和结构因素共同作用。各处理区不同角度理论模型拟合中均表现为 SA2 区相对拟合程度最高，具有较高的理论参考价值。

## （二）分形维数

在对各角度变异函数分析的基础上，进一步分析物种数空间分布的分形维数。分形维数结果如图 8-53～图 8-56 所示。

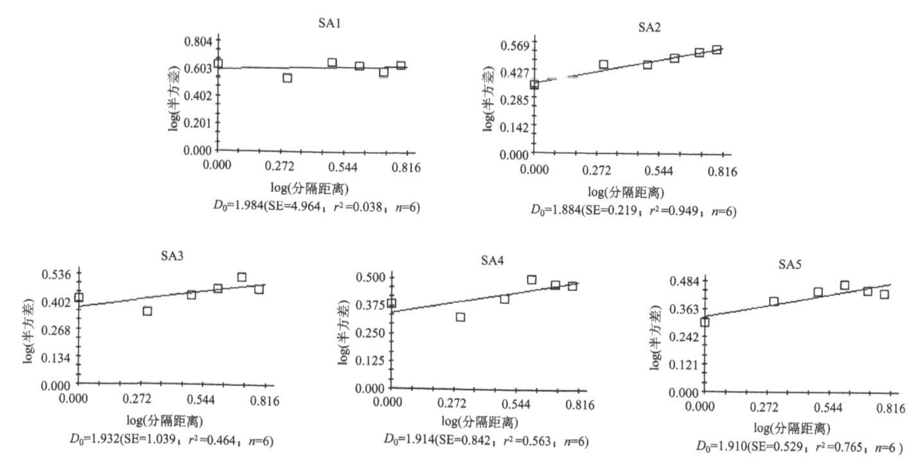


图 8-53　不同放牧强度季节调控下物种数 0°方位的分形维数图

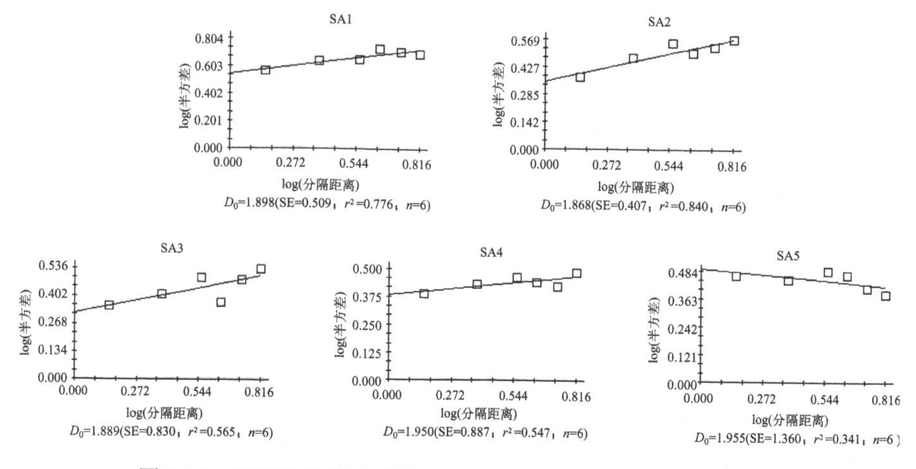


图 8-54　不同放牧强度季节调控下物种数 45°方位的分形维数图

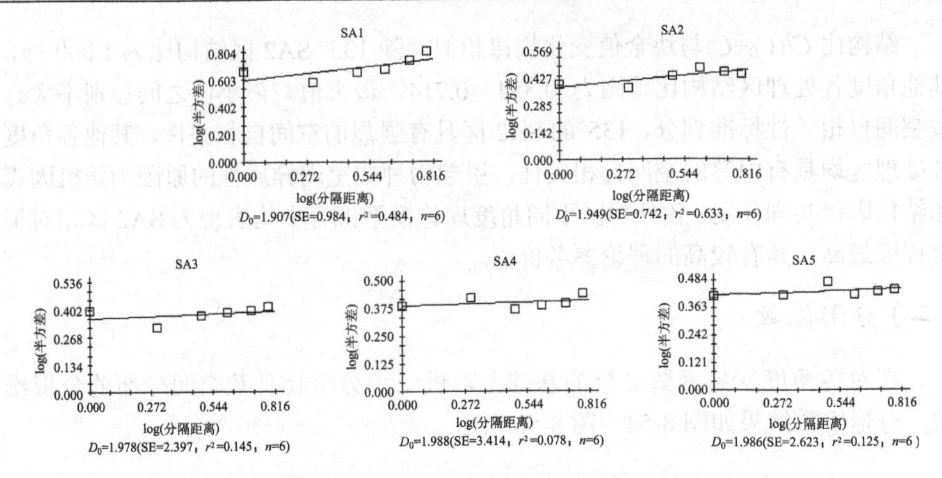


图 8-55　不同放牧强度季节调控下物种数 90°方位的分形维数图

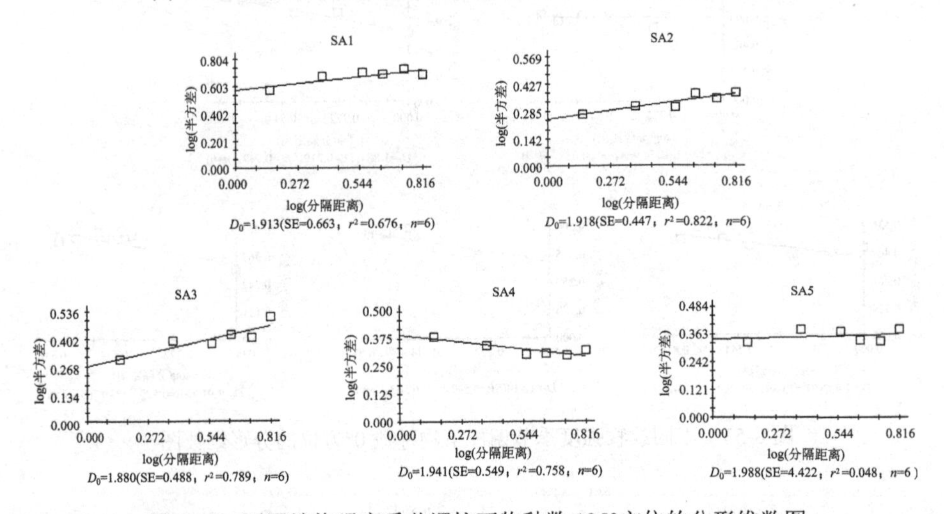


图 8-56　不同放牧强度季节调控下物种数 135°方位的分形维数图

0°方位群落物种数分形维数结果如图 8-53 所示，SA2 区分形维数最小，为 1.884；其他各处理区分形维数均大于 1.9，以 SA1 区分形维数最大，为 1.984。表明 SA2 区空间异质性较大，空间分布格局复杂，空间依赖性弱，空间结构性较差；SA1 区空间异质性较小，空间分布格局相对简单，空间依赖性强。SA3、SA4 和 SA5 区空间异质性介于两者之间。

45°方位（图 8-54），分形维数 $D$ 值由大到小排序为 SA5 区＞SA4 区＞SA1 区＞SA3 区＞SA2 区，$D$ 值分别为 1.955、1.950、1.898、1.889 和 1.868。因此，SA4 区和 SA5 区 $D$ 值接近，空间异质性较弱；SA1 区和 SA3 区 $D$ 值接近，空间异质性处于中等水平；SA2 区 $D$ 值相对最小，空间异质性相对较强。

对群落物种数 90°方位分形维数进行分析得出（图 8-55），各处理区分形维数

*D* 值较大，均达到 1.90 以上。以 SA4 区和 SA5 区表现较高，*D* 值分别达到 1.988 和 1.986；SA1 区 *D* 值相对最小，为 1.907。根据分形维数的大小排列，可知各处理区空间异质性大小排序为 SA1 区＞SA2 区＞SA3 区＞SA5 区＞SA4 区。

135°方位分析结果如图 8-56 所示，SA3 区分形维数最小，为 1.880；SA1 区和 SA2 区分形维数值接近，分别为 1.913 和 1.918；SA5 区分形维数值最大，达 1.988。说明 SA5 区空间异质性较弱，空间分布格局简单；SA3 区空间异质性较大，空间分布格局复杂，空间依赖性较弱。

由此可知，同一处理区不同角度方位的空间异质性大小不同。SA1～SA5 区各角度空间异质性大小排序为 SA1 区 45°（1.898）＞90°（1.907）＞135°（1.913）＞0°（1.984）；SA2 区 45°（1.868）＞0°（1.884）＞135°（1.918）＞90°（1.949）；SA3 区 135°（1.880）＞45°（1.889）＞0°（1.932）＞90°（1.978）；SA4 区 0°（1.914）＞135°（1.941）＞45°（1.950）＞90°（1.988）；SA5 区 0°（1.910）＞45°（1.955）＞90°（1.986）＞135°（1.988）。同理，不同角度之间空间异质性较大和较小的处理区也不同。

## （三）平面分布图

对群落物种数空间分布进行克里格插值分析，结果如图 8-57～图 8-60 所示。综合来看，各处理区物种数空间分布格局相似，各角度各处理区破碎化斑块分布明显，斑块重叠区域较多，斑块间连通性较差，且物种数大小分布范围相似（135° SA2 区除外）。135° SA2 区斑块化更为明显，但其斑块呈不规则圆形分布，斑块间镶嵌性和连通性较好，斑块与斑块之间形成明显的廊道，由半方差分析可

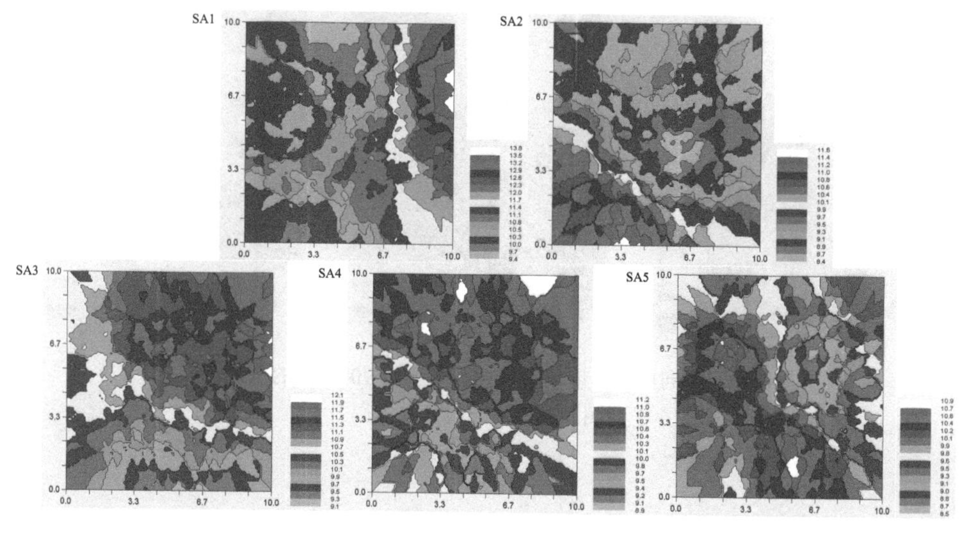


图 8-57　不同放牧强度季节调控下物种数 0°方位的空间分布平面图（彩图请扫封底二维码）

图 8-58　不同放牧强度季节调控下物种数 45°方位的空间分布平面图（彩图请扫封底二维码）

图 8-59　不同放牧强度季节调控下物种数 90°方位的空间分布平面图（彩图请扫封底二维码）

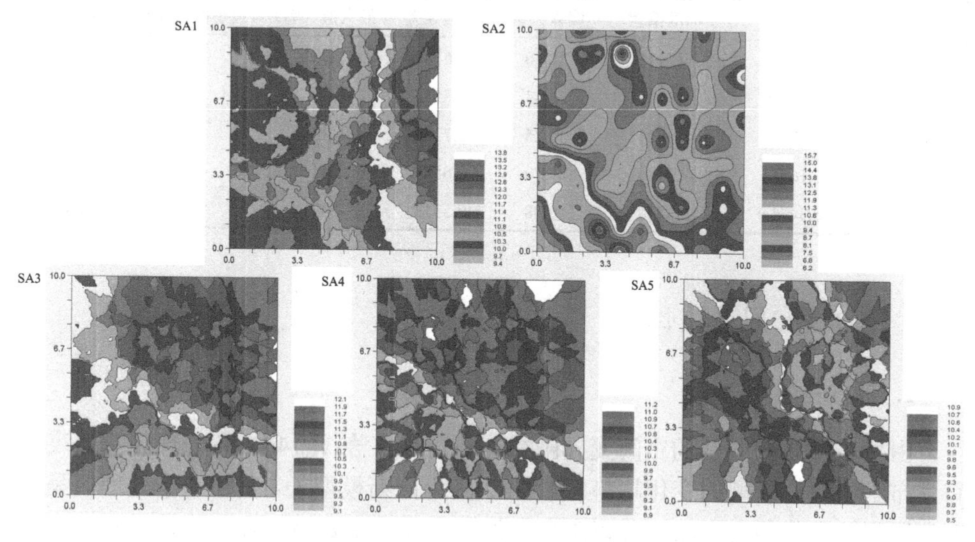


图 8-60　不同放牧强度季节调控下物种数 135°方位的空间分布平面图（彩图请扫封底二维码）

知，SA2 区空间异质性完全由结构因素引起，其空间自相关范围极小，可见其在小尺度范围内，空间异质性较大，但扩大到样地范围内，因受结构因素影响严重，空间异质性要小于其他各处理区。结合分形维数和半方差分析可知，0°方位 SA5 区、45° SA2 区、90° SA1 区和 135° SA1 区空间异质性较大。

## 四、总盖度空间异质性

### （一）描述性统计

对各处理区植物群落总盖度的空间分布进行描述性统计分析，结果见表 8-13，SA5 区盖度均值显著高于其他各处理区（$P<0.05$），SA1 区和 SA2 区盖度均值接近且无显著差异（$P>0.05$）；SA3 区和 SA4 区盖度均值接近且无显著差异（$P>0.05$）；但 SA1 区、SA2 区与 SA3 区、SA4 区盖度均值存在显著性差异（$P<0.05$）。原因可能是 SA5 区一直处于适度放牧阶段，植被未被牲畜严重啃食，补偿性生长良好。从标准偏差看，SA2 区和 SA3 区偏离均值的程度较大，SA5 区偏离均值的程度较小。极差在 SA2 区表现最高，在 SA4 区和 SA5 区表现最低，SA1 区和 SA3 区极差接近，处于中等水平。根据以上分析可知，各处理区群落总盖度存在空间异质性。

**表 8-13　不同放牧强度季节调控下群落总盖度空间格局描述性统计分析**

| 处理区 | 均值（%） | 标准偏差 | 偏差系数 | 标准误差 | 最大值（%） | 最小值（%） | 极差（%） |
|---|---|---|---|---|---|---|---|
| SA1 | 31.4793b | 6.7996 | 21.60 | 0.6181 | 48 | 15 | 33 |
| SA2 | 31.4380b | 8.3105 | 26.43 | 0.7555 | 49 | 9 | 40 |
| SA3 | 26.7273c | 8.0850 | 30.25 | 0.7350 | 45 | 13 | 32 |
| SA4 | 26.1653c | 7.2484 | 27.70 | 0.6589 | 41 | 13 | 28 |
| SA5 | 36.3471a | 5.8448 | 16.08 | 0.5313 | 47 | 18 | 29 |

## （二）同向性空间异质性

### 1. 半方差函数

由总盖度各向同性的空间变异函数分析可知（表 8-14），各处理区总盖度空间分布呈现理论模型的变化趋势。除 SA2 区为高斯模型外，其他 4 个处理区呈现指数模型的变化趋势。随着分隔距离的加大，变异函数值增加，并最后趋向于一个平稳的常数值（图 8-61）。当分隔距离为 0 时，变异函数值在 SA3 区表现最高，

**表 8-14　不同放牧强度季节调控下群落总盖度同向性的空间变异函数**

| 处理 | 模型 $r(h)$ | 块金值 $C_0$ | 基台值 $C_0+C$ | 结构比 $C/(C_0+C)$ | 范围参数 $a_0$ | 残差平方和 RSS | 决定系数 $R^2$ | 相关尺度 |
|---|---|---|---|---|---|---|---|---|
| SA1 | 指数 | 0.10 | 40.27 | 0.998 | 0.55 | 28.00 | 0.311 | 1.65 |
| SA2 | 高斯 | 4.00 | 68.27 | 0.941 | 1.10 | 62.30 | 0.831 | 1.91 |
| SA3 | 指数 | 30.90 | 74.88 | 0.587 | 4.72 | 15.40 | 0.958 | 14.16 |
| SA4 | 指数 | 0.10 | 46.62 | 0.998 | 0.68 | 48.00 | 0.478 | 2.04 |
| SA5 | 指数 | 2.90 | 34.51 | 0.916 | 0.31 | 8.89 | 0.034 | 0.93 |

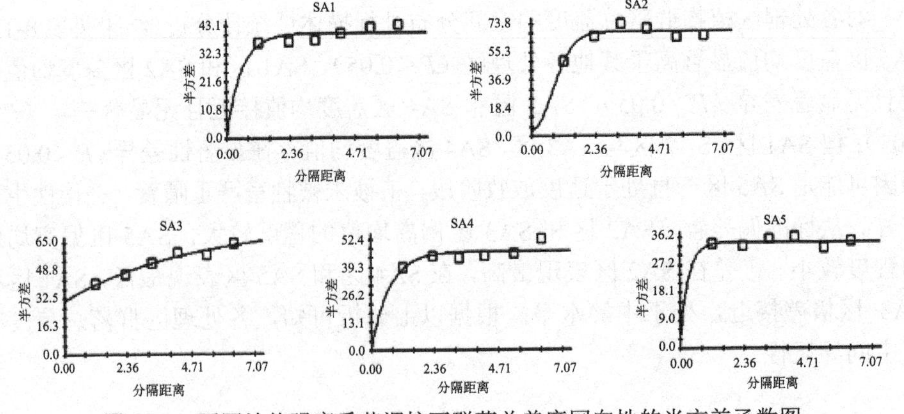


图 8-61　不同放牧强度季节调控下群落总盖度同向性的半方差函数图

达 30.90，表明 SA3 区随机因素引起的空间异质性较其他处理区大。SA1 区和 SA4 区随机因素引起的空间异质性相同且最小。当变异函数值达到稳定的常数 $C_0+C$ 时，SA3 区在研究系统中存在较大的最大空间变异程度，而 SA1 区和 SA5 区在系统中的最大空间变异程度则均较小。

结构比是结构因素引起的空间异质性占总空间异质性比例的直观反映。SA1 区和 SA4 区结构因素所占比例最大，皆为 0.998；SA2 区和 SA5 区结构比仅位于 SA1 区和 SA4 区之后，分别为 0.941 和 0.916；SA3 区结构因素所占比例相对最小，为 0.587，故其随机因素所占比例较大，为 0.413，它与结构因素互为对立关系。按空间自相关性标准划分，除 SA3 区具有中等的空间自相关性外，其他各处理区均具有强烈的空间自相关性。空间自相关程度表现为 SA1 区=SA4 区＞SA2 区＞SA5 区＞SA3 区。从变程和空间自相关尺度看，SA3 区空间自相关范围较大，达 141.60m；SA1 区和 SA5 区空间自相关尺度较小，分别为 16.5m 和 9.3m。各处理区理论模型拟合程度以 SA3 区和 SA2 区较好，模型具有较好的参考价值。

## 2. 分形维数

各放牧处理区群落总盖度空间分布的各向同性分形维数分析如图 8-62 所示，SA3 区分形维数 $D$ 值最小，为 1.869；SA5 区分形维数值最大，达 1.995；其他处理区分形维数值位于前两者之间。表明 SA5 区空间异质性较弱，空间分布格局简单，空间依赖性强；SA3 区空间异质性较强，空间分布格局复杂，空间依赖性相对较弱，空间结构性较差。说明连续的重度放牧增加了群落盖度的空间异质性，群落盖度在系统中存在较大变异趋势。

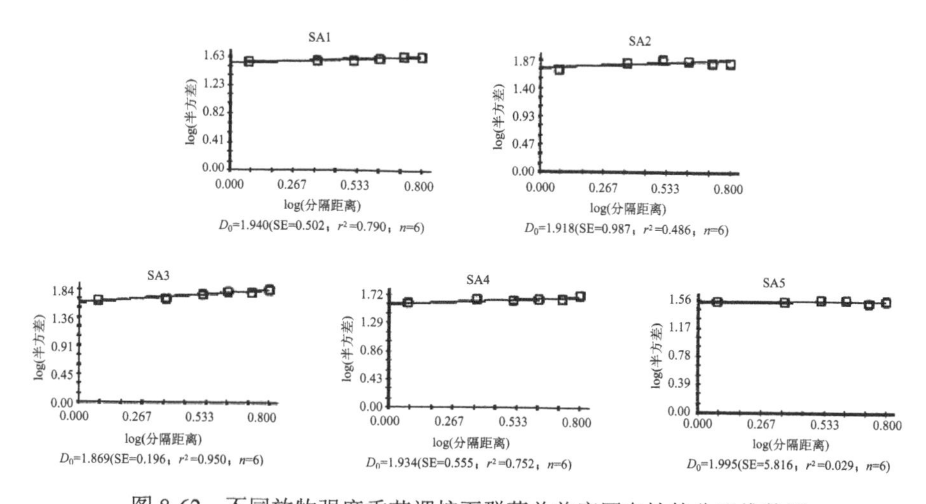


图 8-62　不同放牧强度季节调控下群落总盖度同向性的分形维数图

### 3. 平面分布图

对群落总盖度进行克里格插值分析，结果如图 8-63 所示，各处理区斑块化分布明显，SA3 区斑块呈大范围的圆形扩散分布，斑块间形成明显的廊道。由于其受结构因素和随机因素共同作用，空间异质性较大。其他处理区斑块呈破碎化分布，破碎化程度以 SA5 区最大，且 SA5 区的研究区域内群落盖度较大。SA1 区和 SA4 区斑块破碎度相似。原因是 SA1 区和 SA4 区空间异质性几乎全部为结构因素所致，SA5 区则包括一小部分的随机因素。结合分形维数分析，SA3 区具有较大的空间异质性，SA1 区、SA2 区和 SA4 区的空间异质性较小。

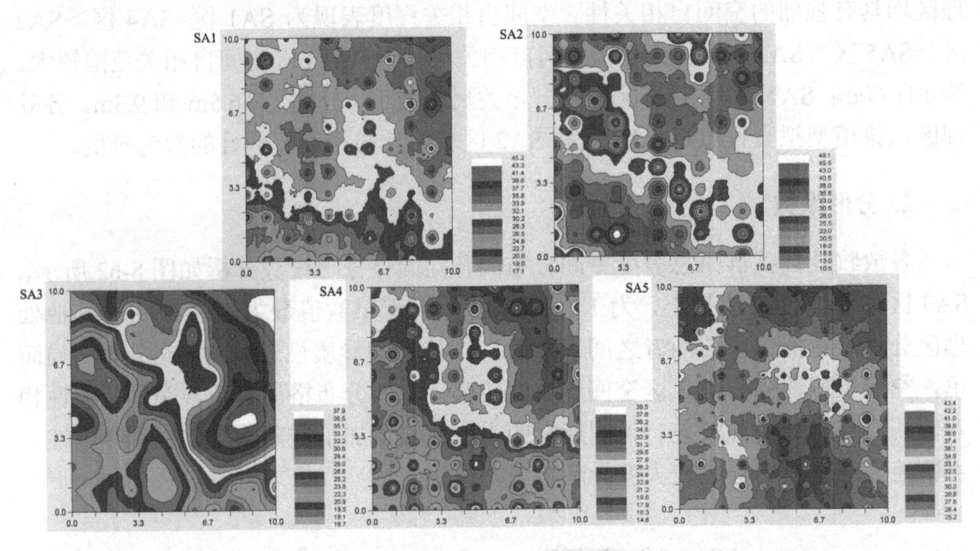


图 8-63　不同放牧强度季节调控下群落总盖度同向性的空间分布平面图（彩图请扫封底二维码）

## （三）异向性空间异质性

### 1. 半方差函数

群落总盖度的各向异性变异函数分析能够反映群落各个方位的空间异质性大小。由表 8-15 可知，各角度方位各处理区群落总盖度的空间分布大体呈现 3 种理论模型的变化：线性模型、球状模型和指数模型。90°和 135°方位各处理区空间分布的理论模型相似，均表现为 SA1、SA2、SA4 和 SA5 区为线性模型，SA3 区为指数模型。各角度方位块金值 $C_0$ 变化规律基本相似，均表现为 SA2 区高于其他几个处理区，但 0°方位块金值在 SA3 区表现最小；45°方位在 SA5 区表现最小；90°和 135°方位在 SA1 区最小。表明不同角度随机因素引起的空间异质性均在 SA2 区表现最大，但最小值因角度不同而不同（图 8-64～图 8-67）。

**表 8-15　不同放牧强度季节调控下群落总盖度异向性的空间变异函数**

| 角度 | 处理 | 模型 $r(h)$ | 块金值 $C_0$ | 基台值 $C_0+C$ | 结构比 $C/(C_0+C)$ | 残差平方和 RSS | 决定系数 $R^2$ | 小尺度 | 大尺度 |
|---|---|---|---|---|---|---|---|---|---|
| 0° | SA1 | 线性 | 34.03 | 95.14 | 0.642 | 438 | 0.488 | 23.97 | 70.59 |
| | SA2 | 线性 | 57.53 | 141.16 | 0.592 | 2803 | 0.452 | 25.31 | 76.35 |
| | SA3 | 球状 | 30.46 | 110.90 | 0.725 | 1355 | 0.801 | 19.06 | 19.06 |
| | SA4 | 线性 | 37.40 | 114.40 | 0.673 | 797 | 0.446 | 28.28 | 50.22 |
| | SA5 | 线性 | 32.30 | 71.10 | 0.546 | 255 | 0.326 | 82.04 | 82.04 |
| 45° | SA1 | 线性 | 33.65 | 91.05 | 0.630 | 393 | 0.488 | 22.41 | 60.57 |
| | SA2 | 线性 | 57.48 | 141.67 | 0.594 | 2979 | 0.452 | 42.28 | 49.97 |
| | SA3 | 线性 | 37.00 | 124.43 | 0.703 | 414 | 0.703 | 13.42 | 27.54 |
| | SA4 | 线性 | 36.90 | 105.68 | 0.651 | 494 | 0.446 | 19.49 | 50.70 |
| | SA5 | 线性 | 29.85 | 68.65 | 0.565 | 319 | 0.326 | 34.61 | 34.62 |
| 90° | SA1 | 线性 | 25.30 | 77.88 | 0.675 | 1062 | 0.488 | 14.10 | 14.11 |
| | SA2 | 线性 | 58.09 | 141.72 | 0.590 | 2969 | 0.452 | 32.32 | 72.67 |
| | SA3 | 指数 | 34.80 | 115.32 | 0.698 | 1045 | 0.809 | 34.17 | 47.55 |
| | SA4 | 线性 | 33.14 | 96.07 | 0.655 | 980 | 0.446 | 20.12 | 20.12 |
| | SA5 | 线性 | 32.24 | 71.04 | 0.546 | 253 | 0.326 | 68.96 | 89.89 |
| 135° | SA1 | 线性 | 20.72 | 73.30 | 0.717 | 1614 | 0.488 | 10.64 | 10.65 |
| | SA2 | 线性 | 52.83 | 136.46 | 0.613 | 3131 | 0.452 | 27.32 | 27.32 |
| | SA3 | 指数 | 22.52 | 102.96 | 0.781 | 1559 | 0.820 | 21.66 | 21.66 |
| | SA4 | 线性 | 21.20 | 84.13 | 0.748 | 2293 | 0.446 | 10.00 | 10.01 |
| | SA5 | 线性 | 31.82 | 70.62 | 0.549 | 250 | 0.326 | 51.00 | 80.03 |

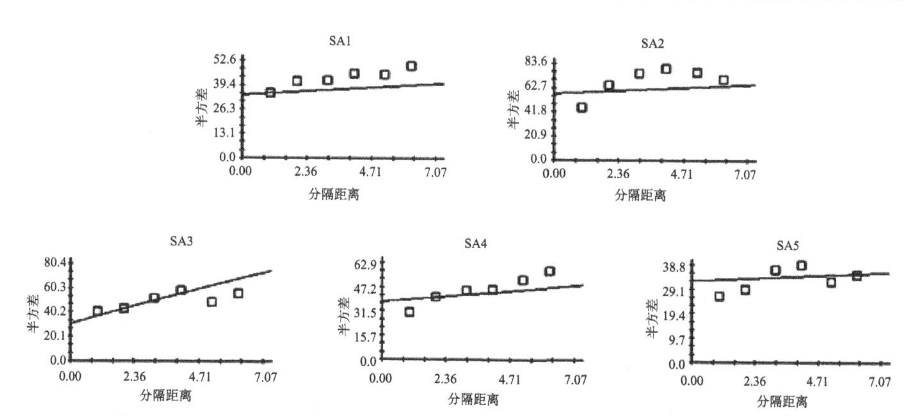


图 8-64　不同放牧强度季节调控下群落总盖度 0°方位的半方差函数图

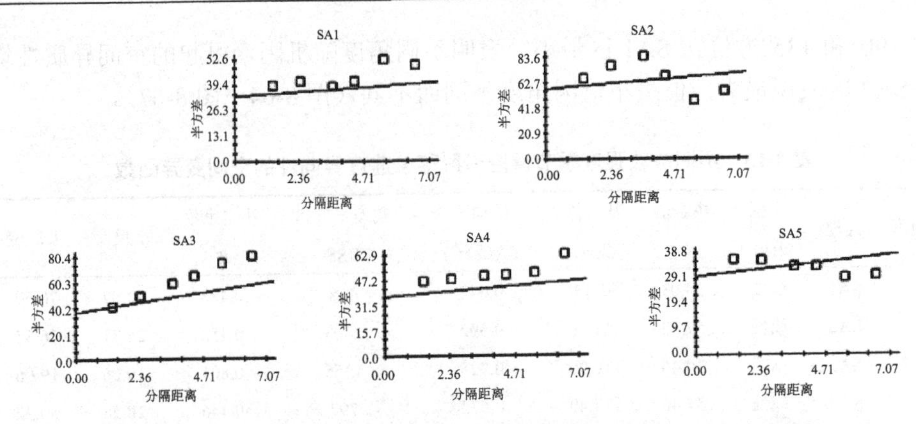


图 8-65　不同放牧强度季节调控下群落总盖度 45°方位的半方差函数图

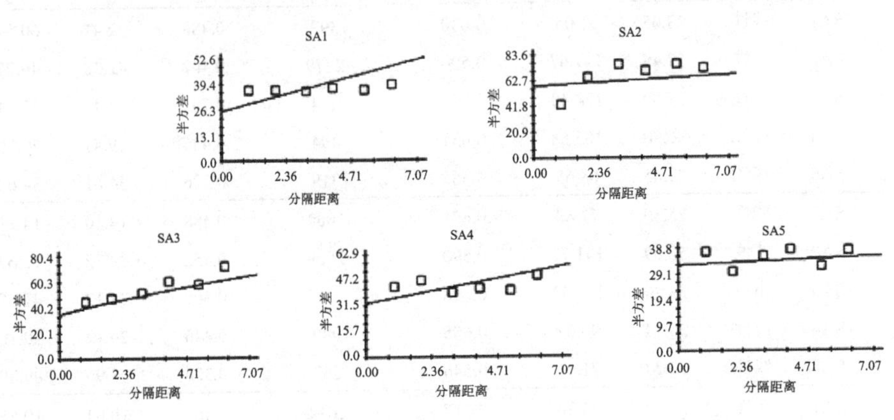


图 8-66　不同放牧强度季节调控下群落总盖度 90°方位的半方差函数图

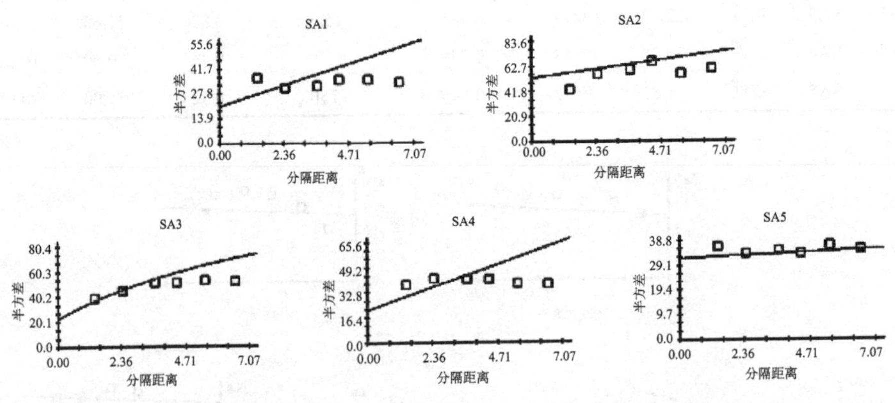


图 8-67　不同放牧强度季节调控下群落总盖度 135°方位的半方差函数图

基台值 $C_0+C$ 在 0°和 45°变化大体相似，均表现为 SA2 区、SA3 区和 SA4 区在研究系统中存在较大的最大变异程度；SA1 区和 SA5 区在研究系统中的最大变异程度较小。90°和135°规律相似，表现为SA2区和SA3区在系统中最大变异程度较大；SA1区、SA4区和SA5区最大变异程度较小。

结构比$C/(C_0+C)$反映结构因素引起的空间异质性占总空间异质性的比例。在4种不同角度方位中，均表现为SA3区结构因素引起的空间异质性占总空间异质性最大，在SA5区随机因素引起的空间异质性占总空间异质性的比例较大；若按空间自相关性标准划分，只有135°方位的SA3区具有强烈的空间自相关性，其他各角度方位各处理区均具有中等的空间自相关性。空间自相关程度在不同角度不同处理区呈现不同的变化。0°方位为SA3区>SA4区>SA1区>SA2区>SA5区；45°为SA3区>SA4区>SA1区>SA2区>SA5区；90°为SA3区>SA1区>SA4区>SA2区>SA5区；135°为SA3区>SA4区>SA1区>SA2区>SA5区。

### 2. 分形维数

在变异函数分析的基础上，进一步对群落总盖度空间分布的分形维数进行讨论。由图8-68～图8-71可知，0°方位分形维数$D$值表现为SA5区（1.915）>SA1区（1.914）>SA3区（1.913）>SA2区（1.868）>SA4区（1.835）；45°方位，SA5区（1.931）>SA4区（1.925）>SA1区（1.918）>SA2区（1.907）>SA3区（1.779）；90°方位，SA4区（1.996）>SA5区（1.995）>SA1区（1.988）>SA3区（1.885）>SA2区（1.860）；135°方位，SA1区（1.999）=SA5区（1.999）>SA4区（1.998）>SA2区（1.903）>SA3区（1.900）。由此可知，不同角度方位群落总盖度呈现不同的分布规律，表明无论是放牧强度还是家畜的选择性采食对群落总盖度分布空间异质性的影响都是比较复杂的。

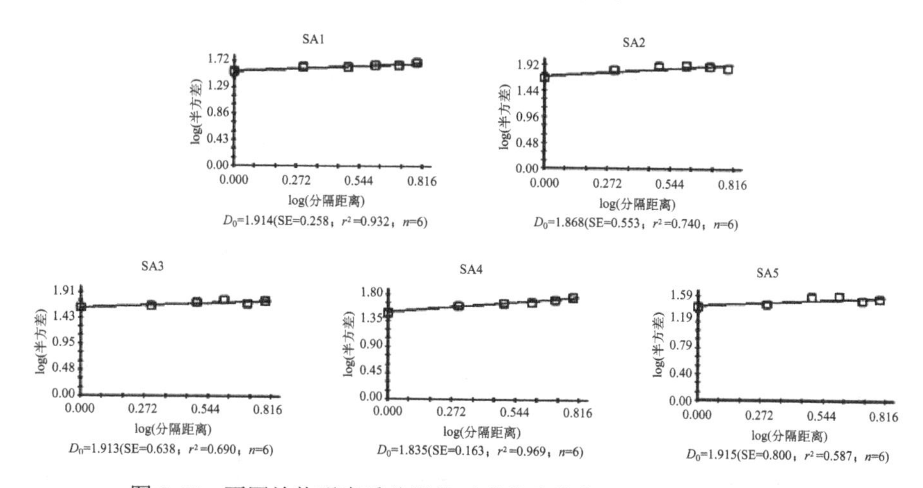


图8-68　不同放牧强度季节调控下群落总盖度0°方位的分形维数图

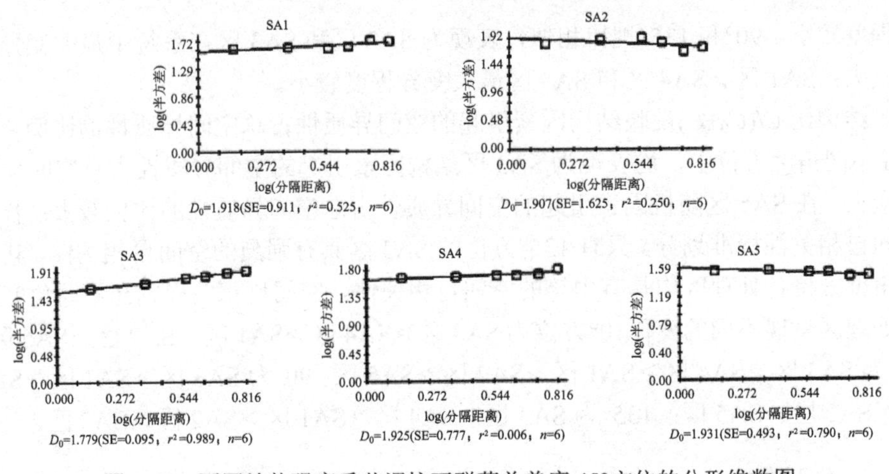


图 8-69　不同放牧强度季节调控下群落总盖度 45°方位的分形维数图

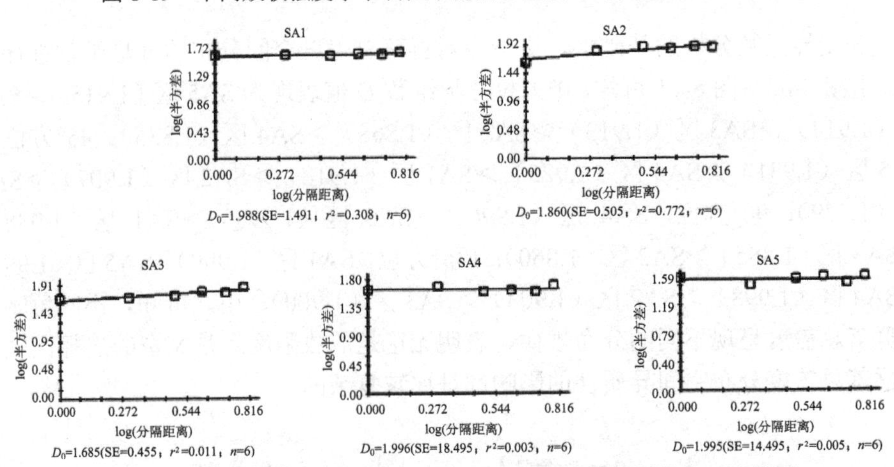


图 8-70　不同放牧强度季节调控下群落总盖度 90°方位的分形维数图

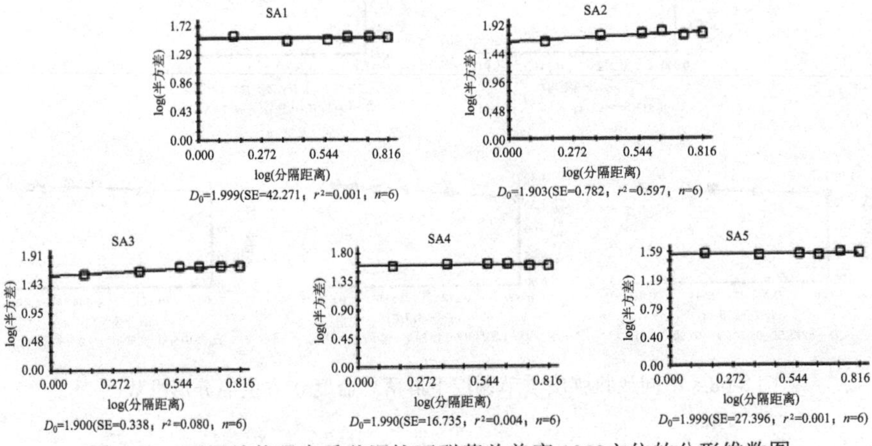


图 8-71　不同放牧强度季节调控下群落总盖度 135°方位的分形维数图

### 3. 平面分布图

运用克里格插值法对群落总盖度空间分布进行插值分析，所得平面图如图8-72～图8-75所示，不同角度方位各处理区群落总盖度空间平面分布规律各不相同。

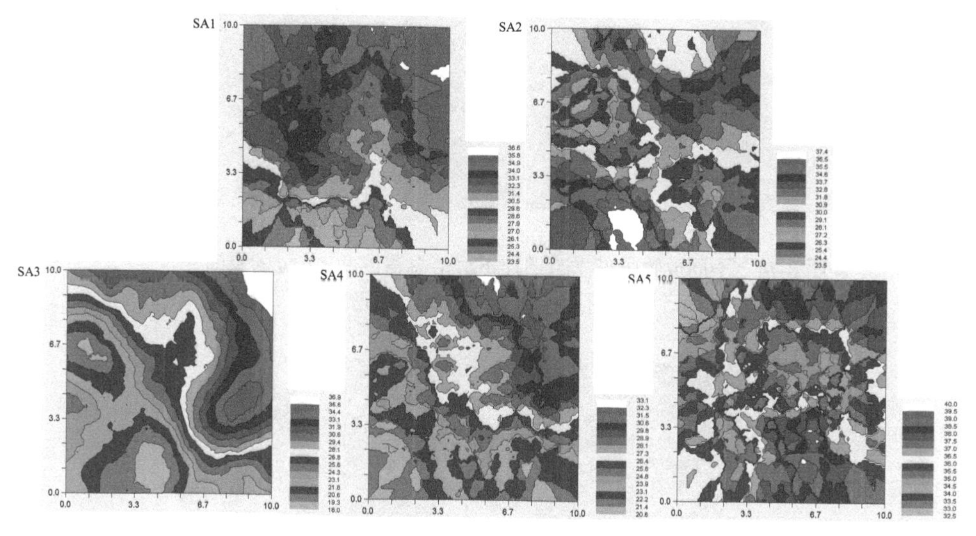


图 8-72　不同放牧强度季节调控下群落总盖度 0°方位的空间分布平面图（彩图请扫封底二维码）

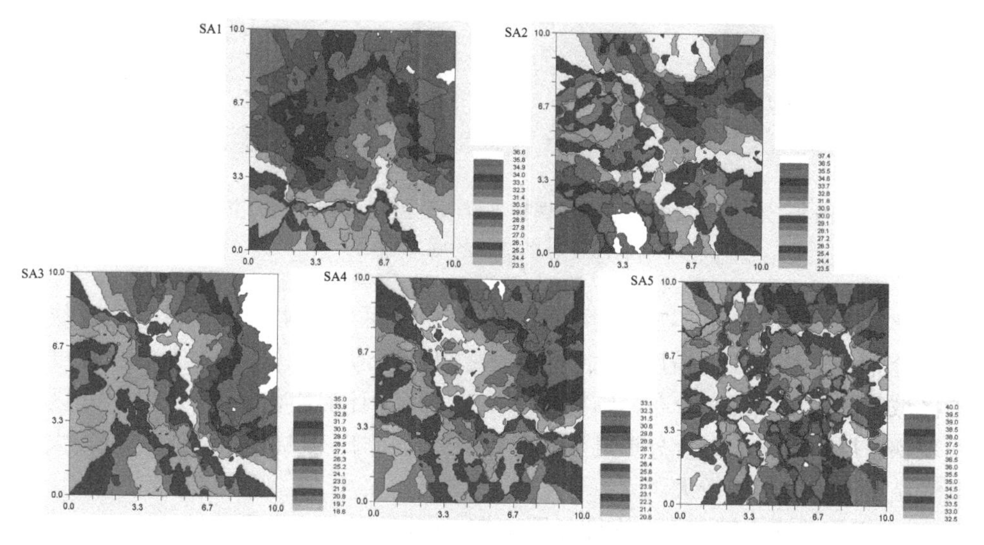


图 8-73　不同放牧强度季节调控下群落总盖度 45°方位的空间分布平面图（彩图请扫封底二维码）

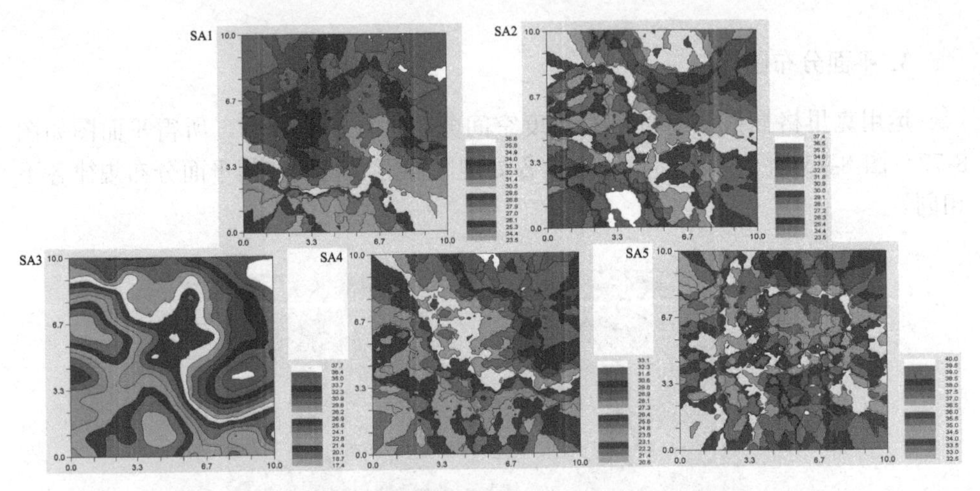


图 8-74　不同放牧强度季节调控下群落总盖度 90°方位的空间分布平面图（彩图请扫封底二维码）

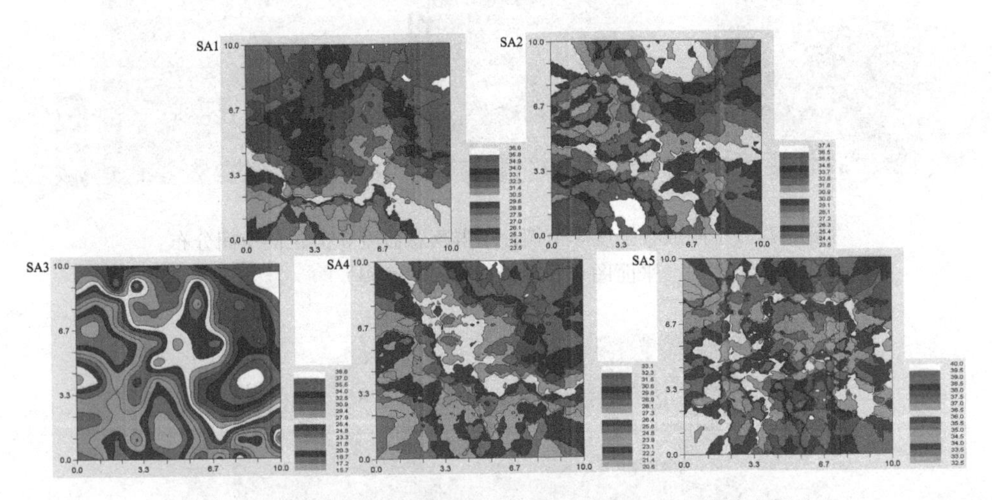


图 8-75　不同放牧强度季节调控下群落总盖度 135°方位的空间分布平面图（彩图请扫封底二维码）

0°方位平面图如图 8-72 所示，SA1 区、SA2 区、SA4 区和 SA5 区呈碎块状斑块分布，其中 SA1 区盖度较大的区域占据大部分研究区域，其他处理区盖度大的区域和小的区域混乱分布，结构复杂。SA3 区呈环形片状分布，盖度大小区域呈现梯度层次变化；结合分形维数和半方差分析可知，SA3 区空间异质性较大，其受结构因素的影响较大。

45°方位盖度空间平面分布图如图 8-73 所示，各处理区群落总盖度空间分布差别不大，分布区别在于群落盖度较大区和较小区分布范围不同。SA1 区盖度较大区域几乎占满整个研究区域；SA2 区和 SA5 区盖度大、小区域相间分布；SA3 区和 SA4 区盖度大、小区域呈梯度分布。但无论是哪个区域，斑块化分布明显。结合分形维数和半方差分析，SA2 区和 SA3 区空间异质性较大，其中，引起 SA2 区空间异质性的因素主要为随机因素，SA3 区结构因素引起的变异较大。

90°方位插值分析结果显示（图 8-74），SA1 区呈块状斑块分布，盖度较大的区域分布范围较大；SA2 区以较小的块状斑块分布，盖度较大和较小区域相间分布；SA3 区呈现最明显的环形片状斑块分布，斑块的镶嵌性明显，斑块间的连通性非常好，形成了明显的廊道；SA4 区和 SA5 区呈现细小的破碎化斑块分布，斑块分布无明显规律。结合半方差分析可知，SA2 区和 SA3 区空间异质性相对其他处理区较大。

135°方位以 SA3 斑块化分布最为明显，形状较为规则，斑块边缘圆滑（图 8-75）。结合分形维数和半方差函数分析可知，与 90°方位相似，SA2 区和 SA3 区空间异质性较大，结构因素的主导作用表现为 SA3 区＞SA2 区。

综合来看，SA2 区各角度方位空间异质性一直保持较高的水平，但引起其空间分布的主导因素因角度不同而不同；SA5 区空间异质性一直保持较低水平，在 0°和 45°空间异质性最小，随角度增加，空间异质性略有增加，各角度方位随机因素和结构因素引起的空间异质性均占有一定的比例；SA1 区和 SA4 区各角度方位空间异质性均处于中等水平。

# 第九章　荒漠草原禁牧休牧研究

草地超载过牧导致草地退化一直是草地生态学家和草地管理者关注的热点问题。草地在长期超载过牧利用情况下，牧草生长发育受阻，繁殖能力衰退，草地植被的生物量减少，群落稀疏矮化，利用价值较高的优良牧草衰减，劣质草种增生（宋乃平等，2004）。在早春季节，牧草刚刚萌发返青，幼苗受到啃食后其光合营养面积迅速减少，严重影响到以后的正常生长发育。春季返青期被称为草地植被的“受害敏感期”和草地的“忌牧期”。禁牧、休牧能够有效地缓解草地放牧压，使多年来超载过牧的草场得以休养生息，恢复生机，是当今草地合理利用中非常适合我国国情的一个有效措施，所以国家和政府把草地禁牧、休牧作为草地合理利用的一项基本制度。

国外对“草地休闲”“延迟放牧”“忌牧期”的研究较早，此类研究类似于我国的禁牧和休牧研究。国内关于禁牧、休牧的研究较晚，一些学者认为有关“春季休牧”的问题实质上就是“始牧、终牧和休牧时间长度及其机制”的科学问题，这在草地放牧管理中是一项很重要的调控措施。禁牧、休牧能明显提高天然草地的生产能力，对天然草地植被组成有明显的改善作用。同时，休牧期间采用低投入维持性饲养，可以显著降低饲养成本（李青丰等，2001，2005；赵钢等，2003）。

赵海军（2006）和褚文彬（2008）在短花针茅荒漠草原对禁牧与休牧的研究结果表明，3 个休牧区较自由放牧区更有利于提高群落特征的各项指标；禁牧区现存量最高。刘忠宽等（2004）在休牧后土壤养分空间异质性和植物群落 α 多样性研究中发现，休牧后物种多样性指数和均匀度指数均有降低趋势，即群落物种多样性和均匀度降低。赵钢等（2003）通过禁牧与自由放牧的对比研究，认为春季禁牧对草原植被的群落特征具有十分显著的影响。草地常年禁牧，牲畜舍饲圈养对草地植被的保护作用是十分明显的。朝鲁等（2002）进行了克氏针茅草地牧草返青期放牧对比试验，结果表明：①4 月 13 日～5 月 1 日是牧草返青期，放牧对草场和家畜均无好处；②5 月 1～19 日是牧草饱青期，放牧对家畜有好处，但对草场以后的生长呈现负效应；③从 5 月 19 日以后放牧对草场的影响逐渐减小。

赵彩霞和郑大玮（2004）通过对不同围栏年限放牧草原的对比研究，发现冷蒿重要值随着围栏时间的增加呈先增后降的趋势；地上生物量、植被总覆盖度、植物平均高度与围栏时间呈负相关变化。李青丰（2005）从 4 月上旬到 6 月下旬在内蒙古锡林郭勒典型草原进行了春季休牧试验，认为春季休牧可以有效地保护草原生态环境，经过两个月休牧后，草原植被状况明显改善；休牧期间采用低投入维持性饲养，可以显著降低饲养成本。赵钢等（2006）通过休牧 50 天、60 天、70 天不同休牧时间的设计，探讨了春季休牧对草地牧草产量和放牧绵羊生产性能的影响，结果表明春季休牧具有良好的增产效果，其中以 50 天休牧期表现较好，也比较经济可行。休牧区放牧绵羊增重在生长季初期小于连续放牧区，但在植物生长盛期，休牧区绵羊的增重则明显高于连续放牧区。2002 年在内蒙古部分草原的测定显示，草场盖度由禁牧前的 30%提高到 50%～70%，高度由 30～50cm 提高到 70～100cm，生物单产达到 8.93kg/hm$^2$。锡林郭勒盟草原监督管理局和内蒙古草原勘察设计院监测显示，2005 年在全盟大部分地区干旱的情况下，休牧草场和非休牧草场相比也有明显的区别，牧草高度增加 3～5cm，草群盖度增加 4～20 个百分点，草群鲜草产量增加 7～20kg，休牧区多年生优良牧草显著增加，草种逐步发生变化，植被得到较大程度的恢复（郭锡平等，2006）。周尧治等（2006）在 2005 年 5 月 19 日～9 月 13 日研究了呼伦贝尔典型草原区自由放牧和围栏禁牧对 0～110cm 土层土壤水分的影响情况，结果表明围栏禁牧对草原土壤含水量的影响表现为提高了 20～70cm 土层的含水量，而放牧提高了 0～10cm 表土含水量。

本研究于 2006～2008 年在内蒙古农业大学“苏尼特右旗都呼木教学科研基地”进行，研究区域为短花针茅+碱韭+无芒隐子草群落类型。地理坐标为 42°16′26.2″N、112°47′16.9″E，该地属于内蒙古高原荒漠草原亚带南侧呈条状分布的短花针茅草原的东南部，海拔 1100～1150m。试验共设 5 个处理：休牧 1 区（DG1）、休牧 2 区（DG2）、休牧 3 区（DG3）、自由放牧区（CG）和禁牧区（BG）。休牧试验分别于 2006 年 4 月 5 日、4 月 15 日和 4 月 25 日开始，其中休牧 1 区、休牧 2 区和休牧 3 区休牧时间分别为 40 天、50 天和 60 天，自由放牧区从 4 月 5 日开始全天放牧。试验区草地面积为 80.79hm$^2$，其中禁牧区为 7.33hm$^2$，休牧 1 区为 13.57hm$^2$，休牧 2 区为 14.72hm$^2$，休牧 3 区为 21.72hm$^2$，自由放牧区为 23.45hm$^2$。休牧处理放牧与自由放牧载畜率一致，均为 0.67hm$^2$/（只·半年）。

## 第一节 放牧对草地的影响

放牧（grazing）是草地利用的主要方式之一，简单、经济。对于内蒙古荒漠草原来说，由于其草层低矮，放牧几乎是该类型草地的唯一利用方式，而且放牧是最经济有效的家畜饲养方式（韩建国，2007）。在放牧系统中，草畜间的相互关系是放牧生态学的研究重点，关于放牧对草地植物的影响一些学者从不同角度进行过研究。目前，有关放牧对草地影响的研究主要集中在放牧对草地植被状况和土壤性质的影响方面（姚爱兴，1995；韩国栋和李博，2000），而放牧对草地植被状况和土壤性质的影响主要取决于放牧制度、放牧强度、放牧季节等，放牧强度是诸多因素中最为明显的因素之一。过度放牧会加剧草地退化，在过度放牧的情况下，草地生产状况呈下降趋势，并且放牧会对未来30年的草地生产状况造成极大的影响（Macharia and Ekaya，2005）。

## 一、放牧对草地植被的影响

### （一）植被特征

放牧对草地植被的影响是放牧生态学研究的重要领域，放牧活动作为引起草原植物群落变化的主要因素之一，对群落不同结构层次的影响是多方面的。放牧对植被影响的研究主要集中在放牧对个体、种群、群落的影响且主要表现为种群配置的变化、植物种类成分的消长、植物生活型的分化和群落层片结构的分异（许志信，1988）。近年来关于放牧对草原植被群落特征的影响研究越来越多，McIntyre和Lavorel（2001）研究表明，放牧改变了物种组分、物种丰富度、垂直剖面、植物特征和草地许多其他的属性。Bisigato和Bertiller（1997）、Bertiller等（2002）研究表明，重度放牧区由于植物种低的丰富度和低的植物盖度，比轻度放牧区易改变植物板块结构。Collins（1987）提出中度干扰假说，认为中等程度的干扰能够维持最高的生物多样性。北美洲混合草原的物种丰富度和生物多样性在适当放牧条件下显著增加。而过度放牧会使种群生境恶化，致使群落的多样性降低，结构简单化，生产力下降（王德利等，1996）。Bisigato等（2005）研究了在南美洲南端的巴塔哥尼亚的干燥生态系统中放牧对植物特征的影响。Zhao等（2005）报道，连续重度放牧和动物践踏效应主要导致植被盖度、高度大幅度下降。针对划区轮牧与连续放牧两种制度对荒漠草原植物群落影响的比较研究表明，轮牧制度对草群影响较小，优良牧草在草群中的重量比与重要值高于连续放牧制度（李勤奋等，2004）。朱桂林等（2002）在放牧制度对短花针茅荒漠草原群落植物生长的影响研究中认为轮牧区和禁牧区植物生长速度大于自由放牧区。对呼伦贝尔草原放牧绵羊采食的10种主要饲料植物种群特征分析表明：随着放牧强度增加，植物高度明显下降。由于对放牧适应性的差异，羊草、针茅等禾本科植物的盖度、生物量等特征值随牧压的增强而减小，而星毛委陵菜和冷蒿的变化模式则相反（李俊生等，2000）。卫智军等（2003c）采用放牧形式研究典型草原不同放牧制度群落动态变化规律的结果表明，划区轮牧区优势种的密度、高度、盖度及重要值均高于自由放牧区；另外荒漠草原群落及主要植物种群特征对放牧制度的响应研究表明，划区轮牧区群落及主要植物种群的高度、盖度、密度均较自由放牧区有不同程度的提高，划区轮牧区与自由放牧区相比，草地基况有明显好转，而自由放牧区一些退化植物、一年生植物、杂类草在草群中的高度、盖度、密度有所增加。不同放牧制度大针茅草原群落特征的比较研究认为，在适度牧压下划区轮牧的群落植物种类丰富度、多样性都高于自由放牧，群落内种群数量结构关系比自由放牧复杂，群落植物均匀度下降幅度小于自由放牧（蒙荣等，2003，2004a）。赵哈林等（2004）指出，过牧对草地生态系统的危害很大，连续5年过牧会使草地生物多样性、植被盖度、植被高度和初级生产力分别较禁牧区低87.9%、82.0%、94.0%和57.0%。范守民等（2006）在那拉提山地草甸草地划区轮牧与自由放牧效果的对比分析中发现，轮牧可以减轻草地利用强度，有利于草地植被的恢复。刘忠宽等（2004）对休牧4年后的草地植物群落多样性进行研究，结果显示群落生物量和群落盖度均表现出增加趋势，但群落盖度增加不显著，优势植物出现多样化特征。因此放牧对植物群落特征有重要的影响，并且这种影响程度随着放牧强度的增加而增强。即随着放牧强度的增加，草原植被种类、密度、盖度和高度降低。

## （二）群落多样性

自从1943年Fisher提出“物种多样性”一词以来，有关生物多样性的研究使都是生态学研究的热点问题。关于家畜放牧与草地植物物种多样性之间的关系国内外已有许多研究进行了探讨（Hart，2001；Woldu and Mohammed Saleem，2000；Andersen and Calov，1996；Humphrey and Patterson，2000）。Austrheim和Eriksson（2001）对斯堪的纳维亚山脉植物多样性变化模式的研究表明：生产力和干扰是局域生物多样性组建的两个基本因子，放牧是保持斯堪的纳维亚山脉生物多样性的关键过程。许多证据显示，适度放牧和刈割会维持那些受到人类活动威胁的物种的生存（Collins et al.，1998；Milchunas et al.，1990；王国宏等，2002），从而增加当地的生物多样性；但如果过度放牧（去掉地上生物量的90%左右），将会严重降低草原植物物种的多样性。Altesor等（2005）报道，放牧比禁牧有更高的物种丰富度和物种多样性，而且放牧导致一些冷季丛生性禾草被暖季匍匐性禾草所取代。Proulx和Mazumder（1998）在综述了30篇文献的基础上，认为放牧对群落物种丰富度的影响和群落所处系统的贫瘠与富有程度有关，在生态系统较贫瘠的群落上，放牧减少植物丰富度；反之，放牧增加植物丰富度。韩国栋等（2007）研究了内蒙古高原荒漠草原亚带短花针茅草原群落在不同载畜率水平上植物多样性变化规律和对草地生产力的影响，结果表明，在2年放牧过程中，不同载畜率植物多样性指数的值随年度的增加有降低的趋势，但年度间差异未达到显著水平。李永宏（1993）对羊草草原和大针茅草原牧压梯度上植物多样性的研究表明，随着放牧强度增加，群落植物物种丰富度降低，但其均匀度和多样性在中度放牧的群落中最高。刘振国和李镇清（2006）通过对退化草原冷蒿群落13年不同放牧强度下植物多样性的研究发现，植物多样性和均匀度指数在中牧处理下最大，在无牧处理下最小，而优势度指数正相反。朱绍宏等（2006）研究结果表明，白牦牛放牧强度对高寒草原群落物种多样性的影响显著，随着放牧强度的增强，夏季牧场的物种多样性指数、丰富度指数、均匀度指数都呈下降趋势；在冬季牧场物种多样性指数、丰富度指数有所下降，而均匀度指数有所上升。刘忠宽等（2004）在休牧后土壤养分空间异质性和植物群落α多样性研究中发现，休牧后，物种多样性指数和均匀度指数均有降低趋势，即群落物种多样性增加，均匀度降低。徐广平等（2005）报道，放牧干扰梯度下群落多样性的变化规律是：丰富度随放牧强度的增大呈下降趋势，中牧阶段略有增加，到重牧和过牧阶段显著减少；均匀度在中牧或重牧阶段达最大值；多样性与均匀度变化趋势一致。

## （三）牧草生物量和营养成分

食草动物对植物的选择性采食可使植物的群落结构发生变化，从而也会影响草原群落养分循环动态。有关放牧对天然草地影响的研究，许多国外学者[Ellison（1960）、Vickery（1983）]通过理论和试验方法验证了采食优化植物生长的理论，并提出了牧草家畜间互作的补偿性观点，该观点成为现代放牧优化假说理论。合理放牧能改良草地的质量，刺激牧草的分蘖，促进牧草的再生。假若放牧不足或不及时，会使牧草老化，老草的茎叶残存，会影响家畜的采食（程积民和杜峰，1999）。因此，应经过试验选择正确的放牧方式和时期，以便获得优质、稳产和高产的效果。朱桂林等（2002）在短花针茅荒漠草原群落进行了不同放牧制度对短花针茅、无芒隐子草、碱韭3个主要植物种群地上生物量影响的比较研究，发现禁牧能够提高群落种群的地上生物量，轮牧较自由放牧相比有利于种群地上生物量的恢复和提高；邢旗等（2004）在草甸草原家庭牧场比较研究了不同放牧制度对群落物质动态变化规律及植物补偿性生长的影响，研究表明，划区轮牧较自由放牧可提高现存量、生长量、生产力；康博文等（2006）在蒙古克氏针茅草原生物量围栏封育效应研究中发现，围栏禁牧较自由放牧提高了退化草原地上生物量，以及优势种克氏针茅的地上生物量比例，促进了退化克氏针茅的正向恢复演替。武新等（2006）在宁夏干草原不同放牧方式对植被特征影响的研究中发现，实行六区的划区轮牧方式是科学利用该类草地的最佳方式，轮牧比对照草地生产力提高73.84%。卫智军等（2003a）在短花针茅荒漠草原进行了不同放牧制度比较研究，发现划区轮牧区和对照区牧草现存量差异不明显，但高于自由放牧区。轮牧区和对照区群落现存量变化呈先增加后下降的动态规律，自由放牧区植物现存量几乎一直呈下降趋势。王艳芬和汪诗平（1999a）曾对冷蒿小禾草草原不同放牧率对地下生物量的影响进行过研究，认为地下生物量随着放牧率的增大而呈下降趋势，并且与围栏条件下羊草和大针茅草原比较，退化冷蒿草原的根系有表层化的趋势。陈佐忠等（2000）曾对羊草和大针茅草原地下生物量及其分布进行研究，结果表明草地地下生物量大部分分布于表层土壤中，随着深度增加，数量急剧降低，通常为倒金字塔型，即由深到浅呈“T”形分布。刘颖等（2002）研究发现草地植物群落高度随放牧强度的增大而降低；一定程度的放牧可增加禾草在群落中的比例，提高牧草质量。王艳芬和汪诗平（1999b）报道在内蒙古典型草原牧草地上现存量随放牧率的增大而线性下降，但地上净初级生产力并非线性下降，因而存在补偿性生长的现象；牧草中粗蛋白含量在放牧的中后期随放牧率增大而增加，而较轻放牧率下粗蛋白含量随放牧季节的后移明显下降；粗纤维和粗灰分含量表现出较强的规律性，随放牧时期的后移和放牧率的增大而增加；而无氮浸出物含量正好与之相反；粗脂肪含量的变化规律性不太明显。牧草的现存量和营养价值随不同放牧时期与不同放牧方式而发生变化。

### （四）植物光合特性

植物生长发育中的两个最重要的生态影响因子是光照和水分（Tueller，1988）。家畜啃食和践踏会显著影响植物对光与水分的利用情况（Coughenour，1984）；同时也影响牧草的生理活动和光合特性，从而影响牧草的产量及生理、生态学指标。Parsons 和 Penning（1988）认为随着植株的冠层被家畜采食，叶面积指数大幅度下降，植物的光合作用能力亦下降；King 等（1984）和 Woledge（1986）认为不同放牧制度下影响采食后冠层净光合作用速率的两个最主要的因素是牧草总光合面积指数（尤其是叶面积指数）和冠层中叶龄结构的变化。但是，在放牧过程中，植物体光合作用能力的降低与叶面积指数减小或生物量的移除不是成比例的，因为老幼叶的光合贡献与冠层的微气候密切相关，在某些情况下，再生叶片会起到补偿作用（侯扶江，2001）。例如，当成熟的和遮阴的叶片较多时，冠层的光合能力要大幅度下降，因为残留叶片的相对光合能力较低（Ludlow et al.，1982；Gold and Caldwell，1989）。但必须强调的一点是，如果植物对放牧比较敏感或者对放牧有极强的忍耐性，这种作用就显得不太明显了（Donald and Sosebee，1995）。Schulze（1986）研究发现，过度放牧导致草原植被盖度降低，从而使植物冠层空气湿度和土壤水分含量下降。而空气湿度和土壤水分含量降低会对叶片气孔导度与光合作用产生影响，从而导致植物的水分利用效率降低。高温使细胞的化学代谢过程和光合酶的活性受到不同程度抑制，从而影响植物的气体交换和光合作用。Chen 等（2005）研究表明，放牧使羊草的光合速率显著降低，主要是环境胁迫使羊草叶片的气孔关闭所致。Sanchez-Blanco 等（2004）和 Gonzalez-Rodriguez 等（2005）研究表明，放牧导致土壤水分不足，植物经过长时间的水分胁迫，其光合速率和气孔导度会显著降低。同时，植物的光合作用还受到土壤养分供应状况的影响。

水分如同 $CO_2$ 一样，也是光合作用进行的必要反应底物，水分胁迫是光合作用过程中最主要的限制因子之一，植物在水分亏缺条件下光合作用能力会显著降低（Cornic，1994；McDonald and Davies，1996）。

## （五）植物贮藏碳水化合物

草地牧草通过地上部分的光合作用生产出有机物质，一部分构成地上枝条供给家畜采食利用，还有一部分贮藏于地下器官中，用于维持牧草在饥饿或制造养分受阻时正常生长发育的需要。碳水化合物是植物最主要的光合产物。碳水化合物是一类重要的贮藏性营养物质，尤其是能被植物利用的非结构碳水化合物，这些贮藏性营养物质对于维持植物的生长发育和生活强度有重要作用（白可喻等，1995）。在草原生态系统中，刈牧后牧草的恢复生长和越冬后翌年的萌发生长都与植株贮藏碳水化合物的水平密切相关（Donaghy and Fulkerson，1998）。不同牧草贮藏碳水化合物的种类存在较大差异，美洲温带地区牧草贮藏碳水化合物主要是蔗糖和果聚糖（Smith，1968），而非洲热带地区牧草主要贮藏蔗糖和淀粉（Weinmann and Leonora，1946）。多年生植物碳水化合物的贮藏特性还反映了牧草对环境的适应策略（Koch，1996；Van den Ende et al.，1999；Loewe et al.，2000）。在不同的放牧强度下，牧草地上部分受损的程度不同，因而其地上部分光合作用的能力也会出现很大变化，导致地下器官中还原糖形成规律的不同，进而影响到牧草的生长发育及养分输送能力。许志信和白永飞（1994）、白永飞等（1996）对内蒙古典型草原植物的贮藏碳水化合物总量变化、分布特征及对刈割的响应已经进行了大量研究；朱桂林等（2004）对内蒙古荒漠草原植物的贮藏碳水化合物的变化进行了研究，结果表明，禁牧区植物的贮藏碳水化合物含量季节变化与轮牧区更接近一些，说明轮牧区植物的生长接近于禁牧区；梁建生等（1994）对水稻籽粒库强与淀粉积累的关系进行了探讨；潘庆民等（2000，2002a）对小麦蔗糖、果聚糖和淀粉的代谢从酶活性及酶促动力学特性上进行了较深入的研究；苏丽英等（1989）和夏叔芳等（1989）对水稻的蔗糖代谢做了较详细的研究。在不同的利用方式下，牧草地上部分受损的程度不同，其光合作用能力就会出现很大变化，并进一步影响贮藏碳水化合物含量的变化。植物贮藏碳水化合物的季节变化较大，且还原糖比总糖波动剧烈，还原糖是植物生长的灵敏指示剂（潘庆民等，2002b）。迄今，关于我国荒漠草原牧草贮藏碳水化合物季节性动态变化的研究较少，因此对荒漠草原牧草贮藏碳水化合物季节性动态变化进行分析，可揭示我国荒漠草原牧草营养物质贮藏的特性，为草原生态系统的管理提供理论依据。

## （六）放牧对草地土壤的影响

### 1. 土壤物理性质

放牧对草地土壤的影响在国内外有大量的研究。放牧对表层土壤物理性质的影响较大，放牧家畜主要通过采食、践踏、排泄粪便影响草地土壤的物理结构，如紧实度、渗透率等。Taboada 和 Lavado（1988）研究表明践踏往往可以降低土壤的容重与土壤持水能力。侯扶江和任继周（2003）在马鹿对冬季牧场践踏作用的研究中指出，土壤容重对践踏灵敏性大，更适于作为放牧管理的决策依据；另外还指出轻度放牧草地的容重较小，而重度放牧草地表层的容重相当于开垦 20 年耕地的犁底层容重，说明家畜的践踏使土壤紧实度变大。贾树海等（1999）在内蒙古锡林郭勒盟白音锡勒牧场对土壤特性的研究表明，放牧压对土壤容重的影响仅限于 0～10cm 表层土壤，然而土壤硬度（0～20cm）则随放牧强度增加呈先增后减的趋势。这与戎郁萍等（2001）在河北的研究所得的结论相一致，即随放牧强度的增大，土壤表层 0～10cm 的容重增大，土壤变得紧密，渗透率降低；也与 Greenwood 等（1997）的试验结果一致。姚爱兴（1995）在湖南南山牧场的研究表明，放牧强度增大，会使土壤紧密度增加，容重上升，透气性变差，含水量下降，并且这种影响随土层深度的增加而减小。王玉辉等（2002）研究了放牧强度对羊草草原的影响，指出随着放牧强度的增大，土壤容重逐渐增加。陈佐忠等（2000）报道，随着放牧强度的增大，草地土壤硬度和容重显著增加，而土壤毛管持水量则明显下降。Altesor 等（2006）研究发现放牧可大大降低土壤容重，增加土壤含水量。Donkor 等（2006）报道，放牧明显降低了土壤水分，且短周期高强度放牧区的土壤水分显著低于中度自由放牧区的土壤水分。在放牧条件下，家畜的践踏会减少土壤中的毛管孔隙，从而阻止水分向土壤表层的运动。王玉辉等（2002）、红梅等（2001）和董全民等（2005）的研究都表明，随着载畜率的增大，各土层含水量的变化呈下降趋势，尤以春季过牧对土壤含水量造成的损失最为严重。但也有研究（贾树海等，1996）表明放牧强度使草地表层含水量前期升高，后期降低，即放牧对土壤含水量的影响因季节降水量变化而异。卫智军等（2000a）在短花针茅荒漠草原对比研究了划区轮牧和自由放牧两种放牧制度对草地土壤理化性状的影响，结果表明，划区轮牧与自由放牧相比，表层土壤容重下降、孔隙度增加。范春梅等（2006）研究了放牧对黄土高原丘陵沟壑区林草地土壤理化性状的影响，认为放牧强度直接影响着草地和柠条锦鸡儿林地土壤的物理结构，随放牧强度的增加，牲畜对土壤的践踏加剧，导致土壤紧实度增加，容重上升，含水量下降。红梅等（2004）研究了 3 种放牧强度对沙丘和低地利用单元土壤性质的影响，结果表明，随着放牧强度的增强，低地和沙丘利用单元黏粒含量下降，砂粒含量增加，土壤颗粒变粗，容重变大，总孔隙度下降；低地利用单元土壤变紧，0～5cm 及 5～10cm 土层含水量下降；阳坡和阴坡紧实度下降，0～5cm 土层含水量下降，5～10cm 土层含水量增加。春季植物处于返青时节，抗逆能力弱，需要消耗大量的土壤水分和养分，从而满足恢复和维持生长发育的需要，春季土壤水分对植物生长尤为重要，在春季控制放牧强度、频率和时间具有重要的实际意义。

**2. 土壤化学性质**

放牧家畜通过采食活动及畜体对营养物质的转化影响草地营养物质的循环，从而使草地土壤的化学成分也发生变化，而草地土壤的物理性质和化学性质又是相互作用、相互影响的（Dakhah and Gifford，1980）。这种影响既有直接影响又有间接影响。直接影响是食草动物将化学元素固持、转移和在空间上再分配；间接影响是改变化学元素的循环过程和行为特征，通过草食动物的践踏，植物残体变得破碎，植物盖度下降，土壤容重增加，其结果是提高土壤表面温度，这些环境因素的变化均有利于植物残体的分解，加速了养分的循环过程。王东波和陈丽（2006）介绍了放牧对草原土壤理化性质的影响，结果表明，由于草原土壤系统本身的复杂性、滞后性和弹性，放牧对土壤性质的影响不尽相同。高英志等（2004）的研究表明放牧对土壤理化和生物性质的影响并没有单一或一致的结论，特别是在化学性质方面，一方面，这反映了草原土壤系统具有滞后性和容量性（弹性）；更反映了气候、地形、土壤性质、植物组成、放牧动物类型、放牧历史等因素对土壤化学性质有重要的影响。另一方面，适牧、重牧和过牧这样的定性指标不能进行定量比较，因为不同地区、国家的人会有不同的理解。白永飞等（2002）对锡林河草地生态系统的研究结果表明，放牧使地表植被减少，表层土壤温度增加，表土有机质矿化速度加强，土壤表层有机质含量减少。土壤中全氮含量降低主要是植物为了满足自身生长的需求，不断从土壤中吸收养分造成的。戎郁萍等（2001）指出随放牧强度增加，土壤全磷和速效磷含量降低，而全氮和速效氮含量增加。张伟华等（2000）在锡林河北岸的研究表明，随着放牧强度的增加，表层（0～20cm）土壤有机质明显减少，全氮含量亦明显减少，全磷含量在中牧条件下达到峰值，土壤下层（40～50cm）有机质变化不明显，全氮含量在重牧下有升高的趋势，而全磷含量则有明显的下降趋势，0～20cm $NO_3^-$-N、$NH_4^+$-N 和速效磷含量均有明显增加。裴海昆（2004）研究不同放牧强度对土壤养分及质地的影响时发现，随着放牧强度的增加，土壤速效氮含量增加，但都低于对照区。张淑艳等（1998）在对短花针茅草原生态系统进行放牧研究时指出，在短花针茅荒漠草原上，放牧改变了土壤贮 N 的季节动态、垂直分布及氮的矿化速率，使全氮含量下降，季节波动幅度变大，尤以 0～20cm 土层更明显。姚爱兴（1995）在对多年生黑麦草/白三叶草的放牧研究中指出，土壤中全磷、速效磷、碱解氮随放牧强度的增加而减少，而全氮、速效钾则随放牧强度的增加而增加。白可喻等（1999a，1999b）研究不同放牧处理对新麦草人工草地土壤 N 变化时指出，0～30cm 土层土壤全 N 平均值的顺序为对照＞轻度放牧＞中度放牧；在鱼儿山牧场进行的研究表明，轮牧制下，随放牧强度增加土壤表层 N 素积累增多。Abbasi 和 Adams（2000）指出，长期高强度放牧使得土壤 N 的利用率很低，并且导致 N 从草原系统流失。Zeller

等（2000）研究发现，高强度放牧会导致土壤矿化N降低，土壤总有机C增加，而总N没有大的变化。禁牧可以提高典型草原土壤养分元素的含量，有利于遏制草原土壤的退化（许中旗等，2006）。卫智军等（2005）在短花针茅荒漠草原对比研究了划区轮牧和自由放牧两种放牧制度对草地土壤理化性状的影响，结果表明，划区轮牧区土壤中全氮、碱解氮、全磷、速效磷、速效钾及有机质含量均较自由放牧区有所提高。放牧管理是草原管理的重要措施，但放牧管理影响下草原碳循环和分布的生态过程没有被完全认识，从已有的文献中很难得出放牧管理与碳滞留量之间明确的关系。一些研究认为，放牧对土壤有机质没有影响（Wang et al.，1998；Milchunas and Lauenroth，1993），认为草原生态系统对放牧有相当的弹性；而其他一些报道则认为放牧增加了土壤有机质（Dormaar et al.，1984；Moracs et al.，1996），主要是由于放牧管理技术的应用增加了牧草的产量，也潜在增加了土壤有机质和C沉积量（Conant et al.，2001）。放牧对土壤的影响，尤其是对其化学性质的影响是一个缓慢渐变的过程，所以相关的研究有诸多不同的结论，这可能是不同的试验之间存在地区差异性，进而引起土壤和植被类型不同所导致的。另外，供试草地的放牧强度、放牧历史及放牧研究持续时间的不同也可能导致土壤中各元素的含量存在明显差异（王忠武，2009）。

## 二、放牧管理及禁牧休牧研究

家畜和牧草是放牧生态系统中的主体，而放牧生态系统是一个复杂的生态系统，包括牧草、家畜、土壤和气候等许多因素，这些因素之间相互作用、相互影响构成了放牧生态系统。在放牧生态系统中，家畜的放牧利用受牧草的生产、种类及牧草不同生长阶段的影响，同时家畜的数量、种类、放牧时间和强度也会对草地产生影响，所以科学的放牧管理措施显得尤为重要（尚占环和姚爱兴，2004）。放牧管理的基本原理在于控制家畜对植物的采食频度和强度，而放牧管理的目的在于提高草地的第一生产力和第二生产力。放牧方式是制约草地生产力的一个非常关键的因素，因为不合理的放牧方式会使草地植物种类组成与群落结构发生变化，导致产草量和草品质降低，从而间接影响家畜的生产性能。因此，为了获得持续、最大的产量，适宜的放牧强度和放牧方式是必不可少的（王淑强，1995）。合理完善的放牧制度能够减少放牧强度、季节性、频度等对植物的不良影响，并尽可能地为家畜提供优质的牧草，用来维持较高的畜产品生产水平。因此，放牧系统的管理是提高生产效率和经济效益至关重要的方法（王钦，1996）。

国内外对放牧管理经验进行了大量的研究（Sharrow and Krueger，1979；Heady，1982；刘艳，2004）。Hodgson（1993）把放牧管理方法分为两大类，即连续放牧（continuous grazing）和间断放牧（intermittent grazing）。Kothmann（1984）

提出了考虑气候、植被、家畜、野生动物和其他草地资源条件的放牧制度，根据这些条件把放牧制度分为4个相互区别的组合，即延长轮牧（deferred-rotation）、休闲轮牧（rest-rotation）、高强度低频度轮牧（highintensity-lowfrequency-rotation）和短周期轮牧（short-rotation）。不同处理间的不同组合直接影响着草地生产能力，它们之间相互联系，又相互区别。例如，在短期非放牧和短期放牧处理组合的轮牧制度中，设计非放牧期和放牧期的长短，既要考虑给牧草充分的分蘖和再生恢复生机的时间，又要考虑使牧草利用更充分和持续地供给家畜幼嫩、新鲜的牧草。我国学者在结合本国国情的同时借鉴国外经验，对放牧管理措施进行了详细的综述和分析。姚爱兴（1995）对不同放牧制度及放牧强度对草地植被、土壤情况、动物生产等的影响进行了系统的综述。韩国栋（1993）、韩国栋等（1990）和卫智军等（1995，2000a，2003a）在内蒙古荒漠草原进行了划区轮牧的研究，取得了大量的研究资料。常会宁等（1994）指出，各种放牧管理措施的应用在草地改良方面具有重要作用，但不同地区由于气候与植被组成的不同，所采取的放牧方式也应有所不同，所以适于在某种草地上应用的放牧方式很可能不适于在其他草地上应用。赵海军（2006）在内蒙古荒漠草原进行了禁牧和休牧的研究。刘忠宽等（2004）对休牧4年后土壤养分空间异质性和植物群落α多样性进行了详细研究。赵钢等（2003）通过禁牧与自由放牧的对比研究，得出结论：春季禁牧对草原植被的群落特征具有十分显著的影响。

我国牧区大多数家畜全年依靠放牧，放牧开始与终止的时间无明显的界线，但放牧的开始与终止时间对牧草的生长、发育和再生有一定的影响，因此，放牧时应考虑这些因素。再加之多数草原载畜量过大，过度放牧超越了一些植物的再生能力，使草地植被的生物量减少，群落稀疏矮化，利用价值较高的优良草群衰减，劣质草种增生。特别是在早春季节，牧草刚刚萌发返青，幼苗受到啃食后其光合营养面积迅速减少，严重影响以后的生长发育。另外，早春的返青牧草倘不能满足放牧家畜的需要，牲畜此时又因吃不到青草而不愿吃干草，逐食“跑青”严重，这样一方面消耗大量能量，造成牲畜“春乏”掉膘，甚至死亡；另一方面对草地的践踏破坏也最为严重（Greene et al.，1994）。禁牧、休牧正是在这种情况下逐渐形成的一种新型的放牧方式。关于禁牧、休牧的概念比较混乱，人们对其含义的理解也有不同。国家农业开发办和农业部定义禁牧为在一定区域内一年以上不予放牧利用；而休牧为在一定区域内一年以下不予放牧利用，使草牧场得以休养生息，恢复植被（李青丰，2005）。草地常年禁牧，牲畜舍饲圈养对草地植被的保护作用是十分明显的。舍饲在我国的一些地方得到大力提倡，提出舍饲的主要目的是解决目前草地的退化、沙化与盐碱化问题。由于草地放牧总是处于过度状态，因此必须采取一定时间的禁牧，才能使草地得以恢复。基于上述思路，提出“春季禁牧”及“延迟放牧”，即休牧。草地生态也因此得到极大的改善。

李连树等（2004）报道，经对张家口、承德 2 市围封、禁牧草地的调查发现，青干草平均产草量达 150kg 以上，较原产量提高 40%以上。禁牧所取得的生态效益、社会效益、经济效益得到绝大部分农牧民的认可。巴林右旗实行禁牧舍饲后，植被覆盖度由禁牧前的不足 40%提高到 95%以上，对农牧民生产方式的转变产生了良好的推动作用，取得了较高的社会效益（周景云等，2003）。赵彩霞和郑大玮（2004）通过对不同围栏年限放牧草原的对比研究发现，冷蒿重要值随着围栏时间的增加呈先增后降的趋势；地上生物量、植被总覆盖度、植物平均高度与围栏时间呈负相关关系。截至 2005 年底，内蒙古禁牧和休牧面积已达到 4161.19 万 $hm^2$，其中禁牧面积 1375.3 万 $hm^2$，休牧面积 2785.89 万 $hm^2$。

由于自然条件的限制，在发展现代化畜牧业的道路上应走禁牧、休牧与舍饲互补的道路。禁牧、休牧能够有效地解除放牧压，减少草地载畜量，使草地群落得以自然恢复，并且由于其成本投入较低，是当今退化草地恢复技术中非常适合我国国情的一个有效措施。禁牧、休牧后，集约化程度更高的舍饲将会成为农牧民首选的家畜饲养方式（云小才，2001）。

放牧是内蒙古荒漠草原最主要的草地利用方式之一，到目前为止，虽然有大量关于放牧对草地生态系统的研究试验，不论从放牧对草地植被及土壤的影响方面来看，还是从舍饲圈养日粮配方对比研究试验方面而言，国内的研究多集中于典型草原区。各种放牧方式的应用在不同地区有很大差别，这很可能与各地的气候、植被和其他草地资源条件及所采用的放牧技术和方法有关，不加任何条件地过分强调一种放牧方式优越性的观点是片面的，即使是相同的放牧方式，在不同的地域环境及管理条件下所得的结果也不尽相同（Lambert et al.，1986）。很多有关禁牧休牧定性的研究结论，是在对典型草原的研究中得出，进而推广到荒漠草原生态系统中的。然而，在不同的条件下，休牧时间的不同对草地植被与土壤影响的差异较大，尤其在不同自然条件与植被组成下，休牧时间的长短及休牧期日粮配方更是完全不同，因此，我们在短花针茅荒漠草原区进行禁牧休牧对草地植被、土壤影响及休牧期日粮配方的研究，具有较强的代表性和实际应用价值。

本试验地为荒漠草原区，是一个十分重要的生态系统类型，而且生态环境异常严酷，年降水量仅 150～250mm，冬季严寒，夏季短促，植物终年处于水分亏缺状态之中，植被稀疏，土壤多砾石，养分贫瘠，不易改造，属于典型的生态脆弱带。在全球气候变化影响下由于缺乏科学管理和超载放牧等，草地呈现出不同程度的退化现象。草原退化受自然和人为两大因素的影响，自然因素包括疏松的地表、丰富的砂粒、大于起风阈值的风力及与干旱季、植物枯萎期相一致的条件；人为因素主要是指不合理的利用方式和强度（刘金祥，1994）。荒漠草原是内蒙古草地的重要组成部分，占草地总面积的 10.7%，短花针茅草原是荒漠草原主要的生态系统类型，该类型草地占到温性荒漠草原类总面积的 11.2%，对荒漠草原生态系统的整体功能有着很大的影响。近年来，由于人口不断增加，草地发生了严重的退化，植物种类减少，草地植被覆盖度降低，草地土壤风蚀和水蚀加重。虽然当地政府在管理上提出了一些禁牧舍饲的措施，但缺乏长期有效的方法指导当地牧民有效合理地利用草地。为此，本章以短花针茅荒漠草原为研究对象，试验结合草地畜牧业生产实践，在家庭牧场尺度上，3 年连续监测对比研究禁牧、休牧和自由放牧对草地植被与土壤的影响，旨在确定荒漠草地合理的利用方式与适宜的休牧时间；同时结合当地饲草资源的量、质特点，进行家畜舍饲圈养研究，制定科学合理、营养均衡的饲草供给模式，为草地的合理利用与管理及草地保护提供理论依据，促进内蒙古草地畜牧业的可持续发展。

## 第二节　主要植物种群特征对禁牧休牧的响应

试验区的植被属短花针茅荒漠草原地带性植被，以短花针茅（*Stipa breviflora*）为建群种，它在决定群落外貌和建造群落环境方面起着主导作用，群落形成特有的景观特征。优势种为无芒隐子草（*Cleistogenes songorica*）和碱韭（*Allium polyrhizum*），3 个种群的数量消长、时空变化及结构的位移均会引起群落的巨大波动，构成了短花针茅+无芒隐子草+碱韭群落类型。主要伴生种还有细叶韭（*Allium tenuissimum*）、银灰旋花（*Convolvulus ammannii*）、糙隐子草（*Cleistogenes squarrosa*）、木地肤（*Kochia prostrata*）、阿尔泰狗娃花（*Heteropappus altaicus*）、狭叶锦鸡儿（*Caragana stenophylla*）、寸草苔（*Carex duriuscula*）、栉叶蒿（*Neopallasia pectinata*）、猪毛菜（*Salsola collina*）、冠芒草（*Enneapogon borealis*）、虱子草（*Tragus berteronianus*）、狗尾草（*Setaria viridis*）等（表 9-1）。草地植被草层低矮，一般高度为 5～25cm。试验区自然条件严酷，草地生态系统极其脆弱，在长期自由放牧利用过程中处于输入与输出负平衡状态，生态系统受损严重，但在轻度或中度放牧压下，这类草地具有稳定性偏高的初级生产力（赛胜宝和李德新，1994；李德新，1990）。

**表 9-1　试验地植物种类记录表**

| 序号 | 植物名称 | 拉丁名 | 序号 | 植物名称 | 拉丁名 |
|---|---|---|---|---|---|
| 1 | 短花针茅 | *Stipa breviflora* | 7 | 木地肤 | *Kochia prostrata* |
| 2 | 无芒隐子草 | *Cleistogenes songorica* | 8 | 阿尔泰狗娃花 | *Heteropappus altaicus* |
| 3 | 碱韭 | *Allium polyrhizum* | 9 | 寸草苔 | *Carex duriuscula* |
| 4 | 糙隐子草 | *Cleistogenes squarrosa* | 10 | 星毛委陵菜 | *Potentilla acaulis* |
| 5 | 银灰旋花 | *Convolvulus ammannii* | 11 | 狭叶锦鸡儿 | *Caragana stenophylla* |
| 6 | 细叶韭 | *Allium tenuissimum* | 12 | 栉叶蒿 | *Neopallasia pectinata* |

续表

| 序号 | 植物名称 | 拉丁名 | 序号 | 植物名称 | 拉丁名 |
|---|---|---|---|---|---|
| 13 | 猪毛菜 | *Salsola collina* | 25 | 冬青叶兔唇花 | *Lagochilus ilicifolius* |
| 14 | 冠芒草 | *Enneapogon borealis* | 26 | 野韭 | *Allium ramosum* |
| 15 | 虱子草 | *Tragus berteronianus* | 27 | 细叶鸢尾 | *Iris tenuifolia* |
| 16 | 灰绿藜 | *Chenopodium glaucum* | 28 | 反枝苋 | *Amaranthus retroflexus* |
| 17 | 狗尾草 | *Setaria viridis* | 29 | 虎尾草 | *Chloris virgata* |
| 18 | 冷蒿 | *Artemisia frigida* | 30 | 蒺藜 | *Tribulus terrestris* |
| 19 | 蒙古韭 | *Allium mongolicum* | 31 | 乳白黄耆 | *Astragalus galactites* |
| 20 | 茵陈蒿 | *Artemisia capillaris* | 32 | 鹤虱 | *Lappula myosotis* |
| 21 | 狼毒 | *Stellera chamaejasme* | 33 | 马齿苋 | *Portulaca oleracea* |
| 22 | 砂韭 | *Allium bidentatum* | 34 | 画眉草 | *Eragrostis pilosa* |
| 23 | 戈壁天门冬 | *Asparagus gobicus* | 35 | 点地梅 | *Androsace umbellata* |
| 24 | 细叶苔草 | *Carex rigescens* | 36 | 白花马蔺 | *Iris lactea* |

## 一、主要植物种群特征动态变化

### （一）种群密度

通过对3年试验结果的分析可知（表9-2），2006年8～10月短花针茅密度在禁牧区显著高于休牧1、2、3区与自由放牧区（$P<0.05$），休牧区与自由放牧区无显著差异（$P>0.05$）；2007年整个放牧季节禁牧区均显著高于休牧1、2、3区与自由放牧区（$P<0.05$），休牧1、2、3区（除8月外）与自由放牧区无显著差异（$P>0.05$）；2008年整个放牧季节禁牧区均显著高于休牧1、2、3区与自由放牧区（$P<0.05$），10月，自由放牧区显著高于休牧1区（$P<0.05$），6～9月4个放牧处理（禁牧区除外）间均无显著差异（$P>0.05$）。分析可知，在生长时期，均呈现出禁牧区短花针茅密度大于休牧1、2、3区与自由放牧区，这说明禁牧有利于短花针茅数量的增加。

2006年8～10月碱韭密度在休牧1区显著高于其他4个放牧处理区（$P<0.05$）；2007年6月禁牧区显著高于休牧1、2、3区和自由放牧区（$P<0.05$），而7月、9月、10月休牧1区则显著高于其他4个放牧处理区（$P<0.05$）；2008年6月、8～10月休牧1区显著高于其他4个放牧处理区（$P<0.05$），6月、8月、10月禁牧区与自由放牧区间均无显著差异（$P>0.05$）。

2006年8月、9月无芒隐子草密度在休牧2、3区显著高于休牧1区与禁牧区（$P<0.05$），自由放牧区则显著高于禁牧区（$P<0.05$）；2007年7～10月均呈现出休牧2区高于其他4个放牧处理区，禁牧区与自由放牧区间无显著差异

表 9-2 禁牧休牧主要植物种群密度季节动态

（单位：株/m$^2$）

| 年份 | 月份 | 短花针茅 | | | | | 碱韭 | | | | | 无芒隐子草 | | | | |
|---|---|---|---|---|---|---|---|---|---|---|---|---|---|---|---|---|
| | | DG1 | DG2 | DG3 | BG | CG | DG1 | DG2 | DG3 | BG | CG | DG1 | DG2 | DG3 | BG | CG |
| 2006 | 8 | 3.40±2.07b | 2.80±3.26b | 3.50±2.01b | 11..20±2.86a | 5.00±2.45b | 26.30±8.25a | 13.90±4.58b | 8.40±1.78c | 8.40±5.44c | 15.10±5.02b | 20.50±6.50b | 31.20±5.16a | 26.20±7.33a | 7.60±5.95c | 15.60±5.08b |
| | 9 | 1.00±0.00b | 3.67±2.94b | 3.20±2.35b | 8.90±1.66a | 4.20±1.99b | 34.00±9.04a | 15.40±4.58bc | 10.50±2.64c | 10.70±8.08c | 20.00±6.96b | 15.10±3.96c | 22.60±6.70ab | 27.70±8.67a | 6.90±3.25d | 16.50±10.59bc |
| | 10 | 2.00±1.22b | 3.13±2.90b | 2.80±1.62b | 7.80±1.93a | 4.00±2.79b | 30.00±12.11a | 11.90±3.67bc | 7.40±2.55c | 10.60±6.90bc | 14.9.0±4.38b | 27.50±6.80a | 27.90±9.29a | 30.50±11.64a | 14.10±5.04b | 16.30±5.98b |
| 2007 | 6 | 2.00±1.15b | 3.29±2.75b | 3.30±1.83b | 11.10±3.28a | 3.70±1.64b | 2.30±1.01b | 3.90±1.22b | 4.00±1.33b | 8.40±2.41a | 3.00±0.88b | 14.30±6.82a | 13.60±4.03a | 7.30±2.87b | 5.40±2.76b | 4.40±2.37b |
| | 7 | 1.00±0.00b | 2.67±2.06b | 3.70±3.20b | 10.20±1.69a | 0.00±0.00b | 25.60±6.17a | 10.40±3.03bc | 6.10±1.66c | 10.00±7.85bc | 13.10±3.03b | 15.70±4.27b | 19.70±5.38a | 16.90±3.48ab | 8.30±4.42c | 9.50±3.06c |
| | 8 | 2.80±1.48c | 3.44±2.35bc | 3.70±2.06bc | 9.30±2.16a | 5.70±2.58b | 26.40±5.72ab | 20.60±6.65bc | 15.90±4.36c | 14.00±5.20c | 29.40±8.54a | 20.20±5.63b | 38.30±5.93a | 34.50±7.59a | 3.25±1.89d | 14.00±5.40c |
| | 9 | 2.50±1.00b | 3.00±2.19b | 3.11±1.27b | 10.80±3.12a | 3.50±1.41b | 30.00±9.91a | 10.50±3.24c | 6.30±2.11c | 8.94±6.86c | 17.40±5.42b | 18.50±7.89b | 29.20±3.97a | 10.10±3.60d | 12.70±4.79cd | 15.50±5.34bc |
| | 10 | 2.00±0.82b | 1.83±0.98b | 3.11±1.27b | 8.80±1.87a | 3.33±1.58b | 26.70±8.94a | 9.90±2.47bc | 6.30±2.11c | 7.30±4.60c | 13.10±7.23b | 14.70±8.46b | 35.20±6.99a | 10.10±3.60b | 10.80±4.37b | 10.20±4.78b |
| 2008 | 6 | 2.17±0.75b | 4.14±2.91b | 3.70±2.45b | 8.60±2.46a | 4.10±2.02b | 13.70±2.75a | 8.40±2.22b | 7.40±2.12b | 7.10±3.38b | 8.30±2.45b | 4.50±1.84b | 9.80±2.97a | 9.10±3.60a | 6.40±1.84b | 5.60±1.71b |
| | 7 | 2.22±1.10b | 2.63±2.13b | 3.11±2.09b | 8.30±1.95a | 3.00±1.77b | 21.20±6.68a | 11.40±2.32b | 10.50±3.60b | 10.50±3.78b | 17.80±6.65a | 11.60±4.38ab | 13.70±4.79a | 11.30±2.31ab | 9.90±3.11b | 11.80±3.61ab |
| | 8 | 2.67±1.37b | 2.57±1.51b | 3.22±2.11b | 7.80±1.55a | 3.56±1.42b | 18.20±8.01a | 8.80±2.74b | 6.90±2.33b | 9.00±3.53b | 10.20±2.49b | 8.20±3.74ab | 10.5±2.12a | 11.80±7.48a | 8.70±3.06ab | 6.20±1.40b |
| | 9 | 2.60±0.55b | 2.56±1.33b | 3.66±1.87b | 9.20±1.48a | 3.11±1.54b | 18.00±4.27a | 8.60±3.31bc | 6.10±2.13c | 5.80±1.48c | 9.60±4.53b | 16.80±8.68ab | 21.20±5.01a | 15.30±6.60ab | 17.10±10.89ab | 11.00±3.80b |
| | 10 | 1.67±0.82c | 2.88±0.99bc | 3.11±1.69bc | 9.30±1.89a | 3.89±1.45b | 14.30±3.50a | 6.10±1.45b | 5.80±2.20b | 5.50±2.84b | 7.10±2.92b | 13.30±2.91b | 19.00±7.29a | 13.40±1.07b | 17.80±8.19ab | 12.90±3.63b |

注：不同小写字母表示不同处理间差异显著（$P<0.05$），本章余同

（8 月除外）（$P>0.05$）；2008 年整个放牧季节均呈现出休牧 2 区显著高于自由放牧区（7 月除外）（$P<0.05$），禁牧区与自由放牧区间无显著差异（$P>0.05$），7～9 月休牧小区间均无显著差异（$P>0.05$），10 月休牧 2 区显著高于休牧 1、3 区（$P<0.05$）。

### （二）种群高度

主要植物种高度见表 9-3，其中 2006 年 8～10 月短花针茅高度禁牧区显著高于自由放牧区（$P<0.05$），8 月、9 月休牧区与自由放牧区无显著差异（$P>0.05$），10 月休牧 3 区显著高于休牧 1、2 区（$P<0.05$）；2007 年整个放牧季节禁牧区短花针茅的高度始终高于其他处理区（9 月除外），说明在放牧期间短花针茅被家畜采食而导致高度下降，7 月、8 月、10 月各休牧区间差异不显著（$P>0.05$）；2008 年 6 月禁牧区显著高于其他处理区（$P<0.05$），7～10 月禁牧区与自由放牧区无显著差异（$P>0.05$），10 月休牧 2、3 区显著高于禁牧区、自由放牧区与休牧 1 区（$P<0.05$）。

2006 年 8 月、9 月碱韭高度在休牧区显著高于禁牧区（$P<0.05$），休牧区间无显著差异（$P>0.05$），禁牧区与自由放牧区无显著差异（$P>0.05$），10 月休牧 1、3 区显著高于禁牧区（$P<0.05$）；2007 年 7 月、10 月休牧区与自由放牧区无显著差异（$P>0.05$），9 月休牧 2 区显著低于其他 4 个处理区（$P<0.05$）。

2006 年 8～10 月无芒隐子草高度在禁牧区显著高于其他处理（$P<0.05$），8 月、9 月休牧区与自由放牧区无显著差异（$P>0.05$），10 月休牧区显著高于自由放牧区（$P<0.05$）；2007 年除了 8 月，在其余放牧季节禁牧区显著高于休牧区与自由放牧区（$P<0.05$），整个放牧季节除了 9 月，无芒隐子草高度在休牧区与自由放牧区之间无显著差异（$P>0.05$），10 月禁牧区显著高于休牧区与自由放牧区（$P<0.05$）；2008 年 6 月禁牧区显著高于自由放牧区（$P<0.05$），7 月各放牧处理均无显著差异（$P>0.05$），在随后的放牧季节，禁牧区显著高于其他放牧处理（$P<0.05$），各休牧区之间无显著差异（$P>0.05$），10 月休牧 2 区显著高于自由放牧区（$P<0.05$）。

### （三）种群盖度

2006 年 8～10 月短花针茅盖度在禁牧区显著高于其他处理（$P<0.05$），休牧区与自由放牧区无显著差异（$P>0.05$），休牧区之间也无显著差异（$P>0.05$）；2007 年禁牧区在整个放牧季节（除 7 月外）显著高于其他处理（$P<0.05$），7 月禁牧区、自由放牧区显著高于休牧区（$P<0.05$），休牧区之间无显著差异（$P>0.05$），8～10 月休牧区之间无显著差异（$P>0.05$）；2008 年禁牧区在整个放牧季节显著高于其他处理（$P<0.05$），各休牧区之间无显著差异（$P>0.05$），6 月休牧

表 9-3　禁牧休牧主要植物种群高度季节动态　　（单位：cm）

| 年份 | 月份 | 短花针茅 | | | | | 碱韭 | | | | | 无芒隐子草 | | | | |
|---|---|---|---|---|---|---|---|---|---|---|---|---|---|---|---|---|
| | | DG1 | DG2 | DG3 | BG | CG | DG1 | DG2 | DG3 | BG | CG | DG1 | DG2 | DG3 | BG | CG |
| 2006 | 8 | 7.02±1.65b | 6.96±5.64b | 10.95±2.15b | 15.40±5.91a | 7.02±2.84b | 18.70±1.32ab | 18.88±1.90ab | 21.17±2.01a | 13.90±3.45c | 16.55±6.82bc | 4.39±0.97b | 4.51±0.82b | 4.96±0.88b | 9.88±4.00a | 3.80±0.94b |
| | 9 | 7.00±0.00b | 7.50±1.76b | 9.25±3.90ab | 12.25±2.19a | 6.52±2.40b | 14.10±0.99a | 13.80±3.16ab | 13.62±1.64ab | 10.55±1.12c | 12.00±2.07bc | 5.55±1.38b | 4.85±0.58b | 5.331.12b | 7.40±3.17a | 4.17±0.84b |
| | 10 | 5.00±1.41c | 7.25±2.05b | 9.40±2.22a | 10.60±1.26a | 5.00±1.41c | 8.50±1.35a | 6.60±0.48bc | 7.97±1.19a | 6.00±1.33c | 7.60±1.26ab | 2.97±0.44b | 3.00±0.94b | 3.28±0.57b | 5.10±1.20a | 1.15±0.34c |
| 2007 | 6 | 2.71±0.76c | 3.00±0.58c | 5.10±1.60b | 12.20±1.42a | 2.00±0.47c | 2.30±0.48c | 3.90±0.32a | 4.00±0.00a | 2.55±0.80c | 3.00±0.00b | 1.10±0.21b | 1.10±0.00b | 1.00±0.00b | 1.53±0.67a | 1.00±0.00b |
| | 7 | 1.50±0.71a | 3.50±1.38a | 4.90±0.32a | 6.60±0.70a | 0.00±0.00a | 5.50±0.53b | 5.70±0.48ab | 5.00±0.00c | 6.00±0.67a | 5.40±0.52bc | 2.00±0.00b | 2.45±1.26b | 2.10±0.32b | 3.10±0.88a | 2.05±0.16b |
| | 8 | 5.80±0.45b | 7.00±1.87b | 6.30±1.06b | 14.80±4.83a | 5.00±1.25b | 12.60±2.32a | 12.00±0.67ab | 10.00±0.67c | 11.20±1.40bc | 10.20±0.92c | 3.30±0.82ab | 3.00±0.00b | 3.00±0.00b | 3.50±0.58a | 3.00±0.00b |
| | 9 | 5.00±0.00bc | 3.17±0.98c | 7.78±3.70a | 6.40±0.52ab | 5.00±0.00bc | 4.80±0.00b | 3.30±0.00c | 5.80±0.88a | 5.22±0.71ab | 4.89±0.32b | 2.00±0.00d | 3.00±0.00b | 2.00±0.00d | 4.00±0.00a | 2.40±0.52c |
| | 10 | 4.75±1.50b | 6.00±0.63b | 7.78±3.70ab | 10.20±4.29a | 4.89±0.93b | 6.70±0.82a | 6.20±0.63a | 5.90±0.88a | 4.80±2.04b | 6.10±0.99a | 2.40±0.70b | 2.30±0.48b | 2.00±0.00b | 5.00±1.05a | 2.00±0.00b |
| 2008 | 6 | 4.50±1.05b | 6.14±1.57b | 6.40±3.69b | 15.00±1.70a | 7.40±4.67b | 6.20±1.14a | 6.90±1.79a | 7.20±2.74a | 6.05±0.76a | 5.90±1.45a | 1.65±0.41ab | 1.30±0.48b | 1.55±0.69ab | 2.00±0.94a | 1.30±0.48b |
| | 7 | 6.60±1.34b | 10.63±3.29ab | 11.56±5.64ab | 13.10±6.01a | 8.25±3.41ab | 12.90±2.33b | 12.80±2.82b | 14.10±1.20b | 12.90±4.04b | 17.40±2.63a | 2.50±0.71a | 2.00±0.00a | 2.50±0.53a | 2.38±1.18a | 2.60±0.52a |
| | 8 | 5.33±1.63c | 19.71±6.05a | 9.89±7.72bc | 12.40±6.35b | 7.00±2.00bc | 14.90±1.79ab | 14.80±2.78ab | 14.10±3.07ab | 12.40±2.59b | 16.50±4.43a | 4.35±2.49b | 3.70±0.95b | 3.60±1.07b | 7.20±2.30a | 3.35±1.20b |
| | 9 | 6.60±1.95c | 38.00±22.29a | 27.56±17.68ab | 15.00±9.61bc | 8.22±3.07c | 17.00±1.05a | 11.20±3.43b | 9.00±3.89b | 9.80±1.93b | 10.80±2.82b | 7.20±5.18b | 9.70±7.50b | 5.80±2.35b | 22.20±5.98a | 4.90±1.37b |
| | 10 | 5.67±0.52b | 26.13±15.62a | 21.67±17.13a | 7.90±2.42b | 7.00±1.66b | 7.80±1.55a | 7.50±2.55ab | 6.10±1.10bc | 5.30±0.95c | 6.70±1.16abc | 7.30±2.41bc | 8.80±3.12b | 7.20±3.05bc | 14.90±2.96a | 5.10±1.10c |

区、禁牧区与自由放牧区均存在显著差异（$P$<0.05），呈现出禁牧区>自由放牧区>休牧2区>休牧1区>休牧3区（表9-4）。

2006年8月碱韭盖度在休牧1区显著高于其他放牧处理（$P$<0.05），9月休牧1区、自由放牧区显著高于禁牧区、休牧2区与休牧3区（$P$<0.05），10月自由放牧区显著高于禁牧区（$P$<0.05）；2007年休牧1区在整个放牧季节显著高于禁牧区（8月除外）（$P$<0.05），8～10月自由放牧区显著高于禁牧区（$P$<0.05）；2008年6月、8月、9月休牧1区显著高于自由放牧区（$P$<0.05），在整个放牧季节休牧1区显著高于禁牧区（$P$<0.05）。

2006年8～10月无芒隐子草盖度在休牧2区显著高于自由放牧区与禁牧区（$P$<0.05），8月、10月自由放牧区与禁牧区无显著差异（$P$>0.05）；2007年6～8、10月休牧2区显著高于自由放牧区与禁牧区（$P$<0.05），7月、8月、10月休牧2区显著高于其他放牧处理（$P$<0.05）；2008年6～8月禁牧区显著高于其他处理（$P$<0.05），休牧区之间无显著差异（$P$>0.05）。

3年研究表明，禁牧有利于短花针茅数量的增加，与休牧期的长短无关，休牧50天更有利于碱韭的分蘖和丛数的增加，休牧有利于无芒隐子草的分蘖，而在进入雨季和一定时期的休牧，更有利于无芒隐子草的丛数增加，长期禁牧不利于无芒隐子草的分蘖，休牧50天比较有利于它的分蘖。

禁牧和休牧有助于短花针茅高度的增加，同时它与休牧期长短有关，休牧50～60天比较有利于短花针茅高度的增加。禁牧、休牧都有助于无芒隐子草高度的增加。作为干旱指示植物的碱韭，短期的休牧有利于其冠幅增大，休牧50天比较有利于它的分蘖。在北方牧区，早春自由放牧区盖度较低，休牧和禁牧有助于草地的盖度提高，但不与休牧期长短成正比。

### （四）重要值

由表9-5可以看出，3年内短花针茅重要值在整个放牧季节中，禁牧区整体高于自由放牧区与休牧区。随着放牧时间的延续，2006年、2007年和2008年短花针茅的重要值在休牧区呈上升趋势，禁牧区的变化趋势因年份的不同而存在差异，2006年整个放牧季节均呈现出休牧3区>休牧2区>休牧1区。

碱韭重要值变化规律与短花针茅不同，3年内在整个放牧季节整体上为休牧区、自由放牧区高于禁牧区，且整体呈现出休牧1区>休牧2区>休牧3区。其中随着放牧时间的延续，2006年碱韭的重要值在禁牧区与休牧区呈下降趋势，自由放牧区总体呈上升趋势，而2008年放牧处理区总体呈下降趋势。

**表 9-4 禁牧休牧主要植物种群盖度季节动态** （单位：%）

| 年份 | 月份 | 短花针茅 | | | | | 碱韭 | | | | | 无芒隐子草 | | | | |
|---|---|---|---|---|---|---|---|---|---|---|---|---|---|---|---|---|
| | | DG1 | DG2 | DG3 | BG | CG | DG1 | DG2 | DG3 | BG | CG | DG1 | DG2 | DG3 | BG | CG |
| 2006 | 8 | 1.18±0.82b | 0.76±0.85b | 1.58±0.85b | 11.39±4.89a | 1.60±1.09b | 7.06±2.00a | 4.74±0.92b | 3.23±1.23b | 4.30±2.51b | 4.56±1.37b | 4.26±2.17bc | 11.25±4.42a | 6.24±1.95b | 2.68±2.55c | 3.73±1.67bc |
| | 9 | 0.30±0.00b | 1.08±1.13b | 0.84±0.54b | 19.80±8.88a | 1.91±3.50b | 11.10±1.52a | 5.25±1.62b | 3.75±1.32b | 3.83±2.86b | 11.15±5.17a | 7.15±4.89b | 17.1±7.61a | 9.70±3.06b | 2.60±1.52c | 7.10±4.05b |
| | 10 | 0.50±0.31b | 0.55±0.27b | 0.62±0.10b | 3.70±1.31a | 0.74±0.46b | 2.55±0.48ab | 2.62±0.71ab | 2.22±0.61b | 1.26±0.97c | 3.07±0.41a | 9.20±2.15a | 8.8±1.21a | 3.85±1.22b | 1.75±0.90c | 2.38±0.47c |
| 2007 | 6 | 0.74±0.52b | 0.97±0.63b | 1.17±1.01b | 11.70±a | 2.18±1.03b | 2.65±0.75a | 1.95±1.07ab | 1.46±0.86b | 1.09±0.81b | 1.89±1.13ab | 2.78±1.78a | 3.05±0.69a | 2.39±1.30ab | 0.79±0.67c | 1.62±0.93bc |
| | 7 | 0.90±0.14b | 0.73±0.69b | 1.48±0.69b | 10.40±3.98a | 0.00±0.00a | 5.80±1.62a | 2.55±0.83b | 2.12±1.20b | 3.48±2.48b | 2.95±1.07b | 3.30±1.16bc | 4.70±0.95a | 3.60±0.94b | 2.45±1.12c | 2.40±0.74c |
| | 8 | 0.50±0.28c | 1.63±1.26bc | 1.65±0.90bc | 5.20±1.03a | 2.42±1.45b | 4.70±0.67ab | 7.90±6.28a | 4.75±1.69ab | 4.10±2.47b | 7.50±2.68a | 2.20±0.79cd | 17.50±3.47a | 7.90±2.81b | 0.80±0.24d | 3.30±0.92c |
| | 9 | 1.45±0.64b | 1.25±1.13b | 0.54±0.28b | 9.00±3.09a | 2.19±1.56b | 5.45±2.11a | 2.70±0.92b | 2.46±0.16b | 2.63±1.19b | 4.65±1.42a | 3.60±0.84ab | 4.05±0.37a | 4.50±0.28a | 3.70±1.34ab | 3.05±0.50b |
| | 10 | 0.40±0.16bc | 0.27±0.10c | 0.54±0.28bc | 1.62±0.67a | 0.79±0.41b | 3.78±0.93a | 1.09±0.18c | 0.95±0.16c | 0.74±0.43c | 1.65±0.78b | 1.72±1.16b | 4.80±1.09a | 0.85±0.28c | 1.30±0.49bc | 1.09±0.26bc |
| 2008 | 6 | 0.77±0.19c | 0.80±0.35c | 0.59±0.41c | 3.90±1.13a | 1.63±0.98b | 2.80±1.06a | 1.66±1.21b | 1.09±0.32b | 1.65±0.58b | 1.63±0.65b | 0.86±0.25b | 1.25±0.68b | 1.09±0.42b | 1.91±0.57a | 0.97±0.27b |
| | 7 | 0.50±0.12b | 0.41±0.31b | 0.56±0.36b | 3.00±1.35a | 0.74±0.45b | 4.10±1.73a | 1.67±0.38cd | 1.35±0.48d | 2.72±1.73bc | 3.00±1.49ba | 1.17±0.76b | 1.76±0.51b | 0.97±0.30b | 19.60±4.74a | 0.82±0.41b |
| | 8 | 1.22±0.80b | 0.85±0.48b | 0.81±0.43b | 4.25±0.42a | 1.03±0.92b | 5.65±1.89a | 3.05±1.01b | 2.65±0.63b | 3.90±1.60b | 3.20±0.82b | 1.55±0.64bc | 2.30±0.79b | 1.60±0.70bc | 3.40±1.41a | 1.21±0.31c |
| | 9 | 0.70±0.14b | 0.76±0.44b | 1.06±0.44b | 3.40±0.94a | 1.33±0.66b | 3.23±1.42a | 1.91±0.75bc | 1.33±0.50cd | 1.11±0.53d | 2.25±0.63b | 2.80±1.44b | 5.35±2.31a | 1.94±0.73b | 3.50±2.33b | 2.00±0.62b |
| | 10 | 0.57±0.20b | 0.61±0.25b | 0.78±0.52b | 3.75±1.36a | 1.31±0.46b | 2.50±0.47a | 1.45±0.51b | 1.31±0.51bc | 0.91±0.44c | 2.08±0.70a | 1.72±0.70b | 3.20±1.13a | 1.50±0.47b | 3.10±1.73a | 1.77±0.31b |

**表 9-5　禁牧休牧主要植物种群重要值季节动态**

| 时间 | | 短花针茅 | | | | | 碱韭 | | | | | 无芒隐子草 | | | | |
|---|---|---|---|---|---|---|---|---|---|---|---|---|---|---|---|---|
| | | DG1 | DG2 | DG3 | BG | CG | DG1 | DG2 | DG3 | BG | CG | DG1 | DG2 | DG3 | BG | CG |
| 2006 年 | 8 月 | 3.25 | 3.78 | 6.66 | 15.72 | 6.17 | 28.52 | 15.82 | 13.44 | 9 | 18.05 | 14.83 | 21.32 | 15.77 | 6.26 | 10.73 |
| | 9 月 | 0.46 | 3.01 | 5.06 | 15.55 | 5.69 | 29.71 | 14.18 | 11.81 | 6.72 | 19.75 | 15.67 | 23.45 | 19.83 | 4.6 | 11.43 |
| | 10 月 | 2.72 | 4.99 | 7.44 | 12.15 | 7.64 | 20.16 | 12.12 | 12.85 | 6.32 | 20.53 | 30.62 | 26.45 | 20.19 | 7.11 | 13.03 |
| 2007 年 | 6 月 | 7.11 | 7.01 | 10.2 | 32.84 | 12.05 | 13.51 | 10.61 | 10.09 | 6.39 | 12.64 | 18.36 | 12.92 | 11.4 | 4.17 | 8.83 |
| | 7 月 | 3.66 | 6.38 | 8.72 | 23.62 | 10 | 26.45 | 15.67 | 11.07 | 13.16 | 22.61 | 14.47 | 20.51 | 15.37 | 8.53 | 14.52 |
| | 8 月 | 4.21 | 6.28 | 5.75 | 11.92 | 7.53 | 11.74 | 26.26 | 17.97 | 2.34 | 9.16 | 23.41 | 18.64 | 13.72 | 9.74 | 22.34 |
| | 9 月 | 7.59 | 7.98 | 6.48 | 16.31 | 9.73 | 24.38 | 13.87 | 10.88 | 8.3 | 18.59 | 14.69 | 23.12 | 14.72 | 9.58 | 12.64 |
| | 10 月 | 5.04 | 5.72 | 8.37 | 12.18 | 7.66 | 29.54 | 11.47 | 10.89 | 6.62 | 15.34 | 14.09 | 30.38 | 9.7 | 9.82 | 9.32 |
| 2008 年 | 6 月 | 8.72 | 8.35 | 10.7 | 29.45 | 20.05 | 40.8 | 18.11 | 15.2 | 13.99 | 19.21 | 12.35 | 10.42 | 9.79 | 10.8 | 8.47 |
| | 7 月 | 3.83 | 8.51 | 9.11 | 11.72 | 6.3 | 34.28 | 23.25 | 17.18 | 11.92 | 23.83 | 11.08 | 17.63 | 9.01 | 20.47 | 6.82 |
| | 8 月 | 4.54 | 7.23 | 4.88 | 9.44 | 4.24 | 17.87 | 10.57 | 9.85 | 9.34 | 11.42 | 5.36 | 6.29 | 5.56 | 7.11 | 3.64 |
| | 9 月 | 1.92 | 10.89 | 11 | 10.84 | 6.21 | 13.38 | 7.29 | 6.69 | 5.56 | 11.02 | 8.84 | 13.85 | 8.35 | 14.61 | 7.99 |
| | 10 月 | 3.01 | 9.37 | 11.3 | 12.21 | 5.62 | 14.79 | 6.78 | 6.88 | 5.44 | 7.73 | 12.28 | 13.25 | 9.76 | 16.72 | 7.58 |

无芒隐子草重要值变化规律与碱韭相似，2006 年、2007 年在整个放牧季节总体呈现出休牧区、自由放牧区高于禁牧区。2006 年整个放牧季节禁牧区、自由放牧区与休牧区呈上升趋势。2007 年 9 月、10 月为休牧 2 区高于其他处理区，2008 年整个放牧季节禁牧区、休牧区高于自由放牧区。试验结果表明，休牧区与自由放牧区无芒隐子草和碱韭的重要值表现较高，禁牧区短花针茅的重要值表现较高。

## （五）地上现存量

不同放牧处理短花针茅、碱韭和无芒隐子草地上现存量季节动态变化见图 9-1。禁牧区短花针茅地上现存量在 8～10 月显著高于自由放牧区（$P<0.05$），8 月、9 月各休牧区之间无显著差异（$P>0.05$），10 月休牧 3 区显著高于休牧 1、2 区（$P<0.05$）。碱韭地上现存量在 8～10 月休牧区、自由放牧区均显著高于禁牧区（$P<0.05$），休牧 3 区显著高于自由放牧区（$P<0.05$），且整体呈现出休牧 3 区＞休牧 2 区＞休牧 1 区＞自由放牧区＞禁牧区（9 月除外）。

无芒隐子草地上现存量在 8～10 月禁牧区显著高于自由放牧区（$P<0.05$），8 月、9 月禁牧区显著高于休牧区（$P<0.05$），9 月休牧 2、3 区显著高于休牧 1 区与自由放牧区（$P<0.05$），在整个生长季节后期都表现出禁牧区高于休牧区与自由放牧区，说明在放牧期间无芒隐子草更多地被家畜采食而导致地上现存量大大下降。各处理短花针茅地上现存量高峰期均出现在 10 月，碱韭地上现存量高峰期均出现在 8 月（除休牧 1 区外），无芒隐子草地上现存量的高峰期在时间上没有表现出一致性。

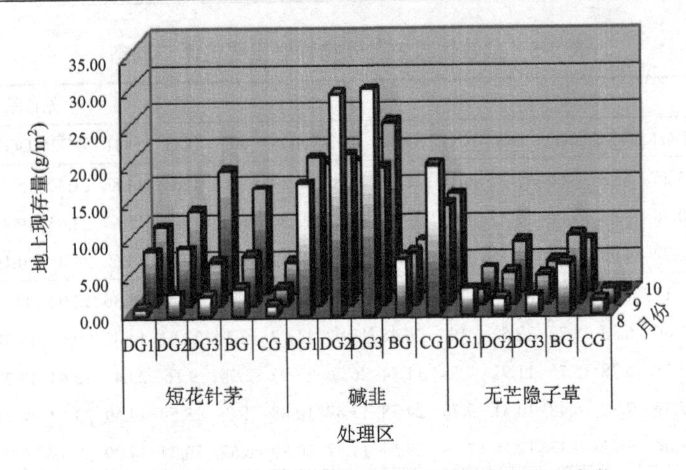


图 9-1　禁牧休牧主要种群地上现存量季节动态变化

禁牧休牧短花针茅、无芒隐子草和碱韭地上现存量年度变化见图 9-2～图 9-4。短花针茅地上现存量 3 年均为禁牧区显著高于休牧区与自由放牧区（$P<0.05$），呈现出休牧 2 区＞休牧 3 区＞休牧 1 区，2006 年 8 月休牧区与自由放牧区无显著差异（$P>0.05$），2007 年 8 月休牧 2 区显著高于休牧 1、3 区（$P<0.05$）。2006 年 8 月碱韭地上现存量在休牧区与自由放牧区显著高于禁牧区（$P<0.05$）；2007 年 8 月禁牧区与自由放牧区无显著差异（$P>0.05$），休牧区之间差异显著（$P<0.05$）；2008 年 8 月休牧区与自由放牧区显著高于禁牧区（$P<0.05$），休牧 2、3 区显著高于休牧 1 区、自由放牧区（$P<0.05$）。

2006年8月无芒隐子草地上现存量在禁牧区与自由放牧区显著高于休牧区（$P<0.05$），禁牧区与自由放牧区之间无显著差异（$P>0.05$），休牧区之间无显著差异（$P>0.05$）；2007 年 8 月休牧 2 区显著高于其他放牧处理（$P<0.05$）；2008 年禁牧区显著高于休牧区与自由放牧区（$P<0.05$），休牧区之间无显著差异（$P>0.05$）。

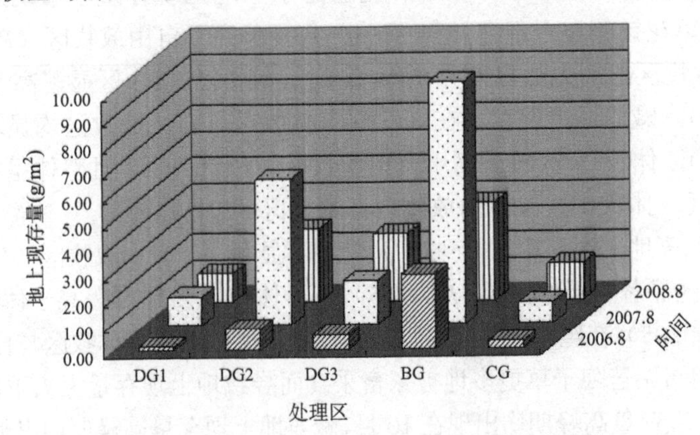


图 9-2　禁牧休牧短花针茅地上现存量年度变化

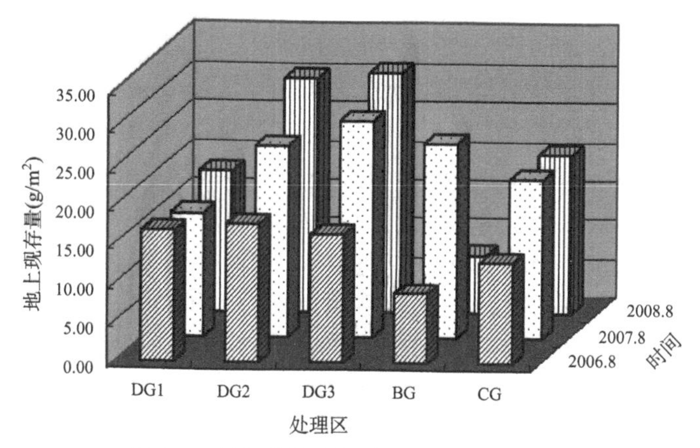

图 9-3 禁牧休牧碱韭地上现存量年度变化

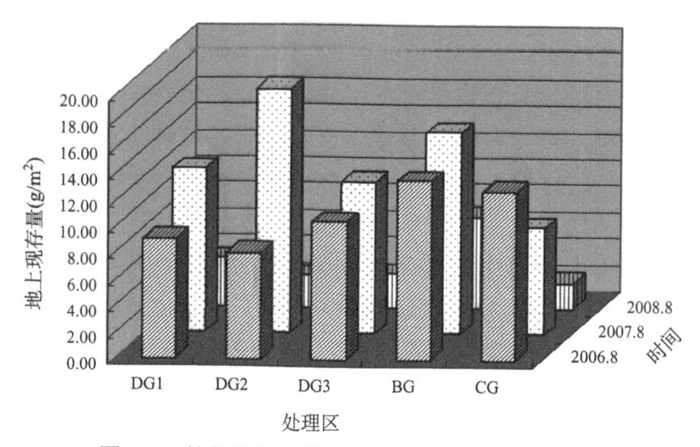

图 9-4 禁牧休牧无芒隐子草地上现存量年度变化

从数值上看，短花针茅 2006 年 8 月休牧 1 区、休牧 2 区、休牧 3 区、禁牧区、自由放牧区地上现存量分别为 0.12g/m$^2$、0.80g/m$^2$、0.60g/m$^2$、2.93g/m$^2$、0.29g/m$^2$，2007 年 8 月休牧 1 区、休牧 2 区、休牧 3 区、禁牧区、自由放牧区地上现存量分别为 1.12g/m$^2$、5.72g/m$^2$、1.72g/m$^2$、9.48g/m$^2$、0.86g/m$^2$，2008 年 8 月休牧 1 区、休牧 2 区、休牧 3 区、禁牧区、自由放牧区地上现存量分别为 1.12g/m$^2$、2.86g/m$^2$、2.62g/m$^2$、3.77g/m$^2$、1.42g/m$^2$，2006 年、2007 年、2008 年禁牧区分别是自由放牧区的 10.10 倍、11.02 倍、2.65 倍。碱韭 2006 年 8 月休牧 1 区、休牧 2 区、休牧 3 区、禁牧区、自由放牧区地上现存量分别为 16.69g/m$^2$、17.76g/m$^2$、16.44g/m$^2$、8.85g/m$^2$、13.05g/m$^2$，2007 年 8 月休牧 1 区、休牧 2 区、休牧 3 区、禁牧区、自由放牧区地上现存量分别为 15.91g/m$^2$、24.57g/m$^2$、27.89g/m$^2$、25.01g/m$^2$、20.53g/m$^2$，2008 年 8 月休牧 1 区、休牧 2 区、休牧 3 区、禁牧区、自由放牧区地上现存量分别为 18.07g/m$^2$、30.22g/m$^2$、30.75g/m$^2$、7.64g/m$^2$、

20.47g/m$^2$，2006 年、2007 年、2008 年自由放牧区分别是禁牧区的 1.47 倍、0.82 倍、2.68 倍，休牧 3 区分别是禁牧区的 1.86 倍、1.12 倍、4.02 倍。无芒隐子草 2006 年 8 月休牧 1 区、休牧 2 区、休牧 3 区、禁牧区、自由放牧区地上现存量分别为 9.08g/m$^2$、8.01g/m$^2$、10.40g/m$^2$、13.60g/m$^2$、12.77g/m$^2$，2007 年 8 月休牧 1 区、休牧 2 区、休牧 3 区、禁牧区、自由放牧区地上现存量分别为 12.45g/m$^2$、18.54g/m$^2$、11.52g/m$^2$、15.28g/m$^2$、8.05g/m$^2$，2008 年 8 月休牧 1 区、休牧 2 区、休牧 3 区、禁牧区、自由放牧区地上现存量分别为 3.60g/m$^2$、2.36g/m$^2$、2.53g/m$^2$、6.85g/m$^2$、1.99g/m$^2$，2006 年、2007 年、2008 年禁牧区分别是自由放牧区的 1.06 倍、1.90 倍、3.44 倍。试验表明禁牧与休牧有利于提高短花针茅和无芒隐子草地上现存量，自由放牧有利于提高碱韭地上现存量。

## 二、主要植物种群光合特性

我国许多学者对植物光合特性进行了研究。赵鸿等（2007）对安西温性荒漠化草原退牧还草围栏建设工程区芨芨草光合生理生态特征进行了比较系统的监测分析，结果表明，禁牧区草地主要植物类群芨芨草叶片的光合速率较高，有利于芨芨草的生长和干物质积累。汪诗平等（2001，2003）报道，被采食的植物往往通过提高现有的和再生的叶片的光合作用能力及加快叶片和茎基部的生长速率来恢复整株植物的总体光合能力。刘东焕等（2002）认为，放牧导致草原植被盖度降低，致使植物微生境中的空气温度升高，同时使植物直接暴露于日照而使叶片温度升高。高温使细胞的化学代谢过程和光合酶的活性受到一定抑制，从而影响植物的气体交换和光合作用。王玉辉和周广胜（2001）发现，研究羊草光合生理生态特性对于改善羊草草原的生产力，科学地经营与管理草场，建立草地生态系统优化模式具有比较重要的理论与实践意义。

### （一）光合特征日变化

#### 1. 净光合速率日变化

禁牧休牧下荒漠草原主要植物种群短花针茅、无芒隐子草和碱韭净光合速率（Pn）日变化各不相同（图 9-5）。不同休牧时间下荒漠草原主要植物种净光合速率均表现为双峰型，并具有明显的“午休”现象。清晨，由于光合有效辐射（photosynthetically active radiation，PAR）和气温较低，3 种牧草净光合速率较低，随着气温和光照的增强，叶片可捕获的光能也逐渐增多，光合作用关键的酶得到活化，气孔开放，叶片的净光合速率随之逐渐增强，达到第一个峰值，在不同休牧时间下，3 种牧草净光合速率峰值大小和出现早晚存在差异。碱韭净光合速率峰值均出现在 9：00；短花针茅和无芒隐子草净光合速率峰值在禁牧区、休牧 1 区和休牧 2 区出现在 9：00，在休牧 3 区和自由放牧区出现在 11：00。在休牧 2 区，3 种牧草净光合速率峰值均最大，在休牧 3 区和自由放牧区，净光合速率峰值有所降低，其中短花针茅和碱韭的表现较为明显，而且二者在休牧 3 区和自由放牧区，全天的净光合速率均较低。随着光合有效辐射和温度的进一步增强，3 种牧草的净光合速率降低，13：00 出现午休现象；并均在 15：00，净光合速率出现第二个峰值，第二峰值均低于第一峰值。

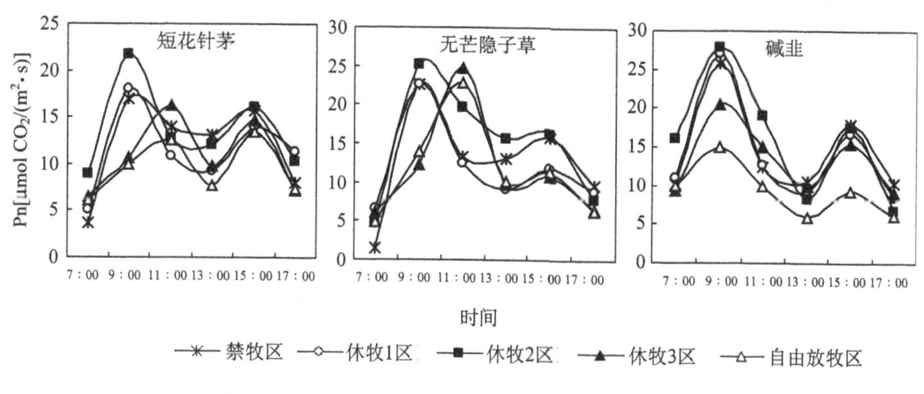


图 9-5　禁牧休牧主要植物种群净光合速率日变化

## 2. 蒸腾速率日变化

蒸腾是植物重要的生理过程，植物通过蒸腾作用运输矿物质、调节叶面温度和供应光合作用所需要的水分等，与植物净光合速率关系密切。短花针茅、无芒隐子草和碱韭蒸腾速率（Tr）日变化进程曲线见图 9-6。3 种牧草的蒸腾速率同净光合速率曲线相似，为双峰型，具有明显的“午休”现象，且第一峰值较第二峰

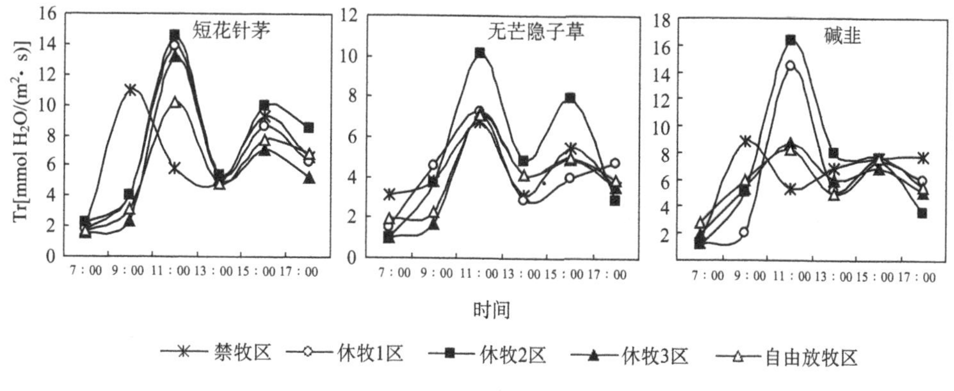


图 9-6　禁牧休牧主要植物种群蒸腾速率日变化

值高，第二峰值均出现在 15：00（除无芒隐子草休牧 1 区外），“午休”现象均出现在 13：00（除碱韭禁牧区外）。第一峰值出现的时间因禁牧和休牧时间的不同而有所差异，在禁牧区，短花针茅和碱韭蒸腾速率的第一峰值出现在 9：00，随休牧时间的增加，两种牧草的第一峰值出现时间后移到 11：00。在不同休牧时间下，无芒隐子草蒸腾速率的第一峰值出现时间一致，均在 11：00。

### 3. 气孔导度日变化

气孔是 $CO_2$ 进入植物体和水蒸气逸出植物体的通道，气孔的闭合程度直接影响植物光合作用和蒸腾作用，还关系到水分消耗和产量形成。气孔导度（Gs）增大，蒸腾速率加快；反之，蒸腾速率减弱。随着叶片水分散失和水势的下降，气孔导度减小，$CO_2$ 进入叶肉细胞内的阻力增加，从而导致净光合速率下降。同时气孔阻力的增加也可减少叶片水分散失，在一定程度上阻碍水分亏缺的发展，减轻干旱胁迫对光合器官的伤害，气孔导度是影响植物净光合速率的主要因子之一（刘建福，2006）。短花针茅、无芒隐子草和碱韭气孔导度日变化曲线见图 9-7。不同处理区 3 种牧草的气孔导度日变化趋势与蒸腾速率日变化相似，呈现双峰型，具有明显的“午休”现象。而且第一峰值、第二峰值和“午休”现象出现的时间与蒸腾速率曲线类似。

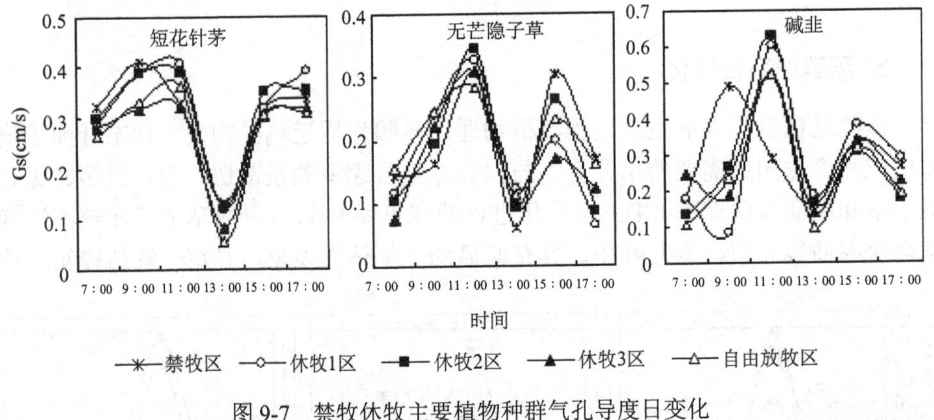


图 9-7　禁牧休牧主要植物种群气孔导度日变化

### 4. 胞间 $CO_2$ 浓度日变化

胞间 $CO_2$ 浓度（Ci）反映外界的 $CO_2$ 进入叶细胞的浓度，它是衡量叶片净光合速率大小的主要指标之一（张文标等，2006）。由图 9-8 可知，不同处理区 3 种牧草叶片胞间 $CO_2$ 浓度日变化大体呈“V”字形。均表现为早上浓度较高，随光合作用的进行逐渐降低，到 13：00 达到全天最低值，此时是太阳有效辐射和叶片温度最高的时段，导致气孔部分关闭，从而使外界 $CO_2$ 进入细胞的阻力增大，导致胞间 $CO_2$ 浓度很低。在自由放牧区，3 种牧草胞间 $CO_2$ 浓度在全天均较高，而其全天的净光合速率和蒸腾速率较低。

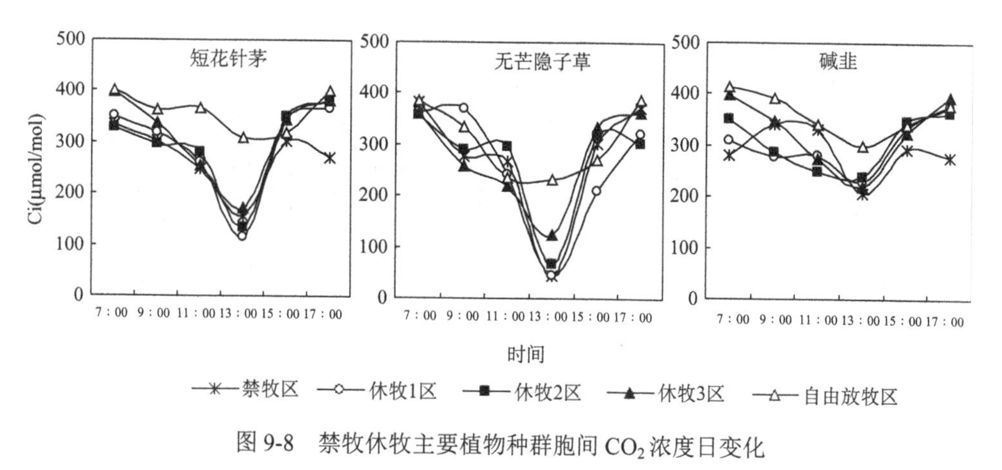


图 9-8　禁牧休牧主要植物种群胞间 $CO_2$ 浓度日变化

## （二）光合生理指标日均值

禁牧休牧对短花针茅、无芒隐子草和碱韭光合生理指标日均值的影响见图 9-9。3 种牧草净光合速率、蒸腾速率和胞间 $CO_2$ 浓度日均值在不同休牧小区间均存在显著差异（$P<0.05$）。随休牧时间的增加，净光合速率和蒸腾速率日均值呈先升高后降低的趋势，在休牧 2 区达到最大值，显著高于其他休牧区（碱韭除外）。短花针茅的净光合速率和蒸腾速率最高值分别为 13.65μmol $CO_2/(m^2·s)$ 和 7.42mmol $H_2O/(m^2·s)$；无芒隐子草净光合速率和蒸腾速率最高值分别为 14.85μmol $CO_2/(m^2·s)$ 和 5.09mmol $H_2O/(m^2·s)$；碱韭净光合速率和蒸腾速率最高值分别为 15.94μmol $CO_2/(m^2·s)$ 和 6.94mmol $H_2O/(m^2·s)$。碱韭在自由放牧区的净光合速率日均值显著低于禁牧区、休牧 1 区和休牧 2 区（$P<0.05$）。3 种牧草胞间 $CO_2$ 浓度日均值在自由放牧区最大，日均值分别为 360.37μmol/mol、307.37μmol/mol 和 361.38μmol/mol。

## （三）光合生理指标与环境因子的相关关系

光合生理指标与环境因子的相关关系见表 9-6。3 种牧草的光合生理指标中除气孔导度与光合有效辐射、大气 $CO_2$ 浓度（Ca），净光合速率与大气 $CO_2$ 浓度没有显著相关关系外（$P>0.05$）（无芒隐子草、碱韭 Gs 与 PAR 有显著相关关系），其余指标与环境因子间都存在显著至极显著的相关关系（$P<0.05$）。3 种牧草的净光合速率与光合有效辐射的相关性最大，相关系数在 0.854 及以上，最高可达

0.913（碱韭）；蒸腾速率与大气温度（Ta）的相关性次之，相关系数在 0.813 及以上，其中碱韭的蒸腾速率与大气温度的相关系数最大，为 0.873。

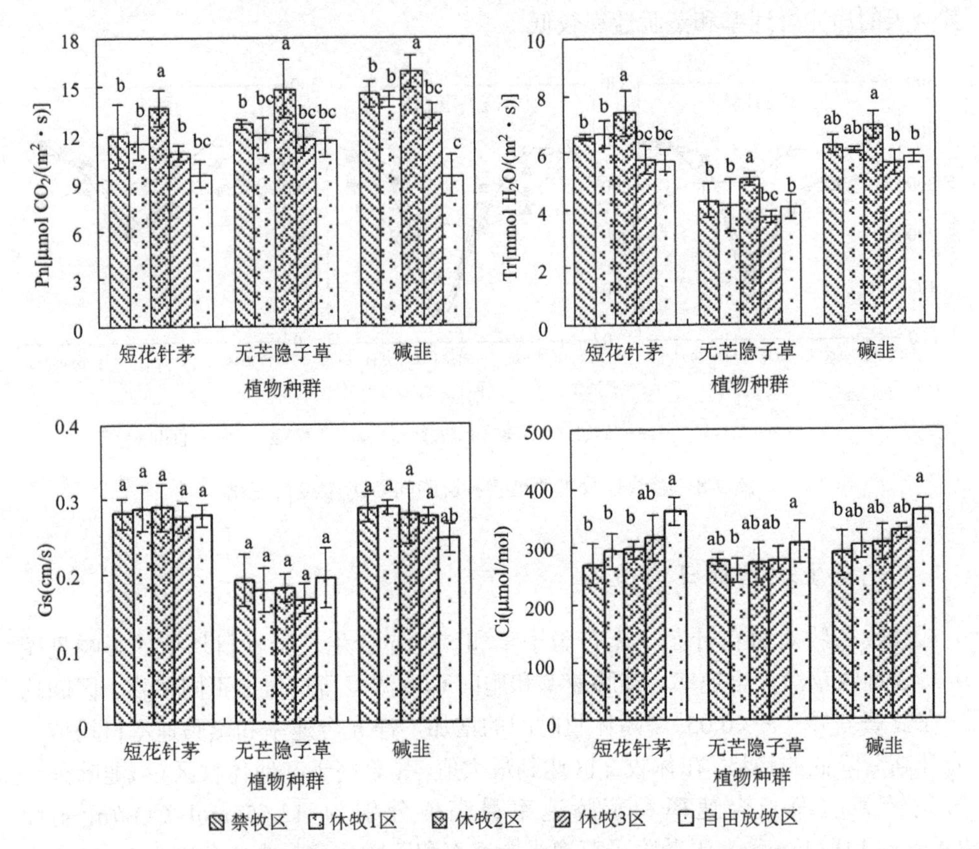


图 9-9　禁牧休牧对主要植物种群光合生理指标日均值的影响

不同小写字母表示不同处理间差异显著（$P<0.05$），本章余同

**表 9-6　禁牧休牧下主要植物种光合生理指标与环境因子的相关系数**

| 指标 | 短花针茅 | | | | 无芒隐子草 | | | | 碱韭 | | | |
|---|---|---|---|---|---|---|---|---|---|---|---|---|
| | PAR | Ca | Ta | RH | PAR | Ca | Ta | RH | PAR | Ca | Ta | RH |
| Pn | 0.854** | 0.453 | 0.850** | −0.684* | 0.875** | 0.358 | 0.769* | −0.763* | 0.913** | 0.406 | 0.756* | −0.793* |
| Tr | 0.737* | −0.624* | 0.813** | −0.802** | 0.707* | −0.587* | 0.868** | −0.741* | 0.723* | −0.606* | 0.873** | −0.779* |
| Gs | 0.442 | −0.425 | 0.794* | −0.610* | 0.660* | −0.342 | 0.770* | −0.566* | 0.718* | −0.384 | 0.793* | −0.576* |
| Ci | −0.578* | 0.570* | −0.747* | 0.737* | −0.742* | 0.605* | −0.761* | 0.737* | −0.733* | 0.588* | −0.749* | 0.766* |

*表示差异达显著水平（$P<0.05$）；**表示差异达极显著水平（$P<0.01$）；RH 表示相对湿度

## （四）主要植物种群的光响应曲线

### 1. 净光合速率对光合有效辐射的响应

光合作用是植物生长的重要决定因素，植物叶片对环境的光合响应提供了植物在不同光条件下生存和生长的能力及对不断变化的环境条件适应能力的信息（闫瑞瑞，2008）。净光合速率对光合有效辐射的响应曲线反映了植物净光合速率随 PAR 增减的变化规律。

不同休牧梯度主要植物种群净光合速率的光响应曲线如图 9-10～图 9-12 所示，3 种主要植物种群在不同处理下对 PAR 的响应均为“抛物线”型，无芒隐子草对 PAR 的要求不高。光合速率随 PAR 的增加而非线性增加到光饱和点，PAR 高于光饱和点后，光合速率随 PAR 的增加而非线性减少，这与前人拟合的一元二次曲线方程所反映的现象相一致，PAR 再增人就出现光抑制现象。

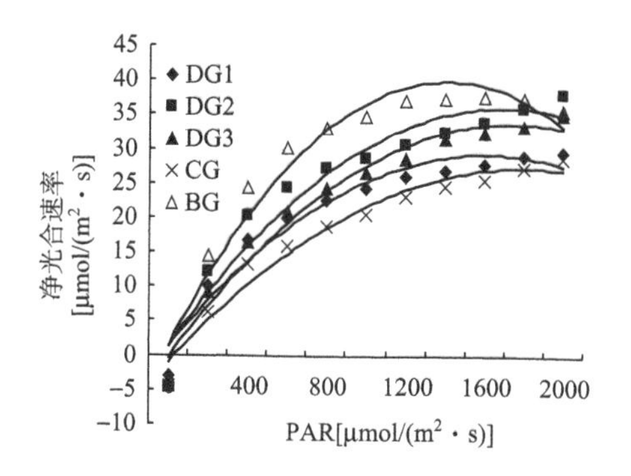


图 9-10　禁牧休牧短花针茅净光合速率对 PAR 的响应

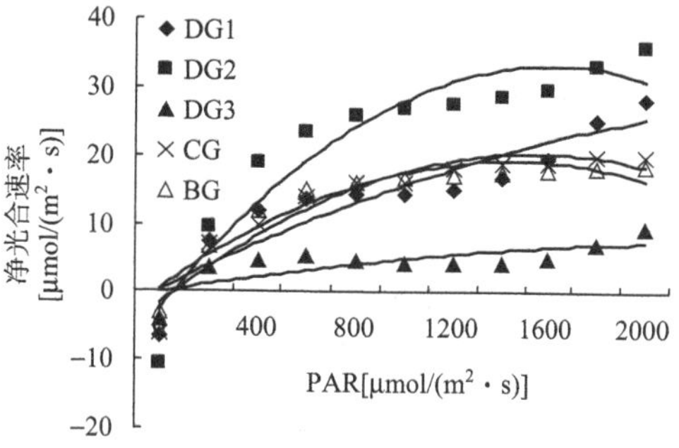

图 9-11　禁牧休牧碱韭净光合速率对 PAR 的响应

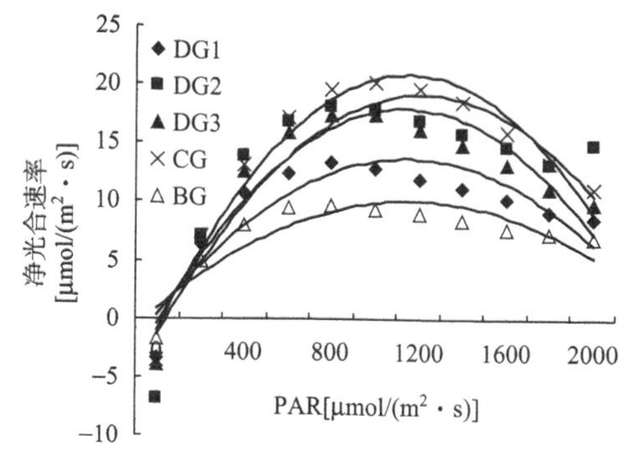


图 9-12　禁牧休牧无芒隐子草净光合速率对 PAR 的响应

通过对光响应曲线的数据进行回归分析，即对 3 种主要植物种群在不同处理区净光合速率进行拟合二次多项式曲线方程可知（表 9-7），短花针茅的净光合速率与 PAR 两者呈极显著的相关关系，其中自由放牧区短花针茅的净光合速率与 PAR 的相关系数为 $R^2$＝0.9663，禁牧区为 $R^2$＝0.9663，休牧 1 区为 $R^2$＝0.9476，休牧 2 区为 $R^2$＝0.9325，休牧 3 区为 $R^2$＝0.9712；碱韭和无芒隐子草的净光合速率与 PAR 两者呈极显著的正相关关系，自由放牧区碱韭的净光合速率与 PAR 的相关系数为 $R^2$＝0.9234，禁牧区为 $R^2$＝0.9104，休牧 1 区为 $R^2$＝0.8391，休牧 2 区为 $R^2$＝0.8822，休牧 3 区为 $R^2$＝0.5832；自由放牧区无芒隐子草的净光合速率与 PAR 的相关系数为 $R^2$＝0.9519，禁牧区为 $R^2$＝0.7937，休牧 1 区为 $R^2$＝0.8017，休牧 2 区为 $R^2$＝0.8038，休牧 3 区为 $R^2$＝0.8888。

通过同一植物在不同休牧梯度之间 Pn-PAR 曲线的差异比较分析可知，短花针茅净光合速率在禁牧区最大，自由放牧区最低。碱韭和无芒隐子草未达到光饱和点时净光合速率呈现为休牧 2 区较高，表明禁牧和休牧下生长的主要植物种群短花针茅、无芒隐子草、碱韭在弱光条件下对 PAR 的变化敏感，随着测定 PAR 的增大，Pn 增加，而受放牧践踏当 PAR 达到光饱和点时，Pn 不再增加，3 种主要植物种群在禁牧区、自由放牧区和休牧区 Pn-PAR 响应曲线较为接近，走向较平缓。自由放牧区家畜连续践踏草地，使草地冠层净光合作用速率急剧下降，禁

**表 9-7　禁牧休牧主要植物种群净光合速率对 PAR 的回归分析**

| 植物种群 | 放牧制度 | 回归方程 | 相关系数 $R^2$ |
|---|---|---|---|
| 短花针茅 | DG1 | $y=-0.437x^2+7.8591x-6.073$ | 0.9476 |
| | DG2 | $y=-0.485x^2+9.1862x-7.4233$ | 0.9325 |
| | DG3 | $y=-0.454x^2+8.7821x-8.7021$ | 0.9712 |
| | CG | $y=-0.3518x^2+7.0148x-7.7193$ | 0.9663 |
| | BG | $y=-0.3518x^2+7.0148x-7.7193$ | 0.9663 |
| 碱韭 | DG1 | $y=-0.115x^2+3.8777x-3.4334$ | 0.8391 |
| | DG2 | $y=-0.5513x^2+9.9817x-11.954$ | 0.8822 |
| | DG3 | $y=-0.0509x^2+1.347x-1.3473$ | 0.5832 |
| | CG | $y=-0.3741x^2+6.4986x-7.8727$ | 0.9234 |
| | BG | $y=-0.3598x^2+5.9049x-5.0041$ | 0.9104 |
| 无芒隐子草 | DG1 | $y=-0.405x^2+5.4538x-4.6685$ | 0.8017 |
| | DG2 | $y=-0.5566x^2+7.8724x-8.6902$ | 0.8038 |
| | DG3 | $y=-0.5702x^2+7.6138x-7.4631$ | 0.8888 |
| | CG | $y=-0.6585x^2+8.9041x-9.2323$ | 0.9519 |
| | BG | $y=-0.2718x^2+3.6969x-2.4926$ | 0.7937 |

牧区和休牧区的短花针茅通过光合作用积累干物质的能力高于自由放牧区，从而使其有较高的净光合能力。

### 2. 蒸腾速率对光合有效辐射的响应

植物的蒸腾作用除了与太阳辐射、气温、空气相对湿度、风速和土壤含水量等环境因子密切相关外，还与人为因素干扰有关。由图 9-13～图 9-15 可知，短花针茅与碱韭在不同休牧梯度的蒸腾速率随着 PAR 的增加而呈现出上升趋势，但 PAR 达到一定强度以后，这种增大的趋势会逐渐减弱，甚至呈下降的趋势。而无芒隐子草的蒸腾速率随着 PAR 的增加呈现出下降趋势。说明在放牧践踏的情况下，PAR 对蒸腾速率的影响更为复杂，放牧胁迫出现时，气孔立即作出响应来限

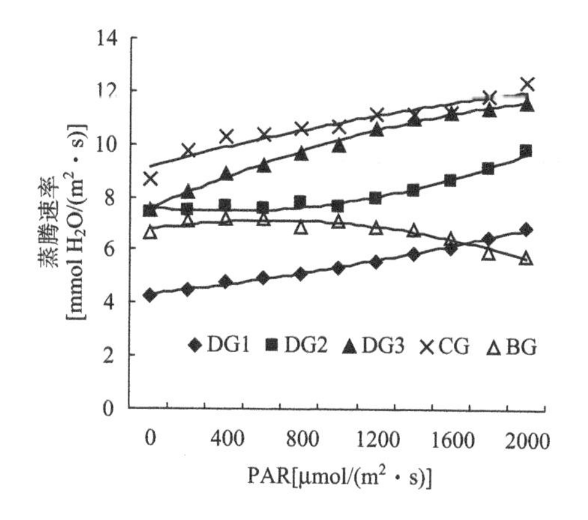


图 9-13　禁牧休牧短花针茅蒸腾速率对 PAR 的响应

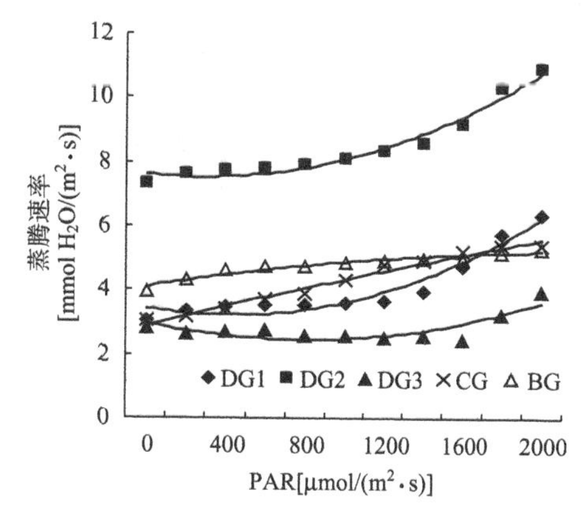


图 9-14　禁牧休牧碱韭蒸腾速率对 PAR 的响应

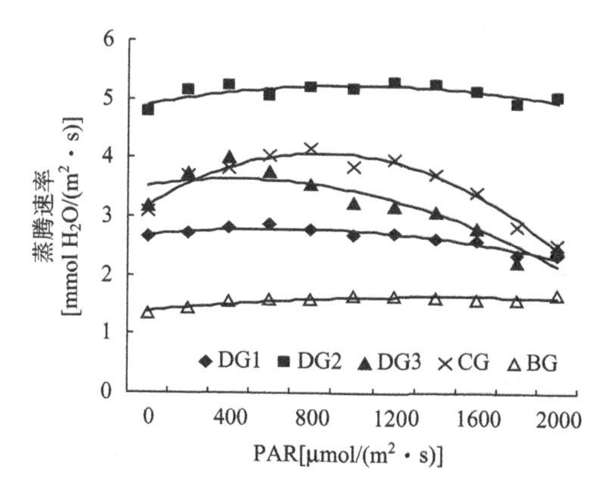


图 9-15　禁牧休牧无芒隐子草蒸腾速率对 PAR 的响应

制蒸腾作用，如果强光同时存在可能会加速气孔的关闭，使蒸腾作用进一步减弱。各处理间蒸腾速率的升高和下降幅度存在明显差异，短花针茅和碱韭在休牧区的上升趋势整体上高于禁牧区与自由放牧区。

在整个测定过程，短花针茅蒸腾速率整体上呈现出自由放牧区＞休牧区＞禁牧区的趋势。无芒隐子草蒸腾速率在自由放牧区的下降趋势明显高于禁牧区与休牧区，蒸腾速率以休牧 2 区最高。碱韭蒸腾速率在休牧区的上升趋势整体上高于禁牧区与自由放牧区，且碱韭蒸腾速率以休牧 2 区最高。

通过对数据进行回归分析得到不同休牧梯度 3 种主要植物种群蒸腾速率与 PAR 的拟合曲线为二次多项式方程（表 9-8），可知短花针茅蒸腾速率与 PAR 两者呈显著的相关关系；碱韭除休牧 3 区外，其他处理的蒸腾速率与 PAR 两者呈极显著的相关关系；无芒隐子草在自由放牧区、休牧 1 区的蒸腾速率与 PAR 均呈极显著正相关关系，在休牧 2、3 区与禁牧区呈显著正相关关系。

**表 9-8　禁牧休牧主要植物种群蒸腾速率对 PAR 的回归分析**

| 植物种群 | 放牧制度 | 回归方程 | 相关系数 $R^2$ |
|---|---|---|---|
| 短花针茅 | DG1 | $y=0.0086x^2+0.1477x+4.1627$ | 0.9955 |
| | DG2 | $y=0.0339x^2-0.1976x+7.753$ | 0.9715 |
| | DG3 | $y=-0.0226x^2+0.6778x+6.9092$ | 0.996 |
| | CG | $y=-0.0089x^2+0.3927x+8.7797$ | 0.9101 |
| | BG | $y=-0.032x^2+0.2782x+6.5255$ | 0.9401 |
| 碱韭 | DG1 | $y=0.0491x^2-0.3088x+3.7042$ | 0.9357 |
| | DG2 | $y=0.0443x^2-0.2152x+7.784$ | 0.9648 |
| | DG3 | $y=0.0322x^2-0.3222x+3.2589$ | 0.6904 |
| | CG | $y=-0.0038x^2+0.3125x+2.5964$ | 0.9812 |
| | BG | $y=-0.0091x^2+0.2195x+3.8901$ | 0.9335 |
| 无芒隐子草 | DG1 | $y=-0.011x^2+0.0937x+2.6016$ | 0.9054 |
| | DG2 | $y=-0.0122x^2+0.153x+4.759$ | 0.556 |
| | DG3 | $y=-0.0238x^2+0.1502x+3.4005$ | 0.8274 |
| | CG | $y=-0.0492x^2+0.516x+2.7318$ | 0.9635 |
| | BG | $y=-0.0048x^2+0.0804x+1.3099$ | 0.8715 |

### 3. 气孔导度对光合有效辐射的响应

不同休牧梯度 3 种主要植物种群的气孔导度均随 PAR 而呈增加趋势，表现出明显的光诱导反应，但 PAR 达到一定强度以后，这种增大的趋势会逐渐减弱，不同处理间的升高幅度存在明显差异（图 9-16～图 9-18）。

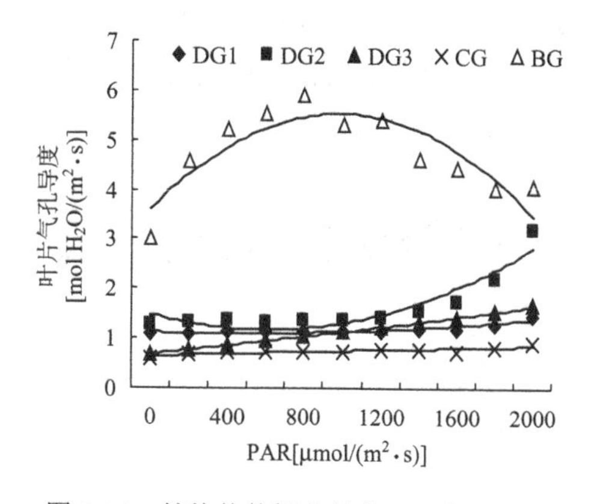


图 9-16 禁牧休牧短花针茅 Gs 对 PAR 的响应

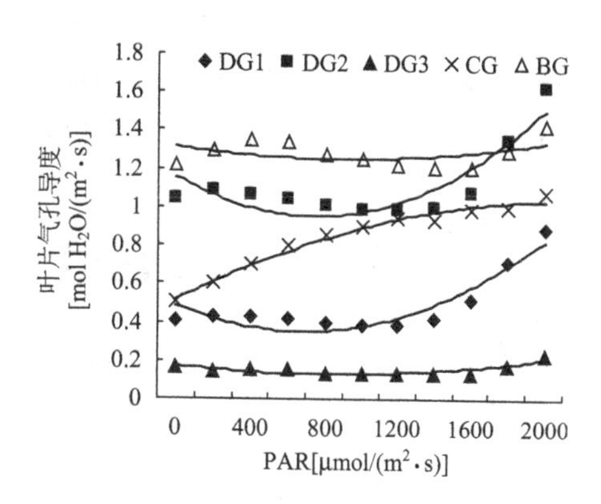


图 9-17 禁牧休牧无芒隐子草 Gs 对 PAR 的响应

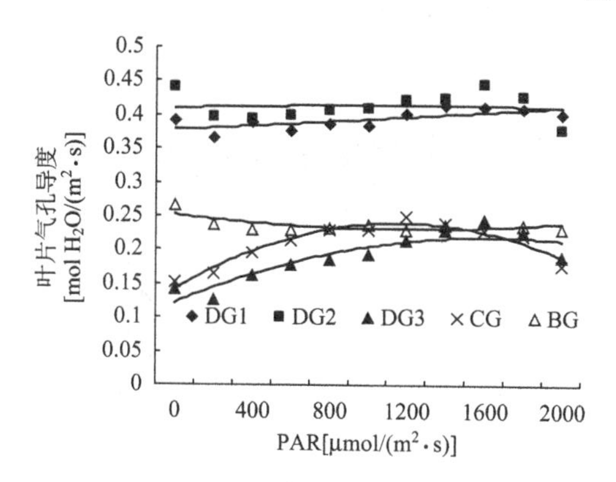


图 9-18 禁牧休牧碱韭 Gs 对 PAR 的响应

禁牧区短花针茅在 PAR 增加的起始阶段，随着 PAR 的增加，气孔导度逐渐上升，当 PAR 达到 1000μmol/($m^2$·s)时，随着 PAR 的进一步增加气孔缓慢关闭，气孔导度值下降，说明短花针茅叶片的气孔运动受 PAR 影响较大，高 PAR 引起气孔关闭。

### 4. 胞间 $CO_2$ 浓度对光合有效辐射的响应

胞间 $CO_2$ 浓度是外界 $CO_2$ 气体进入叶肉细胞过程中所受各种 $CO_2$ 驱动力和阻力，以及叶片内部光合作用和呼吸作用的最终平衡结果。驱动力主要由叶片内外的 $CO_2$ 浓度差来体现。叶室内 $CO_2$ 浓度由外源 $CO_2$ 气体罐维持在 350μmol/mol，因此叶片内外 $CO_2$ 浓度差主要由胞间 $CO_2$ 浓度值来决定。

Ci 会随 PAR 的增强呈现出下降的趋势，当 PAR 在 0～500μmol/($m^2$·s)时，不同处理间 3 种主要植物种群 Ci 均随着 PAR 的增加而急剧下降，主要因为在光照初始阶段，主要进行的是呼吸作用，叶肉细胞释放出 $CO_2$，气孔导度比较小，外

界补充的 $CO_2$ 量远小于光合作用消耗的 $CO_2$ 量，导致 Ci 急剧下降。当 PAR 大于 600μmol/(m²·s)时，随着 PAR 的增加，植物进行光合作用消耗大量的 $CO_2$，各处理 3 种主要植物种群 PAR 下降幅度减少，使 Ci 下降幅度减缓（图 9-19～图 9-21）。

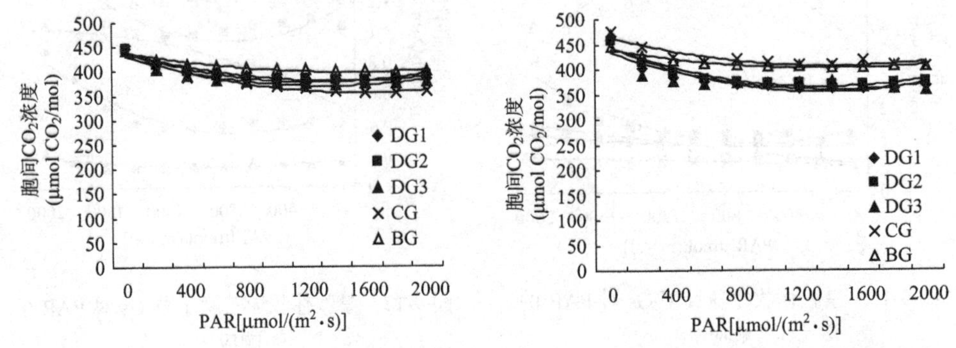


图 9-19　禁牧休牧短花针茅 Ci 对 PAR 的响应　　图 9-20　禁牧休牧碱韭 Ci 对 PAR 的响应

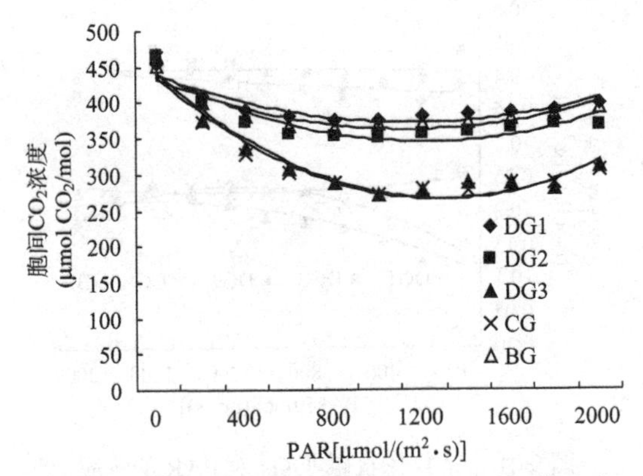


图 9-21　禁牧休牧无芒隐子草 Ci 对 PAR 的响应

3 种主要植物种群胞间 $CO_2$ 浓度在不同处理间下降幅度存在明显差异，在整个测定过程，短花针茅和无芒隐子草胞间 $CO_2$ 浓度均整体呈现出禁牧区＞休牧区＞自由放牧区的趋势；碱韭呈现出自由放牧区＞禁牧区＞休牧区的趋势。不同休牧梯度下 3 种牧草胞间 $CO_2$ 浓度对 PAR 的响应与净光合速率对 PAR 的响应呈现相反的趋势，这也许是因为当净光合速率较大时，固定的 $CO_2$ 较多，引起胞间 $CO_2$ 浓度降低。

对上述数据进行回归分析，得到在不同处理下 3 种主要植物种群胞间 $CO_2$ 浓度与 PAR 符合二次曲线 $y=ax^2-bx+c$ 的规律：短花针茅的胞间 $CO_2$ 浓度与 PAR 两者呈显著的负相关关系；无芒隐子草在休牧 3 区和自由放牧区胞间 $CO_2$ 浓度与 PAR 两者呈显著负相关关系，休牧 1、2 区和禁牧区呈显著负相关关系；碱韭在自由放牧区和休牧 1、3 区胞间 $CO_2$ 浓度与 PAR 均呈显著负相关关系，禁牧区和休牧2区呈极显著负相关关系（表9-9）。

**表9-9　禁牧休牧主要植物种群胞间$CO_2$浓度对PAR的回归分析**

| 植物种群 | 放牧制度 | 回归方程 | 相关系数$R^2$ |
|---|---|---|---|
| 短花针茅 | DG1 | $y$=1.1072$x^2$−18.178$x$+454.86 | 0.9537 |
| | DG2 | $y$=1.4557$x^2$−21.678$x$+458.28 | 0.9480 |
| | DG3 | $y$=1.3485$x^2$−20.936$x$+450.22 | 0.8932 |
| | CG | $y$=1.2681$x^2$−22.399$x$+453.88 | 0.9597 |
| | BG | $y$=0.7179$x^2$−12.161$x$+449.94 | 0.9436 |
| 碱韭 | DG1 | $y$=1.9767$x^2$−30.793$x$+473.56 | 0.8776 |
| | DG2 | $y$=1.7378$x^2$−27.153$x$+470.25 | 0.9268 |
| | DG3 | $y$=1.4615$x^2$−23.811$x$+455.45 | 0.6546 |
| | CG | $y$=1.1235$x^2$−18.228$x$+480.14 | 0.8451 |
| | BG | $y$=0.7739$x^2$−12.359$x$+450.92 | 0.9463 |
| 无芒隐子草 | DG1 | $y$=1.951$x^2$−26.649$x$+463.15 | 0.8461 |
| | DG2 | $y$=2.5944$x^2$−36.915$x$+475.87 | 0.8406 |
| | DG3 | $y$=4.1748$x^2$−62.462$x$+499.82 | 0.9403 |
| | CG | $y$=4.1492$x^2$−61.572$x$+493.12 | 0.9374 |
| | BG | $y$=2.1399$x^2$−28.878$x$+459.84 | 0.8400 |

## 三、主要植物种群贮藏碳水化合物含量

牧草在生长过程中，通常把一部分光合产物贮藏起来，以备以后利用，这种被贮藏起来的物质称为贮藏碳水化合物。贮藏碳水化合物（尤其是还原糖）在牧草的生命活动中起着极为重要的作用，贮藏养分的多寡对牧草的抗逆性、早春生长及草地生产力均有重要意义。贮藏性营养物质的变化动态与植物不同的生长阶段和利用有关。从利用角度上看，放牧强度、放牧制度和放牧季节都是影响牧草贮藏养分及草地生产力的重要因素。植物碳水化合物含量随物候变化会出现多次升降，积累期出现在分蘖末期或开花结实期，消耗期出现在拔节、抽穗或果后营养期，最后一个峰值出现在生长季结束时或结束前，这为植物的越冬和早春返青提供了能量保障，植物越冬和返青耗能导致次年早春贮藏碳水化合物含量有很大幅度的下降。

### （一）主要植物种群的还原糖含量年度变化

不同休牧梯度短花针茅还原糖含量变化如图9-22所示，2006年短花针茅还

原糖含量除禁牧区外，在整个生长季呈现“V”字形动态规律，禁牧区呈现“上升—下降—上升”的趋势，整体呈现出在7月、8月达到最低值，10月达到最高值，各处理区呈现出强的变化规律。2007年短花针茅还原糖含量在休牧1、2区与自由放牧区呈现出“下降—上升—下降”的趋势，在休牧3区呈现“下降—上升—下降—上升”的动态规律，各处理区整体在6月、7月达到最低值。2008年各处理区短花针茅还原糖含量在整个生长季整体呈现出“上升—下降—上升”的双峰值变化规律，10月达到最高值（休牧3区除外）。经过3年的禁牧休牧试验比较可知，各处理区短花针茅还原糖含量最高峰值整体出现在生长季结束时的9月或10月，且禁牧区和休牧区较自由放牧区积累的还原糖含量高。

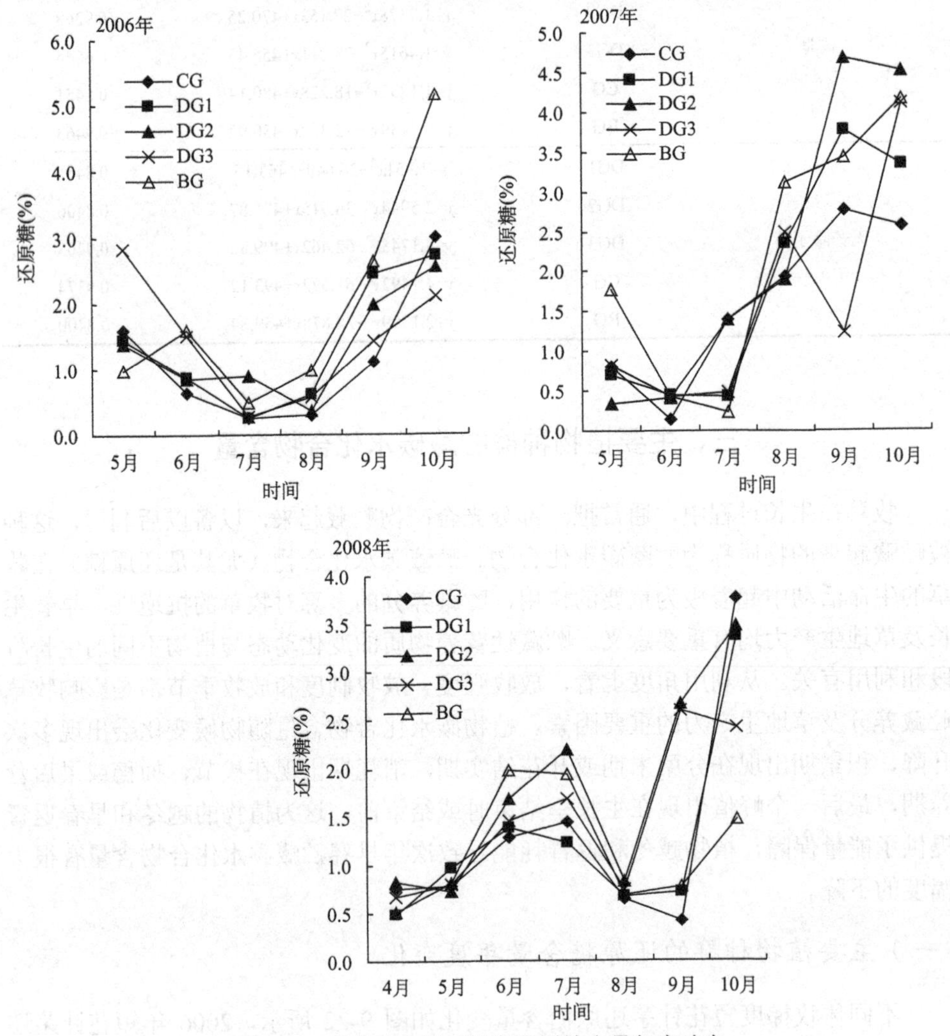


图9-22　禁牧休牧短花针茅还原糖含量年度动态

不同休牧梯度短花针茅还原糖含量变化如图 9-23 所示。2006 年碱韭还原糖含量在禁牧区与休牧 2、3 区整个生长季呈现“V”字形动态规律，休牧 1 区与自由放牧区呈现“上升—下降—上升”的趋势，整体呈现出在 7 月、8 月达到最低值，10 月达到最高值，各处理区呈现出强的变化规律。2007 年碱韭还原糖含量在休牧 1 区与休牧 2 区呈现出“下降—上升—下降—上升”的趋势，在禁牧区、休牧 3 区与自由放牧区呈现“V”字形动态规律，各处理区均在 6 月、7 月达到最低值。2008 年降水量比较充沛，各处理区碱韭还原糖含量在整个生长季出现多次升降，10 月达到最高值（除禁牧区外）。经过 3 年的禁牧休牧试验比较可知，碱韭还原糖含量最高峰值在各处理区整体出现在生长季结束时的 10 月（除禁牧区外）。

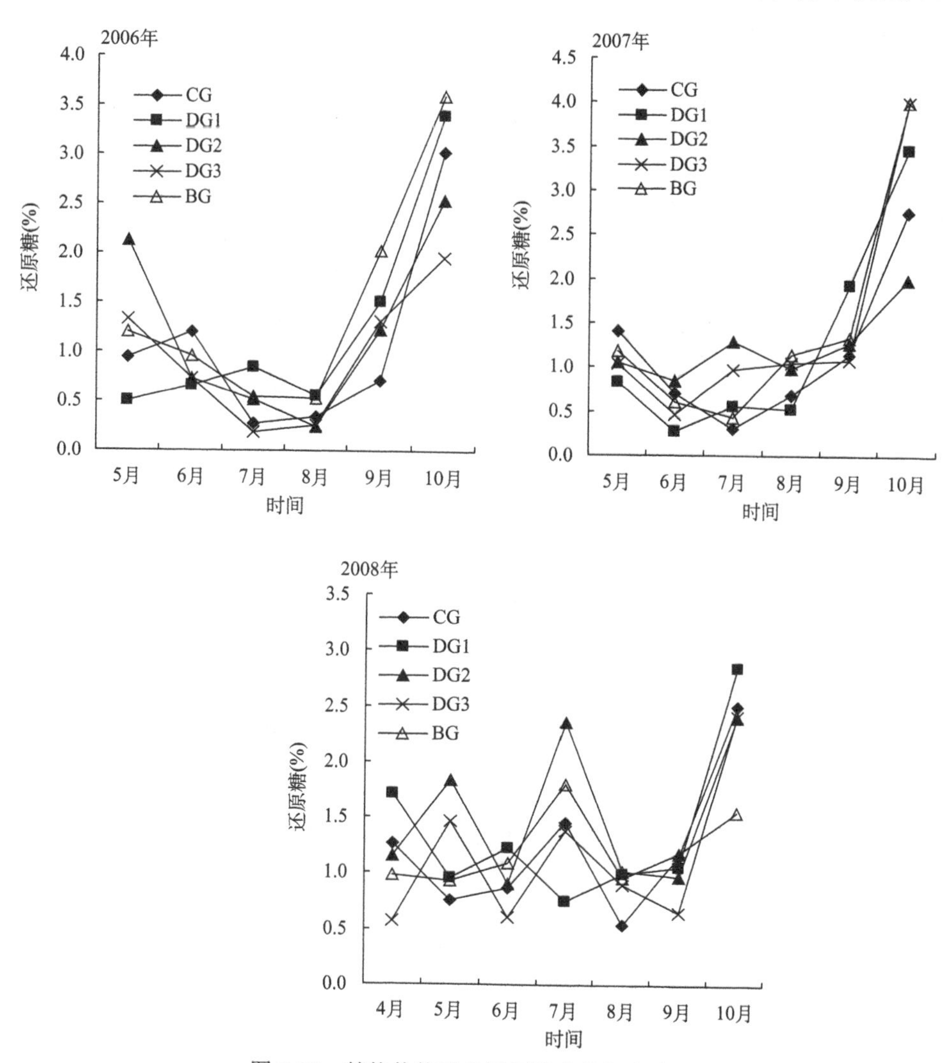


图 9-23　禁牧休牧碱韭还原糖含量年度动态

不同休牧梯度无芒隐子草还原糖含量变化如图 9-24 所示，2006 年无芒隐子草还原糖含量在休牧 1 区与自由放牧区呈现“下降—上升”的趋势，在整个生长季呈现“V”字形动态规律，在休牧 3 区呈现“下降—上升—下降”的趋势，整体呈现出在 7 月达到最低值。2007 年无芒隐子草还原糖含量在休牧区呈现出“下降—上升—下降”的趋势，在自由放牧区呈现“上升—下降”的趋势，除休牧 2 区与自由放牧区外，各处理区均在 7 月达到最低值。2008 年各处理区无芒隐子草还原糖含量在整个生长季均呈现出“下降—上升—下降—上升”的变化规律，各处理区均在 8 月达到最低值，10 月达到最高值。从年度间分析，经过 3 年的禁

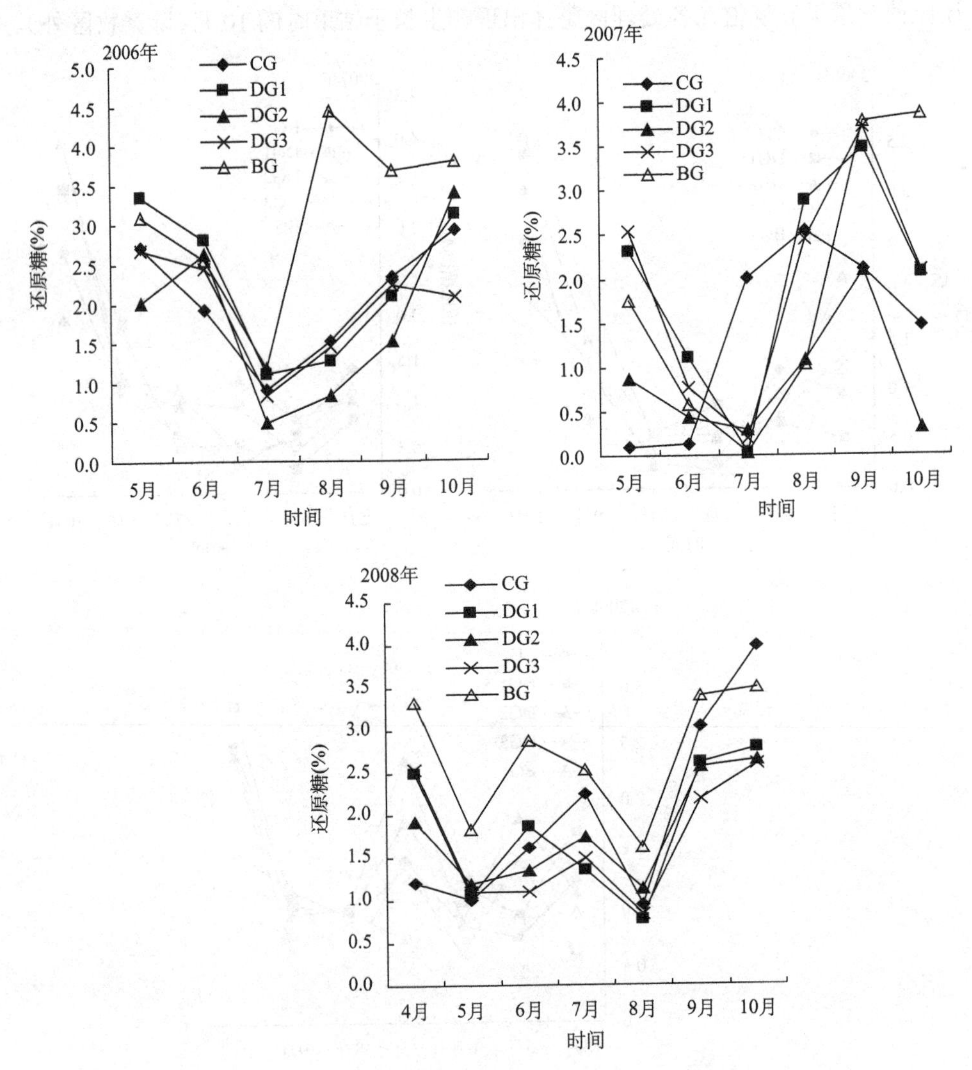


图 9-24　禁牧休牧无芒隐子草还原糖含量年度动态

牧休牧试验比较可知，2006 年和 2008 年各处理区无芒隐子草还原糖含量最高峰值整体出现在生长季结束时的 10 月，2007 年无芒隐子草还原糖含量最高峰值整体出现在 9 月。

## （二）主要植物种群的还原糖含量季节变化

3 种主要植物种群还原糖含量见表 9-10。短花针茅还原糖含量在 2006 年 5 月初，休牧 1 区显著高于禁牧区与自由放牧区（$P<0.05$），禁牧区与自由放牧区之间无显著差异（$P>0.05$）；5 月末，休牧 3 区显著高于其他处理（$P<0.05$），休牧区之间存在显著差异（$P<0.05$）；6 月末，禁牧区与休牧 3 区显著高于其他处理（$P<0.05$），说明经过一段时间的禁牧，禁牧区与休牧 3 区短花针茅的光合作用要强于其他处理区；7 月初禁牧区与休牧 3 区显著高于其他处理（$P<0.05$）。2007 年 5 月，禁牧区显著高于其他处理（$P<0.05$），5 月初休牧区之间存在显著差异（$P<0.05$）；6 月中旬，休牧区与禁牧区显著高于自由放牧区（$P<0.05$）；7 月休牧区与自由放牧区显著高于禁牧区（$P<0.05$）；8 月中旬及 9 月中旬～10 月中旬，禁牧区显著高于自由放牧区（$P<0.05$）。2008 年 4 月中旬，休牧 2 区显著高于其他处理（$P<0.05$）；5 月休牧 1 区还原糖含量较高；6～8 月，禁牧区显著高于自由放牧区（$P<0.05$），休牧 2 区显著高于休牧 1、3 区（$P<0.05$）（8 月中旬除外）；9 月中旬～10 月，休牧 2 区显著高于禁牧区（$P<0.05$）。还原糖含量的高低是植物生长势强弱的重要标志，从整个生长季节（平均值）来看，禁牧区与休牧 2、3 区还原糖含量高于自由放牧区，说明禁牧区与休牧区短花针茅的早春返青生长能力较自由放牧区强。

碱韭还原糖含量在 2006 年 5 月，休牧 2 区显著高于自由放牧区（$P<0.05$）；7 月末、8 月初休牧 1 区显著高于其他处理（$P<0.05$）；8 月初、9 月禁牧区显著高于自由放牧区（$P<0.05$）。2007 年 5 月，自由放牧区显著高于休牧 1 区（$P<0.05$）；6 月中旬～8 月初，休牧 3 区显著高于自由放牧区（$P<0.05$）；9～10 月，禁牧区显著高于自由放牧区（$P<0.05$）。2008 年在整个放牧季节，休牧 1 区碱韭还原糖含量整体较高，6 月中旬～8 月初，禁牧区显著高于自由放牧区（$P<0.05$）。说明休牧与禁牧有利于碱韭的生长和早春返青。

无芒隐子草还原糖含量在 2006 年 5 月，休牧 1 区与禁牧区显著高于自由放牧区（$P<0.05$），在随后的放牧季节里（除 6 月末和 7 月末外），禁牧区还原糖含量始终高于自由放牧区（$P<0.05$），这可能是因为无芒隐子草在自由放牧区被家畜多次采食，光合产物较少。2007 年 5 月和 6 月初，禁牧区与休牧区显著高于自由放牧区（$P<0.05$）；8 月初和 9 月初，休牧 1 区显著高于其他处理（$P<0.05$）；10 月禁牧区最高。2008 年 4～9 月，禁牧区还原糖含量显著

表 9-10　禁牧休牧主要植物种群还原糖含量季节动态（%）

| 日期（月.日） | 短花针茅 | | | | | 碱韭 | | | | | 无芒隐子草 | | | | |
|---|---|---|---|---|---|---|---|---|---|---|---|---|---|---|---|
| | DG1 | DG2 | DG3 | BG | CG | DG1 | DG2 | DG3 | BG | CG | DG1 | DG2 | DG3 | BG | CG |
| 2006 年 | | | | | | | | | | | | | | | |
| 5.1 | 6.93±3.20a | 1.68±0.05b | 3.26±0.07ab | 1.00±0.01b | 1.88±0.02b | 0.53±0.03d | 1.24±0.03b | 1.55±0.03a | 1.59±0.02a | 0.64±0.01c | 3.40±0.13ab | 3.41±0.10ab | 3.53±0.00a | 3.28±0.02b | 2.95±0.01c |
| 5.25 | 0.93±0.03d | 1.07±0.01c | 2.40±0.05a | 0.97±0.00cd | 1.31±0.04b | 0.47±0.01e | 3.00±0.06a | 1.12±0.02c | 0.81±0.03d | 1.25±0.05b | 3.29±0.20a | 0.62±0.00e | 1.85±0.09d | 2.92±0.05b | 2.50±0.02c |
| 6.1 | 0.44±0.02bc | 0.34±0.02c | 0.47±0.05b | 1.34±0.03a | 0.39±0.02bc | 0.56±0.01c | 0.79±0.02b | 0.35±0.00d | 0.81±0.00b | 1.85±0.01a | 2.77±0.12b | 2.22±0.16c | 2.31±0.03c | 3.68±0.10a | 1.19±0.04d |
| 6.25 | 1.30±0.01c | 1.37±0.04c | 2.52±0.05a | 1.83±0.03b | 0.88±0.01d | 0.75±0.00b | 0.67±0.03c | 1.10±0.05a | 1.09±0.00a | 0.54±0.01d | 2.86±0.09a | 3.04±0.03a | 2.57±0.08b | 1.44±0.03c | 2.66±0.02b |
| 7.1 | 0.20±0.00c | 0.26±0.00b | 0.34±0.00a | 0.36±0.02a | 0.27±0.02b | 0.29±0.00c | 0.68±0.01b | 0.27±0.05c | 0.76±0.02b | 0.30±0.02c | 1.40±0.09a | 0.77±0.05b | 0.78±0.00b | 1.36±0.00a | 0.66±0.01b |
| 7.25 | 0.31±0.01c | 1.51±0.00a | 0.23±0.01d | 0.62±0.03b | 0.22±0.00d | 1.38±0.10a | 0.36±0.00b | 0.10±0.00c | 0.34±0.02b | 0.25±0.01c | 0.79±0.00a | 0.22±0.00b | 0.90±0.05a | 0.98±0.30a | 1.15±0.02a |
| 8.1 | 0.73±0.01b | 0.38±0.01d | 0.94±0.01a | 0.15±0.01e | 0.42±0.02c | 0.53±0.01a | 0.23±0.01c | 0.12±0.01d | 0.32±0.00b | 0.30±0.00e | 1.53±0.07c | 0.39±0.00e | 0.96±0.05d | 4.21±0.10a | 1.76±0.03b |
| 8.25 | 0.51±0.03b | 0.32±0.00b | 0.23±0.00b | 1.81±0.84a | 0.17±0.01b | 0.60±0.01d | 0.25±0.01c | 0.40±0.00d | 0.72±0.01a | 0.38±0.01b | 1.02±0.01c | 1.26±0.06c | 1.96±0.07b | 4.67±0.15a | 1.30±0.08c |
| 9.1 | 0.44±0.03c | 1.45±0.01b | 0.21±0.01d | 2.12±0.08a | 0.26±0.00d | 0.71±0.01c | 0.43±0.01d | 0.87±0.01b | 1.18±0.02b | 0.26±0.00e | 3.22±0.07a | 0.50±0.07d | 1.41±0.05c | 3.22±0.03a | 2.58±0.07b |
| 9.25 | 4.43±0.21a | 2.51±0.06c | 2.61±0.03c | 3.15±0.00b | 1.94±0.05d | 2.32±0.00b | 2.01±0.04c | 1.75±0.00d | 2.87±0.07a | 1.17±0.15e | 0.94±0.03e | 2.53±0.03c | 3.06±0.05b | 4.15±0.05a | 2.10±0.27d |
| 10.1 | 1.71±0.07c | 2.15±0.01b | 1.33±0.08d | 6.07±0.13a | 1.75±0.02c | 4.07±0.01a | 1.72±0.14c | 1.51±0.05d | 3.38±0.02b | 1.88±0.01c | 3.44±0.00b | 3.11±0.10c | 1.82±0.02d | 4.23±0.00a | 3.14±0.03c |
| 10.25 | 3.70±0.14b | 2.93±0.21c | 2.88±0.13c | 4.22±0.00a | 4.20±0.04a | 2.72x±0.10c | 3.37±0.15c | 2.41±0.08e | 3.83±0.01b | 4.18±0.03a | 2.79±0.06c | 3.66±0.00a | 2.30±0.00d | 3.35±0.06b | 2.71±0.14c |

续表

| 日期（月.日） | 短花针茅 | | | | | 碱韭 | | | | | 无芒隐子草 | | | | |
|---|---|---|---|---|---|---|---|---|---|---|---|---|---|---|---|
| | DG1 | DG2 | DG3 | BG | CG | DG1 | DG2 | DG3 | BG | CG | DG1 | DG2 | DG3 | BG | CG |
| 2007 年 | | | | | | | | | | | | | | | |
| 5.1 | 0.66±0.01c | 0.43±0.00d | 0.89±0.04b | 1.27±0.01a | 0.46±0.00d | 0.33±0.01c | 0.51±0.01b | 1.33±0.06a | 1.28±0.00a | 1.36±0.00a | 1.99±0.05c | 1.21±0.01d | 2.31±0.04b | 2.97±0.00a | 0.09±0.00e |
| 5.15 | 0.74±0.01c | 0.25±0.01d | 0.74±0.00c | 2.27±0.01a | 1.14±0.11b | 1.33±0.07c | 1.61±0.02a | 0.74±0.01e | 1.07±0.01d | 1.45±0.01b | 2.65±0.13c | 0.53±0.00d | 2.76±0.06b | 0.53±0.00a | 0.09±0.00e |
| 6.1 | 0.17±0.00d | 0.46±0.01a | 0.37±0.01c | 0.41±0.01b | 0.18±0.01d | 0.42±0.01c | 0.94±0.00b | 0.25±0.12d | 0.93±0.00b | 1.11±0.01a | 2.14±0.06a | 0.80±0.17c | 1.40±0.00b | 0.37±0.01d | 0.09±0.00e |
| 6.15 | 0.74±0.01a | 0.38±0.03c | 0.50±0.02b | 0.43±0.00bc | 0.10±0.05d | 0.11±0.01d | 0.75±0.02a | 0.68±0.02b | 0.29±0.00c | 0.28±0.01c | 0.08±0.01b | 0.06±0.00b | 0.15±0.02b | 0.78±0.29a | 0.18±0.04b |
| 7.1 | 0.51±0.01c | 1.98±0.01b | 0.41±0.01d | 0.32±0.00e | 2.60±0.01a | 0.69±0.01c | 0.80±0.00b | 0.94±0.01a | 0.80±0.01b | 0.19±0.00d | 0.03±0.00d | 0.03±0.00cd | 0.07±0.01b | 0.05±0.01bc | 3.90±0.01a |
| 7.15 | 0.33±0.00c | 0.81±0.01a | 0.56±0.00b | 0.14±0.02e | 0.20±0.01d | 0.42±0.04c | 1.80±0.06a | 1.01±0.01b | 0.06±0.00d | 0.42±0.00c | 0.06±0.01b | 0.55±0.27a | 0.31±0.05ab | 0.03±0.00b | 0.12±0.01b |
| 8.1 | 0.73±0.01c | 0.59±0.03d | 1.32±0.01a | 1.21±0.02b | 1.32±0.02a | 0.91±0.02d | 0.80±0.02e | 1.99±0.01a | 1.79±0.02b | 1.28±0.00c | 2.24±0.00a | 0.44±0.01d | 1.77±0.17b | 1.83±0.05b | 1.31±0.13c |
| 8.15 | 3.97±0.04b | 3.21±0.00d | 3.66±0.02c | 5.03±0.04a | 2.55±0.07e | 0.13±0.00c | 1.17±0.02a | 0.10±0.01c | 0.51±0.00b | 0.11±0.00c | 3.52±0.15a | 1.72±0.05c | 3.11±0.05b | 0.24±0.02d | 3.78±0.11a |
| 9.1 | 2.96±0.01c | 4.57±0.02a | 0.64±0.01e | 2.22±0.02d | 3.47±0.02b | 1.83±0.00a | 0.47±0.02e | 1.38±0.00b | 0.76±0.01d | 1.08±0.01c | 4.16±0.18a | 3.15±0.06c | 3.59±0.05b | 2.76±0.06d | 0.87±0.02e |
| 9.15 | 4.59±0.00b | 4.82±0.08a | 1.84±0.01d | 4.66±0.03b | 2.09±0.02c | 2.04±0.02a | 2.08±0.04a | 0.81±0.05d | 1.92±0.02b | 1.24±0.00c | 2.77±0.04d | 1.03±0.06e | 3.84±0.03b | 4.80±0.15a | 3.36±0.15c |
| 10.1 | 3.39±0.01d | 5.16±0.31a | 3.89±0.02c | 4.51±0.03b | 2.82±0.04e | 3.76±0.05b | 2.54±0.22d | 3.41±0.03c | 4.67±0.08a | 2.58±0.01d | 2.06±0.04b | 0.20±0.01e | 1.60±0.01c | 3.70±0.01a | 0.77±0.05d |
| 10.15 | 3.31±0.12c | 3.93±0.04b | 4.36±0.05a | 3.86±0.03b | 2.33±0.01d | 3.15±0.07c | 1.45±0.00e | 4.59±0.00a | 3.35±0.06b | 2.95±0.05d | 2.05±0.07c | 0.41±0.01d | 2.57±0.00b | 4.00±0.02a | 2.14±0.01c |

续表

| 日期（月.日） | 短花针茅 | | | | | 碱韭 | | | | | 无芒隐子草 | | | | |
|---|---|---|---|---|---|---|---|---|---|---|---|---|---|---|---|
| | DG1 | DG2 | DG3 | BG | CG | DG1 | DG2 | DG3 | BG | CG | DG1 | DG2 | DG3 | BG | CG |
| 2008 年 | | | | | | | | | | | | | | | |
| 4.15 | 0.49±0.01d | 0.83±0.00a | 0.66±0.02c | 0.51±0.00d | 0.76±0.01b | 1.72±0.03a | 1.16±0.02c | 0.57±0.01e | 0.98±0.01d | 1.27±0.00b | 2.49±0.11b | 1.93±0.00c | 2.53±0.02b | 3.32±0.07a | 1.20±0.02d |
| 5.1 | 0.77±0.03a | 0.47±0.00c | 0.49±0.02c | 0.81±0.01a | 0.58±0.01b | 0.78±0.02e | 1.57±0.0a2 | 1.49±0.02b | 1.42±0.04c | 1.05±0.00d | 1.23±0.01b | 1.17±0.03b | 1.02±0.01c | 1.86±0.01a | 0.88±0.02d |
| 5.15 | 1.16±0.00a | 0.99±0.02c | 1.09±0.03b | 0.82±0.00d | 0.99±0.00c | 1.14±0.01c | 2.09±0.13a | 1.45±0.01b | 0.45±0.01d | 0.48±0.01d | 0.86±0.01d | 1.21±0.04b | 1.18±0.04bc | 1.80±0.03a | 1.11±0.02c |
| 6.1 | 2.24±0.09c | 2.66±0.00a | 2.42±0.07b | 2.51±0.05ab | 2.20±0.01c | 1.06±0.00a | 0.82±0.02c | 0.91±0.00b | 0.45±0.01d | 1.07±0.03a | 2.40±0.00b | 1.93±0.02c | 1.63±0.05d | 2.70±0.05a | 1.62±0.01d |
| 6.15 | 0.52±0.01c | 0.69±0.03b | 0.48±0.01c | 1.44±0.06a | 0.36±0.00d | 1.41±0.09b | 0.99±0.03c | 0.31±0.01e | 1.73±0.02a | 0.68±0.00d | 1.33±0.04c | 0.76±0.01d | 0.55±0.00e | 3.03±0.00a | 1.61±0.01b |
| 7.1 | 1.22±0.01e | 2.20±0.00a | 1.67±0.01c | 1.93±0.10b | 1.43±0.02d | 0.76±0.04d | 2.37±0.05a | 1.39±0.03c | 1.82±0.00b | 1.46±0.01c | 1.35±0.04e | 1.74±0.00c | 1.50±0.02d | 2.52±0.05a | 2.24±0.02b |
| 7.15 | 1.25±0.01e | 1.90±0.00a | 1.60±0.01c | 1.83±0.10b | 1.33±0.02d | 1.45±0.04d | 2.17±0.05a | 1.69±0.03c | 1.92±0.00b | 1.56±0.01c | 1.37±0.04e | 1.94±0.00c | 1.55±0.02d | 2.62±0.05a | 2.34±0.02b |
| 8.1 | 1.27±0.02d | 1.70±0.02a | 1.54±0.00b | 1.33±0.02c | 1.24±0.00d | 1.93±0.09a | 2.05±0.10a | 1.69±0.06b | 1.23±0.05c | 0.89±0.01d | 1.40±0.04e | 2.34±0.04b | 1.63±0.07d | 2.89±0.05a | 2.00±0.00c |
| 8.15 | 0.40±0.01a | 0.30±0.01b | 0.26±0.00c | 0.29±0.01bc | 0.18±0.02d | 0.76±0.08a | 0.26±0.01c | 0.43±0.01b | 0.11±0.02d | 0.25±0.04c | 0.43±0.04b | 0.48±0.01b | 0.49±0.00b | 0.93±0.04a | 0.12±0.01c |
| 9.1 | 0.35±0.00b | 0.48±0.07a | 0.41±0.02ab | 0.43±0.01ab | 0.48±0.02a | 0.32±0.08d | 0.79±0.03b | 0.60±0.0c1 | 1.57±0.06a | 0.49±0.00c | 0.47±0.05c | 0.56±0.05c | 0.35±0.00d | 1.05±0.03a | 0.69±0.00b |
| 9.15 | 0.72±0.00b | 2.67±0.07a | 2.60±0.22a | 0.76±0.02b | 0.41±0.06b | 1.07±0.00b | 0.98±0.01c | 0.66±0.01d | 1.19±0.04a | 1.17±0.00a | 2.60±0.07c | 2.55±0.03c | 2.17±0.01d | 3.38±0.05a | 3.02±0.02b |
| 10.1 | 2.35±0.03b | 2.47±0.06ab | 1.52±0.00c | 1.46±0.01d | 2.76±0.23a | 2.07±0.07a | 2.02±0.03b | 2.03±0.03b | 1.17±0.06c | 1.99±0.00b | 2.70±0.02c | 2.60±0.01c | 2.50±0.06c | 3.40±0.02b | 3.90±0.12a |
| 10.15 | 3.35±0.03b | 3.47±0.06ab | 2.42±0.00c | 1.46±0.01d | 3.76±0.23a | 2.87±0.07a | 2.42±0.03b | 2.43±0.03b | 1.57±0.06c | 2.51±0.00b | 2.78±0.02c | 2.64±0.01c | 2.59±0.06c | 3.48±0.02b | 3.97±0.12a |

高于其他处理（$P<0.05$），休牧区间存在显著差异（$P<0.05$）；10 月，自由放牧区显著高于其他处理（$P<0.05$），禁牧区显著高于休牧区（$P<0.05$），休牧区之间无显著差异（$P>0.05$）。

## （三）主要植物种群的总糖含量年度变化

不同休牧梯度短花针茅总糖含量变化在不同年份和处理区有所不同，2006 年短花针茅总糖含量在各处理区出现多次的升降，没有呈现出明显的规律。2007 年短花针茅总糖含量在各处理区整体呈现出“下降—上升—下降”的趋势，各处理区均在 6 月、7 月达到最低值，呈现出较强的一致性。从年度间分析，经过 3 年的禁牧休牧试验比较可知，短花针茅总糖含量最高峰值在各处理区均有提高，且禁牧区与休牧区较自由放牧区积累的总糖含量提高幅度大（图 9-25）。

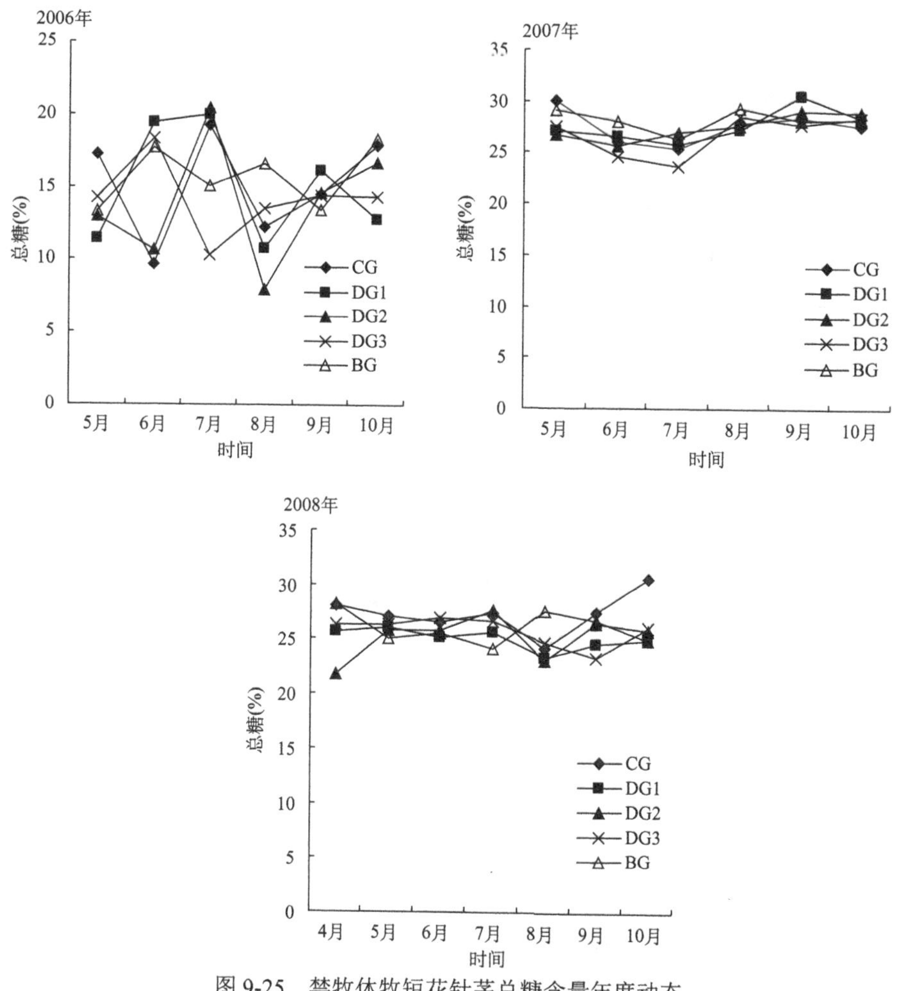


图 9-25　禁牧休牧短花针茅总糖含量年度动态

不同休牧梯度碱韭总糖含量变化如图 9-26 所示，2006 年碱韭总糖含量在各处理区出现多次的升降，没有呈现出明显的规律。2007 年碱韭总糖含量在休牧 1 区和休牧 3 区呈现出“下降—上升—下降—上升”的趋势，在整个生长季休牧 3 区最大值高于其他处理。2008 年休牧 3 区碱韭总糖含量在整个生长季呈现出“上升—下降—上升”的趋势，禁牧区呈现“下降—上升—下降—上升”趋势，10 月达到最高值。从年度间分析，经过 3 年的禁牧休牧试验比较可知，碱韭总糖含量最高峰值在各处理区均有提高。

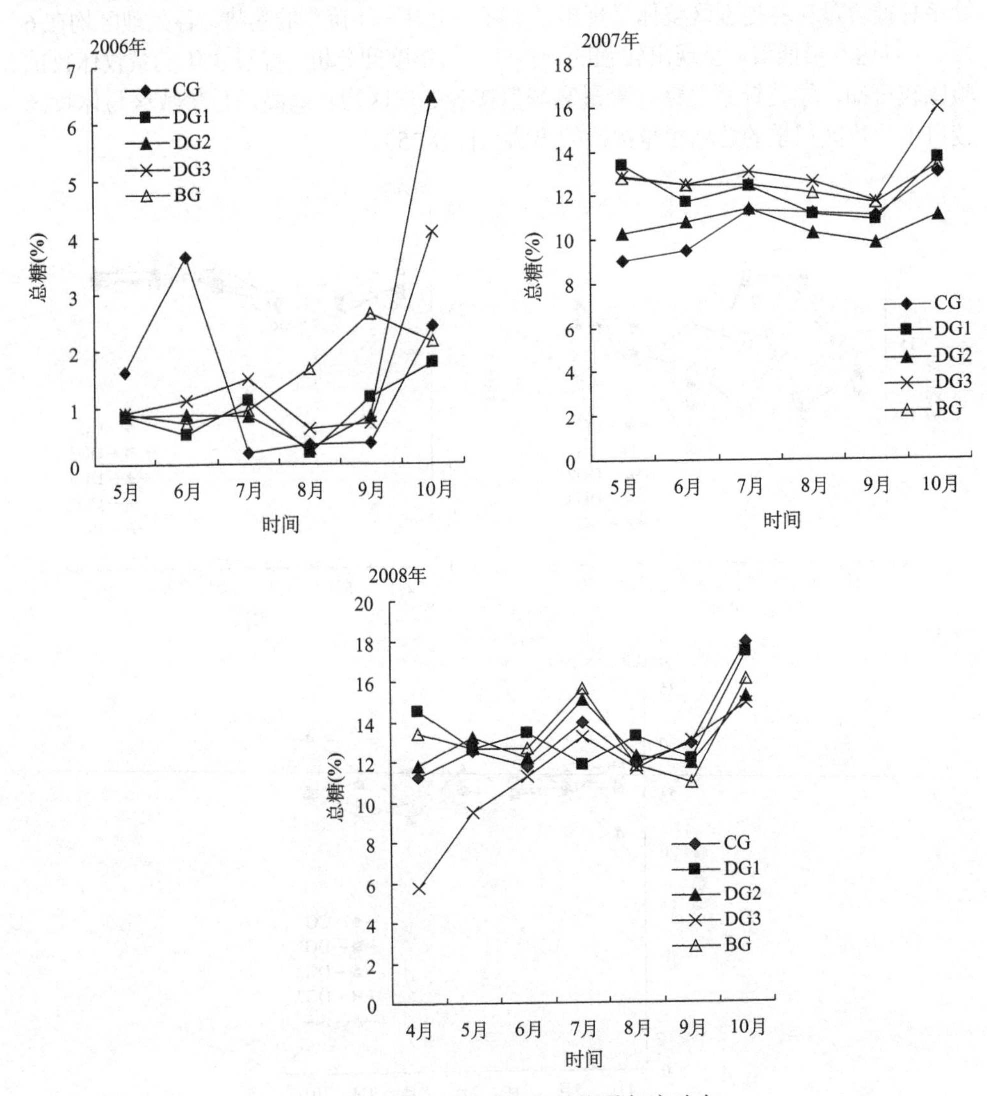


图 9-26　禁牧休牧碱韭总糖含量年度动态

不同休牧梯度无芒隐子草总糖含量（图 9-27）在 3 年内的各个处理区变化不一，2006 年无芒隐子草总糖含量在各处理区出现多次的升降，没有呈现出明显的规律。2007 年无芒隐子草总糖含量在休牧 1、2 区与自由放牧区呈现出“下降—上升—下降”趋势，禁牧区无芒隐子草总糖含量在 10 月达到最大值，且高于其他处理。2008 年休牧区与自由放牧区无芒隐子草总糖含量在整个生长季整体呈现出

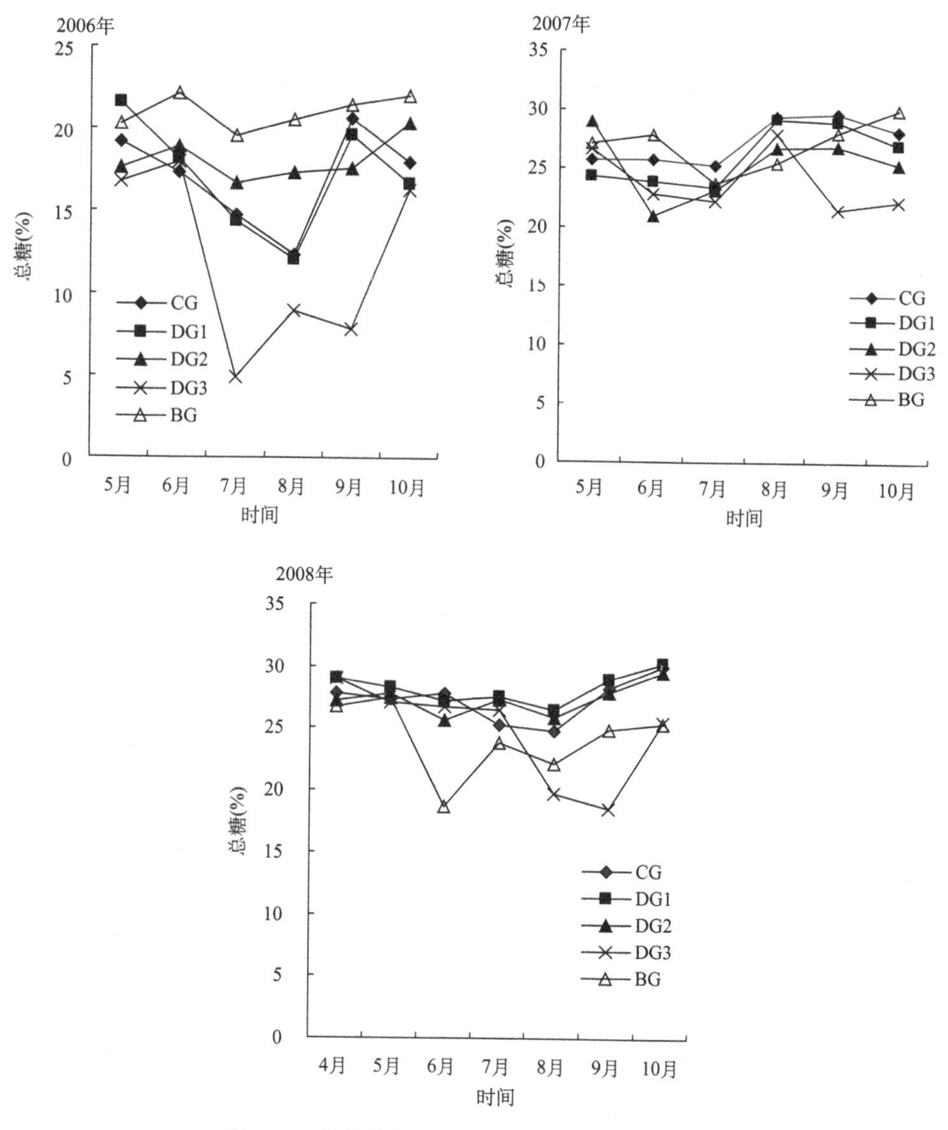


图 9-27　禁牧休牧无芒隐子草总糖含量年度动态

“下降—上升”的趋势，禁牧区呈现“下降—上升—下降—上升”趋势，休牧1、2区和自由放牧区10月达到最高值。从年度间分析，经过3年的禁牧休牧试验比较可知，无芒隐子草总糖含量最高峰值在各处理区均有提高，且禁牧区、休牧区与自由放牧区积累的总糖含量提高幅度没有明显差异。

## （四）主要植物种群的总糖含量季节变化

3种主要植物种群总糖含量见表9-11。2006年5月初短花针茅总糖含量在自由放牧区显著高于禁牧区与休牧1、2区（$P$<0.05），禁牧区与休牧区及休牧各区之间无显著差异（$P$>0.05）；5月末，各处理区之间无显著差异（$P$>0.05）；8月，禁牧区显著高于休牧2区（$P$<0.05），其他处理之间无显著差异（$P$>0.05）；9～10月，休牧区之间无显著差异（$P$>0.05）。2007年5月中旬，自由放牧区显著高于其他处理（$P$<0.05），休牧区之间存在显著差异（$P$<0.05）；6月，禁牧区显著高于休牧区（$P$<0.05）；7月初，休牧2区显著高于休牧1、3区（$P$<0.05），自由放牧区与禁牧区无显著差异（$P$>0.05）；10月中旬，禁牧区与休牧区显著高于自由放牧区（$P$<0.05）。2008年4月中旬，禁牧区与自由放牧区显著高于休牧2区（$P$<0.05）；5月自由放牧区总糖含量显著高于禁牧区（$P$<0.05）；8月中旬至9月初，禁牧区显著高于自由放牧区（$P$<0.05）。

2006年5月初碱韭总糖含量在自由放牧区显著高于禁牧区（$P$<0.05），禁牧区与休牧区无显著差异（$P$>0.05）；6月中旬自由放牧区显著高于其他处理（$P$<0.05）；8月、9月禁牧区显著高于自由放牧区（$P$<0.05）；10月休牧2区显著高于休牧1区与禁牧区（$P$<0.05）。2007年5月初，禁牧区与休牧3区显著高于自由放牧区与休牧1、2区（$P$<0.05）；8月中旬，休牧区与禁牧区显著高于自由放牧区（$P$<0.05）；10月，休牧3区显著高于其他处理（$P$<0.05）。2008年在整个放牧季节，休牧1区碱韭总糖含量较高；7月休牧2区与禁牧区显著高于自由放牧区（$P$<0.05）；9月休牧3区显著高于禁牧区（$P$<0.05）。说明休牧有利于碱韭的生长。

2006年5月初无芒隐子草总糖含量在休牧2区显著高于休牧1、3区（$P$<0.05）；7月末至10月末（9月中旬除外），禁牧区显著高于自由放牧区与休牧1、3区（$P$<0.05）。2007年5月，休牧2区显著高于休牧1、3区与自由放牧区（$P$<0.05）；6月，禁牧区显著高于休牧区（$P$<0.05）；7月中旬，各处理无显著差异（$P$>0.05）；10月中旬禁牧区显著高于其他处理（$P$<0.05）。2008年在植物整个生长季节里，休牧1区总糖含量较高，5月中旬和8～10月，休牧1、2区显著

表 9-11　禁牧休牧主要植物种群总糖含量季节动态（%）

| 日期（月.日） | 短花针茅 | | | | | 碱韭 | | | | | 无芒隐子草 | | | | |
|---|---|---|---|---|---|---|---|---|---|---|---|---|---|---|---|
| | DG1 | DG2 | DG3 | BG | CG | DG1 | DG2 | DG3 | BG | CG | DG1 | DG2 | DG3 | BG | CG |
| 2006 年 | | | | | | | | | | | | | | | |
| 5.1 | 10.00±0.00b | 12.35±0.20b | 13.72±0.98ab | 10.33±3.88b | 18.54±0.13a | 0.81±0.09ab | 0.31±0.01c | 0.65±0.09ab | 0.50±0.00bc | 0.97±0.19a | 18.07±0.10bc | 21.62±1.78a | 15.60±1.13c | 20.99±0.19ab | 20.75±0.32ab |
| 5.25 | 12.74±1.36a | 13.50±3.47a | 14.81±1.13a | 16.38±0.23a | 15.96±0.37a | 0.91±0.05b | 1.38±0.61ab | 1.14±0.19b | 1.31±0.18ab | 2.27±0.00a | 25.05±1.18a | 13.58±0.33b | 18.04±1.87b | 19.52±0.38ab | 17.57±3.47b |
| 6.10 | 23.48±4.21a | 9.63±0.93b | 15.15±0.47b | 16.26±0.48b | 9.54±1.23b | 0.41±0.14b | 0.81±0.09b | 0.89±0.05b | 0.63±0.01b | 5.68±2.34a | 16.61±0.31bc | 18.36±1.69b | 21.74±0.42a | 23.75±0.19a | 14.97±0.66c |
| 6.25 | 15.39±2.13abc | 11.80±3.08bc | 21.47±2.63a | 19.20±1.59ab | 9.84±1.64c | 0.65±0.09b | 0.94±0.02b | 1.38±0.23a | 0.81±0.00b | 1.61±0.01a | 19.68±0.51a | 19.49±2.53a | 14.15±3.38a | 20.58±0.23a | 19.69±2.25a |
| 7.10 | 14.20±1.50ab | 19.58±3.36a | 9.20±3.34b | 12.80±0.04ab | 19.33±0.09a | 0.49±0.09b | 0.96±0.47b | 2.44±0.56a | 0.35±0.03b | 0.24±0.05b | 15.35±0.41a | 17.98±1.55a | 5.78±2.21b | 19.52±0.19a | 17.90±0.38a |
| 7.25 | 25.73±3.15a | 21.24±0.33ab | 11.38±0.38c | 17.28±1.94b | 19.14±1.88b | 1.79±0.19a | 0.73±0.05b | 0.57±0.05bc | 1.54±0.23a | 0.16±0.00c | 13.38±0.61c | 15.38±0.24b | 3.98±0.42e | 19.61±0.52a | 11.64±0.42d |
| 8.10 | 13.37±3.03ab | 10.11±1.82b | 12.37±2.34ab | 17.14±0.50a | 16.15±1.55ab | 0.18±0.01b | 0.24±0.05b | 0.26±0.04b | 1.30±0.19a | 0.24±0.05b | 11.75±0.14b | 17.72±0.66a | 6.84±1.88c | 19.67±0.28a | 11.96±2.21b |
| 8.25 | 8.16±3.51bc | 5.81±0.52c | 14.57±2.03ab | 16.05±1.89a | 8.22±2.01bc | 0.20±0.00d | 0.31±0.01cd | 0.98±0.09b | 2.03±0.05a | 0.44±0.02c | 12.43±0.23c | 16.99±0.41b | 11.05±0.66c | 21.46±0.66a | 12.80±2.59c |
| 9.10 | 17.64±1.04a | 12.33±0.93ab | 11.74±4.33ab | 7.39±1.08b | 12.19±0.47ab | 0.31±0.01b | 0.31±0.01b | 0.41±0.05b | 2.52±0.23a | 0.18±0.01b | 19.12±0.74b | 15.98±0.23b | 6.91±1.93c | 17.24±0.19b | 25.55±2.64a |
| 9.25 | 14.58±0.05a | 16.95±2.42a | 17.18±2.87a | 19.44±0.24a | 16.75±0.37a | 2.06±0.03ab | 1.38±0.23bc | 1.06±0.42cd | 2.76±0.19a | 0.57±0.05d | 20.09±1.08b | 19.26±0.70b | 8.71±0.33d | 25.66±0.56a | 15.80±1.32c |
| 10.10 | 11.56±3.62b | 15.85±2.89ab | 18.57±3.38ab | 15.54±0.32ab | 22.45±0.05a | 2.18±0.70c | 9.59±0.18a | 3.82±0.23b | 2.19±0.23c | 0.65±0.09d | 16.65±0.89c | 18.04±0.37bc | 17.87±0.91bc | 22.53±0.23a | 18.88±0.18b |
| 10.25 | 13.90±4.76a | 17.53±2.19a | 10.02±5.50a | 21.12±0.09a | 13.35±2.05a | 1.38±0.05b | 3.33±0.42a | 4.30±0.14a | 2.11±0.19b | 4.22±0.47a | 16.73±1.77b | 22.77±0.66a | 14.85±0.10b | 21.62±0.10a | 17.17±1.55b |

续表

| 日期 | 短花针茅 | | | | | 碱韭 | | | | | 无芒隐子草 | | | | |
|---|---|---|---|---|---|---|---|---|---|---|---|---|---|---|---|
| (月.日) | DG1 | DG2 | DG3 | BG | CG | DG1 | DG2 | DG3 | BG | CG | DG1 | DG2 | DG3 | BG | CG |
| 2007年 | | | | | | | | | | | | | | | |
| 5.1 | 28.29±0.42b | 25.86±0.41d | 27.33±0.01c | 30.04±0.24a | 29.51±0.01a | 11.21±0.37b | 9.81±0.12c | 13.38±0.03a | 12.85±0.08a | 9.08±0.00d | 25.42±0.16c | 29.02±0.42a | 26.90±0.53b | 29.23±0.06a | 26.28±0.01bc |
| 5.15 | 25.75±0.19c | 27.56±0.31b | 27.57±0.22b | 28.03±0.28b | 30.29±0.42a | 15.51±0.16a | 10.68±0.03c | 12.33±0.19b | 12.73±0.08b | 8.96±0.43d | 23.17±0.13d | 28.89±0.48a | 26.34±0.08b | 25.00±0.09c | 25.02±0.34c |
| 6.1 | 25.97±0.17c | 27.08±0.33b | 24.81±0.13d | 27.68±0.11a | 27.84±0.00a | 11.68±0.12b | 11.26±0.17b | 13.52±0.05a | 13.45±0.36a | 11.20±0.16b | 24.53±0.22b | 22.55±0.21c | 24.35±0.79b | 28.93±0.32a | 23.59±0.55bc |
| 6.15 | 26.97±0.05b | 24.22±0.54c | 24.36±0.19c | 28.18±0.43a | 24.21±0.03c | 11.68±0.06a | 10.32±0.14b | 11.47±0.18a | 11.48±0.02a | 7.79±0.04c | 23.13±0.07b | 19.30±1.83c | 21.25±0.26bc | 26.73±0.02a | 27.82±0.29a |
| 7.1 | 22.49±0.24bc | 27.29±0.36a | 20.32±0.06c | 24.37±0.08ab | 24.55±2.30ab | 12.68±0.07a | 10.95±0.03c | 12.07±0.13b | 12.99±0.07a | 9.86±0.32d | 22.25±0.11c | 20.75±0.44d | 22.03±0.07c | 24.89±0.16b | 29.16±0.15a |
| 7.15 | 29.04±0.13a | 26.62±0.13c | 26.80±0.00c | 28.18±0.04b | 26.05±0.53c | 12.09±0.23b | 11.82±0.65b | 14.11±0.02a | 11.94±0.08b | 11.94±0.09b | 24.39±0.07a | 25.64±0.21a | 22.41±0.23a | 22.64±0.40a | 21.31±4.00a |
| 8.1 | 25.44±0.31c | 26.23±0.01c | 28.38±0.01a | 27.20±0.59b | 25.82±0.17c | 12.10±0.24c | 10.62±0.26d | 14.70±0.15a | 13.67±0.03b | 13.27±0.23b | 26.36±0.16ab | 26.56±0.24ab | 25.40±0.18b | 27.73±1.55ab | 28.64±0.28a |
| 8.15 | 28.88±0.10b | 28.89±0.00b | 28.56±0.56b | 31.46±0.66a | 29.87±0.19b | 10.15±0.21a | 9.98±0.12a | 10.52±0.14a | 10.53±0.30a | 9.14±0.37b | 32.01±0.49a | 27.04±0.17c | 30.30±0.38b | 23.28±0.09d | 30.26±0.04b |
| 9.1 | 29.57±0.19a | 29.04±0.09b | 26.83±0.11c | 26.87±0.03c | 29.62±0.04a | 10.73±0.00b | 8.69±0.24c | 11.55±0.00a | 10.61±0.11b | 10.33±0.24b | 32.19±0.00a | 26.50±0.11c | 21.51±0.52d | 27.03±0.20c | 29.31±0.34b |
| 9.15 | 31.35±0.23a | 29.10±0.06b | 28.61±0.00c | 29.21±0.14b | 27.22±0.04d | 10.98±0.12c | 10.95±0.20c | 11.87±0.32b | 12.67±0.09a | 12.67±0.10a | 25.68±0.02d | 27.28±0.11c | 21.43±0.01e | 28.97±0.34b | 30.01±0.31a |
| 10.1 | 27.72±0.32b | 29.70±0.49a | 28.34±0.22b | 27.87±0.34b | 28.50±0.05b | 14.18±0.23b | 12.56±0.17d | 16.04±0.16a | 13.35±0.24c | 12.95±0.34cd | 26.54±0.02b | 24.75±0.17c | 20.70±0.42d | 29.42±0.11a | 28.90±0.50a |
| 10.15 | 29.02±0.05a | 28.03±0.49a | 28.31±0.34a | 28.61±0.64a | 26.71±0.08b | 13.11±0.48b | 9.55±0.13c | 15.76±0.18a | 13.33±0.10b | 12.98±0.07b | 27.32±0.02b | 25.88±0.10c | 23.75±0.08d | 30.51±0.11a | 27.34±0.12b |

续表

| 日期 | 短花针茅 | | | | | 碱韭 | | | | | 无芒隐子草 | | | | |
|---|---|---|---|---|---|---|---|---|---|---|---|---|---|---|---|
| （月.日） | DG1 | DG2 | DG3 | BG | CG | DG1 | DG2 | DG3 | BG | CG | DG1 | DG2 | DG3 | BG | CG |
| 2008 年 | | | | | | | | | | | | | | | |
| 4.15 | 28.05±0.39ab | 25.62±3.90b | 21.73±0.12ab | 26.32±0.71a | 28.19±0.23a | 14.51±0.05a | 11.80±0.02c | 5.76±0.12e | 13.42±0.11b | 11.22±0.28d | 29.05±0.20a | 27.15±0.40ab | 29.04±0.65a | 26.72±1.05b | 27.86±0.50ab |
| 5.1 | 26.66±0.06c | 25.62±0.04d | 24.98±0.04a | 26.89±0.06b | 26.09±0.20a | 12.87±0.01b | 12.92±0.01b | 8.60±0.31c | 14.09±0.09a | 12.98±0.28b | 28.67±0.08a | 27.28±0.17bc | 28.17±0.53ab | 28.14±0.30ab | 26.14±0.63c |
| 5.15 | 27.39±0.28ab | 26.54±0.60ab | 26.65±0.38b | 25.65±0.20c | 23.91±0.11a | 12.39±0.32ab | 13.52±0.10a | 10.40±0.65c | 11.12±0.51bc | 12.01±0.13b | 27.95±0.50a | 28.40±0.36a | 25.88±0.00c | 26.83±0.07b | 28.42±0.07a |
| 6.1 | 27.51±0.09b | 27.20±0.35c | 26.49±0.10a | 29.10±0.21c | 25.87±0.21b | 13.97±0.04a | 11.58±0.13b | 11.56±1.26b | 11.63±0.25b | 11.45±0.39b | 26.82±1.74a | 27.45±0.23a | 28.75±0.23a | 18.59±1.05a | 27.52±0.34a |
| 6.15 | 25.74±0.99b | 23.23±0.96ab | 25.01±0.09ab | 24.88±0.23ab | 25.29±0.14a | 12.79±0.01b | 12.68±0.12b | 10.95±0.13d | 13.57±0.11a | 12.03±0.10c | 27.52±0.03a | 23.92±0.05b | 24.74±0.11b | 18.74±0.75c | 28.13±0.41a |
| 7.1 | 27.49±0.01c | 25.64±0.00a | 27.73±0.35b | 26.70±0.01d | 24.12±0.26a | 11.76±0.40d | 15.00±0.10a | 13.21±0.14c | 15.57±0.05a | 13.92±0.11b | 27.61±0.02a | 27.35±0.06a | 26.45±0.15ab | 23.80±0.79c | 25.29±0.42b |
| 7.15 | 26.49±0.01c | 24.64±0.00a | 24.73±0.35b | 25.70±0.01d | 23.12±0.26a | 12.76±0.40d | 16.00±0.10a | 14.21±0.14c | 16.57±0.05a | 14.92±0.11b | 27.41±0.02a | 27.15±0.06a | 26.25±0.15ab | 23.60±0.79c | 25.09±0.42b |
| 8.1 | 25.97±1.49a | 25.98±0.14a | 22.88±0.68a | 25.86±0.02a | 27.49±0.39a | 14.31±0.02a | 13.81±0.04b | 12.90±0.06d | 13.13±0.10c | 12.47±0.00e | 27.28±0.48a | 27.08±0.22a | 24.23±0.00b | 24.54±0.75b | 26.58±0.32a |
| 8.15 | 23.40±0.72b | 22.93±0.00b | 21.90±0.24b | 23.51±0.03a | 28.48±0.82b | 13.27±0.61a | 11.21±0.13b | 10.18±0.04c | 11.14±0.01bc | 11.59±0.28b | 26.64±0.03a | 25.28±0.27ab | 20.85±1.76c | 22.82±0.71bc | 24.61±0.33ab |
| 9.1 | 23.54±0.00d | 21.50±0.34b | 24.87±0.03b | 24.97±0.02a | 27.15±0.08c | 12.04±0.21a | 11.64±0.31a | 11.60±0.05a | 10.96±0.04b | 11.56±0.13a | 25.57±0.25a | 25.25±0.37a | 14.27±0.01d | 19.21±0.11c | 23.35±0.00b |
| 9.15 | 27.60±0.17c | 24.68±0.26b | 26.59±0.06d | 23.46±0.33b | 26.79±0.00a | 12.08±0.24b | 11.87±0.04b | 13.01±0.11a | 10.88±0.32c | 12.82±0.09a | 28.97±0.71a | 27.88±0.23a | 18.60±0.02c | 24.89±0.25b | 28.29±0.01a |
| 10.1 | 30.47±0.54b | 24.77±0.14b | 25.64±0.12b | 25.83±0.64b | 24.81±0.07a | 16.33±0.23a | 14.14±0.03c | 13.81±0.02c | 14.97±0.42b | 16.84±0.07a | 29.35±0.06a | 28.55±0.39a | 24.54±0.38b | 25.06±0.25b | 29.11±0.04a |
| 10.15 | 30.77±0.54b | 25.07±0.14b | 25.94±0.12b | 26.13±0.64b | 25.11±0.07a | 17.33±0.23a | 15.14±0.03c | 14.81±0.02c | 15.97±0.42b | 17.84±0.07a | 30.35±0.06a | 29.55±0.39a | 25.54±0.38b | 25.46±0.25b | 30.11±0.04a |

高于休牧3区（$P<0.05$），整体呈现出休牧1区＞休牧2区＞休牧3区；10月，休牧1、2区与自由放牧区显著高于禁牧区（$P<0.05$）。

## （五）不同年份还原糖含量关联度分析

对不同年份不同利用条件下短花针茅还原糖含量进行最优母序列关联度分析，研究结果表明，2006年禁牧区与最优母序列的关联度最大，为75.01%；休牧2区与最优母序列的关联度最小，为41.04%；不同处理区与最优母序列的关联度大小依次为禁牧＞休牧3＞休牧1＞自由放牧＞休牧2。2007年休牧2区与最优母序列的关联度最大，为76.41%；休牧1区与最优母序列的关联度最小，为51.69%；不同处理区与最优母序列的关联度大小依次为休牧2＞自由放牧＞禁牧＞休牧3＞休牧1。2008年休牧2区与最优母序列的关联度最大，为87.65%；休牧3区与最优母序列的关联度最小，为70.41%；不同处理区与最优母序列的关联度大小依次为休牧2＞禁牧＞自由放牧＞休牧1＞休牧3。不同年份不同利用条件下短花针茅还原糖含量与最优母序列的关联度变动较大。同一年份不同利用条件下短花针茅还原糖含量与最优母序列的关联度差别较大，特别是2006年，不同处理区之间的最大差异达到33.97%；2007年次之，为24.72%；2008年最小，为17.24%。同一利用条件下不同年份短花针茅还原糖含量与最优母序列的关联度变化强烈，但没有表现出明显的规律性。同时在表9-12中也可以看到，2006～2008年，随着时间的推移，短花针茅还原糖含量与最优母序列的关联度总体上呈现出增大的变化趋势。

**表9-12　不同利用条件下不同年份短花针茅还原糖含量关联度**

| 处理 | 关联度 | | |
|---|---|---|---|
| | 2006年 | 2007年 | 2008年 |
| CG | 0.4736 | 0.7448 | 0.8286 |
| DG1 | 0.5839 | 0.5169 | 0.8094 |
| DG2 | 0.4104 | 0.7641 | 0.8765 |
| DG3 | 0.6107 | 0.5567 | 0.7041 |
| BG | 0.7501 | 0.6310 | 0.8290 |

## （六）不同年份总糖含量关联度分析

对不同年份不同利用条件下短花针茅总糖含量进行最优母序列关联度分析，研究结果表明（表9-13），2006年禁牧区与最优母序列的关联度最大，为62.30%；自由放牧区与最优母序列的关联度最小，为27.31%；不同处理区与最优母序列的关联度大小依次为禁牧＞休牧 1＞休牧 3＞休牧 2＞自由放牧。2007 年禁牧区与最优母序列的关联度最大，为 51.34%；休牧 2 区与最优母序列的关联度最小，为 38.44%；不同处理区与最优母序列的关联度大小依次为禁牧＞休牧 1＞自由放牧＞休牧 3＞休牧 2。2008 年自由放牧区与最优母序列的关联度最大，为 69.94%；休牧 2 区与最优母序列的关联度最小，为 35.30%；不同处理区与最优母序列的关联度大小依次为自由放牧＞禁牧＞休牧 1＞休牧 3＞休牧 2。总糖含量与最优母序列的关联度总体上较还原糖与最优母序列的关联度小；且禁牧和自由放牧两种利用条件下总糖含量与最优母序列的关联度变动较大；如果不考虑禁牧和自由放牧两种利用条件，3 种休牧利用条件下短花针茅总糖含量与最优母序列的关联度大小均为休牧 1＞休牧 3＞休牧 2，这表明休牧 40 天、50 天、60 天 3 种利用条件下短花针茅总糖含量受其利用条件影响表现出明显的变化趋势，即休牧 40 天短花针茅总糖含量较高，休牧 60 天短花针茅总糖含量次之，休牧 50 天短花针茅总糖含量较低。同一年份不同利用条件下短花针茅总糖含量与最优母序列的关联度差别也较大，2006 年和 2008 年，不同处理区之间的最大差异均大于 34.00%；2007 年较小，为 12.90%。同一利用条件下不同年份短花针茅还原糖含量与最优母序列的关联度变化强烈，也没有表现出明显的规律性。

**表 9-13　不同利用条件下不同年份短花针茅总糖含量关联度**

| 处理 | 关联度 | | |
|---|---|---|---|
| | 2006 年 | 2007 年 | 2008 年 |
| CG | 0.2731 | 0.4856 | 0.6994 |
| DG1 | 0.5348 | 0.5120 | 0.4313 |
| DG2 | 0.3967 | 0.3844 | 0.3530 |
| DG3 | 0.3977 | 0.4531 | 0.4233 |
| BG | 0.6230 | 0.5134 | 0.5108 |

## （七）不同年份还原糖与总糖比值关联度分析

短花针茅还原糖和总糖的比值与最优序列的关联度较大，但不同年份不同利用条件之间存在差异（表 9-14）。2006 年禁牧区与最优母序列的关联度最大，为 95.19%；自由放牧区与最优母序列的关联度最小，为 93.63%；不同处理区与最优母序列的关联度大小依次为禁牧＞休牧 1＞休牧 3＞休牧 2＞自由放牧，其与对同一年短花针茅总糖含量进行最优母序列关联度分析的结果相同。2007 年休牧 2 区与最优母序列的关联度最大，为 98.92%；休牧 1 区与最优母序列的关联度最小，为 97.43%；不同处理区与最优母序列的关联度大小依次为休牧 2＞自由放牧＞禁牧＞休牧3＞休牧1。2008年休牧2区与最优母序列的关联度最大，为99.36%；休牧3区与最优母序列的关联度最小，为98.46%；不同处理区与最优母序列的关联度大小依次为休牧2＞禁牧=休牧1＞自由放牧＞休牧3。研究表明，短花针茅还原糖和总糖的比值与最优序列的关联度受短花针茅还原糖和总糖含量双重影响，其变化趋势起伏不定，且规律性不明显。同一年份不同利用条件下短花针茅还原糖和总糖的比值与最优母序列的关联度差别较小，2006年不同处理区之间的最大差异为1.56%；2007年次之，为1.49%；2008年最小，为0.90%。同一利用条件下不同年份短花针茅还原糖含量与最优母序列的关联度变化较小，变化趋势不一。

**表9-14　不同利用条件下不同年份短花针茅还原糖与总糖比值关联度**

| 处理 | 关联度 | | |
|---|---|---|---|
| | 2006年 | 2007年 | 2008年 |
| CG | 0.9363 | 0.9862 | 0.9872 |
| DG1 | 0.9474 | 0.9743 | 0.9904 |
| DG2 | 0.9372 | 0.9892 | 0.9936 |
| DG3 | 0.9422 | 0.9747 | 0.9846 |
| BG | 0.9519 | 0.9755 | 0.9904 |

## （八）贮藏碳水化合物年际关联度分析

不同利用条件下短花针茅贮藏碳水化合物3年间的比较结果表明（表9-15），3年间短花针茅还原糖含量与最优母序列关联度最大的为休牧2区，关联程度达到68.53%；最小的为休牧3区，关联程度为52.91%；短花针茅还原糖含量与最优母序列的关联度大小为休牧2＞禁牧＞自由放牧＞休牧1＞休牧3。短花针茅总糖含量与最优母序列关联度最大的为禁牧区，关联程度达到51.61%；最小的为休牧2区，关联程度为34.40%；短花针茅总糖含量与最优母序列的关联度大小为禁牧＞休牧1＞自由放牧＞休牧3＞休牧2。短花针茅还原糖和总糖的比值与最优母序列关联度最大的为休牧2区，关联程度达到95.18%；最小的为休牧3区，关联程度为93.74%；短花针茅还原糖和总糖的比值与最优母序列的关联度大小为休牧2>禁牧＞自由放牧＞休牧1＞休牧3。3年间休牧60天短花针茅还原糖含量关联度较低，且还原糖与总糖的比值关联度也比较低；休牧50天短花针茅总糖含量关联度较低，但还原糖与总糖的比值关联度较高。同时，3年间不同利用条件下还原糖含量关联度的最大差异为15.62%，总糖含量关联度的最大差异为17.21%，还原糖和总糖的比值与最优母序列关联度的最大差异为1.44%。受不同利用条件的影响，短花针茅还原糖含量关联度和总糖含量关联度在 3 年内的变化较大，而还原糖与总糖的比值关联度波动较小。相对禁牧而言，休牧 50 天利用条件下需要更多的还原糖来保证短花针茅植物种群的生长发育，休牧 50 天和休牧 60 天利用条件下会使总糖急剧降低。

**表 9-15　2006～2008 年短花针茅还原糖、总糖及还原糖与总糖比值关联度**

| 处理 | 关联度 | | |
|---|---|---|---|
| | 还原糖 | 总糖 | 还原糖/总糖 |
| CG | 0.6290 | 0.4491 | 0.9442 |
| DG1 | 0.5400 | 0.4647 | 0.9426 |
| DG2 | 0.6853 | 0.3440 | 0.9518 |
| DG3 | 0.5291 | 0.3924 | 0.9374 |
| BG | 0.6595 | 0.5161 | 0.9477 |

植物贮藏碳水化合物的季节变化较大，且还原糖比总糖波动剧烈，还原糖是植物生长的灵敏指示剂，对于维持植物的生长发育和生活强度有重要作用。本研究结果显示，短花针茅贮藏碳水化合物含量不但季节变化较大，年际变化也比较大，如在 2006～2008 年，短花针茅还原糖含量与最优母序列的关联度呈增大趋势，这不但受利用条件的影响，也受该年降水量季节分配、温度季节变化情况影响。因此，在以后的研究中，这些影响因素应该加以考虑。总糖含量分析结果显示，在 2006～2008 年，不同利用条件下的短花针茅总糖含量与最优母序列的关联度均较小，表明不同利用条件下短花针茅总糖含量在同一年内的季节变化比较强烈，且这种强烈的变化不会集中在某一利用区内，这说明总糖含量的高峰值会因利用条件的不同而存在差别，也正是这个原因导致其与最优母序列的关联度均较小。短花针茅还原糖与总糖的比值较还原糖和总糖含量稳定，不论是年度内还是年度间，短花针茅还原糖和总糖的比值均呈现出与最优母序列的高度关联，这说明尽管利用条件和水热条件存在差异，但短花针茅还原糖与总糖的比值会维持在某一相对稳定的水平，这与短花针茅能够在荒漠草原得以生存和繁衍的生理基础相关。

## 第三节　植物群落特征对禁牧休牧的响应

植物群落的数量特征包括密度、高度、盖度、频度和产量等指标，对这些指标的评价能够反映群落在自然状态或扰动状态的动态规律，从而使其成为群落定量分析的基础（胡自治等，1988）。本试验采用固定描述样方法，在 3 年间分析了不同休牧梯度植物群落的动态变化，充分说明禁牧区、休牧区群落特征效果明显优于自由放牧区，这一结果与其他研究者的结论一致。但在测定密度和盖度时，人为因素影响较大，如对丛生禾草株丛的判别、盖度目测值与真值的差距等。在本试验中，调查密度时利用人为记数法，且将丛生禾草和碱韭分为大、中、小丛统计；调查盖度时采用目视法，所以人为因素均可能存在。不同研究者的判别标准和看法有所不同，这也会产生一定的误差。但这些植物量的间接测定方法（包括目视法在内）目前被广泛地用于生产实践和研究中。休牧区较自由放牧区群落具有较高的稳定性且对环境有较高的适应性。3 个休牧区较自由放牧区更有利于提高群落特征的各项指标，但提高的程度并不与休牧时间成正比，这与褚文彬（2008）的研究结果一致。

群落多样性是生物多样性的一个重要组成部分，是生态系统能量和物质的主要提供者，也是生态系统维持及全球变化调控的主要作用者。研究植物群落多样性的结构、功能和动态对认识及保护一个地区的生物多样性具有重要意义。α 多样性就是物种多样性，物种多样性是指物种种类与数量的丰富程度（邱波等，2004；王伯荪和彭少麟，1997），是一个区域或一个生态系统可测定的生物学特征（王献溥和刘玉凯，1994）。群落植物的丰富度指数反映出群落内植物种类的多少。多样性显示群落种群过程与环境的关系（周纪伦等，1992）。群落优势度反映出群落种类数量优势的分化程度（姜恕，1988）。群落均匀度是指群落中各个种类的个体数量分配比例。我们在研究放牧制度对群落多样性的影响时采用了上述 4 种多样性指数，以尽可能避免用单一参数时所带来的偏差，但具体情况仍需具体分析。目前多样性指数计算方法较多。本试验中群落多样性指数通过群落内各物种的重要值计算，多样性指数的大小，实质上是群落中各种群重要值大小在种群中的分布是否均匀的问题。Altesor 等（2005）研究表明放牧比禁牧有更高的物种丰富度和物种多样性，而且放牧导致一些冷季丛生性禾草被暖季匍匐性禾草所取代。我们从试验研究得到了休牧区 Margalef 丰富度指数 3 年间呈现先增加后降低的趋势，自由放牧区、禁牧区呈现逐渐降低趋势，是因为放牧抑制了优势种的竞争能力，可能导致弱势物种的入侵和定居，群落内物种的多样性出现一定程度的增加。香农-维纳指数和 Pielou 指数在各处理区总体呈现上升趋势。可见早春休牧可以降低群落优势种排斥其他物种的能力，从而提高群落的多样性指数（香农-维纳指数）。

群落的生物量是由群落内各种群生物量而构成的。就每年平均地上现存量而言，禁牧区现存量显著高于其他处理区，说明由于绵羊的采食和践踏，放牧处理区的牧草现存量低于禁牧区。而且休牧 1、2、3 区又高于自由放牧区，休牧区之间整体呈现出休牧 2 区＞休牧 3 区＞休牧 1 区，并不与休牧时间成正比。在荒漠草原禁牧、休牧有利于一年生植物和多年生植物现存量的提高，同时休牧的优越性体现在 8～10 月，禁牧区与休牧区产草量均高于自由放牧区。总体来看，禁牧休牧较自由放牧能够保持群落较高的植物现存量，进一步分析可知，休牧50天比较合理，它既有利于牧草的返青，又减少了休牧期的成本投入，这与李青丰等（2005）所得结论一致。

放牧制度对地下生物量的影响是一个长期的过程，由于本试验持续了3年，不同处理草地地下生物量总体随土层深度增加而降低，即表层生物量最高，呈“T”型分布。这与其他研究者对天然草地地下生物量垂直分布的研究结果一致（宇万太和于永强，2001）。孙力安等（1993）绘制出了北美矮草草原5种主要群落地下生物量的分布曲线，并发现大部分根量分布于0～30cm深度。不同休牧梯度大部分根系向上移动，主要分布于0～30cm，禁牧使根系向上移动的程度小于自由放牧与休牧（李青丰，2005；赵钢等，2003）。

## 一、群落特征动态分析

### （一）群落种类组成

试验区植物群落属短花针茅+无芒隐子草+碱韭群落，在不同处理的固定描述样方内2006～2008年3年在8月初记载的植物共26种。由表9-16～表9-18可知，植物群落组成比较单一，虽然多年生植物占有很大优势，但一年生植物也起着相当重要的作用，特别是猪毛菜、栉叶蒿和银灰旋花3种牧草的密度、高度及盖度均很高。在多年生植物中，短花针茅为建群种，不同处理区群落的外貌和季相等群落特征主要由它体现。优势种无芒隐子草和碱韭高度、密度及盖度较大，因此它们在群落特征表现方面比较突出。试验表明，3年间各处理区的植物组成差异较大，2006年休牧1区、休牧2区、休牧3区、禁牧区和自由放牧区植物种类分别为19种、21种、19种、18种和20种；2007年分别为20种、13种、15种、15种和15种；2008年分别为16种、19种、19种、14种和18种。2006年出现了大量的一年生植物，以至于各处理区植物种类组成数目较多。2007年降水量较少，以至于一年生植物较少，因此各处理区植物种类组成数目较少。群落的植物种类组成数目在不同年份和不同处理间发生了较大的变化，一些种群的数量特征，如种群密度、高度和盖度在不同程度上发生了变化，有的种群这种变化还比较明显，如猪毛菜和栉叶蒿等。总体来看，休牧1区植物种类较禁牧区和自由放牧区多，但各休牧区间差异不明显。

### （二）群落高度年度动态

禁牧、休牧有助于短花针茅高度的增加，同时其高度与休牧期长短呈正相关关系；而禁牧有助于无芒隐子草高度的增加，但对碱韭影响不大。总体上来说，禁牧、休牧有助于一年生植物与整体群落高度的增加（表9-16）。

**表 9-16　不同年份禁牧休牧群落植物高度的变化**　　（单位：cm）

| 植物名称 | 2006.8.1 | | | | | 2007.8.1 | | | | | 2008.8.1 | | | | |
|---|---|---|---|---|---|---|---|---|---|---|---|---|---|---|---|
| | DG1 | DG2 | DG3 | BG | CG | DG1 | DG2 | DG3 | BG | CG | DG1 | DG2 | DG3 | BG | CG |
| 短花针茅 | 3.51±3.66c | 6.26±5.46c | 10.95±2.04b | 15.40±5.60a | 6.32±3.30c | 2.90±2.91c | 6.30±2.69b | 6.30±1.00b | 14.80±4.58a | 5.00±1.18b | 3.20±2.86c | 13.80±10.18a | 8.90±7.52ab | 12.40±6.02a | 6.30±2.76b |
| 碱韭 | 18.70±1.25ab | 18.88±1.80ab | 21.17±1.91a | 13.90±3.28c | 16.55±6.47bc | 12.30±2.20a | 12.00±0.63ab | 10.00±0.63d | 11.20±1.33bc | 10.20±0.87cd | 14.9±1.70ab | 14.8±2.64ab | 14.10±2.91ab | 12.4±2.46b | 16.50±4.20a |
| 无芒隐子草 | 4.39±0.92b | 4.51±0.77b | 4.96±0.84b | 9.88±3.79a | 3.80±0.89b | 3.30±0.78a | 3.00±0.00a | 3.00±0.00a | 1.40±1.74b | 3.00±0.00a | 4.35±2.37b | 3.70±0.90b | 3.60±1.02b | 7.20±2.18a | 3.35±1.14b |
| 糙隐子草 | 3.91±1.46a | 4.18±1.65a | 4.59±1.76a | 4.51±3.00a | 1.57±1.68b | 0.00±0.00a | 0.00±0.00a | 0.00±0.00a | 0.00±0.00a | 0.00±0.00a | 0.00±0.00a | 0.00±0.00a | 0.00±0.00a | 0.00±0.00a | 0.00±0.00a |
| 银灰旋花 | 3.10±1.44c | 4.08±1.07bc | 5.26±1.21a | 5.90±1.30a | 4.21±0.78b | 2.10±0.30c | 2.00±0.00c | 3.00±0.00b | 4.50±1.02a | 1.50±0.00d | 2.80±0.87b | 2.60±0.83b | 2.80±0.78b | 4.70±1.27a | 3.20±1.31b |
| 裸芸香 | 1.97±1.07b | 3.09±1.84b | 2.68±2.53b | 4.76±1.29a | 2.20±1.29b | 0.20±0.24b | 0.00±0.00c | 0.00±0.00c | 0.55±0.15a | 0.00±0.00c | 0.75±0.46a | 0.80±0.46a | 0.80±0.78a | 0.66±0.22a | 0.85±0.45a |
| 冠芒草 | 3.85±1.05a | 4.55±2.52a | 4.52±2.23a | 4.81±2.61a | 5.00±1.03a | 1.00±0.00a | 0.00±0.00b | 0.00±0.00b | 1.00±0.00a | 0.00±0.00b | 1.70±0.75a | 2.10±0.97a | 1.75±0.81a | 0.50±0.00b | 1.85±0.63a |
| 狗尾草 | 2.72±2.46b | 3.35±1.94b | 3.43±2.63b | 8.65±2.37a | 3.72±2.26b | 1.90±1.14b | 0.00±0.00c | 0.00±0.00c | 2.50±0.81a | 0.00±0.00c | 2.00±2.05a | 2.50±1.91a | 2.20±2.15a | 3.70±1.10a | 3.55±1.59a |
| 栉叶蒿 | 1.80±0.67b | 1.37±0.57b | 0.71±0.82b | 3.82±3.88a | 1.75±1.02b | 10.10±1.97b | 7.30±1.62c | 6.60±0.80cd | 14.20±2.96a | 5.15±0.32d | 1.00±0.71b | 2.65±3.65a | 0.15±0.45b | 0.50±0.71b | 1.05±0.47b |
| 猪毛菜 | 1.34±1.52c | 3.63±0.89b | 3.73±0.82b | 5.77±0.99a | 3.36±1.36b | 2.60±1.11b | 0.40±0.66d | 2.10±0.83bc | 4.50±0.67a | 1.40±0.92c | 8.10±1.97ab | 6.60±1.36b | 6.80±1.40b | 8.10±1.45ab | 9.60±2.76a |
| 蒺藜 | 0.00±0.00c | 0.25±0.39bc | 0.96±1.22b | 2.98±1.42a | 0.00±0.00c | 0.00±0.00a | 0.00±0.00a | 0.00±0.00a | 0.00±0.00a | 0.00±0.00a | 0.00±0.00b | 0.05±0.15b | 0.30±0.90ab | 0.95±1.15a | 0.40±0.80ab |
| 马齿苋 | 0.15±0.30a | 0.11±0.20a | 0.04±0.09a | 0.03±0.09a | 0.22±0.60a | 0.00±0.00a | 0.00±0.00a | 0.00±0.00a | 0.00±0.00a | 0.00±0.00a | 0.00±0.00a | 0.00±0.00a | 0.00±0.00a | 0.00±0.00a | 0.00±0.00a |
| 天门冬 | 0.00±0.00b | 0.00±0.00b | 0.00±0.00b | 0.90±1.81a | 0.00±0.00b | 0.40±1.20a | 0.00±0.00a | 0.00±0.00a | 0.50±1.50a | 0.00±0.00a | 0.60±1.80a | 0.00±0.00a | 0.00±0.00a | 0.00±0.00a | 0.00±0.00a |
| 灰绿藜 | 0.00±0.00a | 0.59±0.73a | 0.20±0.60a | 0.63±1.06a | 0.40±0.89a | 0.20±0.60a | 0.00±0.00a | 0.00±0.00a | 0.00±0.00a | 0.00±0.00a | 0.00±0.00a | 0.00±0.00a | 0.20±0.60a | 0.30±0.90a | 0.00±0.00a |
| 细叶韭 | 7.82±2.91ab | 10.30±2.46a | 10.33±2.40a | 7.06±4.02b | 6.06±2.32b | 6.20±2.60b | 0.60±0.92d | 4.20±2.64bc | 11.50±6.71a | 1.70±1.27cd | 6.10±3.88a | 7.70±3.49a | 7.40±2.20a | 8.70±4.63a | 6.00±2.45a |
| 木地肤 | 0.81±1.43b | 3.34±3.97b | 4.26±4.70b | 11.00±11.05a | 3.24±2.73b | 1.80±2.40b | 0.70±0.78b | 2.00±2.45b | 11.60±12.27a | 1.30±1.00b | 0.50±1.02b | 0.60±1.80b | 2.10±3.24b | 12.7±14.04a | 1.70±2.28b |
| 乳白黄耆 | 0.13±0.39a | 0.00±0.00a | 0.00±0.00a | 0.28±0.84a | 0.50±0.84a | 0.40±1.20a | 0.00±0.00a | 0.20±0.60a | 0.30±0.90a | 0.40±0.92a | 0.00±0.00a | 0.30±0.90a | 0.20±0.60a | 0.00±0.00a | 0.40±1.20a |
| 寸草苔 | 6.63±3.48b | 9.90±3.80a | 4.36±4.73b | 0.00±0.00c | 4.19±4.73b | 4.10±3.45a | 2.10±3.21ab | 3.50±3.50a | 0.00±0.00a | 2.10±3.21ab | 4.90±4.39b | 10.50±4.36a | 5.60±3.17b | 0.00±0.00c | 4.60±5.85b |
| 蒙古葱 | 0.52±1.21b | 1.26±2.79b | 7.95±3.60a | 0.00±0.00b | 1.08±3.24b | 0.40±1.20b | 0.00±0.00b | 2.00±2.45a | 0.00±0.00b | 0.60±1.20b | 0.00±0.00c | 0.50±1.50bc | 4.50±2.42a | 0.00±0.00c | 1.70±2.61b |
| 狭叶锦鸡儿 | 1.98±2.28ab | 2.61±2.25a | 1.66±3.50ab | 0.00±0.00b | 0.40±0.80b | 2.70±2.83a | 1.50±1.50ab | 1.40±2.80ab | 0.00±0.00b | 0.40±0.80b | 2.00±1.79ab | 2.80±2.36a | 0.70±2.10bc | 0.00±0.00c | 0.40±1.20c |
| 野韭 | 2.25±4.50bc | 1.18±3.54bc | 7.14±8.09a | 0.00±0.00c | 5.31±6.84ab | 1.30±2.61a | 0.00±0.00a | 2.10±3.21a | 0.00±0.00a | 1.60±3.20a | 150±3.01ab | 0.80±2.40ab | 1.40±2.84ab | 0.00±0.00b | 3.70±6.07a |
| 阿尔泰狗娃花 | 0.51±1.04a | 0.00±0.00a | 0.00±0.00a | 0.00±0.00a | 0.35±1.05a | 0.20±0.60a | 0.70±2.10a | 0.60±0.90a | 0.60±1.80a | 1.10±1.37a | 0.00±0.00a | 0.00±0.00a | 0.00±0.00a | 0.00±0.00a | 0.00±0.00a |
| 叉枝鸦葱 | 0.00±0.00a | 0.66±1.98a | 0.00±0.00a | 0.00±0.00a | 0.00±0.00a | 0.00±0.00b | 0.40±0.80a | 0.00±0.00b | 0.00±0.00b | 0.00±0.00b | 0.00±0.00a | 0.90±2.70a | 0.00±0.00a | 0.00±0.00a | 0.00±0.00a |
| 稗 | 0.00±0.00b | 0.29±0.87b | 0.00±0.00b | 2.79±2.34a | 0.00±0.00b | 0.00±0.00a | 0.00±0.00a | 0.00±0.00a | 0.00±0.00a | 0.00±0.00a | 0.00±0.00a | 0.00±0.00a | 0.00±0.00a | 0.00±0.00a | 0.00±0.00a |
| 委陵菜 | 0.00±0.00a | 0.00±0.00a | 0.00±0.00a | 0.00±0.00a | 0.00±0.00a | 0.00±0.00a | 0.00±0.00a | 0.00±0.00a | 0.20±0.30a | 0.00±0.00a | 0.00±0.00a | 0.00±0.00a | 0.00±0.00a | 0.00±0.00a | 0.00±0.00a |
| 茵陈蒿 | 0.00±0.00a | 0.00±0.00a | 0.00±0.00a | 0.00±0.00a | 0.00±0.00a | 1.40±2.84a | 1.20±1.54a | 0.60±0.92a | 0.00±0.00a | 0.90±1.14a | 1.30±3.03a | 2.40±4.00a | 1.60±4.80a | 1.00±3.00a | 1.10±2.47a |

在 2006～2008 年各个处理区植物群落高度变化中，短花针茅高度在禁牧区整体上高于休牧区与自由放牧区，休牧 3 区显著高于休牧 1 区（$P<0.05$），说明在放牧期间短花针茅被家畜采食而导致高度下降，休牧 40～50 天对短花针茅高度影响不大，而禁牧和休牧 60 天明显有助于短花针茅高度增加。总体来看，短花针茅高度随着休牧时间增加而升高。

2006 年碱韭高度在休牧区显著高于禁牧区（$P<0.05$），禁牧区与自由放牧区及各休牧区间无显著差异（$P>0.05$）；2007 年休牧 1 区显著高于禁牧区、自由放牧区与休牧 3 区（$P<0.05$），自由放牧区与休牧 3 区、禁牧区无显著差异（$P>0.05$）；2008 年自由放牧区显著高于禁牧区（$P<0.05$），休牧区与自由放牧区、禁牧区均无显著差异（$P>0.05$）。2007 年 7 月降水较少，碱韭高度整体低于 2006 年、2008 年，由此可知，碱韭作为大气干旱的指示植物，它的高度主要取决于降水量的多少，休牧时间的长短对其影响不大。

2006 年、2008 年无芒隐子草高度均呈现出禁牧区显著高于休牧区与自由放牧区（$P<0.05$），休牧区与自由放牧区及各休牧区之间无显著差异（$P>0.05$），说明禁牧有利于无芒隐子草的生长；但 2007 年休牧区与自由放牧区显著高于禁牧区（$P<0.05$），休牧区与自由放牧区及各休牧区之间无显著差异（$P>0.05$），这可能是当年干旱所致。总体来看，休牧时间的长短对无芒隐子草的高度影响较小。3 年间银灰旋花高度在禁牧区高于自由放牧区与休牧区，休牧 1 区与休牧 2 区无显著差异（$P>0.05$）。3 年间木地肤高度在禁牧区显著高于休牧区与自由放牧区（$P<0.05$），休牧区与自由放牧区均无显著差异（$P>0.05$）。

2006 年细叶韭高度在休牧区高于禁牧区与自由放牧区，2007 年禁牧区显著高于休牧区与自由放牧区（$P<0.05$），2008 年各处理之间均无显著差异（$P>0.05$）。2006 年乳白黄耆在休牧 2、3 区均未出现，休牧 1 区与禁牧区、自由放牧区无显著差异（$P>0.05$）；2007 年各处理均有出现（休牧 2 区除外），但无显著差异（$P>0.05$）；2008 年在休牧 1 区与禁牧区中没有出现。一年生植物高度除受降水的影响外，也与放牧制度有关。2006 年、2007 年一年生植物猪毛菜高度在禁牧区显著高于休牧区与自由放牧区（$P<0.05$），3 年间高度总体呈上升趋势，这可能和降水量增加有关。

禁牧条件下，一年生植物在雨水较好时在较短的时间内得以快速生长，在干旱的年份，一年生植物生长受到抑制。2006 年、2007 年栉叶蒿高度禁牧区显著高于休牧区与自由放牧区（$P<0.05$），2006 年休牧区与自由放牧区无显著差异（$P>0.05$），2008 年休牧 2 区显著高于其他处理（$P<0.05$）。其余一年生植物狗尾草、冠芒草与裸芸香等在 2006 年、2008 年各处理小区均有出现；但 2006 年冠芒草高度在各处理间均无显著差异（$P>0.05$），狗尾草与裸芸香高度在禁牧区显著高于休牧区与自由放牧区（$P<0.05$）；2007 年在休牧 2、3 区均未出现。

### （三）群落密度年度动态

2006～2008 年短花针茅密度在禁牧区显著高于休牧区与自由放牧区（$P<0.05$），2008 年休牧区与自由放牧区无显著差异（$P>0.05$），2007 年自由放牧区显著高于休牧区（$P<0.05$）（表 9-17）。自由放牧区高的原因可能是家畜的连续采食与践踏，使株丛发生破碎而小型化。另外在不同年际，不同处理短花针茅密度呈下降趋势，其中禁牧区下降的幅度最大，说明长期禁牧对短花针茅生长不利。

3 年间碱韭密度在休牧 1 区始终高于禁牧区（$P<0.05$），从年际分析可知，碱韭密度在休牧区随休牧时间的增加而呈降低趋势。2006 年无芒隐子草密度在休牧 2 区显著高于其他处理（$P<0.05$），休牧区与自由放牧区显著高于禁牧区（$P<0.05$），休牧区之间差异显著（$P<0.05$）；2007 年休牧 2、3 区显著高于休牧 1 区、禁牧区与自由放牧区（$P<0.05$），自由放牧区显著高于禁牧区（$P<0.05$）；2008 年休牧区与禁牧区无显著差异（$P>0.05$），禁牧区与自由放牧区无显著差异（$P>0.05$），休牧 2、3 区显著高于自由放牧区（$P<0.05$）。整体来看，休牧 50 天有利于无芒隐子草密度的增加。

3 年中银灰旋花密度在休牧 3 区始终高于禁牧区（$P<0.05$），自由放牧区与禁牧区、休牧区均无显著差异（$P>0.05$）；2006 年休牧区之间无显著差异（$P>0.05$）；2007 年、2008 年休牧 3 区均显著高于休牧 1 区（$P<0.05$）。3 年中细叶韭密度在休牧 3 区均显著高于禁牧区（$P<0.05$），禁牧区与自由放牧区无显著差异（$P>0.05$）。3 年间木地肤密度在自由放牧区均较高。2006 年一年生植物栉叶蒿密度在休牧 2 区显著高于休牧 1、3 区与自由放牧区（$P<0.05$），禁牧区与自由放牧区无显著差异（$P>0.05$），2008 年休牧区之间无显著差异（$P>0.05$）。3 年中野韭在休牧区与自由放牧区大量出现，禁牧区均未出现。冠芒草、裸芸香与狗尾草密度在禁牧区较高于其他处理区。

总体而言，通过一定时期的禁牧，短花针茅的密度增加，但长时间禁牧对其生长不利，短花针茅密度与休牧期的长短无关。在进入雨季后伴随一定时期的休牧实施，休牧有利于疏丛型禾草无芒隐子草的分蘖，进而有利于无芒隐子草丛数的增加，休牧 50 天比较有利于它的分蘖。碱韭数据变化表明休牧更有利于其分蘖和丛数的增加，但它与无芒隐子草一样休牧时间不能太长。对于一年生牧草（栉叶蒿、猪毛菜、冠芒草、裸芸香、狗尾草和虎尾草），禁牧和休牧更有助于它们丛数的增加。

### （四）群落盖度年度动态

2006～2008 年短花针茅盖度（表 9-18）在禁牧区均显著高于其他处理（$P<0.05$），2006 年和 2008 年自由放牧区与休牧区及各休牧区之间均无显著差异（$P>0.05$），在 2006～2008 年，禁牧区与自由放牧区呈现出下降的趋势。2006 年和 2007 年无

表 9-17　不同年份禁牧休牧群落植物密度的变化　　（单位：株/$m^2$）

| 植物名称 | 2006.8.1 | | | | | 2007.8.1 | | | | | 2008.8.1 | | | | |
|---|---|---|---|---|---|---|---|---|---|---|---|---|---|---|---|
| | DG1 | DG2 | DG3 | BG | CG | DG1 | DG2 | DG3 | BG | CG | DG1 | DG2 | DG3 | BG | CG |
| 短花针茅 | 1.70±2.15c | 2.60±3.04bc | 3.50±1.91bc | 11.20±2.71a | 4.50±2.66b | 1.40±1.69d | 3.10±2.34cd | 3.70±1.95c | 9.30±2.05a | 5.70±2.45b | 1.6±1.62b | 1.80±1.66b | 2.90±2.12b | 7.80±1.47a | 3.20±1.66b |
| 碱韭 | 26.30±7.82a | 13.90±4.35b | 8.40±1.69c | 8.40±5.16c | 15.10±4.76b | 26.40±5.43ab | 20.60±6.31bc | 15.90±4.13c | 14.00±14.42c | 29.40±8.10a | 18.20±7.60a | 8.80±2.60b | 6.90±2.21b | 9.00±3.35b | 10.20±2.36b |
| 无芒隐子草 | 20.50±6.17c | 31.20±4.89a | 26.2±6.95b | 7.60±5.64d | 15.60±4.82c | 20.20±5.34b | 38.30±5.62a | 34.50±7.20a | 1.30±1.90d | 14.00±5.12c | 8.20±3.54ab | 10.50±2.01a | 11.80±7.10a | 8.70±2.90ab | 6.20±1.33b |
| 糙隐子草 | 6.10±5.56a | 5.90±3.78a | 4.70±3.38ab | 1.80±2.64bc | 1.10±1.37c | 0.00±0.00a | 0.00±0.00a | 0.00±0.00a | 0.00±0.00a | 0.00±0.00a | 0.00±0.00a | 0.00±0.00a | 0.00±0.00a | 0.00±0.00a | 0.00±0.00a |
| 银灰旋花 | 34.00±38.99ab | 39.50±18.45ab | 56.80±34.47a | 19.80±8.40b | 37.20±19.20ab | 26.90±30.89b | 34.10±16.65ab | 47.70±25.80a | 20.50±8.98b | 38.30±13.35ab | 14.70±12.77b | 21.30±9.02ab | 29.50±13.98a | 15.70±5.22b | 21.00±5.78ab |
| 裸芸香 | 3.70±1.90b | 6.70±3.87b | 4.40±3.38b | 37.80±11.27a | 3.40±2.06b | 1.00±1.41b | 0.00±0.00b | 0.00±0.00b | 68.10±20.42a | 0.00±0.00b | 14.90±9.41ab | 17.20±7.41ab | 12.80±7.86b | 16.90±7.42ab | 21.30±7.56a |
| 冠芒草 | 31.20±11.31c | 42.40±12.79bc | 36.20±16.87bc | 152.40±70.02a | 66.40±33.72b | 19.10±10.74b | 0.00±0.00c | 0.00±0.00c | 195.00±39.86a | 0.00±0.00c | 205.20±69.74ab | 249.50±138.93a | 85.90±82.09cd | 24.00±13.09d | 155.50±109.19bc |
| 狗尾草 | 1.20±1.25b | 1.30±1.19b | 1.60±1.62b | 18.20±6.19a | 2.40±1.62b | 3.70±3.52b | 0.00±0.00c | 0.00±0.00c | 11.20±6.63a | 0.00±0.00c | 2.50±2.94b | 2.50±1.96b | 2.00±2.24b | 8.40±4.69a | 3.50±2.16b |
| 柠叶蒿 | 6.70±3.52c | 26.00±15.67a | 4.30±5.08c | 18.40±4.86ab | 14.70±10.36b | 21.30±4.80d | 50.10±19.11ab | 31.60±8.44cd | 54.60±18.94a | 42.20±11.25bc | 4.60±3.95bc | 5.90±5.32bc | 0.50±1.50c | 12.70±16.84ab | 18.5±9.77a |
| 猪毛菜 | 0.80±0.98d | 3.60±1.74cd | 6.00±3.95c | 24.30±5.14a | 12.80±8.52b | 4.00±3.32cd | 0.30±0.46d | 24.90±21.66b | 63.30±23.32a | 16.90±14.74bc | 5.80±2.93c | 6.60±2.06c | 29.70±13.62b | 44.60±13.79a | 27.70±13.42b |
| 蒺藜 | 0.00±0.00b | 0.30±0.46b | 0.90±1.04b | 3.80±2.71a | 0.00±0.00b | 0.00±0.00a | 0.00±0.00a | 0.00±0.00a | 0.00±0.00a | 0.00±0.0Ca | 0.00±0.00b | 0.10±0.30b | 0.10±0.30b | 1.20±1.33a | 0.20±0.40b |
| 马齿苋 | 0.40±66a | 0.30±0.46a | 0.20±0.40a | 0.10±30a | 0.20±0.40a | 0.00±0.00a | 0.00±0.00a | 0.00±0.00a | 0.00±0.00a | 0.00±0.0Ca | 0.00±0.00a | 0.00±0.00a | 0.00±0.00a | 0.00±0.00a | 0.00±0.00a |
| 天门冬 | 0.00±0.00b | 0.00±0.00b | 0.00±0.00b | 0.70±1.55a | 0.00±0.00b | 0.10±0.30a | 0.00±0.00a | 0.00±0.00a | 0.40±1.20a | 0.00±0.0Ca | 0.10±0.30a | 0.00±0.00a | 0.00±0.00a | 0.00±0.00a | 0.00±0.00a |
| 灰绿藜 | 0.00±0.00b | 1.30±2.33a | 0.10±0.30b | 0.60±0.80ab | 0.30±0.46ab | 0.30±0.90a | 0.00±0.00a | 0.00±0.00a | 0.00±0.00a | 0.00±0.0Ca | 0.00±0.00a | 0.00±0.00a | 0.10±0.30a | 0.30±0.90a | 0.00±0.00a |
| 细叶韭 | 2.80±2.27b | 3.50±1.57ab | 5.00±3.16a | 2.10±1.92b | 2.60±1.80b | 2.40±1.20ab | 0.50±0.81c | 3.70±2.53a | 2.00±1.34b | 1.50±1.20bc | 2.90±1.76b | 4.10±1.97ab | 6.10±3.59a | 3.00±1.34b | 5.00±2.41ab |
| 木地肤 | 0.30±0.46b | 0.80±0.87b | 1.00±1.18b | 1.00±1.18b | 2.20±1.72a | 0.50±0.67b | 0.80±0.87b | 1.10±1.22ab | 1.10±1.37ab | 2.20±1.83a | 0.20±0.40a | 0.20±0.60a | 0.50±0.92a | 1.20±1.60a | 1.00±2.05a |
| 乳白黄耆 | 0.20±0.60a | 0.00±0.00a | 0.00±0.00a | 0.50±1.50a | 0.50±0.81a | 0.10±0.30a | 0.00±0.00a | 0.10±0.30a | 0.20±0.60a | 0.30±0.64a | 0.00±0.00a | 0.10±0.30a | 0.10±0.30a | 0.00±0.00a | 0.10±0.30a |
| 寸草苔 | 1.50±1.20ab | 4.20±3.09a | 3.40±5.87a | 0.00±0.00b | 1.40±1.62ab | 1.40±1.43a | 1.70±3.03a | 1.40±2.33a | 0.00±0.00a | 1.60±2.91a | 3.40±3.07a | 4.30±3.29a | 3.50±3.53a | 0.00±0.00b | 2.10±2.95ab |
| 蒙古葱 | 0.20±0.40b | 0.30±0.64b | 3.00±2.24a | 0.00±0.00b | 0.20±0.60b | 0.10±0.30b | 0.00±0.00b | 0.60±0.80a | 0.00±0.00b | 0.20±0.40b | 0.00±0.00b | 0.20±0.60b | 6.00±5.31a | 0.00±0.00b | 0.90±1.45b |
| 狭叶锦鸡儿 | 1.50±2.38b | 3.00±2.49a | 0.70±1.42b | 0.00±0.00b | 0.20±0.40b | 1.60±2.11a | 1.50±1.69a | 0.40±0.80b | 0.00±0.00b | 0.20±0.40b | 1.90±2.88a | 1.80±1.78a | 0.40±1.20b | 0.00±0.00b | 0.20±0.60b |
| 野韭 | 1.20±2.75ab | 0.10±0.30b | 6.60±10.46a | 0.00±0.00b | 5.40±9.91ab | 0.50±1.20a | 0.00±0.00a | 3.00±5.87a | 0.00±0.00a | 2.90±6.70a | 1.00±2.05ab | 0.20±0.60ab | 2.30±5.44ab | 0.00±0.00b | 4.20±7.70a |
| 阿尔泰狗娃花 | 0.60±1.50a | 0.00±0.00a | 0.00±0.00a | 0.00±0.00a | 0.40±1.20a | 0.10±0.30a | 0.20±0.60a | 0.30±0.90a | 0.20±0.60a | 0.90±1.51a | 0.00±0.00a | 0.00±0.00a | 0.00±0.00a | 0.00±0.00a | 0.00±0.00a |
| 叉枝鸦葱 | 0.00±0.00a | 0.10±0.30a | 0.00±0.00a | 0.00±0.00a | 0.00±0.00a | 0.00±0.00b | 0.20±0.40a | 0.00±0.00b | 0.00±0.00b | 0.00±0.00b | 0.00±0.00a | 0.10±0.30a | 0.00±0.00a | 0.00±0.00a | 0.00±0.00a |
| 稗 | 0.00±0.00b | 0.10±0.30b | 0.00±0.00b | 2.00±1.90a | 0.00±0.00b | 0.00±0.00a | 0.00±0.00a | 0.00±0.00a | 0.00±0.00a | 0.00±0.00a | 0.00±0.00a | 0.00±0.00a | 0.00±0.00a | 0.00±0.00a | 0.00±0.00a |
| 委陵菜 | 0.00±0.00a | 0.00±0.00a | 0.00±0.00a | 0.00±0.00a | 0.00±0.00a | 0.00±0.00a | 0.00±0.00a | 0.00±0.00a | 0.30±0.90a | 0.00±0.00a | 0.00±0.00a | 0.00±0.00a | 0.00±0.00a | 0.00±0.00a | 0.00±0.00a |
| 茵陈蒿 | 0.00±0.00a | 0.00±0.00a | 0.00±0.00a | 0.00±0.00a | 0.00±0.00a | 0.20±0.40a | 0.50±0.67a | 0.60±1.20a | 0.00±0.00a | 2.70±6.80a | 0.30±0.64a | 0.40±0.66a | 0.10±0.30a | 0.10±0.30a | 0.40±0.80a |

**表 9-18　不同年份禁牧休牧群落植物盖度的变化（%）**

| 植物名称 | 2006.8.1 | | | | | 2007.8.1 | | | | | 2008.8.1 | | | | |
|---|---|---|---|---|---|---|---|---|---|---|---|---|---|---|---|
| | DG1 | DG2 | DG3 | BG | CG | DG1 | DG2 | DG3 | BG | CG | DG1 | DG2 | DG3 | BG | CG |
| 短花针茅 | 0.59±0.78b | 0.68±0.79b | 1.58±0.81b | 11.39±4.64a | 1.44±1.09b | 0.25±0.31d | 1.47±1.23c | 1.65±0.85bc | 5.20±0.98a | 2.42±1.37b | 0.73±0.82b | 0.60±0.54b | 0.73±0.46b | 4.25±0.40a | 0.92±0.88b |
| 碱韭 | 7.06±1.90a | 4.74±0.87b | 3.23±1.16c | 4.30±2.38bc | 4.56±1.30bc | 4.70±0.64bc | 7.90±5.96a | 4.75±1.60bc | 4.10±2.34c | 7.50±2.54ab | 5.65±1.79a | 3.05±0.96bc | 2.65±0.59c | 3.90±1.51b | 3.20±0.78bc |
| 无芒隐子草 | 4.26±2.06bc | 11.25±4.20a | 6.24±1.85b | 2.68±2.42c | 3.73±1.59c | 2.20±0.75c | 17.50±3.29a | 7.90±2.66b | 0.32±0.41d | 3.30±0.87c | 1.55±0.61c | 2.30±0.75b | 1.60±0.66c | 3.40±1.34a | 1.21±0.30c |
| 糙隐子草 | 1.56±1.28a | 1.89±1.13a | 1.45±1.02a | 0.60±0.48b | 0.20±0.21b | 0.00±0.00a | 0.00±0.00a | 0.00±0.00a | 0.00±0.00a | 0.00±0.00a | 0.00±0.00a | 0.00±0.00a | 0.00±0.00a | 0.00±0.00a | 0.00±0.00a |
| 银灰旋花 | 2.88±3.06b | 3.58±1.54ab | 5.08±2.91a | 2.12±0.62b | 3.31±1.60ab | 1.28±1.11c | 2.63±1.14ab | 3.84±2.23a | 2.25±0.87bc | 3.25±1.10ab | 1.49±0.89b | 2.05±0.79b | 3.00±1.24a | 3.30±0.98a | 2.10±0.62b |
| 裸芸香 | 0.08±0.04b | 0.35±0.28b | 0.13±0.14b | 4.48±0.71a | 0.049±0.04b | 0.04±0.05b | 0.00±0.00b | 0.00±0.00b | 1.42±0.29a | 0.00±0.00b | 0.73±0.38b | 0.77±0.39b | 0.66±0.36b | 0.84±0.55ab | 1.17±0.48a |
| 冠芒草 | 0.69±0.22c | 1.84±1.05b | 1.84±0.44b | 5.78±1.91a | 2.14±1.17b | 0.82±0.36b | 0.00±0.00c | 0.00±0.00c | 5.00±0.00a | 0.00±0.00c | 4.11±1.73ab | 5.55±4.62a | 2.55±1.97bc | 1.19±0.85c | 5.45±4.35a |
| 狗尾草 | 0.14±0.17b | 0.11±0.10b | 0.42±0.42b | 1.19±0.53a | 0.40±0.45b | 0.13±0.08b | 0.00±0.00c | 0.00±0.00c | 0.26±0.11a | 0.00±0.00c | 0.25±0.33b | 0.31±0.29b | 0.19±0.26b | 1.06±0.63a | 0.30±0.34b |
| 栉叶蒿 | 0.16±0.11b | 0.80±0.63b | 0.10±0.19b | 0.71±0.23a | 0.38±0.35b | 1.00±0.00c | 3.50±1.10a | 2.25±0.60b | 2.00±0.00b | 2.00±0.41b | 0.18±0.26b | 0.21±0.21b | 0.00±0.01b | 1.45±2.15a | 0.96±0.85ab |
| 猪毛菜 | 0.09±0.13b | 0.31±0.33b | 0.71±0.59b | 3.50±0.25a | 3.11±1.71a | 0.29±0.20c | 0.03±0.05c | 0.93c0.70b | 3.20±1.08a | 0.95±0.79b | 1.70±0.84c | 1.50±0.59c | 6.80±3.06b | 12.55±5.00a | 5.05±1.84b |
| 蒺藜 | 0.00±0.00b | 0.02±0.04b | 0.03±0.04b | 0.81±0.43a | 0.00±0.00b | 0.00±0.00a | 0.00±0.00a | 0.00±0.00a | 0.00±0.00a | 0.00±0.00a | 0.00±0.00b | 0.00±0.01b | 0.00±0.01b | 0.18±0.24a | 0.00±0.01b |
| 马齿苋 | 0.01±0.02a | 0.00±0.01a | 0.00±0.00a | 0.02±0.06a | 0.01±0.03a | 0.00±0.00a | 0.00±0.00a | 0.00±0.00a | 0.00±0.00a | 0.00±0.00a | 0.00±0.00a | 0.00±0.00a | 0.00±0.00a | 0.00±0.00a | 0.00±0.00a |
| 天门冬 | 0.00±0.00b | 0.00±0.00b | 0.00±0.00b | 0.07±0.14a | 0.00±0.00b | 0.01±0.03a | 0.00±0.00a | 0.00±0.00a | 0.01±0.03a | 0.00±0.00a | 0.01±0.03a | 0.00±0.00a | 0.00±0.00a | 0.00±0.00a | 0.00±0.00a |
| 灰绿藜 | 0.00±0.00b | 0.03±0.06b | 0.00±0.00b | 0.10±0.14a | 0.00±0.00b | 0.01±0.03a | 0.00±0.00a | 0.00±0.00a | 0.00±0.00a | 0.00±0.00a | 0.00±0.00a | 0.00±0.00a | 0.01±0.03a | 0.05±0.15a | 0.00±0.00a |
| 细叶葱 | 0.15±0.35ab | 0.16±0.28ab | 0.12±0.10ab | 0.24±0.17a | 0.03±0.02b | 0.09±0.03b | 0.10±0.21b | 0.32±0.29a | 0.08±0.04b | 0.14±0.10b | 0.03±0.02b | 0.03±0.02b | 0.06±0.04a | 0.03±0.02b | 0.04±0.02b |
| 木地肤 | 0.14±0.33b | 0.50±0.63b | 0.75±0.88ab | 1.56±1.85a | 0.28±0.21b | 0.14±0.23ab | 0.12±0.12b | 0.50±0.62a | 0.40±0.44ab | 0.41±0.34ab | 0.07±0.16b | 0.06±0.18b | 0.16±0.25b | 0.65±0.71a | 0.12±0.23b |
| 乳白黄耆 | 0.00±0.01a | 0.00±0.00a | 0.00±0.00a | 0.03±0.09a | 0.03±0.05a | 0.01±0.03a | 0.00±0.00a | 0.02±0.06a | 0.01±0.03a | 0.02±0.04a | 0.00±0.00a | 0.01±0.03a | 0.00±0.01a | 0.00±0.00a | 0.00±0.01a |
| 寸草苔 | 0.14±0.29a | 0.05±0.03ab | 0.03±0.05ab | 0.00±0.00b | 0.02±0.02ab | 0.06±0.05ab | 0.06±0.10ab | 0.08±0.12a | 0.00±0.00b | 0.05±0.08ab | 0.12±0.19a | 0.04±0.03ab | 0.03±0.04b | 0.00±0.00b | 0.02±0.03b |
| 蒙古葱 | 0.01±0.01b | 0.04±0.09b | 0.31±0.26a | 0.00±0.00b | 0.02±0.06b | 0.01±0.03b | 0.00±0.00b | 0.05±0.07a | 0.00±0.00b | 0.02±0.04ab | 0.00±0.00b | 0.00±0.00b | 0.06±0.06a | 0.00±0.00b | 0.01±0.01b |
| 狭叶锦鸡儿 | 0.13±0.19b | 0.44±0.40a | 0.15±0.32b | 0.00±0.00b | 0.00±0.01b | 0.06±0.07ab | 0.16±0.16ab | 0.20±0.42a | 0.00±0.00b | 0.02±0.04ab | 0.15±0.19a | 0.13±0.19a | 0.04±0.12a | 0.00±0.00a | 0.00±0.01a |
| 野韭 | 0.12±0.27b | 0.02±0.06b | 0.81±1.11a | 0.00±0.00b | 0.50±0.94ab | 0.03±0.06ab | 0.00±0.00b | 0.21±0.35a | 0.00±0.00b | 0.14±0.32ab | 0.07±0.18a | 0.00±0.00a | 0.03±0.06a | 0.00±0.00a | 0.12±0.30a |
| 阿尔泰狗娃花 | 0.08±0.21a | 0.00±0.00a | 0.00±0.00a | 0.00±0.00a | 0.05±0.15a | 0.01±0.03a | 0.02±0.06a | 0.02±0.09a | 0.01±0.03a | 0.07±0.10a | 0.00±0.00a | 0.00±0.00a | 0.00±0.00a | 0.00±0.00a | 0.00±0.00a |
| 叉枝鸦葱 | 0.00±0.00a | 0.00±0.00a | 0.00±0.00a | 0.00±0.00a | 0.00±0.00a | 0.00±0.00b | 0.04±0.08a | 0.00±0.00b | 0.00±0.00b | 0.00±0.00b | 0.00±0.00a | 0.01±0.03a | 0.00±0.00a | 0.00±0.00a | 0.00±0.00a |
| 稗 | 0.00±0.00b | 0.01±0.03b | 0.00±0.00b | 0.23±0.21a | 0.00±0.00b | 0.00±0.00a | 0.00±0.00a | 0.00±0.00a | 0.00±0.00a | 0.00±0.00a | 0.00±0.00a | 0.00±0.00a | 0.00±0.00a | 0.00±0.00a | 0.00±0.00a |
| 委陵菜 | 0.00±0.00a | 0.00±0.00a | 0.00±0.00a | 0.00±0.00a | 0.00±0.00a | 0.00±0.00a | 0.00±0.00a | 0.00±0.00a | 0.02±0.06a | 0.00±0.00a | 0.00±0.00a | 0.00±0.00a | 0.00±0.00a | 0.00±0.00a | 0.00±0.00a |
| 茵陈蒿 | 0.00±0.00a | 0.00±0.00a | 0.00±0.00a | 0.00±0.00a | 0.00±0.00a | 0.02±0.04ab | 0.04±0.05ab | 0.04±0.07ab | 0.00±0.00b | 0.07±0.12a | 0.06±0.15a | 0.01±0.01a | 0.01±0.03a | 0.01±0.03a | 0.01±0.03a |

芒隐子草盖度在休牧 2 区显著高于其他处理（$P<0.05$），休牧区之间存在显著差异（$P<0.05$）；2006 年禁牧区与自由放牧区无显著差异（$P>0.05$）；2007 年自由放牧区显著高于禁牧区（$P<0.05$）；2008 年禁牧区显著高于其他处理（$P<0.05$），休牧 2 区显著高于休牧 1、3 区（$P<0.05$）。通过对 2006～2008 年的年际分析可知，无芒隐子草盖度在休牧 2 区呈现先上升后下降的趋势，自由放牧区总体呈下降趋势。2006 年和 2008 年碱韭盖度在休牧 1 区显著高于其他处理（$P<0.05$），禁牧区与自由放牧区无显著差异（$P>0.05$）；2007 年休牧 2 区显著高于其他处理（$P<0.05$）（自由放牧区除外），自由放牧区显著高于禁牧区（$P<0.05$）。2006 年和 2007 年银灰旋花盖度在休牧 3 区显著高于休牧 1 区与禁牧区（$P<0.05$），2008 年休牧 3 区和禁牧区显著高于休牧 1、2 区与自由放牧区（$P<0.05$）。2008 年木地肤盖度在禁牧区显著高于其他处理（$P<0.05$），2007 年休牧 3 区显著高于休牧 2 区，禁牧区与休牧区、自由放牧区无显著差异（$P>0.05$）。

2006 年一年生植物栉叶蒿盖度在禁牧区显著高于其他处理（$P<0.05$），休牧区与自由放牧区及各休牧区之间无显著差异（$P>0.05$）；2007 年休牧 2 区显著高于其他处理（$P<0.05$），禁牧区与自由放牧区无显著差异（$P>0.05$），休牧区之间存在显著差异（$P<0.05$）。2006 年猪毛菜盖度在禁牧区与自由放牧区显著高于休牧区（$P<0.05$），休牧区间无显著差异（$P>0.05$）；2007 年和 2008 年禁牧区显著高于其他处理区（$P<0.05$），自由放牧区与休牧 3 区显著高于休牧 1、2 区（$P<0.05$）。

总体来看，草群各数量特征除受放牧制度的影响外，也在一定程度上受到降水量的影响，休牧和禁牧有助于草地盖度的提高，休牧 50～60 天更有利于草地盖度的提高。

## 二、群落植物重要值及多样性

### （一）群落植物重要值

植物种群重要值可以反映植物在群落中的地位和优势程度，是评价植物种群在群落中作用的一项综合数量指标。2006～2008 年 3 年不同处理群落植物的重要值见表 9-19。在年度内和年际，各处理区多年生植物短花针茅、无芒隐子草、碱韭、银灰旋花、细叶韭和寸草苔在群落中的作用较大，即重要值的排序居前。同时一年生植物栉叶蒿、冠芒草与猪毛菜重要值也较大，在各区占有绝对优势，其他一年生杂类草的重要值较小，在群落中的作用也较小，说明荒漠草原的草地植物群落组成发生了变化，草地已经发生了一定程度的退化。此外，一年生植物栉叶蒿与猪毛菜重要值在自由放牧区较高，说明在水热条件好的季节，连续放牧条件对快速生长的一年生植物有利，这可能对多年生草类植物产生一定的抑制作用，或者这种关系是相互的。可见，禁牧与休牧较自由放牧处理中多年生植物更占有优势地位，自由放牧处理中一年生植物优势地位更明显。说明禁牧、休牧较自由放牧群落具有较高的稳定性且对环境有较高的适应性。另外，在休牧区碱韭的重要值一直较高，说明适口性很好的碱韭在短时间的休牧后，在家畜选择和连续采食情况下恢复较快，生活力明显上升。整体上看，从2006～2008年，各处理区植物种类呈先下降后上升的趋势。

**表 9-19　不同年份禁牧休牧群落植物的重要值**

| 植物名称 | 2006.8.1 | | | | | 2007.8.1 | | | | | 2008.8.1 | | | | |
|---|---|---|---|---|---|---|---|---|---|---|---|---|---|---|---|
| | DG1 | DG2 | DG3 | BG | CG | DG1 | DG2 | DG3 | BG | CG | DG1 | DG2 | DG3 | BG | CG |
| 短花针茅 | 3.25 | 3.78 | 6.66 | 15.72 | 6.17 | 4.21 | 6.28 | 5.75 | 11.92 | 7.53 | 4.54 | 7.23 | 4.88 | 9.44 | 4.24 |
| 碱韭 | 28.52 | 15.82 | 13.44 | 9 | 18.05 | 23.41 | 18.64 | 13.72 | 9.74 | 22.34 | 17.87 | 10.57 | 9.85 | 9.34 | 11.42 |
| 无芒隐子草 | 14.83 | 21.32 | 15.77 | 6.26 | 10.73 | 11.74 | 26.26 | 17.97 | 2.34 | 9.16 | 5.36 | 6.29 | 5.56 | 7.11 | 3.64 |
| 糙隐子草 | 6.26 | 5.05 | 4.56 | 2.15 | 1.27 | — | — | — | — | — | — | — | — | — | — |
| 银灰旋花 | 14.86 | 13.1 | 20.09 | 5.81 | 14.09 | 10.34 | 10.61 | 14.96 | 5.79 | 12.46 | 5.36 | 6.55 | 10.29 | 7.5 | 6.6 |
| 锋芒草 | 2.02 | 2.85 | 1.94 | 9.35 | 1.73 | 1.03 | 0 | 0 | 7 | 0 | 3.24 | 3.29 | 3.6 | 4.13 | 4.43 |
| 冠芒草 | 10.58 | 11.64 | 11.17 | 22.75 | 17.76 | 6.91 | 0 | 0 | 21.11 | 0 | 30.59 | 34.65 | 17.42 | 5.72 | 26.12 |
| 狗尾草 | 1.91 | 1.69 | 2.07 | 5.75 | 2.85 | 2.4 | 0 | 0 | 1.91 | 0 | 3 | 2.13 | 2.14 | 3.76 | 2.21 |
| 栉叶蒿 | 2.78 | 6.16 | 1.21 | 3.8 | 4.08 | 11.4 | 17.74 | 11.65 | 10.89 | 13.35 | 1.81 | 2.09 | 1.26 | 9.64 | 3.86 |
| 猪毛菜 | 1.03 | 2.46 | 3.44 | 7.4 | 9 | 2.69 | 1.07 | 7.37 | 10.16 | 7.42 | 6.83 | 5.23 | 18.04 | 22.47 | 13.99 |
| 蒺藜 | 0 | 0.18 | 0.54 | 2.05 | 0 | — | — | — | — | — | 0 | 0.27 | 1.1 | 1.41 | 0.78 |
| 马齿苋 | 0.18 | 0.1 | 0.05 | 0.04 | 0.16 | — | — | — | — | — | — | — | — | — | — |
| 戈壁天门冬 | 0 | 0 | 0 | 0.42 | 0 | 2.04 | 0 | 0 | 1.93 | 0 | 2.64 | 0 | 0 | 0 | 0 |
| 灰绿藜 | 0 | 0.5 | 0.09 | 0.35 | 0.25 | 1.99 | 0 | 0 | 0 | 0 | 0 | 0 | 0.93 | 2.01 | 0 |
| 细叶韭 | 4.89 | 4.89 | 4.62 | 2.7 | 3.39 | 3.53 | 1.81 | 3.36 | 4.66 | 2.06 | 3.46 | 2.85 | 3.25 | 3.85 | 2.82 |
| 木地肤 | 0.73 | 2.08 | 2.71 | 4.97 | 2.39 | 2.95 | 1.36 | 2.97 | 8.21 | 2.19 | 1.71 | 2.95 | 3.3 | 10.03 | 2.12 |
| 白花黄芪 | 0.12 | 0 | 0 | 0.17 | 0.38 | 2.04 | 0 | 1.37 | 1.18 | 1.56 | 0 | 1.1 | 0.81 | 0 | 1.43 |
| 寸草苔 | 3.96 | 4.72 | 2.17 | 0 | 2.27 | 3.43 | 5.37 | 3.94 | 0 | 5.21 | 4.17 | 3.74 | 2.85 | 0 | 4.36 |
| 蒙古韭 | 0.32 | 0.6 | 3.71 | 0 | 0.58 | 2.04 | 0 | 2.74 | 0 | 2.05 | 0 | 1.58 | 2.95 | 0 | 2.19 |
| 狭叶锦鸡儿 | 1.59 | 2.11 | 0.91 | 0 | 0.23 | 3.13 | 2.64 | 4.91 | 0 | 1.48 | 2.11 | 1.97 | 3.41 | 0 | 1.54 |
| 野韭 | 1.64 | 0.51 | 4.85 | 0 | 4.31 | 3.47 | 0 | 5.54 | 0 | 8.19 | 4.07 | 2.4 | 4.04 | 0 | 6.15 |
| 阿尔泰狗娃花 | 0.54 | 0 | 0 | 0 | 0.32 | 1.27 | 4.62 | 2.32 | 2.09 | 2.24 | — | — | — | — | — |
| 地梢瓜 | 0 | 0.29 | 0 | 0 | 0 | 0 | 0 | 1.54 | 0 | 0 | 0 | 2.75 | 0 | 0 | 0 |
| 稗 | 0 | 0.14 | 0 | 1.31 | 0 | — | — | — | — | — | — | — | — | — | — |
| 委陵菜 | — | — | — | — | — | 0 | 0 | 0 | 1.08 | 0 | — | — | — | — | — |
| 猪毛蒿 | — | — | — | — | — | 3.19 | 2.07 | 1.46 | 0 | 2.74 | 3.25 | 2.36 | 5.21 | 3.58 | 2.1 |

## （二）群落α多样性

不同处理区群落物种 α 多样性指数分析见图 9-28。Margalef 指数在 2006～2008 年整体上为休牧区高于禁牧区与自由放牧区，禁牧区的 Margalef 指数均处于

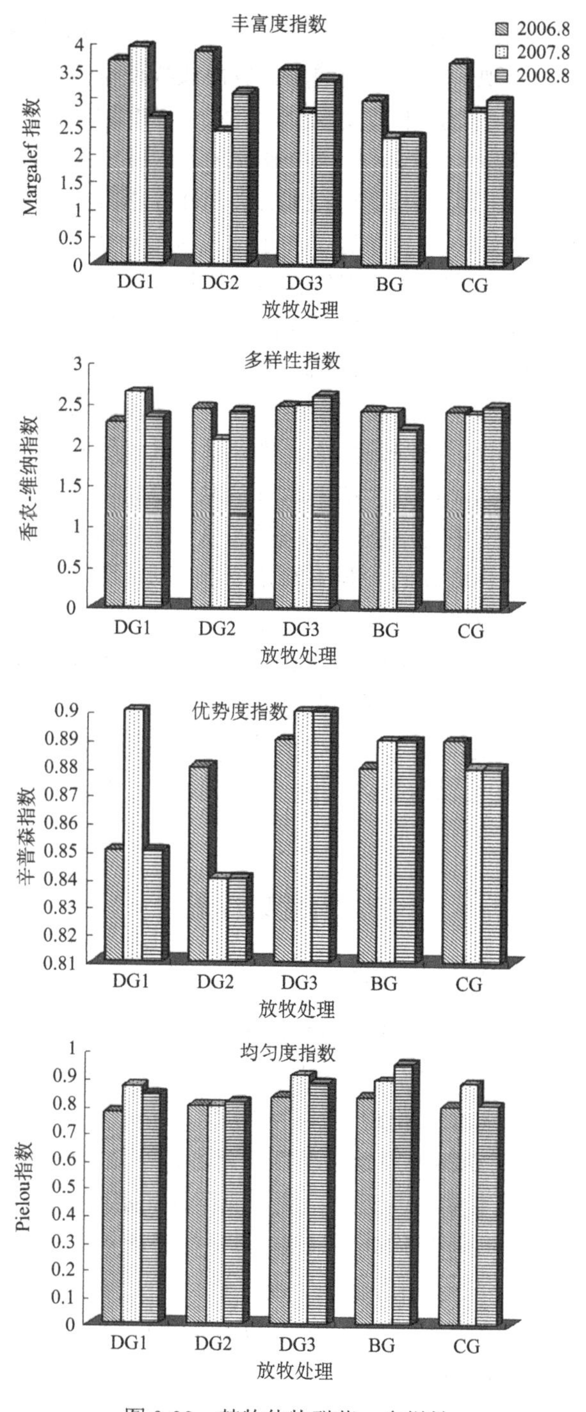


图 9-28　禁牧休牧群落 α 多样性

最低水平。说明放牧抑制了优势种的竞争能力，可能导致弱势物种的入侵和定居，群落内物种的多样性出现一定程度的增加。自由放牧使群落内的可食性牧草啃食过度而使得群落多样性下降，丰富度减少。香农-维纳指数与 Margalef 指数变化趋势类似，休牧区整体高于禁牧区与自由放牧区，休牧 3 区整体上高于休牧 1、2 区，随休牧时间的增加呈现上升趋势。2007 年 Pielou 指数在休牧 3 区高于禁牧区与自由放牧区，2006 年、2008 年禁牧区高于休牧区与自由放牧区。从试验结果可知，禁牧和休牧对群落物种多样性产生影响，休牧区群落物种的丰富度整体上高于自由放牧区。但从休牧区的前两种多样性指数大小分析看，休牧区之间多样性指数差距不大，说明这种影响是微弱的，Pielou 指数也说明了这一点。香农-维纳指数 3 年平均值呈现为休牧区最高，自由放牧区次之，禁牧区最低。

早春一定时间的休牧可以降低群落优势种排斥其他物种的能力，从而提高群落的香农-维纳指数。Pielou 指数 3 年平均值呈现为禁牧区高于休牧区与自由放牧区，这可能是因为禁牧区采食率低，植物群落中主要物种相对单一，并且同一物种差异不显著，使其物种成分的重要值差异较小，从而使禁牧区群落的均匀度指数高于休牧区与自由放牧区。

而从年度间分析，2006～2008 年 Margalef 指数在休牧 1 区呈现先增加后降低的趋势，自由放牧区、禁牧区呈现先降后升趋势。香农-维纳指数在休牧 3 区逐渐增加，禁牧区呈现逐渐降低，自由放牧区先降低后增加，总体呈上升趋势。辛普森指数在休牧 3 区与禁牧区为逐渐上升的趋势，休牧 2 区与自由放牧区为逐渐下降的趋势。

## 三、群落现存量

### （一）群落地上现存量及其动态

不同处理区 2006～2008 年生长季节群落现存量动态如图 9-29 所示。随着放牧时间的推移，群落现存量在各年份整体出现由低升高，然后又降低的动态规律，总体呈现出单峰曲线，峰值多出现在 8～9 月。

2006 年禁牧休牧初期各处理地上现存量无显著差异（$P>0.05$），这是由于从休牧初期一直干旱。随着放牧的延续，地上现存量开始增加，起初禁牧区增加较快；7～9 月禁牧区地上现存量均处于最高水平，显著高于休牧区与自由放牧区（$P<0.05$）9 月除外；自 9 月以后群落地上现存量开始下降，在 11 月，禁牧区群落地上现存量显著高于休牧区与自由放牧区（$P<0.05$），休牧 2、3 区与自由放牧区地上现存量差异显著（$P<0.05$）。

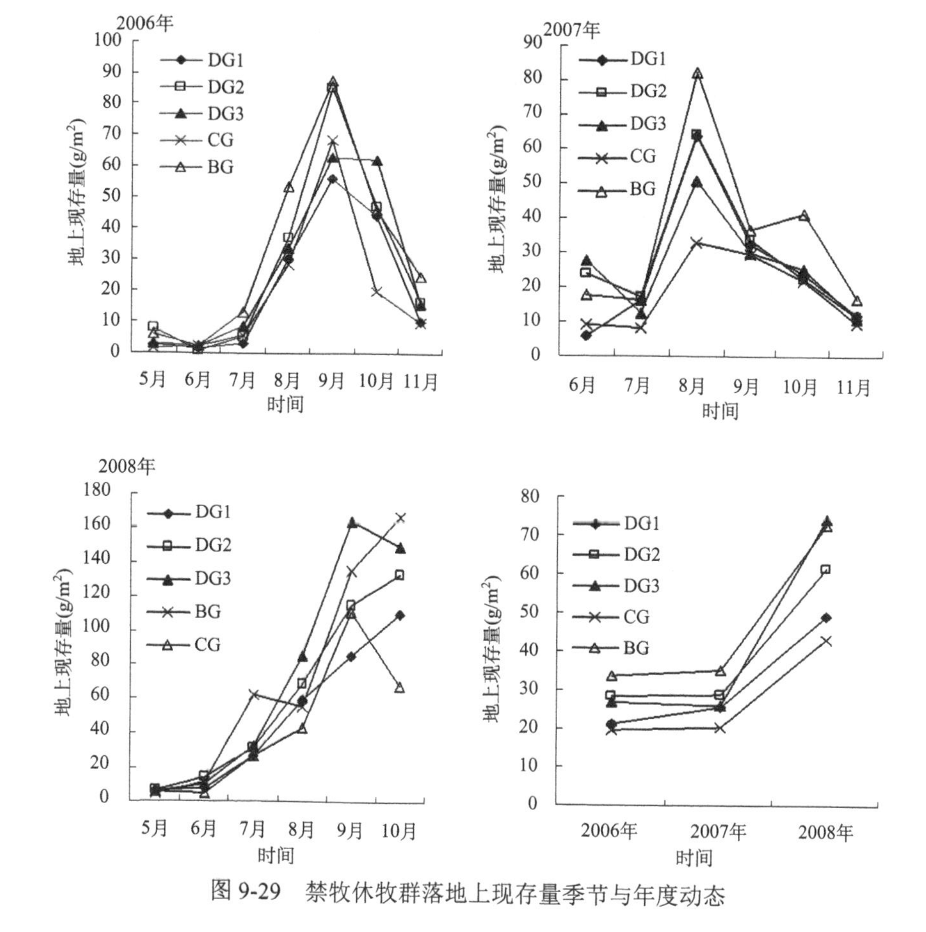


图 9-29　禁牧休牧群落地上现存量季节与年度动态

2007 年放牧初期，禁牧区和休牧 2、3 区植物的地上现存量高于其他处理区（$P<0.05$）；7 月各处理区群落地上现存量开始减少（除休牧 1 区外），自由放牧区最低，6 月末 7 月初降水量较少，并且休牧区开始放牧而导致 7 月各处理区的牧草产量整体上比 6 月低；而后在 8 月，各处理的地上现存量显著上升，并且达到峰值；自 8 月以后休牧区与禁牧区群落地上现存量开始显著下降，9 月各区间差异不显著（$P>0.05$）；10 月休牧区和自由放牧区地上现存量开始下降，禁牧区显著高于休牧区与自由放牧区（$P<0.05$）；11 月各处理之间差异不显著（$P>0.05$）。

2008 年 5 月，休牧区地上现存量均高于自由放牧区，但差异不显著（$P>0.05$）；6 月休牧区与禁牧区地上现存量均增加，而自由放牧区降低；7 月群落地上现存量在禁牧区显著高于休牧区与自由放牧区（$P<0.05$），休牧区与禁牧区无显著差异（$P>0.05$）；8 月，禁牧区群落地上现存量低于 7 月，这可能是因为禁牧区植物长期没有被家畜采食，其生长受到抑制，短花针茅最为明显，休牧区显著高于自由放牧区（$P<0.05$），且呈现休牧 3 区＞休牧 2 区＞休牧 1 区；9 月，休牧 3 区与

自由放牧区达到最高值，休牧 3 区显著高于其他处理（$P$<0.05）；9 月以后，休牧 1、2 区与禁牧区群落地上现存量继续增长，这可能是由于整个放牧季节降水量比较充沛，草地长出嫩草，地上现存量高峰推迟。

从各处理区 3 年群落地上现存量平均值结果比较分析得知，禁牧区地上现存量显著高于其他处理区，休牧 1、2、3 区又显著高于自由放牧区（$P$<0.05），说明放牧绵羊的采食和践踏导致牧草地上现存量降低，而且休牧能够使牧草地上现存量保持较高水平。但休牧区之间牧草地上现存量整体呈现出休牧 2 区＞休牧 3 区＞休牧 1 区，并不与休牧时间成正比。进一步分析可知，禁牧有利于短花针茅数量的增加，休牧更有利于碱韭和无芒隐子草的分蘖与丛数的增加，且休牧 50 天比较有利于牧草的返青和生长。

### （二）群落地下生物量

不同处理地下生物量垂直分布总体上是随土层深度增加而降低，即表层生物量最高，呈“T”形（图 9-30）。方差分析表明（表 9-20），0～100cm 土层内的总

**表 9-20　禁牧休牧地下生物量及其占总根量比例**

| 深度 | 地下生物量（g/m²） | | | | |
|---|---|---|---|---|---|
| | DG1 | DG2 | DG3 | BG | CG |
| 0～10cm | 2035.24±179.82ab<br>38.54% | 2025.90±132.27ab<br>42.52% | 2276.47±313.83a<br>42.06% | 1553.44±92.01b<br>31.12% | 2258.24±173.42a<br>46.32% |
| 10～20cm | 1104.11±23.40a<br>20.91% | 834.19±49.37a<br>17.51% | 834.86±35.78a<br>15.43% | 952.03±156.21a<br>19.07% | 885.11±85.57a<br>18.16% |
| 20～30cm | 754.38±30.25a<br>14.29% | 687.90±36.35a<br>14.44% | 671.45±50.97a<br>12.41% | 624.31±106.25a<br>12.51% | 611.42±15.24a<br>12.54% |
| 30～40cm | 553.17±64.48a<br>10.48% | 405.54±29.25a<br>8.51% | 475.35±60.01a<br>8.78% | 556.06±104.12a<br>11.14% | 445.78±20.43a<br>9.14% |
| 40～50cm | 339.50±87.08a<br>6.43% | 332.83±60.89a<br>6.99% | 346.40±47.76a<br>6.40% | 454.23±80.60a<br>9.10% | 268.80±36.79a<br>5.51% |
| 50～60cm | 198.10±54.78a<br>3.75% | 169.20±22.55a<br>3.55% | 331.05±28.42a<br>6.12% | 300.37±91.51a<br>6.02% | 184.54±15.03a<br>3.79% |
| 60～70cm | 123.40±31.99b<br>2.34% | 94.05±15.97b<br>1.97% | 257.24±31.70a<br>4.75% | 272.36±57.15a<br>5.46% | 128.51±17.98b<br>2.64% |
| 70～80cm | 67.14±20.21ab<br>1.27% | 82.26±18.44ab<br>1.73% | 128.29±11.44a<br>2.37% | 126.73±30.69a<br>2.54% | 61.81±11.00b<br>1.27% |
| 80～90cm | 56.92±12.56a<br>1.08% | 58.25±3.27a<br>1.22% | 51.80±2.47a<br>0.96% | 80.04±14.24a<br>1.60% | 15.79±5.48b<br>0.32% |
| 90～100cm | 48.69±16.87ab<br>0.92% | 74.04±6.87a<br>1.55% | 38.91±12.92ab<br>0.72% | 71.81±13.56a<br>1.44% | 15.12±3.46b<br>0.31% |
| 总根量（g/m²） | 5280.65±228.27a | 4764.16±183.61a | 5411.82±181.29a | 4991.38±673.63a | 4875.12±346.81a |

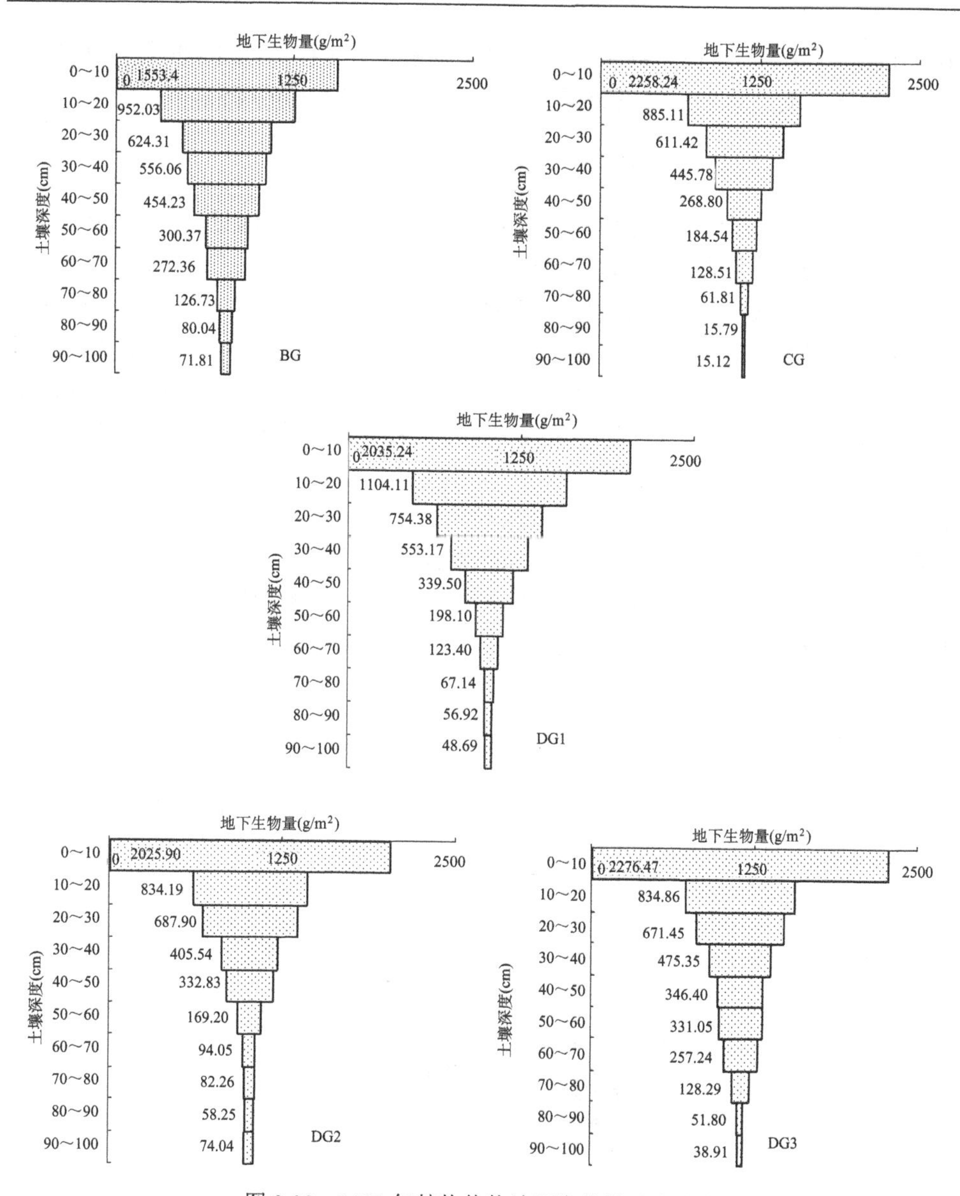

图 9-30　2008 年禁牧休牧地下生物量垂直分布

根量以休牧 3 区最高，为 5411.82g/m$^2$；之后依次是休牧 1 区 5280.65g/m$^2$；禁牧区 4991.38g/m$^2$，自由放牧区 4875.12g/m$^2$；休牧 1 区最低，只有 4764.16g/m$^2$；不同处理间无显著差异（$P$>0.05）。表层 0~10cm 地下生物量在休牧 3 区与自由放牧区显著高于禁牧区（$P$<0.05），休牧区与自由放牧区无显著差异（$P$>0.05）。10~60cm 土层地下生物量在各处理区无显著差异（$P$>0.05）。70~90cm 地下生物量在休牧 3 区与禁牧区显著高于自由放牧区（$P$<0.05）。10~100cm 深度，除

60～70cm 地下生物量在休牧 3 区与禁牧区显著高于休牧 1、2 区外（$P<0.05$），其余休牧区之间及休牧区与禁牧区之间均无显著差异（$P>0.05$）。

## （三）群落地上、地下生物量的关系

不同处理区的草地植物地上、地下生物量之间的关系因处理区的不同而不同。地下生物量比较研究显示，休牧 1 区和休牧 3 区的地下生物量比较接近，且表现较高，休牧 2 区、自由放牧区和禁牧区之间的地下生物量相仿，其表现仅次于前两者（图 9-31）。对于地上生物量，可以看到其在各处理区的表现依照休牧 1 区、休牧 2 区、休牧 3 区、禁牧区和自由放牧区的顺序呈先增加后减少的变化趋势，并且在图 9-31 中可以看到，休牧的 3 个处理区地上生物量要略高于禁牧区，而明显高于自由放牧区。表明地上生物量在休牧区表现较好，完全禁牧的禁牧区和常年放牧的自由放牧区地上生物量相对较差，可能是因为禁牧区没有进行适当的放牧干扰，致使植物群落的生物量偏低，而常年放牧的自由放牧区由于长期的干扰或干扰强度较大，因此地上生物量表现较低。但无论是休牧区，还是禁牧区，或是自由放牧区，地下生物量均远远高于地上生物量，表明在短花针茅荒漠草原拥有强大的根系是其植物群落能够稳定的原因，以及其继续生长繁衍以便维护生态系统平衡的首要条件。

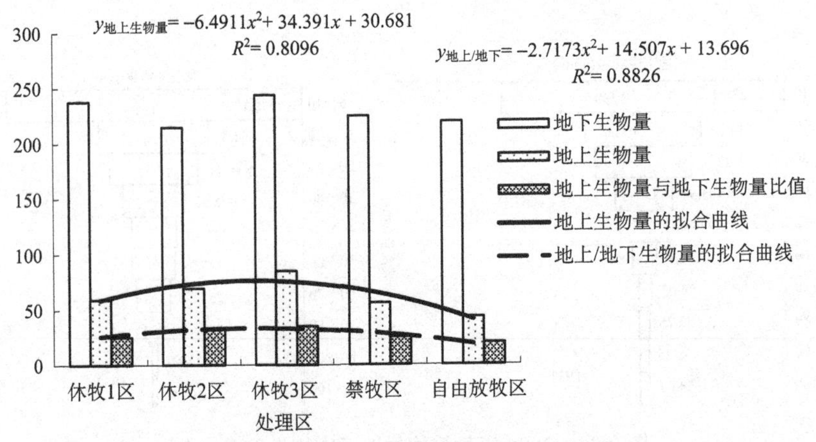


图 9-31　地上、地下生物量之间的关系

从地上、地下生物量的比值来看，各个处理区的表现依照休牧 1 区、休牧 2 区、休牧 3 区、禁牧区和自由放牧区的顺序也呈先增加后减少的变化趋势，这一点与地上生物量的变化趋势接近。同时在图 9-31 中，可见两条函数曲线，第一条为地上生物量的函数变化曲线，函数式为 $y=-6.4911x^2+34.391x+30.681$，其中 $R^2$ 值为 0.8096，表明地上生物量由 $x$（图 9-31 中处理区次序值）决定 80.96%的信息。第二条为地上、地下生物量比值的函数变化曲线，函数式为 $y_2=-2.7173x^2+14.507x+$

13.696，其中 $R^2$ 值为 0.8826，表明地上、地下生物量比值由 $x$（图 9-31 中处理区次序值）决定 88.26%的信息。

整体而看，尽管各个处理区的地下生物量差别明显，但变化规律不明显；而地上生物量在各个处理区的差别相对较小，但能够看到处理区之间的变化规律；地上、地下生物量比值在各个处理区的差别相对最小，变化规律最为明显。这表明，不管哪一处理区，地上、地下生物量比值都是一个相对稳定的指标，这给禁牧休牧研究提供了一个很好的研究指标，如果处理区的地上、地下生物量比值发生变化或变动明显，表明该草地的植物群落结构组成发生了变化，也就表明该处草地生态系统的平衡与稳定受到了影响。

## 四、草群营养物质动态

### （一）粗蛋白

随着放牧季节的延续，不同休牧区草群的粗蛋白含量整体呈现出“上升—下降”的趋势，并且最高值均出现在 7 月（图 9-32）。试验初期粗蛋白的含量都比后期高，随着季节的延续，后期植物成熟，粗蛋白含量下降明显，最高的 7 月比最低的 10 月高出 9～15 个百分点。整个试验期内（10 月除外），草群粗蛋白的含量在自由放牧区均高于其他小区。平均含量表现为自由放牧区＞休牧 3 区＞休牧 2 区＞休牧 1 区＞禁牧区。从试验结果分析可知，试验初期群落植物主要以短花针茅和碱韭居多，且生长前期较新鲜、柔嫩，草群再生草多；另外，一年生牧草在这一时期大量滋生，使草群整体比较鲜嫩，蛋白质含量较高；群落植物生长季后期，一年生与多年生植物枯黄、减少，采食剩余的部分多为粗硬、干枯的残枝败叶，粗蛋白含量较低，最低点均出现在 10 月，这与荒漠草原粗蛋白含量变化动态完全吻合。群落牧草粗蛋白含量不但随季节变化，而且在不同休牧时间下由于绵羊对各处理区植被采食强度的不同和对植物利用的最优理论，因此不同休牧区牧草粗蛋白含量也发生变化（褚文彬，2008）。

### （二）粗纤维

草群的粗纤维含量随着放牧季节的后移整体呈现先下降后上升的趋势，这与植物的生长发育有关（图 9-33）。通常情况来看，草地植物在生长初期粗纤维含量较低，随着植物的生长发育粗纤维含量增加。试验初期，粗纤维含量在休牧区显著高于禁牧区与自由放牧区（$P<0.05$）；7 月，除自由放牧区外，其他处理区均呈现下降趋势；试验后期，休牧 2 区显著高于其他处理区（$P<0.05$）。整个放牧季节，草群粗纤维的平均含量表现为休牧 2 区＞休牧 3 区＞禁牧区＞休牧 1 区＞自由放牧区。

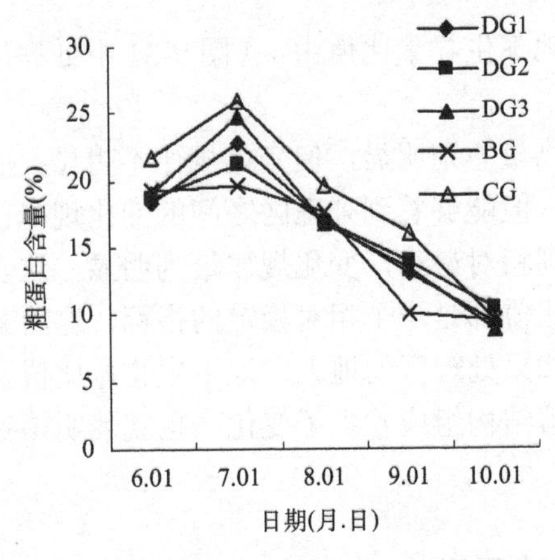


图 9-32　禁牧休牧草群粗蛋白含量

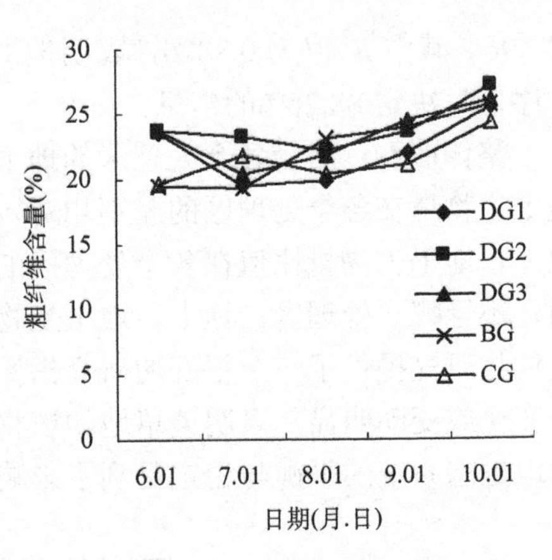


图 9-33　禁牧休牧草群粗纤维含量

## （三）粗脂肪

随放牧时间的推移，草群粗脂肪含量在生长季节整体上呈现出先上升后下降的趋势（禁牧区除外），7 月达到最高，休牧 2 区增加趋势更明显，禁牧区反而在 7 月降至最低值，这可能与草群的种类组成有关（图 9-34）。从草群种类来看，其脂肪含量主要与蒿类有关，7～8 月，栉叶蒿开花结籽，脂肪含量较初期明显提高，7 月以后一直下降。在整个放牧季节草群粗脂肪平均含量表现为休牧 3 区＞自由放牧区＞休牧 1 区＞休牧 2 区＞禁牧区。

## （四）粗灰分

在整个放牧生长季节中，草群粗灰分含量随放牧时间的推移，各休牧区均呈现出“上升—下降”的趋势（图 9-35），峰值出现在 8 月（禁牧区除外），禁牧区

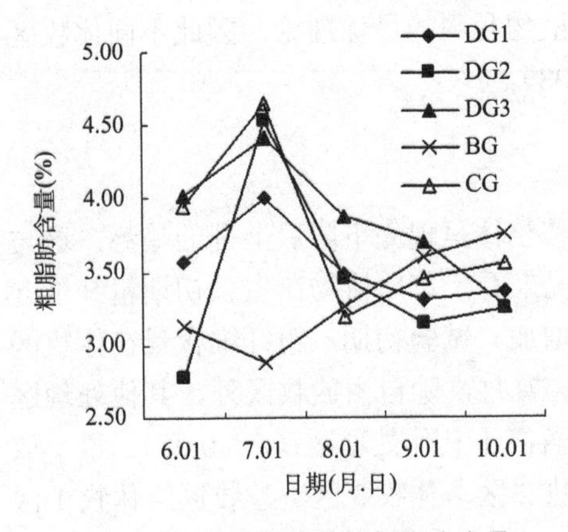


图 9-34　禁牧休牧草群粗脂肪含量

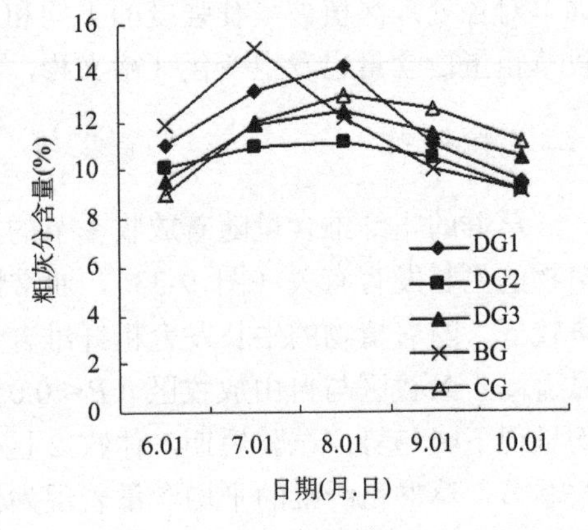


图 9-35　禁牧休牧草群粗灰分含量

峰值略有提前，出现在 7 月，这可能是由气候条件、植物种类和土壤因素决定的。荒漠草原地区气候干旱，蒸发量大，植物长期适应这里的环境条件，体内必须有较多的矿物质，保证体内有足够的渗透压，才能从土壤中吸收水分。同时，为避免体内盐分过量积累，较多矿物质也增加了泌盐能力（赵钢等，2006）。在整个放牧季节草群粗脂肪平均含量表现为休牧 1 区＞禁牧区＞自由放牧区＞休牧 3 区＞休牧 2 区。

### （五）钙

草群钙含量随着放牧期延续先增加后下降，总体上试验后期比初期稍有增加（禁牧区除外），在 7 月禁牧区较其他处理区均高（图 9-36），这主要是由于在禁牧区草群的种类组成中含有较多藜科植物。休牧 1 区、休牧 2 区、休牧 3 区和自由放牧区最高值出现在 8 月，主要是因为一年生植物出现较多。

### （六）磷

草群磷含量变化规律性较强，在整个放牧季节随着放牧时间的延续，出现先增加后降低的趋势，呈单峰型，峰值出现在 7 月（图 9-37）。试验初期（6 月），休牧 2 区显著低于其他处理区（$P<0.05$），其他各区的值相差不大。7 月以后，休牧 2 区、自由放牧区较高，而禁牧区整体上低于其他处理区。另外，在牧草生长季节中，磷与蛋白质代谢有关，且磷含量与蛋白质含量成正比，所以磷含量与蛋白质含量变化类似。

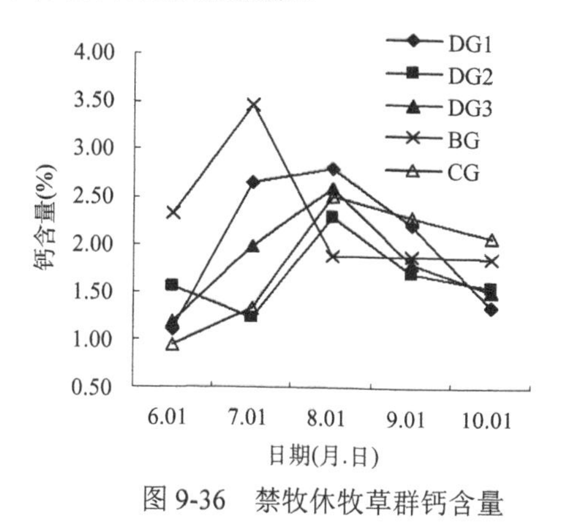

图 9-36　禁牧休牧草群钙含量

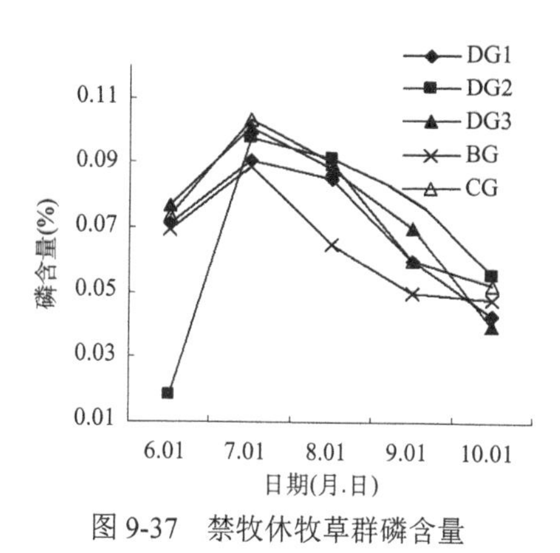

图 9-37　禁牧休牧草群磷含量

### （七）无氮浸出物

无氮浸出物含量随放牧时间的延续呈现先下降后上升趋势，最高值均出现在 10 月（禁牧区除外）（图 9-38）。7 月、9 月禁牧区显著高于休牧区与自由放牧区

(*P*<0.05)，基本呈现出禁牧区>休牧区>自由放牧区。

### (八) 吸附水

总体看来（图 9-39），各休牧处理区 6～10 月的草群吸附水含量变化不大，随放牧时间的延续呈现上升趋势，但上升幅度较小，且出现波动。7 月、9 月，休牧区吸附水含量显著高于禁牧区与自由放牧区（*P*<0.05）。10 月，休牧区与自由放牧区显著高于禁牧区（*P*<0.05）。

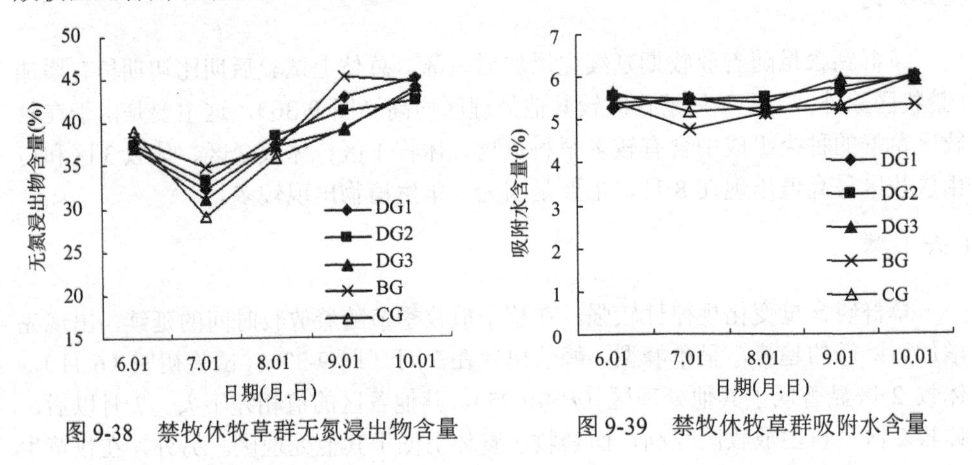


图 9-38 禁牧休牧草群无氮浸出物含量　　图 9-39 禁牧休牧草群吸附水含量

## 五、不同降水年份下荒漠草原初级生产力及营养动态

### (一) 气温与降水的变化

季节温度变化呈现单峰变化趋势，峰值出现在每年的 7～8 月，而植物返青期和植物枯黄期温度稍低（图 9-40）。两个生长季节降水量呈现不一致的变化：2007 年降水量的峰值出现在 8 月（30.6mm），而 2008 年 7 月的降水量最高（166.6mm）。

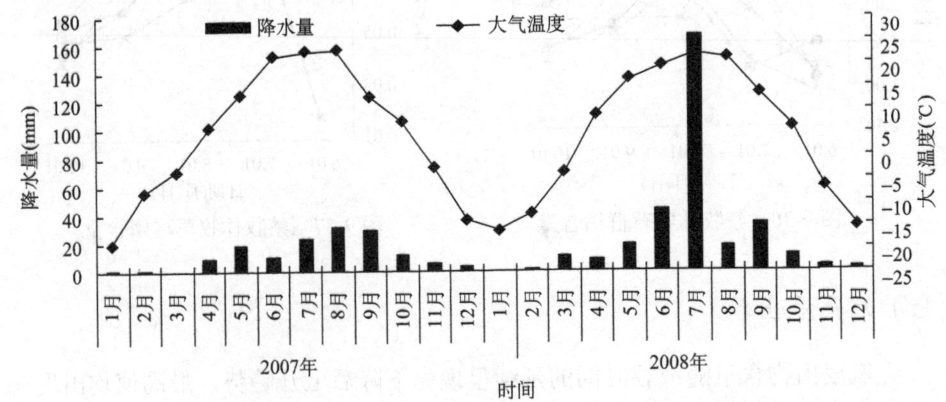


图 9-40 2007 年和 2008 年苏尼特右旗月降水量（柱子）和月平均气温（线）

两个生长季节积累的降水量分别为 120.0mm（2007 年）和 286.0mm（2008 年）；相比于长期生长期的降水量（1952～2006 年）（212.4mm），2007 年总的降水量（142.3mm）降低了 33.0%，而 2008 年总的降水量（296.9mm）提高了 39.8%。

## （二）降水量不同的年际地上净初级生产力和生长旺季群落营养成分的变化

荒漠草原以降水量为主要差异的年份、草原不同放牧方式及二者的交互作用都对生长高峰期地上净初级生产力和群落营养成分产生了极显著影响（$P$<0.01）。荒漠草原植物群落不同年份各项指标的变化为：丰雨年（2008 年）生长高峰期地上净初级生产力、粗蛋白、粗灰分、钙和磷的含量极显著高于欠雨年（2007 年），分别为 2007 年的 2.67 倍、1.11 倍、1.27 倍、1.26 倍和 3.75 倍；欠雨年生长高峰期粗纤维、粗脂肪和无氮浸出物的含量极显著高于丰雨年，分别为 2007 年的 1.04 倍、1.52 倍和 1.04 倍。

不同放牧方式下，地上净初级生产力的变化规律为休牧 60 天＞围封禁牧＞休牧 50 天＞自由放牧＞休牧 40 天（$P$＜0.01）；粗纤维的含量在围封禁牧区最高；粗灰分和钙的含量在休牧 40 天最高；而无氮浸出物的含量在自由放牧区最高（$P$＜0.01）（表 9-21）。

**表 9-21　不同放牧利用方式对苏尼特右旗植物生长旺盛期地上净初级生产力、粗蛋白、粗纤维、粗脂肪、粗灰分、钙、磷和无氮浸出物的影响**

| 处理 | 地上净初级生产力（g/m$^2$） | 粗蛋白（%） | 粗纤维（%） | 粗脂肪（%） | 粗灰分（%） | 钙（%） | 磷（%） | 无氮浸出物（%） |
|---|---|---|---|---|---|---|---|---|
| 放牧方式 | | | | | | | | |
| 围封禁牧 | 107.94AB | 12.85B | 23.02A | 4.05B | 10.86B | 2.14BC | 0.18B | 42.90B |
| 休牧 40 天 | 68.35C | 12.37C | 21.08C | 4.25AB | 12.18A | 2.47A | 0.19B | 43.47B |
| 休牧 50 天 | 90.47BC | 12.96B | 22.07AB | 4.29AB | 10.93B | 1.95CD | 0.20A | 43.61B |
| 休牧 60 天 | 113.70A | 14.87A | 22.42A | 4.55A | 11.06B | 2.32AB | 0.21A | 40.57C |
| 自由放牧 | 72.24C | 11.57D | 20.51C | 4.59A | 11.37B | 1.91D | 0.18B | 45.84A |
| 年份 | | | | | | | | |
| 2007 | 49.38B | 12.25B | 22.23A | 5.24A | 9.96B | 1.91B | 0.08B | 44.11A |
| 2008 | 131.7A | 13.60A | 21.41B | 3.45B | 12.60A | 2.41A | 0.30A | 42.44B |
| | | | | 方差分析 | $P$>$F$ | | | |
| 放牧 | ＜0.0001 | ＜0.0001 | ＜0.0001 | 0.022 | ＜0.0001 | ＜0.0001 | ＜0.0001 | ＜0.0001 |
| 年份 | ＜0.0001 | ＜0.0001 | 0.0015 | ＜0.0001 | ＜0.0001 | ＜0.0001 | ＜0.0001 | ＜0.0001 |
| 放牧×年份 | ＜0.0001 | ＜0.0001 | 0.0058 | 0.001 | ＜0.0001 | ＜0.0001 | ＜0.0001 | ＜0.0001 |

注：不同大写字母表示不同处理间差异极显著（$P$＜0.01）

## （三）地上净初级生产力和生长季节群落营养成分的变化

干旱的 2011 年（图 9-41～图 9-43）：相比其他处理，自由放牧显著降低了群

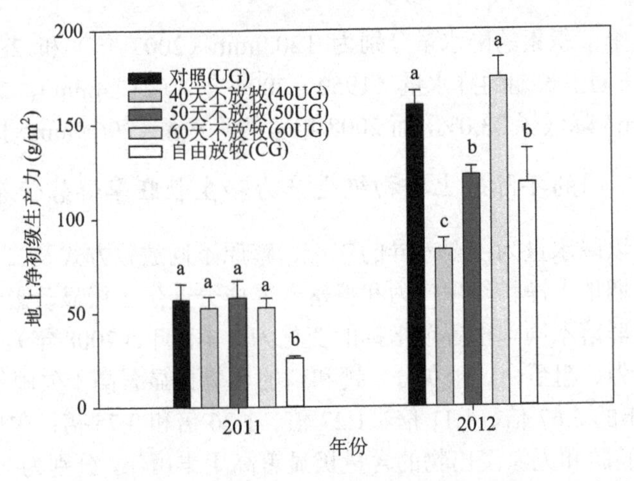


图 9-41　2011 年和 2012 年不同放牧利用方式下苏尼特右旗植物生长旺盛期地上净初级生产力的变化

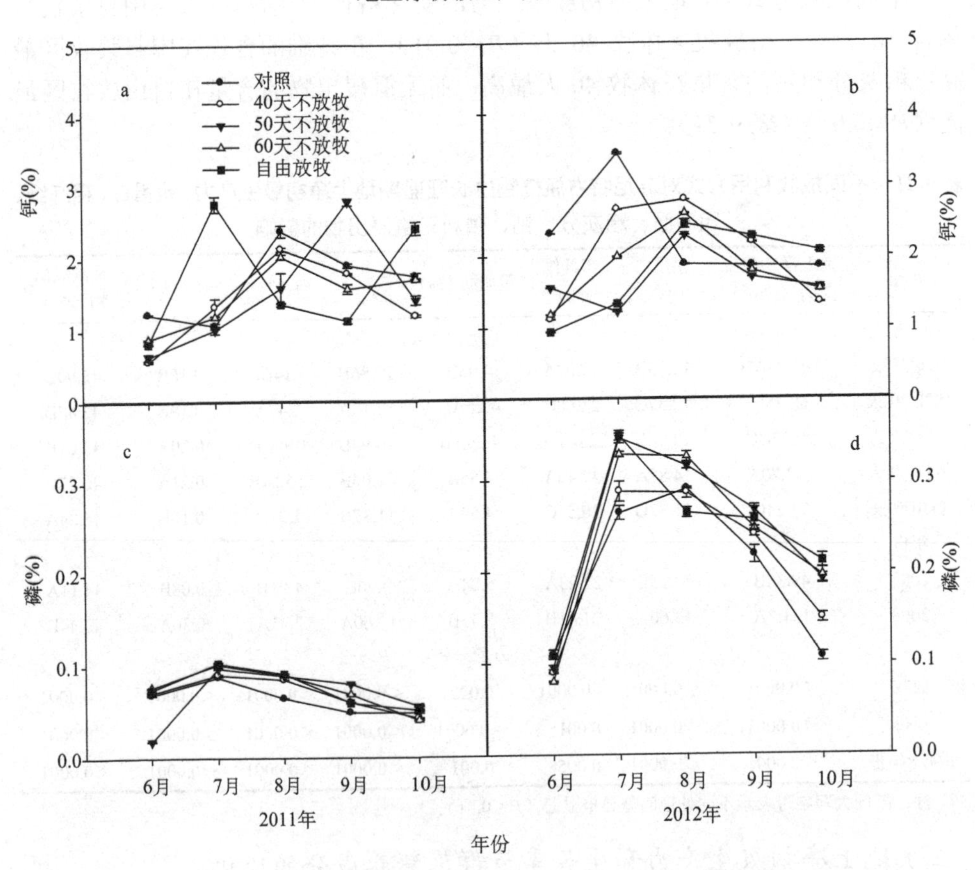


图 9-42　2011 年和 2012 年不同放牧利用方式下钙和磷的季节动态变化

落的地上净初级生产力（图 9-41）；其各处理下磷、粗蛋白、粗纤维和粗灰分呈现规律性的变化，而其他各项营养指标的季节动态变化没有规律性；粗蛋白呈单峰变化趋势，在 7 月或 8 月达到一个峰值，而随着生育期的推移到枯黄期下降到最低，其中 7 月围封处理（UG）的粗蛋白含量在各处理下值最大（$P<0.05$）（图 9-43a）；粗纤维的含量在 8 月最低，枯黄期的值最高（图 9-43c）；群落粗脂肪含量的峰值出现在 8 月，在此之前含量逐渐增加，以后逐渐减少（图 9-43e）。

湿润的 2012 年：休牧 60 天群落的地上净初级生产力值最高，其变化顺序为休牧 60 天＞围封禁牧＞休牧 50 天＞自由放牧＞休牧 40 天（图 9-41）；其各处理下各项指标的季节动态均呈现规律性变化；粗蛋白和磷的变化趋势一致，均是在 7 月达到一个峰值，随着生育期的推移而降低（图 9-43b，图 9-42c）（图 9-43f）；粗纤维的含量在枯黄期 10 月达到一个峰值；各处理下粗灰分和钙的变化规律较一致，其峰值出现在 7 月或 8 月，而其他月份值相对较低（图 9-43h，图 9-42b）；各处理下无氮浸出物的含量在 7 月最低。

### （四）降水量与放牧方式对地上净初级生产力和生长季节群落营养成分的影响分析

在本研究中，粗纤维的含量整体在 10 月达到最高，而 6 月、7 月的含量相对较低（图 9-43），产生这种结果的主要原因是不同季节牧草种类组成及其比例不同，即在不同季节，植物物种处于不同生长时期（物候期）。在每年的 6 月，3 种优势植物种短花针茅、无芒隐子草和碱韭分别处在果实成熟期、拔节期和营养期，3 种群落构成主要物种的组织处于幼嫩状态，粗蛋白含量高，粗纤维含量低，因而导致了植物群落在每年的 6 月拥有高的粗蛋白含量和低的粗纤维含量。在不同利用方式下，在两个生长季节（2007 和 2008 年），植物磷的含量整体是在 7 月最高（图 9-42），其主要原因是 7 月植物处于生长初期，叶片细胞处于快速分裂期，对蛋白质及核酸需求量较大，磷的选择性吸收较多，细胞质浓厚，因此磷的含量在 7 月达到最大值，为植物进入生长旺期（8 月）奠定了基础。

不同利用方式对草原植被的影响主要体现在草原植物群落的生产力上，但荒漠草原地处干旱与半干旱的草原生态系统区域，大多数情况下，水分是控制植物群落初级生产力的主要驱动力，土壤水分的亏缺成为植物生长和发育的最重要限制性因素。龙慧灵等（2010）的研究认为，降水是影响内蒙古草原生态系统净初级生产力的主要气候因子，而且降水量的积累效应对其的影响更为显著。在我们的研究中，降水量显著提高了群落的地上净初级生产力，降水量在 2008 年比 2007 年增加了 1.09 倍，而地上净初级生产力增加了 1.67 倍，我们的研究结果同时也证实了内蒙古荒漠草原植物群落的地上净初级生产力呈现非线性的变化。

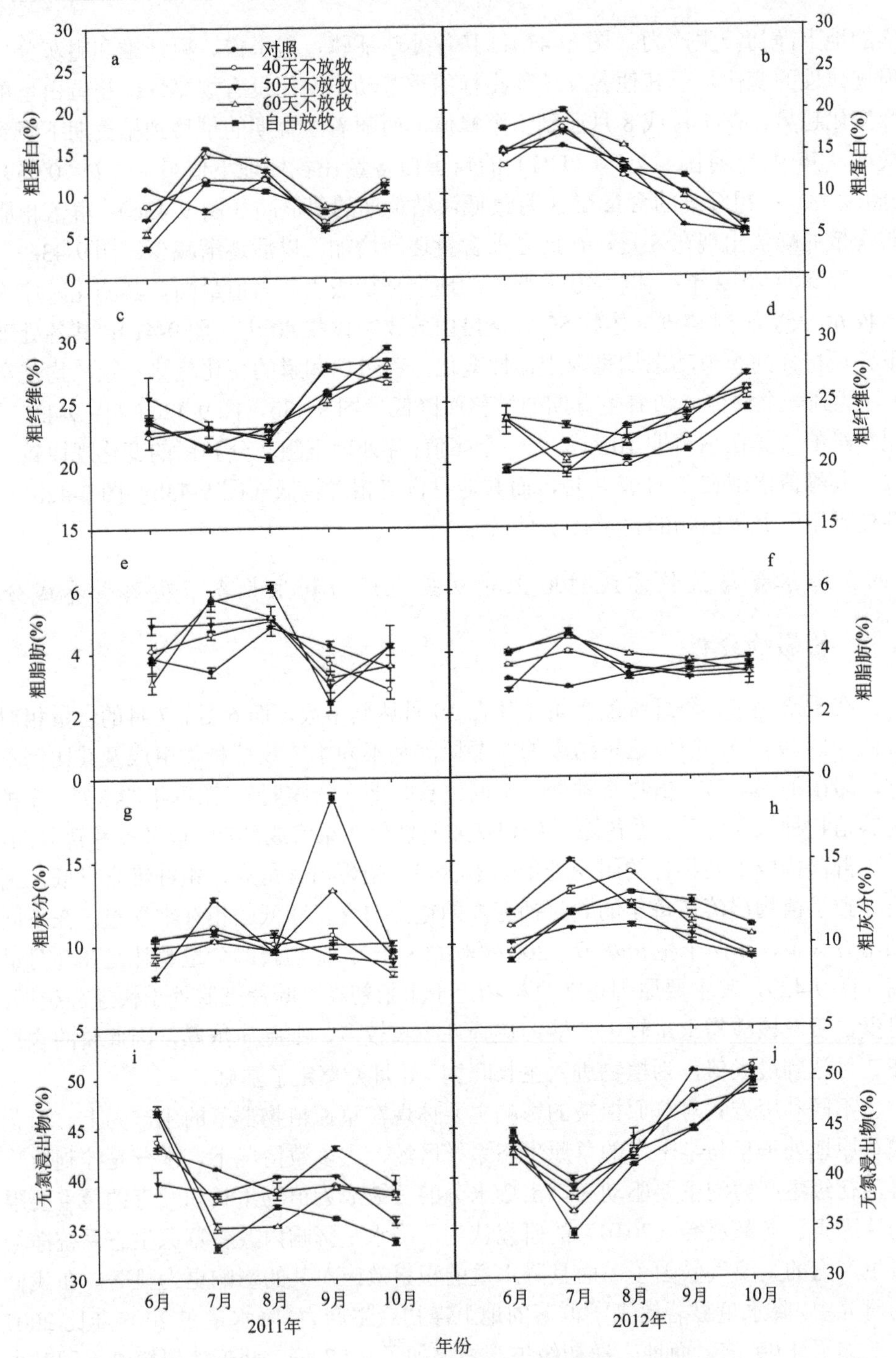


图 9-43　2011 年和 2012 年不同放牧利用方式下粗蛋白、粗纤维、粗脂肪、粗灰分及无氮浸出物的季节动态变化

蛋白质含量的高低是评价牧草营养价值的重要指标。通常的研究认为，牧草的粗蛋白含量越高其利用价值越高，而纤维含量越高其营养价值越低。群落植物的营养成分除受到放牧因素的影响外，还可能受到气候、降水等因素的影响，即在一定的热量条件下，加之降水量充沛，牧草生长旺盛，从而导致了群落高的营养价值，而李柱的研究认为在降水量差异较大的年份，牧草营养成分含量没有大的变化。无论怎样，在我们的研究中，降水量低的2007年，其粗蛋白含量值较低，粗纤维的含量相对较高；在降水量充足的2008年，积累的降水量显著增加了群落的粗蛋白、粗灰分、磷和钙的含量，证实了降水量在提高群落营养价值方面起着积极的作用。

本研究中，地上净初级生产力值在自由放牧和休牧40天处理下较低，表明相对重的放牧方式导致了植物群落的退化。王炜等（2000）的研究表明，在过度放牧的条件下，植物群落资源分配策略发生改变，草原植物植株变矮，整个植物群落各物种地上部分均趋于小型化，导致了植物群落生态系统结构及功能发生衰退。这一结论在本研究中亦得到证实，自由放牧和休牧40天两种放牧较重的草地利用方式，说明为了适应长期放牧干扰（牲畜采食和践踏行为等）和提高耐牧性，整个植物群落对外界环境表现出表型可塑性的变化（如植株变矮、叶片变短和变窄等），从而使植物群落的地上净初级生产力显著下降。相反，本研究中休牧60天后荒漠草原群落地上净初级生产力值显著增加，我们将其归因于合理的放牧通过移去植物顶端组织和衰老组织，刺激植物补偿和超补偿生长，从而提高草地生态系统的地上净初级生产力。

在2007年和2008年两年，我们的研究发现牧草的营养成分随着季节变化有很大的不同，其中植物群落粗蛋白含量在夏季的时候较高，而在植物返青的初期和进入枯黄期后，植物群落的营养价值相对较低，同样的研究结果在三江平原小叶章草甸的研究中被证实。董全民等（2007）的研究发现，放牧通过牲畜的啃食、践踏及粪便的排放干扰草地的环境，随着放牧压的加重，草地营养价值降低，适口性变差，导致了牧草品质的下降。同样，通过对植物群落生长旺季营养成分的方差分析发现，放牧利用强度低的休牧60天处理区粗蛋白含量、磷的含量高于利用强度高的休牧40天处理区和自由放牧区证实了这一结论，同时我们的研究结果也证实了磷的含量是判断牧草营养价值高低的重要指标，即磷的含量与粗蛋白含量呈正相关。此外，我们也发现，一方面，在牧草生长旺季，放牧强度相对较轻的休牧60天处理区，放牧能够刺激优势牧草的生长，导致了其高的牧草品质；另一方面，在放牧较重的休牧40天处理区和自由放牧区，2008年充足的降水量导致了一、二年生草本植物猪毛菜和栉叶蒿迅速生长，这些物种相对低的营养价值（低的粗蛋白含量、高的粗纤维含量）导致了这两个放牧区植物群落低的营养含量。因此，我们认为不同年际放牧和季节气候变化共同制约了群落营养成分的变化。

目前，本研究显示，过度放牧（如自由放牧）造成荒漠草原净初级生产力降低、牧草品质的下降，而合理放牧（如休牧 60 天）增加了牧草品质，同时也使净初级生产力呈现增加的趋势。因此，为了制止荒漠草原的退化，实现荒漠草原的可持续利用，必须调整放牧制度、降低放牧强度及控制放牧时间，确保荒漠草原草地资源的科学管理。

## 第四节　土壤理化性质对禁牧休牧的响应

草地生态系统中，土壤作为植物根系生长发育的基质，不断地供给植物正常生长所需的营养物质、能量和水分，不断地为植物提供生存空间。表层土壤物理性质对放牧的响应较大，土壤容重是土壤紧实度的指标之一，它与土壤的孔隙度和渗透率密切相关。容重的大小主要受到土壤有机质含量、土壤质地及放牧家畜践踏程度的影响。戎郁萍等（2001）研究结果表明，不放牧与各放牧处理之间土壤容重差异显著，不同放牧处理对土壤容重的影响差异不显著，主要是由于土壤容重的增加具有累积效应，这种表现与 Greenwood 等（1997）的试验结果也是一致的。从本试验结果可知，禁牧休牧对表层土壤 0～20cm 的容重影响较大，并且试验年限短，3 年的禁牧、休牧试验使土壤容重发生量的变化，但没有达到质的变化。说明禁牧休牧可改善土壤的结构状况，降低土壤紧实度，增强土壤通透性，使土壤变得疏松多孔，增加土壤孔隙度，对于土壤水分和肥力保持及养分供给有较大意义。

土壤含水量不仅取决于降水量的多少，还与放牧有关。表层土壤含水量的季节变化规律与降水量季节变化一致，年度降水量差异导致年度间土壤含水量也有明显差异。贾树海等（1996）认为在正常降水年份，放牧对土壤表层含水量变化影响较大，春季过度放牧对土壤水分造成的损失最为严重，而深层土壤对休牧的响应较小。本研究表明休牧区含水量高于自由放牧区，说明休牧区较自由放牧区除减少了家畜的选择性采食行为外，还降低了家畜对草地的践踏强度和频度，说明放牧地短期休闲较自由放牧有利于降低土壤紧实度，增加土壤含水量。

放牧家畜在采食过程中，除践踏影响草地土壤的物理结构外，还通过采食活动及畜体对营养物质的转化影响草地营养物质的循环，进而使草地土壤的化学成分发生变化。本试验经过 3 年的禁牧休牧试验，得知禁牧、休牧较自由放牧提高了土壤全氮、土壤全钾和土壤速效钾含量，自由放牧提高了表层土壤有机质、土壤速效氮含量。

## 一、土壤物理性质

放牧对表层土壤物理性质的影响较大，放牧家畜主要通过采食、践踏、排泄粪便影响草地土壤的物理结构，如紧实度、渗透率等。Taboada 和 Lavado（1988）研究表明，践踏往往会降低土壤的容重和土壤持水能力。侯扶江和任继周（2003）在马鹿对冬季牧场践踏作用的研究中认为，土壤容重对践踏灵敏性大，更适于作为放牧管理的决策依据；另外还指出轻度放牧草地的容重较小，而重度放牧草地表层的容重相当于开垦 20 年耕地的犁底层的容重，说明家畜的践踏使土壤紧实度变大。Altesor 等（2006）的研究表明，放牧可大大降低土壤容重，增加土壤含水量。Donkor 等（2006）报道，放牧明显降低了土壤水分，且短周期高强度放牧区的土壤水分显著低于中度自由放牧区的土壤水分。红梅等（2001）和董全民等（2005）的研究都表明，随着载畜率的增大，各土层含水量的变化呈下降趋势，尤其春季过牧对土壤水分造成的损失最为严重。春季植物处于返青时节，抗逆能力弱，需要消耗大量的土壤水分和养分，从而满足恢复和维持生长发育的需要，春季土壤水分对植物生长尤为重要，在春季控制放牧强度、频率和时间具有重要的实际意义。

### （一）土壤容重

#### 1. 土壤容重的年度变化

土壤容重是土壤紧实度的指标之一，它与土壤的孔隙度和渗透率有密切的关系。影响土壤容重大小的主要因素为有机质含量的高低、土壤质地及放牧家畜的践踏程度。

在对不同处理区的土壤容重分析中（图 9-44），2006 年 8 月，0～10cm 表层土壤容重总体呈现禁牧区＞休牧 1 区＞休牧 2 区＞休牧 3 区＞自由放牧区，10～20cm 土层土壤容重在休牧 2 区显著高于自由放牧区（$P<0.05$），其他层次不同休牧梯度土壤容重无显著差异（$P>0.05$）。2007 年 8 月，10～20cm 土层土壤容重在休牧区与自由放牧区显著高于禁牧区（$P<0.05$），自由放牧区与休牧区之间及各休牧小区间无显著差异（$P>0.05$），其他层次不同处理间均无显著差异（$P>0.05$）。2008 年 8 月，0～10cm 表层土壤容重在休牧 1、2 区显著高于休牧 3 区与自由放牧区（$P<0.05$），总体呈现休牧 1 区＞休牧 2 区＞禁牧区＞休牧 3 区＞自由放牧区，10～20cm 土层土壤容重在休牧区与自由放牧区显著高于禁牧区，其他层次不同休牧梯度土壤容重无显著差异（$P>0.05$），但均以休牧 1 区最高，禁牧区最低。

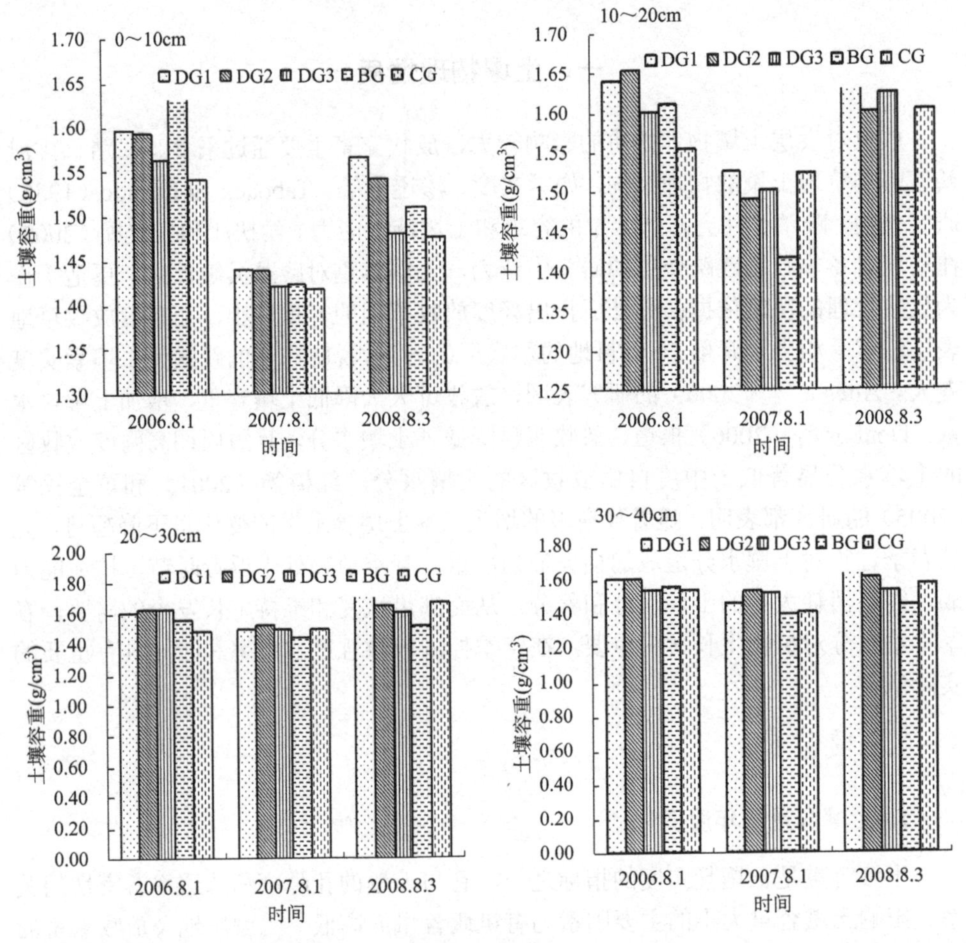


图 9-44　禁牧休牧土壤容重的年度变化

经过 3 年试验对比，不同处理小区 0～20cm 土层土壤容重变化幅度较大，20～40cm 土层变化幅度较小。但试验年限短，3 年的禁牧、休牧试验使土壤容重发生量的变化，没有达到质的变化。总体来看，2007 年各处理区 0～20cm 土层土壤容重偏低，主要是由于这一年大部分时间都比较干旱，土壤含水量低，承受践踏的能力较强。各处理区总体趋势为随着休牧时间增加，容重降低，而禁牧区由于常年禁牧，容重低于自由放牧区。说明随着放牧时间的延长，休牧对土壤容重的影响逐渐加强。

**2. 土壤容重的季节变化**

经过 3 年的禁牧休牧试验，不同处理土壤容重变化见表 9-22。总体来看，在荒漠草原自由放牧会增加土壤下层的紧实度。从不同深度土壤容重的变化来看，在5个处理区之间不同土壤深度土壤容重之间或者无显著差异（$P>0.05$），或者下层土壤容重显著高于表层土壤容重（$P<0.05$），不同休牧梯度土壤容重整体上呈现出随土壤深度的增加而增加的趋势。试验结果说明，禁牧能够改善土壤的结构状况，使土壤变得疏松多孔，土壤的通透性变好，从而降低土壤容重，这对于土壤水分和肥力保持及养分供给有较大意义。

**表9-22　禁牧休牧下不同月份的土壤容重变化**　（单位：$g/cm^3$）

| 月份 | 处理区 | 同一土壤深度不同处理区土壤容重 | | | | 同一处理区不同土壤深度土壤容重 | | | |
|---|---|---|---|---|---|---|---|---|---|
| | | 0～10cm | 10～20cm | 20～30cm | 30～40cm | 0～10cm | 10～20cm | 20～30cm | 30～40cm |
| 4 | DG1 | 1.51±0.02ab | 1.61±0.03a | 1.55±0.02a | 1.53±0.01ab | 1.51±0.02b | 1.61±0.03a | 1.55±0.02b | 1.53±0.01b |
| | DG2 | 1.45±0.01b | 1.47±0.02b | 1.44±0.01b | 1.45±0.01b | 1.45±0.01a | 1.47±0.02a | 1.44±0.01a | 1.45±0.01a |
| | DG3 | 1.56±0.02a | 1.58±0.01a | 1.55±0.03a | 1.63±0.06a | 1.56±0.02a | 1.58±0.01a | 1.55±0.03a | 1.63±0.06a |
| | BG | 1.50±0.05ab | 1.49±0.04b | 1.45±0.04b | 1.44±0.05b | 1.50±0.05a | 1.49±0.04a | 1.45±0.04a | 1.44±0.05a |
| | CG | 1.53±0.01a | 1.58±0.03a | 1.56±0.03a | 1.52±0.02ab | 1.53±0.01a | 1.58±0.03a | 1.56±0.03a | 1.52±0.02a |
| 8 | DG1 | 1.57±0.02a | 1.66±0.02a | 1.73±0.03a | 1.70±0.03a | 1.57±0.02b | 1.66±0.02a | 1.73±0.03a | 1.70±0.03a |
| | DG2 | 1.54±0.02a | 1.60±0.02ab | 1.65±0.02ab | 1.62±0.01ab | 1.54±0.02b | 1.60±0.02a | 1.65±0.02a | 1.62±0.01a |
| | DG3 | 1.48±0.05a | 1.63±0.02a | 1.60±0.02ab | 1.54±0.03bc | 1.48±0.05b | 1.63±0.02a | 1.60±0.02a | 1.54±0.03ab |
| | BG | 1.51±0.03a | 1.50±0.07b | 1.52±0.09b | 1.46±0.07c | 1.51±0.03a | 1.50±0.07a | 1.52±0.09a | 1.46±0.07a |
| | CG | 1.47±0.02a | 1.60±0.01ab | 1.67±0.01a | 1.58±0.02bc | 1.47±0.02c | 1.60±0.01b | 1.67±0.01a | 1.58±0.02b |
| 10 | DG1 | 1.52±0.01a | 1.55±0.03ab | 1.55±0.03a | 1.52±0.04ab | 1.52±0.01a | 1.55±0.03a | 1.55±0.03a | 1.52±0.04a |
| | DG2 | 1.54±0.03a | 1.60±0.02a | 1.59±0.01a | 1.56±0.02ab | 1.54±0.03a | 1.60±0.02a | 1.59±0.01a | 1.56±0.02a |
| | DG3 | 1.51±0.01a | 1.49±0.02b | 1.53±0.03a | 1.55±0.05ab | 1.51±0.01a | 1.49±0.02a | 1.53±0.03a | 1.55±0.05a |
| | BG | 1.53±0.03a | 1.52±0.05ab | 1.52±0.04a | 1.47±0.03b | 1.53±0.03a | 1.52±0.05a | 1.52±0.04a | 1.47±0.03a |
| | CG | 1.55±0.01a | 1.57±0.01ab | 1.54±0.01a | 1.61±0.01a | 1.55±0.01b | 1.57±0.01b | 1.54±0.01b | 1.61±0.01a |

## （二）土壤孔隙度

### 1. 土壤孔隙度的年度变化

土壤总孔隙度与容重关系密切，它反映了土壤的通透程度，土壤容重越大，土壤结构越坚硬致密，土壤的通水透气性也就越差，其变化规律与容重相反。不同休牧梯度土壤孔隙度分析见图9-45。

2006年8月，0～40cm土层土壤孔隙度在自由放牧区显著高于禁牧区（$P<0.05$）。2007年8月，0～10cm表层土壤孔隙度在各处理之间无显著差异（$P>0.05$），其他层次禁牧区高于休牧区。2008年8月，0～40cm各层土壤孔隙度均呈现出休牧3区>休牧2区>休牧1区（除10～20cm土层外），10～40cm各层土壤孔隙度均呈现出禁牧区最高，休牧 1 区最低。总体说明自由放牧区由于动物连续践踏，土壤孔隙分布的空间格局发生变化，土壤的总孔隙度减少，土壤容重增加，休牧和禁牧有利于改善土壤状况，休牧 60 天比较有利于改善土壤通透性。从 3 年间试验分析比较可知，随着禁牧休牧的延续，不同休牧梯度小区 0～20cm 土层土壤孔隙度后两年均较第一年有所增加。

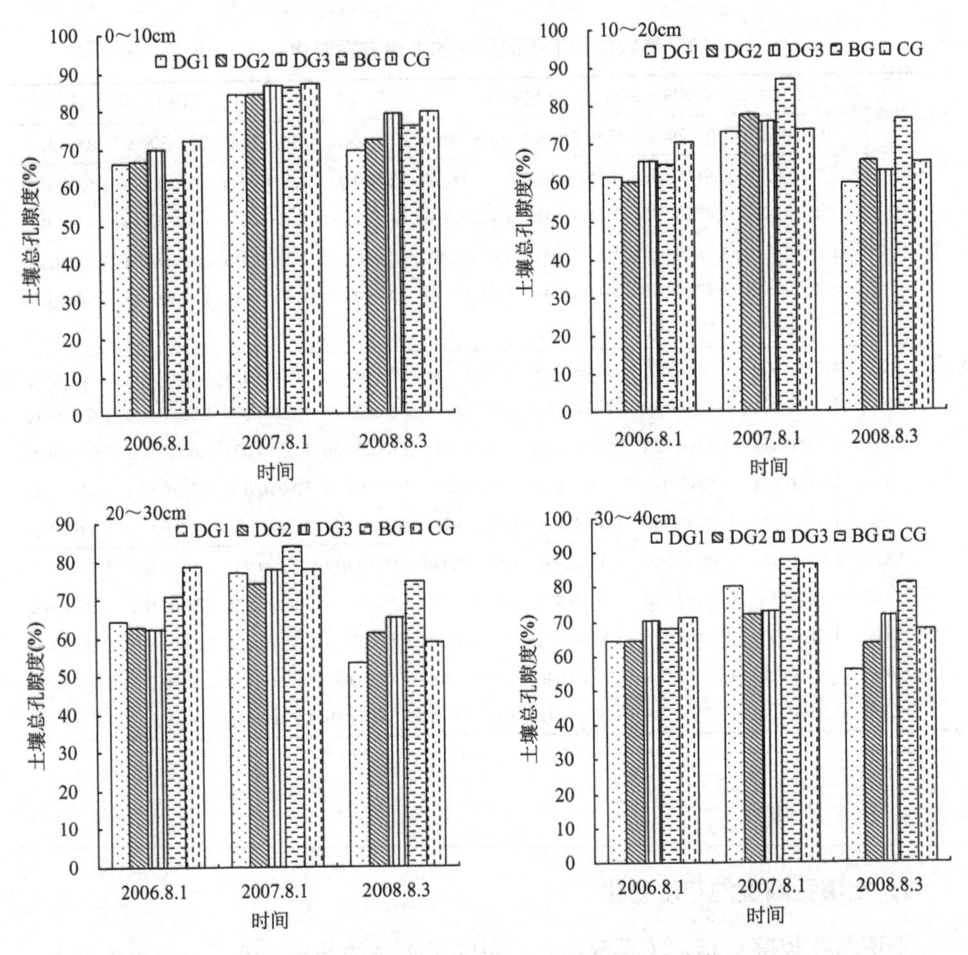


图 9-45　禁牧休牧下土壤总孔隙度的年度变化

## 2. 土壤孔隙度的季节变化

土壤总孔隙度是指单位面积上土壤孔隙所占的百分数，土壤总孔隙度包括毛管孔隙和非毛管孔隙，是由土壤容重和相对密度决定的。经过 3 年的禁牧休牧试验，不同休牧梯度土壤孔隙度有所变化（表 9-23），0～10cm 土壤中，4 月土壤孔

表 9-23　禁牧休牧下不同月份的土壤孔隙度变化（%）（2008 年）

| 月份 | 放牧制度 | 同一土壤深度不同休牧梯度土壤容重方差分析 | | | | 同一休牧梯度不同土壤深度土壤容重方差分析 | | | |
|---|---|---|---|---|---|---|---|---|---|
| | | 0～10cm | 10～20cm | 20～30cm | 30～40cm | 0～10cm | 10～20cm | 20～30cm | 30～40cm |
| 4 | DG1 | 43.16±0.62ab | 39.11±1.12b | 41.62±0.88b | 42.16±0.35ab | 43.16±0.62a | 39.11±1.12b | 41.62±0.88a | 42.16±0.35a |
| | DG2 | 45.27±0.38a | 44.51±0.59a | 45.49±0.52a | 45.39±0.28a | 45.27±0.38a | 44.51±0.59a | 45.49±0.52a | 45.39±0.28a |
| | DG3 | 41.24±0.75b | 40.22±0.32b | 41.57±1.29b | 38.51±2.37b | 41.24±0.75a | 40.22±0.32a | 41.57±1.29a | 38.51±2.37a |
| | BG | 43.35±1.72ab | 43.86±1.57a | 45.43±1.58a | 45.69±1.96a | 43.35±1.72a | 43.86±1.57a | 45.43±1.58a | 45.69±1.96a |
| | CG | 42.35±0.23ab | 40.39±1.17b | 41.14±1.27b | 42.75±0.90ab | 42.35±0.23a | 40.39±1.17a | 41.14±1.27a | 42.75±0.90a |
| 8 | DG1 | 40.93±0.65a | 37.43±0.69b | 34.73±0.97b | 35.83±1.18c | 40.93±0.65a | 37.43±0.69b | 34.73±0.97b | 35.83±1.18b |
| | DG2 | 41.87±0.70a | 39.55±0.59ab | 37.87±0.67ab | 38.77±0.46bc | 41.87±0.70a | 39.55±0.59b | 37.87±0.67b | 38.77±0.46b |
| | DG3 | 44.17±1.74a | 38.64±0.90b | 39.50±0.90ab | 41.74±1.23ab | 44.17±1.74a | 38.64±0.90b | 39.50±0.90b | 41.74±1.23ab |
| | BG | 43.08±1.12a | 43.40±2.46a | 42.73±3.46a | 44.78±2.46a | 43.08±1.12a | 43.40±2.46a | 42.73±3.46a | 44.78±2.46a |
| | CG | 44.34±0.80a | 39.45±0.51ab | 36.96±0.43b | 40.34±0.89ab | 44.34±0.80a | 39.45±0.51b | 36.96±0.43c | 40.34±0.89b |
| 10 | DG1 | 42.81±0.33a | 41.37±1.05ab | 41.69±1.32a | 42.50±1.54ab | 42.81±0.33a | 41.37±1.05a | 41.69±1.32a | 42.50±1.54a |
| | DG2 | 41.93±1.06a | 39.70±0.85b | 40.19±0.56a | 41.18±0.58ab | 41.93±1.06a | 39.70±0.85a | 40.19±0.56a | 41.18±0.58a |
| | DG3 | 43.05±0.19a | 43.74±0.89a | 42.12±1.27a | 41.39±1.89ab | 43.05±0.19a | 43.74±0.89a | 42.12±1.27a | 41.39±1.89a |
| | BG | 42.11±1.14a | 42.55±1.99ab | 42.49±1.54a | 44.43±1.31a | 42.11±1.14a | 42.55±1.99a | 42.49±1.54a | 44.43±1.31a |
| | CG | 41.67±0.23a | 40.83±0.26ab | 41.80±0.46a | 39.07±0.56b | 41.67±0.23a | 40.83±0.26a | 41.80±0.46a | 39.07±0.56b |

隙度在休牧 2 区与休牧 3 区存在显著差异（$P<0.05$），其他两月 5 个处理区无显著差异（$P>0.05$），月平均土壤孔隙度以休牧 2 区最高，为 43.02%，休牧 1 区最低，为 42.30%，高 1.70%。10～20cm 土层土壤中，4 月禁牧区显著高于自由放牧区（$P<0.05$），除 8 月外，休牧 2 区与休牧 3 区存在显著差异（$P<0.05$）。20～30cm 土层土壤中除 10 月外，禁牧区显著高于自由放牧区（$P<0.05$）。30～40cm 土层土壤孔隙度各月没有一定规律性。总体说明在荒漠草原禁牧休牧均会降低土壤紧实度，增加土壤孔隙度，增强土壤通透性，改善土壤物理性状。而连续放牧使土壤的紧实度增加，容重上升，透气性变差，含水量下降。从不同深度土壤容重的变化来看，在 5 个处理区之间不同土壤深度土壤容重之间或者无显著差异（$P>0.05$），或者表层土壤容重显著高于下层土壤容重（$P<0.05$），不同休牧梯度下土壤孔隙度整体呈现出随土壤深度的增加而下降的趋势。

试验结果说明禁牧休牧可改善土壤的结构状况，降低土壤紧实度，增强土壤通透性，使土壤变得疏松多孔，增加土壤孔隙度，对于土壤水分和肥力保持及养分供给有较大意义。

## （三）土壤含水量

### 1. 土壤含水量的年度变化

土壤含水量是衡量土壤坚实度和土壤渗透率的主要指标（Mulqueen et al., 1977）。土壤含水量与大气降水量、地表温度有密切的关系。不同处理土壤含水量分析（图 9-46）结果表明，0～10cm 表层土壤含水量受大气降水影响较大，3 年间每年 8 月各处理区表层土壤含水量随大气降水量增加而增大。10～40cm 土壤含水量与大气降水量的关系没有表层土壤明显，土壤深层含水量随着休牧时间的推移呈现增加的趋势。禁牧、休牧有助于土壤含水量的增加。

其中，2006 年 8 月，各层土壤含水量在各处理区之间均无显著差异（$P>0.05$）。2007 年 8 月，0～10cm 表层土壤含水量在各处理区之间变化差异不显著（$P>0.05$）；10～40cm 各层土壤含水量在禁牧区显著高于其他 4 个处理区（$P<0.05$）。2008 年 8 月，0～10cm 和 10～20cm 层土壤含水量在休牧 1 区、禁牧区显著高于自由放牧区、休牧 2 区与休牧 3 区（$P<0.05$），且均呈现休牧 1 区＞休牧 2 区＞休牧 3 区的趋势；20～30cm 和 30～40cm 层土壤含水量在各休牧区之间无显著差异（$P>0.05$），30～40cm 层休牧区与自由放牧区显著高于禁牧区（$P<0.05$）。

### 2. 土壤含水量的季节变化

通过对 2008 年 4～10 月处理和不同取样深度土壤含水量的统计分析（表 9-24）可知，土壤含水量除了与降水的多少密切相关外，还与放牧有关。其中，4 月中旬、6 月中旬，表层 0～10cm 土壤的含水量在禁牧区显著高于自由放牧区（$P<0.05$），0～10cm 土壤含水量随着放牧时期的推移，禁牧区、休牧区和自由区之间大体呈曲线变化，主要原因是表层土壤含水量受大气降水影响较大，随着降水量的增加而增加。在整个放牧季节，20～40cm 土层土壤含水量整体呈现出禁牧区与休牧区高于自由放牧区的趋势。禁牧区的土壤含水量大部分月份都高于休牧区和自由放牧区，且休牧区土壤含水量与休牧时间整体上呈正相关。从不同深度土壤含水量的变化来看，各处理表层土壤含水量整体上高于深层含水量，主要原因是 2008 年整个放牧季节降水比较充沛，使得表层土壤含水量显著高于深层含水量。

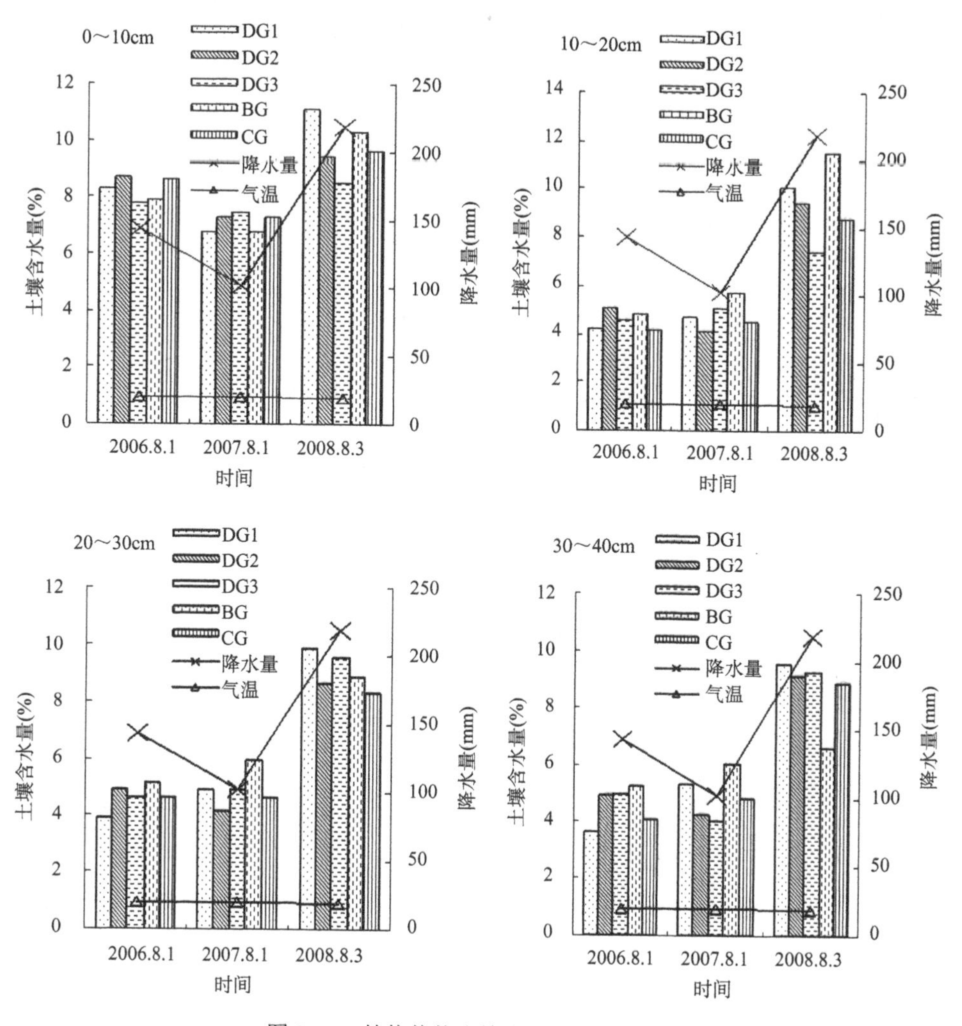


图 9-46　禁牧休牧土壤含水量的年度变化

**表 9-24　禁牧休牧下不同月份的土壤含水量变化（%）**

| 日期 | 放牧制度 | 同一土壤深度不同休牧梯度土壤含水量方差分析 | | | | 同一休牧梯度不同土壤深度土壤含水量方差分析 | | | |
|---|---|---|---|---|---|---|---|---|---|
| | | 0～10cm | 10～20cm | 20～30cm | 30～40cm | 0～10cm | 10～20cm | 20～30cm | 30～40cm |
| 4月15日 | DG1 | 6.96±0.09a | 6.36±0.34b | 5.04±0.35ab | 3.95±0.23b | 6.96±0.09a | 6.36±0.34a | 5.04±0.35b | 3.95±0.23c |
| | DG2 | 6.97±0.48a | 6.24±0.23b | 4.72±0.23b | 4.35±0.25b | 6.97±0.48a | 6.24±0.23a | 4.72±0.23b | 4.35±0.25b |
| | DG3 | 5.59±0.14b | 5.57±0.39b | 5.19±0.39ab | 3.85±0.52b | 5.59±0.14a | 5.57±0.39a | 5.19±0.39a | 3.85±0.52b |
| | BG | 7.10±0.69a | 7.91±0.73a | 6.56±0.97a | 6.19±1.05a | 7.10±0.69a | 7.91±0.73a | 6.56±0.97a | 6.19±1.05a |
| | CG | 5.15±0.19b | 5.82±0.27b | 5.07±0.45ab | 4.78±0.45ab | 5.15±0.19a | 5.82±0.27a | 5.07±0.45a | 4.78±0.45a |
| 5月1日 | DG1 | 7.76±0.21a | 7.53±0.10a | 5.93±0.75ab | 4.78±0.11ab | 7.76±0.21a | 7.53±0.10a | 5.93±0.75b | 4.78±0.11b |
| | DG2 | 7.87±0.15a | 6.05±0.30b | 4.29±0.06b | 3.69±0.28b | 7.87±0.15a | 6.05±0.30b | 4.29±0.06c | 3.69±0.28c |
| | DG3 | 8.43±0.38a | 7.03±0.71ab | 4.33±0.07b | 3.94±0.05b | 8.43±0.38a | 7.03±0.71b | 4.33±0.07c | 3.94±0.05c |
| | BG | 8.84±0.80a | 7.45±0.41a | 6.22±0.96a | 6.47±1.20a | 8.84±0.80a | 7.45±0.41a | 6.22±0.96a | 6.47±1.20a |
| | CG | 7.84±0.45a | 6.34±0.26ab | 5.37±0.23ab | 5.34±0.05ab | 7.84±0.45a | 6.34±0.26b | 5.37±0.23c | 5.34±0.05c |
| 5月15日 | DG1 | 5.89±0.33a | 5.95±0.40ab | 6.11±0.63ab | 6.12±0.71a | 5.89±0.33a | 5.95±0.40a | 6.11±0.63a | 6.12±0.71a |
| | DG2 | 6.21±0.24a | 5.34±0.21b | 4.17±0.08c | 4.08±0.08a | 6.21±0.24a | 5.34±0.21b | 4.17±0.08c | 4.08±0.08c |
| | DG3 | 5.75±0.38a | 5.24±0.20b | 4.37±0.24bc | 3.61±0.16a | 5.75±0.38a | 5.24±0.20a | 4.37±0.24b | 3.61±0.16b |
| | BG | 7.46±1.05a | 7.57±1.14a | 6.25±1.13a | 6.29±1.77a | 7.46±1.05a | 7.57±1.14a | 6.25±1.13a | 6.29±1.77a |
| | CG | 6.54±0.15a | 5.82±0.17ab | 4.18±0.05c | 3.86±0.22a | 6.54±0.15a | 5.82±0.17b | 4.18±0.05c | 3.86±0.22c |
| 6月1日 | DG1 | 3.16±0.11ab | 4.73±0.18a | 4.19±0.10a | 3.74±0.13a | 3.16±0.11d | 4.73±0.18a | 4.19±0.10b | 3.74±0.13c |
| | DG2 | 2.57±0.06c | 4.05±0.16a | 3.85±0.15a | 3.56±0.07a | 2.57±0.06c | 4.05±0.16a | 3.85±0.15ab | 3.56±0.07b |
| | DG3 | 2.89±0.17bc | 4.62±0.17a | 4.32±0.35a | 4.51±0.39a | 2.89±0.17b | 4.62±0.17a | 4.32±0.35a | 4.51±0.39a |
| | BG | 2.81±0.22bc | 4.38±0.47a | 4.29±0.44a | 4.96±0.96a | 2.81±0.22b | 4.38±0.47ab | 4.29±0.44ab | 4.96±0.96a |
| | CG | 3.52±0.15a | 4.73±0.13a | 4.40±0.24a | 3.65±0.24a | 3.52±0.15b | 4.73±0.13a | 4.40±0.24a | 3.65±0.24b |

续表

| 日期 | 放牧制度 | 同一土壤深度不同休牧梯度土壤含水量方差分析 | | | | 同一休牧梯度不同土壤深度土壤含水量方差分析 | | | |
|---|---|---|---|---|---|---|---|---|---|
| | | 0～10cm | 10～20cm | 20～30cm | 30～40cm | 0～10cm | 10～20cm | 20～30cm | 30～40cm |
| 6月15日 | DG1 | 9.92±0.34ab | 4.15±0.24a | 4.65±0.31ab | 4.12±0.37a | 9.92±0.34a | 4.15±0.24b | 4.65±0.31b | 4.12±0.37b |
| | DG2 | 8.80±0.08bc | 3.98±0.28a | 4.12±0.09b | 4.08±0.04a | 8.80±0.08a | 3.98±0.28b | 4.12±0.09b | 4.08±0.04b |
| | DG3 | 10.36±0.63a | 4.88±0.78a | 4.26±0.11ab | 4.26±0.26a | 10.36±0.63a | 4.88±0.78b | 4.26±0.11b | 4.26±0.26b |
| | BG | 10.06±0.52ab | 4.56±0.18a | 5.10±0.25a | 5.53±1.08a | 10.06±0.52a | 4.56±0.18b | 5.10±0.25b | 5.53±1.08b |
| | CG | 8.40±0.52c | 4.02±0.31a | 4.33±0.50ab | 4.55±0.70a | 8.40±0.52a | 4.02±0.31b | 4.33±0.50b | 4.55±0.70b |
| 7月1日 | DG1 | 4.58±0.37a | 6.01±0.17ab | 6.05±0.47ab | 5.66±0.56ab | 4.58±0.37b | 6.01±0.17a | 6.05±0.47a | 5.66±0.56ab |
| | DG2 | 4.68±0.06a | 6.37±0.08a | 6.66±0.37a | 5.75±0.68ab | 4.68±0.06b | 6.37±0.08a | 6.66±0.37a | 5.75±0.68ab |
| | DG3 | 4.68±0.61a | 5.81±0.46ab | 5.72±0.96ab | 6.28±1.23a | 4.68±0.61a | 5.81±0.46a | 5.72±0.96a | 6.28±1.23a |
| | BG | 4.76±0.04a | 5.67±0.18ab | 5.08±0.33ab | 4.26±0.07ab | 4.76±0.04bc | 5.67±0.18a | 5.08±0.33ab | 4.26±0.07c |
| | CG | 4.51±0.25a | 5.21±0.14b | 4.46±0.47b | 3.61±0.22b | 4.51±0.25ba | 5.21±0.14a | 4.46±0.47ab | 3.61±0.22b |
| 8月1日 | DG1 | 11.11±0.31a | 10.09±0.33ab | 9.90±0.72a | 9.56±1.35a | 11.11±0.31a | 10.09±0.33a | 9.90±0.72a | 9.56±1.35a |
| | DG2 | 9.41±0.62bc | 9.41±0.51ab | 8.67±0.38a | 9.11±0.84a | 9.41±0.62a | 9.41±0.51a | 8.67±0.38a | 9.11±0.84a |
| | DG3 | 8.51±0.13c | 7.44±0.55b | 9.55±0.52a | 9.28±1.31a | 8.51±0.13a | 7.44±0.55a | 9.55±0.52a | 9.28±1.31a |
| | BG | 10.33±0.68ab | 11.52±1.62a | 8.89±1.36a | 6.61±1.30a | 10.33±0.68ab | 11.52±1.62a | 8.89±1.36ab | 6.61±1.30b |
| | CG | 9.67±0.60abc | 8.76±0.52b | 8.33±0.51a | 8.85±1.49a | 9.67±0.60a | 8.76±0.52a | 8.33±0.51a | 8.85±1.49a |
| 8月15日 | DG1 | 7.65±0.34a | 8.05±0.27b | 7.82±0.38c | 6.38±1.04c | 7.65±0.34a | 8.05±0.27a | 7.82±0.38a | 6.38±1.04a |
| | DG2 | 7.78±0.15a | 8.09±0.12b | 9.61±0.54ab | 8.47±0.74ab | 7.78±0.15b | 8.09±0.12b | 9.61±0.54a | 8.47±0.74ab |
| | DG3 | 7.88±0.59a | 7.99±0.14b | 9.18±0.74b | 9.78±1.34a | 7.88±0.59a | 7.99±0.14a | 9.18±0.74a | 9.78±1.34a |
| | BG | 8.03±1.27a | 11.25±2.86a | 10.61±1.99a | 9.64±1.40a | 8.03±1.27a | 11.25±2.86a | 10.61±1.99a | 9.64±1.40a |
| | CG | 8.47±0.43a | 8.80±0.11ab | 8.45±0.45ba | 7.34±1.27b | 8.47±0.43a | 8.80±0.11a | 8.45±0.45a | 7.34±1.27a |
| 9月1日 | DG1 | 7.94±0.09a | 7.35±0.59ab | 7.47±0.38ab | 8.69±1.05a | 7.94±0.09a | 7.35±0.59a | 7.47±0.38a | 8.69±1.05a |
| | DG2 | 7.52±0.22a | 5.79±0.21c | 4.98±0.15d | 4.33±0.32d | 7.52±0.22a | 5.79±0.21b | 4.98±0.15c | 4.33±0.32c |
| | DG3 | 8.74±0.30a | 6.52±0.16bc | 7.04±0.42bc | 6.45±0.53bc | 8.74±0.30a | 6.52±0.22b | 7.04±0.42b | 6.45±0.53b |
| | BG | 8.22±1.40a | 8.45±0.56a | 8.14±0.59a | 7.29±0.53ab | 8.22±1.40a | 8.45±0.23a | 8.14±0.59a | 7.29±0.53a |
| | CG | 8.31±0.24a | 6.01±0.24c | 5.57±0.08c | 5.31±0.19cd | 8.31±0.24a | 6.00±0.24b | 5.57±0.08bc | 5.31±0.19c |

续表

| 日期 | 放牧制度 | 同一土壤深度不同休牧梯度土壤含水量方差分析 | | | | 同一休牧梯度不同土壤深度土壤含水量方差分析 | | | |
|---|---|---|---|---|---|---|---|---|---|
| | | 0～10cm | 10～20cm | 20～30cm | 30～40cm | 0～10cm | 10～20cm | 20～30cm | 30～40cm |
| 9月15日 | DG1 | 5.40±0.33a | 5.52±0.33ab | 6.56±0.71ab | 6.86±1.14a | 5.40±0.33a | 5.52±0.33a | 6.56±0.71a | 6.86±1.14a |
| | DG2 | 5.01±0.30ab | 5.50±0.09ab | 6.04±0.73abc | 6.32±0.55ab | 5.01±0.30a | 5.50±0.09a | 6.04±0.73a | 6.32±0.55a |
| | DG3 | 4.42±0.14b | 4.40±0.12b | 3.94±0.13c | 4.13±0.12b | 4.42±0.14a | 4.40±0.12a | 3.94±0.13b | 4.13±0.12ab |
| | BG | 5.03±0.20ab | 6.38±0.73a | 7.12±1.11a | 6.98±1.02a | 5.03±0.20a | 6.38±0.73a | 7.12±1.11a | 6.98±1.02a |
| | CG | 4.61±0.17b | 4.82±0.14b | 4.80±0.07bc | 5.25±0.44ab | 4.61±0.17a | 4.82±0.14a | 4.80±0.07a | 5.25±0.44a |
| 10月1日 | DG1 | 4.57±0.14b | 4.83±0.22b | 5.09±0.45a | 4.83±0.15b | 4.57±0.14a | 4.83±0.22a | 5.09±0.45a | 4.83±0.15a |
| | DG2 | 5.09±0.33ab | 4.99±0.28b | 5.14±0.36a | 5.50±0.56ab | 5.09±0.33a | 4.99±0.28a | 5.14±0.36a | 5.50±0.56a |
| | DG3 | 4.73±0.12b | 5.56±0.12ab | 5.70±0.38a | 6.36±0.50ab | 4.73±0.12b | 5.56±0.12ab | 5.70±0.38ab | 6.36±0.50a |
| | BG | 6.32±0.81a | 5.80±0.26a | 6.08±0.52a | 6.93±0.71a | 6.32±0.81a | 5.80±0.26a | 6.08±0.52a | 6.93±0.71a |
| | CG | 5.30±0.22ab | 5.78±0.29a | 5.85±0.47a | 6.52±0.83ab | 5.30±0.22a | 5.78±0.29a | 5.85±0.47a | 6.52±0.83a |
| 10月15日 | DG1 | 8.94±0.47ab | 7.35±0.14a | 6.51±0.78aab | 6.56±0.64a | 8.94±0.47a | 7.35±0.14ab | 6.51±0.78b | 6.56±0.64b |
| | DG2 | 8.34±0.19ab | 7.43±0.27a | 5.42±0.13b | 5.81±0.51ab | 8.34±0.19a | 7.43±0.27a | 5.42±0.13b | 5.81±0.51b |
| | DG3 | 9.61±0.41a | 7.56±0.17a | 7.26±0.33a | 6.49±0.19a | 9.61±0.41a | 7.56±0.17b | 7.26±0.33bc | 6.49±0.19c |
| | BG | 7.71±0.54b | 7.22±0.51a | 5.69±0.46b | 5.86±0.76ab | 7.71±0.54a | 7.22±0.51ab | 5.69±0.46b | 5.86±0.76ab |
| | CG | 8.44±0.44ab | 6.89±0.21a | 5.58±0.51b | 4.44±0.52b | 8.44±0.44a | 6.89±0.21b | 5.58±0.51bc | 4.44±0.52c |

### 3. 地上现存量与土壤含水量的关系

对 2008 年 8 月测定的主要植物种群和群落地上现存量与 0～40cm 土壤含水量的关系进行分析（表 9-25），结果表明，短花针茅种群地上现存量与 10～30cm 土壤含水量呈显著（$P<0.05$）的回归关系，表明短花针茅地上现存量主要受 10～30cm 土层土壤含水量的影响，而 0～10cm 和 30～40cm 土壤含水量对短花针茅地上现存量的影响较弱。无芒隐子草地上现存量与 10～20 和 20～30cm 土层土壤含水量的复相关系数分别为 0.9669 和 0.8864。碱韭地上现存量和土壤含水量之间的关系与短花针茅和无芒隐子草不同，其与 0～40cm 各层土壤含水量均存在显著的回归关系。

**表 9-25　不同土层土壤含水量与主要植物种群和群落地上现存量的回归分析**

| 植物种群 | 参数、模型 | 土层 | | | |
|---|---|---|---|---|---|
| | | 0～10cm | 10～20cm | 20～30cm | 30～40cm |
| 短花针茅 | $R^2$ | 0.75 | 0.8929 | 0.8998 | 0.7492 |
| | $P$ | 0.125 | 0.035 | 0.0317 | 0.1256 |
| | 模型 | — | $Y=-0.300X_2+0.059X_2^2$ | $Y=-1.770X_3+0.222X_3^2$ | — |
| 碱韭 | $R^2$ | 0.9493 | 0.9828 | 0.8902 | 0.9528 |
| | $P$ | 0.0114 | 0.0023 | 0.0364 | 0.0103 |
| | 模型 | $Y=18.152X_1-1.789X_1^2$ | $Y=9.371X_2-0.776X_2^2$ | $Y=9.665X_3-0.822X_3^2$ | $Y=-4.935X_4+0.849X_4^2$ |
| 无芒隐子草 | $R^2$ | 0.8245 | 0.9669 | 0.8864 | 0.8058 |
| | $P$ | 0.0736 | 0.006 | 0.0383 | 0.0856 |
| | 模型 | — | $Y=-0.588X_2+0.103X_2^2$ | $Y=-2.147X_3+0.276X_3^2$ | — |
| 群落地上现存量 | $R^2$ | 0.9824 | 0.9524 | 0.9576 | 0.9881 |
| | $P$ | 0.0023 | 0.0104 | 0.0087 | 0.0013 |
| | 模型 | $Y=44.846X_1-4.225X_1^2$ | $Y=18.386X_2-1.223X_2^2$ | $Y=-0.856X_3+0.867X_3^2$ | $Y=-7.129X_4+1.718X_4^2$ |

注：$X_1$、$X_2$、$X_3$、$X_4$ 分别代表 0～10cm、10～20cm、20～30cm、30～40cm 土壤含水量

在 0～10cm 土层，碱韭种群地上现存量与土壤含水量呈显著（$P<0.05$）的回归关系，其复相关系数为 0.9493；在 10～20cm 土层，复相关系数为 0.9828；在 20～30cm 土层，复相关系数为 0.8902；在 30～40cm 土层，复相关系数为 0.9528；表明碱韭地上现存量受 0～40cm 土层土壤含水量的影响显著。群落地上现存量和土壤含水量之间的关系与碱韭表现相似。

主要植物种群及群落的地上现存量与土壤含水量均存在显著（$P<0.05$）的回归关系，模型详见表 9-26。短花针茅和无芒隐子草的回归模型相似，与 10～40cm 土层土壤含水量的交互作用呈正的相关关系。碱韭地上现存量与 0～10cm 土层土

壤含水量之间的相关性较大，且呈正相关关系。对于整个植物群落来说，地上现存量与 10～40cm 土层土壤含水量关系较主要植物种群密切。结果表明，不同植物种群地上现存量受 0～40cm 土层土壤含水量的影响会因植物种群的不同而不同，但总的群落地上现存量与 0～40cm 土层土壤含水量之间的关系均比较密切，群落地上现存量与 0～40cm 土壤含水量有显著（$P$＜0.05）的回归关系。

**表 9-26　土壤含水量与主要植物种群和群落地上现存量的回归分析**

| 植物种群 | $R^2$ | $P$ | 模型 |
|---|---|---|---|
| 短花针茅 | 0.9335 | 0.0171 | $Y=-0.5798X_1+0.0106X_2\times X_3\times X_4$ |
| 碱韭 | 0.8655 | 0.0493 | $Y=4.1490X_1-0.0248X_2\times X_3\times X_4$ |
| 无芒隐子草 | 0.906 | 0.0288 | $Y=-0.5863X_1+0.0122X_2\times X_3\times X_4$ |
| 群落地上现存量 | 0.934 | 0.017 | $Y=2.7245X_1+0.0556X_2\times X_3\times X_4$ |

注：$X_1$、$X_2$、$X_3$、$X_4$ 分别代表 0～10cm、10～20cm、20～30cm、30～40cm 土壤含水量

## 二、土壤化学性质

### （一）土壤有机质

土壤有机质含量是土壤肥力高低的一个重要指标，有机质含量的多少直接影响着土壤养分的供应。方差分析表明不同土壤层次土壤有机质含量对禁牧休牧的响应不同，0～40cm 土层 5 个处理区之间均存在显著差异（$P$＜0.05）（除 30～40cm 土层外），30～40cm 土层土壤有机质含量在休牧 2 区与休牧 3 区无显著差异（$P$＞0.05），其他各处理区存在显著差异（$P$＜0.05）（图 9-47）。

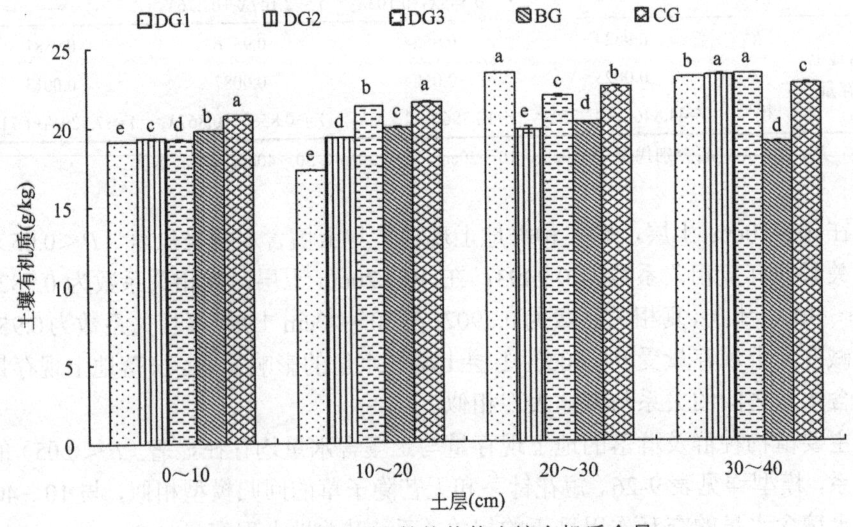


图 9-47　同一土层禁牧休牧土壤有机质含量

其中，0～10cm 和 10～20cm 土层土壤有机质含量均呈现出自由放牧区最高，休牧 1 区最低，这是因为自由放牧区较长时间的放牧、家畜的践踏使凋谢物破碎，连同较多的粪便，与土壤充分接触并分解，有助于碳和养分元素转移到土壤中。20～40cm 土层的土壤有机质含量在各处理区没有表现出明显的规律性，但整体高于表层土壤有机质含量，主要原因是家畜对表层土的践踏和采食的影响，使草地植物地上生物量较少，进而使表层土壤有机质含量得不到补充和积累。

## （二）土壤全氮和速效氮

### 1. 土壤氮的水平变化

国内外学者做了许多工作，但研究对象、放牧管理方法、时间等方面的差异，使放牧家畜对草地土壤氮素的积累有不同程度的影响。总体来看，休牧有利于全氮含量的积累，从 0～40cm 土层均值比较分析得知，休牧 50 天更利于全氮含量的积累，而禁牧休牧对土壤中氮含量影响的试验结果也表明（图 9-48），在 0～10cm、10～20cm、20～30cm 和 30～40cm 4 层土壤全氮含量均以自由放牧区最低。

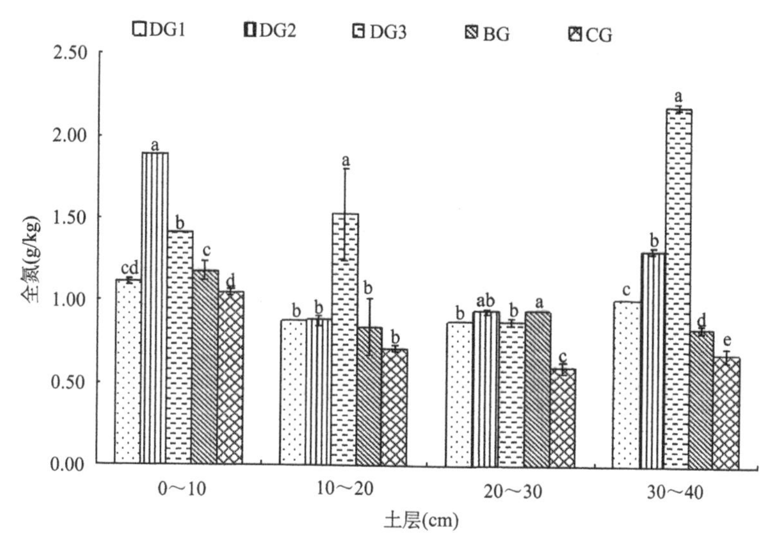


图 9-48 同一土层禁牧休牧土壤全氮含量

在 0～10cm 土层，土壤全氮含量以 DG2 区最高（$P<0.05$），DG3 区次之（$P<0.05$），其他处理区之间没有显著性差异（$P>0.05$）。在 10～20cm 土层，不同草地利用方式下，土壤全氮含量没有表现出显著性差异（$P>0.05$）。在 20～30cm 土层，自由放牧的 CG 区土壤全氮含量显著小于其他处理区（$P<0.05$），除 CG 区外的处理区之间土壤全氮含量差异不显著（$P>0.05$）。在 30～40cm 土层，休牧的 DG3 区土壤全氮含量显著高于其他试验处理区（$P<0.05$），自由放牧的 CG 区土壤全氮含量最低（$P<0.05$），各处理区间土壤全氮含量由高到低的变化顺序依次为 DG3＞DG2＞DG1＞BG＞CG。因此，在同一土层，只有 0～10cm 和 30～40cm 土层各处理间的土壤全氮含量较高且差异较大，而 10～30cm 土层土壤全氮含量偏低且差别不大。各处理区土壤全氮含量在 0～10cm 和 30～40cm 层较高，平均含量分别为 1.33g/kg 和 1.21g/kg（表 9-27）。

**表 9-27　土壤全氮含量的变化**　　（单位：g/kg）

| 土层（cm） | 处理 | | | | |
|---|---|---|---|---|---|
| | CG | BG | DG1 | DG2 | DG3 |
| 0～10 | 1.05±0.13c | 1.18±0.25c | 1.11±0.06c | 1.89±0.23a | 1.42±0.16b |
| 10～20 | 0.71±0.21a | 0.84±0.27a | 0.88±0.24a | 0.88±0.15a | 1.52±0.63a |
| 20～30 | 0.60±0.13b | 0.94±0.11a | 0.88±0.03a | 0.94±0.12a | 0.87±0.10a |
| 30～40 | 0.68±0.12e | 0.84±0.09d | 1.01±0.07c | 1.32±0.11b | 2.20±0.24a |

而在同一土层，土壤速效氮含量在各处理区之间的差异较全氮含量的变化大，10～20cm 土层土壤速效氮含量较高，平均值为 91.87mg/kg（表 9-28）。在 0～10cm 土层，土壤速效氮含量以自由放牧区最高（$P<0.05$），休牧 2、3 区不存在显著差异（$P>0.05$），禁牧区和休牧 1 区土壤速效氮含量显著低于休牧 2 区（$P<0.05$）。在 10～20cm 土层，自由放牧区土壤速效氮含量最高（$P<0.05$），其他处理区不同草地利用方式下，土壤速效氮含量没有表现出显著性差异（$P>0.05$）。在 20～30cm 土层，自由放牧区和休牧 3 区的土壤速效氮含量显著小于休牧 1 区（$P<0.05$），休牧 2 区与上述几个处理区之间差异不显著（$P>0.05$），禁牧区土壤速效氮含量最低（$P<0.05$）。在 30～40cm 土层，休牧 1 区土壤速效氮含量显著高于其他试验处理区（$P<0.05$），休牧 3 区土壤速效氮含量显著高于自由放牧区、禁牧区和休牧 2 区（$P<0.05$），禁牧区土壤速效氮含量最低（$P<0.05$）。

**表 9-28　土壤速效氮含量变化**　　（单位：mg/kg）

| 土层（cm） | 处理 | | | | |
|---|---|---|---|---|---|
| | CG | BG | DG1 | DG2 | DG3 |
| 0～10 | 87.41±3.91a | 72.57±0.89c | 72.06±1.04c | 77.84±4.01b | 74.96±1.32bc |
| 10～20 | 131.11±23.14a | 84.03±12.46b | 75.54±16.21b | 81.52±13.36b | 87.13±15.82b |
| 20～30 | 65.499±3.67b | 56.82±3.79c | 75.59±3.08a | 71.40±3.33ab | 67.23±1.11b |
| 30～40 | 58.55±3.16c | 51.59±1.18d | 78.30±3.63a | 56.15±2.73c | 70.73±8.72b |

同一处理不同土层之间土壤速效氮含量如图 9-49 所示，0～10cm 土层的土壤速效氮在自由放牧区显著高于其他处理区（$P$<0.05）；10～20cm 土层的土壤速效氮在自由放牧区显著高于其他处理区（$P$<0.05）；20～30cm 土层休牧区之间及禁牧区与自由放牧区存在显著差异（$P$<0.05），呈现出休牧 1 区>休牧 2 区>休牧 3 区>自由放牧区>禁牧区；30～40cm 土层各处理区之间存在显著差异（$P$<0.05），呈现出休牧 1 区>休牧 3 区>自由放牧区>休牧 2 区>禁牧区。

## 2. 土壤氮的垂直变化

土壤全氮的垂直变化研究表明（图 9-50），自由放牧区土壤全氮含量在 0～10cm 土层最高（$P$<0.05），10～40cm 的各层土壤全氮含量尽管存在变化，但这 3 层土壤之间全氮含量不存在显著性差异（$P$>0.05）；禁牧区 0～40cm 土层土壤全氮含量无显著性差异（$P$>0.05）；休牧 1 区土壤全氮含量以土壤表层 0～10cm 最高（$P$<0.05），30～40cm 层土壤全氮含量次之（$P$<0.05）；休牧 2 区 0～40cm 土层土壤全氮与休牧 1 区尽管含量高低存在差异，但各层间的变化与休牧 1 区相似；休牧 3 区，土壤全氮含量在 30～40cm 层表现较高（$P$<0.05），在 20～30cm 层土壤全氮含量显著低于 30～40cm 层（$P$<0.05）。总体来看，除禁牧区外，其他处理区土壤全氮含量均呈现出先减少后增加的变化趋势，禁牧区与休牧 1 区土壤全氮含量接近。

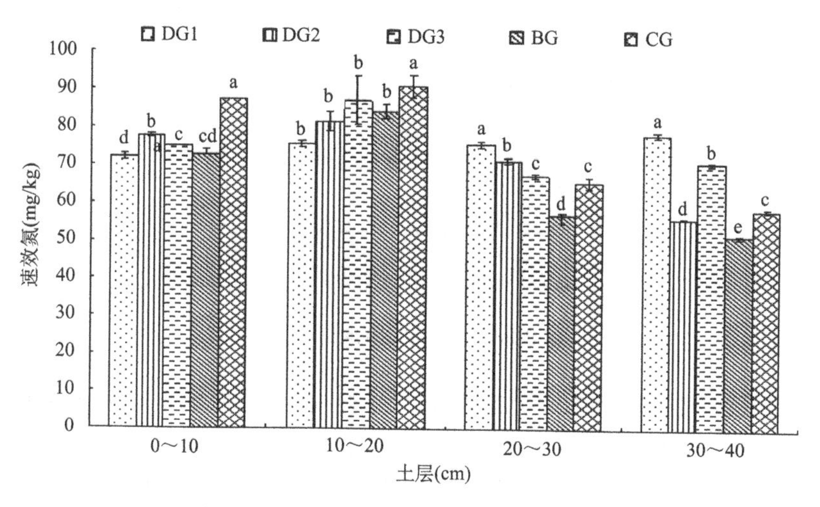


图 9-49　同一土层禁牧休牧土壤速效氮含量

总体来看，除 BG 区和 DG3 区外，其他处理区土壤全氮含量均呈现出先减少后增加的变化趋势，BG 区土壤全氮含量从第一层到第四层没有显著性差异（$P$>0.05）。休牧的 DG1 区和 DG2 区土壤全氮含量变化趋势相似，禁牧的 BG 区与休

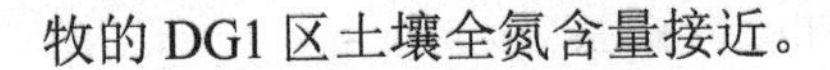
牧的 DG1 区土壤全氮含量接近。

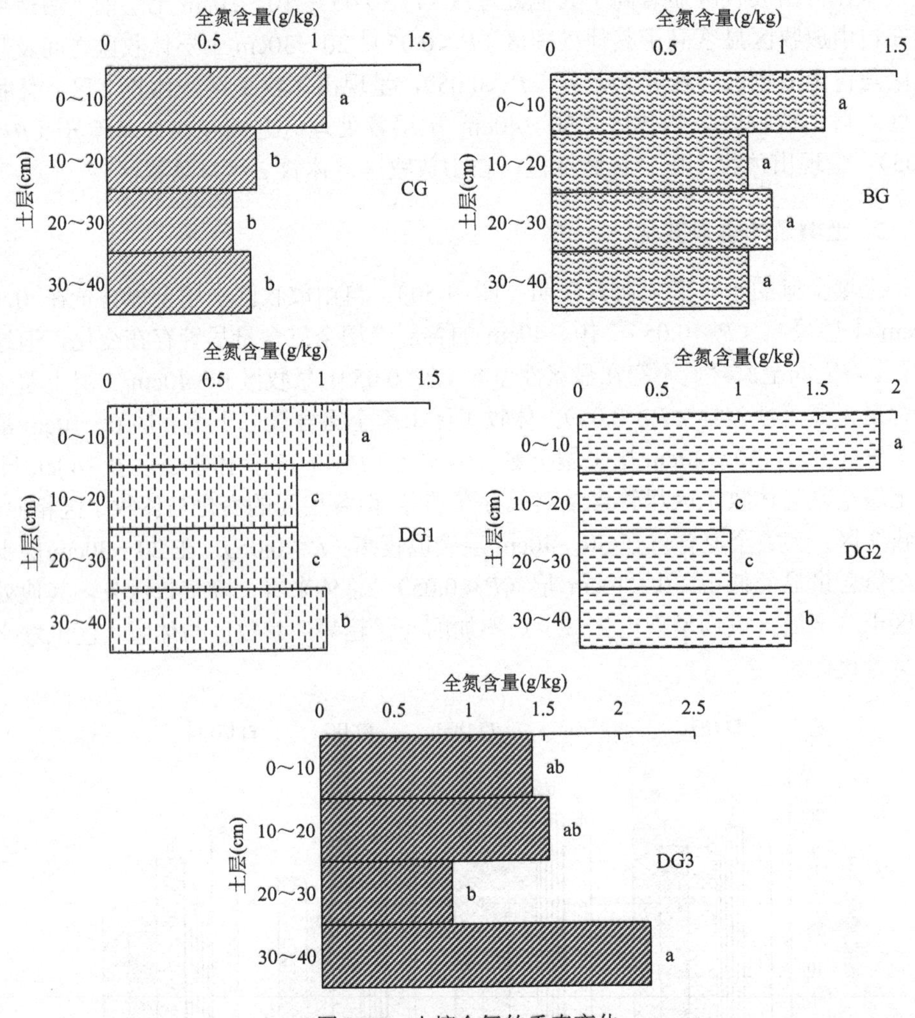


图 9-50　土壤全氮的垂直变化

土壤速效氮的垂直变化研究表明（图 9-51），土壤速效氮的垂直变化整体上是 0～10cm、10～20cm 土层的自由放牧区显著高于其他处理区（$P<0.05$）；20～30cm 土层呈现出休牧 1 区＞休牧 2 区＞休牧 3 区＞自由放牧区＞禁牧区；30～40cm 土层呈现出休牧 1 区＞休牧 3 区＞休牧 2 区＞自由放牧区＞禁牧区。

自由放牧区土壤速效氮含量以 10～20cm 层最高（$P<0.05$），其次是 0～10cm 层（$P<0.05$），20～40cm 层土壤速效氮含量最低（$P<0.05$），且 20～30cm、30～40cm 这两层土壤速效氮含量没有显著性差异（$P>0.05$）。禁牧区土壤速效氮含量垂直变化与自由放牧区相似，但各层含量均较自由放牧区低一些，且达到显著水平。休牧 1 区土壤速效氮含量由第一层到第四层逐渐增加，0～10cm 层土壤速效氮含量显著低于 30～40cm 层（$P<0.05$），而 10～30cm 层土壤速效氮含量与 0～10cm 和 30～40cm 层之间没有显著性差异（$P>0.05$）。休牧 2 区土壤速效氮含量在 0～10cm 层和 10～20cm 层没有显著性差异（$P>0.05$），由第二层到第四层逐渐减少（$P<0.05$）。休牧 3 区土壤速效氮含量在各土层之间没有显著性差异（$P>0.05$）。总体分析得出，除休牧 1 区外，其他处理区均表现出先增加后减少的变化趋势。

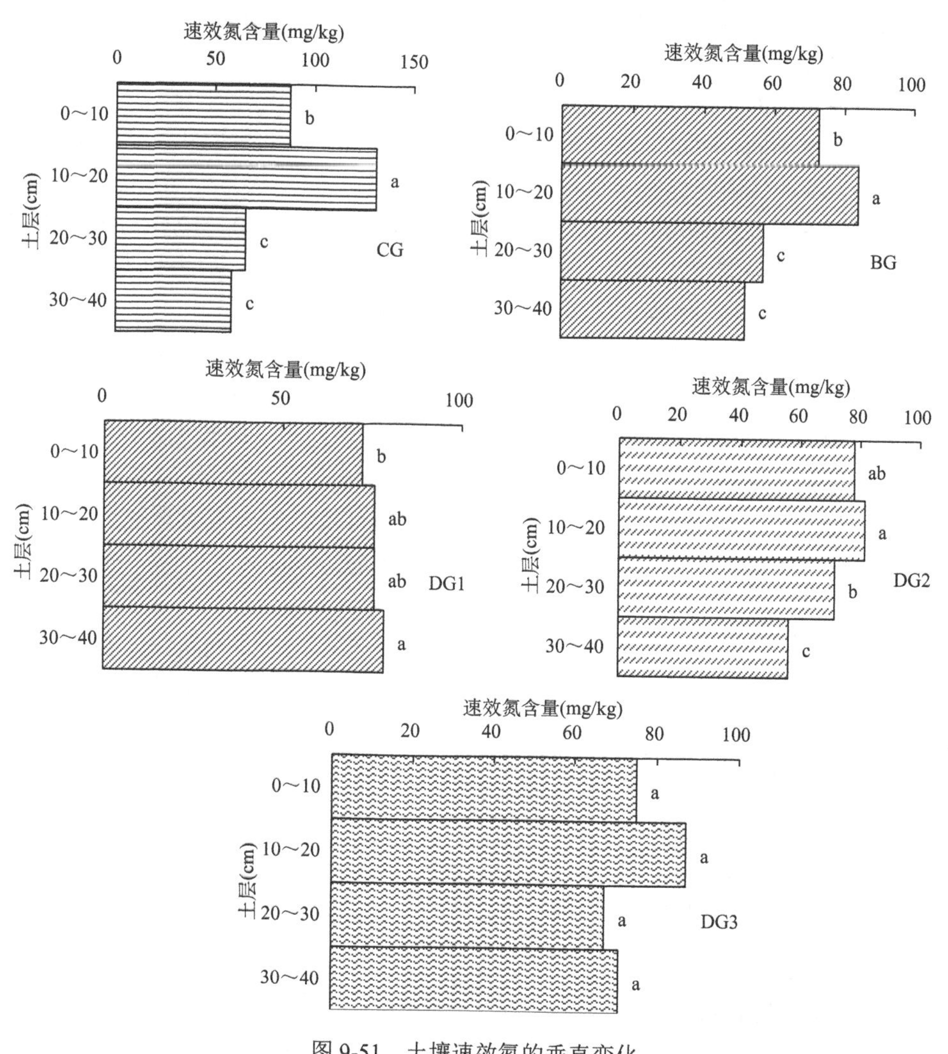


图 9-51　土壤速效氮的垂直变化

### （三）土壤全磷和速效磷

土壤全磷包括速效磷、有机磷和微生物磷。不同处理全磷含量如图 9-52 所示。0～10cm 土层土壤全磷含量在休牧 2 区、禁牧区显著高于休牧 1、3 区（$P<0.05$），自由放牧区与其他 4 个处理区差异不显著（$P>0.05$）；10～20cm 自由放牧区显著高于休牧 1、3 区（$P<0.05$），禁牧区与自由放牧区及各休牧区之间无显著差异（$P>0.05$）；20～30cm 土层休牧 1 区显著高于禁牧区、休牧 2 区、休牧 3 区与自由放牧区（$P<0.05$），禁牧区与自由放牧区无显著差异（$P>0.05$）；30～40cm 土层休牧区显著高于禁牧区与自由放牧区（$P<0.05$），禁牧区与自由放牧区及各休牧区之间无显著差异（$P>0.05$）。

土壤速效磷的含量除了与不同处理有极大相关性外，还因土壤类型与气候等条件的不同而不同，测定土壤有效磷的含量能够了解土壤的供磷状况。图 9-53 表明，表层土壤速效磷在休牧 3 区显著高于其他处理区（$P<0.05$）。10～20cm 土层休牧 3 区显著高于休牧 1、2 区与自由放牧区（$P<0.05$）。20～30cm 土层休牧 3 区与自由放牧区显著高于休牧 1、2 区与禁牧区。30～40cm 土层表现为休牧 3 区最高，为 2.80mg/kg；休牧 1 区最低，为 1.17mg/kg。

试验结果表明，自由放牧与休牧条件下，土壤表层磷含量较高，可能是因为在长期放牧下，家畜的频繁采食使磷从系统中的输出增加，引起土壤中全磷的各组分向速效磷成分转移量增大，通过植物吸收后，转向系统外输出，从而使土壤中全磷和速效磷下降。同时也表明休牧时间能够影响土壤磷含量，放牧时间长使土壤磷含量减少，从试验结果看，休牧 60 天能够有效增加土壤磷含量。

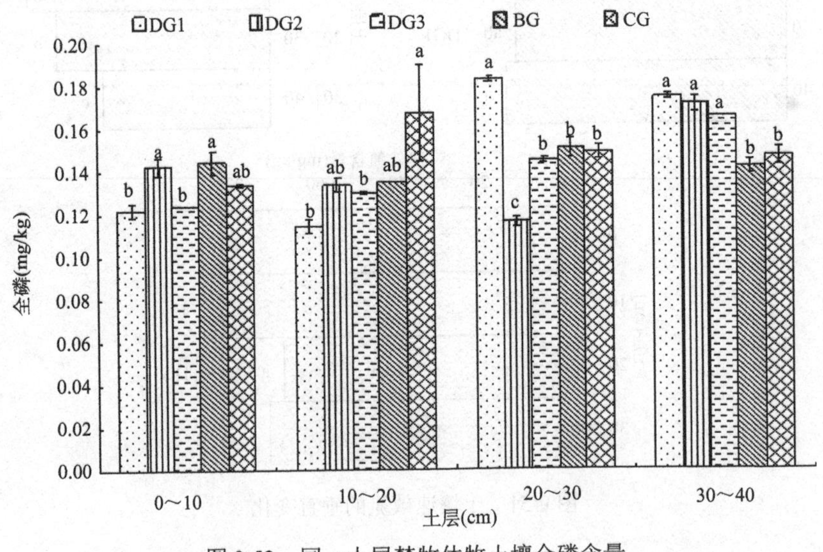


图 9-52　同一土层禁牧休牧土壤全磷含量

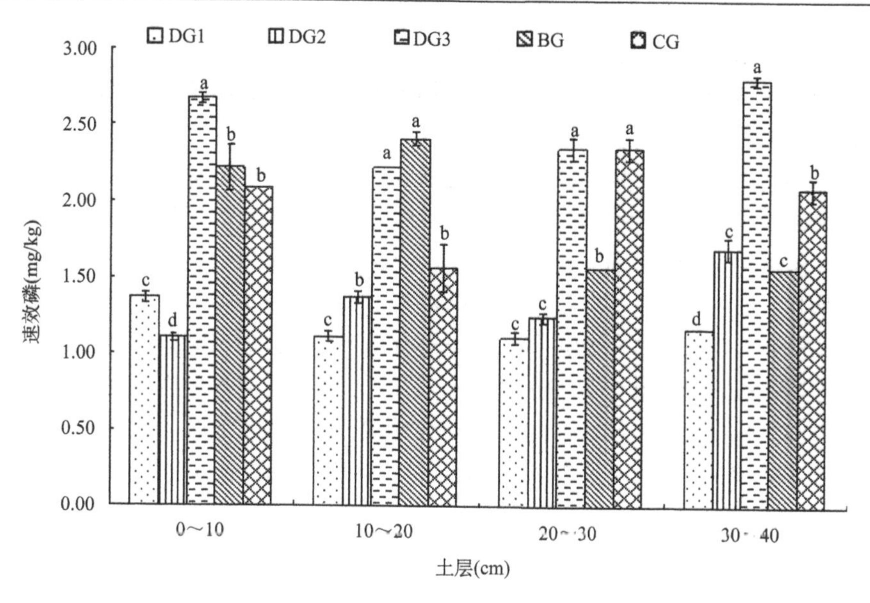


图 9-53 同一土层禁牧休牧土壤速效磷含量

## （四）土壤全钾和速效钾

钾是植物营养三大必要元素之一。土壤中的钾多来自成土母质中的含钾矿物。土壤中全钾含量主要受母质、风化及成土条件、土壤质地、耕作和施肥情况等影响。由图 9-54 可知，表层土壤全钾含量在休牧 2 区与自由放牧区较高，休牧

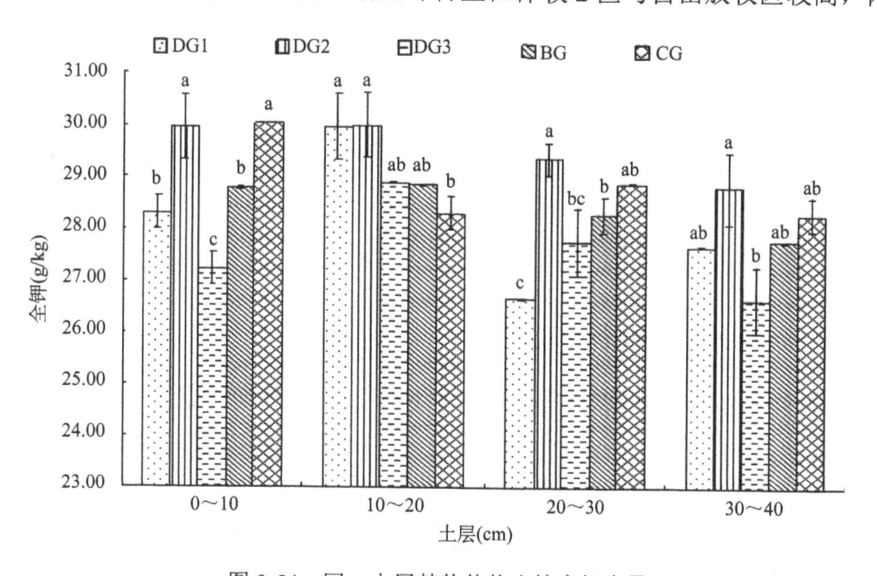


图 9-54 同一土层禁牧休牧土壤全钾含量

1、3 区较低。说明休牧时间长短对草地全钾含量影响比较明显，休牧时间短或不休牧严重影响草地植物的生长发育，导致植物对钾肥吸收减少，长期积累致使土壤全钾含量较高。

速效钾是土壤中水溶性钾和代换性钾的总和，其中代换性钾占比较大，为 95%，水溶性钾占比较少。其含量因土壤类型、胶体含量等不同而不同。试验结果表明（图 9-55），0～10cm 土层土壤速效钾含量在休牧 1、3 区显著高于禁牧区、自由放牧区；10～20cm 土层禁牧区显著高于其他处理（$P<0.05$），休牧区显著高于自由放牧区（$P<0.05$）；20～30cm 土层休牧 2 区较高，休牧 1、3 区与自由放牧区无显著差异（$P>0.05$）；30～40cm 土层土壤速效钾含量由大到小的排列顺序为禁牧区＞自由放牧区＞休牧 3 区＞休牧 2 区＞休牧 1 区。这表明荒漠草原的连续放牧导致了土壤速效钾含量的降低，禁牧和休牧使土壤速效钾含量有增加的趋势。

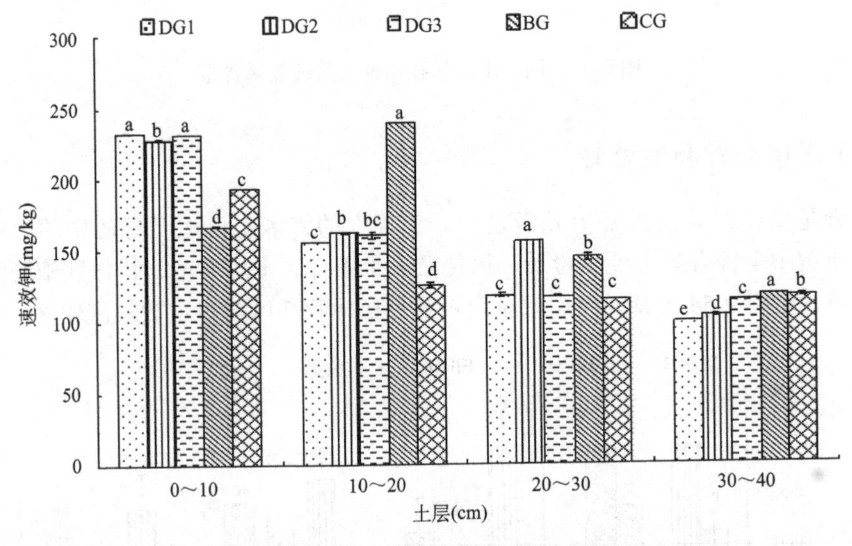


图 9-55　同一土层禁牧休牧土壤速效钾含量

## （五）土壤养分含量的垂直变化

土壤养分含量在不同深度的土层各不相同，土壤全氮含量在不同休牧梯度随土壤深度的变化表现出较为一致的变化趋势，土壤全氮含量随土壤深度的增加而呈减小趋势，方差分析表明（表 9-29），在休牧 1 区，土壤全氮含量在 0～10cm 显著高于 10～20cm、20～30cm 和 30～40cm 3 层（$P<0.05$），且这 3 层无显著差异（$P>0.05$）。

**表 9-29　禁牧休牧不同层次下荒漠草原土壤养分的比较**

| 放牧制度 | 土壤养分 | 0～10cm | 10～20cm | 20～30cm | 30～40cm |
|---|---|---|---|---|---|
| DG1 | 全氮（g/kg） | 1.11±0.02a | 0.88±0.00b | 0.88±0.00b | 1.01±0.00b |
| | 速效氮（mg/kg） | 72.06±0.80c | 75.54±0.79b | 75.59±0.81b | 78.30±0.80a |
| | 全磷（mg/kg） | 0.12±0.00b | 0.11±0.00c | 0.18±0.00a | 0.17±0.00a |
| | 速效磷（mg/kg） | 1.37±0.04a | 1.11±0.04b | 1.11±0.04b | 1.17±0.00b |
| | 全钾（g/kg） | 28.30±0.31b | 29.97±0.64a | 26.66±0.01c | 27.67±0.01bc |
| | 速效钾（mg/kg） | 231.99±0.33a | 156.61±0.60b | 117.28±0.22c | 98.63±0.02d |
| | 有机质（%） | 19.06±0.00c | 17.29±0.03d | 23.27±0.00a | 23.01±0.00b |
| DG2 | 全氮（g/kg） | 1.89±0.00a | 0.88±0.03c | 0.94±0.02c | 1.32±0.02b |
| | 速效氮（mg/kg） | 77.84±0.49a | 81.52±2.41a | 71.40±0.81b | 56.15±0.10c |
| | 全磷（mg/kg） | 0.14±0.00b | 0.13±0.00b | 0.12±0.00c | 0.17±0.00a |
| | 速效磷（mg/kg） | 1.11±0.04c | 1.37±0.04b | 1.24±0.04bc | 1.70±0.08a |
| | 全钾（g/kg） | 29.96±0.62a | 30.00±0.62a | 29.38±0.31a | 28.82±0.69a |
| | 速效钾（mg/kg） | 227.30±0.20a | 162.80±0.24b | 155.93±0.25c | 102.79±0.24d |
| | 有机质（%） | 19.27±0.06c | 19.31±0.01bc | 19.70±0.24b | 23.16±0.00a |
| DG3 | 全氮（g/kg） | 1.42±0.00b | 1.53±0.28b | 0.88±0.02c | 2.20±0.02a |
| | 速效氮（mg/kg） | 74.96±0.02b | 87.13±6.27a | 67.23±0.47b | 70.73±0.52b |
| | 全磷（mg/kg） | 0.12±0.00d | 0.13±0.00c | 0.14±0.00b | 0.17±0.00a |
| | 速效磷（mg/kg） | 2.68±0.04a | 2.22±0.00b | 2.35±0.08b | 2.80±0.04a |
| | 全钾（g/kg） | 27.22±0.31b | 28.89±0.01a | 27.76±0.65ab | 26.65±0.63b |
| | 速效钾（mg/kg） | 231.39±0.02a | 160.91±2.43b | 117.06±0.28c | 113.42±0.26c |
| | 有机质（%） | 19.18±0.01d | 21.30±0.01c | 21.83±0.07b | 23.17±0.01a |
| BG | 全氮（g/kg） | 1.18±0.06a | 0.84±0.18a | 0.95±0.00a | 0.84±0.02a |
| | 速效氮（mg/kg） | 72.57±1.51b | 84.03±2.11a | 56.82±0.52c | 51.59±0.51d |
| | 全磷（mg/kg） | 0.14±0.01a | 0.14±0.00a | 0.15±0.00a | 0.14±0.00a |
| | 速效磷（mg/kg） | 2.22±0.15a | 2.42±0.04a | 1.56±0.00b | 1.56±0.00b |
| | 全钾（g/kg） | 28.79±0.02a | 28.87±0.01a | 28.29±0.34ab | 27.78±0.01b |
| | 速效钾（mg/kg） | 167.41±0.26b | 238.87±0.13a | 144.11±2.18c | 117.62±0.01d |
| | 有机质（%） | 19.81±0.01c | 19.98±0.04b | 20.23±0.03a | 18.95±0.03d |
| CG | 全氮（g/kg） | 1.05±0.02a | 0.72±0.02b | 0.60±0.03c | 0.68±0.04bc |
| | 速效氮（mg/kg） | 87.41±0.01b | 91.10±3.06a | 65.50±1.54c | 58.55±0.53d |
| | 全磷（mg/kg） | 0.13±0.00a | 0.17±0.02a | 0.15±0.00a | 0.15±0.00a |
| | 速效磷（mg/kg） | 2.09±0.00a | 1.57±0.15b | 2.35±0.08a | 2.09±0.08a |
| | 全钾（g/kg） | 30.03±0.00a | 28.30±0.32b | 28.89±0.01b | 28.31±0.32b |
| | 速效钾（mg/kg） | 193.45±0.05a | 125.19±2.18b | 114.05±0.12c | 116.72±0.50c |
| | 有机质（%） | 20.75±0.01d | 21.56±0.03c | 22.42±0.03b | 22.64±0.01a |

土壤全磷含量在各处理区表现出较为一致的变化趋势，即随土壤深度的增加而波动增加（表 9-29），禁牧区与自由放牧区各层之间均无显著差异（$P>0.05$），休牧 2、3 区 30～40cm 土层全磷含量显著高于 0～10cm、20～30cm 和 30～40cm 3 层（$P<0.05$）。土壤速效磷含量随土壤深度的变化没有表现出较为一致的变化趋势，休牧 1 区 0～10cm 土层速效磷含量显著高于 10～20cm、20～30cm 和 30～40cm 3 层（$P<0.05$），表层以下各层无显著差异（$P>0.05$），休牧 2 区 30～40cm 土层显著高于 0～10cm、10～20cm、20～30cm 3 层（$P<0.05$），禁牧区表层速效磷含量显著高于深层（$P<0.05$），自由放牧区 10～20cm 土层速效磷含量较低。

土壤全钾含量在休牧 1 区随土壤深度的增加而波动上升，10～20cm 土层土壤全钾含量显著高于 0～10cm、20～30cm 和 30～40cm 3 层（$P<0.05$），休牧 2 区土壤全钾含量与土层深度二者没有表现出显著的相关关系，休牧 3 区 10～20cm 土层显著高于 0～10cm 和 30～40cm 层（$P<0.05$），禁牧区 30～40cm 土层较低，自由放牧区 0～10cm 土层显著高于 10～20cm、20～30cm 和 30～40cm 3 层（$P<0.05$）。土壤速效钾含量随土壤深度的增加呈降低趋势，方差分析表明，不同土壤层次间存在显著差异（$P<0.05$）。

各处理区有机质含量随土壤深度的变化表现出较为一致的变化趋势，土壤有机质含量随土壤深度的增加呈增加趋势。方差分析表明，土壤有机质含量各层之间存在显著差异（$P<0.05$）（除休牧 2 区和禁牧区外）。

## 第五节 休牧期家畜舍饲研究

我国北方草原每年 4 月初～6 月初是牧草返青和初期生长阶段，同时也是草原生态系统极其脆弱的时期，极易遭受外界因素的侵扰而被严重破坏。传统放牧方式对草原生态环境产生了巨大的影响，特别是近年来，由于牲畜数量不断增多，草地面积萎缩，放牧压日益增大，放牧对草原生态的破坏不断加重。针对该问题而在春季牧草返青期实行禁牧和舍饲圈养的畜牧方式对家畜减少掉膘有良好效果，同时又能减轻草原生态压力，实现草畜可持续经营发展。

牧草返青期往往也是北方传统草原畜牧业生产最艰难的时期，放牧家畜由于“跑青”，体力消耗较大，体外营养物质补充不足，因此严重掉膘，抵抗力明显下降，一旦遭遇自然灾害则损失惨重（道尔吉帕拉木，1996）。因此，在草原生态脆弱期采取舍饲圈养措施是解决因放牧造成生态破坏、牲畜掉膘减产问题的可行途径（贾玉山等，2002）。实施春季休牧，且在休牧期间对家畜进行舍饲圈养，是保护草地和提高牲畜生产力既科学又有效的途径（李青丰，2005）。但是由于家畜舍饲圈养需要投入较多的资金，因此寻求一个舍饲期间家畜掉膘少、舍饲成本又较低的饲养策略就显得十分必要。

张敏（2009）以四子王旗查干补力格苏木巴音嘎查为试验基地，通过试验组（夏牧冬舍）和对比组（传统放牧）的比较，发现舍饲对家畜减少掉膘有良好效果，舍饲喂养试验组家畜平均日增重高于对比组，另外不同年龄的羊只体重也比试验组羊体重减少。总体而言，舍饲期间试验组与对比组家畜的体况存在显著差异，而且试验组家畜的体况明显优于对比组。

本节关于休牧期的舍饲研究是在内蒙古农业大学“苏尼特右旗都呼木教学科研基地”进行的，采用当地的粗饲料干玉米秸秆、玉米青贮、青干草和精料（玉米），进行不同组合的家畜日粮的配方。选择体重相近、健康的2周岁绵羊羯羊作为试验用动物。试验分别于2006年和2007年的4月5日开始，预饲期10天，然后进入正式的测定期（4月15日～6月4日），共50天。每10天测定一次绵羊的体重。试验羊分成4组，每组5只，分圈饲养，每日7：00、17：00时2次饲喂，自由饮水。试验前组间绵羊平均体重无显著差异。

## 一、家畜日粮配方及饲料营养成分

### （一）家畜日粮配方

舍饲研究中饲料配方参考《家畜饲养标准与饲料营养价值表》，根据当地饲料来源，考虑到舍饲期间牧民对舍饲成本的负担能力和当地补饲习惯，家畜日粮配方的配制以舍饲期间满足家畜营养物质和能量的维持需要即可。2006年和2007年在试验基地的禁牧舍饲的日粮配方详见表9-30。从表9-30日粮配方中可以看到，第一组和第二组日粮配方在总重量上相等，但日粮配方存在差别；第三组和第四组日粮配方在总重量上相等，但日粮配方也存在差别。即前两组和后两组在总重量上和日粮配方上都存在差别。具体不同如下：第一组，只饲喂0.9kg的玉米秸秆和10g的食盐；第二组饲喂0.4kg的玉米秸秆（干重）和0.5kg青贮，同时加上10g的食盐；第三组饲喂0.5kg的玉米秸秆（干重）和0.5kg青贮，同时还包括0.05kg的玉米粒和10g的食盐；第四组饲喂0.5kg的玉米秸秆（干重）和0.5kg青贮，同时还包括0.05kg的饲料和10g的食盐。

**表9-30　舍饲家畜日粮配方**

| 组别 | 玉米秸秆（kg） | 青贮（kg） | 玉米粒（kg） | 饲料（kg） | 食盐（g） |
|---|---|---|---|---|---|
| 第一组 | 0.9 | 0.0 | 0.0 | 0.0 | 10 |
| 第二组 | 0.4 | 0.5 | 0.0 | 0.0 | 10 |
| 第三组 | 0.5 | 0.5 | 0.05 | 0.0 | 10 |
| 第四组 | 0.5 | 0.5 | 0.0 | 0.05 | 10 |

其中，第四组日粮配方中饲料成分所占的比例如表 9-31 所示；主要物质有玉米籽实、葵花饼、豆饼、胡麻饼、食盐。

表 9-31 饲料的物质配比（%）

| 物质 | 玉米 | 葵花饼 | 豆饼 | 胡麻饼 | 食盐 |
|---|---|---|---|---|---|
| 配比 | 61.85 | 6.15 | 10.28 | 20.49 | 1.23 |

## （二）饲料营养成分

不同日粮组分的饲料营养成分和所含能值分析结果存在很大的差别（表 9-32），玉米秸秆粗纤维含量为 31.67%，粗蛋白和粗脂肪含量相对较低，分别为 4.29%和 1.54%，钙磷比接近 2∶1，消化能为 9.05MJ/kg；在青贮中，粗纤维含量最高，达到 40.12%，粗蛋白和粗脂肪含量相对较低，钙磷比为 4∶3，消化能为 11.65MJ/kg；在玉米粒中，粗蛋白含量较其他组分高，达到 13.39%，粗脂肪和粗纤维含量较低，钙磷比接近 1∶2，消化能为 15.36MJ/kg；在饲料中，钙磷比最高，达到 1∶8～1∶9，粗蛋白含量为 9.50%，粗纤维含量稍高于玉米粒，为 6.85%，粗脂肪含量在所有的组分中最高，达到 5.01%。

表 9-32 日粮不同组分的营养成分

| 组分 | Ca（%） | P（%） | 粗蛋白（%） | 粗纤维（%） | 粗脂肪（%） | 灰分（%） | 水分（%） | 消化能（MJ/kg） |
|---|---|---|---|---|---|---|---|---|
| 玉米秸秆 | 0.73 | 0.36 | 4.29 | 31.67 | 1.54 | 8.52 | 8.76 | 9.05 |
| 青贮 | 0.32 | 0.24 | 4.69 | 40.12 | 0.44 | 8.09 | 7.65 | 11.65 |
| 玉米粒 | 0.29 | 0.59 | 13.39 | 4.79 | 3.21 | 1.32 | 10.03 | 15.36 |
| 饲料 | 0.21 | 1.79 | 9.5 | 6.85 | 5.01 | 2.99 | 9.43 | 15.6 |

# 二、日粮和代谢物养分分析

## （一）日粮营养成分

不同处理组别试验羊的日粮营养成分分析结果在不同养分指标上表现不同（表 9-33）。其中，钙的含量在第四组日粮中最高；磷的含量在 4 组之间没有显著性差异（$P>0.05$）；粗蛋白的含量在第二组日粮中最低；粗纤维含量在第四组表现为最高（$P<0.05$），其次为第三组，而第一组和第二组含量最小，且第一组和第二组之间没有显著性差异（$P>0.05$）；粗脂肪的含量在第一组中最小；灰分含量在第四组表现最高，而第二组和第三组含量次之，且第二组和第三组之间没有显著性差异（$P>0.05$）；水分含量在各组之间没有表现出显著性差异。

表 9-33 试验羊日粮营养成分（%）

| 组别 | Ca | P | 粗蛋白 | 粗纤维 | 粗脂肪 | 灰分 | 水分 |
|---|---|---|---|---|---|---|---|
| 第一组 | 0.45±0.03b | 0.01±0.00a | 3.53±0.24a | 31.71±1.10c | 1.04±0.20b | 5.71±0.34c | 7.90±0.22a |
| 第二组 | 0.43±0.04b | 0.01±0.00a | 2.67±0.28b | 30.13±0.80c | 2.01±0.36a | 7.19±0.34b | 7.64±0.17a |
| 第三组 | 0.50±0.02b | 0.01±0.00a | 3.57±0.19a | 35.26±0.61b | 2.13±0.32a | 7.5±0.30b | 7.48±0.20a |
| 第四组 | 0.58±0.02a | 0.01±0.00a | 3.81±0.11a | 38.00±0.76a | 2.44±0.30a | 8.66±0.43a | 7.58±0.30a |

## （二）代谢物营养成分

不同处理组别试验羊的代谢物营养成分分析结果在不同养分指标上表现不同（表 9-34）。其中，钙在第四组日粮中的含量最高，第二组和第三组之间的含量无显著差异，且都低于第一组。磷的含量在 4 组之间也存在显著性差异（$P<0.05$），第一组磷的含量最高，第二组含量次之，第三组和第四组之间磷的含量没有差别，但都显著低于第二组。粗蛋白在第四组日粮中的含量最低。粗纤维在第二组含量表现较高，第四组含量较小。粗脂肪在第四组中含量最高。灰分含量在第四组表现最高。水分在第一组中的含量最高，第二组和第三组的含量次之，第四组的含量最少。

表 9-34 试验羊代谢物营养成分（%）

| 组别 | Ca | P | 粗蛋白 | 粗纤维 | 粗脂肪 | 灰分 | 水分 |
|---|---|---|---|---|---|---|---|
| 第一组 | 1.43±0.09ab | 0.05±0.00a | 8.03±0.30a | 29.38±0.59ab | 1.34±0.18b | 11.87±0.31c | 11.23±0.14a |
| 第二组 | 1.24±0.05b | 0.03±0.00b | 7.27±0.18a | 30.29±0.69a | 1.87±0.24ab | 12.30±0.33bc | 10.18±0.09b |
| 第三组 | 1.26±0.16b | 0.02±0.00c | 7.23±0.45a | 28.79±0.95ab | 1.58±0.18b | 13.40±0.45b | 10.01±0.23b |
| 第四组 | 1.52±0.07a | 0.02±0.00c | 3.92±0.78b | 27.52±0.72b | 2.42±0.34a | 14.79±0.44a | 9.18±0.24c |

整体而言，试验羊日粮养分因指标的不同在各处理组别上表现不同，其代谢物中的养分也是因养分指标的不同在各处理组别上存在差别，但代谢物养分含量的差异与日粮中养分含量的差异并不存在对应关系，这说明不同处理组别的绵羊（试验羊）对养分的吸收和转化能力存在差别。

# 三、家畜日粮养分转化及体重变化

## （一）不同组别绵羊对不同日粮的转化情况

不同组别的绵羊饲喂不同的日粮，其采食残余物和排泄物及吸收情况不同

（表 9-35）。采食残余量在不同的 4 组之间存在差异，第二组和第三组之间存在显著性差异（$P<0.05$），即第二组的残余量最大，采食量最小，第三组的残余量最小，而采食量最大；而第一组、第四组与第二组和第三组都不存在显著性差异（$P>0.05$）。这表明，最初日粮量为 0.9kg 的第一组和第二组绵羊在日粮采食量上不存在显著差异，同时最初日粮量为 1.05kg 的第三组和第四组绵羊在日粮采食量上不存在显著差异，而最初日粮量不等的第二组和第三组绵羊之间在采食量上存在显著性差异。

**表 9-35　不同组别绵羊对不同日粮的转化情况**

| 组别 | 残余量（kg） | 湿粪重（kg） | 干粪重（kg） | 粪中水分含量（kg） | 吸收量（kg） | 吸收率（%） |
|---|---|---|---|---|---|---|
| 第一组 | 0.187±0.028ab | 0.679±0.019a | 0.256±0.007a | 0.423±0.012a | 0.457±0.028b | 50.24%±3.06%b |
| 第二组 | 0.211±0.034a | 0.675±0.037a | 0.254±0.014a | 0.421±0.023a | 0.435±0.032b | 47.83%±3.46%b |
| 第三组 | 0.112±0.021b | 0.556±0.058a | 0.207±0.021a | 0.349±0.037a | 0.731±0.03a | 68.97%±2.80%a |
| 第四组 | 0.129±0.022ab | 0.570±0.051a | 0.213±0.020a | 0.357±0.031a | 0.708±0.018a | 66.81%±1.70%a |

通过排泄物分析可知，4 组绵羊排泄物不管是湿重还是干重，在组别之间不存在显著性差异（$P>0.05$），同时排泄物携带的水分含量在组别之间也不存在显著性差异（$P>0.05$）。这表明尽管 4 组绵羊的日粮配方、日粮饲喂量和采食后的残余量不同，但是经过绵羊生物体转化后，其排泄物没有显著性差异，说明 4 组绵羊排泄物在重量上是没有显著区别的。

通过吸收量和吸收率来看，不同处理组别的绵羊吸收日粮的量存在显著性差别，表 9-35 中数据表明，第一组和第二组绵羊在吸收量上没有显著性差别（$P>0.05$），同样第三组和第四组绵羊在吸收量上也没有显著性差别（$P>0.05$），但第三组和第四组绵羊在吸收量上显著高于第一组和第二组（$P<0.05$）。表明不同处理组别的绵羊对不同日粮的吸收能力存在差异。

总体来看，不同处理组别的绵羊对不同日粮的吸收能力存在差异，但这种差异与采食的残余量、排泄物重量无关，而与日粮的初始饲喂量相关。

### （二）不同组别的日粮养分转化情况

日粮中养分的含量和转化在不同养分指标之间及不同处理组别之间都存在差别。由表 9-36 中的分析结果可以看到，日粮草样中的养分含量在不同处理组别和不同养分指标下表现各不相同，粪样中养分含量、羊吸收的养分和同化率与日粮草样中的表现相似。从羊吸收的养分量来看，4 组不同处理组别的绵羊以第一组和第二组绵羊吸收量较低，第三组和第四组绵羊的养分吸收量较高。从同化率来看，第三组和第四组绵羊同化率较高，第二组次之，第一组最小。这表明不同处理组别的绵羊之间，其对养分的同化率存在差异。而产生这种差异的最直接原因就是日粮草样中养分含量不同、适口性不同。

表 9-36　饲草中养分的含量与转化情况（%）

| 指标 | 组别 | Ca | P | 粗蛋白 | 粗纤维 | 粗脂肪 | 灰分 | 水分 |
|---|---|---|---|---|---|---|---|---|
| 饲喂草样中养分含量 | 第一组 | 6.57 | 3.24 | 38.61 | 285.05 | 13.84 | 76.72 | 78.82 |
| | 第二组 | 4.53 | 2.64 | 40.59 | 327.28 | 8.37 | 74.55 | 73.27 |
| | 第三组 | 5.41 | 3.30 | 51.58 | 361.35 | 11.51 | 83.73 | 87.04 |
| | 第四组 | 5.37 | 3.90 | 49.63 | 362.38 | 12.41 | 84.56 | 86.74 |
| 粪样中养分含量 | 第一组 | 3.86 | 0.05 | 13.90 | 69.38 | 5.97 | 35.89 | 24.28 |
| | 第二组 | 2.18 | 0.04 | 8.45 | 79.54 | 3.26 | 21.83 | 20.70 |
| | 第三组 | 0.89 | 0.03 | 7.00 | 62.13 | 3.60 | 13.93 | 16.22 |
| | 第四组 | 1.05 | 0.02 | 6.42 | 71.04 | 4.89 | 16.66 | 15.90 |
| 羊吸收的养分 | 第一组 | 3.02 | 3.54 | 27.45 | 239.63 | 8.75 | 45.37 | — |
| | 第二组 | 2.61 | 2.88 | 35.72 | 275.27 | 5.68 | 58.58 | — |
| | 第三组 | 4.30 | 3.11 | 42.45 | 284.97 | 7.53 | 66.47 | — |
| | 第四组 | 4.11 | 3.69 | 41.16 | 277.47 | 7.16 | 64.67 | — |
| 同化率 | 第一组 | 41.31 | 98.35 | 63.99 | 75.66 | 56.91 | 53.22 | — |
| | 第二组 | 51.85 | 98.33 | 79.19 | 75.70 | 61.08 | 70.72 | — |
| | 第三组 | 83.53 | 99.23 | 86.42 | 82.81 | 68.69 | 83.36 | — |
| | 第四组 | 80.36 | 99.38 | 87.07 | 80.40 | 60.60 | 80.29 | — |

从禁牧舍饲的目的来看，如果只考虑保持羊体重增重效果，第一种日粮饲喂方式最省时、省力，也最经济、最划算。如果考虑到羊体重增重情况，又考虑其对养分的吸收状况，第三组饲喂方式更便于操作，更有利于绵羊体重增加和养分吸收。因此，在禁牧舍饲过程中，关键看禁牧舍饲的目的，在本试验期间，不同组别的绵羊在不同的日粮配方下饲养，如果只是考虑维持绵羊体重，或者使绵羊体重增加，第一种日粮配方最为经济实惠，如果从休牧考虑，此法最好。如果既要维持绵羊体重（或是考虑增加绵羊体重），又要考虑绵羊的养分同化情况，从禁牧休牧和绵羊出栏的双重角度考虑，第三组日粮配方更为合理，也更容易实行，更容易为牧民所接受。

### （三）绵羊测定指标及日粮养分分析

本研究将不同组别舍饲绵羊的测定指标进行主成分分析（表 9-37），第一特征向量的特征值为 0.7825，此特征向量的贡献率达到 0.9342，第二特征向量的特征值为 0.0414，此特征向量的贡献率为 0.0495，累积方差贡献率达到 98.37%，由特征值和贡献率可知，第一特征向量和第二特征向量基本能够反映所有指标的信息。对比第一、第二特征向量各指标的系数绝对值可以看到，第一特征向量主要反映 $X_7$（总增重）的信息和 $X_8$（平均日增重）的信息，所以第一特征向量主要代表的信息为增重情况，第二特征向量反映的信息为余下指标的信息，即反映的是家畜采食和代谢情况。

**表 9-37　特征向量**

| 序号 | 指标 | 第一向量（$P_1$） | 第二向量（$P_2$） | 第三向量（$P_3$） | 第四向量（$P_4$） |
| --- | --- | --- | --- | --- | --- |
| $X_1$ | 残余量 | −0.0437 | −0.1820 | −0.4189 | 0.7361 |
| $X_2$ | 湿粪重 | −0.0204 | −0.4267 | 0.6498 | 0.1902 |
| $X_3$ | 干粪重 | −0.0080 | −0.1668 | 0.2394 | 0.0707 |
| $X_4$ | 粪中水分含量 | −0.0124 | −0.2600 | 0.4111 | 0.1154 |
| $X_5$ | 吸收量 | 0.0670 | 0.6663 | 0.3268 | 0.5787 |
| $X_6$ | 吸收率 | 0.0606 | 0.4861 | 0.2606 | −0.2617 |
| $X_7$ | 总增重 | 0.9945 | −0.0958 | −0.0359 | 0.0152 |
| $X_8$ | 平均日增重 | 0.0166 | −0.0015 | −0.0006 | 0.0011 |

将第一特征向量作为横坐标，第二特征向量作为纵坐标绘图，横坐标主要反映总增重的信息和平均日增重的信息，纵坐标反映的是吸收量、吸收率、日粮的残余量、干粪重、湿粪重、粪中水分含量信息（图 9-56）。这与前面特征向量的

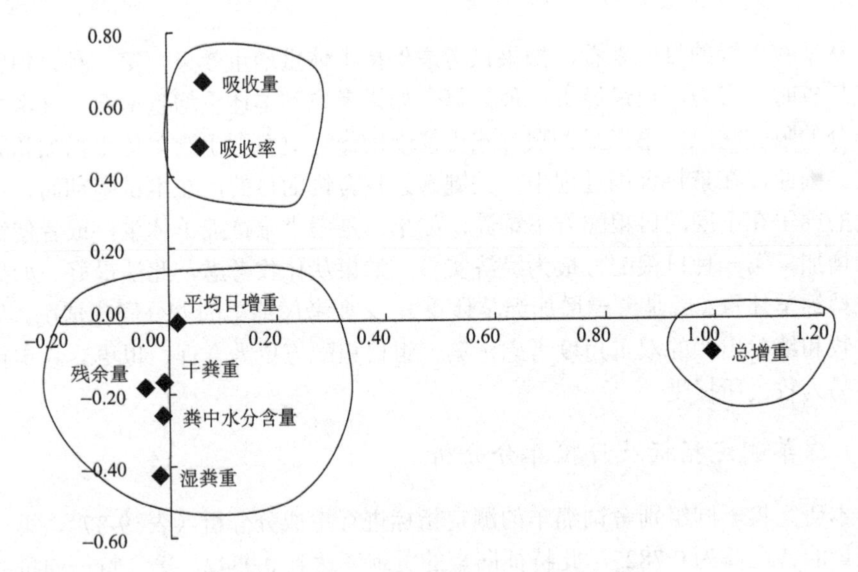


图 9-56　第一特征向量与第二特征向量

分析结果一致。8 项指标分别分布在不同的区域，第一组为吸收量和吸收率，第二组为总增重，余下的指标为第三组。第一组反映出吸收量和吸收率的关系较为密切，其与代谢物及日粮的残余物关系较远。第二组揭示的是总增重信息，其与第一组和第三组的关系较远，总增重这一指标还可能受其他指标的影响，当前测定的各项指标并不能较好地揭示其与总增重之间的关系。在第三组内，平均日增重与日粮的残余量、干粪重、湿粪重、粪中水分含量相距较近，表明平均日增重这一指标与其余几项指标关系密切。

在饲喂过程中，每一组均选取 6 只羊作为试验对象，经主成分分析之后（图 9-57），供试的 24 只羊分布比较分散，但也可以将这 24 只羊分为 3 组。第 I 组包含第三组的 5 只羊和第四组的 6 只羊；第 II 组包含第一组的 4 只羊和第二组的 1 只羊；第III组包含第二组 5 只羊、第一组的两只羊和第三组的一只羊。所测定的 8 项指标信息显示，第三组和第四组的饲喂效果接近，而其中第三组有一只羊与第二组的饲喂效果接近，第一组只有 4 只羊显示出相同的饲喂效果，而第一组内有两只羊与第二组的饲喂效果相仿。

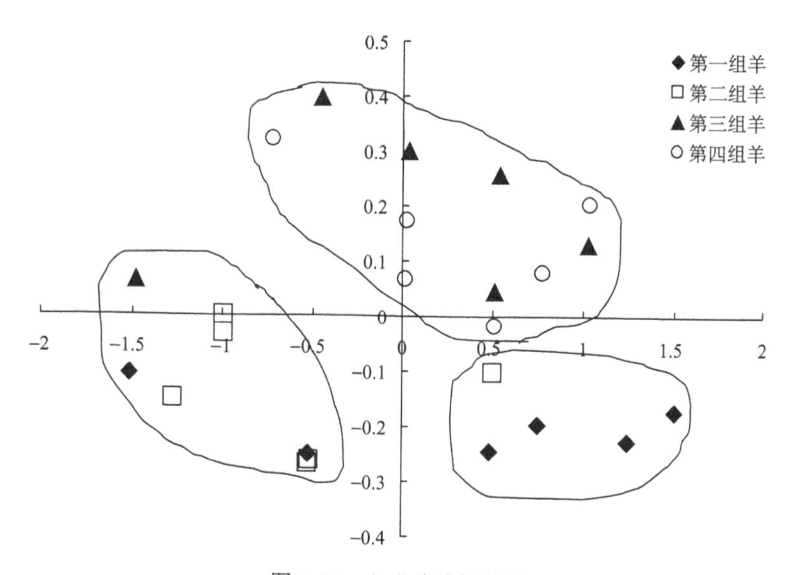


图 9-57 主成分分析结果

综合来看，各分组信息并不是严格按照事先分好的 4 组进行分布，产生这种现象的原因是多方面的。因为对于羊这种生物个体，我们尽管选择了体重相当、年龄相仿的个体进行随机分组，试验处理过程中生物个体的适应能力可能不是完全一样的，同时生物个体的消化和吸收能力也可能存在差别，最终导致个别羊在不同饲喂条件下产生相近的饲喂效果。但从整体上看，第一组的饲喂效果与第二组饲喂效果不同，第三组和第四组的饲喂效果接近，第一组、第二组的饲喂效果与第三组和第四组的饲喂效果差别较大。

## （四）不同组别绵羊测定指标对应分析

在分析过程中，通过了解指标和样品（处理组）的分析结果，对4组不同处理的舍饲羊和测定的8项指标进行对应分析。表9-38所显示的信息为不同组别的因子载荷，第一坐标可以看成第一特征向量的因子载荷，第二坐标同样可以看成第二特征向量的因子载荷，最适坐标反映的是第一特征向量和第二特征向量所代表的信息。第一坐标（即横坐标）所代表的是第二组和第四组的信息，第二坐标（即纵坐标）反映的是第一组和第三组的信息。

**表 9-38　不同组别因子载荷**

| 处理 | 第一坐标 | 第二坐标 | 最适坐标 |
|---|---|---|---|
| 第一组 | 0.0054 | −0.1568 | 2 |
| 第二组 | 0.2719 | 0.0584 | 1 |
| 第三组 | −0.0983 | 0.0980 | 2 |
| 第四组 | −0.1195 | 0.0180 | 1 |

同样，在表9-39中，可以看到第一特征向量代表的是日粮残余量、干粪重、湿粪重和粪中水分含量信息，其反映在第一坐标（即横坐标）上，第二特征向量代表的是吸收量、吸收率、总增重和平均日增重信息，其整体反映在第二坐标（即纵坐标）上。

**表 9-39　不同指标的因子载荷**

| 指标 | 第一坐标 | 第二坐标 | 最适坐标 |
|---|---|---|---|
| 残余量 | 0.3405 | −0.0583 | 1 |
| 湿粪重 | 0.1769 | −0.0092 | 1 |
| 干粪重 | 0.1805 | −0.0127 | 1 |
| 粪中水分含量 | 0.1748 | −0.0071 | 1 |
| 吸收量 | −0.1043 | 0.1652 | 2 |
| 吸收率 | −0.0432 | 0.1243 | 2 |
| 总增重 | −0.1242 | −0.0978 | 2 |
| 平均日增重 | −0.1141 | −0.1021 | 2 |

将R型主成分分析结果与Q型主成分分析结果同时绘制在同一张图上（图9-58），依据各个指标和处理组在图9-58中的分布位置，可以将其分为3组，在第Ⅰ组内，处理组的第三组、第四组及吸收量、吸收率分布在此区域内，表明第

三组和第四组羊的吸收能力相近，且吸收量大，吸收率较高。第Ⅱ组内包含处理组的第二组，同时也包含了日粮残余量、干粪重、湿粪重、粪中水分含量这几个指标，表明处理组的第二组与分布在此区域的相关指标关系密切。第Ⅲ组内包含了处理组的第一组，同时又包含了总增重和平均日增重指标所携带的信息，表明处理组第一组的羊增重情况较好，无论是在平均日增重情况上还是在总增重情况上，都表现出较高的增长趋势。

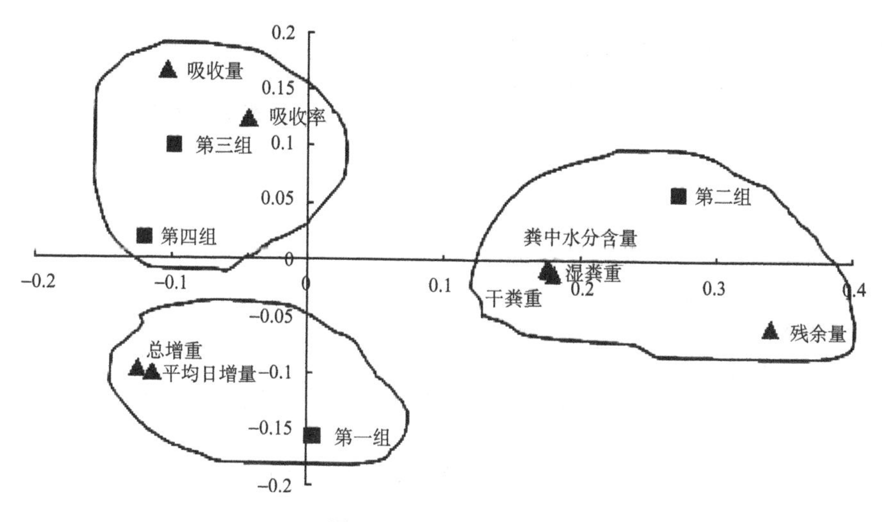


图 9-58 对应分析结果

# 参考文献

安慧. 2012. 放牧干扰对荒漠草原植物叶性状及其相互关系的影响. 应用生态学报, 23(11): 2991-2996.

安渊, 李博, 杨持, 等. 2001. 内蒙古大针茅草原草地生产力及其可持续利用研究Ⅰ. 放牧系统植物地上现存量动态研究. 草业学报, 10(2): 22-27.

安渊, 李博, 杨持, 等. 2002. 不同放牧率对大针茅种群结构的影响. 植物生态学报, 26(2): 163-169.

白可喻, 韩国栋, 昭和斯图, 等. 1995. 放牧干扰条件下植物地下部分贮藏养分的变化. 内蒙古草业, (z1): 55-58.

白可喻, 韩建国, 王培, 等. 1999a. 放牧强度对新麦草土壤氮素分配及其季节动态的影响. 草地学报, 7(4): 308-318.

白可喻, 韩建国, 王培, 等. 2000. 放牧强度对新麦草人工草地植物地下部分生物量及其氮素含量动态的影响. 中国草地, (2): 15-20.

白可喻, 王培, 韩建国. 1999b. 放牧强度对新麦草人工草地氮素在牧草与土壤中的分配和动态的影响. 草地学报, 7(1): 46-53.

白永飞, 陈佐忠. 2000. 锡林河流域羊草草原植物种群和功能群的长期变异性及其对群落稳定性的影响. 植物生态学报, 24(6): 641-647.

白永飞, 李德新, 许志信. 1999a. 牧压梯度对克氏针茅生长和繁殖的影响. 生态学报, 19(4): 479-484.

白永飞, 王文江, 张振仁. 1992. 内蒙古东南部大针茅草原群落波动性研究. 中国草地, (4): 1-5.

白永飞, 许志信, 李德新. 1996. 典型草原主要牧草植株贮藏碳水化合物分布部位的研究. 中国草地, (1): 7-9.

白永飞, 许志信, 李德新. 2000. 内蒙古高原针茅草原群落β多样性研究. 应用生态学报, 11(3): 408-412.

白永飞, 许志信, 李德新, 等. 1999b. 蒙古高原四种针茅种群年龄与株丛结构的研究. 植物学报, 41(10): 1125-1131.

白永飞, 张丽霞, 张焱, 等. 2002. 内蒙古锡林河流域草原群带研究. 植物生态学报, 26(3): 308-316.

包国章, 李向林, 陆光华, 等. 2001. 休牧草地鸭茅种群能量动态的初步研究. 草业学报, 10(4): 107-111.

包翔, 关世英, 红梅. 2002. 不同放牧强度影响下半干旱地区草原土壤性状的变化. 华北农学报, 17(专辑): 116-119.

鲍雅静, 李政海. 2003. 内蒙古羊草草原群落主要植物的热值动态. 生态学报, 23(3): 606-613.

鲍雅静, 李政海, 韩兴国, 等. 2006a. 植物热值及其生物生态学属性. 生态学杂志, 25(9): 1095-1103.

鲍雅静, 李政海, 刘惠. 2006b. 放牧与割草影响下羊草草原植物与群落能量固定及分配规律的比较. 大连民族学院学报, 8(1): 9-12.
蔡学彩, 李镇清, 陈佐忠, 等. 2005. 内蒙古草原大针茅群落地上生物量与降水量的关系. 生态学报, 25(7): 1657-1662.
常会宁, 夏景新, 徐照华, 等. 1994. 草地放牧制度及其评价. 黑龙江畜牧兽医, (12): 40-43.
常静. 2006. 准噶尔盆地西北缘典型荒漠植物群落优势种种群空间格局分析. 乌鲁木齐: 新疆农业大学硕士学位论文.
晁增国, 汪诗平, 徐广平, 等. 2008. 围封对退化矮嵩草草甸群落结构和主要种群空间分布格局的影响. 西北植物学报, 28(11): 2320-2326.
朝鲁, 卫亮, 王美芬. 2002. 克氏针茅草地牧草返青期放牧对比试验. 内蒙古草业, 14(4): 42-45.
陈百明. 2001. 中国农业资源综合生产能力与人口承载能力. 北京: 气象出版社.
陈宝瑞, 杨桂霞, 张宏斌, 等. 2010. 不同干扰类型下羊草种群的空间格局. 生态学报, 30(21): 5868-5874.
陈波, 周兴民. 1995. 三种嵩草群落中若干植物种的生态位宽度与重叠分析. 植物生态学报, 19(2): 158-169.
陈海军. 2011. 荒漠草原主要植物种群繁殖性状及化学计量学特征对载畜率的响应. 呼和浩特: 内蒙古农业大学博士学位论文.
陈利顶, 傅伯杰. 2000. 干扰的类型、特征及其生态学意义. 生态学报, 20(4): 581-586.
陈灵芝, 钱迎倩. 1997. 生物多样性科学前沿. 生态学报, 17(6): 565-572.
陈美高. 2005. 马尾松种源胸径生长的空间异质性. 福建林学院学报, 25(4): 333-337.
陈敏, 宝音陶格涛. 1997. 半干旱草原区退化草地改良的实验研究. 草业科学, (6): 27-30.
陈鹏, 初雨, 顾峰雪, 等. 2003. 绿洲-荒漠过渡带景观的植被与土壤特征要素的空间异质性分析. 应用生态学报, 14(6): 904-908.
陈玉福, 董鸣. 2003. 生态学系统的空间异质性. 生态学报, 23(2): 346-351.
陈玉福, 于飞海, 董鸣. 2000. 毛乌素沙地沙生半灌木群落的空间异质性. 生态学报, 20(4): 568-572.
陈自胜, 于绍文, 韩湘源, 等. 1983. 应用太阳能电围栏进行绵羊划区轮牧试验初报. 吉林农业科学, (2): 76-79.
陈佐忠, 汪诗平, 等. 2000. 中国典型草原生态系统. 北京: 科学出版社.
程积民, 杜峰. 1999. 放牧对半干旱地区草地植被影响的研究. 中国食草动物, 6(1): 29-31.
程占红, 张金屯. 2002. 芦芽山生态旅游植被景观特征与地理因子的相关分析. 生态学报, 22(2): 278-284.
褚文彬. 2008. 短花针茅荒漠草原草地和家畜对禁牧休牧的响应. 呼和浩特: 内蒙古农业大学硕士学位论文.
褚文彬, 卫智军, 运向军, 等. 2008. 短花针茅荒漠草原土壤含水量和地上现存量对禁牧休牧的响应. 中国草地学报, 30(3): 106-109.
崔骁勇, 陈佐忠, 陈四清. 2001. 草地土壤呼吸研究进展. 生态学报, 21(2): 315-325.
道尔吉帕拉木. 1996. 集约化是草原畜牧业可持续发展的必然选择. 见: 王培. 中国草地科学进展: 第四届第二次年会暨学术讨论会文集. 北京: 中国农业大学出版社.
丁小慧, 宫立, 王东波, 等. 2012. 放牧对呼伦贝尔草地植物和土壤生态化学计量学特征的影响. 生态学报, 32(15): 4722-4730.

丁岩钦. 1994. 昆虫数学生态学. 北京: 科学出版社: 14-15.
董全民, 赵新全, 李青云, 等. 2005. 小嵩草高寒草甸的土壤养分因子及水分含量对牦牛放牧率的响应Ⅱ冬季草场土壤营养因子及水分含量的变化. 土壤通报, 36(4): 493-500.
董全民, 赵新全, 马玉寿. 2007. 放牧率对高寒混播草地主要植物种群生态位的影响. 中国生态农业学报, 15(5): 1-6.
董全民, 赵新全, 马玉寿, 等. 2012. 放牧对小嵩草草甸生物量及不同植物类群生长率和补偿效应的影响. 生态学报, 32(9): 2640-2650.
董晓玉, 傅华, 李旭东, 等. 2010. 放牧与围封对黄土高原典型草原植物生物量及其碳氮磷贮量的影响. 草业学报, 19(2): 175-182.
杜道林, 苏杰, 刘玉成. 1997. 栲树种群生态位动态研究. 应用生态学报, 8(2): 113-118.
杜娟. 2004. 羊草种群对放牧的表型可塑性研究. 长春: 东北师范大学硕士学位论文.
段敏杰, 高清竹, 万运帆. 2010. 放牧对藏北紫花针茅高寒草原植物群落特征的影响. 生态学报, 30(14): 3892-3900.
范春梅, 廖超英, 李培玉, 等. 2006. 放牧对黄土高原丘陵沟壑区林草地土壤理化性状的影响. 西北林学院学报, 21(2): 1-4.
范国艳, 张静妮, 张永生, 等. 2010. 放牧对贝加尔针茅草原植被根系分布和土壤理化特征的影响. 生态学杂志, 29(9): 1715-1721.
范守民, 余雄, 安沙舟, 等. 2006. 那拉提山地草甸草地划区轮牧与自由放牧效果的对比分析. 新疆农业科学, 43(3): 200-204.
方楷, 宋乃平, 魏乐, 等. 2012. 不同放牧制度对荒漠草原地上生物量及种间关系的影响. 草业学报, 21(5): 12-22.
冯金虎, 赵新全, 皮南林. 1989. 不同放牧强度对高寒草甸草场的影响. 青海畜牧兽医杂志, (3): 15-17.
符义坤, 李希来, 贾笃敬, 等. 1990. 三种放牧率对高山禾草——嵩草型草地和羔羊生长的影响. 草业科学, 7(5): 30-35.
付华, 王彦荣, 吴彩霞, 等. 2002. 放牧对阿拉善荒漠草地土壤性状的影响. 中国沙漠, 22(4): 339-343.
付为国, 李萍萍, 卞新民, 等. 2008. 镇江内江湿地植物群落演替进程中种群生态位动态. 生态环境, 17(1): 278-284.
高伟, 鲍雅静, 李政海, 等. 2010. 不同保护和利用方式下羊草草原群落生物量及能量功能群构成的比较. 干旱区资源与环境, 24(6): 132-136.
高贤明, 马克平, 黄建辉, 等. 1998. 北京东灵山地区植物群落多样性的研究. 生态学报, 18(1): 24-32.
高英志, 韩兴国, 汪诗平. 2004. 放牧对草原土壤的影响. 生态学报, 24(4): 790-797.
龚元石, 廖超子, 李保国. 1998. 土壤含水量和容重的空间变异及分形特征. 土壤学报, 35(1): 10-15.
顾磊, 江晓霞, 陈智华. 2005. 生态学空间异质性研究进展. 西南民族大学学报(自然科学版), (S1): 11-15.
郭继勋, 王若丹. 2000. 东北优势草原植物羊草热值和能量特征. 草业学报, 9(4): 28-32.
郭锡平, 张春信, 乌日根, 等. 2006. 锡林郭勒盟春季休牧工作现状及对策. 内蒙古草业, (1):

54-56.
郭旭东, 傅伯杰, 陈利顶. 2000. 河北省遵化平原土壤养分的时空变异特征——变异函数与 Kriging 插值分析. 地理学报, 55(5): 555-564.
韩大勇, 杨永兴, 杨杨, 等. 2011. 放牧干扰下若尔盖高原沼泽湿地植被种类组成及演替模式. 生态学报, 31(20): 5946-5955.
韩国栋. 1993. 划区轮牧和季节连续放牧绵羊的牧食行为. 中国草地, (2): 1-4.
韩国栋, 焦树英, 毕力格图, 等. 2007. 短花针茅草原不同载畜率对植物多样性和草地生产力的影响. 生态学报, 27(1): 182-188.
韩国栋, 李博. 2000. 短花针茅草原 5 个载畜率水平绵羊活重变化规律. 中国草地, (1): 4-6, 38.
韩国栋, 李博, 卫智军, 等. 1999. 短花针茅草原放牧系统植物补偿性生长的研究 I. 植物净生长量. 草地学报, 7(1): 1-7.
韩国栋, 李勤奋, 卫智军, 等. 2001a. 家庭牧场尺度上放牧制度对绵羊摄食和体重的影响. 中国农业科学, 37(5): 744-750.
韩国栋, 卫智军, 许志信. 2001b. 短花针茅草原划区轮牧试验研究. 内蒙古农业大学学报(自然科学版), 22(1): 60-67.
韩国栋, 许志信, 章祖同. 1990. 划区轮牧和季节连续放牧的比较研究. 干旱区资源与环境, 4(4): 85-93.
韩建国. 2007. 草地学. 北京: 中国农业出版社: 50-100.
韩有志. 2001. 林分空间异质性与水曲柳的更新格局和过程. 哈尔滨: 东北林业大学博士学位论文.
何玉惠, 赵哈林, 刘新平, 等. 2009. 科尔沁沙地典型生境下芦苇的生长特征分析. 中国沙漠, 29(2): 288-292.
红梅, 陈有君, 李艳龙, 等. 2001. 不同放牧强度对土壤含水量及地上生物量的影响. 内蒙古农业科技, 5(2): 25-26.
红梅, 陈有君, 孙智, 等. 2002. 放牧干扰对沙地植被及土壤性质的影响. 华北农学报, 17(专辑): 120-123.
红梅, 韩国栋, 赵萌莉, 等. 2004. 放牧强度对浑善达克沙地土壤物理性质的影响. 草业科学, 21(12): 108-111.
洪伟, 柳江, 吴承祯. 2001. 红锥种群结构和空间分布格局的研究. 林业科学, 37(Sp. 1): 6-10.
侯扶江. 2001. 放牧对牧草光合作用、呼吸作用和氮、碳吸收与转运的影响. 应用生态学报, 12(6): 938-942.
侯扶江, 任继周. 2003. 甘肃马鹿冬季放牧践踏作用及其对土壤理化性质影响的评价. 生态学报, 23(3): 486-495.
胡尔查. 2009. 不同尺度典型草原地上现存生物量与放牧率动态及其关系研究. 呼和浩特: 内蒙古大学硕士学位论文.
胡克林, 李保国, 陈德立, 等. 2001. 农田土壤水分和盐分的空间变异性及其协同克立格估值. 水科学进展, 12(4): 460-466.
胡克林, 李保国, 林启美, 等. 1999. 农田土壤养分的空间变异性特征. 农业工程学报, 15(3): 33-38.
胡自治, 孙吉雄, 张映生, 等. 1988. 高山线叶嵩草草地的第一性生产和光能转化率. 生态学报,

8(2): 183-190.
黄雪菊. 2005. 典型干旱河谷土壤质量空间异质性研究. 成都: 四川大学硕士学位论文: 31-34.
黄志伟, 彭敏, 陈桂琛, 等. 2001. 青海湖几种主要湿地植物的种群分布格局及动态. 应用与环境生物学报, 7(2): 113-116.
霍光伟, 乌云娜, 吕建洲, 等. 2010. 不同放牧梯度上植物群落特征及优势种的生理生态学响应. 内蒙古大学学报(自然科学版), 41(6): 695-702.
纪磊, 干友民, 罗元佳, 等. 2011. 川西北不同退化程度高山草甸和亚高山草甸的植被特征. 草业科学, 28(6): 1101-1105.
纪亚君. 2002. 放牧对草地植物及土壤的影响. 青海畜牧兽医杂志, 32(4): 42-44.
贾树海, 崔学明, 李绍良, 等. 1996. 牧压梯度上土壤物化性质的变化. 北京: 科学出版社: 12-16.
贾树海, 王春枝, 孙振涛, 等. 1999. 放牧强度和时期对内蒙古草原土壤压实效应的研究. 草地学报, 7(3): 217-222.
贾晓红, 李新荣, 张志山. 2006. 沙冬青群落土壤有机碳和全氮含量的空间异质性. 应用生态学报, 17(12): 2266-2270.
贾玉山, 格根图, 王俊杰, 等. 2002. 草原生态脆弱期绵羊饲养方式研究. 草地学报, 10(2): 106-111, 123.
姜恕. 1988. 草原的退化及其防治策略初探. 自然资源, (1): 1-7.
蒋德明, 李明, 押田敏雄, 等. 2009. 封育对科尔沁沙地小叶锦鸡儿群落植被特征及空间异质性的影响. 生态学杂志, 28(11): 2159-2164.
蒋建生, 蒋文兰, 任继周. 2002. 南方人工草地放牧系统元素循环与培肥技术研究. 四川草原, (2): 1-10.
焦树英, 韩国栋, 李永强, 等. 2006. 不同载畜率对荒漠草原群落结构和功能群生产力的影响. 西北植物学报, 26(3): 564-571.
金晓明, 韩国栋. 2010. 放牧对草甸草原植物群落结构及多样性的影响. 草业科学, 27(4): 7-10.
康博文, 刘建军, 侯琳, 等. 2006. 蒙古克氏针茅草原生物量围栏封育效应研究. 西北植物学报, 26(12): 2540-2546.
雷志栋, 杨诗秀, 许志荣, 等. 1985. 土壤特性空间变异性初步研究. 水利学报, (9): 10-21.
李存焕, 王红霞. 1991. 不同利用方式对短花针茅荒漠草原生产力及根系生物量的影响. 中国草地, (6): 33-38.
李德新. 1990. 短花针茅荒漠草原动态规律及其生态稳定性. 中国草地, (4): 1-5.
李登武, 张文辉, 任争争. 2006. 黄土沟壑区狼牙刺群落优势种群生态位研究. 应用生态学报, 16(12): 2231-2235.
李金花, 李镇清. 2002. 不同放牧强度对冷蒿和星毛委陵菜种群克隆生长及生物量分配的影响. 植物生态学报, 26(4): 435-440.
李金花, 李镇清, 王刚. 2003. 不同放牧强度对冷蒿和星毛委陵菜养分含量的影响. 草业学报, 12(6): 30-35.
李军玲, 张金屯, 郭逍宇. 2003. 关帝山亚高山灌丛草甸群落优势种群的生态位研究. 西北植物学报, 23(12): 2081-2088.
李军玲, 张金屯, 袁建英. 2004. 关帝山亚高山灌丛群落和草甸群落优势种的种间关系. 草地学报, 12(2): 113-119.
李俊生, 吴建平, 张伟. 2000. 呼伦贝尔草原不同放牧强度对放牧绵羊饲料植物可利用性的影响. 草原与牧草, 2(2): 26-28.
李连树, 吴锁柱, 于海良. 2004. 科学解决禁牧舍饲问题 有效保护我省草地资源. 河北畜牧兽医, 20(6): 10-11.
李明辉, 何风华, 刘云, 等. 2005. 天山云杉种群空间格局与动态. 生态学报, 25(5): 1000-1006.
李勤奋, 韩国栋, 敖特根, 等. 1993. 划区轮牧制度在草地资源可持续利用中的作用研究. 农业工程学报, 19(3): 224-227.
李勤奋, 韩国栋, 敖特根, 等. 2004. 划区轮牧中不同放牧利用时间对草地植被的影响. 生态学杂志, 23 (2): 7-10.
李勤奋, 韩国栋, 卫智军, 等. 2002. 放牧制度对短花针茅草原植物群落的影响. 农业现代化研究, 23(3): 192-196.
李青丰. 2005. 草地畜牧业以及草原生态保护的调研及建议(1)——禁牧舍饲、季节性休牧和划区轮牧. 内蒙古草业, 17(1): 25-28.
李青丰, 李福生, 斯日古楞, 等. 2001. 沙化草地春季禁牧研究初报. 中国草地, 23(5): 42-47.
李青丰, 赵钢, 郑蒙安, 等. 2005. 春季休牧对草原和家畜生产力的影响. 草地学报, 13(s1): 53-56, 66.
李世英, 肖运峰. 1964. 内蒙古呼盟莫达木吉地区羊草草原放牧演替阶段的初步划分. 植物生态学和地植物学学报, (2): 200-217.
李香真. 2001. 放牧对暗栗钙土磷的贮量和形态的影响. 草业学报, 23(6): 59-63.
李香真, 陈佐忠. 1998. 不同放牧率对草原植物与土壤 N、C、P 含量的影响. 草地学报, 6(2): 90-98.
李永宏. 1988. 内蒙古锡林河流域羊草草原和克氏针茅草原在放牧影响下的分异和趋同. 植物生态学与地植物学学报, 12(3): 189-196.
李永宏. 1993. 放牧影响下羊草草原和大针茅草原植物多样性的变化. 植物学报, 35(11): 877-884.
李永宏, 汪诗平. 1997. 草原植物对家畜放牧的营养繁殖对策初探. 见: 中国科学院内蒙古草原生态系统定位研究站. 草原生态系统研究(第 5 集). 北京: 科学出版社: 23-31.
李永宏, 汪诗平. 1998. 内蒙细毛羊日食量及对典型草原牧草的选食性测定. 草业学报, 7(1): 50-53.
李永宏, 汪诗平. 1999. 放牧对草原植物的影响. 中国草地, (3): 11-19.
李玉霖, 毛伟, 赵学勇, 等. 2010. 北方典型荒漠及荒漠化地区植物叶片氮磷化学计量特征研究. 环境科学, 31(8): 1716-1725.
李育中, 李博. 1991. 内蒙古锡林河流域羊草草原生物量动态的研究. 中国草地, (1): 5-8.
李政海, 鲍雅静. 2000. 内蒙古草原与荒漠区的锦鸡儿属植物种群格局动态和种间关系的研究. 干旱区资源与环境, 14(1): 64-67.
梁建生, 曹显祖, 徐生, 等. 1994. 水稻籽粒库强与其淀粉积累之间关系的研究. 作物学报, 20(6): 685-691.
廖红, 严小龙. 2003. 高级植物营养学. 北京: 科学出版社.
刘爱军, 邢旗, 倪小光, 等. 2003. 内蒙古天然草地现状与风沙源区植被变化分析. 内蒙古草业,

15(1): 25-27.
刘冰, 赵文智. 2007. 荒漠绿洲过渡带泡泡刺灌丛沙堆形态特征及其空间异质性. 应用生态学报, 18(12): 2814-2820.
刘冰, 赵文智, 杨荣. 2008. 荒漠绿洲过渡带柽柳灌丛沙堆特征及其空间异质性. 生态学报, 28(4): 1446-1455.
刘灿然, 马克平, 于顺利, 等. 1997. 北京东灵山地区植物群落多样性研究Ⅳ. 样本大小对多样性测度的影响. 生态学报, 17(6): 584-592.
刘长利, 王文全, 崔俊茹, 等. 2006. 干旱胁迫对甘草光合特性与生物量分配的影响. 中国沙漠, 26(1): 142-145.
刘超, 王洋, 王楠, 等. 2012. 陆地生态系统植被氮磷化学计量研究进展. 植物生态学报, 36(11): 1205-1216.
刘东焕, 赵世伟, 高荣孚, 等. 2002. 植物光合作用对高温的响应. 植物研究, 22(2): 205-212.
刘发央, 徐长林, 龙瑞军. 2008. 牦牛放牧强度对金露梅灌丛草地群落物种多样性的影响. 草地学报, 16(6): 613-618.
刘红梅. 2011. 短花针茅草原群落特征与草地空间异质性对不同放牧制度的响应. 呼和浩特: 内蒙古农业大学博士学位论文.
刘红梅, 卫智军, 杨静, 等. 2011. 不同放牧制度对荒漠草原表层土壤氮素空间异质性的影响. 中国草地学报, 33(2): 51-56.
刘建福. 2006. 澳州坚果叶片净光合速率和叶绿素荧光参数日变化. 西南农业大学学报, 28(2): 271-273.
刘建国, 马世骏. 1990. 扩展的生态位理论. 见: 马世骏. 现代生态学透视. 北京: 科学出版社: 72-89.
刘健, 陈平留. 1996. 天然针阔混交林中马尾松的空间分布格局. 福建林学院学报, 16(3): 274-277.
刘金祥. 1994. 草原沙漠化的若干问题. 草原与牧草, 5(1): 27-31.
刘君, 崔国文, 陈雅君. 1996. 夏秋季短花针茅草原不同放牧强度的比较研究. 东北农业大学学报, 24(4): 370-375.
刘丽艳, 张峰. 2006. 山西桑干河流域湿地植被优势种群种间关系研究. 生态环境, 15(6): 1278-1283.
刘伟, 周立, 王溪. 1999. 不同放牧强度对植物及啮齿动物作用的研究. 生态学报, 19(3): 376-382.
刘文全. 2005. 川中丘区村级景观生态系统磷素空间异质性特征及长期变化研究. 雅安: 四川农业大学硕士学位论文: 24-28.
刘先华, 韩苑鸿. 1998. 放牧率对内蒙古典型草原物种分布空间异质性的影响. 草地学报, 6(4): 294-298.
刘兴波. 2007. 不同退化梯度草甸草原和典型草原牧草营养时空异质性的研究. 呼和浩特: 内蒙古农业大学硕士学位论文.
刘杏梅, 徐建民, 章明奎, 等. 2003. 太湖流域土壤养分空间变异特征分析——以浙江省平湖市为例. 浙江大学学报(农业与生命科学版), 29(1): 76-82.
刘艳. 2004. 典型草原划区轮牧和自由放牧制度的比较研究. 呼和浩特: 内蒙古农业大学硕士学

位论文.
刘颖, 王德利. 2001. 不同放牧强度下羊草草地三种禾草叶片再生动态研究. 草业科学, 10(4): 40-46.
刘颖, 王德利, 王旭, 等. 2002. 放牧强度对羊草草地植被特征的影响. 草业学报, 11(2): 22-28.
刘振国, 李镇清. 2004. 不同放牧强度下冷蒿种群小尺度空间格局. 生态学报, 24(2): 227-234.
刘振国, 李镇清. 2006. 退化草原冷蒿群落 13 年不同放牧强度后的植物多样性. 生态学报, 26(2): 475-482.
刘振国, 李镇清, Nijs I, 等. 2005. 糙隐子草种群在不同放牧强度下的小尺度空间格局. 草业学报, 14(1): 11-17.
刘忠宽. 2004. 不同放牧压草原休牧后土壤养分和植物群落变化的研究. 北京: 中国农业大学博士学位论文.
刘忠宽, 智建飞, 李英杰, 等. 2004. 休牧后土壤养分空间异质性和植物群落 α 多样性. 河北农业科学, 8(4): 1-8.
龙慧灵, 李晓兵, 黄玲梅, 等. 2010. 内蒙古草原生态系统净初级生产力及其与气候的关系. 植物生态学报, 34 (7): 781-791.
骆东玲, 陈林美. 2003. 白羊草群落优势种群生态位研究. 山西大学学报(自然科学版), 26(1): 76-80.
马宏义. 2008. 高寒牧区草地春季禁牧植物量测定及藏羊增重试验. 草业与畜牧, (6): 34-39.
马建军, 姚虹, 冯朝阳, 等. 2012. 内蒙古典型草原区 3 种不同草地利用模式下植物功能群及其多样性的变化. 植物生态学报, 36(1): 1-9.
马克平. 1993. 试论生物多样性的概念. 生物多样性, 1(1): 20-22.
马克平. 1994. 生物群落多样性的测度方法Ⅰ. α 多样性的测试方法(上). 生物多样性, 2(3): 162-168.
马克平, 刘玉明. 1994. 生物群落多样性的测度方法Ⅰ. α 多样性的测度方法(下). 生物多样性, 2(4): 231-239.
蒙荣, 胡秋芳, 卫智军, 等. 2004a. 不同放牧制度大针茅草原植物种群有性繁殖能力研究. 中国草地, 26(4): 11-20.
蒙荣, 慕宗杰, 孙熙麟, 等. 2009. 短花针茅荒漠草原群落优势种群空间格局分析. 内蒙古农业大学学报(自然科学版), 30(1): 65-70.
蒙荣, 赛音吉雅, 张小芬. 2003. 不同放牧制度大针茅草原群落特征的比较. 内蒙古草业, 15(2): 10-12.
蒙荣, 杨劼, 包赛娜, 等. 2004b. 不同放牧制度对大针茅草原营养成分及其消化率的影响. 华南农业大学学报, 25(增刊Ⅱ): 45-48.
蒙旭辉, 李向林, 辛晓平, 等. 2009. 不同放牧强度下羊草草甸草原群落特征及多样性分析. 草地学报, 17(2): 239-244.
慕宗杰. 2009. 不同载畜率下荒漠草原植物群落优势种群分布格局研究. 呼和浩特: 内蒙古农业大学硕士学位论文.
《内蒙古草地资源》编委会. 1990. 内蒙古草地资源. 呼和浩特: 内蒙古人民出版社.
牛得草, 李茜, 江世高, 等. 2013. 阿拉善荒漠区 6 种主要灌木植物叶片 C∶N∶P 化学计量比的季节变化. 植物生态学报, 37(4): 317-325.

牛克昌, 刘怿宁, 沈泽昊, 等. 2009. 群落构建的中性理论和生态位理论. 生物多样性, 17(6): 579-593.

牛莉芹, 上官铁梁, 程占红. 2005. 中条山中段植物群落优势种群的种间关系研究. 西北植物学报, 25(12): 2465-2471.

潘庆民, 韩兴国, 白永飞, 等. 2002a. 植物非结构性贮藏碳水化合物的生理生态学研究进展. 植物学通报, 19(1): 30-38.

潘庆民, 于振文, 王月福. 2000. 小麦开花后 iPA 和 ABA 含量的变化及与旗叶光合、根系活力和籽粒灌浆的关系. 西北植物学报, 20(5): 733-738.

潘庆民, 于振文, 王月福, 等. 2002b. 追氮时期对小麦旗叶中蔗糖合成与籽粒中蔗糖降解的影响. 中国农业科学, 35(7): 771-776.

裴海昆. 2004. 不同放牧强度对土壤养分及质地的影响. 青海大学学报(自然科学版), 22(4): 29-31.

彭健. 1999. 日粮纤维定义、成分、分析方法及加工影响(综述). 国外畜牧学(猪与禽), (4): 8-11.

彭祺, 王宁, 张锦俊. 2004. 放牧与草地植物之间的相互关系. 宁夏农学院学报, 25(4): 76-96.

彭少麟. 1996. 南亚热带森林群落动态学. 北京: 科学出版社: 114-124.

彭晓鹃, 邓孺孺, 刘小平. 2004. 遥感尺度转换研究进展. 地理与地理信息科学, 20(5): 6-14.

邱波, 任青吉, 罗燕江, 等. 2004. 高寒草甸不同生境类型植物群落的α及β多样性的研究. 西北植物学报, 24(4): 655-661.

仁青吉, 武高林, 任国华. 2009. 放牧强度对青藏高原东部高寒草甸植物群落特征的影响. 草业学报, 18(5): 256-261.

任海, 彭少麟. 1999. 鼎湖山森林生态系统演替过程中的能量生态特征. 生态学报, 19(6): 817-822.

任海, 彭少麟. 2001. 恢复生态学导论. 北京: 科学出版社: 36-40.

任继周. 1995. 草地农业生态学. 北京: 中国农业出版社.

任继周. 1998. 草业科学研究方法. 北京: 中国农业出版社.

任继周. 2004. 草地农业生态系统通论. 合肥: 安徽教育出版社.

任继周, 王钦, 牟新待, 等. 1987. 草原生产流程及草原季节畜牧业. 中国农业科学, 11(2): 87-92.

任书杰, 于贵瑞, 陶波, 等. 2007. 中国东部南北样带 654 种植物叶片氮和磷的化学计量学特征研究. 环境科学, 28(12): 2665-2673.

戎郁萍, 韩建国, 王培, 等. 2001. 放牧强度对草地土壤理化性质的影响. 中国草地, 23(4): 41-47.

萨仁高娃, 敖特根, 韩国栋, 等. 2010. 不同放牧强度下典型草原植物群落数量特征和家畜生产性能的比较研究. 内蒙古草业, 22(4): 47-50.

赛胜宝, 李德新. 1994. 荒漠草原生态系统研究. 呼和浩特: 内蒙古人民出版社: 1-7, 44-53.

尚占环, 姚爱兴. 2004. 国内放牧管理措施的综述. 宁夏农林科技, (2): 32-35.

尚占环, 姚爱兴, 龙瑞军, 等. 2004. 宁夏香山荒漠草原区植物群落多样性时空特征. 山地学报, 22(6): 661-668.

沈海亮, 王季槐, 李明. 2007. 宁夏野生甘草分布空间异质性及分布格局研究. 草业科学, 20(4): 18-22.

沈景林, 孟扬, 胡文良, 等. 1999. 高寒地区退化草地改良实验研究. 草业科学, 16(3): 4-7.
盛海彦, 曹广民, 李国荣, 等. 2009. 放牧干扰对祁连山高寒金露梅灌丛草甸群落的影响. 生态环境学报, 18(1): 235-241.
石永红, 韩建国, 邵新庆, 等. 2007. 奶牛放牧对人工草地土壤理化特性的影响. 中国草地学报, (1): 24-30.
司建华, 冯起, 鱼腾飞, 等. 2009. 额济纳绿洲土壤养分的空间异质性. 生态学杂志, 28(12): 2600-2606.
宋乃平, 张凤荣, 李保国, 等. 2004. 禁牧政策及其效应解析. 自然资源学报, 19(3): 316-323.
苏德. 2008. 不同因子对家庭牧场的影响. 呼和浩特: 内蒙古大学硕士学位论文.
苏吉安, 朱幼军, 哈斯. 2003. 内蒙古草地生态问题及其对策探讨. 中国草地, 25(6): 68-71.
苏丽英, 吴勇, 於新建, 等. 1989. 水稻叶片蔗糖磷酸合成酶的一些特性. 植物生理学报, 15(2): 117-123.
苏鹏飞, 张克斌, 王瑞斌, 等. 2012. 人工封育区沙化草地植被生态位研究. 生态环境学报, 21(3): 422-427.
苏智先, 钟章成, 廖咏梅. 1994. 慈竹克隆种群能量动态研究. 生态学报, 14(2): 142-148.
孙超. 2012. 基于生态化学计量学的草地退化研究. 长春: 吉林大学硕士学位论文.
孙丹峰. 2003. IKONOS 影像景观格局特征尺度的小波与半方差分析. 生态学报, 23(3): 405-413.
孙海群, 周禾, 王培. 1999. 草地退化演替研究进展. 中国草地, (1): 51-56.
孙慧珍, 国庆喜, 周晓峰. 2004. 植物功能型分类标准及方法. 东北林业大学学报, 32(2): 81-83.
孙力安, 梁一民, 刘国彬. 1993. 草地地下生物量研究综述. 草原与草坪, (1): 6-14.
孙平, 白桂梅, 汤天晓. 2005. 放牧对草地资源的影响及防治. 畜牧兽医科技信息, (9): 72-73.
孙世贤. 2014. 短花针茅荒漠草原群落特征和土壤对放牧强度季节调控的响应. 呼和浩特: 内蒙古农业大学博士学位论文.
孙伟中, 赵士洞. 1997. 长白山北坡椴树阔叶红松林群落主要树种分布格局的研究. 应用生态学报, 8(2): 305-311.
孙小芳, 卢健, 孙依斌. 2006. 基于分割的多尺度城市绿地景观. 应用生态学报, 17(9): 1660-1664.
孙宗玖, 范燕敏, 安沙舟. 2008. 放牧对天山北坡中段草原群落结构和功能群生产力的影响. 草原与草坪, (1): 22-27.
唐启义, 冯明光. 2007. DPS 数据处理系统——实验设计、统计分析及数据挖掘. 北京: 科学出版社.
陶冶, 张元明. 2011. 3 种荒漠植物群落物种组成与丰富度的季节变化及地上生物量特征. 草业学报, 20(6): 1-11.
汪殿蓓, 暨淑仪, 陈飞鹏, 等. 2005. 不同水平的仙湖苏铁种群在土壤资源上的生态位宽度. 生态环境, 14(6): 913-916.
汪诗平. 1998. 内蒙古典型草原适宜放牧率和草原畜牧业生产可持续性发展研究. 北京: 中国农业大学博士学位论文.
汪诗平, 李永宏. 1999. 内蒙古典型草原退化机理的研究. 应用生态学报, 10(4): 437-441.
汪诗平, 陈佐忠, 王艳芬, 等. 1999a. 绵羊生产系统对不同放牧制度的响应. 中国草地, (3): 42-50.

汪诗平, 李永宏, 王艳芬. 1999b. 绵羊的采食行为与草场空间异质性关系. 生态学报, 19(5): 431-434.
汪诗平, 王艳芬. 2001. 不同放牧率下糙隐子草种群补偿性生长的研究. 植物学报, 43(4): 413-418.
汪诗平, 王艳芬, 陈佐忠. 2001. 内蒙古草地畜牧业可持续发展的生物经济原则研究. 生态学报, 21(4): 617-623.
汪诗平, 王艳芬, 陈佐忠. 2003. 放牧生态系统管理. 北京: 科学出版社: 221-227.
王伯荪, 李鸣光, 彭少麟. 1989. 植物种群学. 广州: 中山大学出版社.
王伯荪, 彭少麟. 1997. 植被生态学——群落与生态系统. 北京: 中国环境科学出版社: 5-12.
王长庭, 王启兰, 景增春, 等. 2008. 不同放牧梯度下高寒小嵩草草甸植被根系和土壤理化特征的变化. 草业学报, 17(5): 9-15.
王德利. 2001. 草地植被结构对奶牛放牧强度的反应特征. 东北师大学报(自然科学版), 33(3): 73-79.
王德利, 吕新民, 罗卫生. 1996. 不同放牧密度对草原退化群落恢复演替的研究: 退化草原的基本特性和恢复常规动力. 植物生态学报, 20(5): 449-460.
王德利, 滕星, 王涌鑫, 等. 2003. 放牧条件下人工草地植物高度的异质性变化. 东北师大学报(自然科学版), 35(1): 102-109.
王德利, 王岭. 2011. 草食动物与草地植物多样性互作关系研究进展. 草地学报, 19(4): 699-704.
王德利, 祝廷成. 1996. 不同种群密度状态下羊草地上部生态场、生态势、场梯度及其季节性变化规律研究. 生态学报, 16(2): 121-127.
王东波, 陈丽. 2006. 放牧对草地生态系统土壤理化性质的影响. 内蒙古科技与经济, (10): 105-106.
王凤兰, 牛建明, 张庆. 2009. 短花针茅群落主要物种种间关系的研究. 华北农学报, 24(1): 159-164.
王桂花, 云锦凤, 米福贵, 等. 2004. 草原 2 号杂花苜蓿不同花色植株植物学性状的研究. 华北农学报, 19(S1): 32-35.
王国宏, 任继周, 张自和. 2002. 河西山地绿洲荒漠植物群落多样性研究Ⅱ. 放牧扰动下草地多样性的变化特征. 草业学报, 11(1): 31-37.
王静, 杨持, 王铁娟. 2005. 放牧退化群落中冷蒿种群生物量资源分配的变化. 应用生态学报, 16(12): 2316-2320.
王琳, 张金屯. 2004. 历山山地草甸优势种的种间关联和相关分析. 西北植物学报, 24(8): 1435-1440.
王岭. 2010. 大型草食动物采食对植物多样性与空间格局的响应及行为适应机制. 长春: 东北师范大学博士学位论文.
王明君. 2008. 不同放牧强度对羊草草甸草原生态系统健康的影响研究. 呼和浩特: 内蒙古农业大学博士学位论文.
王明君, 韩国栋, 崔国文, 等. 2010a. 放牧强度对草甸草原生产力和多样性的影响. 生态学杂志, 29(5): 862-868.
王明君, 赵萌莉, 崔国文, 等. 2010b. 放牧对草甸草原植被和土壤的影响. 草地学报, 18(6): 758-762.

王其兵, 李凌浩, 刘先华, 等. 1998. 内蒙古锡林河流域草原土壤有机碳及氮素的空间异质性分析. 植物生态学报, 22(5): 409-414.

王强, 杨京平. 2003. 我国草地退化及其生态安全评价指标体系的探索. 水土保持学报, 17(6): 28-31.

王钦. 1996. 放牧绵羊的生物学效率. 草业科学, 13(1): 32-38.

王庆成. 2004. 水曲柳落叶松细根对土壤养分空间异质性的反应. 哈尔滨: 东北林业大学博士学位论文: 56-74.

王庆成, 程云环. 2004. 土壤养分空间异质性与植物根系的觅食反应. 应用生态学报, 15(6): 1063-1068.

王仁忠. 1997a. 放牧影响下羊草种群生物量形成动态的研究. 应用生态学报, 8(5): 505-509.

王仁忠. 1997b. 放牧影响下羊草草地主要植物种群生态位宽度与生态位重叠的研究. 植物生态学报, 21(4): 304-311.

王仁忠, 李建东. 1991. 采用系统聚类分析法对羊草草地放牧演替阶段的划分. 生态学报, 11(4): 367-371.

王仁忠, 李建东. 1992. 放牧对松嫩平原羊草草地影响的研究. 草业科学, 9(2): 11-14.

王仁忠, 李建东. 1993. 放牧对松嫩平原羊草草地植物种群分布的影响. 草业科学, 10(3): 27-30.

王仁忠, 李建东. 1995. 羊草草地放牧退化演替中种群消长模型的研究. 植物生态学报, 19(2): 170-174.

王仁忠, 祖元刚, 聂绍荃. 1999. 羊草种群生物量生殖分配初探. 应用生态学报, 10(5): 553-555.

王仁忠, 祖元刚. 2001. 羊草种群生物量和能量生殖分配的研究. 植物研究, 21(2): 299-303.

王淑强. 1995. 红池坝人工草地放牧方式和放牧强度的研究. 草地学报, 3(3): 173-180.

王炜, 梁存柱, 刘钟龄, 等. 2000. 草原群落退化与恢复演替中的植物个体行为分析. 植物生态学报, 24(3): 268-274.

王炜, 刘钟龄, 郝敦元, 等. 1996. 内蒙古草原退化群落恢复演替的研究Ⅱ. 恢复演替时间进程的分析. 植物生态学报, 20(5): 460-471.

王献溥, 刘玉凯. 1994. 生物多样性的理论与实践. 北京: 中国环境科学出版社: 1-67.

王鑫厅, 王炜, 梁存柱, 等. 2013. 不同恢复演替阶段糙隐子草种群的点格局分析. 应用生态学报, 24(7): 1793-1800.

王艳芬, 陈佐忠, Larry T T. 1998. 人类活动对锡林郭勒地区主要草原土壤有机碳分布的影响. 植物生态学报, 22(6): 545-551.

王艳芬, 汪诗平. 1999a. 不同放牧率对典型草原地下生物量的影响. 草地学报, 7(3): 198-203.

王艳芬, 汪诗平. 1999b. 不同放牧率对内蒙古典型草原牧草地上现存量和净初级生产力及品质的影响. 草地学报, 8(1): 15-20.

王玉辉, 何兴元, 周广胜. 2002. 放牧强度对羊草草原的影响. 草地学报, 10(1): 46-49.

王玉辉, 周广胜. 2001. 松嫩草地羊草叶片光合作用生理生态特征分析. 应用生态学报, 12(1): 75-79.

王正文, 祝廷成. 2003. 松嫩草原主要草本植物种间关系及其对水淹干扰的响应. 应用生态学报, 14(6): 892-896.

王政权. 1999. 地统计学及在生态学中的应用. 北京: 科学出版社.

王政权, 王庆成. 2000. 森林土壤物理性质的空间异质性研究. 生态学报, 20(6): 945-950.

王政权, 王庆成, 李哈滨. 2000. 红松老龄林主要树种的空间异质性特征与比较的定量研究. 植物生态学报, 24(6): 718-723.

王忠武. 2009. 载畜率对短花针茅荒漠草原生态系统稳定性的影响. 呼和浩特: 内蒙古农业大学博士学位论文.

卫智军. 2003. 荒漠草原放牧制度与家庭牧场可持续经营研究. 呼和浩特: 内蒙古农业大学博士学位论文.

卫智军, 常秉文, 孙启忠, 等. 2006. 荒漠草原群落及主要植物种群特征对放牧制度的响应. 干旱区资源与环境, 20(3): 188-191.

卫智军, 高雅代, 袁晓冬, 等. 2003a. 典型草原种群特征对放牧制度的响应. 中国草地, 25(6): 1-5.

卫智军, 韩国栋, 邢旗, 等. 2000a. 短花针茅草原划区轮牧与自由放牧比较研究. 内蒙古农业大学学报, 21(4): 46-49.

卫智军, 韩国栋, 杨静, 等. 2000b. 短花针茅荒漠草原植物群落特征对不同载畜率水平的响应. 中国草地, (6): 1-5.

卫智军, 韩国栋, 杨静, 等. 2000c. 短花针茅种群特征对不同载畜率水平的响应. 水土保持学报, 14(4): 172-176.

卫智军, 韩国栋, 昭和斯图. 1995. 短花针茅草原放牧强度对绵羊生产性能的影响. 草地学报, 3(1): 22-28.

卫智军, 韩国栋, 赵钢, 等. 2013. 中国荒漠草原生态系统研究. 北京: 科学出版社.

卫智军, 乌日图, 达布希拉图, 等. 2005. 荒漠草原不同放牧制度对土壤理化性质的影响. 草地学报, 27(5): 6-10.

卫智军, 杨静, 苏吉安, 等. 2003b. 荒漠草原不同放牧制度群落现存量与营养物质动态研究. 干旱地区农业研究, 21(4): 53-57.

卫智军, 杨静, 杨尚明. 2003c. 荒漠草原不同放牧制度群落稳定性研究. 水土保持学报, 17(6): 121-124.

乌云娜, 张凤杰, 盐见正卫, 等. 2011. 基于幂函数法则对放牧梯度上种群空间异质性的定量分析. 中国沙漠, 31(3): 689-696.

邬建国. 2000. 景观生态学——格局、过程、尺度与等级. 北京: 高等教育出版社.

吴统贵, 吴明, 刘丽, 等. 2010. 杭州湾滨海湿地 3 种草本植物叶片 N、P 化学计量学的季节变化. 植物生态学报, 34(1): 23-28.

吴艳玲. 2012. 短花针茅草原群落特征与空间异质性对放牧强度季节调控的响应. 呼和浩特: 内蒙古农业大学博士学位论文.

吴艳玲, 陈立波, 卫智军, 等. 2012a. 不同放牧压下短花针茅荒漠草原植物群落盖度空间变化. 中国草地学报, 34(1): 12-17, 23.

吴艳玲, 陈立波, 卫智军, 等. 2012b. 不同放牧压短花针茅荒漠草原群落植物种的空间异质特征. 干旱区资源与环境, 26(7): 110-115.

武新, 陈卫民, 罗有仓, 等. 2006. 宁夏干草原不同放牧方式对植被特征影响的研究. 草业与畜牧, (12): 5-7.

希吉日塔娜, 吕世杰, 卫智军, 等. 2013a. 不同放牧制度下短花针茅草原主要植物种群的空间变异. 中国草地学报, 35(2): 76-82.

希吉日塔娜, 吕世杰, 卫智军, 等. 2013b. 不同放牧制度下短花针茅荒漠草原植物种群作用和种间关系分析. 生态环境学报, (6): 976-982.

奚为民. 1993. 怀柔山区灌丛群落优势种群生态位的研究. 植物生态学与地植物学学报, 17(4): 324-330.

锡林塔娜. 2009. 不同载畜率下短花针茅荒漠草原群落种间关系研究. 呼和浩特: 内蒙古农业大学硕士学位论文.

夏叔芳, 徐建, 苏丽英, 等. 1989. 水稻叶片的蔗糖合成酶. 植物生理学报, 15(3): 239-243.

肖绪培, 宋乃平, 王兴, 等. 2013. 放牧干扰对荒漠草原土壤和植被的影响. 中国水土保持, (12): 19-23.

谢开云, 赵祥, 董宽虎, 等. 2011. 晋北盐碱化赖草草地群落特征对不同放牧强度的响应. 草业科学, 28(9): 1653-1660.

谢应忠. 1999. 植物生态学导论. 银川: 宁夏人民出版社: 46-48.

谢永华, 黄冠华, 赵立新. 1998. 田间土壤特性空间变异的试验研究. 中国农业大学学报, 3(2): 41-45.

辛晓平, 高琼, 李宜垠, 等. 1999. 放牧和水淹干扰对松嫩平原碱化草地空间格局影响的分形分析. 植物学报, 41(3): 307-313.

辛晓平, 李向林, 杨桂霞. 2002. 放牧和刈割条件下草山草坡群落空间异质性分析. 应用生态学报, 13(4): 449-453.

邢旗, 双全, 金玉, 等. 2004. 草甸草原不同放牧制度群落物质动态及植物补偿性生长研究. 中国草地, 26(5): 26-31.

邢韶华, 赵勃, 崔国发, 等. 2007. 北京百花山草甸优势种的种间关联性分析. 北京林业大学学报, 29(3): 46-51.

熊小刚, 韩兴国. 2005. 内蒙古半干旱草原灌丛化过程中小叶锦鸡儿引起的土壤碳、氮资源空间异质性分布. 生态学报, 25(7): 1678-1683.

徐冰, 程雨曦, 甘慧洁, 等. 2010. 内蒙古锡林河流域典型草原植物叶片与细根性状在种间及种内水平上的关联. 植物生态学报, 34(1): 29-38.

徐广平, 张德罡, 徐长林, 等. 2005. 放牧干扰对东祁连山高寒草地植物群落物种多样性的影响. 甘肃农业大学学报, 40(6): 789-796.

徐海红. 2010. 不同放牧制度对短花针茅荒漠草原碳平衡的影响. 北京: 中国农业科学院硕士学位论文.

徐丽华, 岳文泽, 李先华, 等. 2003. 基于二维小波变换的遥感分类研究. 遥感技术与应用, 18(5): 317-321.

徐任翔, 毕英轩, 刘文卿, 等. 1982. 电围栏放牧的研究. 中国草原, (2): 35-38.

徐柱. 1998. 面向21世纪的中国草地资源. 中国草地, (5): 2-3.

许清涛, 黄宁, 巴雷, 等. 2007. 不同放牧强度下草地植物格局特征的变化. 中国草地学报, 29(2): 7-12.

许志信. 1988. 草地在环境保护中的重要性——兼述适当放牧对维护草原的作用. 草业科学, 3(2): 18-21.

许志信, 白永飞. 1994. 干草原牧草贮藏碳水化合物含量变化规律的研究. 草业学报, 3(4): 27-31.

许志信, 赵萌莉. 2001. 过度放牧对草原土壤侵蚀的影响. 中国草地, 23(6): 59-63.
许中旗, 闵庆文, 王英舜, 等. 2006. 人为干扰对典型草原生态系统土壤养分状况的影响. 水土保持学报, 20(5): 38-42.
闫凯, 靳瑰丽, 刘伟, 等. 2011. 不同利用方式下新疆春秋牧场植物群落特征变化趋势. 草业科学, 28(7): 1339-1344.
闫巧玲, 刘志民, 李荣平, 等. 2005. 科尔沁沙地 75 种植物结种量种子形态和植物生活型关系研究. 草业学报, 14(4): 21-28.
闫瑞瑞. 2008. 不同放牧制度对短花针茅荒漠草原植被与土壤影响的研究. 呼和浩特: 内蒙古农业大学博士学位论文.
闫瑞瑞, 卫智军, 辛晓平, 等. 2010. 放牧制度对荒漠草原生态系统土壤养分状况的影响. 生态学报, 30(1): 43-51.
阎传海. 1998. 淮河下游地区针叶林多样性研究. 生态学杂志, 17(2): 11-15.
阳含熙, 李鼎甲, 王本楠, 等. 1985. 长白山北坡阔叶红松林主要树种的分布格局. 森林生态系统研究, (5): 1-14.
杨持, 宝音陶格涛, 李良. 2001. 冷蒿种群在不同放牧强度胁迫下构件的变化规律. 生态学报, 21(3): 405-408.
杨持, 叶波. 1994. 不同草原群系植物多样性的比较研究. 内蒙古大学学报, 25(2): 209-287.
杨殿林, 韩国栋, 胡跃高, 等. 2006. 放牧对贝加尔针茅草原群落植物多样性和生产力的影响. 生态学杂志, 25(12): 1470-1475.
杨发林. 1993. 宁夏草原沙化现状及其治理对策. 草业科学, (1): 55-57.
杨福囤, 王启基, 史顺海. 1987. 青海海北地区矮蒿草甸生物量和能量的分配. 植物生态学与地植物学学报, 11(2): 106-111.
杨洪晓, 张金屯, 吴波, 等. 2006. 毛乌素沙地油蒿种群点格局分析. 植物生态学报, 30(4): 563-570.
杨静, 朱桂林, 高国荣, 等. 2001. 放牧制度对短花针茅草原主要植物种群繁殖特征的影响. 干旱区资源与环境, 15(增刊): 112-116.
杨君珑, 王辉, 王彬, 等. 2007. 子午岭油松林灌木层主要树种的空间分布格局和种间关联性研究. 西北植物学报, 27(4): 791-796.
杨力军, 李希来. 2000. 青南高海拔地区草甸植物群落多样性的研究. 草原与草坪, (2): 32-35.
杨利民, 韩梅. 2001. 中国东北样带草地群落放牧干扰植物多样性的变化. 植物生态学报, 25(1): 110-114.
杨利民, 韩梅, 李建东. 1997. 草地植物群落物种多样性取样强度的研究. 生物多样性, 5(3): 168-172.
杨利民, 李建东, 杨允菲. 1999. 草地群落放牧干扰梯度 β-多样性研究. 应用生态学报, 10(4): 442-444.
杨梅, 林思祖, 曹光球, 等. 2007. 人为干扰对常绿阔叶林主要种群分布格局的影响. 中国生态农业学报, 15(1): 9-11.
杨小红, 董云社, 齐玉春. 2005. 内蒙古羊草草原土壤净氮矿化研究. 地理科学进展, 24(2): 30-37.
杨志民, 符义坤. 1997. 不同载牧量对苜蓿放牧地植被的影响. 草业科学, 14(5): 23-27.

杨智明, 王琴, 王秀娟, 等. 2005. 放牧强度对草地牧草物候期生活力和土壤含水量的影响. 农业科学研究, 6(3): 1-3.
姚爱兴. 1995. 放牧对多年生黑麦草/白三叶草地土壤特性的影响. 草地学报, 4(2): 95-102.
姚爱兴, 王培. 1995. 不同放牧制度和强度下奶牛生产性能的研究. 草地学报, 3(1): 1-8.
姚爱兴, 王培, 夏景新, 等. 1995. 不同放牧强度下奶牛对多年生黑麦草/白三叶草地土壤特性的影响. 草地学报, 3(3): 181-189.
银晓瑞, 梁存柱, 王立新, 等. 2010. 内蒙古典型草原不同恢复演替阶段植物养分化学计量学. 植物生态学报, 34(1): 39-47.
尤纳托夫 A. A. 1959. 蒙古人民共和国植被的基本特点. 李继侗, 译. 北京: 科学出版社.
于传宗, 慕宗杰, 特日格勒. 2008. 植物种群空间分布格局的研究方法. 畜牧与饲料科学, 29(5): 40-42.
于顺利, 蒋高明. 2003. 土壤种子库的研究进展及若干研究热点. 植物生态学报, 27(4): 552-560.
余博, 朱进忠, 范燕敏, 等. 2009. 伊犁绢蒿荒漠草地土壤养分和植被指数的空间异质性研究. 新疆农业科学, 46(6): 1294-1300.
余世孝. 1995. 数学生态学导论. 北京: 科学技术文献出版社.
宇万太, 于永强. 2001. 植物地下生物量研究进展. 应用生态学报, 12(6): 927-932.
庾强. 2005. 高等植物内稳性和生长率机理的研究. 兰州: 甘肃农业大学硕士学位论文.
庾强. 2009. 内蒙古草原植物生态化学计量学研究. 北京: 中国科学院植物研究所博士学位论文.
袁建立, 江小蕾, 黄文冰, 等. 2004. 放牧季节及放牧强度对高寒草地植物多样性的影响. 草业学报, 13(3): 16-21.
袁志忠, 何丙辉. 2004. 生态位理论及其在植物种群研究中的应用. 福建林业科技, 31(2): 123-127.
岳文泽, 徐建华, 徐丽华, 等. 2005. 不同尺度下城市景观综合指数的空间变异特征研究. 应用生态学报, 16(11): 2053-2059.
运向军, 卫智军, 吕世杰, 等. 2012. 荒漠草原不同利用条件下短花针茅贮藏性碳水化合物的对比. 中国草地学报, 34(6): 89-94.
曾德慧, 陈广生. 2005. 生态化学计量学: 复杂生命系统奥秘的探索. 植物生态学报, 29(6): 1007-1019.
曾宏达. 2006. 次生阔叶林土壤空间异质性研究. 福州: 福建师范大学硕士学位论文.
战伟庆. 2006. 油松人工林生态系统冠层截留特征及其穿透雨空间异质性研究. 北京: 北京林业大学硕士学位论文.
张成霞, 南志标. 2010. 放牧对草地土壤理化特性影响的研究进展. 草业学报, 19(4): 204-211.
张凤山, 李晓晏. 1984. 长白山北坡主要森林类型生长季温湿特征. 北京: 中国林业出版社: 243-254.
张化永, 邬建国, 韩兴国. 2002. 植被的组织有序度及其全球格局. 植物生态学报, 26(2): 129-139.
张继义, 赵哈林, 张铜会. 2003. 科尔沁沙地植物群落恢复演替系列种群生态位动态特征. 生态学报, 23(12): 2741-2746.
张健, 郝占庆, 宋波, 等. 2007. 长白山阔叶红松林中红松与紫椴的空间格局及其关联性. 应用生态学报, 18(5): 1681-1657.
张金瑞, 高甲荣, 崔强, 等. 2013. 3 种典型立地荆条种群及种间分布的空间点格局. 浙江农林大学学报, 30(2): 226-233.
张金屯. 1995a. 植被数量生态学方法. 北京: 中国科学技术出版社: 79-87.
张金屯. 1995b. 植物种群空间分布的点格局分析. 植物生态学报, 22(4): 344-349.
张金屯. 2004. 数量生态学. 北京: 科学出版社: 2, 98, 243.
张金屯. 2011. 数量生态学. 2 版. 北京: 科学出版社: 113-123.
张金屯, 焦蓉. 2003. 关帝山神尾沟森林群落木本植物种间联结性与相关性研究. 植物研究, 23(4): 458-463.
张金屯, 孟东平. 2004. 芦芽山华北落叶松林不同龄级立木的点格局分析. 生态学报, 24(1): 35-40.
张金霞, 曹广民, 周党卫, 等. 2001. 放牧强度对高寒灌丛草甸土壤 $CO_2$ 释放速率的影响. 草地学报, 9(3): 183-190.
张景光, 张志山, 王新平, 等. 2005. 沙坡头人工固沙区一年生植物小画眉草繁殖分配研究. 中国沙漠, 25(2): 202-206.
张谧, 王慧娟, 于长青. 2010. 珍珠草原对不同模拟放牧强度的响应. 草业科学, 27(8): 125-128.
张敏. 2009. 荒漠草原家庭牧场家畜饲养模式试验研究. 呼和浩特: 内蒙古农业大学硕士学位论文.
张璞进, 杨劼, 宋炳煜. 2009. 藏锦鸡儿群落土壤资源空间异质性. 植物生态学报, 33(2): 338-346.
张荣, 杜国帧. 1998. 放牧草地群落的冗余与补偿. 草业学报, 7(4): 13-19.
张淑艳, 张永亮, 刘淑贤. 1998. 放牧对短花针茅草原生态系统土壤贮氮季节动态的影响. 哲里木畜牧学院学报, 8(1): 54-58.
张铜会, 赵哈林, 大黑俊哉, 等. 2003. 连续放牧对沙质草地植被盖度、土壤性质及其空间分布的影响. 干旱区资源与环境, 17(4): 117-121.
张伟华, 关世英, 李跃进. 2000. 不同牧压强度对草原土壤水分、养分及其地上生物量的影响. 干旱区资源与环境, 14(4): 61-64.
张卫国, 黄文冰, 杨振宇. 2003. 草地微斑块与草地退化关系的研究. 草业学报, 12(3): 44-50.
张文标, 金则新, 柯世省. 2006. 木荷光合特性日变化及其与环境因子相关性分析. 广西植物, 26(5): 492-498.
张文辉. 1998. 裂叶沙参种群生态学研究. 哈尔滨: 东北林业大学出版社: 46-48.
张文彦, 樊江文, 钟华平, 等. 2010. 中国典型草原优势植物功能群氮磷化学计量学特征研究. 草地学报, 18(4): 503-509.
张蕴薇, 韩建国, 李志强. 2002. 放牧强度对土壤物理性质的影响. 草地学报, 10(1): 74-78.
张子峰. 2007. 大庆盐渍土壤特征值及生物量的空间异质性研究. 哈尔滨: 东北林业大学硕士学位论文.
张自和. 1995. 草原退化的后果及深层原因探讨. 草业科学, (6): 1-5.
张祖同. 1991. 划区轮牧和季节连牧的比较试验. 草地学报, 1(1): 72-77.
昭和斯图, 王明玖. 1993. 不同强度放牧对短花针茅草原土壤物理性状的影响. 内蒙古草业, (3): 11-16.

赵彩霞, 郑大玮. 2004. 内蒙古冷蒿小禾草放牧草原退化与恢复对策研究. 草业学报, 13(1): 9-14.
赵常明, 陈庆恒, 乔永康, 等. 2004. 青藏高原东缘岷江冷杉天然群落的种群结构和空间分布格局. 植物生态学报, 28(3): 341-350.
赵成章, 高福元, 王小鹏, 等. 2010. 黑河上游高寒退化草地狼毒种群小尺度点格局分析. 植物生态学报, 34(11): 1319-1326.
赵成章, 任珩, 盛亚萍, 等. 2011. 不同高寒退化草地阿尔泰针茅种群的小尺度点格局. 生态学报, 31(21): 6388-6395.
赵钢. 1999. 草地畜牧业可持续发展刍议. 内蒙古草业, (2): 1-6.
赵钢, 曹子龙, 李青丰. 2003. 春季禁牧对内蒙古草原植被的影响. 草地学报, 11(2): 183-188.
赵钢, 李青丰, 张恩厚. 2006. 春季休牧对绵羊和草地生产性能的影响. 仲恺农业技术学院学报, 19(1): 1-4.
赵哈林, 张铜会, 常学礼, 等. 1999. 科尔沁沙质放牧草地植被分异规律的聚类分析. 中国沙漠, 19(1): 40-44.
赵哈林, 张铜会, 赵学勇, 等. 2004. 放牧对沙质草地生态系统组分的影响. 应用生态学, 15(3): 420-424.
赵海军. 2006. 禁牧、休牧对荒漠草地和家畜影响的研究. 呼和浩特: 内蒙古农业大学硕士学位论文.
赵鸿, 王润元, 郭铌, 等. 2007. 禁牧对安西荒漠化草原芨芨草光合生理生态特征的影响. 干旱气象, 25(1): 63-66.
郑纪勇, 邵明安, 张兴昌. 2004. 黄土区坡面表层土壤容重和饱和导水率空间变异特征. 水土保持学报, 18(3): 53-56.
郑伟, 李世雄, 董全民, 等. 2013. 放牧方式对环青海湖高寒草原群落特征的影响. 草地学报, 21(5): 870-874.
郑伟, 朱进忠, 潘存德. 2010. 放牧干扰对喀纳斯草地植物功能群及群落结构的影响. 中国草地学报, 32(1): 92-98.
中国科学院内蒙古宁夏综合考察队. 1985. 内蒙古植被. 北京: 科学出版社.
中华人民共和国农业部畜牧兽医司, 全国畜牧兽医总站. 1996. 中国草地资源. 北京: 中国科学技术出版社.
钟章成. 1995. 植物种群的繁殖对策. 生态学杂志, 14(1): 37-42.
周国英, 陈桂琛, 魏国良, 等. 2006. 青海湖地区芨芨草群落主要种群分布格局研究. 西北植物学报, 26(3): 579-584.
周纪伦, 郑师章, 杨持. 1992. 植物种群生态学. 北京: 高等教育出版社: 239-242.
周景云, 乌云, 建原. 2003. 禁牧舍饲对草原植被恢复的作用. 内蒙古草业, 15(1): 40-42.
周兴民, 王启基, 张堰青, 等. 1987. 不同放牧强度下高寒草甸植被演替规律的数量分析. 植物生态学与地植物学学报, 11(4): 276-285.
周尧治, 郭玉海, 刘历程, 等. 2006. 围栏禁牧对退化草原土壤水分的影响研究. 水土保持研究, 13(3): 5-7.
朱宝文, 周华坤, 徐有绪, 等. 2008. 青海湖北岸草甸草原牧草生物量季节动态研究. 草业科学, 25(12): 62-66.

朱桂林, 山仑, 卫智军, 等. 2004. 放牧制度对短花针茅群落植物生长的影响研究. 中国生态农业学报, 12(4): 181-183.

朱桂林, 卫智军, 杨静, 等. 2002. 放牧制度对短花针茅群落植物种群地上生物量的影响. 中国草地, 24(3): 15-19.

朱桂林, 杨静. 2004. 放牧条件下植物贮藏性碳水化合物的变化. 干旱区资源与环境, 18(4): 173-176.

朱琳, 黄文惠, 苏家楷. 1995. 不同放牧强度对多年生黑麦草-白三叶草地叶片数量特征的影响. 草地学报, 3(4): 297-304.

朱绍宏, 徐长林, 方强恩, 等. 2006. 白牦牛放牧强度对高寒草原植物群落物种多样性的影响. 甘肃农业大学学报, 41(4): 71-75.

祖元刚. 1990. 能量生态. 长春: 吉林科学技术出版社.

祖元刚, 马克明, 张喜军. 1997. 植被空间异质性的分形分析方法. 生态学报, 17(3): 333-337.

左小安, 赵哈林, 赵学勇. 2009. 科尔沁沙地退化植被恢复过程中土壤有机碳和全氮的空间异质性. 环境科学, 30(8): 2388-2392.

Abbasi M K, Adams W A. 2000. Estimation of simultaneous nitrification and denitrification in grassland soil associated with urea-N using $^{15}$N and nitrification inhibitor. Biology and Fertility of Soils, 31(1): 38-44.

Abrams P A. 1987. Alternative models of character displacement and niche shift. Ⅰ. Adaptive shifts in resource use when there is competition for nutritionally nonsubstitutable resources. Evolution, 41(3): 651-661.

Alemi M H, Azari A B, Nielsen D R. 1988. Kriging and univariate modeling of a spatial correlated date. Soil Technology, 1(2): 117-132.

Alley T R. 1982. Competition theory, evolution, and the concept of an ecological niche. Acta Biotheoretica, 31(3): 165-179.

Altesor A, Oesterheld M, Leoni E, et al. 2005. Effect of grazing on community structure and productivity of a Uruguayan grassland. Plant Ecology, 179(1): 83-91.

Altesor A, Pineiro G, Lezama F, et al. 2006. Ecosystem changes associated with grazing in subhumid South American grasslands. Journal of Vegetation Science, 17(3): 323-332.

Andersen U V, Calov B. 1996. Long-term effects of sheep grazing on giant hogweed (*Heracleum mantegazzianum*). Hydrobiologia, 340(1-3): 277-284.

Annison G. 1993. The role of wheat non-starch polysaccharides in broiler nutrition. Australian Journal of Agricultural Research, 44(3): 405-422.

Augustine D J, McNaughton S J. 1998. Ungulate effects of the functional species composition of plant communities: herbivore selectivity and plant tolerance. Journal of Wildlife Management, 62(4): 1165-1183.

Augustine D J, McNaughton S J. 2006. Interactive effects of ungulate herbivores, soil fertility, and variable rainfall on ecosystem processes in a semi-arid savanna. Ecosystems, 9(8): 1242-1256.

Augusto A, Bazzicalupo M, Gallori E, et al. 1991. Monitoring a genetically engineered bacterium in a freshwater environment by rapid enzymatic amplification of a synthetic DNA “number-plate”. Applied Microbiology and Biotechnology, 36(2): 222-227.

Austrheim G, Eriksson O. 2001. Plant species diversity and grazing in the Scandinavian mountains-patterns and processes at different spatial scales. Ecography, 24(6): 683-695.

Bai Y F. 2007. Positive linear relationship between productivity and diversity: evidence from the Eurasian Steppe. Journal of Applied Ecology, 44: 1023-1034.

Bai Y F, Han X G, Wu J G, et al. 2004. Ecosystem stability and compensatory effects in the Inner Mongolia grassland. Nature, 431(7005): 181-184.

Bai Y F, Wu J G, Clark C M, et al. 2012. Grazing alters ecosystem functioning and C∶N∶P stoichiometry of grasslands along a regional precipitation gradient. Journal of Applied Ecology, 49: 1204-1215.

Baker J P. 1989. Nature Management by Grazing and Cutting. Netherlands: Kluwer Academic Publisher.

Bassman J H, Dickmann D I. 1982. Effects of defoliation in the developing leaf zone on young *Populus×euramericana* plants. Ⅰ. Photosynthetic physiology, growth, and dry weight partitioning. Forest Science, 28(3): 599-612.

Bauer A, Cole C V, Black A L. 1987. Soil property comparisons in virgin grasslands between grazed and nongrazed management systems. Soil Science Society of America Journal, 51: 176-182.

Bazely D R. 1990. Rules and cues used by sheep foraging in monocultures. *In*: Hughes R N. Behavioural Mechanisms of Food Selection. Berlin: Spring-Verlag: 344-366.

Bekele A, Hudnall W H. 2003. Stable carbon isotope study of the prairie-forest transition soil in Louisiana. Soil Science, 168(11): 783-792.

Belovsky G E. 1986. Generalist herbivore foraging and its role in competitive interactions. American Zoologist, 26(1): 51-69.

Belovsky G E. 1997. Optimal foraging and community structure: the allometry of herbivore food selection and competition. Evolutionary Ecology, 11(6): 641-672.

Belsky A J. 1986. Does herbivory benefit plants: a review of the evidence. American Naturalist, 127(6): 870-892.

Benhamon S. 1994. Spatial memory and searching efficiency. Animal Behaviour, 47(6): 1423-1433.

Bertiller M B, Sain C L, Bisigato A J, et al. 2002. Spatial sex segregation in the dioecious grass *Poa ligularis* in northern Patagonia: the role of environmental patchiness. Biodiversity and Conserv ation, 11(1): 69-84.

Bhatti A U, Mulla D J, Frasier B E. 1991. Estimation of soil properties and wheat yields on complex eroded hills using geostatistics and thematic mapper images. Remote Sensing of Environment, 37(3): 181-191.

Biondini M E, Patton B D, Nyren P E. 1998. Grazing intensity and ecosystem processes in a northern mixed-grass prairie, USA. Ecological Applications, 8(2): 469-479.

Bisigato A J, Bertiller M B. 1997. Grazing effects on patchy dryland vegetation in northern Patagonia. Journal of Arid Environments, 36(4): 639-653.

Bisigato A J, Bertiller M B, Ares J O, et al. 2005. Effect of grazing on plant patterns in arid ecosystems of Patagonia Monte. Ecography, 28(5): 561-572.

Blackbutn W H. 1984. Impacts of Grazing Intensity and Specialized Grazing Systems on Watershed

Characteristics and Responses. London: Westview Press: 927-984.

Bliss L C. 1962. Caloric value and lipid content in alpine tundra plants. Ecology, 43(4): 753-757.

Brisson J, Reynolds J F. 1994. The effects of neighbors on root distribution a creosotebush (*Larrea tridentata*) population. Ecology, 75(6): 1693-1702.

Callaway R M, Delucia F H. 1994. Biomass allocation of mountain and desert ponderosa pine: an analog for response to climate change. Ecology, 75(5): 1474-1481.

Cambardella C A, Moorman T B, Novak J M, et al. 1994. Field-scale variability of soil properties in central Iowa soils. Soil Science Society of America Journal, 58: 1501-1511.

Cardinale B J, Srivastava D S, Duffy J E, et al. 2006. Effects of biodiversity on the functioning of trophic groups and ecosystems. Nature, 443(7114): 989-992.

Chapin F S, Walker B H, Hobbs R J, et al. 1997. Biotic control over the functioning of ecosystems. Science, 277(5325): 500-503.

Chapman D F, Parsons A J, Cosgrove G P, et al. 2007. Impacts of spatial patterns in pasture on animal grazing behavior, intake, and performance. Crop Science, 47(1): 399-415.

Chen S P, Bai Y F, Zhang L X, et al. 2005. Comparing physiological responses of two dominant grass species to nitrogen addition in Xilin River Basin of China. Environmental and Experimental Botany, 53(1): 65-75.

Cheplick G P, Quinn J A. 1986. The role of seed depth, litter, and fire in the seedling establishment of amphicarpic peanutgrass (*Amphicarpum purshii*). Oecologia, 73(3): 459-464.

Chong D T, Tajuddin I, Samat M S A, et al. 1997. Stocking rate effects on sheep and forage productivity under rubber in Malaysia. Journal of Agricultural Science, 128(3): 339-346.

Clark F E, Paul E A. 1970. The microflora of rangeland. Advances in Agronomy, 22: 375-435.

Clarke J L, Welch D, Gordon I J. 1995. The influence of vegetation pattern on the grazing of heather moorland by red deer and sheep. Ⅰ. The location of animals on grass/heather mosaics. Journal of Applied Ecology, 32(1): 166-176.

Coffin D P, Laycock W A, Lauenroth W K. 1998. Disturbance intensity and above- and belowground herbivory effects on long-term (14y) recovery of a semiarid grassland. Plant Ecology, 139(2): 221-233.

Coley P D, Bryant J P, Chapin F S. 1985. Resource availability and plant antiherbivore defense. Science, 230(4728): 895-899.

Collins S L. 1987. Interaction of disturbances in tallgrass prairie: a field experiment. Ecology, 68(5): 1243-1250.

Collins S L, Knapp A K, Brinns J M, et al. 1998. Modulation of diversity by grazing and mowing in native tallgrass prairie. Science, 280(5364): 745-747.

Conant R T, Panstian K, Elliott E T. 2001. Grassland management and conversion into grassland: effects on soil carbon. Ecological Applications, 11(2): 343-355.

Connel J H. 1978. Diversity in tropical rain forests and coral reefs. Science, 199(4335): 1302-1310.

Connolly J, Wayne P. 1996. Asymmetric competition between plant species. Oecologia, 108(2): 311-320.

Cornelissen J H C, Lavorel S, Gamier E, et al. 2003. A handbook of protocols for standardised and easy measurement of plant functional traits worldwide. Australian Journal Botany, 51(4): 335-380.

Cornic G. 1994. Drought stress and high light effects on leaf photosynthesis. *In*: Baker N R, Bowyer J R. Photoinhibition of Photosynthesis: From Molecular Mechanisms to the Field. Oxford: Bios Scientific Publishers: 297-313.

Coughenour M B. 1984. A mechanistic simulation analysis of water use, leaf angles, and grazing in East African graminoids. Ecological Modelling, 26(3-4): 203-230.

Coughenour M B. 1991. Spatial components of plant-herbivore interactions in pastoral, ranching, and native ungulate ecosystems. Journal of Range Management, 44(6): 530-542.

Crawley M J. 1983. Herbivory: the Dynamics of Animal-Plant Interactions. Studies in Ecology. Oxford: Blackwell Scientific Publications.

Currie P O. 1978. Cattle weight gain comparisons under seasoning and rotation grazing systems. *In*: Hyder D N. Proceedings of the First International Rangeland Congress. Denver: Society for Range Management: 579-580.

Dakhah M, Gifford G F. 1980. Influence of vegetation, rock cover and trampling on infiltration rates and sediment production. Water Resource Bull, 16(6): 979-986.

Dale M R T. 1999. Spatial Pattern Analysis in Plant Ecology. Cambridge: Cambridge University Press.

Danell K, Bergstrom R, Edenius L, et al. 2003. Ungulates as drivers of tree population dynamics at module and genet levels. Forest Ecology and Management, 181(1-2): 67-76.

Daufresne T, Loreau M. 2001. Plant-herbivore interactions and ecological stoichiometry: when do herbivores determine plant nutrient limitation? Ecology Letters, 4(3): 196-206.

Davies A. 1988. The regrowth of grass swards. *In*: Jones M B, Lazenby A. The Grass Crop. London: Chapman and Hall Ltd. : 85-117.

de Knegt H J, Hengeveld G M, Langevelde F. 2007. Patch density determines movement patterns and foraging efficiency of large herbivores. Behavioral Ecology, 18(6): 1065-1072.

de Vries M F W, Daleboudt C. 1994. Foraging strategy of cattle in patchy grassland. Oecologia, 100(1-2): 98-106.

Derner J D, Beriske D D, Boutton T W. 1997. Does grazing mediate C4, perennial grasses along an soil carbon and nitrogen accumulation beneath environmental gradient? Plant and Soil, 191(2): 147-156.

Desjardins T, Andreux F, Volkoff B, et al. 1994. Organic carbon and $^{13}C$ contents in soil and soil size-fractions, and their changes due to deforestation and pasture installation in eastern Amazonia. Geoderma, 61(1-2): 103-118.

Díaz S D, Lavorel S, McIntyre S, et al. 2007. Plant trait responses to grazing—A global synthesis. Global Change Biology, 13(2): 313-341.

Diggle P J. 1983. Statistical Analysis of Spatial Point Patterns. New York: Academic Press.

Donaghy D J, Fulkerson W J. 1998. Priority for allocation of water-soluble carbohydrate reserves during regrowth of *Lolium perenne*. Grass and Forage Science, 53: 211-218.

Donald J B, Sosebee E R. 1995. Wildland Plants: Physiological Ecology and Developmental

Morphology. Denver : Society for Range Management.

Donkor N T, Hudson R J, Bork E W, et al. 2006. Quantification and simulation of grazing impacts on soil water in boreal grasslands. Journal of Agronomy & Crop Science, 192(3): 192-200.

Dormaar J F, Johnston A, Smoliak S. 1984. Seasonal changes in carbon content, dehydrogenase, phosphatase, and urease activities in mixed prairie and fescue grassland Ah horizons. Journal of Range Management, 37(1): 31-36.

Dumont B, Carrère P, Hour P D. 2002. Foraging in patchy grasslands: diet selection by sheep and cattle is affected by the abundance and spatial distribution of preferred species. Animal Research, 51(5): 367-382.

Dumont B, Maillard J F, Petit M. 2000. The effect of the spatial distribution of plant species within the sward on the searching success of sheep when grazing. Grass and Forage Science, 55(2): 138-145.

Dyer A J, Bradley E F. 1982. An alternative analysis of flux-gradient relationships at the 1976 ITCE. Boundary-Layer Meteorology, 22(1): 3-19.

Dyer M. 1976. The effects of red-winged black birds (*Agelaius phoneiceus*) on biomass production of corn grains. Oikos, (27): 488-492.

Dyer M, Bokhari U G. 1976. Plant-animal interactions: studies of the effects of grasshopper grazing on blue grama grass. Ecology, 57(4): 762-772.

Dyer M, Detcing J K. 1982. The Role of Herbivores in Grassland. Norman: University of Oklahom Press: 225-261.

Ellison L. 1960. The influence of grazing on plant succession. Botanical Review, 26: 1-7.

Elser J J, Dobberfuhl D, MacKay N A, et al. 1996. Organism size, life history, and N：P stoichiometry: towards a unified view of cellular and ecosystem processes. BioScience, 46(9): 674-684.

Elser J J, Fagan W, Denno R F, et al. 2000a. Nutritional constraints in terrestrial and freshwater food webs. Nature, 408(4682): 578-580.

Elser J J, Hayakawa H, Urabe J. 2001. Nutrient limitation reduces food quality for zooplankton: daphnia response to seston phosphorus enrichment. Ecology, 82(3): 898-903.

Elser J J, Sterner R W, Gorokhova E, et al. 2000b. Biological stoichiometry from genes to ecosystems. Ecology Letters, 3(6): 540-550.

Farquhar G D, Sharkey T D. 1982. Stomatal conductance and photosynthesis. Annual Review of Plant Physiology, 33: 317-345.

Frank A B, Tanaka D L, Hofmann L, et al. 1995. Soil carbon and nitrogen of Northern Great Plains grasslands as influenced by long-term grazing. Journal of Range Management, 48(5): 470-474.

Frank D A. 2008. Ungulate and topographic control of nitrogen: phosphorus stoichiometry in a temperate grassland; soils, plants and mineralization rates. Oikos, 117(4): 591-601.

Freckleton R P, Watkinson A R. 2001. Asymmetric competition between plant species. Functional Ecology, 15(5): 615-623.

Frost P C, Elser J J. 2002. Growth responses of littoral mayflies to the phosphorus content of their food. Ecology Letters, 5(2): 232-240.

Garner W, Steinberger Y. 1989. A proposed mechanism for the formation of 'Fertile Island' in the desert ecosystem. Journal of Arid Environments, 16(3): 257-262.

Gifford F G, Hawkins R H. 1978. Hydrologic impact of grazing on infiltration: a critical review. Water Resources Research, 14(2): 305-313.

Gold W G, Caldwell M M. 1989. The effects of the spatial pattern of defoliation on regrowth of a tussock grass: Ⅰ. Growth responses. Oecologia, 80(3): 289-296.

Golley F B. 1961. Energy values of ecological materials. Ecology, 42(3): 581-584.

Gonzalez M, Ladet S, Deconchat M, et al. 2010. Relative contribution of edge and interior zones to patch size effect on species richness: an example for woody plants. Forest Ecology Management, 259(3): 266-274.

Gonzalez-Rodriguez A M, Martin-Olivera A, Morales D, et al. 2005. Physiological responses of tagasaste to a progressive drought in its native environment on the Canary Islands. Environmental and Experimental Botany, 53(2): 195-204.

Goovaerts P. 1999. Geostatistics in soil science: state-of-the-art and perspectives. Geoderties, 89: 1-45.

Grace J B. 1999. The factors controlling species density in herbaceous plant communities. Perspectives in Plant Ecology, Evolution and Systematics, 2(1): 1-28.

Gray L, He F. 2009. Spatial point-pattern analysis for detecting density-dependent competition in a boreal chronosequence of Alberta. Forest Ecology and Management, 259(1): 98-106.

Green D R. 1989. Rangeland restoration projects in western New South Wales. Australian Rangeland Journal, 11(2): 110-116.

Greene R S B, Kinnell P I A, Wood J T. 1994. Role of plant cover and stock trampling on runoff and soil erosion from semi-arid wooded rangelands. Australian Journal of Soil Research, (32): 953-973.

Greenwood K L, Macleod D A, Hutchinson K J. 1997. Long-term stocking rate effects on soil physical properties. Australian Journal of Experimental Agriculture, 37(4): 413-419.

Greig-Smith P. 1984. Quantitative Plant Ecology. Berkeley: University of California Press.

Griennell J. 1917. The niche relationships of the California thrasher. The Auk, 34(4): 427-433.

Grieve I C. 2001. Human impacts on soil properties and their implications for the sensitivity of soil systems in Scotland. Catena, 42(2): 361-374.

Grimes J P. 1973. Control of species diversity in herbaceous vegetation. Journal of Environmental Management, 1: 151-167.

Grime J P. 2001. Plant Strategies, Vegetation Processes, and Ecosystem Properties. Chichester UK: Wiley.

Gross K. 2008. Positive interactions among competitors can produce species-rich communities. Ecology Letters, 11(9): 929-936.

Gross K L, Pregitzer K S, Burton A J. 1995. Spatial variation in nitrogen availability in three successional plant communities. Journal of Ecology, 83(3): 357-367.

Gundersen P, Emmett B A, Kjønaas O J, et al. 1998. Impacts of nitrogen deposition on nitrogen cycling in forests: a synthesis of NITREX data. Forest Ecology and Management, 101(1-3):

37-55.

Guo J, Wang R, Wang W. 2001. Study on dynamics of calorific value, biomass and energy in *Calamagrostis epigejos* population in Songnen Grassland. Acta Botanica Sinica, 43(8): 852-856.

Güsewell S. 2004. N：P ratios in terrestrial plants: variation and functional significance. New Phytologist, 164(2): 243-266.

Hadley E B, Bliss L C. 1964. Energy relationships of alpine plants on Mt. Washington, New Hampshire. Ecological Monographs, 34(4): 331-357.

Han G D, Hao X Y, Zhao M L, et al. 2008. Effect of grazing intensity on carbon and nitrogen in soil and vegetation in a meadow steppe in Inner Mongolia. Agriculture, Ecosystems & Environment, 125(1-4): 21-32.

Han W S, Fang J Y, Guo D L. Leaf nitrogen and phosphorus stoichiometry across 753 terrestrial plants species in China. New Phytologist, 168: 377-385.

Hao Z, Zhang J, Song B, et al. 2007. Vertical structure and spatial associations of dominant tree species in an old-growth temperate forest. Forest Ecology and Management, 252(1): 1-11.

Hardin G. 1960. The competitive exclusion principle. Science, 131(3409): 1292-1297.

Hart R H. 2001. Plant biodiversity on shortgrass steppe after 55 years of zero, light, moderate, or heavy cattle grazing. Plant Ecology, 155(1): 111-118.

Hart R H, Ashby M M. 1998. Grazing intensities, vegetation, and heifer gains: 55 years on shortgrass. Journal of Range Management, 51(4): 392-398.

Hassall M, Tuck J M, Smith D B, et al. 2002. Effects of spatial heterogeneity on feeding behavior of *Porcellio scaber* (Isopoda: Oniscidea). European Journal of Soil Biology, 38: 53-57.

Haynes R J, Willianms P H. 1993. Nutrient cycling and soil fertility in the grazed pasture ecosystem. Advances in Agronomy, 49(8): 119-199.

He J S, Wang X P, Schmid B, et al. 2010. Taxonomic identity, phylogeny, climate and soil fertility as drivers of leaf traits across Chinese grassland biomes. Journal of Plant Research, 123(4): 551-561.

Heady H F. 1975. Rangeland Management. New York: McGraw-Hill.

Heady H F. 1982. 草原管理. 章景瑞, 译. 北京: 农业出版社: 208-220.

Herbst M, Diekkruger B. 2003. Modelling the spatial variability of soil moisture in micro-scale catchment and comparison with field data using geostatistics. Physics and Chemistry of the Earth, 28(6-7): 39-245.

Hessen D O, Ågren G I, Anderson T R, et al. 2004. Carbon sequestration in ecosystems: the role of stoichiometry. Ecology, 85(5): 1179-1192.

Hester A J, Gordon I J, Baillie G J, et al. 1999. Foraging behaviour of sheep and red deer within natural heather/grass mosaics. Journal of Applied Ecology, 36: 133-146.

Hjalten J, Danell K, Lundberg P. 1993. Herbivore avoidance by association: vole and hare utilization of woody plants. Oikos, 68(1): 125-131.

Hodgson J. 1993. 放牧管理: 科学研究在实践中的应用. 张耀明, 夏景新, 李向林, 译. 北京: 科学出版社.

Hofstede R G M. 1995. The effects of grazing and burning on soil and plant nutrient concentrations in

Colombia Páramo grasslands. Plant and Soil, 173: 111-132.

Holdaway R J, Sparrow A D. 2006. Assembly rules operating along a primary riverbed-grass land successional sequence. Journal of Ecology, 94(6): 1092-1102.

Holems W. 1986. 草地生产及其利用. 唐文青, 译. 乌鲁木齐: 新疆人民出版社: 176-186.

Holland E A, Parton W J, Detling J K, et al. 1992. Physiological responses of plant populations to herbivory and their consequences for ecosystem nutrient flow. The American Naturalist, 140(4): 685-706.

Hook P B, Burke I C, Lauenroth W K. 1991. Heterogeneity of soil and plant N and C associated with individual plants and openings in North American shortgrass steppe. Plant and Soil, 138(2): 247-256.

Hooper D U, Chapin F S, Ewel J J, et al. 2005. Effects of biodiversity on ecosystem functioning: a consensus of current knowledge. Ecological Monographs, 75(1): 3-35.

Humphrey J W, Patterson G S. 2000. Effects of late summer cattle grazing on the diversity of riparian pasture vegetation on an upland conifer forest. Journal of Applied Ecology, 37(6): 986-996.

Huston M. 1979. A general hypothesis of species diversity. American Naturalist, 113(1): 81-101.

Illius A W, Clark D A, Hodgson J. 1992. Discrimination and patch choice by sheep grazing grass-clover swards. Journal of Animal Ecology, 61(1): 183-194.

Illius A W, Gordon I J. 1990. Constraints on diet selection and foraging behaviour in mammalian herbivores. Behavioural Mechanisms of Food Selection, 20: 369-393.

Iqbal J, Thomasson J A, Jenkins J N, et al. 2005. Spatial variability analysis of soil physical properties of alluvial soils. Soil Science Society of America Journal, 69(4): 1338-1350.

Ives A R, Gross K, Klug J L. 1999. Stability and variability in competitive communities. Science, 286(5439): 542-544.

Jeltseh F, Moloney K, Milton S J. 1999. Detecting process from snapshot pattern: lessons from tree spacing in the southern Kalahari. Oikos, 85(3): 451-466.

Johnson R A. 1991. Learning memory and foraging efficiency in two species of desert seed-harvester ants. Ecology, 72(4): 1408-1419.

Johnston A, Dormaar J F, Smoliak S. 1971. Long-term grazing effects on fescue grassland soils. Journal of Range Management, 24(3): 185-188.

Justin D D, Boutton T W, Briske D D. 2006. Grazing and ecosystem carbon storage in the North American Great Plains. Plant and Soil, 280(1-2): 77-90.

Kay F R, Sobhy H M, Whitford W G. 1999. Soil microarthropods as indicators of exposure to environmental stress in Chihuahuan Desert rangelands. Biol Fertil Soils, 28(2): 121-128.

Keddy P A. 1992. Assembly and response rules: two goals for predictive community ecology. Journal of Vegetable Science, 3(2): 157-164.

Keller A A, Goldstein R A. 1998. Impact of carbon storage through restoration of drylands on the global carbon cycle. Environmental Management, 22(5): 757-766.

Kelly R B, Burke I C. 1997. Heterogeneity of soil organic matter following death of individual plants in shortgrass steppe. Ecology, 78(4): 1256-1261.

Kershaw K A, Looney J H H. 1985. Quantitative and Dynamic Plant Ecology. London: Edward

Arnold: 33-42.

King J, Sim E M, Grant S A. 1984. Photosynthetic potential of balance of grazed ryegrass pasture. Grass and Forage Science, 40: 81-92.

Kleyer M. 2002. Validation of plant functional types across two contrasting landscapes. Journal of Vegetation Science, 13(2): 167-178.

Koch K E. 1996. Carbohydrate-modulated gene expression in plants. Annual Review of Plant Physiology and Plant Molecular Biology, 47(1): 509-540.

Kolasa J, Pickett S T A. 1991. Ecological Heterogeneity. New York: Springer-Verlag.

Kooijman A M, Smith A. 2001. Grazing as a measure to reduce nutrient availability and plant productivity in acid dune grassland and pine forests. Ecological Engineering, 17(1): 63-77.

Kooijman S A L M. 1995. The stoichiometry of animal energetics. Journal of Theoretical Biology, 177(2): 139-149.

Kothmann M M. 1984. Concepts and Principles Underlying Grazing Systems: Discussant Paper. London: Westview Press.

Kotliar N B. 1996. Scale dependency and the expression of hierarchical structure in *Delphinium* patches. Vegetatio, 127(2): 117-128.

Kotliar N B, Wiens J A. 1990. Multiple scales of patchiness and patch structure: a hierarchical framework for the study of heterogeneity. Oikos, 59(2): 253-260.

Koutika J S, Andreux F, Hassink J, et al. 1999. Characterization of organic matter in the topsoils under rain forest and pastures in the eastern Brazilian Amazon basin. Biology and Fertility of Soils, 29(3): 309-313.

Krzic M, Broersma K, Thompson D J, et al. 2000. Soil properties and species diversity of grazed crested wheatgrass and native rangelands. Journal of Range Management, 53(3): 353-358.

Lambert M G, Clark D A, Costall D A. 1986. Influence of fertilizer and grazing management on North Island moist hill country 3. Performance of introduced and resident legumes. New Zealand Journal of Agricultural Research, (29): 11-21.

Larcher W. 2002. Physiological Plant Ecology. Berlin: Springer-Verlag: 167-196.

Lavorel S, Garnier E. 2002. Predicting changes in community composition and ecosystem functioning from plant traits: revisiting the Holy Grail. Functional Ecology, 16(5): 545-556.

Lee T D, Bazzaz F A. 1980. Effects of defoliation and competition on growth and reproduction in the annual plant *Abulilom ophrasti*. Journal of Ecology, 68: 813-821.

Legendre P. 1993. Spatial auto correlation: trouble or new paradigm. Ecology, 74: 1659-1673.

Leps J. 1990. Can underlying mechanisms be deduced from observed patterns? *In*: Krahulec F. Spatial Processes in Plant Communities. The Hague: SPB Academic Publishing.

Levin S A. 1992. The problem of pattern and scale in ecology. Ecology, 73: 1943-1967.

Li H, Reynolds J F. 1994. A simulation experiment to quantify spatial heterogeneity in categorical maps. Ecology, 75(8): 2446-2455.

Li H, Reynolds J F. 1995. On definition and quantification of heterogeneity. Oikos, 73(2): 280-284.

Li Y. 1989. Impact of grazing on *Leymus chinense* steppe and *Stipa grandis* steppe. Acta Oecologica, 10(1): 31-46.

Liebhold A M, Gurevitch J. 2002. Integrating the statistical analysis of spatial data in ecology. Ecography, 25: 553-557.

Loewe A, Einig W, Shi L, et al. 2000. Mycorrhiza formation and elevated $CO_2$ both increase the capacity for sucrose synthesis in source leaves of spruce and aspen. New Phytologist, 145(3): 565-574.

Lorenzo P C, Salvador R, Virginia H S, et al. 2012. Plant functional trait responses to interannual rainfall variability, summer drought and seasonal grazing in Mediterranean herbaceous communities. Functional Ecology, 26: 740-749.

Ludlow M M, Stobbs T H, Davos R, et al. 1982. Effect of sward structure of two tropical grasses with contrasting canopies on light distribution, net photosynthesis and size of bite harvested by grazing cattle. Australian Journal of Agricultural Research, 33(2): 187-201.

MacArthur R, Wilson E O. 1967. Theory of Island Biogeography. Princeton: Princeton University Press.

Macharia P N, Ekaya W N. 2005. The impact of rangeland condition and trend to the grazing resources of a semi-arid environment in Kenya. Journal of Human Ecology, 17(2): 143-147.

Magurran A E. 1988. Ecological Diversity and Its Measurement. Princeton: Princeton University Press.

Makino W, Cotner J B, Sterner R W, et al. 2003. Are bacteria more like plants or animals? Growth rate and resource dependence of bacterial C∶N∶P stoichiometry. Functional Ecology, 17(1): 121-130.

María B V, Nilda M A, Norman P. 2001. Soil degradation related to overgrazing in the semi-arid southern Caldenal area of Argentina. Soil Science, 166(7): 441-452.

Mario G, Avi P, Eugene D U, et al. 2000. Vegetation response to grazing management in a Mediterranean herbaceous community a functional group approach. Journal of Applied Ecology, 37(2): 224-237.

Martens B, Trumble J T. 1987. Structural and photosynthetic compensation for leafminer (Diptera: Agromyzidae) injury in lima beans. Environmental Entomology, 16(2): 374-378.

Martorell C, Freckleton R P. 2014. Testing the roles of competition, facilitation and stochasticity on community structure in a species-rich assemblage. Journal of Ecology, 102(1): 74-85.

Mattson W J. 1980. Herbivory in relation to plant nitrogen content. Annual Review of Ecology and Systematics, 11(1): 119-161.

McDonald A J S, Davies W J. 1996. Keeping in touch: responses of the whole plant to deficits in water and nitrogen supply. Advances in Botanical Research, 22(8): 229-300.

Mclntyre S, Lavorel S. 2001. Livestock grazing in subtropical pastures: steps in the analysis of attribute response and plant functional types. Journal of Ecology, 89(2): 209-226.

Mclntosh R P. 1991. Concept and terminology of homogeneity and heterogeneity in ecology. *In*: Kolasa J, Piekett S T A. Ecological Heterogeneity. New York: Springer-Verlag: 24-46.

Mclntyers S, Lavorels S, Landsberg J, et al. 1999. Disturbance response in vegetation: towards a global perspective on functional traits. Journal of Vegetation Science, 10(5): 621-630.

McNaughton S J. 1976. Serengeti migratory wildebeest: facilitation of energy flow by grazing.

Science, 191(4222): 92-94.
Milchunas D G, Lauenroth W K. 1993. Quantitative effects of grazing on vegetation and soils over a global range of environments. Ecological Monographs, 63(4): 327-366.
Milchunas D G, Lauenroth W K, Burke I C. 1998. Livestock grazing: animal and plant biodiversity of shortgrass steppe and the relationship to ecosystem function. Oikos, 83(1): 65-74.
Milchunas D G, Lauenroth W K, Chapman P L. 1992. Plant competition, abiotic, and lone-and short term effects of lame herbivores on demography of opportunistic species in a semi-arid grassland. Oecologia, 92(4): 520-531.
Milchunas D G, Lauenroth W K, Chapman P L, et al. 1990. Community attributes along a perturbation gradient in a shortgrass steppe. Journal of Vegetation Science, 1(3): 375-384.
Mitchell C A, Custer T W, Zwank P J. 1994. Herbivore on shortgrass by wintering redheads in Texas. Journal of Wildlife Management, 58(1): 131-141.
Moeur M. 1993. Charaeterizing spatial patterns of trees using stem-mapped data. Forest Science, 39(4): 756-775.
Moracs J F L, Volkoff B, Cerri C C, et al. 1996. Soil properties under the Amazon forest and changes due to pasture installation in Rondônia, Brazil. Geoderma, 70: 63-81.
Moral R D. 1983. Vegetation ordination of subalpine meadows using adaptive strategies. Canadian Journal of Borany, 61(12): 3117-3127.
Mphinyane W N, Tacheba G, Mangope S, et al. 2008. Influence of stocking rate on herbage production, steers livemass gain and carcass price on semi-arid sweet bushveld in Southern Botswana. African Journal of Agricultural Research, 3(2): 84-90.
Muller-Scharer H. 1991. The impact of root herbivory as a function of plant density and competition: survival, growth and fecundity of *Centaurea maculasa* in field plots. Journal of Applied Ecology, 28(3): 759-776.
Mulqueen J, Stafford J V, Tanner D W. 1977. Evaluation of penetrometers for measuring soil strength. Journal Terramechanics, 14(3): 137-151.
Noy-Meir I. 1993. Compensating growth of grazed plants and its relevance to the use of rangelands. Ecological Applications, 3(1): 32-34.
Noy-Meir I, Gutman M, Kapland Y. 1989. Responses of Mediterranean grassland plants to grazing and protection. Journal of Ecology, 77: 290-310.
Olff H, Ritchie M E. 1998. Effects of herbivores on grassland plant diversity. Trends in Ecology & Evolution, 13(7): 261-265.
Parsons A J, Penning P D. 1988. The effects of the duration of regrowth on photosynthesis, leaf death and average rate of growth in a rotationally grazed ward. Grass and Forage Science, 44(1): 16-38.
Pastor J, Naiman R J. 1992. Selective foraging and ecosystem processes in boreal forests. The American Naturalist, 139(4): 690-705.
Pavlù V, Hejcman M, Pavlù L, et al. 2003. Effect of rotational and continuous grazing on vegetation of upland grassland in the Jizerské Hory Mts., Czech Republic. Folia Geobotanica, 38(1): 21-34.
Pei S F, Fu H, Wan C G. 2008. Changes in soil properties and vegetation following exclosure and

grazing in degraded Alxa desert steppe of Inner Mongolia, China. Agriculture, Ecosystem & Environment, 124(1-2): 33-39.

Peterson D L, Parker V T. 1998. Ecological Scales: Theory and Applications. New York: Columbia University Press.

Philips D L, Macmahon J A. 1981. Competition and spacing patterns in desert shrubs. Journal of Ecology, 69(1): 97-115.

Pielou E C. 1975. Ecological Diversity. New York: John Wiley & Sons Inc.

Pielou E C. 1996. The measurement of diversity indifferent types of biological collections. Journal of Theoretical Biology, 13(1): 131-144.

Platt T, Harrison W G. 1985. Biogenic fluxes of carbon and oxygen in the ocean. Nature, 318(6041): 55-58.

Proulx M, Mazumder A. 1998. Reversal of grazing impact on plant species richness in nutrient-poor vs. nutrient-rich ecosystem. Ecology, 79(8): 2581-2592.

Purves D W, Law R. 2002. Fine-scale spatial structure in a grassland community: quantifying the plant's-eye view. Journal of Ecology, 90(1): 121-129.

Pykälä J. 2000. Mitigating human effects on european biodiversity through traditional animal husbandry. Conservation Biology, 14(3): 705-712.

Reeder J D, Schuman G E. 2000. Influence of livestock grazing on C sequestration in semi-rid mixed-grass and short-grass rangelands. Environmental Pollution, 116(3): 457-463.

Reynolds C M, Wolf D C. 1987. Effect of soil moisture and air relative humidity on ammonia volatilization from surface-applied urea. Soil Science, 143: 144-152.

Ripley B D. 1977. Modeling spatial pattern. Journal of the Royal Statistical Society (Series B), 39: 178-212.

Risser P G. 1984. Landscape ecology: directions and approaches. Ecology, 56: 678-685.

Risser P G. 1993. Making ecological information practical for resource managers. Ecological Applications, 3(1): 37-38.

Robertson G P, Gross K L. 1994. Assessing the heterogeneity of belowground resources quantifying pattern and scale. *In*: Caldwell M M, Pearcy R W. Exploitation of Environmental Heterogeneity by Plants. New York: Academic Press: 237-253.

Rochow T F. 1969. Growth, caloric value, and sugars in *Caltha leptosepalain* relation to alpine snowmelt. Bulletin Torrey Botanical Club, 96(6): 689-698.

Rodrguez C, Leoni E, Lezama F, et al. 2003. Temporal trends in species composition and plant traits in natural grasslands of Uruguay. Journal of Vegetation Science, 14(3): 433-440.

Romulo S C M, Edward T E, David W V, et al. 2001. Carbon and nitrogen dynamics in elk winter ranges. Journal of Range Management, 54(4): 400-408.

Root R B. 1967. The niche exploitation pattern of the blue-grey gnatcatcher. Ecological Monographs, 37(4): 317-350.

Ruess R W, McNaughton S J, Coughenour M B. 1983. The effects of clipping, nitrogen source and nitrogen concentration on the growth responses and nitrogen uptake of an east African sedge. Oecologia, 59(2-3): 253-261.

Salas C, Lemay V, Nunez P, et al. 2006. Spatial patterns in an old-growth *Nothofagus oblique* forest in south-central Chile. Forest Ecology and Management, 231(1-3): 38-46.

Sanchez-Blanco M J, Ferrandez T, Morales M A, et al. 2004. Variations in water status, gas exchange, and growth in Rosmarinus officinalis plants infected with *Glomus deserticola* under drought conditions. Journal of Plant Physiology, 161(6): 675-682.

Schlesinger W H, Raikes J A, Hartley A E, et al. 1996. On the spatial pattern of soil nutrients in grassland ecosystem. Ecology, 77: 364-374.

Schlesinger W H, Reynolds J F, Cunningham G L, et al. 1990. Biological feedbacks in global desertification. Science, 247(4946): 1043-1048.

Schulze E D. 1986. Carbon dioxide and water vapor exchange in response to drought in the atmosphere and in the soil. Annual Review of Plant Physiology, 37: 247-274.

Schuman G E, Janzen H H, Herrick J E. 2002. Soil carbon dynamics and potential carbon sequestration by rangelands. Environmental Pollution, 116(3): 391-396.

Scott H D, Handayani I P, Miller D M, et al. 1994. Temporal variability of selected properties of Loessial soil as affected by cropping. Soil Science Society of America Journal, 58(5): 1531-1538.

Searle K R, Hobbs N T, Shipley L A. 2005. Should I stay or should I go? Patch departure decisions by herbivores at multiple scales. Oikos, 111(3): 417-424.

Sharrow S H, Krueger W C. 1979. Performance of sheep under rotational and continuous grazing on hill pastures. Journal of Animal Science, 49: 893-899.

Sherman F, Kuselman I. 1999. Stoichiometry and chemical metrology: karl fisher reaction. Accreditation and Quality Assurance, 4(6): 230-234.

Shiyomi M. 1998. Spatial pattern changes in aboveground plant biomass in a grazing pasture. Ecological Research, 13(3): 313-322.

Silvertown J W. 1983. The distribution of plants in limestone pavement: tests of species interaction and niche separation against null hypotheses. The Journal of Ecology, 71(3): 819-828.

Smith D. 1968. Classification of several native North American grasses as starch or fructan accumulation in relation to taxonomy. Journal of British Grassland Society, 23: 306-309.

Sterner R W. 1995. Elemental Stoichiometry of Species in Ecosystems. New York: Chapman.

Sterner R W, Elser J J. 2002. Ecological Stoichiometry: the Biology of Elements from Molecules to the Biosphere. Princeton: Princeton University Press.

Sterner R W, Elser J J, Fee E J. 1997. The light: nutrient ratio in lakes: the balance of energy and materials affects ecosystem structure and process. American Naturalist, 150(6): 663-684.

Stoll P, Prati D. 2001. Intraspecific aggregation alters competitive interactions in experimental plant communities. Ecology, 82(2): 319-327.

Stuth J W. 1991. Foraging behavior. *In*: Heitschmidt O K, Stuth J W. Grazing Management. Portand: Timber Press: 65-83.

Svejcar T, Christiansen S. 1987. The influence of grazing pressure on rooting dynamics of Caucasian bluestem. Journal of Range Management, 40(3): 224-227.

Szaro R C. 1986. Guild management: an evaluation of avian guilds as a predictive tool.

Environmental Management, 10(5): 681-688.

Taboada M A, Lavado R S. 1988. Grazing effects on the bulk density in a natraquoll of the flooding pampa of Argentina. Journal of Range Management, 41(6): 500-503.

Tilman D. 1982. Resource Competition and Community Structure. Princeton: Princeton University Press.

Tilman D. 1988. Plant Strategies and the Dynamics and Structure of Plant Communities. Princeton: Princeton University Press.

Tilman D, Downing J A. 1994. Biodiversity and stability in grasslands. Nature, 367(6461): 363-365.

Tilman D, Knops J, Wedin D, et al. 1997. The influence of functional diversity and composition on ecosystem processes. Science, 277(5330): 1300-1302.

Tilman D, Wedin D, Knops J. 1996. Productivity and sustainability influenced by biodiversity in grassland ecosystems. Nature, 379(6567): 718-720.

Tueller P T. 1988. Vegetation Science Applications for Rangeland Analysis and Management. London: Kluwer Academic Publishers: 29-69.

Turner M G. 1987. Landscape Heterogeneity and Disturbance. New York: Springer-Verlag.

Turner M G, Gardner R H. 1991. Quantitative Methods in Landscape Ecology. The Analysis and Interpretation of Landscape Heterogeneity. New York: Springer-Verlag.

Ungar E D, Noy-Meir I. 1988. Herbage intake in relation to availability and sward structure: grazing processes and optimal foraging. Journal of Applied Ecology, 25(3): 1045-1062.

Unkovich M, Sanford P, Pate J, et al. 1998. Effects of grazing on plant and soil nitrogen relations of pasture-crop rotations. Australian Journal of Agricultural Research, 49(3): 475-486.

Van den Ende W, Roover J D, Laere A V. 1999. Effect of nitrogen concentration on fructan metabolizing enzymes in young chicory plants (*Cichorium intybus*). Physiologia Plantarum, 105: 2-8.

Vickery. 1983. Compensatory plant growth as a response to herbivory. Oikos, 40(3): 329-336.

Vitousek P M, Howarth R W. 1991. Nitrogen limitation on land and in the sea: how can it occur? Biogeochemistry, 13(2): 87-115.

Vries M F W D, Daleboudt C. 1994. Foraging strategy of cattle in patchy grassland. Oecologia, 100(1-2): 98-106.

Wang R Z. 2000. Effect of grazing on reproduction in *Leymus chinensis* population. Chinese Journal of Applied Ecology, 11(3): 399-402.

Wang Y F, Chen Z Z, Tieszen L T. 1998. Distribution of soil organic carbon in the major grasslands of Xilinguole, Inner Mongolia, China. Acta Phytoecologica Sinica, 22(6): 545-551.

Wardle D A, Walker L R, Bardgett R D. 2004. Ecosystem properties and forest decline in contrasting long-term chronosequences. Science, 305: 509-513.

Wassen M J, Venterink H G M O, de Swart EOAM. 1995. Nutrient concentrations in mire vegetation as measure of nutrient limitation in mire ecosystems. Journal of Vegetation Science, 6: 5-16.

Watt A S. 1947. Pattern and process in the plant community. Journal of Ecology, 35(1/2): 1-22.

Weiner J. 1990. Asymmetric competition in plant populations. Trends in Ecology & Evolution, 5(11): 360-364.

Weinmann H, Leonora R. 1946. Reserve carbohydrates in South African grasses. Journal of South African Botany, 12: 57-73.

Welch D, Scott D. 1995. Studies in the grazing of healthier moorland in northeast Scotland. Ⅵ. 20-year trends in botanical composition. Journal of Applied Ecology, 32(3): 596-611.

Whittaker R H. 1967. Gradient analysis of vegetation. Biological Reviews of the Cambridge Philosophical Society, 42(2): 207-264.

Whittaker R H. 1972. Evolution and measurement of species diversity. Taxon, 21(2/3): 213-251.

Whittaker R H, Levin S A, Root R B. 1973. Niche, habitat and ecotype. American Naturalist, 107(5): 321-3381.

Wiegand T, Gunatilleke S, Gunatilleke N, et al. 2007. Analyzing the spatial structure of a Sri Lankan tree species with multiple scales of clustering. Ecology, 88(12): 3088-3102.

Wiegand T, Moloney K A. 2004. Rings, circles, and null-models for point pattern analysis in ecology. Oikos, 104(2): 209-229.

Wild A. 1971. The potassium status of soils in the savanna zone of Nigeria. Experimental Agriculture, 7(3): 257-270.

Wilmshurst J F, Fryxell J M. 1995. Patch selection by red deer in relation to energy and protein intake: a re-evaluation of Langvatn and Hanley's (1993) results. Oecologia, 104(3): 297-300.

Wilmshurst J F, Fryxell J M, Hudsonb R J. 1995. Forage quality and patch choice by wapiti (*Cervus elaphus*). Behavioral Ecology, 6(2): 209-217.

Witschi P A, Michalk D L. 1979. The effect of sheep treading and grazing on pasture and soil characteristics of irrigated annual pastures. Australian Journal of Agricultural Research, 30(4): 741-750.

Woldu Z, Mohammed Saleem M A. 2000. Grazing induced biodiversity in the highland ecozone of East Africa. Agriculture, Ecosystems and Environment, 79(1): 43-52.

Woledge J. 1986. The effect of wage and shade on the photosynthesis of white clover leaves. Annals of Botany, 57(2): 257-262.

Woodward F I, Cramer W. 1996. Plant functional types and climatic changes: introduction. Journal of Vegetation Science, 7(3): 306-308.

Zavala M A, Parra R B D L. 2005. A mechanistic model of tree competition and facilitation for Mediterranean forests: scaling from leaf physiology to stand dynamics. Ecological Modelling, 188(1): 76-92.

Zeller V, Bahn M, Aichner M, et al. 2000. Impact of land-use change on nitrogen mineralization in subalpine grasslands in the Southern Alps. Biology and Fertility of Soils, 31(5): 441-448.

Zhang L, Bai Y, Han X. 2003. Application of N︰P stoichiometry to ecology studies. Acta Botanica Sinica, 45(9): 100-1018.

Zhang L, Bai Y, Han X. 2004. Differential responses of N︰P stoichiometry of *Leymus chinensis* and *Carex korshinskyi* to N additions in a steppe ecosystem in Nei Mongol. Acta Botanica Sinica, 46(3): 259-270.

Zhao H L, Zhao X Y, Zhou R L, et al. 2005. Desertification processes due to heavy grazing in sandy rangeland of Inner Mongolia. Journal of Arid Environments, 62(2): 309-319.